EUROPA-FACHBUCHREIHE
für Bautechnik

Bautechnik

Fachkunde für

Maurer/Maurerinnen,

Beton- und Stahlbetonbauer/ Beton- und Stahlbetonbauerinnen,

Zimmerer/Zimmerinnen und

Bauzeichner/Bauzeichnerinnen

13. überarbeitete Auflage

Bearbeitet von Lehrern an beruflichen Schulen und von Ingenieuren
Lektorat: Dipl.-Ing. Hansjörg Frey

VERLAG EUROPA-LEHRMITTEL · Nourney, Vollmer GmbH & Co. KG
Düsselberger Straße 23 · 42781 Haan-Gruiten

Europa-Nr.: 40222

Autoren der Fachkunde Bau:

Frey, Hansjörg	Dipl.-Ing.	Göppingen
Herrmann, August	Dipl.-Ing. (FH), Oberstudienrat	Schwäbisch Gmünd
Krausewitz, Günter	Studiendirektor	Bergisch Gladbach
Kuhn, Volker	Dipl.-Ing., Studiendirektor	Tauberbischofsheim
Lillich, Joachim	Dipl.-Ing. (FH)	Schwäbisch Gmünd
Nestle, Hans	Dipl.-Gewerbelehrer, Oberstudiendirektor a.D.	Schwäbisch Gmünd
Nutsch, Wolfgang	Dipl.-Ing. (FH), Studiendirektor a.D.	Leinfelden
Schulz, Peter	Dipl.-Gewerbelehrer, Studiendirektor a.D.	Leonberg
Traub, Martin	Oberstudienrat	Essen
Waibel, Helmuth	Dipl.-Ing. (FH), Studiendirektor a.D.	Biberach
Werner, Horst	Dipl.-Ing. (FH), Oberstudienrat	Tauberbischofsheim

Leitung des Arbeitskreises:

Hansjörg Frey, Dipl.-Ing.

Bildbearbeitung:

Zeichenbüro Irene Lillich, Schwäbisch Gmünd

Das vorliegende Buch wurde auf der **Grundlage der amtlichen Rechtschreibregeln** erstellt.

Fotonachweis zum Titelbild:
Lager- und Bürogebäude – Firma Kucera, Link-Architekten, 74731 Walldürn

13. Auflage 2008

Druck 5 4 3 2 1

Alle Drucke derselben Auflage sind parallel einsetzbar, da sie bis auf die Behebung von Druckfehlern untereinander unverändert sind.

Autoren und Verlag können für Fehler im Text oder in Abbildungen im vorliegenden Buch nicht haftbar gemacht werden.

ISBN 978-3-8085-4463-1

Alle Rechte vorbehalten. Das Werk ist urheberrechtlich geschützt. Jede Verwendung außerhalb der gesetzlich geregelten Fälle muss vom Verlag schriftlich genehmigt werden.

© 2008 by Verlag Europa-Lehrmittel, Nourney, Vollmer GmbH & Co. KG, 42781 Haan-Gruiten
http://www.europa-lehrmittel.de

Umschlaggestaltung: Michael M. Kappenstein, 60385 Frankfurt
Satz: Satz+Layout Werkstatt Kluth GmbH, 50374 Erftstadt
Druck: B.o.s.s Druck und Medien GmbH, 47574 Goch

Vorwort

Die **Fachkunde Bau** deckt die Inhalte der „Verordnung über die Berufsausbildung in der Bauwirtschaft" sowie die Rahmenlehrpläne für die beruflichen Schulen ab. Für den Unterricht nach Lernfeldern ist die Fachkunde Bau zusammen mit den Bautechnikbüchern des Verlages Europa-Lehrmittel **Fachmathematik** mit **Formeln und Tabellen, Technisches Zeichnen** und **Tabellenbuch Bautechnik** eine hervorragende Informationsquelle für technologische und konstruktive Fragen. Die Fachkunde Bau erleichtert damit das Vermitteln von Kompetenzen und Schlüsselqualifikationen.

> In der **13. Auflage** der **Fachkunde Bau** sind Normenänderungen bei Gerüsten, bei Putzsystemen für Innenwand- und Außenwandputze, beim Holzbau, beim Brandschutz, bei Wärmedämmstoffen, beim Fundamenterder, bei Bewehrungsrichtlinien und bei waagerechten Sperrschichten berücksichtigt. Anpassungen waren notwendig bei Betonstabstahl und Betonstahlmatten sowie bei der Abrechnung nach VOB. Alle anderen Inhalte wurden aktualisiert, Fehler verbessert und auf den neuesten Stand der Technik gebracht.

Die der Fachkunde Bau beigelegte **CD-ROM** mit allen im Buch enthaltenen Abbildungen und Tabellen ist für die Schüler gedacht und hilft, eigene Präsentationen und Ausarbeitungen zu gestalten.

Die **CD-ROM als Lehrerversion** enthält zusätzlich über 400 ausgewählte interaktive Abbildungen zur schrittweisen Erarbeitung von Sachverhalten und zur Erstellung von Unterrichtsvorbereitungen.

Die **Arbeitstransparente Bautechnik** enthalten in 4 Bänden etwa 600 Abbildungen und Tabellen aus der Fachkunde Bau.

Die Fachkunde Bau ermöglicht damit

– die **Bearbeitung von Projekten** mit unterschiedlichem Schwierigkeitsgrad,

– das **schnelle Auffinden von Daten und konstruktiven Details** durch den sachlogischen Aufbau des Buches,

– das **selbstständige Aneignen von Kenntnissen** durch leicht verständliche Texte sowie durch anschauliche Abbildungen und Grafiken,

– das **Üben und Vertiefen des Gelernten** durch zahlreiche projektorientierte Aufgaben sowie

– das **Erstellen von Arbeitsberichten und Präsentationen**.

Die Fachkunde Bau eignet sich besonders für den Unterricht an Berufsschulen und in der überbetrieblichen Ausbildung sowie für Meister- und Technikerschulen. Sie kann ebenso zur Beantwortung von Fragen im Praktikum, zur Vorbereitung auf ein bautechnisches Studium oder studienbegleitend zur Klärung von Grundlagen und Fachbegriffen dienen. Nicht zuletzt ist das Buch im Büro und auf der Baustelle als Nachschlagewerk ein nützlicher Helfer.

Autoren und Verlag sind allen Benutzern des Buches für kritische Hinweise und für Anregungen dankbar. Sie können dafür die Internetadresse lektorat@europa-lehrmittel.de nutzen.

Göppingen, Sommer 2008　　　　　　　　　　　　　　　　　　　　　　　　　　　　　Hansjörg Frey

Inhaltsverzeichnis

1	**Bauwirtschaft**	
1.1	Baugewerbe	11
1.2	Bauberufe	12
1.2.1	Rohbauberufe	12
1.2.2	Tiefbauberufe	12
1.2.3	Ausbauberufe	13
1.3	Zusammenwirken der Bauberufe	13
1.4	Ausbildung in der Bautechnik	14

2	**Naturwissenschaftliche Grundlagen**	
2.1	Chemische Grundlagen	15
2.1.1	Körper und Stoff	15
2.1.2	Chemische und physikalische Vorgänge	16
2.1.2.1	Chemischer Vorgang	16
2.1.2.2	Physikalischer Vorgang	16
2.1.3	Arten der Stoffe	17
2.1.4	Chemische Elemente	17
2.1.4.1	Periodensystem der Elemente	20
2.1.5	Chemische Verbindungen	21
2.1.5.1	Elektronenpaarbindung	21
2.1.5.2	Ionenbindung	22
2.1.5.3	Metallbindung	22
2.1.5.4	Wertigkeit	23
2.1.5.5	Chemische Gleichungen	23
2.1.5.6	Synthese, Analyse	23
2.1.6	Gemenge	24
2.1.6.1	Dispersionen	24
2.1.6.2	Lösungen	24
2.1.6.3	Legierungen	24
2.1.7	Wichtige Grundstoffe und ihre Verbindungen	25
2.1.7.1	Sauerstoff	25
2.1.7.2	Wasserstoff	25
2.1.7.3	Kohlenstoff	26
2.1.8	Säuren	28
2.1.9	Laugen	29
2.1.10	Salze	30
2.1.11	Wasser	31
2.1.12	Umweltbelastung und Umweltschutz	32
2.2	Physikalische Grundlagen	34
2.2.1	Physikalische Größen	34
2.2.2	Volumen, Masse, Dichte, Porigkeit	35
2.2.3	Kohäsion, Zustandsformen, Adhäsion	36
2.2.4	Oberflächenspannung, Kapillarität	37
2.2.5	Mechanische Eigenschaften fester Körper	37
2.2.6	Kräfte	39
2.2.6.1	Begriff der Kraft	39
2.2.6.2	Gewichtskraft und Gewicht	39
2.2.6.3	Wirkung und Darstellung von Kräften	39
2.2.6.4	Zusammensetzen und Zerlegen von Kräften	40
2.2.6.5	Hebel, Moment	41
2.2.7	Lasten am Bau	42
2.2.8	Festigkeit und Spannung	43
2.2.8.1	Druckbeanspruchung	43
2.2.8.2	Zugbeanspruchung	43
2.2.8.3	Biegebeanspruchung	44
2.2.8.4	Knickbeanspruchung	44
2.2.8.5	Scherbeanspruchung	44
2.2.8.6	Schubbeanspruchung	44
2.2.8.7	Torsionsbeanspruchung	44
2.2.8.8	Kippen und Gleiten	45
2.2.9	Druck in Flüssigkeiten und Gasen	45
2.2.9.1	Druck in Flüssigkeiten	45
2.2.9.2	Druck in Gasen	46
2.2.10	Wärme	47
2.2.10.1	Temperatur und Temperaturmessung	47
2.2.10.2	Wärmemenge	47
2.2.10.3	Spezifische Wärmekapazität	47
2.2.10.4	Wärmespeicherfähigkeit	48
2.2.10.5	Wärmewirkungen	48
2.2.10.6	Wärmequellen	50
2.2.10.7	Wärmeübertragung	50
2.2.11	Luftfeuchtigkeit	52
2.2.12	Schall	52
2.2.12.1	Entstehung des Schalls	52
2.2.12.2	Ausbreitung des Schalls	52
2.2.12.3	Messung des Schalls	53
2.3	Elektrotechnische Grundlagen	54
2.3.1	Grundbegriffe	54
2.3.2	Spannungserzeugung	55
2.3.3	Wirkungen des elektrischen Stroms	55
2.3.4	Stromarten	56
2.3.5	Elektrogeräte im Stromkreis	57
2.3.6	Elektrische Arbeit und ihre Kosten	59
2.3.7	Verteilung der elektrischen Energie	59
2.3.8	Betriebs- und Arbeitssicherheit	60
2.3.9	Schutzmaßnahmen	61
2.3.10	Schutzarten, Schutzklassen	63
2.3.11	Elektrische Anlagen auf Baustellen	63

3	**Baustoffe**	
3.1	Natürliche Bausteine	65
3.1.1	Entstehung der Natursteine	65
3.1.2	Natursteinarten	66
3.1.2.1	Erstarrungsgesteine	66
3.1.2.2	Ablagerungsgesteine	67
3.1.2.3	Umwandlungsgesteine	67
3.1.2.4	Zusammensetzung der Natursteine	67
3.1.2.5	Eigenschaften der Natursteine	68
3.2	Künstliche Steine	69
3.2.1	Gebrannte Steine	69
3.2.1.1	Mauerziegel als Voll- und Hochlochziegel	69
3.2.1.2	Wärmedämmziegel und Hochlochziegel	71
3.2.1.3	Planziegel	71
3.2.1.4	Vormauerziegel	71
3.2.1.5	Klinker und Keramikklinker	71
3.2.1.6	Sonderziegel	72
3.2.1.7	Steingut	72
3.2.1.8	Steinzeug	73
3.2.1.9	Feuerton	73
3.2.2	Ungebrannte Steine	73
3.2.2.1	Kalksandsteine	74
3.2.2.2	Normalbetonsteine	76
3.2.2.3	Leichtbetonsteine	77
3.2.2.4	Porenbetonsteine	79
3.3	Glas	81
3.3.1	Glaserzeugnisse	81
3.3.1.1	Flachglas	81
3.3.1.2	Pressglas und Profilbauglas	83
3.3.1.3	Glasfasern	83
3.3.1.4	Geschäumtes Glas	83
3.4	Bindemittel	84
3.4.1	Baukalke	84
3.4.1.1	Luftkalke	84
3.4.1.2	Hydraulische Kalke	85
3.4.2	Zemente	85
3.4.2.1	Herstellung	85
3.4.2.2	Arten und Zusammensetzung	86
3.4.2.3	Eigenschaften und Verwendung	88

3.4.3	Baugipse	89
3.4.4	Calciumsulfat-Binder	91
3.4.5	Mischbinder	91
3.4.6	Putz- und Mauerbinder	92
3.4.7	Bitumen	92
3.4.7.1	Herstellung	92
3.4.7.2	Eigenschaften	93
3.4.7.3	Prüfverfahren	93
3.4.7.4	Verwendung	94
3.4.8	Asphalt	97
3.4.8.1	Mineralstoffe	97
3.4.8.2	Herstellung von Asphaltmischgut	97
3.4.8.3	Einbau von Walzasphalt	98
3.4.8.4	Mischgutarten	98
3.5	**Gesteinskörnung**	**100**
3.5.1	Eigenschaften	100
3.5.1.1	Dichte	100
3.5.1.2	Kornform	100
3.5.1.3	Korngrößen	101
3.5.1.4	Kornfestigkeit	101
3.5.1.5	Widerstand gegen Frost	101
3.5.1.6	Schädliche Bestandteile	101
3.5.1.7	Regelanforderungen	101
3.5.1.8	Geometrische Anforderungen	102
3.5.2	Prüfung	102
3.5.3	Oberflächenfeuchte	102
3.5.4	Arten	103
3.5.4.1	Gesteinskörnung aus natürlichem Gestein	103
3.5.4.2	Industriell hergestellte Gesteinskörnung	103
3.5.5	Gesteinskörnung für Mörtel	103
3.5.6	Gesteinskörnung für Beton	103
3.5.6.1	Kornzusammensetzung	103
3.5.6.2	Größtkorn	106
3.5.6.3	Mehlkorngehalt	106
3.6	**Zugabewasser**	**106**
3.7	**Betonzusätze**	**107**
3.7.1	Betonzusatzmittel	107
3.7.1.1	Betonverflüssiger (BV)	107
3.7.1.2	Luftporenbildner (LP)	108
3.7.1.3	Verzögerer (VZ)	108
3.7.1.4	Beschleuniger (BE)	108
3.7.1.5	Dichtungsmittel (DM)	108
3.7.1.6	Einpresshilfen (EH)	108
3.7.1.7	Stabilisierer (ST)	108
3.7.2	Betonzusatzstoffe	109
3.8	**Mörtel**	**109**
3.8.1	Mörtelherstellung	109
3.8.1.1	Baustellenmörtel	110
3.8.1.2	Werkmörtel	110
3.8.2	Mauermörtel	110
3.8.2.1	Mörtelgruppen und ihre Anwendung	110
3.8.2.2	Eigenschaften von Frischmörtel	111
3.8.2.3	Eigenschaften von Festmörtel	111
3.8.2.4	Mauermörtelarten	112
3.8.3	Estrichmörtel	112
3.8.4	Putzmörtel	113
3.9	**Holz**	**114**
3.9.1	Wachstum und Aufbau des Holzes	114
3.9.1.1	Holzzellen	115
3.9.1.2	Aufbau des Holzes	116
3.9.1.3	Zusammensetzung des Holzes	117
3.9.1.4	Ökologische Bedeutung des Holzes	117
3.9.2	Eigenschaften des Holzes	118
3.9.2.1	Dauerhaftigkeit	118
3.9.2.2	Dichte	118
3.9.2.3	Härte	119
3.9.2.4	Festigkeit	119
3.9.2.5	Leit- und Dämmfähigkeit	120
3.9.2.6	Arbeiten des Holzes	120
3.9.3	Holztrocknung	122
3.9.3.1	Bestimmung der Holzfeuchte	122
3.9.3.2	Trocknungsvorgang	122
3.9.3.3	Natürliche Holztrocknung	123
3.9.3.4	Künstliche Holztrocknung	123
3.9.4	Holzarten	124
3.9.4.1	Europäische Nadelhölzer	124
3.9.4.2	Europäische Laubhölzer	125
3.9.4.3	Außereuropäische Nadelhölzer	126
3.9.4.4	Außereuropäische Laubhölzer	127
3.9.5	Holzfehler	128
3.9.6	Holzschädlinge	129
3.9.6.1	Holzzerstörende Pilze	129
3.9.6.2	Holzzerstörende Insekten	131
3.9.7	Holzschutz	132
3.9.7.1	Vorbeugender Holzschutz	133
3.9.7.2	Holzschutz nach dem Befall durch Holzschädlinge	135
3.9.8	Handelsformen des Vollholzes	136
3.9.8.1	Baurundholz	136
3.9.8.2	Schnittholz	137
3.9.8.3	Hobelwaren und Leisten	138
3.9.9	Furniere und Holzwerkstoffe	139
3.9.9.1	Furniere	139
3.9.9.2	Sperrholz	140
3.9.9.3	Spanplatten	140
3.9.9.4	Faserplatten	141
3.9.9.5	Holzwerkstoffe für tragende Bauteile	142
3.9.9.6	Mineralisch gebundene Holzwerkstoffe	142
3.10	**Metalle**	**143**
3.10.1	Eisenwerkstoffe	143
3.10.1.1	Gusseisen	143
3.10.1.2	Stahl	144
3.10.1.3	Stahlarten	144
3.10.1.4	Handelsformen von Baustahl	145
3.10.2	Betonstahl	146
3.10.2.1	Betonstabstahl	146
3.10.2.2	Betonstahl in Ringen	147
3.10.2.3	Betonstahlmatten	147
3.10.2.4	Prüfung von Betonstahl	149
3.10.3	Spannstahl	150
3.10.4	Rippenstreckmetall	150
3.10.5	Nichteisenmetalle	151
3.10.6	Korrosion	152
3.10.6.1	Chemische Korrosion	152
3.10.6.2	Elektrochemische Korrosion	152
3.10.6.3	Korrosionsschutz	153
3.11	**Kunststoffe**	**155**
3.11.1	Aufbau, Eigenschaften und Bezeichnung	155
3.11.2	Arten	157
3.11.2.1	Thermoplaste	157
3.11.2.2	Duroplaste	161
3.11.2.3	Elastomere	161
3.11.2.4	Silikone	162
4	**Bauplanung**	
4.1	**Arten der Bauplanung**	**163**
4.2	**Grundlagen der Bauplanung**	**163**
4.2.1	Baurechtliche Grundlagen	163
4.2.1.1	Baugesetzbuch (BauGB)	164
4.2.1.2	Verordnung über die bauliche Nutzung der Grundstücke (Baunutzungsverordnung BauNVO)	164
4.2.1.3	Umweltschutzgesetze	165
4.2.1.4	Bauordnungen der Länder	165
4.2.1.5	Flächennutzungsplan (FNP)	167
4.2.1.6	Städtebauliche Sanierungsmaßnahmen	167
4.2.1.7	Bebauungsplan (Beb.-Pl.)	168
4.2.2	Technische Grundlagen	168

4.2.2.1	Technische Vorschriften, Ausführungs-Verordnungen, Richtlinien	169
4.2.2.2	DIN-Normen, Verdingungsordnungen	169
4.2.2.3	Merkblätter, Hinweise, Prüfzeugnisse	169
4.3	**Phasen der Bauplanung mit Baudurchführung**	169
4.4	**Baugenehmigungsverfahren**	171
4.5	**Planmaßstäbe**	172
4.6	**Baukostenplanung**	172
4.7	**Ausschreibung, Vergabe und Abrechnung von Bauleistungen (AVA)**	173
4.7.1	Ausschreibung und Vergabe	174
4.7.1.1	Arten der Ausschreibung und Vergabe	175
4.7.1.2	Arten der Bauverträge	176
4.7.2	Abrechnung	176

5 Baubetrieb

5.1	**Arbeitsvorbereitung**	177
5.1.1	Bauverfahren	177
5.1.2	Bauzeit	178
5.1.2.1	Ermittlung der Bauzeit	178
5.1.2.2	Darstellung der Bauzeit	179
5.1.3	Baustelleneinrichtung	180
5.1.3.1	Erschließung	180
5.1.3.2	Lagerflächen	181
5.1.3.3	Bearbeitungsflächen	181
5.1.3.4	Aufbereitungsanlagen	182
5.1.3.5	Fördergeräte	182
5.1.3.6	Hebezeuge	183
5.1.3.7	Unterkünfte und Magazine	183
5.1.4	Einrichten der Baustelle	186
5.2	**Überwachung der Bauausführung**	187
5.2.1	Berichtswesen	187
5.2.1.1	Bautagebuch	187
5.2.1.2	Leistungsmeldung	188
5.2.2	Baukontrolle	188
5.3	**Sicherheitstechnik**	189
5.3.1	Unfallverhütung	189
5.3.2	Verhalten bei Unfällen	190
5.4	**Gerüste**	190
5.4.1	Schutzgerüste	191
5.4.1.1	Fanggerüste	191
5.4.1.2	Dachfanggerüste	191
5.4.1.3	Schutzdächer	192
5.4.2	Arbeitsgerüste	192
5.4.2.1	Gerüstbauteile	193
5.4.2.2	Gerüstarten	195
5.4.2.3	Auf- und Abbau von Gerüsten	198
5.5	**Bauvermessung**	199
5.5.1	Abstecken von Punkten	199
5.5.1.1	Bezeichnen von Punkten im Gelände	199
5.5.1.2	Fluchten	199
5.5.2	Längenmessung	200
5.5.3	Winkelmessung	202
5.5.3.1	Abstecken von rechten Winkeln mit Längenmesszeugen	202
5.5.3.2	Abstecken von rechten Winkeln mit Kreuzscheibe und Winkelprisma	203
5.5.3.3	Abstecken beliebig großer Winkel	203
5.5.4	Höhenmessung	204
5.5.5	Bauvermessung mit Laser-Instrumenten	207
5.5.6	Aufnahme von Längs- und Querprofilen	209
5.5.6.1	Aufnahme von Längsprofilen	209
5.5.6.2	Aufnahme von Querprofilen	210
5.5.7	Bauabsteckung	210
5.5.8	Schnurgerüst	210

6 Baugrund, Gründungen, Entwässerung

6.1	**Baugrund**	213
6.1.1	Baugrube, Baugrubensicherung	213
6.1.1.1	Baugrube	213
6.1.1.2	Baugrubensicherung	214
6.1.2	Druckverteilung im Boden	217
6.1.3	Gebäudesetzung und Grundbruch	217
6.1.4	Verhalten des Bodens bei Frost	218
6.1.5	Wasserhaltung	218
6.2	**Gründungen**	219
6.2.1	Flachgründungen	219
6.2.2	Tiefgründungen	222
6.2.3	Fundamenterder	222
6.3	**Haus- und Grundstücksentwässerung**	223
6.3.1	Abwasserarten	223
6.3.1.1	Häusliches Abwasser	223
6.3.1.2	Industrielles Abwasser	224
6.3.1.3	Oberfächenwasser	224
6.3.2	Abwasserableitungsverfahren	224
6.3.2.1	Trennverfahren	224
6.3.2.2	Mischverfahren	225
6.3.3	Abwasserleitungen	225
6.3.3.1	Rohrleitungsteile	226
6.3.4	Herstellen des Rohrgrabens	227
6.3.5	Verlegen der Rohre	227
6.3.6	Kontrolleinrichtungen	228
6.3.7	Verfüllen des Rohrgrabens	229

7 Mauerwerksbau

7.1	**Maßordnung**	230
7.1.1	Baurichtmaße und Steinformate	230
7.1.2	Rohbaumaße	230
7.1.2.1	Mauerdicken	230
7.1.2.2	Mauerlängen	231
7.1.2.3	Mauerhöhen	231
7.2	**Mauerverbände**	232
7.2.1	Mittenverbände	232
7.2.1.1	Binderverband	233
7.2.1.2	Läuferverband	233
7.2.1.3	Blockverband	233
7.2.1.4	Kreuzverband	234
7.2.2	Endverbände	234
7.2.2.1	Mauerenden	234
7.2.2.2	Mauerpfeiler	235
7.2.2.3	Vorlagen und Nischen	235
7.2.3	Rechtwinklige Maueranschlüsse	236
7.2.3.1	Mauerecken	236
7.2.3.2	Mauereinbindungen	237
7.2.3.3	Mauerkreuzungen	237
7.2.4	Schiefwinklige Maueranschlüsse	238
7.2.4.1	Schiefwinklige Mauerecken	238
7.2.4.2	Schiefwinklige Mauereinbindungen	238
7.2.4.3	Schiefwinklige Mauerkreuzungen	239
7.2.5	Schornsteinverbände	239
7.2.6	Zierverbände	240
7.3	**Mauerwerk**	241
7.3.1	Mauerwerksfestigkeit	241
7.3.2	Mauerwerk für Wände	242
7.3.2.1	Tragende Wände	242
7.3.2.2	Nichttragende Wände	243
7.3.2.3	Schlitze und Aussparungen	244
7.3.2.4	Fertigteile im Mauerwerk	245
7.4	**Mauern**	247
7.4.1	Arbeitsmittel	247
7.4.1.1	Werkzeuge und Geräte	247
7.4.1.2	Rüstzeug	247
7.4.2	Arbeitsplatz	247
7.4.3	Arbeitsverfahren	248
7.4.3.1	Anlegen und Hochmauern	248

7.4.3.2	Mauern mit großformatigen Steinen	249
7.4.3.3	Mauern mit Plansteinen	250
7.4.3.4	Mauern von Trockenmauerwerk	250
7.4.3.5	Mauern mit Vermörtelung durch Gießmörtel	251
7.4.3.6	Mauern mit Schalungssteinen	251
7.4.3.7	Rationelles Mauern	252
7.5	**Mauerwerksarten**	**253**
7.5.1	Einschaliges Mauerwerk	253
7.5.1.1	Hintermauerwerk	253
7.5.1.2	Sichtmauerwerk	253
7.5.1.3	Anschlüsse bei Mauerwerk	255
7.5.2	Zweischaliges Mauerwerk	256
7.5.2.1	Haustrennwände	256
7.5.2.2	Außenwände	256
7.5.3	Ausfachungen	259
7.5.3.1	Ausfachungen im Fachwerkbau	259
7.5.3.2	Ausfachungen im Skelettbau	259
7.5.4	Mauerbögen und Gewölbe	259
7.5.4.1	Segmentbogen	260
7.5.4.2	Scheitrechter Bogen	260
7.6	**Natursteinmauerwerk**	**261**
7.6.1	Mauersteine aus Naturstein	261
7.6.2	Verarbeitung	261
7.6.3	Mauerwerksarten	262
7.6.3.1	Trockenmauerwerk und Bruchsteinmauerwerk	262
7.6.3.2	Schichtenmauerwerk	263

8 Schalungsbau

8.1	**Schalungsteile**	**264**
8.1.1	Schalhaut	265
8.1.1.1	Schalungsplatten	265
8.1.1.2	Rahmenelemente	265
8.1.1.3	Schalkörper	265
8.1.2	Tragkonstruktion	266
8.1.2.1	Schalungsträger	266
8.1.2.2	Schalungsstützen	267
8.1.2.3	Riegel	268
8.1.2.4	Schalungszwingen	268
8.1.2.5	Aussteifung	269
8.2	**Herstellen der Schalung**	**269**
8.2.1	Einschalen	269
8.2.2	Verspannen	270
8.2.3	Schalen von Aussparungen	271
8.3	**Ausschalen**	**271**
8.3.1	Ausschalfristen	271
8.3.2	Wartung und Lagerung der Schalung	272
8.4	**Schalungen für Bauteile**	**273**
8.4.1	Fundamentschalungen	273
8.4.2	Wandschalungen	273
8.4.2.1	Ebene Wandschalungen	273
8.4.2.2	Gekrümmte Wandschalungen	275
8.4.3	Stützenschalungen	276
8.4.4	Balkenschalungen	276
8.4.5	Deckenschalungen	277
8.4.6	Treppenschalungen	277
8.4.7	Schalung für Sichtbeton	278
8.4.8	Großflächenschalung von Wänden und Decken	279
8.4.8.1	Großflächige Wandschalungen	279
8.4.8.2	Großflächige Deckenschalungen	280
8.4.8.3	Objektschalungen	280
8.4.9	Kletterschalung	281
8.4.10	Gleitschalung	282

9 Betonbau

9.1	**Arten und Normung**	**283**
9.2	**Frischbeton**	**284**
9.2.1	Erhärtungsphasen	284
9.2.2	Wasserzementwert	285
9.2.3	Konsistenz	285
9.2.3.1	Konsistenzklassen	287
9.2.3.2	Prüfung der Konsistenz	288
9.2.4	Transportbeton	289
9.2.5	Lieferung von Transportbeton	290
9.2.5.1	Festlegung des Betons	290
9.2.5.2	Bestellung	291
9.2.5.3	Transport	291
9.2.5.4	Übergabe	292
9.2.6	Einbau	293
9.2.6.1	Fördern	293
9.2.6.2	Einbringen	294
9.2.6.3	Verdichten	295
9.2.6.4	Nachbehandeln	298
9.2.6.5	Recycling von Restbeton	299
9.2.6.6	Betonieren unter besonderen Bedingungen	299
9.2.6.7	Sonderbetoniertechniken	301
9.3	**Festbeton**	**303**
9.3.1	Eigenschaften	303
9.3.2	Festbetonklassifizierung	305
9.3.2.1	Druckfestigkeitsklassen	305
9.3.2.2	Expositionsklassen	306
9.4	**Qualitätssicherung**	**308**
9.4.1	Produktionskontrolle	308
9.4.2	Konformitätskontrolle	308
9.4.2.1	Konformitätskontrolle für Frischbeton	309
9.4.2.2	Konformitätskontrolle für Festbeton	309
9.5	**Leichtbeton**	**311**
9.5.1	Leichtbetonarten	311
9.5.2	Zusammensetzung	312
9.5.3	Eigenschaften	312
9.5.4	Verarbeitung	313

10 Stahlbetonbau

10.1	**Stahlbeton**	**314**
10.1.1	Lage und Form der Bewehrung	315
10.1.2	Betondeckung	316
10.1.3	Bewehrungsrichtlinien	319
10.1.3.1	Stababstände	319
10.1.3.2	Biegungen	320
10.1.3.3	Verankerungen	321
10.1.3.4	Stöße von Bewehrungen	323
10.1.3.5	Stabbündel	325
10.1.4	Bewehren	325
10.1.4.1	Vorbereiten der Bewehrung	325
10.1.4.2	Einbau der Bewehrung	328
10.1.5	Bewehrung von Stahlbetonbauteilen	329
10.1.5.1	Fundamente	329
10.1.5.2	Stahlbetonstützen	330
10.1.5.3	Stahlbetonwände	332
10.1.5.4	Stützwände	335
10.1.6	Decken	336
10.1.6.1	Stahlbeton-Vollplatten	337
10.1.6.2	Stahlbeton-Hohlplatten	339
10.1.6.3	Plattenbalkendecken	339
10.1.6.4	Stahlbetonrippendecken	340
10.1.6.5	Stahlbetonbalkendecken	341
10.1.6.6	Stahlsteindecken	342
10.1.6.7	Bewehrung von Stahlbetonplatten	342
10.1.7	Stahlbetonbalken und Stahlbetonplattenbalken	349
10.2	**Instandsetzung von Stahlbetonbauten**	**353**
10.2.1	Einwirkungen auf Stahlbetonbauteile	353
10.2.1.1	Chemische Einwirkungen	353
10.2.1.2	Physikalische Einwirkungen	354
10.2.1.3	Fehler bei der Bauausführung	355
10.2.1.4	Korrosion der Bewehrung	355
10.2.2	Planung einer Instandsetzungsmaßnahme	355
10.2.3	Instandsetzungsverfahren	356

10.2.4	Ausführung einer Instandsetzungsmaßnahme	356
10.2.4.1	Vorbereitung des Untergrundes	356
10.2.4.2	Wiederherstellung des Korrosionsschutzes	357
10.3	**Spannbeton**	**358**
10.3.1	Prinzip des Spannbetons	358
10.3.2	Arten des Spannbetons	359
10.3.3	Baustoffe	360
10.3.4	Spannglied	361
10.3.5	Vorspannen	361
10.3.6	Spannvorgang	362
10.3.7	Vorteile des Spannbetons	362

11 Betonfertigteilbau

11.1	**Fertigteilbauweisen**	**363**
11.1.1	Skelettbauweise	363
11.1.2	Tafelbauweise	365
11.2	**Herstellung und Montage von Fertigbauteilen**	**366**
11.2.1	Herstellung	366
11.2.2	Montage	366

12 Holzbau

12.1	**Bearbeitung von Holz**	**368**
12.1.1	Messen und Anreißen	368
12.1.2	Sägen	368
12.1.2.1	Handsägen	368
12.1.2.2	Sägemaschinen	369
12.1.3	Hobeln	372
12.1.3.1	Handhobel	372
12.1.3.2	Hobelmaschinen	372
12.1.4	Stemmen	373
12.1.4.1	Stemmwerkzeuge	373
12.1.4.2	Kettenstemmmaschinen	373
12.1.5	Bohren	374
12.1.5.1	Bohrerarten	374
12.1.5.2	Bohrmaschinen	374
12.1.6	Schleifen	375
12.1.6.1	Schleifmittel	375
12.1.6.2	Maschinen zum Schleifen	375
12.1.7	Unfallverhütungsvorschriften	375
12.2	**Verbindungsmittel**	**376**
12.2.1	Nägel	376
12.2.2	Klammern	376
12.2.3	Schrauben	377
12.2.4	Dübel	378
12.2.5	Nagelplatten	378
12.2.6	Stahlbleche und Stahlblechformteile	379
12.3	**Holzverbindungen**	**379**
12.3.1	Längsverbindungen	380
12.3.2	Eckverbindungen	380
12.3.3	Abzweigungen	380
12.3.4	Kreuzungen	381
12.3.5	Versatz	382
12.3.6	Stabdübel- und Bolzenverbindungen	383
12.3.7	Dübelverbindungen	384
12.3.8	Tragende Nagelverbindungen	385
12.3.8.1	Mindestholzdicken und Einschlagtiefen	385
12.3.8.2	Mindestnagelabstände	386
12.3.8.3	Herstellung von Nagelverbindungen	386
12.3.8.4	Nagelverbindungen mit Stahlblechen	387
12.3.9	Nagelplattenverbindungen	387
12.4	**Bauholzverklebung**	**388**
12.4.1	Klebstoffe	388
12.4.1.1	Thermoplastische Klebstoffe	388
12.4.1.2	Duroplastische Klebstoffe	389
12.4.1.3	Kleber	389
12.4.2	Brettschichtholz	390
12.4.3	Verklebte Kanthölzer	391
12.4.4	Stegträger und Fachwerkträger	391
12.5	**Holzkonstruktionen**	**392**
12.5.1	Holzwände	392
12.5.1.1	Fachwerkwand	392
12.5.1.2	Holzskelettbau	393
12.5.1.3	Holzrahmenbau	393
12.5.1.4	Holztafelbau	393
12.5.1.5	Blockbauweisen	394
12.5.1.6	Leichte Trennwände	394
12.5.2	Holzdecken	395
12.5.2.1	Holzbalkendecken	395
12.5.2.2	Massive Holzdecken	396

13 Stahlbau

13.1	**Stahlbearbeitung**	**397**
13.1.1	Fügen	397
13.1.2	Trennen	397
13.1.3	Umformen	398
13.2	**Bauarten**	**398**
13.2.1	Fachwerkbauweise	398
13.2.2	Rahmenbauweise	399
13.3	**Einbau von Stützen und Trägern**	**400**
13.3.1	Stahlstützen	400
13.3.2	Stahlträger	400
13.3.3	Wandausbildung	401
13.4	**Schutzmaßnahmen**	**401**

14 Treppenbau

14.1	**Bezeichnungen**	**402**
14.2	**Treppenformen**	**403**
14.3	**Treppenabmessungen**	**404**
14.3.1	Stufenmaße	404
14.3.2	Treppenmaße	405
14.3.3	Stufenverziehung	406
14.3.3.1	Verziehen einer viertelgewendelten Treppe	407
14.3.3.2	Verziehen einer halbgewendelten Treppe	408
14.4	**Treppenaufbau**	**409**
14.4.1	Steintreppen	409
14.4.1.1	Treppenstufen	409
14.4.1.2	Gemauerte Treppen	410
14.4.1.3	Laufplattentreppen	411
14.4.1.4	Wangentreppen	413
14.4.1.5	Trägertreppen	413
14.4.1.6	Treppenbrüstungen	413
14.4.2	Holztreppen	414
14.4.2.1	Werkstoffe für Holztreppen	414
14.4.3	Bauarten von Holztreppen	414
14.4.3.1	Wangentreppen	414
14.4.3.2	Aufgesattelte Treppen	415
14.4.3.3	Einholmtreppen	416
14.4.3.4	Abgehängte Treppen	416
14.4.3.5	Spindeltreppen	417
14.4.4	Treppengeländer	418

15 Bautenschutz

15.1	**Dämmstoffe**	**419**
15.2	**Dicht- und Sperrstoffe**	**421**
15.3	**Wärmeschutz**	**423**
15.3.1	Wärmeleitfähigkeit	423
15.3.2	Wärmedurchlasskoeffizient, Wärmedurchlasswiderstand	424
15.3.3	Wärmeübergangswiderstand	424
15.3.4	Wärmedurchgangswiderstand, Wärmedurchgangskoeffizient	425
15.3.5	Anforderungen an den Wärmeschutz	425
15.3.5.1	Anforderungen nach DIN 4108	425
15.3.5.2	Anforderungen nach der Energieeinsparverordnung (EnEV)	426

15.3.5.3	Ökologisches Bauen	428
15.3.6	Wärmedämmende Konstruktionen	429
15.3.6.1	Wärmedämmung bei Wänden	429
15.3.6.2	Wärmedämmung bei Decken	430
15.3.6.3	Wärmedämmung bei Wärmebrücken	430
15.3.6.4	Wärmedämmung bei Dächern	430
15.4	**Feuchteschutz**	**432**
15.4.1	Abdichtung gegen Bodenfeuchte	433
15.4.2	Abdichtung gegen drückendes Wasser	435
15.4.2.1	Wasserdruckhaltende hautartige Abdichtung	435
15.4.2.2	Dichte Baukörper	436
15.4.3	Fugen bei Bauwerken	437
15.4.3.1	Fugenarten	437
15.4.3.2	Fugendichtung	437
15.4.4	Dränung	439
15.4.4.1	Dränschicht	439
15.4.4.2	Dränleitung	439
15.4.4.3	Bautechnische Ausführung	440
15.4.4.4	Ringdränung	440
15.4.4.5	Flächendränung	440
15.4.5	Entstehung von Tauwasser	441
15.4.5.1	Tauwasser auf Bauteiloberflächen	441
15.4.5.2	Tauwasser im Bauteilinnern	441
15.5	**Schallschutz**	**443**
15.5.1	Schalldämmung	443
15.5.1.1	Luftschalldämmung	443
15.5.1.2	Trittschalldämmung	444
15.5.2	Schallschutz bei Wänden	444
15.5.3	Schallschutz bei Decken	446
15.5.4	Schallschutz durch Schallschluckung	448
15.6	**Brandschutz**	**448**
15.6.1	Brandverhalten von Baustoffen	449
15.6.2	Brandverhalten von Bauteilen	449
15.6.3	Brandschutzmaßnahmen für Bauteile	450

16	**Schornsteinbau**	
16.1	**Bezeichnungen**	**452**
16.2	**Wirkungsweise**	**453**
16.3	**Bau von Schornsteinen**	**453**
16.3.1	Vorschriften	453
16.3.1.1	Form, Größe und Höhe	453
16.3.1.2	Anordnung und Schornsteinführung	454
16.3.1.3	Anschlüsse und Öffnungen	455
16.3.1.4	Abstände zu anderen Bauteilen	455
16.3.1.5	Zusätzliche Anforderungen zum Schutz der Schornsteine	455
16.3.2	Baustoffe und Bauteile	456
16.3.3	Bauarten	457

17	**Dächer**	
17.1	**Dachteile und Dachformen**	**459**
17.2	**Dachtragwerke**	**460**
17.2.1	Sparrendach	461
17.2.2	Kehlbalkendach	461
17.2.3	Pfettendach	462
17.2.3.1	Pfettendach mit stehendem Stuhl	462
17.2.3.2	Abgestrebte und liegende Pfettendachstühle	463
17.2.4	Sprengwerk und Hängewerk	464
17.2.5	Freigespannte Binder	464
17.2.5.1	Unterspannte Binder	464
17.2.5.2	Fachwerkbinder	465
17.2.5.3	Rahmenbinder	465
17.3	**Dachneigung**	**466**
17.4	**Dachhaut**	**467**
17.4.1	Unterdächer, Unterdeckungen, Unterspannung	467
17.4.2	Dachdeckung und Dachabdichtung	468
17.5	**Geneigte Dächer**	**469**
17.5.1	Schuppenartige Dachdeckung	469
17.5.1.1	Dachziegel	469
17.5.1.2	Dachsteine	469
17.5.1.3	Deckung mit Dachziegeln und Dachsteinen	470
17.5.1.4	Deckung mit Schiefer und Faserzementplatten	473
17.5.2	Deckung mit profilierten Tafeln	475
17.5.2.1	Faserzement-Wellplatten	475
17.5.2.2	Deckung mit Faserzement-Wellplatten	475
17.5.3	Deckung mit verfalzten Blechen	477
17.5.4	Deckung mit Bahnen	477
17.5.5	Unfallschutz bei Dacharbeiten	477
17.5.6	Belüftete und unbelüftete geneigte Dächer	478
17.5.6.1	Belüftete geneigte Dächer	478
17.5.6.2	Unbelüftete geneigte Dächer	479
17.6	**Flachdächer**	**480**
17.6.1	Unbelüftete Flachdächer	480
17.6.2	Gründach	481
17.6.3	Belüftete Flachdächer	481

18	**Ausbau**	
18.1	**Heizungsanlagen**	**482**
18.1.1	Zentalheizungen	482
18.1.2	Lüftungsanlagen, Warmluftheizung, Klimaanlagen	484
18.2	**Sanitärinstallation**	**485**
18.2.1	Trinkwasserinstallation	485
18.2.2	Abwasserinstallation	486
18.2.3	Gasinstallation	487
18.3	**Elektroinstallation**	**488**
18.3.1	Hausanschlussanlagen	488
18.3.2	Hauptleitungen	488
18.3.3	Zähleranlage	488
18.3.4	Verteilungen mit Absicherung der Einzelstromkreise	488
18.3.5	Elektroinstallation der Einzelstromkreise	489
18.3.6	Signal-, Antennen-, Fernmelde- und Überwachungsanlagen	489
18.3.7	Einrichtungen der Gebäudesystemtechnik	489
18.4	**Putz**	**490**
18.4.1	Putzverfahren	490
18.4.1.1	Arbeitsweisen	490
18.4.1.2	Putzweisen	490
18.4.2	Putzaufbau	492
18.4.2.1	Anforderungen an den Putz	492
18.4.2.2	Putzgrund	493
18.4.2.3	Putzlagen	493
18.4.3	Trockenputz	494
18.4.4	Wärmedämmputzsysteme	494
18.4.5	Wärmedämm-Verbundsysteme	494
18.4.6	Putzschäden	495
18.5	**Estrich**	**496**
18.5.1	Estrichmörtel, Estrichmassen	496
18.5.2	Estrichkonstruktionen	498
18.5.3	Estricheinbau	501
18.5.4	Estrichnachbehandlung	504
18.5.5	Estriche im Bauwesen nach Raumnutzung	505
18.5.6	Belegung von Estrichen	506
18.5.7	Höhenfestlegung	506
18.6	**Trockenbau**	**507**
18.6.1	Baustoffe	507
18.6.1.1	Trockenbauplatten	507
18.6.1.2	Befestigungselemente	509
18.6.1.3	Dämmstoffe	510
18.6.1.4	Gips-Wandbauplatten	510
18.6.2	Wandkonstruktionen	510

18.6.2.1	Einfachständerwände	511
18.6.2.2	Doppelständerwände	511
18.6.2.3	Installationswände	512
18.6.2.4	Wände aus Gips-Wandbauplatten	512
18.6.3	Deckenkonstruktionen	512
18.6.3.1	Leichte Deckenbekleidungen	513
18.6.3.2	Unterdecken	513
18.6.4	Verarbeitung von Gipsplatten	514
18.7	**Fliesen und Platten**	**515**
18.7.1	Werkzeuge und Geräte	515
18.7.2	Fliesen- und Plattenarten	516
18.7.2.1	Kennzeichnung und Maße	516
18.7.2.2	Stranggepresste Platten	517
18.7.2.3	Trockengepresste Fliesen und Platten	517
18.7.2.4	Bodenklinkerplatten	518
18.7.2.5	Formen, Abmessungen, Fugenbreiten	518
18.7.2.6	Formstücke	518
18.7.3	Wandbekleidungen und Bodenbeläge	519
18.7.3.1	Ansetzen und Verlegen von Fliesen und Platten	519
18.7.3.2	Innenbekleidungen und Innenbeläge	520
18.7.3.3	Außenbeläge	520
18.8	**Bautischlerarbeiten**	**521**
18.8.1	Fenster	521
18.8.2	Türen	523
18.8.3	Wandverkleidungen	527
18.8.4	Deckenverkleidungen	528
18.8.5	Versetzbare Trennwände	529
18.8.6	Bodenbeläge aus Holz oder Holzwerkstoffen	530
18.8.7	Elastische Fußbodenbeläge	532
18.8.8	Textile Fußbodenbeläge	533

19 Tiefbau

19.1	**Wasserversorgung**	**534**
19.1.1	Wasserarten	534
19.1.2	Gewinnung von Wasser	535
19.1.3	Wasseraufbereitung	538
19.1.3.1	Anforderungen an Trinkwasser	538
19.1.3.2	Verfahren der Wasseraufbereitung	539
19.1.4	Wasserspeicherung	540
19.1.4.1	Erdhochbehälter	540
19.1.4.2	Wassertürme	541
19.1.5	Verteilung des Wassers	541
19.2	**Abwasserentsorgung**	**542**
19.2.1	Abwasser	542
19.2.1.1	Regenwasser	542
19.2.1.2	Schmutzwasser	542
19.2.2	Verfahren der Wasserableitung	543
19.2.2.1	Mischverfahren	543
19.2.2.2	Trennverfahren	543
19.2.3	Abwasserkanal	544
19.2.3.1	Rohre und Rohrverbindungen	544
19.2.3.2	Lage der Abwasserleitungen	546
19.2.3.3	Tiefenlage der Abwasserleitungen	546
19.2.3.4	Gefälle der Abwasserleitungen	546
19.2.3.5	Bemessung der Abwasserleitungen	547
19.2.3.6	Herstellung der Abwasserleitungen	548
19.2.3.7	Grabenfreier Kanalbau	549
19.2.3.8	Bauwerke im Kanalnetz	550
19.2.4	Ausführungszeichnungen	552
19.2.5	Bestandspläne	553
19.3	**Abwasserreinigung**	**554**
19.3.1	Kläranlage	554
19.3.1.1	Mechanische Abwasserreinigung	555
19.3.1.2	Biologische Abwasserreinigung	556
19.3.1.3	Chemische Abwasserreinigung	557
19.3.1.4	Schlammbehandlung	558
19.3.1.5	Betriebsanlagen	559
19.3.2	Kleinkläranlagen	560

20 Straßenbau

20.1	**Straßennetz**	**561**
20.2	**Straßenbaulastträger**	**561**
20.3	**Einteilung der Straßen**	**561**
20.4	**Ablauf einer Straßenplanung**	**562**
20.4.1	Vorplanung (Linienentwurf)	562
20.4.2	Genehmigungsentwurf (Vorentwurf)	563
20.4.3	Feststellungsentwurf	563
20.5	**Linienführung der Straße**	**563**
20.6	**Lageplan**	**563**
20.6.1	Geraden	563
20.6.2	Kreisbögen	563
20.6.3	Übergangsbögen	564
20.7	**Höhenplan**	**568**
20.7.1	Längsneigungen, Kuppen, Wannen	568
20.7.2	Berechnung der Gradientenhöhen	569
20.7.3	Krümmungsband	570
20.7.4	Querneigungsband	570
20.8	**Straßenquerschnitt**	**573**
20.8.1	Bemessung der Fahrbahnbreite	573
20.8.2	Verkehrsraum, Sicherheitsraum, lichter Raum	573
20.8.3	Radwege, Gehwege	574
20.8.4	Regelquerschnitte	575
20.8.5	Ausbildung von Böschungen	576
20.9	**Aufbau der Straße**	**576**
20.9.1	Untergrund	577
20.9.2	Unterbau	577
20.9.3	Planum	577
20.9.4	Oberbau	577
20.9.5	Frostschutzschicht	577
20.9.6	Tragschichten	578
20.9.7	Deckschichten	580
20.9.8	Betondecken	580
20.9.9	Pflasterdecken	580
20.10	**Querprofile**	**582**
20.11	**Straßenentwässerung**	**582**
20.11.1	Straßenentwässerung außerhalb bebauter Gebiete	583
20.11.2	Straßenentwässerung innerhalb bebauter Gebiete	584
20.11.3	Sickeranlagen	584
20.11.4	Sickerstränge	584
20.12	**Lärmschutz an Straßen**	**586**

21 EDV in der Bautechnik

21.1	**Bauplanung**	**587**
21.2	**Baudurchführung**	**589**
21.3	**Informationsbeschaffung**	**590**

22 Bauen in Vergangenheit und Gegenwart

22.1	**Entwicklung des Bauens**	**591**
22.2	**Wichtige Baustile**	**592**
22.2.1	Romanik	592
22.2.2	Gotik	592
22.2.3	Renaissance	593
22.2.4	Barock	593
22.2.5	Klassizismus	593
22.2.6	Neuzeit	593

Firmenverzeichnis 594

Sachwortverzeichnis 595

1 Bauwirtschaft

1.1 Baugewerbe

Das Bedürfnis der Menschen sich vor Witterung und Gefahren zu schützen, macht es erforderlich, Bauwerke zu erstellen. Daneben führt die zunehmende Bevölkerung und deren wachsende Ansprüche zu erhöhter Bautätigkeit bei Gebäuden zum Wohnen, Arbeiten, Erholen und für den Verkehr (**Bild 1**).

Beispiele für den Hochbau:

Privater Hochbau
– Wohngebäude, Garagen

Gewerblicher Hochbau
– Industriebauten, Kaufhäuser, Bürogebäude

Öffentlicher Hochbau
– Rathäuser, Krankenhäuser, Schulgebäude

Beispiele für den Tiefbau und Straßenbau:

Gewerblicher Tiefbau
– Tiefgaragen

Verkehrsbauten
– Straßen, Brücken, Gleisanlagen, Tunnel

Öffentlicher Tiefbau
– Kanalisation, Deponien

Bild 1: Beispiele für Bauwerke

Die **Arbeitnehmer** im Baugewerbe sind in **Gewerkschaften** organisiert, die **Arbeitgeber** zu **Arbeitgeberverbänden** zusammengeschlossen. Gewerkschaften und Arbeitgeberverbände regeln die Arbeitsbedingungen auf der Baustelle. In Tarifverhandlungen werden Festlegungen, wie z. B. Löhne, getroffen. Das **Baugewerbe** gliedert sich in das Bauhauptgewerbe und das Baunebengewerbe (**Bild 2**).

Baugewerbe

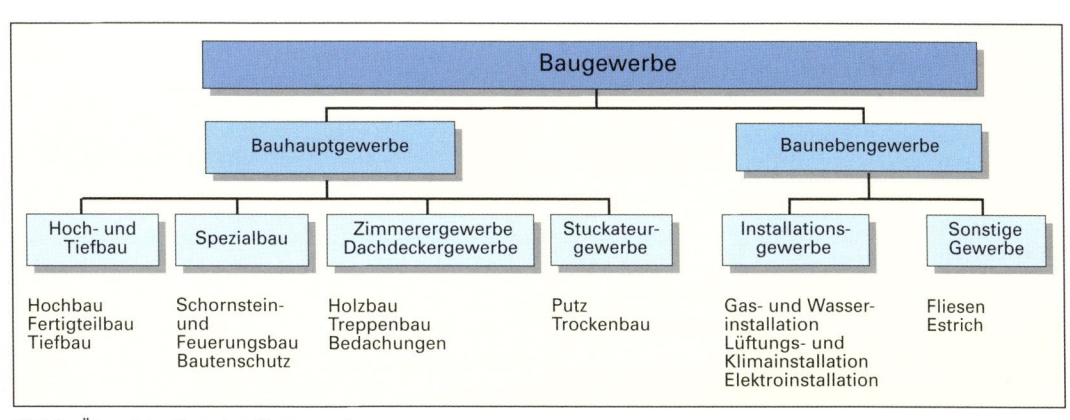

- **Bauhauptgewerbe**
  - **Hoch- und Tiefbau**
    - Hochbau
    - Fertigteilbau
    - Tiefbau
  - **Spezialbau**
    - Schornstein- und Feuerungsbau
    - Bautenschutz
  - **Zimmerergewerbe Dachdeckergewerbe**
    - Holzbau
    - Treppenbau
    - Bedachungen
  - **Stuckateurgewerbe**
    - Putz
    - Trockenbau
- **Baunebengewerbe**
  - **Installationsgewerbe**
    - Gas- und Wasserinstallation
    - Lüftungs- und Klimainstallation
    - Elektroinstallation
  - **Sonstige Gewerbe**
    - Fliesen
    - Estrich

Bild 2: Übersicht über das Baugewerbe

Bild 1: Maurer und Betonbauer

Bild 2: Gerüstbauer

Bild 3: Baugeräteführer

Bild 4: Straßenbauer

1.2 Bauberufe

Die unterschiedlichen Bauleistungen, die zur Erstellung von Bauwerken erbracht werden müssen, erfordern eine Vielzahl von Bauberufen, wie z. B. Rohbau-, Ausbau- und Tiefbauberufe. Zu den Planungsberufen zählen neben Architekten und Ingenieuren der unterschiedlichsten Fachrichtungen die Bauzeichner.

Bauzeichner fertigen nach Vorgaben der Architekten und Ingenieure die für die Bauwerkserstellung notwendigen Zeichnungen, Gebäudeaufnahmen für Umbauten und Bestandspläne für Abwasserleitungen.

1.2.1 Rohbauberufe

Maurer und Betonbauer erstellen Fundamente, Wände, Stützen, Decken, Treppen und Schornsteine. Sie mauern Bauteile aus künstlichen Steinen und Natursteinen, schalen, bewehren und betonieren Bauteile aus Beton, Stahlbeton und Spannbeton, sie übernehmen wesentliche Tätigkeiten bei der Betonsteinherstellung, versetzen Fertigteile und wirken bei der Herstellung von Fertighäusern mit **(Bild 1)**. Außerdem stellen sie industrielle Feuerungsanlagen für hohe Temperaturen her. Bei der Rohbauerstellung sind das Anbringen von Wärmedämmstoffen, das Putzen, Elektrovorarbeiten, wie z. B. die Verlegung von Leerrohren, die Montage vorgefertigter Fenster, Türzargen und Rolladen, das Verlegen von Estrich, Fliesen, Platten und Mosaik sowie Bodenbelagarbeiten möglich.

Gerüstbauer stellen Holz-, Stahl- und Leichtmetallgerüste auf, insbesondere bei Kirchtürmen, Brücken und Kühltürmen und vermieten diese z. B. an Baufirmen **(Bild 2)**.

Baugeräteführer bedienen und warten die am Bau eingesetzten Baumaschinen. Dies sind z. B. Erdbaugeräte, Geräte und Maschinen zur Herstellung und Verarbeitung von Beton sowie Fördergeräte **(Bild 3)**.

Zimmerer erstellen vorwiegend Holzkonstruktionen für Wände, Decken, Treppen und Dächer.

Das Fertigen von Lehrgerüsten und Betonschalungen, das Verlegen von Faserzementplatten, Trockenbauarbeiten sowie Verschalungen und Bekleidungen an Fassaden gehören ebenfalls zu den Aufgaben der Zimmerer.

Weitere Rohbauberufe sind **Klempner** (Flaschner) und **Dachdecker**.

Der Rohbau gilt als abgeschlossen, wenn Wände, Decken und Dach fertiggestellt sind.

1.2.2 Tiefbauberufe

Straßenbauer fertigen Straßen, Plätze und Rollbahnen für Flugzeuge. Außerdem stellen sie Geländeeinschnitte, Böschungen, Gräben und Dämme sowie Sickerungen, Entwässerungsleitungen und Schächte her **(Bild 4)**.

Weitere Tiefbauberufe sind **Gleisbauer** und **Rohrleitungsbauer**.

Zu den Tiefbauarbeiten zählen die Erstellung von Verkehrswegen sowie das Verlegen von Ver- und Entsorgungsleitungen.

1.2.3 Ausbauberufe

Stuckateure veputzen die rohen Wände und Decken, erstellen Wände im Trockenbau, führen Stuck- und Estricharbeiten aus **(Bild 1)**.

Trockenbaumonteure erstellen Wände in Trockenbauweise, verkleiden Wände und Decken und bauen Wärmedämmschichten, Trockenestriche sowie Brandschutzverkleidungen ein.

Estrichleger bauen auf die Rohdecke Estriche trocken oder nass einschließlich der Wärme- und Schalldämmung ein und sind wesentlich an der Terrazzoherstellung beteiligt.

Fliesen-, Platten- und Mosaikleger belegen Wände und Böden mit Fliesen, Platten und Mosaik. Dies erfolgt vorwiegend in Nassräumen wie Küche und Bad und in Räumen mit erhöhten hygienischen Anforderungen wie in Lebensmittelbetrieben oder in Schwimmbädern **(Bild 2)**.

Daneben wirken beim Ausbau von Gebäuden u. a. **Anlagenmechaniker für Sanitär, Heizung und Klima, Elektroniker für Energietechnik/Gebäudetechnik, Metallbauer, Betonstein- und Terrazzohersteller, Tischler, Glaser, Maler und Lackierer** sowie **Raumausstatter** mit.

Bild 1: Stuckateur

Alle Arbeiten vom Rohbau bis zur Fertigstellung eines Gebäudes bezeichnet man als Ausbau.

Bild 2: Fliesen-, Platten- und Mosaikleger

1.3 Zusammenwirken der Bauberufe

Bei der Erstellung eines Bauwerks ist ein Zusammenwirken der Bauberufe erforderlich. In Bauzeitenplänen ist die Dauer jeder Arbeit sowie die Reihenfolge der einzelnen Arbeiten im Voraus festgelegt und in der Regel als Balkendiagramm dargestellt **(Bild 3)**. Dabei wird die voraussichtliche Dauer der Arbeiten durch farbige Balken gekennzeichnet. Zur Kontrolle kann die tatsächliche Dauer eingetragen werden.

Daneben ist aus dem Bauzeitenplan ersichtlich, wann z. B. der Maurer nach Einbau der Rohrleitungen für Heizung, Gas, Wasser und Abwasser die Wandschlitze schließen kann. Ebenso ist zu entnehmen, wann z. B. Heizkörper, Waschbecken und Badewanne montiert werden können.

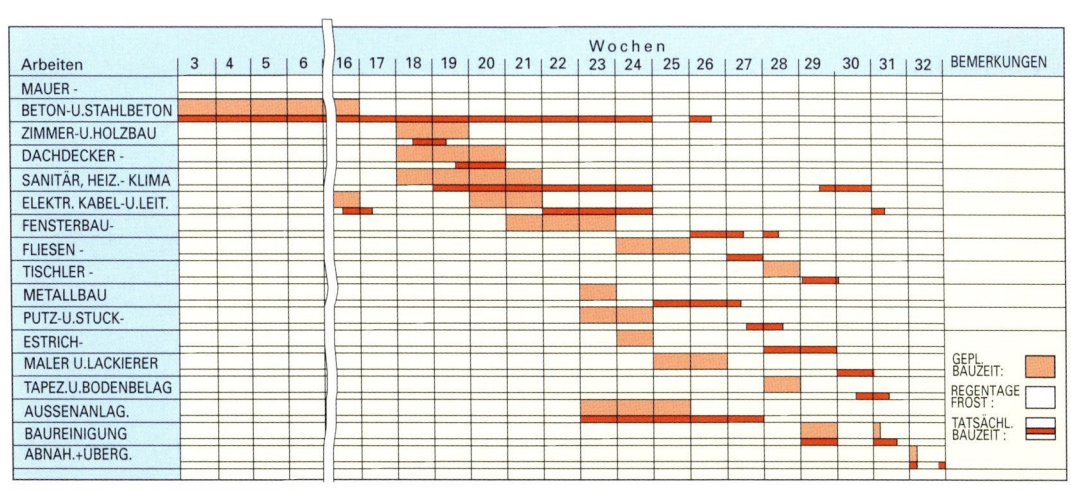

Bild 3: Bauzeitenplan (Beispiel)

1.4 Ausbildung in der Bautechnik

Die Ausbildung im Berufsfeld Bautechnik erfolgt nach der Stufenausbildung im Bauhauptgewerbe im Ausbildungsbetrieb, in der Berufsschule und in überbetrieblichen Ausbildungsstätten der Bauwirtschaft (**Bild 1**). Die Ausbildung dauert in der Regel 3 Jahre. Im 1. Ausbildungsjahr erfolgt die Grundbildung. Im 2. Ausbildungsjahr schließt sich eine Fachausbildung im Hochbau oder im Tiefbau an. Nach dem 2. Ausbildungsjahr kann die Ausbildung als Hochbau-, Tiefbau- oder Ausbaufacharbeiter abgeschlossen werden. Das 3. Ausbildungsjahr dient der Spezialisierung, z. B. auf den Beruf des Maurers oder des Beton- und Stahlbetonbauers. Nach Abschluss der dreijährigen Ausbildung kann die Gesellenprüfung oder die Facharbeiterprüfung im jeweiligen Beruf abgelegt werden. Der Geselle wird im Bauhauptgewerbe als Spezialbaufacharbeiter bezeichnet.

Eine Weiterbildung zum Meister oder Techniker ist an einer Fachschule möglich. Ein Studium an einer Fachhochschule oder einer Technischen Universität führt zum Beruf des Diplomingenieurs einer bestimmten Fachrichtung.

	Hochbau	Tiefbau	Ausbau
Abschluss als Spezialbaufacharbeiter in den Einzelberufen	Maurer Beton- und Stahlbetonbauer Gerüstbauer Baugeräteführer	Straßenbauer Kanalbauer Gleisbauer Rohrleitungsbauer Brunnenbauer	Zimmerer Stuckateur Fliesen-, Platten- und Mosaikleger Estrichleger
3. Ausbildungsjahr	Spezialisierung in den Einzelberufen als Auszubildender: 10 Wochen Berufsschule *, 4 Wochen Überbetriebliches Ausbildungszentrum *, 38 Wochen Ausbildungsbetrieb *		
Abschluss als	Hochbaufacharbeiter	Tiefbaufacharbeiter	Ausbaufacharbeiter
2. Ausbildungsjahr	Fachausbildung in den Bereichen als Auszubildender: 13 Wochen Berufsschule *, 13 Wochen Überbetriebliches Ausbildungszentrum *, 26 Wochen Ausbildungsbetrieb *		
1. Ausbildungsjahr	Grundbildung im Berufsfeld Bautechnik für alle Berufe als Schüler: in der einjährigen Berufsfachschule oder dem Berufsgrundbildungsjahr als Auszubildender: 16 Wochen Berufsschule *, 17 Wochen Überbetriebliches Ausbildungszentrum *, 19 Wochen Ausbildungsbetrieb *		

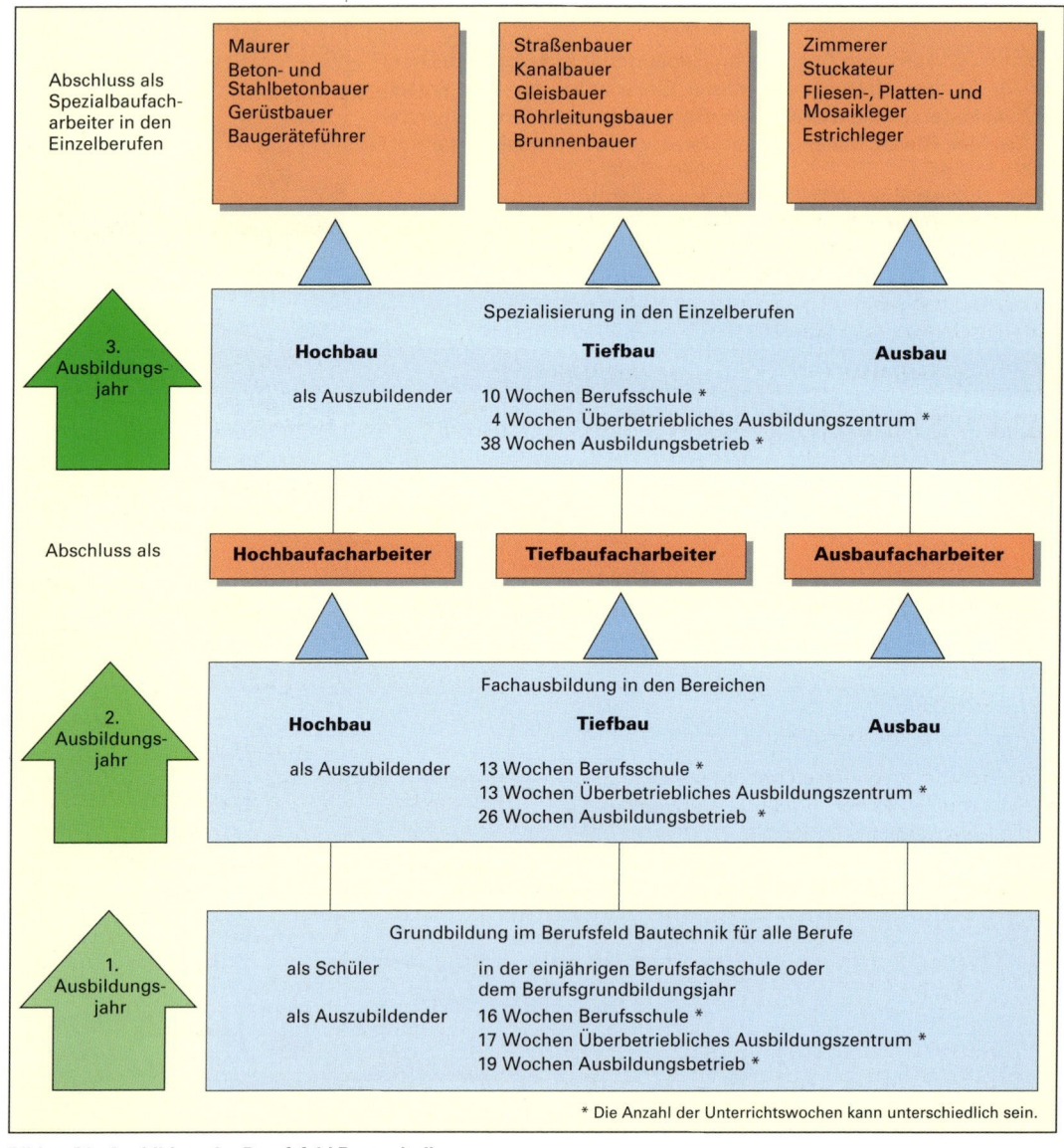

* Die Anzahl der Unterrichtswochen kann unterschiedlich sein.

Bild 1: Die Ausbildung im Berufsfeld Bautechnik

2 Naturwissenschaftliche Grundlagen

In der Bautechnik werden eine Vielzahl von Baustoffen mit Hilfe bestimmter Arbeitsverfahren zu einem Bauwerk zusammengefügt. Dies erfordert Kenntnisse über Eigenschaften der Baustoffe sowie über die bei ihrer Verarbeitung ablaufenden Vorgänge. Grundlage dafür sind die beiden Naturwissenschaften **Chemie** und **Physik** sowie die **Elektrotechnik**.

> Bei der Erstellung eines Bauwerkes ist eine Vielzahl von chemischen und physikalischen Vorgängen zu beachten.

2.1 Chemische Grundlagen

Die Chemie befasst sich mit dem Aufbau, der Zusammensetzung, der Herstellung und den Eigenschaften der Stoffe sowie mit deren Umwandlungen und den dabei ablaufenden Vorgängen.

2.1.1 Körper und Stoff

Jeder Körper nimmt einen Raum ein, ob er fest, flüssig oder gasförmig ist. Wo ein Körper ist, kann nicht gleichzeitig ein zweiter Körper sein. Jeder Körper besteht aus einem bestimmten Stoff, auch Materie genannt. Die Begriffe Körper und Stoff überschneiden sich und werden deshalb oft gleichbedeutend verwendet **(Bild 1)**.

> Jeder Körper nimmt einen bestimmten Raum ein und besteht aus einem bestimmten Stoff. Jeder Stoff benötigt einen Raum und bildet deshalb einen Körper.

Körper und Stoffe kann man nach ihren Eigenschaften unterscheiden.

Eigenschaften der Körper sind im Wesentlichen

- die Zustandsformen,
- das Volumen sowie
- der Energiezustand.

Eigenschaften der Stoffe sind z. B.

- die Reaktionsfreudigkeit mit anderen Stoffen,
- der Geruch und der Geschmack sowie
- die Korrosionsbeständigkeit.

> Die Physik befasst sich mit dem Zustand der Körper und den Zustandsänderungen bei physikalischen Vorgängen. Die stoffliche Zusammensetzung ändert sich dabei nicht.

> Die Chemie befasst sich mit den Stoffen, ihrer Zusammensetzung und Eigenschaften sowie mit den stofflichen Veränderungen bei chemischen Vorgängen.

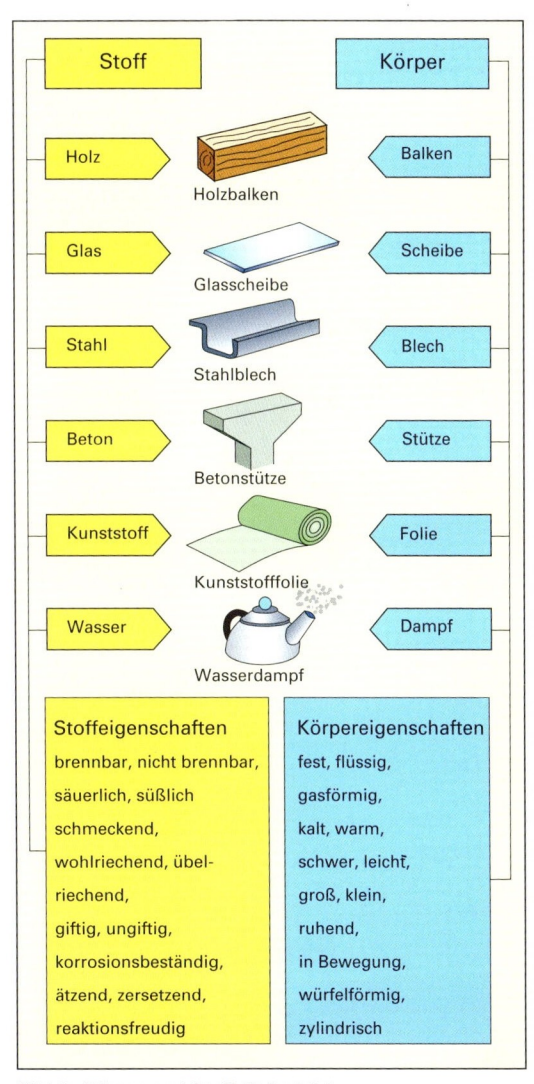

Stoff		Körper
Holz	Holzbalken	Balken
Glas	Glasscheibe	Scheibe
Stahl	Stahlblech	Blech
Beton	Betonstütze	Stütze
Kunststoff	Kunststofffolie	Folie
Wasser	Wasserdampf	Dampf

Stoffeigenschaften	Körpereigenschaften
brennbar, nicht brennbar, säuerlich, süßlich schmeckend, wohlriechend, übelriechend, giftig, ungiftig, korrosionsbeständig, ätzend, zersetzend, reaktionsfreudig	fest, flüssig, gasförmig, kalt, warm, schwer, leicht, groß, klein, ruhend, in Bewegung, würfelförmig, zylindrisch

Bild 1: Körper und Stoff (Beispiele)

2.1.2 Chemische und physikalische Vorgänge

2.1.2.1 Chemischer Vorgang

Bei einem chemischen Vorgang entsteht aus einem oder mehreren Ausgangsstoffen ein oder mehrere neue Stoffe mit völlig anderen Eigenschaften als denen der Ausgangsstoffe **(Bild 1)**.

> Bei einem **chemischen Vorgang** entsteht ein neuer Stoff.

2.1.2.2 Physikalischer Vorgang

Bei einem physikalischen Vorgang entsteht kein neuer Stoff. Es ändern sich die Zustandsform, die Lage oder Größe des Stoffes oder Körpers. **(Bild 2)**.

> Bei einem **physikalischen Vorgang** ändert sich der Zustand des Stoffes, der Stoff bleibt derselbe.

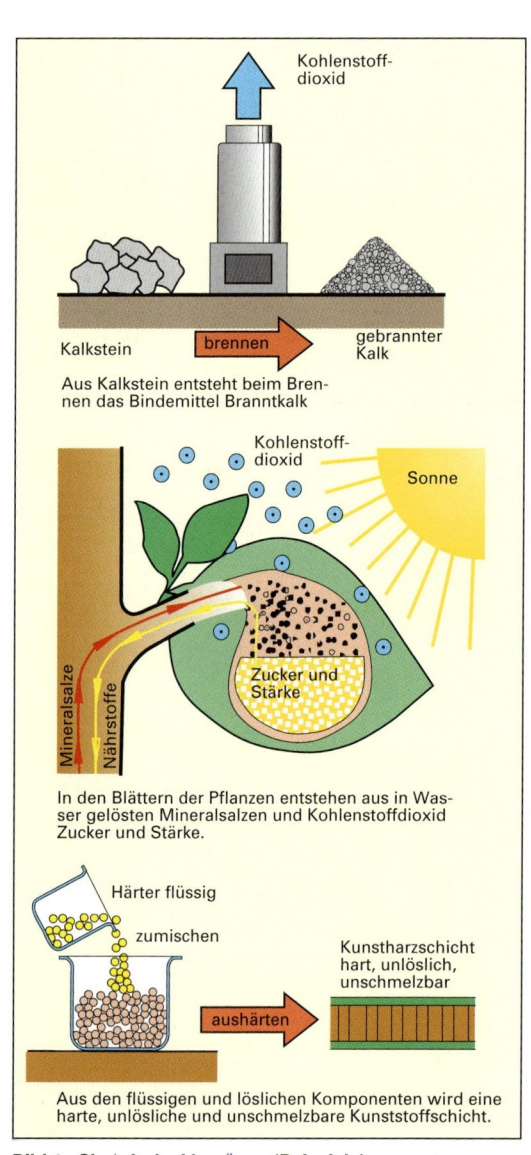

Aus Kalkstein entsteht beim Brennen das Bindemittel Branntkalk

In den Blättern der Pflanzen entstehen aus in Wasser gelösten Mineralsalzen und Kohlenstoffdioxid Zucker und Stärke.

Aus den flüssigen und löslichen Komponenten wird eine harte, unlösliche und unschmelzbare Kunststoffschicht.

Bild 1: Chemische Vorgänge (Beispiele)

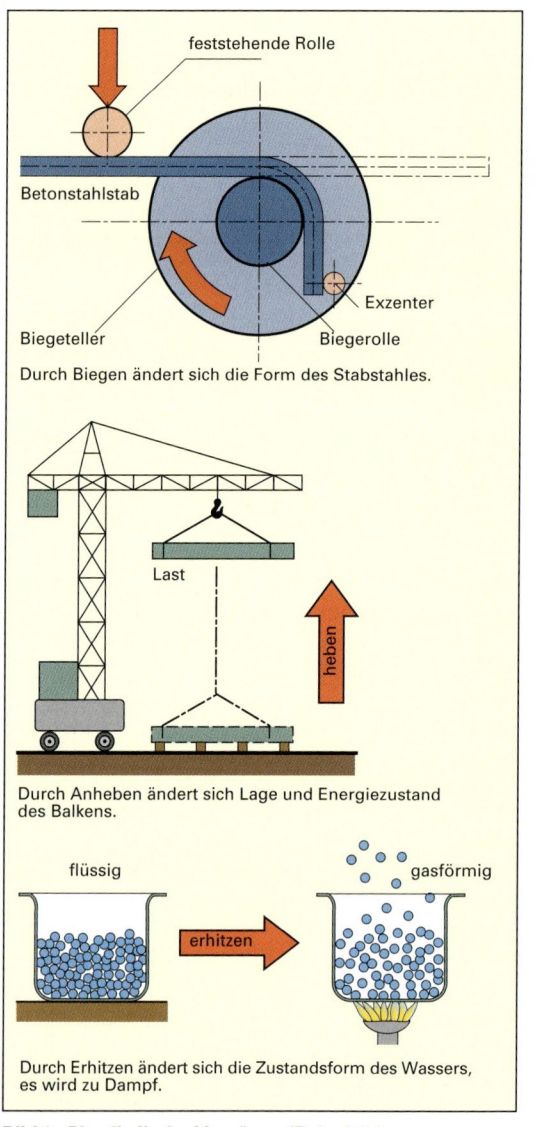

Durch Biegen ändert sich die Form des Stabstahles.

Durch Anheben ändert sich Lage und Energiezustand des Balkens.

Durch Erhitzen ändert sich die Zustandsform des Wassers, es wird zu Dampf.

Bild 2: Physikalische Vorgänge (Beispiele)

2.1.3 Arten der Stoffe

Nach dem Aufbau der Stoffe unterscheidet man Gemenge oder Stoffgemische, chemische Verbindungen und Elemente oder Grundstoffe.

- **Gemenge**
  bestehen aus mehreren verschiedenartigen Einzellstoffen. Das Gemenge, z. B. Kalkmörtel, lässt sich mit mechanisch-physikalischen Verfahren in seine Einzellstoffe Sand, Wasser und Kalk trennen **(Bild 1)**. Mechanisch-physikalische Trennverfahren sind z. B. Destillieren, Abdampfen, Filtrieren und Absetzenlassen.
- **Chemische Verbindungen**
  bestehen aus mindestens zwei verschiedenartigen Grundstoffen oder Elementen. Chemische Verbindungen lassen sich nicht durch mechanisch-physikalische Vorgänge, sondern nur durch chemische Verfahren in ihre Elemente zerlegen, wie z. B. Calciumhydroxid in Calcium, Sauerstoff und Wasserstoff (Bild 1).
- **Chemische Elemente**
  auch Grundstoffe genannt, sind Stoffe, die sich weder durch mechanisch-physikalische noch durch chemische Verfahren weiter zerlegen lassen, wie z. B. Silizium und Sauerstoff (Bild 1).

2.1.4 Chemische Elemente

Stoffe, die sich nicht mehr in andere Stoffe zerlegen lassen, bezeichnet man als chemische Elemente oder Grundstoffe.

Es gibt 90 natürliche Elemente, aus denen sich alle Stoffe der Erde aufbauen. 19 Elemente sind künstlich hergestellt worden. Von den natürlichen Elementen sind 66 Metalle, 17 Nichtmetalle und 6 Halbmetalle. **Metalle** sind glänzend und gute Leiter für den elektrischen Strom und Wärme. **Nichtmetalle** sind meist gasförmig, überwiegend Nichtleiter für den elektrischen Strom und schlechte Wärmeleiter, wie z. B. Schwefel. **Halbmetalle** können sowohl metallische als auch nichtmetallische Eigenschaften haben wie z. B. Silicium und Selen.

Die Elemente werden meist mit Kurzzeichen benannt, die von ihren lateinischen und griechischen Namen oder von den Namen ihrer Entdecker abgeleitet sind **(Tabelle 1)**.

Chemische Elemente bestehen aus Atomen. Die Atome eines bestimmten Elementes sind untereinander gleich. Die unterschiedlichen Eigenschaften der Elemente ergeben sich daher aus dem verschiedenartigen Aufbau ihrer Atome **(Bild 1, Seite 18)**.

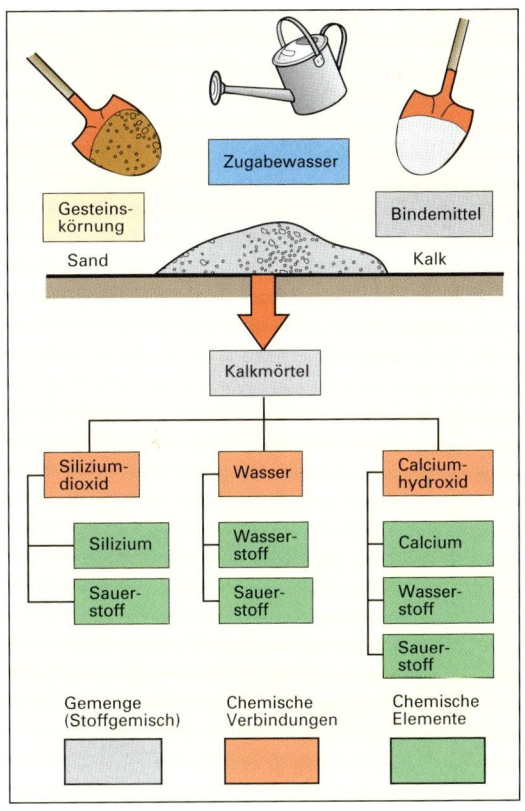

Bild 1: Arten von Stoffen

Tabelle 1: Namen und Kurzzeichen wichtiger Elemente

Namen	Kurzzeichen	Namen	Kurzzeichen
Metalle		Metalle	
Aluminium	Al	Wolfram	W
Blei (Plumbum)	Pb	Zink	Zn
Chrom	Cr	Zinn (Stannum)	Sn
Eisen (Ferrum)	Fe	Nichtmetalle	
Gold (Aurum)	Au	Argon	Ar
Kalium	K	Chlor	Cl
Calcium	Ca	Fluor	F
Kobalt (Cobalt)	Co	Helium	He
Kupfer (Cuprum)	Cu	Kohlenstoff (Carboneum)	C
Magnesium	Mg		
Mangan	Mn	Neon	Ne
Molybdän	Mo	Phosphor	P
Natrium	Na	Sauerstoff (Oxygenium)	O
Nickel	Ni	Schwefel (Sulfur)	S
Niob	Nb	Stickstoff (Nitrogenium)	N
Platin	Pt		
Quecksilber (Hydrargyrum)	Hg	Wasserstoff (Hydrogenium)	H
Silber (Argentum)	Ag		
Tantal	Ta	Halbmetalle	
Titan	Ti	Silicium	Si
Vanadium	V	Selen	Se

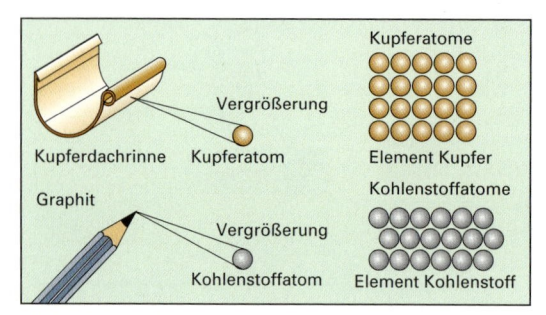

Bild 1: Atome in chemischen Elementen

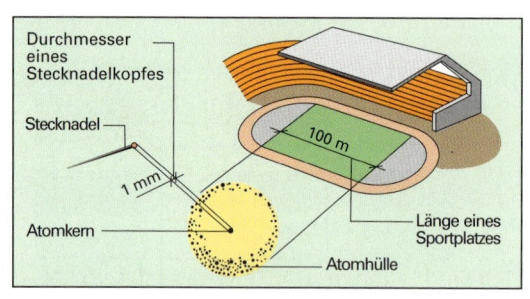

Bild 2: Atommodell mit Größenvergleich

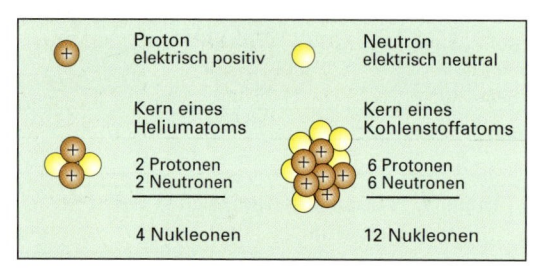

Bild 3: Aufbau des Atomkerns

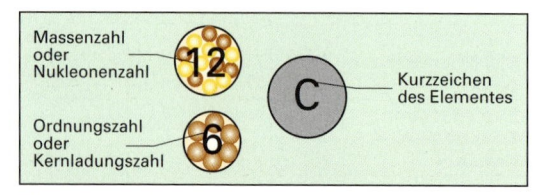

Bild 4: Bezeichnung von Kohlenstoff

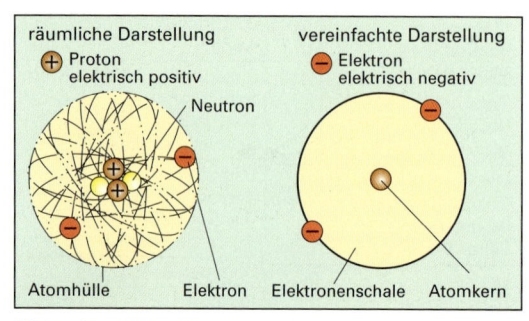

Bild 5: Modell des Heliumatoms

Atome

Die kleinsten Teilchen eines Stoffes, die mit physikalischen oder chemischen Verfahren nicht mehr weiter zerlegbar sind, nennt man Atome.

Die Atome sind so klein, dass sie nicht sichtbar gemacht werden können. Man stellt sich deshalb den Bau der Atome und die Vorgänge im Atom mit Hilfe von Modellen vor. Nach dem Modell des dänischen Naturforschers Niels Bohr (1885 bis 1962) haben die Atome kugelförmige Gestalt und bestehen aus Atomhülle und Atomkern (**Bild 1**).

Durchmesser der Atomhülle:
  0,000 0001 mm
    ≈ ein zehnmillionstel Millimeter
Durchmesser des Atomkerns:
  0,000 000 000 001 mm
    ≈ ein billionstel Millimeter (**Bild 2**).

Atomkern

- befindet sich in der Mitte des Atoms,
- vereinigt fast die gesamte Masse des Atoms in sich,
- besteht aus Nukleonen oder Kernbausteinen.

Nukleonen unterscheidet man in
Protonen, elektrisch positiv geladen und
Neutronen, elektrisch neutral.

Atomkerne können aus mehreren Protonen und Neutronen bestehen (**Bild 3**).

Massenzahl oder Nukleonenzahl
= Anzahl der Protonen und Neutronen im Atom.

Ordnungszahl oder Kernladungszahl
= Anzahl der Protonen im Atomkern.

Das Heliumatom bzw. das Element Helium hat die Ordnungszahl 2 und die Massenzahl 4. Das Kohlenstoffatom bzw. das Element Kohlenstoff hat die Ordnungszahl 6 und die Massenzahl 12 (**Bild 4**).

Atomhülle

Die Atomhülle wird von **Elektronen** gebildet. Diese kreisen mit hoher Geschwindigkeit in einem kugelförmigen Bereich um dem Atomkern. Diesen Bereich nennt man Elektronenschale (**Bild 5**).

Die Elektronen sind elektrisch negativ geladen und besitzen eine sehr geringe Masse. Die negative Ladung entspricht der positiven Ladung eines Protons. Im Atom ist die Anzahl der Elektronen und Protonen gleich, das Atom ist nach außen elektrisch neutral. Durch die entgegengesetzten Ladungen werden die Elektronen auf ihren Bahnen gehalten.

Die Elektronen gruppieren sich in bis zu sieben Elektronenschalen, die vom Atomkern jeweils unterschiedliche Entfernungen haben. Jeder Elektronenschale ist eine bestimmte Höchstzahl von Elektronen zugeordnet. Auf der innersten Schale sind es 2, auf der zweiten 8, auf der dritten 18, auf der äußersten jedoch jeweils 8 (**Bild 1**).

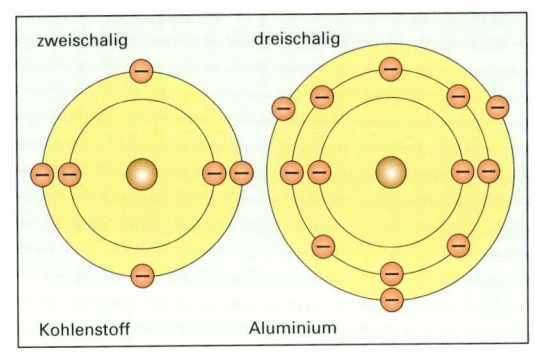

Bild 1: Darstellung mehrschaliger Atome

Atommasse

Bei der Ermittlung der Atommasse bleibt die sehr geringe Masse der Elektronen unberücksichtigt.

Die Masse eines Wasserstoffatoms bzw. eines Protons beträgt $1,67 \cdot 10^{-24}$ g. Da diese Zahl sehr klein ist, ersetzt man sie durch die Zahl 1,008 oder 1. Weil die Masse eines Protons gleich der Masse eines Neutrons ist, sind die Atommassen der übrigen Elemente stets ein Vielfaches dieser Zahl. Man nennt sie deshalb **relative Atommasse** (Massenzahl). Die relative Atommasse eines Sauerstoffatoms mit 16 Nukleonen beträgt 15,999 oder 16 (**Tabelle 1**).

> Bei der stets gleichen Anzahl von Atomen eines beliebigen Elementes, nämlich bei
> $6,02205 \cdot 10^{23} = 1$ Mol,
> entspricht die relative Atommasse seiner Atommasse in Gramm.

Tabelle 1: Atommassen in Gramm (Beispiele)

Element	Atommasse	Element	Atommasse
Wasserstoff	1,008	Silicium	28,086
Kohlenstoff	12,001	Schwefel	32,064
Stickstoff	14,007	Calcium	40,08
Sauerstoff	15,999	Eisen	55,847
Aluminium	26,982	Blei	207,192

Isotope

Die Atome eines bestimmten Elementes, z. B. des Kohlenstoffs, haben zwar die gleiche Protonenzahl, die Anzahl der Neutronen kann jedoch unterschiedlich sein (**Bild 2**).

> Atome eines bestimmten Elementes mit unterschiedlicher Neutronenzahl bezeichnet man als Isotope.

Isotope z. B. des Kohlenstoffs haben die gleichen chemischen Eigenschaften, jedoch unterschiedliche Massen. Fast alle Elemente bilden Isotope, allerdings nur in sehr geringem Umfang.

Radioaktivität

Isotope einiger Elemente, z. B. Radium (Ra 226), Uran (U 235) und Kohlenstoff (C 14), senden Strahlen aus, wobei die Atomkerne zerfallen. Diese Eigenschaft nennt man Radioaktivität. Man unterscheidet dabei α-, β- und γ-Strahlen (**Bild 3**). Die α-Strahlen bestehen aus Heliumkernen. Die aus Elektronen bestehenden β-Strahlen durchdringen Stahl- oder Bleibleche bis 1 mm Dicke. Die sehr kurzwelligen γ-Strahlen entstehen bei Kernumwandlungen. Sie durchdringen meterdicke Betonwände und können nur durch dicke Bleiplatten abgeschirmt werden. Sie sind für den Menschen sehr gefährlich und führen zu Gewebezerstörungen.

Radioaktive Stoffe verwendet man in der Technik z. B. zur Kontrolle der Materialdicken bei der Herstellung von Papieren, Folien und Blechen.

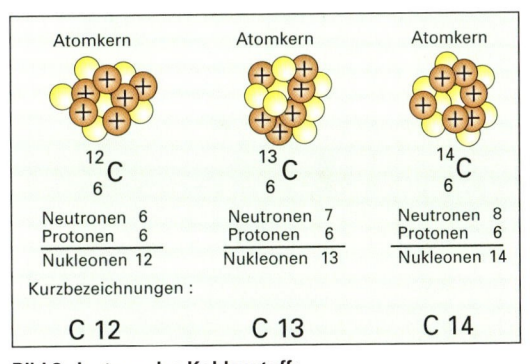

Bild 2: Isotope des Kohlenstoffs

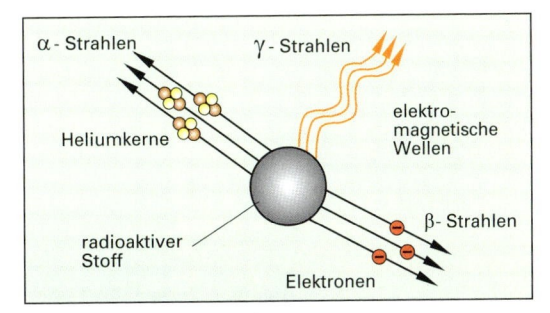

Bild 3: Radioaktive Strahlung

2.1.4.1 Periodensystem der Elemente

Untersucht man die Elemente nach der Reihenfolge der Ordnungszahlen auf ihre Eigenschaften, kehren jeweils nach 8 Elementen solche mit fast gleichen Eigenschaften periodisch wieder. Es ergeben sich dabei 7 Zeilen oder Perioden. Die Periode 3 umfasst z. B. die Elemente von Natrium bis Argon **(Bild 1)**.

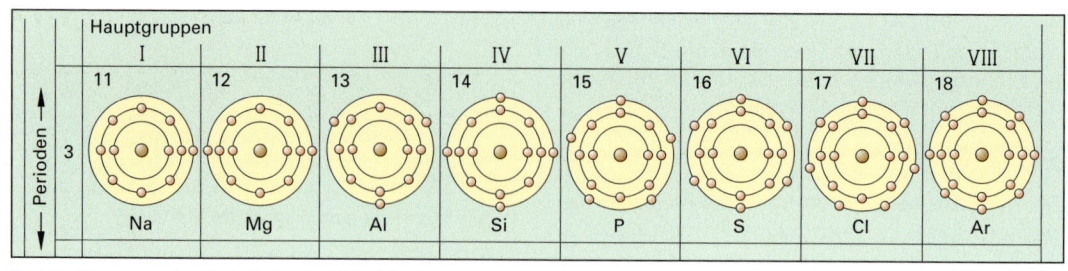

Bild 1: Elemente der Periode 3 mit 1 bis 8 Außenelektronen

Ordnet man die sieben Perioden so an, dass die Elemente mit den gleichen Eigenschaften untereinander stehen, ergeben sich acht senkrechte Spalten oder Hauptgruppen von I bis VIII **(Tabelle 1)**.

> Die Anordnung der Elemente nach ihren Eigenschaften in 7 waagerechte Perioden und 8 senkrechte Hauptgruppen bezeichnet man als das **Periodensystem der Elemente (PSE)**.

Man hat festgestellt, dass die Elemente der Hauptgruppen auf den Außenschalen ihrer Atome jeweils die gleiche Anzahl von Elektronen von 1 bis 8 aufweisen. Die Elemente der Hauptgruppe I haben jeweils 1 Außenelektron. Sie sind Metalle (außer Wasserstoff) und reagieren heftig mit Nichtmetallen, wie z. B. mit Sauerstoff und Chlor. Die Elemente der Hauptgruppe VIII besitzen 8 Außenelektronen. Sie sind bei Raumtemperatur gasförmig und verbinden sich nicht mit anderen Stoffen (Edelgase). Die Metalle findet man im linken Teil, die Nichtmetalle im rechten Teil des Periodensystems, dazwischen die Halbmetalle. Am Periodensystem wird deutlich, dass die Eigenschaften der Elemente von der Zahl ihrer Außenelektronen abhängen.

Die Atome der Nebengruppenelemente haben ein oder zwei Außenelektronen und unterscheiden sich durch die Anzahl der Elektronen auf den inneren Schalen. Die Eigenschaften der Nebengruppenelemente haben große Ähnlichkeit, es sind alles Metalle (Tabelle 1).

Tabelle 1: Periodensystem der Elemente (gekürzt)

Periode	Hauptgruppen		Nebengruppen								Hauptgruppen					
	I	II	IIIa	IVa	Va	VIa	VIIa	VIIIa			Ia	IIa	III	IV	V	VI	VII	VIII
1	1 H 1,008																	2 He 4,00
2	3 Li 6,939	4 Be 9,012											5 B 10,811	6 C 12,011	7 N 14,007	8 O 15,999	9 F 12,998	10 Ne 20,183
3	11 Na 22,989	12 Mg 24,312											13 Al 26,982	14 Si 28,086	15 P 30,974	16 S 32,064	17 Cl 35,492	18 Ar 39,948
4	19 K 39,102	20 Ca 40,08	21 Sc 44,956	22 Ti 47,9	23 V 50,942	24 Cr 51,996	25 Mn 54,938	26 Fe 55,847	27 Co 58,933	28 Ni 58,71	29 Cu 63,54	30 Zn 65,37	31 Ga 69,72	32 Ge 72,59	33 As 74,92	34 Se 78,96	35 Br 79,909	36 Kr 83,80
5	37 Rb 85,47	38 Sr 87,62	39 Y 89,905	40 Zr 91,22	41 Nb 92,906	42 Mo 95,94	43 Tc 99	44 Ru 101,07	45 Rh 102,905	46 Pd 106,04	47 Ag 107,87	48 Cd 112,40	49 In 114,82	50 Sn 118,69	51 Sb 121,75	52 Te 127,6	53 J 126,9	54 Xe 131,30
6	55 Cs 132,90	56 Ba 137,34	57 La 138,91	72 Hf 178,49	73 Ta 180,948	74 W 183,948	75 Re 186,2	76 Os 190,2	77 Ir 192,2	78 Pt 195,09	79 Au 196,967	80 Hg 200,59	81 Tl 204,37	82 Pb 207,192	83* Bi 208,98	84* Po 210	85* At 210	86* Rn 222
7	87* Fr 223	88* Ra 226,05	89* Ac 227	104* Rf 258	105* Db 260	106* Sg 261	107* Bh 262	108* Hs 263	109* Mt 266									

Bezeichnungen:
- Ordnungszahl
- Kurzzeichen
- relative Atommasse (≈ Massenzahl)
- Metalle
- Nichtmetalle
- Halbmetalle

* alle Isotope dieser Grundstoffe sind radioaktiv

2.1.5 Chemische Verbindungen

Verschiedene Atome bzw. Elemente können sich miteinander verbinden. Den dabei entstehenden neuen Stoff nennt man chemische Verbindung. Dieser neue Stoff hat völlig andere Eigenschaften als die Elemente, aus denen er besteht. Es verbinden sich z. B. 1 Atom Sauerstoff (O) mit 2 Atomen Wasserstoff (H) zu einem Molekül Wasser (H_2O). Die chemische Verbindung Wasser hat andere Eigenschaften als die Elemente Wasserstoff und Sauerstoff **(Bild 1)**.

> Ein Molekül ist stets das kleinste Teilchen einer chemischen Verbindung.
> Die Moleküle einer chemischen Verbindung sind untereinander gleich.

Bei vielen Elementen haben sich eine bestimmte Anzahl von Atomen zu Molekülen zusammengeschlossen. Diese nennt man Elementmoleküle, z. B. Sauerstoff mit 2 und Schwefel mit 6 Atomen. Nur bei den Edelgasen, z. B. Helium, liegen Einzelatome vor **(Bild 2)**. In metallischen Elementen bilden die Atome kristallartige Teilchenverbände **(Bild 3)**. Die Anzahl der Atome eines Elementes in einem Molekül wird durch eine tiefergestellte Zahl (Index) nach dem Kurzzeichen dargestellt, wobei der Index 1 entfällt.

Beispiele:
CH_4 1 Molekül Methan besteht aus 1 Atom Kohlenstoff und 4 Atomen Wasserstoff,
NaCl   1 Molekül Natriumchlorid (Kochsalz) besteht aus 1 Molekül Natrium und 1 Molekül Chlor.

Bei chemischen Verbindungen verbinden sich die Atome auf verschiedene Arten. Man unterscheidet die Elektronenpaarbindung, die Ionenbindung und die Metallbindung.

2.1.5.1 Elektronenpaarbindung

Elemente, deren Atome auf ihren Elektronenschalen mit 8 Elektronen voll besetzt sind, haben keine Neigung, sich mit anderen Elementen zu verbinden. Sie befinden sich in stabilem Zustand (Edelgase). Elemente, die nur ein oder wenige Elektronen zu viel oder zu wenig auf ihren Außenschalen haben, sind bestrebt, in den stabilen Zustand zu gelangen, und sind deshalb sehr reaktionsfreudig.

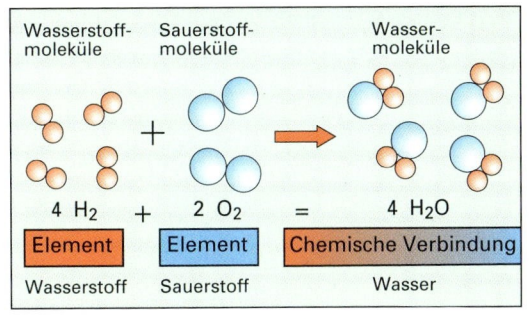

Bild 1: Chemische Verbindung (Beispiel)

4 H_2 + 2 O_2 = 4 H_2O
Element Wasserstoff + Element Sauerstoff = Chemische Verbindung Wasser

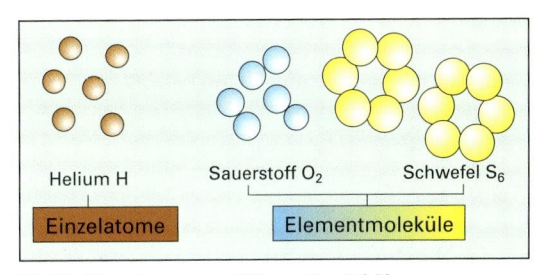

Bild 2: Einzelatome und Elementmoleküle

Helium H — Einzelatome
Sauerstoff O_2 Schwefel S_6 — Elementmoleküle

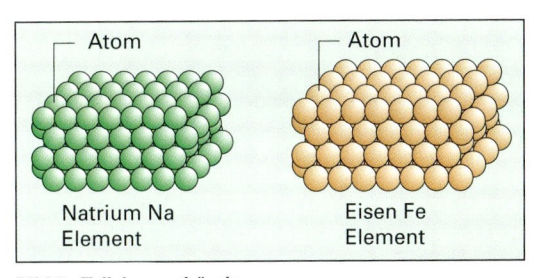

Bild 3: Teilchenverbände

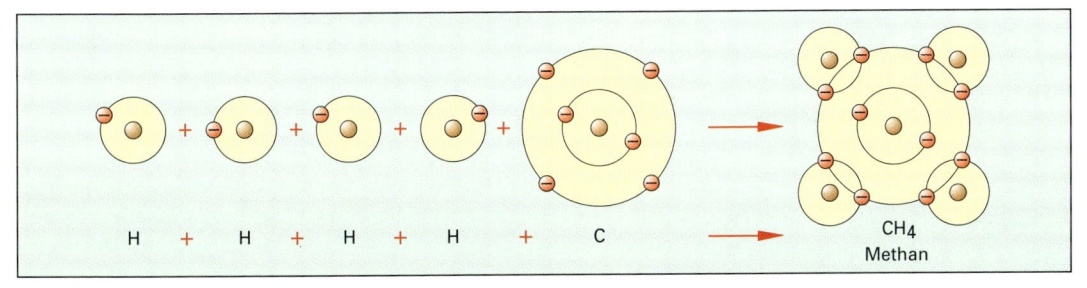

Natrium Na Element
Eisen Fe Element

H + H + H + H + C → CH_4 Methan

Bild 4: Elektronenpaarbindung

Kommen z. B. 4 Wasserstoffatome und 1 Kohlenstoffatom zusammen, versucht jedes Atom durch Aufnahme bzw. Abgabe eines Elektrons aus der Atomhülle des anderen seine Schale aufzufüllen. Dies geschieht dadurch, dass je ein Elektron der äußeren Schalen gemeinsam benutzt werden bzw. paarweise die Atomkerne umkreisen und die Atome sich dabei zu einem Molekül Methan verbinden. Da die Verbindung mit Hilfe gemeinsamer Elektronenpaare zustande kommt, bezeichnet man diese Bindungsart als **Elektronenpaarbindung (Bild 4, Seite 21)**.

2.1.5.2 Ionenbindung

Werden von einem Atom ein oder mehrere Elektronen abgetrennt, wird seine Ladung elektrisch positiv. Nimmt dagegen ein Atom Elektronen auf, wird es elektrisch negativ.

Die durch Abgabe bzw. Aufnahme von Elektronen entstandenen positiven bzw. negativen Teilchen bezeichnet man als **Ionen**, die Art der Ladung wird durch ein Plus- oder Minuszeichen rechts oben neben

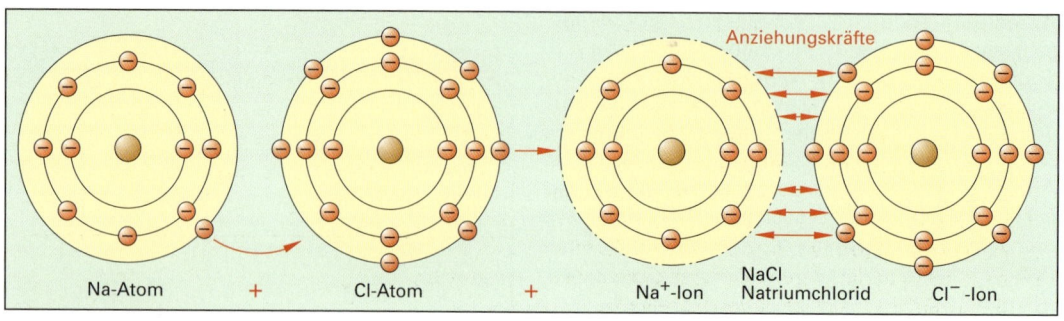

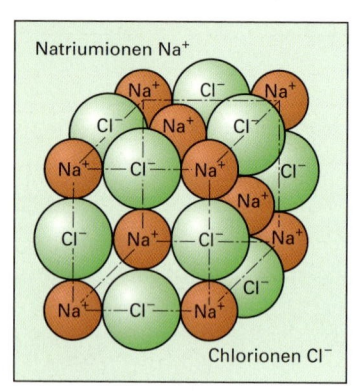

Bild 1: Ionenbindung

Bild 2: Kochsalzkristall

dem jeweiligen Kurzzeichen dargestellt, z. B. Na^+ (positiv geladenes Natriumion) oder Cl^- (negativ geladenes Chlorion). Die Anzahl der Ladungen wird durch eine Zahl vor dem Ladungszeichen ausgedrückt, z. B. Al^{3+} (dreifach positiv geladenes Aluminiumion). Ionen mit entgegengesetzten Ladungen ziehen einander an und können sich deshalb miteinander verbinden. Bei der Entstehung von Natriumchlorid (Kochsalz) z. B. gibt das Natriumatom sein Außenelektron an das Chloratom ab **(Bild 1)**. Dadurch entsteht das positiv geladene Natriumion und das negativ geladene Chlorion, die sich durch ihre entgegengesetzten Ladungen anziehen und die chemische Verbindung Natriumchlorid bilden. Diese Bindungsart bezeichnet man als **Ionenbindung**. Sie kommt hauptsächlich bei den Verbindungen von Metallen mit Nichtmetallen vor (Salze). Die Anziehungskräfte bei der Ionenbindung wirken nicht nur zwischen zwei Ionen, sondern nach allen Richtungen. Dadurch kommt es zur Bildung von gitterartigen Ionenverbänden. Diese nach geometrischen Gesetzen aufgebauten Raumgitter führen zu festen, ebenflächig begrenzten Körpern, die man als **Kristalle** (Ionenkristallgitter) bezeichnet **(Bild 2)**.

2.1.5.3 Metallbindung

Die Atome der Metalle besitzen auf ihrer äußeren Schale meist nur wenige Elektronen, die sich bei der Zusammenlagerung der Metallatome zu einem festen Körper von ihren Atomen lösen. Dadurch werden aus den Metallatomen Metallionen **(Bild 3)**. Die Elektronen bewegen sich ähnlich wie ein Gas frei zwischen den Metallionen, die man sich als kugelförmige Teilchen vorstellen kann. Sie lagern sich aufgrund elektrischer Kräfte dicht aneinander, wobei sie von den Elektronen wie von einem Kitt zusammengehalten werden. Da die Kräfte nach allen Richtungen wirken, bilden die Metalle **Kristalle** (Metallkristallgitter).

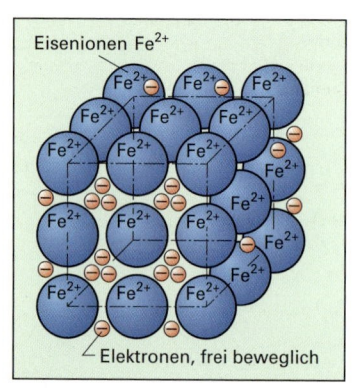

Bild 3: Metallbindung (Eisenkristall)

2.1.5.4 Wertigkeit

Aus welchen Elementen und in welchem Verhältnis sich diese Elemente zu chemischen Verbindungen zusammenschließen, ist an den chemischen Formeln zu erkennen. Man unterscheidet dabei Summenformeln und Strukturformeln. Bei der **Summenformel** werden die Kurzzeichen der in einer chemischen Verbindung enthaltenen Elemente aneinander gereiht. Die hinter den Kurzzeichen tiefer gestellten Zahlen geben an, in welchem Zahlenverhältnis die Atome der Elemente in der chemischen Verbindung enthalten sind. Bei der **Strukturformel** wird jedes einzelne Atom dargestellt. Sie lässt die Zuordnung der Atome im Molekül erkennen (**Tabelle 1**). In welchem Zahlenverhältnis die Atome miteinander chemische Verbindungen eingehen, hängt davon ab, wie viele Außenelektronen von diesen abgegeben, aufgenommen oder zur gemeinsamen Benutzung bereitgestellt werden können. Diese Zahl bezeichnet man als **Wertigkeit** oder **Valenz** des Elementes, die austauschbaren Elektronen als **Valenzelektronen**. In den Strukturformeln kennzeichnet man die Wertigkeit durch die entsprechende Anzahl von Valenzstrichen (**Tabelle 2**).

Tabelle 1: Formelarten

Stoff	Formel		Bestandteile
	Summenformel	Strukturformel	
Wasser	H_2O	H–O–H	2 Atome H 1 Atom O
Formaldehyd	HCHO	H–C(=O)–H	1 Atom C 2 Atome H 1 Atom O
Tetrachlorkohlenstoff	CCl_4	Cl–C(Cl)(Cl)–Cl	1 Atom C 4 Atome Cl

Tabelle 2: Wertigkeiten einiger Elemente

Wertigkeit	Beispiele
einwertig	Na– K– Ag– Cu– H– Cl–
zweiwertig	–Ca– –Zn– –Pb– –Fe– –S– –O–
dreiwertig	Al Fe P N
vierwertig	–Pb– –Sn– –S– –C–

2.1.5.5 Chemische Gleichungen

Bei einem chemischen Vorgang sind die Massen der Stoffe vor dem chemischen Vorgang gleich den Massen der Stoffe nach dem Vorgang. Chemische Vorgänge, auch chemische Reaktionen genannt, lassen sich daher in Gleichungen darstellen. Man bezeichnet diese als **chemische Gleichungen** oder Reaktionsgleichungen. Bei chemischen Gleichungen wird das Gleichheitszeichen durch einen Pfeil ersetzt. Auf der linken Seite der Gleichung stehen die Ausgangsstoffe, rechts die nach der Reaktion entstandenen Stoffe (Endstoffe). Die Anzahl der Atome links vom Pfeil muss mit der Anzahl der Atome rechts vom Pfeil übereinstimmen. Zeigt die rechnerische Nachprüfung, dass ein Ausgleich notwendig ist, wird dieser durch die entsprechende Zahl vor dem Kurzzeichen dargestellt (**Bild 1**).

Ausgangsstoffe →(chemischer Vorgang)→ Endstoffe

Beispiele:

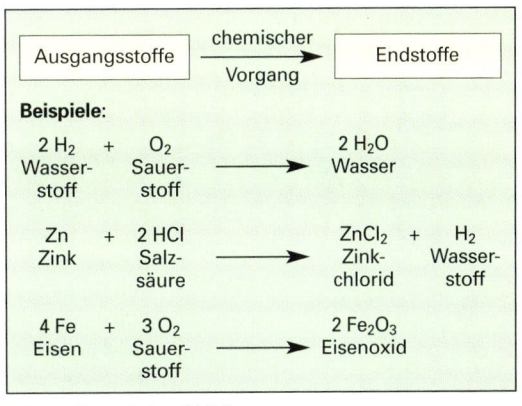

$2 H_2$ + O_2 → $2 H_2O$
Wasserstoff + Sauerstoff → Wasser

Zn + 2 HCl → $ZnCl_2$ + H_2
Zink + Salzsäure → Zinkchlorid + Wasserstoff

4 Fe + 3 O_2 → 2 Fe_2O_3
Eisen + Sauerstoff → Eisenoxid

Bild 1: Chemische Gleichung

2.1.5.6 Synthese, Analyse

Unter einer **Synthese** versteht man das Herstellen einer chemischen Verbindung. Die Erzeugung synthetischer Stoffe, z. B. der Kunststoffe, ist eine der Hauptaufgaben der chemischen Industrie. Die Zerlegung einer chemischen Verbindung in ihre Elemente nennt man **Analyse**. Synthese und Analyse sind chemische Vorgänge. Sie können durch chemische Gleichungen dargestellt werden (**Bild 2**).

Beispiel einer Synthese:

4 Al + 3 O_2 → 2 Al_2O_3
Aluminium + Sauerstoff → Aluminiumoxid

Beispiel einer Analyse:

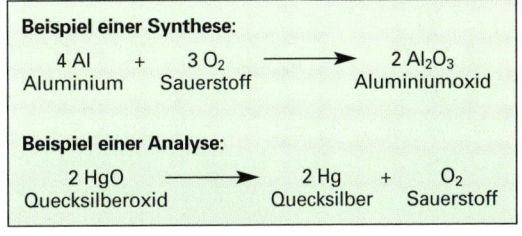

2 HgO → 2 Hg + O_2
Quecksilberoxid → Quecksilber + Sauerstoff

Bild 2: Synthese und Analyse

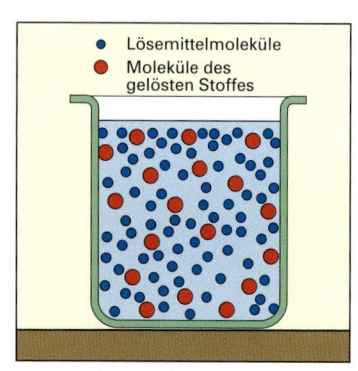

Bild 1: Lösung

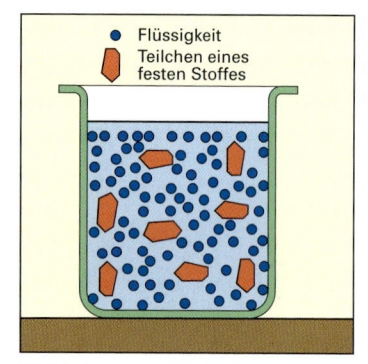

(Legende: Lösemittelmoleküle, Moleküle des gelösten Stoffes)

Bild 2: Suspension

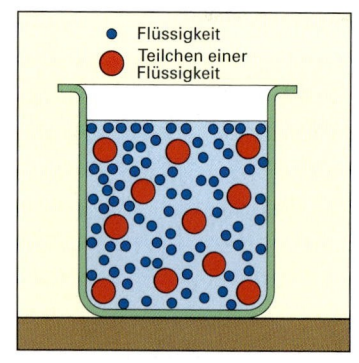

(Legende: Flüssigkeit, Teilchen eines festen Stoffes)

Bild 3: Emulsion

(Legende: Flüssigkeit, Teilchen einer Flüssigkeit)

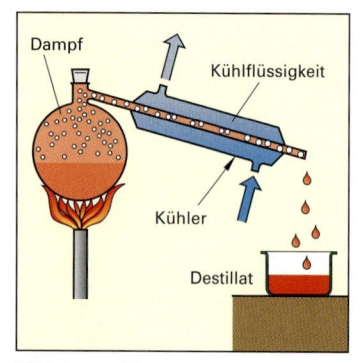

Bild 4: Destillation

(Beschriftungen: Dampf, Kühlflüssigkeit, Kühler, Destillat)

2.1.6 Gemenge

Man kann manche Stoffe beliebig miteinander vermengen, ohne dass diese sich chemisch verbinden. Das enstehende Gemenge oder Stoffgemisch ist kein neuer Stoff. Es lässt sich daher mit physikalischen Verfahren wieder in seine Ausgangsstoffe trennen, z. B. durch Destillieren, Abdampfen, Filtrieren, magnetisches Trennen oder Absetzen. Gemenge sind z. B. Lösungen, Dispersionen und Legierungen.

2.1.6.1 Lösungen

Zahlreiche feste, flüssige und gasförmige Stoffe lassen sich in Flüssigkeiten so fein verteilen, dass nur noch Einzelmoleküle vorhanden sind. Die Stoffe befinden sich dann in **Lösung**. Die Flüssigkeit nennt man **Lösemittel (Bild 1)**. Eine bestimmte Menge Lösemittel kann bei einer bestimmten Temperatur nur eine begrenzte Menge eines Stoffes lösen. Ist dieser Zustand erreicht, ist die Lösung **gesättigt**. Eine annähernd gesättigte Lösung bezeichnet man als **konzentriert**, eine vom Sättigungszustand weiter entfernte Lösung als **verdünnt**. Der Lösungsvorgang lässt sich durch Zerkleinern des zu lösenden Stoffes sowie durch Umrühren oder Erwärmen beschleunigen. Gelöste feste Stoffe können aus Lösungen durch Verdampfen bzw. Verdunsten des Lösemittels ausgeschieden werden, z. B. bei einem Anstrich mit Kaltbitumen.

Zur Trennung zweier ineinander gelöster Flüssigkeiten unterwirft man die Lösung einer **Destillation**. Dabei wird die Lösung zum Sieden gebracht. Die leichter siedende Flüssigkeit verdampft und wird durch Abkühlung wieder verflüssigt. Die schwerer siedende Flüssigkeit bleibt im Gefäß zurück **(Bild 4)**. Die Trennung mehrerer ineinander gelöster Flüssigkeiten erfolgt durch mehrmaliges Destillieren, wobei die Flüssigkeiten entsprechend ihrer Siedepunkte verdampfen und getrennt aufgefangen werden. Man spricht dabei von der fraktionierten Destillation, z. B. bei der Auftrennung des Erdöls in Benzine, Heizöle, Schmieröle und Bitumen.

2.1.6.2 Dispersionen

Bei einer Dispersion sind sehr kleine Stoffteilchen fein in einer Flüssigkeit verteilt, ohne darin gelöst zu sein. Die Flüssigkeit bezeichnet man als Dispersionsmittel. Ist der fein verteilte Stoff ein fester Stoff, spricht man von einer **Suspension**, z. B. Betonit **(Bild 2)**, ist er eine Flüssigkeit, von einer **Emulsion**, z. B. Bitumenemulsion oder Schalöl **(Bild 3)**. Bei Dispersionen setzen sich die feinverteilten Stoffe ab und es tritt eine allmähliche Entmischung ein. Sie sind deshalb vor Gebrauch zu schütteln oder umzurühren. Beispiele sind Dispersionsleime und Dispersionsfarben sowie Bohremulsion aus Öl und Wasser für die Metallbearbeitung.

2.1.6.3 Legierungen

Viele Metalle lassen sich in geschmolzenem Zustand ineinander lösen. Die erstarrte Lösung bezeichnet man als Legierung. Die Eigenschaften einer Legierung weichen oft erheblich von denen der darin enthaltenen Einzelmetalle ab, z. B. in ihrer Festigkeit, Härte und ihrem Schmelzpunkt. Durch Legieren lassen sich Werkstoffe mit bestimmten Eigenschaften herstellen, so wird z. B. Stahl durch Zulegieren von Chrom und Nickel korrosionsbeständig.

2.1.7 Wichtige Grundstoffe und ihre Verbindungen

Die meisten Baustoffe sind Gemenge aus verschiedenen chemischen Verbindungen, die ihrerseits aus Elementen bestehen. Neben den Elementen Kohlenstoff (C), Wasserstoff (H) und Sauerstoff (O) enthalten z. B. **Baustoffe und Bindemittel** überwiegend Kalium (Ka), Calcium (Ca), Silicium (Si), Aluminium (Al) und Eisen (Fe), **Kunststoffe** hauptsächlich Chlor (Cl) und Stickstoff (N) (**Bild 1**).

2.1.7.1 Sauerstoff (O)

Eigenschaften: Sauerstoff ist ein geruchloses, geschmackloses, farbloses Gas und schwerer als Luft. Er ist zur Verbrennung sowie zur Atmung notwendig, brennt aber selbst nicht. In reinem Sauerstoff verbrennen viele Stoffe, auch Metalle, schnell und sehr heftig.

Vorkommen: Etwa 21% der Luft ist freier Sauerstoff. Der größte Teil des Sauerstoffs ist in den Gesteinen der Erdrinde und im Wasser, chemisch gebunden, enthalten. Von den Pflanzen wird der Sauerstoff durch Fotosynthese aus Kohlenstoffdioxid zurückgewonnen (**Bild 2**).

Verwendung: Sauerstoff verwendet man zum Schweißen und Schneiden von Metallen, zur Stahlherstellung und als Sauerstofflanze zum Trennen von Beton und Gestein.

Oxidation, Reduktion

Verbindet sich ein Stoff mit Sauerstoff, spricht man von Oxidation, die dabei entstehende chemische Verbindung heißt Oxid. Bei jeder Oxidation wird Wärme frei. Eine Oxidation kann zeitlich verschieden ablaufen (**Tabelle 1**).

Wird einem Oxid der Sauerstoff entzogen, spricht man von Reduktion (Zurückführung). Zu einer Reduktion ist Wärme erforderlich. Die Gewinnung vieler Metalle aus ihren Erzen erfolgt durch Reduktion.

2.1.7.2 Wasserstoff (H)

Eigenschaften: Wasserstoff ist ein farbloses und geruchloses Gas, er ist der spezifisch leichteste aller Stoffe, 1 Liter wiegt 0,09 g. Ein Gemisch von Wasserstoff und Sauerstoff im Verhältnis 2:1 ist hochexplosiv (Knallgas).

Vorkommen: Wasserstoff kommt in reiner Form in der Natur nicht vor, chemisch gebunden dagegen in vielen fossilen Brennstoffen und im Wasser. Der für die Industrie benötigte Wasserstoff wird aus Erdöl oder Erdgas hergestellt.

Verwendung: Wasserstoff findet in der chemischen Industrie und in der Schweißtechnik Anwendung.

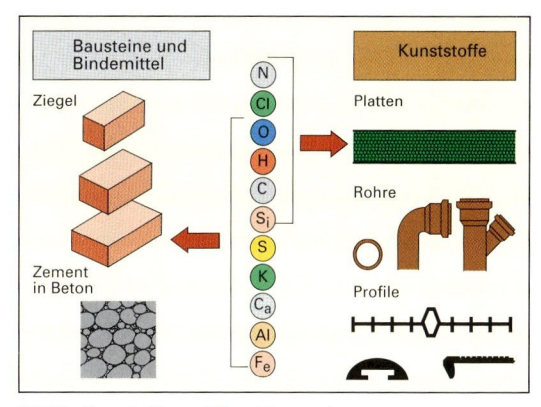

Bild 1: Baustoffe und ihre Elemente

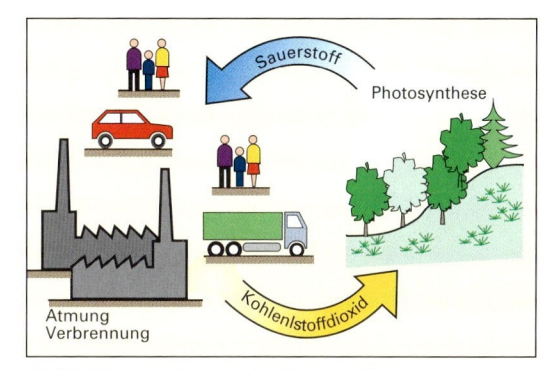

Bild 2: Rückgewinnung des Sauerstoffs

Beispiel einer Oxidation:

$$C + O_2 \longrightarrow CO_2 + \text{Wärme}$$
Kohlenstoff   Sauerstoff   Kohlenstoffdioxid

Beispiel einer Reduktion:

$$Fe_2O_3 + 3\,CO \longrightarrow 2\,Fe + 3\,CO_2$$
Eisen-   Kohlenstoff-   Eisen   Kohlen-
oxid   oxid   stoffdioxid

Tabelle 1: Oxidationsvorgänge

zeitlicher Ablauf	Beobachtung	Beispiele
langsame Oxidation	Farbänderung, nur geringe Erwärmung	Oxidschicht, Rost, O, CO$_2$, Leben
schnelle Oxidation = Verbrennung	starke Erwärmung, Flamme	Heizen, Kochen
schlagartige Oxidation = Verpuffung oder Explosion	schlagartige Ausdehnung der Verbrennungsgase mit Knall	Otto-Motor, Gasturbine

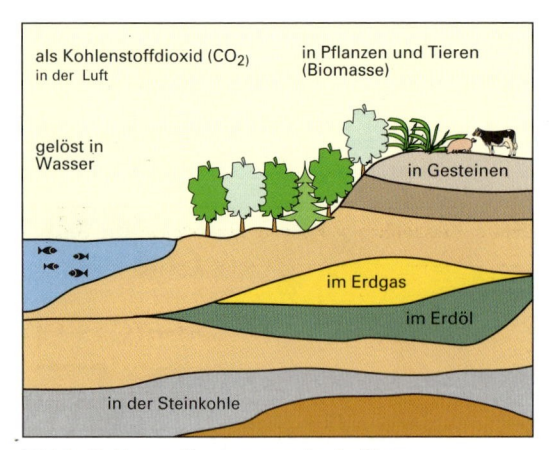

Bild 1: Kohlenstoffvorkommen in der Natur

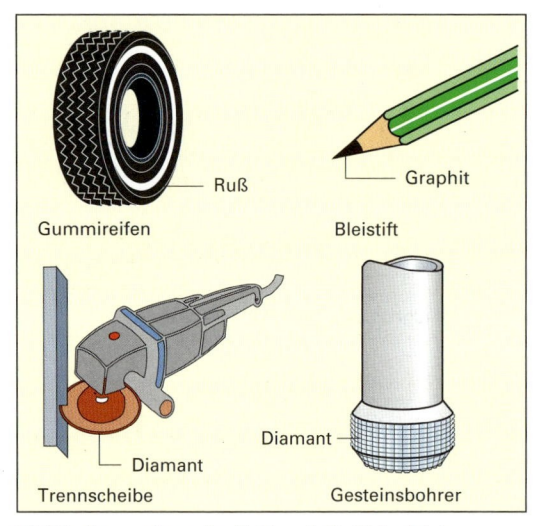

Bild 2: Anwendung des Kohlenstoffs (Beispiele)

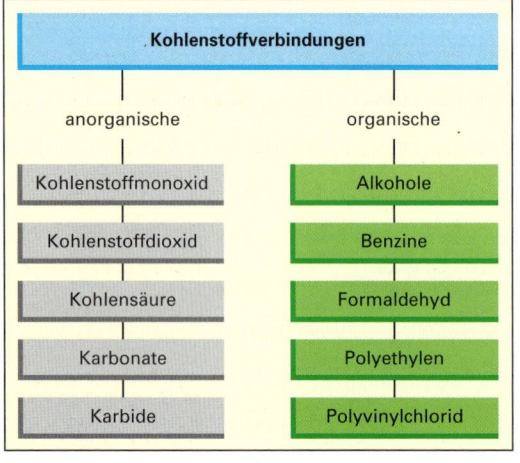

Bild 3: Wichtige Kohlenstoffverbindungen

2.1.7.3 Kohlenstoff (C)

Vorkommen: Kohlenstoff kommt in reiner Form in der Natur als Graphit und Diamant vor. Chemisch gebunden ist er in den Gesteinen der Erdrinde, z. B. im Kalkstein ($CaCO_3$) und in pflanzlichen Rückständen, z. B. in Kohle, Erdöl und Erdgas, enthalten. Daneben ist er Bestandteil der Biomasse von Pflanzen und Tieren. Als Kohlenstoffdioxid (CO_2) ist er in der Luft und gelöst im Wasser vorhanden (**Bild 1**).

Eigenschaften: Grafit ist ein weicher, schwarz-glänzender und schwarz-abfärbender Stoff. Diamant ist farblos, glasartig, sehr hart und spröde.

Verwendung: Technisch hergestellter Kohlenstoff dient als Koks zur Eisengewinnung, als Ruß für Füllstoff von Gummi, als Kohlenstofffasern zur Verstärkung von Kunststoffen und als Diamant für den Besatz von Gesteinsbohrern. Diamant in Pulverform wird als Schleifmittel, z. B. für Trennscheiben, sowie für Poliermittel verwendet (**Bild 2**).

Kohlenstoffverbindungen

Man unterscheidet anorganische und organische Kohlenstoffverbindungen. Zu den anorganischen zählen das Kohlenstoffmonoxid (CO), das Kohlenstoffdioxid (CO_2), die Kohlensäure und deren Salze sowie die Karbide (**Bild 3**).

Anorganische Kohlenstoffverbindungen

Kohlenstoffmonoxid (CO) entsteht bei der Verbrennung von kohlenstoffhaltigen Stoffen unter unzureichender Sauerstoffzufuhr. Es ist ein farbloses, geruchloses, sehr giftiges Gas und brennt mit bläulicher Flamme. Es wird zur großtechnischen Herstellung vieler Stoffe, z. B. der Kunststoffe und Lösemittel, verwendet.

Kohlenstoffdioxid (CO_2) entsteht bei der Verbrennung kohlenstoffhaltiger Stoffe. Es ist ein nicht brennbares, geruchloses, farbloses und ungiftiges Gas. Da es etwa 1,5mal schwerer ist als Luft, sammelt es sich an tiefstgelegenen Stellen an, wie z. B. in Kellern und Schächten. Es besteht dort Erstickungsgefahr!

- Das in großen Mengen bei der Verbrennung fossiler Brennstoffe, z. B. Erdöl und Erdgas, entstehende Kohlenstoffdioxid wird für die Aufheizung der Erdatmosphäre verantwortlich gemacht („Treibhauseffekt!").
- Das Kohlenstoffdioxid in der Luft verursacht den „sauren Regen".
- Bei Kohlenstoffmonoxid besteht für den Menschen Vergiftungsgefahr, bei Kohlenstoffdioxid Erstickungsgefahr!

Organische Kohlenstoffverbindungen

Wichtige organische Kohlenstoffverbindungen sind die **Kohlenwasserstoffe**. Nach ihrem Molekülaufbau unterscheidet man ketten- und ringförmige sowie verzweigte Kohlenwasserstoffe. Bei den **kettenförmigen** Kohlenwasserstoffen reihen sich die Kohlenstoffatome aneinander und die freien Valenzen sind mit Wasserstoffatomen besetzt **(Bild 1)**. Kohlenwasserstoffketten mit bis zu 5 C-Atomen sind gasförmig, z. B. Propangas C_3H_8, mit 6 bis 15 C-Atomen flüssig, z. B. Oktan C_8H_{18} und mit 15 und mehr C-Atomen pastenförmig bis fest, z. B. Stearin $C_{18}H_{38}$. Benzin ist ein Gemenge von flüssigen Kohlenwasserstoffen. Kohlenstoffatome können sich auch durch 2 oder 3 Wertigkeiten miteinander verbinden. Man bezeichnet diese als **ungesättigt**. Ungesättigte Kohlenwasserstoffe sind z. B. die Gase Acetylen und Ethylen **(Bild 2)**. Die einfachste **ringförmige** Kohlenwasserstoffverbindung ist das Benzol C_6H_6. Eine andere, vom Benzol abgeleitete Verbindung ist das Phenol C_6H_5OH **(Bild 3)**. Ringförmige, ungesättigte Kohlenwasserstoffe sind wichtige Ausgangsstoffe für die chemische Industrie, z. B. zur Kunststoffherstellung. Weitere organische Kohlenstoffverbindungen, die neben Wasserstoff noch andere Elemente, wie z. B. Sauerstoff, Chlor und Stickstoff enthalten, sind Alkohole (Alkanole), Aldehyde (Alkanale), organische Säuren (Alkansäuren) und die chlorierten Kohlenwasserstoffe **(Tabelle 1)**.

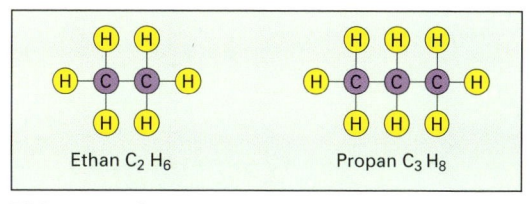

Bild 1: Kettenförmige Kohlenwasserstoffe

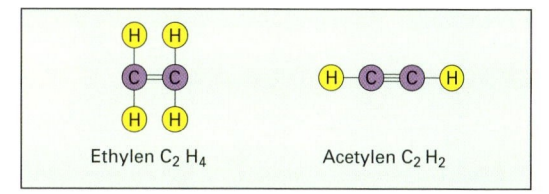

Bild 2: Ungesättigte Kohlenwasserstoffe

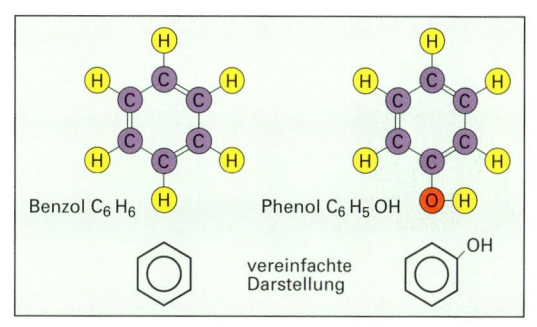

Bild 3: Ringförmige Kohlenwasserstoffe

Tabelle 1: Wichtige organische Kohlenstoffverbindungen

Stoff	Summenformel	Strukturformel	Eigenschaften	Verwendung
Ethylalkohol (Ethanol)	C_2H_5OH	H-C-C-OH (mit H's)	leicht flüchtig, leicht entzündbar, angenehmer Geruch, Dämpfe schwerer als Luft	Lösemittel für Schellack und Nitrozellulose, Ausgangsstoff für Lack- und Kunststoffindustrie
Essigsäure (Ethansäure)	CH_3COOH	H-C-C(=O)-OH	leicht flüchtig, stechend riechend, ätzend	Lösemittel, Konservierungsmittel, Ausgangsstoff für Kunststoffherstellung, Färbereitechnik
Formaldehyd (Methanal)	HCHO	H-C(=O)-H	stechend riechend, Dämpfe sind giftig	Herstellung von Phenol-, Harnstoff- und Melaminharzen, Desinfektionsmittel
Trichlorethylen (Trichlorethen)	CCl_2CHCl	$Cl_2C=CHCl$	leicht flüchtig, narkotisierend, giftig, nicht brennbar	Lösemittel und Reinigungsmittel
Tetrachlorkohlenstoff (Tetrachlormethan)	CCl_4	Cl-C(Cl)(Cl)-Cl	süßlich riechend, schwer entzündbar, giftig	Lösemittel und Reinigungsmittel
Benzol	C_6H_6	(Sechsring)	leicht flüchtig, süßlicher Geruch (nach Benzin), verbrennt mit stark rußender Flamme, sehr giftig!	Lösemittel für Kunststoffe; Kraftstoffzusatz, Ausgangsstoff für die Kunststoff-, Farb-, und Arzneimittelherstellung

Entstehung von Säuren:

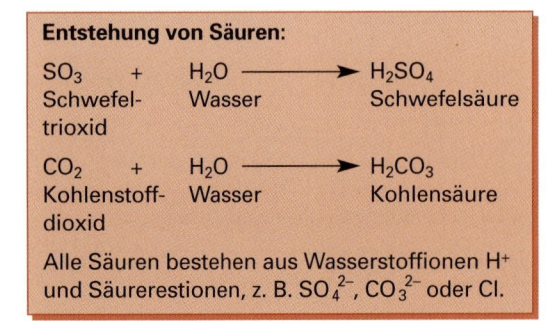

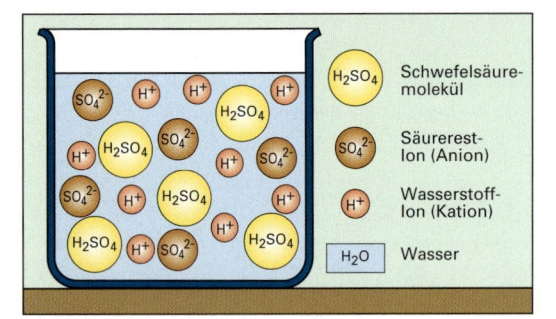

SO_3 + H_2O ⟶ H_2SO_4
Schwefel- Wasser   Schwefelsäure
trioxid

CO_2 + H_2O ⟶ H_2CO_3
Kohlenstoff- Wasser   Kohlensäure
dioxid

Alle Säuren bestehen aus Wasserstoffionen H^+ und Säurerestionen, z. B. SO_4^{2-}, CO_3^{2-} oder Cl^-.

Bild 1: Schwefelsäure (schematisch)

Eigenschaften:
- Säuren färben blaues Lackmuspapier rot,
- Säuren ätzen die Haut und zerstören die Kleidung,
- Säuren greifen die meisten Metalle und viele organische Stoffe an,
- Säuren schmecken sauer,
- Säuren können zu Bauschäden führen!

2.1.8 Säuren

Säuren entstehen, wenn man Nichtmetalloxide in Wasser löst z. B. die Kohlensäure (H_2CO_3) oder die Schwefelsäure (H_2SO_4). Auch Verbindungen der Nichtmetalle (Halogene) Chlor und Fluor mit Wasserstoff ergeben in Wasser gelöst Salzsäure (HCl) und Flusssäure (HF). Man bezeichnet sie als sauerstofffreie Säuren (**Bild 1**).

Ionenbildung

Die Säuremoleküle können in wässriger Lösung vollständig oder teilweise in Wasserstoffionen (H^+) und Säurerestionen, z. B. in (SO_4^{2-})-Ionen und (CO_3^{2-})-Ionen, gespalten sein. Säuren leiten daher den elektrischen Strom (Elektrolyte). Die Wasserstoffionen bezeichnet man als Kationen, die Säurerestionen als Anionen.

Beispiele:

Schwefelsäure H_2SO_4 $\xrightarrow{Wasser}$ H^+ H^+ SO_4^{2-}
Salzsäure   HCl $\xrightarrow{Wasser}$ H^+ Cl^-
Salpetersäure HNO_3 $\xrightarrow{Wasser}$ H^+ NO_3^-

Die Eigenschaften der Säuren werden durch die abgespaltenen Wasserstoffionen verursacht. Säuren wirken daher nur in wässriger Lösung. Die Stärke einer Säure hängt davon ab, wie viel Wasserstoffionen abgespalten sind.

Starke Säuren sind:
Salzsäure (HCl), Salpetersäure (HNO_3), Schwefelsäure (H_2SO_4).

Mittelstarke Säuren sind:
Phosphorsäure (H_3PO_4), Flusssäure (HF).

Schwache Säuren sind:
Kohlensäure (H_2CO_3), Blausäure (HCN).

Wichtige Säuren

Salzsäure (HCl) zersetzt Kalkstein ($CaCO_3$) unter Abspaltung von Kohlenstoffdioxid (CO_2). Verdünnte Salzsäure verwendet man zum Reinigen (Absäuern) von Klinkermauerwerk und zum Entfernen von Kalkablagerungen.

Schwefelsäure (H_2SO_4) als Bestandteil des „sauren Regens" bildet zusammen mit dem wasserunlöslichen Kalkstein (CaO_3) das wasserlösliche Calciumsulfat ($CaSO_4$), das als Gips entweder ausgeschwemmt wird oder durch die beim Auskristallisieren auftretende Volumenvergrößerung zu Absprengungen („Sulfattreiben") und damit zu Bauschäden führen kann. Schwefelsäure ist stark wasseranziehend (hygroskopisch). Daher beim Verdünnen mit Wasser stets Säure in Wasser gießen!

Kohlensäure (H_2CO_3) entsteht vor allem durch die Verbindung von CO_2-haltigen Rauchgasen mit der Luftfeuchtigkeit bzw. mit dem Regenwasser. Kohlensäurehaltiges Wasser zersetzt kalkhaltige Bindemittel. Die Kohlensäure verbindet sich dabei mit dem Kalkanteil zu einem wasserlöslichen Salz, dem Calciumhydrogenkarbonat ($Ca(HCO_3)_2$).

Salpetersäure (HNO_3) entsteht aus Ammoniak (NH_3), das sich beim Abbau organischer Stoffe z. B. in Abwasserkanälen oder Viehställen bildet. Zusammen mit kalkhaltigen Baustoffen entsteht das wasserlösliche Calciumnitrat ($CaNO_3$), das als „Mauersalpeter" bekannt ist und zu Bauschäden führen kann. Salpetersäure ist stark oxidierend. Bei Berührung mit organischen Stoffen, z. B. Holz und Textilien, können diese in Brand geraten.

2.1.9 Laugen

Laugen entstehen durch Reaktion von Alkalimetallen, z. B. Natrium (Na), oder wasserlöslichen Metalloxiden, z. B. Calciumoxid (CaO), mit Wasser. Durch Verdampfen des Wassers erhält man meist feste, farblose Metallhydroxide, auch Basen genannt. Die Laugenwirkung tritt jedoch erst ein, wenn die Hydroxide in Wasser gelöst sind (**Bild 1**).

Ionenbildung

Die Laugenmoleküle spalten sich in wässriger Lösung teilweise oder vollständig in positiv geladene Metallionen, z. B. in Na^+-Ionen (Kationen) und negativ geladene OH^--Ionen (Anionen).

Beispiele:

Natronlauge $\quad$ NaOH $\quad \xrightarrow{\text{Wasser}} \quad Na^+\ OH^-$
Calciumlauge $\quad Ca(OH)_2 \xrightarrow{\text{Wasser}} \quad Ca^+\ OH^-\ OH^-$

Laugen leiten den elektrischen Stom und sind deshalb Elektrolyte.

Maßgebend für die Eigenschaften der Laugen sind die OH-Ionen, wobei die Anzahl der abgespaltenen OH-Ionen die Stärke der Lauge bestimmt.

Starke Laugen sind die Natronlauge (NaOH), die Kalilauge (KOH) und die Calciumlauge ($Ca(OH)_2$).

Eine **schwache Lauge** ist die wässrige Lösung von Ammoniakgas (NH_3), die als Salmiakgeist bezeichnet wird (NH_4OH).

Gelöschter Kalk ($Ca(OH)_2$) ist eine Lauge und wird zur Mörtelherstellung verwendet.

Kalkmilch ist eine wässrige Aufschlämmung von gelöschtem Kalk.

pH-Wert

In der Praxis muss häufig festgestellt werden, wie stark eine Lösung sauer oder basisch ist. Ein Maß hierfür ist der pH-Wert. Er kann Werte von 0 bis 14 annehmen (**Bild 2**). Eine wässrige Lösung mit dem pH-Wert 7 ist neutral. Destilliertes Wasser hat diesen Wert. Lösungen mit einem pH-Wert von 0 bis 7 sind sauer, je kleiner der pH-Wert, desto saurer die Lösung. Lösungen mit pH-Werten von 7 bis 14 sind basisch, je größer die Zahl, desto basischer die Lösung. Den pH-Wert einer Lösung stellt man mit Indikatorpapieren oder Indikatorlösungen sowie mit elektrischen Geräten fest.

Schwefelsäure hat einen pH-Wert von 1, Kohlensäure einen pH-Wert von 4. Der pH-Wert von gelöschtem Kalk beträgt 12, der von Natronlauge 13.

Entstehung von Laugen:

2 Na $\quad + \quad$ 2 $H_2O \quad \longrightarrow \quad$ 2 Na OH $\ +\ H_2$
Natrium $\quad\quad\quad$ Wasser $\quad\quad\quad\quad$ Natrium- $\ +\ $ Wasser-
$\quad\quad\quad\quad\quad\quad\quad\quad\quad\quad\quad\quad\quad\quad$ hydroxid $\quad\quad$ stoff

CaO $\quad + \quad H_2O \quad \longrightarrow \quad Ca(OH)_2$
Calcium- $\quad\quad$ Wasser $\quad\quad\quad\quad$ Calciumhydroxid
oxid $\quad\quad\quad\quad\quad\quad\quad\quad\quad\quad$ (gelöschter Kalk)

Laugen bestehen aus einem Metallion, z. B. Na^+ oder Ca^+, und Hydroxid-Ionen oder OH^--Gruppen.

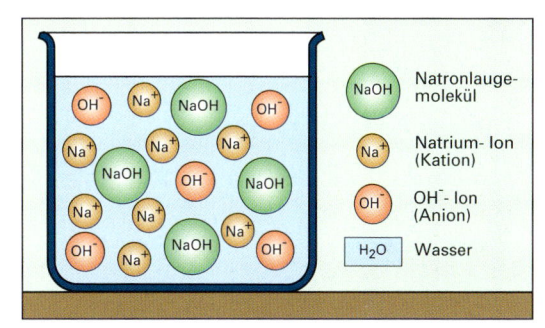

Bild 1: Natronlauge (schematisch)

Eigenschaften:

- Laugen färben rotes Lackmuspapier blau,
- Laugen ätzen die Haut und zerstören die Kleidung,
- Laugen wirken fettlösend, manche Laugen lösen pflanzliche und tierische Stoffe auf,
- Laugen greifen einige Metalle an, z. B. Aluminium,
- Laugen fühlen sich seifig an,
- Laugen schützen Stahl vor Rost!

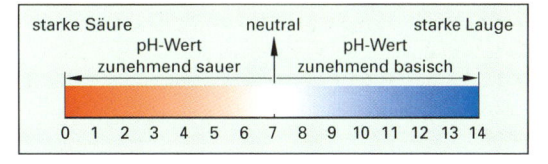

Bild 2: pH-Wert-Skala

Säuren und Laugen sind gefährlich, sie dürfen nur in deutlich gekennzeichneten Flaschen, nicht in Getränkeflaschen, aufbewahrt werden. Beim Umgang mit Säuren und Laugen Schutzbrille tragen!

Entstehung von Salzen:

NaOH	+ HCl	⟶	NaCl	+ H$_2$O
Natron-lauge	Salz-säure		Natrium-chlorid	Wasser
Ca(OH)$_2$	+ H$_2$CO$_3$	⟶	CaCO$_3$	+ 2 H$_2$O
gelöschter Kalk	Kohlen-säure		Kalk-stein	Wasser
Zn	+ HCl	⟶	ZnCl$_2$	+ H$_2$
Zink	Salz-säure		Zink-chlorid	Wasser-stoff
CuO	+ H$_2$SO$_4$	⟶	CuSO$_4$	+ H$_2$O
Kupfer-oxid	Schwefel-säure		Kupfer-sulfat	Wasser

2.1.10 Salze

Salze bestehen aus einem Metall und einem Säurerest. In einem Salz, z. B. in Kupfersulfat (CuSO$_4$), ist das Metall-Ion Kupfer Cu^{2+} mit dem Säurerest-Ion der Schwefelsäure SO$_4^{2-}$ verbunden.

Ein Salz spaltet sich in wässriger Lösung wie Säuren und Laugen teilweise oder vollständig in Ionen und leitet daher den elektrischen Strom.

Salze entstehen durch Neutralisation einer Säure und einer Lauge (**Bild 1**) sowie durch Reaktion einer Säure mit einem Metall oder einem Metalloxid.

Die chemische Bezeichnung der Salze weist auf die an ihrer Entstehung beteiligten Säuren und Metalle hin (**Tabelle 1**).

Tabelle 1: Bezeichnungen von Salzen

Säuren	Salze	Beispiele
Schwefel-säure H$_2$SO$_4$	Sulfate	Zinksulfat ZnSO$_4$
Salzsäure HCl	Chloride	Zinkchlorid ZnCl$_2$
Kohlensäure H$_2$CO$_3$	Karbonate	Calciumkarbonat CaCO$_3$
Salpeter-säure HNO$_3$	Nitrate	Silbernitrat AgNO$_3$
Kieselsäure H$_2$SiO$_3$	Silikate	Aluminiumsilikat Al(SiO$_2$)$_3$
Phosphor-säure H$_3$PO$_4$	Phosphate	Calciumphosphat Ca(PO$_4$)$_2$

Eine starke Säure treibt die schwache Säure aus ihrem Salz und bildet ein neues Salz. Sind die entstehenden Salze wasserlöslich, können sie Bauschäden verursachen!

Beispiele:

CaCO$_3$ + 2 HCl ⟶ CaCl$_2$ + H$_2$CO$_3$
Calciumchlorid
(wasserlöslich)

CaCO$_3$ + 2 HNO$_3$ ⟶ Ca(NO$_3$)$_2$ + H$_2$CO$_3$
Calciumnitrat
(wasserlöslich)

Die **Löslichkeit** der Salze in Wasser ist sehr verschieden. Während z. B. die Silikate als Hauptbestandteile der Gesteine nicht bzw. nur schwer wasserlöslich sind, lassen sich z. B. die bauschädlichen Nitrate leicht in Wasser lösen (**Tabelle 2**).

In Wasser gelöste Salze bilden bei der Verdunstung des Wassers **Kristalle**, z. B. Calciumsulfat (Gips) und Calciumnitrat (Mauersalpeter). Sie nehmen dabei Wasser (Kristallwasser) auf, wobei eine Volumenvergrößerung eintritt.

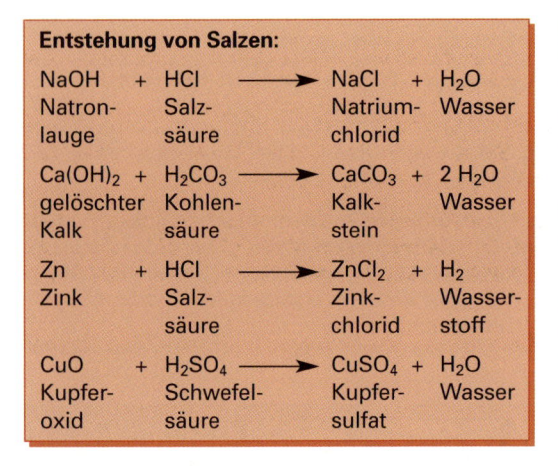

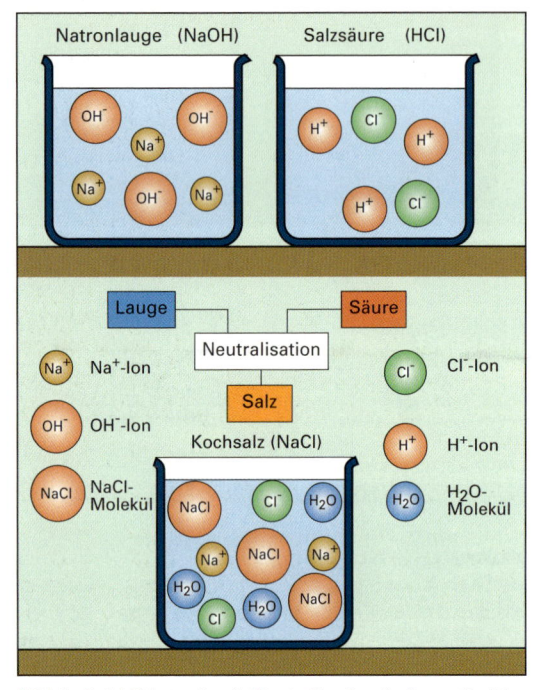

Bild 1: Salzbildung durch Neutralisation (schematisch)

Tabelle 2: Wasserlöslichkeit von Salzen

Salz	chemische Formel	Löslichkeit in g je Liter
Calciumsilikat	CaSiO$_3$	0,000
Calciumkarbonat	CaCO$_3$	0,015
Calciumhydrogencarbonat	Ca(HCO$_3$)$_2$	2,000
Calciumsulfat	CaSO$_4$	2,500
Natriumsulfat	Na$_2$SO$_4$	11,000
Natriumchlorid	NaCl	36,000
Calciumchlorid	CaCl$_2$	75,000
Calciumnitrat	Ca(NO$_3$)$_2$	250,000

Wichtige Salze

Calciumkarbonat (CaCO$_3$) ist wasserunlöslich und Hauptbestandteil vieler Natursteine z. B. Kalkstein bzw. Marmor. Es entsteht bei der Erhärtung von Kalkmörtel (Seite 84).

Calciumsulfat (CaSO$_4$) als Gips und **Magnesiumsulfat (MgSO$_4$)** sind Bindemittel. Kommen sie mit Säuren in Berührung, können die dabei entstehenden neuen Salze wegen ihrer hohen Wasserlöslichkeit und Kristallwasserbildung zu Bauschäden führen (Auswaschungen, Absprengungen).

Calciumsilikat (CaSiO$_3$) ist wasserunlöslich und entsteht beim Erhärten von hydraulischen Kalken und Zementen. **Kaliumsilikat (K$_2$SiO$_3$)**, **Magnesiumsilikat (MgSiO$_3$)**, **Calciumsilikat (CaSiO$_3$)** und **Aluminiumsilikat (Al$_2$(SiO$_3$)$_2$)** sind Bestandteile vieler Gesteinsarten. **Natriumsilikat (Na$_2$SiO$_3$)** wird zur Herstellung von Brandschutzmitteln verwendet.

Calciumnitrat (Ca(NO$_3$)$_2$), auch Mauersalpeter genannt, entsteht in Jauchegruben und Viehställen. Es kann Bauteile vollständig zerstören.

> Säuren, Laugen und Salze entfalten ihre Wirkung nur in wässriger Lösung. Ein sorgfältiges Abdichten des Bauwerks gegen Wasser in jeder Form verhindert das Eindringen und Transportieren dieser Stoffe und schützt das Bauwerk vor Schäden!

2.1.11 Wasser

Das Wasser unterliegt in der Natur einem Kreislauf. Es verdunstet (verdampft) an der Erdoberfläche aus Flüssen und Meeren. Aus dem Dunst (Wasserdampf) bilden sich Wolken, die bei Abkühlung zu Regen werden (**Bild 1**).

Das in der Natur vorkommende Wasser ist nicht chemisch rein. Meerwasser enthält größere Mengen verschiedener Salze, z. B. Kochsalz (NaCl), Magnesiumsulfat (MgSO$_4$) und Natriumsulfat (Na$_2$SO$_4$). Der Salzgehalt z. B. in der Nordsee beträgt 36 g/l. Wasser mit Calciumsalzen wird als hart bezeichnet.

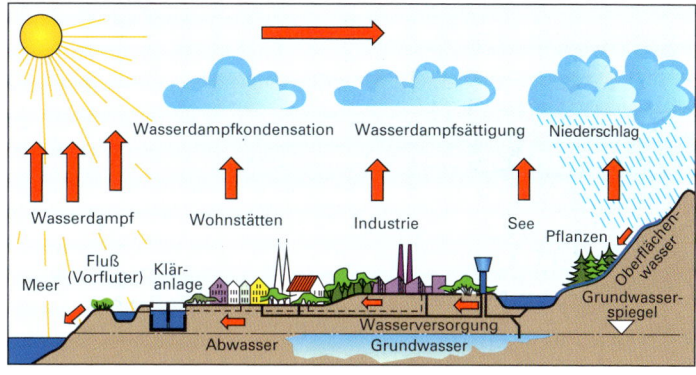

Bild 1: Kreislauf des Wassers

Quell-, Fluss- und Seewasser enthält hauptsächlich Calcium- und Magnesiumsalze. Der Gehalt an Calciumhydrogenkarbonat (Ca(HCO$_3$)$_2$) und Calciumsulfat (CaSO$_4$), auch Kalkhärte und Gipshärte genannt, ist für den Härtegrad des Wassers bestimmend. Beim Verdunsten oder Verdampfen von hartem Wasser scheidet sich das Calciumhydrogenkarbonat als Kesselstein ab. Hartes Wasser kann man durch Zusatz von Enthärtungsmitteln weich machen.

Regenwasser, das anfänglich aus destilliertem Wasser besteht, nimmt auf dem Weg durch die Luft Staub und Rußteilchen sowie Kohlenstoffdioxid (CO$_2$) und Schwefeldioxid (SO$_2$) auf und wird dadurch schwach sauer („saurer Regen").

Grundwasser ist Wasser, das durch Versickern der Niederschläge in tiefer liegende Erd- und Gesteinsschichten gelangt und die Hohlräume der Erdrinde zusammenhängend ausfüllt. Auf dem Wege durch die Erdschichten wird das Wasser von Schwebestoffen gereinigt. Es kann aber andere im Erdreich enthaltene Stoffe, z. B. Salze, lösen und aufnehmen. Über wasserundurchlässigen Erdschichten kann es sich ansammeln. Die Obergrenze der Grundwasseransammlung nennt man Grundwasserspiegel. Tritt das Grundwasser zu Tage, bildet es Quellen.

Zustandsformen des Wassers

Wasser ist ein Stoff, der in der Natur als Eis fest, als Wasser flüssig und als Wasserdampf gasförmig vorkommt. Eis schmilzt bei 0 °C (Schmelzpunkt). Die zum Schmelzen von 1 kg Eis notwendige Wärmemenge beträgt 335 kJ (Schmelzwärme). Wasser siedet unter normalem Luftdruck bei 100 °C (Siedepunkt). Zum Verdampfen von 1 kg Wasser benötigt man eine Wärmemenge von 2250 kJ.

Wasserdampf kondensiert bei Abkühlung unter 100 °C (Kondensationspunkt) zu Wasser (Kondenswasser). Es gefriert bei 0 °C (Gefrierpunkt) zu Eis **(Bild 1)**. Wasser hat bei + 4 °C seine größte Dichte.

Wenn es auf 0 °C abgekühlt ist und zu Eis wird, dehnt es sich aus. 10 Raumteile Wasser geben 11 Raumteile Eis. Dieses nur bei Wasser vorkommende Verhalten bezeichnet man als „Anomalie des Wassers" (Seite 49).

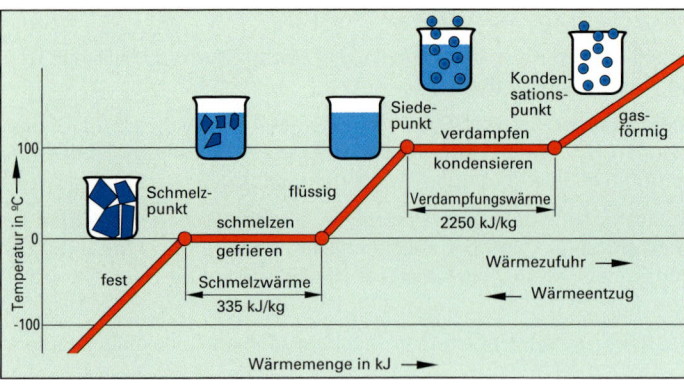

Bild 1: Zustandsformen des Wassers

Wasser findet in der Bautechnik vielfältige Verwendung, z. B.
- als **Zugabewasser** zur Herstellung von Frischbeton und Mörtel,
- als **Fließ- und Transportmittel** z. B. beim Einbau des Frischbetons sowie zur Erhärtung des Betons,
- bei der **Nachbehandlung** von Beton durch Besprühen oder Berieseln der Betonoberfläche,
- als **Löse- bzw. Dispersionsmittel** bei der Herstellung und Verarbeitung von Farbstoffen und Bitumenemulsionen sowie
- als **Reinigungs- und Spülmittel** zum Säubern von Bauteiloberflächen und zum Reinigen von Geräten und Maschinen.

Wasser kann auch zu Bauschäden führen, z. B.
- als **Niederschläge** durch Aufnahme von Schadstoffen aus der Luft und deren Transport an die Bauteiloberfläche,
- als **Grundwasser** bzw. Bodenfeuchtigkeit durch Lösen und meist kapillares Transportieren bauschädigender Substanzen in das Bauteil,
- als **Wasserdampf**, der meist über die Diffusion in das Bauteil gelangt, dieses durchfeuchtet und dadurch zur Verminderung der Wärmedämmung führt, sowie
- als **Eis**, das durch Volumenvergrößerung beim Gefrieren des Wassers einen Sprengdruck erzeugt, der z. B. zu Abplatzungen an der Bauteiloberfläche oder bei Straßen zu Frostaufbrüchen führen kann.

2.1.12 Umweltbelastung und Umweltschutz

Unter Umweltbelastung versteht man die Verunreinigung der Luft, des Wassers und des Bodens durch Schadstoffe. Auch Lärm belastet die Umwelt. Die Umweltbelastung schadet nicht nur dem Menschen und der Natur, sondern kann auch zu Schäden an Bauwerken führen. Deshalb müssen alle auf der Baustelle Beschäftigten die Grundsätze des Umweltschutzes beachten.

Umweltbelastung der Luft

Bei der Verbrennung z. B. von Kohle, Öl und Kraftstoffen entstehen Schadstoffe wie Kohlenstoffdioxid (CO_2), Schwefeldioxid (SO_2) und Stickstoffoxide (NO_x), die den „sauren Regen" verursachen **(Bild 2, Seite 33)**.

Durch Verdunstung gelangen Kohlenwasserstoffe als Kraftstoffe und Verdünnungsmittel, Tetrachlorkohlenstoff als Löse- und Reinigungsmittel sowie die Fluorkohlenwasserstoffe (FCKW) als Treibgas und als Kältemittel in die Luft.

Die einzelnen Schadstoffe sind mit unterschiedlichen Anteilen an der zunehmenden Erwärmung der Erdoberfläche infolge Wärmerückstrahlung („Treibhauseffekt") sowie an der Ausdünnung der Ozonschicht beteiligt **(Bild 2)**. Während der Treibhauseffekt zu folgenschweren Klimaveränderungen auf der Erde führen kann, gelangen bei zu dünner Ozonschicht die zellschädigenden UV-B-Strahlen ungehindert auf die Erdoberfläche, was beim Menschen Gesundheitsschäden verursachen kann **(Bild 1, Seite 33)**.

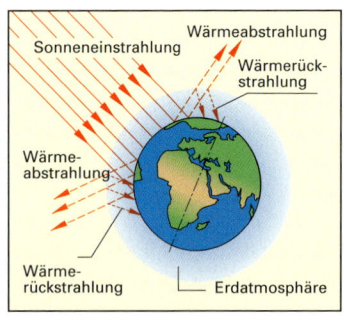

Bild 2: Treibhauseffekt

Einige Schadstoffe bilden zusammen mit der Luftfeuchtigkeit schweflige Säure (H_2SO_3) bzw. Schwefelsäure (H_2SO_4), Kohlensäure (H_2CO_3) und Salpetersäure (HNO_3), die als „saurer Regen" niedergehen und einerseits das Wachstum der Pflanzen beeinträchtigen („Waldsterben"), andererseits erhebliche Schäden an Bauwerken verursachen können **(Bild 2)**.

Maßnahmen gegen die Verschmutzung der Luft sind:

- **Energieeinsparung** durch Einschränkung des Kraftstoffverbrauchs und durch Verbesserung des Wärmeschutzes bei Gebäuden,
- **Reinigung der Abgase** durch Einbau von Filtern und Katalysatoren sowie
- **Nutzung regenerativer Energien** durch den Betrieb von Wasserkraftwerken, Windgeneratoren und Solaranlagen.

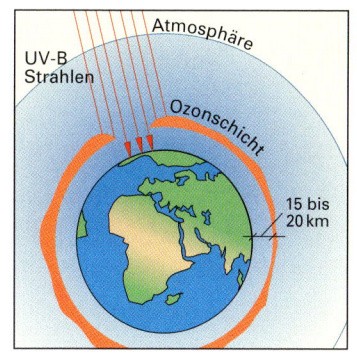

Bild 1: Ozonschicht

Umweltbelastung des Wassers

Das auf der Baustelle anfallende Schmutzwasser wird in der Regel in die Kanalisation eingeführt oder unmittelbar in den Boden bzw. in ein Gewässer abgelassen. Das Schmutzwasser darf jedoch keine schädlichen Stoffe enthalten. Als schädlich gelten Stoffe, die

- zu **Verstopfungen** des Abwasserkanals führen, wie z. B. Bauschutt, Mörtel oder Bindemittel und
- **feuergefährlich, explosibel** oder **giftig** sind, wie z. B. Benzine, Lösemittel, Säuren, Laugen und Holzschutzmittel.

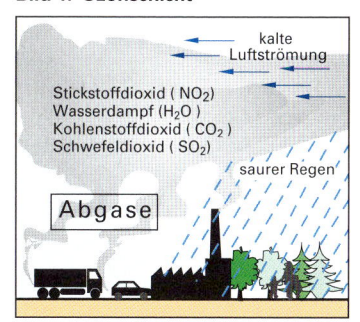

Bild 2: „Saurer Regen"

> Eine besonders schwere Umweltbelastung ist das Ablassen von Altölen, Heizölen, Resten von Holzschutzmitteln und Bautenschutzmitteln in den Boden oder in Gewässer. Sie führen zu Verseuchung des Grundwassers und zur Zerstörung des Lebens in den natürlichen Gewässern! Diese besonders überwachungsbedürftigen Stoffe sind bei eigens dafür autorisierten, behördlich überwachten Unternehmen abzuliefern!

Beseitigung von Gewerbeabfällen

Gewerbeabfälle sind getrennt nach Wertstoffen, hausmüllähnlichen Gewerbeabfällen und Sonderabfällen zu sammeln.

- **Wertstoffe,** z. B. Holz, Metalle, unbelasteter Bauschutt, Ausbauasphalt und Kunststoffe, können nach Wiederaufbereitung (Recycling) wiederverwendet werden.
- **Überwachungsbedürftige Gewerbeabfälle** (früher: Hausmüllähnliche Gewerbeabfälle) werden gesammelt und durch Verbrennung oder Vergasung (Pyrolyse) zur Energiegewinnung verwendet. Unbrennbare Stoffe müssen auf Deponien gelagert werden.
- **Besonders überwachungsbedürftige Gewerbeabfälle** (früher: Sonderabfälle) sind z. B. belastetes Abbruchmaterial, asbesthaltige Abfälle, Reste von Bautenschutzmitteln, Holzschutzmitteln und Schalölen. Die Beseitigung dieser Abfälle muss umweltverträglich und nach dem Stand der Technik durchgeführt werden. Die eigens dafür autorisierten Entsorgungsunternehmen dürfen diese Abfälle befördern, lagern, chemisch-physikalisch behandeln, verbrennen oder auf einer Deponie lagern.

Aufgaben

1. Unterscheiden Sie die Stoffarten Gemenge, chemische Verbindungen und Elemente und ordnen Sie diesen jeweils einige Beispiele zu!
2. Unterscheiden Sie Baustoffe nach Elementen, chemischen Verbindungen und Gemenge!
3. Erläutern Sie den chemischen Aufbau der Baustoffe.
4. Erklären Sie die Eigenschaften und Wirkungsweise von Säuren und Laugen an Beispielen!
5. Salze können zu Bauschäden führen. Erläutern Sie die dabei ablaufenden Vorgänge!
6. Wie können auf der Baustelle beschäftigte Personen der Umweltbelastung entgegenwirken?
7. Beschreiben Sie die Bedeutung des Wassers in der Bautechnik!

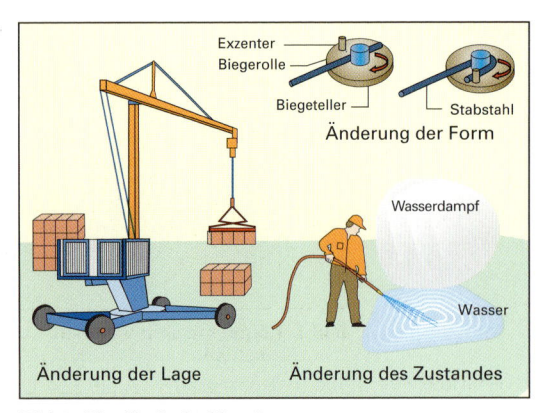

Bild 1: Physikalische Vorgänge

Tabelle 1: Wichtige Vorsatzzeichen für Basiseinheiten

Bezeichnung	Zeichen	Faktor	Beispiel
Nano-	n	10^{-9}	1 nm = 10^{-9} m = 0,000 000 001 m
Mikro-	µ	10^{-6}	1 µm = 10^{-6} m = 0,000 001 m
Milli-	m	10^{-3}	1 mm = 10^{-3} m = 0,001 m
Zenti-	c	10^{-2}	1 cm = 10^{-2} m = 0,01 m
Dezi-	d	10^{-1}	1 dm = 10^{-1} m = 0,1 m
Hekto-	h	10^{2}	1 hl = 10^{2} l = 100 l
Kilo-	k	10^{3}	1 kg = 10^{3} g = 1000 g
Mega-	M	10^{6}	1 MN = 10^{6} N = 1 000 000 N

Tabelle 2: Wichtige SI-Basisgrößen und Basiseinheiten

Basisgröße	Basiseinheit	Einheitenzeichen
Länge	Meter	m
Masse	Kilogramm	kg
Zeit	Sekunde	s
Elektrischer Strom	Ampere	A
Temperatur	Kelvin	K

Tabelle 3: Wichtige abgeleitete SI-Einheiten mit besonderen Namen und Einheitenzeichen

Physikalische Größe	Einheit	Einheitenzeichen	Beziehung
Kraft	Newton	N	1 N = $1\frac{\text{kgm}}{\text{s}^2}$
Arbeit, Energie	Joule	J	1 J = 1 Nm
Druck	Pascal	Pa	1 Pa = $1\frac{\text{N}}{\text{m}^2}$
Leistung	Watt	W	1 W = $1\frac{\text{J}}{\text{s}}$
Elektrische Spannung	Volt	V	1 V = $1\frac{\text{W}}{\text{A}}$
Elektrischer Widerstand	Ohm	Ω	1 Ω = $1\frac{\text{V}}{\text{A}}$
Frequenz	Hertz	Hz	1 Hz = $1\frac{1}{\text{s}}$

2.2 Physikalische Grundlagen

Bei physikalischen Vorgängen ändert sich die Form eines Körpers, seine Lage oder seine Zustandsform. Bei Arbeiten auf der Baustelle gibt es solche Veränderungen von Körpern, die messbar sind. Gemessen wird z. B. die Veränderung von Längen, von Massen, von Zeiten und von Temperaturen.

Eine Form wird verändert, z. B. beim Biegen eines Betonstahls, mit Hilfe einer Stabstahlbiegeeinrichtung **(Bild 1)**.

Eine Lageänderung tritt ein, wenn z. B. beim Mauerbau großformatige Steine mit einem Versetzgerät aufgeschichtet werden (Bild 1).

Von einer Änderung der Zustandsform eines Stoffes spricht man, wenn z. B. das bei der Nachbehandlung einer betonierten Decke versprühte Wasser wieder verdunstet (Bild 1).

2.2.1 Physikalische Größen

Um eine physikalische Größe angeben zu können, muss man ihre Einheit und deren Zahlenwert kennen.

> Physikalische Größen bestehen aus dem Produkt eines **Zahlenwertes** mit einer **Einheit**.
>
> Physikalische Größe = Zahlenwert · Einheit

Der Zahlenwert gibt an, um wie viel mal größer die physikalische Größe als die Einheit ist.

Beispiel: Länge l = 5 · 1 m = 5 m, d.h. die Länge eines Stabes ist 5-mal größer als die Längeneinheit 1 m.

Sind die Zahlenwerte sehr groß oder sehr klein, werden sie durch Vorsatzzeichen vor der Einheit übersichtlicher und lesbarer **(Tabelle 1)**.

Die Einheiten der physikalischen Größen entsprechen den Einheiten des Internationalen Einheitensystems (**S**ysteme **I**nternationale d'Unités = **SI**-Einheiten). Aus den gesetzlich festgelegten **Basiseinheiten** lassen sich alle anderen Einheiten meist mit besonderen Namen und Einheitenzeichen ableiten **(Tabelle 2 und 3)**.

Beispiel: Die abgeleitete Größe Geschwindigkeit wird aus den Basisgrößen Länge und Zeit gebildet.

$$\text{Geschwindigkeit} = \frac{\text{Länge}}{\text{Zeit}}$$

Die abgeleitete Einheit der Geschwindigkeit wird aus den Basiseinheiten Meter und Sekunde gebildet.

$$\text{Einheit der Geschwindigkeit} = \frac{\text{Meter}}{\text{Sekunde}}$$

2.2.2 Volumen, Masse, Dichte, Porigkeit

Volumen (Raum)

Jeder Körper nimmt ein Volumen ein. Die Einheit des Volumens ist das Kubikmeter (m³), das entspricht einem Würfel von 1 m Kantenlänge (**Bild 1**). Teile des Kubikmeters sind Kubikdezimeter (dm³), Kubikzentimeter (cm³) und Kubikmillimeter (mm³). Bei Flüssigkeiten wird häufig die Einheit Liter (l) verwendet.

$1\ m^3 = 1000\ dm^3$, $1\ dm^3 = 1000\ cm^3$
$1\ cm^3 = 1000\ mm^3$, $1\ dm^3 = 1\ l$

Bild 1: Körper mit dem Volumen von 1 m³

Masse

Jeder Körper hat eine Masse (Stoffmenge). Die Einheit der Masse eines Körpers ist das Kilogramm (kg). Dieses entspricht der Masse von 1 dm³ (= 1 l) Wasser bei 4 °C (**Bild 2**).

Das Vielfache eines Kilogramms ist die Tonne. Teile des kg sind das Gramm (g) und das Milligramm (mg).

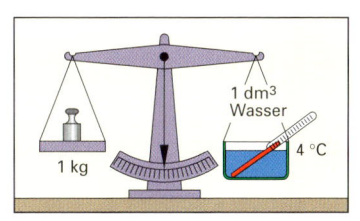

$1\ t = 1000\ kg$, $1\ kg = 1000\ g$
$1\ g = 1000\ mg$

Bild 2: Masse von 1 l Wasser

Dichte

Unterschiedliche Stoffe mit gleicher Masse haben meist ein unterschiedliches Volumen. Unterschiedliche Stoffe mit gleichem Volumen haben meist unterschiedliche Massen (**Bild 3**).

Die Dichte ρ (gesprochen rho) eines Körpers ist das Verhältnis seiner Masse zu seinem Volumen.

$$\text{Dichte} = \frac{\text{Masse}}{\text{Volumen}}$$
$$\rho = \frac{m}{V}$$

$$\text{Masse} = \text{Volumen} \cdot \text{Dichte}$$
$$m = V \cdot \rho$$

$$\text{Volumen} = \frac{\text{Masse}}{\text{Dichte}}$$
$$V = \frac{m}{\rho}$$

m = Masse in g, kg, t
V = Volumen in cm³, dm³, m³
ρ = Dichte in $\frac{g}{cm^3}, \frac{kg}{dm^3}, \frac{t}{m^3}$

Bild 3: Vergleich unterschiedlicher Stoffe

Stahl	Wasser	Fichtenholz
1 kg	1 kg	1 kg
0,13 dm³	1,00 dm³	2,13 dm³
1 dm³	1 dm³	1 dm³
7,85 kg	1,00 kg	0,47 kg

Die Dichten von Baustoffen werden als Mittelwerte angegeben (**Tabelle 1**). Bei Baustoffen wird häufig noch unterschieden zwischen Reindichte, Rohdichte und Schüttdichte (**Bild 4**).

Von **Reindichte** spricht man bei Stoffen, die keine Poren und Lufthohlräume aufweisen.

Unter **Rohdichte** versteht man die Dichte fester Stoffe, die Poren oder auch Hohlräume enthalten.

Als **Schüttdichte** bezeichnet man die Dichte lose aufgeschütteter fester Stoffe einschließlich der Poren in den Stoffen und der Zwischenräume zwischen den Körnern.

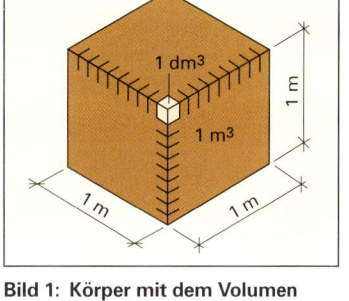

Tabelle 1: Dichte (Mittelwerte)

Stoff	kg/dm³
Blei	11,3
Kupfer	8,9
Stahl	7,85
Zink	7,1
Aluminium	2,7
Glas	2,6
Stahlbeton	2,5
Mauervollziegel	1,8
Wasser	1,0
Porenbeton	0,8
Eichenholz (lufttrocken)	0,67
Fichtenholz (lufttrocken)	0,47
Polystyrolhartschaum	0,02

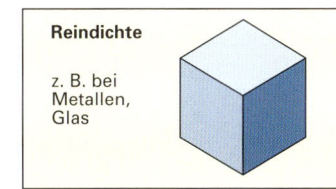

Reindichte   z. B. bei Metallen, Glas

Rohdichte   z. B. bei Mauerziegel, Porenbeton, Holz

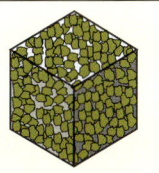

Schüttdichte   z. B. bei aufgeschüttetem Sand, Kies, Bodenaushub

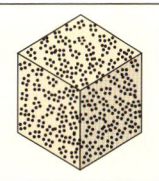

Bild 4: Arten der Dichte

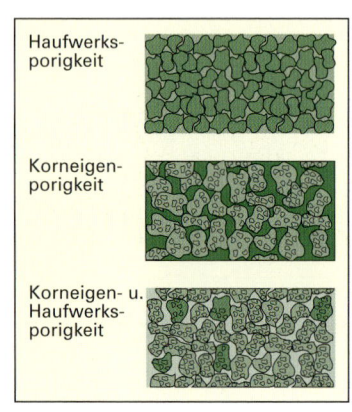

Bild 1: Arten der Porigkeit

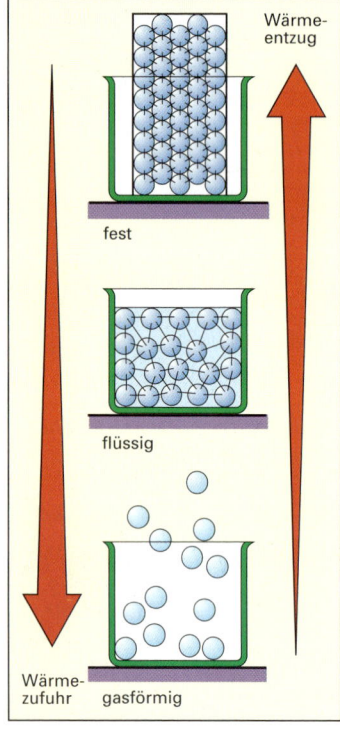

Bild 2: Zustandsformen bei Körpern

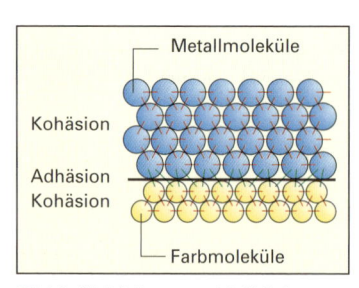

Bild 3: Kohäsions- und Adhäsionskräfte bei unterschiedlichen Stoffen

Porigkeit

Viele Baustoffe enthalten Poren und werden deshalb porös genannt. Je nach Dichte gibt es viele, wenig oder keine Poren im Körper. Die Poren können groß oder klein, geschlossen oder offen sein. Offene Poren sind durch feine Röhrchen miteinander verbunden.

Poren entstanden
- bei der Entstehung der Natursteine, z. B. beim Bimsstein.

Poren bilden sich
- durch **Erhitzen** z. B. von Ton, wobei entstehender Wasserdampf Poren bildet, z. B. bei Blähton,
- durch **Brennen** bei künstlichen Bausteinen, wobei die unter das Ton-Lehm-Gemenge gemischten Stoffe verbrennen, z. B. bei Leichtziegeln,
- durch **chemische Reaktion** von gasbildenden Stoffen, die dem Kalk-Zuschlag-Gemenge zugegeben werden, z. B. bei Porenbeton.

Eigenschaften poröser Körper:
- Porige Baukörper sind leichter, aber nicht so druckfest wie nichtporige.
- Je mehr Poren ein Baukörper hat und je kleiner diese sind, desto geringer ist die Wärmeleitfähigkeit des Körpers. Solche Bauteile haben eine gute Wärmedämmfähigkeit.
- Enthalten die Poren eines Baukörpers Feuchtigkeit anstelle von Luft, nimmt die Wärmeleitfähigkeit des Baukörpers zu und dessen Wärmedämmfähigkeit ab.

Bei Baustoffen unterscheidet man die
- **Haufwerksporigkeit** = Zwischenräume zwischen den Körnern des Baustoffs,
- **Korneigenporigkeit** = Hohlräume in den Körnern des Baustoffs,
- **Korneigen- und Haufwerksporigkeit** = Dieser Baustoff enthält sowohl Hohlräume in den Körnern als auch zwischen den Körnern (**Bild 1**).

2.2.3 Kohäsion, Zustandsformen, Adhäsion

Kohäsion

Unter Kohäsion versteht man die Kraft, mit der sich die Moleküle innerhalb eines Körpers gegenseitig anziehen. Man nennt sie auch Zusammenhangskraft.

Spaltet man z. B. eine Steinplatte mit einem Meißel, dann setzt dieser Körper der Zerlegung einen Widerstand, die Kohäsion, entgegen.

Zustandsformen

Durch die verschieden große Kohäsion sind drei Zustandsformen eines Körpers möglich:
- fest: Die Moleküle bleiben am Ort, da eine große Kohäsion wirkt.
- flüssig: Die Moleküle können ihren Ort verändern, da die Kohäsion gering ist.
- gasförmig: Die Moleküle stoßen sich ab, da keine Kohäsion vorhanden ist. Das dadurch verursachte Ausdehnungsbestreben bei Gasen nennt man Expansion (**Bild 2**).

Die Zustandsformen eines Körpers nennt man auch **Aggregatzustände**. Sie lassen sich durch Wärmezufuhr oder durch Wärmeentzug ineinander überführen (Seite 49).

Adhäsion

> Unter Adhäsion versteht man die Anziehungskraft der Moleküle verschiedener Stoffe. Man nennt diese auch Anhangskraft.

Die Adhäsion bewirkt z. B. das Haften von Farbe auf einem Stahlträger. Auch in der Mörtelfuge tritt an den Berührungsflächen zwischen Stein und Mörtel die Adhäsion auf, während innerhalb der Mörtel- oder Farbschicht die Kohäsion wirksam ist **(Bild 3, Seite 36)**.

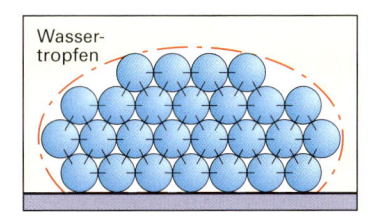

Bild 1: Oberflächenspannung

2.2.4 Oberflächenspannung, Kapillarität

Oberflächenspannung

Die Kohäsionskräfte bewirken auch den Zusammenhalt der Moleküle an der Oberfläche einer Flüssigkeit. Diese Kräfte nennt man Oberflächenspannung. Sie zeigt sich z. B., wenn Wassertropfen auf einer trockenen Glasfläche annähernd kugelförmig bleiben und nicht zerfließen **(Bild 1)**.

Kapillarität

> Unter Kapillarität versteht man das Aufsteigen von Flüssigkeiten in Kapillaren (Haarröhrchen). Je enger die Kapillaren sind, desto höher steigt die Flüssigkeit nach oben.

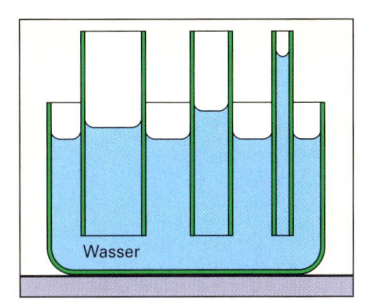

Bild 2: Kapillarität in verschiedenen Röhren

So wirken auf die Flüssigkeitsmoleküle sowohl deren Kohäsionskräfte wie auch die Adhäsionskräfte zur Gefäßwand hin. Sind die Adhäsionskräfte zwischen Flüssigkeit und Gefäßwand größer als die Kohäsionskräfte und die Erdanziehungskraft, wie z. B. bei Wasser, so wird die Flüssigkeit an der Gefäßwand nach oben gezogen **(Bild 2)**. Im Bauwesen ist die Wirkung der Kapillarität von Bedeutung. Porige Baustoffe wie Leichtbeton, Mauerziegel, Mörtel, Holz und viele Dämmstoffe saugen Wasser auf **(Bild 3)**. Dies kann zu Bauschäden infolge Durchfeuchtung der Bauteile führen, wie z. B. zu Ausblühungen und Frostschäden, zu Korrosion und Ablösung von Putz, Farbe und Tapete, zu Schimmelbildung und Schädlingsbefall sowie zur Verminderung der Wärmedämmung und zur Beeinträchtigung der Raumnutzung.

2.2.5 Mechanische Eigenschaften fester Körper

Bei der Verwendung von festen Baustoffen sowie bei ihrer Verarbeitung sind deren mechanische Eigenschaften zu berücksichtigen. Man unterscheidet dabei zwischen hart und weich, zäh und spröde, elastisch und plastisch. Ursache dieser Eigenschaften sind im Wesentlichen die Kohäsionskräfte zwischen den Stoffmolekülen.

Bild 3: Wirkung der Kapillarität bei einem Mauerziegel nach 2-stündiger Wasseraufnahme

Härte

Kann ein Stoff dem Eindringen eines anderen Körpers widerstehen, ist er härter als der andere **(Bild 4)**.

> Unter Härte versteht man den Widerstand eines Stoffes, den dieser dem Eindrücken oder Einritzen in seine Oberfläche durch einen anderen Körper entgegensetzt.

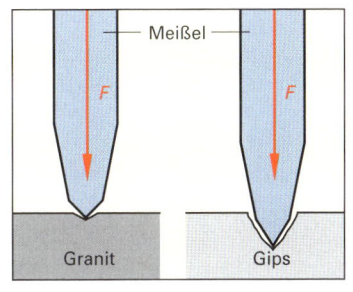

Bild 4: Härte

Mineralien	Härtegrade nach Mohs	Beispiele
	weich	
Talk	1	Blei
Gips	2	
Kalkspat	3	Fingernagel
Flussspat	4	Baustahl
Apatit	5	
Kalifeldspat	6	Messerstahl
Quarz	7	
Topas	8	Feile
Korund	9	Schmirgel
Diamant	10	
	hart	

Bild 1: Mohs'sche Härteskala

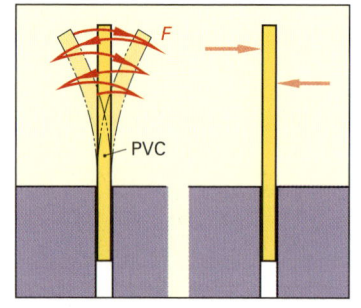

Bild 2: Zähigkeit

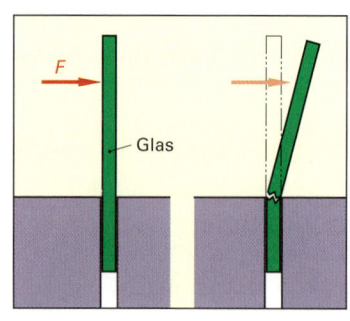

Bild 3: Sprödigkeit

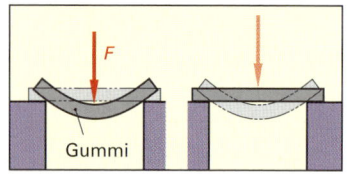

Bild 4: Elastizität

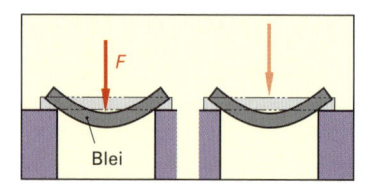

Bild 5: Plastizität

Die Beurteilung der Härte geschieht nach der Mohs'schen Härteskala durch einen einfachen Ritzversuch. Der weichere Stoff wird von einem härteren geritzt. Dabei unterscheidet man die Härtegrade 1 bis 10 (**Bild 1**). Zur Beurteilung werden verschiedene Mineralien den Härtegraden zugeordnet.

Harte Werkstoffe sind z. B. Diamant und gehärteter Stahl, harte Baustoffe z. B. Granit und Klinkermauersteine. Harte Werkstoffe werden vor allem für Werkzeugschneiden und für Bauteile verwendet, die besonders starker Abnutzung unterliegen, wie z. B. Treppenstufen und Industrieböden.

Weichheit

> Von der Weichheit eines Stoffes spricht man, wenn dieser durch andere Stoffe mit geringem Kraftaufwand eingedrückt oder eingeritzt werden kann.

Weiche Werkstoffe sind z. B. Blei, Gips und Schaumkunststoffe. Sie werden z. B. dort verwendet, wo sie als Zwischenlagen andere Werkstoffe vor Beschädigung schützen sollen.

Zähigkeit

> Unter Zähigkeit versteht man die Fähigkeit eines Stoffes, bei Biege-, Schlag- oder Stoßbeanspruchung zwar nachzugeben, aber dabei nicht einzureißen oder zu brechen (**Bild 2**).

Zähe Werkstoffe sind z. B. Stahl, Blei, Holz, Leder und thermoplastische Kunststoffe. Sie haben meist ein faseriges Gefüge.

Sprödigkeit

> Unter Sprödigkeit versteht man die Eigenschaft eines Stoffes, bei Biege-, Schlag- oder Stoßbeanspruchungen sich nicht zu verformen, sondern gleich zu brechen (**Bild 3**).

Zu den spröden Werkstoffen zählen z. B. Glas, Natursteine, künstliche Mauersteine und Beton. Das Gefüge ist meist körnig. Die Sprödigkeit von Werkstoffen gilt allgemein als nachteilig.

Elastizität

> Elastizität ist die Eigenschaft eines Stoffes, sich zusammendrücken oder dehnen zu lassen und nach Wegnahme der Krafteinwirkung wieder in seine ursprüngliche Form zurückzukehren (**Bild 4**).

Elastische Werkstoffe sind z. B. Gummi und Federstahl, die man zum Abfedern z. B. von Körperschallwellen verwenden kann. Auch Hölzer sind mehr oder weniger elastisch. Es gibt Stoffe, die bei übermäßiger Belastung nicht wieder in ihre ursprüngliche Form zurückkehren, weil ihre Elastizitätsgrenze überschritten wurde. Solche Werkstoffe, wie z. B. Baustahl und Holz, dürfen nur unterhalb ihrer Elastizitätsgrenze beansprucht werden.

Plastizität

> Plastizität nennt man die Eigenschaft eines Stoffes, sich bei Einwirkung einer Kraft verformen zu lassen und diese neue Form beizubehalten (**Bild 5**).

Als plastische Baustoffe sind z.B. Lehm, Mörtel, Blei und Fensterkitt zu nennen.

2.2.6 Kräfte

Auf jeden Baukörper wirkt eine Vielzahl von Kräften, wie z. B. Druckkräfte und Zugkräfte.

2.2.6.1 Begriff der Kraft

Zieht man mit einer Hand an einer Schraubenfeder, so wird diese um ein bestimmtes Maß verlängert. Dasselbe erreicht man, wenn man an die Feder eine Masse hängt (**Bild 1**). In beiden Fällen wirkt auf die Feder eine **Kraft F**, hier als Muskel- oder Gewichtskraft. Sie ist die Ursache der Federverlängerung. Sind die Verlängerungen gleich groß, so müssen auch die Kräfte gleich groß sein.

> Die Einheit der Kraft ist das Newton (N).

Dezimale Vielfache der Einheit Newton sind das Dekanewton (daN), das Kilonewton (kN) und das Meganewton (MN).

1 daN = 10 N,   1 kN = 1000 N,   1 MN = 1000 kN

Außer Muskel- und Gewichtskräften gibt es noch andere Kräfte, z. B. Windkraft, Wasserkraft, Magnetkraft und von Maschinen erzeugte Kräfte.

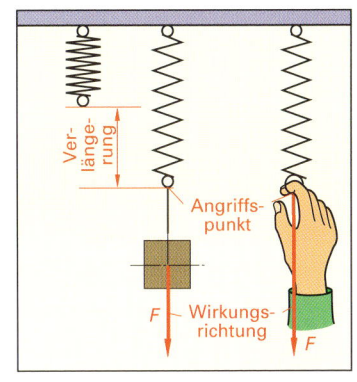

Bild 1: Gewichtskraft, Muskelkraft

2.2.6.2 Gewichtskraft und Gewicht

Auf die Masse eines Körpers übt die Masse der Erde eine Anziehungskraft aus. Sie wird als **Gewichtskraft F_G** bezeichnet. Diese Anziehungskraft ist umso größer, je größer die Masse des Körpers und je kleiner sein Abstand vom Erdmittelpunkt sind.

Die Gewichtskraft eines Körpers wird in den Einheiten für Kräfte in N, daN, kN oder MN angegeben.

> Die Gewichtskraft (F_G) einer Masse (m) von 1 kg beträgt
> F_G = 9,81 N ≈ 10 N.

Die Gewichtskraft eines Körpers wird mit einem Federkraftmesser ermittelt. Die Gewichtskraft eines Körpers verändert sich mit seiner Entfernung zum Erdmittelpunkt. Sie kann z. B. bei sehr großer Entfernung gleich Null werden (schwereloser Zustand). Dagegen bleibt seine Masse überall gleich groß.

Massen kann man mit Hilfe einer Balkenwaage messen. Dabei vergleicht man die Masse eines Körpers mit geeichten Massesätzen. Diese Massesätze werden auch als Gewichtssätze bezeichnet. Deshalb wird in herkömmlicher Weise die **Masse** eines Körpers häufig sein **Gewicht** genannt (**Bild 3**).

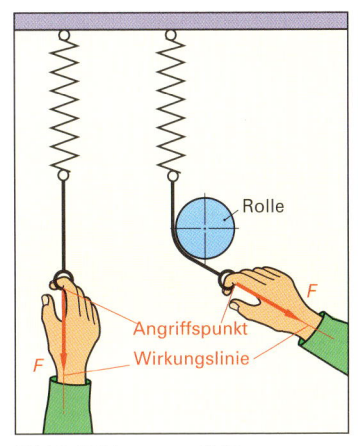

Bild 2: Wirkung von Kräften

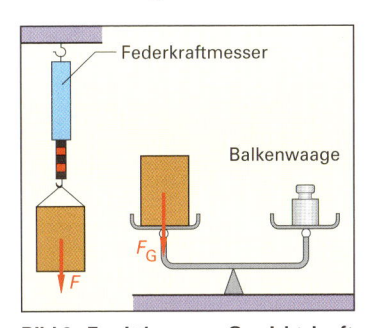

Bild 3: Ermittlung von Gewichtskraft und Masse

2.2.6.3 Wirkung und Darstellung von Kräften

Eine Kraft ist stets notwendig, wenn ein ruhender Körper in Bewegung gesetzt, ein bewegter Körper beschleunigt oder verzögert oder seine Bewegungsrichtung geändert werden soll. Auch zur Verformung eines Körpers ist Kraft notwendig.

Die Wirkung einer Kraft hängt nicht nur von ihrer Größe, sondern auch von ihrer Richtung und ihrem Angriffspunkt ab. Während Gewichtskräfte stets lotrecht wirken (Bild 1), ist bei anderen Kräften jede beliebige Wirkungsrichtung möglich (**Bild 2**).

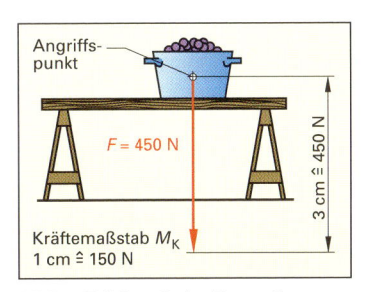

Bild 4: Zeichnerische Darstellung von Kräften

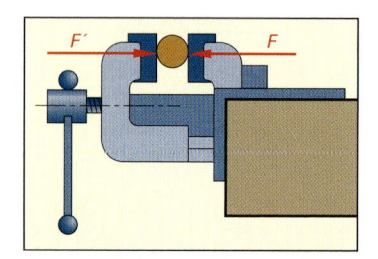

Bild 1: Gleich große, einander entgegengesetzt wirkende Kräfte

Die Verlängerung der Wirkungsrichtung einer Kraft bezeichnet man als ihre Wirkungslinie. Die Wirkung verändert sich nicht, wenn der Angriffspunkt auf der Wirkungslinie verschoben wird **(Bild 2, Seite 39)**.

Kräfte stellt man durch Pfeile dar **(Bild 4, Seite 39)**. Die Länge des Pfeiles ergibt mit Hilfe eines Kräftemaßstabes M_K (z. B. 1 cm ≙ 150 N) die Größe der Kraft. Die Richtung des Pfeiles bezeichnet die Kraftrichtung.

Wirkt auf einen Körper eine Kraft, so entsteht eine Gegenkraft, wie z. B. beim Einspannen eines Baustahls in einen Schraubstock. Der Kraft F wirkt eine gleich große Gegenkraft F' entgegen **(Bild 1)**.

Da Kraft und Gegenkraft gleich groß sind, herrscht Gleichgewicht.

> Gleich große, einander entgegengesetzt wirkende Kräfte heben sich in ihrer Wirkung gegenseitig auf. Es herrscht Gleichgewicht. Der Körper bleibt in Ruhe oder bleibt in gleichförmiger geradliniger Bewegung **(Bild 1)**.

2.2.6.4 Zusammensetzung und Zerlegen von Kräften

Zwei oder mehrere Kräfte können entweder auf gleicher Linie oder unter einem Winkel zueinander wirken.

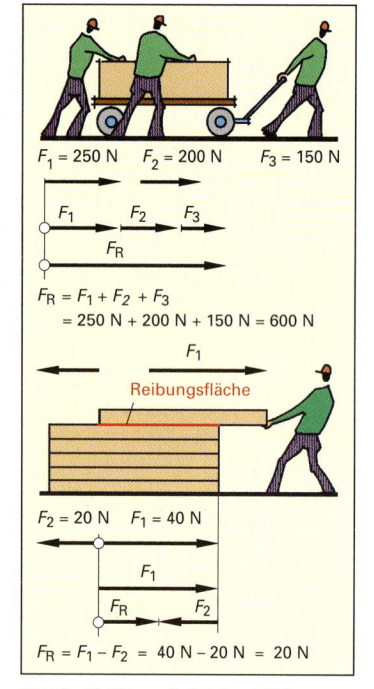

Kräfte auf gleicher Wirkungslinie

Kräfte auf derselben Wirkungslinie werden addiert, wenn sie in gleicher Richtung wirken, sie werden subtrahiert, wenn sie entgegengesetzt zueinander wirken **(Bild 2)**. Als Ergebnis erhält man die eigentlich wirkende, die resultierende Kraft F_R.

Zusammensetzen von Kräften

Bei zwei unter einem Winkel zueinander wirkenden Kräften F_1 und F_2, z. B. bei den Streben eines Dachstuhls, kann man die Größe und Richtung der resultierenden Kraft F_R zeichnerisch mit Hilfe des Kräfteparallelogramms oder mit Hilfe des Kräftedreiecks ermitteln **(Bild 3)**.

Beim Kräfteparallelogramm stellt die resultierende Kraft F_R die Diagonale in einem Parallelogramm dar, bei dem zwei der Schenkel durch die Kräfte F_1 und F_2 dargestellt werden.

Bild 2: Kräfte auf gleicher Wirkungslinie

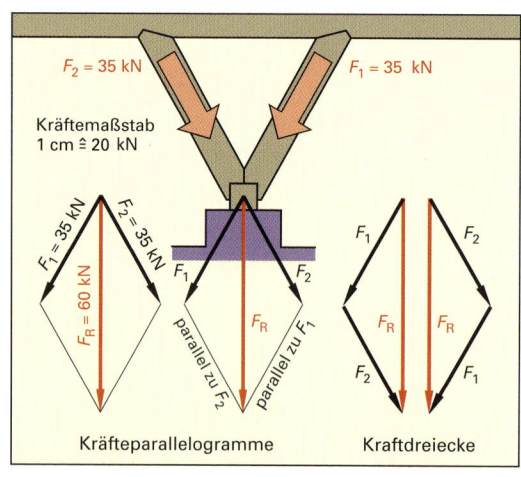

Bild 3: Zusammensetzen von Kräften

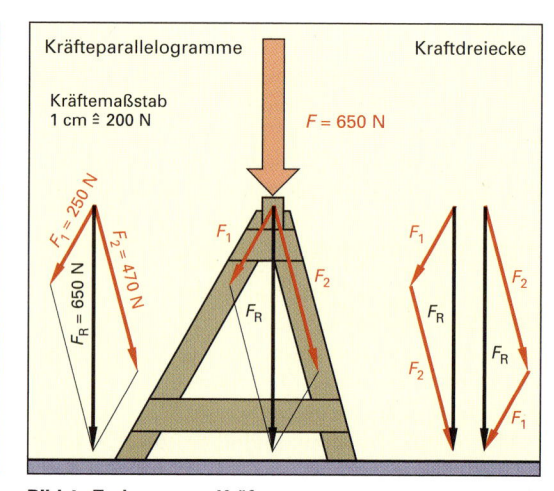

Bild 4: Zerlegen von Kräften

Beim Kraftdreieck werden die beiden Einzelkräfte F_1 und F_2 als Kraftpfeile mit ihrer gegebenen Größe und Richtung addiert. Verbindet man Anfangs- und Endpunkte der Kraftpfeile, so erhält man die resultierende Kraft F_R (**Bild 3, Seite 40**).

Zerlegen von Kräften

Soll eine Kraft F_R in zwei unter einem Winkel wirkende Einzelkräfte zerlegt werden, so kann man deren Größe ebenfalls mit Hilfe des Kräfteparallelogramms oder des Kraftdreiecks bestimmen (**Bild 4, Seite 40**).

Keil

Mit Hilfe von Keilen lässt sich die Kraftwirkung vergrößern. Keile werden z. B. zum Spalten von Stoffen und zum Anheben schwerer Lasten verwendet. Der Keil ist die Grundform der Werkzeugschneide. Die Größen der Kräfte am Keil lassen sich mit Hilfe des Kräfteparallelogramms zeichnerisch ermitteln.

Beim einseitigen Keil wird die auf den Keil wirkende Schlagkraft F_1 in die wesentlich größere Spannkraft F_2 umgewandelt (**Bild 1**).

Beim zweiseitigen Keil wird die auf den Keil wirkende Schlagkraft in zwei rechtwinklig zu den Keilflächen verlaufende Spaltkräfte zerlegt. Die Größe der Spaltkräfte ist vom Winkel des Keiles (Keilwinkel) und von der Schlagkraft abhängig (**Bild 2**).

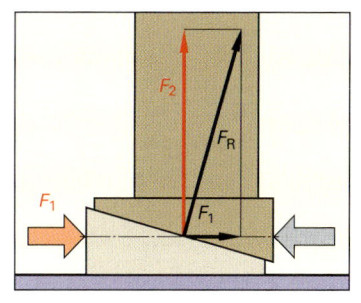

Bild 1: Einseitiger Keil

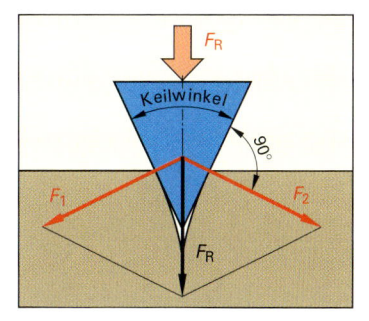

Bild 2: Zweiseitiger Keil

Schiefe Ebene

Eine gegen die Waagerechte geneigte Ebene bezeichnet man als schiefe Ebene (**Bild 3**). Man kann auf ihr mit einer verhältnismäßig kleinen Kraft F eine große Last F_G aufwärts bewegen, also um die Höhe h heben. Die Kraft F hängt von dem Neigungswinkel der schiefen Ebene und der Größe der Last F_G ab. F_N ist dabei die Kraft, mit der die schiefe Ebene belastet wird.

Die bei der Anwendung der schiefen Ebene „gesparte" Kraft muss durch einen gegenüber der Hubhöhe h längeren Kraftweg s ausgeglichen werden.

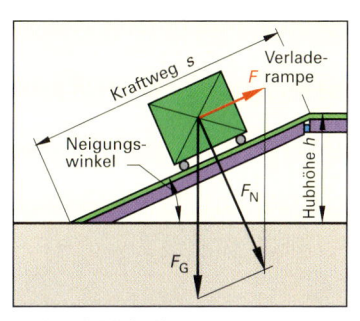

Bild 3: Schiefe Ebene

2.2.6.5 Hebel, Moment

Jeder Körper, an dem eine Kraft eine Drehwirkung verursacht, wird als **Hebel** bezeichnet (**Bild 4**). Der Hebel ist ein um eine Achse (Drehpunkt) drehbarer starrer Körper. Hebel sind z. B. Brechstangen, Schraubenschlüssel und Zangen.

Die Drehwirkung am Hebel nennt man Moment (M). Das Moment wächst mit der Länge des Hebelarms und mit der Kraft, die am Hebel wirkt. Der Hebelarm ist dabei der senkrechte Abstand des Drehpunktes von der Wirkungsrichtung der Kraft.

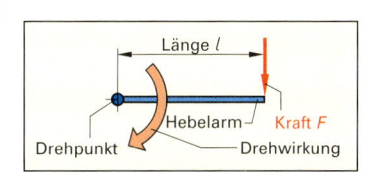

Bild 4: Begriffe am Hebel

Moment = Kraft x Hebelarm	F in N
$M = F \cdot l$	l in m oder cm
	M in Nm oder Ncm

An einem Hebel wirken mindestens zwei Momente. Die Momente können entweder linksdrehend (gegen den Drehsinn des Uhrzeigers) oder rechtsdrehend (mit dem Drehsinn des Uhrzeigers) sein. Je nach Lage der Momente zum Drehpunkt unterscheidet man einseitige Hebel, z. B. Schubkarren (**Bild 5**), zweiseitige Hebel, z. B. Balkenwaage (**Bild 1, Seite 42**), und Winkelhebel, z. B. Nagelzieher.

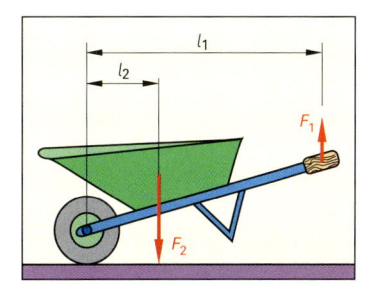

Bild 5: Einseitiger Hebel

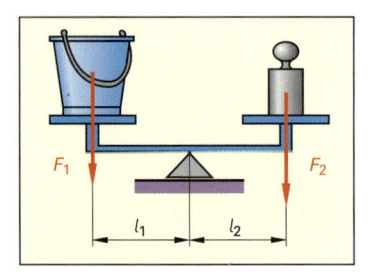

Bild 1: Zweiseitiger Hebel

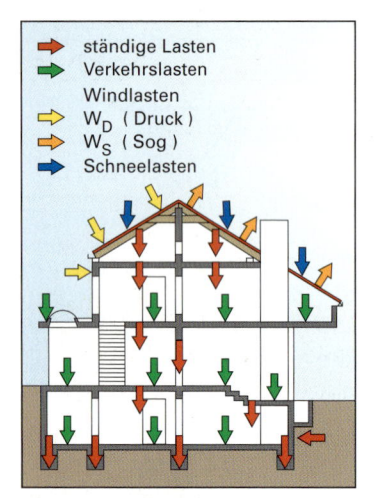

Bild 2: Lasten am Bau

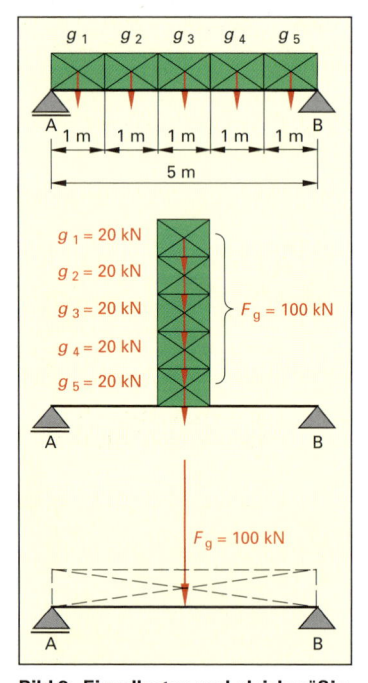

Bild 3: Einzellasten und gleichmäßig verteilte Lasten

Ein Hebel ist im Gleichgewicht, wenn das linksdrehende Moment gleich dem rechtsdrehenden Moment ist (Hebelgesetz).

Linksdrehendes Moment	=	Rechtsdrehendes Moment
M_1	=	M_2
$F_1 \cdot l_1$	=	$F_2 \cdot l_2$

Da Momente bei Hebeln nicht im Gleichgewicht sind und eine Drehbewegung bewirken, bezeichnet man sie als **Drehmomente**.

2.2.7 Lasten am Bau

Auf jeden Baukörper wirkt eine Vielzahl von Kräften, z. B. Druckkräfte und Zugkräfte. Diese Kräfte belasten den Baukörper. Man bezeichnet sie daher auch als Lasten. Lasten entstehen durch den Baukörper und durch äußere Einwirkungen. Man unterscheidet ständige Lasten und Verkehrslasten (**Bild 2**). Die Gesamtlast q ergibt sich aus der ständigen Last g und der Verkehrslast p.

Gesamtlast	=	ständige Last	+	Verkehrslast
q	=	g	+	p

Ständige Lasten sind alle dauernd auf das Bauteil einwirkenden unveränderlichen Lasten. Dazu gehören:

- die Eigenlast des einzelnen Bauteils, z. B. einer Rohdecke einschließlich Fußbodenaufbau und Fußbodenbelag oder einer Stütze einschließlich Putz,
- die Eigenlasten anderer Bauteile, die von oben wirken und die nach unten übertragen werden müssen, z. B. die Last des Daches, der Decken und der Wände,
- der Erddruck, z. B. bei Stützwänden und Kellerwänden, oder der Wasserdruck, z. B. bei einem Schwimmbecken.

Verkehrslasten sind Lasten, die in ihrer Größe veränderlich und beweglich oder unbeweglich sind. Dazu gehören

- die Belastungen der Bauteile durch Personen, Einrichtungsgegenstände, Lagergut oder Fahrzeuge,
- der Wind, der an Gebäuden sowohl Druck- als auch Sogkräfte erzeugt, sowie
- die Schneelasten, die bei Dächern, Terrassen und Balkonen auftreten.

An einem Balken können **Einzellasten** wirken. Eine Einzellast, die an einem Punkt des Balkens angreift, wird mit F bezeichnet und in kN angegeben.

An einem Balken können aber auch **gleichmäßig verteilte Lasten** angreifen. Diese können sowohl auf der ganzen Balkenlänge als auch auf einem Teil seiner Länge wirken.

Gleichmäßig verteilte Lasten werden jeweils auf 1 m Länge bezogen und in kN/m angegeben. Werden gleichmäßig verteilte Lasten im Schwerpunkt zusammengefasst, spricht man von Ersatzlast. Sie wirkt für die Berechnung der Auflagerkräfte wie eine Einzellast (**Bild 3**).

2.2.8 Festigkeit und Spannung

Wirkt eine Kraft auf einen Körper ein, so wird dieser belastet. Die Zusammenhangskräfte der Moleküle innerhalb des belasteten Körpers (Kohäsion) setzen dabei der äußeren Kraft eine Widerstandskraft entgegen. Damit alle Bauteile die auf sie einwirkenden Kräfte aufnehmen können, müssen sie eine entsprechende Festigkeit haben.

> Unter **Festigkeit** versteht man die Gegenkraft eines Körpers gegen Verformung und Zerstörung von außen.

Bei der Einwirkung der Kraft von außen, z. B. einer Zugkraft auf ein Stahlseil, entsteht im Körper ein Spannungszustand als innerer Widerstand gegen das Zerreißen. Dieser ist umso größer, je kleiner die belastete Fläche ist. Man bezeichnet diesen z. B. bei Druck und Zug als Spannung σ (gesprochen: sigma).

> Unter **Spannung** versteht man die innere Widerstandskraft eines Körpers, bezogen auf seine Querschnittsfläche.

$$\text{Spannung} = \frac{\text{Kraft}}{\text{Querschnittsfläche}}$$

$$\sigma = \frac{F}{A}$$

F in N, MN
A in mm² oder m²
σ in N/mm² oder MN/m²

Die Spannung in einem Körper nimmt mit der Größe der äußeren Belastung zu. Wird die Belastung des Körpers und damit die Spannung zu groß, wird der Körper zerstört. Die bei der Zerstörung des Körpers erreichte Spannung nennt man Bruchspannung.

Baustoffe dürfen nur bis zu einer bestimmten Spannung belastet werden. Diese bezeichnet man als zulässige Spannung zul σ. **Aus Sicherheitsgründen muss die vorhandene Spannung (vorh σ) stets kleiner oder gleich sein wie die zulässige Spannung (zul σ).**

Man unterscheidet je nach Art der Beanspruchung Druck-, Zug-, Biege-, Knick-, Scher-, Schub- und Torsionsspannung.

2.2.8.1 Druckbeanspruchung

Wird z. B. ein Fundament durch eine Hauswand belastet, so muss es Druckkräfte aufnehmen. Im Fundament entstehen Druckspannungen. Die Druckfestigkeit ist bei den verschiedenen Werkstoffen unterschiedlich groß. Sie nimmt mit der Dichte und der Zähigkeit des Werkstoffs zu. Zur Aufnahme von Druckkräften sind die Baustoffe Stahl, Beton, Naturstein, Mauersteine und Holz geeignet. Hohe Druckfestigkeiten sind vor allem für Fundamente, tragende Wände, Pfeiler und Stützen erforderlich. Die Druckspannungen, die vom Baugrund aufzunehmen sind, bezeichnet man als Bodenpressung (**Bild 1**).

2.2.8.2 Zugbeanspruchung

Bauteile, die auf Zug beansprucht werden, sind z. B. Zuganker, Zugseile und Stahleinlagen bei Stahlbeton (**Bild 2**). Zur Aufnahme von Zugspannungen werden hauptsächlich Stahl und Holz verwendet. Beton und Steine sind dagegen zur Aufnahme von Zugkräften nicht geeignet. Werden Bauteile auf Zug beansprucht, entstehen im Querschnitt Zugspannungen. Wird der Querschnitt durch Bohrungen, Zapfenlöcher o. Ä. geschwächt, so wird von der kleinsten Querschnittsfläche ausgegangen.

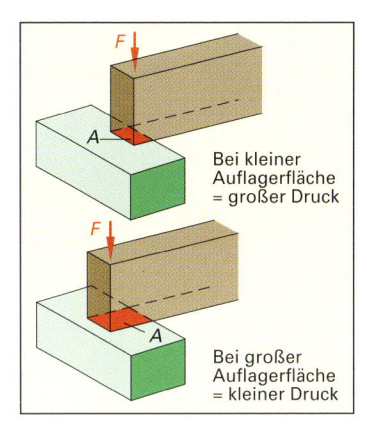

Bild 1: Druckspannung und Auflagerkräfte

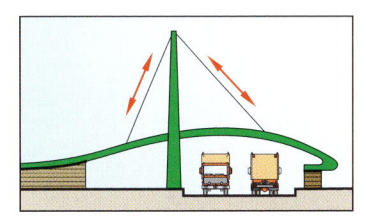

Bild 2: Zugspannungen am Tragseil (Hängebrücke)

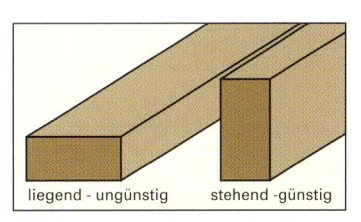

Bild 3: Lage von Querschnittsflächen bei Trägern

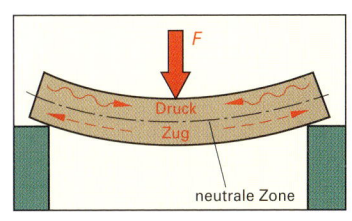

Bild 4: Zug- und Druckkräfte bei Biegebeanspruchung eines Balkens

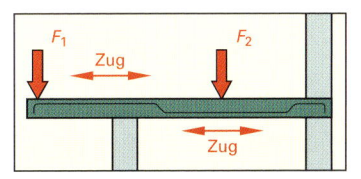

Bild 5: Stahleinlagen in einer auskragenden Decke

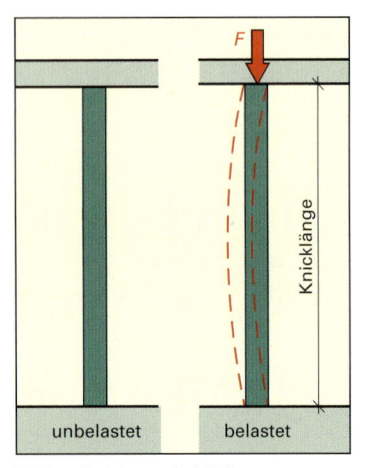

Bild 1: Knickung bei Stützen

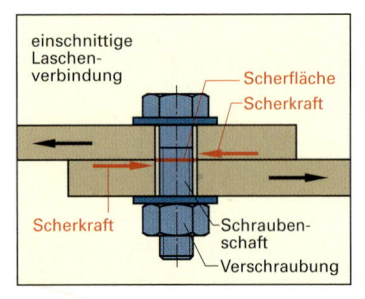

Bild 2: Scherbeanspruchung

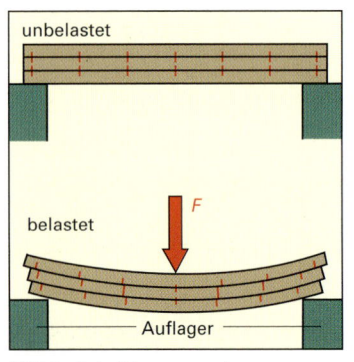

Bild 3: Schubbeanspruchung

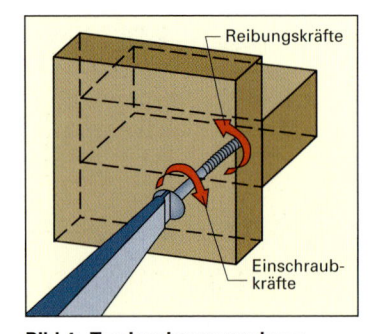

Bild 4: Torsionsbeanspruchung

2.2.8.3 Biegebeanspruchung

Wirken Kräfte an einem Balken senkrecht zur Längsrichtung, so wird der Balken auf Biegung beansprucht, d. h. er biegt sich durch. Balken mit hochkant stehenden Querschnittsflächen sind biegefester und tragen damit besser als solche mit liegenden Querschnittsflächen **(Bild 3, Seite 43)**.

Bei einer Biegebeanspruchung treten auf der einen Seite des Balkens Druckkräfte, auf der gegenüberliegenden Seite Zugkräfte auf. In der Mitte des Balkens heben sich Zug- und Druckkräfte auf. Diesen Bereich nennt man neutrale Zone oder Nulllinie **(Bild 4, Seite 43)**.

Auf Biegung beanspruchte Bauteile sind z. B. Balken, Decken, Träger, Stürze und Sparren. Sie müssen aus Baustoffen bestehen, die Zugkräfte aufnehmen können. Da Beton keine Zugkräfte aufnehmen kann, werden in Betonbauteilen dort Stahleinlagen vorgesehen, wo Zugkräfte auftreten **(Bild 5, Seite 43)**.

2.2.8.4 Knickbeanspruchung

Werden z. B. Pfeiler, Stützen und Streben in ihrer Längsrichtung auf Druck belastet, so können sie nach der Seite hin ausweichen **(Bild 1)**. Sie knicken bei Überschreitung der Knickfestigkeit aus.

Die Knickfestigkeit hängt vom Werkstoff, von der Querschnittsform und von der Knicklänge ab. Auf Knickung beanspruchte Bauteile können aus Stahl, Holz, Mauerwerk, bewehrtem oder unbewehrtem Beton bestehen. Runde und quadratische Querschnittsformen sind besonders günstig. Je länger und je dünner, d. h. je schlanker eine Stütze ist, umso eher knickt sie aus.

2.2.8.5 Scherbeanspruchung

Eine Laschenverbindung wird in der Regel auf Zug belastet **(Bild 2)**. Durch die auftretenden Kräfte können die Verbindungselemente, z. B. die Bolzen, quer zu ihrer Längsachse abgeschert werden. Diese Kräfte nennt man Scherkräfte. Den inneren Widerstand gegen Scherkräfte bezeichnet man als Scherspannung, ihren Höchstwert als Scherfestigkeit. Scherspannungen können z. B. bei Nägeln, Schrauben, Bolzen, Nieten und Dübeln auftreten.

2.2.8.6 Schubbeanspruchung

Bauteile, wie z. B. Balken, Träger und Decken, werden bei Belastung nicht nur auf Biegung, sondern auch auf Schub beansprucht. Legt man z. B. drei Leisten aufeinander und belastet sie auf Biegung, so stellt man fest, dass sich diese in Richtung der Längsachse zu den Auflagern hin gegeneinander verschieben. Verleimt man diese Leisten miteinander und belastet sie in gleicher Weise, so wird das gegenseitige Verschieben verhindert. Dabei entstehen in den Leimfugen Schubspannungen **(Bild 3)**. In Stahlbetonbalken ist für die Aufnahme von Schubkräften eine Bewehrung erforderlich.

2.2.8.7 Torsionsbeanspruchung

Wird z. B. eine Holzschraube in Holz eingedreht, wirken längs der Schraubenachse rechtsdrehende Einschraubkräfte und linksdrehende Reibungskräfte **(Bild 4)**. Diese gegeneinander wirkenden Kräfte beanspruchen die Schraube auf Torsion. Torsion tritt bei allen Körpern auf, die ein Drehmoment quer zur Längsachse zu übertragen haben.

2.2.8.8 Kippen und Gleiten

Werden z. B. Stützwände oder Mauern durch seitlich einwirkende Kräfte, hervorgerufen z. B. durch Erddruck, Winddruck oder Wasserdruck, belastet, so dürfen sie nicht umkippen. Ihre Standfestigkeit hängt von der Standfläche, von der Höhe und der Eigenlast des Bauteils sowie der Lage des Schwerpunkts im Bauteil ab. Außerdem dürfen Bauteile durch waagerechte oder schräge Kräfte nicht auf ihrer Unterlage z. B. dem Baugrund verschiebbar sein. Der Reibungswiderstand muss so groß sein, dass die Bauteile nicht gleiten (**Bild 1**).

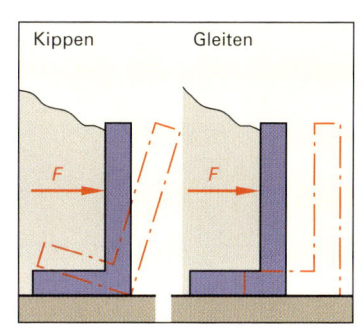

Bild 1: Kippen und Gleiten

2.2.9 Druck in Flüssigkeiten und Gasen

2.2.9.1 Druck in Flüssigkeiten

Eine Flüssigkeit lässt sich praktisch nicht zusammendrücken. Ein Druck p, der auf eine eingeschlossene Flüssigkeit ausgeübt wird, pflanzt sich nach allen Seiten hin gleichmäßig fort (**Bild 2**).

> Der Druck ist innerhalb einer Flüssigkeit überall gleich.

$$\text{Druck} = \frac{\text{Kraft}}{\text{gedrückte Fläche}}$$

$$p = \frac{F}{A}$$

F in N
A in m², cm² oder mm²
p in Pa, bar, N/m²
     N/cm², N/mm²

Einheiten des Druckes sind das Pascal (Pa) und das Bar (bar).

$1 \text{ Pa} = 1 \frac{N}{m^2}$; $1 \text{ bar} = 100000 \text{ Pa} = 100 \text{ kPa} = 0{,}1 \text{ MPa}$

$1 \text{ bar} = 100000 \frac{N}{m^2} = 10 \frac{N}{cm^2} = 0{,}1 \frac{N}{mm^2}$

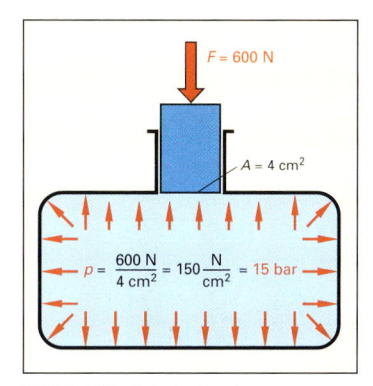

Bild 2: Flüssigkeitsdruck

Hydrostatischer Druck

Füllt man in ein Gefäß, das seitlich übereinander eine Reihe von Öffnungen besitzt, eine Flüssigkeit, so stellt man fest, dass diese aus den oberen Öffnungen in kleinem Bogen, aus den unteren Öffnungen in größerem Bogen austritt (**Bild 3**). Dies zeigt, dass im unteren Bereich des Gefäßes ein höherer Druck herrscht als im oberen Bereich. Diese Druckzunahme entsteht dadurch, dass mit zunehmender Höhe h der Flüssigkeitssäule und somit auch die nach unten wirkende Gewichtskraft der Flüssigkeit, der hydrostatische Druck, größer wird.

> Unter dem hydrostatischen Druck versteht man den von der Gewichtskraft einer Flüssigkeit erzeugten Druck.

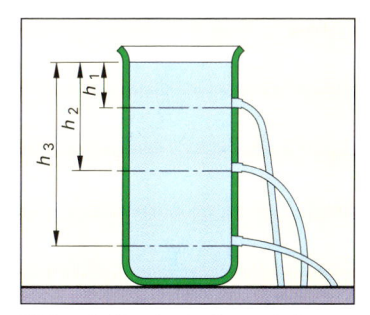

Bild 3: Größe des hydrostatischen Drucks

Im Bauwesen ist dieser hydrostatische Druck vor allem dort zu berücksichtigen, wo Flüssigkeiten auf ein Bauwerk einwirken, z. B. bei Talsperren und beim Einbringen von Frischbeton in die Schalung.

Hydraulische Presse

Bei der hydraulischen Presse wird mit einer kleinen Kraft F_1, die auf einen kleinen Kolben mit der Druckfläche A_1 wirkt, eine große Kraft F_2 an einem großen Kolben mit der Druckfläche A_2 erzeugt (**Bild 4**).

Daraus folgt: $p = \frac{F_1}{A_1}$ oder $p = \frac{F_2}{A_2}$.

Das Übersetzungsverhältnis der Kräfte F_1/F_2 ist gleich dem Verhältnis der Kolbenflächen A_1/A_2, da die Spannungen gleich sind.

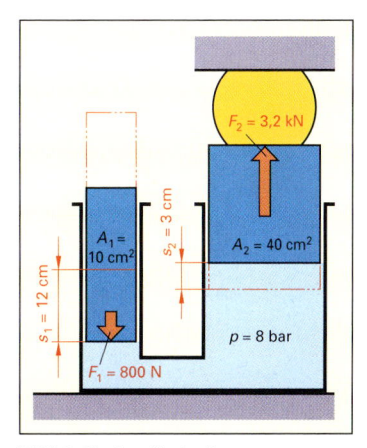

Bild 4: Hydraulische Presse

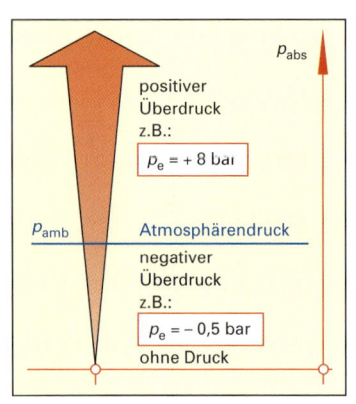

Bild 1: Druckangabe bei Gasen

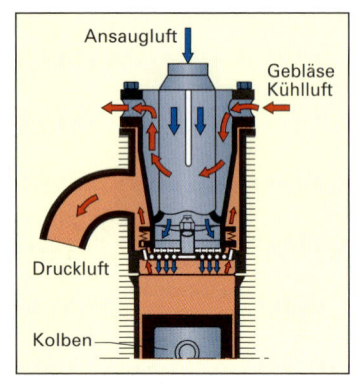

Bild 2: Kolbenkompressor

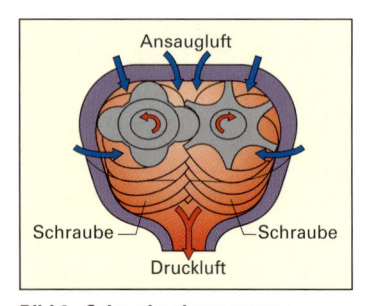

Bild 3: Schraubenkompressor

Bild 4: Presslufthammer von Schraubenkompressor angetrieben

2.2.9.2 Druck in Gasen

Gase sind Körper und haben ein Gewicht. 1 m³ Luft wiegt etwa 1,29 kg. Die Moleküle eines Gases stoßen einander ab. Gase nehmen daher stets den ihnen zur Verfügung stehenden Raum ein und üben auf die Begrenzungsflächen des Raumes einen Druck aus. Zwischen den Molekülen eines Gases ist viel leerer Raum. Gase lassen sich deshalb leicht zusammendrücken oder komprimieren. Beim Zusammendrücken eines Gases steigt seine Temperatur.

Luftdruck

Die Erde ist von einer etwa 500 km hohen Lufthülle, der Atmosphäre, umgeben. Diese wird mit zunehmender Höhe immer dünner. Die Luftmasse übt auf die Luft z. B. in der Nähe der Meeresoberfläche eine Gewichtskraft aus, die bei normalen atmosphärischen Verhältnissen einen Druck von etwa 1 bar (Atmosphärendruck) erzeugt. Der Atmosphärendruck ist umso kleiner, je größer der Abstand von der Meeresoberfläche ist. Die Einheit für den Luftdruck ist Hektopascal (hPa). 1 bar = 1000 hPa.

Gasdruck

In der Technik wird nicht der Druck gegenüber dem luftleeren Raum, dem absoluten Druck p_{abs}, sondern der Druck gegenüber dem jeweiligen Atmosphärendruck p_{amb} gemessen. Ist in einem geschlossenen Behälter der Gasdruck größer als der Atmosphärendruck, so spricht man von Überdruck p_e. Der Überdruck p_e ist somit die Differenz zwischen dem absoluten Druck p_{abs} und dem herrschenden Atmosphärendruck p_{amb} (**Bild 1**). Somit ist $p_e = p_{abs} - p_{amb}$. Herrscht in einem Behälter ein kleinerer Druck als der Atmosphärendruck, so entsteht ein negativer Überdruck (früher: Unterdruck). Anwendbare Einheiten:

F in N
A in m², cm² oder mm²
p in Pa, bar, N/m², N/cm² oder N/mm²

Kompressoren

Kompressoren (Verdichter) erzeugen die zum Betrieb von Presslufthämmern und -rammen, von Betonrüttlern und Putzmaschinen, von Pressluftnagel-, Heft- und Schraubgeräten erforderliche Druckluft. Man unterscheidet Kolbenkompressoren und Schraubenkompressoren (**Bild 4**).

Bei **Kolbenkompressoren** wird die Luft durch Hin- und Herbewegen eines Kolbens angesaugt und verdichtet (**Bild 2**). Die Druckluft wird in einem Druckkessel gespeichert. Der Kompressor wird entweder durch einen Elektromotor oder einen Dieselmotor angetrieben. Beim Erreichen des Höchst- oder Mindestdrucks im Kessel wird der Elektromotor durch eine Aussetzregelung, der Dieselmotor durch eine Leerlaufregelung gesteuert, die den Kompressor aus- oder einschaltet.

Bei **Schraubenkompressoren** wird die Luft durch zwei ineinander greifende Schraubenwellen dadurch verdichtet, dass sich die Luftkammern zur Druckseite bzw. zur Austrittsöffnung hin immer mehr verkleinern (**Bild 3**). Ein Druckkessel ist beim Schraubenkompressor nicht notwendig, da über einen Regler automatisch die erforderliche Druckluftmenge mit konstantem Druck geliefert wird. Der Antrieb erfolgt ebenfalls durch einen Elektro- oder Dieselmotor. Vorteilhaft bei Schraubenkompressoren ist die geringe Lärmbelästigung.

2.2.10 Wärme

Die Moleküle eines jeden Stoffes sind ständig in Bewegung. Sie bewegen sich bei Stoffen mit hoher Temperatur mit großer, bei Stoffen mit niedriger Temperatur mit geringerer Geschwindigkeit. Wärme ist also nichts anderes als Bewegungsenergie der Moleküle. Einen Körper erwärmen heißt, die Bewegungsenergie seiner Moleküle zu erhöhen.

2.2.10.1 Temperatur und Temperaturmessung

Temperatur und Wärme werden häufig einander gleichgesetzt. Sie haben jedoch verschiedene Bedeutung. Während die Temperatur den jeweiligen Wärmezustand eines Körpers angibt, versteht man unter Wärme die in einem Körper enthaltene Wärmemenge. Die Einheiten der Temperatur sind Kelvin (K) und Grad Celsius (°C). 0 °C entspricht dem Gefrierpunkt des Wassers (Schmelzpunkt). 100 °C entsprechen dem Siedepunkt des Wassers bei normalem Luftdruck (Dampfpunkt).

Die tiefste Temperatur liegt etwa bei −273 °C; man bezeichnet sie als den **absoluten Nullpunkt**. Bei dieser Temperatur befinden sich alle Stoffe, auch die Gase, in festem Zustand, da hier jede Molekularbewegung aufhört.

Bei der Einheit Kelvin geht man vom absoluten Nullpunkt aus. 0 K ist demnach der absolute Nullpunkt, 273 K entspricht dem Schmelzpunkt, 373 K dem Siedepunkt des Wassers **(Bild 1)**.

Geräte zur Temperaturmessung nennt man **Thermometer**. Man unterscheidet Flüssigkeits- und Metallthermometer sowie elektrische Thermometer und Segerkegel.

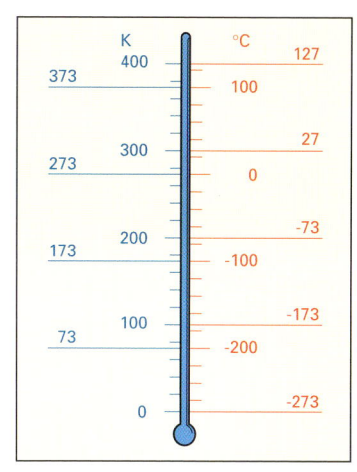

Bild 1: Temperaturskala in K und °C

2.2.10.2 Wärmemenge

Um feststellen zu können, welche von 2 Wärmequellen mehr Wärme liefert, erhitzt man mit jeder von ihnen eine gleich große Menge Wasser. Dem Wasser, das in gleicher Zeit die höhere Temperatur erreicht hat, wurde eine größere Wärmemenge oder Wärmeenergie zugeführt **(Bild 2)**. Umgekehrt: in 10 l Wasser steckt eine zehnmal größere Wärmemenge als in 1 l Wasser von gleicher Temperatur.

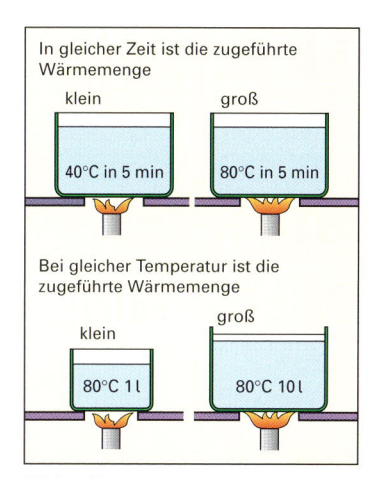

Die Einheit für Wärmemenge ist das Joule (J).

James Joule hat 1843 nachgewiesen, dass jede Wärmemenge einer bestimmten mechanischen Arbeit entspricht. Deshalb werden Arbeit, Energie und Wärmemenge als Größen gleicher Art betrachtet. Als Einheiten gelten das Joule (J), das Newtonmeter (Nm) und die Wattsekunde (Ws).

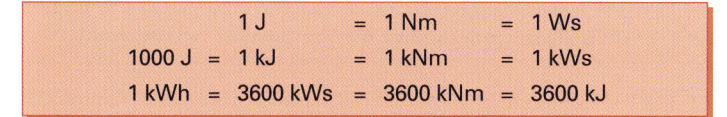

1 J	= 1 Nm	= 1 Ws	
1000 J = 1 kJ	= 1 kNm	= 1 kWs	
1 kWh = 3600 kWs	= 3600 kNm	= 3600 kJ	

Bild 2: Unterschied zwischen Temperatur und Wärmemenge

2.2.10.3 Spezifische Wärmekapazität

Verschiedenartige Stoffe von gleicher Masse benötigen zu ihrer Erwärmung unterschiedliche Wärmemengen. Abdeckungen aus Aluminium erhalten z. B. bei gleicher Wärmezufuhr durch Sonneneinstrahlung eine höhere Temperatur als Holz oder Putz.

Tabelle 1: Mittlere spezifische Wärmekapazität c von Stoffen

Stoff	J/kg K
Wasser	4200
Holz	2100
Schaumkunststoffe	1500
Porenbeton	1050
Mauerziegel	1000
Kalksandstein	1000
Beton	1000
Mineralwolle	840
Schaumglas	840
Aluminium	800
Glas	800
Stahl	500

Wärmespeicherfähigkeit Q eines Bauteils

= Rohdichte ρ
× Spezif. Wärmekapazität c
× Bauteildicke d

$Q = \rho \cdot c \cdot d$

Q in J/m² · K	c in J/kg · K
ρ in kg/m³	d in m

Die zu einer bestimmten Temperaturerhöhung erforderliche Wärmemenge ist also nicht nur von der Masse, sondern auch von der Art des Stoffes abhängig.

> Die spezifische Wärmekapazität ist diejenige Wärmemenge, welche notwendig ist, um 1 kg eines Stoffes um 1 K ($\triangleq$ 1 °C) zu erwärmen.

Beispiel: Die spezifische Wärmekapazität von Beton ist 1000 J/kg · K **(Tabelle 1, Seite 47)**, d. h., zur Erwärmung der Masse von 1 kg Beton um 1 K sind 1000 J erforderlich.

Zur Erwärmung von Holz ist etwa die doppelte Wärmemenge erforderlich wie für die gleiche Masse Porenbeton, d. h., durch Zuführung der gleichen Wärmemenge erreicht Porenbeton die doppelte Temperatursteigerung wie Holz. Dies wirkt sich z. B. als unterschiedliche Längenänderung der Bauteile aus.

2.2.10.4 Wärmespeicherfähigkeit

Ein Bauteil nimmt bei seiner Erwärmung eine bestimmte Wärmemenge auf, die im Bauteil gespeichert wird. Die Wärmespeicherfähigkeit Q eines Bauteils, z. B. einer Wand, hängt ab von der Rohdichte ρ (gesprochen: rho) und von der spezifischen Wärmekapazität c des Baustoffs sowie von der Dicke d des Bauteils.

Eine ausreichende Wärmespeicherfähigkeit von Wänden und Decken ist wichtig für die Behaglichkeit in Wohnräumen.

2.2.10.5 Wärmewirkungen

Wärmeausdehnung

Bei Erwärmung dehnen sich die Körper nach allen Richtungen aus.

Volumenänderung bei festen Körpern

Alle Bauteile dehnen sich bei Erwärmung aus und ziehen sich bei Abkühlung zusammen, d. h., sie verändern bei Temperaturänderung ihr Volumen. Bei Bauteilen ist vor allem die Längenänderung zu berücksichtigen.

Die **Längenänderung** Δl (Δ gesprochen: delta) hängt ab von der Länge l des Bauteils, der Temperaturdifferenz ΔT als Temperaturzunahme oder -abnahme und der Temperaturdehnzahl α des Baustoffs, aus dem das Bauteil besteht **(Bild 1)**.

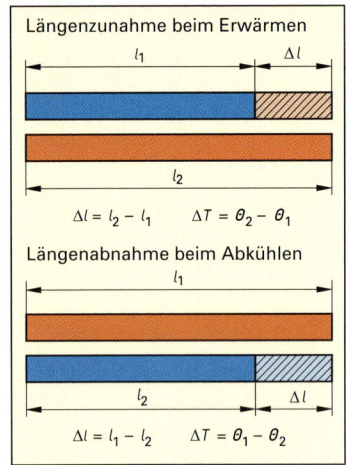

Bild 1: Längenänderung bei Temperaturänderung

Längenänderung Δl

= Temperaturdehnzahl α
× Ausgangslänge l_1
× Temperaturdifferenz ΔT

$\Delta l = \alpha \cdot l_1 \cdot \Delta T$

Δl in mm	ΔT in K
l_1, l_2 in m	α in mm/(m · K)

> Die Temperaturdehnzahl α gibt an, um wie viel Millimeter sich ein 1 Meter langer Körper bei einer Temperaturdifferenz von 1 Kelvin ausdehnt oder zusammenzieht. Einheit: mm/(m · K) **(Tabelle 1)**.

Es dehnt sich z. B. der Kunststoff Polyethylen 17-mal mehr, Aluminium zweimal mehr aus als Stahl. Da Beton etwa die gleiche Wärmeausdehnung besitzt wie Stahl, ist eine Bauweise in Stahlbeton überhaupt erst möglich. Werden Stoffe mit unterschiedlicher Wärmeausdehnung am Bau miteinander verbunden, wie z. B. bei Blechabdeckungen auf Mauerwerk, ist darauf zu achten, dass sich die Stoffe unabhängig voneinander bewegen können. Bei längeren Bauwerkskörpern müssen Dehnfugen vorgesehen werden.

Tabelle 1: Temperaturdehnzahlen von Baustoffen

Baustoff	Temperaturdehnzahl α in mm/(m · K)
Stahlbeton	0,011
Mauerwerk aus Klinker	0,010
Kalksandstein, Porenbeton, Leichtbeton	0,008
Mauerziegel	0,006
Glas, Fliesen	0,008
Baustahl	0,012
Kupfer	0,017
Aluminium	0,024
Zink, Blei	0,029
Holz, Holzwerkstoffe	0,003

Volumenänderung bei flüssigen Körpern

Flüssigkeiten dehnen sich bei Erwärmung wesentlich mehr aus als feste Körper. Aceton hat eine sehr große, Wasser und Quecksilber haben von den Flüssigkeiten die kleinste Wärmeausdehnung.

Von der Regel, dass sich jeder Körper bei Abkühlung zusammenzieht, macht das Wasser eine Ausnahme (Anomalie des Wassers). Sein Volumen nimmt zwar bei Abkühlung bis zu +4 °C ab, jedoch bei weiterer Abkühlung von +4 °C auf 0 °C wieder zu. Wasser hat daher bei +4 °C seine größte Dichte. Das ist auch der Grund, warum Eis im Wasser schwimmt und zugefrorene Wasserleitungen platzen.

Volumenänderung bei gasförmigen Körpern

Gase dehnen sich bei Erwärmung wesentlich mehr aus als Flüssigkeiten. Ihre Ausdehnung beträgt für jedes °C Temperaturerhöhung $1/273$ ihres Rauminhalts bei 0 °C. Wird z. B. die Luft in einem Raum erwärmt, dehnt sie sich aus. Ihre Dichte wird gegenüber der nicht erwärmten Luft kleiner; die erwärmte Luft steigt deshalb nach oben.

> Ein Gas, das sich in einem abgeschlossenen Behälter z. B. in einer Flasche befindet, kann sich bei Erwärmung nicht ausdehnen. Der Gasdruck steigt, was zum Zerreißen des Behälters führen kann.

Schmelzen und Verdampfen

Die Stoffe treten in drei verschiedenen Zustandsformen, fest, flüssig und gasförmig, auf, die man als **Aggregatzustände** bezeichnet (Seite 36). Die Umwandlung vom einen Zustand in den anderen erfolgt bei bestimmten Temperaturen **(Bild 1)**.

Feste Stoffe werden flüssig, wenn durch Wärmezufuhr die Moleküle so stark in Bewegung versetzt werden, dass sie die Bindung an einen bestimmten Ort innerhalb des Gefüges verlieren. Die Temperatur, bei der dies geschieht, nennt man den **Schmelzpunkt** oder die **Schmelztemperatur (Tabelle 1, Seite 50)**.

Um 1 kg eines Stoffes vom festen in den flüssigen Zustand zu überführen, ist eine bestimmte Wärmemenge, die sog. **Schmelzwärme**, erforderlich. Sie beträgt z. B. bei Wasser 335 kJ/kg.

Bei zunehmender Erwärmung einer Flüssigkeit nimmt die Wärmebewegung der Moleküle so zu, dass ihre gegenseitigen Kohäsionskräfte vollständig überwunden werden und die Flüssigkeit gasförmig wird. Diesen Vorgang nennt man Verdampfen (Bild 1). Bei dieser Temperatur ist der **Siedepunkt** oder die **Siedetemperatur** der Flüssigkeit erreicht **(Tabelle 2, Seite 50)**. Diejenige Wärmemenge, die man zur Überführung von 1 kg einer Flüssigkeit vom flüssigen in den gasförmigen Zustand zuführen muss, nennt man Verdampfungswärme. Sie beträgt z. B. bei Wasser 2250 kJ/kg.

Kondensieren und Erstarren

Wird einem gasförmigen Körper, z. B. Wasserdampf, Wärme entzogen, so verdichtet er sich bei entsprechender Temperatur zu einer Flüssigkeit, z. B. zu Wasser. Diese Temperatur nennt man den **Kondensa-**

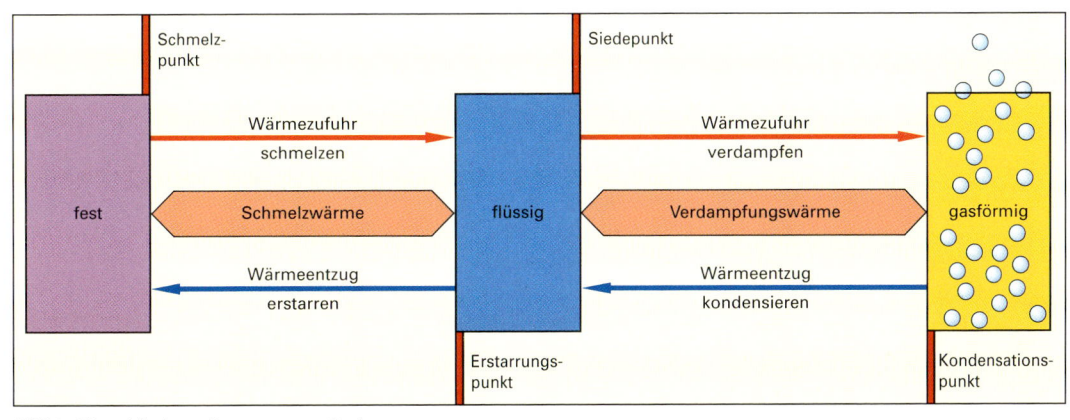

Bild 1: Verschiedene Aggregatzustände

Tabelle 1: Schmelz- bzw. Erstarrungstemperaturen von Stoffen

Stoff	°C
Chrom	1900
Stahl	1450 … 1530
Nickel	1450
Gusseisen	1150 … 1250
Kupfer	1070 … 1093
Aluminium	658
Zink	419
Blei	327
Wasser	0
Quecksilber	− 39
Stickstoff	− 210
Sauerstoff	− 227

Tabelle 2: Siedetemperaturen bei 1013 mbar

Stoff	°C
Wasserstoff	− 253
Sauerstoff	− 196
Stickstoff	− 183
Alkohol	78,4
Aceton	57
Wasser	100
Quecksilber	357
Blei	1525

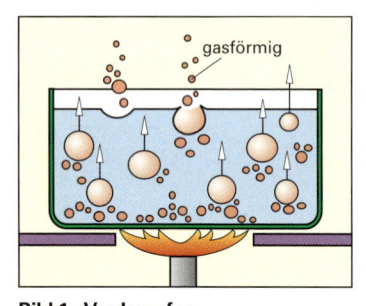

Bild 1: Verdampfen

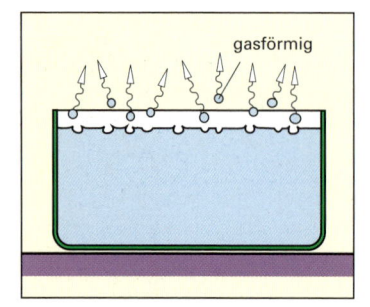

Bild 2: Verdunsten

tionspunkt oder **Taupunkt,** die dabei frei werdende Wärme **Kondensationswärme.** Die Kondensationswärme ist gleich der Verdampfungswärme. Im Bauwesen muss vor allem die Kondensation von Wasserdampf an der Innenseite von Außenwänden und im Innern dieser Bauteile beachtet werden. Feuchtigkeit im Bauwerk führt zu Bauschäden und vermindert die Wärmedämmung.

Wird eine Flüssigkeit abgekühlt, so erstarrt sie. Die dabei herrschende Temperatur nennt man **Erstarrungspunkt (Bild 1, Seite 49),** bei Wasser **Gefrier-** oder **Schmelzpunkt.**

Schmelzpunkt und Erstarrungspunkt fallen zusammen. Die beim Erstarren frei werdende Wärmemenge ist gleich der Schmelzwärme.

Während sich erstarrende Stoffe zusammenziehen, dehnt sich Wasser beim Gefrieren aus. Porige Baustoffe, deren Poren sich mit Wasser gefüllt haben, können bei Frost durch die Sprengwirkung des Eises zerstört werden.

Verdunsten

Eine Flüssigkeit kann auch unterhalb ihres Siedepunktes, jedoch nur an ihrer Oberfläche, gasförmig werden. Diesen Vorgang nennt man Verdunsten **(Bild 2).** Die Verdunstung erfolgt umso schneller, je trockener und bewegter die umgebende Luft ist und je näher die Flüssigkeitstemperatur beim Siedepunkt liegt. Eine Flüssigkeit verdunstet deshalb bei Raumtemperatur umso schneller, je tiefer ihr Siedepunkt liegt, z. B. bei Alkohol, Nitroverdünnung und Benzin.

Beim Verdunsten werden die Moleküle aus der Flüssigkeitsoberfläche herausgeschleudert und von der Luft aufgenommen (Bild 2). Die dazu erforderliche Bewegungsenergie entnehmen sie der Flüssigkeit in Form von Wärmeenergie. Den damit verbundenen Temperaturabfall nennt man **Verdunstungskälte.** Der Verdunstungsvorgang kann durch Vergrößerung der Flüssigkeitsoberfläche, z.B. durch Aufschneiden des Holzes zur Trocknung, beschleunigt werden.

2.2.10.6 Wärmequellen

Die wichtigste Wärmequelle für die Erde ist die **Sonne.** Sie überträgt die Wärme durch Strahlung; bei senkrechtem Auftreffen der Sonnenstrahlen liefert sie etwa 80 kJ/m² · min. Weitere Wärmequellen sind die in der Erde vorkommenden festen, flüssigen und gasförmigen **Brennstoffe.** Sie sind in der Regel pflanzlichen oder tierischen Ursprungs und geben bei der Verbrennung Wärme ab.

Die bei der Verbrennung von 1 kg eines Brennstoffes frei werdende Wärmemenge bezeichnet man als **Heizwert** des Stoffes. Der Heizwert der Brennstoffe ist verschieden **(Tabelle 1, Seite 51).**

Zunehmende Bedeutung gewinnt die Wärmeerzeugung durch **Wind- und Solarenergie.** Wärmeenergie kann auch durch **Umwandlung anderer Energieformen,** z. B. aus elektrischer Energie, erzeugt werden.

2.2.10.7 Wärmeübertragung

Jeder Körper, der wärmer als seine Umgebung ist, stellt für diese eine Wärmequelle dar. Die Übertragung der Wärme kann durch Wärmestrahlung, Wärmemitführung oder Wärmeleitung geschehen.

Wärmestrahlung

Wärmestrahlen verhalten sich ähnlich wie Lichtstrahlen. Sie übertragen die Wärmeenergie als Strahlung, auch durch materiefreie Räume, und geben diese erst beim Auftreffen auf einen Körper ab (**Bild 1**). Dabei wird die Strahlungsenergie in Wärmebewegung der Moleküle umgesetzt. Die Aufnahmefähigkeit für die Wärmestrahlung hängt überwiegend von der Oberflächenbeschaffenheit der verschiedenen Körper ab. Körper mit dunkler und rauher Oberfläche nehmen einen größeren Teil der Wärmestrahlung auf und erwärmen sich dadurch stärker als helle und glatte Körper, die einen großen Teil der eingestrahlten Wärme zurückwerfen. Als Beispiel kann die Wärmeaufnahme eines schwarzen Auto- und Hausdachs oder schwarze Kleidung bei Sonneneinstrahlung genannt werden. Umgekehrt strahlen dunkle Körper, z. B. Heizkörper, die Wärme leichter ab als helle. Technisch wird die Wärmestrahlung z. B. zur Raumheizung verwendet.

Wärmemitführung

Im Gegensatz zur Wärmestrahlung ist die Wärmemitführung (Konvektion) nur in Gasen oder Flüssigkeiten möglich. Werden diese Gase, z. B. Luft, oder Flüssigkeiten, z. B. Wasser, im Heizungssystem erwärmt, dehnen sich diese aus. Sie werden durch ihre geringere Dichte leichter und steigen nach oben, während kältere und damit schwerere Wasser- bzw. Luftmengen an ihre Stelle treten. Es entsteht eine Gas- oder Flüssigkeitsströmung, die die Wärme von der Wärmequelle wegführt und an weniger warme Stoffe, wie Mauerwerk, Beton, Luft usw., wieder abgibt. Beispiele sind die Luftumwälzung an Heizkörpern und die Warmwasser-Schwerkraftheizung (**Bild 2**).

Konvektion tritt auch an den Oberflächen von Bauteilen oder in Luftschichten mit unterschiedlich warmen Begrenzungsflächen auf.

Wärmeleitung

Bei der Wärmeleitung erfolgt der Temperaturausgleich durch die Weitergabe der Wärme in einem Stoff von Molekül zu Molekül, ohne dass diese ihren Ort wechseln. Die Wärme wird als Schwingungsenergie von den bei der Wärmequelle liegenden und stark schwingenden Molekülen an benachbarte, schwächer schwingende Moleküle durch Stoßvorgänge weitergegeben (**Bild 3**).

Gute Wärmeleiter sind feste Stoffe mit hoher Dichte, besonders die Metalle. Schlechte Wärmeleiter sind Holz, Kunststoffe, porige Baustoffe. Auch Flüssigkeiten und besonders Gase leiten die Wärme schlecht, wenn die Konvektion verhindert wird. Schlechte Wärmeleiter werden im Bauwesen als Dämmstoffe eingesetzt, um Energieverluste zu vermeiden.

Die Wärmeleitung wird in Watt/(Meter · Kelvin) angegeben.

Die Wärmeleitung eines Stoffes nimmt umso mehr ab,
- je kleiner seine Rohdichte ist,
- je poröser ein Stoff ist,
- je kleiner die Poren sind,
- je geringer sein Feuchtegehalt ist.

Tabelle 1: Heizwerte von Brennstoffen

Brennstoffart	Menge	kJ
Koks	1 kg	28 596
Briketts	1 kg	20 097
Brennholz	1 kg	14 654
Heizöl, leicht	1 l	37 153
Heizöl, schwer	1 l	39 062
Stadtgas	1 m³	15 994
Erdgas	1 m³	31 736

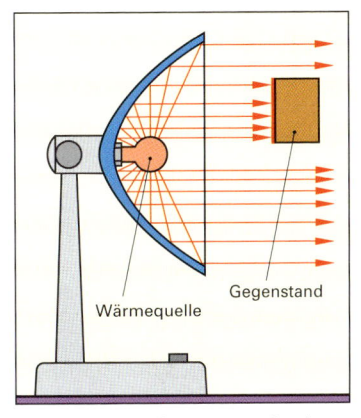

Bild 1: Wärmeübertragung durch Strahlung

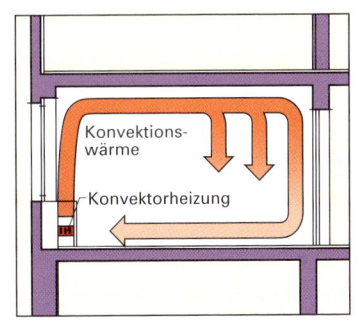

Bild 2: Wärmeübertragung durch Konvektion

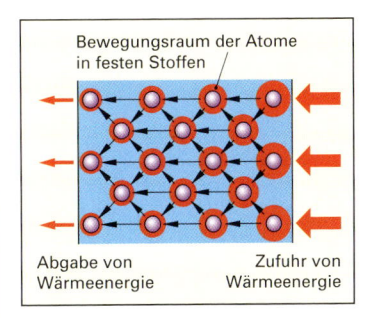

Bild 3: Wärmeübertragung durch Leitung (schematische Darstellung)

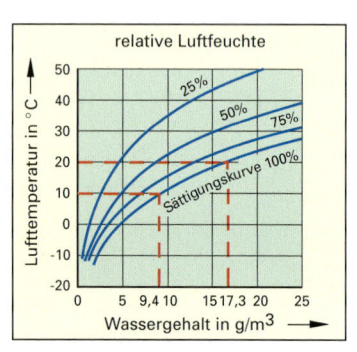

Bild 1: Wassergehalt der Luft in Abhängigkeit von der relativen Luftfeuchte und der Lufttemperatur

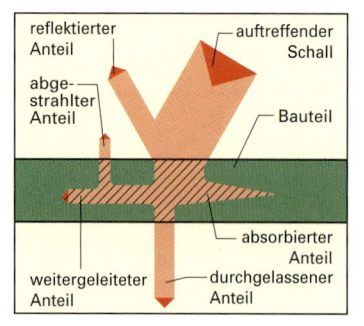

Bild 2: Ausbreitung des Luftschalls (schematisch)

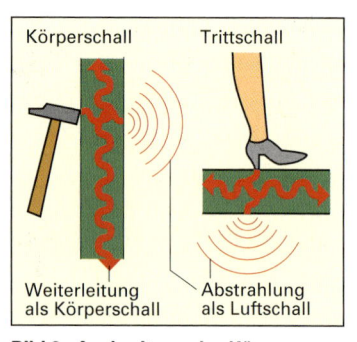

Bild 3: Ausbreitung des Körperschalls

Tabelle 1: A-Schallpegel bekannter Geräusche in dB(A)	
Leise Unterhaltung	40
Übliche Unterhaltungsgespräche	50
Lautes Sprechen	60
Superschallgedämpfter Kompressor	70
Starker Verkehrslärm	80
Baukreissäge	85
Plattenrüttler	95
Motorenprüfstand	100

2.2.11 Luftfeuchtigkeit

Luft hat die Fähigkeit, Wasserdampf aufzunehmen. Die in 1 m³ Luft enthaltene Wasserdampfmenge in g nennt man die **absolute Luftfeuchte**.

Die Aufnahmefähigkeit der Luft für Wasserdampf hängt von der Lufttemperatur ab. Luft mit höherer Temperatur kann mehr Feuchtigkeit speichern als Luft mit tieferer Temperatur. Die sog. **maximale Luftfeuchte** in g/m³ ist erreicht, wenn die Luft keine Feuchtigkeit mehr aufnehmen kann. In diesem Fall ist die Luft gesättigt. So kann z. B. 1 m³ Luft von 20 °C maximal 17,3 g Wasserdampf speichern, bei einer Temperatur von 10 °C tritt die Sättigung dagegen schon bei einem Wasserdampfgehalt von 9,4 g/m³ ein. Wie viel Gramm Wasserdampf die Luft bei verschiedenen Temperaturen maximal aufnehmen kann, ersieht man aus der Sättigungskurve (**Bild 1**).

In der Regel enthält die Luft jedoch nicht die maximal mögliche Feuchtigkeit, also 100 %, sondern weniger. Dieser Feuchtigkeitsgehalt der Luft wird als Verhältnis der absoluten Luftfeuchte zur maximalen Luftfeuchte in % ausgedrückt und **relative Luftfeuchte** genannt.

$$\text{Relative Luftfeuchte in \%} = \frac{\text{Absolute Luftfeuchte} \cdot 100\,\%}{\text{Maximale Luftfeuchte}}$$

2.2.12 Schall

2.2.12.1 Entstehung des Schalls

Wird eine Stimmgabel angestoßen, führen die beiden freien Gabelenden Hin- und Herbewegungen, so genannte Schwingungen, aus. Diese Schwingungen der Stimmgabel werden an die angrenzenden Luftmoleküle weitergegeben. Dabei entstehen Verdichtungs- und Verdünnungszonen in der Luft, die sich von der Schallquelle weg als Schallwellen ausbreiten. Erreichen diese Schwingungen das Ohr, so werden sie über das mitschwingende Trommelfell als Ton hörbar, wenn die Anzahl der Schwingungen je Sekunde zwischen 16 und 20 000 liegt.

Die Anzahl der Schwingungen je Sekunde bezeichnet man als **Frequenz** des Tones; die Einheit der Frequenz ist das Hertz (Hz). Je größer die Frequenz, desto höher ist der Ton.

Schall, der aus vielen Tönen zusammengesetzt ist, nennt man **Geräusch**. Ein störendes oder unangenehmes Geräusch wird als **Lärm** bezeichnet.

2.2.12.2 Ausbreitung des Schalls

Der Schall braucht, um sich ausbreiten zu können, einen Körper, der die Schwingungen weiterleitet. Schalleitende Körper können gasförmig, flüssig oder fest sein. Der Schall gelangt normalerweise durch schwingende Luftmoleküle an das menschliche Ohr. Er wird deshalb **Luftschall** genannt. Luftschall entsteht z. B. durch vibrierende Stimmbänder beim Sprechen oder Singen, durch die Vibration der Membrane im Lautsprecher, durch angeregte Resonanzböden bei Musikinstrumenten. Schall breitet sich nach allen Richtungen aus. Trifft er auf ein Bauteil, so wird ein Teil des auftreffenden Luftschalls reflektiert, d. h. zurückgeworfen, der andere Teil versetzt das Bauteil in Schwingung. Diese Schwingungen werden sowohl in andere Bauteile weitergeleitet, als auch auf der anderen Bauteilseite abgestrahlt bzw. im Bauteil ausgelöscht **(Bild 2, Seite 52)**.

Körperschall nennt man den Schall, der sich in festen Körpern, z. B. im Mauerwerk, ausbreitet und durch direkte Anregung, z. B. durch Klopfen, entsteht. Da Körperschall hauptsächlich beim Begehen einer Decke bzw. beim Auftreten auf den Fußboden entsteht, spricht man in diesem Fall auch von **Trittschall (Bild 3, Seite 52)**.

Körper- und Trittschallschwingungen in Decken und Wänden werden von diesen Bauteilen teilweise ausgelöscht, zum großen Teil wieder als Luftschall abgestrahlt und damit hörbar.

2.2.12.3 Messung des Schalls

Bei der Feststellung der Schallstärke wird der Druck gemessen, den die Schwingungen der Luftmoleküle auf das Messgerät ausüben. Diesen Druck bezeichnet man als **Schalldruck**. Diesem Schalldruck entspricht ein bestimmter **Schallpegel**. Der gemessene Schalldruck wird auf der Skala eines Messgeräts mit einem Messbereich von 1 dB bis 120 dB als Schallpegel dargestellt. Dabei entspricht ein Skalenteil der Einheit von 1 Dezibel (1 dB) **(Bild 1)**.

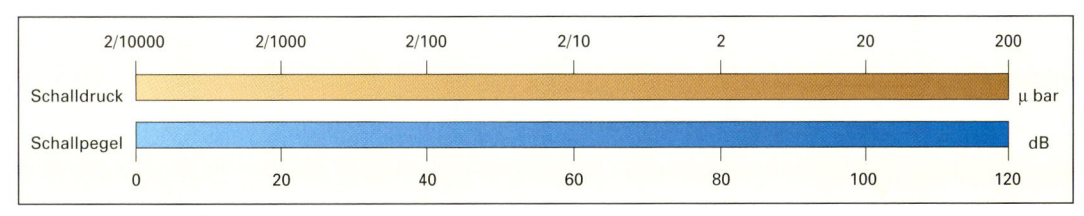

Bild 1: Vergleich zwischen Schalldruck und Schallpegel

Wie Untersuchungen gezeigt haben, hat das menschliche Gehör die Eigenschaft, tiefe Töne weniger laut zu empfinden als hohe Töne. Der Beginn der Hörempfindung, die **Hörschwelle,** liegt z. B. beim Ton der Frequenz 1000 Hz bei 0 dB. Beim Ton von 100 Hz beginnt sie erst beim Schallpegel von 25 dB.

Diese Besonderheit des menschlichen Gehörs, verschieden hohe Töne unterschiedlich laut zu empfinden, wird dadurch berücksichtigt, dass die bei Lärmmessungen ermittelten Schallpegelwerte in dB noch korrigiert werden. Diese Korrekturwerte sind in DIN 45633 festgelegt. Nach Berücksichtigung der Korrekturwerte erhält man den **bewerteten Schallpegel (A-Schallpegel),** der in dB(A) ausgedrückt wird.

An der Hörschwelle beträgt der A-Schallpegel 0 dB(A), an der Schmerzschwelle 120 dB(A). Bei 65 dB(A) beginnt die Schädigung des vegetativen Nervensystems, bei 90 dB(A) die Schädigung des Gehörs. Ab 85 dB(A), bzw. 80 dB(A) ab dem Jahr 2007, muss den Mitarbeitern persönlicher Gehörschutz zur Verfügung gestellt werden. Ab 90 dB(A), bzw. 85 dB(A) ab dem Jahr 2007, ist er zwingend vorgeschrieben.

Zum Abschätzen der Höhe des A-Schallpegels können die in **Tabelle 1, Seite 52,** angegebenen Geräusche dienen.

Aufgaben

1 Erläutern Sie den Unterschied zwischen Kohäsion und Adhäsion!
2 Nennen Sie die verschiedenen Lasten, die auf ein Bauwerk einwirken, und geben Sie an, welche Bauteile durch diese statisch beansprucht werden!
3 Erläutern Sie, was man unter Kapillarität versteht und wie sie sich im Bauwesen auswirkt!
4 Vergleichen Sie die Gasdrücke p_{amb}, p_{abs} und p_e und geben Sie deren Beziehung zueinander an!
5 Erklären Sie, warum sich Bauteile in ihren Maßen immer wieder verändern, und geben Sie an, durch welche Maßnahmen mögliche Schäden am Bauwerk verhindert werden können!
6 Erläutern Sie, was man unter absoluter Luftfeuchte, unter maximaler Luftfeuchte und unter relativer Luftfeuchte versteht!
7 Beschreiben Sie an Beispielen, wie Wärme übertragen werden kann!
8 Erläutern Sie, wie Luft- und Körperschall entsteht und welche Ausbreitungsmöglichkeiten für diese Schallarten bestehen!

2.3 Elektrotechnische Grundlagen

Die Elektrotechnik befasst sich mit technischen Geräten und Anlagen, um elektrische Energie zu erzeugen, zu verteilen und zu verwenden. Viele Maschinen und technische Einrichtungen benutzen zum Betrieb elektrische Energie, weil sich diese ohne große Verluste in andere Energieformen umwandeln lässt, z. B. in Wärmeenergie oder in mechanische Energie.

Zum Erkennen der Gefahren beim Umgang mit Elektrogeräten sowie zur besseren Einsicht in die Notwendigkeit, Sicherheitsbestimmungen (VDE-Bestimmungen) einzuhalten, sind Grundkenntnisse der Elektrotechnik unerlässlich.

2.3.1 Grundbegriffe

Stromkreis

Elektrische Energie kann nur in einem geschlossenen Kreislauf übertragen werden. Diesen bezeichnet man als Stromkreis. Die Bewegung elektrisch geladener Teilchen im Stromkreis nennt man elektrischen Strom. Er besteht in metallischen Leitern aus bewegten Elektronen, in leitenden Flüssigkeiten (Elektrolyte) und Gasen (Plasma) aus Ionen.

Wegen der guten Leitfähigkeit werden als Leiterwerkstoffe Kupfer und Aluminium verwendet. Metalle besitzen freie Elektronen, die nur locker an die Atome gebunden sind und daher leicht zwischen ihnen ausgetauscht werden können. Schlechte Leiter haben wenige freie Elektronen, Nichtleiter (Isolierstoffe) besitzen fast keine freien Elektronen, z. B. Keramik oder Kunststoffe.

Zum Verständnis des elektrischen Stromkreises kann ein einfacher Hydraulik-Stromkreis dienen (**Bild 1**). In einem Hydraulik-Stromkreis erzeugt eine Pumpe Druck; der Flüssigkeitsstrom treibt einen Hydraulikmotor an. Entsprechend erzeugt im elektrischen Stromkreis der Generator Spannung, der Elektronenstrom setzt z. B. einen Elektromotor in Bewegung (**Bild 2**).

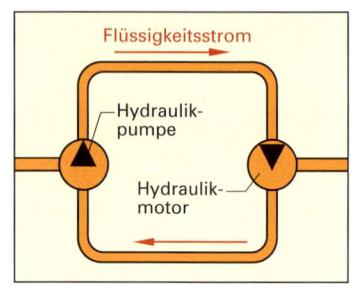

Bild 1: Hydraulikstromkreis

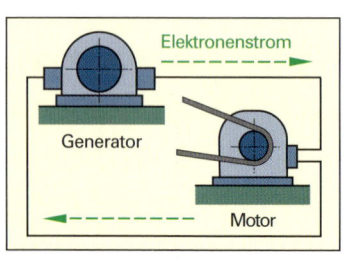

Bild 2: Elektronenstromkreis

Elektrische Spannung (U)

Die Hydraulik-Pumpe erzeugt auf einer Seite einen Überdruck, auf der anderen Seite einen Unterdruck. Der Druckunterschied ist die Ursache für den Flüssigkeitsstrom.

Beim Generator wird an einem Anschluss ein Elektronen-Überschuss (Minuspol), am anderen Anschluss ein Elektronen-Mangel (Pluspol) erzeugt. Den entstehenden Elektronen-Druckunterschied nennt man **elektrische Spannung**.

> Die elektrische Spannung wird in Volt (V) gemessen.

Das Messgerät für die elektrische Spannung nennt man **Spannungsmesser** (Voltmeter). Spannungsmesser zeigen den Spannungsunterschied zwischen zwei Anschlusspunkten an (**Bild 3**).

Elektrischer Strom (I)

Elektrischer Strom kann nur fließen, wenn eine Spannung vorhanden und der Stromkreis geschlossen ist. Die in einer bestimmten Zeiteinheit durch einen Leiter fließende Menge von Elektronen nennt man den elektrischen Strom.

> Der elektrische Strom wird in Ampere (A) gemessen.

Das Messgerät für den elektrischen Strom nennt man **Strommesser** (Amperemeter). Strommesser sind so in den Stromkreis zu schalten, dass der Strom sowohl durch das Elektrogerät als auch durch das Messgerät fließt (Bild 3).

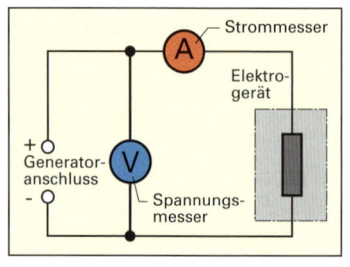

Bild 3: Spannungs- und Strommessung

Elektrischer Widerstand (R)

Alle elektrischen Leitungen und Geräte setzen dem elektrischen Strom einen mehr oder weniger großen Widerstand entgegen. Die Größe des Widerstandes und das Leitungsverhalten sind vom Werkstoff und den Abmessungen des Leiters sowie von der Umgebungstemperatur abhängig (**Tabelle 1**).

> Die Größe des Widerstandes wird in Ohm (Ω) gemessen.

Tabelle 1: Leitungsverhalten der Stoffe

Leiter	Nichtleiter	Halbleiter
Silber	Luft	Germanium
Kupfer	Gummi	Silizium
Aluminium	Porzellan	Selen
Konstantan	Kunststoffe	

2.3.2 Spannungserzeugung

Spannungserzeugung durch Trennen elektrischer Ladungen ist die Grundlage der Erzeugung elektrischer Energie. Dabei werden stets andere Energiearten in elektrische Energie umgewandelt.

Spannung durch Induktion entsteht, wenn ein elektrischer Leiter (Spule) in einem Magnetfeld bewegt wird (**Bild 1**). Diese Möglichkeit, Spannung zu erzeugen (induzieren), wird vor allem in den Generatoren der Kraftwerke und in Fahrzeugen ausgenutzt (**Bild 2**).

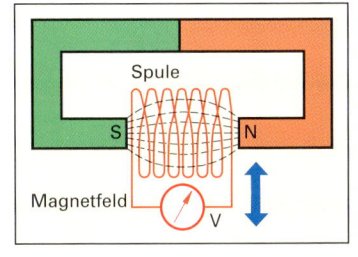

Bild 1: Spannung durch Induktion

Spannung durch chemische Energie entsteht, wenn zwei verschiedene Metalle oder Stoffe mit einer leitenden Flüssigkeit (Elektrolyt) in Berührung kommen. Dabei entsteht ein galvanisches Element. Mehrere zusammengesetzte galvanische Elemente bezeichnet man als Batterie. Die Elektroden der handelsüblichen Trockenbatterien bestehen meist aus Kohle und Zink (**Bild 3**). Kohle-Zink-Elemente liefern eine Spannung von je 1,5 Volt. Bei Stromentnahme wird der unedlere Pol, der Zinkbecher, zerstört.

Entladene Batterien müssen aus batteriebetriebenen Geräten genommen werden, da diese sonst eventuell durch Auslaufen des Elektrolyten zerstört werden können. Dasselbe gilt für Geräte, die längere Zeit nicht benutzt werden. Unbrauchbar gewordene Batterien müssen gesammelt und entsorgt werden.

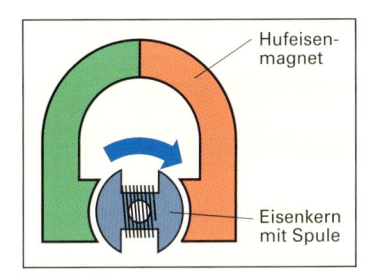

Bild 2: Generator-Prinzip

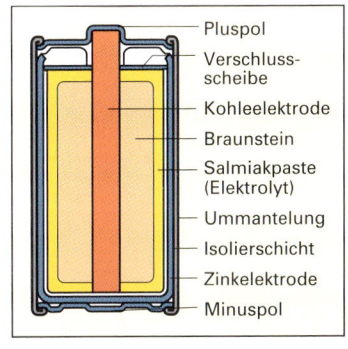

Spannung durch Reibung. Kunststoffe sind meist gute Isolierstoffe und können sich durch Reibung mit anderen Stoffen elektrisch auf hohe Spannungen aufladen. Wegen der Isolierung können die Ladungen nicht zur Erde abfließen (statische Aufladung). So kann z. B. ein Fahrzeug beim Fahren auf trockener Straße auf Spannungen über 1000 V aufgeladen werden. Wirkungen von elektrostatischen Aufladungen sind z. B. das Anziehen von Staubteilchen auf Glas und das Haften von Folien auf Unterlagen. Durch Entladung statischer Aufladungen kann eine Funkenbildung entstehen, die Explosionen von Lösemitteldämpfen oder Staub-Luft-Gemischen auslösen können.

Bild 3: Kohle-Zink-Element

2.3.3 Wirkungen des elektrischen Stromes

Die Wirkungen des elektrischen Stromes werden durch Umwandlung der elektrischen Energie in Wärme-, Licht-, mechanische und chemische Energie erkennbar.

Wärmewirkung. In allen Leitern wird der Elektronenfluss durch den Leiterwiderstand behindert. Dabei erwärmt sich der Leiter. Die Wärmewirkung des elektrischen Stromes wird z. B. bei Tauchsiedern, Kochplatten, Lötkolben, Schmelzsicherungen und beim Lichtbogenschweißen ausgenutzt (**Bild 4**).

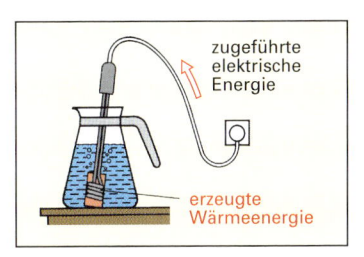

Bild 4: Tauchsieder

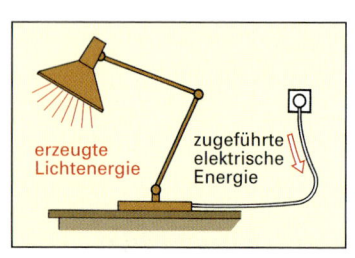

Bild 1: Leuchte

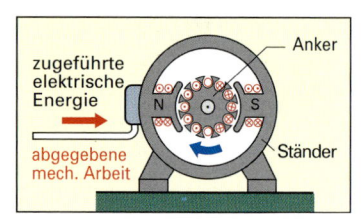

Bild 2: Elektromotor

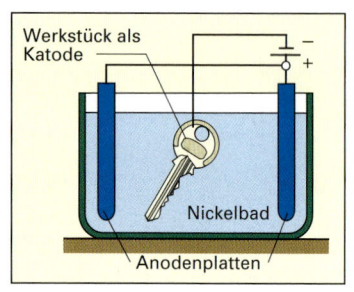

Bild 3: Galvanisches Vernickeln

Lichtwirkung. Bei Glühlampen erwärmt der elektrische Strom einen Draht aus Wolfram weißglühend, so dass dieser Licht aussendet **(Bild 1)**. Allerdings wird dabei etwa 95 % der elektrischen Energie in Wärme umgewandelt und nur 5 % in Licht. Bei Leuchtstofflampen wird die Eigenschaft bestimmter Gase ausgenutzt, bei Stromdurchgang aufzuleuchten, wie z. B. bei Neon oder Quecksilberdampf. Der Wirkungsgrad dieser Lampen beträgt etwa 15 % bis 20 %.

Mechanische Wirkung. Jeder Leiter, der von elektrischem Strom durchflossen wird, erzeugt in seiner Umgebung magnetische Kraftwirkungen. Diese magnetischen Kräfte werden z. B. im Elektromotor, bei magnetischen Hubeinrichtungen, bei Magnetventilen und bei den Relais in Bewegung umgesetzt **(Bild 2)**.

Chemische Wirkung. Elektrisch leitende Flüssigkeiten (Elektrolyte) enthalten Ionen als Ladungsträger (Seite 20). Lässt man Strom durch einen Elektrolyt fließen, so werden am Pluspol negativ geladene und am Minuspol positiv geladene Ionen angezogen. Diese Erscheinung nennt man **Elektrolyse**. Man nutzt sie zur Zerlegung des Wassers in seine Bestandteile, beim Galvanisieren und bei der Gewinnung von reinen Metallen **(Bild 3)**.

2.3.4 Stromarten

Bei den Stromarten unterscheidet man:

- **Gleichstrom:**   Zeichen (–) oder DC
  DC von **D**irect **C**urrent = Gleichstrom

- **Wechselstrom:** Zeichen (~) oder AC
  AC von **A**lternating **C**urrent = Wechselstrom

Bei **Gleichstrom** (–) fließt der Strom nur in einer Richtung **(Bild 4)**. Gleichstrom liefern z. B. Trockenbatterien, Solarzellen und Akkumulatoren für Geräte mit kleinem Strombedarf. Zur Elektrolyse von Aluminium, beim Lichtbogenschweißen und zum Betrieb elektrischer Bahnen wird Gleichstrom mit großer Stromstärke benötigt. Dieser wird durch Gleichrichten von Wechselstrom oder mit Gleichstromgeneratoren erzeugt.

Als **technische Stromrichtung** wurde festgelegt, dass der Strom vom Pluspol zum Minuspol fließt.

Bei **Wechselstrom** (~) unterscheidet man Einphasenwechselstrom, Dreiphasenwechselstrom und Hochfrequenzstrom (Bild 4).

Bei Wechselstrom ändert der Strom ständig seine Größe und seine Richtung. Im westeuropäischen Energieversorgungsnetz ändert der Strom in jeder Sekunde 50-mal seine Richtung. Die Häufigkeit der Schwingungswechsel je Sekunde nennt man **Frequenz**. Die Einheit der Frequenz ist das Hertz **(Hz)**.

Bei **Einphasenwechselstrom** benötigt man einen Spannung führenden Leiter und eine Rückleitung.

Wechselstrom wird auf der Baustelle und in der Industrie als Energie zum Antrieb von elektrischen Maschinen verwendet, z. B. für Handschleifgeräte, Handbohrmaschinen und Kreissägen, sowie zur Beleuchtung von Baustellen und Baustelleneinrichtungen.

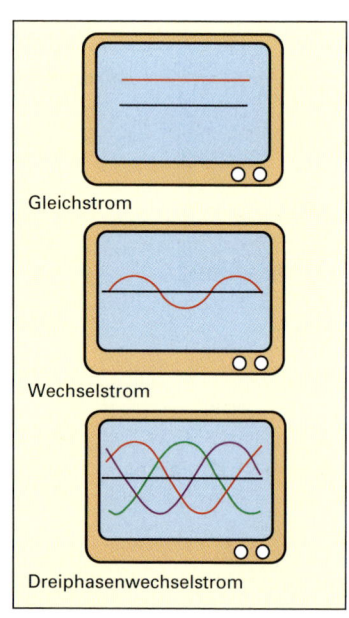

Bild 4: Stromarten

Generatoren für **Dreiphasenwechselstrom** erzeugen an jeder ihrer drei Wicklungen Wechselspannung von 50 Hz. Damit könnte man drei getrennte Netze versorgen und würde dazu für die Hin- und Rückleitungen insgesamt sechs Leitungen benötigen. Fasst man nun die Rückleitungen zusammen, so kommt man mit vier Leitungen aus **(Bild 1)**.

Die gemeinsame Rückleitung wird Neutralleiter (N) genannt. In der Regel wird dieser geerdet. Die anderen drei Leiter (Außenleiter) haben die Kurzbezeichnungen L1, L2 und L3. In dem in Deutschland üblichen Versorgungsnetz ist die Spannung zwischen einem Außenleiter und dem Neutralleiter bzw. der Erde jeweils 230 V. Die Spannung zwischen zwei Außenleitern, z. B. zwischen L1 und L2, beträgt 400 V.

Von **Hochfrequenzstrom** spricht man, wenn die Schwingungsfrequenzen wesentlich über 50 Hz liegen (15 kHz bis 250 MHz). Durch Hochfrequenzenergie kann man leitende Stoffe erwärmen und zum Schmelzen bringen, z. B. Metalle oder manche Kunststoffe.

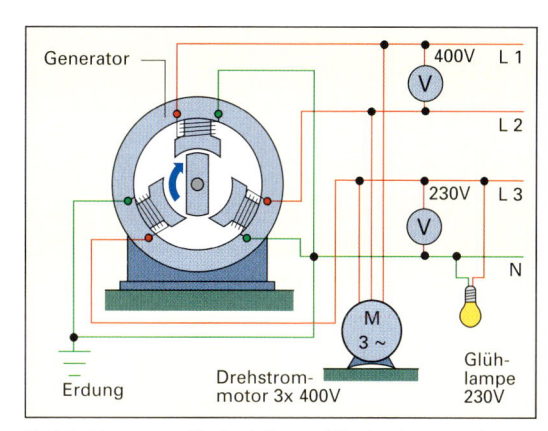

Bild 1: Generator für Dreiphasen-Wechselstrom mit Vierleiternetz

2.3.5 Elektrogeräte im Stromkreis

Elektrische Maschinen und Geräte bezeichnet man als Verbraucher. Sie wandeln elektrische Energie in andere Energieformen um, z. B. in einem Heizkörper in Wärme, in einem Motor in mechanische Energie.

Jeder Verbraucher hat einen bestimmten elektrischen Widerstand.

Der Widerstand eines elektrischen Leiters ist umso größer, je länger der Leiter ist, je kleiner sein Querschnitt ist und je schlechter der Werkstoff leitet. Den Widerstand eines Leiters mit der Länge von 1 m und 1 mm² Querschnitt nennt man den spezifischen Widerstand ρ (rho). Seine Größe hängt vom Werkstoff und von der Temperatur ab und ist Werkstofftabellen zu entnehmen.

Ohmsches Gesetz

Der durch einen Widerstand fließende Strom ist umso größer, je kleiner der Widerstand und je größer die Spannung ist.

Wird ein Gerät mit einem Widerstand von 10 Ω (Ohm) an eine Spannung von 6 V (Volt) angeschlossen, dann fließt ein elektrischer Strom von 0,6 A (Ampere).

Wird dasselbe Gerät an eine Spannung von 230 V angeschlossen, beträgt der Strom 23 A.

Berechnung des Leiterwiderstandes

R = Widerstand in Ω
l = Länge des Leiters in m
ρ = spezifischer Widerstand in Ω mm²/m
A = Querschnitt des Leiters in mm²

$$R = \frac{l \cdot \rho}{A}$$

Beispiel:

Ein dreiadriges Verlängerungskabel aus Kupferdraht ist 50 m lang. Der Querschnitt jeder Ader beträgt 1,5 mm². Der spezifische Widerstand von Kupfer beträgt 0,0178 Ω mm²/m. Die wirksame Drahtlänge beträgt 100 m (Hin- und Rückleitung je 50 m).

$$R = \frac{100 \text{ m} \cdot 0{,}0178 \text{ Ω mm}^2}{1{,}5 \text{ mm}^2 \cdot \text{m}} \quad R = 1{,}2 \text{ Ω}$$

Berechnung des elektrischen Stromes

I = Strom in Ampere
U = Spannung in Volt
R = Widerstand in Ohm

$$I = \frac{U}{R}$$

1 Ampere = $\frac{1 \text{ Volt}}{1 \text{ Ohm}}$ 1 A = $\frac{1 \text{ V}}{1 \text{ Ω}}$

Beispiel:

Welcher Strom fließt in einem Elektrogerät mit dem Widerstand R = 10 Ω, das an eine Spannung von 6 V bzw. an 230 V angeschlossen ist?

$$I = \frac{U}{R} \quad I = \frac{6 \text{ V}}{10 \text{ Ω}} \quad I = 0{,}6 \text{ A}$$

$$I = \frac{U}{R} \quad I = \frac{230 \text{ V}}{10 \text{ Ω}} \quad I = 23 \text{ A}$$

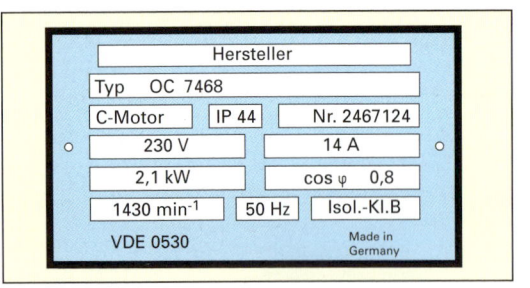

```
┌─────────────────────────────────────┐
│         Hersteller                  │
│  Typ   OC 7468                      │
│  C-Motor    IP 44    Nr. 2467124    │
│      230 V          14 A            │
│      2,1 kW         cos φ  0,8      │
│     1430 min⁻¹   50 Hz   Isol.-Kl.B │
│      VDE 0530          Made in      │
│                        Germany      │
└─────────────────────────────────────┘
```

Bild 1: Leistungsschild eines Elektromotors

Jedes Gerät darf nur mit der Spannung betrieben werden, für die es gebaut ist. Die zulässige Betriebsspannung ist auf dem Leistungsschild des Gerätes angegeben **(Bild 1)**.

Ist ein Gerät für den Anschluss an 230 V bestimmt, dann kann es an 6 V nicht normal arbeiten, der Strom ist zu klein. Umgekehrt wird ein für 6 V gebautes Gerät bei Anschluss an 230 V zerstört, weil der Strom zu groß ist.

Berechnung der elektrischen Leistung

$$P = U \cdot I$$

P = elektrische Leistung in W
U = elektrische Spannung in V
I = elektrischer Strom in A

1 Watt = 1 Volt · 1 Ampere
1 W = 1 V · 1 A

Beispiel:
Wie groß ist der Strom in einem Heizgerät mit 3 kW Leistung, der an eine Spannung von 230 V angeschlossen ist?

$$I = \frac{P}{U}$$

$I = \dfrac{3000\ \text{W}}{230\ \text{V}}$ $I = \mathbf{13{,}0\ A}$

Spannungsverlust in der Leitung

$$U = I \cdot R$$

Beispiel:
Wie groß ist der Spannungsverlust eines Heizgerätes mit 3 kW Leistung, wenn es über eine 50 m lange Verlängerungsleitung mit $R = 1{,}2\ \Omega$ Widerstand angeschlossen ist?

$U = 13{,}0\ \text{A} \cdot 1{,}2\ \Omega$ $U = \mathbf{15{,}6\ V}$

Dieser Spannungsverlust ist nicht zulässig!

Die Erwärmung des Verlängerungskabels entspricht einer Leistung von

$P = 15{,}6\ \text{V} \cdot 13{,}0\ \text{A}$ $P = \mathbf{202{,}8\ W}$

Elektrische Leistung bei Wechselstrom:

$$P = U \cdot I \cdot \cos \varphi$$

Elektrische Leistung bei Dreiphasen-Wechselstrom:

$$P = \sqrt{3} \cdot U \cdot I \cdot \cos \varphi$$

Elektrische Leistung (P)

Die elektrische Leistung P eines Gerätes hängt sowohl bei Gleichstrom als auch bei Wechselstrom proportional von der Größe der Spannung U und des Stromes I ab. Sie ist ebenfalls auf dem Leistungsschild angegeben. Bei Elektromotoren ist dies die an der Welle abgegebene mechanische Leistung **(Bild 1)**.

Die elektrische Leistung P ist das Produkt aus Spannung und Strom.

Die Einheit der Leistung ist das Watt (W).

Werden elektrische Maschinen und Geräte über Verlängerungsleitungen ans Netz angeschlossen z. B. auf Kabeltrommeln aufgewickelt, entsteht durch den Widerstand dieser Leitungen ein Spannungsverlust. Der Spannungsverlust vom Zähler bis zum Verbraucher darf nur 1,5 % der Nennspannung betragen, das ist bei 230 V Netzspannung ein zulässiger Spannungsverlust von 3,45 V. Bei Motoren darf der Spannungsverlust in den Zuleitungen höchstens 3 % betragen.

Außerdem wird das Verlängerungskabel durch den Strom erwärmt. Auf Kabeltrommeln aufgewickelte Leitungen können durch Stromwärme beschädigt werden. Bei Anschluss von Geräten mit größeren Leistungen müssen die Leitungen deshalb in ihrer ganzen Länge von der Kabeltrommel abgewickelt werden.

Elektrische Leistung an Wechselspannung bei induktiven oder kapazitiven Widerständen

Induktive Widerstände sind z. B. Motorwicklungen oder Spulen, kapazitive Widerstände sind Kondensatoren. Beim Betrieb dieser Widerstände wird die wirksame Leistung P vermindert. Dies wird durch den Leistungsfaktor **cos** φ berücksichtigt.

Bei Dreiphasenwechselstrom ergibt sich außerdem durch Verkettung der drei Außenleiter eine Erhöhung der Leistung gegenüber Einphasenwechselspannung um den Faktor $\sqrt{3} = \mathbf{1{,}732}$.

2.3.6 Elektrische Arbeit und ihre Kosten

Je größer die Leistung und je länger die Betriebsdauer eines angeschlossenen Gerätes sind, desto größer ist die elektrische Arbeit. Die elektrische Arbeit ergibt sich aus dem Produkt der elektrischen Leistung und der Betriebsdauer.

Einheiten der elektrischen Arbeit sind die Wattsekunde (Ws) und das Joule (J) sowie als größere Einheit die Kilowattstunde.

1 kWh = 3 600 000 Ws = 3 600 000 J

Die dem Netz entnommene elektrische Arbeit wird vom Zähler in Kilowattstunden (**kWh**) gemessen. Die Kosten für elektrische Energie ergeben sich aus dem Produkt von verbrauchter elektrischer Arbeit und dem Tarif. Neben den Kosten für elektrische Arbeit werden von den meisten **E**lektrizitäts-**V**ersorgungs-**U**nternehmen (**EVU**) feste Grundgebühren berechnet. Diese Bereitstellungskosten richten sich nach der Art des Gebäudes und dem Umfang der installierten Leistung.

Berechnung der Kosten für elektrische Arbeit

W = elektrische Arbeit in Kilowattstunden
P = Anschlussleistung in Kilowatt
t = Betriebsdauer (Zeit) in Stunden

$$W = P \cdot t$$

1 Kilowattstunde = 1 Kilowatt · 1 Stunde
1 kWh = 1 kW · 1 h

Beispiel:

Welche Kosten für elektrische Arbeit ergeben sich, wenn ein Heizgerät mit 2 kW Anschlussleistung bei einem Tarif von 0,15 €/kWh 6 Stunden in Betrieb ist?

$W = P \cdot t$ $W = 2\text{ kW} \cdot 6\text{ h}$ $W = \mathbf{12\text{ kWh}}$

Arbeitskosten = 12 kWh · 0,15 €/kWh
Arbeitskosten = **1,80 €**

2.3.7 Verteilung der elektrischen Energie

Zur Verteilung der elektrischen Energie werden Leitungen, Sicherungen und Schaltgeräte benötigt. Die zum geschlossenen Stromkreis erforderlichen Leitungen von den Anschlusspunkten zum Elektrogerät und wieder zurück werden als isolierte Drähte, auch Adern genannt, zu einer gemeinsamen Leitung zusammengefasst. Diese ist zum Schutz vor mechanischen Beschädigungen mit einer Umhüllung versehen. Sie enthält meist eine dritte Ader, welche als Schutzleiter dient und keinen Strom führt.

Die Ortsnetze werden über Hochspannungsleitungen, Schaltanlagen und Transformatoren von den Kraftwerken mit elektrischer Energie versorgt. Der Anschluss einer Verbraucheranlage an das Ortsnetz erfolgt über Kabel oder Freileitungen zum Hausanschlusskasten. Dieser durch Plomben gesicherte Kasten enthält die Hausanschlusssicherung.

Für elektrische Leitungen wird wegen der guten Leitfähigkeit meist Kupfer verwendet. Aber auch Kupferdraht wird bei Stromdurchfluss infolge seines Widerstandes erwärmt. Zu große Ströme können die Leitungen stark erwärmen und dadurch die Isolation beschädigen oder Brände verursachen.

Der in einer Leitung zulässige Strom kann durch Überlastung oder durch Kurzschluss überschritten werden. **Überlastung** tritt auf, wenn die angeschlossenen Geräte insgesamt einen zu großen Strom in der Leitung fließen lassen. **Kurzschluss** ist eine direkte Verbindung zwischen elektrischen Leitungen. Dabei ist nur der geringe Leitungswiderstand wirksam. Die Folge ist ein sehr großer Strom in der Leitung.

Um Überlastungen der Leitungen und Geräte zu vermeiden, werden sie durch **Sicherungen** geschützt. Sicherungen sind Geräte, die bei Überschreiten des zugelassenen Höchststromes den Stromkreis unterbrechen. Man unterscheidet Schmelzsicherungen (**Bild 1**) und Sicherungsautomaten (Leitungsschutzschalter) (**Bild 2, Seite 60**).

Schmelzsicherungen enthalten im Innern einen dünnen draht- oder bandförmigen Schmelzleiter, der bei zu großem Strom durchschmilzt und den Stromkreis unterbricht (Bild 1). Man unterscheidet je nach Auslöseverhalten flinke, mittelträge und träge Sicherungen.

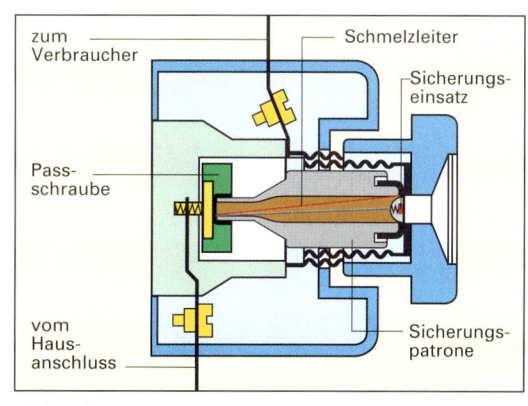

Bild 1: Schmelzsicherung

Nenn-strom	Farben auf Passschraube und Sicherungseinsatz	
6 A		grün
10 A		rot
16 A		grau
20 A		blau
25 A		gelb
35 A		schwarz
50 A	Pass-schraube	weiß
63 A		Kupfer

Sicherungs-einsatz

Bild 1: Sicherungen und ihre Kennzeichnung

Die Passschraube in der Sicherungsfassung soll verhindern, dass eine Sicherungspatrone mit unzulässig großem Wert eingeschraubt werden kann **(Bild 1)**. Passschrauben und zugehörige Sicherungspatronen sind genormt. Die Passschraube ist nach dem Leitungsquerschnitt bemessen und darf nur durch eine Fachkraft ausgewechselt werden.

Geräteschutzsicherungen (Feinsicherungen) dienen zum Absichern von Geräten der Messtechnik und der Elektronik, z. B. Steuergeräte und elektrische Anlagen bei Kraftfahrzeugen.

> Defekte Sicherungen dürfen nicht geflickt oder überbrückt werden.

Motorschutzschalter haben den Vorteil, dass mit ihnen ein Motor ein- und ausgeschaltet werden kann und der angeschlossene Motor vor Überlastung geschützt ist. Ein Bimetallstreifen wird bei zu großem Strom erwärmt und schaltet über eine Mechanik den Motor ab **(Bild 2)**.

Leitungsschutzschalter (Sicherungsautomaten) können nach erfolgtem Auslösen wieder eingeschaltet werden. Sie haben einen magnetischen Auslöser, der z. B. bei Kurzschluss den Stromkreis sofort unterbricht, und einen Bimetall-Auslöser, der mit Verzögerung bei längerer Überlastung wirksam wird. Wurde ein Sicherungsautomat durch einen Bimetall-Auslöser abgeschaltet, kann dieser erst nach Abkühlung des Bimetallstreifens wieder eingeschaltet werden **(Bild 3)**.

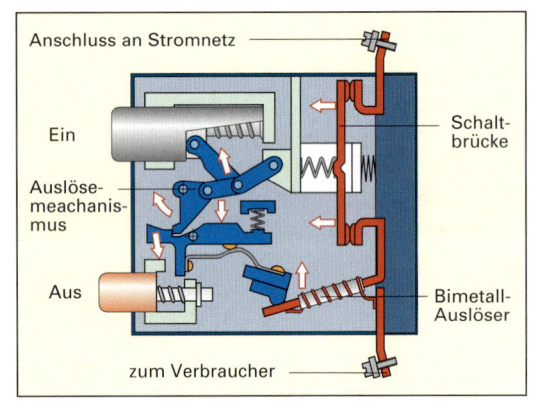

Bild 2: Motorschutzschalter mit Bimetall-Auslöser

2.3.8 Betriebs- und Arbeitssicherheit

Unfälle durch elektrischen Strom entstehen meist durch technische Mängel, Unkenntnis, Leichtsinn oder durch Unachtsamkeit. Deshalb sind Kenntnisse über Unfallgefahren und Unfallverhütungsmaßnahmen für alle am Baugeschehen Beteiligten unerlässlich.

Wirkungen des elektrischen Stromes im menschlichen Körper

Fließt elektrischer Strom durch den Menschen, z. B. beim Berühren eines Spannung führenden Leiters, so kann bei Überschreiten einer bestimmten Stromstärke die Atemmuskulatur gelähmt werden. Nichtloslassenkönnen der Leitung, Verkrampfungen der Muskeln, Gleichgewichtsstörungen, Herz- und Atemstillstand können als Folge auftreten.

> **Ströme über 50 mA und Spannungen über 50 V sind lebensgefährlich!**
>
> **Das Arbeiten an unter Spannung stehenden Teilen ist deshalb strengstens verboten.**

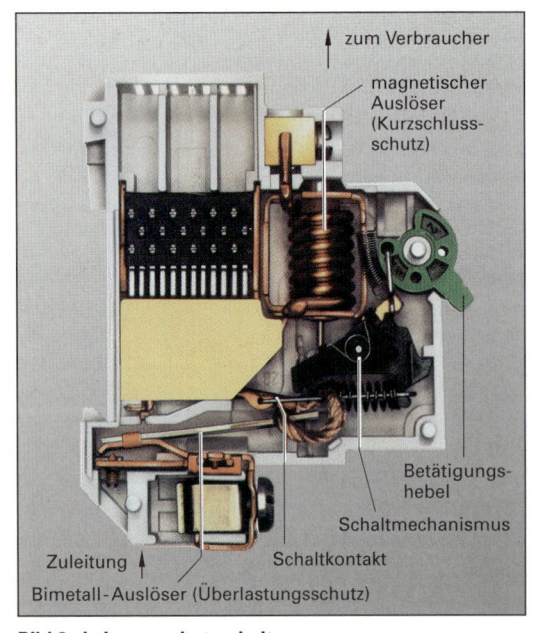

Bild 3: Leitungsschutzschalter

Maßnahmen der ersten Hilfe bei Unfällen:

- Stromkreis unterbrechen
- Atemwege freimachen
- Herzmassage, evtl. Atemspende
- schnellste ärztliche Hilfe veranlassen

Fehler an elektrischen Anlagen

Durch Isolationsfehler können an elektrischen Anlagen Kurzschluss, Erdschluss, Leiterschluss und Körperschluss auftreten (**Bild 1**).

Kurzschluss entsteht zwischen zwei unter Spannung stehenden elektrischen Leitern, wenn sie sich ohne Isolation berühren. Die vorgeschaltete Sicherung schaltet den dabei entstehenden großen Kurzschlussstrom ab.

Erdschluss entsteht durch eine direkte Verbindung eines spannungsführenden Leiters mit der Erde bzw. geerdeten Teilen. Auch hier schaltet die Sicherung den Erdschlussstrom ab.

Leiterschluss entsteht z. B. durch die schadhafte Überbrückung eines Schalters, wodurch die Anlage nicht abgeschaltet werden kann.

Körperschluss entsteht, wenn wegen eines Isolationsfehlers Spannung an Teile gelangt, die betriebsmäßig keine Spannung führen, z. B. das Gehäuse (Körper) einer elektrischen Maschine. Dabei fließt zunächst kein Strom und die Schutzeinrichtung (Sicherung) spricht nicht an. So bleibt ein Gerät mit Körperschluss bei gut isolierendem Fußboden oft lange unentdeckt.

Beim **Berühren des Gerätes** fließt Strom durch den Menschen zur Erde (**Bild 2**). Die Größe des Fehlerstromes hängt vom Widerstand des menschlichen Körpers und vom Leitvermögen der Erdverbindung ab. Steht der Berührende in Verbindung mit einer gut geerdeten Leitung, z. B. Wasser-, Gas- oder Heizleitung, kann ein gefährlich großer Strom durch den Menschen fließen (**Bild 3**).

2.3.9 Schutzmaßnahmen

Schutzkleinspannung. Wo Gefahr besteht, dass der Mensch mit leitenden Teilen in Berührung kommt, dürfen aus Sicherheitsgründen nur Kleinspannungen bis höchstens 50 V verwendet werden, z. B. bei Schweißgeräten oder Handleuchten in Kesseln oder engen Räumen. Bei Kinderspielzeug darf die Spannung höchstens 25 V betragen.

Bei allen Anlagen mit Betriebsspannungen über 25 V Wechselspannung oder 60 V Gleichspannung sind andere Schutzmaßnahmen gegen zu hohe Berührungsspannungen vorgeschrieben.

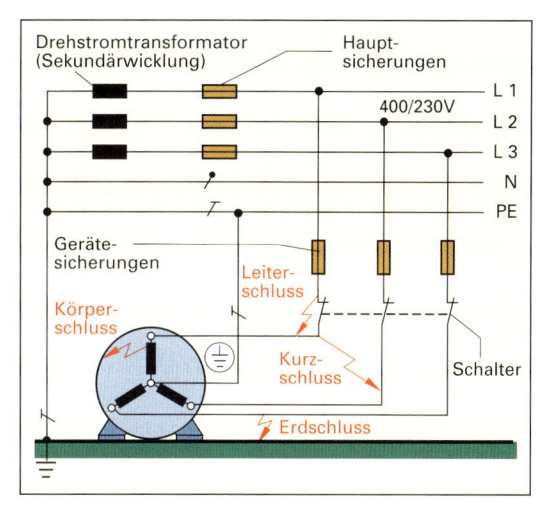

Bild 1: Kurzschluss, Körperschluss, Erdschluss, Leiterschluss

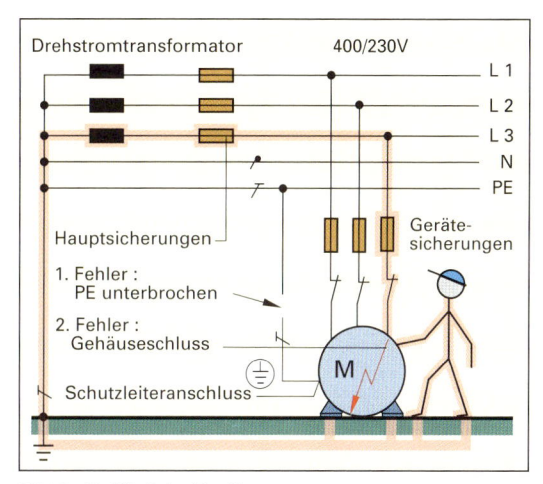

Bild 2: Gefährliche Berührungsspannung

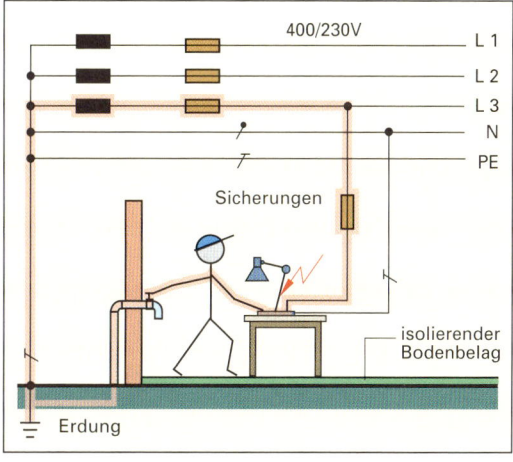

Bild 3: Fehlerstromkreis

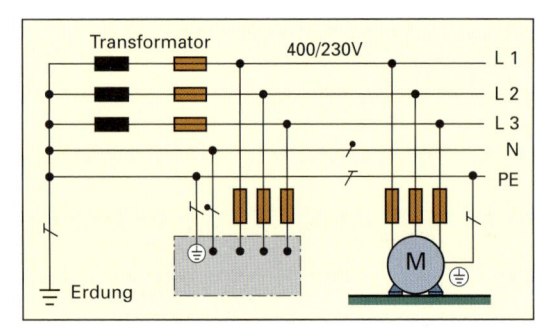

Bild 1: Schutz im TN-System

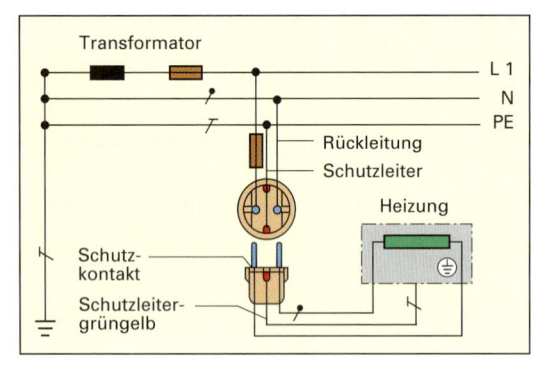

Bild 2: Schutzkontakt

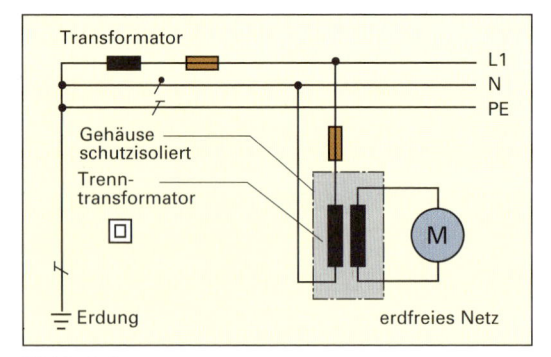

Bild 3: Schutztrennung

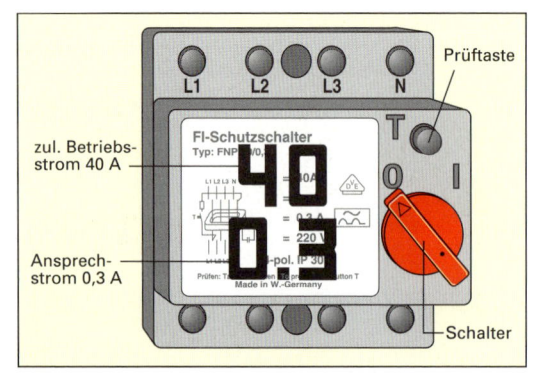

Bild 4: Fehlerstrom-Schutzschalter

Schutzisolierung. Bei der Schutzisolierung werden alle Metallteile, die im Fehlerfall unter Spannung stehen können, durch besondere Maßnahmen isoliert. Die Schutzisolierung wird häufig bei Kleinmaschinen oder Haushaltgeräten angewandt. In Handbohrmaschinen mit Schutzisolierung kann z. B. ein Kunststoffzahnrad im Getriebe die leitende Verbindung zwischen Motor und Bohrspindel verhindern. Zuleitung und Stecker sind bei schutzisolierten Geräten zweiadrig bzw. zweipolig.

Schutzmaßnahme im TN-System. Beim TN-System wird der Neutralleiter N des Transformators direkt geerdet (T von franz. terre = Erde). Die Körper und Gehäuse der angeschlossenen Geräte sind über den Schutzleiter PE (Farbe grüngelb) mit dem Neutralleiter verbunden **(Bild 1)**. Die Verbindung kann bei Leitungen mit mehr als **6 mm²** Querschnitt auch über einen gemeinsamen PEN-Leiter erfolgen (PEN = PE- und N-Leiter zusammengeschaltet).

Ortsveränderliche Geräte werden über **Schutzkontakt-(Schuko-)Steckvorrichtungen** angeschlossen **(Bild 2)**. Dabei muss die Anschlussleitung dreiadrig sein.

Schutztrennung. Bei der Schutztrennung wird ein Trenntransformator zwischen das Netz und das Elektrogerät geschaltet. Dabei erhält man eine ungeerdete Spannung **(Bild 3)**. An einen Trenntransformator darf nur **ein Gerät** mit höchstens 16 A Betriebsstrom angeschlossen werden.

Schutztrennung wird bei Baumaschinen, wie z. B. Betonmischern, Betonrüttlern oder Nassschleifmaschinen angewandt.

Schutzschalter. Schutzschalter bieten für den Menschen die größte Sicherheit. Von vielen Energie-Versorgungs-Unternehmen werden deshalb **Fehlerstrom-Schutzschalter** (FI-Schutzschalter) zum Einbau vorgeschrieben. Damit können sowohl Stromnetze als auch Einzelgeräte überwacht und beim Auftreten eines Fehlers abgeschaltet werden **(Bild 4)**.

Der Strom in der Zuleitung ist normalerweise genauso groß wie der Strom in der Rückleitung. Im Falle eines Fehlers an einer Maschine, z. B. durch Körperschluss, fließt jedoch ein Teil des Rückstroms über die Erde ab. Der Schutzschalter schaltet dabei innerhalb von 0,2 Sekunden ab. Mit der Prüftaste T kann ein Fehlerstrom simuliert werden. Wird die Prüftaste betätigt, muss der Schalter auslösen.

Um einen guten Personenschutz zu erreichen, sollten FI-Schutzschalter mit einem Ansprechstrom von 30 mA bzw. 10 mA verwendet werden.

2.3.10 Schutzarten, Schutzklassen

Elektrische Geräte und Anlagen müssen je nach Einsatz und Aufstellungsort gegen zufällige Berührung sowie gegen das Eindringen von Fremdkörpern und Wasser geschützt werden.

Bei Leuchten, Wärmegeräten, Geräten mit Elektromotor, Elektrowerkzeugen und Geräten für eine elektromedizinische Behandlung können die Schutzarten durch Sinnbilder auf dem Typenschild angegeben werden. Die Schutzarten werden durch eine Kurzbezeichnung beschrieben, die sich aus den Buchstaben **IP** (IP – International Protection) und zwei Ziffern für den Schutzgrad zusammensetzt **(Tabelle 1)**.

Elektrische Geräte werden zusätzlich in Schutzklassen eingeteilt **(Tabelle 2)**. Die Schutzklassen geben an, welche Schutzmaßnahmen bei der Installation gegen direktes und indirektes Berühren anzuwenden sind. Man unterscheidet die Schutzklassen I, II und III.

Die Schutzklasse I enthält z.B. alle Geräte mit Metallgehäuse, die eine Anschlussklemme für den PE-Leiter (grüngelber Schutzleiter) mit dem entsprechenden Kennzeichen besitzen müssen.

2.3.11 Elektrische Anlagen auf Baustellen

Alle elektrisch betriebenen Maschinen und Geräte auf einer Baustelle müssen an einem Baustromverteiler angeschlossen sein. Der Baustromverteiler muss den gültigen Bestimmungen (VDE 0612) entsprechen. Das Gehäuse des Baustromverteilers muss aus Metall oder Kunststoff bestehen, ein Holzschrank ist nicht zulässig.

In einem **A**nschluss-**V**erteiler-Schrank (**AV**-Schrank) ist der Anschluss an die Stromversorgung und an die Verteiler untergebracht **(Bild 1)**. Außerdem enthält er den Zähler, FI-Schutzschalter, die Sicherungen sowie die Steckvorrichtungen und Klemmen.

Der Schrank muss verschließbar sein. Besonders wichtig ist eine einwandfreie **Erdungsanlage** für den Baustromverteiler. Die feuerverzinkten Band- oder Staberder sind mit isolierter Kupferlitze von mindestens 16 mm² Querschnitt gut leitend mit der Erdungsklemme des Baustromverteilers zu verbinden. Nach der Einrichtung der Baustelle ist die gesamte elektrische Anlage von einer verantwortlichen Elektro-Fachkraft auf die Richtigkeit der Anschlüsse und Funktion der Schutzmaßnahmen zu prüfen. Das Ergebnis der Prüfung sollte aus rechtlichen Gründen in einem Prüfprotokoll aufgezeichnet werden.

Tabelle 1: Bildzeichen für IP-Schutzarten

Bildzeichen	Schutzart	IP-Schutzart	Bildzeichen	Schutzart	IP-Schutzart
●	tropfwassergeschützt	IP 31	●●	wasserdicht	IP 67
●	regengeschützt	IP 33	●● ...bar	druckwasserdicht	IP 68
▲	spritzwassergeschützt	IP 54	✕	staubgeschützt	IP 5x
▲▲	strahlwassergeschützt	IP 55	◇	staubdicht	IP 6x

x = fehlende Kennziffer

Beispiel für IP-Schutzart:

IP 44 = Schutz gegen Eindringen fester Körper mit Durchmesser > 1,0 mm
Schutz gegen Spritzwasser aus allen Richtungen

Tabelle 2: Schutzklassen

Schutzklasse	I	II	III
Kennzeichen	⏚	▢	◇
Schutzmaßnahme	Schutzleiter	Schutzisolierung	Schutzkleinspannung
Beispiele	Elektromotoren	Leuchten, Haushaltsgeräte	Kleingeräte bis 50 V

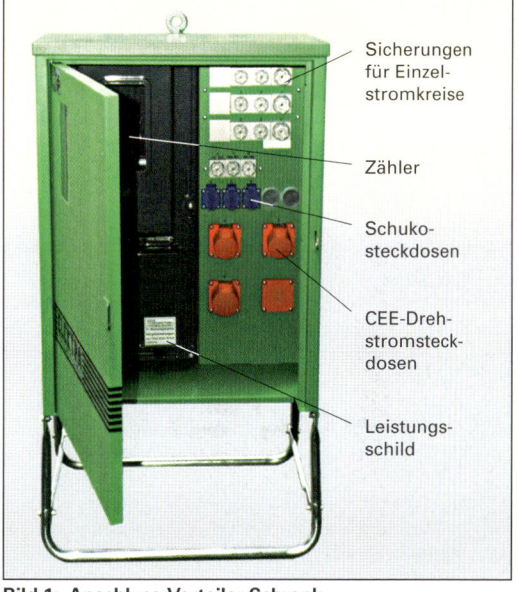

Bild 1: Anschluss-Verteiler-Schrank

Beschriftung: Sicherungen für Einzelstromkreise; Zähler; Schukosteckdosen; CEE-Drehstromsteckdosen; Leistungsschild

Bild 1: VDE-Prüfzeichen

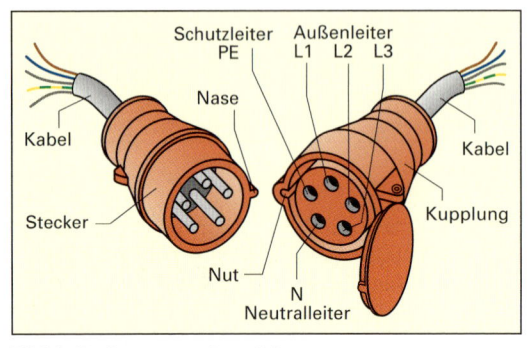

Bild 2: Drehstromsteckvorrichtung

Bei größeren Baustellen ist es vorteilhaft, mehrere Baustromverteiler einzusetzen, damit beim Auslösen eines FI-Schutzschalters nicht die gesamte Anlage abgeschaltet wird. Zu diesem Zweck werden auch Baustromverteiler mit mehreren Schaltkreisen verwendet, die jeweils mit FI-Schutzschaltern ausgestattet sind. Ferner werden Verteiler-Schränke (V-Schrank) eingesetzt, die keine Zähler enthalten.

Elektrogeräte, Steckverbindungen und Leitungen müssen den **VDE-Bestimmungen** (VDE = Verband Deutscher Elektrotechniker) entsprechen und sollen die **VDE-Prüfzeichen** tragen (**Bild 1**).

Steckverbindungen. Drehstrom-Steckverbindungen müssen der international genormten Rundsteckverbindung nach CEE-Norm (CEE-Internationale **C**ommission für Regeln zur Begutachtung **E**lektrotechnischer **E**rzeugnisse) entsprechen (**Bild 2**). Sie erlauben die Verwendung großer Ströme und sind in spritzwassergeschützter oder wasserdichter Ausführung möglich. Außerdem genügen sie der Sicherheitsforderung, dass nur Stecksysteme mit der gleichen Spannung zusammenpassen dürfen.

Für den Zustand der elektrischen Anlagen sind ein Verantwortlicher und ein Stellvertreter zu benennen, die allen im Betrieb beschäftigten Personen bekannt zu machen sind. Der Verantwortliche hat die Aufgabe, täglich durch Betätigen der Prüftasten die Funktion aller FI-Schutzschalter zu prüfen, nach Betriebsschluss die elektrische Anlage abzuschalten und den AV-Schrank abzuschließen. Die Betriebsangehörigen sind regelmäßig auf folgende Grundregeln hinzuweisen:

- Schadhafte Geräte sind sofort außer Betrieb zu nehmen. Errichtung, Änderung und Reparatur von elektrischen Geräten und Anlagen darf nur von einer Elektrofachkraft ausgeführt werden.
- Bei Störungen an der Anlage oder bei ungewöhnlichen Erscheinungen, wie z. B. Brandgeruch, Funken oder auffallenden Geräuschen, ist die Anlage abzuschalten und der Verantwortliche zu benachrichtigen.
- Kabel dürfen nicht geflickt, nicht über scharfe Kanten gezogen werden, weder in den Boden eingegraben, noch auf Zug beansprucht werden.
- Beim Transport von Maschinen ist der Stecker aus der Steckdose zu ziehen. Ortsveränderliche Geräte sind nach Gebrauch wieder vom Netz zu trennen.
- Geräte mit der Aufschrift: „Vor Nässe schützen" dürfen nicht im Regen benutzt oder im Freien aufbewahrt werden.
- Auf elektrischen Maschinen und Elektro-Wärmegeräten dürfen keine Kleidungsstücke oder andere Gegenstände abgelegt werden.

Aufgaben

1 Nennen Sie Gründe, warum auch in der Bautechnik elektrotechnische Kenntnisse erforderlich sind.
2 Erklären Sie die Wirkungen des elektrischen Stromes jeweils an einer bautechnischen Anwendung.
3 Nennen Sie die drei elektrotechnischen Grundgrößen und erklären Sie deren Bedeutung und Zusammenhang.
4 Begründen Sie, warum beim Betrieb von elektrischen Anlagen und Geräten Schutzmaßnahmen erforderlich sind.
5 Nennen Sie Vorteile und Nachteile des Einsatzes von elektrisch angetriebenen Geräten gegenüber solchen mit Verbrennungsmotorantrieb.
6 Geben Sie an, welche Maßnahmen der Ersten Hilfe bei Unfällen an elektrischen Anlagen zu treffen sind.

3 Baustoffe

Die am Bau verwendeten Baustoffe lassen sich in anorganische und organische Baustoffe einteilen (**Tabelle 1**).

Tabelle 1: Einteilung der Baustoffe

anorganische Baustoffe		organische Baustoffe
mineralische Baustoffe	metallische Baustoffe	
natürliche Bausteine	Eisenwerkstoffe	Holz und Holzwerkstoffe
künstliche Bausteine	Baustahl	Kunststoffe
keramische Stoffe und Porzellan-Email	Betonstahl	Zugabewasser
Glas	Spannstahl	Betonzusatzmittel
Bindemittel	Nichteisenmetalle	Bitumen
Mörtel und Beton		

3.1 Natürliche Bausteine

Als natürliche Bausteine bezeichnet man alle auf der Erde vorkommenden Steine. Wichtig für das Bauen sind ihre Zusammensetzung und ihre Eigenschaften.

3.1.1 Entstehung der Natursteine

Das Alter der Erde wird auf 5 bis 10 Milliarden Jahre geschätzt. Man nimmt an, dass sie bei einer Explosion im Weltraum als gasförmiger oder flüssiger Glutball entstanden ist. Durch Wärmeabstrahlung in den Weltraum kühlte die Oberfläche ab und wurde fest. Die Erde ist schalenförmig aufgebaut (**Bild 1**).

Der **Erdkern** hat einen Durchmesser von 6700 km und besteht vorwiegend aus den Metallen Nickel und Eisen. Die dort herrschenden Temperaturen werden auf bis zu 20 000 °C und der Druck auf bis zu 3,5 Millionen bar geschätzt. Die Dichte des Erdkerns beträgt 11 kg/dm³.

Die **Zwischenschicht** mit etwa 1700 km Dicke und einer Dichte von 5 kg/dm³ bis 6,4 kg/dm³ besteht hauptsächlich aus den Grundstoffen Silicium, Magnesium, Chrom, Eisen, Nickel und Mangan.

Die **Mantelschicht** ist ungefähr 1200 km dick und setzt sich überwiegend aus Verbindungen von Silicium und Magnesium zusammen.

Die **Erdrinde** ist die äußerste, etwa 120 km dicke Schicht. Sie besteht vorwiegend aus Verbindungen von Silicium und Aluminium mit Sauerstoff. Die Dichte liegt zwischen 2,6 kg/dm³ und 3,3 kg/dm³.

Die **Erdoberfläche** bildet eine Kruste mit einer Dicke von etwa 40 km Dicke. Sie setzt sich aus plattenförmigem Festgestein zusammen, das auf flüssigem Magma (Gesteinsschmelze) schwimmt. Innere und äußere Kräfte wirken auf die Erdoberfläche ein, wodurch sie fortwährend verformt und verändert wird.

Innere Kräfte bewirken Hebungen und Senkungen, Auffaltungen und Brüche. Aus diesem Grund lagern z. B. gleichartige Gesteine in verschiedenen Tiefen. Dies führt zu Verschiebungen der Gesteinsschichten (**Bild 2**).

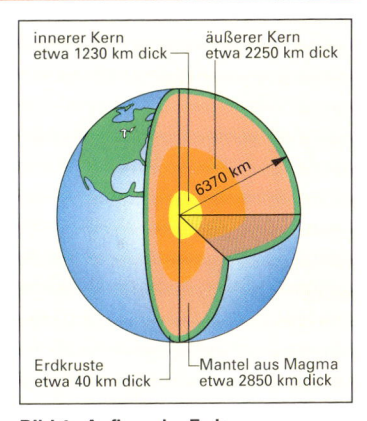

Bild 1: Aufbau der Erde

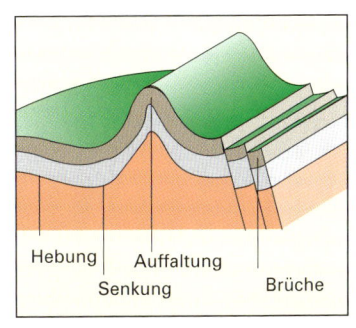

Bild 2: Verformungen durch innere Kräfte

Bild 1: Entstehung der Natursteine

Äußere Kräfte werden hauptsächlich wirksam durch Wasser und Wind. Sie wirken abtragend und aufbauend. Abtragende Kräfte sind fließendes Wasser und Regen, weil sie Stoffe ausschwemmen. Regen und Sonnenwärme bewirken das Verwittern von Gestein. Gefrierendes Wasser sprengt Gestein ab. Wind bläst feine Gesteinsteile weg und lagert sie ab. Aufbauende Kräfte sind fließendes Wasser, das Schlamm, Sand und Kies anschwemmt **(Bild 1)**. Gletscher schieben Geröll zu Moränen zusammen. Abgestorbene Pflanzen und Tiere tragen ebenfalls zur Bildung von Gesteinsschichten bei.

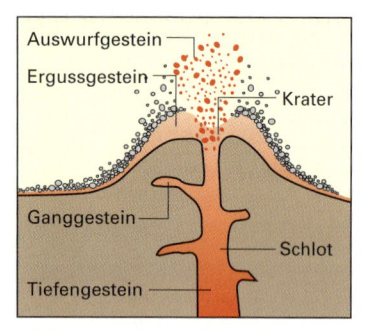

Bild 2: Entstehung der Erstarrungsgesteine

3.1.2 Natursteinarten

Die Natursteine werden nach der Art ihrer Entstehung in Erstarrungsgesteine, Ablagerungsgesteine und Umwandlungsgesteine eingeteilt. Sie können im Bauwesen entweder unbearbeitet oder bearbeitet verwendet werden.

3.1.2.1 Erstarrungsgesteine

Erstarrungsgesteine (Magmagesteine) entstehen, wenn flüssiges Gestein (Magma) an bestimmten Stellen aus dem Erdkern an die Erdoberfläche dringt. Diese Stellen bezeichnet man als Vulkane.

Das im Schlot aufsteigende und aus dem Krater des Vulkans fließende Magma kühlt an der Luft ab und erstarrt zu einem Gestein **(Bild 2)**. Dieses Gestein nennt man **Ergussgestein (Tabelle 1)**. Dabei können besondere Gesteinsformen entstehen, wie z. B. sechseckförmige Basaltsäulen **(Bild 3)**. Durch langsames Abkühlen des Magmas im Schlot des Vulkans und in den Gängen des Schlots entsteht **Tiefengestein** und **Ganggestein**. Ein Teil des Magmas kann als Vulkanauswurf durch die Luft geschleudert werden, kühlt dabei ab und bleibt als schlackenartiges Gestein liegen. Man nennt es **Auswurfgestein** (Eruptivgestein).

Bild 3: Basaltsäulen

Tabelle 1: Erstarrungsgesteine				
Arten		Fundorte	Eigenschaften	Verwendung
Tiefengestein Granit		Harz, Fichtelgebirge, Schwarzwald, Sachsen, Spessart, Odenwald	sehr hart, hohe Druckfestigkeit, grau bis graubraun	Pflastersteine, Bordsteine, Treppenstufen
Ganggestein Porphyr		Harz, Saarland, Thüringen, Erzgebirge, Sachsen	sehr hart, hohe Druckfestigkeit, rotbraun bis braungrün	Pflastersteine. Treppenstufen
Ergussgestein Basalt		Siebengebirge, Eifel, Rhön, Erzgebirge, Vogelsberg	sehr hart, hohe Druckfestigkeit, dunkelgrau bis grauschwarz	Mauerwerk, Treppenstufen, Schotter
Auswurfgestein Bims		Neuwieder Becken, Eifel	porös, sehr leicht, hellgrau	Mauerwerk aus Bimssteinen und -platten
Tuff		Neuwieder Becken, Nördlingen, Sachsen	bruchfeucht, sehr weich, erhärtet an der Luft, grau	Verkleidungen, Abdeckungen
Trass (gemahlener Tuff)		Neuwieder Becken	porös, leicht, dunkelgrau	Trasszement

3.1.2.2 Ablagerungsgesteine

Ablagerungsgesteine (Sedimentgesteine) entstehen aus Erstarrungsgesteinen. Sie werden durch Regen und Wind, Frost und große Temperaturunterschiede gelockert und zerkleinert (Verwitterung). Die oberste Schicht der Erstarrungsgesteine verwittert zuerst, wird durch Wasser weggeschwemmt oder durch Wind weggetragen und als Ablagerungsgestein an tieferen Stellen abgelagert **(Tabelle 1)**. Durch diesen Vorgang können mehrere Schichten abgetragen und an anderer Stelle in umgekehrter Schichtenfolge wieder aufgebaut werden **(Bild 1)**. Die oberste Ablagerungsschicht nennt man Boden. Dabei unterscheidet man Humus, Ton, Lehm, Mergel, Sand und Kies.

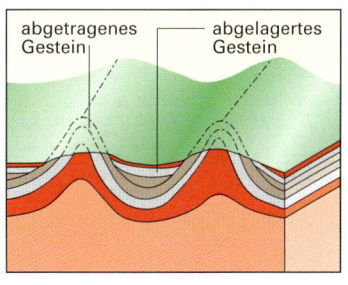

Bild 1: Entstehung der Ablagerungsgesteine

Tabelle 1: Ablagerungsgesteine

Arten		Fundorte	Eigenschaften	Verwendung
Sandstein		Spessart, Harz, Bergisches Land, Schwarzwald, Elbsandsteingebirge, Thüringen	vielfarbig, mit zunehmender Dichte witterungsbeständiger	Mauerwerk, Verblendungen
Kalkstein		Schwäbische Alb, Fränkische Alb, Alpen, Weserbergland, Schweizer Jura	Farbe grau bis weiß, mit zunehmender Dichte witterungsbeständiger	Werkstein, Mauerwerk, Schotter, Bindemittel

3.1.2.3 Umwandlungsgesteine

Umwandlungsgesteine (metamorphe Gesteine) sind durch hohen Druck und hohe Temperaturen aus Erstarrungs- oder aus Ablagerungsgesteinen entstanden **(Tabelle 2)**. So wird z. B. aus dem

- **Erstarrungsgestein**   **Umwandlungsgestein**
  Granit ⟶ Gneis

- **Ablagerungsgestein**   **Umwandlungsgestein**
  Kalkstein ⟶ Marmor
  Sandstein ⟶ Quarzit
  Ton ⟶ Tonschiefer **(Bild 2)**.

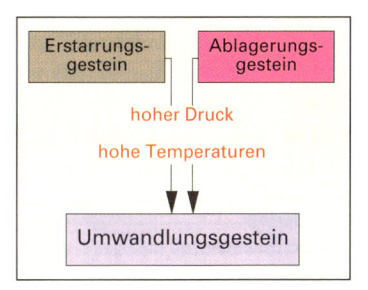

Bild 2: Entstehung der Umwandlungsgesteine

Tabelle 2: Umwandlungsgesteine

Arten		Fundorte	Eigenschaften	Verwendung
Gneis		Schwarzwald, Erzgebirge, Böhmerwald, Alpen	weiße bis grüne Farbe, druckfest, wetterbeständig	Pflastersteine
Schiefer		Schiefergebirge, Harz, Alpen, Sudeten	dunkelgraue Farbe, leicht spaltbar, wasserdicht	Dachdeckungen, Verkleidungen
Marmor		Italien, Erzgebirge, Griechenland	vielfarbig, oft weiß, gebändert, ritzfest	Fußböden, Wandbekleidungen, Abdeckungen

3.1.2.4 Zusammensetzung der Natursteine

Natursteine setzen sich aus Mineralien zusammen. Diese sind fest, meist kristallin, mit dem bloßen Auge erkennbar und bestimmen je nach Art, Menge und Zusammensetzung die Eigenschaften von Natursteinen. Wichtige Mineralien sind

- **Quarz**   Bestandteil von Sand (Quarzsand) und Sandstein
- **Kalkspat**   Bestandteil von Kalkstein, Kreide und Marmor
- **Feldspat**   Bestandteil von Granit, Porphyr, Basalt und Schiefer
- **Ton**   mit Kalk als Mergel, mit Sand als Lehm
- **Glimmer**   Bestandteil von Granit

Bild 3: Quarz

3.1.2.5 Eigenschaften der Natursteine

Auswahl und Verwendung von Natursteinen hängen von den unterschiedlichen Eigenschaften der jeweiligen Steine ab, aber auch von den Kosten. Diese richten sich nach der Häufigkeit des Vorkommens, nach den technischen Eigenschaften und nach gestalterischen Gesichtspunkten.

Beurteilung nach

technischen Eigenschaften

- Die **Druckfestigkeit** hängt von der **Dichte** des Gefüges ab. Natursteine haben häufig eine große Dichte und eignen sich deshalb für Bauteile mit hoher Druckbelastung. Allerdings haben die Steine auch ein hohes **Gewicht**. Ihre **Härte** kann mit Hilfe der Mohs'schen Härteskala angegeben werden (Seite 38).

- Die **Witterungsbeständigkeit** hängt von der **Porigkeit** der Steine ab. Porige Steine wie z. B. bestimmte Sandsteine haben ein hohes **Wassersaugvermögen**. Durch Frost und Verwitterung können sie zerstört werden. Durch nicht sachgemäßen Einbau kann Tauwasser auftreten. Dies führt u. U. zu Bauschäden.

  Kohlenstoffdioxid (CO_2) und Schwefeldioxid (SO_2) können bei Regen gelöst werden und Säuren bilden, die Natursteine zerstören. Temperaturwechsel können zu Rissbildung führen. Moose, Flechten, Gräser und Baumwurzeln wachsen auf feuchten Natursteinen in feinste Risse und können durch Sprengwirkung die Natursteine schädigen.

- Die **Bearbeitbarkeit** hängt von der Dichte bzw. der Härte ab. Es gibt Natursteinarten, die sich z. B. bruchfeucht leicht sägen lassen (Travertin). Besonders harte Steine, z. B. Basalt oder Granit, erfordern einen großen Aufwand bei ihrer Bearbeitung. Dies geschieht z. B. mit Pressluftgeräten und Werkzeugen mit hohen Standzeiten. Wegen ihres dichten Gefüges lassen sich harte Natursteine polieren und ergeben eine sehr glatte, spiegelnde Oberfläche.

gestalterischen Merkmalen

- Die **Oberfläche** kann unterschiedliche Strukturen aufweisen.
- Die **Farbe**, aber auch Textur und Effekte können sehr vielgestaltig sein **(Bild 1)**.

grob gestockt — fein gestockt — gefläcķt
bossiert — gekrönelt — scharriert
gesägt — geschliffen — poliert
einfarbig — gebändert — Effekte

Bild 1: Oberflächenstrukturen bei Natursteinen

Aufgaben

1. In dem Raum, in dem Sie sich befinden, sind viele Baustoffe sichtbar oder erkennbar. Ordnen Sie diese den organischen und den anorganischen Baustoffen zu.

2. Natursteine haben eine unterschiedliche Entstehung. Nennen Sie die unterschiedlichen Gruppen nach ihrer Entstehung und die dazugehörigen Natursteinarten.

3. Der Maurer hat Natursteine fachgerecht zu verarbeiten. Nach welchen Eigenschaften muss er die Natursteine beurteilen?

4. Nach welchen Gesichtspunkten wählt ein Bauherr die Natursteine aus?

5. Welche Einflüsse können zu Zerstörung von Natursteinen führen?

3.2 Künstliche Steine

Künstliche Steine unterscheidet man nach gebrannten und nach ungebrannten Steinen.

3.2.1 Gebrannte Steine

Gebrannte Steine sind Mauerziegel z.B. als Voll- und Hochlochziegel der Rohdichteklassen ≥ 1,2, als Wärmedämm- und Hochlochziegel der Rohdichteklassen ≤ 1,0, als hochfeste Ziegel und hochfeste Klinker sowie als Planziegel.

3.2.1.1 Mauerziegel als Voll- und Hochlochziegel

Herstellung

Für die Herstellung von Mauerziegeln ist ein Gemisch aus Lehm und Ton notwendig. Da die beiden Stoffe meist nicht in der richtigen Beschaffenheit und im richtigen Verhältnis zueinander vorkommen, müssen sie aufbereitet werden. Das Gemisch wird zerdrückt, geknetet, unter Zuführung von Wasserdampf geschmeidig gemacht und durch eine Strangpresse gedrückt. Je nach gewünschter Ziegelart erzeugen Kerneinsätze unterschiedliche Lochungen. Den geformten Strang schneidet ein Draht je nach Steinhöhe zu den gewünschten Rohlingen ab. Die Rohlinge müssen je nach Wassergehalt größer geformt sein, da sie beim anschließenden Trocknen und Brennen schwinden. Im Trockenraum wird ihnen bei Temperaturen bis 100 °C das bei der Aufbereitung zugegebene Wasser langsam entzogen, damit sie keine Schwindrisse bekommen. Anschließend brennt man die Rohlinge im Tunnelofen bei Temperaturen von 900 °C bis 1200 °C, damit durch chemische Umbildung von Silikaten die Rohstoffteilchen zusammengebacken werden. Die Farbe der Ziegel wird bestimmt durch die im Rohstoff enthaltenen Metallverbindungen. Die rötliche Färbung der Ziegel entsteht z. B. durch Eisenoxide. Je nach Menge und Zusammensetzung der Eisenoxide sowie der Höhe der Brenntemperatur entstehen Farben von Gelb über Rot bis Dunkelbraun. Für Planziegel werden die Lagerflächen geschliffen. Die gebrannten Steine werden sortiert, auf Paletten gestapelt und versandfertig verpackt (**Bild 1**).

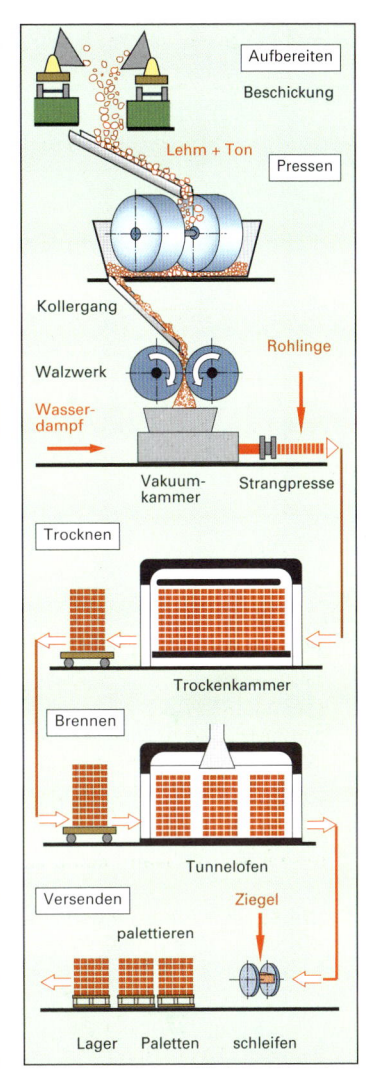

Bild 1: Herstellung von Mauerziegeln

Eigenschaften

Die Eigenschaften der Mauerziegel sind nach DIN 105-1 genormt.

Druckfestigkeit. Mauerziegel werden in 8 Druckfestigkeitsklassen geliefert, die zur Unterscheidung eine Farbkennzeichnung erhalten (**Tabelle 1**).

Rohdichte. Bei Mauerziegeln gibt es 7 Rohdichteklassen, die zwischen 1,2 und 2,4 liegen. Dabei geben die Zahlen den höchsten Wert für die jeweilige Rohdichte in kg/dm^3 an.

Ziegel sind porig. Da Luft ein schlechter Wärmeleiter ist, wirkt sich die eingeschlossene Luft in den Poren und Lochungen auf die Wärmedämmung günstig aus. Mauerziegel können Wärme aufnehmen, sie über längere Zeit speichern und langsam wieder abgeben. Dasselbe geschieht mit der Luftfeuchtigkeit. Diese Eigenschaften verbessern das Raumklima.

Tabelle 1: Druckfestigkeit und Farbkennzeichnung von Mauerziegeln

Druck-festig-keits-klasse	Druckfestigkeit N/mm^2		Farbkenn-zeichnung
	Mittel-wert	kleinster Einzelwert	
4	5,0	4,0	blau
6	7,5	6,0	rot
8	10,0	8,0	schwarzer Stempel
10	12,5	10,0	schwarzer Stempel
12	15,0	12,0	ohne
16	20,0	16,0	schwarzer Stempel
20	25,0	20,0	gelb
28	35,0	28,0	braun

Tabelle 1: Maße und Formate von Mauerziegeln

Kurzzeichen	Länge mm	Breite mm	Höhe mm	Steinzahl auf 1 m Höhe
DF	240	115	52	16
NF	240	115	71	12
2 DF	240	115	113	8
3 DF	240	175	113	8
4 DF	240	240	113	8
5 DF	240	300	113	8
6 DF	240	365	113	8
8 DF	240	240	238	4
10 DF	240	300	238	4
12 DF	240	365	238	4
14 DF	425	240	238	4
15 DF	365	300	238	4
18 DF	365	365	238	4
16 DF	490	240	238	4
20 DF	490	300	238	4
21 DF	425	365	238	4

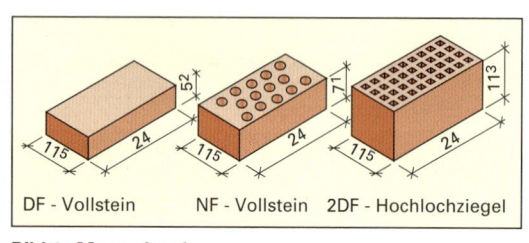

Bild 1: Mauerziegel
(DF - Vollstein, NF - Vollstein, 2DF - Hochlochziegel)

Bezeichnung von Mauerziegeln (Beispiele):

Ziegel DIN 105-1 - Mz 12 - 1,8 - NF

bedeutet Vollziegel der Druckfestigkeitsklasse 12, der Rohdichteklasse 1,8 im Format NF
(l = 240 mm, b = 115 mm, h = 71 mm)

Ziegel DIN 105-1 - HLzA 8 - 1,2 - 2 DF

bedeutet Hochlochziegel mit der Lochung A und einer Mindestdruckfestigkeit von 8 N/mm², einer Rohdichte von höchstens 1,2 kg/dm³ im Format 2 DF
(l = 240 mm, b = 115 mm, h = 113 mm)

Bild 2: Mauern mit Planziegeln

Kapillarität. Porigkeit führt zu Kapillarität, d.h., die Steine nehmen bei Wasseranfall Feuchtigkeit auf. Da Wasser die Wärme besser leitet als Luft, nimmt die Wärmedämmfähigkeit ab. Die Feuchtigkeit kann an den Steinseiten in angrenzende Baustoffe und Bauteile weitergegeben werden und zu Bauschäden führen. Gefriert aufgenommenes Wasser, kommt es zu Abplatzungen.

Frostbeständigkeit. Mauerziegel sind nicht frostbeständig und müssen deshalb bei Verwendung in Außenbauteilen vor Frost in durchfeuchtetem Zustand geschützt werden.

Die **Maße** der Voll- und Hochlochziegel sind von der Maßordnung im Hochbau abgeleitet und richten sich nach den Achtelmetermaßen (**Tabelle 1**). Ziegel dürfen **zusätzlich Längen** von 90, 145, 190, 210, 290, 390 und 425, **Breiten** von 60, 80, 90, 100, 145, 150, 200, 225, 250, 275 und 425 sowie **Höhen** von 155 und 175 mm haben (alle Maße in mm).

Bei den **Formaten** unterscheidet man je nach Länge, Breite und Höhe der Mauersteine das Dünnformat (DF), das Normalformat (NF) und Formate, die sich aus dem Vielfachen des Dünnformates ergeben (Tabelle 1).

Nach der **Lochung** unterscheidet man Vollziegel mit und ohne Lochung, Hochlochziegel sowie Mauertafelziegel, Handformziegel und Formziegel (**Bild 1**). Lochungen sparen Rohstoff, Gewicht und erhöhen die Wärmedämmfähigkeit der Steine.

Vollziegel (Mz) sind Vollsteine ohne Lochung im Dünn-, Normal- und 2 DF-Format. Vollziegel dürfen aber auch senkrecht zur Lagerfläche einen Lochanteil haben, der jedoch nicht größer als 15 % der Lagerfläche ist (Bild 1).

Hochlochziegel (HLz) werden mit einem größeren Lochanteil, höchstens jedoch 50 % der Lagerfläche, geliefert. Es gibt je nach Form und Größe drei unterschiedliche Lochungen A, B und C. Zur Kennzeichnung wird das Kurzzeichen des Ziegels um den jeweiligen Kennbuchstaben der Lochung erweitert. Hochlochziegel sind ab dem 2 DF-Format lieferbar.

Mauertafelziegel (T) müssen abweichend von den üblichen Maßen Steinlängen von 247 mm, 307 mm, 372 mm und 497 mm aufweisen. Sie haben mittig zur Breite angeordnete Lochkanäle, an den Stoßflächen können zusätzlich Aussparungen ausgebildet sein. Die Steine sind so zu vermauern, dass sich senkrechte Lochkanäle ergeben. Diese eignen sich als Vergusskanäle.

3.2.1.2 Wärmedämmziegel und Hochlochziegel

Bei der **Herstellung** mischt man dem Ziegelrohstoff leicht ausbrennbare Bestandteile bei, wie z. B. Sägemehl. Beim Brennen entstehen dadurch im Ziegel Luftporen; man nennt solche Ziegel Porenziegel.

Ihre besondere **Eigenschaft** ist die geringe Rohdichte, die zwischen 0,55 kg/dm³ und 1,0 kg/dm³ liegt. Deshalb ist die Wärmedämmfähigkeit höher als die der Mauerziegel. Außer in den üblichen Druckfestigkeiten gibt es Leichtziegel zusätzlich in der Druckfestigkeitsklasse 2.

Maße, Formate und **Lochungen** entsprechen fast denen der Mauerziegel. Sie sind in DIN 105-2 genormt.

Wärmedämmziegel (WDz) erfüllen erhöhte Anforderungen an die Wärmedämmung unter anderem durch erhöhte Anforderungen an die Lochung (**Bild 2**).

Hochlochziegel W (HLzW) haben die Lochung B und erfüllen erhöhte Anforderungen bezüglich der Wärmedämmung. Sie werden besonders als Großformate ab 8 DF in Form von Blocksteinen hergestellt.

3.2.1.3 Planziegel

Planziegel sind geformte und gebrannte Ziegel mit besonderer Maßhaltigkeit. Die Lagerflächen müssen planeben und planparallel sein; sie können deshalb mit 1 mm dicken Lagerfugen vermauert werden. Der Dünnbettmörtel kann durch Tauchen der Planziegel oder durch Walzen aufgebracht werden (**Bild 2, Seite 70**). Eine Vermörtelung der Stoßfugen ist wegen der Verzahnung der Steine nicht erforderlich. Planziegel werden in den Rohdichteklassen 0,7 bis 2,0 und den Druckfestigkeitsklassen 2 bis 28 hergestellt.

Planziegel gibt es als Planvollsteine (PMz), Planhochlochziegel (PHLz), Mauertafel-Planziegel (PHLzT), Planformziegel, Vormauer-Planziegel (PVMz) und Planklinker (PKMz). Außerdem werden passende Ergänzungs-, Verschiebe- und Winkelziegel hergestellt.

3.2.1.4 Vormauerziegel

Bei der **Herstellung** wird mit höherer Temperatur als bei Mauerziegel gebrannt, wodurch als verbesserte **Eigenschaft** ein dichteres Gefüge entsteht. Die Steine saugen kaum noch Wasser auf und sind frostbeständig. **Maße, Formate** und **Lochungen** entsprechen denen von Mauerziegeln. **Vormauerziegel (VMz)** und **Vormauer-Hochlochziegel (VHLz)** gibt es in den Formaten DF, NF und 2 DF. **Verblender** oder Riemchen sind halbe bzw. längs gespaltene Vormauerziegel mit Breiten von 55 mm bis 90 mm.

3.2.1.5 Klinker und Keramikklinker

Bei der **Herstellung** wird mit einer Temperatur bis zu 1500 °C gebrannt. Dabei verschmelzen Teile des Rohstoffs zu einer glasartigen Masse mit nahezu geschlossenen Poren. Klinker haben als besondere **Eigenschaft** eine sehr geringe Wasseraufnahme und sind deshalb frostbeständig. Sie haben Rohdichten über 1,2 kg/dm³ und sind den Druckfestigkeitsklassen 36, 48 und 60 zugeordnet.

Bezeichnung von Hochlochziegeln (Beispiel):

Ziegel DIN 105-2 - HLzW 6 - 0,7 - 10 DF (300)

bedeutet Hochlochziegel W, der Druckfestigkeitsklasse 6, der Rohdichteklasse 0,7 im Format 10 DF für die Wanddicke 30 cm
(l = 238 mm, b = 300 mm, h = 238 mm)

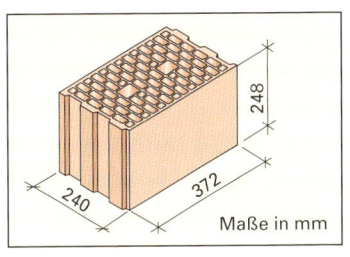

Bild 1: Planhochlochziegel

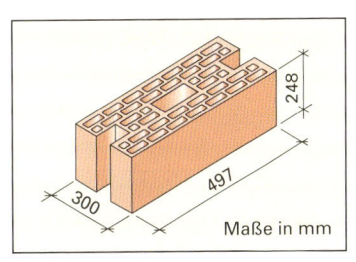

Bild 2: Mauertafel-Planziegel

Bezeichnung von Vormauerziegeln (Beispiel):

Ziegel DIN 105 - VHLzB 28 - 2,0 - 2 DF

bedeutet Vormauer-Hochlochziegel mit Lochung B, der Druckfestigkeitsklasse 28, der Rohdichteklasse 2,0 im Format 2 DF

Bezeichnung von Klinkern (Beispiel):

Ziegel DIN 105 - KMz 36 - 1,8 - DF

bedeutet Vollklinker der Druckfestigkeitsklasse 36, der Rohdichteklasse 1,8 im DF-Format
(l = 240 mm, b = 115 mm, h = 52 mm)

Maße, **Formen** und **Lochungen** entsprechen denen von Mauerziegeln. Sie sind in DIN 105, Teil 3 und Teil 4 genormt. Man unterscheidet **Vollklinker (KMz)** und **Keramik-Vollklinker (KK)** sowie **Hochlochklinker (KHLz)** und **Keramik-Hochlochklinker (KHK)**. Sie werden in den Formaten DF, NF und 2 DF hergestellt

Klinker gibt es auch als Kanalklinker, Pflasterklinker, Verblender und als Klinkerplatten in den unterschiedlichsten Formen.

3.2.1.6 Sonderziegel

Gebrannte Mauersteine werden als Sonderziegel für Sonderzwecke, mit unterschiedlichen Oberflächen oder mit besonderen bauphysikalischen Eigenschaften, wie z. B. für den Schallschutz, hergestellt.

Gebrannte Mauersteine als **Sonderziegel für besondere Zwecke** können geliefert werden als Anschlagsteine für Türen und Fenster, als Winkelsteine für spitz- und stumpfwinklige Mauerecken, als Steine mit Schrägen oder Rundungen z. B. für Rollschichten bei Fensterbänken, als Deckenziegel und als Schornsteinziegel in Form von Radialziegeln. U-förmige Schalen für Ziegelstürze gibt es in Breiten von 11,5 cm und 17,5 cm. Mit diesen Breiten lassen sich Stürze für alle Wanddicken zusammensetzen. Für Rollladenkästen werden Sonderziegel hergestellt ebenso wie zur Aufnahme von Gurtrollern. Für den Bereich der Deckenauflager gibt es L-Steine mit und ohne zusätzliche Wärmedämmung, für Balken und Ringanker U-Schalen mit und ohne Wärmedämmung **(Bild 1)**.

Gebrannte Mauersteine in **unterschiedlichen Oberflächen** gibt es als Ziegel mit glatter oder rauher Oberfläche, als Formziegel, besandet oder unbesandet. Sie sind in fast allen Farben herstellbar.

Für den **Schallschutz** werden gebrannte Mauersteine hergestellt z. B. als Schallschutzziegel mit einer Rohdichte von 1,6 kg/dm³ bis 2,2 kg/dm³, als Akustikziegel mit einem hohen Lochanteil und als Schallschutz-Füllziegel mit einem Lochanteil bis zu 54% des Querschnitts. Diese Füllziegel werden schichtweise nach dem Mauern mit einem Verfüllmörtel ausgefüllt **(Bild 2)**.

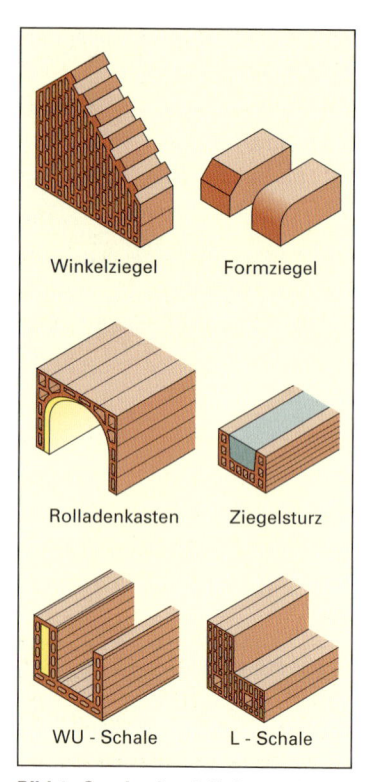

Bild 1: Sonderziegel für besondere Zwecke

Bild 2: Versetzen von Plan-Füllziegeln als Schallschutzwand

3.2.1.7 Steingut

Steingut wird aus Ton, Quarzsand und einem geringen Anteil an Feldspat hergestellt. Nach dem Aufbereiten, Mischen und Formen wird das Material bei etwa 1050 °C gebrannt. Der entstandene Scherben ist porig und kann Wasser kapillar aufnehmen. Deshalb erhält die Oberfläche vor einem zweiten Brennen eine Glasur. Diese kann durchsichtig und undurchsichtig sowie mithilfe von Metalloxiden gefärbt sein. Den fertig gebrannten keramischen Baustoff bezeichnet man als Steingut. Steingut hat einen porösen Scherben mit einer hohen Wasseraufnahme von über 10 Masse-Prozent. Durch den porösen Scherben ist ihre Haftfähigkeit gut, ihre Festigkeit und chemische Beständigkeit jedoch geringer. Aus Steingut werden hauptsächlich **Wandfliesen** und **Platten** gefertigt **(Bild 3)**.

Bild 3: Wandfliesen aus Steingut

Man unterscheidet nach DIN 18155 **weiße** und **elfenbeinfarbene Fliesen** sowie **Majolikafliesen**. Außerdem gibt es Fliesen mit einfarbiger Glasur und unter der Glasur farbig gestaltete Fliesen. Weiße und elfenbeinfarbene Fliesen haben eine farblose oder gedeckte (gelbe) Glasur. Majolikafliesen haben eine farbig deckende Glasur mit glänzender, matter oder kristalliner Oberfläche **(Bild 1)**.

3.2.1.8 Steinzeug

Steinzeug besteht aus Ton, Quarzsand und Feldspat. Die gemahlenen, gemischten und geformten Rohstoffe werden bei etwa 1300 °C bis zur Sinterung zwei bis drei Tage gebrannt. Durch Aufstreuen von Kochsalz vor dem Brennen bekommt Steinzeug eine gegen chemische Angriffe beständige Glasur. Die Oberfläche wird dadurch hart und verschleißfest. Man erhält einen feinkörnigen, sehr dichten und schweren Scherben, der auch beständig gegen chemische Angriffe ist. Steinzeug hat eine sehr niedrige Wasseraufnahme von höchstens 3 Masse-Prozent und gilt deshalb als frostbeständig.

Man verwendet Steinzeug für **Abwasserrohre** und **Schächte**, für **Ausgussbecken** für Schmutzwasser und chemische Stoffe in Labors sowie für **Fliesen** und die zugehörigen Formstücke **(Bild 2)**. Steinzeugfliesen gibt es glasiert und unglasiert. Sie werden meist als Bodenfliesen verwendet.

Abwasserrohre werden in den Nennweiten DN 100 bis DN 1400 und in Längen von 1,00 m bis 2,50 m hergestellt. Für die Hausentwässerung verwendet man hauptsächlich Rohre in den Nennweiten DN 100 bis DN 200. Sie sind werkseitig mit einer Lippendichtung (Steckmuffe L) versehen, damit auf der Baustelle eine dichte und dauerhafte Rohrverbindung hergestellt werden kann. Beim Einschieben des Rohrendes in die Rohrmuffe wird die Kunststofflippe an das Rohr gepresst und ergibt so einen dichten Anschluss (Bild 2). Bei Rohren ab DN 200 erreicht man die Dichtheit der Abwasserleitung durch Dichtelemente aus Kunststoff, die sowohl auf dem Rohrende als auch in der Muffe aufgebracht sind.

3.2.1.9 Feuerton

Feuerton wird aus Ton, vermischt mit Schamotte, hergestellt. Schamotte ist vorgebrannter Ton, der zermahlen dem Ton zur Magerung beigemischt wird. Die gebrannten Steine sind bis etwa 1700 °C feuerbeständig. Sie eignen sich für Ofenausmauerungen und zum Bau von Schornsteinen. Der Scherben ist porös, weshalb eine dicke weiße oder farbige Porzellanglasur notwendig ist. Feuerton kann dann z. B. für Waschrinnen und Ausgussbecken verwendet werden **(Bild 3)**.

3.2.2 Ungebrannte Steine

Als Rohstoffe für ungebrannte Steine werden Zuschlag, Bindemittel und Zugabewasser gemischt und geformt. Die Erhärtung der Formlinge erfolgt an der Luft bei der Lagerung oder bei entsprechenden Steinen in einem Härtekessel bei erhöhter Temperatur durch eine gesteuerte Dampfdruck-Behandlung. Danach können die Steine palettiert, ausgeliefert und verarbeitet werden **(Bild 4)**.

Zu den ungebrannten Steinen zählen Kalksandsteine, Normalbetonsteine, Leichtbetonsteine und Porenbetonsteine.

Bild 1: Majolikafliesen

Bild 2: Abwasserrohre aus Steinzeug

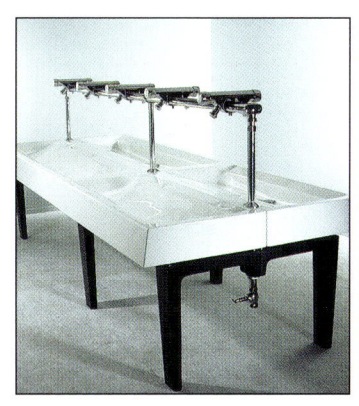

Bild 3: Waschrinne aus Feuerton

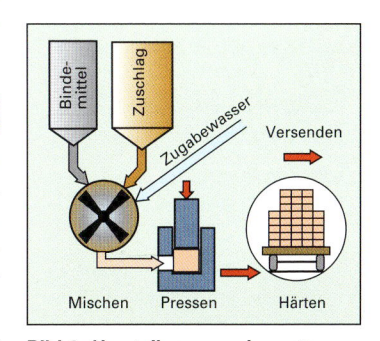

Bild 4: Herstellung ungebrannter Steine

3.2.2.1 Kalksandsteine

Für die **Herstellung** wird feiner quarzhaltiger Sand (SiO_2) und als Bindemittel Branntkalk (CaO) in Form von Feinkalk (gemahlener Kalk) verwendet. Das Mischen erfolgt im Zwangsmischer oder in der Löschtrommel. In Pressen erhalten die Steinrohlinge (Presslinge) ihre Form und ihre genauen Abmessungen. Beim Aushärten im Härtekessel verbinden sich die Sandkörner mit dem Kalk zu einer Kalk-Kieselsäure-Verbindung (Calciumhydrosilikat). Temperatur und Druck beschleunigen die Erhärtung. Kalksandsteine können nach Entnahme aus dem Härtekessel ohne Lagerung ausgeliefert und verarbeitet werden.

Die **Eigenschaften** der Kalksandsteine sind nach DIN 106 genormt. Sie haben eine weißgraue Farbe, sind scharfkantig und maßhaltig.

Druckfestigkeit. Kalksandsteine werden in den gleichen Druckfestigkeitsklassen wie gebrannte Mauersteine hergestellt. Ihre Kennzeichnung erfolgt durch Stempelaufdruck bei jedem zweihundertsten Stein oder durch Farbkennzeichnung. Die Farben entsprechen der Kennzeichnung von Mauerziegeln, zusätzlich gibt es die Druckfestigkeitsklassen 36, 48 und 60.

Rohdichte. Kalksandsteine werden in 11 Rohdichteklassen eingeteilt, die zwischen 0,6 kg/dm³ und 2,2 kg/dm³ liegen.

Frostbeständigkeit. Kalksandsteine saugen Wasser langsam auf, d. h., sie sind kapillar und deshalb nicht frostbeständig. Vormauersteine und Verblender sind allerdings frostbeständig.

Maße und **Formate** sind auf die Maßordnung im Hochbau abgestimmt und entsprechen denen der gebrannten Steine. Bei Plansteinen (P) sind Längen- und Höhenmaße auf eine 1 mm bis 3 mm dicke Dünnbettmörtelfuge abgestimmt.

Lochungen sind bei Kalksandsteinen herstellungsbedingt nicht durchgehend. Lediglich Grifföffnungen und Grifftaschen sind durchgehend und von der Steinoberseite aus benutzbar **(Bild 1)**. Sie sollen bei allen Steinen ab einem Format von 2 DF vorhanden sein.

Kalksand-Vollsteine (KS) gibt es ungelocht in den Formaten DF bis 5 DF. Ihr Querschnitt darf aber durch Lochung senkrecht zur Lagerfläche um bis zu 15 % gemindert sein; Grifföffnungen sind möglich.

Kalksand-Blocksteine (KS) sind Steine über 113 mm Höhe mit einer Querschnittsminderung senkrecht zur Lagerfläche unter 15 %.

Kalksand-Lochsteine (KS L) haben bei den Formaten 2 DF bis 5 DF außer den Grifföffnungen einen Lochanteil von mehr als 15 % des Querschnitts senkrecht zur Lagerfläche.

Kalksand-Hohlblocksteine (KS L) sind Steine über 113 mm Höhe mit einer Querschnittsminderung senkrecht zur Lagerfläche von mehr als 15 %.

Kalksand-Plansteine (KS P) sind Voll-, Loch-, Block- und Hohlblocksteine, die in Dünnbettmörtel zu versetzen sind.

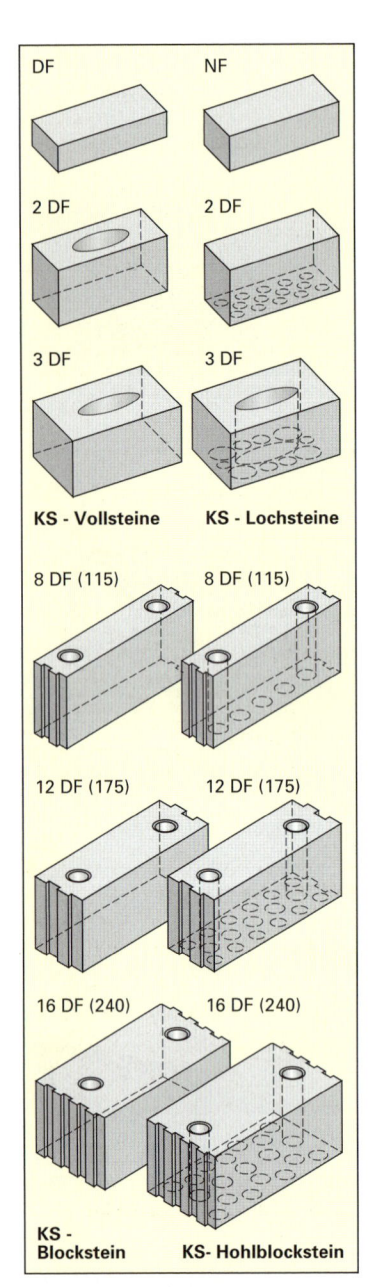

Bild 1: Kalksand-Mauersteine

Bezeichnung eines Kalksandsteins (Beispiel):

Kalksandstein DIN 106-1 - KS L - 6 - 1,2 - 3 DF

bedeutet Kalksand-Lochstein der Druckfestigkeitsklasse 6, der Rohdichteklasse 1,2 im 3-DF-Format (*l* = 240 mm, *b* = 175 mm, *h* = 113 mm)

Für Sichtmauerwerk im Außenbereich gibt es frostbeständige Kalksandsteine.

Kalksand-Vormauersteine (KS Vm) sind Steine, die mindestens der Festigkeitsklasse 10 entsprechen. Sie werden ohne und mit Lochung bis zum Format 5 DF hergestellt.

Kalksand-Verblender (KS Vb) sind Steine, die mindestens der Festigkeitsklasse 16 entsprechen. Es werden erhöhte Anforderungen bezüglich Frostbeständigkeit, dem Widerstand gegen Ausblühungen, Verfärbungen und Maßabweichungen gestellt.

Für das rationelle Vermauern ohne Stoßfugenvermörtelung sind Kalksandsteine ab einem Format von 4 DF an den Stoßfugenseiten **mit Nut und Feder** versehen. Bei der Bestellung der Steine ist deshalb zur Festlegung der Stoßfugenseite hinter dem Formatkurzzeichen die Wanddicke in Klammern anzugeben. Diese Steine werden mit einem **R** gekennzeichnet **(Bild 1)**.

Mit Normalmörtel sind zu vermauern **KS-R-Steine** mit einer Höhe von 113 mm sowie **KS-R-Blocksteine** und **KS L-R-Hohlblocksteine** mit einer Höhe von 238 mm.

Mit Dünnbettmörtel sind zu vermauern **KS-R-Plansteine** mit einer Höhe größer als 123 mm sowie **KS-R-großformatige Plansteine** und **KS L-R-Planhohlblocksteine** mit einer Höhe von 248 mm.

Kalksand-Bauplatten mit einer Breite unter 115 mm, einer Regelhöhe von 248 mm und mit umlaufender Nut und Feder werden mit Dünnbettmörtel vermauert, auch an den Stoßfugen.

Kalksand-Planelemente (KS XL) werden als Wandbausätze mit allen Teilsteinen und den dazugehörigen Versetzplänen geliefert. Bevorzugt werden sie in der Rohdichteklasse 2,0 und in der Druckfestigkeitsklasse 20 angeboten. Außer den üblichen Wanddicken gibt es Elementsteine für Wanddicken von 100 mm, 150 mm, 214 mm und 265 mm.

Kalksand-Fasensteine (KS F) sind Plansteine als Vollsteine oder Blocksteine mit abgefasten Kanten. Die Fasen können bis 7 mm breit sein. Die Aufstandsbreite der Steine, das ist die Steinbreite abzüglich der beidseitigen Fasen, muss mindestens 11,5 cm betragen.

Kalksand-Formsteine sind Kalksand-Fertigstürze zum Überdecken von Öffnungen bis 3,00 m lichter Weite mit Breiten von 115 mm und 175 mm sowie Kalksand-U-Schalen für Ringbalken, Stützen und Schlitze, z. B. bei Sichtmauerwerk.

Kalksand-Sondersteine sind z. B. Innensichtsteine, Industriesichtsteine, Ecksteine für 45°- und 135°-Wandecken, abgeschrägte und abgerundete Ecksteine für Verblendungen bei Fenster- und Türleibungen oder bei Wandecken, Schallschlucksteine sowie Installationssteine mit Bohrungen für die Elektroinstallation **(Bild 2)**.

Für Sichtmauerwerk gibt es Mauersteine mit umlaufender Fase an den Sichtseiten (KS-Design). Das Sichtmauerwerk zeigt keine Mörtelfuge, jedoch entsteht durch die 45°-Fase eine Schattenwirkung, die das Mauerwerk gliedert.

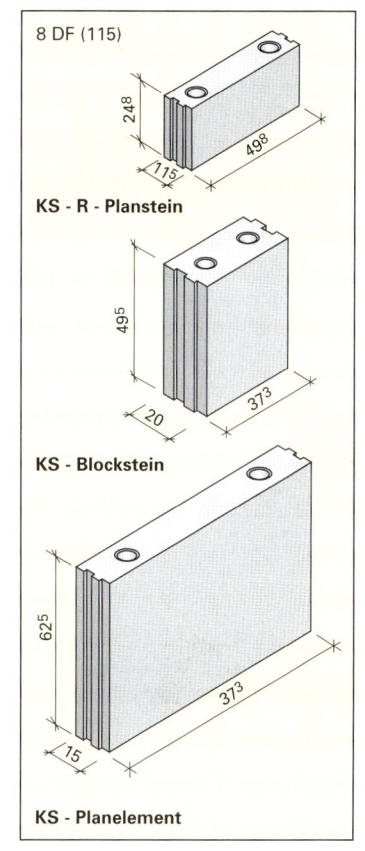

Bild 1: Kalksandsteine

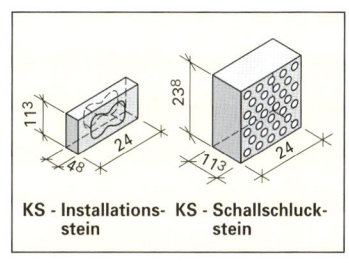

Bild 2: Kalksand-Sondersteine

Bezeichnung eines Kalksandsteins (Beispiel):

KS L-R P - 12 - 1,2 - 12 DF (240)

bedeutet Kalksand-Planhohlblockstein mit Nut und Feder in der Stoßfuge mit Dünnbettmörtel zu vermauern, der Druckfestigkeitsklasse 12, der Rohdichteklasse 1,2 im 12-DF-Format für eine Wanddicke von 240 mm

3.2.2.2 Normalbetonsteine

Es gibt genormte Mauersteine und nicht genormte, bauaufsichtlich zugelassene Mauersteine aus Normalbeton **(Bild 1)**.

Genormte Mauersteine aus Beton

Die Mauersteine aus **B**eton werden als **V**ollsteine **(Vn)**, als **V**oll**b**löcke **(Vbn)** und als **H**ohl**b**löcke **(Hbn)** bezeichnet. Sie werden auch als **P**lansteine **(P)** hergestellt. **V**or**m**auersteine **(Vm)** und **V**or**m**auer**b**löcke **(Vmb)** aus Beton haben eine ebene, werksteinmäßig bearbeitete oder besonders gestaltete Sichtfläche und sind widerstandsfähig gegen Frost **(Tabelle 1)**.

Mauersteine aus Beton (Normalbeton)
- genormte Mauersteine nach DIN 18153
- nicht genormte, bauaufsichtlich zugelassene Mauersteine

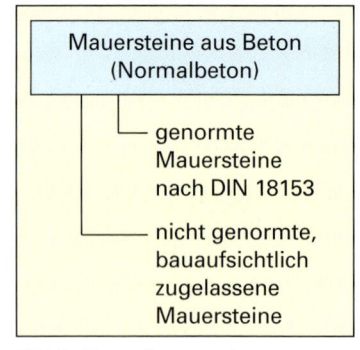

Bild 1: Normalbetonsteine

Tabelle 1: Mauersteine aus Normalbeton für Dickbettmörtel (Auszug aus der Normtabelle)

Benennung, Kurzzeichen		Rohdichte-klasse	Druckfestigk.-klasse	mögliche Maße in mm			Format	Besonderheiten
				Länge	Breite	Höhe		
Vollsteine Vn		0,8 bis 2,4	2 bis 28	240 490 240	95 115	113 240 52 71 113 140 150 175 200 240 300	1,7 DF 6,8 DF DF NF 2 DF 2 NF 2,5 DF 3 DF 3,5 DF 4 DF 5 DF	ohne Kammern h ≥ 115 mm
z. B. NF						115		
				490			10 DF	
Vollblöcke Vbn		0,8 bis 2,4	2 bis 28	490 365 490 490 240 365 490 240 365 490	150 175 200 240 300	238	10 DF 9 DF 12 DF 14 DF 8 DF 12 DF 16 DF 10 DF 15 DF 20 DF	ohne Kammern 175 mm ≤ h ≥ 238 mm
z. B. 8 DF								
				240	490		16 DF	
Hohlblöcke Hbn	1K Hbn	0,9 bis 2	2 bis 12	490 365 490 240 365 490 240 365 490 240	115 150 175 200 240 300 490	238	8 DF 10 DF 9 DF 12 DF 14 DF 8 DF 12 DF 16 DF 10 DF 15 DF 20 DF 16 DF	mit einer Kammer (1K) bis sechs Kammern (6K) h = 238 mm
	2K Hbn							
z. B. 2K Hbn								
	3K Hbn							
	4K Hbn							
	2K Hbn							
	3K Hbn							
	4K Hbn							
z. B. 3K Hbn	6K Hbn							

Bauaufsichtlich zugelassene Mauersteine aus Beton

Die Mauersteine eignen sich für Innen- und Außenmauerwerk. Sie werden häufig zu Sichtmauerwerk, z. B. bei zweischaligem Außenmauerwerk, eingesetzt (**Bild 1**). Die Besonderheit der Steine ist z. B. ihre Farbe und ihre Oberflächenstruktur. Deshalb wird bei der **Herstellung** dies bereits berücksichtigt, z. B. durch entsprechende Auswahl von farbigem Sand und Natursplitt (**Bild 2**). Auch durch Zugabe von Farbmitteln und farbigem Gesteinsmehl kann die Steinfarbe bestimmt werden. Als Bindemittel wird hauptsächlich Weißzement verwendet.

Die **Eigenschaften** dieser bauaufsichtlich zugelassenen Mauersteine sind auf ihre Verwendung abgestimmt. Ihre Oberfläche kann glatt, porig, bruchrauh, ausgewaschen oder gestrahlt sein. Es gibt weiße und farbige Steine, wobei fast alle Farbtöne von Braun über Rot bis Weiß herstellbar sind. Für Außenmauerwerk gibt es frostbeständige Steine, die bei besonderer Zusammensetzung auch tausalzbeständig sein können.

Die **Maße** der Betonsteine sind zum einen auf das Achtelmeter der Maßordnung im Hochbau abgestimmt, zum anderen gibt es Zehntelmetermaße nach der Modulordnung.

Mit **Vollsteinen (Vn)** bis 115 mm Steinhöhe können Wanddicken von 95 mm bis 490 mm gemauert werden. Dazu gibt es Steine mit 240 mm und 490 mm Länge.

Vollblöcke (Vbn) sind ohne Luftkammern, haben eine einheitliche Höhe von 238 mm, bei Plansteinen von 248 mm (**Bild 3**). Die Steinbreiten gibt es von 150 mm bis 490 mm, die Steinlängen von 240 mm bis 490 mm.

Hohlblöcke (Hbn) gibt es je nach Breite als 1-Kammer-Steine bis zu 6-Kammer-Steinen. Die Steinbreite liegt zwischen 115 mm und 490 mm, die Steinhöhe ist gleich bleibend bei 238 mm bzw. 248 mm.

Als **Sondersteine** werden eine Vielzahl von Steinen als so genannte Betonwaren für bestimmte Verwendungszwecke geliefert, z. B. Schlusssteine, abgeschrägte oder abgerundete Steine, Leitungssteine, Gesimssteine, Steine für Fensterbänke sowie Stürze.

3.2.2.3 Leichtbetonsteine

Leichtbetonsteine werden für tragendes und nicht tragendes Innen- und Außenmauerwerk hergestellt sowie als Deckensteine, Deckenplatten und Fertigbauteile verwendet.

Zur **Herstellung** nimmt man porige Gesteinskörnung. Diese kann **Natur**b**ims (NB)** als natürlicher Zuschlag oder **B**läh**ton (BT)** als künstlich hergestellter Zuschlag sein (**Bild 4**). Weiterhin können Hüttenbims, Ziegelsplitt und Lavaschlacke als Zuschlag verwendet werden. Als Bindemittel sind genormte Zemente oder bauaufsichtlich zugelassene Bindemittel möglich. Der Frischbeton wird in Formen eingebracht und verdichtet. Die Erhärtung erfolgt an der Luft oder in Härtekesseln mit Hilfe von Wasserdampf und unter Druck. Bei Lufterhärtung müssen die Leichtbetonsteine nach 28 Tagen ihre Mindestdruckfestigkeit erreicht haben.

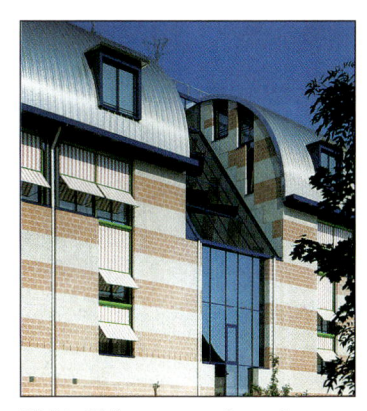

Bild 1: Sichtmauerwerk aus Betonsteinen

Bild 2: Natursplitt in unterschiedlichen Farben

Bild 3: Betonsteine

Bild 4: Leichtbetonzuschlag

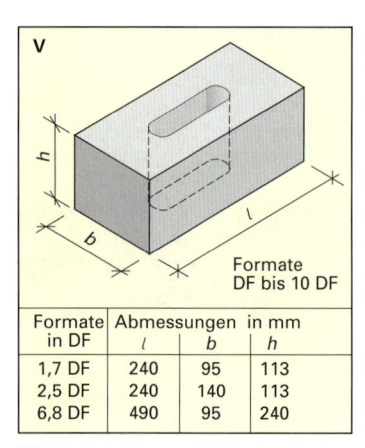

Bild 1: Leichtbeton-Vollsteine (Beispiele)

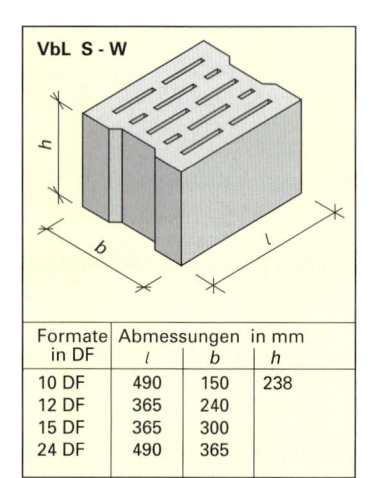

Formate DF bis 10 DF

Formate in DF	Abmessungen in mm		
	l	b	h
1,7 DF	240	95	113
2,5 DF	240	140	113
6,8 DF	490	95	240

Bild 2: Leichtbeton-Vollblöcke (Beispiele)

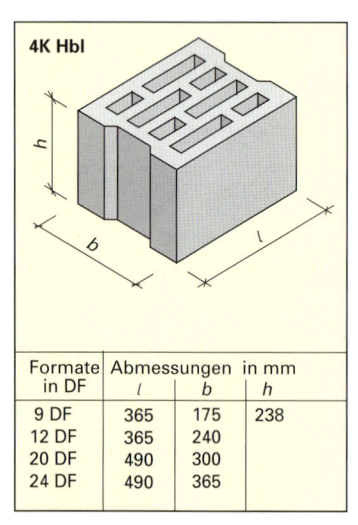

VbL S - W

Formate in DF	Abmessungen in mm		
	l	b	h
10 DF	490	150	238
12 DF	365	240	
15 DF	365	300	
24 DF	490	365	

Bild 3: Leichtbeton-Hohlblöcke (Beispiele)

4K Hbl

Formate in DF	Abmessungen in mm		
	l	b	h
9 DF	365	175	238
12 DF	365	240	
20 DF	490	300	
24 DF	490	365	

Die **Eigenschaften** von Leichtbetonsteinen sind in DIN 18151 und DIN 18152 genormt.

Rohdichte. Es gibt 11 Rohdichteklassen, die zwischen 0,45 kg/dm³ und 2,0 kg/dm³ liegen. Dies erreicht man durch Verwendung von stark poriger Gesteinskörnung. Das Bindemittel umhüllt den Zuschlag und verringert dadurch die Kapillarwirkung, sodass die Steine weniger Wasser aufsaugen. Leichtbetonsteine blühen im Allgemeinen nicht aus. Sie haben eine raue Oberfläche und ergeben deshalb einen gut haftenden Putzgrund. Steine mit plangeschliffener Lagerfläche können ohne Mörtel als Trockenmauerwerk versetzt werden (Seite 264).

Druckfestigkeit. Leichtbetonsteine werden in den Druckfestigkeitsklassen 2 bis 20 hergestellt.

Maße. Die Maße von Leichtbetonsteinen sind in der Regel auf die Achtelmetermaße abgestimmt. Sie hängen jedoch von der Art der Vermauerung ab. Bei der Vermauerung mit Normal- oder Leichtmörtel ist eine bis 12 mm dicke Mörtelfuge zu berücksichtigen, bei Vermauerung mit Dünnbettmörtel ist diese Fuge nur 1 bis 3 mm dick. Bei der Herstellung von Trockenmauerwerk sind ebenfalls 2 mm Toleranz zu berücksichtigen.

Man unterscheidet Vollsteine, Vollblöcke und Hohlblocksteine. Alle Steine gibt es auch als Plansteine (P).

Vollsteine (V) sind Leichtbetonsteine ohne Kammern mit einer Höhe bis 115 mm. Sie können an den Stoßfugenseiten ebenflächig, mit Aussparungen (Stirnseitennuten) oder mit Nut- und Federausbildung versehen sein und dürfen einen Griffschlitz haben **(Bild 1)**.

Vollblöcke (Vbl) sind Leichtbetonsteine ohne Kammern mit einer Höhe von 238 mm. Die Steine können an den Stoßfugenseiten wie Vollsteine ausgebildet sein.

Vollblöcke mit Schlitzen (Vbl S) haben in gleichem Abstand über die ganze Steinhöhe durchgehende, etwa 1 mm breite Schlitze.

Vollblöcke mit Schlitzen und solche mit besonderen Wärmedämmeigenschaften (Vbl S-W) haben versetzte Schlitze, die nicht durchgehend sein dürfen, damit beim vermauerten Stein ein geschlossener Luftraum bleibt. Für diese Steine darf als Gesteinskörnung ausschließlich **Na**tur**b**ims **(NB)**, **B**läh**t**on **(BT)** oder ein Gemisch aus beiden **(NB/BT)** verwendet werden. Diese Steine gibt es nur in den Rohdichteklassen 0,5 bis 0,8 **(Bild 2)**.

Hohlblöcke (Hbl) sind Mauersteine aus Leichtbeton mit Kammern senkrecht zur Lagerfläche. Es gibt **Ein**kammersteine **(1K)** bis **Sechsk**ammersteine **(6K) (Bild 3)**. Die Kammern müssen auf den ganzen Steinquerschnitt gleichmäßig verteilt und versetzt angeordnet sein. Durch die Luftkammern verringert sich das Gewicht und die Wärmedämmung wird erhöht. An den Stoßflächen können Nuten oder Nut und Feder ausgebildet sein. Hohlblöcke gibt es in den Rohdichteklassen von 0,5 bis 1,4 und in den Druckfestigkeitsklassen 2, 4, 6 und 8 (Bild 3). Hohlblocksteine können werkseitig mit einer durchgehenden Wärmedämmschicht versehen sein. Diese ist so angeordnet, dass durch die Dämmschicht aus Hartschaum sich für den Mauerstein ein mehrschaliger Aufbau ergibt. Dadurch erreicht man an der Außenseite des Mauerwerks einen einheitlichen Putzgrund.

3.2.2.4 Porenbetonsteine

Aus Porenbeton werden nicht nur Mauersteine, sondern auch Planelemente, Dach- und Deckenplatten, geschosshohe Wandtafeln sowie bewehrte Wandplatten und -tafeln hergestellt.

Herstellung

Porenbeton wird aus Zement oder Kalk, feinkörnigem oder feingemahlenem quarzhaltigem Sand, Zugabewasser und einem Porenbildner gemischt und in Gießformen gefüllt (**Bild 1**). Das Zugabewasser löscht den Kalk und der Porenbildner aus feinem Aluminiumpulver verbindet sich mit dem kalkhaltigen (alkalischen) Wasser. Dabei bildet sich Wasserstoff, der den Frischbeton unter Wärme auftreibt und feine Poren mit Durchmessern bis 1,5 mm bildet. Die auf Format geschnittenen Steine werden in einen Härtekessel gefahren und mit Hilfe von Wasserdampf bei 190 °C und unter einem Druck von 12 bar ausgehärtet. Danach sind die Steine verarbeitbar.

Eigenschaften

Die Eigenschaften von Porenbetonsteinen sind in DIN 4165 genormt.

Druckfestigkeit. Porenbetonsteine werden in den Druckfestigkeitsklassen 2, 4, 6 und 8 geliefert. Die Kennzeichnung erfolgt auf mindestens jedem 10. Stein mit einer Farbmarkierung, bei Paketierung der Steine auf der Verpackung oder auf einem beigefügten Beipackzettel.

Rohdichte. Diese liegt zwischen 0,3 kg/dm^3 und 1,0 kg/dm^3. Der hohe Porenanteil, z. B. 80 % des Volumens bei einer Rohdichte von 0,5 kg/dm^3, erhöht die Wärmedämmfähigkeit. Porenbetonsteine sind nicht frostbeständig und sind deshalb vor Witterung zu schützen, z. B. durch Putz, Anstrich, Verblendung oder Verkleidung. Porenbetonsteine können leicht bearbeitet werden, z. B. durch Sägen, Hobeln und Bohren.

Maße, Formate

Die Steine können sehr maßgenau hergestellt werden. Ihre Abmessungen sind auf die Verarbeitung abgestimmt. Beim Vermauern mit Normal- oder Leichtmörtel ist eine 1 cm bis 1,2 cm dicke Mörtelfuge zu berücksichtigen, bei Verwendung von Dünnbettmörtel genügt eine Maßverringerung um 1 mm an den Lager- und Stoßseiten.

Plansteine (PP) sind Vollsteine mit einer Höhe ≤ 249 mm für das Vermauern mit Dünnbettmörtel. Die Steine können Griffhilfen und Hantierlöcher haben (**Tabelle 1, Seite 80**).

Porenbeton-Planelemente (PPE) sind großformatige Vollsteine mit einer Höhe über 249 mm und einer Länge von 499 mm und größer (**Tabelle 2 und Bild 1, Seite 80**).

Dach- und Deckenplatten bestehen aus bewehrtem Porenbeton. Sie können die Anforderungen aller Feuerwiderstandsklassen erfüllen und sind entsprechend gekennzeichnet. Die Platten haben in der Regel Längen von 6000 mm oder 7500 mm, eine Breite von 625 mm oder 750 mm und werden in Dicken zwischen 100 mm und 300 mm geliefert. Die Längsseiten der Platten können mit Nut und Feder versehen sein und zusätzlich einen kleinen Vergussquerschnitt haben (**Bild 2, Seite 80**). Für die Ausbildung von Dachscheiben gibt es die Möglichkeit eines formschlüssigen Vergusses.

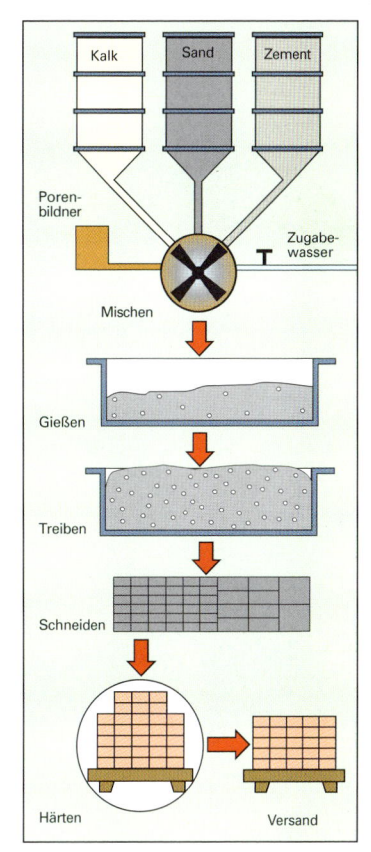

Bild 1: Herstellung von Porenbetonsteinen

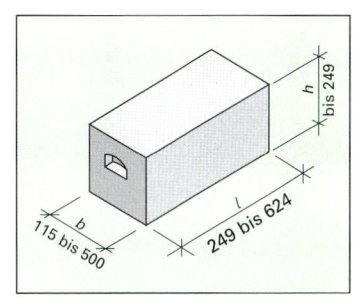

Bild 2: Porenbeton-Planstein

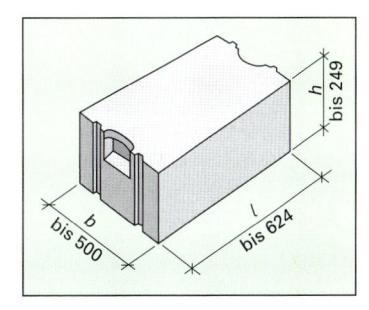

Bild 3: Planstein mit Nut- und Federausbildung (NF)

$h = 374$ bis 624
b: 115 bis 500 mm
499 bis 1499

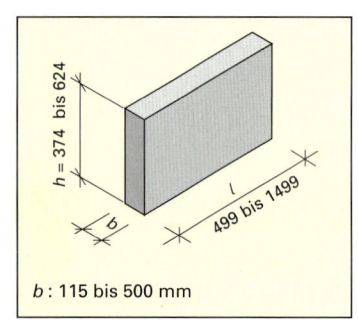

Bild 1: Porenbeton-Planelemente

d: 100 mm bis 300 mm
Staffelung alle 25 mm
625 bis 750
6000 bis 7500

Nut und Feder

kleiner Vergussquerschnitt

formschlüssiger Vergussquerschnitt

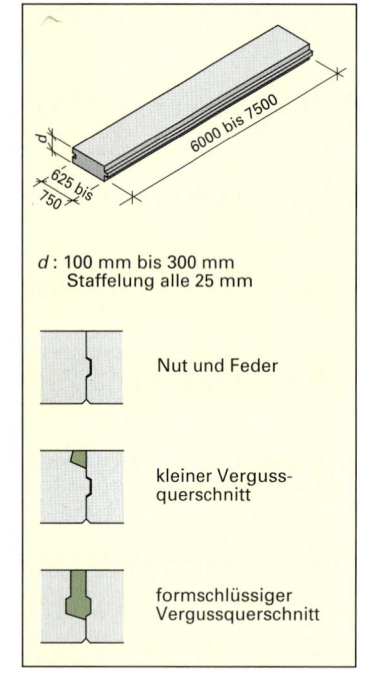

Bild 2: Dachplatten mit Fugenausbildungen

Tabelle 1: Maße der Porenbeton-Plansteine		
Länge in mm	Breite in mm	Höhe in mm
249	115	124
299	120	
	125	149
312	150	
332	175	164
	200	
374	240	174
399	250	
	300	186
499	365	
599	375	199
	400	
624	500	249

Tabelle 2: Maße der Porenbeton-Planelemente		
Länge in mm	Breite in mm	Höhe in mm
499	115	
	125	374
599	150	
624	175	
	200	499
749	240	
999	250	599
1124	300	
1249	365	624
1374	375	
1499	400	
	500	

Sonderbauteile aus Porenbeton können auf der Baustelle einfach durch Zuschneiden zu passenden Ausgleichselementen hergestellt werden. Werkseitig hergestellte Sonderbauteile sind

- **U-Schalen** z. B. für Ringanker, Stürze, Aussparungen und Schlitze in Mauerwerk,
- **Mehrzwecksteine**, die wie U-Schalen eingesetzt werden. Bei diesen Steinen kann die Größe des offenen Querschnitts durch Herausbrechen von Steinseiten je nach Bedarf hergestellt werden,
- **Verblendsteine** z. B. zur Verblendung von Deckenauflagern, um einen gleichmäßigen Putzgrund zu erreichen.

Aufgaben

1 Unterscheiden Sie die künstlichen Steine nach der Art ihrer Herstellung.
2 Welche Abmessungen haben Mauersteine der Formate DF bis 5 DF?
3 Es muss eine Türöffnung 88,5 cm x 213,5 cm zugemauert werden. Wie viele Mauersteine werden benötigt, wenn NF- oder 2 DF-Steine vorrätig sind?
4 Welche unterschiedlichen Eigenschaften haben Mauerziegel, Vormauerziegel und Klinker?
5 Woran erkennt man einen Wärmedämmziegel?
6 Erläutern Sie die Unterschiede bei Kalksandsteinen zwischen Voll-, Block-, Loch- und Hohlblocksteinen.
7 Worin liegt der Unterschied zwischen KS-Steinen und KS-R P-Steinen?
8 Erläutern Sie die Bedeutung des Kurzzeichens Kalksandstein DIN 106-KS Vm L–12–1,2–2 DF.
9 Wodurch unterscheiden sich Betonsteine, Leichtbetonsteine und Porenbetonsteine hinsichtlich ihrer Eigenschaften?
10 Wie stellt man farbige Betonsteine her und wozu werden sie verwendet?
11 Welche Eigenschaften hat dieser Stein: Vollblock DIN 18152–Vbl S–W 2–0,5–20 DF (300) NB?
12 Wie werden Porenbetonsteine hergestellt?
13 Welche Porenbetonsteine werden mit Dünnbettmörtel verarbeitet?
14 Welche Bedeutung hat bei PP-Steinen der Zusatz NF beim Kurzzeichen?

3.3 Glas

Glas ist ein nach dem Schmelzen erstarrtes Gemenge aus mehreren Rohstoffen. So kann z. B. Fensterglas aus 60% Quarzsand, 14% Dolomit, 5% Kalkstein, 1% Sulfat, 18% Natriumkarbonat und Farbmittel zusammengesetzt sein. Glas hat eine Dichte von etwa 2,5 g/cm^3.

3.3.1 Glaserzeugnisse

Die im Bauwesen verwendeten Glaserzeugnisse fasst man unter der Bezeichnung Bauglas zusammen. Man unterscheidet dabei Flachglas, Pressglas, Glasfasern und Schaumglas.

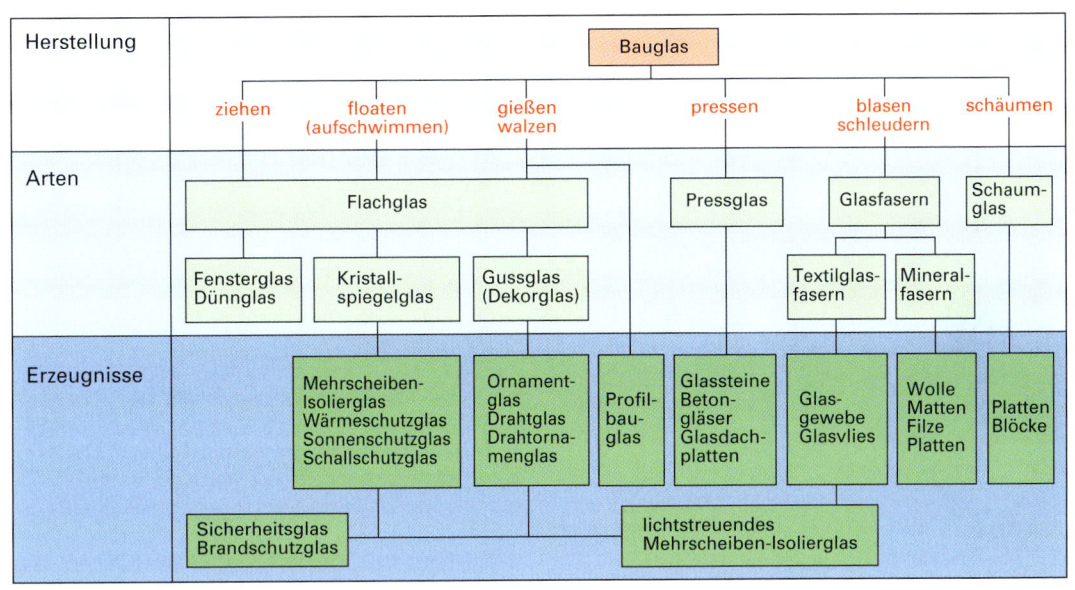

Bild 1: Herstellung, Arten und Erzeugnisse von Bauglas

3.3.1.1 Flachglas

Alle ebenen und gebogenen Scheiben bezeichnet man als Flachglas. Es wird fast ausschließlich durch Floaten hergestellt.

Eigenschaften

Eine Flachglasscheibe lässt sowohl die kurzwelligen Lichtstrahlen als auch die langwelligen Wärmestrahlen der Sonne durch. Je nach Dicke der Glasscheibe beträgt die Lichtdurchlässigkeit etwa 70% bis 90%. Ein geringer Anteil der Licht- und Wärmestrahlung wird von der Scheibe reflektiert und absorbiert, wobei bei der Wärmestrahlung der absorbierte Teil als Sekundärstrahlung nach außen und innen abgestrahlt wird. Die wärmetechnischen Eigenschaften von Flachglas lassen sich erheblich verbessern, wenn man zwei oder mehrere Glastafeln zusammenfügt und luftdicht zu einer Einheit verbindet. Der Zwischenraum wird mit trockener Luft oder einem Spezialgas, wie z. B. Argon, Xenon oder Krypton, gefüllt. Man spricht dann von **Mehrscheibenisolierglas (Bild 2)**.

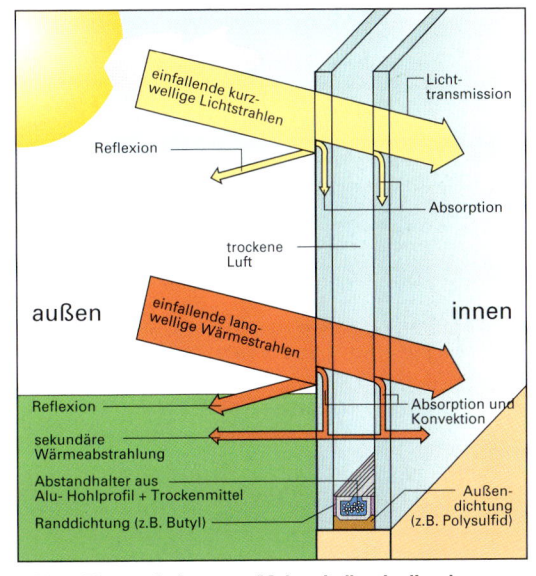

Bild 2: Eigenschaften von Mehrscheibenisolierglas

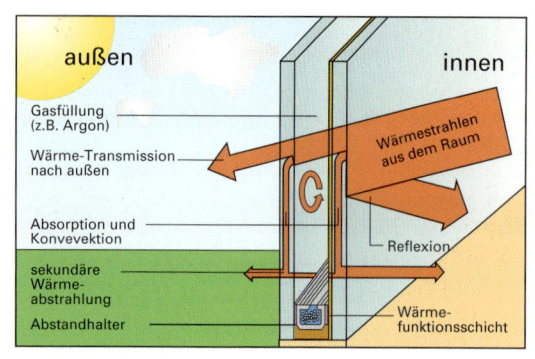

Bild 1: Wärmeschutzglas

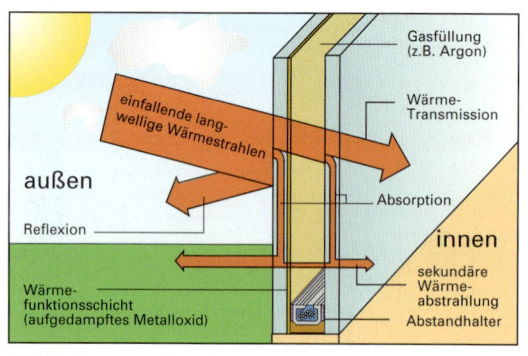

Bild 2: Sonnenschutzglas

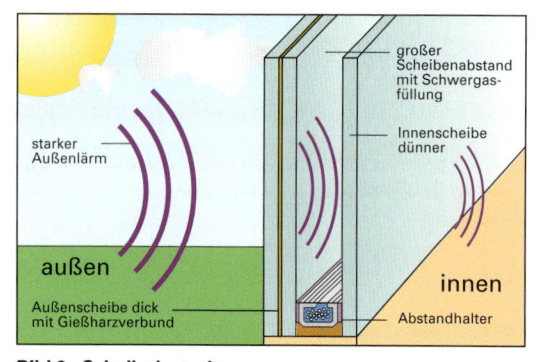

Bild 3: Schallschutzglas

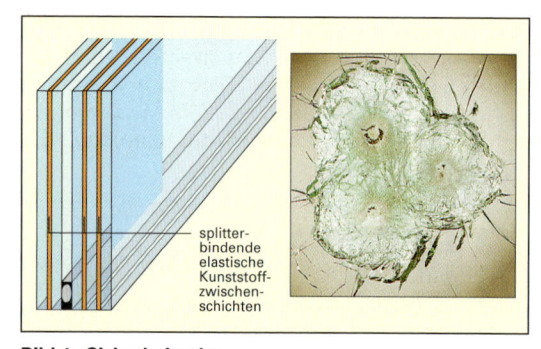

Bild 4: Sicherheitsglas

Arten

Je nach Dicke, Anzahl und Oberflächenbeschichtung der Scheiben unterscheidet man verschiedene Flachglasarten.

Wärmeschutzglas ist ein Mehrscheiben-Isolierglas aus zwei Scheiben oder drei Scheiben mit Wärmedämmbeschichtung. Diese auf der Innenseite der dem Raum zugewandten Scheibe aufgebrachte Beschichtung kann aus Zinnoxid, Silber oder Gold sein. Sie reflektiert die Wärmestrahlung weitgehend in den Innenraum zurück **(Bild 1)**.

Das **Sonnenschutzglas** entspricht im Aufbau dem Wärmeschutzglas, wobei die Wärmefunktionsschicht auf der Innenseite der nach außen liegenden Scheibe aufgebracht ist **(Bild 2)**.

Beim **Schallschutzglas** wird die Schallübertragung durch ein hohes Scheibengewicht reduziert. Schalldämmend wirken auch ungleich dicke Einzelscheiben, ein möglichst großer Scheibenzwischenraum sowie eine Füllung mit Schwergas (Schwefelhexafluorid) **(Bild 3)**.

Beim **Sicherheitsglas** wird unterschieden zwischen Einscheibensicherheitsglas und Verbundsicherheitsglas. **Einscheibensicherheitsglas (ESG)** wird durch eine besondere Wärmebehandlung vorgespannt und dadurch schlagfester, temperaturunempfindlicher als normales Fensterglas. Beim Bruch entstehen stumpfkantige Glasteilchen. Dieses Glas wird als Verglasung für Turn- und Sporthallen, Glastüren, Treppen- und Balkonbrüstungen verwendet. **Verbundsicherheitsglas (VSG)** ist zwischen 5,5 mm und 34 mm dick. Es besteht aus zwei oder mehreren Glasscheiben, die durch splitterbindende elastische Kunststoffzwischenschichten zu einer Scheibe verbunden sind. Bei der Zerstörung der Scheibe haften die Bruchstücke fest an der Zwischenschicht, sodass keine losen Glassplitter entstehen können. Verbundsicherheitsglas bietet Schutz vor Verletzungen und ist bei entsprechender Dicke auch durchwurfhemmend und durchschusshemmend. Es wird hauptsächlich für die Verglasung in Juwelierläden sowie von Bankschaltern verwendet **(Bild 4)**.

Brandschutzglas ist ein durchsichtiges, mindestens 15 mm dickes Verbundglas aus mehreren Glasscheiben mit feuerhemmenden Zwischenschichten. Dieses Glas erfüllt die Anforderungen, die nach DIN 4102 an die Bauteile der Feuerwiderstandsklasse T (Türen) und F (andere Bauteile) 30 Minuten bis 90 Minuten lang bezüglich Standfestigkeit, Verhinderung von Rauch- und Flammendurchtritt sowie an die thermische Isolation (Wärmeschutz) gestellt werden.

3.3.1.2 Pressglas und Profilbauglas

Die wichtigsten im Bauwesen verwendeten Pressglaserzeugnisse sind Glassteine, Betongläser und Glasdachziegel.

Glassteine sind quadratische oder rechteckige Hohlglaskörper, die aus mehreren durch Verschmelzen verbundenen Teilen bestehen und luftdicht verschlossen sind. Die Sichtflächen können glatt oder geprägt, die Glasmasse beliebig gefärbt sein. Das durchfallende Licht ist gestreut und blendarm, die Lichtdurchlässigkeit beträgt bis zu 85%. Hohlglassteine wirken schall- und wärmedämmend. Sie sind feuerbeständig und als Verglasung für die Feuerwiderstandsklassen G 60 bis G 120 zugelassen (**Bild 1**).

Betongläser sind im Pressverfahren erzeugte Glaskörper, die in einem Stück oder als Hohlkörper aus zwei durch Verschmelzen fest verbundenen Teilen hergestellt werden. Sie haben quadratische oder runde Form und dienen zur Herstellung von Bauteilen aus Glasbeton (**Bild 2**).

Die im Handel üblichen Dachziegel können auch aus Glas hergestellt werden. **Glasdachziegel** werden im Pressverfahren hergestellt, man verwendet sie zur Belichtung von Dachräumen.

Profilbauglas ist ein gegossenes Glas mit unterschiedlich profilierter Form, mit oder ohne Drahteinlage, z. B. Wellglas. Besonders häufig wird Profilbauglas mit U-förmigem Querschnitt verwendet, ebenfalls mit oder ohne Drahteinlage. Wegen seiner selbsttragenden Eigenschaft eignet sich Profilbauglas in seinen verschiedenen Formen für Dacheindeckungen, Brüstungen und für Lichtwände.

U-förmige Profilbaugläser können auch zweischalig verbaut werden. Die Wärme- und Schalldämmung der Wand wird dadurch wesentlich verbessert.

Bild 1: Glasstein

Bild 2: Betongläser

3.3.1.3 Glasfasern

Glasfasern sind kurze Fasern. Als Rohstoffe können neben Glas auch Steine und Schlacken verwendet werden. Die regellos durcheinander liegenden Fasern schichtet man zu **Glaswolle** auf. Bringt man die Fasern auf Trägerbahnen, z. B. auf Bitumenpapier, auf Aluminiumfolie oder auf Wellpapier, und verbindet sie mit diesen durch Kleben oder Steppen, erhält man Matten oder Bahnen. Mit Bindemitteln versetzt, kann man die Glasfasern zu Filzen und Platten verarbeiten. Mineralfasern in den verschiedenen Formen eignen sich sehr gut zur Wärme- und Schalldämmung. Man verwendet sie z. B. als Dämmschicht unter Estrichen, zum Ausfachen von Zwischenwänden, zum Auskleiden von Dachräumen und in der Heizungs- und Klimatechnik.

3.3.1.4 Geschäumtes Glas

Schäumt man die Glasschmelze auf, entsteht nach dem Abkühlen ein spröd-harter, geschlossenzelliger Glasschaum. Dieser ist meist dunkelfarbig, leicht und wird in Platten bis zu 100 mm Dicke oder in Blöcken hergestellt. Er ist luft- und feuchtigkeitsundurchlässig und eignet sich daher zur Wärmedämmung. Schaumglasplatten verwendet man z. B. als Dämmschicht für Böden nicht unterkellerter Räume und als Zwischenschicht bei Verbund-Wandelementen.

Aufgaben

1. Aus welchen Rohstoffen wird Glas hergestellt?
2. Nach welchem Verfahren wird Spiegelglas erzeugt?
3. Welche Vorteile hat Mehrscheiben-Isolierglas?
4. In welchen Formen sind Glasfasererzeugnisse im Handel?
5. Wozu wird Schaumglas verwendet?

3.4 Bindemittel

Zur Herstellung von Mörtel benötigt man je nach Verwendungszweck unterschiedliche Bindemittel wie z.B. Baukalke, Zemente, Gipse und Mischbinder (**Bild 1**). Für Beton wird in der Regel nur Zement, für Asphaltbeton im Allgemeinen Bitumen verwendet.

3.4.1 Baukalke

Baukalke sind Bindemittel für Mauer- und Putzmörtel. Man unterscheidet Luftkalke und Hydraulische Kalke.

3.4.1.1 Luftkalke

Kalkstein ($CaCO_3$) oder Dolomitkalk werden aufbereitet und in Drehrohröfen bei Temperaturen unter 1250 °C gebrannt. Dabei wird **Kohlenstoffdioxid (CO_2)** ausgetrieben. Es entsteht **Calciumoxid (CaO)**, das als **Branntkalk** bezeichnet wird.

Brennen: $CaCO_3 \xrightarrow{+ \text{Wärme}} CaO + CO_2$
Calciumcarbonat   Calciumoxid   Kohlenstoffdioxid
Kalkstein   Branntkalk

Den Branntkalkstücken setzt man durch Überbrausen soviel Wasser zu, bis diese zu feinem Pulver zerfallen. Diesen Vorgang nennt man Löschen. Dabei verbindet sich Branntkalk unter Wärmeentwicklung mit Wasser zu **Calciumhydroxid ($Ca(OH)_2$)**, das als **gelöschter Kalk** oder auch als Kalkhydrat bezeichnet wird.

Löschen: $CaO + H_2O \longrightarrow Ca(OH)_2 + \text{Wärme}$
Calciumoxid   Wasser   Calciumhydroxid
Branntkalk

Beim Erhärten von Mörtel nimmt das Kalkhydrat **Kohlenstoffdioxid (CO_2)** aus der Luft auf. Es entsteht Kalkstein und Wasser.

Erhärten: $Ca(OH)_2 + CO_2 \longrightarrow CaCO_3 + H_2O$
Calcium-   Kohlenstoff-   Calciumcarbonat   Wasser
hydroxid   dioxid   Kalkstein

Das frei werdende Wasser im Mauerwerk wird als **Baufeuchte** bezeichnet und trocknet langsam aus. Durch Zufuhr von Wärme und Kohlenstoffdioxid kann der Erhärtungsvorgang des Mörtels und das Austrocknen des Bauwerks beschleunigt werden (**Bild 2**).

> Luftkalke erhärten langsam an der Luft, nicht dagegen ohne Luftzufuhr, z. B. unter Wasser.

Mörtel aus Luftkalken sind geschmeidig und lassen sich deshalb gut verarbeiten. An Festmörtel wird nach Norm keine Anforderung an die Druckfestigkeit gestellt.

Luftkalke werden als **Weißkalk** und **Dolomitkalk** in verschiedenen Lieferformen gehandelt (**Tabelle 1 und Tabelle 1, Seite 85**).

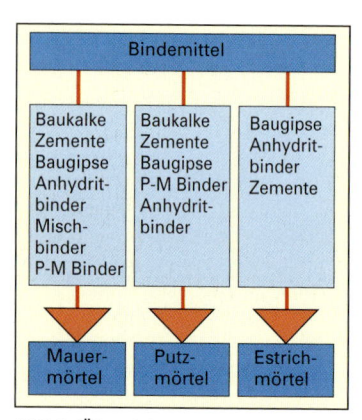

Bild 1: Übersicht über die Bindemittel für Mörtel

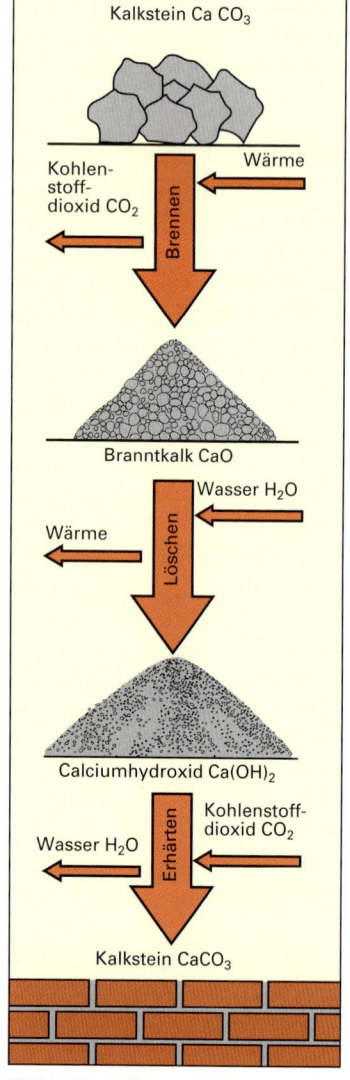

Bild 2: Herstellen und Erhärten von Luftkalken

Tabelle 1: Luftkalke			
Arten	Kurzzeichen	Arten	Kurzzeichen
Weißkalk 90	CL 90	Dolomitkalk 85	DL 85
Weißkalk 80	CL 80	Dolomitkalk 80	DL 80
Weißkalk 70	CL 70		

Normbezeichnung: **Weißkalk DIN 1060 – CL 90** bezeichnet einen Weißkalk nach DIN 1060 mit einem Anteil von mindestens 90 % Branntkalk CaO und MgO.

3.4.1.2 Hydraulische Kalke

Durch Brennen von **tonhaltigem Kalkstein** (Mergel), nachfolgendem Löschen und Mahlen entstehen **H**ydraulische **K**alke (**HL**). Sie enthalten Calciumsilikate, Calciumaluminate und Calciumhydroxide. Man nennt sie deshalb **Natürliche Hydraulische Kalke (NHL)**.

Hydraulische Kalke (HL) können auch durch Mischen geeigneter Stoffe und Calciumhydroxid hergestellt werden. Werden ihnen bis zu 20 % geeignete puzzolanische (vulkanische) oder hydraulische Stoffe zugegeben, spricht man von **Natürlichen Hydraulischen Kalken mit puzzolanischen Zusätzen (NHL-Z)**.

Hydraulische Kalke benötigen zur Erhärtung des Calciumhydroxides Kohlenstoffdioxid aus der Luft. Die **Silikate (SiO_2), Aluminate (Al_2O_3)** und eventuell beigemischte **Eisenoxide (Fe_2O_3)** verbinden sich mit Wasser zu wasserunlöslichen Stoffen. Man nennt diese drei Stoffe auch hydraulische Stoffe oder **Hydraulefaktoren**. Die Erhärtung von Mörtel mit Hydraulischen Kalken erfolgt auch ohne Luftzufuhr, z. B. unter Wasser.

> Hydraulische Kalke erhärten sowohl an der Luft als auch ohne Luftzufuhr, z. B. unter Wasser.

Hydraulische Kalke müssen nach DIN 1060 ihre Druckfestigkeit nach 28 Tagen erreicht haben (**Tabelle 2**). Diese ist umso höher, je höherwertiger der Kalk ist.

Tabelle 2: Druckfestigkeiten von Hydraulischem Kalk

Baukalkart	Druckfestigkeit in N/mm^2 oder MPa	
	nach 7 Tagen	nach 28 Tagen
HL 2	–	≥ 2 ≤ 7
HL 3,5	–	≥ 3,5 ≤ 10
HL 5	≥ 2	≥ 5 ≤ 15

Normbezeichnung: **Hydraulischer Kalk DIN 1060 – HL 5** bezeichnet einen Hydraulischen Kalk nach DIN 1060 mit einer Mindestdruckfestigkeit von 5 N/mm^2 nach 28 Tagen.

3.4.2 Zemente

Zemente sind Bindemittel für Mörtel und Beton. Herstellung, Zusammensetzung und Eigenschaften sind in DIN 1164 genormt und werden überwacht. Entsprechende Zeichen dafür sind auf den unterschiedlich farbigen Zementsäcken und Silozetteln aufgedruckt (**Bild 1**).

3.4.2.1 Herstellung

Zur Zementherstellung werden **Kalkstein** und **Ton** benötigt. Ihr Gemisch kommt in der Natur als Mergel vor. Kalkstein wird zum Hauptbestandteil des Zements; im Ton sind die Hydraulefaktoren Siliciumdioxid, Aluminiumoxid und Eisenoxid enthalten.

Tabelle 1: Lieferformen von Baukalken

Gütezeichen für Baukalke

Luftkalke

Branntkalk (Q)
= ungelöschter Kalk
CaO, MgO
- als **Stückkalk**, nicht gemahlen
- als **Feinkalk**, fein gemahlen

Kalkhydrat (S)
= gelöschter Kalk
$Ca(OH)_2$, $Mg(OH)_2$
- in **Pulverform**, sackweise oder im Silo
- als **Kalkteig**, mit Wasser zu einer gewünschten Konsistenz gemischt

Hydraulische Kalke

Kalkhydrat
= gelöschter Kalk
$Ca(OH)_2$, $Mg(OH)_2$
mit Hydraulefaktoren
- in **Pulverform**, sackweise oder im Silo

Hydraulefaktoren

SiO_2 Siliciumdioxide

Al_2O_3 Aluminiumoxide

Fe_2O_3 Eisenoxide

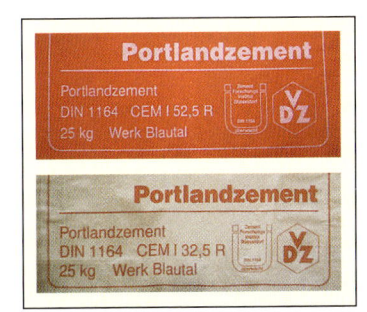

Bild 1: Zementverpackung mit Aufdrucken

Kalkstein und Ton müssen im richtigen Mischungsverhältnis aufbereitet werden. Dabei werden die Rohstoffe in großen Lagerhallen nach eigenen Verfahren mehrmals gemischt (homogenisiert), um Schwankungen in der Zusammensetzung zu vermeiden. Anschließend werden sie zu **Rohmehl** fein gemahlen (**Bild 1**).

Das Brennen des Rohmehls geschieht in einem Drehrohrofen. Er besteht aus einem feuerfest ausgemauerten Stahlrohr mit einem Durchmesser bis zu 6 m und einer Länge von etwa 200 m. Das Rohr ist leicht geneigt und dreht sich eineinhalb bis zweimal in der Minute. Der Ofen wird vom tieferliegenden Ende her mit einer Kohle-, Öl- oder Gasflamme beheizt. Das Rohmehl wird am oberen Ende des Drehrohrofens eingefüllt. Dabei erwärmt es sich auf etwa 800 °C und trocknet. Durch das Drehen des Ofens bewegt sich das Brenngut langsam nach unten und erhitzt sich auf 1100 °C. Dem Kalkstein wird Kohlenstoffdioxid (CO_2) ausgetrieben. Es entsteht Branntkalk (CaO). Im unteren Teil des Ofens steigt die Brenntemperatur auf 1450 °C bis sie sintern. Dabei verbindet sich der Branntkalk mit den Hydraulefaktoren aus dem Ton zu **Zementklinker** (Bild 1). Zementklinker haben eine rundliche Form und einen Durchmesser von etwa ein bis zwei Zentimeter.

Die Zementklinker werden anschließend in Rohrmühlen fein gemahlen. Dabei wird dem Zement bis zu 5 % Gipsstein oder Anhydrit (künstlicher Gipsstein) zugegeben. Dies ist notwendig, um den Beginn des Erstarrens zu verzögern. Der fein gemahlene Zement wird durch Windsichter von restlichen Klinkerkörnern getrennt und in Silos geblasen (Bild 1).

Lagerung. Zement ist hygroskopisch, d. h., er kann Feuchtigkeit aus der Luft und aus dem Boden aufnehmen und bildet dann Zementklumpen. Lassen sich diese zwischen den Fingern zerdrücken, ist der Zement noch zu gebrauchen, jedoch verringert sich die Festigkeit des damit hergestellten Mörtels oder Betons. In Säcken abgefüllter Zement darf im Freien zum alsbaldigen Verbrauch nur gelagert werden, wenn er sorgfältig vor Feuchtigkeit, auch Schlagregen und aufsteigende Bodenfeuchtigkeit, geschützt ist. Deshalb dürfen Zementsäcke nicht unmittelbar auf feuchten Boden aufgesetzt werden. Auch sachgemäß gelagerter Zement verliert erfahrungsgemäß in 3 Monaten etwa 10 % seiner Festigkeit. Beim Umgang mit Zement sind die Gefahrstoffhinweise (R- und S-Sätze) zu beachten.

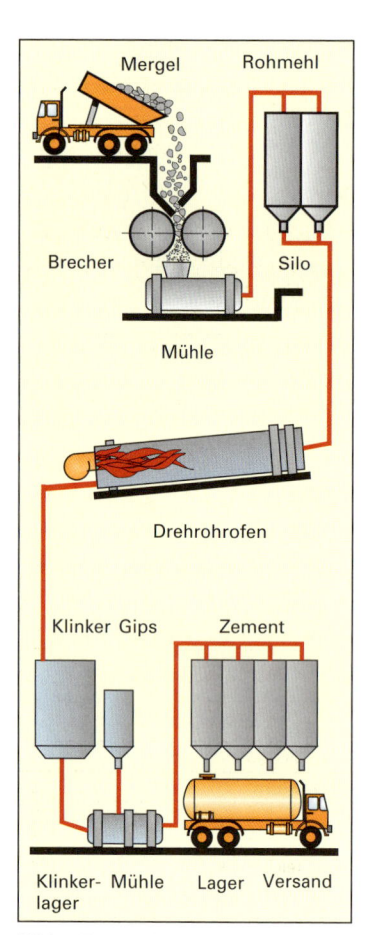

Bild 1: Zementherstellung

Gefahrstoffhinweise – Zement

- Reizt die Augen und die Haut (R 36/38).
- Sensibilisierung durch Hautkontakt möglich (R 43).
- Darf nicht in die Hände von Kindern gelangen (S 2).
- Staub nicht einatmen (S 22).
- Berührung mit den Augen und der Haut vermeiden (S 24/25).
- Bei Berührung mit den Augen gründlich mit Wasser abspülen und Arzt konsultieren (S 26).
- Geeignete Schutzhandschuhe tragen (S 37).
- Bei Verschlucken sofort ärztlichen Rat einholen und Verpackung oder Etikett vorzeigen (S 46).

Xi Reizend

3.4.2.2 Arten und Zusammensetzung

Zement ist nach DIN EN 197 in fünf Hauptarten unterteilt (**Tabelle 2, Seite 87**). Weitere Einzelheiten sind der Norm zu entnehmen.

CEM I	Portlandzement
CEM II	Portlandzement mit Beimengung eines weiteren Stoffs oder Portlandkompositzement mit Beimengungen von allen Hauptbestandteilen
CEM III	Hochofenzement
CEM IV	Puzzolanzement mit Beimengungen von Silicastaub, Puzzolan und Flugasche
CEM V	Kompositzemente mit Beimengungen von Hüttensand, Puzzolan und Flugasche

Hüttensand (S) oder granulierte Hochofenschlacke ist ein latent hydraulischer Stoff, der bei Anregung durch den Branntkalkanteil im Zement hydraulische Eigenschaften erhält **(Tabelle 1)**.

Silicastaub (D), auch Mikrosilica genannt, ist glasartig erstarrtes Siliciumdioxid (SiO), das entsteht, wenn Filterstaub aus der Herstellung von Siliciummetall abkühlt. Dabei bilden sich fast perfekte Kugeln mit einem Durchmesser von 0,1 μm (ein zehntausendstel Millimeter). 10 mal kleiner sind die Kugeln von künstlich hergestelltem Nanosilca.

Puzzolane (P) kommen in der Natur als vulkanisches Auswurfgestein und als Sedimentgestein vor, werden aber auch industriell hergestellt. In Deutschland wird vorwiegend Trass zugesetzt.

Flugasche (V) erhält man durch elektrostatische oder mechanische Abscheidung von staubartigen Teilchen aus Rauchgasen kohlebefeuerter Anlagen. Die kugeligen, glasartigen Teilchen haben hydraulische Eigenschaften.

Gebrannter Schiefer (T) weist in gemahlenem Zustand ausgeprägte hydraulische Eigenschaften auf.

Kalkstein (L) kann dem Zement beigemischt werden, wenn sein Gehalt an Calciumkarbonat ($CaCO_3$) mehr als 75 % beträgt.

Portlandzementklinker (K) ist wichtigster Hauptbestandteil von Zement und besteht zu
– 2/3 aus Calciumsilikat als hydraulisch wirkender Stoff und
– 1/3 aus Aluminiumoxid und Eisenoxid sowie deren Mischungen

Tabelle 1: Kennfarben von Zementsäcken nach DIN 1164

Festigkeitsklasse	Kennfarbe	Farbe des Aufdrucks
32,5 N	hellbraun	schwarz
32,5 R	hellbraun	rot
42,5 N	grün	schwarz
42,5 R	grün	rot
52,5 N	rot	schwarz
52,5 R	rot	weiß

Tabelle 2: Zusammensetzung und Zementarten nach DIN EN 197

Hauptzementarten	Bezeichnung der 27 Produkte (Normalzementarten)		PZ-Klinker K	Hüttensand S	Silicastaub D	Puzzolane natürlich P	Puzzolane nat.getempert Q	Flugasche kiesels.-reich V	Flugasche kalkreich W	gebr. Schiefer T	Kalkstein L	Kalkstein LL	Nebenbestandteile
CEM I	Portlandzement	CEM I	95–100										0–5
CEM II	Portlandhüttenzement	CEM II/A-S	80–94	6–20									0–5
		CEM II/B-S	65–79	21–35									0–5
	Pl.-silicastaubz.	CEM II/A-D	90–94		6–10								0–5
	Portlandpuzzolanzement	CEM II/A-P	80–94			6–20							0–5
		CEM II/B-P	65–79			21–35							0–5
		CEM II/A-Q	80–94				6–20						0–5
		CEM II/B-Q	65–79				21–35						0–5
	Portlandflugaschezement	CEM II/A-V	80–94					6–20					0–5
		CEM II/B-V	65–79					21–35					0–5
		CEM II/A-W	80–94						6–20				0–5
		CEM II/B-W	65–94						21–35				0–5
	Portlandschieferzement	CEM II/A-T	80–94							6–20			0–5
		CEM II/B-T	65–94							21–35			0–5
	Portlandkalksteinzement	CEM II/A-L	80–94								6–20		0–5
		CEM II/B-L	65–79								21–35		0–5
		CEM II/A-LL	80–94									6–20	0–5
		CEM II/B-LL	65–79									21–35	0–5
	Portlandkompositzement	CEM II/A-M	80–94	6–20									0–5
		CEM II/B-M	65–79	21–35									0–5
CEM III	Hochofenzement	CEM III/A	35–64	36–65									0–5
		CEM III/B	20–34	66–80									0–5
		CEM III/C	5–19	81–95									0–5
CEM IV	Puzzolanzement	CEM IV/A	65–89			11–35							0–5
		CEM IV/B	45–64			36–55							0–5
CEM V	Kompositzement	CEM V/A	40–64	18–30		18–30							0–5
		CEM V/B	20–58	31–50		31–50							0–5

Der Anteil von Silicastaub ist auf 10 Prozent begrenzt. Bei CEM II/A-M, CEM II/B-M, CEM IV und CEM V müssen die Hauptbestandteile neben PZ-Klinker durch die Bezeichnung des Zements angegeben werden.

Tabelle 1: Festigkeitsklassen von Zement nach DIN 1164

Festig-	Druckfestigkeit in N/mm²		
keits-	Anfangs-festigkeit		Norm-festigkeit
klasse	2 Tage	7 Tage	28 Tage
32,5 N	–	≥ 16	≥ 32,5 ≤ 52,5
32,5 R	≥ 10	–	
42,5 N	≥ 10	–	≥ 42,5 ≤ 62,5
42,5 R	≥ 20	–	
52,5 N	≥ 20	–	≥ 52,5 –
52,5 R	≥ 30	–	

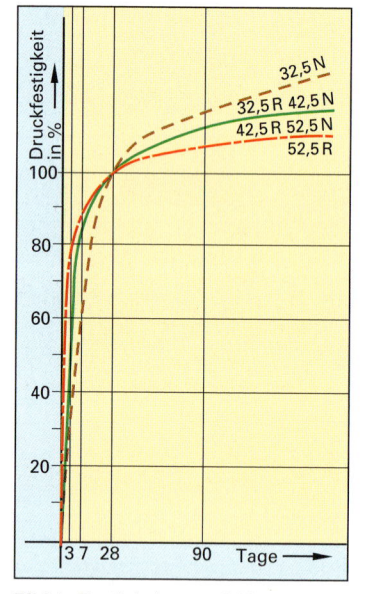

Bild 1: Festigkeitsentwicklung der Zemente bei 20 °C

Normbezeichnungen beschreiben in Kurzform:

- **Zementart,**
- **Druckfestigkeit** und
- **besondere Eigenschaften.**

Portlandzement DIN 1164 – CEM I 42,5 R
bezeichnet einen Portlandzement nach DIN 1164 mit einer Mindestdruckfestigkeit von 42,5 N/mm² und einer hohen Anfangsfestigkeit nach 28 Tagen.

3.4.2.3 Eigenschaften und Verwendung

Festigkeit ist die wichtigste Eigenschaft der Zemente. Nach der Druckfestigkeit werden die Zemente in drei Festigkeitsklassen eingeteilt, wobei die Zahlenwerte die Mindestdruckfestigkeit in N/mm² nach 28 Tagen angeben (**Tabelle 1**). Für den Baufortschritt ist die schnelle Anfangserhärtung nach 2 Tagen und nach 7 Tagen wichtig (**Bild 1**). Jede Festigkeitsklasse enthält zwei Zemente, einen Zement mit üblicher Anfangsfestigkeit mit **N** gekennzeichnet, und einen Zement mit hoher Anfangsfestigkeit mit **R** (= **r**apid) gekennzeichnet. Die verschiedenen Festigkeitsklassen der einzelnen Zemente sind an den unterschiedlichen Grundfarben der Säcke bzw. der Lieferscheine und Silokennblätter sowie an der Farbe des jeweiligen Aufdrucks von Normbezeichnung, Lieferwerk, Überwachungszeichen und Gewicht zu erkennen (**Tabelle 2, Seite 87**). Das Gewicht eines gefüllten Zementsackes beträgt 25 kg.

Erstarrungsbeginn für Zemente der Festigkeitsklassen 32,5 und 42,5 ist frühestens nach 60 Minuten, für Festigkeitsklasse 52,5 frühestens nach 45 Minuten. Das **Erstarrungsende** ist nach mindestens 12 Stunden erreicht. Die Verzögerung des Erstarrungsbeginns wird durch Zusatz von Gips erreicht.

Erhärten nennt man die weitere Zunahme der Druckfestigkeit des Zements in Mörtel und Beton. Sie ist zeitlich nicht begrenzt. Jedoch gibt es Höchstwerte für die erreichbare Druckfestigkeit bei Zementen der Festigkeitsklassen 32,5 und 42,5 (Tabelle 1).

Hydratationswärme entsteht nach dem Mischen von Zement mit Zugabewasser. Der Aluminiumanteil im Zement reagiert sehr schnell mit anderen Stoffen und ist deshalb für die Wärmeentwicklung des Zements maßgebend. Bei niederen Außentemperaturen, z. B. im Winter, ist diese Wärme erwünscht. Im Sommer kann sie jedoch zu Wärmespannungen und damit zu Rissebildung führen. Derselbe Bauschaden kann beim Betonieren massiger Bauteile wie z. B. bei Staudämmen auftreten. Man verwendet deshalb dazu Zemente mit
- niedriger Hydratationswärme (**LH),**
- moderater Hydratationswärme (**MH**) und
- sehr niedriger Hydratationswärme (**VLH**).

Sulfatwiderstand haben Zemente mit geringen Anteilen an Aluminiumverbindungen. Solche Zemente haben einen hohen Sulfatwiderstand und werden mit **SR** gekennzeichnet. Dies können Zemente CEM I und CEM III/B sein. Diese Zemente finden z. B. im Grund- und Wasserbau Verwendung.

Alkaligehalt kann nachteilig sein. Deshalb werden Zemente mit einem **n**iedrigen wirksamen **A**lkaligehalt (**NA**-Zemente) in einem bestimmten Teil Norddeutschlands eingesetzt, wo der Zuschlag alkaliempfindliche Bestandteile enthält.

Portlandhüttenzement DIN 1164 – CEM II/A S 32,5
bezeichnet einen Portlandhüttenzement nach DIN 1164 mit 6% bis 20% Hüttensand und der Festigkeitsklasse 32,5 mit üblicher Anfangsfestigkeit nach 28 Tagen.

Hochofenzement DIN 1164 – CEM III/B 32,5 – LH/SR
bezeichnet einen Hochofenzement nach DIN 1164 mit 66% bis 80% Hüttensand, der Festigkeitsklasse 32,5 und üblicher Anfangsfestigkeit sowie niedriger Hydratationswärme und hohem Sulfatwiderstand.

Zemente CEM I, CEM II und CEM III		Eigenschaften und Verwendung
Portlandzement	CEM I	ist als hochwertiger und schnell erhärtender Zement für fast alle Anwendungsgebiete geeignet. **Weißer Zement** ist Portlandzement der Festigkeitsklasse 42,5 R. Er enthält viel Ton (Kaolin) und kein Eisenoxid.
Portlandhüttenzement	CEM II	ist wegen seiner geringeren Wärmeentwicklung für massige Bauteile verwendbar.
Portlandpuzzolanzement	CEM II	ergibt einen geschmeidigen, dichten Mörtel, der wenig zu Ausblühungen neigt und sich deshalb für wasserundurchlässigen Mörtel und Beton eignet. In Deutschland wird statt Puzzolanen Trass verwendet. Puzzolane und Trass reagieren mit Calciumhydroxid. Durch Karbonatisierung verringert sich die Passivschicht um den Stahl und die Korrosionsbeständigkeit wird geringer.
Portlandflugaschezement	CEM II	eignet sich zur Festigkeitssteigerung durch die hydraulischen Eigenschaften der Flugasche.
Portlandschieferzement	CEM II	wird in Deutschland nur als braun gefärbter Zement hergestellt.
Portlandkalksteinzement	CEM II	ergibt einen klebrigen Zementleim, der sich z. B. für die Herstellung von Leichtbeton eignet.
Portlandkompositzement	CEM II	hat eine normale Wärme- und Festigkeitsentwicklung sowie eine gute Nacherhärtung.
Hochofenzement	CEM III	entwickelt beim Erhärten weniger Wärme und hat deshalb eine etwas geringere Anfangsfestigkeit. Er eignet sich zum Betonieren massiger Bauteile.

3.4.3 Baugipse

Baugipse sind Bindemittel für Putz- und Estrichmörtel. Baugipse enthalten keine hydraulischen Bestandteile wie z. B. Zement. Sie erhärten daher nur an der Luft.

Als Rohstoff wird Gipsstein verwendet. Er kommt in der Natur als kristallwasserhaltiges Calciumsulfat vor. Ein Molekül Calciumsulfat bindet zwei Moleküle Wasser als Kristallwasser. Man bezeichnet es als Calciumsulfat-Dihydrat ($CaSO_4 \cdot 2\,H_2O$). Der Gipsstein wird in Drehrohröfen im Niedertemperaturbereich bis 300 °C und im Hochtemperaturbereich bis 1000 °C gebrannt. Dabei wird dem Gipsstein das Kristallwasser teilweise oder ganz ausgetrieben **(Bild 1, Seite 90)**.

Brennen im Niedertemperaturbereich

$$CaSO_4 \cdot 2\,H_2O + \text{Wärme} \xrightarrow{\text{unter } 300\,°C} CaSO_4 \cdot \tfrac{1}{2}\,H_2O + 1\tfrac{1}{2}\,H_2O$$
$$\text{Calciumsulfat-Dihydrat} \longrightarrow \text{Calciumsulfat-Halbhydrat} + \text{Wasser}$$

Brennen im Hochtemperaturbereich

$$CaSO_4 \cdot 2\,H_2O + \text{Wärme} \xrightarrow{\text{über } 300\,°C} CaSO_4 + 2\,H_2O$$
$$\text{Calciumsulfat-Dihydrat} \longrightarrow \text{Calciumsulfat} + \text{Wasser}$$

Baugipse sind pulverförmig und von weißer bis grauer Farbe. Beim Mischen von Gipspulver mit Wasser nimmt der Gips unter heftiger Reaktion Wasser auf und erwärmt sich dabei.

Mischen

$$CaSO_4 \cdot \tfrac{1}{2}\,H_2O + \text{Wärme} + 1\tfrac{1}{2}\,H_2O \longrightarrow CaSO_4 \cdot 2\,H_2O + \text{Wärme}$$
$$\text{Calciumsulfat-Halbhydrat} + \text{Wasser} \longrightarrow \text{Calciumsulfat-Dihydrat}$$

Bei Baugipsen ist die Verarbeitungszeit vom Mischen bis zum Versteifungsbeginn kurz. Sie liegt je nach Gipsart zwischen 8 Minuten und 25 Minuten. Während dieser Zeit lässt sich der Gipsmörtel verarbeiten. Mit Versteifungsbeginn hat er etwa 40 % seiner Endfestigkeit erreicht. Von diesem Zeitpunkt an darf Gips nicht mehr weiter verarbeitet werden, auch nicht bei weiterer Zugabe von Wasser.

Der Versteifungsbeginn kann durch chemische Zusätze bei der Herstellung verzögert werden. Die gleiche Wirkung erreicht man beim Mischen des Gipsmörtels durch Zugabe einer geringen Menge Luftkalk. Warmes Zugabewasser und alte Gipsreste an Werkzeugen und Mörtelkästen verkürzen die Verarbeitungszeit wesentlich.

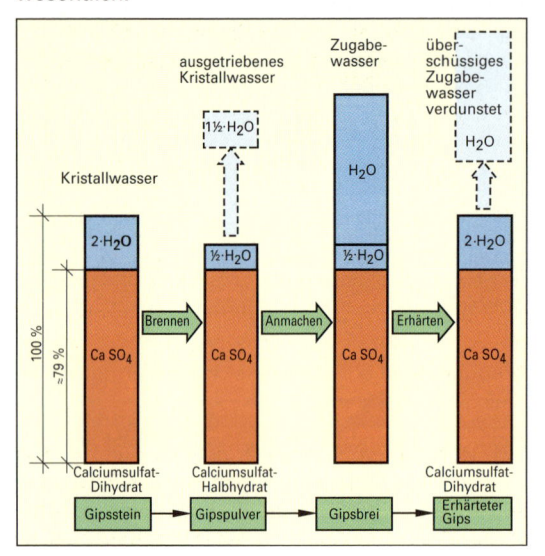

Bild 1: Kristallwassermenge in Gips

Die Erhärtungszeit der Baugipse liegt zwischen 1 Stunde und 20 Stunden. Das überschüssige Zugabewasser, das nicht zur Kristallisation gebraucht wird, verdunstet. Gipsmörtel dehnt sich beim Erhärten etwas aus und ergibt deshalb glatte Putzflächen.

Gipsputze können Feuchtigkeit aufnehmen und abgeben. Das Gefüge kann jedoch bei zu häufigem Wechsel zwischen feucht und trocken zerstört werden. Derselbe Schaden entsteht, wenn Gipsbauteile ständig Wasser ausgesetzt sind. Metallteile im Gipsputz wie z.B. Stahleinlagen, Rabitz und Aufhängungen können rosten. Sie müssen daher einen Rostschutz erhalten.

Die Fähigkeit des Gipses Wasser aufzunehmen sowie sein Kristallwassergehalt sind für den Brandschutz von Vorteil. Im Brandfall bilden das aufgenommene Wasser und das frei werdende Kristallwasser eine Schutzzone aus Wasserdampf um die verputzten Bauteile. Gipsputze mit einer Dicke von mindestens 15 mm gelten als feuerhemmend.

> **Baugipse ohne Zusätze nach DIN 1168 (Bild 2)**
>
> **Stuckgips** entsteht durch Brennen im Niedertemperaturbereich und besteht überwiegend aus Calciumsulfat-Halbhydrat. Er wird für Stuck-, Form- und Rabitzarbeiten, für Innenputz und zur Herstellung von Gipsbauplatten verwendet.
>
> **Putzgips** entsteht durch Brennen im Hoch- und Niedertemperaturbereich und besteht aus Calciumsulfat-Halbhydrat. Er beginnt bereits nach 3 Minuten zu versteifen, kann jedoch bedeutend länger als Stuckgips verarbeitet werden. Putzgips wird für Innenputz- und Rabitzarbeiten verwendet.

Werden den Stuck- und Putzgipsen werkseitig Stellmittel und Füllstoffe beigemischt, erhält man Gipse mit bestimmten Eigenschaften.

- **Stellmittel** sind Stoffe, die Eigenschaften des Gipses, wie z. B. die Konsistenz, die Haftung oder die Versteifungszeit, günstig beeinflussen.
- **Füllstoffe,** wie z. B. Sand, Blähperlite und Blähglimmer, dürfen zugesetzt werden, um z. B. die Ergiebigkeit zu steigern.

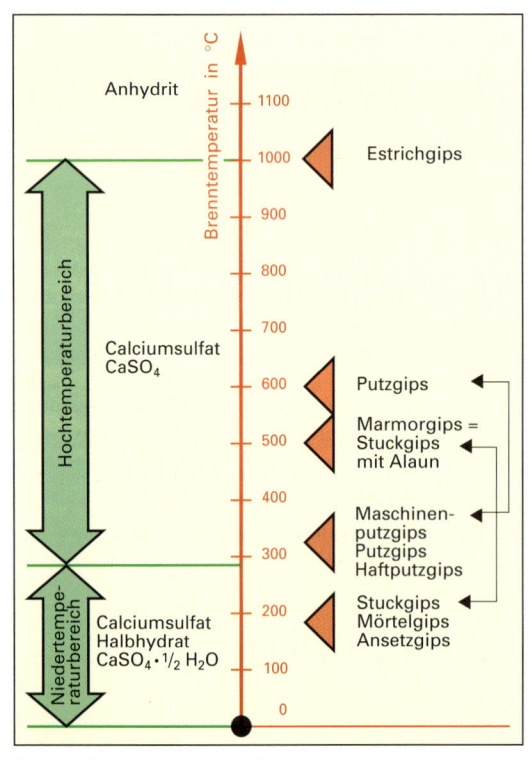

Bild 2: Gipsarten nach der Brenntemperatur

Baugipse mit Zusätzen nach DIN 1168

- **Fertigputzgips** versteift langsam und wird für das Herstellen von Innenputzen verwendet. Ihm sind Stellmittel und Füllstoffe zugesetzt.

- **Haftputzgips** wird vorzugsweise für das Herstellen von Innenputzen verwendet. Zur besseren Haftung sind Stellmittel zugesetzt; Füllstoffe dürfen beigemischt werden.

- **Maschinenputzgips** wird besonders für das Herstellen von Innenputzen unter Einsatz von Putzmaschinen verwendet. Stellmittel in Form von Verzögerern ermöglichen einen ununterbrochenen Maschineneinsatz bei seiner Verarbeitung. Füllstoffe wie z. B. Sand dürfen zugesetzt sein.

- **Ansetzgips** wird zum Ansetzen von Gipskarton-Bauplatten oder Gipsfaserplatten als Wand-Trockenputz verwendet. Stellmittel bewirken ein langsames Versteifen, ein erhöhtes Wasserrückhaltevermögen und verbessern die Haftung an den Gipskarton-Bauplatten.

- **Fugengips** wird insbesondere zum Verbinden von Gipsbauplatten verwendet. Stellmittel bewirken erhöhtes Wasserrückhaltevermögen und langsames Versteifen.

- **Spachtelgips** wird insbesondere zum Verspachteln der Fugen zwischen Gipsbauplatten verwendet. Seine Eigenschaften gleichen denen des Fugengipses.

Nicht genormte Baugipse

Estrichgips wird bei einer Temperatur von 1000 °C im Hochtemperaturbereich gebrannt und enthält kein Kristallwasser mehr. Er besteht aus Anhydrit ($CaSO_4$) und geringen Mengen Branntkalk (CaO). Da Anhydrit selbst kein Wasser aufnehmen kann, wirkt der Branntkalkanteil als Anreger. Estrichgips hat eine Erhärtungszeit von 20 Stunden und wird wesentlich härter als die übrigen Gipse. Die Druckfestigkeit muss mind. 25 N/mm² erreichen.

Marmorgips ist Stuckgips, der mit Alaun (Doppelsalz) getränkt und im Hochtemperaturbereich noch einmal gebrannt ist. Dieser rein weiße Gips erhärtet langsam und erreicht eine hohe Festigkeit. Er kann mit Farben gemischt werden. Erhärteter Marmorgips (Stuckmarmor) lässt sich schleifen und polieren und hat ein marmorähnliches Aussehen.

3.4.4 Calciumsulfat-Binder und Calciumsulfat-Compositbinder

Gipsstein ohne Kristallwasser ist Calciumsulfat ($CaSO_4$), auch als Anhydrit bezeichnet. Dieses Calciumsulfat kann in der Natur vorkommen oder wird künstlich hergestellt, z. B. in **R**auchgas**e**ntschwefelungs**a**nlagen bei Kohlekraftwerken als sogenannter **REA**-Gips.

Calciumsulfat-**B**inder **(CAB)**, auch Gipsbinder genannt, besteht aus Bestandteilen wie z. B. Anhydrit oder Halbhydrat und Zusatzstoffen. Der Calciumsulfatgehalt muss als Massenanteil größer als 85 % sein. Diese Bestandteile des Binders binden durch Hydratation ab. Die Zusatzstoffe, z. B. Füllstoffe, Puzzolane, Pigmente und Kunstharze, beeinflussen die chemischen und/oder physikalischen Eigenschaften des mit Calciumsulfat-Binder hergestellten Werkmörtels.

Calciumsulfat-**C**ompositbinder **(CAC)** besteht aus Calciumsulfat-Binder und weiteren Zusatzstoffen. Die Bindemittel eignen sich als Calciumsulfat-Werkmörtel (CA) für die Herstellung von Estrich.

Tabelle 1: Festigkeit von Bindern CAB und CAC

Festigkeits- klasse	Mindestdruckfestigkeit in N/mm²	
	nach 3 Tagen	nach 28 Tagen
20	8,0	20,0
30	12,0	30,0
40	16,0	40,0

3.4.5 Mischbinder

Mischbinder ist ein hydraulisches Bindemittel, das fein gemahlenen Trass, Hochofenschlacke oder Hüttensand sowie Kalkhydrat oder Portlandzement als Anreger zur Erhärtung enthält. Mischbinder erhärtet sowohl an der Luft als auch unter Wasser. Seine Druckfestigkeit ist nach DIN 4207 auf mindestens 15 N/mm² nach 28 Tagen festgelegt. Mischbinder darf nur für Mörtel und unbewehrten Beton verwendet werden.

3.4.6 Putz- und Mauerbinder

Tabelle 1: Druckfestigkeit von Putz- und Mauerbinder

Art	Druckfestigkeit in N/mm² nach			Luft-poren-bildner
	7 Tagen	28 Tagen mind.	28 Tagen max.	
MC 5	–	≥ 5	≤ 15	mit
MC 12,5	≥ 7	≥ 12,5	≤ 32,5	mit
MC 12,5X	≥ 7	≥ 12,5	≤ 32,5	ohne

Putz- und Mauerbinder (MC) ist ein werkmäßig hergestelltes, hydraulisches Bindemittel. Es besteht im wesentlichen aus Portlandzement und anorganischen Stoffen wie z. B. Gesteinsmehl. Beim Mischen mit Sand und Wasser erhält man einen Mörtel, der für Putz- und Mauerarbeiten geeignet ist.

Putz- und Mauerbinder wird nach DIN 4211 in drei Festigkeitsklassen eingeteilt **(Tabelle 1)**. Die Zugabe luftporenbildner Zusatzmittel verbessert die Verarbeitbarkeit und die Dauerhaftigkeit.

Normbezeichnung: **Putz- und Mauerbinder DIN 4211 – MC 12,5X** bezeichnet einen Putz- und Mauerbinder nach DIN 4211 mit der Festigkeitsklasse 12,5 ohne Luftporenbildner.

Aufgaben

1. Wodurch unterscheiden sich Luftkalke von Hydraulischen Kalken?
2. Was versteht man unter Hydraulefaktoren?
3. Wodurch unterscheiden sich Zemente von Baukalken?
4. Welche Zementarten gibt es und wie sind sie auf der Verpackung gekennzeichnet?
5. Welche Auswirkungen hat die Hydratationswärme bei Zement?
6. Welche Bedeutung hat die Normbezeichnung Hochofenzement DIN 1164 – CEM III?
7. Welche genormten Baugipse gibt es ohne Zusätze und welche mit Zusätzen?
8. Welche Festigkeitsklassen gibt es bei Putz- und Mauerbindern?

3.4.7 Bitumen

Bitumen ist ein bei der Aufarbeitung von Erdöl gewonnenes schwerflüchtiges dunkelfarbiges Gemisch verschiedener organischer Substanzen. Neben Kohlenstoff und Wasserstoff kommen in Bitumen geringe Mengen Schwefel, Sauerstoff und Stickstoff vor.

3.4.7.1 Herstellung

Destillationsbitumen, auch als Straßenbaubitumen bezeichnet, gewinnt man durch Destillation von Erdöl in mehreren Stufen bei Temperaturen bis 350 °C und unter Vakuum **(Bild 1)**. Es entstehen die weichen bis mittelharten Bitumenarten.

Hochvakuumbitumen und **Hartbitumen** entstehen durch Anwendung eines erhöhten Vakuums bzw. durch Weiterbehandlung in einer zusätzlichen Bearbeitungsstufe, wobei weitere hoch siedende Öle abgetrennt werden. Das Ergebnis sind harte bis springharte Bitumensorten, die auch als Industriebitumen bezeichnet werden.

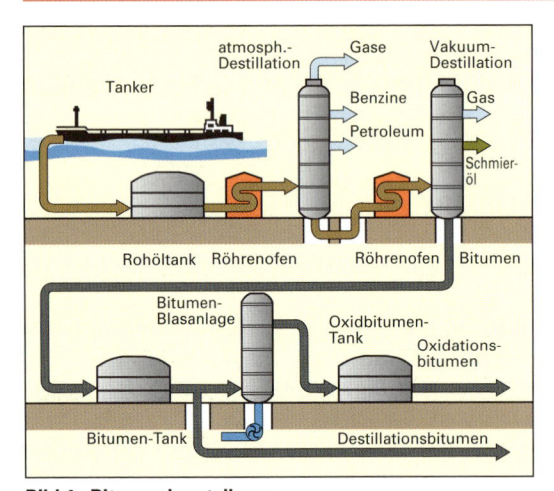

Bild 1: Bitumenherstellung

Oxidationsbitumen erhält man in Blasreaktoren aus weichem Destillationsbitumen, in das bei Temperaturen zwischen 230 °C und 290 °C Luft eingeblasen wird. Oxidationsbitumen ist besonders kälte- und wärmeunempfindlich.

Polymermodifiziertes Bitumen (PmB) ist ein Gemisch aus Destillationsbitumen und Polymeren, wobei die Polymere z. B. die Zähigkeit des Bitumens ändern.

3.4.7.2 Eigenschaften

Bitumen ist ein **thermoviskoser** Stoff, dessen Konsistenz sich mit der Temperatur kontinuierlich ändert. Diese reicht von hart bei tiefen Temperaturen bis dünnflüssig bei Temperaturen zwischen 150 °C und 200 °C. Diese Zustandsänderung ist in mäßigen Temperaturbereichen beliebig oft wiederholbar und umkehrbar.

Die **Klebewirkung** des Bitumens beruht auf der guten Benetzungsfähigkeit und auf der Änderung seiner Zähigkeit (Viskosität) bei veränderter Temperatur.

Die **Dichte** von Bitumen hängt von der Sorte ab und ändert sich mit der Temperatur. Sie schwankt zwischen 0,86 g/cm^3 und 1,11 g/cm^3. Die **Wärmedehnung** von Bitumen ist etwa 20- bis 30-mal so groß wie bei Mineralstoffen.

Bitumen ist **beständig** gegenüber Wasser, aggressiven Abwässern, Säuren, Laugen und Salzen. Dies ist z. B. beim Einsatz von Tausalz im Winter wichtig. Die Beständigkeit nimmt mit der Härte des Bitumens zu und bei höheren Temperaturen ab. Bitumen ist **nicht beständig** gegenüber Fetten, Ölen, Kraftstoffen sowie vielen organischen Lösemitteln.

Bitumen **altert** durch Einwirkung von Luftsauerstoff, Licht und Wärme. Der Sauerstoff oxidiert Bestandteile des Bitumens, und durch Wärme verdampfen weiche Ölanteile. Das bewirkt eine **Verhärtung der Bitumenoberfläche** mit geringer Tiefenwirkung. Durch UV-Strahlung wird die Alterung beschleunigt.

Bitumen ist **schwer entflammbar** und keiner Gefahrenklasse zugeordnet.

Das aus dem Erdöl gewonnene Bitumen ist im Gegensatz zum aus der Kohle erzeugten Teer **nicht gesundheitsschädlich**. In der Wasserschutzverordnung wird Bitumen als ein **nicht wassergefährdender** Stoff eingestuft.

Eigenschaften von Bitumen
- thermoviskos
- gute Benetzungsfähigkeit
- Dichte ähnlich wie Wasser
- hohe Wärmedämmung
- weiches Bitumen ist spezifisch leichter als hartes, heißes Bitumen ist leichter als kaltes
- beständig gegenüber Wasser, aggressiven Abwässern, den meisten Säuren, Laugen und Salzen
- nicht beständig gegenüber Fetten, Ölen, Kraftstoffen und einigen organischen Lösemitteln
- altert an der Oberfläche durch Sauerstoff, Licht und Wärme
- schwer entflammbar
- nicht gesundheitsschädlich
- nicht wassergefährdend

Tabelle 1: Kennwerte von Bitumen (EN 12590)

Prüfverfahren / Bezeichnung	Penetration bei 25 °C [$^1/_{10}$ mm]	Erweichungspunkt RuK [°C]	Brechpunkt nach Fraaß max [°C]
Destillationsbitumen (Straßenbaubitumen)			
160/220	160 bis 220	35 bis 43	– 15
70/100	70 bis 100	43 bis 51	– 10
50/ 70	50 bis 70	46 bis 54	– 8
30/ 45	30 bis 45	52 bis 60	– 5
20/ 30	20 bis 30	55 bis 63	–
Hartbitumen bzw. Hochvakuumbitumen[1]			
80/ 90	≤ 11	80 bis 90	
90/100	≤ 7	90 bis 100	
110/175	≤ 6	110 bis 140	
150/175	≤ 1	150 bis 175	
Oxidationsbitumen[2]			
85/25	20 bis 30	80 bis 90	– 10
85/40	35 bis 45	80 bis 90	– 15
95/35	30 bis 40	90 bis 100	– 15
100/25	20 bis 30	95 bis 105	– 15
100/40	30 bis 50	95 bis 105	– 15
110/30	25 bis 35	105 bis 115	– 15
120/15	10 bis 20	115 bis 125	– 8
Polymermodifizierte Bitumen			
PmB 80	≥ 120	40 bis 48	– 20
PmB 65	≥ 50	48 bis 55	– 15
PmB 45	≥ 20	55 bis 63	– 10

[1] 80/90 = 80 °C/90 °C (Erweichungspunkt von/bis)
[2] 85/25 = 85 °C/2,5 mm (Erweichungspunkt/Penetration)

3.4.7.3 Prüfverfahren

Die Härte des Bitumens und sein Temperaturverhalten werden mit Hilfe geeigneter Prüfverfahren ermittelt und entsprechende Kennwerte festgelegt **(Tabelle 1)**.

Nadelpenetration (Eindringtiefe)

Dieses Verfahren ermittelt die **Härte** des Bitumens. Sie wird bestimmt durch den Weg, den eine mit 100 g belastete Nadel bei 25 °C in 5 Sekunden im Bitumen zurücklegt **(Bild 1)**. Die Härte des Bitumens wird in $^1/_{10}$ mm angegeben. So hat z. B. B 80 eine Eindringtiefe von $^{80}/_{10}$ mm = 8 mm.

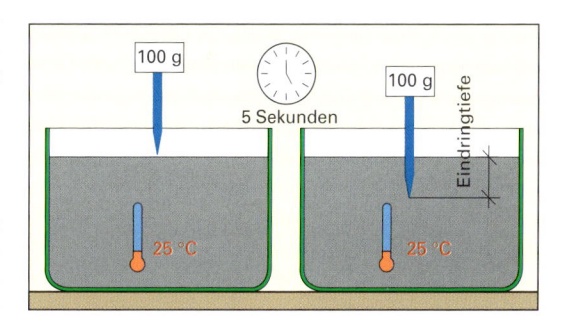

Bild 1: Nadelpenetration

> Je höher die Eindringtiefe ist, desto weicher ist das Bitumen.

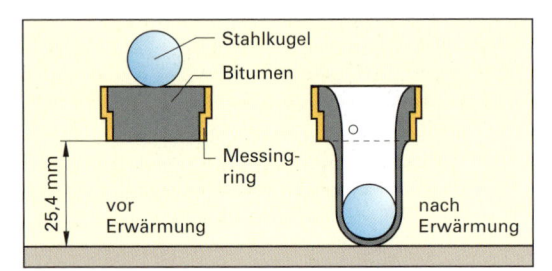

Bild 1: Erweichungspunkt Ring und Kugel

> Je höher der Erweichungspunkt liegt, desto härter ist das Bitumen.

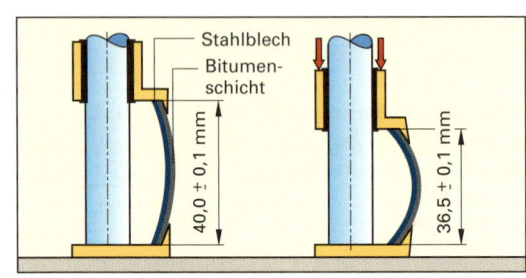

Bild 2: Brechpunkt nach Fraaß

> Je niedriger der Brechpunkt liegt, umso weicher ist das Bitumen.

Verwendung von Bitumen:
- Bindemittel für Asphalt,
- Straßenbaubitumen,
- Bautenschutzmittel,
- Dach- und Dichtungsbahnen sowie
- Bitumendachschindeln und Wellplatten.

Bild 3: Verwendung von Bitumen

Erweichungspunkt Ring und Kugel (EP RuK)

Der **Übergang vom festen in den flüssigen Zustand** bei Bitumen ist gleitend. Deshalb wird kein Schmelzpunkt, sondern ein Erweichungspunkt bestimmt. Eine in einen Messingring eingebrachte Bitumenschicht wird unter dem Gewicht einer Stahlkugel langsam erwärmt und verformt sich dabei. Der Erweichungspunkt Ring und Kugel ist die Temperatur, bei der die Verformung des Bitumens die festgelegte Größe 25,4 mm erreicht. Bei Destillationsbitumen liegt er zwischen 37 °C und 67 °C (**Bild 1, Seite 92**).

Brechpunkt nach Fraaß

Das **Verhalten von Bitumen bei niedrigen Temperaturen** wird nach dem Brechpunkt beurteilt, der den Übergang vom zähplastischen in den starren Zustand kennzeichnet. Ein mit Bitumen beschichtetes Stahlblech wird je Minute um 1 °C abgekühlt und nach jeweils einer Minute durchgebogen. Der Brechpunkt ist die Temperatur in °C, bei der die Bitumenschicht beim Biegen bricht oder Risse zeigt (**Bild 2**).

3.4.7.4 Verwendung

Bitumen verwendet man als **Straßenbaubitumen**, in **Bautenschutzmitteln** und zur Herstellung von **Dach- und Dichtungsbahnen (Bild 3)**.

Bitumen kann man nur in dünnflüssigem Zustand verarbeiten. Es muss deshalb vor der Verarbeitung erhitzt werden. Um es kalt verarbeiten zu können, muss Bitumen gelöst oder emulgiert werden. Die Erhärtung erfolgt durch Abkühlung, Ausdünsten der Lösemittel oder Verdunstung des Emulsionswassers.

Straßenbaubitumen (DIN 1995)

Destillationsbitumen wird hauptsächlich zur **Herstellung für Asphalt** im Straßenbau verwendet. Man spricht deshalb von **Straßenbaubitumen**. Es wird nach der Härte in 5 Sorten hergestellt: **160/220, 70/100, 50/70, 30/45 und 20/30**. Im dünnflüssigen Heißmischgut wirkt das Bitumen wie ein Schmiermittel und erleichtert den Einbau und die Verarbeitung von Asphalt. Unter 90 °C wird das Bitumen zähplastisch, wirkt als Bindemittel und erreicht dadurch bei Normaltemperatur sein Gebrauchsverhalten.

Bautenschutzmittel

Bautenschutzmittel sind Erzeugnisse, die meist in flüssiger Form verarbeitet werden und dem Schutz und der Abdichtung von Gebäuden gegen Feuchtigkeit dienen.

Für Bautenschutzmittel auf Bitumenbasis werden Destillationsbitumen verwendet. Sind größere Temperaturschwankungen zu erwarten, wird Oxidationsbitumen bevorzugt. Vorteil der Abdichtung mit bitumenhaltigen Stoffen ist die Elastizität des Bitumens. Je nach Art können Risse bis zu 5 mm Breite überbrückt werden. Man unterscheidet heiß und kalt zu verarbeitende Bautenschutzmittel.

Heiß zu verarbeitende Bautenschutzmittel bestehen aus reinem Bitumen oder Bitumen mit zugesetzten Füllstoffen wie Gesteinsmehl, Glas- oder Mineralwolle oder organischen Fasern. Sie werden an der Verwendungsstelle bis 180 °C erwärmt und durch Spritzen, Streichen, Spachteln, Tauchen oder Gießen auf den trockenen Untergrund aufgetragen.

Zur Senkung der Verarbeitungstemperatur kann Destillationsbitumen mit Fluxölen versetzt werden. Das **Fluxbitumen** kann bei Temperaturen zwischen 80 °C und 130 °C gemischt und zwischen 40 °C und 110 °C eingebracht werden.

Kalt zu verarbeitende Bautenschutzmittel werden häufiger verwendet. Durch Zusatz geeigneter Stoffe wird die Viskosität des Bitumens so weit herabgesetzt, dass es ohne Erwärmen verarbeitet werden kann. Kalt zu verarbeitende Bautenschutzmittel werden auf Lösemittelbasis oder Emulsionsbasis hergestellt.

Bild 1: Auftragen einer Dickbeschichtung

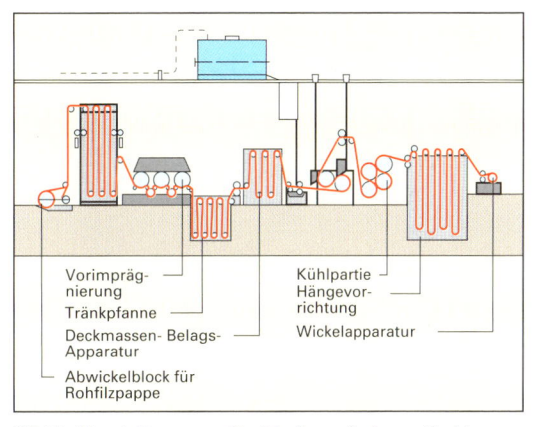

Bild 2: Herstellung von Dachbahnen (schematisch)

Bitumenlösungen entstehen durch Zusatz eines leichtflüchtigen Lösemittels, z. B. Benzin. Das Lösemittel verdunstet, so dass nach kurzer Zeit die ursprüngliche Härte des Ausgangsbitumens wieder erreicht wird. Verwendung finden Bitumenlösungen als Voranstrich auf trockenen Oberflächen aus Beton, Putz, Mauerwerk oder Metall, als dickflüssiger Anstrich bis zur Paste mit Füllstoffen für Flächen, die der Witterung ausgesetzt sind, und als Spachtelmasse und Kitt zum Ausgleichen von Unebenheiten und Hohlräumen sowie zum Abdichten von Fugen.

Bitumenemulsionen werden durch feinste Verteilung von Destillationsbitumen in Wasser unter Zugabe eines Emulgators (Tone oder Bentonite) hergestellt. Unter Zusatz von Füllstoffen dienen sie vor allem als feuchtigkeitsabweisende Aufstriche und Spachtelmassen. In einem Arbeitsgang können so bis zu 7 mm dicke Schichten aufgetragen werden (Dickbeschichtung) **(Bild 1)**. Vorteil der Bitumenemulsionen ist die hohe Benetzungsfähigkeit. Sie haften selbst auf feuchtem Untergrund.

Dach- und Dichtungsbahnen

Dach- und Dichtungsbahnen sind 1,00 m breite und bis 10,00 m lange Bahnen, die in Rollen geliefert und stehend gelagert werden. Sie bestehen aus einem Träger, der in Destillationsbitumen (meist 160/220 oder 70/100) getränkt und anschließend beidseitig mit reinem oder mit Zusätzen versehenem Oxidationsbitumen beschichtet wird. Für die Deckschicht werden vermehrt polymermodifizierte Bitumen verwendet **(Bild 2)**.

Tabelle 1: Dach- und Dichtungsbahnen

Bahnen	Kurzbezeichnungen (Beispiele)	Trägereinlage	Trägermasse
Dichtungsbahnen Dachdichtungsbahnen (DD)	V13 G 220 D J 300 DD PV 200 DD G 200 DD	Glasvlies Glasgewebe Jutegewebe Polyestervlies Glasgewebe	60 g/m^2 220 g/m^2 300 g/m^2 200 g/m^2 220 g/m^2
Schweißbahnen (Sx) [x = Dicke in mm]	PYE-G 200 S5 PYE-J 300 S4	Glasgewebe Jutegewebe	200 g/m^2 300 g/m^2
Polymerbitumen (PY) – Dachdichtungsbahnen – Schweißbahnen	PYE-G 200 DD PYE-J 300 S5	Glasgewebe Jutegewebe	200 g/m^2 300 g/m^2

Als Trägereinlage verwendet man **R**ohfilzpappe (**R**), **J**utegewebe (**J**), **G**lasgewebe (**G**), Glas**v**lies (**V**) und **P**olyesterfaser**v**lies (**PV**) **(Tabelle 1)**.

Dachbahnen sind beidseitig mit Bitumen beschichtete und besandete oder nackte Rohfilzpappen (R 500) oder Glasvliese (V 13). Wichtigstes Anwendungsgebiet ist das Flachdach mit seiner mehrlagigen Abdichtung sowie für Sperrschichten unter der Erdoberfläche, im Mauerwerksbau und unter Holzbauteilen.

Dichtungsbahnen (D) und **Dachdichtungsbahnen (DD)** für Bauwerksabdichtungen haben als Trägerstoff Rohfilzpappe (R 500), Jutegewebe (J 300), Glasgewebe (G 220), Glasvlies (V 60) oder Polyesterglasvlies (PV 250) und eine dickere beidseitige Bitumenbeschichtung **(Bild 1)**.

Dichtungsbahnen haben zusätzlich eine dünne Einlage aus Kupfer- oder Aluminiumband oder einer Kunststoff-Folie. Je nach Trägermaterial müssen die Bahnen mindestens 3 mm dick sein.

Schweißbahnen (S) werden durch Erhitzen mit Brennern mit der Unterlage verschweißt. Als Trägereinlage werden Polyestervlies, Glasvlies, Glasgewebe oder Jutegewebe verwendet. Schweißbahnen mit doppelter Trägereinlage und Aluminium- oder Kupferband kommen als Dampfsperre oder Wurzelschutzbahn zum Einsatz **(Bild 2)**.

Bild 1: Aufkleben einer Dachdichtungsbahn

Polymerbitumen-Dachdichtungsbahnen erhalten eine beidseitige Polymerbitumen-Beschichtung, die je nach Verwendung besandet oder beschiefert wird. Trägermaterial ist vorwiegend Glasgewebe und Polyestervlies.

Polymerbitumen-Schweißbahnen werden in Dicken von 4 mm oder 5 mm hergestellt. Als Trägereinlage werden Glasgewebe und Polyestervlies eingesetzt. Die Deckschichten werden je nach Verwendung beschiefert, talkumiert oder mit Trennfolie versehen. Vorteil der Bahnen ist eine hohe Kälteflexibilität und ein sehr gutes Alterungsverhalten. Je nach Art des verwendeten Kunststoffs (**E**lastomer oder **P**lastomer) erhalten **Poly**merbitumen-Schweißbahnen den Vorsatz PY**E** oder PY**P**.

Bild 2: Bitumen-Schweißbahn

Bitumen-Dachschindeln eignen sich für Dachdeckungen in einem Dachneigungsbereich von 15° bis 85°. Sie werden vorwiegend in den Abmessungen 1000 mm x 333 mm hergestellt. Aufgrund des geringen Eigengewichts reicht eine leichte Unterkonstruktion aus.

Bitumen-Wellplatten mit 2 m Länge und 0,89 m Breite werden für leichte Dachkonstruktionen z.B. bei Hallen und Scheunen verwendet. Gepresste Fasermatten werden mit Kunstharz getränkt und erhalten unter Druck eine Imprägnierung mit hartem Destillationsbitumen.

3.4.8 Asphalt

Asphalt ist ein Gemisch aus Bitumen als Bindemittel und Mineralstoffen als Zuschlag. Über 70 % der Bitumenproduktion werden für die Herstellung von Asphalt verwendet.

Asphaltbauweisen unterscheidet man nach

- Herstellungsart,
- Zusammensetzung,
- Verarbeitungstemperatur und Einbauart.

Verwendung:

- Straßenbau,
- Wasserbau,
- Bau von Flugplätzen

3.4.8.1 Mineralstoffe

Wie bei Beton bilden die Mineralstoffe als Zuschlag den Hauptbestandteil des Asphalts. Sie haben die Aufgabe, auftretende Kräfte abzuleiten, die Griffigkeit der Fahrbahnoberfläche zu gewährleisten und dem Verschleiß entgegenzuwirken. Deshalb müssen die Mineralstoffe druck- und schlagfest, witterungs- und frostbeständig, widerstandsfähig gegen Polieren und frei von organischen und tonigen Bestandteilen sein sowie eine gute Haftfähigkeit (Affinität) für das Bitumen haben.

Man unterscheidet Lieferkörnungen für **ungebrochene Mineralstoffe** (Rundkorn) wie Kies und Natursand und für **gebrochene Mineralstoffe** (Brechkorn) wie Schotter, Splitt, Brechsand, Edelsplitt, Edelbrechsand und Füller **(Tabelle 1)**. Edelbrechsand und Edelsplitt sind mehrfach gebrochene Mineralstoffe.

Füller ist Gesteinsmehl, dessen Korn kleiner als 0,09 mm ist. Füller verbessern im Mischgut den Feinkornbereich und verringern dadurch die Hohlräume im Asphalt. Außerdem versteifen sie das Bitumen und stabilisieren dessen Eigenschaften bei höheren Temperaturen.

Tabelle 1: Lieferkörnungen für Mineralstoffe nach TL Min-StB
(Technische Lieferbedingungen für Mineralstoffe im Straßenbau)

Ungebrochene Mineralstoffe		Gebrochene Mineralstoffe	
Bezeichnung	Korngruppe	Bezeichnung	Korngruppe
Natursand, Kies		**Brechsand, Splitt, Schotter**	
Natursand	0/2	Brechsand-Splitt	0/5
Natursand	2/4	Splitt	5/11
Kies	4/8	Splitt	11/22
Kies	8/16	Splitt	22/32
Kies	16/32	Schotter	32/45
Kies	32/63	Schotter	45/56
		Füller, Edelbrechsand, Edelsplitt	
		Füller	0/0,09
		Edelbrechsand	0/2
		Edelsplitt	2/5
		Edelsplitt	5/8
		Edelsplitt	8/11
		Edelsplitt	11/16
		Edelsplitt	16/22

3.4.8.2 Herstellung von Asphaltmischgut

Die Herstellung von Asphaltmischgut erfolgt in elektronisch gesteuerten Mischanlagen mit Leistungen von bis zu 350 t/Std. Das Bitumen wird in wärmegedämmten Tankwagen heißflüssig angeliefert und in beheizten Tanks zwischengelagert. Die Mineralstoffe werden vordosiert, d.h. laut Rezeptur grob abgemessen, in einer Trockentrommel erhitzt, getrocknet und entstaubt. Das heiße Gestein läuft über eine Siebanlage, wird mit einer Waage genau dosiert in den Mischer gefüllt und bei 170 °C bis 180 °C mit dem zugegebenen Bitumen vermischt **(Bild 1)**.

Bei der Herstellung von Asphaltmischgut wird häufig ausgebauter Asphalt wieder verwendet. Der Anteil an wieder verwendetem Asphalt kann 20 % bis 80 % betragen. Das im recycelten Asphalt enthaltene Bitumen kann aufgrund seines thermoviskosen Verhaltens wieder als Bindemittel nutzbar gemacht werden.

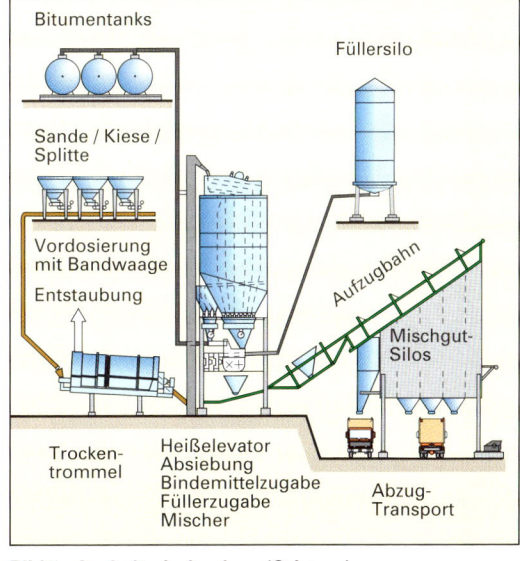

Bild 1: Asphaltmischanlage (Schema)

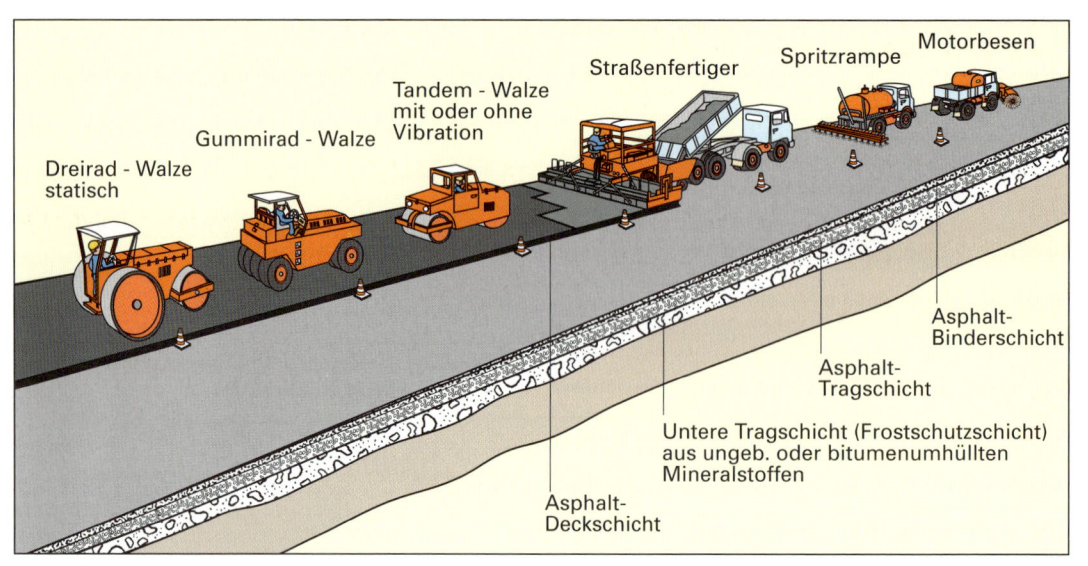

Bild 1: Einbau von Walzasphalt

Tabelle 1: Schichten der Asphaltbauweise

Schicht	Dicken (cm)	Funktion
Asphalt-Deckschicht	2 bis 6	Ebenheit, Griffigkeit, Verschleißfestigkeit
Asphalt-Binderschicht	4 bis 10	Schubfestigkeit
Asphalt-Tragschicht	bis 22	Tragfähigkeit

3.4.8.3 Einbau von Walzasphalt

Transportfahrzeuge mit Abdeckplanen oder geschlossenen Behältern befördern das Asphaltmischgut zur Einbaustelle. So werden Temperaturverluste vermieden, der Fahrtwind abgehalten und Bindemittelverhärtung durch Oxidation verhindert **(Bild 1)**.

Straßenfertiger übernehmen das Mischgut vom Kipper, verteilen es mit Schnecken über die Einbaubreite und bauen es mit einer Einbaubohle höhengerecht und vorverdichtet ein. Es sind Einbaubreiten von 2,00 m bis 12,00 m möglich.

Bevor das eingebaute Mischgut unter 100 °C abgekühlt ist, wird es mit Walzen **verdichtet**. Geeignet sind Glattmantelwalzen, Vibrationswalzen oder Gummiradwalzen.

3.4.8.4 Mischgutarten

Für Tragschichten, Binderschichten und Deckschichten ist das jeweils zweckmäßigste Mischgut herzustellen und einzubauen **(Tabelle 1)**.

Mischgut für Deckschichten

Die **Deckschicht** ist die oberste Schicht im Straßenbau. Sie sollte möglichst lange haltbar und sicher befahrbar sein. Für Deckschichten werden unterschiedliche Mischgutarten verwendet. Unterschieden werden Walzasphalt, z. B. Asphaltbeton und Splittasphaltmastix, Gussasphalt und offenporige Asphaltschichten, z. B. Dränasphalt (Tabelle 1, Seite 93). Neben den aufgeführten Beispielen gibt es noch die dem Gussasphalt ähnliche Asphaltmastix und dem Dränasphalt ähnliche lärmmindernde Deckschichten.

Mischgut für Binderschichten

Die **Binderschicht** liegt zwischen der Tragschicht und der Deckschicht einer Straße. Sie bildet den Übergang von der grobkörnigen Tragschicht zur feinkörnigen Deckschicht. Mischgut für Binderschichten soll viel groben Splitt und viel Brechsand enthalten. Solche Schichten sind sehr standfest, erfordern aber einen höheren Verdichtungsaufwand. Für Bindermischgut eignen sich die Mineralstoffgemische 0/22 mm und 0/16 mm. Als Bindemittel wird vorwiegend Straßenbaubitumen 50/70 und 70/100 verwendet.

Tabelle 1: Beispiele für Deckschichten

Asphaltbeton
- Für alle Belastungen geeignet, wird er am häufigsten eingesetzt.
- Das Mischgut aus Edelsplitt, Edelbrechsand, Natursand und Füller wird nach Sieblinien mit einem Größtkorn von 16 mm, 11 mm, 8 mm und 5 mm zusammengesetzt.
- Für stark belastete Straßen werden die Mineralstoffgemische 0/16 S und 0/11 S eingesetzt, da sie eine erhöhte Standfestigkeit aufweisen.
- Als Bindemittel wird meist Straßenbaubitumen B 80 verwendet.
- Der Einbau geschieht bei Temperaturen zwischen 120° C und 180° C.
- Nach dem Verdichten mit Walzen bleibt ein Resthohlraum zwischen 2 und 6 Vol.-%, der für die Standfestigkeit der Schicht erforderlich ist.

Splittasphaltmastix
- Einsatzgebiete liegen bei hochbeanspruchten Straßen und Autobahnen sowie bei Maßnahmen der Straßenerhaltung.
- Das Mischgut besteht aus sehr splittreichem Mineralstoffgemisch mit Ausfallkörnung, Straßenbaubitumen und stabilisierenden Zusätzen im Bindemittel.
- Für normale Beanspruchungen werden die Körnungen 0/5 und 0/8 verwendet, für besondere Beanspruchungen die Körnungen 0/8 S und 0/11 S.
- Die Hohlräume des abgestützten, fest verspannten Splittgerüstes werden durch einen bitumenreichen, mastixähnlichen Mörtel ausgefüllt.
- Häufig werden zur Verbesserung der Eigenschaften, z. B. der Standfestigkeit, polymermodifizierte Bitumen als Bindemittel verwendet.

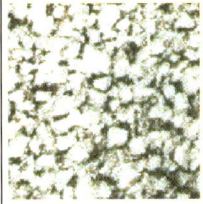

Gussasphalt
- Sehr splittreicher Gussasphalt ergibt standfeste, verschleißfeste und griffige Deckschichten für hochbeanspruchte Fahrbahnen.
- Splittarmer Gussasphalt eignet sich für Rad- und Gehwege, Rinnen an wasserführenden Straßen und kleinflächige Umbaumaßnahmen.
- Das Mineralstoffgemisch aus Edelsplitt, Edelbrechsand und/oder Natursand und Füller wird so mit Bitumen vermischt, dass die Hohlräume vollständig mit Bitumen ausgefüllt sind und sogar ein Bitumenüberschuss besteht.
- Die Gussasphaltsorten 0/5, 0/8, 0/11 und 0/11 S für besondere Beanspruchungen unterscheiden sich im Splitt- und Bitumengehalt.
- Neben Bitumen B 45 und B 25 werden auch polymermodifizierte Bitumen verwendet.

Dränasphalt
- Wenn Niederschlagswasser wegen zu geringer Längs- und Querneigung nicht schnell genug abfließen kann und in der Deckschicht abgeführt werden muss, wird Dränasphalt verwendet. Er vermindert die Bildung von Sprühfahnen und Aquaplaning.
- Bewährt hat sich Dränasphalt 0/8 mit ca. 85 Gew.-% Edelsplitt und einem Hohlraumgehalt von 15 bis 25 Vol.-%. Dadurch wird auch eine spürbare Lärmminderung erreicht. Jedoch muss wegen des offenporigen Gefüges darunter eine Abdichtung, z. B. aus polymermodifiziertem Bitumen, eingebaut werden.

Mischgut für Asphalttragschichten

Asphalttragschichten bestehen aus korngestuften Mineralstoffgemischen und Straßenbaubitumen 50/70 oder 70/100 (Tabelle 1, Seite 93).

Bei Mineralstoffen werden die Mischgutarten AO, A, B, C und CS unterschieden. Im Wesentlichen liegt die Unterscheidung im Kornanteil für den Bereich über 2 mm Korngröße.

Tabelle 1: Mischgut für Asphalttragschichten

Mischgut-art	Körnung	Körnung über 2 mm im Mineralstoff-Gemisch	Fülleranteil	gröbste Körnung mindestens	Überkorn höchstens	Mindest-Bindemittelgehalt an Straßenbaubitumen	Hohlraumgehalt
	mm	Gew.-%	Gew.-%	Gew.-%	Gew.-%	Gew.-%	Vol.-%
AO	0/2 bis 0/32	0 bis 80	2 bis 20	10	20	3,3	4,0 bis 20,0
A	0/2 bis 0/32	0 bis 35	4 bis 20	10	10	4,3	4,0 bis 14,0
B	0/22; 0/32	über 35 bis 60	3 bis 12	10	10	3,9	4,0 bis 12,0
C	0/22; 0/32	über 60 bis 80	3 bis 10	10	10	3,6	4,0 bis 10,0
CS	0/22; 0/32	über 60 bis 80	3 bis 10	10	10	3,6	5,0 bis 10,0

Aufgaben

1 Beschreiben Sie die Herstellung von Bitumen und den Einfluss der verschiedenen Bearbeitungsstufen auf seine Eigenschaften.

2 Erläutern Sie die Eigenschaften von Bitumen und vergleichen Sie diese mit denen der Kunststoffe.

3 Bitumen kann nur in dünnflüssigem Zustand verarbeitet werden. Erstellen Sie eine Tabelle der möglichen Verfahren, wie Bitumen flüssig gemacht wird, mit Anwendungsbereichen.

4 Stellen Sie den Weg des Bitumens von der Herstellung bis zur fertiggestellten Straße grafisch dar (z. B. als Flussdiagramm).

5 Skizzieren Sie ein Einfamilienhaus im Schnitt und markieren Sie die Stellen, an denen Bautenschutzmittel sowie Dach- und Dichtungsbahnen eingesetzt werden können.

6 Beschreiben Sie Unterschiede der Asphalt- und Betonbauweise im Straßenbau in Bezug auf die einzelnen Schichten, deren Aufgaben sowie auf die Randausbildung.

7 Erläutern Sie die Funktion der Mineralstoffe im Asphalt. Welche Unterschiede bestehen zwischen Asphalttrag-, Binder- und Deckschichten?

8 Beurteilen Sie die unterschiedlichen Deckschichten der Asphaltbauweise.

Tabelle 2: Gesteinskörnung

Gesteinskörnung	Arten (Beispiele)
normale und schwere	Sand, Kies, Brechsand, Splitt, Metallschlacken, Erze, Baryt
leichte	Sand, Blähton, Blähschiefer
rezyklierte	Betonbrechsand, Betonsplitt

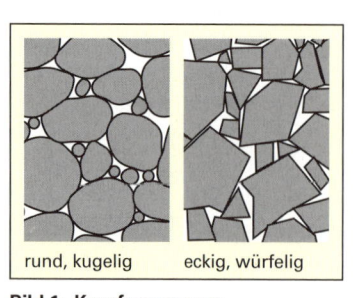

Bild 1: Kornformen von Gesteinskörnung
(rund, kugelig — eckig, würfelig)

3.5 Gesteinskörnung

Als Gesteinskörnung bezeichnet man Stoffe, die zusammen mit Bindemitteln und Zugabewasser zu Mörtel und Beton verarbeitet werden.

3.5.1 Eigenschaften

Gesteinskörnung wird nach Dichte, Kornform, Korngrößen und Kornfestigkeit beurteilt. Diese Eigenschaften sowie Anforderungen z. B. an den Widerstand gegen Frost, an den Anteil an schädlichen Bestandteilen und an leichtgewichtige organische Verunreinigungen bestimmen die Verwendungsmöglichkeiten.

3.5.1.1 Dichte

Nach der Dichte unterscheidet man normale und schwere Gesteinskörnung sowie leichte Gesteinskörnung, aber auch rezyklierte Gesteinskörnung (Tabelle 2).

3.5.1.2 Kornform

Die Gesteinskörnung soll eine möglichst runde, kugelige Form aufweisen oder kantig, würfelig sein (Bild 1). Sehr flache oder längliche Kornformen haben eine größere Oberfläche.

3.5.1.3 Korngrößen

Gesteinskörnung ist aus Körnern verschiedener Größe zusammengesetzt. Mehrere aufeinander folgende Korngrößen ergeben eine Korngruppe, auch als Lieferkörnung bezeichnet. Zur Ermittlung der Korngrößen einer Korngruppe wird die Größe von zwei Begrenzungssieben angegeben (**Tabelle 1**). Eine Korngruppe, z. B. die Korngruppe 8/16, besteht aus Körnern mit $d = 8$ mm und Körnern mit $D = 16$ mm. Körner mit einer Größe von 16 mm werden als **Größtkorn**, Körner mit einer Größe von etwas mehr als 8 mm als **Kleinstkorn** bezeichnet (**Bild 1**).

Mithilfe des Ergänzungssiebsatzes 1 können weitere Korngruppen hergestellt werden. Zum **Ergänzungssiebsatz 1** gehören die Begrenzungssiebe 5,6; 11,2; 22,4 und 45. Es kann für Massenbetonarbeiten ein Korngemisch aus feiner und grober Gesteinskörnung bis höchstens 45 mm gebildet werden.

Tabelle 1: Gesteinskörnung nach Korngrößen

Bezeichnung	Definition	Beispiele
Feine Gesteinskörnung	$D \leq 4$ mm und $d = 0$	0/1 0/2 0/4
Grobe Gesteinskörnung	$D \geq 4$ mm und $d \geq 2$ mm	2/8 8/16 16/32 4/32
Korngemisch	$D \leq 45$ mm und $d = 0$	0/32 0/45

D = Siebweite des oberen Begrenzungssiebes in mm
d = Siebweite des unteren Begrenzungssiebes in mm

3.5.1.4 Kornfestigkeit

Die Gesteinskörner müssen so fest sein, dass damit hergestellter Mörtel oder Beton die geforderten Eigenschaften erreicht. Sowohl natürliche als auch künstlich hergestellte Gesteinskörnung erfüllt im Allgemeinen diese Anforderungen. Verwitterte Gesteine, Tone und Schiefer sind ungeeignet und müssen ausgesondert werden.

3.5.1.5 Widerstand gegen Frost

Gesteinskörnung, die rasch Wasser aufsaugt, kann durch Frosteinwirkung zerstört werden. Im Allgemeinen sind natürlich entstandene Sande und Kiese oder daraus durch Brechen gewonnene Gesteinskörnung wenig frostgefährdet.

3.5.1.6 Schädliche Bestandteile

Schädliche Bestandteile stören bei Mörtel und Beton das Erstarren oder Erhärten, setzen seine Festigkeit oder Dichtheit herab, führen zu Absprengungen oder beeinträchtigen den Korrosionsschutz der Bewehrung. Solche Stoffe sind z. B. Lehm, Ton und Humus.

Bild 1: Darstellung einer Korngruppe

3.5.1.7 Regelanforderungen

Für die Gesteinskörnung gibt es verschiedene Anforderungskategorien. Diese müssen für jede hergestellte Gesteinskörnung angegeben werden. Zur fehlerfreien Verwendung können verschiedene Kategorien ausgewählt werden.

Zur Vereinfachung sind alle Eigenschaften, für die mehrere Anforderungen erfüllt werden müssen, sogenannte **Regelanforderungen**, aufgestellt worden. Diese Regelanforderungen müssen vom Hersteller der Gesteinskörnung erfüllt werden, sofern für deren Verwendung keine besonderen Vereinbarungen getroffen wurden. Regelanforderungen sind für eine ganze Reihe von Eigenschaften festgelegt worden (**Tabelle 2**). Für die Kornrohdichte, die Wasseraufnahme und die Schüttdichte gibt es zwar Kennwerte, Anforderungen jedoch nicht.

Tabelle 2: Eigenschaften von Gesteinskörnung mit Regelanforderungen

- Kornzusammensetzung
- Kornform
- Muschelschalengehalt
- Feinanteile
- Frostwiderstand
- Chloridgehalt
- Schwefelhaltige Bestandteile
- Organische Stoffe
- Leichtgewichtige organische Verunreinigungen

Widerstand gegen
- Verschleiß
- Polieren
- Abrieb
- Frost-Tausalz

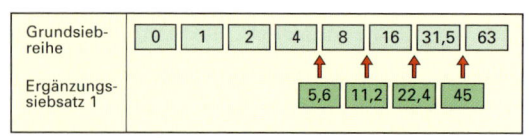

Bild 1: Grundsiebsatz mit Ergänzungssiebsatz 1

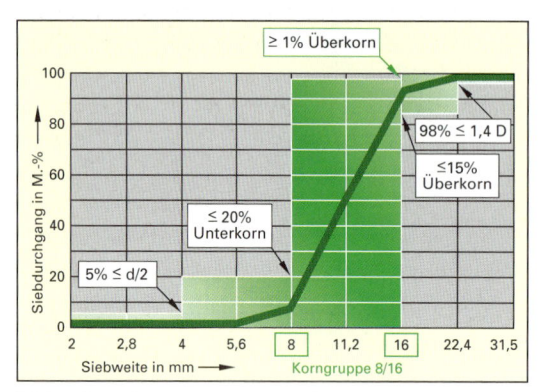

Bild 2: Beispiel einer enggestuften groben Gesteinskörnung

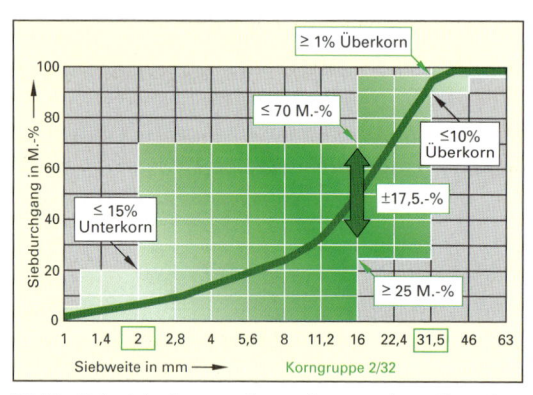

Bild 3: Beispiel einer weitgestuften groben Gesteinskörnung

3.5.1.8 Geometrische Anforderungen

Alle Gesteinskörnungen werden durch Angabe der Korngröße, ausgedrückt als Verhältnis d/D, beschrieben (Tabelle 1, Seite 101). Die Bezeichnungen der Korngruppen entsprechen den Siebgrößen des **Grundsiebsatzes** und des **Ergänzungssiebsatzes** (**Bild 1**).

Für die **feine Gesteinskörnung** (Sand) muss der Hersteller seine mittlere Sieblinie angeben. Diese für seinen Betrieb typische Kornzusammensetzung muss stets die vorgegebenen Grenzabweichungen einhalten. Die so festgelegte feine Gesteinskörnung erhält eine Sortennummer und kann nur mithilfe einer neuen Sortennummer abgeändert werden.

Bei **groben Gesteinskörnungen** unterscheidet man zwischen enggestuften und weitgestuften Gesteinskörnungen.

- **Enggestufte grobe Gesteinskörnungen** entsprechen z. B. den Korngruppen 2/8, 8/16 und 16/32 (**Bild 2**).

- **Weitgestufte grobe Gesteinskörnungen** erstrecken sich über eine Reihe weiter auseinander liegender Siebe (**Bild 3**). Dabei muss zusätzlich ein bestimmter Siebdurchgang durch ein „Mittleres Sieb" eingehalten werden.

3.5.2 Prüfung

Gesteinskörnungen werden in der Regel mit den geforderten Eigenschaften angeliefert. Eine Beurteilung nach Augenschein ist noch notwendig.

Nach Augenschein lässt sich auf der Baustelle die Dichtheit oder Porigkeit des Gesteins prüfen. Durch leichte Hammerschläge kann die Kornfestigkeit beurteilt werden. Die Kornoberfläche kann glatt oder rauh sein. Sie soll sauber und nicht mit anderen Stoffen verschmutzt sein. Die Kornform soll rund oder würfelig sein. Der Anteil flacher oder länglicher Körner darf nicht mehr als die Hälfte des Zuschlags betragen. Bei der Beurteilung der Sauberkeit ist darauf zu achten, dass die Gesteinskörnung kein Holz, Laub, Humus sowie keine tonigen oder schiefrigen Bestandteile enthält.

3.5.3 Oberflächenfeuchte

Bei der Bestimmung der Zugabewassermenge zur Herstellung von Mörtel und Beton muss die Oberflächenfeuchte der Gesteinskörnung berücksichtigt werden. Unter Oberflächenfeuchte versteht man Wasser an der Oberfläche des Gesteins und zwischen den Gesteinskörnern.

Die **genaue Oberflächenfeuchte** einer Gesteinskörnung lässt sich durch den **Darrversuch** bestimmen. Dazu wird dem Zuschlag eine Probe entnommen. Diese wird gewogen, im Darrofen getrocknet und wieder gewogen. Der Gewichtsunterschied in Prozent, bezogen auf die trockene Probemenge, ergibt die Oberflächenfeuchte.

Die Oberflächenfeuchte ist von der Korngröße, der Lagerung und der Witterung abhängig. Ein Korngemisch 0/32 hat normalerweise eine Oberflächenfeuchte von etwa 3%. Das ergibt bei einer Menge an Gesteinskörnung von 2000 kg je m³ fertigem Beton eine Wassermenge von ungefähr 60 Liter.

3.5.4 Arten

Man unterscheidet Gesteinskörnung aus natürlichem Gestein und industriell hergestellte Gesteinskörnung.

3.5.4.1 Gesteinskörnung aus natürlichem Gestein

Ungebrochene Gesteinskörnung ist aus Gruben, Flussläufen und Seen gewonnene feine und grobe Gesteinskörnung (Sand und Kies) mit runder, kugeliger Form. Als leichte Gesteinskörnung kann Naturbims und Lavaschlacke verwendet werden.

Gebrochene Gesteinskörnung ist Brechsand, Splitt, Schotter und Steinschlag. Er ist im Gegensatz zu ungebrochene Gesteinskörnung scharfkantig. Edelbrechsand und Edelsplitt sind mehrfach gebrochenes Gestein.

3.5.4.2 Industriell hergestellte Gesteinskörnung

Industriell hergestellte Gesteinskörnung mit dichtem und porigem Gefüge ist ungebrochen und gebrochen.
Dichte Gesteinskörnung ist z. B. in entsprechende Korngrößen gebrochene Hochofenschlacke und Hüttensand. Sie entsteht durch Abschrecken heißer Hochofenschlacke mit Wasser.
Porige Gesteinskörnung ist z. B. Hüttenbims, Sinterbims und Ziegelsplitt. Hüttenbims entsteht, wenn man Wasser durch heiße Hochofenschlacke presst. Die Schlacke wird dadurch mit feinen Poren durchsetzt. Sinterbims wird aus zusammengeschmolzenen Abfallprodukten, z. B. aus Müllverbrennungsschlacke, hergestellt. Ziegelsplitt wird aus Bruchabfall von Ziegeleien und aus Abbruchziegeln gewonnen.

3.5.5 Gesteinskörnung für Mörtel

Zur Herstellung von Feinmörtel wird feine Gesteinskörnung bis 4 mm Korngröße verwendet. In besonderen Fällen benötigt man Grobmörtel mit Gesteinskörnung bis 8 mm Korngröße. Am häufigsten wird für Mörtel feine Gesteinskörnung verwendet. Dazu eignet sich Grubensand (ungewaschen und gewaschen) sowie Flusssand.

Ungewaschener Grubensand enthält lehmige und tonige Bestandteile; er eignet sich für Mauermörtel. Gewaschener Gruben- und Flusssand wird für Zementmörtel und Putzmörtel verwendet. Häufig wird ungewaschene feine Gesteinskörnung mit gewaschener feiner Gesteinskörnung verbessert.

3.5.6 Gesteinskörnung für Beton

Bei Gesteinskörnung für Beton ist die Kornzusammensetzung wichtig. Außerdem muss bei der Herstellung von Beton die Oberfläche des Korngemisches berücksichtigt werden.

3.5.6.1 Kornzusammensetzung

Gesteinskörnung für Beton ist aus verschiedenen Korngrößen zusammengesetzt. Die Kornzusammensetzung wird durch einen **Siebversuch** ermittelt. Dazu benötigt man einen Prüfsiebsatz aus 10 quadratischen Sieben mit einem Auffangkasten **(Bild 1)**. Die oberen 5 Siebe sind Quadratlochsiebe mit Lochweiten von 63 mm, 31,5 mm (Nennweite 32 mm), 16 mm, 8 mm und 4 mm **(Bild 2)**. Die unteren 5 Siebe sind Maschensiebe mit Lochweiten von 2 mm, 1 mm, 0,5 mm, 0,25 mm und 0,125 mm.

Zur Durchführung des Siebversuchs wird aus dem Haufen aus Gesteinskörnungen an verschiedenen Stellen eine bestimmte Probemenge entnommen (Durchschnittsprobe). Die Probemenge wird

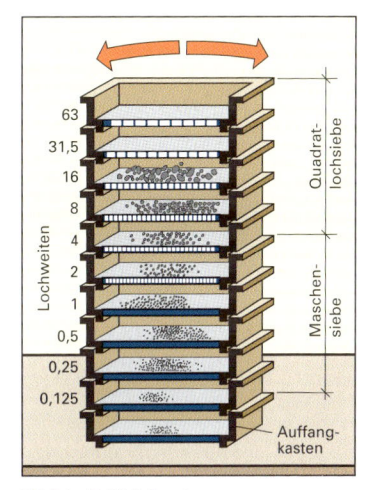

Bild 1: Prüfsiebsatz

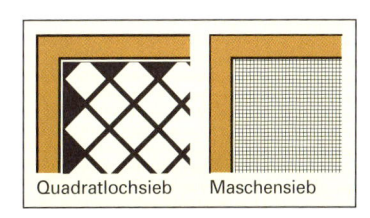

Bild 2: Quadratlochsieb und Maschensieb (Ausschnitte)

Tabelle 1: Siebversuch für Korngruppe 0/32									
Versuch	Gesamt-rückstand g	Siebrückstände in g							
		0,25	0,5	1	2	4	8	16	31,5	63
Probe-Kennzeichen/Korngruppe 0/32 mm ③ „grob- bis mittelkörnig"									
1	10 000	9 740	8 770	8 190	7 360	6 480	4 950	2 900	0	0
2	10 000	9 670	8 800	8 210	7 440	6 500	5 000	2 840	0	0
3	10 000	9 690	8 830	8 200	7 400	6 520	5 050	2 960	0	0
Summe	30 000	29 100	26 400	24 600	22 200	19 500	15 000	8 700	0	0
Rückstand %		97	88	82	74	65	50	29	0	0
Durchgang %		3	12	18	26	35	50	71	100	100

nach dem Trocknen auf das oberste Sieb gegeben. Der Siebsatz wird über eine Wippe hin und her bewegt, bis kein Korn mehr durch die Siebe fällt. Die Rückstände auf den einzelnen Sieben werden nacheinander auf der Waage abgewogen. Man beginnt dabei mit dem obersten Sieb und schüttet jeweils den Inhalt des nächsten Siebes dazu, so dass die Kornmenge mit der bereits vorhandenen Kornmenge verwogen wird (additive Wägung). Die Rückstände aller Siebe einschließlich des Inhalts des Auffangkastens müssen wieder das Gewicht der Probemenge ergeben. Bei einem Siebversuch mit der Korngruppe 0/32 ergeben sich die in **Tabelle 1** eingetragenen Werte. Werden diese in ein Schaubild eingetragen, erhält man die **Sieblinie**.

Zur Herstellung von Beton sind bestimmte Kornzusammensetzungen erforderlich. Diese sind in DIN 1045-2 als **Grenzsieblinien** festgelegt. Man unterscheidet 4 Schaubilder für ein jeweiliges Größtkorn von 8 mm, 16 mm, 31,5 mm und 63 mm (**Bild 1**).

Ein Schaubild enthält 3 Sieblinien, die mit A, B und C bezeichnet sind. Die Sieblinie A stellt ein grobes, B ein mittleres und C ein feines Korngemisch dar. Kornzusammensetzungen zwischen den Sieblinien A und B im Bereich ③ sind grob- bis mittelkörnig, zwischen B und C im Bereich ④ mittel- bis feinkörnig. Außerhalb der Sieblinien A und C liegende Kornzusammensetzungen in den Bereichen ① grobkörnig und ⑤ feinkörnig.

Gesteinskörnungen aus Restbeton entstehen durch Auswaschen und Aufbereiten von **Restmörtel und Restbeton** im Transportbetonwerk. Wiederverwendet werden darf nur Gesteinskörnung größer als 0,2 mm. Der Zementleim muss ausgewaschen und ein gleichmäßiges Untermischen möglich sein. Er ist der größten Korngruppe gleichmäßig in so kleinen Mengen beizumischen, dass das Ergebnis von Erstprüfungen eingehalten werden kann.

Gesteinskörnungen aus Restbeton dürfen nur dort bei der Betonherstellung zusätzlich verwendet werden, wo auch ursprüngliche Gesteinskörnungen

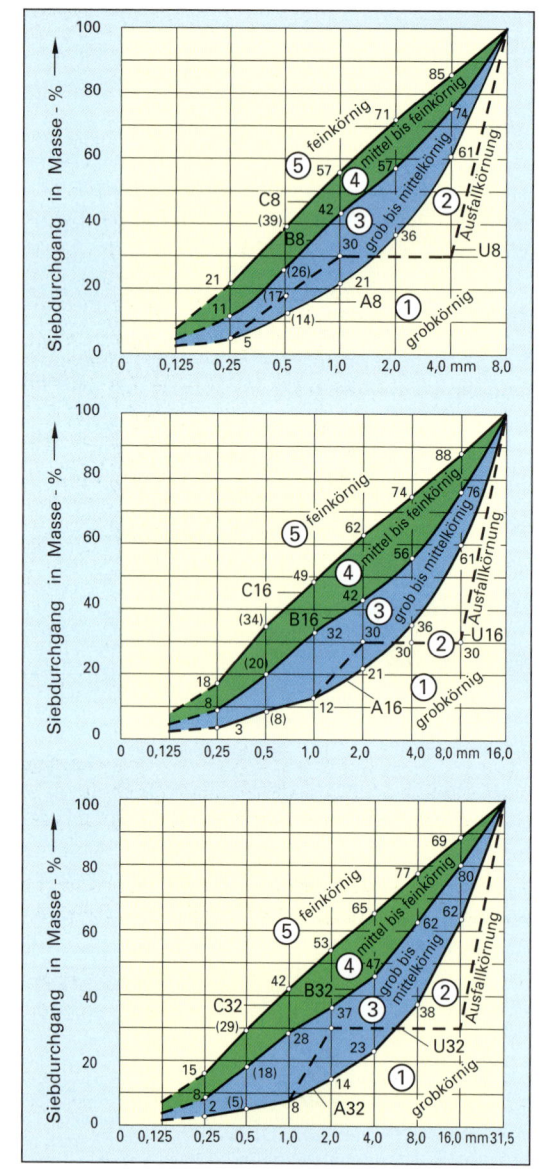

Bild 1: Sieblinien nach DIN 1045-2

verarbeitet wurden. Dabei sind die entsprechenden Richtlinien des Deutschen Ausschusses für Stahlbeton einzuhalten. Dasselbe gilt für die Wiederverwendung von **Restwasser**.

In manchen Fällen verwendet man Kornzusammensetzungen, bei denen eine oder mehrere Korngruppen fehlen. Solche Korngemische bezeichnet man als **Ausfallkörnung**. Die Sieblinie dieses Korngemisches ist mit U gekennzeichnet. Die Sieblinie U verläuft im Bereich der fehlenden Korngruppen waagerecht und wird deshalb als **unstetige Sieblinie** bezeichnet. Im Gegensatz zu den unstetigen Sieblinien werden Sieblinien, die alle Korngruppen enthalten, als **stetige Sieblinien** bezeichnet.

Das Korngemisch soll ein möglichst dichtes, hohlraumarmes **Korngefüge** (Kornhaufwerk) ergeben. Ein Korngemisch wird am dichtesten, wenn die jeweils entstehenden Hohlräume mit möglichst großen Körnern ausgefüllt werden **(Bild 1)**. Durch dieses Korngefüge erhält der Beton vorwiegend seine Festigkeit.

Zur Beurteilung eines Korngemisches wird dessen Sieblinie in das dem Größtkorn entsprechende Schaubild eingetragen **(Bild 2)**.

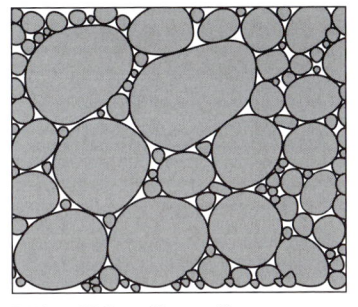

Bild 1: **Dichtes Korngefüge**

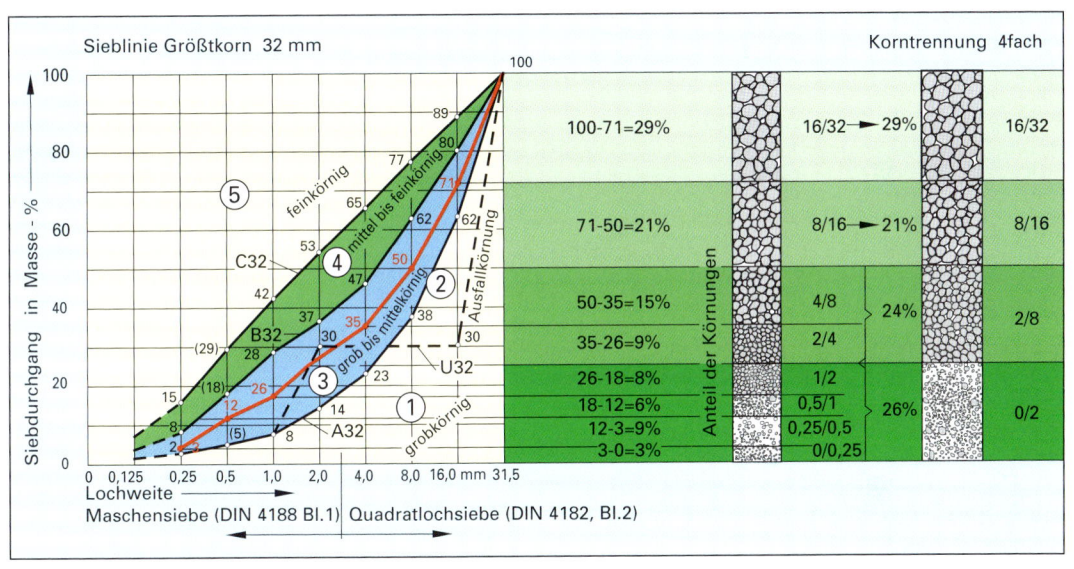

Bild 2: **Sieblinie und Ermittlung der Korngruppen**

Liegt die Sieblinie zwischen den Grenzsieblinien A und B, so ist das Korngemisch **grob- bis mittelkörnig**, liegt sie zwischen B und C ist das Korngemisch **mittel- bis feinkörnig**. Verläuft die Sieblinie oberhalb C, ist das Korngemisch zu **feinkörnig** und daher **ungünstig**; verläuft die Sieblinie unterhalb A, gilt das Korngemisch als **grobkörnig** und ist ebenfalls **ungünstig**.

Unter Zuhilfenahme von Sieblinien kann nicht nur eine **vorhandene Gesteinskörnung** nach ihrer Kornzusammensetzung **beurteilt** werden, sondern es kann auch ein **gewünschtes Korngemisch zusammengestellt** werden, z.B. eine Gesteinskörnung aus 4 Korngruppen (Bild 2).

Neben der Kornzusammensetzung können aus der Sieblinie auch Werte über die **Größe der Kornoberfläche** eines Korngemisches ermittelt werden (**Körnungsziffer K** und **D-Summe**). Diese Werte ergeben einen Anhalt für den Wasseranspruch eines Korngemisches.

Werkgemischte Gesteinskörnung ist ein Gemenge aus ungebrochenen oder gebrochenen Körnern und muss zwischen den Grenzsieblinien A und C liegen mit einem Größtkorn von 45 mm (Seite 100, Tabelle 2). Dieses Gemenge kann auch nur aus zwei Korngruppen bestehen. Daraus ergibt sich für das Transportbetonwerk die Möglichkeit, weniger Korngruppen vorhalten zu müssen und damit seine Wirtschaftlichkeit zu steigern.

3.5.6.2 Größtkorn

Das Größtkorn in der Gesteinskörnung ist so zu wählen, wie Mischen, Fördern, Einbringen und Verdichten des Betons es erfordern.

> - Das Größtkorn sollte 1/3 der kleinsten Bauteilabmessung nicht überschreiten **(Bild 1)**.
> - Der überwiegende Teil der Gesteinskörnung soll bei Stahlbeton kleiner als der Abstand der Bewehrungsstäbe oder
> - bei geringer Betondeckung kleiner als der Abstand zwischen Bewehrung und Schalung sein.

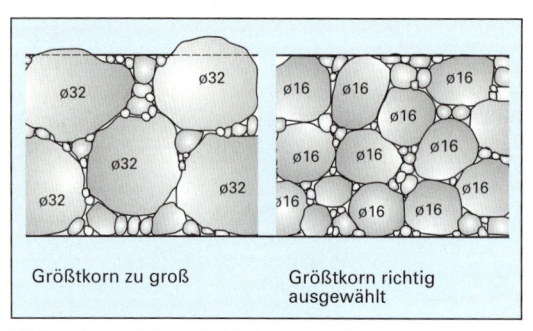

Bild 1: Auswahl des Größtkorns am Beispiel einer 50 mm dicken Betonplatte

3.5.6.3 Mehlkorngehalt

Der **Mehlkorngehalt** in der Gesteinskörnung setzt sich zusammen aus dem **Kornanteil bis 0,125 mm**, gegebenenfalls dem Betonzusatzstoff und dem im Betongemisch enthaltenen Zement.

Feinanteile (Füller, Gesteinsmehl) können dem Korngemisch nach DIN 4226-1 zugegeben werden. Füller ist eine Gesteinskörnung, dessen überwiegender Teil durch das **0,063-mm-Sieb** hindurch geht. Für die Zugabe sind vom Hersteller des Korngemisches bestimmte Grenzwerte einzuhalten

Beton muss eine bestimmte Menge Mehlkorn enthalten, damit er gut verarbeitbar ist und ein dichtes Gefüge erhält. Dies ist z. B. bei Sichtbeton, bei Beton mit hohem Wassereindringwiderstand, bei Beton für dünnwandige und engbewehrte Bauteile und bei Beton, der über längere Strecken oder in Rohrleitungen gefördert wird, wichtig.

Ein zu hoher Mehlkorngehalt erfordert mehr Zementleim und kann sich nachteilig auswirken, z. B. bei Frostangriff mit oder ohne Taumittel und bei Betonangriff durch Verschleißbeanspruchung. Deshalb ist für Betone bis Festigkeitsklasse C50/60 bei den Expositionsklassen XF und XM sowie bei allen Betonen ab Festigkeitsklasse C55/67 der Mehrkorngehalt zu begrenzen. Für alle anderen Betone beträgt der höchstzulässige Mehlkorngehalt 550 kg/m^3.

3.6 Zugabewasser

Als Zugabewasser bezeichnet man die Wassermenge, die man beim Mischen zugibt. Hierfür kann das in der Natur vorkommende Wasser verwendet werden, soweit es nicht Bestandteile enthält, die das Erhärten oder andere Eigenschaften des Betons ungünstig beeinflussen. Solche Bestandteile können als Humussäure in Moorwasser oder als Industrieabwasser in Flüssen auftreten. Meerwasser darf nicht für Stahlbeton verwendet werden, weil durch den Chloridgehalt der Rostschutz der Bewehrung nicht gewährleistet ist. Trinkwasser ist stets geeignet, nicht dagegen Mineralwasser und Wasser aus Schwefelquellen.

Bei der Ermittlung der Zugabewassermenge ist die **Eigenfeuchte** der Gesteinskörnung zu berücksichtigen. Die Eigenfeuchte setzt sich aus Oberflächenfeuchte und Kernfeuchte zusammen. Unter der **Oberflächenfeuchte** versteht man das Wasser an der Kornoberfläche oder zwischen den Gesteinskörnern. Bei stationären Mischanlagen wird die Oberflächenfeuchte durch radiometrische Messverfahren laufend festgestellt. Dabei wird nukleare Strahlung beim Durchgang durch die Gesteinskörnung geschwächt. Je nach Feuchtegehalt ist der Strahlendurchgang unterschiedlich hoch und ergibt entsprechende Messwerte für die Oberflächenfeuchte.

Die **erforderliche Menge an Zugabewasser** ergibt sich aus dem Wasseranspruch abzüglich der Oberflächenfeuchte der Gesteinskörnung. Eine Kontrolle des Wassergehalts ist auf der Baustelle durch Prüfung der Frischbetonkonsistenz möglich.

3.7 Betonzusätze

Die Eigenschaften des Frisch- und Festbetons können durch Betonzusatzmittel und Betonzusatzstoffe beeinflusst werden.

3.7.1 Betonzusatzmittel

Betonzusatzmittel sind flüssige oder pulverförmige Stoffe, die vorwiegend bestimmte Frischbetoneigenschaften, wie z. B. die Verarbeitbarkeit oder den Erstarrungsbeginn, günstig beeinflussen. Da sie jedoch andere wichtige Betoneigenschaften ungünstig beeinflussen können, muss die Menge der Zusatzmittel immer durch eine Erstprüfung ermittelt werden. Die Erstprüfung sollte die jeweilige Baustellensituation berücksichtigen, da z. B. unterschiedliche Außentemperaturen wesentlichen Einfluss auf die Wirkung der Betonzusatzmittel haben können. Betonzusatzmittel werden je nach Dauer ihrer Wirkung nur in geringen Mengen entweder dem Zugabewasser oder der fertigen Betonmischung beigegeben. Flüssige Betonzusatzmittel sind frostgeschützt zu lagern. Es dürfen nur Betonzusatzmittel mit gültigem Prüfzeichen verwendet werden (**Tabelle 1**).

3.7.1.1 Betonverflüssiger (BV)

Betonverflüssiger setzen die Oberflächenspannung des Wasser herab und ermöglichen dadurch eine Verminderung der Wasserzugabe um bis zu 10 %. Die Verarbeitbarkeit des Frischbetons wird verbessert, obwohl der Wasserzementwert gleichbleibt. Durch die Verminderung der Wasserzugabe wird der Wasserzementwert geringer, der Beton dafür dichter. Die Entmischungsgefahr des Frischbetons wird geringer, das Bluten verhindert. Man unterscheidet Plastifizierer und Fließmittel.

Plastifizierer werden bei Betonen mit steifer Konsistenz eingesetzt. Sie machen Mörtel und Beton homogener (gleichmäßiger) und plastischer. Der Beton lässt sich leichter pumpen und verdichten; die Sichtbetonqualität wird verbessert.

Fließmittel (FM) sind besonders stark wirkende Verflüssiger (**Bild 1**). Sie ermöglichen bei normaler Zugabewassermenge die Herstellung eines Betons in fließfähiger Konsistenz (Fließbeton). Dadurch kann der Beton unter erschwerten Bedingungen leichter und wirtschaftlicher eingebaut werden. Auch wird die Umweltbelastung durch Lärm geringer, da einfachere Maschinen und Geräte zum Einsatz kommen.

Tabelle 1: Betonzusatzmittel

Art	Kurzbezeichnung	Kennfarbe
Betonverflüssiger	BV	gelb
Luftporenbildner	LP	blau
Dichtungsmittel	DM	braun
Erstarrungsverzögerer	VZ	rot
Erstarrungsbeschleuniger	BE	grün
Einpresshilfen	EH	weiß
Stabilisierer	ST	violett
Chromreduzierer	CR	rosa
Recyclinghilfen	RH	schwarz
Schaumbildner	SB	orange

Verwendung von Betonverflüssiger

- **gleicher Wasserzementwert**
  - Verflüssigung des Frischbetons bei gleichem Wassergehalt
  - größeres Ausbreitmaß
  - Änderung der Konsistenz
  - leichteres und schnelleres Einbringen des Frischbetons

  Anwendung bei engliegender Bewehrung und bei dünnen Bauteilen

- **geringerer Wasserzementwert**
  - Beibehaltung der Konsistenz
  - geringerer Wassergehalt
  - geringeres Schwinden
  - höhere Druckfestigkeit
  - höhere Frühfestigkeit
  - höhere Dichtheit
  - höhere Dauerhaftigkeit

  Anwendung bei hochfestem Beton und bei Betonfertigteilen

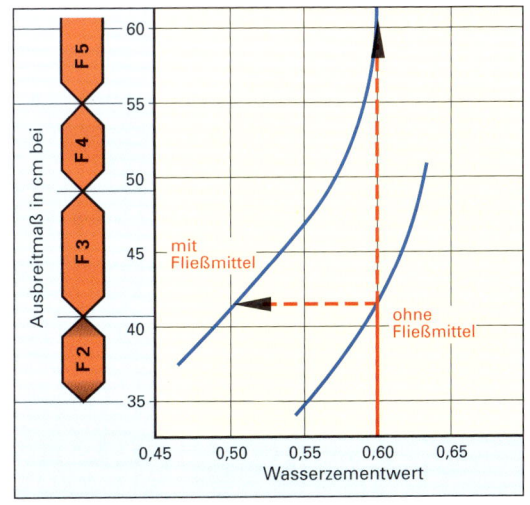

Bild 1: Wirkung von Fließmitteln

Bei Verwendung von Fließmittel ist jedoch zu beachten, dass seine Wirkung nach 45 Minuten abgebaut ist. Deshalb erfolgt die Fließmittelzugabe bei Transportbeton erst auf der Baustelle.

3.7.1.2 Luftporenbildner (LP)

Luftporenbildner erzeugen je nach Größtkorn 3 % bis 5 % sehr kleine geschlossene Luftporen im Beton. Ihr Abstand soll unter 0,2 mm liegen **(Bild 1)**. Diese Luftporen wirken wie Kugeln in einem Kugellager, wodurch der Frischbeton geschmeidiger wird und sich besser verarbeiten lässt. Außerdem dienen die Luftporen dem Druckausgleich beim Gefrieren des Kapillarwassers im Beton. Es erhöht sich der Widerstand gegen Frost und Taumittel. Betone mit Luftporenbildner werden deshalb besonders im Straßen- und Brückenbau eingesetzt. Für besonders porigen Leichtbeton werden jedoch schaumbildende Stoffe eingesetzt.

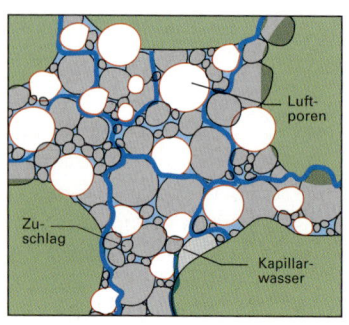

Bild 1: Luftporen (stark vergrößertes Betongefüge)

3.7.1.3 Verzögerer (VZ)

Verzögerer schieben den Erstarrungszeitpunkt hinaus, indem sie die Wärmeentwicklung verlangsamen. Dadurch laufen die Hydratationsvorgänge langsamer ab und die Verarbeitungszeit verlängert sich. Die Wirkung von Verzögerer hängt vom verwendeten Zement und von der jeweiligen Außentemperatur auf der Baustelle ab. Verzögerer setzt man bei Werkmörtel und Transportbeton ein. Außerdem wird er bei der Herstellung massiger Bauteile, z. B. im Brückenbau, sowie für das Betonieren bei hohen Außentemperaturen, z. B. im Sommer, verwendet **(Bild 2)**.

Bild 2: Einbringen von Beton mit Verzögerer an einem Sommertag

3.7.1.4 Beschleuniger (BE)

Beschleuniger verkürzen die Erstarrungszeit. Sie enthalten Bestandteile, die die Korrosion der Bewehrung fördern. Deshalb dürfen Beschleuniger nicht für Stahlbeton eingesetzt werden. Sie können z. B. bei Betonfertigteilen zur Frühfestigkeitssteigerung, bei Reparaturmörtel zum Schließen wasserundichter Stellen sowie bei Spritzbeton eingesetzt werden.

3.7.1.5 Dichtungsmittel (DM)

Dichtungsmittel setzen die Wasseraufnahme des Betons herab und vermindern die Kapillarwirkung. Sie erweisen sich aber nach längerer Zeit als wenig wirksam.

3.7.1.6 Einpresshilfen (EH)

Einpresshilfen für Einpressmörtel erleichtern im Spannbetonbau das Einpressen des Zementmörtels und verbessern das Fließen in den Spannkanälen. Durch mäßiges Quellen des Mörtels beim Erhärten verhindert man Hohlräume im oberen Bereich der Spannkanäle **(Bild 3)**.

Bild 3: Spannbetonwand mit Schläuchen zur Kontrolle der vollständigen Verfüllung mit Einpressmörtel

3.7.1.7 Stabilisierer (ST)

Stabilisierer machen den Frischbeton homogener und gleitfähiger. Damit lässt er sich besser verarbeiten und leichter pumpen. Sichtbetonflächen werden glatter. Stabilisierer werden vor allem bei Leichtbeton eingesetzt, da durch den besseren inneren Zusammenhalt die Körner von leichter Gesteinskörnung beim Glätten nicht aufschwimmen und sich ein weiterer Arbeitsgang erübrigt.

3.7.2 Betonzusatzstoffe

Unter Betonzusatzstoffen versteht man mineralische und organische Stoffe, die bestimmte Betoneigenschaften beeinflussen. So können sie z. B. den Gehalt an Mehlkorn erhöhen, die Konsistenz und Verarbeitbarkeit des Frischbetons verändern und sich bei Festbeton auf die Druckfestigkeit, die Dichte, die Abriebfestigkeit, den Wassereindringwiderstand und die Farbe auswirken. Sie dürfen aber die Erhärtung des Zements, seine Druckfestigkeit und die Beständigkeit gegen Abrieb sowie den Korrosionsschutz der Bewehrung nicht beeinträchtigen oder verringern. Deshalb dürfen nur genormte oder bauaufsichtlich zugelassene Betonzusatzstoffe verwendet werden. Da Betonzusatzstoffe (Füller) in größeren Mengen zugegeben werden, sind sie bei der Stoffraumberechnung zu berücksichtigen und die Eigenschaften des Festbetons durch eine Erstprüfung nachzuweisen.

Mineralische Betonzusatzstoffe sind Gesteinsmehl, feingemahlener Trass und Hochofenschlacke. Außerdem wird im Betonwerk immer häufiger **Steinkohlenflugasche (SFA)** zugegeben. Bei deren Verwendung muss nach DIN 1045 ein Mindestzementgehalt und ein höchstzulässiger Wasserzementwert eingehalten werden. Entsprechendes gilt für die Verwendung von **Silicastaub** (**SF** = **s**ilica **f**ume), einem pulverförmigen Betonzusatzstoff.

Organische Betonzusatzstoffe sind z. B. Kunstharzzusätze, die Zugabewasser einsparen und die Verarbeitbarkeit des Frischbetons verbessern.

Farbmittel benutzt man zum Einfärben des Betons. Es dürfen nur Farbmittel verwendet werden, die zementecht sind, d. h. sie dürfen den Zement nicht angreifen und ihre Farbe nicht verlieren. Farbmittel sind meist Metalloxide, wie z. B. Eisenoxid für Rot, Gelb, Braun und Schwarz, Chromoxid für Grün, Kobalt-Aluminium-Chromoxid für Blau oder Titandioxid für Weiß. Je feinkörniger Farbmittel sind, desto größer ist ihre Farbwirkung, die aber nur am erhärteten Beton beurteilt werden kann.

Aufgaben

1 Wie wird Gesteinskörnung nach der Dichte unterschieden?
2 Was versteht man unter einer Korngruppe?
3 Gesteinskörnung wird angeliefert. Nach welchen Gesichtspunkten kann die Lieferung überprüft werden?
4 Was versteht man unter der Eigenfeuchte einer Gesteinskörnung?
5 Wie lässt sich die genaue Oberflächenfeuchte der Gesteinskörnung ermitteln?
6 Welche industriell hergestellten Gesteinskörnungen gibt es?
7 Wie wird vorgegangen, um die genaue Zusammensetzung einer Gesteinskörnung festzustellen?
8 Welchen praktischen Verwendungszweck haben die Sieblinieniagramme nach DIN 1045-2?
9 Beim Betonieren bleibt Beton übrig. Wie kann er wiederverwendet werden?
10 Warum soll Gesteinskörnung gemischtkörnig verwendet werden?
11 Wonach ist das Größtkorn für die Gesteinskörnung auszuwählen?
12 Betonverflüssiger werden sehr häufig eingesetzt. Welche unterschiedlichen Eigenschaften lassen sich dabei erzielen?
13 Im Hochsommer ist eine Straßenbrücke zu betonieren. Welche Betonzusatzmittel können eingesetzt werden?

3.8 Mörtel

Mörtel ist ein Gemisch aus Bindemittel, Gesteinskörnung bis höchstens 4 mm Korngröße und Zugabewasser, gegebenenfalls auch Zusatzstoffen und Zusatzmitteln.

3.8.1 Mörtelherstellung

Mörtel wird werkmäßig hergestellt oder auf der Baustelle gemischt.

3.8.1.1 Baustellenmörtel

Bei der Herstellung auf der Baustelle hat das Zumessen der Bindemittel und der Gesteinskörnung mit Waage oder Zumessbehälter (nicht mit der Schaufel) zu erfolgen, um eine gleichmäßige Mörtelzusammensetzung zu erreichen. Die Mörtelbestandteile sind in der Reihenfolge Zugabewasser, Bindemittel, Gesteinskörnung in die Mischmaschine einzubringen und so lange zu mischen, bis ein gleichmäßiges Gemisch entstanden ist.

3.8.1.2 Werkmauermörtel

Bei werkmäßig hergestelltem Mauermörtel muss bei der Dosier- und Mischanlage eine Mischanweisung vorliegen, aus der die erforderlichen Gewichte der Mauermörtelbestandteile und die notwendige Mischzeit ersichtlich ist. Dem Werkmauermörtel darf auf der Baustelle keine Gesteinskörnung, keine Zusatzstoffe und keine Zusatzmittel mehr beigegeben werden. Jeder Lieferung von Werkmauermörtel muss ein Begleitzettel beigefügt sein, auf dem Lieferwerk, genaue Bezeichnung der Bestandteile und Menge des Mauermörtels sowie Hinweise für die Weiterverarbeitung vermerkt sind. Werkmauermörtel kann als Nassmörtel und als Trockenmörtel geliefert werden **(Bild 1)**.

Nassmörtel wird gebrauchsfertig (kellenfertig) mit Transportmischfahrzeugen zur Baustelle befördert und in besondere Mörtelübergabebehälter umgefüllt. Durch werkmäßige Zugabe von Verzögerer kann eine Verarbeitungszeit bis zu 36 Stunden erreicht werden.

Trockenmörtel ist ein Gemisch von Bindemittel und Gesteinskörnung. Dieses Gemisch kommt sackweise und in Silos auf die Baustelle und ist dort trocken und witterungsgeschützt so zu lagern, dass eine ordnungsgemäße Verwendung über eine Zeitspanne von mindestens 4 Wochen sichergestellt ist.

Werden die Mörtelausgangsstoffe einzeln oder teilweise vorgemischt in getrennten Kammern eines Silos auf die Baustelle geliefert, spricht man von **Mehrkammer-Silomörtel**. Diese Mörtelbestandteile sind in einem vom Werk fest eingestellten Mischungsverhältnis zu dosieren und dürfen nur mit der vom Mörtelhersteller angegebenen Wassermenge gemischt werden.

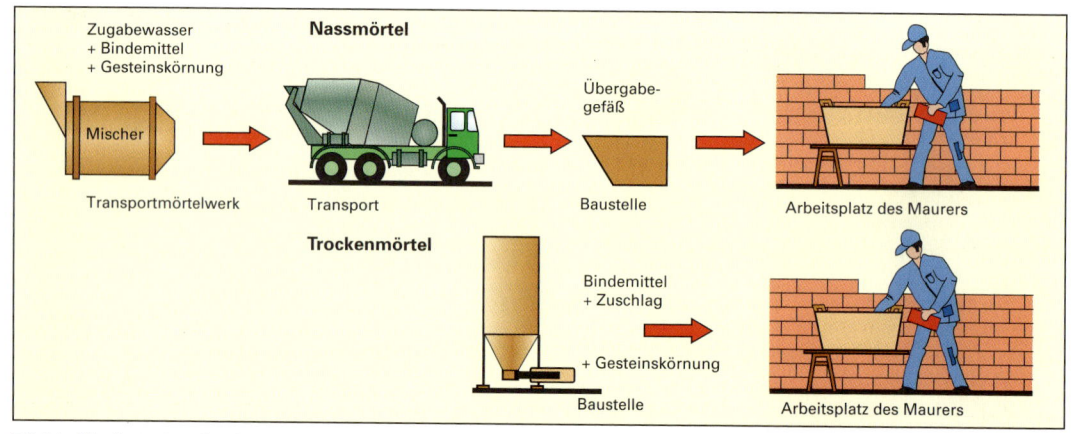

Bild 1: Werkmauermörtel

3.8.2 Mauermörtel

Mauermörtel hat die Aufgabe, Mauersteine miteinander zu verbinden und fest in ihrer Lage zu halten. Mit Mauermörtel lassen sich Maßabweichungen bei Mauersteinen ausgleichen. Mauermörtel ist in DIN 1053 genormt.

3.8.2.1 Mörtelgruppen und ihre Anwendung

Bei Mauermörtel unterscheidet man nach DIN 1053 5 Mörtelgruppen mit unterschiedlicher Druckfestigkeit. Die geforderte Druckfestigkeit ergibt sich aus Art und Menge der verwendeten Bindemittel und Gesteinskörnungen **(Tabelle 1, Seite 111)**.

- **Mörtel der Mörtelgruppe I** enthält nur Kalk als Bindemittel. Da keine Anforderungen an die Druckfestigkeit gestellt werden, sind diese Mörtel nicht zulässig bei Mauerwerk für mehr als zwei Vollgeschossen und für Wanddicken unter 24 cm, wobei bei zweischaligen Außenwänden die Dicke der Innenschale maßgebend ist. Weiterhin ist mit diesem Mörtel das Mauern von Außenschalen, Kellermauerwerk, Gewölbe und Mauerwerk nach Eignungsprüfung nicht zulässig.
- **Mörtel der Mörtelgruppe II** und **II a** enthalten Kalk und Zement als Bindemittel. Sie haben eine ausreichende Druckfestigkeit und können für normal belastetes Mauerwerk sowohl für Innen- als auch für Außenwände verarbeitet werden.
- **Mörtel der Mörtelgruppe III** und **III a** haben Zement als Bindemittel. Beide Mörtelgruppen haben das gleiche Mischungsverhältnis, jedoch werden an die Gesteinskörnung in Gruppe IIIa erhöhte Anforderungen gestellt. Sie können wegen ihrer hohen Druckfestigkeit besonders für hochbelastetes Mauerwerk, wie z. B. für kurze Wände (Pfeiler) und Auflager, verwendet werden.

Mörtel unterschiedlicher Gruppen dürfen auf einer Baustelle nur dann gemeinsam verwendet werden, wenn keine Verwechslungsgefahr besteht. Sollen Mörtel mit anderen Mischungsverhältnissen verarbeitet werden, sind diese stets, wie Mörtel der Mörtelgruppe III a, einer Eignungsprüfung zu unterziehen.

3.8.2.2 Eigenschaften von Frischmauermörtel

Frischmauermörtel ist noch nicht erhärteter Mauermörtel. Er soll geschmeidig und gut verarbeitbar sein, am Mauerstein haften, sich nicht entmischen, kein Wasser absondern und nicht zu früh erhärten. Diese Eigenschaften sind abhängig vom Kornaufbau, dem Bindemittel, der Konsistenz, den beigemischten Zusatzmitteln und der Lagerzeit des Frischmauermörtels.

Tabelle 1: Mörtelgruppen für Baustellenmauermörtel nach DIN 1053 (Anhaltswerte für die Zusammensetzung in Raumteilen)

Mörtel-gruppe MG	Mörtel-art	Luft- u. Wasserkalk		Hydraulischer Kalk (HL2)	Hydr. Kalk (HL5) Putz- u. Mauerbinder (MC5)	Zement	Sand	Mindestdruckfestigkeit nach 28 Tagen N/mm²	
		Kalkteig	Kalkhydrat					Güteprüfung	Eignungsprüfung
I	Kalkmörtel	1 – – –	– 1 – –	– – 1 –	– – – 1	– – – –	4 3 3 4,5	–	–
II	Kalkzementmörtel	1,5 – – –	– 2 – –	– – 2 –	– – – 1	1 1 1 –	8 8 8 3	2,5	3,5
II a		– –	1 –	– –	– 2	1 1	6 8	5	7
III	Zementmörtel	–	–	–	–	1	4	10	14
III a		–	–	–	–	1	4	20	25

Tabelle 2: Mörtelklassen nach DIN EN 998-2

Mörtelklasse	Druckfestigkeit N/mm²
M 1	1
M 2,5	2,5
M 5	5
M 10	10
M 15	15
M 20	20
d *)	d

*) d = eine vom Hersteller angegebene Druckfestigkeit > 25 N/mm²

3.8.2.3 Eigenschaften von Festmörtel

Festmörtel ist erhärteter Mörtel. Er muss mit dem Mauerstein eine feste Verbindung haben, dampfdurchlässig sein und die geforderte Druckfestigkeit erreichen. Dies lässt sich durch eine Güteprüfung nachweisen. Werden an die Druckfestigkeiten von Mörtel der Gruppen MG II, IIa und III höhere Anforderungen gestellt, sind Eignungsprüfungen durchzuführen. Dabei wird die für das Erreichen einer bestimmten Druckfestigkeit erforderliche Zusammensetzung bestimmt. Nach DIN EN 998-2 erfolgt die Einteilung der Mauermörtel in **Mörtelklassen (Tabelle 2)**. Das verwendete Bindemittel hat dabei keine Bedeutung.

3.8.2.4 Mauermörtelarten

Mauermörtel werden nach ihrer Verwendung unterschieden.

- **Normalmauermörtel (NM)** besitzt keine besonderen Eigenschaften und kann nach Rezept zusammengesetzt sein (Tabelle 1, Seite 111). Mauerwerk mit Normalmauermörtel ist nicht frostbeständig.

- **Leichtmauermörtel (LM)** ist ein Mauermörtel nach Eignungsprüfung. Man verwendet leichte Gesteinskörnungen, wie z. B. Blähton oder Hüttenbims. Leichtmauermörtel darf nicht zum Mauern von Gewölben und der Witterung ausgesetztem Sichtmauerwerk verwendet werden. Die Eigenschaften des Leichtmauermörtels verbessert man mit Zusatzmitteln, z. B. wurden Plastifizierer, Verzögerer oder Luftporenbildner zugegeben.

Leichtmauermörtel ist als LM 21 und als LM 36 lieferbar. Die Zahlenwerte weisen auf die Rechenwerte von 0,21 W/m · K bzw. 0,36 W/m · K für die Wärmeleitfähigkeit der Leichtmauermörtel hin **(Tabelle 1)**.

Tabelle 1: Anforderungen an Leichtmauermörtel

	bei Eignungsprüfung	
	LM 21	LM 36
Druckfestigkeit nach 28 Tagen in N/mm²	≤ 7	≤ 7
Trockenrohdichte nach 28 Tagen in kg/dm³	≤ 0,7	≤ 1,0
Wärmeleitfähigkeit in W/(m · K)	≤ 0,21	≤ 0,36

- **Dünnbettmörtel (DM)** besteht aus Zement und feiner Gesteinskörnung mit einem Größtkorn von 2,0 mm. Außerdem enthält er chemische Zusätze, die z. B. den Mauermörtel plastischer machen und ein zu starkes Aufsaugen von Wasser aus dem Mauermörtel durch die Mauersteine verhindern. Ihre Verarbeitungszeit beträgt mindestens 4 Stunden, die Korrigierbarkeitszeit beim Versetzen der Mauersteine mindestens 7 Minuten. Dünnbettmörtel werden als Trockenmörtel in Säcken geliefert und müssen angerührt werden **(Bild 1)**. Sie eignen sich zum Mauern von Plansteinen, sind jedoch für Gewölbe nicht zugelassen.

- **Fugenmörtel** enthält Puzzolanzement oder Trass, um dem Mörtel eine höhere Dichtheit zu geben. Die feine Gesteinskörnung soll eine Korngröße von unter 2,0 mm haben. Durch entsprechende Zusatzmittel kann seine wasserabweisende Eigenschaft erhöht werden.

Bild 1: Anrühren von Dünnbettmörtel

3.8.3 Estrichmörtel

Estrichmörtel wird als Frischmörtel auf Rohdecken bzw. Rohböden aufgebracht. Der Festmörtel kann als Estrich entweder unmittelbar begangen werden oder er dient als Unterlage für Bodenbeläge. Estrichmörtel besteht aus Bindemittel und Gesteinskörnung, gegebenenfalls mit Zugabewasser und Mörtelzusätzen. Als Bindemittel eignen sich Zement, Gipsbinder (Seite 91), Bitumen (Seite 92) und Kunstharze.

Mörtel für **Zementestrich (CT)** wird aus Zement, Gesteinskörnung bis zu einem Größtkorn von 16 mm und Zugabewasser hergestellt. Bei Mörtel mit einem Größtkorn von 8 mm und von 16 mm ist eine bestimmte Korntrennung üblich **(Tabelle 2)**. Wie bei Beton sollte das Größtkorn nicht größer als $1/3$ der Estrichdicke sein. Zementestriche gibt es in verschiedenen Festigkeitsklassen **(Tabelle 3)**. Sie können nach Güteprüfung hergestellt werden; ab CT 40 ist eine Eignungsprüfung vorgeschrieben. Sollen besonders verschleißfeste Estriche hergestellt werden, verwendet man Zementestriche ab der Festigkeitsklasse CT 55 und mischt entsprechende Hartstoffe, wie z. B. harte Natursteine (A), dichte Metallschlacken (M), Elektrokorund und Siliciumkarbid (KS), bei. Verwendet man für Zementestriche als Gesteinskörnung besondere Natursteine und schleift die erhärtete Oberfläche, spricht man von **Terrazzo**.

Tabelle 2: Gesteinskörnung für Estrichmörtel

Größtkorn	Korntrennung
8 mm	je zur Hälfte 0/2 und 2/8
16 mm	zu je einem Drittel 0/2, 2/8 und 8/16

Tabelle 3: Festigkeitsklassen der Zementestriche

Festigkeitsklasse	Druckfestigkeit in N/mm²		
	bei Güteprüfung		bei Eignungsprüfung
	Nennfestigk.	Serienfestigk.	
CT 12	12	≥ 15	18
CT 20	20	≥ 25	30
CT 30	30	≥ 35	40
CT 40	40	≥ 45	50
CT 50	50	≥ 55	60
CT 55 M	55	≥ 70	80
CT 65 A	65	≥ 70	80
CT 65 KS	65	≥ 70	80

3.8.4 Putzmörtel

Putzmörtel ist ein Gemisch aus einem oder mehreren Bindemitteln, Gesteinskörnung mit Korngrößen zwischen 0,25 mm und 4 mm sowie Wasser, gegebenenfalls auch Zusätzen. Putzmörtel wird wie Mauermörtel als Werkmauermörtel oder werkmäßig hergestellter Mörtel nach Güteprüfung oder nach Eignungsprüfung hergestellt. Für die verschiedenen Putzmörtel gibt es Abkürzungen **(Tabelle 1)**.

Tabelle 1: Abkürzungen für Putzmörtel

Abkürzungen	Putzmörtelarten
GP	Normalputzmörtel
LW	Leichtputzmörtel
CR	Edelputzmörtel
OC	Einlagenputzmörtel für außen
R	Sanierputzmörtel
T	Wärmedämmputz

Tabelle 2: Putzmörtelgruppen nach DIN V 18550

Putzmörtelgruppe	mögliche Bindemittel
P I	Luftkalk, Hydraulischer Kalk
P II	Luftkalk, Hochhydraulischer Kalk, Zement, Putz- und Mauerbinder
P III	Zement mit und ohne Kalkhydrat
P IV	Gips, Luftkalk

Ist **Baukalk** das Hauptbindemittel, gilt für den Putztrockenmörtel EN 998-1. Jedoch können nach DIN V 18550 Putzmörtel mit mineralischen Bindemitteln in den bisherigen Putzmörtelgruppen P I bis P IV hergestellt werden **(Tabelle 2)**. Damit sind keine Anforderungen an die Druckfestigkeit verbunden.

Bei Mörteln für Kunstharzputze werden organische Bindemittel verwendet. Man unterscheidet nach DIN 18558:   • P Org 1   für Außen- und Innenputze   sowie   • P Org 2   für Innenputze.

Ist Gips das Hauptbindemittel, gilt für den damit hergestellten Gips-Trockenmörtel EN 998-1 und DIN EN 13279-1. Als Bindemittel kann Gipsbinder zusammen mit Baukalk verwendet werden. Für Gips- und Gipsbinder-Trockenmörtel gibt es zahlreiche Arten mit Kurzzeichen **(Tabelle 3)**.

Tabelle 3: Gipsbinder und Gips-Trockenmörtel nach DIN EN 13279-1

Bezeichnung	Kurzzeichen	Erläuterungen
Gipsbinder	A	– zur Direktverwendung auf der Baustelle – zur Weiterverarbeitung, z. B. zu Gipsplatten
Gips-Trockenmörtel	B	– für Gipshandputz – für Gipsmaschinenputz
Gips-Putztrockenmörtel	B1	≥ 50 % Calciumsulfat als Hauptbindemittel ≤ 5 % Baukalk
gipshaltiger Putztrockenmörtel	B2	≤ 50 % Calciumsulfat als Hauptbindemittel ≥ 5 % Baukalk
Gipskalk-Putztrockenmörtel	B3	wie Gips- und gipshaltiger Putztrockenmörtel ≥ 5 % Baukalk
Gipsleicht-Putztrockenmörtel	B4	mit anorganischen oder organischen Leichtzuschlägen
gipshaltiger Leicht-Putztrockenmörtel	B5	–
Gipskalkleicht-Putztrockenmörtel	B6	–
Gips-Trockenmörtel für Putz mit erhöhter Oberflächenhärte	B7	–
Gips-Trockenmörtel für besondere Zwecke	C	wie z. B. für Gips-Mauermörtel, Gips-Trockenmörtel für Akustikputz, Wärmedämmputz, Brandschutzputz, Dünnlagenputz

Aufgaben

1. Welche Mörtelgruppen gibt es und welche Bindemittel werden jeweils dazu verwendet?
2. Welche Möglichkeiten gibt es, Werkmörtel auf der Baustelle zu verarbeiten?
3. Für welche Arbeiten sind die unterschiedlichen Mauermörtelgruppen zugelassen?
4. Woher kommt es, dass es für Kalkzementmörtel unterschiedliche Druckfestigkeiten gibt?
5. Welche Arten von Mauermörtel gibt es und wozu verwendet man sie?
6. Welche Bindemittel dürfen bei Putzmörtel in den verschiedenen Mörtelgruppen und Mörtelklassen miteinander gemischt werden?

3.9 Holz

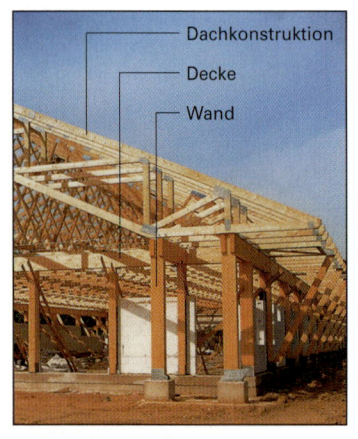

Bild 1: Konstruktionen aus Holz

Holz ist ein Baustoff, der seit Jahrtausenden im Bauwesen vielfältig eingesetzt wird. Dachkonstruktionen, auch Wände, Decken und Treppen, werden aus Holz erstellt **(Bild 1)**. Im Innenausbau ist Holz ein häufig verwendeter Baustoff. Daneben wird Holz im Schalungsbau genutzt.

Die Einsatzmöglichkeiten des natürlichen Rohstoffes Holz haben sich durch Weiterverarbeitung zu Holzwerkstoffen wie Span-, Faser- und Sperrholzplatten noch erweitert. Gründe für die vielseitige Anwendung von Holz sind günstige technische Eigenschaften, ansprechendes Aussehen und ökologische Vorteile.

Um Holz und Holzwerkstoffe fachgerecht einsetzen zu können, sind Kenntnisse über das Wachstum und den Aufbau des Holzes sowie über die Eigenschaften verschiedener Hölzer und Holzwerkstoffe erforderlich.

3.9.1 Wachstum und Aufbau des Holzes

Der Baum bildet seine zum Wachstum notwendigen Aufbaustoffe selbst. Dazu nimmt er durch Spaltöffnungen an der Unterseite der Blätter Kohlenstoffdioxid auf. Außerdem entnimmt er dem Boden durch die Saugkraft der Wurzeln Wasser und leitet es bis in die Blätter. Der Wassertransport erfolgt durch den Sog, der durch die Verdunstung des Wassers in den Blättern ensteht und durch Diffusion und Kapillarwirkung unterstützt wird. Das Wasser enthält Nährsalze und Spurenelemente, wie z. B. Stickstoff, Phosphor, Kalium, Calcium, Magnesium und Eisen, die zum Aufbau organischer Stoffe und zur Lebenserhaltung des Baumes erforderlich sind.

Der Baum wandelt mit Hilfe des Blattgrüns (Chlorophyll) und des Sonnenlichtes Wasser und Kohlenstoffdioxid in Zucker und Stärke um und gibt dabei Sauerstoff ab. Zusammen mit den Nährsalzen werden daraus Zellulose und andere organische Stoffe wie Lignin, Harze und Fette gebildet. Die chemische Umwandlung der aufgenommenen Stoffe in organische Stoffe nennt man **Assimilation** bzw. **Fotosynthese**; dabei ist Sonnenenergie erforderlich **(Bild 2)**.

Bild 2: Ernährung des Baumes

Das Wachstum der Bäume beginnt in unseren Breitengraden im Frühjahr und dauert bis zum Spätsommer und Herbst. Während der Wintermonate ruht das Wachstum. Das **Längenwachstum** beginnt mit dem Austrieb der End- oder Triebknospen des Stammes, der Äste und der Zweige. In den Knospen befinden sich die Wachstums- oder Vegetationszonen, in denen sich die Zellen fortlaufend teilen und danach strecken.

Das **Dickenwachstum** erfolgt im **Kambium**. Diese dünne Wachstumsschicht umschließt die Holzteile des Baumes und bildet nach innen Holzzellen und nach außen Bastzellen. Wie auch beim Längenwachstum teilen und strecken sich die Zellen. Im **Bast** werden die Aufbaustoffe abwärts zu den Wachstumszonen und in die Speicherzellen der Äste, des Stammes und der Wurzeln geleitet. Die Bastschicht bildet nach außen die Rinde, deren abgestorbene Teile als **Borke** bezeichnet werden **(Bild 3)**.

Bild 3: Dickenwachstum

3.9.1.1 Holzzellen

Holzzellen müssen verschiedene Aufgaben erfüllen und sind deshalb verschieden aufgebaut. Laub- und Nadelhölzer weisen außerdem unterschiedliche Zellen auf.

Benachbarte Zellen sind durch **Tüpfel** miteinander verbunden. Tüpfel sind paarweise angeordnete durchlässige Dünnstellen in den Zellwänden, die den Wasser- und Stofftransport zwischen den Zellen ermöglichen.

Bei Laubhölzern bestehen die Tüpfel meist nur aus einem feinen netzartigen Fasergeflecht mit sehr kleinen Öffnungen, das den Stoffaustausch durch Diffusion zulässt.

Nadelholztüpfel werden als **Hoftüpfel** bezeichnet. Bei diesen befindet sich zwischen den Zellwandöffnungen (Porus) eine durchlässige Mittellamelle mit einer Schließhaut (Torus) **(Bild 1)**. Bei Verletzungen des Baumes und beim Austrocknen von gefälltem Holz erfolgt ein Tüpfelverschluss. Deshalb sind manche Nadelhölzer schwer imprägnierbar.

Das abwärts gerichtete **Leitungssystem im Bast** besteht im Laubholz aus **Siebröhren,** in Nadelhölzern aus **Siebzellen.** Siebröhren haben unverdickte und unverholzte Zellwände. Sie bilden durch längs und quer angeordnete Öffnungen ein durchlässiges Röhrensystem zum Transport der Nährstoffe **(Bild 2)**. Die gleiche Aufgabe haben bei den Nadelhölzern lange schlanke, an den Enden zugespitzte Siebzellen, mit zahlreichen feinen Tüpfeln an den Längswänden.

Die **Holzmasse der Nadelhölzer** besteht vor allem aus den **Tracheiden**. Diese Zellen, die nur bei Nadelhölzern vorkommen, geben dem Holz die Festigkeit und übernehmen die Saftleitung aufwärts. Sie sind lang gestreckt und bilden etwa 95 % der Holzmasse. Die Nähr- und Wuchsstoffe werden in vorwiegend quer zur Faserrichtung angeordneten **Speicherzellen** abgelagert.

Die **Holzmasse der Laubhölzer** weist kein so einfaches Gefüge wie die entwicklungsgeschichtlich älteren Nadelhölzer auf. Laubhölzer haben neben **Stütz-** und **Speicherzellen** spezielle lang gestreckte **Leitzellen,** die den Saft leiten und auch als Tracheen, Gefäße oder Poren bezeichnet werden **(Tabelle 1)**. Die Größe und Verteilung dieser Leitzellen hat auf die Holzstruktur einen großen Einfluss. Man unterscheidet deshalb grobporige und feinporige sowie ringporige und zerstreutporige Hölzer **(Bild 3)**. Feinporige Hölzer sind z. B. die Hainbuche und die Rotbuche sowie der Ahorn; zu den grobporigen Hölzern zählen beispielsweise die Eiche und die Esche.

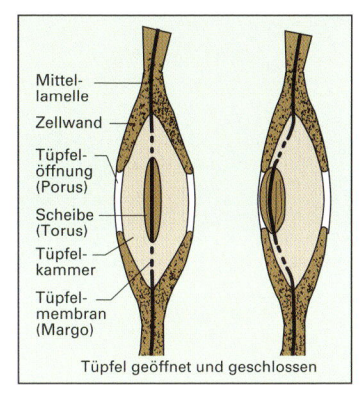

Bild 1: Hoftüpfel einer Nadelholzzelle

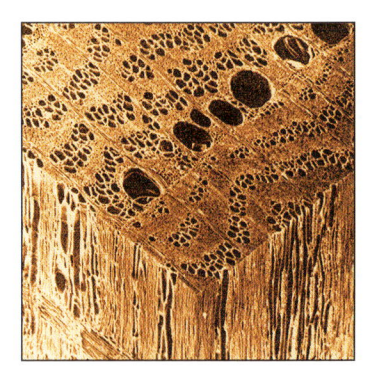

Bild 2: Holzzellen beim Laubholz

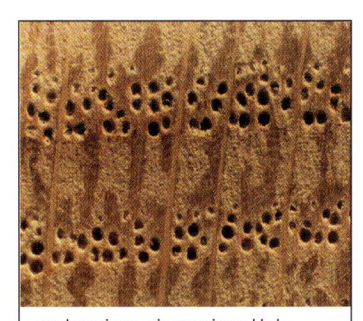

grobporiges, ringporiges Holz

zerstreut-, feinporiges Holz

Bild 3: Poren im Laubholz

Tabelle 1: Holzzellen von Laubbäumen		
Bezeichnung	Aufgabe	Form
Stützzellen	bewirken die Festigkeit des Holzes	langgestreckt, zugespitzt, dickwandig, bilden die **Holzfasern**
Leitzellen	leiten Saft	lang, röhrenförmig, teilweise im Hirnholz als **Poren** und im Längsholz als feine Nadelrisse sichtbar
Speicherzellen	speichern Nährstoffe	dünnwandig, hell, vorwiegend vom Mark ausgehende **Markstrahlen**

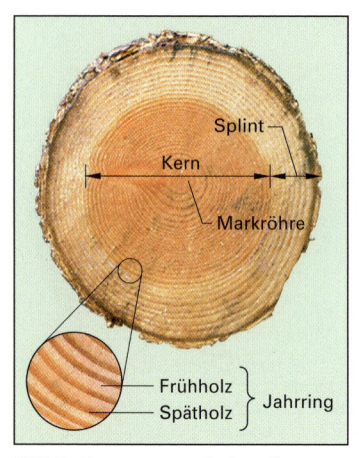

Bild 1: Stammquerschnitt mit Jahrringen

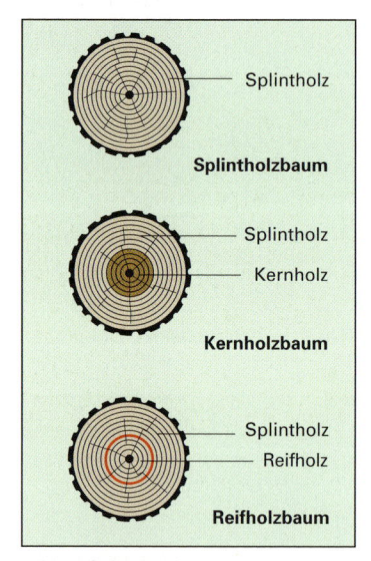

Bild 2: Splintholzanteil von Bäumen

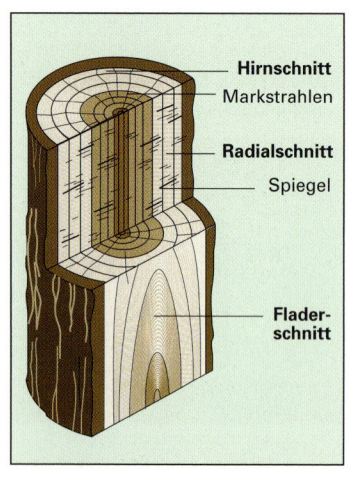

Bild 3: Schnittebenen bei Vollholz

3.9.1.2 Aufbau des Holzes

Die beim Dickenwachstum gebildeten Holzzellen umschließen ringförmig die abgestorbene Markröhre, aus der sich der Baum entwickelt hat. Die im Frühjahr und Frühsommer entstandenen Holzzellen sind weiträumig, dünnwandig und von heller Farbe (Frühholz). Das Holz ist deshalb weich und leicht. Die im Spätsommer gebildeten Zellen sind dickwandig, engräumig und von dunkler Farbe (Spätholz). Das Spätholz ist deshalb entsprechend härter und schwerer als das Frühholz.

Das gesamte Dickenwachstum eines Jahres ergibt sich aus dem **Frühholz** und dem **Spätholz** und wird als **Jahrring** oder auch als Jahresring bezeichnet. An der Zahl der Jahrringe lässt sich das Alter eines Baumes bestimmen, wenn diese am Stammquerschnitt dicht über dem Boden gezählt werden (**Bild 1**). Holz aus Tropengebieten wachsen nicht im Jahresrhythmus und zeigen deshalb keine Jahrringbildung.

Die äußeren Jahrringe dienen der Saft- bzw. Wasserführung des Baumes. Dieser Teil des Baumes wird als **Splintholz** bezeichnet. Bei einer großen Zahl von Baumarten tritt mit zunehmendem Alter eine Verkernung des Holzes ein. Die älteren inneren Jahrringe stellen die Saft- bzw. Wasserführung ein und werden mit Ablagerungsstoffen, wie z. B. Gerb- und Farbstoff, Harz, Wachs und Fett gefüllt. Diese dunklen inneren Holzschichten nennt man **Kernholz**. Kernholz ist schwerer, fester und dauerhafter als Splintholz und arbeitet weniger.

Bäume, die neben dem Splintholz auch Kernholz (Farbkernholz) aufweisen, bezeichnet man als **Kernholzbäume**. Zu den Kernholzbäumen zählen z. B. Kiefer, Lärche und Eiche (**Bild 2**).

Bei manchen Baumarten geht das Splintholz vom Mark bis zum Kambium durch. Zu diesen gleichmäßig harten **Splintholzbäumen** gehören z. B. Weißbuche, Linde, Birke und Ahorn.

Bei anderen Baumarten tritt zwar eine Verkernung, aber keine deutliche Farbveränderung ein. Diese Bäume, z. B. Fichte, Tanne und Rotbuche, bezeichnet man als **Reifholzbäume**.

Wird ein Baumstamm in verschiedene Richtungen geschnitten, zeigt sich deutlich der Aufbau des Holzes (**Bild 3**). Man unterscheidet:

- **Quer- oder Hirnschnitt**

    Mark, Jahrringe, Bast und Rinde sind ringförmig sichtbar.

    Eventuell sind Kern- und Splintholz, Markstrahlen und Poren erkennbar.

- **Radial- oder Spiegelschnitt**

    Jahrringe ergeben parallele Streifen. Manchmal sind durch angeschnittene Markstrahlen „Spiegel" sichtbar.

- **Sehnen- oder Fladerschnitt**

    Wegen der Verjüngung des Stammes entsteht eine parabelförmige Zeichnung, die Fladerung genannt wird.

Sind in den Schnitten, bedingt durch üppiges Wachstum, breite Jahrringe zu sehen, spricht man von **grobjährigem** Holz. Schmale Jahrringe ergeben **feinjähriges** Holz. Feinjähriges Holz ist besonders wertvoll, da es wenig arbeitet und sich beim Schwinden kaum verformt.

3.9.1.3 Zusammensetzung des Holzes

Holzzellen bestehen aus den Zellwänden und dem wässerigen Zellinhalt, dem **Zellsaft** (Protoplasma), der bei frischem Holz mehr als die Hälfte der Holzmasse betragen kann.

Die **Holzsubstanz** wird durch das Holzgerüst der Zellwände gebildet. Sie besteht bei allen Hölzern aus der gleichen Menge chemischer Elemente, aus denen verschiedene Verbindungen hervorgehen **(Bild 1)**. Diese Bestandteile der Holzsubstanz sind die Cellulose und celluloseähnliche Stoffe (Hemicellulose), das Lignin und Holzinhaltsstoffe wie Harz, Terpentin, Fett, Wachs, Farbstoffe und anorganische Spurenelemente.

- **Cellulose** bildet das Holzgerüst
- **Lignin** bewirkt Druckfestigkeit (Verholzung)
- **Holzinhaltsstoffe** beeinflussen Farbe, Geruch, Widerstandsfähigkeit gegen Insekten und Pilze

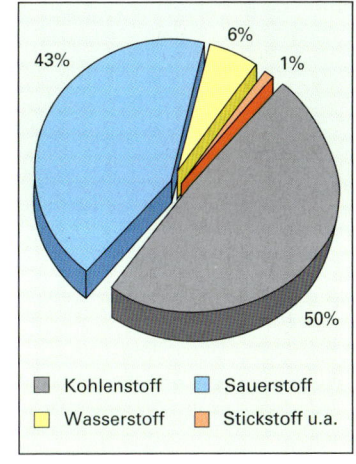

Bild 1: Chemische Zusammensetzung der Holzsubstanz

3.9.1.4 Ökologische Bedeutung des Holzes

Die Erhaltung und Pflege des Waldes hat nicht nur wirtschaftliche Bedeutung, sondern ist auch ökologisch sehr sinnvoll, da Wälder daran mitwirken, den Lebensraum für Menschen, Tiere und Pflanzen zu erhalten und damit einen wichtigen Beitrag zum Schutz der Umwelt leisten. Neben der **Nutz- und Schutzfunktion** dient der Wald auch als Erholungsraum für den Menschen.

Wälder sind zur Erhaltung des ökologischen Gleichgewichtes erforderlich, da sie zur **Reinhaltung der Luft** und zur **Verbesserung des Klimas** sowie zum **Schutz der Landschaft** maßgeblich beitragen.

- Bäume binden Kohlenstoff durch Aufnahme von CO_2 und Abgabe von Sauerstoff an die Luft. Der CO_2-Anteil der Atmosphäre und damit der Treibhauseffekt wird verringert (Seite 32).
- Der Wald bindet Ruß- und Staubteilchen.
- Der Oberboden wird vor Abtragung durch Naturkräfte (Erosion) geschützt und damit eine Verkarstung verhindert.
- Die Entstehung von Schnee- und Gerölllawinen wird eingeschränkt **(Bild 2)**.
- Der Wald hält die Bodenfeuchtigkeit lange und gibt das Wasser nur langsam ab. Das bewirkt ein ausgeglichenes Klima und vermeidet das Absinken des Grundwasserspiegels.
- Die Gefahr von Überschwemmungen, insbesondere bei der Schneeschmelze, wird eingeschränkt.

Der Einsatz von Holz im Bauwesen ist aus der Sicht des **Umweltschutzes** auch deshalb sinnvoll, weil Holz ein **nachwachsender Rohstoff** ist und dadurch auf andere Rohstoffe, deren Vorrat begrenzt ist, verzichtet werden kann **(Bild 3)**.

Außerdem wird bei der Herstellung, Verarbeitung und Entsorgung von Holz vergleichsweise wenig Energie verbraucht. Da Holz verhältnismäßig leicht und fast überall verfügbar ist, ist auch der **Energieverbrauch** durch den Transport **gering**. Durch die Weiterverarbeitung von Restholz zu Holzwerkstoffen wird Abfall vermieden.

Bild 2: Lawinenverbau als „Ersatz" für fehlenden Bergwald

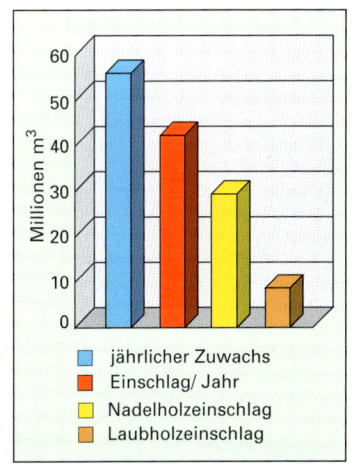

Bild 3: Jährlicher Holzzuwachs und Einschlag in der Bundesrepublik

Aufgaben

1. Welche Aufgaben haben die Blätter eines Baumes?
2. Beschreiben Sie den Vorgang der Fotosynthese!
3. Welche Aufgaben haben beim Baum das Kambium, der Bast und das Splintholz?
4. Welche Holzzellen unterscheidet man in der Holzmasse der Laubbäume und welche Aufgaben haben diese Zellen?
5. Wodurch bilden sich die Jahrringe?
6. Wodurch unterscheiden sich Frühholz und Spätholz?
7. Welche Schnittebenen sind an dem nebenstehenden Holzteil dargestellt (Bild 1)?
8. Woran sind diese Schnitte erkennbar (Bild 1)?
9. Aus welchen Bestandteilen ist die Holzsubstanz aufgebaut?
10. Weshalb ist die Erhaltung des Waldes ökologisch sinnvoll?

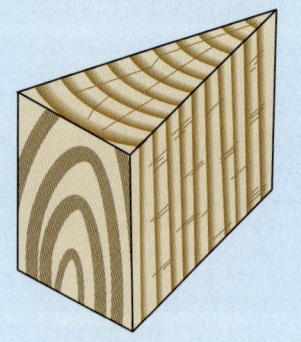

Bild 1: Schnitte am Baumstamm

Tabelle 1: Dauerhaftigkeit verschiedener Holzarten

Dauerhaftigkeit	Holzarten
sehr dauerhaft	Robinie, Teak
dauerhaft	Eiche, Eibe
mäßig dauerhaft	Lärche, Kiefer
wenig dauerhaft	Tanne, Fichte
nicht dauerhaft	Birke, Pappel, Buche, Esche

Tabelle 2: Rohdichte verschiedener Holzarten

Holzart	kg/dm³
Fichte, Tanne	0,47
Kiefer	0,52
Erle	0,53
Lärche	0,59
Ahorn	0,61
Birke	0,65
Nussbaum	0,66
Esche	0,69
Eiche	0,67
Rotbuche	0,69
Weißbuche	0,77
W. Red cedar	0,37
Redwood	0,43
Oregon pine	0,51
Limba	0,55
Ramin, Sipo	0,60
Iroko	0,63
Pitch pine	0,65

3.9.2 Eigenschaften des Holzes

Zur Unterscheidung der Holzarten dienen Maserung, Farbe und Geruch sowie eine Reihe von technischen Eigenschaften, wie Dauerhaftigkeit, Dichte, Härte und Festigkeit. Eine weitere typische Eigenschaft ist das „Arbeiten des Holzes".

Die unterschiedlichen Eigenschaften ermöglichen eine vielseitige Verwendung des Holzes. Dazu sind jedoch umfassende Kenntnisse über die verschiedenen Holzarten erforderlich.

3.9.2.1 Dauerhaftigkeit

Werkgerecht verarbeitetes Holz ist dauerhaft. Bei häufigem Wechsel von Feuchtigkeit und Trockenheit wird die Dauerhaftigkeit allerdings wesentlich herabgesetzt (**Tabelle 1**). Dagegen hat Holz, das unter Wasser verbaut wird, eine lange Lebensdauer. Grundsätzlich ist Kernholz dauerhafter als Splintholz, da für die Dauerhaftigkeit vorrangig die Inhaltsstoffe maßgebend sind, die ausschließlich im Kernholz vorhanden sind.

Die Dauerhaftigkeit des Holzes wird hauptsächlich durch Pilze und Insekten eingeschränkt. Durch eine zusätzliche Behandlung mit Holzschutzmitteln kann deshalb die Lebensdauer des Holzes verlängert werden.

3.9.2.2 Dichte

Beim Holz wird zwischen Dichte und Rohdichte unterschieden. Die **Dichte** bezieht sich auf die reine Holzsubstanz, also die Zellwandsubstanz ohne Zellhohlraum. Sie beträgt bei allen Holzarten etwa 1,56 kg/dm³, da die Zellwandsubstanz bei allen Holzarten aus den gleichen Grundstoffen besteht. Unter **Rohdichte** versteht man die Dichte eines Holzes einschließlich seiner Zellhohlräume. Die Rohdichte ist von der Holzart und dem jeweiligen Feuchtegehalt des Holzes abhängig. Im Allgemeinen werden die Werte der Rohdichte von lufttrockenem Holz angegeben (**Tabelle 2**).

Die Rohdichte wirkt sich auf weitere Eigenschaften des Holzes, z. B. Festigkeit, Härte, Bearbeitbarkeit und Wärmeleitfähigkeit, aus.

3.9.2.3 Härte

Unter Härte des Holzes versteht man den Widerstand, den es dem Eindringen eines anderen Körpers, z. B. einer Werkzeugschneide, entgegensetzt. Bearbeitbarkeit und Abrieb sind demnach von der Härte abhängig.

Die Härte des Holzes ist umso größer, je größer die Rohdichte und je kleiner sein Feuchtegehalt ist. Langsam gewachsenes Holz mit dickwandigen Zellen ist in der Regel härter als schnell gewachsenes Holz. Splintholz ist weicher als Kernholz.

In der Praxis wird zwischen Harthölzern und Weichhölzern unterschieden **(Tabelle 1)**.

3.9.2.4 Festigkeit

Unter Festigkeit des Holzes versteht man seinen Widerstand gegen Verformung durch äußere Kräfte (Einwirkungen). Die Festigkeit des Holzes nimmt, wie die Härte, in der Regel mit steigender Rohdichte zu und mit zunehmender Holzfeuchte ab. Unregelmäßiger Wuchs, Astigkeit und Risse mindern die Festigkeit des Holzes.

Je nach Belastungsart unterscheidet man insbesondere Druck-, Zug-, Biege-, Schub- und Torsionsfestigkeit (Seiten 43 und 44). Beginnt bei einer dieser Beanspruchungen eine Zerstörung des Holzgefüges, ist die Festigkeitsgrenze überschritten. In der DIN 1052 sind hierfür **charakteristische Festigkeitskennwerte** angegeben **(Tabelle 3)**. Sie berücksichtigen die Qualität des Holzes, gemäß den Sortierklassen nach DIN 4074 (Seite 137). Um die Tragfähigkeit von Bauteilen aus Holz zu gewährleisten, werden Festigkeitskennwerte auf **Bemessungswerte** abgemindert **(Tabelle 2)**. Nach DIN 1052 müssen diese Bemessungswerte der Festigkeiten mindestens den Bemessungswerten der Einwirkungen entsprechen.

Tabelle 1: Härte verschiedener Holzarten

Weichhölzer		Harthölzer	
sehr weich	weich	hart	sehr hart
Pappel Linde Balsa	Fichte Tanne Kiefer Lärche	Ahorn Eiche Esche Rotbuche	Weißbuche

Tabelle 2: Bemessungswerte der Festigkeiten f_d in N/mm² nach DIN 1052 (2004)

Beanspruchung von **Nadelholz**	Festigkeitsklasse	
	C24	C30
Biegung	14,77	18,46
Zug parallel	8,62	11,08
Zug rechtwinklig	0,25	0,25
Druck parallel	12,92	14,15
Druck rechtwinklig	1,54	1,66
Schub und Torsion	1,23	1,23
Beanspruchung von **Laubholz**	Festigkeitsklasse	
	D30	D40
Biegung	18,46	24,61
Zug parallel	11,08	14,76
Zug rechtwinklig	0,31	0,31
Druck parallel	14,15	16,00
Druck rechtwinklig	4,92	5,42
Schub und Torsion	1,85	2,34

Werte für mittlere Lasteinwirkungsdauer, z. B. für Nutzlasten von Wohn- und Bürogebäuden und einer Holzfeuchte entsprechend Nutzungsklasse 1 und 2 (Seite 139) sowie einem Sicherheitsbeiwert von 1,3.

Tabelle 3: Charakteristische Festigkeitswerte für Nadelholz nach DIN 1052 in N/mm²

Festigkeitsklasse	C14	C16	C18	C20	C22	C24	C27	C30	C35	C40	C45	C50
Biegung[1]	14	16	18	20	22	24	27	30	35	40	45	50
Zug parallel[1]	8	10	11	12	13	14	16	18	21	24	27	30
Zug rechtwinklig	0,4											
Druck parallel[1]	16	17	18	19	20	21	22	23	25	26	27	29
Druck rechtwinklig	2,0	2,2	2,2	2,3	2,4	2,5	2,6	2,7	2,8	2,9	3,1	3,2
Schub und Torsion	2,0											

[1] Bei nur von Rinde und Bast befreitem Nadelholz dürfen in den Bereichen ohne Schwächung der Randzone um 20 % erhöhte Werte in Rechnung gestellt werden.

3.9.2.5 Leit- und Dämmfähigkeit

Bei der bauphysikalischen Bewertung eines Baustoffes ist das Leit- bzw. Dämmverhalten gegenüber Wärme, Schall und Elektrizität wichtig **(Tabelle 1)**.

Tabelle 1: Leit- und Dämmfähigkeit des Holzes

Eigenschaft	Wärmedämmung	Schalldämmung	Elektrische Leitfähigkeit
Bewertung	sehr gut 1 cm Fichtenholz dämmt wie 16 cm Beton	gute Schallausbreitung geringes Dämmvermögen	trockenes Holz leitet kaum, feuchtes Holz leitet besser
Ursache/Bedeutung	viele Hohlräume im trockenen Holz	geringes Gewicht und hohe Biegesteifigkeit	Feuchtemessung mithilfe des elektrischen Widerstandes möglich

Tabelle 2: Fasersättigungsbereich

Holzart	Feuchte
Rotbuche, Hainbuche, Birke	32 % – 35 %
Fichte, Tanne	30 % – 34 %
Kiefer, Lärche	26 % – 28 %
Eiche, Esche, Nussbaum	23 % – 25 %

In der Praxis wird zur Vereinfachung als Fasersättigung eine Holzfeuchte von 30 % bezeichnet.

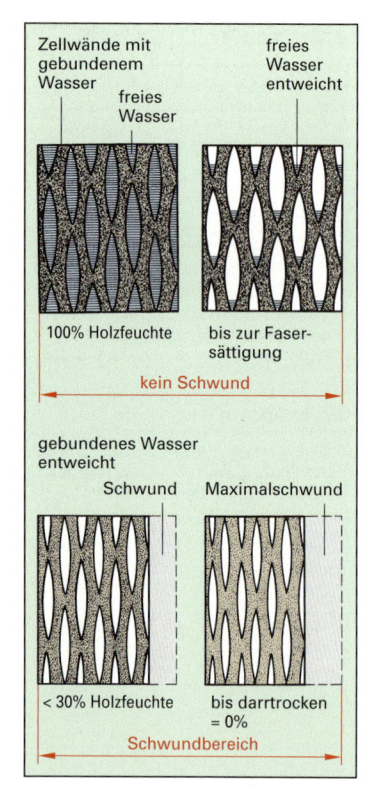

Bild 1: Holzschwund beim Trocknen

3.9.2.6 Arbeiten des Holzes

Holz ist hygroskospisch, d.h., es kann Feuchtigkeit abgeben und Feuchtigkeit aufnehmen. Die Abgabe bzw. Aufnahme der Feuchtigkeit beginnt dann, wenn zwischen dem Feuchtegehalt des Holzes und dem Feuchtegehalt der das Holz umgebenden Luft ein Unterschied (Feuchtigkeitsgefälle) besteht.

Frisch eingeschlagenes Holz enthält je nach Holzart, Standort und Alter eines Baumes zwischen 50 % und mehr als 100 % Wasser, bezogen auf die trockene Holzmasse. Das Wasser befindet sich als „freies Wasser" in den Zellhohlräumen und als „gebundenes Wasser" in den Zellwänden. Bedingt durch das röhrenartige Zellgefüge des Holzes wird beim Trocknen das freie Wasser verhältnismäßig rasch abgegeben. Enthält das Holz kein freies Wasser mehr, beträgt die Holzfeuchte je nach Holzart etwa 23 % bis 35 %. Dieser Feuchtebereich wird als **Fasersättigungsbereich** bezeichnet **(Tabelle 2)**.

Die Abgabe des gebundenen Wassers erfolgt dagegen sehr langsam, weil es nur durch Diffusion über die Zellwände nach außen gelangen kann. Wenn das Wasser aus den Fasern abgegeben wird, also unterhalb der **Fasersättigung von etwa 30 % Holzfeuchte**, verringert sich das Volumen und die Form des Holzes ändert sich, das Holz **schwindet (Bild 1)**. Dabei kann das Holz sich **werfen** bzw. verziehen und **reißen**. Bei Aufnahme von Feuchtigkeit vergrößert sich das Volumen des Holzes wieder, es **quillt**. Schwinden und Quellen bezeichnet man als **„Arbeiten des Holzes"**.

Das Schwinden erfolgt nicht in allen Richtungen gleichmäßig. In **Richtung des Faserverlaufs** (längs bzw. axial) beträgt der größte Schwund etwa **0,1 % bis 0,3 %**, in **Richtung der Markstrahlen** (radial) rund **5 %** und in **Richtung der Jahrringe** (tangential) ungefähr **10 % (Bild 1, Seite 121)**. Dies sind Durchschnittswerte, die für darrtrockenes Holz gelten, d. h. für Holz, das bis zu einem Feuchtegehalt von 0 % getrocknet wurde.

Bei einigen Holzarten weichen die Schwindmaße jedoch erheblich von den Durchschnittswerten ab. Da sich die Schwind- und Quellmaße im bauwichtigen Bereich von etwa 5 % bis 25 % Holzfeuchte **(Tabelle 1, Seite 122)** linear verändern, gibt man häufig diese für verschiedene Holzarten bezogen auf 1 % Holzfeuchteänderung an **(Tabelle 1, Seite 121)**.

Tabelle 1: Schwindmaße je 1 % Holzfeuchteänderung		
Holzart	radial	tangential
Tanne	0,14 %	0,28 %
Lärche	0,14 %	0,30 %
Eiche	0,18 %	0,34 %
Fichte	0,19 %	0,36 %
Kiefer	0,19 %	0,36 %
Rotbuche	0,20 %	0,41 %
Esche	0,21 %	0,38 %

Durch das unterschiedlich große Schwinden in radialer und tangentialer Richtung ergeben sich verschiedene **Formänderungen**. Rundhölzer reißen auf und bilden Trocken- oder Schwundrisse, Kantholzquerschnitte verformen sich je nach Verlauf der Jahrringe (**Bild 2**).

Herzbretter und Herzbohlen werden durch das Schwinden dünner, der Rinde zu mehr als dem Herz zu. Außerdem tritt ein geringer Breitenschwund ein. In der Herzzone reißt das Holz auf. Mittelbretter und Mittelbohlen knicken im Bereich der einseitig geschlossenen Jahrringe ab und werden nach außen dünner und schmäler. Bei Seitenbrettern und -bohlen zeigt sich das Schwinden durch starkes Rundziehen in Richtung des Jahrringverlaufs (**Bild 3**).

Bei starkem und vor allem bei schnellem Schwinden kann Schnittware an ihren Hirnenden aufreißen, es bilden sich Hirn- oder Endrisse.

Splintholz schwindet stärker als Kernholz. Unterschiedliche Wuchsbedingungen bewirken auch verschieden starkes Schwinden und Quellen. Je weniger das Holz arbeitet, umso besser ist sein **Stehvermögen** bzw. seine Dimensions- und Formbeständigkeit.

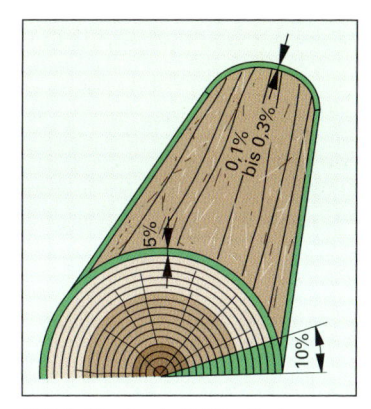

Bild 1: Maximale Größenänderung durch Schwund bei einer Trocknung von 30 % auf 0 % Holzfeuchte

- Holz schwindet und quillt in tangentialer Richtung etwa doppelt so viel wie in radialer Richtung.
- Das Arbeiten des Holzes in Längsrichtung ist so gering, dass es konstruktiv meist nicht berücksichtigt werden muss.
- Beim Schwinden verformen sich Seitenbretter und -bohlen stets so, dass die rechte Seite rund und die linke Seite hohl wird.

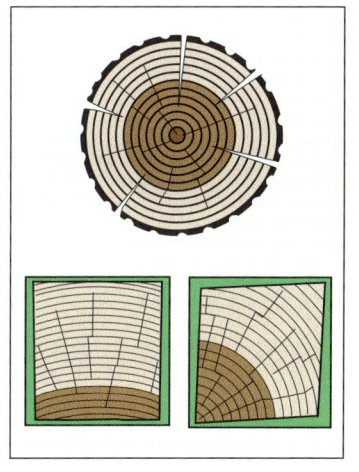

Bild 2: Schwinden von Rundhölzern und Kanthölzern

Aufgaben

1. In welche Gruppen kann man die Holzarten bezüglich ihrer Härte einteilen?
2. Holzarten mit großer Rohdichte sind hart und fest. Erklären Sie, ob dieser Zusammenhang auch zwischen der Rohdichte und der Dauerhaftigkeit vorhanden ist.
3. Wodurch wird die Festigkeit des Holzes gemindert?
4. Was versteht man unter dem Arbeiten des Holzes?
5. Wie verformt sich ein Mittelbrett durch Schwinden?
6. Ermitteln Sie die Abmessungen eines Herzbrettes aus Kiefernholz (280 mm/30 mm), das von 20 % auf 8 % Holzfeuchte getrocknet wurde.

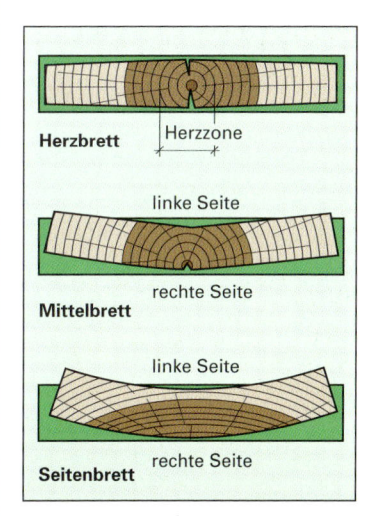

Bild 3: Schwundformen von Brettern und Bohlen

Tabelle 1:	Soll-Holzfeuchte in Prozent für Holzbauteile
Pergolen	12 % bis 24 %
Dachstühle	12 % bis 18 %
Fenster und Außentüren	12 % bis 15 %
Möbel	8 % bis 12 %
Parkett	7 % bis 11 %
Treppen, Innenausbau	6 % bis 10 %
Schalungsplatten	≥ 7 %

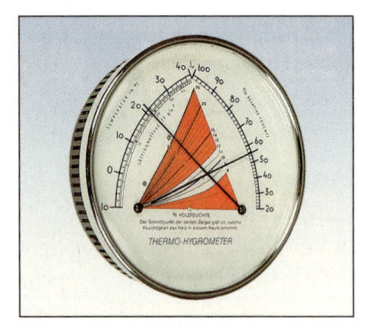

Bild 1: Thermo-Hygrometer

Bild 2: Elektrisches Feuchtemessgerät mit Rammsonde

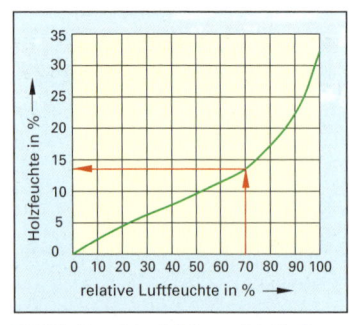

Bild 3: Feuchtegleichgewicht bei einer Lufttemperatur von 15 °C

3.9.3 Holztrocknung

Frisches Holz ist zum Bauen nicht geeignet, da es stark schwindet und von Schädlingen befallen wird. Damit keine Schäden entstehen, muss ihm deshalb soviel Feuchtigkeit entzogen werden, dass sein Feuchtegehalt beim Einbau etwa dem seiner späteren Nutzung entspricht (**Tabelle 1**). Dies erfolgt durch Trocknen des Holzes.

Welche Soll-Holzfeuchte einem vorhandenen Raumklima entspricht, kann mit einem Raum-Thermo-Hygrometer festgestellt werden (**Bild 1**).

3.9.3.1 Bestimmung der Holzfeuchte

Die Holzfeuchte kann mit Hilfe der Darrprobe oder mit Hilfe von Messgeräten bestimmt werden.

Bei der **Darrprobe** entnimmt man dem Holz mehrere kleine Probestücke und wiegt diese. Man erhält so das Nassgewicht. In einem elektrisch beheizten Trockenofen oder auf einer Wärmeplatte trocknet man diese Holzproben so lange, bis das Gewicht nicht mehr abnimmt. Das nach dem Trocknen festgestellte Gewicht ist das Trockengewicht oder Darrgewicht mit einem Feuchtegehalt von 0 %. Bei der prozentualen Berechnung der Holzfeuchte wird der Wassergehalt der Probestücke in g auf ihr Darrgewicht in g bezogen.

Bei batteriebetriebenen **elektrischen Feuchtemessern** wird über zwei Elektroden Strom durch das Holz geleitet. Da die elektrische Leitfähigkeit des Holzes durch die Holzfeuchte verändert wird, lassen sich die Feuchtewerte an einer Skala oder als Zahlenwerte ablesen (**Bild 2**).

3.9.3.2 Trocknungsvorgang

Bis zur Fasersättigung trocknet Holz sehr rasch. Die Abgabe des gebundenen Wassers erfolgt dagegen nur sehr langsam, weil es nur durch Diffusion nach außen gelangen kann. Das Wasser an der Holzoberfläche wird durch Verdunstung an die Luft abgegeben. Das Verdunsten des Wassers ist im Wesentlichen abhängig von der Luftfeuchtigkeit, der Lufttemperatur, der Luftbewegung und von der Größe der Holzoberfläche.

Zwischen der Holzfeuchte und der relativen Luftfeuchte stellt sich ein Ausgleich ein. Holz gibt so lange Feuchtigkeit an die umgebende Luft ab oder nimmt von ihr so lange Feuchtigkeit auf, bis ein Ausgleich zwischen beiden erreicht ist. Diesen Zustand bezeichnet man als **Feuchtegleichgewicht**. In unserem Klima beträgt die relative Luftfeuchtigkeit von März bis September etwa 70 %, die Temperatur im Durchschnitt etwa 15 °C. Das Feuchtegleichgewicht ist bei diesen Durchschnittswerten bei etwa 15 % Holzfeuchte erreicht (**Bild 3**). Während der Wintermonate tritt jedoch das Feuchtegleichgewicht bereits bei einer Holzfeuchte von etwa 20 % ein. Holz, das im Freien oder in offenen Schuppen getrocknet worden ist, bezeichnet man als **lufttrocken**.

Da Holz nur trocknet, solange die umgebende Luft Feuchtigkeit bzw. Wasserdampf aufnehmen kann, ist bei der Holztrocknung dafür zu sorgen, dass feuchte Luft entfernt und wasseraufnahmefähige Luft an das Holz herangeführt wird. Dies geschieht bei der natürlichen Holztrocknung durch die natürliche Luftbewegung und bei der künstlichen Trocknung durch Gebläse.

3.9.3.3 Natürliche Holztrocknung

Bei der natürlichen Holztrocknung oder Freilufttrocknung wird das Schnittholz im Freien oder in offenen Schuppen gelagert. Die Trocknung dauert mehrere Monate, bei harten Laubhölzern einige Jahre. Um Trockenschäden zu vermeiden und um eine gute Trocknung zu erreichen, muss der Trockenplatz zweckmäßig angelegt werden. Außerdem ist das Holz richtig zu stapeln.

Der **Schnittholztrockenplatz** muss tragfähig, eben und trocken sein. Eine Befestigung mit Kies, Schotter oder Steinpflaster ist deshalb zweckmäßig. Wegen der Gefahr des Pilz- und Insektenbefalls sind Bewuchs, Sägemehl und Rinde fernzuhalten.

Der standfeste **Stapelunterbau** muss so angelegt sein, dass sich die Hölzer nicht durchbiegen und ausreichende Bodenfreiheit vorhanden ist **(Bild 1)**.

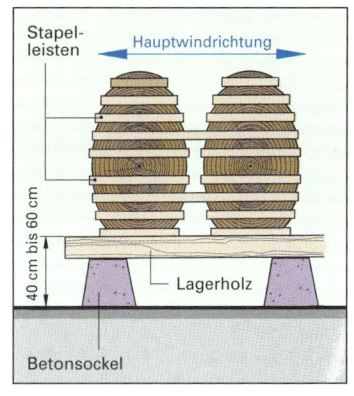

Bild 1: Blockstapel mit Unterbau

Die Stapel sollten quer zur Hauptwindrichtung angeordnet sein, damit die Durchlüftung zwischen den Stapelleisten möglich ist. Als Stapelleisten eignen sich besonders Fichtenleisten mit quadratischem Querschnitt, da diese nicht falsch aufgelegt werden können. Große Leistenquerschnitte fördern die Trocknung.

Stapelleisten müssen auf ganzer Schnittholzbreite und senkrecht übereinander angeordnet werden damit sich das Holz nicht durchbiegt und verzieht. Lange Leisten ermöglichen eine Querverbindung zwischen den einzelnen Stapeln und vermindern so die Gefahr des Einsturzes.

Gegen Niederschläge ist eine Abdeckung sowie ein leichtes Längsgefälle der Stapel sinnvoll. Die Abdeckung schützt auch gegen direkte Sonneneinstrahlung. Um Risse zu vermeiden, ist das Hirnholz besonders zu schützen.

Beim Stapeln von Schnittholz unterscheidet man den Blockstapel und den Kastenstapel. Beim **Blockstapel** werden frisch eingeschnittene, unbesäumte Bretter und Bohlen stammweise aufgestapelt (Bild 1). Besäumte Schnittware wird in der Regel zu quaderförmigen **Kastenstapeln** aufgeschichtet **(Bild 2)**.

Bild 2: Kastenstapel

3.9.3.4 Künstliche Holztrocknung

Unter künstlicher Holztrocknung, auch technische Holztrocknung genannt, versteht man das Trocknen des Holzes in Trockenanlagen. **Kammertrockner,** in denen dem Holz in einer gedämmten Kammer erwärmte Luft zugeführt wird, die dabei Feuchte aufnimmt und dampfgesättigt wieder ausgetauscht wird, haben die größte praktische Bedeutung **(Bild 3)**. Mit **Vakuumtrocknern** erreicht man durch den verminderten Luftdruck kürzere Trockenzeiten **(Bild 4)**.

Bild 3: Kammertrockner

Die künstliche Holztrocknung bietet große Vorteile. Es können Holzfeuchten erreicht werden, die weit unter lufttrocken liegen. Die Trockenzeiten werden auf wenige Tage oder Stunden verkürzt und der Feuchtegehalt kann genau vorgegeben werden.

Wie die einzelnen Einrichtungen der Trockenkammer aufeinander abgestimmt werden müssen, hängt von der Holzart ab, die getrocknet werden soll, von der Dicke des Trockengutes, von der Anfangsfeuchte und der gewünschten Endfeuchte.

Bild 4: Vakuumtrockner

3.9.4 Holzarten

Die Holzarten werden in europäische und außereuropäische Nadelhölzer und Laubhölzer eingeteilt.

3.9.4.1 Europäische Nadelhölzer

Die gebräuchlichsten europäischen Nadelholzarten Fichte, Tanne, Kiefer und Lärche haben teilweise ähnliche Eigenschaften. Sie lassen sich leicht trocknen und gut bearbeiten, schwinden wenig bis mäßig und haben ein gutes Stehvermögen. Außerdem sind sie leicht, elastisch und fest. Deshalb sind sie vielseitig als Bauholz, Möbelholz und Holz für den Innenausbau verwendbar.

Fichtenholz (FI) hat nur einen geringen Farbunterschied zwischen Kern- und Splintholz und weist häufig Harzgallen auf. Gehobeltes Holz hat glänzende Längsschnittflächen. Die Astquerschnitte sind meist oval.

Das Holz ist weich, nur mäßig witterungsfest und nicht beständig gegen Pilze und Insekten. Es ist recht gut zu beizen, aber schlecht zu imprägnieren, insbesondere trockenes Holz und Kernholz.

Fichtenholz ist das häufigste Bau- und Konstruktionsholz und wird ebenfalls im Innenausbau, z. B. für Wand- und Deckenverkleidungen und Fußböden sowie als Industrieholz, verwendet.

Tannenholz (TA) ist langfaserig und häufig grobjährig. Es ist nicht harzig und hat deshalb keine Harzgallen. Seine gehobelten Flächen haben ein mattes Aussehen, die meist runden Äste sind dunkler und härter als die der Fichte. Frisches Holz hat einen sehr unangenehmen Geruch und ist deshalb von dem nach Harz riechenden Fichtenholz leicht zu unterscheiden.

Tannenholz ist chemisch beständig, jedoch nicht witterungsfest und wird von Insekten und Pilzen befallen. Es ist mäßig gut zu imprägnieren.

Das Holz wird wie Fichtenholz eingesetzt, jedoch nicht für Fußböden.

Kiefernholz (KI) zeigt eine markante Zeichnung. Nach kurzer Lagerung und vor allem durch Lichteinwirkung dunkelt das Kernholz stark nach und ist deutlich vom Splintholz zu unterscheiden. Gehobeltes Kiefernholz ist matt bis wachsig glänzend. Es ist sehr harzig und fühlt sich fettig an. Harzgallen sind häufig.

Kiefernholz ist sehr gut zu bearbeiten. Aufgrund des Harzgehaltes ist das Kernholz ziemlich dauerhaft. Das Splintholz wird gerne von Insekten befallen, ist nicht witterungsfest und neigt bei unsachgemäßer Lagerung zum Verblauen, ist jedoch recht gut zu tränken.

Das Holz eignet sich besonders für Fenster, Türen, Tore, Masten, Rammpfähle, Schwellen, Treppen, Fußböden und Holzwerkstoffe.

Lärchenholz (LA) hat eine sehr lebhafte Zeichnung, da vor allem im breiten rötlichen Kernholz der farbliche Unterschied zwischen Früh- und Spätholz auffallend groß ist. Gehobelte Flächen haben ein teils mattes, teils glänzendes Aussehen. Das harzhaltige Holz hat im frischen Zustand einen angenehm aromatischen Geruch.

Lärchenholz wird selten von Insekten und Pilzen befallen und ist sehr säurebeständig. Es ist noch dichter, härter, zäher, harzreicher und witterungsbeständiger als Kiefernholz, jedoch auch schwerer zu imprägnieren.

Es ist besonders gut für Bauteile im Außenbereich geeignet.

3.9.4.2 Europäische Laubhölzer

Europäische Laubhölzer sind sehr vielfältig und unterscheiden sich im Aussehen und den Eigenschaften erheblich. Im Bauwesen werden häufig harte und feste Hölzer wie Eiche, Esche und Buche verwendet, da diese Hölzer wegen ihren günstigen technischen Eigenschaften als Konstruktionsholz und für Werkzeuge geeignet sind.

Für die Verwendung im Innenausbau und für Furniere sind neben den technischen Eigenschaften vor allem die Textur und die Farbe des Holzes maßgebend. Deshalb sind hier z. B. Ahorn, Birke, Erle, Ulme (Rüster) und viele Obstbaumarten wie beispielsweise Nuss-, Kirsch- und Birnbaum anzutreffen.

Eichenholz (EI) hat einen gelbbraunen bis lederbraunen, stark nachdunkelnden Kern und einen schmalen grauweißen Splint. Das grobporige Holz riecht säuerlich. Im Radialschnitt zeigen sich angeschnittene Markstrahlen als mattglänzende »Spiegel«.

Eichenkernholz ist hart, schwer, sehr fest, elastisch und dauerhaft. Es schwindet wenig und hat ein gutes Stehvermögen. Das ringporige Holz ist gut zu beizen und zu imprägnieren. Eichensplintholz ist sehr anfällig für Schädlinge und nicht witterungsbeständig.

Eichenholz wird als Bauholz sowie für Türen, Tore, Fenster, Treppen, Fußböden und im Brücken- und Wasserbau eingesetzt.

Eschenholz (ES) ist grobporig und markant gestreift oder gefladert. Splint und Kernholz sind meist gleich weißlich bis gelblich gefärbt. Im Kern kann sich ein dunkelbrauner Falschkern ausbilden.

Eschenholz ist hart und abriebfest, schwer, fest sowie sehr zäh, hochelastisch und gut zu biegen. Es schwindet wenig, hat ein gutes Stehvermögen und ist gut beiz- und polierbar. Das Holz ist jedoch nicht witterungsfest und wird von Pilzen und Insekten befallen.

Eschenholz wird als Massivholz und Furnier im Innenausbau, z. B. für Wand- und Deckenverkleidungen, Treppen und Parkett verwendet. Besonders geeignet ist es für Werkzeugstiele und Sportgeräte.

Rotbuchenholz (BU) hat frisch eingeschnitten eine gelbweiße Farbe, die gelbbraun nachdunkelt. Durch Dämpfen bekommt das Holz eine rötlichbraune Färbung. Splint- und Reifholz sind farblich kaum zu unterscheiden. Die Zeichnung ist gleichmäßig.

Rotbuchenholz ist hart, fest und zäh. Es lässt sich gut verarbeiten, beizen und imprägnieren; gedämpft ist es sehr gut zu biegen. Es arbeitet stark und neigt zu Rissen und Verformungen.

Rotbuchenholz wird vielseitig eingesetzt. Es wird für Treppen, Parkett, Holzpflaster und Kranbahnschwellen sowie für die Herstellung von Furnieren und Span-, Faser- und Sperrholzplatten verwendet.

Hainbuchenholz (HB) oder Weißbuchenholz ist im Splint und im Reifholz gelblichweiß bis grauweiß gefärbt. Das Holz ist feinporig und wenig gemasert.

Hainbuchenholz ist sehr fest, zäh, schwer spaltbar und außerordentlich hart. Es schwindet beim Trocknen stark und reißt und wirft sich. Das Holz ist nicht witterungsbeständig, anfällig für Insekten und Pilze und neigt zum Verstocken.

Hainbuchenholz wird dort eingesetzt, wo große Druckfestigkeit, Abriebfestigkeit und Härte erforderlich sind, z. B. Hobelsohlen, Werkzeugheften und -stielen sowie für Keile und Unterlagshölzer.

3.9.4.3 Außereuropäische Nadelhölzer

Obwohl aus ökologischen Gründen viele Menschen die Verwendung von einheimischen Holzarten bevorzugen, werden in Deutschland auch Hölzer aus Übersee eingebaut, da diese teilweise sehr günstige Eigenschaften haben. Die Handelsnamen sind oft Fehlnamen, beispielsweise sind Brasilkiefer und Oregon Pine keine Kiefern und Western Red Cedar ist keine Zeder.

Außereuropäische Nadelhölzer können beispielsweise in großen Abmessungen astrein geliefert werden. Das Schwindverhalten und das Stehvermögen ist bei vielen Holzarten günstig. Es gibt Holzarten, die sehr witterungsbeständig sind und Pilzen und Schadinsekten widerstehen können.

Oregon Pine (DGA) hat einen gelbbraunen bis rotbraunen, stark nachdunkelnden Kern und einen schmalen weißen bis gelblichgrauen Splint. Früh- und Spätholz unterscheiden sich deutlich.

Das Holz ist hart, fest und auch im Außenbereich recht dauerhaft. Es schwindet wenig und hat ein gutes Stehvermögen, ist aber nur schwer zu imprägnieren. Aus dem harzhaltigen Holz kann auch noch nachträglich Harz austreten. Bei Berührung mit Eisenwerkstoffen entstehen Verfärbungen.

Oregon pine wird für Türen, Fenster, Treppen, Fußböden, Wandverkleidungen und Pergolen sowie für Furniere und Sperrholz verwendet.

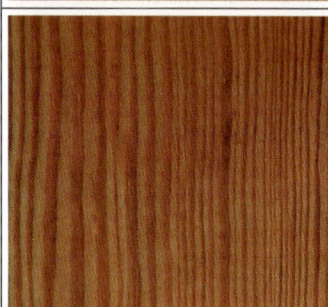

Pitch Pine (PIP) hat einen gelblichbraunen bis braunen mattglänzenden Kern und einen breiten gelblichen Splint, der auch als **Red Pine (PIR)** gehandelt wird. Durch das deutlich abgegrenzte dunkle Spätholz entstehen markante Streifen oder Fladern.

Das Holz ist hart, schwer, sehr fest und harzig. Das Kernholz ist witterungsbeständig und gut zu imprägnieren. Es schwindet gering und hat ein gutes Stehvermögen.

Pitch pine wird gerne im Schiffsbau, für Fenster, Türen, Tore, Treppen und stark beanspruchte Fußböden verwendet. Red Pine wird im Innenausbau verwendet, z. B. für Fußböden und Wandverkleidungen.

Redwood (RWK) hat einen rötlich bis violetten einheitlich gefärbten Kern, der rötlich braun nachdunkelt, und einen sehr schmalen hellen Splint. Das Holz ist sehr gleichmäßig, feinjährig sowie gerbstofffrei und harzfrei.

Die gute Bearbeitbarkeit von Redwood entspricht der der Kiefer. Das Holz schwindet wenig, hat ein gutes Stehvermögen, ist witterungsbeständig, gut zu imprägnieren und beständig gegen Pilz- und Insektenbefall. Es verfärbt sich aber bei Berührung mit Eisen und Alkalien.

Das Holz wird für Innenverkleidungen ebenso wie für Außenwand-, Balkon- und Garagenverkleidungen sowie für Sperrholz verwendet.

Western Red Cedar (RCW) hat einen farblich stark variierenden gelblichbraunen bis dunkel rotbraunen Kern und einen sehr schmalen weißen braunstreifigen Splint. Es ist harzfrei und hat einen stark aromatischen Geruch, der zu seinem Fehlnamen geführt hat.

Das Holz ist weich und leicht zu bearbeiten, spröde, schwindet wenig und hat ein gutes Stehvermögen. Es ist witterungsfest und beständig gegen Pilz- und Insektenbefall, verfärbt sich aber durch alkalische Stoffe wie Mörtel. Bei Berührung mit Eisenwerkstoffen entstehen ebenfalls Holzverfärbungen und Korrosion.

Hauptverwendung sind Wand- und Deckenverkleidungen.

3.9.4.4 Außereuropäische Laubhölzer

Außereuropäische Laubhölzer sind häufig dann einheimischen Hölzern überlegen, wenn große astfreie Holzabmessungen benötigt werden oder besondere Dauerhaftigkeit sowie Widerstandsfähigkeit gegen Insekten und Pilze erforderlich sind. Somit kann auch bei hoher Feuchtebelastung häufig auf vorbeugenden chemischen Holzschutz verzichtet werden.

Das Angebot von außereuropäischen Laubhölzern ist sehr groß. Besonders im Innenausbau, im Möbelbau sowie für Sperrholz und Furniere werden z. B. Iroko oder Kambala, Limba, Ramin, Mahagoni sowie Abachi, Gabun, Makore, Meranti, Palisander, Sapelli, Sen, Teak und Zebrano eingesetzt.

Iroko (IRO) oder **Kambala** hat einen grüngelben bis olivbraunen stark nachdunkelnden Kern und einen gelbgrauen Splint. Die Holzstruktur des großporigen Holzes ist ziemlich grob.

Das Holz ist hart, fest, zäh, schwindet mäßig und hat ein gutes Stehvermögen. Das Kernholz ist besonders widerstandsfähig gegen Pilze und Insekten, ist aber schwer zu imprägnieren. Feuchtes Holz bewirkt Metallkorrosion und Verfärbungen. Auch Mörtelspritzer verfärben das Holz. Holzstaub führt zu Hautreizungen.

Iroko wird für Türen, Tore, Pfosten, Treppen, Parkett sowie für große Tische und Bänke, für Hafenanlagen und im Schiffsbau verwendet.

Limba (LMB) ist meist über den gesamten Querschnitt gleichmäßig gelb gefärbt, sodass sich Kern- und Splintholz nicht unterscheiden. Das Kernholz kann aber auch braun gestreift oder gefärbt sein.

Das Holz ist mäßig hart, fest, elastisch, schwindet wenig und hat ein gutes Stehvermögen. Es ist nicht witterungsbeständig und nicht beständig gegen Insekten- und Pilzbefall. Das Holz ist besonders bläueanfällig.

Limba wird vielfältig im Innenausbau, beispielsweise für Zierleisten und Bekleidungen sowie als Furnier für Sperrtüren, Sperrholz und Betonschalungsplatten eingesetzt.

Ramin (RAM) ist ein auffällig gleichmäßig gezeichnetes, geradfaseriges und hellfarbendes Holz. Splint und Kern sind gelblichbraun und kaum zu unterscheiden

Das Holz ist hart und fest, gut zu bearbeiten, leicht zu beizen und zu imprägnieren. Es schwindet stark, hat ein nur mäßiges Stehvermögen und neigt zur Rissbildung. Das Holz ist nicht witterungsbeständig und anfällig gegen Insekten und Pilze. Bläuepilze führen zu schwarzblauen Verfärbungen.

Ramin wird zu Profilbrettern im Innenausbau, für Furniere und Sperrholz sowie hauptsächlich für Profilleisten verwendet.

Sipo-Mahagoni (MAU) wird auch als Utile gehandelt. Es hat einen hellbraun bis rotbraunen nachdunkelnden Kern und meist einen schmalen hellgrauen Splint. Das Holz ist durch Wechseldrehwuchs dekorativ gestreift.

Das Holz ist hart und fest, schwindet wenig und hat ein gutes Stehvermögen. Es ist witterungsfest und beständig gegen Pilz- und Insektenbefall.

Sipo-Mahagoni ist für außen und innen gleichermaßen geeignet. Es wird für Türen, Tore, Fenster, Verkleidungen sowie als Sperrholz und Furnier, z. B. für Türen, verwendet.

3.9.5 Holzfehler

Holzfehler sind Abweichungen vom normalen und gesunden Wuchs eines Baumes. Diese mindern den Nutzwert und die Güte des Holzes und werden deshalb bei der Einteilung bzw. Sortierung des Rundholzes und des Schnittholzes in Güte- bzw. Sortierklassen entsprechend bewertet. Holzfehler sind im Wesentlichen fehlerhafte Stammbildungen, Fehler innerhalb des Holzgefüges sowie Fehler, die durch äußere Einwirkungen entstanden sind. Außerdem werden Harzgallen, Äste, Risse und der Befall durch Holzschädlinge als Fehler bewertet.

Fehlerhafte Stammbildungen sind vor allem die Abholzigkeit, die Krummschäftigkeit, der Bajonettwuchs, die Gabelung, die Zwieselung und der Drehwuchs (**Bild 1**). Bei der Spannrückigkeit und beim exzentrischen Wuchs sind die Wuchsfehler besonders im Stammquerschnitt gut erkennbar (**Bild 2**). Das Schnittholz solcher Stämme weist häufig eine geringere Biegefestigkeit auf. Auch wirft und verzieht es sich stark, sodass es nur eingeschränkt nutzbar ist.

Fehler im Holzgefüge sind z. B. Druck- oder Rotholz, Ring- oder Kernschäle sowie Stern- oder Kernrisse und die Kernfäule (Bild 2).

Durch äußere Einwirkungen entstandene Fehler sind Verletzungen des Stammes und die meist nachfolgende Wundüberwallung sowie die Entstehung von Frostleisten, verursacht durch Frostrisse (Bild 2).

Harzgallen mindern den Wert des Holzes, weil das Harz bei Erwärmung weich wird und verläuft, vor allem aber, weil sie Werkzeuge beim Bearbeiten des Holzes verkleben (**Bild 3**).

Äste nennt man die Teile eines Baumes, die seine Krone bilden. Äste im Rundholz und im Schnittholz sind nur die Teile der Äste, die im Holz eingeschlossen sind (Bild 3). Man unterscheidet gesunde und kranke Äste. Gesunde Äste sind mit dem Holz verwachsen, kranke sitzen meist locker im Holz, sind schwarz oder haben einen schwarzen Rand. Ihrer Form nach spricht man von Rund-, Oval- und Flügelästen.

Risse entstehen meist durch unsachgemäßes Fällen und Transportieren des Langholzes sowie durch unsachgemäßes Trocknen des Rundholzes und des Schnittholzes (Seite 121). Sie können beim verbauten Holz auch durch große Belastungen verursacht werden. Risse verlaufen in der Regel in Faserrichtung sowohl radial als auch entlang der Jahrringe.

Bild 1: Fehlerhafte Stammbildung

Bild 2: Wuchsfehler

Bild 3: Harzgallen und Äste

Aufgaben

1. Wie kann man die Holzfeuchte ermitteln?
2. Welche Holzfeuchte stellt sich bei der Freilufttrocknung bei einer Lufttemperatur von 15 °C und 50 % Luftfeuchte ein?
3. Wie muss Schnittholz gestapelt werden?
4. Welche Vorteile hat die technische Holztrocknung gegenüber der Freilufttrocknung?
5. Welche Holzarten enthalten Harz?
6. Welche Vorteile und welche Nachteile ergeben sich durch den Harzgehalt des Holzes?
7. Welche Holzfehler unterscheidet man?
8. An ein bestehendes Gebäude soll ein Balkon angebaut werden. Wählen Sie eine geeignete Holzart und begründen Sie Ihre Entscheidung.

3.9.6 Holzschädlinge

Holz kann von Pilzen oder von tierischen Schädlingen (Insekten) befallen werden. Der Befall ist meist nicht nur ein Schönheitsfehler, da das Holz fast immer an Festigkeit verliert oder bis zum völligen Zerfall zerstört wird (**Bild 1**).

3.9.6.1 Holzzerstörende Pilze

Pilze können ihre zum Leben notwendigen Aufbaustoffe nicht selbst erzeugen, da sie kein Blattgrün besitzen. Sie sind auf die organischen Stoffe anderer Pflanzen angewiesen. Pilze können zwar auf Sonnenlicht verzichten, benötigen jedoch zu ihrer Entwicklung eine gewisse Feuchtigkeit und Wärme (**Bild 2**).

Bei Pilzen unterscheidet man die Sporen, aus denen sie entstehen, die Fruchtkörper, in denen die Sporen gebildet werden, und die Pilzkörper. Letztere sind meist hautartige Gebilde mit einem Geflecht von wurzelartigen Fäden und Strängen, dem Myzelgeflecht, mit deren Hilfe die Pilze ihre Nahrung der befallenen Pflanze entziehen (**Bild 3**).

Pilze können am stehenden Holz die Zellulose (Rotfäule) oder das Lignin (Weißfäule) zerstören. Rot- und weißfaules Holz ist nicht verwendbar. Außerdem können Pilze gefälltes, eingeschnittenes und verarbeitetes Holz befallen. Letztere nennt man auch Gebäudepilze. Sie zerstören ebenfalls das Lignin (Weißfäule oder Korrosionsfäule) oder die Zellulose (Braun- oder Destruktionsfäule).

Pilze am gefällten und eingeschnittenen Holz

Die **Rotstreifigkeit** kommt vor allem bei frisch gefällten Fichten vor. Unentrindete und feucht lagernde Stämme sind besonders gefährdet. Der die Rotstreifigkeit verursachende Pilz zersetzt vornehmlich den Zellsaft, greift aber auch auf die Zellwände über und mindert dadurch die Festigkeit des Holzes. Rotstreifiges Holz sollte nur für Bauteile verwendet werden, die keinen besonderen Belastungen ausgesetzt sind.

Die **Blaustreifigkeit** wird vom Bläuepilz verursacht (**Bild 1, Seite 130**). Er ernährt sich vom Zellinhalt des Holzes, weshalb er in der Regel nur den nährstoffreichen Splint von frisch eingeschnittenem Holz befällt, vorzugsweise Kiefernholz. Er entwickelt sich besonders dann, wenn das Holz zu lange in der Rinde liegen bleibt oder wenn frisch eingeschnittene Schnittware gleich gestapelt wird. Verblautes Holz verliert zwar kaum an Festigkeit, ist aber leicht anfällig für andere Pilze. Anstrichschichten können, insbesondere bei hoher Holzfeuchte, durch den Bläuepilz abgehoben werden.

Bild 1: Durch Schädlinge zerstörtes Holz

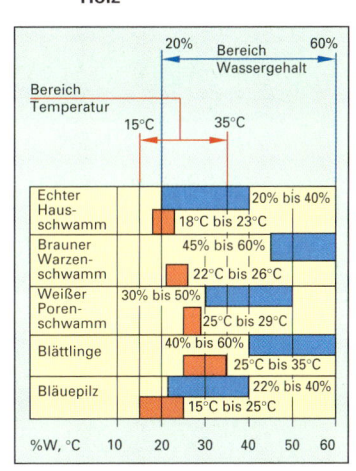

Bild 2: Günstige Wachstumsbedingungen für Pilze

Bild 3: Myzelgeflecht eines weißen Porenschwammes

Das **Verstocken** entsteht am gelagerten Baumstamm durch holzzerstörende Pilze als bräunlich und weißlich-fleckige Verfärbung des Splintholzes von Laubhölzern, besonders der Rotbuche. Die Festigkeit des Holzes ist vermindert.

Gebäudepilze

Der gefährlichste Pilz, der verarbeitetes Holz zerstören kann, ist der **Echte Hausschwamm (Bild 1)**. Er befällt vorwiegend Nadelholz. Jedoch vermag er fast alle zellulosehaltigen Stoffe, mit Ausnahme von Eichenkernholz, in kurzer Zeit würfelbrüchig zu machen.

Die Sporen des Hausschwammes werden vor allem durch den Wind verbreitet. Sie brauchen zu ihrer Entwicklung viel Feuchtigkeit, genügend Wärme und stehende Luft (Bild 2, Seite 129). Ist ein Bauteil befallen, kann der Pilz sehr zählebig sein. Er kann dann längere Zeit Nahrungs-, Feuchtigkeits- und Wärmemangel überstehen, sogar seine zum weiteren Wachstum notwendige Feuchtigkeit selbst erzeugen und dadurch auf trockenes Holz übergreifen. Außerdem ist er imstande, Mauerwerk zu durchdringen. Hohe Temperaturen bringen ihn zum Absterben.

Wegen der Gefährlichkeit des Hausschwammes müssen nach einem Befall umfassende Sanierungsmaßnahmen getroffen werden. Dazu gehört der Ausbau und das Verbrennen von befallenem Holz, das Abflammen von Mauerwerk sowie Schutzimprägnierungen.

Weniger gefährliche Arten der Gebäudepilze sind der Keller- oder Warzenschwamm, der weiße Porenschwamm und der Tannenblättling. Sie benötigen zu ihrer Entwicklung immer sehr feuchtes Holz (Bild 1 und Bild 2, Seite 129).

Echter Hausschwamm

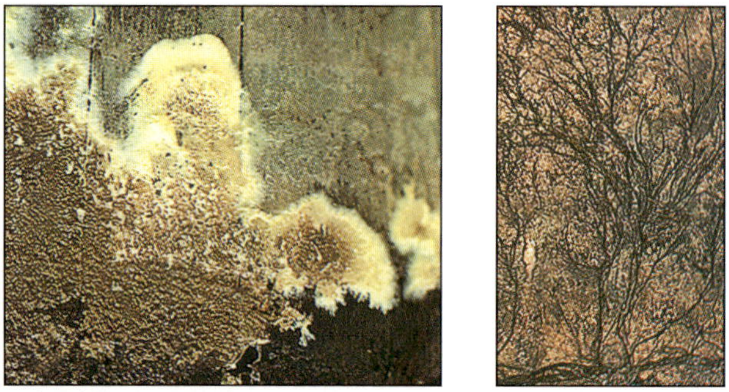

Brauner Warzenschwamm

Tannenblättling

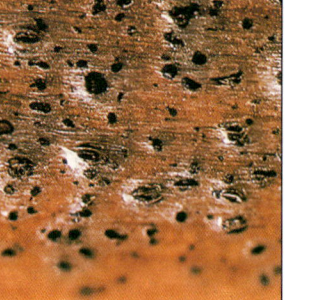

Bläuepilz

Bild 1: Pilze und ihr Schadensbild

3.9.6.2 Holzzerstörende Insekten

Holzzerstörende Insekten sind verschiedene Falter-, Käfer- und Wespenarten. Durch ihren Fraß stören sie den befallenen Baum in seinem Wachstum, mindern den technischen Wert des Holzes oder zerstören es völlig. Bei den Faltern sind es die Raupen, die Schäden verursachen, bei den Käfern und Wespen die Larven. Holzschädlinge, die nur stehendes Holz befallen, nennt man Baum- oder Forstschädlinge. Dazu zählen z. B. der Kiefernspinner, der Borkenkäfer und die Holzwespe. Es ist wichtig, die Holzschädlinge und die von ihnen am gelagerten oder verarbeiteten Holz verursachten Schäden zu kennen.

Der bis zu 22 mm große **Hausbock** gilt als der gefährlichste Schädling des Bauholzes **(Bild 1)**. Das Weibchen dieses Käfers legt etwa 200 Eier vorwiegend in feine Risse von Nadelhölzern z. B. von Dachstühlen. Aus den Eiern entwickeln sich Larven mit einem nach hinten verjüngten Körper. Die erwachsenen Larven haben eine Länge von 15 mm bis 30 mm. Sie benötigen zu ihrer Entwicklung meist drei bis fünf Jahre, bei geringem Eiweißgehalt des Holzes aber auch erheblich länger. Dabei zernagen sie das Splintholz völlig und schädigen auch das Reifholz, lassen jedoch eine dünne Außenschicht übrig. Dadurch wird der Befall oft erst an den Ausflughöchern bemerkt. Diese sind oval, meist ausgefranst und haben einen Durchmesser von 5 mm bis 10 mm.

Von den vielen Arten der Nage-, Klopf- oder Pochkäfer ist der etwa 3 mm bis 5 mm große **Gewöhnliche Nagekäfer** der Gefährlichste (Bild 1). Man findet ihn in Laub- und Nadelhölzern, jedoch meist nur im Splintholz. Seine 4 mm bis 6 mm lange engerlingartig gekrümmte Larve wird im Volks-

Hausbockkäfer (verkleinert)

Gewöhnlicher Nagekäfer (vergrößert)

Splintholzkäfer (vergrößert)

Holzwespe (verkleinert)
Vollinsekten und Larven sowie ihr Schadensbild

Bild 1: Holzzerstörende Insekten

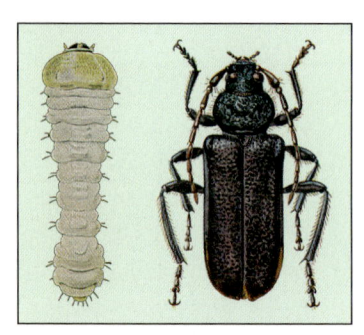

Bild 1: Larve und Käfer des Blauen Scheibenbockes

Aufgaben

1. Welche Arten von Holzschädlingen gibt es?
2. Warum sind Pilze auf die organischen Stoffe anderer Pflanzen angewiesen?
3. Welche Holzart wird besonders von der Rotstreifigkeit befallen?
4. Welche Einschränkungen gibt es bei der Verwendung von blaustreifigem Holz und von verstocktem Holz?
5. Durch welche Maßnahmen wird der echte Hausschwamm bekämpft?
6. Welches sind die wichtigsten holzzerstörende Insekten am gelagerten und verarbeiteten Holz?
7. Warum gilt der Hausbock als der gefährlichste Holzschädling des verbauten Holzes?
8. Woran erkennt man den Scheibenbockbefall?
9. Erläutern Sie, wozu man Holz, das von Holzwespen befallen ist, noch verwenden kann.

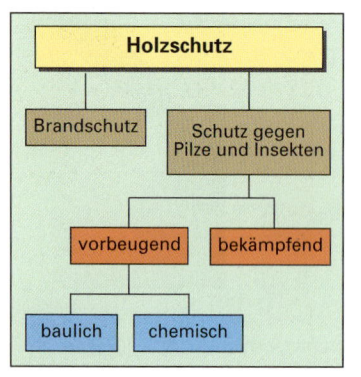

Bild 2: Holzschutzarten

mund als kleiner Holzwurm bezeichnet und das befallene Holz als wurmstichig. Da das Weibchen des Käfers bis zu 50 Eier ablegt und die Larven zu ihrer Entwicklung zwischen 2 und 8 Jahren benötigen, entstehen große Schäden. Man erkennt den Befall an den vielen kleinen kreisrunden Bohrlöchern mit einem Durchmesser von etwa 2 mm sowie an den vielen Häufchen feinsten Bohrmehls, das bei Erschütterungen aus diesen Löchern rieselt. Der Gewöhnliche Klopfkäfer zerstört vor allem das Holz von Möbeln und Innenausbauten, die ausreichend feucht und eiweißhaltig sind.

Zu den 3 mm bis 6 mm großen Splintholzkäfern zählen der einheimische **Parkettkäfer** und der durch Importhölzer eingeschleppte **Braune Splintholzkäfer** (Bild 1, Seite 131). Sie befallen in der Regel nur den Splint von Laubhölzern, insbesondere von außereuropäischen Laubholzarten. Europäische Nadelhölzer werden nicht geschädigt. Die Larven sind in Größe und Form mit den Nagekäferlarven vergleichbar. Sie zernagen das Holz in Richtung der Holzfaser und verstopfen die Fraßgänge mit feinstem Fraßmehl. Dadurch ist der Befall oft nur schwer zu entdecken. Nach einer Entwicklungszeit von 4 bis 18 Monaten verlässt der Käfer das Holz durch ein kreisrundes Loch mit einem Durchmesser von etwa 1 mm bis 1,5 mm. Wegen der kurzen Entwicklungszeit und weil er auch Holz mit geringer Holzfeuchte befällt, kann sich der Splintholzkäfer rasch ausbreiten.

Der etwa 13 mm große **Scheibenbock** (Blauer Scheibenbock, Veränderlicher Scheibenbock) befällt in der Hauptsache frisch gefälltes, unentrindetes Nadelholz, seltener Laubholz **(Bild 1)**. Die Larven entwickeln sich zwischen Rinde und Splintholz, in das sie nur zum Verpuppen wenige Zentimeter hakenförmig eindringen. Altes, abgelagertes Holz wird durch den Scheibenbock nicht befallen. Da die Entwicklung der Larve mehrere Jahre dauern kann, findet man frische Fluglöcher auch hin und wieder bei verbautem Holz. Diese Fluglöcher sind glattrandig, von ovaler Form und haben einen Durchmesser von 4 mm bis 6 mm.

Weniger gefährlich sind die bis 40 mm großen **Holzwespen**, da sie nur stehendes Nadelholz oder frisch gefällte Stämme befallen (Bild 1, Seite 131). Ihre runden Ausfluglöcher haben einen Durchmesser von etwa 4 mm bis 7 mm, die Fraßgänge der Larven sind fest mit Bohrmehl verstopft. Da die Larven dieses Schädlings bis zu ihrer Entwicklung zur Wespe zwei bis vier Jahre brauchen, kann es vorkommen, dass sie erst im gefällten, geschnittenen oder verarbeiteten Holz ausfliegen. Schäden entstehen häufig dadurch, dass sie sich stets nach oben durchfressen und dabei Bodenbeläge und Dichtungsbahnen durchdringen können.

3.9.7 Holzschutz

Maßnahmen, die Holz oder Holzwerkstoffe vor der Zerstörung durch Pilze oder Insekten schützen, bezeichnet man als Holzschutz. Dabei unterscheidet man zwischen Holzschutz vor einem Befall und dem bekämpfenden Holzschutz nach einem Befall durch Schädlinge **(Bild 2)**.

Maßnahmen, die das Brennen bzw. Entflammen von Holz und Holzwerkstoffen verhindern oder einschränken, bezeichnet man als Brandschutz.

3.9.7.1 Vorbeugender Holzschutz

Holzschutz, der den Befall des Holzes und der Holzwerkstoffe verhindert, bezeichnet man als vorbeugenden Holzschutz. Die wichtigsten vorbeugenden Maßnahmen sind neben der richtigen Holzauswahl, Holztrocknung und Lagerung (Seite 123) das werkgerechte Einbauen von Holz und Holzwerkstoffen (konstruktiver Holzschutz) sowie das Verwenden von Holzschutzmitteln (chemischer Holzschutz).

Vorbeugender Holzschutz durch bauliche Maßnahmen

Vorbeugender baulicher Holzschutz besteht vor allem in der Verwendung von Holz, das gesund, frei von Rinde und Bast sowie ausreichend trocken ist. Außerdem muss zum Schutz gegen Schädlingsbefall durch geeignete konstruktive Maßnahmen eine spätere Durchfeuchtung ausgeschlossen werden. Das ist erreichbar, indem man den Zutritt von Feuchtigkeit verhindert oder die rasche Ableitung des Wassers bzw. eine Austrocknung des Bauteils ermöglicht.

Wird Holz im Freien verwendet, sollte es so verarbeitet werden, dass es nach Möglichkeit vor Niederschlägen geschützt ist. Genügend große Dachüberstände, zurückspringende Sockel und die Überdeckung des sehr saugfähigen Hirnholzes, beispielsweise bei Sparren- und Pfettenköpfen, sind notwendige Maßnahmen (**Bild 1**). Zum Schutz vor Spritzwasser muss der Abstand vom Boden zu Pfosten und anderen Holzbauteilen mindestens 30 cm betragen (**Bild 2**). Ist der Schutz vor Regenwasser nicht möglich, sollten Bauweisen gewählt werden, bei denen das Wasser schnell und vollständig ablaufen kann. Dies erreicht man z. B. durch geeignete Profile sowie abgeschrägte Unterkanten bei Außenverschalungen (Bild 1) und Wassernasen bei vorspringenden Holzbauteilen.

Werden Holzteile, die dem Regen ausgesetzt sind, mit einem Anstrich versehen, sollten nur solche Mittel verwendet werden, die die Poren nicht verschließen. Diese offenporigen Mittel ermöglichen das Verdunsten eingedrungener Feuchtigkeit aus dem Holz.

Um die Aufnahme von Baufeuchte aus dem Mauerwerk und Beton zu verhindern, müssen unter Hölzern waagerechte Sperrschichten angeordnet werden (Bild 1). Gegen aufsteigende Baufeuchte unter Balkenköpfen eignen sich Sperrstoffe, wie z. B. Bitumenbahnen. Außerdem müssen Balkenköpfe an der Hirnseite und an den Seitenflächen einen Abstand von etwa 2 cm vom Mauerwerk haben, damit der Balkenkopf gut umlüftet wird. Diese Zwischenräume dürfen keinesfalls mit Mörtel ausgefüllt werden (**Bild 3**). Damit am Balkenkopf keine Wärmebrücke und somit Tauwasser entsteht, kann eine zusätzliche Wärmedämmung erforderlich sein. Bei Dächern und Fassaden kann durch eine Hinterlüftung anfallendes Tauwasser abgeführt werden (Seite 441).

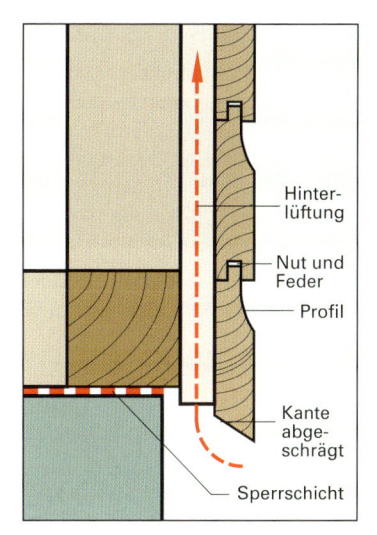

Bild 1: Fachwerkwand mit hinterlüfteter Verbretterung

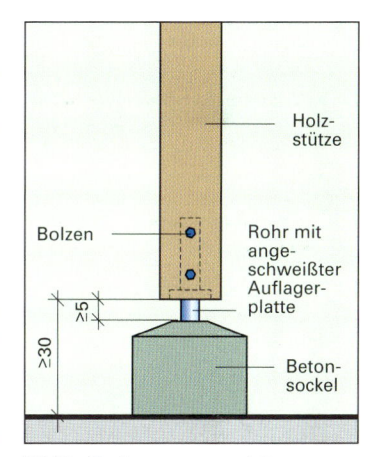

Bild 2: Spritzwassergeschützter Stützenfuß

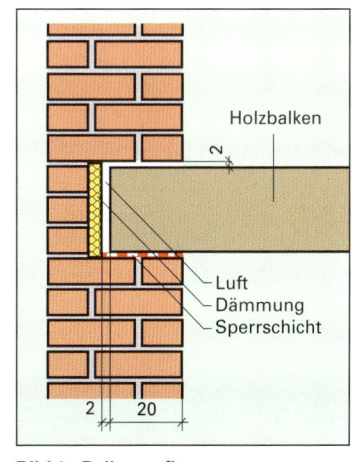

Bild 3: Balkenauflager

Konstruktiver Holzschutz = Schutz vor Feuchtigkeit durch
- Einbau von trockenem Holz,
- Schutz vor Niederschlägen und Spritzwasser sowie vor kapillarer Feuchte,
- Verhinderung von Tauwasserbildung und
- ausreichende Belüftung.

Vorbeugender Holzschutz durch chemische Schutzmittel

Nach DIN 68800 müssen Holzbauteile, die zur Standsicherheit beitragen und besonders gefährdet sind, zusätzlich zu den baulichen Maßnahmen mit chemische Holzschutzmitteln geschützt werden. Zu den besonders gefährdeten Bauteilen zählen z.B. solche in Außenbereichen und in feuchten Räumen. Nach dem Anwendungsbereich und damit dem Maß der Gefährdung sind die Bauteile in die **Gefährdungsklassen** 0 bis 4 eingeteilt und damit die Anforderungen an die Holzschutzmittel festgelegt **(Tabelle 1)**. Holzteile, die durch Niederschläge, Spritzwasser oder dergleichen beansprucht werden, gehören zu den Gefährdungsklassen 3 und 4, solche ohne diese Beanspruchungen zu den Gefährdungsklassen 0 bis 2.

Holz, das innen verbaut ist und ständig trocken bleibt, wird unter bestimmten Voraussetzungen der Gefährdungsklasse 0 zugeordnet (Tabelle 1). Für dieses Holz sind keine vorbeugenden chemischen Holzschutzmaßnahmen erforderlich. Bei Verwendung von splintarmen oder splintfreien Farbkernhölzern mit hoher Dauerhaftigkeit (Seite 118) gilt dies ebenfalls, selbst wenn sie aufgrund ihres Anwendungsbereiches eigentlich den Gefährdungsklassen 1 bis 4 zuzurechnen wären.

Tabelle 1: Anwendung und Wirksamkeit von Holzschutzmitteln			
Gefähr-dungs-klasse	Anwendungsbereiche	Anforderungen an das Holzschutzmittel	erforderliche Prüfprädikate für tragende Bauteile
0	Räume mit üblichem Wohnklima: Holzbauteile durch Bekleidung abgedeckt oder zum Raum hin kontrollierbar	keine Holzschutzmittel erforderlich	
1	Innenbauteile (Dachkonstruktionen, Geschossdecken, Innenwände) und gleichartig beanspruchte Bauteile, mittlere rel. Luftfeuchte ≤ 70 %	insektenvorbeugend	Iv
2	Innenbauteile, mittlere rel. Luftfeuchte > 70 %, Innenbauteile (im Bereich von Duschen), wasserabweisend abgedeckt, Außenbauteile ohne unmittelbare Wetterbeanspruchung	insektenvorbeugend pilzwidrig	Iv, P
3	Außenbauteile ohne Erd- und Wasserkontakt, Innenbauteile in Nassräumen	insektenvorbeugend pilzwidrig witterungsbeständig	Iv, P, W
4	Holzteile mit ständigem Erd- und/oder Süßwasserkontakt	insektenvorbeugend pilzwidrig witterungsbeständig moderfäulewidrig	Iv, P, W, E

Die Wirksamkeit der Holzschutzmittel gegen holzzerstörende Insekten und holzzerstörende Pilze wird in Kurzform in **Prüfprädikaten** beschrieben:

Iv = gegen **I**nsekten **v**orbeugend wirksam,

P = gegen **P**ilze vorbeugend wirksam,

W = auch für Holz, das der **W**itterung ausgesetzt ist, jedoch nicht im ständigen Erdkontakt und nicht im ständigen Kontakt mit Wasser ist und

E = auch für Holz, das **e**xtremer Beanspruchung ausgesetzt ist (im ständigen Erdkontakt und/oder im ständigen Kontakt mit Wasser sowie bei Schmutzablagerungen in Rissen und Fugen.

Holzschutzmittel teilt man im Wesentlichen in wasserlösliche Salze und in gebrauchsfertig gelieferte lösemittelhaltige bzw. ölige Holzschutzmittel ein **(Tabelle 1, Seite 135)**.

Der Schutz des Holzes ist von der Eindringtiefe der Schutzmittel abhängig. Man unterscheidet den **Oberflächenschutz,** den **Randschutz** mit einer Eindringtiefe von einigen Millimetern sowie den **Tiefschutz** mit einer Eindringtiefe von mindestens 10 mm. Beim **Vollschutz** muss der gesamte Holzquerschnitt, bei Farbkernhölzern mindestens jedoch das gesamte Splintholz durchtränkt sein **(Bild 1, Seite 135)**.

Die erreichbare Einbringtiefe richtet sich nach der holzartbedingten Tränkbarkeit, der Holzfeuchte und dem Einbringverfahren (Tabelle 1). Die nach der Gefährdungsklasse erforderliche Eindringtiefe muss durch entsprechende Holzschutzmittel und Einbringverfahren sichergestellt werden. Bauteile der Gefährdungsklasse 4 müssen deshalb immer einen Vollschutz durch Druckimprägnierung erhalten. Treten bei Hölzern ohne Vollschutz Trockenrisse auf, soll eine Nachimprägnierung erfolgen. Dies ist auch erforderlich, wenn geschützte Hölzer nachträglich bearbeitet werden müssen.

Bei schwer imprägnierbaren Holzarten, wie beispielsweise Fichte und Douglasie, sowie bei Schnitthölzern, deren Kern- und Reifholz sichtbar sind, ist eine mechanische Vorbehandlung (Perforation) zweckmäßig. Dadurch erreicht man eine größere Aufnahme und Eindringtiefe sowie eine gleichmäßigere Verteilung des Holzschutzmittels.

Chemische Holzschutzmittel, auch Imprägnierungsmittel genannt, enthalten biozide Wirkstoffe, d. h., sie wirken als **Berührungs-, Atmungs- und Fraßgifte**. Es dürfen deshalb nur solche Holzschutzmittel verwendet werden, die eine allgemeine bauaufsichtliche Zulassung durch das Institut für Bautechnik in Berlin erhalten haben. Diese setzt voraus, dass die Wirksamkeit der Holzschutzmittel von einer **Materialprüfanstalt** nachgewiesen wurde. Außerdem muss die gesundheitliche Unbedenklichkeit bei vorschriftsgemäßer Anwendung vom **Bundesamt für gesundheitlichen Verbraucherschutz und Veterinärmedizin** und die Umweltverträglichkeit vom Umweltbundesamt überprüft sein.

Geprüfte Holzschutzmittel für den vorbeugenden Holzschutz von tragenden und aussteifenden Bauteilen sind am „Ü"-Zeichen erkennbar, solche für statisch nicht belastete Bauteile am **Gütezeichen** für RAL-Holzschutzmittel, das von der Gütegemeinschaft Holzschutzmittel e. V. vergeben wird **(Bild 2)**.

3.9.7.2 Holzschutz nach dem Befall durch Holzschädlinge

Alle Maßnahmen zum Schutz von bereits befallenem Holz werden als bekämpfender Holzschutz bezeichnet. Die von Schädlingen befallenen Teile des Holzes oder der Holzwerkstoffe sind wenn möglich abzubeilen oder zu ersetzen. Die noch verbleibenden Teile müssen nachfolgend mehrmals mit entsprechenden Holzschutzmitteln satt gestrichen oder besprüht werden. Zusätzlich kann man durch Einbohren von Löchern in das befallene Holz das Holzschutzmittel in das Innere des Bauteils einbringen (Bohrloch-Verfahren).

Tabelle 1: Holzschutzmittel

Arten	wasserlösliche Salze	ölige Mittel
Anwendungsbereiche	saftfrisches, feuchtes und halbtrockenes Holz	trockenes oder halbtrockenes Holz
Wirkungen auf andere Baustoffe	können Metalle oder Glas angreifen	können Kunststoffe anlösen
Einbringverfahren	Spritzen, Sprühen und Fluten (nur in stationären Anlagen zulässig), Streichen, Tauchen, Trogtränkung, Kesseldruck-, Wechseldruck- und Vakuumtränkung	

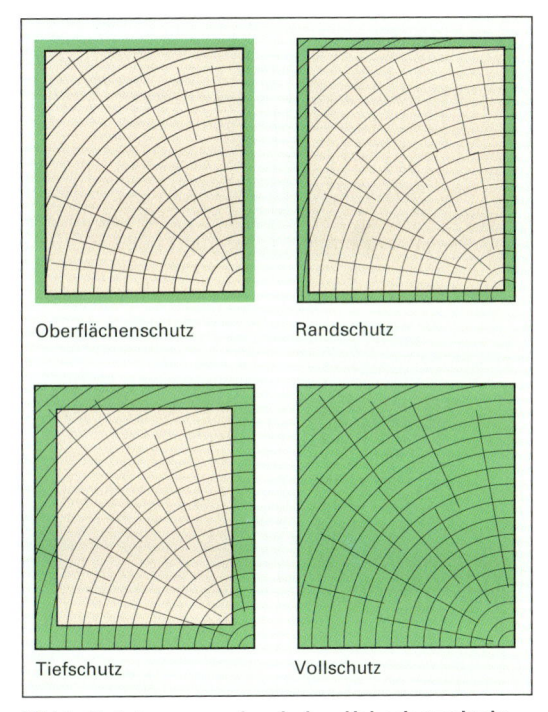

Bild 1: Einbringen von chemischen Holzschutzmitteln

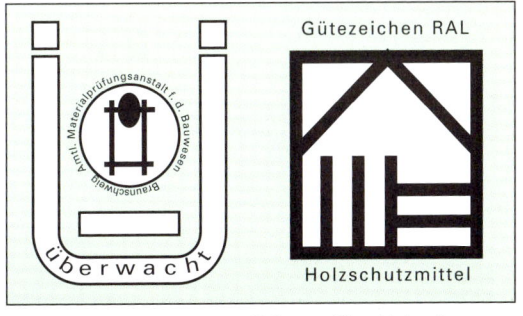

Bild 2: Kennzeichnung amtlich geprüfter Holzschutzmittel

Da Holzschutzmittel giftige Stoffe enthalten, müssen auf dem Gebinde und in einem Sicherheitsdatenblatt **Gefahrenhinweise** (R-Sätze) und **Sicherheitsratschläge** (S-Sätze) gemäß der Gefahrstoffverordnung vorhanden sein, die Vorgaben für die Verarbeitung und Verwendung machen. Diese Angaben über Verarbeitung, Einsatzbereich, die notwendige Schutzkleidung sowie die Entsorgung der Reste und Gebinde sind zwingend einzuhalten. Um Gesundheitsschäden und Gefahren für die Umwelt beim Umgang mit chemischen Holzschutzmitteln zu vermeiden, ist Folgendes zu berücksichtigen:

- Das Berühren chemischer Holzschutzmittel mit ungeschützten Händen ist zu vermeiden. Besondere Vorsicht ist beim Vorhandensein von offenen Wunden und Hautabschürfungen erforderlich.
- Beim Arbeiten mit Holzschutzmitteln sind undurchlässige Schutzhandschuhe und entsprechende Oberbekleidung anzuziehen.
- Beim Spritzen und Sprühen sind Schutzbrille und Atemschutzmaske zu tragen.
- Sind Spritzer auf die Haut oder in die Augen gekommen, ist sofort gründlich mit Wasser zu spülen und ein Arzt aufzusuchen.
- Beim Umgang mit Holzschutzmittel darf weder gegessen, getrunken noch geraucht werden.
- Nach der Arbeit sind Hände und Gesicht sorgfältig zu reinigen.
- Treten beim Arbeiten Kopfschmerzen, Übelkeit, Schwindelgefühl und andere Beschwerden auf, ist sofort für Frischluft zu sorgen und ein Arzt aufzusuchen. Diesem sind das Technische Merkblatt und das Sicherheitsdatenblatt vorzulegen.
- Holzschutzmittel dürfen weder in den Boden noch in das Grund- oder Oberflächenwasser gelangen. Deshalb sind erforderlichenfalls entsprechende Abdeckungen anzubringen. Unverbrauchte Holzschutzmittelreste müssen durch besonders konzessionierte Firmen beseitigt werden.

Aufgaben

1 Welche Maßnahmen werden als vorbeugender Holzschutz bezeichnet?
2 Was versteht man unter baulichem Holzschutz?
3 Warum müssen Fassaden und Dächer hinterlüftet werden?
4 Welche Prüfprädikate für vorbeugenden Holzschutz unterscheidet man?
5 Beschreiben Sie die Sanierung befallener Holzbauteile.
6 Warum muss mit Holzschutzmitteln vorsichtig umgegangen werden?
7 Welche vorbeugenden Holzschutzmaßnahmen sind bei der Errichtung eines Carports zu beachten? Begründen Sie diese Maßnahmen.

3.9.8 Handelsformen des Vollholzes

Vollholz wird in Baurundholz und Schnittholz eingeteilt. Außerdem werden aus Vollholz Hobelwaren und Leisten hergestellt.

3.9.8.1 Baurundholz

Baurundholz kann ungeschnitten oder ein- bzw. zweiseitig besäumt sein (**Bild 1**). Die verbleibenden Rundholzflächen müssen bei eingebauten Baurundhölzern frei von Rinde und Bast sein. Baurundhölzer werden z. B. als Pfosten und Sprieße verwendet.

Holzfehler, z. B. Krümmung, Äste, Risse und Schädlingsbefall mindern die Güte, insbesondere die Tragfähigkeit des Holzes. Deshalb wird Baurundholz (Nadelholz) nach DIN 4074, Teil 2, aufgrund festgelegter Gütemerkmale in die drei Güteklassen I bis III eingeteilt, d. h. in Baurundholz mit besonders hoher, gewöhnlicher oder geringer Tragfähigkeit.

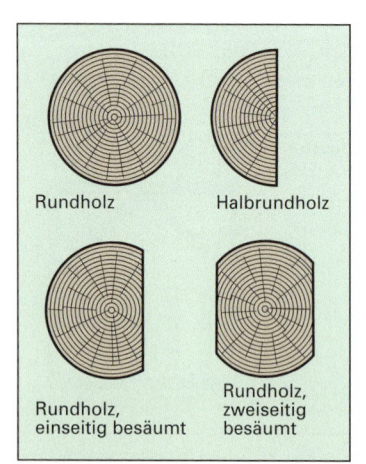

Bild 1: Baurundholz
(Rundholz, Halbrundholz, Rundholz einseitig besäumt, Rundholz zweiseitig besäumt)

3.9.8.2 Schnittholz

Nadelschnitthölzer mit einer Mindestdicke von 6 mm, deren Querschnitte nach der Tragfähigkeit bemessen werden, sind in DIN 4074, Teil 1 aufgeführt. Nach den Abmessungen wird dieses Schnittholz in Latten, Bretter, Bohlen und Kanthölzer eingeteilt (**Tabelle 1, Bild 1**). Kanthölzer schließen bei dieser Einteilung die herkömmlichen Bezeichnungen Balken für große Kantholzquerschnitte sowie Kreuzhölzer (Rahmen) mit ein (**Bild 1, Seite 138**).

Die Tragfähigkeit des Schnittholzes wird nach DIN 4074 mit Hilfe von Sortiermerkmalen festgestellt. Sortiermerkmale sind z. B. Äste, Jahrringbreiten, Faserneigung, Risse, Verfärbungen, Druckholz, Insektenfraß, Krümmung und Querschnittsschwächung durch Baumkante. Die zulässige Baumkante wird hierbei schräg gemessen und als Bruchteil der größeren Querschnittsseite angegeben. Sie muss frei von Rinde und Bast sein.

Aufgrund von festgelegten **Sortierkriterien** für die genannten Merkmale werden Kanthölzer und Bohlen sowie Latten bei der **visuellen Sortierung** nach Augenschein in **Sortierklassen** eingeteilt (**Tabelle 2**). Vorwiegend hochkant (K) biegebeanspruchte Bretter und Bohlen werden zusätzlich gekennzeichnet, z. B. S 10K.

Bei der **maschinellen Sortierung** werden die Eigenschaften durch besonders zugelassene Sortiermaschinen festgestellt, aber auch zusätzlich die Sortiermerkmale Baumkante, Risse, Verfärbungen, Insektenfraß durch Frischholzinsekten und Krümmung berücksichtigt. Maschinell sortiertes Nadelschnittholz wird nach DIN 1052 (2004) gemäß DIN EN 338 nach Festigkeitsklassen eingeteilt. Die Sortierklassen für maschinelle Sortierung erhalten den Zusatz M und beziehen sich auf die **charakteristische Biegefestigkeit** in N/mm² (Tabelle 2).

Um Holzkonstruktionen, insbesondere sichtbare Holzbauteile aus Vollholz, wirtschaftlich und mängelfrei herstellen zu können, haben die Vereinigung Deutscher Sägewerksverbände und der Bund Deutscher Zimmermeister das Bauprodukt **Konstruktionsvollholz** (KVH) geschaffen. Konstruktionsvollholz ist ein güteüberwachtes Schnittholz aus Nadelholz der Sortierklasse S 10, an das gegenüber der DIN 4074 zusätzliche oder erhöhte Anforderungen gestellt werden. Solche Anforderungen sind beispielsweise eine Holzfeuchte von etwa 15%, herzfreier oder herzgetrennter Einschnitt, Beschränkung von Rissbreiten und Baumkanten sowie die gehobelte und gefaste Oberfläche. Um Vorratshaltung und rasche Lieferung zu ermöglichen, wird Konstruktionsvollholz in standardisierten Querschnitten produziert (**Tabelle 3**).

Tabelle 1: Schnittholzeinteilung nach DIN 4074

Holz-erzeugnis	Dicke d bzw. Höhe h	Breite b
Latte	$d \leq 40$ mm	$b < 80$ mm
Brett	$d \leq 40$ mm	$b \geq 80$ mm
Bohle	$d > 40$ mm	$b > 3\,d$
Kantholz	$b \leq h \leq 3\,b$	$b > 40$ mm

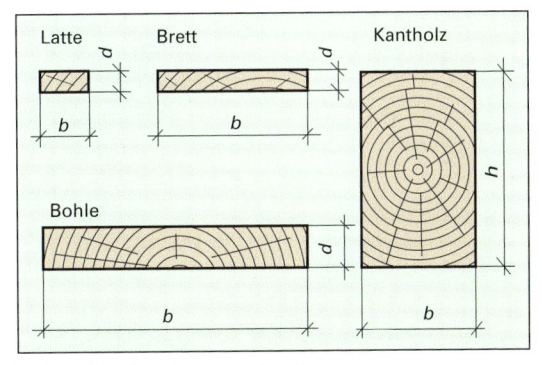

Bild 1: Schnittholz nach DIN 4074

Tabelle 2: Sortierklassen nach DIN 4074-1 für Nadelschnittholz Festigkeitsklassen nach DIN EN 338

visuelle Sortierung Sortierklasse nach DIN 4074-1		maschinelle Sortierung		Festig-keits-klasse nach DIN EN 338
Kanthölzer Bohlen	Latten	Sortier-klasse nach DIN 4074-1	charakter. Biege-festigkeit in N/mm²	
S 7, S 7K	–	C 16 M	16	C 16
S 10, S 10K	S 10	C 24 M	24	C 24
S 13, S 13K	S 13	C 30 M	30	C 30
–	–	C 35 M	35	C 35
–	–	C 40 M	40	C 40

Tabelle 3: Standardquerschnitte für Konstruktionsvollholz

Dicke in mm	Breite in mm					
	100	120	140	160	180	200	240
60	x	x	x	x	x	x	x
80		x	x	x	x	x	x
100	x			x		x	x
120		x		x		x	x
140			x				x

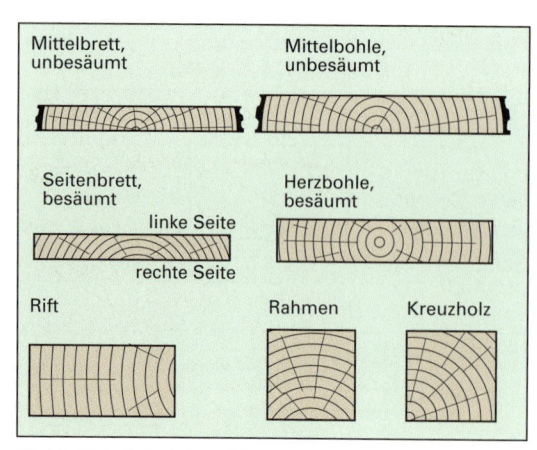

Bild 1: Schnittholzbezeichnungen

Tabelle 1: Maße von Brettern und Bohlen aus Nadelholz nach DIN 4071

Bezeichnung	Dicken in mm	Längen in mm
Bretter	16, 18, 22, 24, 28, 38	1500 bis 6000 in Stufen von 250 oder 300
Bohlen	44, 48, 50, 63, 70, 75	

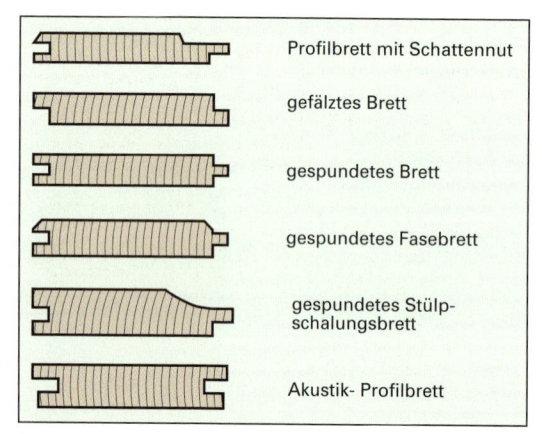

Bild 2: Hobelwaren

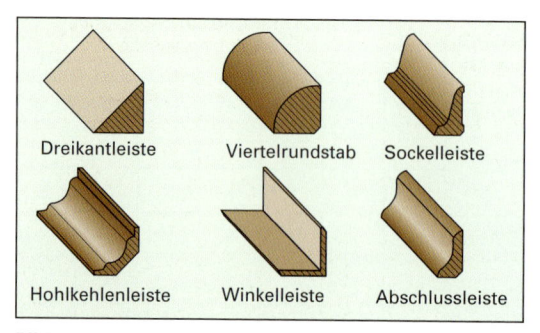

Bild 3: Profilleisten

Zweiseitig eingeschnittenes Bauschnittholz ergibt Bretter bzw. Bohlen mit Baumkante, die als **unbesäumte** Schnittware bezeichnet werden (**Bild 1**). Dabei unterscheidet man von außen nach innen die **Schwarte**, die **Seitenbretter** mit liegenden Jahrringen und das Herzbrett oder die **Herzbohle**, mit stehenden Jahrringen. Wird beim Einschneiden das Mark durchtrennt, entstehen anstelle des Herzbrettes zwei **Mittelbretter**, die ebenfalls stehende Jahrringe aufweisen. Nach der DIN EN 844-3 wird Schnittholz mit stehenden Jahrringen (Wachstumsringen) als **Rift** bezeichnet, sind die Jahrringe um höchstens 10° geneigt, als **Edelrift**.

Häufig werden Bretter oder Bohlen besäumt, d. h. ohne Baumkante gehandelt. Bei **konisch besäumter** Schnittware verlaufen die Sägeschnitte (Besäumschnitte) entlang der Baumkante, bei **parallel besäumter** Schnittware parallel zueinander. Die dem Herz zugewandte Seite der Bretter und Bohlen wird als **rechte Seite**, die der Rinde zugewandte Seite als **linke Seite** (Splintseite) bezeichnet. Bretter und Bohlen werden ungehobelt (sägerau) und gehobelt aus europäischen Nadel- und Laubhölzern angeboten. Die Maße von Brettern und Bohlen aus Nadelholz sind in DIN 4071 festgelegt (**Tabelle 1**).

3.9.8.3 Hobelwaren und Leisten

Hobelwaren sind Bretter, die einseitig oder zweiseitig gehobelt und deren Kanten glatt oder profiliert sind (**Bild 2**). Sie sind einbaufertig und müssen meist nur in der Länge zugeschnitten werden.

Am häufigsten werden Profilbretter mit Schattennut verarbeitet. Außerdem gehören zu den Hobelwaren gefälzte und gespundete Bretter (Fußbodenriemen), Fasebretter, Stülpschalungsbretter, Akustik-, Glattkant- und -Profilbretter.

Leisten sind mit quadratischem oder rechteckigem Querschnitt und als Dreikantleisten sowie als Profilleisten im Handel. Gebräuchliche Profile sind Rund-, Halbrund-, Viertelrundstäbe, Sockelleisten, Hohlkehlen-, Winkel- und Abschlussleisten (**Bild 3**).

Aufgaben

1. Welche Schnittholzarten unterscheidet man nach DIN 4074?
2. Warum wird bei der Einteilung in Sortierklassen die Größe der Baumkante bewertet?
3. Welche Vorteile bietet Konstruktionsvollholz gegenüber gewöhnlichem Schnittholz?
4. Wozu unterscheidet man Bretter nach der Lage der Jahrringe, z. B. in Rift und Seitenbrett?

3.9.9 Furniere und Holzwerkstoffe

Der natürliche Werkstoff Holz weist nicht nur Fehler im Gefüge, sondern auch unerwünschte und je nach Faserrichtung sehr unterschiedliche Eigenschaften auf. Damit man eine hohe Holzausnutzung und für die jeweiligen Verwendungszwecke bestmögliche Eigenschaften erreicht, zerlegt man den Rohstoff Vollholz. Durch Schälen, Messern, Sägen, Hobeln, Zerspanen und Zerfasern werden als Zwischenprodukte Furniere, Stäbe und Bretter für Mittel- und Decklagen, Holzwolle, Späne oder Fasern gewonnen. Diese werden, meist unter Zugabe von Klebstoffen oder anderen Bindemitteln unter Druck zu Holzwerkstoffen zusammengefügt. Holzwerkstoffe sind plattenförmige oder stabförmige Produkte mit gleichmäßigen, der Verwendung angepassten Eigenschaften. Da Holzwerkstoffe in der Regel so aufgebaut sind, dass das Arbeiten des Holzes stark eingeschränkt wird, können großflächige Bauteile damit hergestellt werden **(Bild 1)**.

Herkömmlich hat man vor allem die genormten Holzwerkstoffe Sperrholz, Spanplatten, Holzfaserplatten und Holzwolleleichtbauplatten unterschieden. Den Bedürfnissen neuzeitlichen Bauens entsprechend wurden neue Holzwerkstoffe wie Brettsperrholz, Furnierschichtholz, Furnierstreifenholz, Spanstreifenholz, Langspanplatten und mineralisch gebundene Holzwerkstoffe entwickelt. Diese können aufgrund bauaufsichtlicher Zulassungen auch für tragende und aussteifende Zwecke verwendet werden.

Holzwerkstoffe im Bauwesen müssen je nach Anwendungsbereich unterschiedlich feuchtebeständig sein. Dies erreicht man insbesondere durch die Art des verwendeten Klebstoffes. Die Verwendbarkeit von Holzwerkstoffen bei unterschiedlichen Klimabedingungen wird durch die Zuordnung zu **Nutzungsklassen** zum Ausdruck gebracht **(Tabelle 1)**. Die bisherigen und noch marktüblichen Bezeichnungen für Holzwerkstoffe, z. B. V 20 (nicht wetterbeständig), V 100 (wetterbeständig) und V 100 G (wetterbeständig, pilzgeschützt) nach den Holzwerkstoffklassen gemäß der Holzschutznorm DIN 68800 entsprechen nicht mehr den EN-Normen für Holzwerkstoffe.

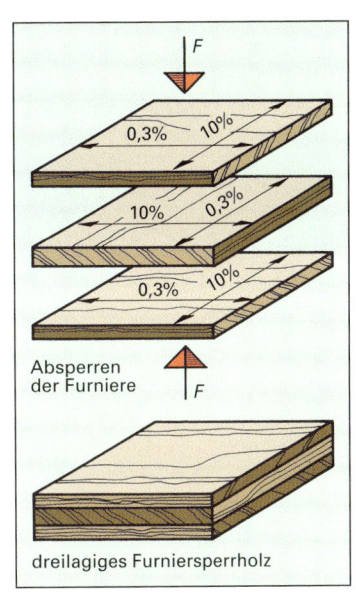

Bild 1: Begrenzung des Arbeitens der Holzwerkstoffe am Beispiel des Furniersperrholzes

Tabelle 1: Nutzungsklassen

NK	Klimabedingungen
1	**Trockenbereich:** 20 °C und relative Luftfeuchte selten > 65 %, z. B. in geschlossenen beheizten Bauwerken
2	**Feuchtbereich:** 20 °C und relative Luftfeuchte selten > 85 %, z. B. bei überdachten offenen Bauwerken
3	**Außenbereich:** höhere Holzfeuchten als in NK 2, z. B. bei der Witterung ausgesetzten Konstruktionen

3.9.9.1 Furniere

Furniere sind dünne Holzblätter, die durch Schälen, Messern oder Sägen von einem Stamm oder Stammteil abgetrennt werden. Nach der Art ihrer Verwendung unterscheidet man zwischen Deckfurnieren und Absperrfurnieren.

- **Deckfurniere** werden auf Platten beidseitig aufgeklebt. Sie dienen vor allem dem Verschönern und Veredeln von Holzflächen. Außerdem werden wertvolle Hölzer wirtschaftlicher genutzt. Die Dicken liegen bei Messerfurnieren je nach Holzart zwischen 0,5 mm und 1,0 mm, bei Sägefurnieren bei meist mehr als 1,5 mm **(Tabelle 2)**.

- **Absperrfurniere** sollen das Arbeiten von Holzflächen verhindern oder einschränken. Die Dicken dieser Furniere liegen zwischen 1,5 mm und 3,5 mm, in Sonderfällen bis zu 8,0 mm.

- **Schälfurniere** dienen vorwiegend der Sperrholzherstellung.

- **Messerfurniere** werden häufig, **Sägefurniere** dagegen selten, als Deckfurniere im Möbel- und Innenausbau verwendet.

Tabelle 2: Handelsübliche Furnierdicken von Messerfurnieren

mm	Holzart
0,50	Nussbaum, Mahagoni, Makore, Palisander
0,55	Ahorn, Birke, Buche, Birnbaum, Kirschbaum, Afromosia, Sen, Teak
0,60	Eiche, Erle, Esche, Pappel, Rüster, Limba
0,65	Eiche, Linde, Pappel
0,70	Abachi
0,90	Kiefer, Lärche, Fichte
1,00	Tanne

3.9.9.2 Sperrholz

Als Sperrholz bezeichnet man Platten, die aus mindestens drei kreuzweise verklebten Holzlagen bestehen. Durch das kreuzweise Verkleben wird das Arbeiten des Holzes eingeschränkt, da die Schwund- und Quellrichtungen der einzelnen Holzlagen entgegengesetzt verlaufen und sich gegenseitig **absperren** (Seite 139). Außerdem ist die Belastbarkeit in Längs- und Querrichtung nicht so unterschiedlich wie bei Vollholz. Damit sich diese Platten nicht verziehen, müssen sie symmetrisch aufgebaut sein.

Furniersperrholz (FU) besteht je nach Dicke in der Regel aus 3, 5, 7, 9 und mehr Furnierlagen **(Bild 1)**. **Stabsperrholz** (ST) und **Stäbchensperrholz** (STAE) sind aus einer Mittelage aus verklebten Holzstreifen und mindestens zwei Sperrfurnieren aufgebaut (Bild 1). Beim Stabsperrholz bilden 7 mm bis 30 mm breite Stäbe die Mittellage. Die Mittellage von Stäbchensperrholz besteht aus bis zu 7 mm dicken Rundschälfurnieren und ergibt dadurch vorwiegend stehende Jahrringe.

Sperrholz wird z. B. für Beplankungen bei Holzhäusern in Tafelbauart, im Innenausbau und als Schalmaterial verwendet. Die Einsatzmöglichkeit ist von den verwendeten Holzarten, der Klebungsart und der Oberflächenbeschaffenheit abhängig.

Baufurniersperrholz (BFU), **Baustabsperrholz** (BST), **Baustäbchensperrholz** (BSTAE) und insbesondere **Baufurniersperrholz aus Buche** (BFU-BU) sind sehr fest. Aus der Plattenbezeichnungen nach DIN 68705 ist der Plattentyp und die Plattendicke ablesbar.

> **Beispiel:**
>
> **Sperrholz DIN 68705 – BSTAE 100 – 18**
>
> **wetterbeständig verklebtes Baustäbchensperrholz mit 18 mm Dicke**

Betonschalungsplatten (SFU) aus Sperrholz sind stets wetterfest verleimt. Außerdem sind ihre Oberflächen und Kanten kunstharzvergütet. Dadurch sind die Platten wiederholt einsetzbar.

Als **Brettsperrholz** bezeichnet man mehrschichtige Massivholzplatten, die aus mindestens drei kreuzweise miteinander verklebten Brettlagen aus Nadelholz bestehen **(Bild 2)**. Sie werden als großformatige Platten in Dicken bis 300 mm hergestellt und mit bauaufsichtlicher Zulassung vorzugsweise im Holztafelbau verwendet.

3.9.9.3 Spanplatten

Spanplatten sind Holzwerkstoffe, die aus kleinen Holzspänen oder aus verholzten Faserstoffen wie Flachs oder Hanf hergestellt sind. Die Späne oder Faserstoffe werden mit Kunstharz als Bindemittel vermischt und unter Druck und Wärme zu Platten gepresst.

Spanplatten, deren Rohstoffe nur aus Holzspänen bestehen, bezeichnet man als Holzspanplatten. Diese können verschieden aufgebaut sein und hergestellt werden. Danach unterscheidet man Flachpressplatten, Strangpressplatten und Langspanplatten **(Bild 3)**.

Flachpressplatten für das Bauwesen gibt es einschichtig, mehrschichtig oder mit stetigem Übergang in der Struktur. Einschichtige

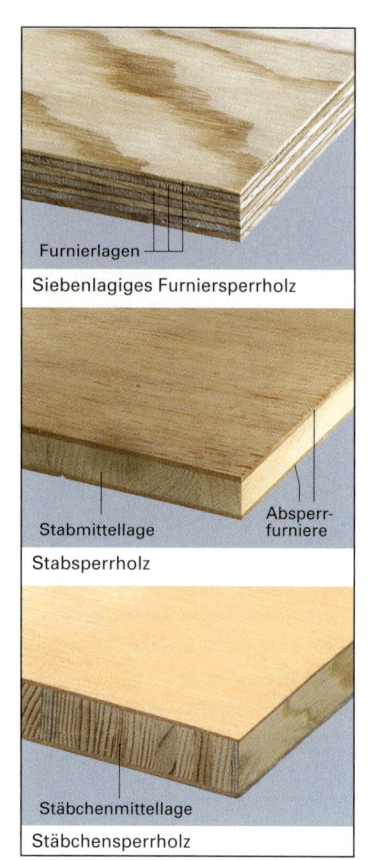

Bild 1: Sperrholz

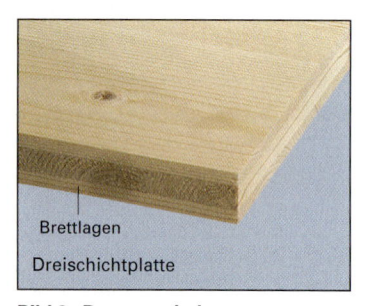

Bild 2: Brettsperrholz

Bild 3: Flachpressplatte

Spanplatten haben durchgehend Späne gleicher Größe, Dreischichtplatten außen feine Späne (Seite 140). Die Oberfläche der Platten kann geschliffen oder ungeschliffen sein. Nach dem Verwendungszweck werden 7 Plattentypen unterschieden. Im Trockenbereich sind das Platten für allgemeine Zwecke (P 1), für Inneneinrichtungen (P 2) und für tragende Zwecke (P 4 und P 6). Im Feuchtbereich unterscheidet man Platten für nichttragende Zwecke (P 3) und für tragende Zwecke (P 5 und P 7). Die Plattentypen P 6 und P 7 sind als hoch belastbare Platten klassifiziert.

Flachpressplatten werden vielseitig verwendet, z. B. für leichte Wandkonstruktionen, Deckenverkleidungen, Dachschalungsplatten und als Schalungen im Betonbau. Sie werden auch mit Nut und Feder beispielsweise als Fußboden-Verlegeplatten geliefert. Leichte Flachpressplatten (LF) werden als Verkleidungen zur Verbesserung der Raumakustik montiert.

Strangpressplatten werden als Vollplatten (ES) oder als Röhrenplatten (ET) hergestellt **(Bild 1)**. Die Oberflächen der Platten können ungeschliffen, geschliffen, furniert, beschichtet oder beplankt sein. Sie werden im Innenausbau z. B. für Türen verwendet.

Langspanplatten, auch **OSB-Platten** genannt (**O**riented **S**trand **B**oards), sind Flachpressplatten, die aus langen schlanken, etwa 75 mm langen und 35 mm breiten Langspänen in Furnierdicke bestehen **(Bild 2)**. Durch eine besondere Streuung liegen die langen Flachspäne in den Außenschichten vorwiegend in Längsrichtung der Platte und in der Mittelschicht in Querrichtung. Dadurch weist die Platte in Längsrichtung die größere Biegefestigkeit auf.

OSB-Platten werden in Dicken von 6 mm bis 30 mm geliefert und für Beplankungen von Wänden, Decken, Fußböden und Dächern, auch als Sichtflächen, verwendet.

3.9.9.4 Faserplatten

Holzfaserplatten werden aus Holzfasern oder anderen holzhaltigen Fasern hergestellt. Sie erhalten ihren Zusammenhalt durch Verfilzung der zerfaserten Rohstoffe und durch die Bindekraft fasereigener oder zugesetzter Klebstoffe. Durch unterschiedliche Pressdrücke und Temperaturen oder die Zugabe besonderer Stoffe, z. B. Kunstharze, Wachse oder Bitumen, werden unterschiedliche Eigenschaften erzielt. Danach unterscheidet man poröse, harte und mitteldichte Faserplatten.

Poröse Holzfaserplatten (SB) haben wegen ihres lockeren Gefüges eine geringe Rohdichte **(Bild 3)**. Man verwendet sie vor allem zur Wärme- und Schalldämmung. Faserplatten, denen zur Verbesserung der Feuchtebeständigkeit Bitumen zugegeben wird, bezeichnet man als **Bitumen-Holzfaserplatten**.

Harte Holzfaserplatten (HB) haben eine Rohdichte von mehr als 800 kg/m^3 **(Bild 4)**. Die meist zwischen 3 mm bis 4 mm dicken Platten haben eine glatte Oberfläche (Sichtseite) und auf der Rückseite eine Siebnarbe (Siebseite). Harte Holzfaserplatten werden im Innenausbau für Decken- und Wandverkleidungen, für Trennwände und Türen verwendet.

Mittelharte sowie **mitteldichte Holzfaserplatten** (MB bzw. MDF) werden im Möbelbau und für Verkleidungen im Innenausbau eingesetzt, bei denen sehr glatte Oberflächen gefordert sind **(Bild 5)**.

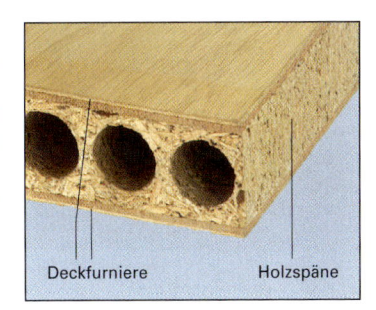

Bild 1: Strangpressplatte (Deckfurniere, Holzspäne)

Bild 2: Langspanplatte

Bild 3: Poröse Holzfaserplatte

Bild 4: Harte Holzfaserplatte (Rückseite)

Bild 5: MDF-Platte

Bild 1: Furnierschichtholz

Bild 2: Furnierstreifenholz

Bild 3: Spanstreifenholz

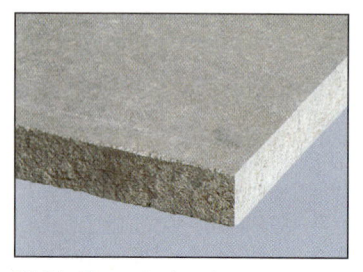

Bild 4: Zementgebundene Flachpressplatte

Bild 5: Holzwolleleichtbauplatte

3.9.9.5 Holzwerkstoffe für tragende Bauteile

Holzwerkstoffe wurden bisher vor allem für raumabschließende oder aussteifende Beplankungen von Tragwerken verwendet. Die Holzwerkstoffe Furnierschichtholz, Spanstreifen- und Furnierstreifenholz werden für tragende Bauteile, beispielsweise für Stützen, Scheiben, Pfetten, Balken oder Fachwerkstäbe eingesetzt.

Furnierschichtholz (FSH) wird aus etwa 3 mm dicken Schälfurnieren aus Nadelholz hergestellt (**Bild 1**). Im Gegensatz zum Furniersperrholz werden beim Furnierschichtholz die Furnierlagen zum größten Teil (Typ Q) oder alle (TYP S) in gleicher Faserrichtung verklebt. Die Platten werden in Dicken von 21 mm bis 89 mm und in Längen bis 23 m geliefert. Sie sind sehr fest und werden deshalb vor allem für hochbelastete Tragstäbe oder Tragscheiben verwendet. Furnierschichtholz vom Typ Q wird auch als tragende und aussteifende Platten sowie für Beläge genutzt.

Furnierstreifenholz (PSL) ist ein stabförmiger Holzwerkstoff, der im Standardquerschnitt von b/h von 280 mm/483 mm in bis zu 20 m Länge hergestellt wird (**Bild 2**). Kleinere Querschnitte werden daraus vom Hersteller herausgeschnitten und geschliffen. Die ungefähr 3 mm dicken und 2,50 m langen längs ausgerichteten, miteinander verklebten schmalen Furnierstreifen bewirken nicht nur die sehr hohe Biege- und Zugfestigkeit des Furnierstreifenholzes, sondern auch ein dekoratives Aussehen. Es wird für stabförmige Konstruktionselemente wie Pfetten, Stützen, Fachwerkstäbe und Biegeträger eingesetzt.

Spanstreifenholz, auch Langspanholz (LSL) genannt, besteht aus etwa 0,8 mm dicken, miteinander verklebten Spänen von etwa 30 cm Länge aus Pappelholz (**Bild 3**). Die Platten werden in Dicken von 32 mm bis 89 mm und einer Länge von bis zu 10,67 m geliefert. Spanstreifenholz kann sowohl für balkenförmige als auch für plattenförmige Bauteile verwendet werden.

3.9.9.6 Mineralisch gebundene Holzwerkstoffe

Holzwerkstoffe mit den mineralischen Bindemitteln Zement, Gips oder Magnesit werden z. B. dort eingesetzt, wo höhere Anforderungen an den Brandschutz gestellt werden. Zementgebundene Platten sind außerdem wenig feuchteempfindlich.

Zementgebundene Flachpressplatten bestehen aus Holzspänen aus Nadelholz (**Bild 4**). Die Platten werden in Dicken zwischen 8 mm und 40 mm, meist 1,25 m breit, geliefert. Durch den Zement als Bindemittel sind sie ohne zusätzliche Holzschutzmittel für die Verwendung in allen Gefährdungsklassen als Beplankung geeignet (Seite 134).

Holzwolleleichtbauplatten (HWL) bestehen aus Holzwolle und Zement oder Magnesit als Bindemittel (**Bild 5**). Sie werden auch als Mehrschicht-Leichtbauplatten (ML) mit einer Mittellage aus Hartschaum oder Mineralfasern im Format 2000 mm/500 mm geliefert. HWL-Platten werden in Dicken von 15 mm bis 100 mm, ML-Platten in Dicken von 25 mm bis 125 mm hergestellt. Sie werden als Wärme-, Brand- und Schallschutzplatten sowie als verlorene Schalung und als Putzträger eingesetzt.

3.10 Metalle

Metalle haben als Werkstoffe für die Herstellung von Bauteilen eine große Bedeutung. Auch die im Bauwesen eingesetzten Werkzeuge und Maschinen bestehen überwiegend aus Metallen. Man unterscheidet Eisenwerkstoffe und Nichteisenwerkstoffe.

3.10.1 Eisenwerkstoffe

Eisenwerkstoffe erhalten durch verschiedenartige Herstellungs- und Weiterverarbeitungsverfahren, durch Beimengungen anderer Stoffe (Legieren) und durch Wärmebehandlung verschiedene, dem Verwendungszweck angepasste Eigenschaften, wie z. B. für den Stahlbau, für den Stahlbeton- und Spannbetonbau. Man unterscheidet hierbei Stähle und Eisen-Guss-Werkstoffe (**Bild 1**).

Eisen (Fe) kommt in der Natur als Erz vor. Eisenerze sind chemische Verbindungen des Eisens mit anderen Elementen, hauptsächlich mit Sauerstoff; sie enthalten außerdem noch Bestandteile, wie z. B. Quarz, Ton, Schiefer und Kalk.

Im Hochofen werden die Eisenerze in Roheisen umgewandelt. Der Hochofen wird von oben mit Eisenerzen, Zuschlägen (hauptsächlich Kalk) und Koks beschickt. Durch Einblasen von Heißluft verbrennt der Koks. Es entsteht dabei Kohlenstoffoxid (CO) und Kohlenstoffdioxid (CO_2). Das Kohlenstoffoxid entzieht dem Eisenerz Sauerstoff (Reduktion). Die Gase steigen nach oben und werden als Gichtgas abgezogen. Das Eisen nimmt Kohlenstoff auf, wird flüssig und sammelt sich als Roheisen im untersten Teil des Hochofens, dem Gestell. Die Zuschläge binden beim Schmelzen die Verunreinigungen der Eisenerze und die bei der Verbrennung entstehenden Rückstände an sich. Daraus bildet sich die Hochofenschlacke. Sie schwimmt wegen ihrer geringeren Dichte über dem flüssigen Roheisen und läuft über eine Rinne ab. Das Roheisen wird etwa alle 3 bis 4 Stunden abgestochen und weiterverarbeitet. Erzeugnisse des Hochofens sind Roheisen, Hochofenschlacke und Gichtgas. Je nach Erzart entsteht graues oder weißes Roheisen (**Bild 2**). Graues Roheisen ist siliciumhaltig, hat eine graue Bruchfläche, ist gut gießbar und wird in Eisengießereien zu Gusseisen weiterverarbeitet. Weißes Roheisen ist manganhaltig, hat eine weiße, strahlige Bruchfläche und ist Ausgangsstoff für die Stahlherstellung. Hochofenschlacke wird zu Baustoffen weiterverarbeitet, z. B. zu Zuschlägen und Bindemitteln.

3.10.1.1 Gusseisen

Im Bauwesen kommen als Gusswerkstoffe im Wesentlichen Grauguss und Temperguss zur Verwendung (**Bild 1, Seite 144**). Aus **Grauguss** (GGL) werden Druckrohre mit Muffen (LA = Leichte Ausführung) oder mit Flanschen (FF-Rohre) für die Gas und Wasserversorgung, Schachtdeckel und Bodenabläufe hergestellt. Für Abwasserleitungen verwendet man Gussabflussrohre (GA), die als gerade Rohre und als Formstücke geliefert werden (**Bild 2, Seite 144**). Bei Gussabflussrohren sind gegenüber den seither gebräuchlichen leichten Normal-Abflussrohren (LNA) die Baulängen der Formstücke und die Muffen kürzer und damit das Gewicht geringer. **Temperguss** (GT) hat durch besondere Wärmebehandlung (tempern = glühen) stahlähnliche Eigenschaften. Er ist zäh und in geringem Maße biegbar. Aus Temperguss werden Beschläge, Schlösser, Schlüssel und Fittings (Rohrverbindungsstücke bei der Sanitärinstallation) gefertigt (Bild 2, Seite 144).

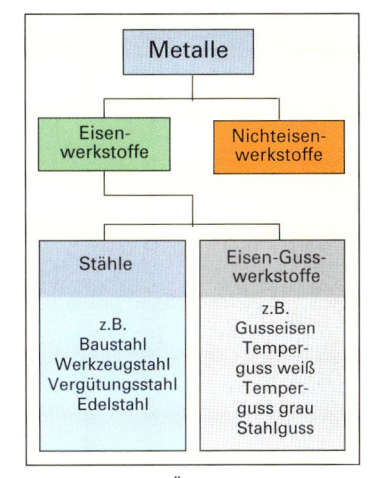

Bild 1: Metalle (Übersicht)

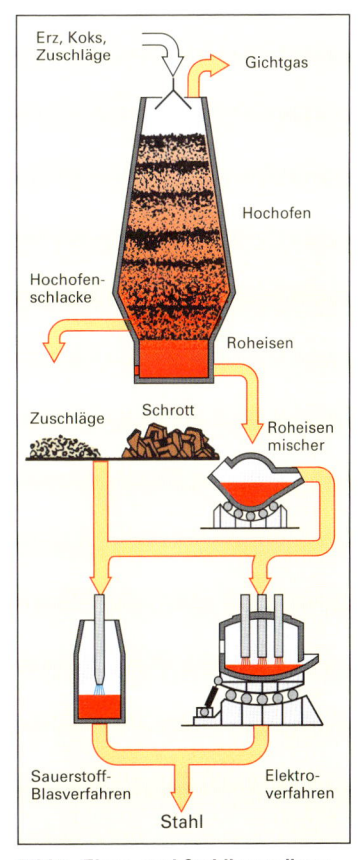

Bild 2: Eisen- und Stahlherstellung

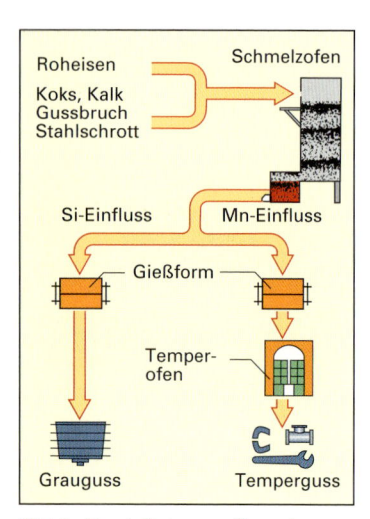

Bild 1: Herstellung von Gusseisen

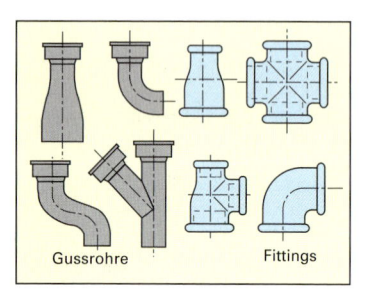

Bild 2: Gusserzeugnisse

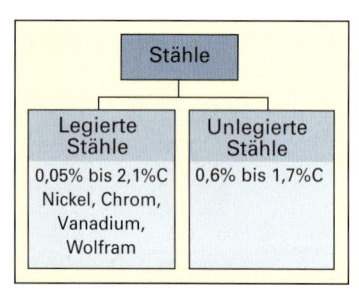

Bild 3: Einteilung der Stähle nach der Zusammensetzung

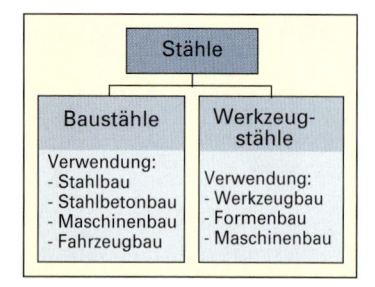

Bild 4: Einteilung der Stähle nach der Verwendung

3.10.1.2 Stahl

Zur Herstellung von Stahl wird weißes Roheisen verwendet. Roheisen aus mehreren Hochofenabstichen wird vor der Weiterverarbeitung in einem Roheisenmischer gemischt **(Bild 2, Seite 143)**. Man erhält dadurch eine gleichmäßigere Zusammensetzung. Roheisen hat einen Kohlenstoffgehalt zwischen 3% und 4,3% sowie meist unerwünschte oder zu hohe Beimengungen an Silicium, Mangan, Schwefel und Phosphor. Bei der Umwandlung von Roheisen in Stahl wird der Kohlenstoffgehalt auf weniger als 1,5% gesenkt und die unerwünschten Beimengungen werden fast vollständig verbrannt. Dies geschieht durch verschiedene **Frischverfahren**. Man verwendet dazu das Sauerstoff-Blasverfahren und das Elektro-Verfahren.

Beim **Sauerstoff-Blasverfahren**, auch LD-Verfahren (**L**inz-**D**onawitz) genannt, wird in einen birnenförmigen Behälter mit ca. 350 t Fassungsvermögen mithilfe einer wassergekühlten Lanze Sauerstoff von oben auf die Roheisenschmelze geblasen. Dabei entstehen Temperaturen bis zu 2000 °C. Zur Abkühlung der Schmelze gibt man Schrott und Eisenerze zu. Da zum Frischen keine Luft verwendet wird, enthalten LD-Stähle fast keinen Stickstoff; sie sind schmied- und schweißbar (Bild 2, Seite 143).

Beim **Elektrostahl-Verfahren** wird die Stahlschmelze in einem Ofen durch Lichtbogen oder Induktion aufgeheizt. Das Elektroverfahren ermöglicht wegen der erreichbaren Temperaturen von ca. 3000 °C die Erschmelzung besonders reiner Stähle, die man als Edelstähle bezeichnet. Dieses Verfahren wird hauptsächlich zur Herstellung von legierten Stählen angewendet (Bild 2, Seite 143).

Der flüssige Stahl wird in Formen zu Blöcken vergossen. Diese werden zu Blechen, Profilen und Drähten weiterverarbeitet.

3.10.1.3 Stahlarten

Nach der Zusammensetzung unterscheidet man unlegierten Stahl und legierten Stahl **(Bild 3)**, nach seiner Verwendung Werkzeugstahl und Baustahl **(Bild 4)**. Die Stähle werden in verschiedenen Handelsformen geliefert.

Unlegierter Stahl

Er besteht, von Verunreinigungen abgesehen, nur aus Eisen und Kohlenstoff. Bei einem Kohlenstoffgehalt von 0,6% bis 1,7% ist er durch Wärmebehandlung härtbar und deshalb für Schneidwerkzeuge, wie z. B. für Meißel, geeignet. Liegt der Kohlenstoffgehalt unter 0,6%, ist der Stahl nur eingeschränkt härtbar. Unlegierter Stahl wird z. B. zur Herstellung von Drahtstiften, Schrauben und Beschlägen verwendet.

Legierter Stahl

Außer Eisen und Kohlenstoff enthält legierter Stahl Metalle, die seine Eigenschaften verbessern. So wird z. B. durch Nickel, Chrom, Vanadium, Molybdän und Wolfram die Zugfestigkeit und meist auch die Härte erhöht. Stähle mit hohem Nickel- und Chromgehalt (zusammen bis 26%) sind nicht rostend. Solche Stähle werden für Geländer, Behälter und Rohrleitungen verwendet. Stähle mit sehr hohen Zusätzen von Chrom und Wolfram sind wärmebeständig eignen sich besonders für Schneidwerkzeuge wie z. B. für Sägeblätter.

Werkzeugstahl

Werkzeugstahl ist härtbarer Stahl. Vor dem Härten kann Werkzeugstahl spanend verarbeitet werden. Man unterscheidet unlegierte und legierte Werkzeugstähle.

Baustahl

Als Baustahl wird jeder nicht härtbare Stahl bezeichnet. Auf Baustahl, auch als Massenstahl bezeichnet, entfällt über 90 % der Stahlerzeugung. Baustahl wird für allgemeine Bauzwecke, aber auch für Maschinenteile verwendet. Er wird unlegiert und legiert hergestellt.

Unlegierter Baustahl wird als allgemeiner Baustahl (Grundstahl) bezeichnet. Für seine Verwendung ist die Zugfestigkeit maßgebend. So ist z. B. S235JR ein Baustahl, dessen Zugfestigkeit je nach Werkstoffdicke zwischen 340 N/mm² und 470 N/mm² liegt. Die Zugfestigkeiten der Stähle sind umso größer, je höher der Kohlenstoffgehalt ist. Stahl mit höherem Kohlenstoffgehalt lässt sich jedoch schlechter bearbeiten.

3.10.1.4 Handelsformen von Baustahl

Stahl wird durch **Walzen, Strangpressen** oder **Ziehen** zu Halbzeugen mit genormten Handelsformen weiterverarbeitet. Die am häufigsten verwendeten Halbzeuge sind Formstähle, Stabstähle, Rohre, Hohlprofile, Bleche, Drähte und Stützenprofile.

Formstähle (Profilstähle) sind Stähle mit L-, U-, T- und I-förmigem Querschnitt. Diese Stähle werden mit einem entsprechenden Kurzzeichen und meist mit der Höhenmaßzahl *h* bezeichnet (**Tabelle 1**).

Beispiel:
Bezeichnung für breites I-Profil mit breiten parallelen Flanschflächen der Nennhöhe h = 200 mm
nach DIN 1025:   IPB 200 DIN 1025
nach EURONORM 53-62:   HE 200 B

Stabstähle sind gewalzte Rund-, Quadrat- und Sechskantstähle und Flachstähle. Sie werden meist mit dem Maß *d, a, s* von 2 mm bis 200 mm in Stangen bis 8 m Länge geliefert.

Flachstahl hat rechteckigen Querschnitt. Die Breite liegt zwischen 10 mm und 150 mm, die Dicke zwischen 1 mm und 60 mm. Die Stäbe werden von 3 m bis 12 m Länge hergestellt.

Rohre haben meist eine runde Querschnittsform. Sie werden zur Ver- und Entsorgung von Gebäuden mit Gas, Wasser und Abwasser installiert. Sie dienen aber auch als Baustützen oder als Geländerrohre konstruktiven und sicherheitstechnischen Zwecken. Rohre werden nahtlos oder mit geschweißter Längsnaht hergestellt.

Tabelle 1: Handelsformen von Formstählen

Bezeichnung	Formen	Kurzzeichen	Normbezeichnung	Abmessungen in mm
Schmale I-Träger		I	I-Profil DIN 1025 DIN EN 0025 S275JO	h von 80 bis 600 b von 42 bis 215
Mittelbreite I-Träger mit parallelen Flanschflächen		IPE	I-Profil DIN 1025 DIN EN 0025 S275JR	h von 80 bis 600 b von 46 bis 220
Breite I-Träger mit parallelen Flanschflächen		IPB	I-PB-Profil DIN 1025 DIN EN 0025 S355JO **Euronorm:** HE .. B	h von 100 bis 1000 b von 100 bis 300
Breite I-Träger mit parallelen Flanschflächen, leichte Ausführung		IPBl	I-PB-Profil **Euronorm:** HE .. A	h von 100 bis 1000 b von 100 bis 300
Breite I-Träger mit parallelen Flanschflächen, verst. Ausführung		IPBv	I-PB-Profil **Euronorm:** HE .. M	h von 100 bis 1000 b von 100 bis 300
Gleichschenkliger L-Stahl		L	Winkel DIN 1028 DIN EN 0025 S235JRG1	a x s von 20 x 3 bis 200 x 24
Ungleichschenkliger L-Stahl		L	Winkel DIN 1029 DIN EN 0025 S235JRG	a x b x s von 30 x 20 x 3 bis 200 x 00 x 14
U-Stahl		U	U-Profil DIN 1026 DIN EN 0025 S235JR	h x b von 30 x 15 bis 400 x 110
Breitfüßiger T-Stahl		TB	T-Profil DIN 1024 DIN EN 0025 S235JR	b = h von 30 bis 60

3.10.2 Betonstahl

Der für die Bewehrung des Betons verwendete Stahl wird als Betonstahl (BSt) bezeichnet **(Bild 1)**. Er ist nach DIN 488 sowie nach DINV und ENV 10080 genormt. Bei Betonstahl unterscheidet man Betonstabstahl, Betonstahl in Ringen, Betonstahlmatten und Spannstahl.

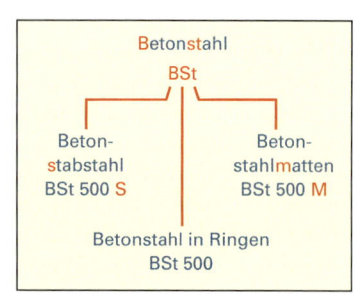

Bild 1: Betonstahl nach DIN 488

3.10.2.1 Betonstabstahl

Beton**s**tabstahl (**S**) hat eine Streckgrenze von 500 N/mm² und eine Zugfestigkeit von 550 N/mm². Er wird als BSt 500 S hergestellt.

Das Verfahren zur Herstellung bleibt dem Hersteller überlassen. Als Beispiele für Herstellungsverfahren können genannt werden

- Warmwalzen ohne Nachbehandlung (U),
- Warmwalzen und aus der Walzhitze wärmebehandelt (T),
- Kaltverformen wie Verwinden (Kw) oder Recken (Kr) der warmgewalzten Stähle ohne wesentliche Querschnittsverminderung und
- Kaltwalzen oder Kaltziehen von Walzdraht mit wesentlicher Querschnittsverminderung.

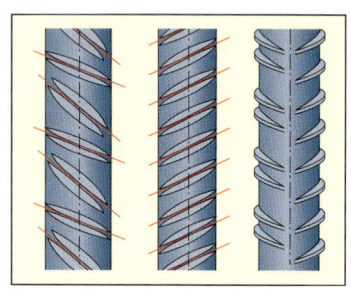

Die Oberfläche von Betonstabstahl ist durch zwei Reihen Schrägrippen gekennzeichnet, wobei auf einer Umfangshälfte die Schrägrippen parallel zueinander verlaufen. Die Schrägrippen auf der anderen Umfangshälfte sind zur Stabachse unterschiedlich geneigt **(Bild 2)**. Betonstabstähle haben einen nahezu kreisförmigen Querschnitt mit Stabdurchmessern von 6 mm bis 16 mm, 20 mm, 25 mm, 28 mm, 32 mm und 40 mm **(Tabelle 1)**. Sie werden in walzgeraden Stäben mit Regellängen von 12 m bis 15 m und in Sonderlängen von 6 m bis 31 m geliefert. Alle Betonstabstähle sind schweißgeeignet. Für besondere Bewehrungsarbeiten kann auch der schweißgeeignete Baustahl S235JR (St 37-2) mit glatter Oberfläche verwendet werden.

Nach DIN 1045-1 wird Betonstahl für alle Lieferformen mit BSt gekennzeichnet. Es gibt Betonstahl BSt 500 S (A) mit normaler Duktilität und BSt 500 S (B) mit hoher Duktilität. Mit Duktilität wird die Dehn- und Verformbarkeit des Betonstahls gekennzeichnet. Die Betonstabstähle unterscheiden sich sowohl in den Anforderungen an die Gesamtdehnung bei Höchstkraft als auch im Verhältnis der Zugfestigkeit zur Streckgrenze (R_m/R_e). Danach liegt die Stahldehnung unter Höchstlast von BSt 500 S (A) bei 2,5 % und von BSt 500 S (B) bei 5 %.

Wichtige Kenngrößen für die Beurteilung der Festigkeitseigenschaften von Betonstahl sind die Zugfestigkeit R_m und die Streckgrenze R_e. Diese Größen können mithilfe des Zugversuchs ermittelt und im Spannungs-Dehnungs-Diagramm als Linie dargestellt werden **(Bild 1, Seite 147)**. Dabei zeigt sich, dass bei kleinen Belastungen die Spannung und die Dehnung des Stahls im gleichen Verhältnis zunimmt (Proportionalitätsbereich). Bei Entlastung geht der Stahl in seine ursprüngliche Form zurück, er verhält sich elastisch. Wird der Stahl über die Proportionalitätsgrenze P hinaus belastet, nimmt die Dehnung bis zur Elastizitätsgrenze E rascher zu als die Spannung.

Bezeichnung von Betonstabstahl

BSt 500 S

Betonstabstahl mit einer Streckgrenze von 500 N/mm² und einer Zugfestigkeit von 550 N/mm²

Bild 2: Oberfläche von Betonstabstahl

Tabelle 1: Abmessungen und Gewichte von Stäben

Nenndurchmesser d_s in mm	Nennquerschnitt A_s in cm²	Nenngewicht in kg/m
6,0	0,283	0,222
8,0	0,503	0,395
10,0	0,785	0,617
12,0	1,131	0,888
14,0	1,54	1,21
16,0	2,01	1,58
20,0	3,14	2,47
25,0	4,91	3,85
28,0	6,16	4,83
32,0	8,04	6,31
40,0	12,57	9,86

Es tritt bei Betonstahl eine vernachlässigbar kleine Längenänderung ein. Bei weiterer Belastung bis zur **Streckgrenze S (R_e)** verformt sich Betonstahl plastisch, d.h. die Längenänderung bleibt. Ab dem Punkt S nimmt die Dehnung zunächst stark zu, ohne dass die Belastung sich erhöht. Der Betonstahl streckt sich in der Länge, er „fließt". Diesen Bereich nennt man deshalb Fließbereich. Bei weiterer Belastung steigt die Spannung bis zur Bruchgrenze B. Dieser Höchstwert der Spannung oder die maximale Belastung des Betonstahls wird als **Zugfestigkeit R** bezeichnet. Die Zugfestigkeit für BSt 500 S liegt bei 550 N/mm². Wird dieser Höchstwert überschritten, sinkt die Spannung bis zur Zerreißgrenze Z, an der der Betonstahl reißt. Der Stahl hat dabei seine größte Längenänderung erreicht.

Betonstähle dürfen wegen der bleibenden Längenänderung und der Bruchgefahr nicht bis zu ihrer Zugfestigkeit belastet werden. Die zulässige Spannung liegt im Proportionalitätsbereich. Das Verhältnis von Zugfestigkeit zu zulässiger Spannung ergibt einen Wert für die Sicherheit. Im Stahlbetonbau wird jedoch mit der Streckgrenze gerechnet.

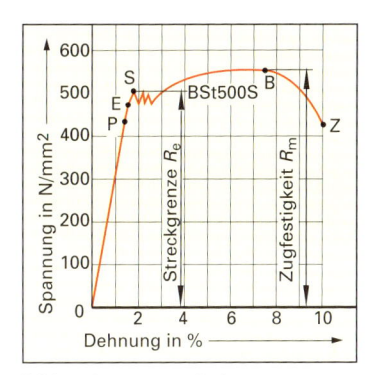

Bild 1: Spannungs-Dehnungs-Diagramm

3.10.2.2 Betonstahl in Ringen

Herstellung, Eigenschaften und Verwendung für Betonstahl in Ringen entsprechen denen von Betonstabstahl. Es ist jedoch eine bauaufsichtliche Zulassung erforderlich. Die Lieferung erfolgt in Stabdurchmessern bis 16 mm und in Gewichten von 0,5 t bis 3 t. Es gibt **w**armgewalzten, gerippten Betonstahl in **R**ingen **BSt 500 WR** und mit **S**onderrippung **BSt 500 WRS** sowie **k**altverformter, gerippter Betonstahl in **R**ingen **BSt 500 KR**.

Betonstahl in Ringen wird hauptsächlich zur werkmäßigen Herstellung von Bewehrungselementen verwendet.

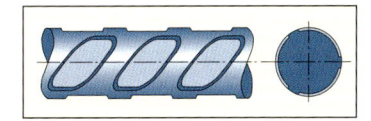

Bild 2: Bewehrungsstab BSt 500 M mit Tiefrippung

3.10.2.3 Betonstahlmatten

Betonstahlmatten BSt 500 M sind werkmäßig vorgefertigte flächige Bewehrungen in rechteckiger Form. Dazu werden Stabstähle mit Tiefrippung, einer Streckgrenze von 500 N/mm² und einer Zugfestigkeit von 550 N/mm² mit Durchmessern zwischen 6 mm und 10 mm als Längs- und Querstäbe an den Kreuzungspunkten meist durch Widerstandspunktschweißung (RP) scherfest miteinander verbunden **(Bild 2)**.

Betonstahlmatten werden als rechteckige Matten angeboten mit einer Länge von 6,00 m und einer Breite von 2,30 m bzw. 2,35 m. Am Anfang und Ende einer Matte stehen die Stäbe bei Q-Matten 75 mm (bei Q 636 A 62,5 mm) und bei R-Matten 125 mm über. Die seitlichen Überstände links und rechts betragen bei allen Matten 25 mm.

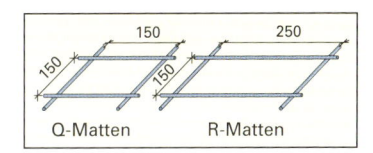

Bild 3: Betonstahlmatten

Je nach Anordnung der Längs- und Querstäbe unterscheidet man

- **Q-Matten** mit **q**uadratischen Feldern, 150 mm Seitenlänge und gleichen Stabdurchmessern in Längs- und Querrichtung **(Bild 3)**. Ausnahme ist Q 636 A mit rechteckigen Feldern 100 mm/150 mm, Längsstäben ⌀ 9 mm und Querstäben ⌀ 10 mm **(Tabelle 1)**.
- **R-Matten** mit **r**echteckigen Feldern 150 mm/250 mm, Stabdurchmessern zwischen 6 mm und 10 mm in Längsrichtung als Tragstäbe und mit Durchmessern von 6 mm bzw. 8 mm für die Querstäbe (Verteilerstäbe).

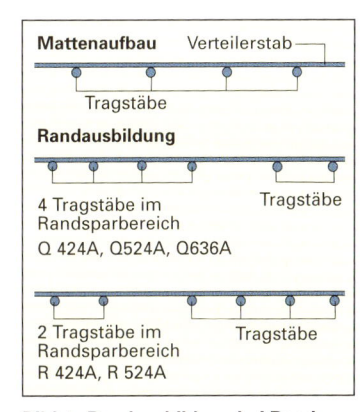

Bild 4: Randausbildung bei Randsparmatten

Tabelle 1: Maschengröße von Betonstahlmatten

Mattenart	Abstände in mm der	
	Längsstäbe	Querstäbe
Q-Matten	150	150
Q 636 A	100	150
R-Matten	150	250

Beschreibung des Kurzzeichens R 335 A

- Betonstahlmatte mit rechteckigen Feldern, dem Abstand der Längsstäbe von 150 mm und der Querstäbe von 250 mm
- Durchmesser der Längsstäbe (Tragstäbe) 8 mm und einem Stabquerschnitt von 3,35 cm²/m Matte
- Durchmesser der Querstäbe 6 mm
- A bedeutet normale Duktilität
- R 335 A ist eine Lagermatte mit einer Länge von 6,00 m und einer Breite von 2,30 m

Bild 1: Beispiel für ein Mattenkurzzeichen

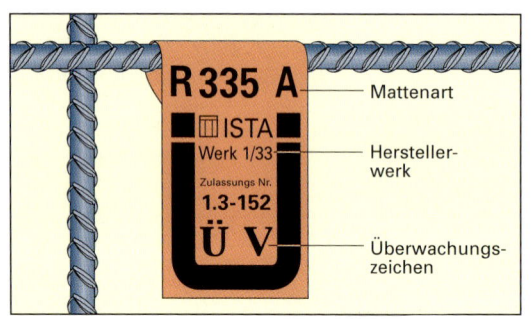

Bild 2: Kennzeichnung von Betonstahlmatten

Die verschiedenen Mattentypen werden mit **Kurzzeichen** benannt. Diese Kurzzeichen bestehen aus den Anfangsbuchstaben der Mattennamen Q oder R, danach eine Zahl, die den Stahlquerschnitt der Tragstäbe in mm² auf 1 m Mattenbreite angibt. Der Buchstabe hinter der Zahl für den Stahlquerschnitt kennzeichnet die Dehn- und Verformbarkeit des Betonstahls, als Duktilität bezeichnet. Der Buchstabe A steht für normale Duktilität **(Bild 1)**.

Zur Kennzeichnung erhält jede Betonstahlmatte eine witterungsbeständige, schwer zerstörbare Kunststoffetikette **(Bild 2)**. Daraus sind außer dem Mattenkurzzeichen die Nummer des Herstellerwerks sowie die Überwachungsstelle (Ü-Zeichen) ersichtlich.

Betonstahlmatten, die an den Längsrändern Stäbe mit kleineren Stabdurchmessern haben, bezeichnet man als **Randsparmatten** (**Bild 4**, Seite 147). Bei Q-Matten (Q 424 A, Q 524 A, Q 636 A) sind links und rechts an den Rändern der Matte 4 Stäbe angeordnet, bei R-Matten (R 424 A, R 524 A) jeweils 2 Stäbe. Beim Verlegen werden im Randsparbereich Matten gleichen Typs übereinandergelegt. Damit übernehmen im Stoßbereich 2 Stäbe mit kleinerem Durchmesser die auftretenden Einwirkungen auf.

Tabelle 1: Betonstahl-Lagermatten BSt 500 M									
Matten-typ / Matten-bezeich-nung	Quer-schnitte cm²/m $\frac{längs}{quer}$	Abmes-sungen m $\frac{Länge}{Breite}$	Randein-sparung (Längs-richtung)	Mattenaufbau in Längsrichtung und Querrichtung				Über-stände mm Anfang/Ende links/rechts	Gewicht kg je
				Stabab-stände mm $\frac{längs}{quer}$	Stabdurchmesser mm		Anzahl der Längsrandstäbe			
					Innen-bereich	Rand-bereich	links	rechts	m²	Matte
Q 188A	1,88 / 1,88			150 / 150	6,0 / 6,0					3,02	41,7
Q 257A	2,57 / 2,57		ohne	150 / 150	7,0 / 7,0					4,12	56,8
Q 335A	3,35 / 3,35	6,00 / 2,30		150 / 150	8,0 / 8,0				$\frac{75}{25}$	5,38	74,3
Q 424A	4,24 / 4,24			150 / 150	9,0 / 9,0	7,0	4	4		6,12	84,4
Q 524A	5,24 / 5,24		mit	150 / 150	10,0 / 10,0	7,0	4	4		7,31	100,9
Q 636A	6,36 / 6,28	6,00 / 2,35		100 / 125	9,0 / 10,0	7,0	4	4	$\frac{62,5}{25}$	9,36	132,0
R 188A	1,88 / 1,13			150 / 250	6,0 / 6,0					2,43	33,6
R 257A	2,57 / 1,13		ohne	150 / 250	7,0 / 6,0					2,99	41,2
R 335A	3,35 / 1,13	6,00 / 2,30		150 / 250	8,0 / 6,0				$\frac{125}{25}$	3,64	50,2
R 424A	4,24 / 2,01		mit	150 / 250	9,0 / 8,0	8,0	2	2		4,87	67,2
R 524A	5,24 / 2,01			150 / 250	10,0 / 8,0	8,0	2	2		5,49	75,7

Betonstahlmatten werden als Lagermatten, Listenmatten, Zeichnungsmatten und als verlegefertige Bewehrungselemente geliefert.

Lagermatten sind nach Lieferprogramm der Hersteller ab Lager lieferbare Betonstahlmatten mit festliegenden Stabquerschnitten und festliegenden Abmessungen **(Tabelle 1,** Seite 148**)**.

Listenmatten sind Betonstahlmatten, deren Stabdurchmesser, Stababstände und Mattenabmessungen vom Besteller festgelegt werden. Die Mattenlängen können bis 12,00 m und die Mattenbreiten bis 3,00 m betragen. Zur Bestellung von Listenmatten ist eine Beschreibung in Tabellenform möglich **(Bild 1)**.

Zeichnungsmatten sind Betonstahlmatten, deren Aufbau und Maße vom Statiker festgelegt werden. Für die Bestellung sind entsprechende Zeichnungen anzufertigen.

Unterstützungskörbe und **Unterstützungsschlangen** sind verlegefertige, linienförmige, 2,00 m lange Bewehrungselemente, welche die Lage der oberen Bewehrung gewährleisten. Sie werden in der Regel auf die untere Bewehrung aufgestellt, damit an der Unterseite des Betonbauteils keine Roststellen entstehen können. Diese Bewehrungselemente belasten allerdings die untere Bewehrung. Es sind deshalb die Abstandhalter für die untere Bewehrung im Aufstellbereich der Unterstützungskörbe und Unterstützungsschlangen anzubringen. Sind die zu unterstützenden Bewehrungsstäbe d_s = 6,6 mm, erfolgt die linienförmige Unterstützung alle 50 cm, bei d_s = 6,5 mm wird alle 70 cm unterstützt **(Bild 2)**.

Unterstützungskörbe sind lieferbar mit einer Unterstützungshöhe h zwischen 5 cm und 40 cm, abgestuft in cm-Schritten **(Bild 2)**.

Unterstützungsschlangen gibt es in den Unterstützungshöhen h zwischen 2 cm und 40 cm.

HS-Matten werden für Schlaufen und Eckverbindungen verwendet **(Bild 3)**. Dabei werden die Matten zu U-förmigen Körben mit einer Länge von 5,00 m gebogen.

3.10.2.4 Prüfung von Betonstahl

Bei Betonstahl wird in der Regel im Herstellerwerk die Oberflächengestalt, die Streckgrenze, die Zugfestigkeit, die Bruchdehnung und die Verformbarkeit geprüft.

Beschreibung (Darstellung) von Listenmatten in Tabellenform

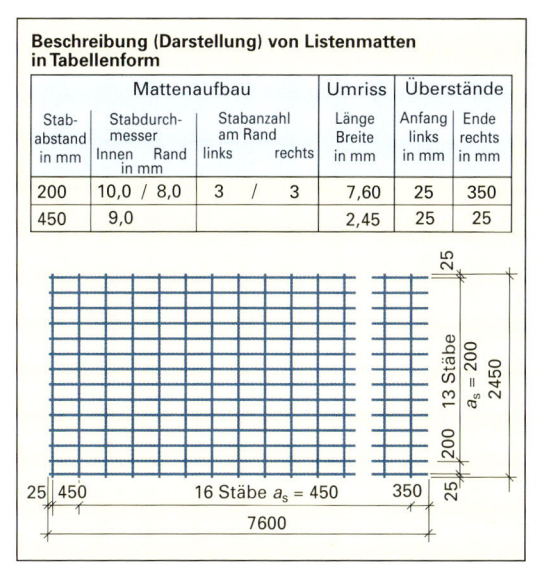

Mattenaufbau				Umriss	Überstände	
Stababstand in mm	Stabdurchmesser Innen / Rand in mm	Stabanzahl am Rand links / rechts		Länge Breite in mm	Anfang links in mm	Ende rechts in mm
200	10,0 / 8,0	3	3	7,60	25	350
450	9,0			2,45	25	25

Bild 1: Beispiel für die Bestellung von Listenmatten

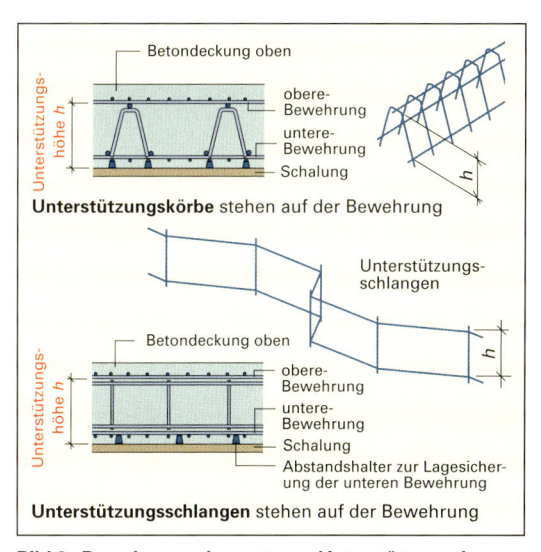

Bild 2: Bewehrungselemente zur Unterstützung der oberen Bewehrung

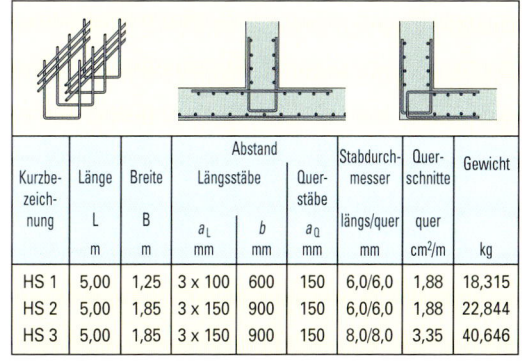

Kurzbezeichnung	Länge L m	Breite B m	Abstand Längsstäbe a_L mm	Abstand Querstäbe b mm	Abstand a_Q mm	Stabdurchmesser längs/quer mm	Querschnitte quer cm²/m	Gewicht kg
HS 1	5,00	1,25	3 x 100	600	150	6,0/6,0	1,88	18,315
HS 2	5,00	1,85	3 x 150	900	150	6,0/6,0	1,88	22,844
HS 3	5,00	1,85	3 x 150	900	150	8,0/8,0	3,35	40,646

Bild 3: HS-Matten

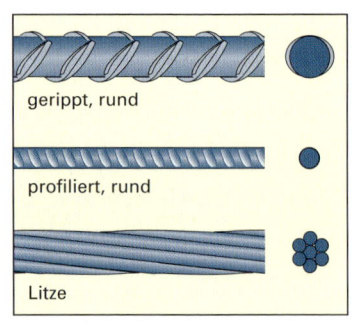

Bild 1: Spannstäbe und -litze
- gerippt, rund
- profiliert, rund
- Litze

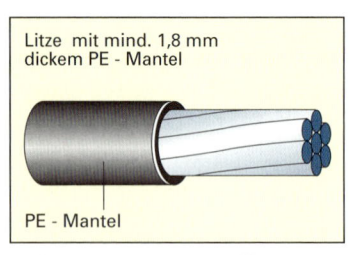

Bild 2: Litze mit Kunststoffummantelung
- Litze mit mind. 1,8 mm dickem PE-Mantel
- PE-Mantel

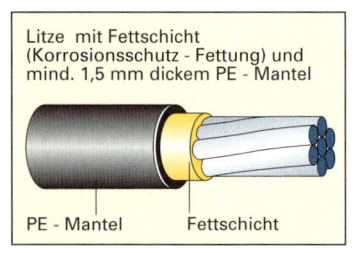

Bild 3: Litze mit Kunststoffummantelung und Fettschicht
- Litze mit Fettschicht (Korrosionsschutz - Fettung) und mind. 1,5 mm dickem PE-Mantel
- PE-Mantel
- Fettschicht

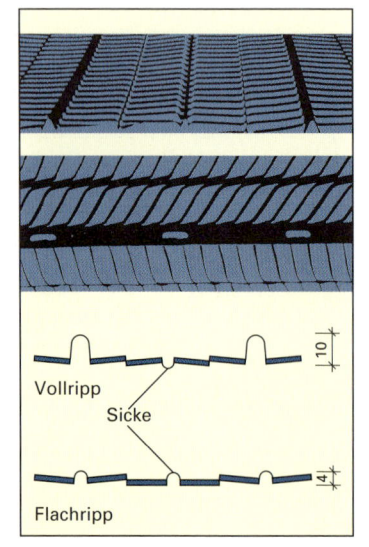

Bild 4: Rippenstreckmetall
- Vollripp
- Sicke
- Flachripp

Die Verformbarkeit des Betonstabstahls wird durch den Rückbiegeversuch mithilfe einer Biegemaschine geprüft. Dabei biegt man die Stabstähle um Biegerollen mit in DIN 488 festgelegten Durchmessern um 90°. Die Biegerollendurchmesser betragen bei 6 mm bis 12 mm Stabdurchmesser 5 d_s, bei 14 mm bis 16 mm Stabdurchmesser 6 d_s und bei 20 mm bis 28 mm Stabdurchmesser 8 d_s. Anschließend werden die Proben künstlich gealtert, indem man sie 30 Minuten lang auf einer Temperatur von 250 °C hält. Nach Abkühlung auf Raumtemperatur biegt man die Proben um einen Winkel von mindestens 20° zurück. Die Proben dürfen weder brechen noch Risse zeigen.

3.10.3 Spannstahl

Spannstahl unterscheidet sich von Betonstabstahl durch seine wesentlich größeren Festigkeiten. Diese liegen zwischen St 835/1030 und St 1570/1770. Spannstähle werden als Drähte und Stäbe mit Durchmessern zwischen 5 mm und 36 mm hergestellt. Alle Spannstähle bedürfen einer bauaufsichtlichen Zulassung.

Drähte und **Stäbe** haben eine runde Querschnittsform, die Oberfläche kann glatt, mit Gewinderippen oder profiliert sein (**Bild 1**). Spanndrähte können einzeln oder gebündelt als Litzen verwendet werden. Litzen werden aus 2, 3, 5 oder 7 Spanndrähten mit einem Höchstdurchmesser von 15,7 mm hergestellt. Dabei werden die Drähte miteinander verseilt. Litzen sind in Stangen oder Ringen lieferbar. Die einzelnen Drähte können blank, verzinkt oder mit Kunststoff (PE) ummantelt sein (**Bild 2**). Innerhalb des PE-Mantels lässt sich zusätzlich ein Korrosionsschutz in Form einer Fettschicht aufbringen (**Bild 3**). Bei Verwendung solcher Litzen kann das spätere Einpressen von Zementmörtel entfallen.

3.10.4 Rippenstreckmetall

Rippenstreckmetall wird aus Bandstahl hergestellt. Dabei werden Bleche gewalzt, die in Längsrichtung mehrere Sicken erhalten. Je nach Sicken unterscheidet man Vollripp und Lochripp mit 10 mm Sickenhöhe und Flachripp mit 4 mm Sickenhöhe (**Bild 4**). Zwischen den Sicken wird der Stahl aufgeschnitten und aufgekantet, sodass eine feingliedrige Oberfläche entsteht. Rippenstreckmetall gibt es in Tafeln von 60 cm Breite und 2,50 m Länge. Es ist gegen Rost durch Verzinken oder aufgesprühtes Bitumen geschützt. Für Bauteile mit hoher Durchfeuchtung gibt es rostfreies Rippenstreckmetall aus Edelstahl. Es eignet sich als Putzträger für Wände, ebene und gewölbte Decken, als verlorene Schalung im Stahlbetonbau und zur Abschalung bei Arbeitsfugen.

Aufgaben

1. Warum spielt die Zugfestigkeit bei der Bemessung von Betonstahl keine Rolle?
2. Was bedeuten die Kurzzeichen BSt 500 S, Q 257 A, R 335 A?
3. Welchen Aufbau und welche Abmessungen hat die Betonstahlmatte R 524 A (Q 636 A)?
4. Welcher Unterschied besteht zwischen Lager-, Listen- und Zeichnungsmatten?

3.10.5 Nichteisenmetalle

Nichteisenmetalle (NE-Metalle) werden nach ihrer Dichte in Schwermetalle und in Leichtmetalle eingeteilt (**Bild 1**). Die wichtigsten Nichteisen-Schwermetalle sind Kupfer, Zink, Blei, Nickel und Chrom (**Tabelle 1**). Von den Nichteisen-Leichtmetallen wird im Bauwesen am häufigsten Aluminium verwendet (**Tabelle 2**).

Kupfer (Cu) ist weich, zäh und sehr dehnbar. Kupfer besitzt eine hohe Leitfähigkeit für Wärme und elektrischen Strom und ist korrosionsfest. Es bildet mit der Kohlensäure der Luft eine dünne, wasserunlösliche braungrüne Schutzschicht, die Patina. Kommt Kupfer mit Essigsäure in Berührung, so entsteht wasserunlöslicher giftiger Grünspan. Legierungen aus Kupfer und Zink (Messing) eignen sich z. B. für Gas- und Wasserarmaturen sowie für Beschläge und Schrauben.

Zink (Zn) sieht silberglänzend aus. Es hat von allen Metallen die größte Wärmeausdehnung. Zink überzieht sich an der Luft mit einer festhaftenden, grauen und dichten Schicht, die vor Korrosion schützt.

Wird Zink mit geringen Mengen von Titan und Kupfer legiert, so erhält man Titanzink. Dieses ist härter, hat eine geringere Wärmedehnung und ist damit formbeständiger als reines Zink. Deshalb wird Titanzink häufig für Dacheindeckungen verwendet.

Blei (Pb) sieht blaugrau aus und ist das schwerste Nichteisenmetall. Es überzieht sich an der Luft mit einer dunkelgrauen Oxidschicht, die Blei eine gute Korrosionsbeständigkeit auch gegen Säuren verleiht. Bleiverbindungen sind giftig. Daher sind beim Umgang mit Blei und Bleiverbindungen besondere Vorschriften zu beachten.

Nickel (Ni) ist ein gelblich-weißes, **Chrom (Cr)** ein bläulich-weißes, silberglänzendes Metall. Mit Nickel und Chrom legierter Stahl ist nichtrostend und eignet sich z. B. zur Herstellung von rostbeständigen Behältern.

Aluminium (Al) hat eine matte Oberfläche. Es besitzt eine gute elektrische Leitfähigkeit und ist ein guter Wärmeleiter. An der Luft überzieht sich Aluminium mit einer Oxidschicht und wird dadurch korrosionsbeständig.

Aluminium verwendet man in Form von Blechen zur Dacheindeckung und für Wandverkleidungen, für Sperrschichten in Form von Folien.

Aluminium-Legierungen mit Magnesium und Silicium haben eine hohe Festigkeit und sind korrosionsbeständig.

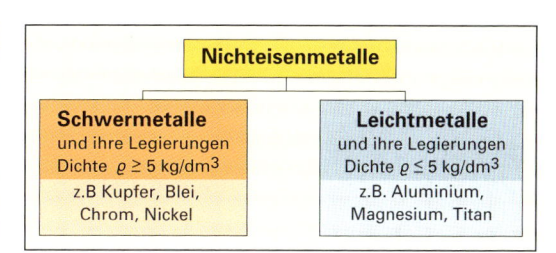

Bild 1: Einteilung der Nichteisenmetalle

```
                    Nichteisenmetalle
                    /              \
    Schwermetalle                  Leichtmetalle
    und ihre Legierungen           und ihre Legierungen
    Dichte ρ ≥ 5 kg/dm³            Dichte ρ ≤ 5 kg/dm³
    z.B Kupfer, Blei,              z.B. Aluminium,
    Chrom, Nickel                  Magnesium, Titan
```

Tabelle 1: Nichteisen-Schwermetalle

Metall	Eigenschaften	Verwendung
Kupfer $\rho = 8{,}9$ g/cm³	rot glänzend weich, zäh, dehnbar wärme- und stromleitend korrosionsbeständig weich und hart lötbar	Abdeckungen, Verwahrungen Dachrinnen, Regenrohre Rohrleitungen Legierungen mit Zink → Messing
Zink $\rho = 7{,}1$ g/cm³	silber glänzend weich, gut bearbeitbar große Wärmedehnung korrosionsbeständig gut weich lötbar	Abdeckungen, Verwahrungen Dachrinnen, Regenrohre Zinküberzug für Stahlbauteile Legierungen mit Kupfer und Titan → Titanzink
Blei $\rho = 11{,}3$ g/cm³	blaugrau, hohe Dichte weich, gut bearbeitbar oxidiert schnell korrosionsbeständig **giftig !!**	Dachanschlüsse Abdichtung für Abwasser und Kanalisation Legierungen mit Zinn → Weichlot
Nickel $\rho = 8{,}8$ g/cm³	gelblich-weiß	Legierungswerkstoff für nicht rostenden Stahl
Chrom $\rho = 7{,}2$ g/cm³	bläulich-weiß silber glänzend, hart korrosionsbeständig	Überzugswerkstoff für Metalle → galvanisch Vernickeln → galvanisch Verchromen

Tabelle 2: Nichteisen-Leichtmetalle

Metall	Eigenschaften	Verwendung
Aluminium $\rho = 2{,}7$ g/cm³	silbrig, matt weich wärme- und stromleitend korrosionsbeständig schweißbar	Dacheindeckungen Wandverkleidungen als Folie für Sperrschichten Legierungen mit Magnesium
Aluminium-Legierungen	silbrig-weiß, matt hohe Festigkeit gut bearbeitbar korrosionsbeständig gut gieß- und formbar	Fenster- und Türrahmen, Regenschutzschienen, Abdeckungen, Jalousien, Wandplatten, Türdrücker, Fensteroliven

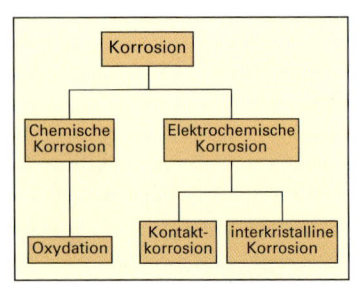

Bild 1: Korrosion von Metallen

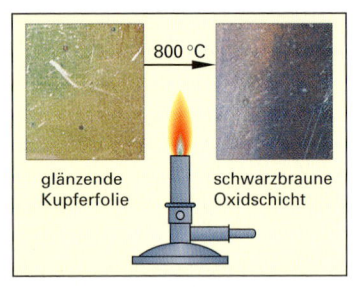

Bild 2: Korrosion durch Oxidation

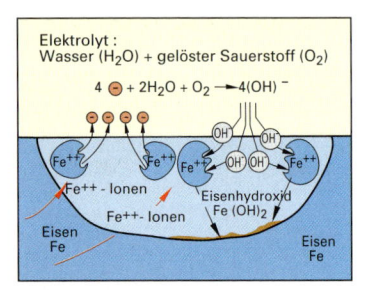

Bild 3: Korrosion von Stahl

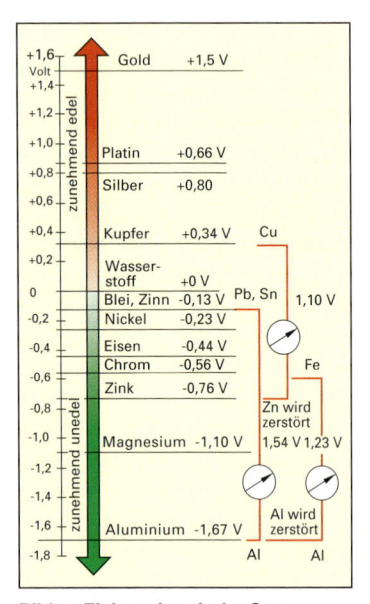

Bild 4: Elektrochemische Spannungsreihe

3.10.6 Korrosion

Unter Korrosion versteht man die Veränderung von Werkstoffen durch chemische oder elektrochemische Vorgänge. Der Grad der Korrosion hängt wesentlich davon ab, ob die Werkstoffe z. B. von mehr oder weniger feuchter Luft (Witterungskorrosion), von Meerwasser oder von aggressiven Wässern umgeben sind **(Bild 1)**.

Außer Kupfer werden alle Nichteisenmetalle von frischem Mörtel und Beton angegriffen. Sie müssen deshalb durch Anstriche oder durch Abkleben mit Papier oder Folie so lange geschützt werden, bis der Mörtel oder der Beton erhärtet ist.

3.10.6.1 Chemische Korrosion

Viele Metalle werden an der Oberfläche von Sauerstoff durch Oxidation chemisch verändert. Außerdem können bei diesen Vorgängen Flüssigkeiten (Wasser, Säuren, Laugen, Salzlösungen), Gase bzw. Dämpfe chemisch wirksam sein. Höhere Temperaturen beschleunigen den Korrosionsablauf.

Bei der Oxidation von Kupfer, Zink, Blei oder Aluminium entsteht an der Oberfläche eine dichte, schwer zerstörbare Oxidhaut, die diese Metalle gegen weitere Korrosion schützt **(Bild 2)**.

Eisenwerkstoffe bilden bei chemischer Korrosion an feuchter Luft Eisenoxidhydrat FeO(OH). Daraus entsteht über weitere chemische Prozesse eine Rostbildung des Stahls. Rost ist eine lockere, poröse Schicht und bietet keinen Schutz gegen weitere chemische Korrosion **(Bild 3)**.

Edelmetalle wie z. B. Gold und Silber sind besonders widerstandsfähig gegen chemische Korrosion. Je edler ein Metall ist, desto weniger neigt es zur Korrosion.

3.10.6.2 Elektrochemische Korrosion

Bei der elektrochemischen Korrosion muss eine elektrisch leitende Flüssigkeit (Elektrolyt) zwischen zwei verschiedenen Metallen vorhanden sein. Elektrolyte sind z. B. Regenwasser, Luftfeuchtigkeit oder Handschweiß. Bei der elektrochemischen Korrosion ergeben sich ähnliche Vorgänge wie in einem galvanischen Element.

Ein galvanisches Element besteht aus zwei verschiedenen Stoffen als Elektroden, z. B. aus einer Cu-Platte und aus einer Zn-Platte und einem Elektrolyt, z. B. Kupfersulfat ($CuSO_4$) **(Bild 1, Seite 153)**. In diesem Element entsteht eine elektrische Spannung zwischen der Cu-Platte (Plus-Pol) und der Zinkplatte (Minus-Pol). Zink als „Minuspolmetall" wird zersetzt, das „Pluspolmetall" Kupfer bleibt erhalten. Auch mit anderen Metallen lassen sich galvanische Elemente zusammenstellen. Gleiche Metalle ergeben keine Spannung.

Je nach den verwendeten Metallen erhält man verschieden hohe elektrische Spannungen. Vergleicht man Metalle mit dem elektrisch neutralen Wasserstoff, so zeigt sich, dass zwischen Wasserstoff und den jeweiligen Metallen eine verschieden hohe elektrische Spannung besteht. Diese Spannungsunterschiede lassen sich in der Spannungsreihe darstellen **(Bild 4)**. Mithilfe der Spannungsreihe lässt sich für jedes galvanische Element die Spannung berechnen.

Ein Element aus Kupfer und Zink ergibt z. B. 1,10 Volt. Metalle, die Pluspole bilden, werden als edle Metalle, solche, die Minuspole bilden, als unedle Metalle bezeichnet. Je größer der Abstand eines Metalls in der Spannungsreihe von Wasserstoff ist, umso edler bzw. unedler ist das Metall. Je weiter die beiden Metalle eines galvanischen Elements in der Spannungsreihe auseinander liegen, desto rascher wird das unedlere Metall zerstört. Bei der elektrochemischen Korrosion unterscheidet man die Kontaktkorrosion und die interkristalline Korrosion.

Kontaktkorrosion

Werden verschiedene Metalle ohne isolierende Zwischenlage mit einem Elektrolyt in Berührung gebracht, so entsteht durch die Berührung der Metalle Korrosion (Kontaktkorrosion). Würde z. B. Kupferrohr mit einer verzinkten Rohrschelle befestigt, so würde bei feuchter Luft oder bei Regen die Rohrschelle durch Kontaktkorrosion zerstört. Deshalb sollten grundsätzlich nur gleiche Metalle miteinander verbunden werden (**Bild 1**).

Interkristalline Korrosion

Die Kristalle eines metallischen Werkstoffs, z. B. einer Legierung wie Messing, können stofflich verschieden sein. Kommt ein Elektrolyt hinzu, so entsteht zwischen den einzelnen Kristallen eine elektrische Spannung wie in einem galvanischen Element. Die Minuspol-Kristalle werden aufgelöst und das Gefüge des Werkstoffs wird dadurch zerstört. Diese Art der Korrosion wird als interkristalline Korrosion bezeichnet (**Bild 2**). Diese kann gleichmäßig an der Oberfläche auftreten. Tritt die interkristalline Korrosion nur an einzelnen Stellen auf, so können trichterförmige Krater und Durchlöcherungen entstehen. Man spricht dann von Lochfraß.

3.10.6.3 Korrosionsschutz

Durch Korrosion werden große Schäden verursacht. Deshalb werden Maßnahmen getroffen, um die Korrosion besonders bei metallischen Werkstoffen zu verhindern. Die Lebensdauer von Bauteilen, wie z. B. von Metalleindeckungen oder von Dachrinnen, hängt im Wesentlichen davon ab, inwieweit man die Korrosion vermindern bzw. verhindern kann. Bei allen Verfahren des Korrosionsschutzes wird versucht, die Bildung galvanischer Elemente zu vermeiden (**Bild 3**).

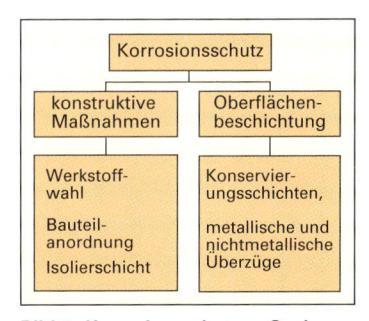

Konstruktive Korrosionsschutzmaßnahmen

Unter konstruktivem Korrosionsschutz versteht man z. B. eine entsprechende Auswahl der Werkstoffe, damit ein Berühren zweier verschiedener Metalle unter Feuchtigkeit vermieden wird, was auch durch Einbringen einer isolierenden Zwischenschicht erreicht werden kann. Weiterhin ist es möglich, durch eine bestimmte Einbaulage von Bauteilen ein Festsetzen von Schmutz und Feuchtigkeit zu verhindern (**Bild 4**). Ebenso wird die Bewehrung durch eine ausreichende Betondeckung vor Korrosion geschützt..

Korrosionsschutz durch Oberflächenbeschichtung

Bauteile können durch Konservierungsschichten, durch nichtmetallische Überzüge und durch metallische Überzüge vor Korrosion geschützt werden.

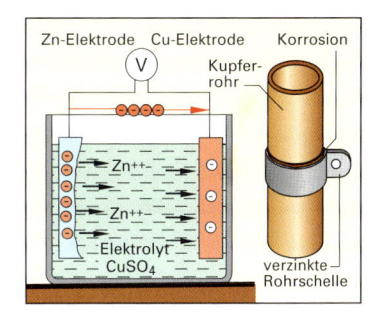

Bild 1: Kontaktkorrosion durch Elementbildung

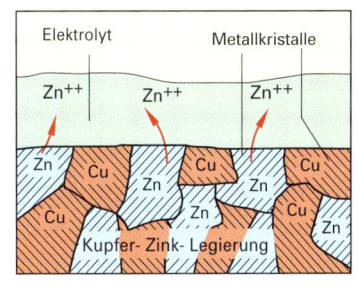

Bild 2: Interkristalline Korrosion

Bild 3: Korrosionsschutzmaßnahmen

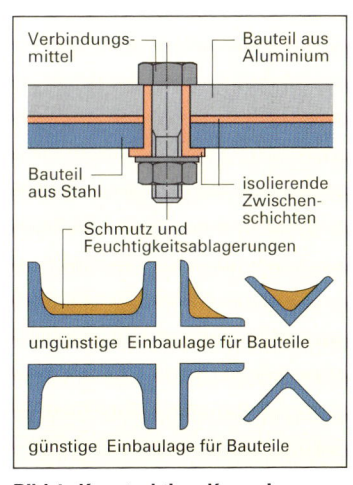

Bild 4: Konstruktiver Korrosionsschutz

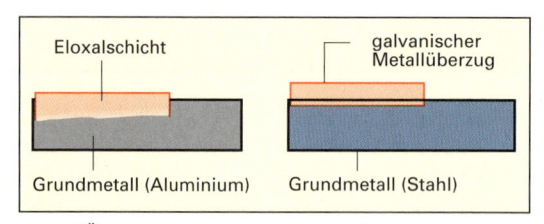

Bild 1: Überzüge

Bild 2: Feuerverzinkungsanlage (schematisch)

Konservierungsschichten sind z. B. Anstriche mit Ölfarben, Öllacken und Kunstharzlacken. Vor dem Auftrag der Anstriche müssen die Werkstoffoberflächen sorgfältig von Rost und anderen Verunreinigungen gesäubert werden. Bei Stahlwerkstoffen verhindert man eine Rostbildung durch einen Rostschutzanstrich und einen wasserabweisenden Deckanstrich. Bei Hohlprofilen kann Korrosion durch Hohlraumversiegelung behindert werden.

Nichtmetallische Überzüge sind meist dickere Schutzschichten und können durch Aufbringen von Kunststoff oder Bitumen, z. B. bei Öltanks und Rohren zur Wasserversorgung, erreicht werden.

Werkstücke aus Aluminium und Aluminiumlegierungen, wie z. B. Tür- und Fenstergriffe, kann man durch **Eloxieren** vor Korrosion schützen (**Eloxal = el**ektrisch **ox**idiertes **Al**uminium). Im Gegensatz zu galvanischen Überzügen wächst die Eloxalschicht mehr als zwei Drittel ihrer Dicke in den Werkstoff hinein (**Bild 1**). Durch Zusätze im Schwefelsäurebad können verschiedene Färbungen der Eloxalschicht erreicht werden.

Metallische Überzüge können durch **Tauchen** in geschmolzenem Metall (Schmelztauchverfahren), durch **Aufspritzen** des flüssigen Metalls oder durch **galvanisches Vermetallen** (Galvanisieren) hergestellt werden. Beim Schmelztauchverfahren werden Werkstücke in flüssiges Metall wie z. B. Zink mit etwa 450 °C getaucht (Feuerverzinken). Dabei setzt sich eine dünne Schicht des Überzugsmetalls an der Oberfläche des Werkstücks fest. Dieses Verfahren erfordert metallisch blanke Oberflächen. Deshalb müssen Bauteile vorher entfettet sowie Rost und Zunder in Beizbädern entfernt werden. Feuerverzinkte Werkstücke erkennt man an dem eisblumenartigen Muster ihrer Oberfläche (**Bild 2**).

Bei Stahlbaukonstruktionen wird das Überzugsmetall auch aufgespritzt. Dabei wird das der Spritzpistole in Drahtform zugeführte Metall durch eine Gasflamme oder mithilfe elektrischer Energie verflüssigt, durch Druckluft zerstäubt und aufgespritzt.

Aufgaben

1. Nennen Sie Baustoffe, die aus Hochofenschlacke hergestellt werden können.
2. Wozu wird Gusseisen im Bauwesen verwendet?
3. Erklären Sie die Bedeutung der Angabe IPB 100 DIN 1025!
4. In welchen Formen wird Betonstahl verwendet?
5. Erklären Sie die Bedeutung der Bezeichnung BSt 500 S.
6. Welche Bedeutung haben die Kurzzeichen IV M, Q 295 und R 378?
7. Beschreiben Sie Aufbau und Abmessungen der Betonstahlmatte R 513.
8. Welcher Unterschied besteht zwischen Lager-, Listen- und Zeichnungsmatten?
9. Geben Sie die Außenabmessungen von Lager- und Listenmatten an.
10. Welche Bewehrungselemente und -matten gibt es?
11. Wie wird der Rückbiegeversuch zur Prüfung von Betonstahl durchgeführt?
12. Wodurch unterscheidet sich Spannstahl von Betonstabstahl?
13. Nennen Sie Nichteisenmetalle, die im Bauwesen verwendet werden.
14. Erklären Sie, warum für Bauflaschnerarbeiten Titanzink statt reinem Zink verwendet wird.
15. Warum ist beim Umgang mit Blei besondere Vorsicht notwendig?
16. Warum müssen Nichteisenmetalle vor frischem Mörtel geschützt werden?
17. Welche Arten von Korrosion werden unterschieden?
18. Welche Angaben kann man aus der Spannungsreihe entnehmen?
19. Durch welche Maßnahmen können Metalle vor Korrosion geschützt werden?

3.11 Kunststoffe

Kunststoffe werden im Bauwesen als Werkstoffe, als Halbzeuge und als Bauteile verwendet.

Werkstoffe sind z. B. Fußbodenbeschichtungsmassen, Dichtungsmassen für Dehnungsfugen, Zusätze für Mörtel und Beton und Fliesenkleber.

Halbzeuge sind z. B. Abwasserrohre, Dränrohre, Bodenbeläge, Dichtungsbahnen und Platten zur Wärme- und Schalldämmung.

Bauteile sind z. B. Lichtschächte, Regenabläufe und Fenster. Auch komplette Bauteile für Baderäume werden aus Kunststoff gefertigt **(Bild1)**.

3.11.1 Aufbau, Eigenschaften und Bezeichnung

Kunststoffe sind Stoffe, die künstlich (synthetisch) aus den Erzeugnissen des Erdöls, des Erdgases und den Ausgangsstoffen Kohle, Kalk, Wasser und Luft hergestellt werden. Fast alle Kunststoffe enthalten wie die natürlichen organischen Stoffe als wichtigste Elemente Kohlenstoff und Wasserstoff.

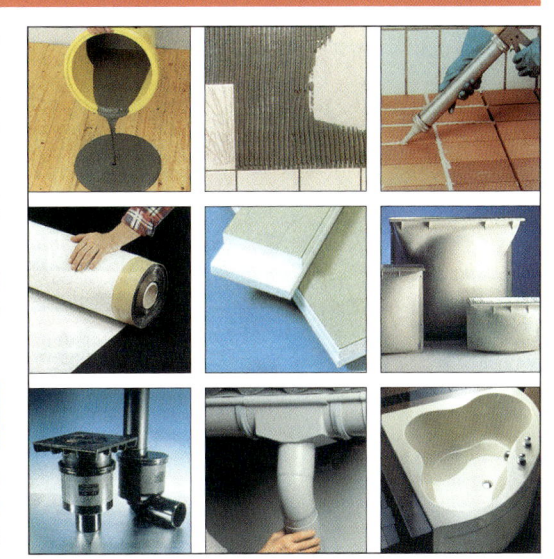

Bild 1: Verwendung von Kunststoffen (Beispiele)

Sie zählen deshalb ebenfalls zu den organischen Stoffen. Es gibt aber auch Kunststoffe, bei denen z. B. Silicium das wichtigste Element ist. Zu dieser Gruppe gehören die Silikone.

Kunststoffe bestehen wie viele natürliche organische Stoffe aus sehr großen Molekülen, die aus vielen Atomen zusammengesetzt sind. Man nennt sie deshalb **Makromoleküle** (griech.: makro, groß). Makromoleküle können **fadenförmige** oder **raumnetzartige** Gestalt haben.

Nach DIN 7728 und ISO 1043 haben Kunststoffe Kurzbezeichnungen, die von ihren chemischen Namen abgeleitet sind. Man bezeichnet z. B. **P**oly**v**inyl**c**hlorid mit **PVC** und **P**henol-**F**ormaldehydharz mit **PF** (**Tabellen 1 auf den Seiten 158, 160 und 161**).

> Kunststoffe sind durch chemische Umwandlung (Synthese) hergestellte, organische, makromolekulare Stoffe. Sie bestehen im Wesentlichen aus den Elementen Kohlenstoff (C), Wasserstoff (H), Sauerstoff (O), Stickstoff (N), Schwefel (S) und Silicium (Si).
>
> Form. Größe und Anordnung der Makromoleküle bestimmen neben der chemischen Zusammensetzung die Eigenschaften der Kunststoffe.

Kunststoffe werden großtechnisch nach drei Syntheseverfahren hergestellt: nach der Polymerisation, der Polykondensation und der Polyaddition.

Bei der **Polymerisation** werden meist gleiche Grundmoleküle, auch **Monomere** genannt, zu fadenförmigen Makromolekülen aneinander gereiht. Die Grundmoleküle sind ungesättigte Kohlenwasserstoffverbindungen, wie z. B. Ethylen. Nach dem Aufsprengen ihrer Doppelbindungen lassen sie sich zu langen Molekülfäden oder **Polymeren** polymerisieren, Ethylen wird zu Polyethylen **(Bild 2)**.

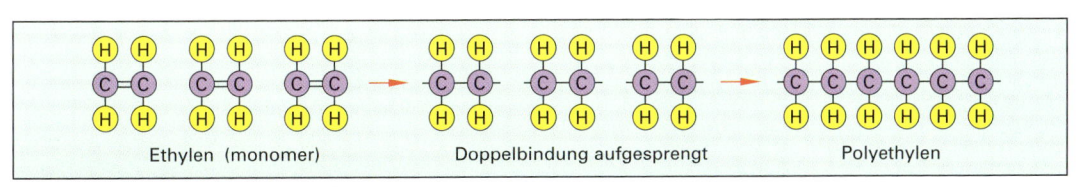

Bild 2: Polymerisation (Polyethylen)

Wichtige Polymerisate sind Polyethylen (z. B. Bautenschutzfolien, Rohre und Schläuche) und Polyvinylchlorid (z. B. Dränrohre, Bodenbeläge und Kantenprofile).

Bei der **Polykondensation** bilden sich die Makromoleküle durch die Verbindung von verschiedenartigen Grundmolekülen, z. B. von Phenol (C_6H_5OH) mit Formaldehyd (CH_2O) unter gleichzeitiger Abspaltung (Kondensation) einfacher Stoffe, wie z. B. Wasser (H_2O) **(Bild 1)**. Wichtige Polykondensate sind Phenolharz, Harnstoffharz und die Polyamide.

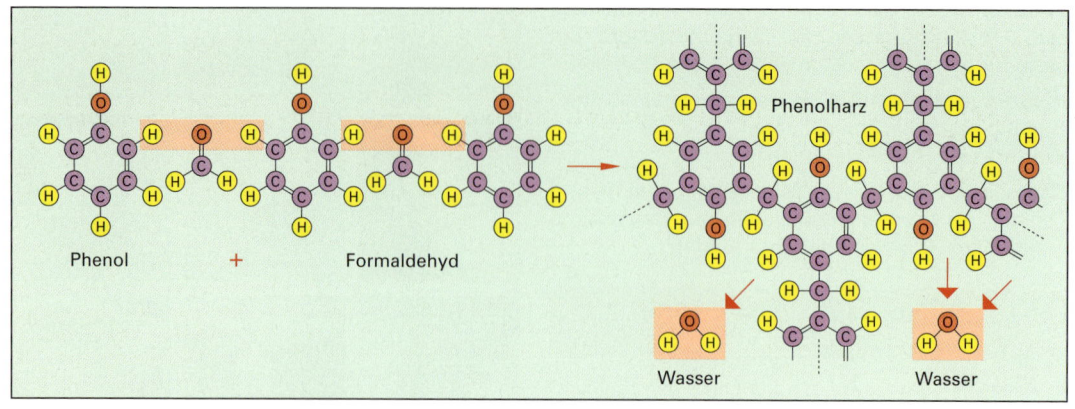

Bild 1: Polykondensation (Phenolharz)

Bei der **Polyaddition** bilden sich fadenförmige oder räumlich vernetzte Makromoleküle ebenfalls durch die Verbindung verschiedenartiger Grundmoleküle, z. B. von Di-Alkoholen ($C_4H_8(OH)_2$) mit Di-Isocyanaten ($C_6H_{12}(CNO)_2$) ohne Abspaltung von Nebenprodukten. Wichtige Polyaddukte sind die Polyurethanharze **(Bild 2)**.

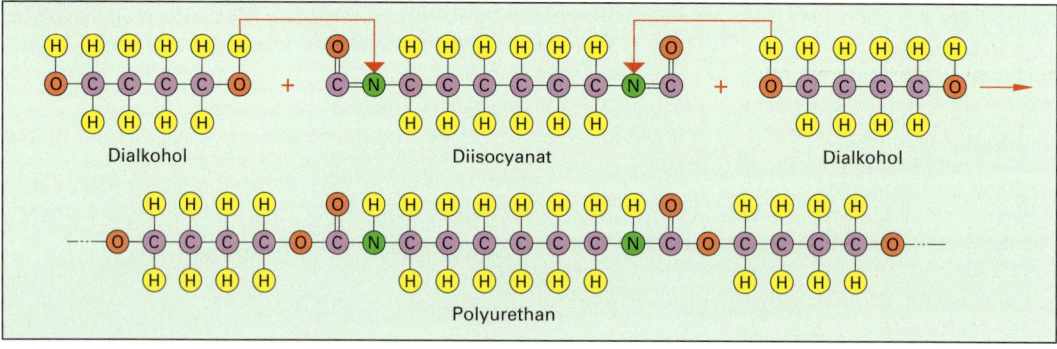

Bild 2: Polyaddition (Polyurethanharz)

Durch die entsprechende chemische Zusammensetzung und das Herstellungsverfahren des Kunststoffes oder durch Mischen verschiedener Kunststoffe lässt sich fast jede Stoffeigenschaft erzielen.

Typische Eigenschaften der Kunststoffe sind:
- geringe Dichte,
- verschiedene mechanische Eigenschaften,
- elektrisch isolierend,
- wärmedämmend,
- korrosions- und chemikalienbeständig,
- gut umformbar und bearbeitbar,
- einfärbbar und
- glatte, dekorative Oberfläche.

Kunststoffe besitzen aber auch Eigenschaften, die ihre Einsetzbarkeit begrenzen:
- meist geringe Wärmebeständigkeit,
- zum Teil brennbar,
- meist keine hohe Festigkeit und
- zum Teil unbeständig gegen Lösemittel.

Die hohe Widerstandsfähigkeit der Kunststoffe ist zwar für deren Gebrauch ein Vorteil, für ihre Beseitigung jedoch ein Nachteil. Durch das Ansteigen der Kunststoffproduktion ist die Entsorgung zu einem Problem des Umweltschutzes geworden.

3.11.2 Arten

Die Kunststoffe werden in der Regel nach ihren mechanischen Eigenschaften und dem Verhalten bei Erwärmung in Thermoplaste, Duroplaste und Elastomere eingeteilt.

3.11.2.1 Thermoplaste

Thermoplaste sind Kunststoffe, die bei Erwärmung weich werden und sich bei Abkühlung wieder verfestigen. Sie bestehen aus fadenförmigen Makromolekülen, die meist wie Fasern eines Filzes durcheinander liegen oder auch gebündelt (teilkristallin) sein können.

Bei niedriger Temperatur liegen die Fadenmoleküle dicht und fast unbeweglich aneinander. Der Kunststoff ist **hart** und **spröde**. Mit zunehmender Temperatur bewegen sich die Molekülfäden immer mehr, die Anziehungskräfte zwischen ihnen werden geringer. Der Kunststoff ist **elastisch**. Bei weiterer Erwärmung verringern sich die Anziehungskräfte so sehr, dass die einzelnen Molekülfäden aneinander vorbeigleiten, der Kunststoff ist plastisch. Da die Molekülfäden sich auch bei weiterer Temperaturerhöhung in ihrer Bewegungsfreiheit behindern, wird der Kunststoff nur **zähflüssig**, jedoch nicht gasförmig. Bei Abkühlung verlaufen die Zustandsänderungen umgekehrt. Sie lassen sich beliebig oft wiederholen, sofern nicht durch Überhitzung die Molekülfäden auseinanderbrechen und damit die **chemische Zersetzung** des Kunststoffes eintritt.

Thermoplaste können in ihrem festen Zustandsbereich spanend bearbeitet werden. Im plastischen Zustand lassen sie sich durch Biegen, Ziehen und Blasen spanlos verformen. Ist der Kunststoff weich, verarbeitet man ihn durch Spritzen, Pressen, Walzen oder Verschäumen.

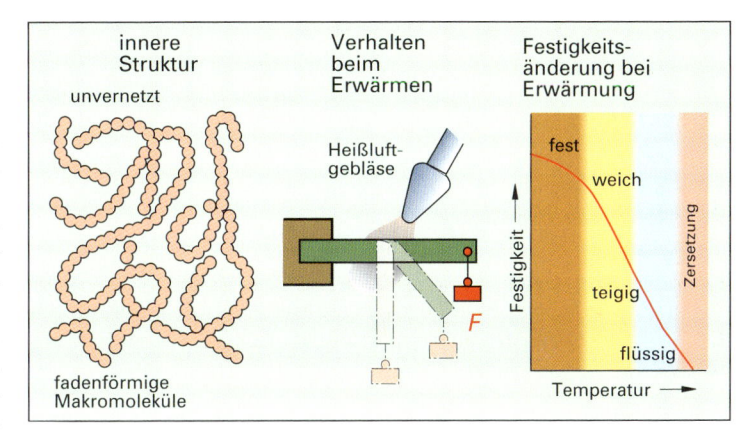

Bild 1: Aufbau und Verhalten der Thermoplaste

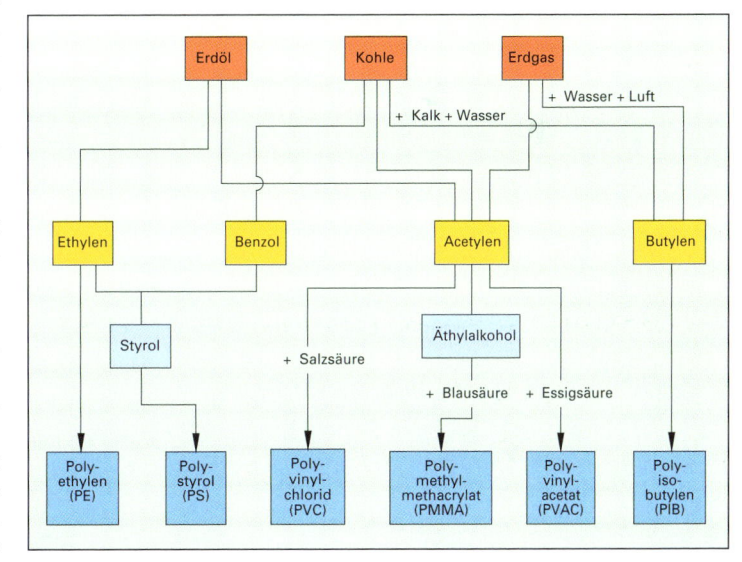

Bild 2: Thermoplaste

Wichtige Thermoplaste sind Polyvinylchlorid (PVC), Polyvinylacetat (PVAC), Polystyrol (PS), Polyethylen (PE), Polymethylacrylat oder Acrylglas (PMMA), Polyamid (PA), Polycarbonat (PC) und Polyisobutylen (PIB) **(Tabelle 1, Seite 158)**.

Tabelle 1: Wichtige Thermoplaste

Bezeichnung	Eigenschaften	Bearbeitbarkeit	Verwendung (Beispiele)
Polyvinylchlorid (PVC) Hart-PVC $\rho = 1{,}38$ kg/dm³	bis 80 °C hart, bis 165 °C plastisch-weich, beständig gegen Säuren, Laugen, Salze, Alkohole, Benzine und Öle, alterungsbeständig, witterungsbeständig, nicht beständig gegen Lösemittel wie Benzol und Aceton (wirken quellend)	biegen, spanen, schweißen, kleben	Rohre, Dränrohre, Bedachungen, Dachrinne, Fenster, Behälter
Weich-PVC mit bis zu 50% Weichmacheranteil $\rho = 1{,}25$ kg/dm³	bis zu 40 °C gummielastisch-weich, lederartig, versprödet allmählich, nicht so chemikalienfest wie Hart-PVC, wird von den meisten Lösemitteln angegriffen	kleben, schweißen, schneiden	Bodenbeläge, Folien, Dichtungsbahnen, Fugenbänder, Profile
Polystyrol (PS) $\rho = 1{,}05$ kg/dm³ geschäumtes Polystyrol hat etwa 95% Luft $\rho = 0{,}02$ kg/dm³	bis etwa 70 °C wärmebeständig, farblos, glasklar, Oberfläche glänzend, hart und spröde, splittert bei Bruch, schlag- und stoßempfindlich, bedingt beständig gegen Säuren, Laugen und Salze, wird von fast allen Lösemitteln angegriffen	spanen (Splittergefahr), schweißen, kleben, schäumen	Polystyrol: Hartschaumplatten, Schalkörper, Verpackungen, Zusatzmittel für Leichtbetone
Polyvinylacetat (PVAC) $\rho = 1{,}2$ kg/dm³	wenig hart, erweicht bei etwa 80 °C, bei normaler Temperatur elastisch bis mäßig hart, durchscheinend weiß	als Dispersionsmittel mit Wasser mischbar, streichen	Zusatzmittel für Putz, Beton und Estrich, Haftbrücken, Holzleim
Polyethylen (PE) $\rho = 0{,}90$ kg/dm³ Hochdruck-PE PE-HD (weich), Niederdruck-PE PE-LD (hart)	bei normaler Temperatur fest, schmilzt bei etwa 115 °C, bei –50 °C noch elastisch, milchig-weiß, matt-glänzend, durchscheinend, fühlt sich wachsartig an, beständig gegen Säuren, Laugen und Salze, bedingt beständig gegen Lösemittel	spanen, schweißen, nicht kleben	PE-HD: Schläuche, Bautenschutzfolien, Rohre, Behälter, Gehäuse
Polymethylmethacrylat (PMMA) (Acrylglas) $\rho = 1{,}18$ kg/dm³	bei normaler Temperatur fest, über 90 °C plastisch-zäh, lichtecht, glasklar, schwer zerbrechlich, staubempfindlich, kratzempfindlich, witterungsbeständig, beständig gegen schwache Säuren und Laugen, Öl, Benzin, wird von einigen Lösemitteln angegriffen	spanen, schweißen, kleben	Leuchten, Verglasungen, Lichtkuppeln, Schutzbrillen
Polyisobutylen (PIB) $\rho = 0{,}93$ kg/dm³	gummielastisch, plastisch bis etwa 50 °C, beständig gegen Säuren und Laugen, nicht beständig gegen Lösemittel, Öle und Benzine	spachteln, spritzen	dauerelastische Fugendichtungsmassen, Dichtungsbahnen

3.11.2.2 Duroplaste

Duroplaste sind Kunststoffe, die sich in ausgehärtetem Zustand auch bei stärkerer Erwärmung nicht mehr erweichen und schmelzen lassen. Sie bestehen aus Makromolekülen, die in der Regel durch Polykondensation aus verschiedenen Vorprodukten gebildet werden. Die Makromoleküle haben bei den Duroplasten raumnetzartige Gestalt **(Bild 1)**.

Die in der Regel flüssig angelieferten Vorprodukte, z. B. Phenol und Formaldehyd, verbinden sich unter Einwirkung von Wärme, Druck oder chemischen, als Härter bezeichneten Mitteln zu Duroplasten. Dieser Aushärtungsvorgang kann unterbrochen, aber nicht mehr rückgängig gemacht werden. Nicht ganz ausgehärtete Duroplaste sind meist noch löslich oder schmelzbar. Der Aushärtungsvorgang kann wieder in Gang gesetzt und bis zur vollständigen Erhärtung weitergeführt werden.

Die Eigenschaften der duroplastischen Kunstharze können durch Beimischen von Füllstoffen, wie z. B. Gesteinsmehl, Holzmehl oder Textilschnitzel, für die verschiedensten Zwecke abgewandelt werden. Duroplastische Kunststoffe lassen sich durch Sägen, Feilen und Hobeln spanend bearbeiten. Man kann sie kleben und aufschäumen, aber nicht schweißen. Nicht vollständig ausgehärtete Kunstharze können in Formpressen spanlos geformt und ausgehärtet werden.

Die wichtigsten Duroplaste sind die Phenolharze, die Harnstoff- und Melaminharze, die Epoxidharze, die ungesättigten Polyesterharze und die Polyurethane **(Tabelle 1, Seite 160)**.

Eine besondere Bedeutung im Bauwesen haben die Kunststoffschäume. Sie verbinden die Eigenschaften der Kunststoffe, wie z. B. die Widerstandsfähigkeit gegen pflanzliche und tierische Schädlinge,

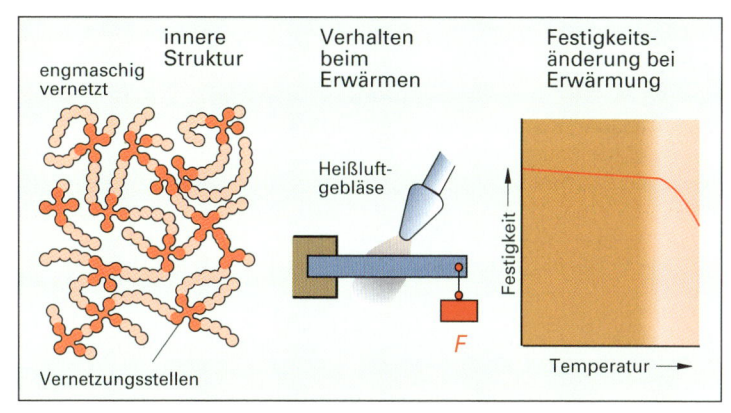

Bild 1: Aufbau und Verhalten der Duroplaste

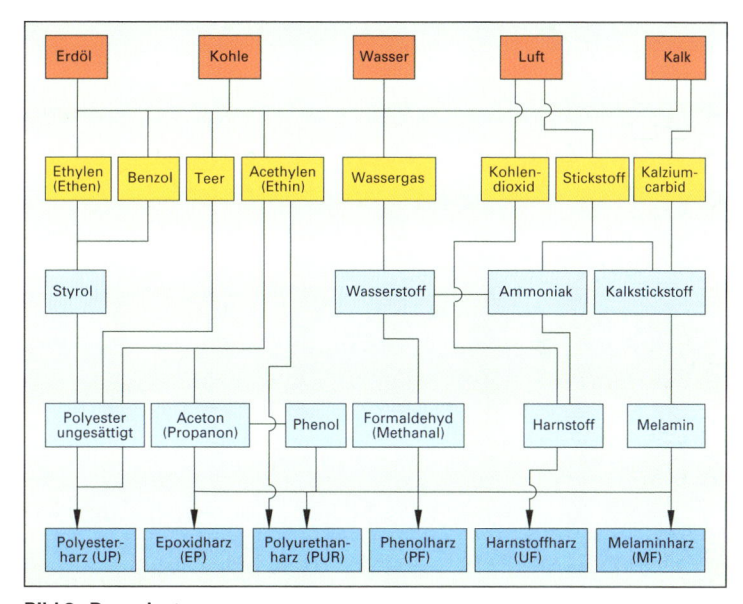

Bild 2: Duroplaste

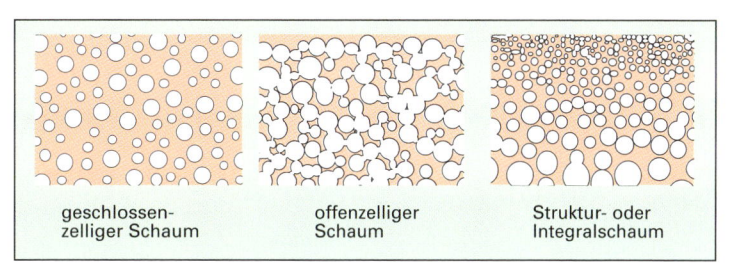

Bild 3: Gefüge von Schaumstoffen

mit den Schaumstoffeigenschaften. Schaumstoffe unterscheidet man nach der Kunststoffart, dem Gefügeaufbau, dem mechanischen Verhalten und dem Herstellungsverfahren. Schäume mit geschlossenzelligem Gefügeaufbau verhindern einen Luftaustausch und die Kapillarwirkung. Man verwendet sie daher vorwiegend zur Wärmedämmung, als Dampfsperre und als Schalkörper. Offenzellige Schaumstoffe eignen sich mehr zur Schallschluckung. Struktur- oder Integralschäume, meist aus Polyurethan, haben innen ein geschlossenzelliges, in der Außenzone ein dichtes, fast zellenfreies Gefüge. Man stellt daraus selbsttragende Bauteile her, wie z. B. Türen und Stühle sowie Imitationen von Holzbalken und Türfüllungen.

Nach dem mechanischen Verhalten unterscheidet man harte, halbharte und elastisch-weiche Schäume. Harte Schaumstoffe fertigt man aus Phenol- und Harnstoffharzen. Polyurethanharze können sowohl für harte, als auch für weiche und elastische Schäume verwendet werden.

Kunststoffschäume werden als Platten oder Formteile auf großen Gieß- oder Spritzanlagen gefertigt. Häufig verschäumt man Polyurethane aus Kartuschen mit Handdruck- oder Druckluftpistolen als Ortschaum direkt auf der Baustelle. So können Fugen oder Hohlräume, z. B. Installationsschlitze, ausgefüllt oder Türzargen und andere Bauteile befestigt werden (Montageschaum) **(Bild 2, Seite 162)**.

Tabelle 1: Wichtige Duroplaste

Bezeichnung / Eigenschaften	Bearbeitbarkeit	Verwendung (Beispiele)
Phenolharz (PF) $\rho = 1{,}4$ kg/dm^3 gelb-braun, dunkelt nach, hart und spröde, unlöslich, unschmelzbar, schwer entflammbar, selbstlöschend, typischer Geruch, witterungsbeständig	spanen kleben nicht schweißen	Hartschaumplatten, Ortschaum, Kunstharzbeton, Holzleime
Harnstoffharz (UF) **Melaminharz (MF)** $\rho = 1{,}5$ kg/dm^3 farblos, glasklar, dunkelt nicht nach, hart und spröde, unlöslich, nicht schmelzbar, geruchlos	kleben schäumen nicht schweißen	Pressmassen, z.B. Essgeschirr, Schichtpressstoffplatten, Holzleime
Ungesättigte Polyesterharze (UP) $\rho = 1{,}3$ kg/dm^3 farblos, glasklar, hart und spröde, nicht schmelzbar, unlöslich, mit Glasfaser verstärkt hohe Festigkeit (GF-UP), linear vernetzt thermoplastisch	GF-PU bedingt spanen kleben nicht schweißen	Industrieestriche, Bedachungen, Klebemörtel, Verkleidungen
Epoxidharze (EP) $\rho = 1{,}3$ kg/dm^3 honiggelb, in flüssigem Zustand giftig, hart und spröde, unschmelzbar, unlöslich, beständig gegen Säuren, Laugen und Lösemittel, bei der Verarbeitung entweichen giftige Dämpfe!	kleben spanen nicht schweißen	Zusatzstoffe für Mörtel und Betone, Kleber, Behälter
Polyurethanharze (PUR) $\rho = 1{,}26$ kg/dm^3 honiggelb, durchsichtig, je nach Vernetzung hart und zäh oder weich und gummielastisch, bei linearer Vernetzung thermoplastisch, beständig gegen schwache Säuren und Laugen sowie gegen fast alle Lösemittel, mit Flammschutzmitteln normal entflammbar (B2), PUR-Hartschaum schwer entflammbar (B1)	schäumen kleben schweißen spanen	Hartschaumplatten zur Wärmedämmung, Ortschaum, Dichtungs- und Beschichtungsmassen

3.11.2.3 Elastomere

Elastomere sind Kunststoffe mit elastischen Eigenschaften. Sie lassen sich leicht verformen; wird die Spannung aufgehoben, nehmen sie wieder ihre ursprüngliche Form ein. Elastomere unterscheiden sich von den übrigen elastischen Kunststoffen dadurch, dass ihre Gummielastizität weitgehend temperaturunabhängig ist. So bleibt z.B. Silikonkautschuk in einem Temperaturbereich von − 60 °C bis + 250 °C unverändert elastisch **(Tabelle 1)**.

Die Elastomere bestehen ähnlich wie die Duroplaste aus räumlich vernetzen Makromolekülen. Das Molekülnetz ist jedoch bei den Elastomeren weitmaschiger und loser als bei den Duroplasten **(Bild 1)**. Beim Verformen werden die Maschen auseinander gezogen, ohne dass sich dabei die Verbindungsstellen lösen. Nach der Verformung ziehen sich die Maschen gummiartig in ihre ursprüngliche Lage zurück, der Kunststoff nimmt seine ursprüngliche Form wieder an.

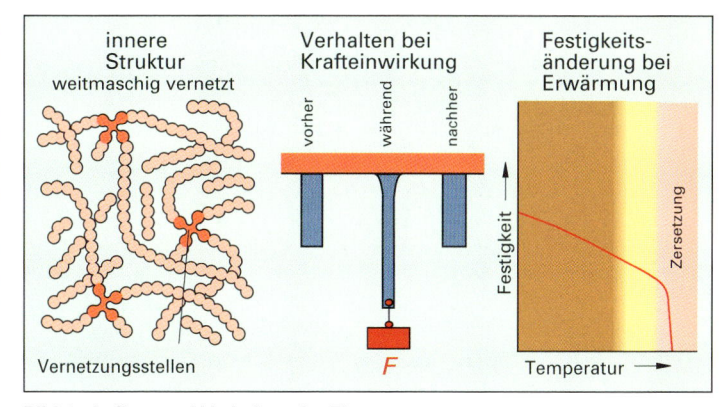

Bild 1: Aufbau und Verhalten der Elastomere

Tabelle 1: Wichtige Elastomere		
Bezeichnung	Eigenschaften / Verarbeitbarkeit	Verwendung (Beispiele)
Styrol Butadien-Kautschuk (SBR)	gummielastisch, abriebfester, wärme- und alterungsbeständiger als Naturkautschuk, beständig gegen Öle und Benzine, unangenehmer Geruch	Fahrzeugreifen, Gummifedern, Schläuche
Butyl-Kautschuk (IIR)	gummielastisch bis dauerplastisch, aufschäumbar, spritz- und spachtelbar, zum Teil klebrig bleibend	Fugendichtungsmassen, Fugendichtungsbänder
Polychloroprenkautschuk (CR)	gummielastisch, witterungsbeständig, spritz- und spachtelbar, beständig gegen Öle und Benzine	Schwingungsdämpfung, Dichtungsprofile
Polysulfidkautschuk (SR)	gummielastisch bis plastisch-elastisch, schwarz, spritz- und spachtelbar, witterungsbeständig	Abdichtung von Bewegungsfugen, Fertigteilbau, Versiegelungen
Polyurethankautschuk (PUR)	bräunlich, gummielastisch, sehr abriebfest, alterungsbeständig, beständig gegen Säuren, Laugen und Lösemittel, gieß-, spritz- und spachtelbar	Fugendichtungen im Betonbau, Fugenabdeckungen
Silikonkautschuk (SI)	gummielastisch bis plastisch-elastisch von − 90 °C bis + 180 °C, transparent, mittelhart, wasser- und klebstoffabweisend, spritz- und spachtelbar	Anschlussfugen, Versiegelungen

3.11.2.4 Silikone

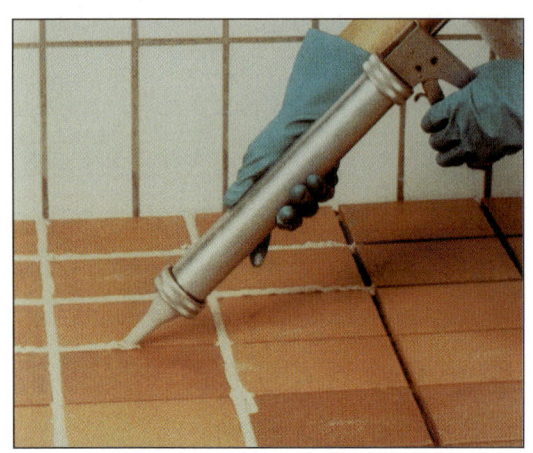

Bild 1: Einbringen einer Silikon-Versiegelungsmasse

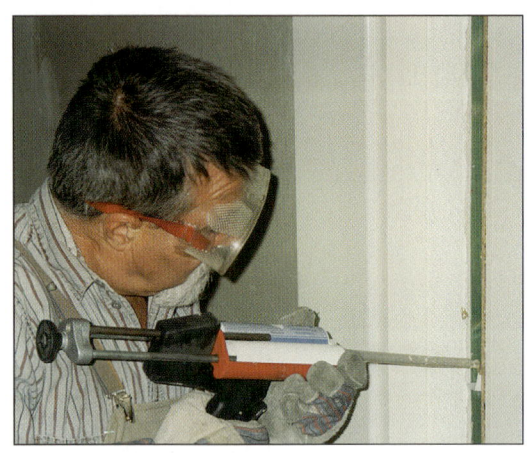

Bild 2: Ausschäumen einer Fuge mit einem Zweikomponentenschaumstoff

Die Silikone gehören zu einer Kunststoffgruppe, die eine andere Zusammensetzung als die übrigen Kunststoffe hat und bei der in der Hauptsache die Kohlenstoffatome durch Siliciumatome ersetzt sind.

Die Eigenschaften der Silikone hängen von der Länge ihrer Makromoleküle und dem Grad ihrer Vernetzung ab. Silikone mit fadenförmigen Makromolekülen sind die **Silikonöle,** schwach vernetzte Makromoleküle ergeben die **Silikonkautschuke** und stark vernetzte Makromoleküle die **Silikonharze.**

Silikone sind ölige bis gummielastische wasserklare bis milchig-trübe Stoffe. Sie sind Wasser abstoßend und temperaturbeständig von − 90 °C bis + 180 °C. Bereits geringe Mengen von Silikonöl machen Lacke, Papiere und Textilien wasserabstoßend. Silikonharzlösungen werden deshalb häufig als wasserabstoßende Überzüge für Mauerwerk und Beton verwendet.

Eine häufige Verwendungsart der Silikonkautschuke sind die **Silikon-Versiegelungsmassen.** Diese werden zum wasserdichten Verschließen von Fugen, insbesondere von Bewegungsfugen sowie zum Abdichten von Glasfälzen im Fensterbau verwendet **(Bild 1)**.

Silikonkautschuke lassen sich auch als Schaumstoffe herstellen. Silikonschaumstoffe werden hauptsächlich für hochwertige Polsterarbeiten eingesetzt.

Die im Bauwesen überwiegend verwendeten Kunststoffschäume bestehen jedoch in der Hauptsache aus Duroplasten, wie z. B. aus Polyurethanharzen oder aus Phenolharzen. Diese gibt es als Ein- und Zweikomponentenschäume. Sie eignen sich zum Ausfüllen von Hohlräumen und zum Befestigen von Bauteilen (Montageschaum) **(Bild 2)**.

Aufgaben

1 Beschreiben Sie die Verwendungsmöglichkeiten der Kunststoffe in der Bautechnik und begründen Sie diese jeweils!

2 Stellen Sie die Vor- und Nachteile der Kunststoffe einander gegenüber!

3 Begründen Sie die Notwendigkeit einer fachgerechten Entsorgung der Kunststoffreste auf der Baustelle!

4 Die Kunststoffe teilt man nach ihrem physikalischen Verhalten in drei Gruppen ein. Ordnen Sie die in der Bautechnik verwendeten Kunststoffe diesen drei Gruppen zu und beschreiben Sie deren Verarbeitung und Verwendung!

5 Schaumkunststoffe werden in der Bautechnik vielseitig verwendet. Erläutern Sie deren Einsatzmöglichkeiten anhand der jeweiligen Schaumstoffarten!

6 Die Verwendung von Kunststoffen in der Bautechnik gefährdet die Gesundheit der Menschen. Nehmen Sie dazu Stellung!

7 Erläutern Sie die Vorteile der Kunststoffe gegenüber den herkömmlichen Baustoffen anhand von Beispielen!

8 Nennen Sie Beispiele für die Verwendung von Thermoplasten, Duroplasten und Elastomeren in der Bautechnik!

4 Bauplanung

Unter Bauplanung versteht man den Vorgang, ein Bauvorhaben gedanklich zu entwickeln und zu gestalten, um es in Plänen und Berechnungen darzustellen **(Bild 1)**. Die Bauplanung wird auch während der Baudurchführung weitergeführt und fortgeschrieben. Für jedes Bauvorhaben ist eine Bauplanung erforderlich.

4.1 Arten der Bauplanung

Man unterscheidet je nach Bauvorhaben vier verschiedene Bereiche von Bauplanungen, die Hochbauplanung, die Ingenieurbauplanung, die Tief-, Straßen- und Landschaftsbauplanung sowie die Fachplanung **(Tabelle 1)**.

Die Hochbauplanung wird von Hochbauingenieuren (Architekten), die Ingenieurbauplanung von Bauingenieuren (Statikern), die Tief-, Straßen- und Landschaftsbauplanung von Tief- und Straßenbauingenieuren sowie von Landschaftsplanern durchgeführt. Die Fachplanungen übernehmen die jeweiligen Fachingenieure z. B. für Heizung, Sanitär, Elektro- oder Maschinenbau.

Bei den meisten Bauvorhaben greifen mehrere Planungsbereiche ineinander, wobei der Ingenieurbereich, in dessen Aufgabengebiet das Projekt liegt, die Koordination und Federführung übernimmt.

4.2 Grundlagen der Bauplanung

Die Grundlagen einer Bauplanung bilden die rechtlichen und technischen Baubestimmungen hinsichtlich der Funktion und Gestalt des Bauprojektes. Die baurechtlichen Bestimmungen (Rechtsnormen) werden durch Bund, Länder und Gemeinden erlassen. Die bautechnischen Bestimmungen (anerkannte Regeln der Technik) sind für den Planer weitgehend verbindlich, wodurch gewährleistet ist, dass Planung und Durchführung den jeweiligen Anforderungen an Sicherheit und Gebrauchstauglichkeit entsprechen **(Bild 1, Seite 164)**.

4.2.1 Baurechtliche Grundlagen

Die baurechtlichen Grundlagen sind in erster Linie die Gesetze und Verordnungen des Bundes (Bauplanungsrecht), wie z. B. das Raumordnungsgesetz, das Baugesetzbuch, die Baunutzungsverordnung, die Umweltschutzgesetze sowie diejenigen Gesetze und Verordnungen der Länder (Bauordnungs-

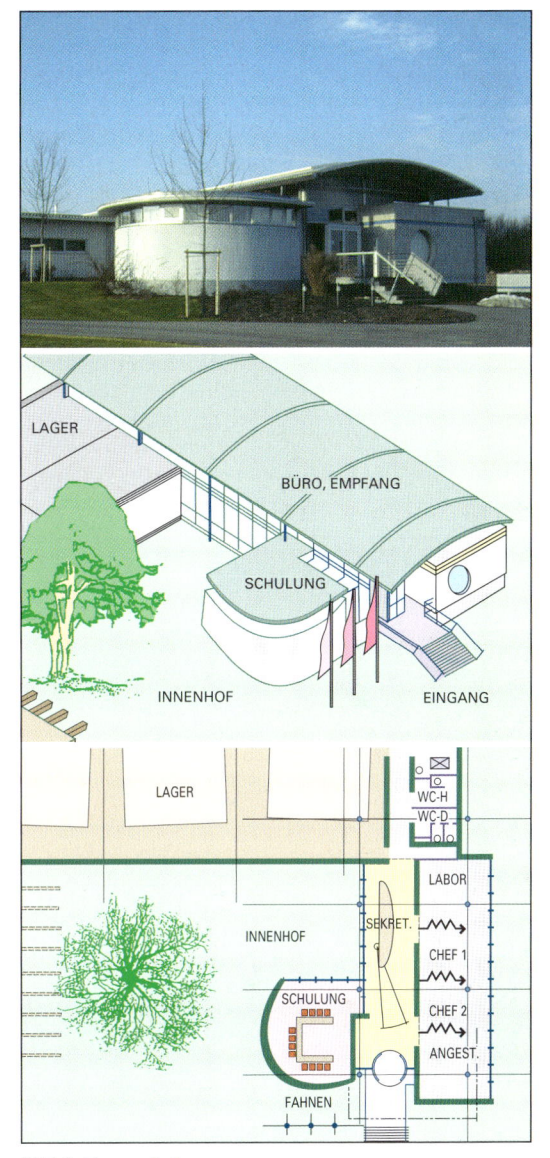

Bild 1: Bauvorhaben

Tabelle 1: Arten von Bauplanungen	
Planungsart	Planungsbeispiele
Hochbauplanung	Wohnhäuser, Geschäftshäuser, Verwaltungsgebäude, Industriegebäude, Schulen, Sporthallen
Ingenieurbauplanung	Brücken, Behälter, Kläranlagen, Stützwände, Schleusen
Tief-, Straßen- und Landschaftsbauplanung	Ortsentwässerungen, Straßen, Wege, Deponien, Uferbefestigungen
Fachplanung	Heizungs-, Sanitär- und Elektroinstallationen, Klimaanlagen, Fördereinrichtungen

recht), wie z. B. die Bauordnungen, das Denkmalschutzgesetz sowie das Straßenbaugesetz. Aus diesen Grundlagen heraus entwickeln die Gemeinden (Kommunen) ihre städtebaulichen Planungen (Bauleitplanungen). Solche Planungen sind z. B. der Flächennutzungsplan und der Bebauungsplan. Diese Pläne sind von den Gemeinden eigenverantwortlich aufzustellen, sobald es für die städtebauliche Entwicklung oder die städtebauliche Ordnung des Gemeindegebietes erforderlich ist.

4.2.1.1 Baugesetzbuch (BauGB)

Das Baugesetzbuch enthält in 4 Kapiteln die rechtlichen Grundlagen des Städtebaues für die Bundesrepublik Deutschland. Im ersten Kapitel „Allgemeines Städtebaurecht" wird insbesondere das Verfahren der gesamten Bauleitplanung geregelt. Das zweite Kapitel „Besonderes Städtebaurecht" behandelt das Verfahren bei städtebaulichen Sanierungs- und Entwicklungsmaßnahmen. Im dritten Kapitel „Sonstige Vorschriften" wird das Verfahren der Wertermittlung für Grundstücke und Bauland sowie das Verfahren bei den zuständigen Kammern der Gerichte geregelt. Das vierte Kapitel „Überleitungs- und Schlussvorschriften" beinhalten die Überleitungsvorschriften der bisherigen Fassung in das neue Baugesetzbuch. In den Schlussvorschriften werden Sonderregelungen für einzelne Länder sowie für die Bundeshauptstadt Berlin getroffen. Das BauBG enthält auch die Vorgaben des Europarechtsanpassungsgesetzes (EAG-Bau), das insbesondere die Prüfung von Umweltauswirkungen auf räumliche Planungen vorschreibt.

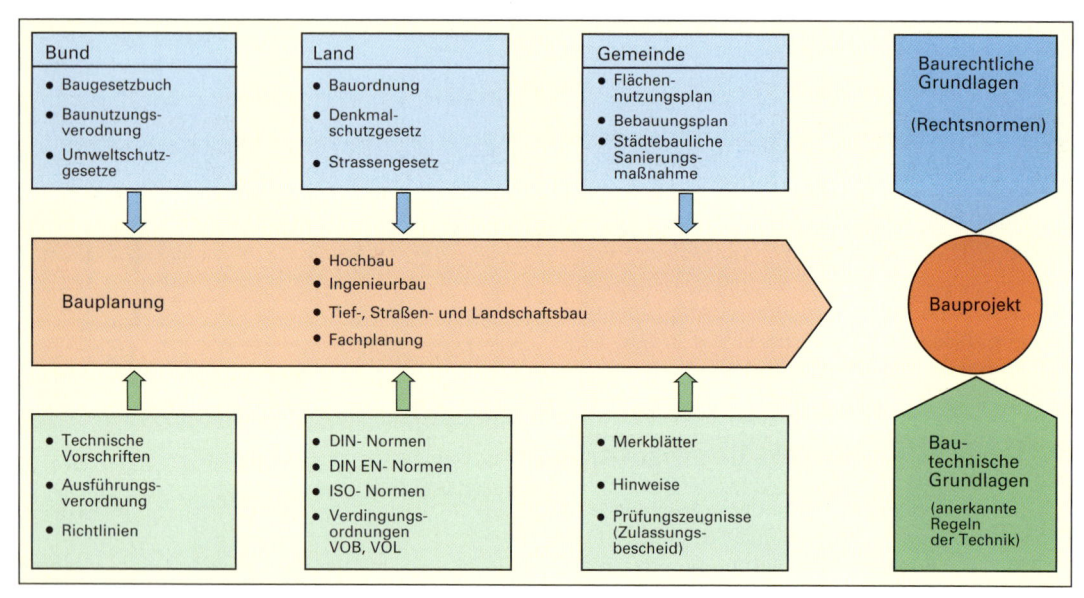

Bild 1: Grundlagen der Bauplanung

4.2.1.2 Verordnung über die bauliche Nutzung der Grundstücke (Baunutzungsverordnung BauNVO)

Die Baunutzungsverordnung enthält ergänzende Regelungen zum Baugesetzbuch insbesondere in Bezug auf die Inhalte und Festlegungen des Flächennutzungsplanes und des Bebauungsplanes. Im ersten Abschnitt „Art der baulichen Nutzung" wird nach Bauflächen und Baugebieten unterschieden **(Tabelle 1, Seite 165)**. Weiterhin werden die zulässigen baulichen Nutzungen festgelegt.

Der zweite Abschnitt „Maß der baulichen Nutzung" legt die Grundflächenzahl, die Geschossflächenzahl oder die Baumassenzahl in Bezug auf die Grundstücksfläche eines Baugrundstückes fest **(Bild 1, Seite 165)**. Die Zahl der Vollgeschosse sowie die Höhe baulicher Anlagen werden durch Festsetzung im Bebauungsplan bestimmt.

Der dritte Abschnitt „Bauweise, überbaubare Grundstücksfläche" legt Gebäudeformen und Abstandsflächen fest. Der letzte Abschnitt regelt insbesondere jeweils die Überleitungsvorschriften für Bauleitpläne, deren Aufstellung oder Änderung bereits eingeleitet ist.

4.2.1.3 Umweltschutz- gesetze

Die Umweltschutzgesetze des Bundes, wie z. B. das Gesetz über die Umweltverträglichkeitsprüfung, das Immissionsschutzgesetz, das Naturschutzgesetz, das Abfallbeseitigungsgesetz, beinhalten die Gesamtziele des Umweltschutzes bereits auf räumlicher Planungsebene. Diese Gesetze mit den entsprechenden Planungen sind danach auch auf der Ebene der Bauleitplanungen zwingend zu beachten und umzusetzen. So ist z. B. bei bestimmten Vorhaben das Gesetz über die Umweltverträglichkeitsprüfung (UVPG) als Bestandteil der Bauleitplanung nach BauBG § 2 (4) anzuwenden und ein Umweltbericht nach BauBG § 2a der Begründung zum Bauleitplanentwurf beizufügen.

4.2.1.4 Bauordnungen der Länder

Die Bauordnung beinhaltet das Bauordnungsrecht des jeweiligen Bundeslandes, wobei die Bauordnungen der Länder voneinander abweichen. In ihrem Inhalt orientieren sich alle Bauordnungen an der Musterbauordnung (MBO) und gliedern sich in zwei Rechtsbereiche, dem materiellen Recht und dem formellen Recht. Dabei beinhaltet der materielle Rechtsteil die Anforderungen an das Bauwerk und der formelle Rechtsteil das Verfahren zur Erteilung von Baugenehmigungen. Danach wird z. B. die Landesbauordnung von Baden-Württemberg (LBO B-W) in 9 Teile gegliedert **(Tabelle 1, Seite 166)**.

Ergänzt wird die Landesbauordnung durch weitere Landesgesetze und Verordnungen wie z. B. das Landesdenkmalschutzgesetz, das insbesondere den Umgang mit alter (historischer) Bausubstanz regelt.

Tabelle 1: Arten der baulichen Nutzung § 1 BauNVO

Bauflächen (FNP)	Baugebiete (Beb.-Pl.)	
Wohnbauflächen (W)	Kleinsiedlungsgebiete	(WS)
	Reine Wohngebiete	(WR)
	Allgemeine Wohngebiete	(WA)
	Besondere Wohngebiete	(WB)
Gemischte Bauflächen (M)	Dorfgebiete	(MD)
	Mischgebiete	(MI)
	Kerngebiete	(MK)
Gewerbliche Bauflächen (G)	Gewerbegebiete	(GE)
	Industriegebiete	(GI)
Sonderbauflächen (S)	Sondergebiete	(SO)

Baugebiete (Beb.-Pl.) Beispiele	Grund- flächenzahl GRZ	Geschoss- flächenzahl GFZ	Baumassen- zahl BMZ
Kleinsiedlungsgebiet (WS)	0,2	0,4	–
Reines Wohngebiet (WR) Allgemeines Wohngebiet (WA) Ferienhausgebiet	0,4	1,2	–
Dorfgebiet (MD) Mischgebiet (MI)	0,6	1,2	–
Gewerbegebiet (GE) Industriegebiet (GI)	0,8	2,4	10,0

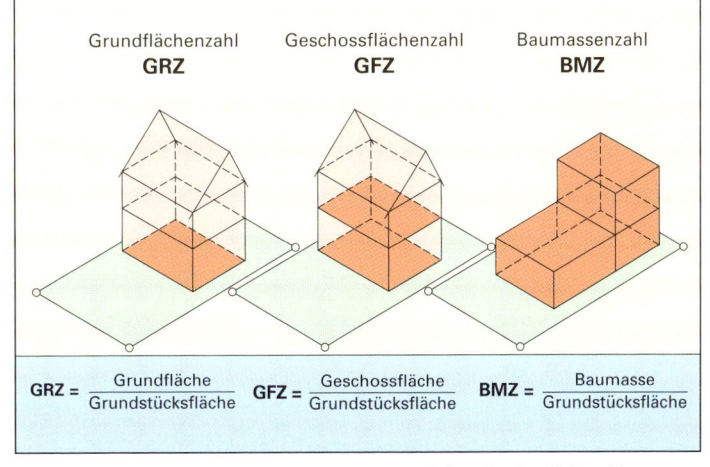

$$GRZ = \frac{Grundfläche}{Grundstücksfläche} \qquad GFZ = \frac{Geschossfläche}{Grundstücksfläche} \qquad BMZ = \frac{Baumasse}{Grundstücksfläche}$$

Bild 1: Obergrenze für die Bestimmung des Maßes der baulichen Nutzung (Auszug)

Tabelle 1: Gliederung der Landesbauordnung von Baden-Württemberg (LBO)

Teil	Vorschriften (Auszug)	Inhalt (Auszug)
1. Teil Allgemeine Vorschriften	– Abgrenzung des Anwendungsbereiches der Bauordnung – Klären der Begriffe zu baulichen Anlagen – Festlegung allgemeiner Anforderungen	– Die LBO gilt für alle baulichen Anlagen, mit Einschränkungen, z. B. bei öffentlichen Verkehrsanlagen. – Bauliche Anlagen sind mit dem Erdboden verbundene, aus Baustoffen und Bauteilen hergestellte Anlagen.
2. Teil Das Grundstück und seine Bebauung	– Aussagen über die Bebaubarkeit von Grundstücken – Grundlagen zur Ermittlung von Abstandsflächen – Festlegung der Höhenlage baulicher Anlagen	– Gebäude dürfen nur errichtet werden, wenn das Grundstück nach öffentlich-rechtlichen Vorschriften bebaubar ist, wenn es an einer öffentlichen Verkehrsfläche liegt oder die Zufahrt öffentlich-rechtlich gesichert ist.
3. Teil Allgemeine Anforderungen an die Bauausführung	– Aussagen über die Gestaltung baulicher Anlagen – Bedingungen zum Betrieb der Baustelle bei der Bauausführung – Hinweise zur Standsicherheit, dem Erschütterungs-, Wärme-, Schall- und Brandschutz	– Bauliche Anlagen sind so zu gestalten, dass das Verhältnis von Baumassen und Bauteilen zueinander nicht verunstaltend wirkt und das gesamte Straßen-, Orts- oder Landschaftsbild durch deren Gestaltung nicht beeinträchtigt wird. – Erhaltungspflicht von Bepflanzungen aus ökologischen Gründen. – Jede bauliche Anlage muss für sich allein standsicher und dauerhaft sein.
4. Teil Bauprodukte und Bauarten	– Bestimmungen über die Verwendung von Bauprodukten – Regelung der allgemeinen baurechtlichen Zulassung sowie der Verwendbarkeit von Bauprodukten und Bauarten im Einzelfall – Anerkennung von Prüf-, Zertifizierungs- und Überwachungsstellen	– Bauprodukte dürfen nur verwendet werden, wenn sie dem Bauproduktengesetz, der für die EG gültigen Produktrichtlinie oder den technischen Regeln der Bauregelliste entsprechen. – Für nicht geregelte Bauprodukte oder Bauarten ist eine allgemeine baurechtliche Zulassung oder eine Zustimmung im Einzelfall erforderlich.
5. Teil Der Bau und seine Teile	– Regelungen zum Brandschutz von Wänden, Decken, Stützen und Dächern – Aussagen über die Verkehrs-, Betriebs- und Brandsicherheit von Treppen, Fluren, Gängen, Rampen und Aufzugsanlagen – Aussagen über die Betriebs- und Brandsicherheit von Feuerungsanlagen	– Wände, Decken, Stützen und Dächer müssen entsprechend den Erfordernissen des Brandschutzes widerstandsfähig gegen Feuer sein. – Brandwände müssen so beschaffen und angeordnet sein, daß sie bei einem Brand ihre Standsicherheit nicht verlieren und der Verbreitung von Feuer entgegenwirken.
6. Teil Einzelne Räume, Wohnungen und besondere Anlagen	– Mindestanforderungen an Aufenthaltsräume, Wohnungen, Toilettenräume und Bäder – Schaffung notwendiger Stellplätze und Garagen – Barrierefreie Anlagen	– Mindestmaße für lichte Raumhöhen, notwendige Fenster sowie Anforderungen an Aufenthaltsräume in Unter- und Dachgeschossen sind einzuhalten. – Festlegung der Anzahl der Stellplätze für Wohnungen und sonstige Nutzungen. – Anlagen und Einrichtungen sollen ohne fremde Hilfe für einen bestimmten Personenkreis wie kleine Kinder oder behinderte Menschen benutzbar sein.
7. Teil Am Bau Beteiligte, Baurechtsbehörden	– Aufgaben und Abgrenzung der Rechte und Pflichten des Bauherrn, des Planverfassers, des Unternehmers und des Bauleiters – Aufbau, Aufgabe, Befugnisse und Zuständigkeit der Baurechtsbehörden	– Der Bauherr hat zur Vorbereitung, Überwachung und Ausführung eines Bauvorhabens einen geeigneten Planverfasser, Unternehmer und Bauleiter zu bestellen. – Die Baurechtsbehörden haben zu überwachen, dass die baurechtlichen Vorschriften über die Errichtung und den Abbruch von baulichen Anlagen eingehalten und die erlassenen Anordnungen befolgt werden.
8. Teil Verwaltungsverfahren, Baulasten	– Festlegung der genehmigungspflichtigen Vorhaben, der verfahrensfreien Vorhaben und des Kenntnisgabeverfahrens – Vorgaben zum Bauantragsverfahren, den Bauvorlagen und der Baugenehmigung – Angaben zur Bauüberwachung, den Bauabnahmen und der Übernahme von Baulasten	– Genehmigungspflichtige Vorhaben bedürfen der Baugenehmigung. – Verfahrensfreie Vorhaben, wie z. B. Gebäude ohne Aufenthaltsräume oder Schuppen, dürfen eine festgelegte Größenordnung nicht überschreiten. – Beim Kenntnisgabeverfahren ist das Vorhaben mit den entsprechenden Bauvorlagen der Gemeinde lediglich zur Kenntnis zu geben.
9. Teil Rechtsvorschriften, Ordnungswidrigkeiten, Übergangs- und Schlussvorschriften	– Abstecken des Befugnis- und Bestimmungsrahmens der Baurechtsbehörden – Festsetzung örtlicher Bauvorschriften durch die Gemeinde – Ahndung von Ordnungswidrigkeiten – Überprüfung bestehender oder begonnener baulicher Anlagen auf eine Anpassung an die geltende Bauordnung	– Die Gemeinde kann durch Satzung wie z. B. Bauvorschriften über die äußere Gestaltung von Gebäuden, die Zulässigkeit von Werbeanlagen oder die Festlegungen zur Wahrung der erhaltenswerten Eigenart eines Ortsteiles festlegen. – Bei wesentlicher Änderung bestehender Bauteile oder baulicher Anlagen kann die Anpassung an die neue Bauordnung verlangt werden.

4.2.1.5 Flächennutzungsplan (FNP)

Im Flächennutzungsplan wird die beabsichtige städtebauliche Entwicklung der Gemeinde in den Grundzügen aufgezeigt (BauGB § 5 (1)) **(Bild 1)**. Dabei wird das Planungsgebiet nach dem voraussehbaren Bedarf in die verschiedenen Bauflächen wie z.B. in Wohnbauflächen, gewerbliche Bauflächen sowie in Verkehrsflächen, Grünflächen, Ver- und Entsorgungsflächen eingeteilt **(Bild 2)**. Diese werden nach der Planzeichenverordnung im zeichnerischen Teil des FNP dargestellt **(Bild 3)**.

Als vorbereitender Bauleitplan besitzt der Flächennutzungsplan keine Rechtsverbindlichkeit gegenüber dem Bürger, sondern bindet nur die Gemeinde selbst.

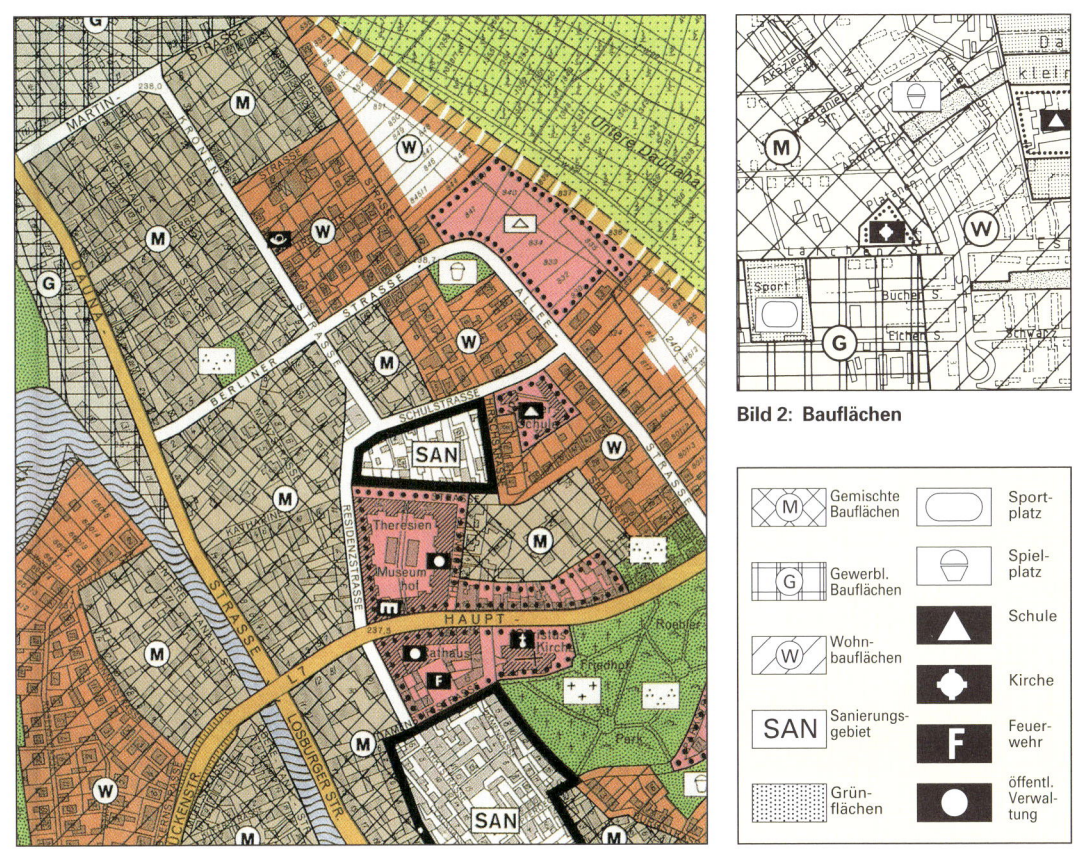

Bild 1: Flächennutzungsplan (Auszug)

Bild 2: Bauflächen

Bild 3: Planzeichen

4.2.1.6 Städtebauliche Sanierungsmaßnahmen

Städtebauliche Sanierungsmaßnahmen dienen der Behebung städtebaulicher Missstände in einem Gemeindegebiet (BauGB § 136 (2)). Solche Gebiete werden im Rahmen der Bauleitplanung durch die Gemeinde förmlich festgelegt und als Sanierungssatzung beschlossen. Die Vorbereitung und Durchführung einer Sanierungsmaßnahme erfordern neben den vorbereitenden Untersuchungen die Bestimmung von Ziel und Zweck der Sanierung. Die Ergebnisse werden in einem Rahmenplan (Bebauungsplan) mit den entsprechenden Erörterungen festgelegt.

Hier werden insbesondere auch der Denkmalschutz im Rahmen von Modernisierung, Instandsetzung oder Ensembleschutz ganzer Gebäudegruppen in erhöhtem Maße berücksichtigt.

Nach Durchführung der erforderlichen Ordnungsmaßnahmen wie Bodenordnung, Umzug von Bewohnern oder Herstellung der Erschließungsanlagen können die Baumaßnahmen verwirklicht werden.

4.2.1.7 Bebauungsplan (Beb.-Pl.)

Der Bebauungsplan als verbindlicher Bauleitplan enthält die rechtsverbindlichen Festsetzungen für die städtebauliche Ordnung eines Baugebietes innerhalb der Gemeinde (BauGB § 8 (1)) und ist aus dem Flächennutzungsplan zu entwickeln **(Bild 1)**. Im Bebauungsplan werden Bestimmungen über Art und Maß der baulichen Nutzung, über Bauweise, über Grundstückszuschnitt, über öffentliche Flächen, über Freiflächen, über Flächen für Umweltschutzanlagen genau festgesetzt **(Bild 2)**. Diese Bestimmungen können sogar für übereinander liegende Geschosse baulicher Anlagen gesondert getroffen werden. Die Festsetzungen sind mit den vorgeschriebenen Planzeichen zu erklären **(Bild 3)**. Gemeinsam mit einer Begründung wird der Bebauungsplan als Satzung von der Gemeinde beschlossen.

Bild 1: Bebauungsplan (Auszug)

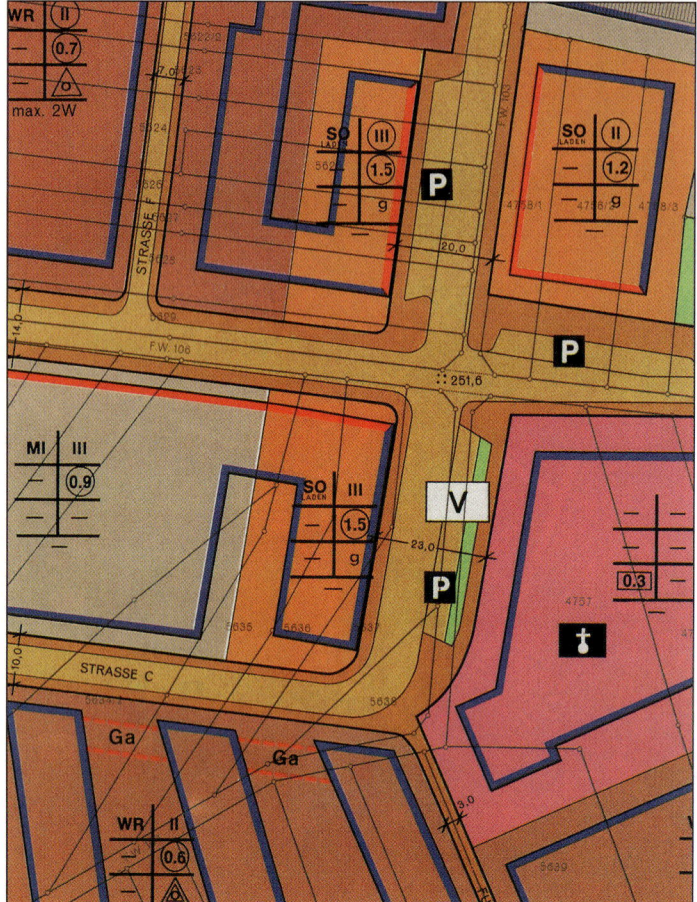

Bild 2: Festsetzungen

Bild 3: Planzeichen

4.2.2 Technische Grundlagen

Die technischen Grundlagen bestehen in erster Linie aus den Technischen Vorschriften, Ausführungsverordnungen und Richtlinien sowie aus den Normen und dem technischen Teil der Verdingungsordnungen. Ergänzt werden diese durch Merkblätter, Hinweise und Prüfzeugnisse.

Technische Grundlagen dienen der Sicherheit von Menschen, der Standsicherheit und Dauerhaftigkeit von Bauwerken sowie der Qualitätsverbesserung im gesamten bautechnischen Bereich. Die technischen Grundlagen haben insbesondere bei der Baudurchführung große Bedeutung.

4.2.2.1 Technische Vorschriften, Ausführungsverordnungen, Richtlinien

Technische Vorschriften werden durch die Ministerien verbindlich eingeführt wie z. B. die „Verordnung über energiesparenden Wärmeschutz und energiesparende Anlagentechnik bei Gebäuden (**En**ergie**e**inspar**v**erordnung – **EnEV**)", in der die energiebezogenen Merkmale eines Gebäudes dargestellt werden **(Bild 1)**. Ausführungsverordnungen ergänzen z. B. die Bauordnungen der Länder und beschreiben die Mindestanforderungen insbesondere in Bezug auf die Betriebs- und Brandschutzsicherheit. Beispiele sind die „Allgemeine **A**usführungs**v**erordnung" **(AVO)** oder die „**Ga**ragen**v**er**o**rdnung" **(GaVO)**. Richtlinien werden von den Ministerien eingeführt und empfohlen. Als Vertragsbestandteil sind diese bei der Planung und Ausführung entsprechend zu beachten. Beispiele sind die „**R**ichtlinien für die **E**ntwurfsgestaltung im Straßenbau" **(RE)** oder die „**R**ichtlinien für die **A**nlage von **S**traßen-**Q**uerschnitten" **(RAS-Q)**.

Bild 1: Verwaltungsvorschrift

4.2.2.2 DIN-Normen, Vergabeordnungen

DIN-Normen werden durch Fachausschüsse vom Deutschen Institut für Normung e. V. erarbeitet und gelten als verbindliche Empfehlungen für die am Bau Beteiligten. Diese sichern und aktualisieren das allgemein zugängliche technische Fachwissen und sind z. B. als Baustoffnormen oder Ausführungsnormen für die technisch einwandfreie Bauausführung unentbehrlich. Dabei wird nach dem Ursprung und Wirkungsbereich in nationale Normen **(DIN)**, in europäische Normen **(DIN EN)** oder internationale Normen **(DIN EN ISO)** unterschieden. Wichtige Normen für Planung und Ausführung betreffen z. B. die Bereiche Mauerwerksbau, Beton- und Stahlbetonbau sowie den Wärmeschutz. Vergabeordnungen, wie z. B. die „**V**ergabe- und **V**ertrags**o**rdnung für **B**auleistungen" **(VOB)**, regeln die Vergabe sowie die „Allgemeinen Vertragsbedingungen für die Ausführung von Bauleistungen" **(Seite 173)**. Weiterhin werden durch die „**A**llgemeinen **T**echnischen **V**ertragsbedingungen" **(ATV)** die Grundlagen für Lieferungen und Leistungen festgelegt **(Bild 2)**.

Bild 2: Vergabe- und Vertragsordnung

4.2.2.3 Merkblätter. Hinweise. Prüfzeugnisse

Merkblätter werden von den Fachverbänden z. B. der Baustoffhersteller herausgegeben und dienen der fachmännischen Beratung bei der Verarbeitung der Baustoffe **(Bild 3)**. Hinweise beziehen sich z. B. auf Einzelprodukte. Diese werden vom Hersteller erarbeitet und müssen beachtet werden, da sonst eine Produkthaftung ausgeschlossen ist. Prüfzeugnisse bestätigen die allgemeinen bauaufsichtlichen oder baurechtlichen Zulassungen von Bauteilen oder Baustoffen wie z. B. von Feuerschutzabschlüssen (T 30-Tür).

4.3 Phasen der Bauplanung mit Baudurchführung

Die Gesamtplanung einer Baumaßnahme gliedert sich in die Phase der eigentlichen Bauplanung und in die Phase der Baudurchführung. An der Schnittstelle beider Phasen steht das Genehmigungsverfahren. Nach erfolgter baurechtlicher und bautechnischer Genehmigung des Bauprojektes (Bauvorhabens) kann dieses in das Bauobjekt (Bauwerk) umgesetzt werden **(Bild 1, Seite 170)**.

Bild 3: Merkblatt

Bauplanung

Planungsstufen	Hochbau (H)	Ingenieurbau (I)	Tief-, Straßen- und Landschaftsbau (T, S)
1. Grundlagenermittlung Klären der Aufgabenstellung Auswählen der an der Planung Beteiligten	Zusammenstellung planungswirksamer Grundlagen rechtlicher und technischer Art Auswahl der Fachingenieure Ideenskizzen, Ausführungskonzepte		
2. Vorplanung (H, I, T) **Generaler Entwurf (S)** Erarbeiten von Lösungsmöglichkeiten und Konzepten Einbeziehen von Leistungen der Fachingenieure Vorverhandlung mit Behörden Ermitteln der Kosten	Vorentwurf mit Alternativen unter Berücksichtigung der Funktion und der Bauphysik	Vorentwurf in statisch-konstruktiver Hinsicht unter Berücksichtigung der Standsicherheit	Entwurf in tief- und straßenbautechnischer Hinsicht unter Berücksichtigung ökologischer Zusammenhänge
	Kostenschätzung nach DIN 276		Kostenvoranschlag
3. Entwurfsplanung (H, I, T) **Vorentwurf (S)** Durcharbeiten des Planungskonzeptes mit Projektbeschreibung Zusammenfassen der Entwurfsunterlagen Zusammenstellen der Kosten	Darstellung des Gesamtentwurfes ggf. mit Detailplänen Optimierung der Varianten/Alternativen	Erarbeiten der Tragwerkslösung Überschlägige statische Berechnung Festlegen von Hauptbauteilabmessungen	Erarbeiten des Lage- und Höhenplanes mit Knotenpunkten, Landschaftsplänen und Kunstbauwerken
	Kostenberechnung nach DIN 276		Kostenanschlag mit Finanzierungsplan
4. Genehmigungsplanung (H, I) **Bauentwurf (S)** **Hauptentwurf (T)** Vervollständigen der Planunterlagen Beschreibungen und Berechnungen unter Verwendung der Beiträge von Fachingenieuren Erarbeiten und Einreichen der für die Genehmigung erforderlichen Vorlagen	Bauantrag mit Baubeschreibung Angaben über Feuerungsanlagen Lageplan schriftlicher Teil Lageplan zeichnerischer Teil Bauvorlagezeichnungen Standsicherheitsnachweis Wärmeschutznachweis Grundstücksentwässerungsplan Statistischer Erhebungsbogen Sonstige Anlagen		Tief- und Straßenbauplanung mit: Erläuterungsbericht Übersichtskarte Kostenanschlag Finanzierungsplan Bemessung des Querschnitts mit Plandarstellung Lageplan Höhenplan Bodenerkundung Sonderpläne Entwurf von Kunstbauwerken

BAUPROJEKT

Genehmigungsverfahren in baurechtlicher und bautechnischer Hinsicht	Baugenehmigung mit Baufreigabe	Planfeststellung mit Genehmigungsvermerk

Baudurchführung

Planungsstufen	Hochbau (H)	Ingenieurbau (I)	Tief-, Straßen- und Landschaftsbau (T, S)
5. Ausführungsplanung Darstellen des Objektes mit allen für die Ausführung erforderlichen Angaben Einbeziehen der Beiträge von Fachingenieuren	Erstellen von Ausführungs- und Detailzeichnungen Darstellen der Konstruktionen mit Einbau- und Verlegeanleitung Aufstellen von Stahl- oder Stücklisten		Durcharbeiten der Sonderpläne Erstellen der Ausführungs- und Konstruktionspläne für Kunstbauwerke
6. Vorbereiten und Mitwirken bei der Vergabe Aufstellen von Leistungsbeschreibungen Angebotsbearbeitung	Ermitteln und Zusammenstellen von Mengen Erstellen der Leistungsverzeichnisse nach Leistungsbereichen Erstellen des Kostenanschlages aus Einheits- oder Pauschalpreisen der Angebote		
7. Objektüberwachung Überwachen der Ausführung des Objektes Abnahme von Bauleistungen Übergabe des Objektes	Ausführungsüberwachung in Bezug auf Übereinstimmung mit der Baugenehmigung, Ausführungsplanung, Leistungsbeschreibung und einschlägigen Vorschriften Überwachen der Bauzeiten Führen des Bautagebuches		
8. Objektbetreuung und Dokumentation Objektbegehung zur Mängelbeseitigung Mitwirken bei der Freigabe von Sicherheitsleistungen	Mängelbeseitigung innerhalb der Gewährleistungsfristen Zusammenstellung der Planliste und Fotodokumentation Aufbereiten und Ermitteln von Kostenrichtwerten		

Bild 1: Phasen der Bauplanung mit Baudurchführung

4.4 Baugenehmigungsverfahren

Das Baugenehmigungsverfahren, z.B. in Baden-Württemberg, erfolgt nach den Vorgaben der Landesbauordnung. Es wird mit dem **Einreichen des Bauantrages** einschließlich der Bauvorlagen bei der Gemeinde des Bauortes eingeleitet und endet mit der **Baugenehmigung** durch die Baurechtsbehörde. Die Gültigkeit einer Baugenehmigung ist auf 3 Jahre begrenzt. Mit der Bauausführung darf jedoch erst dann begonnen werden, wenn der **Baufreigabeschein** ausgestellt ist. Im Rahmen der Bauüberwachung durch die Baurechtsbehörde werden die Rohbauabnahme und die Schlussabnahme durchgeführt **(Bild 1)**.

Weiterhin regelt die LBO das **Kenntnisgabeverfahren**. Hier gibt der Bauherr der Gemeinde seine Bauabsicht mit den üblichen Bauvorlagen zur Kenntnis. Falls keine Hindernisgründe vorhanden sind, kann nach einer Frist von 2 Wochen mit dem Bau begonnen werden. Das Kenntnisgabeverfahren gilt insbesondere für Wohngebäude, ausgenommen Hochhäuser, im Geltungsbereich eines qualifizierten Bebauungsplanes. Die öffentlich-rechtlichen Vorschriften für ein Bauvorhaben nach Kenntnisgabe entsprechen in allen Teilen denen eines genehmigungspflichtigen Vorhabens.

Die erforderlichen Bauvorlagen werden in der Verfahrensverordnung zur Landesbauordnung (LBO-VVO) festgelegt. Danach sind z.B. für ein Hochbauvorhaben mit dem Bauantrag der Lageplan, die Bauzeichnungen, die Baubeschreibung, der Standsicherheitsnachweis und die anderen bautechnischen Nachweise wie z.B. der Wärmeschutznachweis sowie die Darstellung der Grundstücksentwässerung vorzulegen.

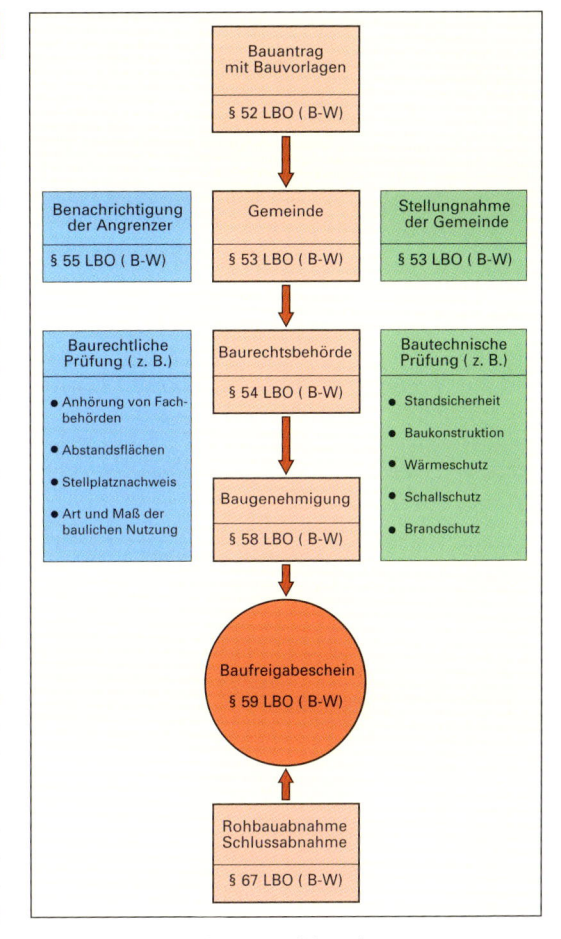

Bild 1: Baugenehmigungsverfahren in Baden-Württemberg

Der **Lageplan** (M 1: 500) besteht aus einem zeichnerischen Teil als Auszug aus dem Liegenschaftskataster und einem schriftlichen Teil. Im zeichnerischen Teil sind insbesondere die bestehenden und geplanten baulichen Anlagen auf dem Grundstück und den Nachbargrundstücken darzustellen. Dabei sind für die geplanten Anlagen die Abmessungen, Höhenlage, Grenz- und Gebäudeabstände sowie Zufahrten anzugeben. Weiterhin sind Ver- und Entsorgungsleitungen und Anlagen zur Aufnahme und Beseitigung von Abwasser darzustellen. Der schriftliche Teil beinhaltet z.B. die Bezeichnung des Grundstückes und der Nachbargrundstücke mit Angaben der Eigentümer, Baulasten oder Beschränkungen, Festsetzungen des Bebauungsplanes insbesondere die Berechnung der Flächenbeanspruchung des Grundstückes nach Grundflächen-, Geschossflächen- oder Baumassenzahl für vorhandene und geplante Anlagen.

In den **Bauzeichnungen** (M 1:100) sind die Grundrisse aller Geschosse mit Angabe der vorgesehenen Nutzung der Räume darzustellen, wobei Treppen, Schornsteine, Feuerstätten, Behälter für brennbare Flüssigkeiten, Aufzugschächte, Aborte, Badewannen und Duschen einzuzeichnen sind. Weiterhin sind die Schnitte mit Geschosshöhen, Treppenverlauf und Geländedarstellung sowie die Ansichten mit Wandhöhen, Dachneigung und Firsthöhen Bestandteil der Bauzeichnungen. In allen Bauzeichnungen sind die wesentlichen Maße, Baustoffe und Konstruktionsarten anzugeben.

Die **Baubeschreibung** erläutert das Bauvorhaben insbesondere in Bezug auf die Konstruktion, die Feuerungsanlagen, die haustechnischen Anlagen und die Nutzung. Weiterhin sind die **Berechnungen** des umbauten Raumes und der Grundrissflächen nach DIN 277 beizufügen.

Der **Standsicherheitsnachweis** (Statik) enthält die Darstellung der gesamten Tragkonstruktion des Bauvorhabens mit den erforderlichen Berechnungen und Konstruktionszeichnungen. Dies gilt ebenso für den Nachweis des Wärme- und Schallschutzes soweit dies zur Beurteilung des Bauvorhabens erforderlich ist.

Ist sich jedoch ein Bauherr im Unklaren, ob aus baurechtlichen oder planungsrechtlichen Gründen ein Bauvorhaben überhaupt Aussicht auf Genehmigung hat, kann vor Einreichen des Bauantrages ein schriftlicher Bescheid, der Bauvorbescheid, zu einzelnen Fragen des Vorhabens bei der Baurechtsbehörde beantragt werden.

4.5 Planmaßstäbe

Die bevorzugten Planmaßstäbe sind je nach Planungsbereich und Planungsstufe unterschiedlich. Sie sind in den Bauordnungen, den Planungsrichtlinien, den Leistungsbildern für Architekten und Ingenieure festgelegt oder können im Einzelfall projektbezogen nach Art und Größe des Bauvorhabens vereinbart werden **(Tabelle 1)**.

Tabelle 1: Bevorzugte Planmaßstäbe

Planungs-bereich	Planungsstufen		
	Vorentwurfsplanung	Entwurfsplanung	Ausführungsplanung
Hochbau, Ingenieurbau	Lageplan M 1 : 1000 / M 1 : 500	Lageplan M 1 : 500	Übersichtspläne M 1 : 100
	Grundrisse, Schnitte Ansichten M 1 : 200	Grundrisse, Schnitte, Ansichten, Haus- und Grundstücks-entwässerung, Positionspläne M 1 : 100	Grundrisse, Schnitte, Ansichten, Verlegepläne M 1 : 50
	Systemübersicht des Tragwerkes M 1 : 100		Konstruktionspläne Schal- und Be-wehrungspläne M 1 : 50 bis M 1 : 20
	Einzeldarstellung, Planausschnitt bis M 1 : 50	Einzeldarstellung, Typenzeichnung bis M 1 : 50	Detailpläne, Knotenpunkte bis M 1 : 20 M 1 : 1
Tief- und Straßenbau, Landschafts-planung	Übersichtskarte M 1 : 10000	Übersichtskarte M 1 : 10000	Lageplan oder M 1 : 1000 M 1 : 500
	Lageplan M 1 : 5000	Lageplan M 1 : 1000	
	Höhenplan M 1 : 1000 : 100	Höhenplan M 1 : 1000 : 100 oder M 1 : 500 : 50	Höhenplan M 1 : 500 : 50
	Ausbau-querschnitt M 1 : 50	Rohrleitungspläne M 1 : 500 oder M 1 : 100	Absteckplan, Gestaltungsplan, Bestandspläne der Leitungen M 1 : 500 oder M 1 : 100
		Straßenknoten, Querprofile M 1 : 100	Straßenknoten, Deckenhöhenplan M 1 : 100
		Ausbauquerschnitt M 1 : 50	Einzeldarstellung bis M 1 : 50 M 1 : 5
Die Planmaßstäbe für Kunstbauwerke und Entwässerungsbauwerke entsprechen denen bei Hoch- und Ingenieurbauten.			

4.6 Baukostenplanung

Die Baukostenplanung wird entsprechend den Phasen der Bauplanung und Baudurchführung erarbeitet. Dabei werden die Kosten der Baumaßnahme nach dem jeweiligen Bearbeitungsstand ermittelt.

Grundlage der stufenweisen Kostenplanung sind für Hochbaumaßnahmen die DIN 276 (Kosten im Hochbau). Aufgabe der Baukostenplanung ist es, auf der Grundlage einer **Kostengliederung** entsprechend dem jeweiligen Planungs- und Ausführungsstand eine **Kostenermittlung** zu erstellen, die es dem Auftraggeber (Bauherrn) ermöglicht, einen entsprechenden Finanzierungsplan aufzustellen und soweit erforderlich fortzuschreiben. In der **Kostenfeststellung** werden nach Abschluss aller Leistungen die tatsächlichen Baukosten festgestellt.

Die Kostengliederung dient der systematischen Auflistung aller Aufwendungen (Gesamtkosten), die mit dem Bauen verbunden sind. Sie ist entsprechend dem Bauablauf geordnet. Die einzelnen Abschnitte umfassen abgegrenzte Kostenbereiche und ermöglichen so einen Vergleich verschiedener Bauvorhaben untereinander.

Dabei gliedern sich die Gesamtkosten im Hochbau in folgende **7 Kostengruppen (Tabelle 1)**. Die einzelnen Kostengruppen werden wiederum in einzelne Untergruppen unterschieden. Für die Kostenplanung von Ingenieurbauten findet die DIN 276 ebenfalls Anwendung. Bei Tief- und Straßenbauplanungen oder Landschaftsbauplanungen gelten jedoch in der Regel andere Kostengliederungen. Diese werden z. B. für Straßenbaumaßnahmen in 9 Hauptgruppen eingeteilt **(Tabelle 2)**.

Tabelle 1: Kostengruppen im Hochbau	
100	Grundstück
200	Herrichten und Erschließen
300	Bauwerk – Baukonstruktionen
400	Bauwerk – Technische Anlagen
500	Außenanlagen
600	Ausstattung und Kunstwerke
700	Baunebenkosten

Tabelle 2: Kostengruppen im Straßenbau	
1	Grunderwerb
2	Untergrund, Unterbau, Entwässerung
3	Oberbau
4	Brücken
5	Stützwände
6	Tunnel
7	Sonstige Bauwerke
8	Ausstattung
9	Sonstige besondere Anlagen und Kosten

Die Kostenermittlung dient dazu, Kosten in tatsächlicher Höhe (Brutto, einschließlich Umsatzsteuer) festzustellen. Die Kostengliederung bildet die Grundlage für die Kostenermittlung. Als Bezugsgrößen dienen z. B. die Grundflächen oder Rauminhalte nach DIN 277 sowie die genauen Mengenermittlungen für die einzelnen Gewerke. Je nach Stand der Planung oder Bauausführung unterscheidet man verschiedene Arten von Kostenermittlungen.

Die auf der Grundlage einer Kostenfeststellung ermittelten **Kostenrichtwerte**, wie z. B. Kosten je Längeneinheit (€/km Straße); Kosten je Flächeneinheit (€/m² Nutzfläche); Kosten je Rauminhalt (€/m³ Bruttorauminhalt) oder Kosten je Nutzungseinheit (€/Wohnung) können wiederum bei Kostenschätzungen für ähnliche Bauwerke eingesetzt werden. Dabei ist jedoch zu beachten, dass die Richtwerte dem sich ändernden Kostengefüge der Bauwirtschaft, z. B. infolge von Preisänderungen, angepasst bzw. fortgeschrieben werden.

4.7 Ausschreibung, Vergabe und Abrechnung von Bauleistungen (AVA)

Zur ordnungsgemäßen Abwicklung von Bauleistungen werden zwischen Auftraggeber (AG) oder Bauherr und Auftragnehmer (AN) oder Unternehmer Bauverträge abgeschlossen. Die gemeinsame Grundlage zur Ausgestaltung dieser Verträge bildet in der Regel die „Vergabe- und Vertragsordnung für Bauleistungen" (VOB).

Die VOB regelt die Einzelheiten der Vergabe in Bezug auf das Ausschreibungs-, Vergabe- und Abrechnungsverfahren. Sie beinhaltet auch die Verfahrensregelungen, mit denen die Bestimmungen der Europäischen Gemeinschaft für den Baubereich in der Bundesrepublik Deutschland umgesetzt werden.

Sie ist in 3 Teile gegliedert **(Bild 1)**. Die VOB ist kein Gesetz, sondern ein Normenwerk, das im Auftrag des Deutschen Vergabe- und Vertragsausschusses für Bauleistungen (DVA) vom DIN Deutsches Institut für Normung e.V. herausgegeben wird. Die VOB gilt nur, wenn sie ausdrücklich im Bauvertrag vereinbart ist. Während der Teil A, der auch die EG-Bestimmungen enthält, nicht Vertragsbestandteil wird, sind Teil B und Teil C Bestandteile des Bauvertrages.

Vergabe- und Vertragsordnung für Bauleistungen (VOB)		
VOB Teil A DIN 1960	VOB Teil B DIN 1961	VOB Teil C ab DIN 18299
Allgemeine Bestimmungen für die Vergabe von Bauleistungen	Allgemeine Vertragsbedingungen für die Ausführung von Bauleistungen	Allgemeine Technische Vertragsbedingungen für Bauleistungen (ATV)
Regelung des Verfahrensablaufes von der Ausschreibung bis zum Vertragsabschluss	Zusammenfassung der Baubestimmungen, die im Bauvertrag Gültigkeit haben	Festlegung der Normen für die einzelnen Leistungsbereiche mit den entsprechenden Abrechnungsgrundlagen
nicht Bestandteil des Bauvertrages	Bestandteil des Bauvertrages	

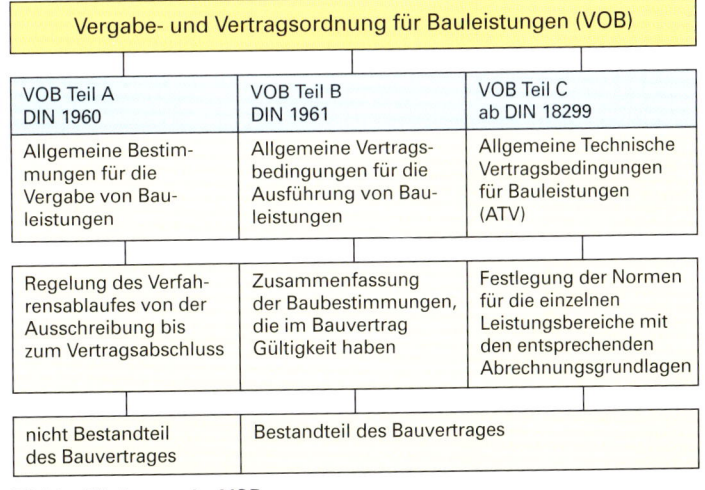

Bild 1: Gliederung der VOB

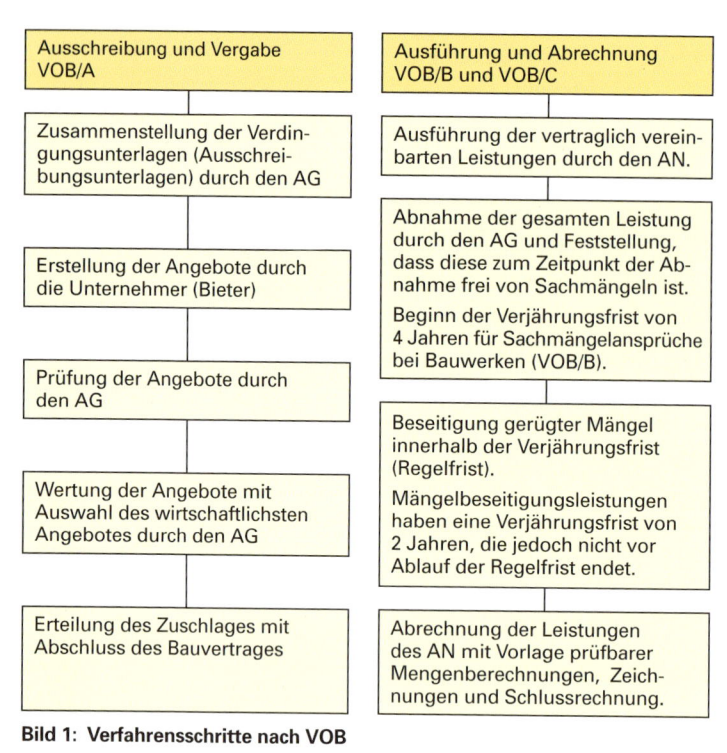

Ausschreibung und Vergabe VOB/A	Ausführung und Abrechnung VOB/B und VOB/C
Zusammenstellung der Verdingungsunterlagen (Ausschreibungsunterlagen) durch den AG	Ausführung der vertraglich vereinbarten Leistungen durch den AN.
Erstellung der Angebote durch die Unternehmer (Bieter)	Abnahme der gesamten Leistung durch den AG und Feststellung, dass diese zum Zeitpunkt der Abnahme frei von Sachmängeln ist. Beginn der Verjährungsfrist von 4 Jahren für Sachmängelansprüche bei Bauwerken (VOB/B).
Prüfung der Angebote durch den AG	Beseitigung gerügter Mängel innerhalb der Verjährungsfrist (Regelfrist). Mängelbeseitigungsleistungen haben eine Verjährungsfrist von 2 Jahren, die jedoch nicht vor Ablauf der Regelfrist endet.
Wertung der Angebote mit Auswahl des wirtschaftlichsten Angebotes durch den AG	
Erteilung des Zuschlages mit Abschluss des Bauvertrages	Abrechnung der Leistungen des AN mit Vorlage prüfbarer Mengenberechnungen, Zeichnungen und Schlussrechnung.

Bild 1: Verfahrensschritte nach VOB

In der VOB werden insbesondere das Ausschreibungs- und Angebotsverfahren sowie die Bauausführung, die Bauabnahmen, die Mängelbeseitigung, die Abrechnung und die Mängelansprüche geregelt (**Bild 1**).

4.7.1 Ausschreibung und Vergabe

Der Hauptteil der Ausschreibung von Bauleistungen sind die Leistungsbeschreibungen. Dabei unterscheidet man nach VOB/A § 9 die Leistungsbeschreibung mit **Leistungsverzeichnis (LV)** und die **Leistungsbeschreibung** mit **Leistungsprogramm (Bild 2)**. Die gebräuchlichste Art der Leistungsbeschreibung erfolgt durch das Leistungsverzeichnis.

Dieses ist in überschaubare Abschnitte (Titel) nach Leistungsbereichen oder Einzelgewerken zu gliedern und entsprechend dem Bauablauf zu ordnen. Danach kann das Leistungsverzeichnis für den Rohbau einer Hochbaumaßnahme z. B. in die Abschnitte Erdarbeiten, Entwässerungskanalarbeiten, Abdichtungsarbeiten, Betonarbeiten, Mauerarbeiten sowie Stundenlöhne und Stoffkosten gegliedert sein.

Neben dem Leistungsverzeichnis werden der Ausschreibung noch weitere Unterlagen für die Vertragsregelung beigefügt. Dies sind die „Besonderen Vertragsbe-

Leistungsbeschreibung	
mit Leistungsverzeichnis	mit Leistungsprogramm
• Beschreibung der Teilleistungen einzelner Leistungsbereiche • Gleiche Leistungen werden unter einer Ordnungszahl (Position) aufgenommen • Beschreibung der Einzelleistung nach Art, Qualität, Größe und Menge	• Beschreibung der Gesamtheit der Bauaufgabe • die Leistung umfasst den Entwurf samt Bauausführung • die Leistungseinheit bezieht sich auf ein ganzes Bauwerk

Bild 2: Beschreibung von Bauleistungen

dingungen", welche die VOB/B ergänzen. Die „Allgemeinen Technischen Vertragsbedingungen" (ATV) können durch die „Zusätzlichen Technischen Vertragsbedingungen" (ZTV) ergänzt werden.

Diese Ausschreibungsunterlagen sind für die Einholung von Angeboten für Bauleistungen erforderlich und müssen als Information für den Unternehmer (Bieter) umfassend und eindeutig sein. Die Erstellung einer Leistungsbeschreibung kann sowohl durch frei formulierte Texte als auch durch standardisierte Texte erfolgen. Dabei werden Bauleistungen positionsweise aufgelistet, die Art der Leistung eindeutig beschrieben und die nach Plan ermittelten Mengen eingesetzt. Leistungsbeschreibungen mit freien Texten sind für gleiche Leistungen oftmals unterschiedlich verfasst und werden nicht immer von den Bietern im gleichen Sinne verstanden. Leistungsbeschreibungen mit Standardtexten werden aus den **Standardleistungsbüchern (StLB)** für die Leistungsbereiche des Hochbaues oder dem **Standardleistungskatalog (StLK)** für den Straßen- und Brückenbau übernommen. Das Standardleistungsbuch ist eine Sammlung von standardisierten Textteilen (Textbausteine), aus denen Texte zur Beschreibung der Leistung zusammengesetzt werden können. Diese sind auf der Grundlage der VOB/C aufgebaut und bestehen aus technisch einwandfreien, normengerechten, wettbewerbsneutral und eindeutig formulierten Texten.

Für die EDV-Anwendung sind die standardisierten Textteile mit drei- bzw. zweistelligen Schlüsselnummern gekennzeichnet (**Bild 1**).

Die standardisierten Beschreibungen des StLB sind in höchstens 5 Textteile (T1 bis T5) gegliedert. Diese können entsprechend der zu beschreibenden Leistung zu einer Standardleistungsbeschreibung zusammengefügt werden (**Bild 2**).

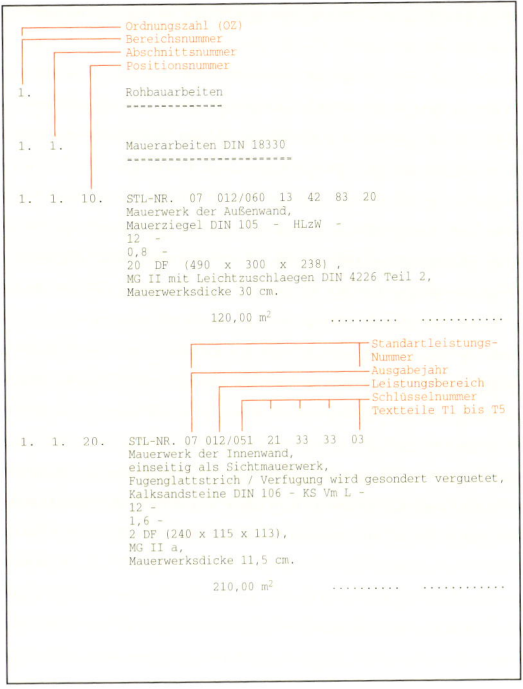

Bild 1: Aufbau standardisierter Texte

Bild 2: Standardleistungsbeschreibung (Auszug)

4.7.1.1 Arten der Ausschreibung und Vergabe

Die Vergabe- und Vertragsordnung für Bauleistungen unterscheidet 3 Arten von Ausschreibungs- und Vergabeverfahren: die **Öffentliche Ausschreibung**, die **Beschränkte Ausschreibung** und die **Freihändige Vergabe**. Bei der Öffentlichen Ausschreibung wird eine unbeschränkte Anzahl von Unternehmen zur Abgabe eines Angebotes zugelassen. Im Rahmen einer Beschränkten Ausschreibung nimmt lediglich eine begrenzte Anzahl ausgewählter Unternehmer am Vergabeverfahren teil. Die Freihändige Vergabe wird dort angewendet, wo eine spezielle Bauleistung gefordert wird, aber keine Wettbewerbssituation vorhanden ist.

Diese 3 Arten der Ausschreibung und Vergabe sind für die öffentlichen Auftraggeber verbindlich und je nach Art und Umfang der Bauleistungen anzuwenden. Die privaten Bauherren und Unternehmen orientieren sich an diesen Verfahren, wobei hier die Beschränkte Ausschreibung bevorzugt wird (**Bild 3**).

Öffentliche Ausschreibung	Beschränkte Ausschreibung	Freihändige Vergabe
Öffentliche Bekanntmachung der Ausschreibung	Übersenden der Ausschreibungsunterlagen an eine beschränkte Anzahl von Unternehmern	Aufforderung eines geeigneten Unternehmers zur Abgabe eines Angebotes
Anforderung der Ausschreibungsunterlagen und Abgabe des Angebotes durch den Unternehmer	Abgabe der Angebote	Abgabe des Angebotes
Öffnung der Angebote	Öffnung der Angebote	
Prüfen und Werten der Angebote	Prüfen und Werten der Angebote	Prüfen des Angebotes
Auftragserteilung	Auftragserteilung	Auftragserteilung

Bild 3: Ausschreibungs- und Vergabeverfahren

4.7.1.2 Arten der Bauverträge

Bauverträge werden in der VOB nach Leistungsvertrag, Stundenlohnvertrag und Selbstkostenerstattungsvertrag eingeteilt. Beim Leistungsvertrag wird außerdem nach dem Einheitspreisvertrag und dem Pauschalvertrag unterschieden, wobei der Einheitspreisvertrag bevorzugt abgeschlossen wird.

Bei Stundenlohnverträgen werden feste Verrechnungssätze für alle Aufwendungen vereinbart.

Selbstkostenerstattungsverträge beinhalten neben den Selbstkosten der einzelnen Bauleistungen auch einen vereinbarten Satz für Wagnis und Gewinn (**Bild 1**).

Leistungsvertrag		Stundenlohnvertrag	Selbstkostenerstattungsvertrag
Einheitspreisvertrag	Pauschalvertrag		
Für Bauleistungen, die nach der Mengeneinheit über den jeweiligen Einheitspreis abgerechnet werden	Für Bauleistungen, die nach gesamter Leistung über einen Pauschalpreis abgerechnet werden	Für Bauleistungen geringen Umfanges mit überwiegendem Lohnkostenanteil	Für Bauleistungen, deren Umfang nicht genau bestimmt werden kann, da eine klare Kostenermittlung nicht möglich ist

Bild 1: Arten der Bauverträge

4.7.2 Abrechnung

Nach VOB Teil B hat der Auftragnehmer seine Leistungen prüfbar abzurechnen. Dafür sind im Zuge des Baufortschrittes und nach Erbringung der Leistungen durch Aufmaße (Mengenberechnungen) die ausgeführten Leistungen zu ermitteln.

Dabei versteht man unter Ermittlung der Mengen das Erfassen aller in das Bauwerk eingegangenen oder mit dem Bauwerk verbundenen Baustoffe und Bauteile. Mengen sind z. B. Mauerwerk in m^2, Ortbeton in m^2 oder m^3, Schalung in m^2, Entwässerungsleitungen in m, Einbauteile in Stück oder Betonstahlmatten in kg.

Für die Mengenermittlungen werden die Abmessungen oder Stückzahlen am fertigen Bauwerk zugrunde gelegt. Da sie in der Regel nach Werkplänen erfasst werden, bilden diese Zeichnungen die Abrechnungsgrundlage. Zusammen mit dem Aufmaß werden die Mengen unter Berücksichtigung der Abrechnungsbestimmungen nach VOB Teil C, den „Allgemeinen Technischen Vertragsbedingungen für Bauleistungen", zusammengestellt. Diese Bestimmungen gewährleisten die einheitliche Ermittlung der Mengen für alle Leistungsbereiche einer Baumaßnahme, wie z. B. Erdarbeiten, Mauerarbeiten, Betonarbeiten und legen „Nebenleistungen" und „Besondere Leistungen" fest.

Nebenleistungen sind dabei mit den Einheitspreisen der vertraglich vereinbarten Leistungen abgegolten. **Besondere Leistungen** wie z. B. Beseitigen von Hindernissen oder Sichern von Leitungen, Kanälen oder Pflanzungen werden jedoch zusätzlich vergütet.

Die Abrechnung wird durch das verantwortliche Ingenieurbüro oder Bauamt geprüft und bildet damit die Grundlage für die Feststellung der tatsächlichen Kosten des jeweiligen Gewerkes.

Aufgaben

1. Welche Grundlagen werden bei der Bauplanung unterschieden?
2. Welche Regelungen enthält die Baunutzungsverordnung?
3. In welche Rechtsbereiche gliedern sich die Bauordnungen der Länder?
4. Worin besteht der Unterschied zwischen dem Flächennutzungsplan und dem Bebauungsplan?
5. In welche zwei Phasen gliedert sich die Gesamtplanung einer Baumaßnahme?
6. Welchem Zweck dienen städtebauliche Sanierungsmaßnahmen?
7. Womit wird ein Baugenehmigungsverfahren für ein Wohnhaus eingeleitet und welche Vorlagen sind Bestandteile des Verfahrens?
8. Welche Aufgabe hat die Baukostenplanung?
9. In welche 3 Teile ist die VOB gegliedert?
10. Was wird in der VOB/Teil B geregelt?
11. Wie kann eine Leistung ausgeschrieben werden?
12. Worin unterscheidet sich der Einheitspreisvertrag vom Pauschalvertrag?
13. Eine Gemeinde möchte sich städtebaulich weiterentwickeln und verschiedene Baugebiete ausweisen. Beschreiben Sie hierzu den Ablauf und die erforderlichen Planungsverfahren.
14. Zeigen Sie für den Rohbau eines selbst gewählten Bauprojektes die Abwicklung nach VOB bis zu dessen Abrechnung auf.

5 Baubetrieb

Übernimmt eine Bauunternehmung den Auftrag für die Ausführung von Bauleistungen, sind zur Umsetzung der Bauplanung in das fertige Bauwerk, neben den handwerklichen Tätigkeiten auch organisatorische Abläufe zu planen **(Bild 1)**. Alle Maßnahmen, die für einen reibungslosen und wirtschaftlichen Bauablauf erforderlich sind, fasst man unter dem Begriff Baubetrieb zusammen. Wichtige Bereiche des Baubetriebes sind die Arbeitsvorbereitung und die Bauüberwachung. Für die Bauausführung sind außerdem Maßnahmen zur Unfallverhütung, zum Lärmschutz und Umweltschutz von großer Bedeutung.

5.1 Arbeitsvorbereitung

Als Arbeitsvorbereitung bezeichnet man alle Maßnahmen vor Beginn der Bauarbeiten, die eine wirtschaftliche und termingerechte Bauausführung gewährleisten. Durch die Arbeitsvorbereitung wird dafür gesorgt, dass Arbeitskräfte, Baustoffe und Bauhilfsstoffe sowie Maschinen und Geräte zur rechten Zeit in der erforderlichen Zahl und Menge am richtigen Ort verfügbar sind. Zur Arbeitsvorbereitung gehören im Wesentlichen die Auswahl der Bauverfahren, die Planung des zeitlichen Bauablaufes (Ablaufplanung) sowie die Planung der Baustelleneinrichtung. Jedes Bauwerk erfordert eine eigene Arbeitsvorbereitung, da Bauwerke und Baustellenbedingungen stets unterschiedlich sind.

5.1.1 Bauverfahren

Unter Bauverfahren versteht man die Art und Weise, wie Baustoffe und Bauteile zu einem Bauwerk zusammengefügt werden können. Von den möglichen Bauverfahren ist das technisch und wirtschaftlich günstigste Verfahren zu wählen. Die Wahl des Bauverfahrens richtet sich im Wesentlichen nach den zur Verfügung stehenden Arbeitskräften, nach den Baustoffen, Geräten und Maschinen sowie nach der Bauzeit **(Tabelle 1)**. Außerdem soll das Verfahren die Sicherheit der Beschäftigten gewährleisten und möglichst umweltverträglich sein. Dabei ist z. B. zu entscheiden, ob

- die Baugrubensicherung durch geböschte Wände oder Verbau (Spundwände) erfolgen soll,
- der Beton zur Einbaustelle mithilfe von Kran, Förderband oder Betonpumpe gefördert wird,
- das Mauerwerk in konventioneller Arbeitstechnik oder das Vermauern großformatiger Block- und Plansteine mit dem Versetzgerät erfolgt.

Bild 1: Baustelle für die Erstellung eines Betriebsgebäudes

Tabelle 1: Einflussfaktoren auf die Wahl der Bauverfahren (Beispiele)

Außerbetriebliche Vorgaben
• Art des Bauwerks (z. B. Hochbau, Industriebau)
• Ausführungszeichnungen, Leistungsverzeichnis
• Umfang der Baumaßnahme, Fertigungsmengen
• Bauvertrag, Termine, Vertragsstrafen
• Ergebnisse der Baugrunduntersuchung, Einfluss auf Erdarbeiten und Bauwerksgründung, Grundwasserstände (Wasserhaltung)
• Lage der Baustelle, Zu- und Abfahrt, Verkehrsanbindung
• verfügbare Flächen für Baustelleneinrichtung und Baustofflagerung
• Sonderbedingungen, z. B. Umweltschutzauflagen, Winterbaumaßnahmen, Lärmschutzmaßnahmen
• Behördliche Auflagen, z. B. Verkehrsbeschränkungen, Sicherung eines Baudenkmals
• vom Bauherrn vorgegebene Bauverfahren
Betriebliche Vorgaben
• Angebotskalkulation
• Verfügbarkeit des Personals, der Maschinen und Baugeräte sowie Einrichtungen zur Vorfertigung
• Bereitschaft zum Erwerb oder Leasing von Maschinen und Geräten neuester Technologie
• Vergabe von Teilleistungen an Subunternehmer, z. B. Baugrubensicherung durch Spundwände

5.1.2 Bauzeit

Die Zeit, in der ein Bauwerk zu erstellen ist, wird als Bauzeit bezeichnet. Sie setzt sich aus den Zeitabschnitten der Einzelleistungen zusammen. Dabei ist zu berücksichtigen, dass verschiedene Einzelleistungen zeitlich nebeneinander ablaufen können. Man spricht dabei von Überschneidungen. So kann z. B. mit dem Einschalen einer Kellerdecke schon begonnen werden, wenn erst ein Teil der Kellerwände hochgezogen ist. Auch das Bewehren kann schon vor Ende der Schalarbeiten beginnen. Der zeitliche Bauablauf wird berechnet und kann zeichnerisch dargestellt werden.

5.1.2.1 Ermittlung der Bauzeit

Die Bauzeit ist abhängig von den zu erbringenden Bauleistungen. Um diese zu ermitteln, wird das Bauwerk in Bauwerksteile und Bauabschnitte aufgeteilt. Hierfür sind die notwendige Zeit, auch Fertigungszeit genannt, sowie deren Überschneidung zu ermitteln. Dazu werden in einem **Arbeitsverzeichnis** die Positionen des Leistungsverzeichnisses in Fertigungsschritte aufgegliedert und der Zeitbedarf ermittelt **(Bild 1)**. Es enthält Angaben über die **Bauleistung** (Menge) und über den **Aufwand** (Arbeitszeit je Mengeneinheit). Daraus wird die Zahl der erforderlichen Arbeitsstunden ermittelt. Aus der täglichen Arbeitszeit und der Anzahl der zur Verfügung stehenden Arbeitskräfte ergibt sich die Fertigungszeit. Die Bauzeit ergibt sich, indem man die einzelnen Fertigungszeiten zusammenzählt und davon die jeweiligen Überschneidungen abzieht.

Bei vertraglich vorgegebener Bauzeit kann durch Verlängerung der täglichen Arbeitszeit oder durch Bereitstellung einer größeren Anzahl von Arbeitskräften die Fertigungszeit angepasst werden.

Bauteil (Abschnitt)	Arbeitsvorgang	Menge	Aufwand in h/ Einheit	erf. Arbeitszeit / h	Arbeitszeit h / Tag	Anzahl der Arbeitskräfte	Fertigungszeit / Tage
Wände EG	Mauern 36,5	67,3 m³	3,20	215	8	5	5,4
	Mauern 11,5	32,7 m²	0,60	19,6	8	5	0,5
Stb- Decke	Schalen	181 m²	0,75	135,7	8	5	3,4
über EG	Bewehren	3,1 t	20,0	62	8	5	1,6
d = 16 cm	Betoneinbau	29 m³	0,9	26,1	8	5	0,65

Bild 1: Arbeitsverzeichnis (Auszug)

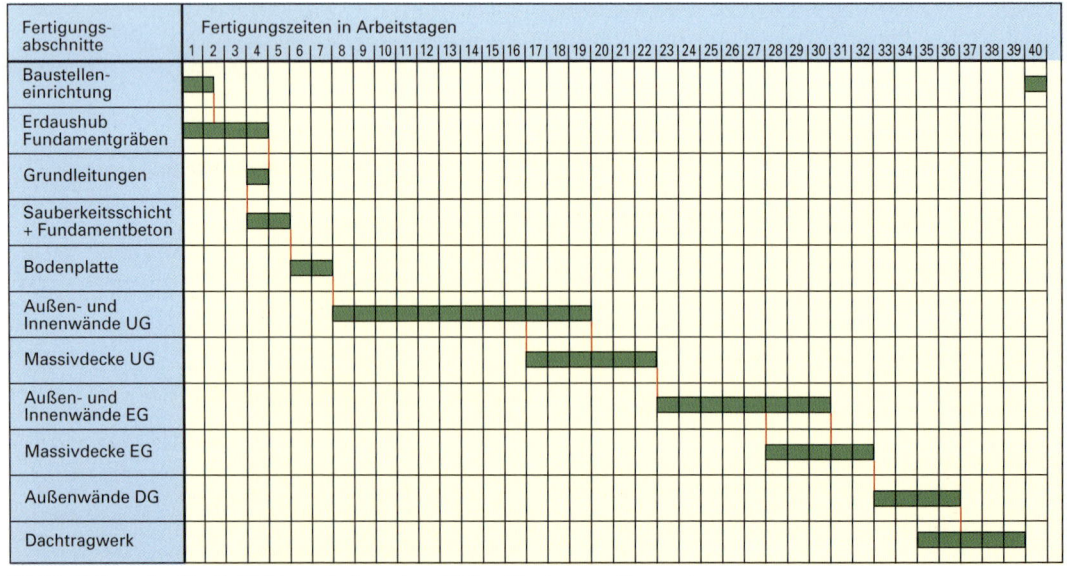

Bild 2: Balkenplan für die Rohbauarbeiten eines Einfamilienhauses (Auszug)

5.1.2.2 Darstellung der Bauzeit

Liegen alle Fertigungszeiten und Überschneidungen fest, kann die Bauzeit für einzelne Fertigungsabschnitte im Bauzeitenplan dargestellt werden. Man unterscheidet dabei z. B. den Balkenplan (Balkendiagramm) und das Weg-Zeit-Diagramm (Liniendiagramm). Bei umfangreichen Bauvorhaben wird außerdem die Netzplantechnik angewendet. Die Darstellung der Bauzeit im Bauzeitenplan macht den Bauablauf überschaubar und erleichtert die Terminüberwachung.

Der **Balkenplan** wird am häufigsten verwendet. Diese Darstellung des Baufortschrittes heißt Balkenplan, weil die einzelnen Fertigungszeiten in zeitlicher Reihenfolge in der Form von Balken mit entsprechender Länge dargestellt werden. Bei dieser grafischen Darstellung werden die Zeiten in Tagen oder Wochen in der Waagerechten und die jeweiligen Fertigungsabschnitte senkrecht untereinander abgetragen **(Bild 2, Seite 178)**.

Werden die Arbeitszeiten für ein Geschoss zusammengefasst, z. B. das Betonieren und Mauern der Untergeschosswände und das Einschalen, Bewehren und Betonieren der Massivdecke über dem Untergeschoss, nehmen diese eine Fertigungszeit von zusammen 14 Arbeitstagen ein. Fasst man die einzelnen Teilarbeitsvorgänge zu einem Balken zusammen, bezeichnet man die Länge dieses Balkens als Fertigungsabschnitt UG **(Bild 1)**. Werden alle Fertigungsabschnitte in einem Balkenplan dargestellt, kann daraus der Baufortschritt abgelesen werden.

Das **Weg-Zeit-Diagramm** eignet sich besonders für Bauvorhaben mit ausgeprägter Fertigungsrichtung, wie z. B. Rohrleitungen, Straßen, Tunnel und Stützwände. Es wird besonders im Tief- und Straßenbau verwendet. Die waagerechte Achse wird auch als Wegachse und die senkrechte Achse als Zeitachse bezeichnet. Das Weg-Zeit-Diagramm ermöglicht die Darstellung des Arbeitsfortschrittes. Im Gegensatz zum Balkendiagramm kann beim Weg-Zeit-Diagramm zu jedem beliebigen Zeitpunkt der Fortschritt der Bauarbeiten abgelesen werden. Außerdem ist die jeweilige Entfernung zwischen den verschiedenen Arbeitsgruppen erkennbar, womit mögliche Behinderungen vermieden werden können. Es kann z. B. bei einem Tunnelbau einer U-Bahn-Strecke abgelesen werden, dass nach vier Monaten Bauzeit eine Tunnelstrecke von 480 m Länge und der Bau des Gleiskörpers auf eine Länge von 380 m fertig gestellt ist **(Bild 2)**.

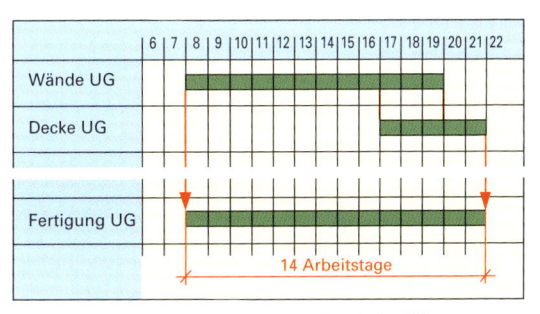

Bild 1: Balkenplan für Fertigungsabschnitt UG

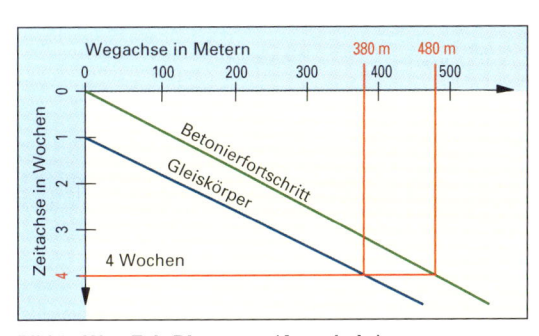

Bild 2: Weg-Zeit-Diagramm (Ausschnitt)

Für einen **Netzplan** muss jeder einzelne Arbeitsabschnitt erfasst und in eine zeitliche Abhängigkeit zu den anderen Arbeitsabschnitten gebracht werden, z. B. durch frühestmögliche und spätestmögliche Anfangsdaten und Enddaten eines Bauabschnittes. Durch die Aneinanderreihung jener Bauabschnitte, welche den Bauendtermin bestimmen, kann der „Kritische Weg" dargestellt werden. Die Erstellung von Netzplänen erfolgt mithilfe von EDV-Anlagen, aus denen jeder einzelne Arbeitsabschnitt abrufbar ist, z. B. die Mauerarbeiten im zweiten Obergeschoss **(Bild 3)**. Die Datenverarbeitungstechnik ermöglicht bei Störungen des Bauablaufes, z. B. bedingt durch Witterungseinflüsse, eine schnelle Überarbeitung bzw. Anpassung.

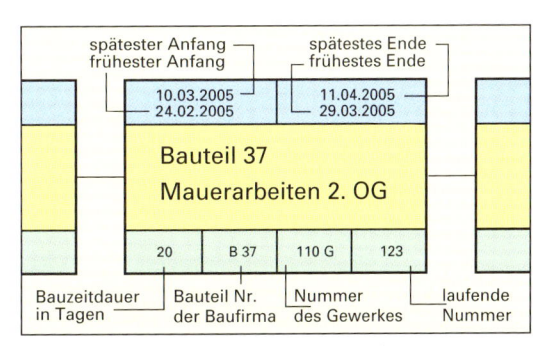

Bild 3: Darstellung eines Arbeitsabschnittes aus einem Netzplan

5.1.3 Baustelleneinrichtung

Unter Baustelleneinrichtung versteht man alle Lager, Transport- und Fertigungseinrichtungen, die vorübergehend auf der Baustelle gebraucht werden um ein Bauwerk zu erstellen. Dazu gehören im Wesentlichen Geräte und Maschinen, Baustellenunterkünfte, Bearbeitungs-, Lager- und Verkehrsflächen sowie die Wasser- und Stromversorgung. Der Planung der Baustelleneinrichtung kommt eine besondere Bedeutung zu, da eine Änderung während der Bauzeit erhebliche Kosten verursacht.

Die Baustelleneinrichtung wird hauptsächlich durch Art und Größe des Bauwerkes, die Bauverfahren, die Bauzeit und die Grundstücksgröße einschließlich der Geländeform bestimmt. Für die zeichnerische Darstellung verwendet man Zeichen, Symbole und Abkürzungen (**Bild 1**).

Die Zuordnung der einzelnen Elemente der Baustelleneinrichtung muss dem Fertigungsablauf entsprechen und eine wirtschaftliche Herstellung gewährleisten. Als Planungsgrundsatz gilt, dass die Kosten für den Transport der Baustoffe, die den überwiegenden Teil am Bauwerk ausmachen, möglichst gering sein sollen. Da der Turmdrehkran als Hebezeug und Fördermittel im Hochbau überwiegt, ist sein Standort maßgebend für die Anordnung der Baustelleneinrichtung (Bild 1, Seite 186).

Wichtiger Bestandteil der Planung und Ausführung sind die Vorgaben des Arbeits**si**cherheit- und des **Ge**sundheitsschutz-**Ko**ordinators (**SiGeKo**) sowie die Einhaltung der Bestimmungen der Baustellenverordnung, der Arbeitsstättenverordnung und des Umweltschutzes.

5.1.3.1 Erschließung

Mit der Erschließung der Baustelle wird für einen reibungslosen Verkehr zur, von und auf der Baustelle gesorgt. Soweit möglich, nutzt man das vorhandene öffentliche Straßennetz.

Auf der Baustelle selbst werden Baustraßen angelegt, um Baustoffe, Baugeräte und Maschinen zu ihrem jeweiligen Platz transportieren zu können. Baustraßen müssen so hergestellt werden, dass sie den Verkehrsbelastungen der Baustelle standhalten. Sie sind möglichst als Umfahrt anzulegen. Wo dies nicht möglich ist, wird eine Wendeplatte am Ende des Fahrweges angeordnet.

Der Anschluss an das öffentliche Straßennetz oder die Einmündung einer Baustraße wird so angelegt, dass der Straßenverkehr möglichst wenig gestört wird. Ausfahrten sind ausreichend zu kennzeichnen und zu sichern, Verschmutzungen durch Baustellenfahrzeuge umgehend zu beseitigen.

Bei Baustellen, die unmittelbar an öffentlichen Verkehrswegen liegen oder teilweise hineinragen, ist eine Sicherung der Baustelle erforderlich. Diese gewährleistet die Sicherheit des Straßen- und Fußgängerverkehrs und dient dem Schutz der Baustelle und ihrer Belegschaft. Die Sicherung kann z. B. mithilfe von Absperrbändern, Abschrankungen mit Warnbeleuchtung oder einem Bauzaun erfolgen (**Bild 1, Seite 181**). Bei hohem Verkehrsaufkommen kann z. B. das Aufstellen von Absperrgeräten, wie Leitkegel und Richtungstafeln, sowie von Verkehrsschildern und Verkehrsampeln erforderlich werden. Eine Verkehrssicherung erfordert einen Verkehrszeichenplan, der von der zuständigen Verkehrsbehörde genehmigt sein muss.

Symbol	Bezeichnung
	ausgebaute Straße
	befestigter Weg
	Gleis
	Grenze
—x—x—x—	Zaun
	Böschung
	Kies, Sand
	Aushub, Oberboden
Hy	Wasser
T	Telefon
	Strom
Ziegel	Baustoffe
San	Sanitäre Einrichtungen
Bauf.	Baustellenunterkünfte z.B. Bauführer
	Stahlbiegebank
Zi	Zimmerplatz mit Kreissäge
	Silo für Bindemittel oder Fertigmörtel
	Zwischensilo für Betonübergabe
	Schnellbauaufzug
Wi	Aufzugswinde
	TDK mit Tragkraft und Schwenkbereich

Bild 1: Zeichen und Symbole der Baustelleneinrichtung

5.1.3.2 Lagerflächen

Auf der Baustelle muss ausreichend Platz für Lagerflächen bereitgehalten werden. Lagerflächen sollen eben, trocken und tragfähig, vom Lkw leicht anfahrbar sein und im Schwenkbereich des Kranes liegen.

Lagerflächen benötigt man z. B. für Mauersteine, Betonstahl, Sand, Kies und Schalelemente sowie für Fertigteile. Baustoffe und Bauteile, die mithilfe des Krans befördert werden, sind bodenfrei zu lagern, damit das Kranseil leicht angeschlagen werden kann.

Mauersteine werden in der Regel palettiert, paketiert oder als Großstapel angeliefert und meist übereinander gestapelt. Steht nur eine geringe Lagerfläche zur Verfügung, werden die Mauersteine häufig nur für einzelne Bauabschnitte angeliefert. Mauersteine sind vor Verschmutzungen sowie vor Regen, Frost oder Schnee zu schützen. Sie sind getrennt nach Arten, Formaten und Druckfestigkeitsklassen zu lagern.

Betonstahl wird als Stabstähle, Matten, Körbe und Profilstähle angeliefert und gelagert. Betonstahl ist vor Verschmutzungen zu schützen, darf nicht mit öligen Stoffen, z. B. mit Schalöl, in Berührung kommen und ist auf Kanthölzern abzulegen. Betonstahlmatten können stehend oder liegend gelagert werden (**Bild 2**). Bei der stehenden Lagerung sind wegen der Standsicherheit Stützgerüste erforderlich. Liegend gelagerte Matten sind gegen seitliches Verrutschen zu sichern. Der erforderliche Platz bei liegender oder stehender Lagerung wird durch die Abmessungen der Matten bestimmt.

Sand für Mauermörtel und Estrichmörtel ist auf einem ebenen und sauberen Boden zu lagern. Auf keinen Fall dürfen Bestandteile wie Humus, Lehm oder Laub in den Sand gelangen. Bei Frostgefahr ist Sand gegen Gefrieren zu schützen.

Schalmaterial, **Schalelemente** und **Rüstzeug** sind möglichst an der Baustraße und im Schwenkbereich des Kranes abzulegen. Schalmaterial und Rüstzeug, z. B. Bretter, Bohlen, Kanthölzer, Rundhölzer, Schwellen und Schaltafeln, werden nach Abmessungen getrennt gestapelt. Schalelemente, z. B. Großflächenschalungen, sind getrennt nach Verwendungszweck zu lagern. Bei der Lagerung von Schalmaterial aus Holz sind als Unterlage stets Stapelhölzer zu verwenden.

Fertigteile, z. B. Brüstungselemente oder Fertigschornsteine, werden entsprechend ihrer Lage im eingebauten Zustand gelagert. So müssen z. B. Fassadenplatten oder Wandelemente stehend, Fertigplattendecken oder Treppenelemente liegend gelagert werden (**Bild 3**). Sind mehrere Fertigteile übereinander zu stapeln, müssen die Stapelhölzer senkrecht übereinander liegen. Alle Fertigteile sind in unmittelbarer Nähe des Kranes abzusetzen.

5.1.3.3 Bearbeitungsflächen

Beim Einrichten einer Baustelle sind Flächen für die Holzbearbeitung und solche für die Stahlbearbeitung vorzusehen. Gegebenenfalls sind weitere Flächen, z. B. für die Herstellung von Fertigteilen, auszuweisen. Bearbeitungsflächen, insbesondere bei Baustellen in Ortslage, sind möglichst klein anzulegen. Besteht die Möglichkeit der Teilevorfertigung, ist diese zu nutzen.

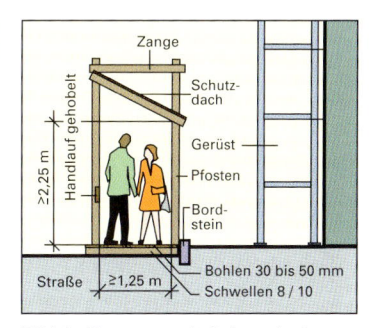

Bild 1: Bauzaun mit Schutzdach

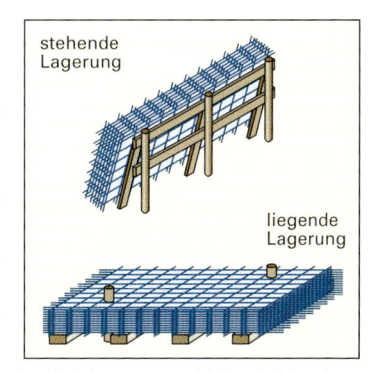

Bild 2: Lagern von Betonstahlmatten

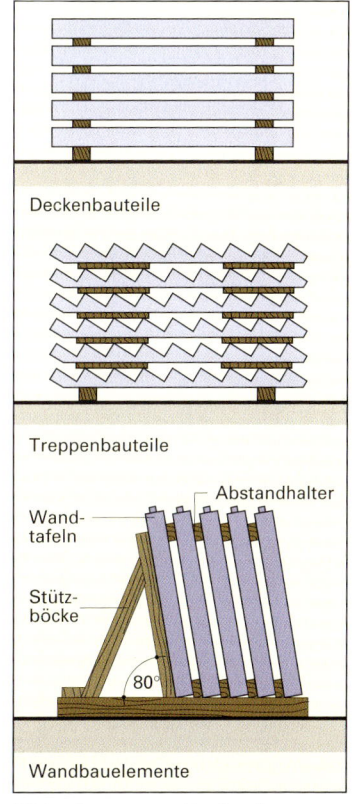

Bild 3: Lagern von Fertigteilen

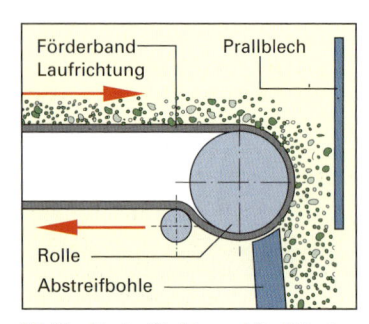

Bild 1: Abstreifbohle und Prallblech am Förderbandende

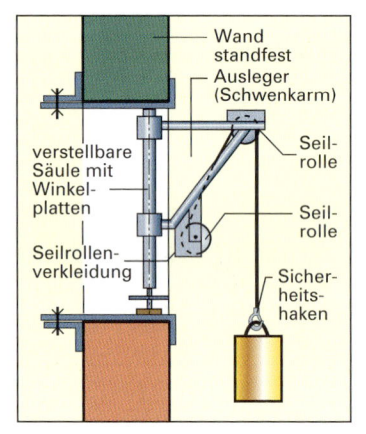

Bild 2: Schwenkarm für Schnellbauwinde

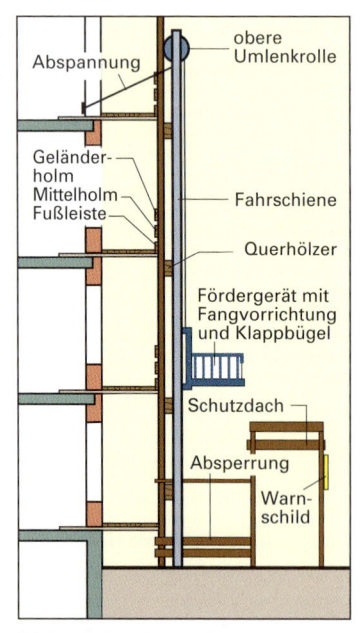

Bild 3: Schnellbauaufzug

Auf Flächen für die Holzbearbeitung werden vorwiegend Schalelemente, z. B. Stützen- und Unterzugsschalungen, hergestellt. Auf der Bearbeitungsfläche sind Schaltische, Werkbank und Kreissäge einzuplanen, gegebenenfalls auch Bandsäge und Hobelmaschine. Diese sind vor ungünstiger Witterung und unbefugtem Benutzen zu schützen. Auf der einen Seite der Bearbeitungsfläche ist das angelieferte Holz, auf der anderen Seite sind die vorgefertigten Schalelemente zu lagern. Diese sollten im Schwenkbereich des Kranes liegen.

Auf Flächen für die Stahlbearbeitung werden Teile der Bewehrung vorgefertigt. Werden Betonstabstähle und Betonstahlmatten gebogen, sind Schneide- und Biegeeinrichtungen notwendig. Angelieferter Stahl wird getrennt nach Durchmessern gelagert, wobei gebogener Stahl nach Positionen zu ordnen ist. Für das Herstellen von Bewehrungskörben ist eine zusätzliche Bearbeitungsfläche bereitzuhalten. Die gesamte Bearbeitungsfläche muss im Schwenkbereich des Kranes liegen.

5.1.3.4 Aufbereitungsanlagen

Ob auf der Baustelle Aufbereitungsanlagen für Beton und Mörtel betrieben werden oder Transportbeton bzw. Fertigmörtel verarbeitet werden sollen, wird aufgrund eines Kostenvergleiches entschieden.

Meist werden Baustellen mit **Transportbeton** beliefert. Bei Anlieferung des Betons im Fahrmischer bestehen verschiedene Möglichkeiten der Betonabgabe. Sie kann z. B. direkt in die Schalung über eine Rutsche mittels Förderband oder Betonpumpe geschehen, wenn diese Fördermittel an den Fahrmischer angebaut sind. Bei Kranförderung erfolgt die Frischbetonabgabe in einen Betonkübel oder in ein Übergabesilo. Wird der Beton mittels Autopumpe mit Verteilermast gefördert, erfolgt die Betonabgabe in den Aufgabetrichter am Fahrzeug (Seite 293).

Im Mauerwerksbau wird meist Werktrockenmörtel oder Werkfrischmörtel verarbeitet. Bei Verwendung von Trockenmörtel lagert man diesen sackweise im Baustoffmagazin oder lose im Silo. Im Silo gelagerter Trockenmörtel wird über eine angebaute Mischeinrichtung direkt dem Krankübel übergeben. Mauert man mit Werkfrischmörtel, ist Platz für das Übergabesilo oder die Übergabekübel vorzusehen.

Bei der Zuordnung der Beton- bzw. Mörtelübergabestelle zum Turmdrehkran ist darauf zu achten, dass die Anlieferung von der Baustraße aus erfolgen kann und der Kran möglichst nur durch Schwenken den Einbauort erreichen. Dies gilt auch für das Aufstellen von Übergabesilos. Diese können dem Baufortschritt folgend umgesetzt werden.

5.1.3.5 Fördergeräte

Fördergeräte sind Geräte und Einrichtungen, mit deren Hilfe Baustoffe und Bauteile waagerecht, senkrecht oder schräg gefördert werden können. Neben Schubkarren und Hubwagen gehören insbesondere die motorgetriebenen Geräte, wie Förderband und Schnellbauwinde, zu den Fördergeräten. Bei der Auswahl von Fördergeräten ist deren Eignung hinsichtlich des Fördergutes und der Fördermenge zu beachten. Auf das Fördergut abgestimmte Geräte sind meist leistungsfähiger als solche, die allgemein verfügbar sind.

Das **Förderband** wird zum waagerechten oder schrägen Fördern von Baustoffen oder ausgehobenem Boden eingesetzt. Es besteht aus einem Stahlrohrgestell und einem motorgetriebenen, glatten oder profilierten Gummigurt. Der maximale Neigungswinkel des Förderbandes ist dem Fördergut anzupassen. Werden Förderbänder für den Transport von Mörtel und Beton eingesetzt, ist am Ende des Bandes das Entmischen beim Abwerfen zu verhindern. Dies kann z. B. durch Beschränkung der Fallhöhe oder durch Anbringen von einer Abstreifbohle und einem Prallblech erreicht werden **(Bild 1, Seite 182)**.

Mit der **Winde** kann man Baustoffe in senkrechter Richtung fördern. Auf der Baustelle wird die motorgetriebene Schnellbauwinde eingesetzt. Zur Schnellbauwinde gehören Antriebsmotor mit Bedienungshebel, Seil, Seiltrommel mit Bremse und Verankerung sowie Umlenkrolle und Ausleger mit Seilrolle. Die Schnellbauwinde rollt beim Heben der Last das Lastseil auf der Seiltrommel auf. Der Ausleger, der mit der zweifachen Last beansprucht wird, muss besonders sorgfältig befestigt werden. Der Ausleger kann als Schwenkarm ausgebildet sein **(Bild 2, Seite 182)**.

5.1.3.6 Hebezeuge

Zu den Hebezeugen gehören Aufzüge und Krane. Aufzüge werden meist als Schnellbauaufzüge, Krane als Turmdrehkrane und Fahrzeugkrane eingesetzt. Schnellbauaufzüge bestehen in der Regel aus dem Antrieb, den Fahrschienen und dem Fördergerät mit Fangvorrichtung und Klappbügel, Krane aus dem Turm, dem Ausleger, der Dreh- und Transporteinrichtung und dem Gegengewicht.

Schnellbauaufzug

Bei einem Schnellbauaufzug werden Baustoffe auf einer Hebebühne an Fahrschienen senkrecht oder schräg gefördert. Der Schnellbauaufzug wird rechtwinklig zum Bauwerk aufgestellt **(Bild 3, Seite 182)**. Die Fahrbahn mit den Fahrschienen kann senkrecht am Bauwerk befestigt oder schräg gegen das Bauwerk gelehnt werden. Das Aufzuggestell ist gegen Einsinken zu sichern. Die Befestigung der Fahrschienen am Bauwerk ist so auszuführen, dass die Standsicherheit auch unter Last gewährleistet ist. Dazu gehören Abspannungen bei senkrechten und Abstützungen bei schrägen Aufzügen.

Krane

Mithilfe eines Kranes, der auch Hochbaukran genannt wird, können Baustoffe und Bauteile an jede Stelle des Bauwerks bewegt werden **(Bild 1)**. Hochbaukrane sind Turmdrehkrane (TDK). Kenngrößen eines Krans sind z. B. die Ausladung, Tragfähigkeit, Hubhöhe und Fahrgeschwindigkeit sowie das Transportgewicht und die Abmessungen in Transportstellung. Je nach den Anforderungen, die an einen Kran auf der Baustelle gestellt werden, müssen verschiedene Turmdrehkrane eingesetzt werden. Muss z. B. ein Kran fahrbar sein, besteht das Unterteil aus Unterwagen mit Fahrwerk und Drehbühne. Ist der Kran ortsfest aufgestellt, spricht man von einem stationären Turmdrehkran. Befindet sich die Drehbühne des Kranes auf dem Unterwagen, bezeichnet man diesen Kran als **Untendreher**.

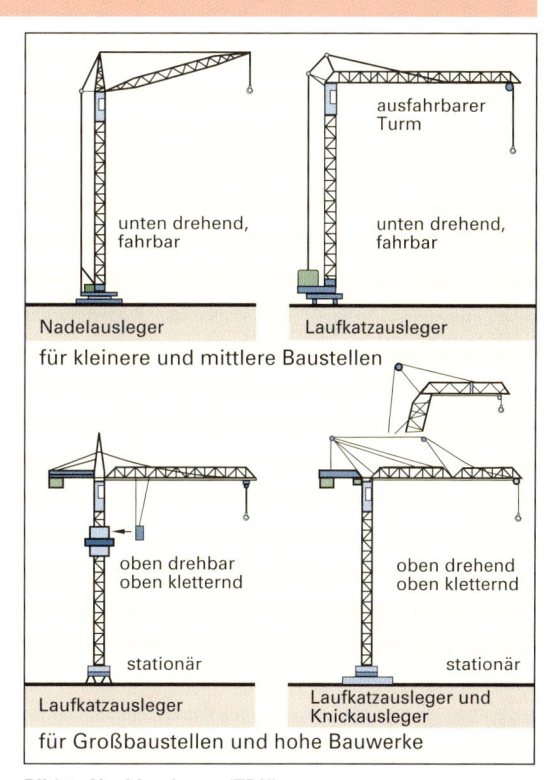

Bild 1: Hochbaukrane (TDK)

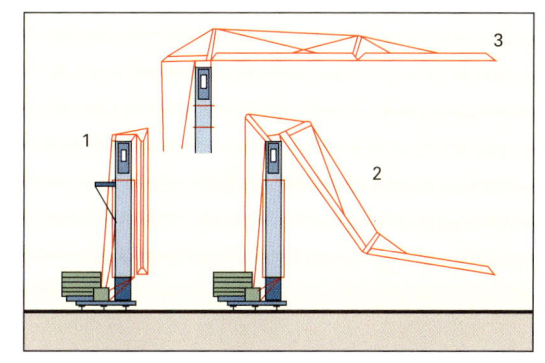

Bild 2: Aufstellen eines Schnelleinsatzkranes

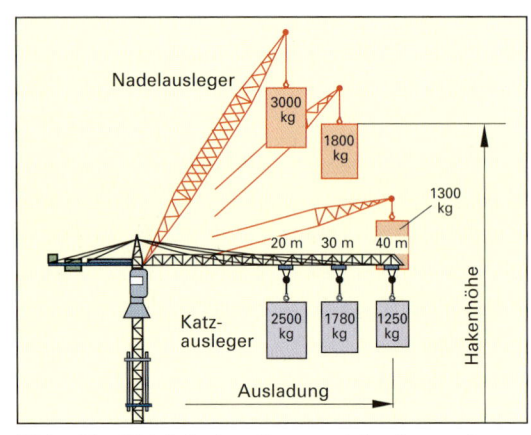

Bild 1: Tragfähigkeit eines Kranes mit Laufkatzausleger und eines Kranes mit Nadelausleger (Beispiel)

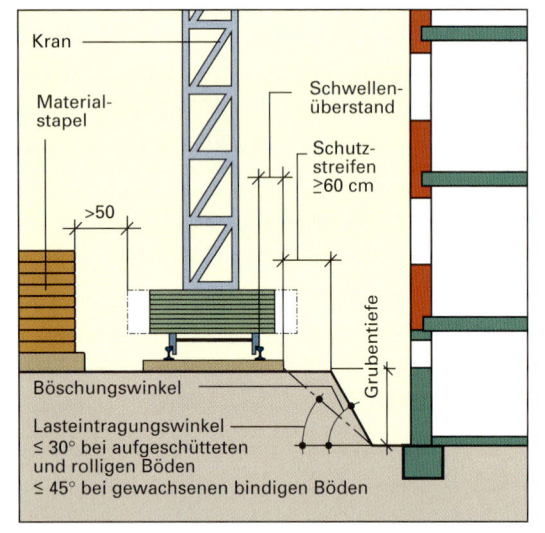

Bild 2: Sicherheitsabstände für den Kranaufbau

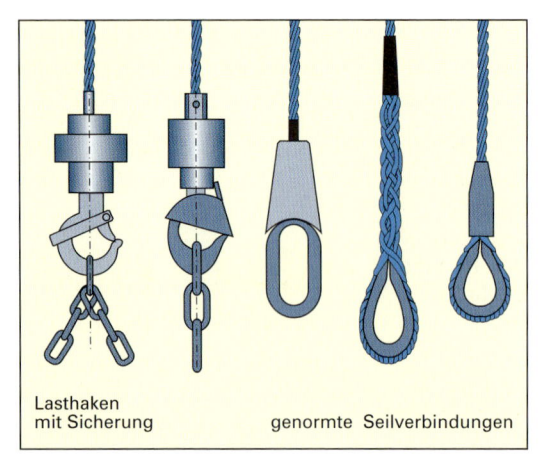

Bild 3: Anschlagen von Lasten

Ist die Drehbühne direkt unterhalb des Auslegers angeordnet, nennt man diesen Kran **Obendreher**. Das Gegengewicht, auch Ballast genannt, liegt jeweils auf Höhe der Drehbühne. Kann der Turm durch Einbau von zusätzlichen Turmzwischenstücken (Kletterstücken) dem Baufortschritt angepaßt werden, wird der Kran als **Kletterkran** bezeichnet **(Bild 1, Seite 183)**.

Kann der Turm eines Turmdrehkranes durch getrennte Turmunter- und Turmoberteile ausgefahren bzw. eingefahren werden, ist dieser Kran schnell einsetzbar und auch leicht abbaubar **(Bild 2, Seite 183)**. Diese Bauart der Turmdrehkrane wird z. B. als **Schnelleinsatzkran** verwendet. Er kann mit Fahrwerk und Ballast sowie Turm und Ausleger als Anhänger auf der Straße gefahren werden.

Der Schwenkbereich eines Kranes wird durch Fahrbahnlänge und Art des Auslegers bestimmt. Der Ausleger kann als Laufkatzausleger oder als Nadelausleger ausgebildet sein **(Bild 1)**.

Der **Laufkatzausleger** ist meist ein waagerechter Ausleger, der mithilfe eines Hubwerkes an fahrbaren Seilrollen, auch Laufkatze genannt, Lasten innerhalb des Schwenkbereiches bewegen kann. Ein zweiteiliger Katzausleger kann auch als Knickausleger Lasten fördern, um bei größeren Bauwerkshöhen einsatzfähig zu bleiben. Die Tragfähigkeit des Laufkatzauslegers ändert sich mit dem Abstand der Laufkatze vom Turm. Man spricht dabei von der Ausladung. So hat z. B. die Laufkatze eines Kranes bei 40 Meter Ausladung eine Tragfähigkeit von 1250 kg, bei 30 Meter Ausladung 1780 kg und bei 20 Meter Ausladung 2500 kg (Bild 1).

Der **Nadelausleger,** auch Verstellausleger genannt, ist ein schräg gestellter Ausleger, der durch Ändern der Schrägstellung mithilfe des Hubwerkes Lasten innerhalb des gesamten Schwenkbereiches befördern kann. Die Tragfähigkeit des Nadelauslegers ändert sich mit seiner Schrägstellung. So hat z. B. ein dem Katzausleger vergleichbarer Nadelausleger bei 40 Meter Ausladung eine Tragfähigkeit von 1300 kg, bei 30 Meter Ausladung 1800 kg und bei 20 Meter Ausladung 3000 kg (Bild 1).

Der Standort eines Kranes ist so zu wählen, dass das gesamte Bauwerk und die Betonübergabe sowie auch Baustraße, Lagerflächen und Bearbeitungsflächen in seinem Schwenkbereich liegen. Der Kran kann stationär oder auf einer Kranbahn fahrbar aufgestellt werden. Bei der Aufstellung eines Turmdrehkranes sind die Sicherheitsabstände zu Baugrube, Bauwerk, Gerüsten und elektrischen Freileitungen einzuhalten **(Bild 2)**.

Außerdem muss dafür gesorgt werden, dass der Schwenkbereich des Ballastkastens zuzüglich 50 cm freigehalten werden.

Der Kranbetrieb erfordert ein hohes Maß an Sicherheit. Grundsätzlich ist Personenbeförderung sowie das Betreten und Bedienen durch Unbefugte verboten. Die wichtigsten Sicherheitsmaßnahmen sind:

- vorschriftsmäßiges Anschlagen der Lasten **(Bild 3, Seite 184)**,
- sicheres Aufnehmen und Transportieren der Lasten durch geeignete Fördermittel **(Bild 1)**,
- Sicherung gegen Entgleisen, Umstürzen und ungewollte Kranbewegungen sowie die Notendschalter, Lastmomentbegrenzer, Fahrbahnbegrenzer und Schienenräumer keinesfalls entfernen,
- Führen, Prüfen und Warten des Krans nur von Personen, welche im Kranbetrieb geschult sind,
- vom Kranführer nicht zu beobachtender Lastentransport nur auf Zeichen eines Einweisers vornehmen,
- beim Verlassen des Steuerstandes die Steuereinrichtungen in Null- bzw. Leerlaufstellung bringen und
- bei Kranruhestellung Lasthaken hochziehen, Drehwerksbremse lösen und Ausleger in die weiteste Stellung bringen.
- Schrägziehen von Lasten ist verboten!

Fahrzeugkrane, auch als Mobil- oder Autokrane bezeichnet, sind für rasch wechselnde Einsätze gebaut. Sie eignen sich besonders für Einsätze von kurzer Dauer, insbesondere wenn das Hebezeug häufig umgesetzt werden muss, sowie bei beengten Baustellenverhältnissen. Fahrzeugkrane sind meist auf einem Reifenfahrgestell montierte Drehkrane. Der Ausleger kann als Gitterkonstruktion oder als hydraulisch ausfahrbare Teleskopkonstruktion gestaltet sein.

5.1.3.7 Unterkünfte und Magazine

Zu den Einrichtungen auf einer Baustelle gehören Tagesunterkünfte für Arbeitskräfte, Wohn- und Schlafunterkünfte für nicht ortsansässige Arbeitskräfte, Baubüro und Polierunterkunft, sanitäre Einrichtungen wie Waschanlagen und Toiletten, Magazin für Werkzeug und Gerät sowie das Baustoffmagazin. Hierfür stehen bei größeren Baustellen Baracken oder Wohn- und Sanitär-Container und bei kleineren Baustellen Baustellenwagen zur Verfügung. Container und Baustellenwagen haben fest eingebaute Einrichtungsgegenstände und Installationen.

Die Unterkünfte sind außerhalb des Schwenkbereichs des Krans aufzustellen. Vom Baubüro und von der Polierunterkunft aus sollten das Bauwerk, die Ein- und Ausfahrt sowie das Magazin überblickt werden können. Besonders geeignet für Baubüro und Polierunterkunft ist ein Platz in der Nähe der Baustelleneinfahrt. Das Baubüro ist bei kleineren Baustellen mit der Polierunterkunft zusammengefasst. Für die Erste-Hilfe-Leistung sind in der Polierunterkunft ausreichend Verbandskästen bereitzuhalten. Außerdem sind die für den Rettungsdienst zuständigen Personen zu benennen, z. B. der Ersthelfer und der nächstgelegene Arzt. Der Rettungsdienst ist durch Anschlag auf der Baustelle bekannt zu geben **(Bild 2)**.

Sanitäranlagen müssen in ausreichender Anzahl zur Verfügung stehen. Sie müssen den hygienischen Anforderungen entsprechen und sind immer sauber zu halten. Der Anschluss an das öffentliche Entwässerungsnetz kann gefordert werden.

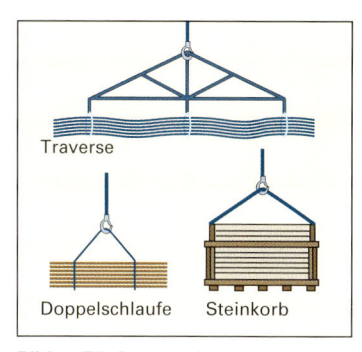

Bild 1: Fördern von Lasten

Bild 2: Rettungsdienstanschlag

Bild 3: Gefahrensymbole für Betriebsstoffe und Chemikalien

Magazine dienen zur Aufbewahrung von Werkzeugen, Kleingeräten, Ersatzteilen, Bauhilfsstoffen, Arbeitsschutzkleidung und kleineren Mengen von Baustoffen. Das Magazin ist unter Verschluss zu halten. Es wird häufig in der Nähe der Zufahrt, des Baubüros oder der Polierunterkunft angeordnet. Die im Magazin untergebrachten Betriebsstoffe und Chemikalien sind ordnungsgemäß zu lagern und zu handhaben. Die entsprechenden Gefahrensymbole sind sichtbar anzubringen (**Bild 3, Seite. 185**).

5.1.4 Einrichten der Baustelle

Das Einrichten der Baustelle erfolgt nach einem Baustelleneinrichtungsplan (**Bild 1**). Dieser enthält die Zuordnung der einzelnen Elemente der Baustelleneinrichtung. Der Platzbedarf für die Einrichtungselemente und Baumaschinen wird in der Regel im Maßstab 1:200 dargestellt und mit Sinnbilder, Zeichen und Abkürzungen versehen (Bild 1, Seite 180). Bei Kranbetrieb ist außerdem der Schwenkbereich anzugeben.

Auf dem Baugrundstück wird das zur Erstellung des Bauwerks notwendige Baufeld frei gemacht, wobei bestehender Bewuchs, wie z. B. Bäume und Sträucher, möglichst zu schonen ist. Dann erfolgt die Bauabsteckung und die Sicherung der Gebäudeeckpunkte in Verlängerung der Gebäudefluchten, so dass die Markierungen z. B. nicht auf den im Baustelleneinrichtungsplan ausgewiesenen Verkehrsflächen oder Aushublagerflächen zu liegen kommen (Seite 210). Nach Abschluss der Erdarbeiten wird der Bauzaun aufgestellt. Danach werden die im Baustelleneinrichtungsplan vorgesehenen Anlagen abgesteckt und vorbereitet. Zufahrt und Baustellenstraße werden befestigt. Baubüro, Unterkünfte, Sanitärräume und das Magazin aufgestellt. Die Versorgungszuleitungen für Strom und Wasser werden in der Regel an die öffentlichen Versorgungsnetze angeschlossen. Zur Stromversorgung der Baustelle ist ein Verteilerschrank durch einen Elektro-Fachmann zu installieren (Bild 1, Seite 63). Im Falle der Eigenversorgung der Baustelle mit Wasser ist zu prüfen, ob dieses den Anforderungen entspricht. Anschließend folgen je nach Bedarf der Aufbau von Kranbahn und Aufbereitungsanlagen sowie die Einrichtung von Arbeitsflächen und Lagerflächen für Mauersteine, Schalung, Bewehrung und Fertigteile. Werden auf der Baustelle z. B. Prüfungen zur Qualitätssicherung und Überwachungsprüfungen durchgeführt, sind die hierfür notwendigen Einrichtungen vorzuhalten.

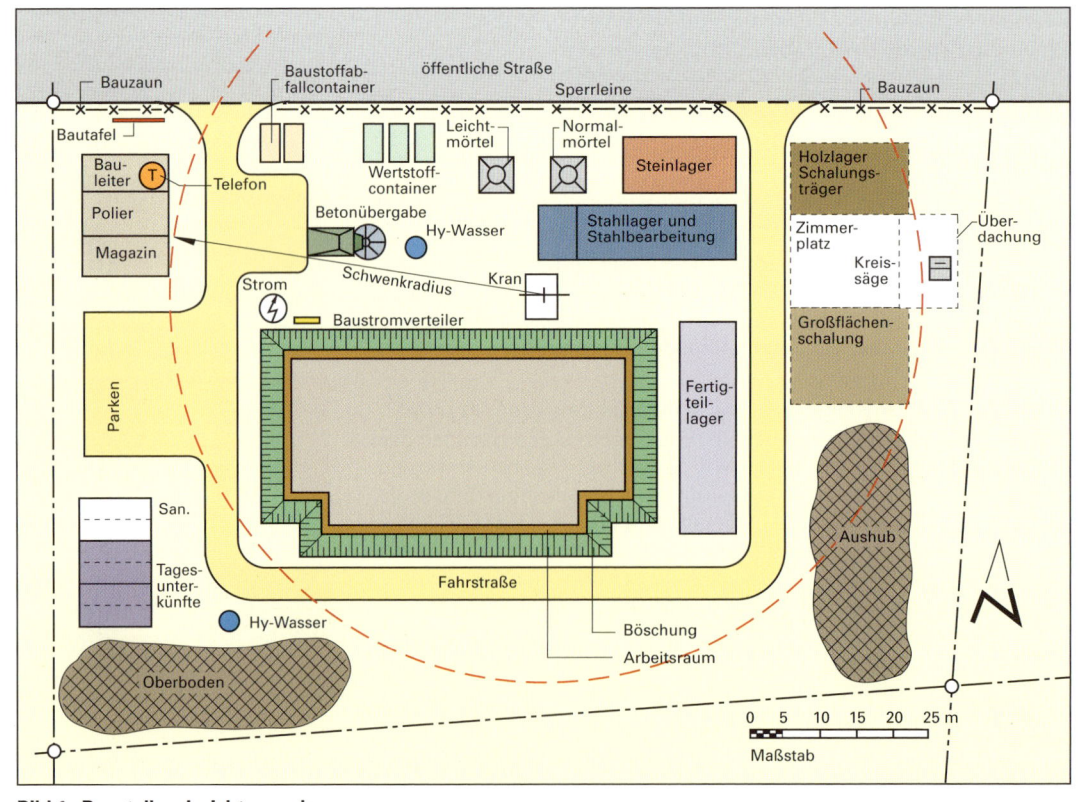

Bild 1: Baustelleneinrichtungsplan

5.2 Überwachung der Bauausführung

Durch die Überwachung der Bauausführung wird gewährleistet, dass das Bauvorhaben plangerecht und kostengünstig erstellt wird. Die Bauüberwachung erstreckt sich über die Bauausführung bis zur Endabnahme bzw. zum Aufmaß und zur Abrechnung. Die Zuständigkeit liegt beim Bauleiter des Auftragnehmers, der Teilbereiche im Rahmen der kooperativen Mitarbeit auf Meister, Polier und Vorarbeiter übertragen kann. Bei der Bauausführung kommt dem Berichtswesen eine besondere Bedeutung zu. Außer der betrieblichen Überwachung der Bauausführung findet eine Überprüfung durch den Bauleiter des Auftraggebers und eine Baukontrolle durch Behörden statt.

5.2.1 Berichtswesen

Das Berichtswesen umfasst vorwiegend die Niederschrift im Bautagebuch und die Leistungsmeldung. Da unterschiedliche Bauleistungen an verschieden große Bauvorhaben auszuführen sind, muss das Berichtswesen objektbezogen organisiert werden.

5.2.1.1 Bautagebuch

Das Bautagebuch wird in Buchform geführt, um Seitenveränderungen auszuschließen. Es kann deshalb zur späteren Nachprüfung in technischer und rechtlicher Hinsicht herangezogen werden. Im Bautagebuch wird jeder Bautag beschrieben **(Bild 1)**. Neben dem Ort der Baustelle, dem Datum und den Witterungsverhältnissen wird insbesondere die Anzahl der eingesetzten Arbeitskräfte, Geräte und Maschinen festgehalten. Über die ausgeführten Leistungen wird getrennt nach vertraglichen und außervertraglichen Leistungen berichtet. Anordnungen, Behinderungen und besondere Vorkommnisse sind festzuhalten. Jede Seite des Bautagebuches ist von den jeweiligen Vertretern der Auftraggeber und Auftragnehmer zu unterzeichnen.

Bautagebuch

Original an Bauleiter/ Bauherrn

Blatt Nr. 12

Baufirma Scholz GmbH Bergstetten	Baustelle Müller B- Stadt	Tag Montag 14.03.05

Wetter min. 12 °C max. 19 °C
bewökt, trocken
schwach windig

Arbeitskräfte	Auf-sicht	Vor-arb.	Fach-arb.	Ma-sch.	Hel-fer			insgesamt
von: 7⁰⁰ bis: 12³⁰	1	1	3	1	2			8
von: 13³⁰ bis: 17³⁰	1	1	3	1	2			8
von: bis:								

Besonderheiten des Arbeitskräfteeinsatzes

LKW-Einsatz ——

Baumaschinen-Einsatz: Steinversetzgerät 2 Std.

Außervertragl. Leistungen	Nr. des Leistungsverz.	Vertragliche Leistungen	Menge
Wasserhaltung-	12	Mauerwerk UG	24 m³
Pumpensumpf	34	Mauerwerk UG	66 m²
Rapport Nr. 67			

Baustoff-Eingang

Menge	Einh.	Bezeichnung
4800	l	Fertig-mörtel
100	St	Edelstahl-Flachanker

Behinderungen: ——

Bauüberwachung

Plan-Eingang

Nr.	Bauteil
7/b	Decke ü. UG

Besuche und Anordnungen: Architekt, siehe besonderen Bericht

Aufgestellt am:	Geprüft u. anerkannt am:	Ausgewertet am:
Müller 14.03.05	Becker 17.03.05	Krause 23.03.05
Polier	Bauleiter/ Bauherr	

Bild 1: Seite eines Bautagebuches (Auszug verkleinert)

5.2.1.2 Leistungsmeldung

Alle Bauarbeiten auf der Baustelle, ob Leistungen, Nebenleistungen oder außervertragliche Leistungen, werden in der Leistungsmeldung erfasst. Die Leistungsmeldung, die meist monatlich oder wöchentlich erstattet wird, dient der Kontrolle des Baufortschrittes und der Kostenüberwachung. Die einfachste Art der Leistungsmeldung ist der Rapport, der z. B. vom Polier auszufüllen ist **(Bild 1)**. Auf dem Rapportzettel werden die Einzelleistungen oder Teilleistungen mit Angabe der Zahl der Arbeitskräfte und der für die jeweilige Arbeit benötigten Zeit notiert. Baustoffe, Geräte- und Maschineneinsatz werden ebenfalls festgehalten.

Baustelle: Wohnhaus Müller							Rapport Nr. 15
Auftraggeber: Herr Müller							Baufirma Scholz GmbH
Wochentag: Di			Datum: 15.03.05				
Name	Summe Std.	Polier Std.	Vor-Arb. Std.	Fach-Arb. Std.	Bauhelfer Std.	Masch. Std.	Beschreibung der Leistung
Amann, Vorarbeiter	8		4	4	4,5		Mauern
Belser, Facharbeiter	8		2,5	2,5	2,5		Schalen
Straub, Bauhelfer	8		1,5	1,5	1		Betonieren
Aufgestellt am: 15.03.05 Becker			Anerkannt am: 16.03.05 Müller				Verrechnet am: 05.04.05 Halder

Bild 1: Rapport (Auszug verkleinert)

5.2.2 Baukontrolle

Beim Bauen sind eine Vielzahl von Vorschriften und Bestimmungen einzuhalten. Dazu gehören insbesondere die technischen Vorschriften, wie z. B. die **Normen**, die behördlichen **Baubestimmungen**, wie z. B. die **Landesbauordnung** (LBO) mit ihren Ausführungsverordnungen sowie die **Unfallverhütungsvorschriften** (UVV) der Bau-Berufsgenossenschaften. Die Überprüfung der Einhaltung dieser Vorschriften und Bestimmungen nennt man Baukontrolle.

Innerhalb der Baukontrolle arbeiten Architekt, Bauleiter und Statiker mit dem Unternehmer eng zusammen. Das **Bauaufsichtsamt**, z. B. Stadtbauamt oder Kreisbauamt, kontrolliert in technischer und baurechtlicher Hinsicht. Das **Gewerbeaufsichtsamt** und die **Berufsgenossenschaft** überprüfen z. B. das Einhalten der UVV, des Jugendarbeitsschutzgesetzes und des Arbeitszeitverordnungsgesetzes sowie die sanitären und hygienischen Einrichtungen auf der Baustelle. Auf die Kennzeichnung von Gefahren durch Gefahrensymbole sowie auf die Bekanntmachung des Rettungsdienstes wird bei der Baukontrolle besonderer Wert gelegt (Bild 2 und 3, Seite 185).

Aufgaben

1 Erläutern Sie, warum für jedes Bauwerk eine eigene Arbeitsvorbereitung notwendig ist.
2 Nennen Sie Bauverfahren aus den Gewerken Stahlbetonbau und Mauerwerksbau.
3 Vergleichen Sie die Arten von Bauzeitenplänen hinsichtlich der Grob- bzw. Feinplanungsziele.
4 Begründen Sie, warum Baustelleneinrichtungspläne maßstäblich darzustellen sind.
5 Erläutern Sie, unter welchen Baustellenbedingungen Turmdrehkrane (TDK) bzw. Fahrzeugkrane wirtschaftlich eingesetzt werden können.
6 Stellen Sie dar, warum Bearbeitungsflächen nur teilweise im Schwenkbereich des Turmdrehkrans (TDK) liegen dürfen.
7 Nennen Sie Vorschriften, die beim Aufstellen und beim Betrieb eines TDK zu beachten sind.
8 Erklären Sie, warum bei einem stationären TDK Lagerung und Einbaustelle schwerer Bauteile besonders zu beachten sind.
9 Machen Sie Vorschläge für Eintragungen ins Bautagebuch, die im Streitfalle der Beweissicherung dienen können.

5.3 Sicherheitstechnik

Das Arbeiten auf Baustellen führt häufig zu Unfällen, die mehr oder weniger schwere Verletzungen mit sich bringen oder zum Tode führen können. Um solche Unfälle zu vermeiden, haben die **Bau-Berufsgenossenschaften** Vorschriften erlassen, die Unternehmer und ihre Betriebsangehörigen verpflichten, diese einzuhalten und zu beachten. Dazu gehören vor allem die allgemeinen **Unfallverhütungsvorschriften** (UVV) und Vorschriften über das **Verhalten bei Unfällen**. Zur Vermeidung von Unfällen werden Gefahrenquellen am Arbeitsplatz durch Verbotszeichen (**Bild 1**), Gebotszeichen (**Bild 2**) und Warnzeichen (**Bild 3**) gekennzeichnet.

5.3.1 Unfallverhütung

- **Unfallverhütungsvorschriften** sowie diesbezügliche Anordnungen müssen beachtet werden. Es ist alles zu unterlassen, was einen selbst oder was Mitarbeiter gefährden könnte.
- Gefährliche Arbeiten dürfen nur von **zuverlässigen und geeigneten Personen** ausgeführt werden. Jugendliche dürfen nur dann mit solchen Arbeiten betraut werden, wenn sie dauernd unter Aufsicht eines erwachsenen Fachmannes stehen.
- Maschinen und Geräte, wie z. B. Krane, Erdbaugeräte, Betonmischer, darf nur bedienen und warten, wer damit **vertraut und dazu berechtigt** ist. Dabei sind die jeweiligen Bedienungsanweisungen zu beachten.
- **Schutzvorrichtungen** müssen benutzt werden. Sie dürfen nicht eigenmächtig abgeändert werden und sind nur zu dem Zweck zu benutzen, für den sie bestimmt sind. Fehlende Schutzvorrichtungen und Mängel an ihnen sind umgehend dem Verantwortlichen des Betriebes zu melden.
- Das **Reinigen laufender Maschinen** ist verboten. Stehende Maschinen dürfen nur dann gereinigt werden, wenn ein versehentliches Ingangsetzen ausgeschlossen ist.
- Der **Aufenthalt im Gefahrenbereich** von Maschinen, z. B. von Baggern und Ladern, ist nicht erlaubt. Hebezeuge für Lasten dürfen nicht zum Befördern von Personen benutzt werden.
- In der **Nähe von beweglichen Maschinenteilen** ist eng anliegende Kleidung zu tragen.
- Auf der Baustelle ist das **Tragen eines Schutzhelms** vorgeschrieben.
- Auf Baustellen sollten **Schutzschuhe** angezogen werden. Bei Arbeiten, die durch Splitter, Funken oder ätzende Flüssigkeiten Augenverletzungen verursachen können, sind **Schutzbrillen** zu tragen.
- Zum Schutz vor gesundheitsschädlichem Staub, vor Gasen oder Dämpfen müssen **Atemschutzgeräte** benutzt werden.
- Der **Genuss von alkoholischen Getränken** ist auf Baustellen verboten. **Rauchverbote** sind zu beachten.
- Der Arbeitsplatz sowie die Wege auf der Baustelle sind frei zu halten, Baustoffe sind übersichtlich und sicher zu lagern.
- **Öffnungen** in Decken und Gerüstanlagen, Treppenhäuser und Fahrstuhlschächte müssen **abgedeckt und abgesperrt** sein. Gerüstböden, Laufstege und Treppen sind gegen Abstürzen mit einem Seitenschutz zu versehen.

Bild 1: Verbotszeichen

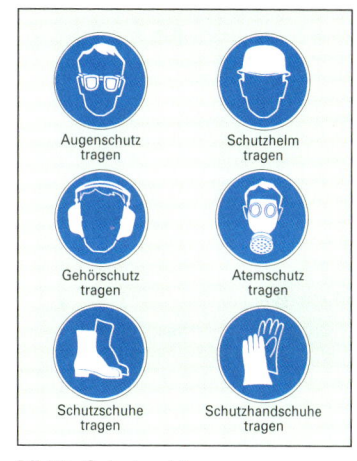

Bild 2: Gebotszeichen

Bild 1: Warnzeichen

Zur persönlichen Schutzausrüstung von Bauarbeitern gehören:	
Kopfschutz	Helm
Fußschutz	Bauschutzschuh mit Zehenschutzkappe und durchtrittsicherer Sohle (**Bild 1**)
Augenschutz	geschlossene Schutzbrillen
Gehörschutz	Watte, Stöpsel oder Kapsel (je nach Lärmanfall)
Atemschutz	Filtermasken
Handschutz	Unterschiedliche Handschuhe je nach Arbeitsanfall
Körperschutz	Winter- und Wetterschutzbekleidung, Warnkleidung

- Das Hinunterspringen auf Gerüstböden ist verboten. Sie dürfen nicht durch Bauschutt oder Baustoffe überlastet sein. Schutzgerüste dürfen nicht belastet werden.
- Mängel an **elektrischen Einrichtungen** sind sofort dem Verantwortlichen zu melden. Bewegliche Anschlussleitungen, Stecker und Kupplungen sind schonend zu behandeln. Elektrische Leitungen dürfen nicht über scharfe Kanten gezogen und nicht eingeklemmt werden.

5.3.2 Verhalten bei Unfällen

- Verletzte sind umgehend aus dem Gefahrenbereich zu bergen. Es ist Hilfe herbeizuholen oder ein Arzt zu rufen.
- Richtige erste Hilfe kann oft lebensrettend sein.
- Zur Vermeidung weiterer Unfälle ist die Unfallstelle sofort abzusichern.
- Bei Herzstillstand, z.B. durch einen Elektrounfall und bei Aussetzen der Atmung, ist sofort mit Wiederbelebungsversuchen zu beginnen und der nächste Arzt zu rufen.
- In jedem Betrieb sind ausreichend Verbandskästen für erste Hilfe bereitzuhalten, die gegen Verunreinigungen und Witterungseinflüsse zu schützen sind. Der Inhalt ist stets zu ergänzen.
- In Betrieben mit mehr als zehn Beschäftigten sind die Vorschriften über erste Hilfe durch Anschlag an gut sichtbarer Stelle bekannt zu machen. Auf diesem Anschlag sollten Aufbewahrungsort des Verbandskastens, Name des in erster Hilfe ausgebildeten Betriebshelfers, Anschriften und Rufnummern der nächstliegenden Ärzte, Krankenhäuser und Rettungsstellen angegeben sein.
- Ein Verletzter hat die Verletzung seinem Arbeitgeber oder dessen Stellvertreter zu melden, sobald er hierzu in der Lage ist.
- Ein Verletzter hat seine Arbeit zu unterbrechen, solange er nicht sachgemäß versorgt ist.
- Verlangt die Berufsgenossenschaft oder in ihrem Auftrag der Arbeitgeber von einem Verletzten, einen bestimmten Arzt oder ein bestimmtes Krankenhaus aufzusuchen, so ist dieser besonders nach schwereren Unfällen verpflichtet, dem zu entsprechen.

Bild 1: Bauschutzschuh

5.4 Gerüste

Bild 2: Arbeitsgerüst

Gerüste (DIN 4420) sind Einrichtungen, von denen aus Arbeiten an einem Bauwerk durchgeführt werden können oder die dem Schutz von Personen und Geräten dienen. Man unterscheidet daher **Schutzgerüste** und **Arbeitsgerüste** (**Bild 2**). Gerüste werden an der Baustelle aus Einzelteilen zusammengesetzt und nach ihrer Verwendung wieder auseinander genommen. Sie können flächig (Fassadengerüste) oder räumlich (Raumgerüste) ausgebildet sein.

Gerüste sind nach den „Anerkannten Regeln der Technik" herzustellen, in Stand zu halten sowie auf- und abzubauen. Sie müssen so tragfähig und räumlich ausgesteift sein, dass sie alle Lasten, auch während des Auf- und Abbaus, aufnehmen können. Gerüste müssen betriebssicher und gegen Beschädigungen durch Baustellenbetrieb und Fahrzeugverkehr gesichert sein.

5.4.1 Schutzgerüste

Schutzgerüste sind Gerüste, die als **Fanggerüste** Personen gegen tieferen Absturz sichern oder als **Schutzdächer** Personen, Maschinen und Geräte gegen herabfallende Gegenstände schützen.

5.4.1.1 Fanggerüste

Fanggerüste (FG) sind notwendig, wenn

- die Absturzhöhe mehr als 5,00 m beträgt,
- bei Arbeiten auf Dächern die Absturzhöhe mehr als 3,00 m beträgt und wenn
- bei anderen Arbeitsplätzen die Absturzhöhe mehr als 2,00 m beträgt.

Unter der Absturzhöhe versteht man den Abstand von Geländeoberkante bis zur Mauerkrone des fertigen Mauerwerks oder bei Betonarbeiten bis zur Oberkante der Schalung. Mit dem Baufortschritt verlagert sich der Arbeitsplatz nach oben, wodurch sich die Absturzhöhe vergrößert. Überschreitet die Absturzhöhe 3,00 m, muss das Fanggerüst nachgezogen werden. Die Breite des Fanggerüstes richtet sich nach dem lotrechten Abstand zwischen Gerüstbelag und Absturzkante **(Bild 1)**. Je größer dieser ist, desto breiter muss der Gerüstbelag sein.

Als Gerüstbelag für Fanggerüste dürfen Holzbohlen verwendet werden, deren Stützweiten sich nach deren Abmessungen und der Absturzhöhe richten. Neben Holzbohlen können Horizontalrahmen aus Metall mit Brettbelägen, Horizontalrahmen aus U-Profilen mit eingepasster und genieteter Sperrholzplatte oder Stahlböden aus genoppten, rutschsicheren Stahlblechen verwendet werden (Bild 1, Seite 194).

Der Abstand zwischen Bauwerk und Gerüstbelag darf höchstens 30 cm betragen. Besteht Absturzgefahr auch zum Bauwerk hin, ist der Gerüstbelag nach innen zu verbreitern **(Bild 1)**. Verläuft der Seitenschutz senkrecht, kann er wie bei Arbeitsgerüsten ausgebildet werden; schräger Seitenschutz ist als geschlossene Schutzwand aus mindestens 30 mm dicken Brettern oder aus Bohlen herzustellen.

Als Fanggerüste sind Standgerüste, fahrbare Gerüste, Auslegergerüste, Konsolgerüste und Hängegerüste geeignet. Auch mit Bohlen abgedeckte Balkenlagen, Trägerlagen und Untergurte von Dachbindern können als Fanggerüste dienen.

Als Schutz gegen Absturz von Personen können anstelle von Fanggerüsten auch Fangnetze angebracht werden. Wegen der Gefahr des Hinunterfallens von Werkzeugen und Baustoffen ist die Fläche unter dem Fangnetz abzusperren.

5.4.1.2 Dachfanggerüste

Dachfanggerüste (DG) sind bei Dacharbeiten vorgeschrieben, wenn die Traufhöhe mehr als 3,00 m über dem Gelände liegt. Nach den Unfallverhütungsvorschriften darf der Belag des Dachfanggerüstes nicht mehr als 1,50 m unterhalb der Traufkante liegen. Die Mindestbreite der Belagfläche muß 60 cm betragen **(Bild 2)**.

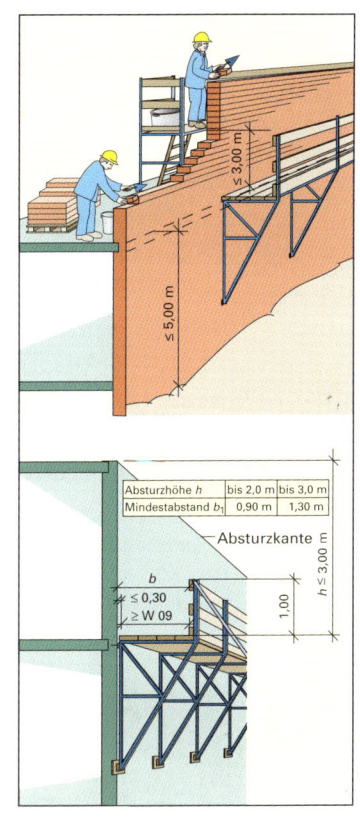

Bild 1: Fanggerüste

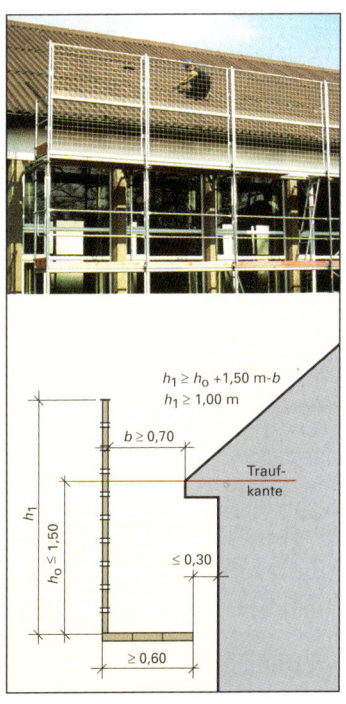

Bild 2: Dachfanggerüste

Bild 1: Schutzdach

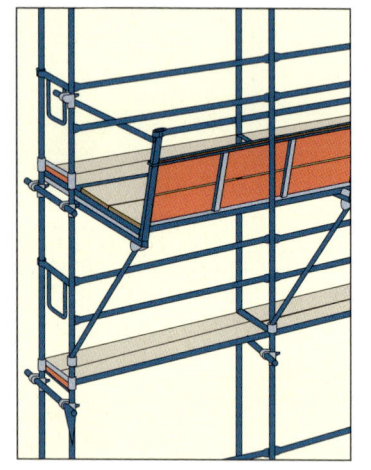

Bild 2: Schutzdach-Bauteile

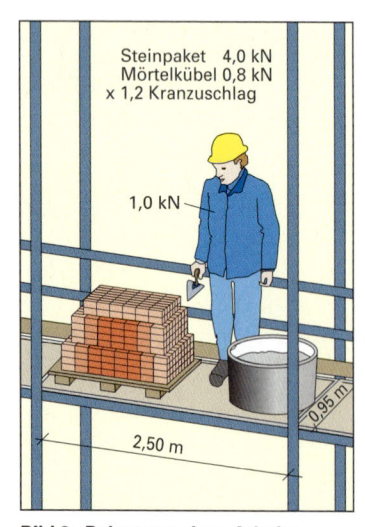

Bild 3: Belastung eines Arbeitsgerüsts

Die Schutzwand muss einen Abstand b von mindestens 70 cm von der Traufkante haben und diese mindestens um 1,50 m abzüglich b überragen. Die Gesamthöhe der Schutzwand ab Oberkante Belagfläche darf 1,00 m jedoch nicht unterschreiten.

Als Schutzwand eignen sich z. B. Auffangnetze oder Drahtgeflechte mit einer Maschenweite von höchstens 10 cm. Bei Drahtgeflechten muss der Nenndrahtdurchmesser mindestens 2,5 mm betragen. Die Netze und Geflechte werden von einem in der obersten Reihe durch jede Masche gefädelten Gerüstrohr gehalten.

5.4.1.3 Schutzdächer

Schutzdächer sind erforderlich bei Arbeiten über Verkehrsflächen, wie z. B. über Gehwegen, Eingängen und Einfahrten sowie über Arbeitsstellen und Aufzügen. Schutzdächer bestehen aus Abdeckung und Bordwand **(Bild 1)**.

Die Abdeckung muss so dicht und bis zum Bauwerk ausgelegt werden, dass z. B. unter dem Schutzdach tätige Personen durch herabfallenden Staub oder Mörtel nicht belästigt werden. Die Breite der Abdeckung ist nach den örtlichen Verhältnissen zu wählen und muss waagerecht gemessen mindestens 1,50 m betragen. Außerdem muss die Abdeckung mindestens 0,60 m breiter sein als das Gerüst bzw. die darüber liegende Arbeitsstätte.

An der Außenseite der Abdeckung ist eine mindestens 0,60 m hohe Bordwand anzubringen. Die Bordwand kann schräg oder senkrecht ausgeführt werden, falls nicht das ganze Schutzdach schräg ist **(Bild 2)**.

5.4.2 Arbeitsgerüste

Arbeitsgerüste sind Gerüste, die als Arbeitsplatz dienen. Sie müssen außer den beschäftigten Personen und deren Werkzeugen auch für die jeweils erforderlichen Baustoffe Platz bieten und diese tragen **(Bild 3)**.

Arbeitsgerüste können als Bockgerüste, Stangengerüste, Leitergerüste, Stahlrohr-Kupplungsgerüste, Auslegergerüste, Hängegerüste und Konsolgerüste ausgebildet sein. Man unterscheidet bei den Arbeitsgerüsten je nach Belastung 6 Lastklassen. Um ein Brechen von Gerüstbelägen zu vermeiden, sind für einzelne Lastklassen Höchstwerte für gleichmäßig verteilte Verkehrslasten sowie für konzentrierte einzelne Lasten festgelegt **(Tabelle 1, Seite 193)**. Für Gerüste der Lastklassen 4 bis 6 darf auch die größte zulässige Flächenpressung von Teilflächen nicht überschritten werden.

Bei der Ermittlung der Belastung von Belagsflächen ist für Personen kein Nachweis der Flächenpressung erforderlich. Personen dürfen deshalb bei der Berechnung mit 1 kN angesetzt werden **(Bild 3)**. Werden Lasten mit dem Kran oder anderen Hebezeugen abgesetzt, ist ein Zuschlag von 20 % zu berücksichtigen. Die Teilflächenlast ergibt sich aus dem Gewicht der Einzellast dividiert durch die Grundrissfläche der Einzellast. Sie braucht für die Lastklassen 1 bis 3 nicht nachgewiesen werden (Beispiel zur Ermittlung der Lastklasse, Seite 193).

Gerüste der **Lastklasse 1** dürfen nur für Inspektionsarbeiten, wie z. B. zur Vermessung oder zur Kontrolle der Fassade eines Gebäudes, eingesetzt werden. Nur eine Person mit leichtem Werkzeug darf ein Gerüstfeld betreten. Mit Gerüsten der **Lastklasse 2** können Wartungsarbeiten, wie z. B. das Reinigen von Fassaden, unternommen werden. Es dürfen Arbeiten durchgeführt werden, bei denen keine Lagerung von Baustoffen oder Bauteilen auf dem Gerüstbelag erforderlich ist.

Gerüste der **Lastklasse 3** können z. B. für Putz- und Stuckarbeiten, Beschichtungs-, Verfugungs- oder Ausbesserungsarbeiten, für Bewehrungs- und Montagearbeiten oder als Betoniergerüst eingesetzt werden. Sollen Baustoffe auf dem Gerüstbelag gelagert werden, dürfen diese nicht mit dem Kran dort abgesetzt werden und es muss eine freie Durchgangsbreite von 20 cm erhalten bleiben. Werden für maschinelle Putzarbeiten von diesen Gerüsten aus Spritzeinrichtungen verwendet, müssen diese auch bei der Mindestbreite von 60 cm ergonomisch einwandfrei bedient werden können.

Gerüste der **Lastklassen 4, 5 und 6** sind für Mauer-, Putz-, Fliesen- und Naturwerksteinarbeiten sowie für schwere Montagearbeiten erforderlich. Für die vorgesehene Benutzung muss ein Gerüst ausreichend breit sein. Zur Festlegung der Gerüstbreite dienen nach DIN EN 12811 **Breitenklassen,** z. B. W06, W09, W12 usw., wobei die Zahl die Mindestbreite in Dezimeter angibt. Die Mindestbreite vergrößert sich bei auf dem Gerüst abgesetzten Lasten um eine freie Durchgangsbreite von 20 cm. Außerdem ist zu beachten, dass die Gerüstbeläge aus Holzbohlen und -brettern zulässige Stützweiten nicht überschreiten **(Tabelle 2)**. Der ordnungsgemäße Zustand des Gerüsts ist nach der Montage in einem Prüfprotokoll festzuhalten. Als Nachweis der Prüfung kann am Gerüst ein Schild mit den entsprechenden Kennwerten angebracht werden.

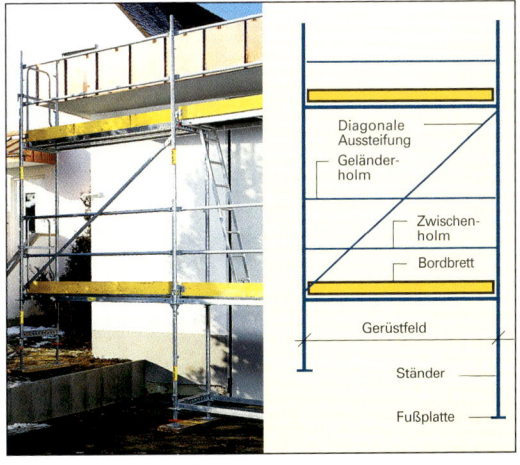

5.4.2.1 Gerüstbauteile

Man unterscheidet tragende Gerüstbauteile, den Gerüstbelag, den Seitenschutz, Verbindungsmittel für Gerüstbauteile, Verankerungen und Leitern **(Bild 1)**. Häufig werden Komplettsysteme zum Gerüstbau verwendet, die allen Anforderungen der DIN EN 12811 und den Sicherheitsvorschriften der Bau-Berufsgenossenschaften genügen.

Tragende Gerüstbauteile

Als tragende Gerüstbauteile verwendet man korrosionsgeschützte Stahl- oder Aluminiumrohre. Die Wanddicke von Stahlrohren muss mindestens 2 mm und die Wanddicke von Aluminiumrohren mindestens 2,5 mm betragen.

Tabelle 1: Lastklassen bei Arbeitsgerüsten nach DIN EN 12811-1

Last-klasse	Verkehrslasten auf Gerüstlagen			
	gleichmäßig verteilte Last in kN/m²	konzentrierte Last in kN auf Fläche von		Teil-flächenlast in kN/m²
		0,50 m x 0,50 m	0,20 m x 0,20 m	
1	0,75	1,50	1,00	–
2	1,50	1,50	1,00	–
3	2,00	1,50	1,00	–
4	3,00	3,00	1,00	5,00
5	4,50	3,00	1,00	7,50
6	6,00	3,00	1,00	10,00

Tabelle 2: Zulässige Stützweite in m für Gerüstbeläge aus Holzbohlen oder -brettern

Last-klasse	Brett- oder Bohlenbreite cm	Brett- oder Bohlendicke cm				
		3,00	3,50	4,00	4,50	5,00
1, 2, 3	20	1,25	1,50	1,75	2,25	2,50
	24 und 28	1,25	1,75	2,25	2,50	2,75
4	20	1,25	1,50	1,75	2,25	2,50
	24 und 28	1,25	1,75	2,00	2,25	2,50
5	20, 24, 28	1,25	1,25	1,50	1,75	2,00
6	20, 24, 28	1,00	1,25	1,25	1,50	1,75

Beispiel zur Ermittlung der erforderlichen Lastklasse

Vorhandene Belastung:		Gleichmäßig verteilte Last	
Gewicht einer Person	1,00 kN	Belagsfläche eines Gerüstfeldes: 2,50 m · 0,90 m	= 2,25 m²
Gewicht des Steinpakets	4,00 kN	Gleichmäßig verteilte Last:	
Gewicht des Mörtelkübels	0,80 kN	7,00 kN : 2,25 m²	= 3,11 $\frac{kN}{m^2}$
20% Zuschlag für Krantransport	0,96 kN		
Werkzeug	0,24 kN	**Ergebnis**	
	7,00 kN	Nach Tabelle 1 ergibt sich ein Gerüst der **Lastklasse 5**	

Bild 1: Gerüstbauteile

Bild 1: Gerüstbeläge

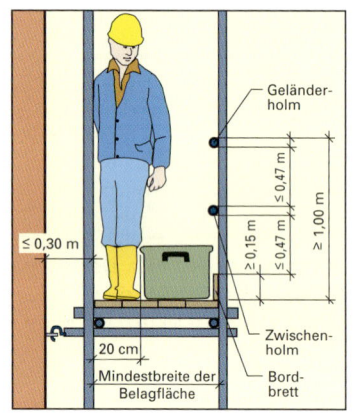

Bild 2: Seitenschutz

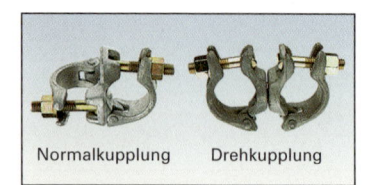

Bild 3: Kupplungen

Unfallverhütungsvorschriften beim Gebrauch von Leitern:
- Leitern müssen mindestens 1,00 m über den Austritt hinausragen.
- Schadhafte Leitern sind aus dem Verkehr zu ziehen.
- Leitern sind standsicher aufzustellen und gegen Abrutschen, Umstürzen, Schwanken und Durchbiegung zu sichern.
- Angebrochene Holme und Wangen dürfen nicht geflickt werden.

Senkrecht stehende Bauteile nennt man Ständer, waagerechte Bauteile Riegel, wobei man Längsriegel und Querriegel unterscheidet. Ständer benötigen meist eine Fußplatte. Rundholzstangen werden in der Regel auf ausreichend große Bohlenstücke gestellt; sie können mit Holzkeilen in der Höhe verändert werden. Bei Stahlrohrständern geschieht dies über eine Spindel zwischen Fußplatte und Ständer. Zur Aussteifung werden Längsstreben und Querstreben angebracht.

Der **Gerüstbelag** kann aus Vollholzbohlen, Holztafeln, Stahlböden, Hohlkästen, Aluminiumböden oder Stahl-Horizontalrahmen mit geteilten Holzbelägen bestehen **(Bild 1)**. Metallbeläge werden durch Riffelungen oder Lochungen rutschverhindernd hergestellt. Der Gerüstbelag mit einer Mindestdicke von 30 mm liegt auf Zwischenquerriegeln. Diese sind mit den Längsriegeln so zu verbinden, dass sie nicht abrollen können. Der Gerüstbelag muss dicht verlegt sein und darf weder ausweichen noch wippen. Die Mindestbreite der Belagfläche ist von der Lastklasse abhängig. Bei Materiallagerung muss ein freier Durchgang von mindestens 20 cm vorgesehen werden.

Der **Seitenschutz** besteht aus Geländerholm, Zwischenholm und Bordbrett mit einem jeweils lichten Abstand von höchstens 47 cm. Das mindestens 15 cm breite Bordbrett ist gegen Umfallen zu sichern. Der Geländerholm muss 1,00 m über dem Gerüstbelag angebracht werden **(Bild 2)**. Gerüste ab 2,00 m über dem Boden müssen mit einem Seitenschutz, auch an den Kopfseiten, versehen sein. Beträgt der Abstand zwischen Bauwerk und Belag mehr als 30 cm, ist auch an der Innenseite ein Seitenschutz vorzusehen.

Verbindungsmittel für Gerüstbauteile sind Kupplungen **(Bild 3)**, Bolzen und Konsolen. Damit lassen sich Gerüstfelder verlängern und unverschieblich aneinander befestigen. Diagonalen zur Aussteifung der Gerüste sind an den Knoten mit den vertikalen und horizontalen Traggliedern zu verbinden.

Verankerungen sind zum Befestigen der Gerüste am Bauwerk erforderlich. Der waagerechte und senkrechte Abstand der Verankerungen liegt je nach Gerüstart bei höchstens 6,00 m. Der oberste Gerüstbelag soll nicht mehr als 1,50 m über der letzten Verankerung liegen. Die Verankerungen sind versetzt anzuordnen. Sie können mit Fensterarmen oder Giebelsteifen hergestellt werden. Fensterarme sind zwischen Fensterleibungen festgespannt; Giebelsteifen werden an Mauerhaken befestigt, die mit Dübeln im Mauerwerk angebracht werden.

Leitern dienen dem sicheren Zugang von Gerüsten. Sie müssen als Gerüstinnenleitern unter einem Anstellwinkel von 65° bis 75° eingebaut werden und dürfen nur bis zum nächsthöheren Gerüstfeld reichen. Die Leiterdurchstiegsöffnungen im Gerüstbelag müssen mit Klappen versehen werden. Die Klappen sind zu schließen, wenn das Gerüstfeld als Arbeits- oder Fanggerüst verwendet wird.

Beträgt die Aufstiegshöhe zu einem Gerüstfeld nicht mehr als 5,00 m, darf eine Anlegeleiter parallel oder rechtwinklig zum Gerüst als Gerüstaußenleiter verwendet werden. Die Außenleiter muss auf einer ausreichend breiten und tragfähigen Fläche aufgestellt werden.

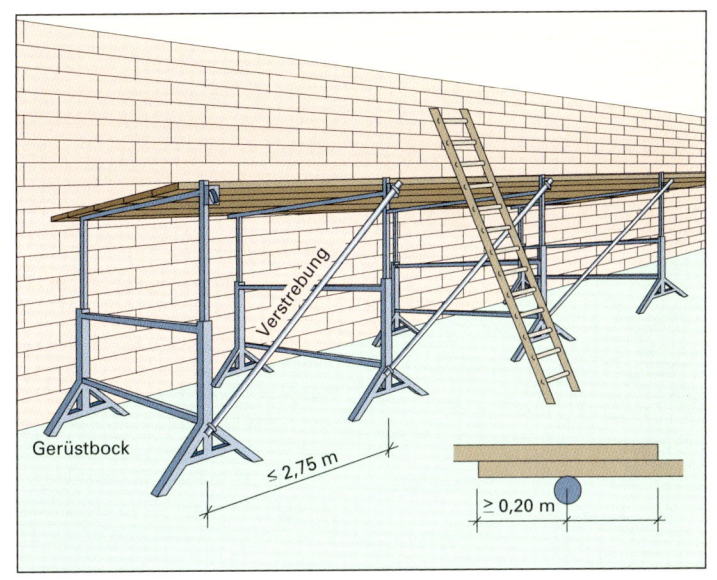

Bild 1: Innerer Leitergang

Bild 2: Bockgerüst

Gerüstinnenleitern dürfen durch maximal zwei Gerüstlagen miteinander verbunden werden. Der innere Leitergang kann übereinander oder versetzt angeordnet werden **(Bild 1)**. Zunehmend werden Gerüstsysteme mit integriertem Treppenaufstieg verwendet. Diese bieten ergonomische Vorteile für den Benutzer und sparen Arbeitszeit beim Auf- und Abstieg.

5.4.2.2 Gerüstarten

Nach dem Tragsystem unterscheidet man bei Gerüsten

- Standgerüste (S), z. B. Bockgerüste und Stahlrohrgerüste,
- Auslegergerüste (A) und
- Konsolgerüste (K).

Standgerüste (S)

Bockgerüste werden aus stählernen Gerüstböcken und darüber gelegtem Belag hergestellt **(Bild 2)**. Bockgerüste werden als Arbeits- und Schutzgerüst verwendet.

Die Gerüstböcke sind auf einer sicheren Unterlage aufzustellen. Mehr als 2 Böcke dürfen nicht übereinander gestellt werden, wobei die Gesamthöhe nicht größer als 4,00 m sein darf. Die Böcke müssen miteinander ausreichend verstrebt sein. Bei ausziehbaren Böcken muss der ausziehbare Teil miterfasst werden. Der Abstand der Böcke darf 2,75 m nicht überschreiten, bei ausgezogenen Böcken darf er nicht größer als 2,00 m sein.

Belagbretter mit einer Dicke von 3 cm dürfen bei Mauer- und Putzarbeiten nur bis 1,00 m frei tragen. Ist der Abstand der Böcke größer, müssen sie durch Kanthölzer mit den Mindestabmessungen 10 cm/10 cm unterstützt werden.

Stahlrohr-Kupplungsgerüste sind Arbeits- und Schutzgerüste aus Stahlrohren und Kupplungen **(Bild 3, Seite 194 und Bild 1, Seite 196)**. Sie dürfen für alle Arbeiten verwendet werden.

Stahlrohre dienen als Ständer, als Längs- und Querriegel zur Aussteifung des Gerüsts und zur Verankerung. Die Stöße der Ständer sind in die Nähe der Knotenpunkte zu legen. Die Längsriegel müssen über zwei Felder laufen und mit jedem Ständer verbunden sein. Querriegel sind vor Maueröffnungen sicher zu lagern. Mit einem Ständer verbundene Querriegel dürfen erst zum Abrüsten entfernt werden.

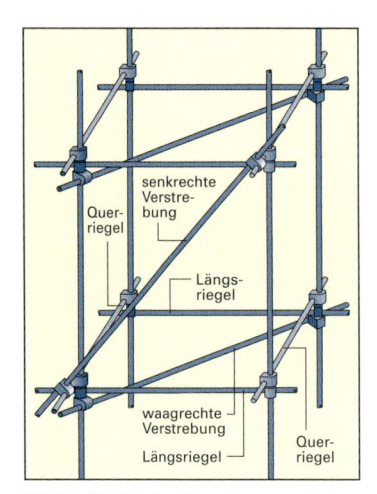

Knotenverbindungen (Kupplungen) werden zur Herstellung von recht- und schiefwinkligen Anschlüssen verwendet (Bild 1).

Stahlrohr-Kupplungsgerüste sind in der Längsrichtung durch Streben gegen seitliches Verschieben zu sichern. Die Streben sind in den Knotenpunkten und an den Fußpunkten der Ständer so anzuschließen, dass die Kräfte zum Boden abgeleitet werden. Jeder Ständer ist unverschiebbar auf eine Fußplatte zu setzen **(Bild 2)**.

Stahlrohr-Kupplungsgerüste können je nach Bauart und Belastung bis zu einer Höhe von 100,00 m errichtet werden. Für Gerüste mit Höhen über 20,00 m müssen Stahlrohre mit 4 mm Wanddicke verwendet werden.

Rahmengerüste (RG) sind Systemgerüste aus Stahl- oder Aluminiumrohren, die zu unverschieblichen Vertikalrahmen zusammengeschweißt sind. Die 1,00 m, 1,50 m oder 2,00 m hohen Vertikalrahmen werden mit Horizontalrahmen oder Längsriegeln zu einem Gerüstfeld von 1,25 m, 2,00 m, 2,50 m oder 3,00 m Länge verbunden. An genau festgelegten Punkten werden Diagonalstreben eingehängt, sodass das Gerüst auf ebenen Flächen genau lotrecht steht. Unebenheiten der Stellfläche lassen sich durch Spindelfüße ausgleichen. Nach Auflegen des Gerüstbelags können Vertikalrahmen für das nächste Stockwerk aufgesteckt werden. Auch der Seitenschutz ist auf die Gerüstfeldbreite abgestimmt und einhängbar.

Werden anstelle der Spindelfüße Rollen angebracht, erhält man ein Fahrgerüst **(Bild 3)**.

Rahmengerüste sind aufgrund ihres geringen Gewichts schnell auf- und abgebaut.

Modulsysteme (MS) sind Gerüste, bei denen an den Ständern in regelmäßigen Abständen vorgefertigte Knotenpunkte zum Einhängen anderer Gerüstbauteile in horizontaler und diagonaler Richtung angebracht sind. Vorteile sind die einfache Anwendung für Rundbauten und die Verwendungsmöglichkeit für das Mauertaktverfahren, bei dem der Maurer immer in der idealen Arbeitshöhe steht **(Bild 4)**.

Bild 1: Stahlrohr-Kupplungsgerüst

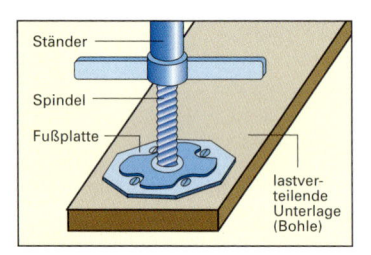

Bild 2: Fußplatte mit Ständer und Spindelfuß

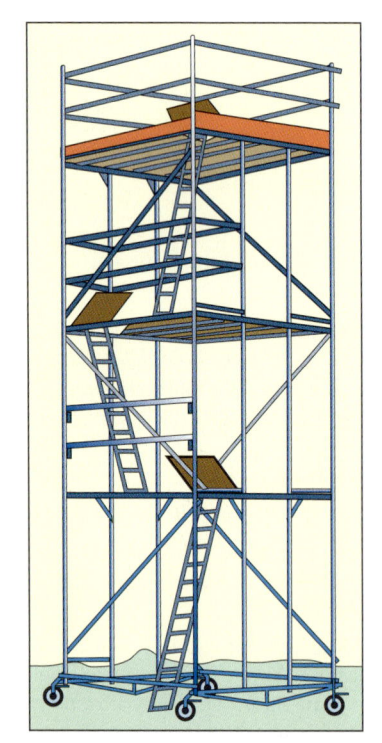

Bild 3: Rahmengerüst als Fahrgerüst

Bild 4: Taktverfahren

Auslegergerüste

Auslegergerüste (A) sind Gerüste, die aus dem Bauwerk auskragen (**Bild 1**). Sie dürfen als Arbeitsgerüste für eine Belastung von höchstens 2,0 kN/m² und als Schutzgerüste verwendet werden.

Als Ausleger dürfen nur Stahlprofile I 80, IPE 80, I 100 und IPE 100 verwendet werden; Ausleger aus Holz sind unzulässig. Die Auskragung der Auslegergerüste darf maximal 1,30 m betragen; der Auslegerabstand darf 1,50 m nicht überschreiten. Die Belagebene muss vollflächig mit Brettern oder Bohlen der Mindestdicke 3,5 cm ausgelegt sein.

Die Verankerung der Ausleger ist nicht in Element-Decken, sondern nur in Stahlbeton-Massivdecken erlaubt. Sie müssen so befestigt sein, dass sie sich weder lotrecht noch waagerecht abheben oder verschieben können. Je Ausleger sind 2 Verankerungsbügel aus BSt 500 S oder S 235 JR mit einem Mindestdurchmesser von 10 mm anzuordnen, die in die Decke einbetoniert werden (**Bild 2**). Die Haken der Bügel müssen unter die untere Bewehrung greifen.

Konsolgerüste

Konsolgerüste (K) sind Gerüste, die auf Konsolen aufliegen (**Bild 3**). Sie dürfen als Arbeitsgerüste für eine Belastung von höchstens 2,0 kN/m² und als Schutzgerüste verwendet werden.

Die einzelnen Konsolen sind aus Holz oder Stahl in Form von rechtwinkligen Dreiecken gefertigt. Für eine zu überbrückende Öffnung von bis zu 2,25 m sind 2 Holzbalken 12 cm x 12 cm der Sortierklasse S 10 bzw. ein Stahlträger I 100 oder IPE 100 zu verwenden. Die Auskragung der Konsolgerüste darf maximal 1,30 m und der Konsolabstand höchstens 1,50 m betragen.

Konsolgerüste dürfen nur an Stahlbetondecken befestigt werden. Je Konsole müssen 2 Einhängeschlaufen aus BSt 500 S oder S 235 JR mit einem Mindestdurchmesser von 10 mm angeordnet werden, die mindestens 50 cm in die Decke hineinragen und an der Deckenbewehrung verankert werden müssen (**Bild 3**).

Der Gerüstbelag muss vollflächig mit mindestens 3,5 cm dicken Brettern oder Bohlen ausgelegt sein. Der Belag darf nicht ausweichen oder wippen. Das Absetzen von Lasten mit Hebezeugen ist bei Konsolgerüsten und Auslegergerüsten verboten. Im Bereich von Wandöffnungen bis 2,25 m sind die Konsolfüße auf Holzbalken oder Stahlträger abzustützen (**Bild 4**).

Für zu überbrückende Öffnungen bis 1,00 m kann ein Kantholz 10 cm x 10 cm verwendet werden, bis 2,25 m entweder zwei Kanthölzer 10 cm x 12 cm oder ein Stahlträger I 100 bzw. IPE 100.

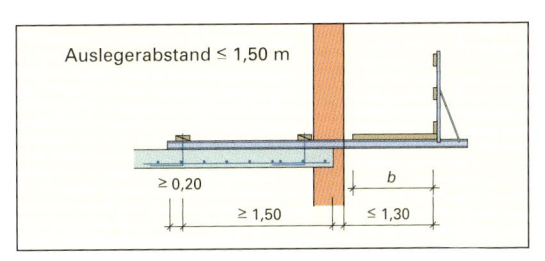

Bild 1: Auslegergerüst

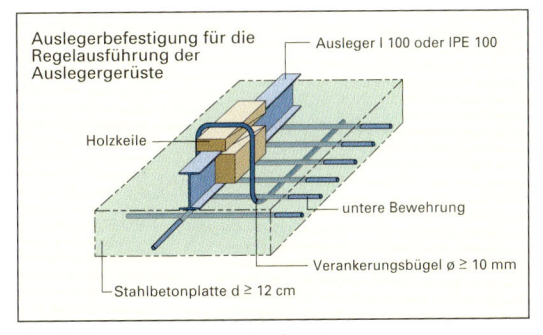

Bild 2: Verankerung von Auslegern

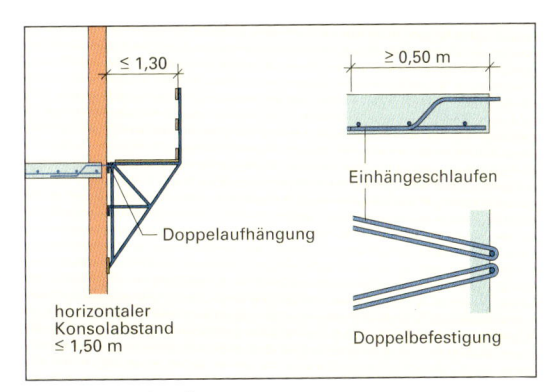

Bild 3: Konsolgerüst

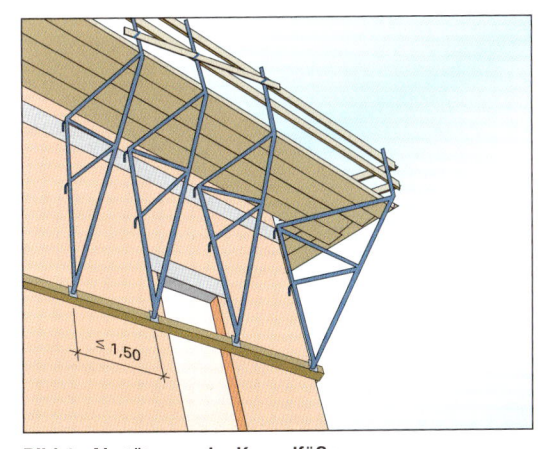

Bild 4: Abstützung der Konsolfüße

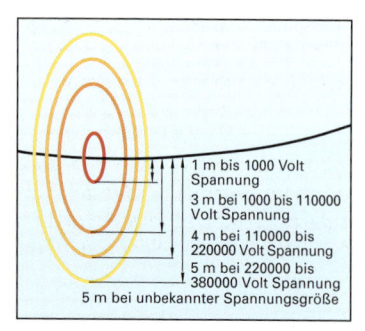

Bild 1: Sicherheitsabstand von spannungsführenden Teilen

- 1 m bis 1000 Volt Spannung
- 3 m bei 1000 bis 110000 Volt Spannung
- 4 m bei 110000 bis 220000 Volt Spannung
- 5 m bei 220000 bis 380000 Volt Spannung
- 5 m bei unbekannter Spannungsgröße

Arbeitsgerüst nach DIN EN 12811-1
Breitenklasse W09
Lastklasse 5

Gleichmäßig verteilte Last
$4,5$ kN/m^2

Gerüstbaubetrieb Hinauf
12345 Hochstand
Tel. 98 76 54

Bild 2: Kennzeichnung von Gerüsten

Prüfung der Gerüste vor Benutzung

Verwendete Bauteile
- Beschaffenheit
- Kennzeichnung
- Maße

Standsicherheit
- Tragfähigkeit von Untergrund und Aufhängepunkten
- Verankerungen
- Abstände von Ständern und Konsolen
- Aussteifungen
- Ausführung

Arbeitssicherheit
- Kennzeichnung der Lastklasse und Breitenklasse
- Seitenschutz
- Aufstiege
- Auflagerung der Beläge
- Eckausführung
- Abstand zwischen Bauwerk und Belag
- Schutzwand im Dachfanggerüst
- Ausbildung der Beläge in Abhängigkeit von der Absturzhöhe

5.4.2.3 Auf- und Abbau von Gerüsten

Unter Aufrüsten versteht man das Aufstellen von Gerüsten; Abrüsten nennt man den Abbau der Gerüste. Gerüstbauarbeiten dürfen nur unter sachkundiger Aufsicht durchgeführt werden. Der verantwortliche Unternehmer hat für eine Gerüstausführung, die den Anerkannten Regeln der Technik entspricht, zu sorgen.

Ständer müssen eine sichere und unverrückbare Unterlage erhalten, z. B. Fußplatten, Bohlen oder Kanthölzer. Ist ein mehrlagiger Unterbau erforderlich, ist er kippsicher auszubilden. Schrägstützen sind gegen Ausweichen zu sichern. Es ist verboten, Gerüste auf nicht tragfähigen Decken oder Gewölben aufzustellen. Verankerungen und Verstrebungen sind fortlaufend mit dem Gerüstaufbau einzubauen. Die Zeitspanne für Tätigkeiten, bei denen Absturzgefahr besteht, ist so kurz wie möglich zu halten. Während des Auf- und Abrüstens an Verkehrswegen sind Warnzeichen anzubringen und für die Wegenutzer Schutzvorkehrungen zu treffen. Gerüste an öffentlichen Wegen sind bei Dunkelheit zu beleuchten. Öffentliche Anlagen, wie z. B. Feuermelder, Hydranten und Kabelschächte, müssen jederzeit zugänglich bleiben. Bei Arbeiten in der Nähe von spannungsführenden Leitungen sind die Sicherheitsabstände einzuhalten (**Bild 1**).

Gerüste sind nach der Fertigstellung deutlich erkennbar zu kennzeichnen (**Bild 2**). Vor der Benutzung hat sowohl der Gerüstersteller als auch der Gerüstbenutzer das Gerüst auf einwandfreie Beschaffenheit der Bauteile, Standsicherheit, Arbeitssicherheit und auf augenfällige Mängel zu prüfen. Werden Mängel festgestellt, darf das Gerüst bis zu deren Beseitigung nicht benutzt werden. Sinnvoll ist die Erstellung eines Prüfprotokolls und eines Verankerungsprotokolls bei Gerüstübergabe an Fremdnutzer.

Bei der Benutzung von Gerüsten gelten folgende Regeln:
- Gerüste dürfen vor Fertigstellung nicht benutzt werden.
- Sie sind fortlaufend zu überwachen, besonders nach längeren Arbeitsunterbrechungen und Stürmen.
- Arbeitsplätze auf Gerüsten dürfen nur über sichere Zugänge betreten und verlassen werden.
- Auf Gerüsten dürfen nur die zum Arbeiten notwendigen Baustoffe gelagert werden.
- Auf Gerüstböden darf nicht abgesprungen, etwas hinauf- oder heruntergeworfen werden.
- Konstruktive Änderungen an Gerüsten darf nur der Gerüstersteller vornehmen.
- Auf Gerüsten, die als Fanggerüst oder Schutzdächer verwendet werden, dürfen keine Baustoffe oder Geräte abgesetzt oder gelagert werden.

Aufgaben

1. Erläutern Sie die Notwendigkeit der persönlichen Schutzausrüstung an möglichen Gefahrenquellen auf der Baustelle.
2. Führen Sie die Gerüstarten tabellarisch mit ihren Einsatzbereichen auf und skizzieren Sie die notwendigen Bauteile.
3. Prüfen Sie, wie viel kg Steine bei einem Gerüst der Lastklasse 4 mit einer Belagfläche von 2,50 m x 0,85 m neben der Belastung durch zwei Personen, einem Mörtelkübel von 2,5 kN und 0,2 kN Werkzeug mit dem Kran aufgesetzt werden dürfen.

5.5 Bauvermessung

Vermessungsarbeiten sind z. B. die Lagemessung (Horizontalmessung), Höhenmessung (Vertikalmessung), Aufnahme von Geländeflächen, Bauabsteckung, Vermarkung und Sicherungsmessung. Dabei sind Längen- und Winkelmessungen sowie Höhenmessungen auszuführen. Unter Lagemessung versteht man das Aufmessen von Punkten eines Geländes und deren Eintragung in einen Plan sowie das Einmessen von Punkten im Gelände nach einem vorliegenden Plan. Die Lage der Punkte im Gelände wird durch Längen- und Winkelmessung ermittelt und durch Fluchtstäbe oder Pflöcke gekennzeichnet. Ihre Höhenlage wird durch Höhenmessung bestimmt. Das Festlegen von Punkten im Gelände, z. B. Gebäudeecken, nennt man Abstecken.

5.5.1 Abstecken von Punkten

Unter Abstecken von Punkten im Gelände versteht man z. B. das Einfluchten von Zwischenpunkten, das Verlängern einer Strecke und das Bestimmen von Schnittpunkten. Grundlage des Absteckens bilden Festpunkte im Gelände.

5.5.1.1 Bezeichnen von Punkten im Gelände

Das ganze Land ist durch ein Netz von Punkten in einzelne Dreiecke (Dreiecksnetz) aufgeteilt. Diese Punkte nennt man Trigonometrische Punkte (TP); sie werden entweder als Hochpunkte, z. B. Kirch- und Aussichtsturmspitzen, oder als Bodenpunkte festgelegt. Die Bodenpunkte sind in der Regel durch einen Granitstein mit eingemeißeltem Kreuz und unterlagerter Platte eindeutig festgelegt. Sie dienen vorwiegend der Landesvermessung.

Bei Vermessungsarbeiten auf der Baustelle richtet man sich nach Grenzsteinen oder nach vorübergehend eingemessenen Festpunkten, wie z. B. eingeschlagene Holzpfähle und einbetonierte Metallrohre.

Für die Dauer der Vermessung werden Hilfspunkte geschaffen und durch Fluchtstäbe gekennzeichnet, die in der Mitte des zu kennzeichnenden Punktes lotrecht aufzustellen sind **(Bild 1)**. Dies geschieht durch Hineinstoßen der Stahlspitzen in den Boden. Zum Aufstellen von Fluchtstäben auf befestigten Flächen oder über Festpunkten und Grenzsteinen verwendet man Fluchtstabhalter. Wird ein Festpunkt nur in einer Richtung benutzt, so genügt es, den Stab genau in Fluchtrichtung vor oder hinter den Festpunkt, z. B. einem Grenzstein, in den Boden zu stecken. Das Einloten der Fluchtstäbe erfolgt mit dem Schnurlot oder mit den Lattenrichter. Sind diese Hilfsmittel nicht verfügbar, so wird der Stab möglichst weit oben mit Daumen und Zeigefinger gehalten, damit er sich lotrecht einpendeln kann.

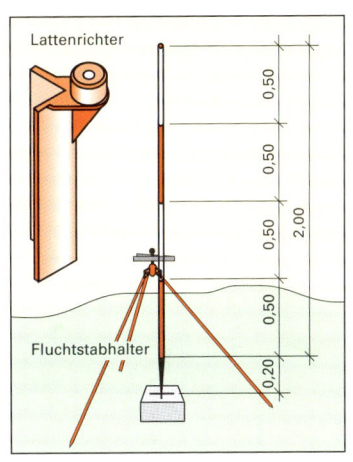

Bild 1: Fluchtstab

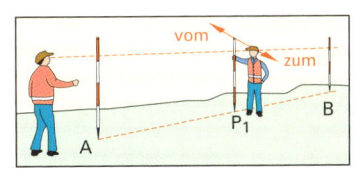

5.5.1.2 Fluchten

Voraussetzung für das Fluchten ist das Sichtbarmachen einer Strecke AB im Gelände. Dies geschieht durch Markieren des Anfangspunktes A und des Endpunktes B mithilfe von Fluchtstäben. Diese müssen von einem Standort aus eingesehen werden können. Beim Fluchten unterscheidet man das Einfluchten von Zwischenpunkten, das Verlängern einer Strecke, das gegenseitige Einfluchten und das Bestimmen des Schnittpunktes zweier Geraden.

Das **Einfluchten von Zwischenpunkten** ist dann notwendig, wenn lange Strecken ausreichend gekennzeichnet oder wenn Punkte, z. B. Gebäudeecken, markiert werden müssen **(Bild 2)**. Das Einfluchten von Zwischenpunkten wird in der Regel von einem Beobachter (Einweisender) und einem Helfer (Einzuweisender) ausgeführt. Beim Einfluchten stellt sich der Beobachter einige Schritte hinter einen der die Strecke markierenden Fluchtstäbe mit Blickrichtung auf den anderen

Bild 2: Einfluchten von Zwischenpunkten

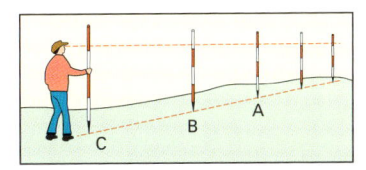

Bild 3: Verlängern einer Strecke

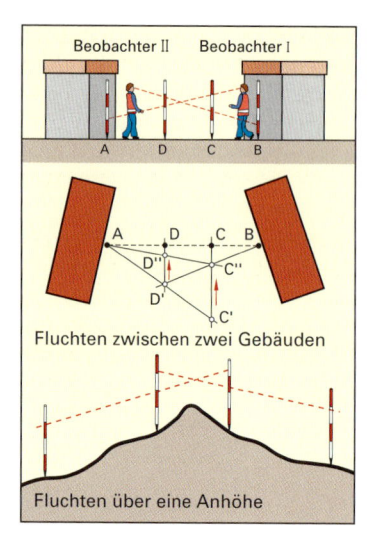

Bild 1: Einfluchten

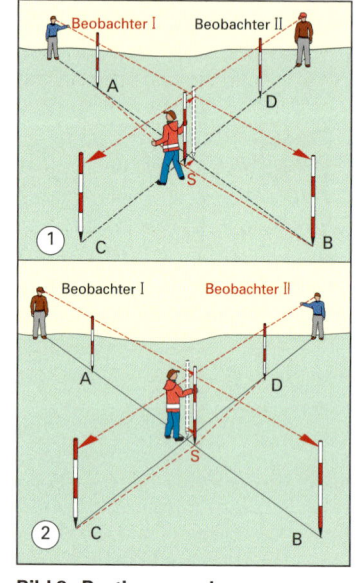

Fluchten zwischen zwei Gebäuden

Fluchten über eine Anhöhe

Bild 2: Bestimmung des Schnittpunktes

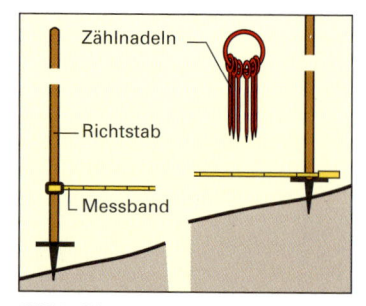

Bild 3: Messen mit dem Messband

Fluchtstab. Der Helfer stellt sich innerhalb der Strecke, jedoch außerhalb der Flucht auf. Er blickt in Richtung zum Beobachter und hält dabei den einzuweisenden Fluchtstab lotrecht zwischen den Fingern. Das Einweisen des Stabes in die Flucht erfolgt bei kürzeren Strecken auf Zuruf, bei längeren Strecken auf Handzeichen des Beobachters. Nach dem Einweisen wird mittels Lot oder Lattenrichter geprüft, ob der eingewiesene Fluchtstab lotrecht steht. Anschließend kontrolliert der Beobachter nochmals die Flucht, wobei gegebenenfalls die Stabstellung durch erneute Einweisung korrigiert werden muss. Beim Einfluchten mehrerer Zwischenpunkte müssen die vom Beobachter weiter entfernten Fluchtstäbe zuerst eingewiesen werden.

Das **Verlängern einer Strecke** AB, z. B. über A hinaus bis C, sollte höchstens um die Hälfte ihrer Länge erfolgen, da darüber hinaus nur mit optischen Geräten die erforderliche Genauigkeit erzielt werden kann **(Bild 3, Seite 199)**. Zur Ausführung genügt eine Person, die sich mit dem Fluchtstab C in Verlängerung von AB stellt und durch Selbsteinweisen den Fluchtstab einrückt, einlotet und kontrolliert.

Zum **gegenseitigen Einfluchten** (Fluchten aus der Mitte) sind zwei Beobachter erforderlich **(Bild 1)**. Diese Methode wird angewendet, wenn eine Gerade an beiden Endpunkten durch Sichthindernisse, z. B. Bauwerke, begrenzt ist oder wenn beide Endpunkte nicht einzusehen sind, z. B. im Bergland. Dabei weisen sich die beiden Beobachter gegenseitig über Hilfspunkte in die Flucht ein. Der Beobachter I stellt seinen Fluchtstab C' außerhalb der Flucht AB auf und weist den Beobachter II mit dem Stab D' in die Flucht C'A ein. Danach weist der Beobachter II den Beobachter I mit dem Fluchtstab C' in die Flucht D'B ein. Dieses gegenseitige Einfluchten wird fortgesetzt, bis in beiden Richtungen keine Abweichungen mehr auftreten und die Stäbe C und D in der Flucht der Geraden AB stehen.

Zur Bestimmung des **Schnittpunktes zweier Geraden** im Gelände sind in der Regel zwei Beobachter und ein Helfer erforderlich **(Bild 2)**. Der Schnittpunkt S liegt sowohl auf der Geraden AB als auch auf der Geraden CD. Daher weisen der Beobachter I, der von A nach B und der Beobachter II, der von D nach C fluchtet, den Helfer in S wechselseitig ein. Der Schnittpunkt ist gefunden, wenn der Fluchtstab S zugleich in der Geraden AB und in der Geraden CD steht.

5.5.2 Längenmessung

Bei der Längenmessung werden Strecken direkt mit Messlatten oder Messbändern, indirekt mit Hilfsfiguren, z. B. über rechtwinklige Dreiecke, mit optischen (Basislatte) oder elektronischen Entfernungsmessern gemessen. Außerdem werden Laserinstrumente zur Längenmessung eingesetzt.

Das Messen von geraden Strecken wird beim Abstecken und Aufmessen im Gelände durchgeführt. Strecken werden in der Regel waagerecht und in der Flucht gemessen. Ausnahmen, bei denen man in der Neigung misst, sind z. B. das Aufmessen geneigter Flächen bei der Mengenermittlung und bei der Streckenteilung (Stationierung) im Straßenbau.

Beim Messen mit Messlatten wird die zu messende Strecke zunächst in ihrem Anfangs- und Endpunkt sowie gegebenenfalls in einem oder mehreren Zwischenpunkten abgesteckt. Die Messung beginnt grundsätzlich mit der rot/weißen Latte eines Messlattenpaares. Zum Bedienen beider Latten genügt eine Person, die durch Zielfluchten die Latte in Richtung bringt und sie dann am Anfangspunkt, z. B. Mitte des Fluchtstabes oder Grenzsteines, anlegt. Die weiß/rote Latte wird in gleicher Weise in Richtung gebracht. Die weitere Messung erfolgt durch lückenloses Aneinanderreihen der Latten eines Lattenpaares, wobei jeweils beim Aufnehmen einer rot/weißen Latte eine Fünferzahl und beim Aufnehmen einer weiß/roten Latte eine Zehnerzahl ausgerufen wird. Dadurch können Fünfmeterfehler vermieden werden. Am Endpunkt werden die ganzen Meter und Dezimeter an der Latte, die Zentimeter von der nächstliegenden Dezimetermarke aus mit dem Meterstab ermittelt.

Wird die Längenmessung im geneigten Gelände mit Messlatten durchgeführt, spricht man von **Staffelmessung (Bild 1)**. Nach diesem Verfahren werden z. B. Grundstücksgrößen für den Grundstücksverkehr und zur Erstellung von Lageplänen ermittelt. Dabei werden die Längen stets in der Horizontalprojektion gemessen. Unter Horizontalprojektion versteht man das Abbild der Länge in der Ebene. Bei der Staffelmessung benötigt man ein Messlattenpaar, eine Wasserwaage, ein Senklot sowie mehrere Fluchtstäbe. Die Messung wird in der Regel von zwei Messgehilfen ausgeführt und erfolgt bergab. Am oberen Anfangspunkt wird die rot/weiße Messlatte in Messrichtung gelegt, mit der Wasserwaage waagerecht ausgerichtet und mithilfe eines Fluchtstabes in Lage gehalten. Danach wird der Endpunkt dieser Latte mittels Schnurlot auf die Erdoberfläche gelotet und die weiß/rote Latte an den so ermittelten Zwischenpunkt angelegt, in Richtung gebracht, waagerecht eingerichtet und in Lage gehalten sowie ihr Endpunkt auf den Boden gelotet. Dieser Vorgang wiederholt sich, bis die ganze Strecke gemessen ist. Dabei ist es vorteilhaft, die Messlatten stets hochkant zu verwenden, um deren Durchbiegung zu vermeiden.

Zum **Messen mit Messband** sind zwei Helfer erforderlich **(Bild 3, Seite 200)**. Der eine legt die Nullmarke des Bandes am Streckenanfang an und weist den anderen Helfer in die Flucht ein. Beim Anlegen des Bandes ist stets auf die Lage der Nullmarke zu achten. Das Band muss dabei so gespannt werden, dass es nicht durchhängt. Der Endpunkt des Bandes wird durch eine Zählnadel markiert und das Band um eine Länge vorgerückt. Dieser Vorgang wird wiederholt. Die Länge der Strecke errechnet sich aus der Anzahl der Bandlänge plus der Restablesung des letzten Bandes.

Längenmessungen in flach geneigtem Gelände werden häufig mit geeichten Stahlmessbändern ausgeführt. Dabei gelten die Regeln wie beim Messen mit Messlatten. Die Messgenauigkeit wird z. B. durch Temperatur, unterschiedliche Zugkraft und den Durchhang des Bandes beeinflusst. Wird z. B. mit einem bei +20 °C geeichten Band eine Strecke von 20 m bei +30 °C gemessen, ergibt sich eine Ungenauigkeit von +2,3 mm. Wenn bei einem 20-m-Band eine Zugkraft von 100 N anstelle 50 N aufgebracht wird, ergibt sich je Bandlänge ein Fehlereinfluss von + 2 mm. Ist die Zugkraft zu gering und stellt sich auf 20 m Bandlänge z. B. ein Durchhang von 20 cm ein, wird das Messergebnis um −5 mm beeinflusst. Mit zunehmender Anzahl der Bandlagen einer Messung wird der Einfluss der Ungenauigkeiten größer. Deshalb eignet sich dieses Verfahren nur für kürzere Strecken.

Die **elektronische Streckenmessung** bietet eine hohe Genauigkeit auch bei großen Strecken **(Bild 2)**. Elektronische Entfernungsmesser bestehen aus dem Messgerät (Sender) und dem Reflektor (Empfänger). Vom Instrument, das über einem Messpunkt zentriert ist, wird ein Signal, z. B. ein Infrarot-Lichtstrahl ausgesendet, das von einem am nächsten Messpunkt aufgestellten Reflektor in das Messgerät zurückgeworfen wird. Gleichzeitig wird der Zenitwinkel gemessen. Aus der Laufzeit der elektromagnetischen Wellen zwischen Sender und Reflektor sowie dem Zenitwinkel wird die horizontale Entfernung in einem angeschlossenen Rechner ausgewertet und das Messergebnis angezeigt. Wechselnde Wetterverhältnisse können das Messergebnis beeinflussen, deshalb müssen entsprechende Daten, z. B. Temperatur, Luftfeuchtigkeit und Luftdruck, in das Messgerät eingegeben werden. Bei Instrumenten, die dem Stand der Technik entsprechen, ist dies nicht erforderlich.

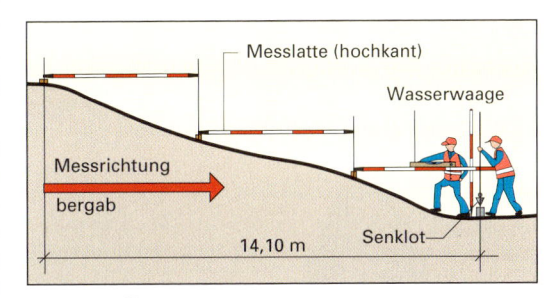

Bild 1: Staffelmessung

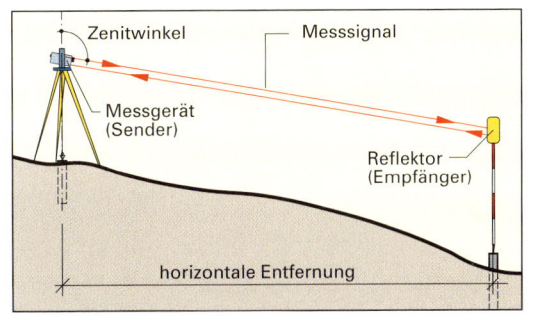

Bild 2: Elektronische Streckenmessung

5.5.3 Winkelmessung

Die Einheiten des Winkels sind der Grad und das Gon. Der Vollkreis umfasst bei der Sexagesimalteilung 360°, bei der Zentesimalteilung, die seit 1937 im Vermessungswesen vorgeschrieben ist, 400 gon.

1° (Grad)	=	60′ (Minuten);	1′	= 60″ (Sekunden)
1 Vollkreis	=	360°	= 21600′	= 1296000″
1 Vollkreis	=	400 gon	= 4000 dgon	= 40000 cgon
	=	4000000 mgon		

Umrechnung von Grad in Gon und umgekehrt:

$$1° = \frac{10}{9} \text{ gon} \qquad 1 \text{ gon} = \frac{9°}{10}$$

Das Abstecken eines rechten Winkels ist auf der Baustelle von besonderer Bedeutung. Je nach der geforderten Genauigkeit kann dies mittels Längenmesszeugen, mit der Kreuzscheibe und dem Winkelprisma durchgeführt werden. Für beliebig große Winkel benutzt man Nivellierinstrumente mit Horizontalkreis und den Theodolit.

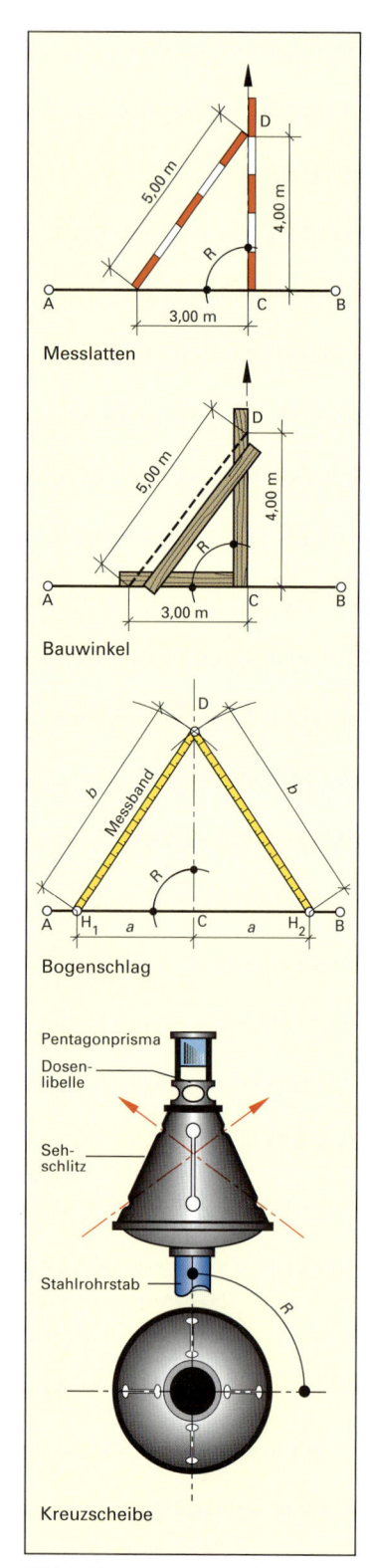

5.5.3.1 Abstecken von rechten Winkeln mit Längenmesszeugen

Beim Abstecken von rechten Winkeln mit **Längenmesszeugen** geht man vom Lehrsatz des Pythagoras aus, danach ist ein Dreieck rechtwinklig, wenn sein Seitenverhältnis 3:4:5 ist (Verreihung) **(Tabelle 1)**.

Tabelle 1: Verreihungszahlen in Metern			
1 Teil	3 Teile	4 Teile	5 Teile
0,20	0,60	0,80	1,00
0,30	0,90	1,20	1,50
0,40	1,20	1,60	2,00
0,60	1,80	2,40	3,00
1,00	3,00	4,00	5,00

Beim Abstecken wird zunächst die Gerade AB mit Fluchtstäben gekennzeichnet und der Punkt C, in dem der rechte Winkel errichtet werden soll, als Zwischenpunkt eingemessen und markiert **(Bild 1)**. Dann misst man auf der Strecke AB von C aus 3,00 m ab und erhält einen Hilfspunkt. Von diesem Hilfspunkt aus misst man mit einer Latte 5,00 m und von C aus gleichzeitig mit einer anderen Latte 4,00 m so ab, dass die Endpunkte der beiden Latten in Punkt D zusammenfallen. Die Strecke CD steht somit senkrecht auf der Strecke AB.

Ein rechter Winkel kann auch mit dem so genannten **Bauwinkel** errichtet werden (Bild 1). Bei diesem sind drei Bretter zu einen Dreieck mit dem Seitenverhältnis 3:4:5 fest miteinander verbunden. Beim Errichten eines rechten Winkels wird der Bauwinkel mit dem kurzen Schenkel in einem gegebenen Punkt auf der Strecke AB angelegt, wobei der lange Schenkel in Richtung der gesuchten Senkrechten weist.

Ein rechter Winkel kann auch durch den so genannten **Bogenschlag** errichtet werden (Bild 1). Dabei wird auf einer Geraden AB von einem Zwischenpunkt C aus, in dem der rechte Winkel errichtet werden soll, eine Strecke a, z. B. 5 m in Richtung nach A und B, abgemessen und markiert. Um die so ermittelten Hilfspunkte H_1 und H_2 beschreiben zwei Helfer Kreisbögen mit gleichen Radien, z. B. 10 m, indem sie je ein Messband an H_1 bzw. H_2 befestigen, es straffen und aufeinander zugehen. Die beiden Bänder schneiden sich in Punkt D, die Strecke CD steht senkrecht auf der Strecke AB.

Bild 1: Abstecken von rechten Winkeln

(Messlatten, Bauwinkel, Bogenschlag, Kreuzscheibe mit Pentagonprisma, Dosenlibelle, Sehschlitz, Stahlrohrstab)

5.5.3.2 Abstecken rechter Winkel mit Kreuzscheibe und Winkelprisma

Die Kreuzscheibe erlaubt im Gegensatz zum Winkelprisma Steilsichten bis zu 35 gon, deshalb kann sie auch im hügeligen Gelände benutzt werden.

Beim Abstecken eines rechten Winkels mit der **Kreuzscheibe** wird diese in Punkt C auf der Geraden AB eingewiesen und durch Einspielen der Dosenlibelle lotrecht gestellt (**Bild 2, Seite 202** und **Bild 1**). Ein Sehschlitzpaar wird in die Flucht der Geraden AB ausgerichtet und nach A und B kontrolliert. Durch die Ziellinie des zweiten Sehschlitzpaares liegt die Richtung der in C zu errichtenden Senkrechten fest, sie wird mit einem Fluchtstab in D markiert. Zur Überprüfung des rechten Winkels wird eine Wiederholung der Absteckung mit der um 100 gon gedrehten Kreuzscheibe durchgeführt.

Beim Abstecken eines rechten Winkels mit dem **Rechtwinkelprisma** wird dieses vom Beobachter in Punkt C auf der Geraden AB bzw. EF zentriert (**Bild 1**). Dabei richtet er das Prisma auf Augenhöhe so ein, dass dessen Glasspitze in Richtung A weist. Bei festem Boden bedient er sich des im Handgriff eingehängten Schnurlotes, bei lockerem Boden ist auch die Verwendung eines Lotstabes möglich. Durch Spiegelung im Prisma werden die sich deckenden Stäbe A und E sichtbar. Der Helfer wird in Lotrichtung eingewiesen, indem der Beobachter ihn über das Prisma hinweg durch Zuruf oder Handzeichen so lenkt, dass der von ihm gehaltene Fluchtstab mit dem Spiegelbild des Stabes A eine lotrechte Linie bildet. Durch Stellen des Fluchtstabes wird der Punkt in D markiert.

Ist von einem Punkt im Gelände, z. B. von einem Grenzstein aus, ein rechter Winkel, z. B. auf eine Aufnahmelinie herzustellen, bezeichnet man dies als Fällen eines Lotes. Das Lot wird durch Selbsteinweisung unter Zuhilfenahme eines Winkelprismas gefällt. Dabei bewegt sich der Beobachter auf der Aufnahmelinie solange hin und her, bis der Fluchtstab, der den Grenzpunkt kennzeichnet, mit den Fluchtstäben der Aufnahmelinie eine lotrechte Linie bilden.

Zum Abstecken rechter Winkel und zum Fällen von Loten eignen sich z. B. das Pentagonprisma und das Doppelpentagonprisma oder das Kreuzvisier.

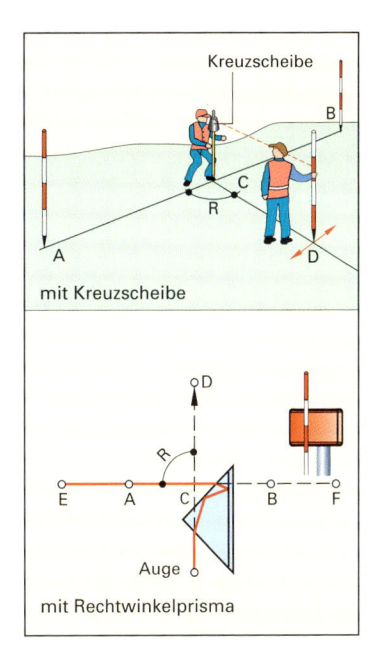

Bild 1: Abstecken eines rechten Winkels

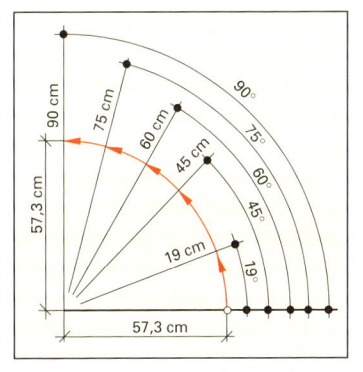

Bild 2: Abstecken beliebig großer Winkel mit dem Meterstab

5.5.3.3 Abstecken beliebig großer Winkel

Beliebig große Winkel können mit dem **Nivellierinstrument** mit Horizontalkreis, dem Theodolit und näherungsweise über das Bogenmaß mithilfe des Meterstabes ermittelt werden.

Bei der näherungsweisen Bestimmung eines beliebigen Winkels mit dem Meterstab reißt man einen Kreisbogen mit dem Radius von 57,3 cm auf (**Bild 2**). Bei diesem Radius entspricht 1 cm der Bogenlänge einem Mittepunktswinkel von 1°. Bei einer Bogenlänge z. B. von 19 cm ergibt sich ein Winkel von 19°.

Eine genaue Winkelmessung erfolgt mit dem Nivellierinstrument mit Horizontalkreis oder dem Theodolit. Ist ein Winkel in Grad angegeben, muss er zuvor in Gon umgerechnet werden.

Mit den Nivellierinstrument soll z. B. ein Winkel von 40 gon abgesteckt werden. Dazu wird auf der Strecke AB im Scheitel B das Instrument zentriert und horizontiert (**Bild 3**). Bei der Aufstellung wird der Gon-Teilstrich null in Richtung des Punktes A eingerichtet. Zum Abtragen des Winkels wird das Fernrohr im Uhrzeigersinn gedreht,

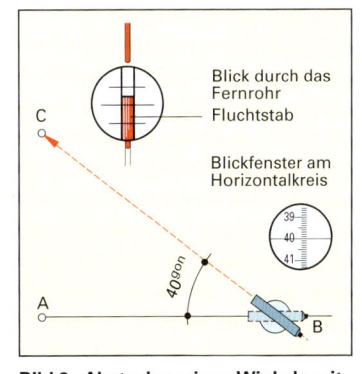

Bild 3: Abstecken eines Winkels mit dem Nivellierinstrument

bis Gon-Teilstrich 40 im Blickfeld abgelesen wird. Das Fernrohr wird festgestellt. Durch Vergleich der senkrechten Strichkreuzachse mit der Fluchtstabachse wird Punkt C abgesteckt (**Bild 3, Seite 203**).

Mit dem Theodolit können zusätzlich beliebige Winkel in der Vertikalen gemessen werden. Er setzt sich aus dem Unterbau und dem Oberbau zusammen (**Bild 1**). Die Aufstellung über einem Messpunkt erfolgt mittels Stativ, wobei die Zentrierung durch Schnurlot, starres Lot oder optisches Lot erfolgen kann. Der Unterbau besteht aus der Grundplatte mit den Stellschrauben zur Horizontierung, dem Horizontalkreis und der Einrichtung zur Aufnahme des Oberbaues. Der Oberbau besteht hauptsächlich aus dem Fernrohrträger mit dem kippbaren Messfernrohr und dem Vertikalkreis, der sich beim Auf- und Abkippen des Fernrohres mitbewegt. Außerdem ist eine Dosen- und eine Röhrenlibelle angebracht.

Am Theodolit unterscheidet man Stehachse, Kippachse und Zielachse. Zur fehlerfreien Horizontal- und Vertikalwinkelmessung ist es notwendig, dass die Stehachse lotrecht, die Kippachse waagerecht und die Zielachse senkrecht auf der Kippachse ist. Die Stehachse (Drehachse) wird durch Einspielen der Dosen- bzw. Röhrenlibelle senkrecht gestellt.

Wird der Theodolit zur Messung eines Polygonzuges verwendet, gehören zur Messausrüstung außerdem mindestens drei Stative und zwei Zieltafeln. Als Polygonzüge werden geknickte Linienzüge im Gelände bezeichnet, die durch Messen von Strecken und Winkeln festgelegt sind. Jeder Polygonpunkt wird durch Berechnung seiner x- und y-Werte in ein Koordinatensystem eingebunden.

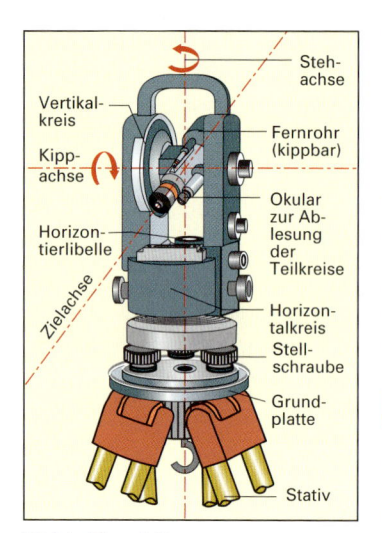

Bild 1: Theodolit

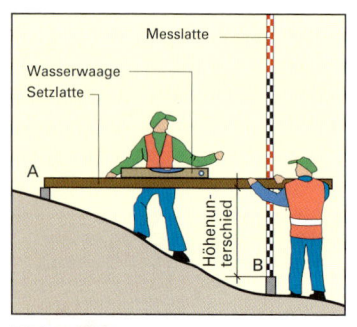

Bild 2: Höhenmessung mit der Setzlatte

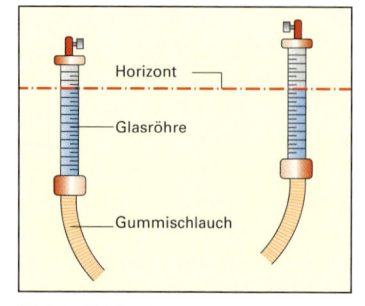

Bild 3: Schlauchwaage

5.5.4 Höhenmessung

Aufgabe der Höhenmessung (Nivellement) ist die Ermittlung des Höhenunterschiedes zwischen zwei Punkten, wobei als Höhenunterschied der lotrechte Abstand zwischen einem höher liegenden und einem tiefer liegenden Punkt bezeichnet wird. Sie ist notwendig, um z. B. Bauwerke in ihrer Höhenlage zu bestimmen, im Straßenbau Neigungen zu ermitteln, bei Abwasserleitungen ausreichendes Gefälle herzustellen und bei Tunnelbauten mit beidseitigem Vortrieb gleiche Anschlusshöhe zu erreichen. Auf Baustellen müssen auch Punkte bestimmt werden, deren Höhenunterschied null ist, z. B. bei Deckenplatten, Unterzügen und Trägern. Ausgangspunkt jeder Höhenmessung ist ein Höhenfestpunkt, der durch die Landesvermessung festgelegt und auf den Amsterdamer Pegel bezogen ist. Diesen bezeichnet man als **NN** = **N**ormal**n**ull. Höhenfestpunkte können z. B. als Höhenmarken, Mauerbolzen, Pfeilerbolzen, unterirdische Festlegung und Rohrfestpunkte gekennzeichnet sein. Oberirdische Festpunkte sind meist an öffentlichen Gebäuden angebracht, wie an Kirchen, Rathäusern und Bahnhöfen. Auf der Baustelle ist es notwendig, einen Höhenbezugspunkt festzulegen, auf den die Höhenunterschiede am Bauwerk bezogen werden. Diese Höhenunterschiede werden als relative Höhen bezeichnet, im Gegensatz zu den absoluten, die sich auf Normalnull beziehen.

Für die Höhenmessung auf der Baustelle verwendet man die Wasserwaage und Setzlatte, Schlauchwaage, Visiertafeln und das Nivellierinstrument.

Wasserwaage und **Setzlatte** eignen sich zur Höhenmessung über kurze Strecken im steil geneigten Gelände, wie z. B. an Böschungen (**Bild 2**). Die Setzlatte wird in der Mitte des Höhenfestpunktes A angelegt und mit der Wasserwaage horizontal ausgerichtet. An einer Latte oder an einem Fluchtstab, der in Punkt B eingelotet ist, wird von UK Setzlatte die lotrechte Entfernung auf den Punkt B gemessen.

Die **Schlauchwaage,** deren Funktion auf dem Gesetz der kommunizierenden Röhren beruht, wird vorwiegend zur Festlegung von Punkten gleicher Höhenlage verwendet, z. B. beim Versetzen von Fertigteilen und Anbringen eines Meterrisses **(Bild 3, Seite 204).** Das eine Ende der Schlauchwaage wird an einem Festpunkt angehalten, und mit dem anderen wird in der Höhe so lange verfahren, bis sich der Wasserspiegel auf Höhe des Festpunktes einstellt. Beim Füllen des Schlauches mit Wasser ist darauf zu achten, dass das Entlüftungsventil geöffnet ist, damit die Luft entweichen kann. Bei der Handhabung ist zu beachten, dass der Schlauch nicht abgeknickt wird.

Das Festlegen von Höhen durch **Visierkreuze** wird häufig im Straßen- und Kanalbau angewendet, wenn zwischen zwei Festpunkten beliebig viele Zwischenpunkte gleicher Höhenlage (waagerechte Gerade) oder eine Gerade gleicher Neigung abzustecken ist **(Bild 1).** Bei diesem Verfahren benötigt man einen Satz Visiertafeln. Die beiden Festpunkte sollten nicht wesentlich weiter als 50 m auseinander liegen. Der Anfangspunkt A wird mit einer schwarzen Krücke, der Endpunkt B mit einer schwarz/weißen Tafel markiert. Der Zwischenpunkt wird in der Höhe so eingefluchtet, dass die Oberkante der Krücke mit dem Grenzstrich der Tafel übereinstimmt. Sind mehrere Zwischenpunkte zu bestimmen, so werden diese in gleicher Weise festgelegt.

Das **Nivellierinstrument** (analoges Nivellier) verwendet man für umfangreiche und genaue Höhenbestimmungen **(Bild 2).** Ist das Instrument mit einem Horizontalkreis ausgestattet, kann es auch zur Winkelmessung in der Horizontalen eingesetzt werden. Außerdem können manche, mit Zusatzeinrichtungen ausgestattete Instrumente zur Tachymetrie in flachem Gelände eingesetzt werden. Unter Tachymetrie versteht man Verfahren zur schnellen Geländeaufnahme durch gleichzeitige Entfernungs- und Höhenmessung. Digitalnivelliere mit digitaler Messwertanzeige ermöglichen Höhen- und Distanzmessungen mit digitaler Bildverarbeitung und automatischer Datenregistrierung. Mit entsprechender Software können die gespeicherten Daten weiterverarbeitet werden.

Ein Nivellierinstrument besteht aus dem eigentlichen Instrument und dem Stativ. Das Instrument setzt sich aus dem Unterbau und dem Oberbau zusammen. Das Fernrohr mit aufgesetzter, fest verbundener Röhrenlibelle oder eingebautem Kompensator (Ziellinienregler) bezeichnet man als Oberbau. Teile des Fernrohres sind Objektiv, Strichkreuz und Okular. Die Fokussierung, d.h. die Scharfeinstellung, erfolgt über einen Drehknopf. Der Unterbau besteht aus der Grundplatte mit den Fußschrauben, der Dosenlibelle und der drehbaren Lagerung des Fernrohrträgers. Zielachse und Stehachse bilden einen rechten Winkel.

Ist ein Teilkreis vorhanden, so ist dieser dem Unterbau zugeordnet. Ein Nivellierinstrument kann weitere Einrichtungen aufweisen, welche die Handhabung erleichtern, wie z. B. ein Beobachtungsprisma für die Dosenlibelle, Seitenfeintrieb, Feststellschraube und Vorsatzlinsen für den Einsatz im Nahbereich.

Die Grobhorizontierung des Nivellierinstruments geschieht mithilfe der Dosenlibelle durch Betätigung der Fußschrauben. Bei Instrumenten ohne Ziellinienregler erfolgt die Feinhorizontierung mit der Röhrenlibelle, die ebenfalls über die Fußschrauben angesprochen wird. Instrumente mit automatischer Horizontierung haben einen eingebauten Kompensator. Dieser ersetzt die Röhrenlibelle und stellt nach dem Einspielen der Dosenlibelle unter Einwirkung der Schwerkraft die Feinhorizontierung selbsttätig ein.

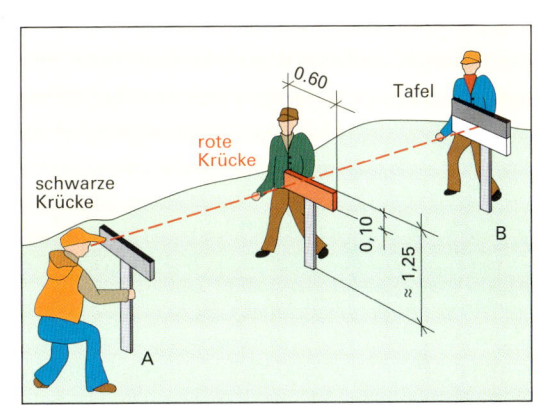

Bild 1: Festlegen von Höhen mit Visierkreuzen

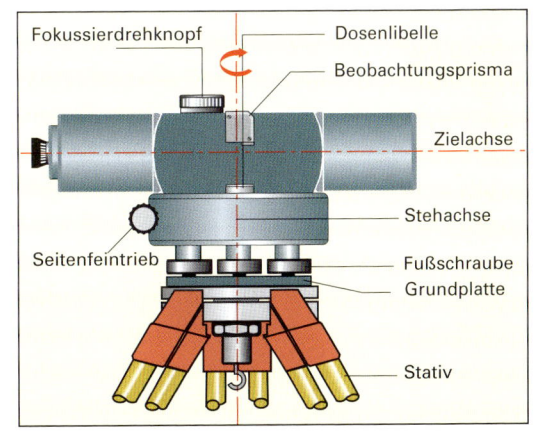

Bild 2: Nivellierinstrument

Durch Nivellieren werden vorwiegend Höhenunterschiede zwischen verschiedenen Punkten oder Punkte gleicher Höhe eingemessen. Höhenunterschiede werden von einer horizontalen Ziellinie (Instrumentenhorizont) mittels Lotrecht über den Messpunkten stehenden Nivellierlatten ermittelt. Punkte gleicher Höhenlage misst man vom Instrumentenhorizont aus durch gleiche Abstriche ein.

Soll z. B. von einen Höhenfestpunkt A, dessen Höhe über NN 551,78 m beträgt, die Höhe des Punktes B ermittelt werden, stellt man das Nivellierinstrument in der Mitte zwischen A und B auf **(Bild 1)**. Man hält zunächst die Nivellierlatte auf Punkt A und liest daran R = 2,51 m ab. **R** bedeutet Rückblick, weil man in Bezug auf den zu bestimmenden Höhenpunkt B nach rückwärts blickt. Nun wird die Latte nach Punkt B umgesetzt und durch das Fernrohr V = 1,29 m abgelesen. **V** bedeutet Vorblick, weil man in Bezug auf den zu bestimmenden Höhenpunkt B vorwärts blickt.

Den Höhenunterschied Δh errechnet man

$$\text{Höhenunterschied} = \text{Rückblick} - \text{Vorblick}$$
$$\Delta h = R - V$$
$$\Delta h = 2{,}51 \text{ m} - 1{,}29 \text{ m}$$
$$\Delta h = 1{,}22 \text{ m}$$

Die Höhe des Punktes B beträgt

$$\text{Höhe B} = \text{Höhe A} + \text{Höhenunterschied}$$
$$H_B = H_A + \Delta h$$
$$H_B = 551{,}78 \text{ m} + 1{,}22 \text{ m}$$
$$H_B = 553{,}00 \text{ m üb. NN}$$

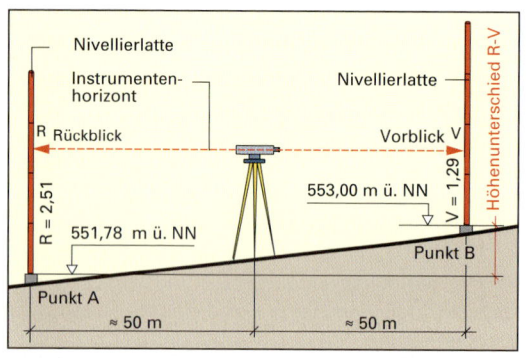

Bild 1: Höhenbestimmung mit dem Nivellierinstrument

Bei der Durchführung einer Höhenmessung mit dem Nivellierinstrument ist zu beachten:
- Zielweiten gleich groß festlegen (Nivellieren aus der Mitte).
- Zielweiten nicht wesentlich größer als 50 m wählen, Messgenauigkeit des Instruments beachten.
- Stative standsicher aufbauen und Erschütterungen vermeiden.
- Nivellierinstrumente sorgfältig horizontieren.
- Nivellierlatten stets horizontal stellen, gegebenenfalls einen Metallfuß als Lattenunterlage verwenden.

Ist es nicht möglich, den Höhenunterschied zweier Punkte mit nur einer Instrumentenaufstellung zu ermitteln, muss der Instrumentenstandpunkt (IS) mehrmals gewechselt werden (Instrumentenwechsel). Bei jeder neuen Aufstellung des Instrumentes gilt der zuletzt vermessene Punkt der vorangegangenen Höhenmessung als Ausgangspunkt. Der neu bestimmte Ausgangspunkt wird als Wechselpunkt (WP) bezeichnet. Da es sich um eine Aneinanderreihung von Einzelaufstellungen handelt, ergibt sich der Gesamthöhenunterschied aus der Summe der Höhenunterschiede Δh.

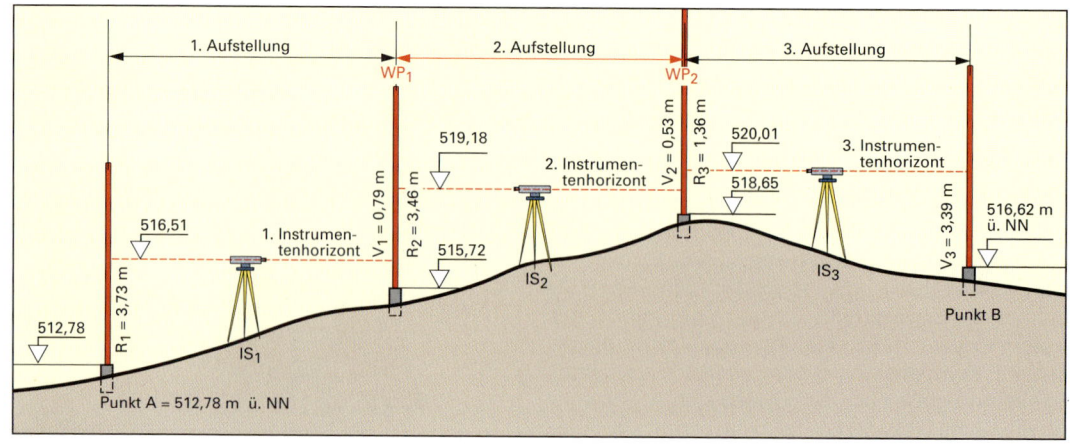

Bild 2: Nivellement mit Instrumentenwechsel

Ablauf eines Nivellements mit Instrumentenwechsel **(Bild 2, Seite 206)**:

- Nivellierlatte auf dem Festpunkt A lotrecht aufstellen.
- Nivellierinstrument unter Beachtung der Zielweiten im Punkt IS$_1$ aufstellen.
- Rückblick R$_1$ in das Feldbuch **(Bild 1)** eintragen.
- Nivellierlatte in WP$_1$ aufstellen.
- Vorblick V$_1$ in das Feldbuch eintragen.
- Instrumentenwechsel nach Standpunkt IS$_2$ vornehmen und Latte am WP$_1$ drehen.
- Rückblick R$_2$ in das Feldbuch eintragen.
- Nivellierlatte auf Wechselpunkt WP$_2$ aufstellen.
- Vorblick V$_2$ in das Feldbuch eintragen.

FELDBUCH	Ort: Biberach Längen-Nivellement		Witterung: sonnig	Blatt: 1	
mit Instrument:	Zeiss Ni 2	383612			
angeschlossen an:	HP A		mit NN +	512,78 m	
Punkt	Ablesung in m Rückblick	Zw. Punkt	Vorblick	Instrumentenhorizont	Höhe d. Pkt. in m ü. NN	Bemerkungen
A				512,78		HP
	3,73		0,79	516,51	515,72	WP$_1$
	3,46		0,53	519,18	518,65	WP$_2$
B	1,36		3,39	520,01	516,62	
ΣR = 8,55	ΣV = 4,71		HP = 512,78		Datum: 04.03.05
Δh = 3,84			Δh = 3,84		Beobachter:
				516,62	Huber

Bild 1: Feldbuch

5.5.5 Bauvermessung mit Laser-Instrumenten

Das Wort **Laser** ist eine Zusammensetzung aus dem Anfangsbuchstaben der englischen Bezeichnung »**L**ight **a**mplification by **s**timulated **e**mission of **r**adiation«. Dies bedeutet Lichtverstärkung durch erzwungene Strahlenanregung. Zum Betrieb des Lasers ist ein Steuergerät notwendig, das aus einem Akku gespeist werden kann. Im Bauwesen werden Helium-Neon-Laser und Diodenlaser eingesetzt. Im Gegensatz zu den Helium-Neon-Lasern brauchen Diodenlaser keinen Transformator, um die Betriebsspannung zu erhöhen. Außerdem haben sie den Vorteil, dass der Laserstrahl besser sichtbar ist. Laserstrahlen können bei direkter Einwirkung auf die Augen die Sehkraft gefährden, deshalb müssen die von der Berufsgenossenschaft herausgegebenen Sicherheitsvorschriften eingehalten werden. Laserinstrumente haben den Vorteil, dass die ausgesandten Strahlen sichtbar sind bzw. durch Detektoren (Empfänger) erfasst werden können. Bei eingerichtetem Instrument können Messvorgänge rasch und fehlerfrei ausgeführt werden.

Mit **Baulasern** werden Vermessungsarbeiten auf der Baustelle durchgeführt. Der Vorteil liegt hauptsächlich darin, dass die Arbeiten von einer Person vorgenommen werden können. Wegen der verschiedenen Bauaufgaben des Hoch-, Ingenieur- und Innenausbaus sowie des Tief- und Straßenbaus wurden unterschiedliche Lasertypen entwickelt, die praxisorientierte Einsatzschwerpunkte abdecken. Im Hochbau kommen vorwiegend Rotationslaser, im Tiefbau Kanalbaulaser zum Einsatz.

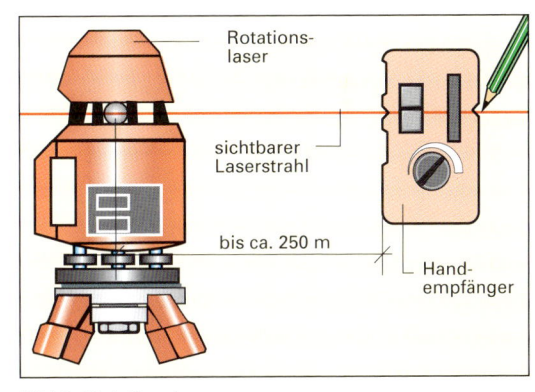

Bild 2: Rotationslaser

Rotationslaser sind horizontal, vertikal und mit Neigung einstellbar **(Bild 2)**. Die rotierenden Prismensysteme, mit einer Rotationsgeschwindigkeit mit bis zu 800 U/min, erzeugen eine horizontale oder vertikale Kreisebene. Bei horizontal rotierendem Strahl erhält man z. B. in einem Raum eine horizontale, durchgehende Bezugsebene, die es ermöglicht, an jeder Stelle in den verschiedensten Lagen zum Instrument eine Höhenablesung vorzu-

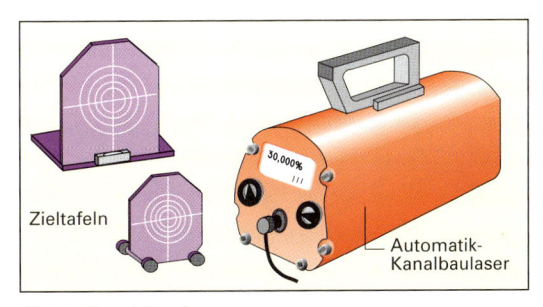

Bild 3: Kanal-Bau-Laser

nehmen. Mit einer vertikalen Bezugsebene lassen sich z. B. Schalungen, Trennwände, Stützen und Fassaden ausrichten. Mit einem Lotstrahl kann das Instrument auf einem bestimmten Punkt zentriert, mit einem Referenzstrahl können rechte Winkel angetragen werden. Vorteile bringt eine Selbstnivellier-Automatik mit Pendelkompensator, der im Selbsthorizontierbereich Neigungen schneller ausgleichen kann als Geräte mit elektromotorischer Horizontierung. Die Genauigkeit des Lasers ist im Zusammenhang mit der des Detektors (Empfänger) zu sehen. Da es für die Prüfung von Rotationslasern noch keine DIN-Norm gibt, ist man auf die Angaben der Hersteller angewiesen. Die Reichweiten werden mit 100 m bis 600 m angegeben. Durch ausgewähltes Zubehör, wie z. B. Zielzeichen, Fernbedienung, Adapter, Befestigungsklammern, Ladegerät und Transportkoffer, lassen sich Erleichterungen erzielen.

Kanal-Bau-Laser sind auf Vermessungsarbeiten ausgerichtet, die eine ausgeprägte Längsrichtung aufweisen, wie z. B. das Verlegen von Rohren zwischen zwei Schächten. Sie sind horizontal, vertikal und mit vorgegebener Neigung einstellbar **(Bild 3, Seite 207)**. Außerdem kann ein Referenzstrahl lot- und winkelrecht zur Instrumentenachse eingerichtet werden. Eine Drehung der Vertikalebene, wie bei Rotationslasern ist nicht möglich. Das Instrument ist mit einer Selbstnivellier-Automatik ausgestattet. Die Reichweiten betragen 100 m bis 300 m. Zur Grundausstattung gehören z. B. Zielzeichen, Fernbedienung, Ladegerät und Transportkoffer.

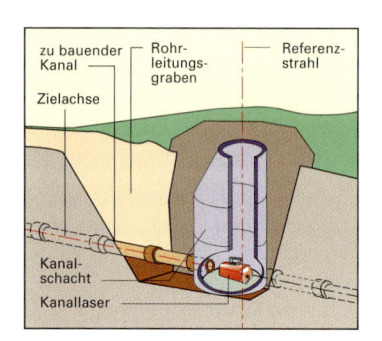

Bild 1: Arbeiten mit dem Kanal-Bau-Laser

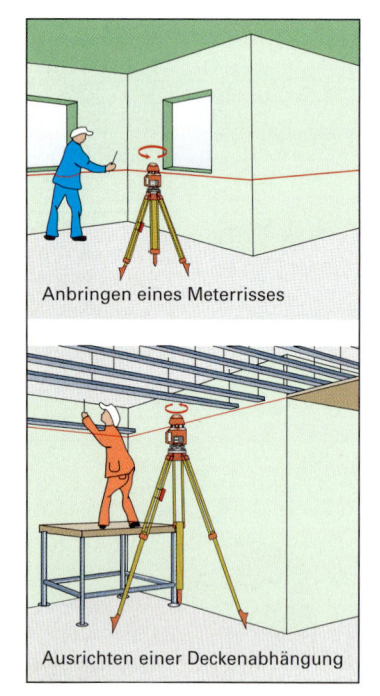

Bild 2: Arbeiten mit dem Rotationslaser

Laser im Kanalbau

Das Instrument wird auf einem Stativ oder einer Grundplatte mit Vertikalsäule aufgesetzt **(Bild 1)**. Zum Verlegen von Rohren wird der Laserstrahl so ausgerichtet, dass er die Rohrachse angibt. In Rohren mit größerem Durchmesser oder in Schächten ist das Instrument an der Vertikalsäule in der Höhe verstellbar. Für den Einsatz in Gräben mit geringer Tiefe oder auf der Erdoberfläche wird das Stativ verwendet. Es können Neigungen im Bereich von −10% bis +30% eingestellt werden. Kommt der Kanal-Bau-Laser vom richtigen Niveau ab, korrigiert die Selbstnivellier-Automatik die Ausrichtung innerhalb eines bestimmten Bereichs selbstständig. Außerhalb des selbst nivellierenden Bereichs schaltet das Gerät ab und muss neu eingestellt werden. Das Planieren einer Rohrgrabensohle erfolgt mit einer Schablone, die so über das zu erstellende Planum geführt wird, dass der Laserstrahl stets genau auf eine Markierung trifft. Bei auf Rohrachse eingerichtetem Instrument ist der Höhenunterschied bis zur Sohle zu berücksichtigen. Das Verlegen der Rohre erfolgt mithilfe eines Zielzeichens. Dieses wird ins Rohrende so eingesetzt, dass Zielachse und Rohrachse übereinstimmen. Um das zu verlegende Rohr in Richtung und Neigung zu bringen, verschiebt man es so lange, bis der Zielstrahl in die Mitte des Zielzeichens trifft.

Laser im Hochbau

Der Rotationslaser kann entweder auf einem Stativ stehen oder z. B. an einem Pfeiler befestigt werden **(Bild 2)**. Die Grobhorizontierung des Instruments erfolgt mithilfe der Dosenlibelle durch Betätigung der Fußschrauben, die Feinhorizontierung automatisch durch den eingebauten Kompensator. Diese Laserinstrumente eignen sich bei horizontaler Ausrichtung z. B. für Ausschachtungs- und Planierarbeiten, Anbringen von Meterrissen, Einbau von Estrichen und Ausrichten von Rasterdecken, bei vertikaler Ausrichtung zum Hochloten von Festpunkten, was z. B. beim Führen von Gleitschalungen und Anlegen von senkrechten Schächten sowie beim Einbau von Aufzugschienen vorteilhaft ist.

Beim Ausrichten von Rasterdecken wird das Instrument ungefähr in der Raummitte aufgestellt und eingerichtet (Bild 2). Die durch den rotierenden Laserstrahl ausgesandte waagerechte Bezugsebene ist an jeder Stelle des Raumes zugänglich. Der Strahl kann über Zieltäfelchen aufgefangen und die Deckenelemente danach ausgerichtet werden. Ähnlich geschieht auch das Anbringen eines Meterrisses (Bild 2).

Weitere Laseranwendung

Laser-Entfernungsmessgeräte dienen zum Messen von Entfernungen, insbesondere wenn der Messort schwer zugänglich ist. Das Gerät wird von Hand geführt und auf den Zielpunkt gerichtet. Es können horizontale und vertikale Entfernungen von 0,2 m bis 30 m ohne Reflektor, bis 100 m mit Reflektor gemessen werden. Integrierte Speicher und Rechenfunktionen ermöglichen die Speicherung, Addition und Subtraktion von Teillängen sowie das Berechnen von Flächen und Rauminhalten. Im Ein-Mann-Betrieb können z. B. Maße bei der Bauausführung überprüft oder eine Gebäudeaufnahme erstellt werden.

Laserinstrumente werden auch zur Steuerung von Baumaschinen eingesetzt. Die Lasersteuerung eignet sich besonders für Planiergeräte wie Grader (Erdhobel) und Ketten- oder Raddozer, aber auch für Graben- und Straßenfräsen sowie Deckenfertiger. Im Tunnelbau können Bohrwagen, Vortriebsmaschinen und Pressen damit geführt werden.

5.5.6 Aufnahme von Längs- und Querprofilen

Zur Planung, zum Bau und zur Mengenermittlung im Tiefbau, z. B. beim Bau von Straßen, Brücken und Abwasserkanälen, teilweise auch im Hochbau, ist es notwendig, die Oberflächenform des Geländes zeichnerisch darzustellen. Dabei werden durch das Gelände lotrechte Schnitte geführt. Diese verlaufen in der Längs- und Querachse des Bauwerkes. Die zeichnerische Darstellung eines Schnittes bezeichnet man als Profil. Je nach Lage der Schnitte unterscheidet man Längsprofile und Querprofile. Grundlage für die Ermittlung der Profile ist meist ein Lageplan mit Höhenschichtlinien.

5.5.6.1 Aufnahme von Längsprofilen

Zur Aufnahme von Längsprofilen werden je nach Geländeform in bestimmten Abständen, z. B. 20 m, Punkte, die als Stationierungspunkte bezeichnet werden, festgelegt (**Bild 1**). Diese werden mit Fluchtstäben markiert. Die Höhen dieser Stationierungspunkte über NN werden durch Höhenmessung ermittelt und die Ergebnisse im Feldbuch eingetragen und ausgewertet.

Um in der Zeichnung die Höhe im Verhältnis zur Länge deutlicher zu machen, wird in der Regel für die Abstände der Stationierungspunkte ein Maßstab 1:1000 und für die Höhen ein Maßstab 1:100 gewählt.

Das Profil wird über einer Bezugslinie (Horizont) angeordnet. Dieser Bezugslinie wird ein bestimmtes Höhenmaß, z. B. 540 m über NN, zugeordnet. Auf dieser werden die Stationierungspunkte eingemessen und darauf jeweils die Senkrechte errichtet. Auf den Senkrechten trägt man die Höhenmaße ab. Die ermittelten Höhenpunkte sind geradlinig miteinander zu verbinden. Bei jedem Profil müssen die Maßstäbe angegeben sein.

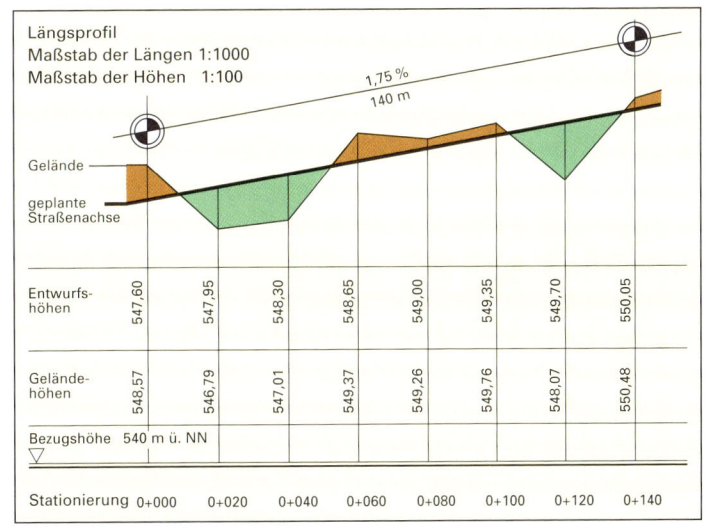

Bild 1: Längsprofil

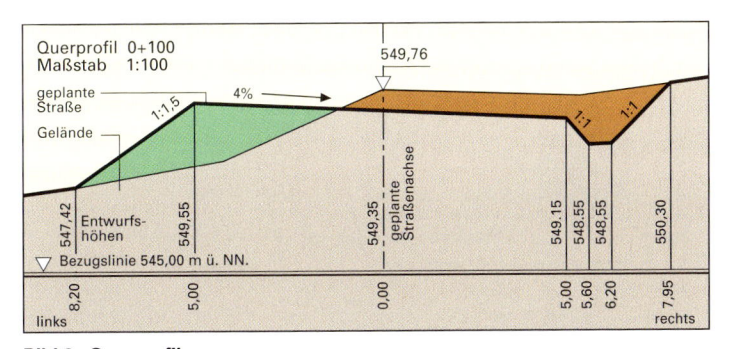

Bild 2: Querprofil

5.5.6.2 Aufnahme von Querprofilen

Quer zur Längsachse, mit Blick in Stationierungsrichtung, wird das Querprofil geführt **(Bild 2, Seite 209)**. Im Stationierungspunkt, z. B. 0+100, wird mit Hilfe eines Rechtwinkelinstrumentes die Querachse abgesteckt. Mit einem Höhenmessinstrument werden je nach Geländeform mehrere Höhenmaße rechts und links des Stationierungspunktes ermittelt, ins Feldbuch eingetragen und ausgewertet. Das Querprofil wird ähnlich wie das Längsprofil dargestellt, wobei jedoch für die Längen- und Höhenmaße der gleiche Maßstab gewählt wird. Während das Längsprofil eine Übersicht der Erdbewegungen über die gesamte Baumaßnahme ermöglicht, werden Querprofile z. B. zur Abrechnung der Erdarbeiten, getrennt nach Auftrag und Abtrag, benötigt. Verläuft das Gelände über der geplanten Ebene, z. B. Straße, muss Erdreich abgetragen werden, wobei ein Einschnitt entsteht, den man als **Abtrag** bezeichnet. Liegt die geplante Ebene über dem vorhandenen Gelände, muss Erdreich zu einem Damm aufgeschüttet werden, die bezeichnet man als **Auftrag**.

5.5.7 Bauabsteckung

Bei der Bauabsteckung werden die in den Zeichnungen enthaltenen Maßangaben in das Gelände übertragen und markiert **(Bild 1)**. Dabei handelt es sich in der Hauptsache um Gebäudeecken, Gebäudeachsen und Höhen.

Bei der Absteckung von Gebäuden geht man vom Absteckplan, der aus dem Lageplan entwickelt wird, aus. Dieser enthält Angaben über Lage und Größe des Gebäudes sowie andere Angaben, z. B. Grenzabstände, Baulinien und Höhenangaben. Das Abstecken erfolgt von einer Bezugslinie aus, z. B. von der Grundstücksgrenze oder Baulinie. Von der Bezugslinie aus, die auch Absteckungsachse genannt wird, überträgt man mithilfe von Rechtwinkelinstrumenten und Messband die im Absteckplan angegebenen Punkte in das Baugelände. Die so gefundenen Punkte werden markiert. Durch Kontrollmessung, z. B. durch Ermittlung der Diagonalen, wird die Absteckung überprüft. Zur Sicherung wichtiger Messpunkte werden z. B. in Verlängerung der Hauptgebäudefluchten weitere Punkte markiert. Von diesen Sicherungspunkten aus können Hauptmesspunkte, die durch Baumaßnahmen verloren gingen, nachträglich wieder eingemessen werden. Bevor die Fundamente ausgeschachtet werden, muss das Schnurgerüst erstellt und eingeschnitten werden.

5.5.8 Schnurgerüst

Schnurgerüst im ebenen Gelände

Das Schnurgerüst dient zur genauen Festlegung eines Gebäudegrundrisses im Gelände. Um den Standort des Schnurgerüstes zu ermitteln, werden zunächst vom Geometer die Gebäudeecken abgesteckt und mit Pflöcken markiert. Danach kann für jede Gebäudeecke ein Schnurbock erstellt werden. Er besteht in der Regel aus drei Rundhölzern und zwei waagerecht daran befestigten Bohlen. Die Rundhölzer werden parallel zu den Gebäudefluchten, senkrecht und unverrückbar, in den Boden eingeschlagen oder eingegraben **(Bild 1, Seite 211)**. Der Abstand der Rundhölzer von den Gebäudefluchten ist abhängig vom Arbeitsraum, von der Beschaffenheit des Baugrunds und damit von der Böschungsbreite der Baugrube. Um ein Abbrechen der Böschungskante zu vermeiden, ist ein ausreichend breiter Sicherheitsstreifen zu berücksichtigen.

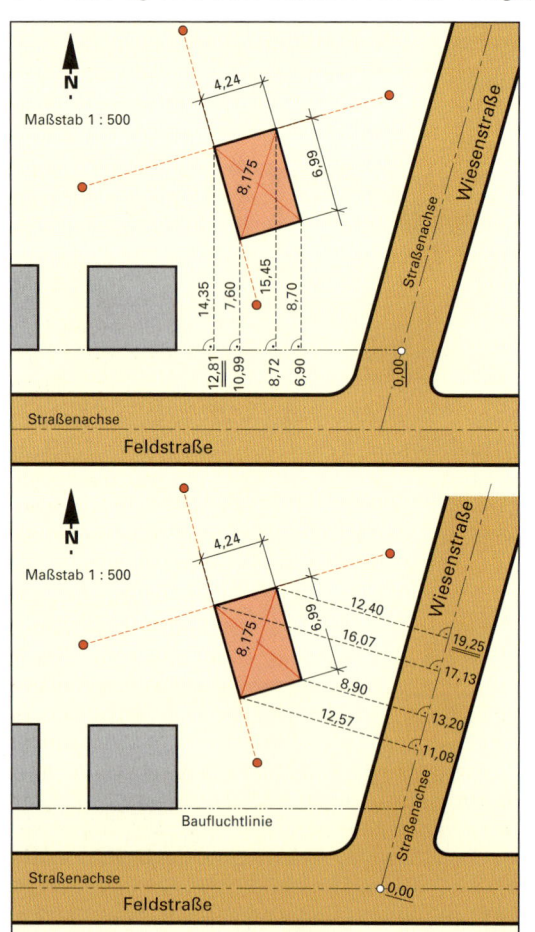

Bild 1: Abstecken eines Gebäudes

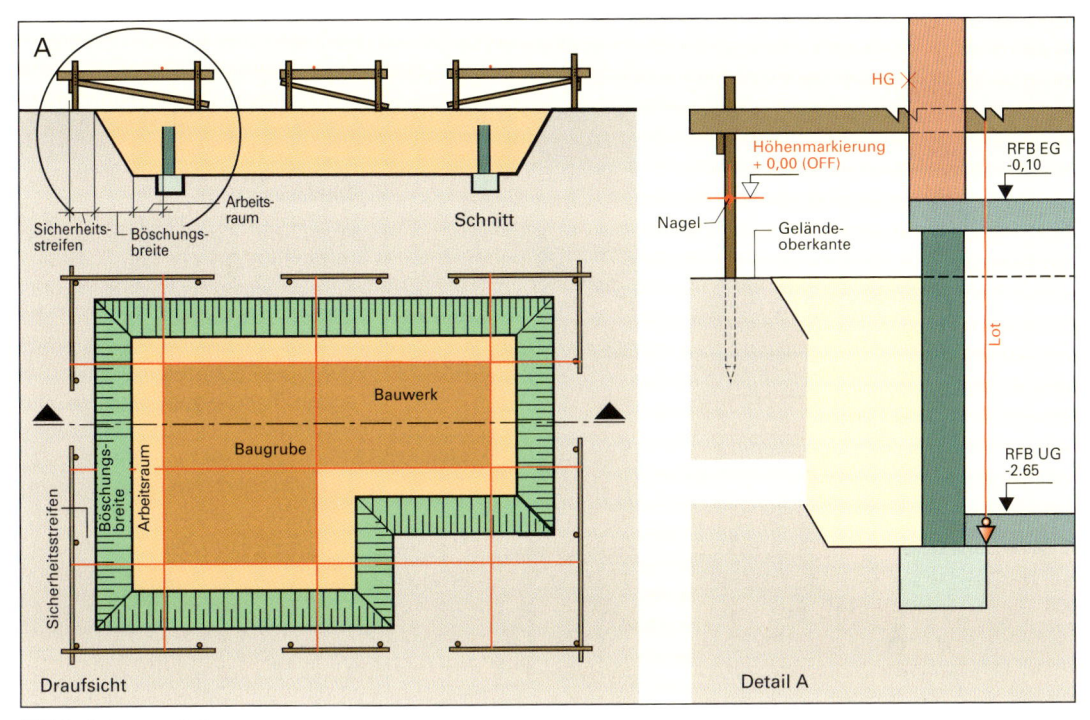

Bild 1: Schnurgerüst

Die Schnurgerüstbohlen nagelt man etwa 50 cm über der späteren Fußbodenhöhe des Erdgeschosses an die Rundhölzer; gegenüberliegende Bohlen werden gleich hoch angebracht. Dies erreicht man mithilfe eines Nivellierinstrumentes. Bohlenpaare, die die Längsflucht des Gebäudes markieren, werden in der Regel tiefer gesetzt als die Bohlenpaare für die Gebäudebreite.

Nach Fertigstellung des Schnurgerüstes schneidet der Geometer nach den Maßen des Absteckplans die Lage des Gebäudes am Schnurgerüst ein. Durch jeweils zwei gegenüberliegende Kerben oder sich kreuzende Nägel in den Schnurgerüstbohlen wird die äußerste Wandflucht des Erdgeschossgrundrisses festgelegt (Bild 1). Diese Wandflucht markiert die Gebäudeflucht des Rohbaus; sie wird als Hausgrund bezeichnet. Die entsprechenden Kerben am Schnurgerüst müssen mit HG gekennzeichnet sein. Von diesen Kerben aus werden alle anderen Maße, wie z.B. Breite der Fundamente oder Kellerwände, eingeschnitten und markiert.

Am Schnurgerüst wird vom Geometer außerdem eine Höhenmarke abgetragen. Die Markierung geschieht z. B. durch einen waagerechten Sägeschnitt und einen eingeschlagenen Nagel an einem Rundholz. Diese Höhenmarke kennzeichnet die **O**berfläche des **F**ertig**f**ußbodens im Treppenraum des Erdgeschosses **(OFF)**. Sie wird mit ± 0,00 und einer Höhenangabe in Metern über NN angegeben.

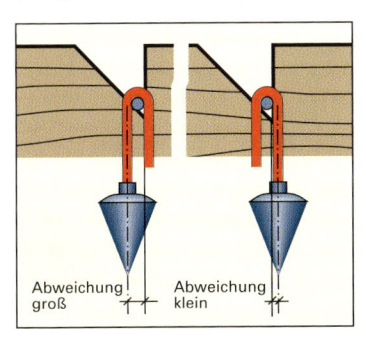

Bild 2: Maßabweichungen beim Auflegen des Schnurlotes

Nach den am Schnurgerüst festgelegten Maßen wird das Gebäude erstellt. Dazu wird in je zwei gegenüberliegenden Kerben meist ein verzinkter Draht eingelegt und gespannt. Über eine so markierte Wandflucht kann mithilfe eines Schnurlotes jeder Punkt dieser Flucht nach unten gelotet und markiert werden. Dabei sollte das Lot immer zum senkrechten Schnitt der Kerbe hin aufgelegt werden **(Bild 2)**. Maßabweichungen können dadurch klein gehalten werden. Längere Drähte werden zuerst gezogen, weil sie mehr durchhängen; kürzere Drähte werden über den längeren gespannt. Die Drähte dürfen sich an den Kreuzungsstellen nicht berühren, da sonst Messfehler entstehen können.

Das Schnurgerüst wird auch zum Ausrichten der Kellerwandschalung benutzt.

Sämtliche Höhen werden mit Setzlatte und Wasserwaage, mit dem Nivellierinstrument oder mit dem Laserinstrument von der Höhenmarke am Schnurgerüst abgenommen und z. B. an Pflöcken im Erdreich oder durch Messstriche an der Schalung oder Bauteilen festgehalten. Nach dem Anlegen der Erdgeschosswände kann das Schnurgerüst abgebaut werden.

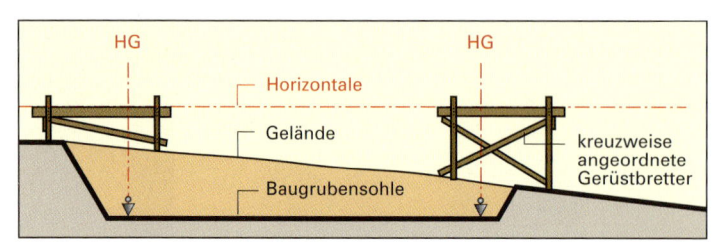

Bild 1: Schnurgerüst in schwach geneigtem Gelände

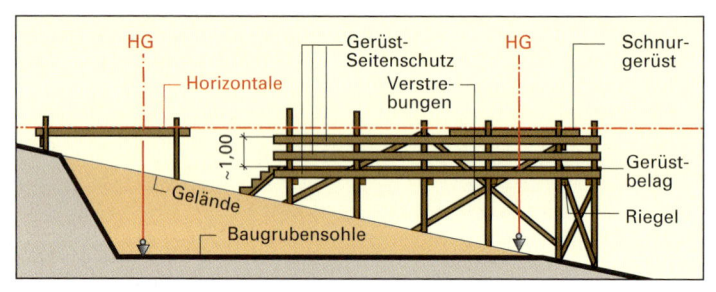

Bild 2: Schnurgerüst in stark geneigtem Gelände

Schnurgerüst im geneigten Gelände

Auch bei Schnurgerüsten am Hang müssen die Schnurgerüstbretter in einer waagerechten Ebene liegen, um Mess- und Übertragungsfehler zu vermeiden. Die Schnurgerüstböcke in **schwach geneigtem Gelände** sind zur Talseite hin höher anzulegen und mithilfe dicker Pfähle standsicher zu erstellen. Ein Schnurgerüstbock kann bis Mannhöhe von Stehleitern aus errichtet und benutzt werden. Die Aussteifung ist mit kreuzweise angeordneten Gerüstbrettern vorzunehmen **(Bild 1)**. Es sind dann keine zusätzlichen Arbeitsgerüste für das Erstellen, Einschneiden oder Fluchten notwendig. Die Schnurgerüstböcke in **stark geneigtem Gelände** können nur von zusätzlichen Arbeitsgerüsten aus erstellt und benutzt werden **(Bild 2)**. Auch zum Einschneiden und Fluchtanlegen ist das Arbeitsgerüst notwendig. Häufig werden Arbeitsgerüst und Schnurgerüstbock als ein gemeinsames Gerüst erstellt. Hierbei sind die Vorschriften des Gerüstbaues zu beachten.

Die Erstellung eines Schnurgerüstes, insbesondere in stark geneigtem Gelände, erfordert einen hohen Aufwand. Im ebenen und schwach geneigten Gelände werden deshalb vermehrt Schnurgerüstböcke nach der Art von Stahlrohrgerüsten aufgestellt. Durch eine spezielle Verankerung im Erdreich und Aussteifungsdiagonalen wird die Sicherung gegen Einsinken und Verschieben erreicht. Schnurgerüstdielen werden in stufenlos höhenverstellbare Gabelformstücke eingelegt, horizontal ausgerichtet und mittels Klemmen in Lage gehalten. In stark geneigtem Gelände wird meist der Arbeitsraum so breit ausgeführt, dass das Schnurgerüst auf Ebene der Baugrubensohle erstellt werden kann. Der Mehraushub an Boden ist meist kostengünstiger als eine aufwendige Holzkonstruktion mit Arbeitsgerüst. Außerdem kommt dem Ausrichten der Schalung bei Verwendung von Größenflächenschalungen nur noch eine geringe Bedeutung zu. Mit Baulasern ist die Kontrolle der Schalung genauer und schneller zu bewerkstelligen.

Aufgaben

1 Geben Sie an, welche Messungen durchzuführen sind, um einen Punkt im Gelände eindeutig zu bestimmen.
2 Beschreiben Sie das Einfluchten von mehreren Zwischenpunkten in eine Strecke AB.
3 Fertigen Sie eine Skizze einer Längenmessung mit Messlatten im geneigten Gelände.
4 Erklären Sie die geometrischen Zusammenhänge für das Abstecken beliebiger Winkel mit dem Meterstab.
5 Erläutern Sie, warum die Schlauchwaage zum Anbringen eines Meterrisses bei winkligen Grundrissen besonders geeignet ist.
6 Zeigen Sie an einem Beispiel, wie der Höhenunterschied beim Nivellement errechnet wird.
7 Beschreiben Sie ein Nivellement mit Instrumentenwechsel mit Auswertung im Feldbuch.
8 Erklären Sie, warum mit Rotationslasern Höhen für verschiedene Arbeiten gleichzeitig abgenommen werden können.
9 Unterscheiden Sie Längs- und Querprofile nach der Lage zum Bauwerk und der Maßstäbe bei der zeichnerischen Darstellung.
10 Begründen Sie, warum bei der Bauabsteckung Sicherungspunkte außerhalb des Baufeldes markiert werden.
11 Beschreiben Sie das Erstellen eines Schnurgerüstes in ebenem Gelände.
12 Unterscheiden Sie die Ausführung eines Schnurgerüstes in schwach bzw. stark geneigtem Gelände.

6 Baugrund, Gründungen, Entwässerung

6.1 Baugrund

Baugrund ist der natürlich entstandene Boden, auf dem Bauwerke errichtet werden. Böden unterscheidet man nach ihren stofflichen Bestandteilen in organische Böden und anorganische Böden (**Bild 1**).

Bei der Errichtung von Bauwerken muss das Tragverhalten des Baugrundes berücksichtigt werden. Wegen seines unterschiedlichen Verhaltens bei Belastung teilt man den Boden als Baugrund nach DIN 1054 in **Bodenarten** nach gewachsenem Boden, Fels und geschüttetem Boden ein (**Bild 2**). Da der Baugrund oft aus nichtbindigem oder bindigem Boden besteht, ist das Tragverhalten dieser Böden vor allem bei Wasseraufnahme zu beachten.

Nichtbindiger Boden besteht aus Körnern unterschiedlicher Größe, die sich gegenseitig berühren. Der nichtbindige Boden hält kein Wasser und die Reibung zwischen den Körnern wird beim Vorhandensein von Wasser kaum beeinflusst (**Bild 3**). Da diese Böden nicht aufweichen ist ihre Tragfähigkeit nicht vom Feuchtigkeitsgehalt, sondern nur von der Dichte der Lagerung abhängig.

Bindiger Boden besteht aus Schluff und Ton mit plättchenartigem Aufbau (Tonplättchen). Durch die Beschaffenheit der Oberfläche der Tonplättchen kann bindiger Boden Wasser aufnehmen und halten. Bei Wasseraufnahme weicht die Oberfläche der Tonplättchen auf, wodurch sich die Reibung zwischen den Plättchen verringert. Dadurch ändert sich die Konsistenz und die Tragfähigkeit des Bodens verschlechtert sich. Bei abnehmendem Wassergehalt verbessert sich die Tragfähigkeit des Bodens entsprechend (Bild 3).

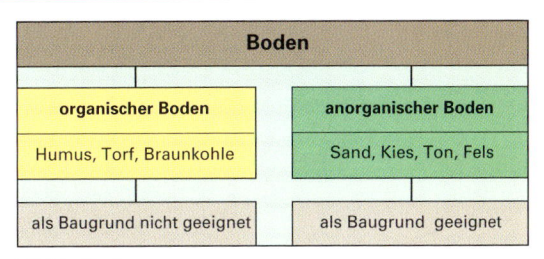

Bild 1: Boden

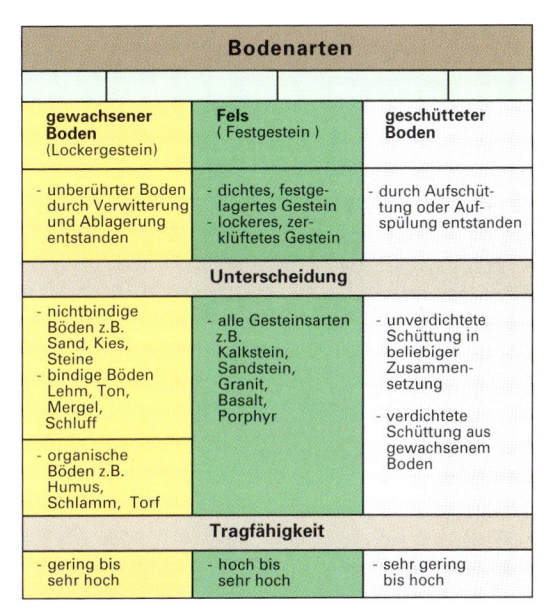

Bild 2: Bodenarten

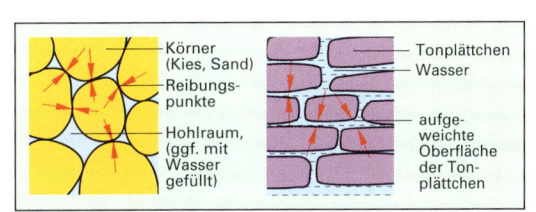

Bild 3: Nichtbindiger und bindiger Boden

6.1.1 Baugrube, Baugrubensicherung

6.1.1.1 Baugrube

Fundamente und Kellerräume liegen unterhalb der Geländeoberkante. Deshalb muss Erdreich ausgehoben und eine Baugrube hergestellt werden. Sind genaue Angaben über die Beschaffenheit und Schichtenfolge des Bodens erforderlich, müssen Bodenuntersuchungen wie Bohrungen, Sondierungen oder Schürfungen durchgeführt werden (**Bild 4**).

Dem anstehenden Baugrund entsprechend wird dann über die Gründungsart oder den Maschineneinsatz entschieden.

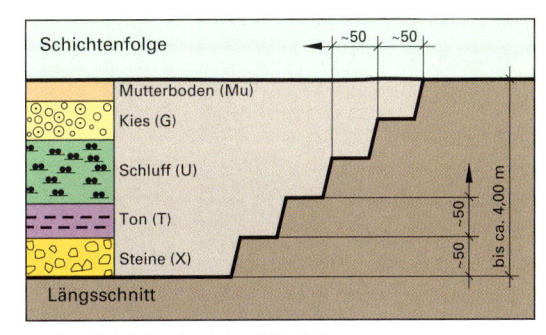

Bild 4: Schürfgrube (abgeböscht)

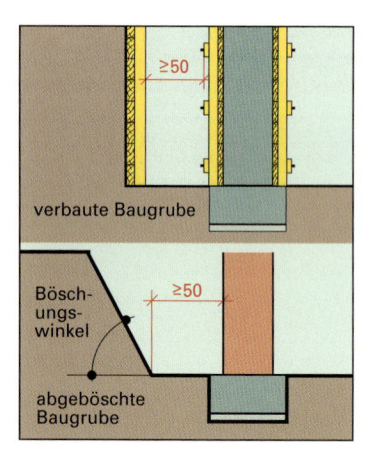

Bild 1: Arbeitsraum bei verbauter und abgeböschter Baugrube

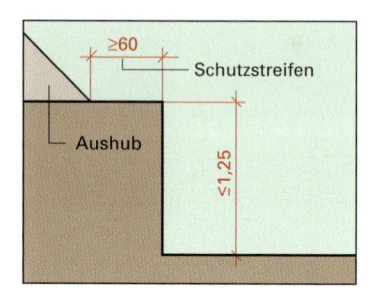

Bild 2: Baugrubentiefe bis 1,25 m

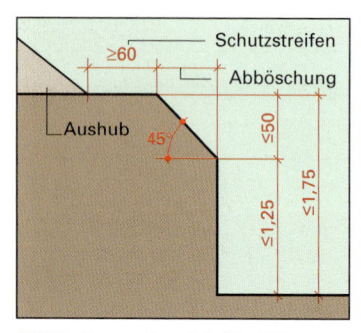

Bild 3: Baugrubentiefe bis 1,75 m

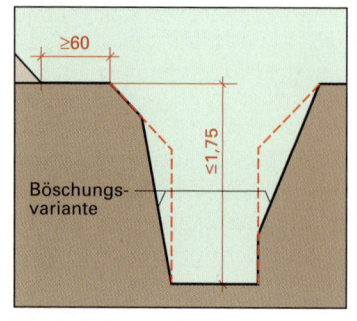

Bild 4: Varianten der Abböschung

Außerdem muss geprüft werden, ob auf dem Baugrundstück Ver- und Entsorgungsleitungen, wie z. B. Gas-, Wasser- und Abwasserleitungen oder Erdkabel, im Erdreich verlegt sind. Danach kann die Baustellenvermessung und das Abtragen des Oberbodens im Bereich der Bau-, Arbeits- und Lagerfläche erfolgen. Als Oberboden (Mutterboden) bezeichnet man die oberste Schicht des belebten Bodens. Sie ist besonders reich an Bodenlebewesen und enthält Humus oder Ton. Diese Schicht kann bis zu 40 cm dick sein. Oberboden sollte nach Möglichkeit auf dem Baugrundstück gelagert werden, da er später zum Andecken des Geländes wieder benötigt wird.

Das Ausheben der Baugrube geschieht fast ausnahmslos mit Ladefahrzeugen oder Baggern. Der Aushub muss gegebenenfalls mit Lastkraftwagen abtransportiert werden.

Beim Ausheben der Baugrube ist darauf zu achten, dass die Wände z. B. durch Abböschung oder durch Verbau gesichert werden. Anhaltende Niederschläge, wasserführende Schichten, Frost und Erschütterungen begünstigen den Einsturz von Erdmassen.

Der Boden der Baugrube (Baugrubensohle) muss waagerecht, profilgerecht und eben sein. Dazu werden Pflöcke auf gleicher Höhe in die Baugrubensohle eingeschlagen. Die Höhe der Pflöcke wird mithilfe eines Nivellier- oder Laserinstruments vom Bezugspunkt abgenommen und mit der Nivellierlatte oder dem Empfänger übertragen. Je nach Baugrubentiefe ergibt sich ein Abstichmaß von Oberkante Pflock zu Oberkante Boden. Dadurch wird ein genaues Einebnen (Planum) der Baugrubensohle erreicht. Grund-, Schicht- und Oberflächenwasser ist zu sammeln und abzuleiten.

Um genügend Bewegungsfreiheit zu haben, muss ein ausreichend breit bemessener **Arbeitsraum** rund um das Bauwerk vorhanden sein. Dieser Arbeitsraum muss von der Außenseite der Schalwandkonstruktion bis zum Verbau oder dem Fuß der abgeböschten Baugrubenwand mindestens 50 cm betragen **(Bild 1)**.

6.1.1.2 Baugrubensicherung

Baugruben und Gräben, die tiefer als 1,25 m sind, müssen beim Ausheben des Bodens gegen das Einstürzen oder gegen das Nachrutschen von Boden z. B. nach UVV gesichert werden. Auf jeder Seite der Baugrube muss ein mindestens 60 cm breiter Schutzstreifen geschaffen und freigehalten werden oder es ist dafür zu sorgen, dass am Rande der Baugrube gelagerter Aushub oder Oberboden nicht in die Baugrube zurückrollen kann **(Bild 2)**.

Während die Bodenarten nach DIN 1054 Auskunft über die Tragfähigkeit des Baugrunds geben, gilt DIN 18300 „Erdarbeiten" für das Lösen, Laden, Fördern, Einbauen und Verdichten von Boden und Fels. Entsprechend dem Zustand beim Lösen wird Boden und Fels in 6 Klassen eingestuft. Diese **Bodenklassen** geben Hinweise und Richtwerte für die Bearbeitbarkeit des Baugrundes. Nach diesen Richtwerten wird die Wahl und der Einsatz von Geräten und Maschinen zum Lösen, Transport und Verdichten von Boden und Fels bestimmt.

Außerdem werden je nach Einstufung des Baugrundes in eine der Boden- und Felsklassen die Böschungswinkel für die Baugrubenwände festgelegt. Diese sind flacher als der sich einstellende natürliche Gleitwinkel **(Tabelle 1, Seite 215)**.

Bei Baugrubentiefen bis 1,75 m kann der über 1,25 m hinausgehende Teil bei standfestem Boden unter 45° abgeböscht werden **(Bild 3)**. Bei

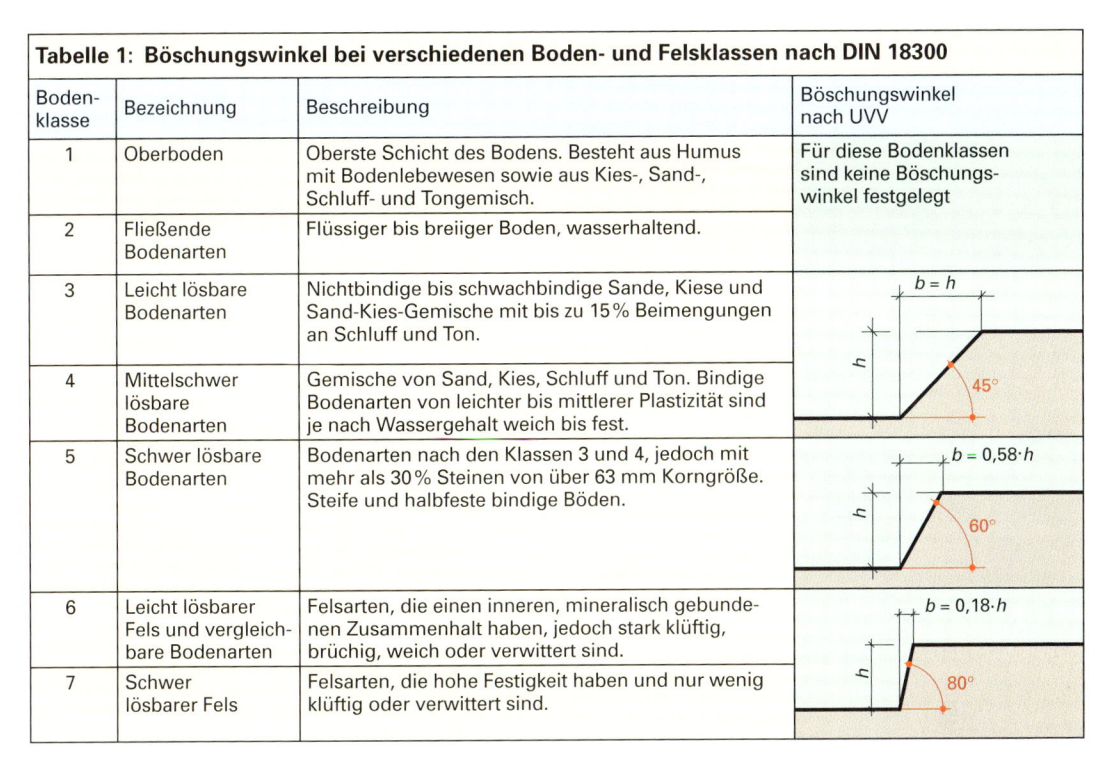

Tabelle 1: Böschungswinkel bei verschiedenen Boden- und Felsklassen nach DIN 18300

Boden-klasse	Bezeichnung	Beschreibung	Böschungswinkel nach UVV
1	Oberboden	Oberste Schicht des Bodens. Besteht aus Humus mit Bodenlebewesen sowie aus Kies-, Sand-, Schluff- und Tongemisch.	Für diese Bodenklassen sind keine Böschungswinkel festgelegt
2	Fließende Bodenarten	Flüssiger bis breiiger Boden, wasserhaltend.	
3	Leicht lösbare Bodenarten	Nichtbindige bis schwachbindige Sande, Kiese und Sand-Kies-Gemische mit bis zu 15 % Beimengungen an Schluff und Ton.	$b = h$, 45°
4	Mittelschwer lösbare Bodenarten	Gemische von Sand, Kies, Schluff und Ton. Bindige Bodenarten von leichter bis mittlerer Plastizität sind je nach Wassergehalt weich bis fest.	
5	Schwer lösbare Bodenarten	Bodenarten nach den Klassen 3 und 4, jedoch mit mehr als 30 % Steinen von über 63 mm Korngröße. Steife und halbfeste bindige Böden.	$b = 0{,}58 \cdot h$, 60°
6	Leicht lösbarer Fels und vergleichbare Bodenarten	Felsarten, die einen inneren, mineralisch gebundenen Zusammenhalt haben, jedoch stark klüftig, brüchig, weich oder verwittert sind.	$b = 0{,}18 \cdot h$, 80°
7	Schwer lösbarer Fels	Felsarten, die hohe Festigkeit haben und nur wenig klüftig oder verwittert sind.	

mindestens steifem bindigem Boden können Baugruben bis 1,75 m Tiefe durch Varianten der Mindestanforderungen an Abböschungen gesichert werden (**Bild 4, Seite 214**).

Bei Böden, deren Zusammenhalt sich durch Austrocknen, Eindringen von Wasser, Frost oder durch Bildung von Gleitflächen verschlechtern kann, sind entsprechend flachere Böschungen oder Böschungen mit Abstufungen (Bermen) herzustellen. Die Stufen abgestufter Baugrubenwände müssen eine Mindestbreite von 1,50 m haben; die Wände dürfen dabei nicht höher als 3,00 m sein. Auch sie müssen abgeböscht werden (**Bild 1**). Bei Baugrubentiefen über 5,00 m oder bei Abweichungen vom vorgeschriebenen Böschungswinkel ist die Standsicherheit nachzuweisen. Treten zusätzliche Belastungen oder Erschütterungen auf oder ist mit starken Auswaschungen der abgeböschten Baugrubenwände zu rechnen, sind die Böschungsflächen z. B. mit Folien zu belegen oder durch Auftragen einer dünnen Betonschicht (Torkretieren) zu befestigen (**Bild 2**).

Bei Baugruben von mehr als 1,25 m Tiefe sind Leitern erforderlich, die mindestens einen Meter über den Grubenrand hinausragen. Bei tiefen Baugruben sind die Leitern durch Treppengänge zu ersetzen. Da die Abböschungen auf dem Baugrundstück viel Platz erfordern, können Baugrubenwände auch durch Verbau gesichert werden. Dies ist auch bei wasserhaltenden oder gleichkörnigen Böden notwendig.

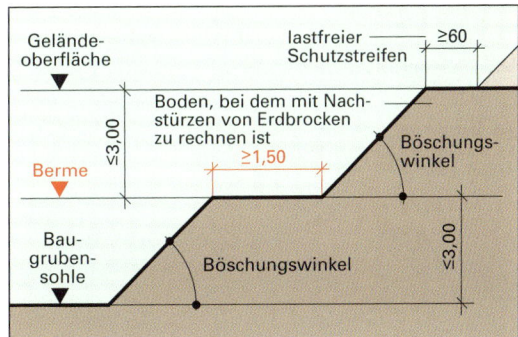

Bild 1: Baugrubenböschung mit Berme

Bild 2: Böschungsbefestigung

Der Verbau ist eine senkrecht stehende Wand aus Balken oder Stahlträgern, die mit mindestens 5 cm dicken, vollkantigen Bohlen vollflächig belegt sind. Dadurch wird das Einstürzen einer Baugrubenwand verhindert.

Um ein Abbrechen der Baugrubenkante zu vermeiden, müssen die Bohlen des Verbaus die Baugrubenwand mindestens 5 cm überragen. Die Bohlen sollen mit ihrer ganzen Fläche am Erdreich anliegen.

Der **Verbau** mit **waagerechter Verschalung** (Verbohlung) muss stets mit dem Aushub fortschreitend eingebaut werden. Dabei ist spätestens bei einer Tiefe von 1,25 m zu beginnen.

Beim **Verbau zwischen gerammten** oder **in Bohrlöchern eingesetzten Stahlträgern (Berliner Verbau)** werden die Bohlen waagerecht zwischen die Flanschen der Stahlträger eingesetzt. Die Bohlen müssen so lang sein, dass die Auflagertiefe mindestens einem Viertel der Flanschbreite entspricht. Die Bohlen sind mit Hölzern und Keilen zu verspannen, wobei die Keile durch Latten gesichert werden **(Bild 1)**.

Bild 1: Verbau zwischen Stahlträgern

Beim **Verbau mit senkrechter Verschalung** in schmalen Baugruben werden senkrecht stehende Bohlen in die Baugrubensohle eingeschlagen und im Abstand von mindestens 1,75 m über waagerechte Gurthölzer abgesteift. Die Gurthölzer müssen einen Mindestquerschnitt von 12 cm x 16 cm haben. Der Verbau ist dem Aushub folgend durchzuführen. Die Ausführungsvorschriften entsprechen denen des Verbaus mit waagerechter Verschalung.

Wird die Baugrube durch **Spundwände** gesichert, so werden vor Beginn der Ausschachtungsarbeiten Spundprofile in den Boden eingerammt. Spundprofile oder Spundbohlen besitzen an den Längsseiten so genannte Schösser, die beim Einrammen als Führung dienen. Durch die Aufnahme hoher Zug- und Druckkräfte senkrecht zur Längsachse ist eine Aussteifung oder Verankerung nur in großen Abständen erforderlich. Spundwände haben den Vorteil, dass sie weitgehend wasserdicht sind und deshalb bei Wasserbauten zur Baugrubensicherung eingesetzt werden können **(Bild 2)**.

Bild 2: Spundwand

Tiefe Baugruben neben stark befahrenen Straßen und bebauten Grundstücken werden auch durch **Bohrpfahlwände** gesichert. Dazu werden Löcher in die Erde gebohrt, bewehrt und ausbetoniert. Die Pfähle können unmittelbar nebeneinander oder in Abständen stehen, wobei die Zwischenräume als Betonwände ausgebildet sind **(Bild 3)**.

Bild 3: Bohrpfahlwand

6.1.2 Druckverteilung im Boden

Durch die Bauwerkslasten entstehen im Fundament Druckspannungen, die möglichst gleichmäßig auf den Baugrund verteilt werden sollen. Man nimmt vereinfachend an, dass die Druckverteilung unter einem Winkel von ungefähr 45° erfolgt. In Wirklichkeit verteilt sich der Druck jedoch in einer zwiebelähnlichen Form unter dem Gründungskörper. Dabei ergeben sich Linien gleich großer Druckspannungen, Isobaren genannt. Der Verlauf dieser Isobaren wird auch als „Druckzwiebel" bezeichnet (**Bild 1**). Aus dem Isobarenverlauf ist ersichtlich, dass die Druckspannungen unter der Fundamentsohle am größten sind. Bei einem Einzelfundament sind die Spannungen in einer Tiefe von etwa der doppelten Fundamentbreite fast abgeklungen. Bei Streifenfundamenten hingegen ist eine Tiefe von etwa der dreifachen Breite erforderlich. Isobaren verschiedener Gründungskörper dürfen sich nicht überlagern, da es im Schnittbereich zu einer Erhöhung der Druckspannungen kommt. Dies kann zu Setzungen der Gebäude führen.

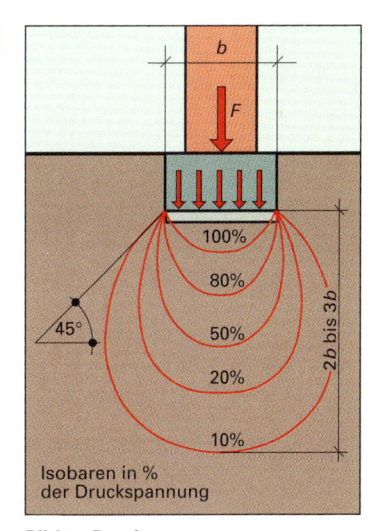

Bild 1: Druckspannungen unter einem Fundament

6.1.3 Gebäudesetzung und Grundbruch

Der Boden als Baugrund muss die Kräfte und Lasten eines Bauwerkes aufnehmen. Dabei kann der Baugrund unter diesen Lasten zusammengedrückt werden und sich verformen. Das Gebäude senkt sich gleichmäßig um wenige Millimeter. Dies bezeichnet man als Setzung.

Gleichmäßige Setzungen gefährden normalerweise ein Gebäude nicht und es treten auch keine Setzungsschäden auf. Überlagern sich jedoch Spannungen aus zwei benachbarten Fundamenten oder Gebäuden oder treten unter einem Bauwerk ungleiche Bodenschichtungen auf, so kann dies **ungleichmäßige Setzungen** zur Folge haben. Dabei können Gebäude sich zur Seite neigen oder es entstehen Setzungsrisse. Es können sich sogar Bauschäden ergeben, die eine Nutzung des Bauwerks nicht mehr zulassen (**Bild 2**).

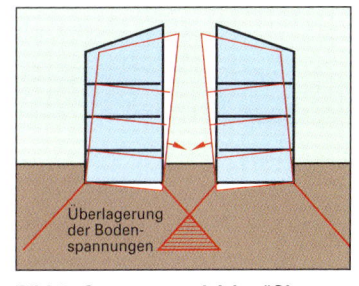

Bild 2: Setzung, ungleichmäßig

Die bindigen und nichtbindigen Böden zeigen ein unterschiedliches Zeit-Setzungsverhalten, das durch den Kompressionsversuch nachgewiesen werden kann (**Bild 3**). Bei der Belastung bindiger Böden wird das Porenwasser, das sich zwischen den einzelnen Körnchen oder Plättchen befindet, herausgepresst. Das Entweichen des Porenwassers dauert sehr lange. Deshalb können Setzungen von Bauwerken auf bindigem Boden über Jahre andauern. Das Setzungsmaß kann, je nach Porenwasseranteil im bindigen Boden, sehr groß sein. So hat sich z. B. das Holstentor in Lübeck, fertiggestellt im Jahre 1477, über Jahrhunderte hinweg um etwa 1,50 m gesetzt.

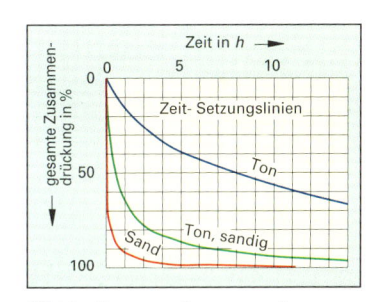

Bild 3: Kompressionsversuch

Bei der Belastung nichtbindiger Böden können keine großen Setzungen auftreten. Die Körner dieser Böden liegen eng nebeneinander. So wird die Auflast von Korn zu Korn weitergegeben und verteilt. Das Korngerüst kann durch die Auflast allenfalls etwas enger zusammengedrückt werden. Dies geschieht jedoch bereits bei der Belastung des Bodens.

Um der Setzungsgefahr bei der Gründung auf bindigem Boden zu entgehen, wird in der Praxis häufig der bindige Boden bis zu einer gewissen Tiefe durch einen nichtbindigen Boden ausgetauscht (Bodenaustausch). Wird die Belastbarkeit des Baugrundes überschritten, tritt der **Grundbruch** ein. Dabei weicht der Bodenkörper entlang einer Gleitfuge seitlich aus und das Bauwerk sinkt ein oder stürzt zusammen (**Bild 4**).

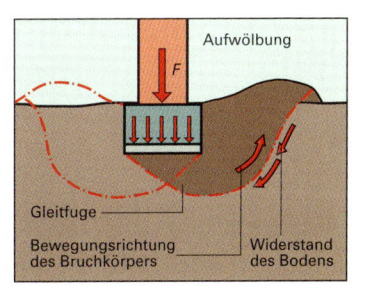

Bild 4: Grundbruch

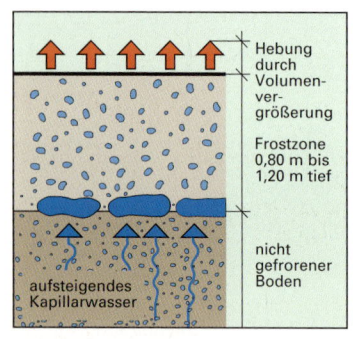

Bild 1: Frosthebung

Bild 2: Frostschäden

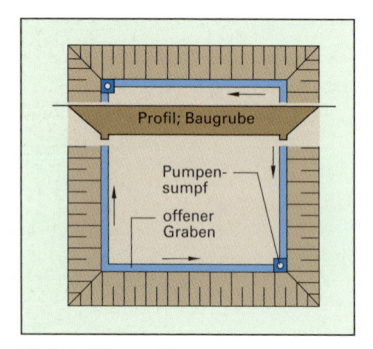

Bild 3: Offene Wasserhaltung

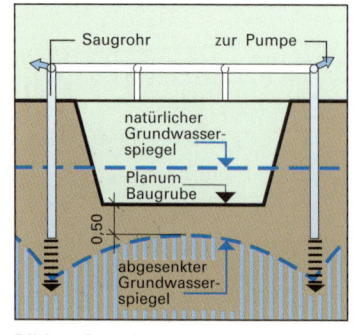

Bild 4: Grundwasserabsenkung

6.1.4 Verhalten des Bodens bei Frost

Gegen Frost ist durchfeuchteter bindiger Boden besonders empfindlich. Frost dringt je nach klimatischen Verhältnissen etwa 0,80 m bis 1,20 m in den Boden ein. Bis zu dieser Tiefe, der **Frosttiefe**, kann das im Boden vorhandene Wasser gefrieren. Dabei vergrößert sich das Volumen des Wassers um etwa 10% (Seite 49). Da im durchfeuchteten Porenraum des bindigen Bodens kein Platz für die Volumenvergrößerung vorhanden ist, wird der Boden angehoben. Man spricht dabei von Frosthebungen (**Bild 1**).

Eislinsen entstehen dadurch, dass durch die Kapillarwirkung weitere Feuchtigkeit aus dem frostfreien Bereich des Bodens nachsteigt und beim Eintreten in die Frostzone gefriert. Diese Frosthebungen werden durch Eislinsen verursacht, die je nach Feuchte und Kapillarität des Bodens verschieden groß sein und zu erheblichen Bauschäden führen können. Frostschäden sind meistens erst nach dem Auftauen des Bodens, z. B. als Hebungen von Gartenmauern, als Risse in Baukörpern oder als Straßenschäden erkennbar (**Bild 2**).

6.1.5 Wasserhaltung

Die Erstellung von Bauwerken erfordert in der Regel trockene Baugruben. Gelangen Oberflächenwasser, Hangwasser oder Grundwasser in die Baugrube, besteht die Gefahr, dass Böschungen abrutschen und Baugrubenwände einstürzen. Um das auszuschließen, muss das Eindringen von Wasser in die Baugrube verhindert bzw. in die Baugrube eingedrungenes Wasser entfernt werden. Alle Maßnahmen zur Trockenhaltung der Baugrube bezeichnet man als Wasserhaltung.

Man unterscheidet bei der Entwässerung von Baugruben oder Gräben die offene Wasserhaltung und die Grundwasserabsenkung. Bei der **offenen Wasserhaltung** wird das anfallende Oberflächenwasser oder Schichtenwasser an einem Tiefpunkt der Baugrube, dem Pumpensumpf, außerhalb des Gebäudegrundrisses gesammelt und aus der Baugrube gepumpt. Eine Baugrube ist deshalb so anzulegen, dass sie Gefälle zu diesem Tiefpunkt hat (**Bild 3**). Am Baugrubenrand können Dränleitungen oder Gräben angelegt werden, in denen sich das an der Böschung austretende Schichten- oder Sickerwasser sammelt und zum Pumpensumpf geleitet wird. Durch diese Maßnahmen wird gewährleistet, dass das Planum der Baugrube nicht versumpft und die Gründungsarbeiten ordnungsgemäß ausgeführt werden können. Eine offene Wasserhaltung ist auch dann möglich, wenn die Baugrube geringfügig im Grundwasserbereich liegt.

Liegt die Baugrubensohle tiefer als der vorhandene Grundwasserspiegel, so ist bei Böden mit einer bestimmten Wasserdurchlässigkeit eine **Grundwasserabsenkung** mit Beginn der Erdarbeiten erforderlich. Der Grundwasserspiegel wird dabei über Saugrohre, die in geringen Abständen um die Baugrube angeordnet und durch eine Ringleitung mit einer Saugpumpe verbunden sind, um mindestens 50 cm unter die Baugrubensohle abgesenkt (**Bild 4**). Dadurch kann die Baugrube für die Gründungsarbeiten trocken gehalten werden. Es ist jedoch zu beachten, dass Grundwasserabsenkungen zu Bauwerkssetzungen, Beeinträchtigung der Wasserversorgung sowie zu Veränderungen der Umwelt führen können.

Aufgaben

1. Nennen Sie Maßnahmen zur Feststellung der Tragfähigkeit des Baugrundes vor Baubeginn.
2. Benennen Sie die verschiedenen Bodenarten und vergleichen Sie deren Eigenschaften.
3. Beschreiben Sie die Verbauarten zur Sicherung von Baugruben.
4. Machen Sie Vorschläge zur Sicherung von abgeböschten Baugruben.
5. Beschreiben Sie die Druckverteilung im Boden unter Einwirkung von Bauwerkslasten.
6. Erläutern Sie die Entstehung und möglichen Folgen eines Grundbruches.
7. Unterscheiden Sie zwischen der offenen Wasserhaltung und der Grundwasserabsenkung.

6.2 Gründungen

Gründungen haben die Aufgabe, die Standsicherheit des Bauwerks zu gewährleisten und ungleichmäßige Setzungen zu verhindern. Von der Gründung werden die am Bauwerk auftretenden Lasten aufgenommen und in den Baugrund übertragen. Sie wird als Flachgründung oder als Tiefgründung ausgeführt.

6.2.1 Flachgründungen

Bei Flachgründungen werden die Auflasten unmittelbar auf den tragfähigen Baugrund übertragen. Zu den Flachgründungen zählen Streifenfundamente, Einzelfundamente, Fundamentplatten und Wannengründungen.

Streifenfundamente

Streifenfundamente werden unter Bauteilen, wie z. B. unter Wänden angeordnet, die gleichmäßig belastet sind **(Bild 1)**. Sie haben einen rechteckigen Querschnitt und sind in der Länge fortlaufend. Streifenfundamente sind meist aus unbewehrtem Beton. Sie werden in der Regel gegen das Erdreich betoniert. Müssen sie Einzellasten aufnehmen, ist eine Bewehrung erforderlich.

Für die Abmessungen eines Fundaments ist neben der Auflast die Tragfähigkeit des Baugrunds maßgebend. In DIN 1054 sind für die verschiedenen Bodenarten Anhaltswerte über die zulässige Bodenpressung angegeben **(Tabelle 1, Seite 220)**.

Diese Werte gelten nur, wenn der Baugrund gegen Auswaschungen durch strömendes Wasser, gegen Aufweichen und Auffrieren gesichert ist.

Außerdem ist bei Fundamenten die Einbindetiefe zu berücksichtigen. Unter Einbindetiefe versteht man das Maß von der Fundamentsohle bis zur Baugrubensohle **(Bild 2)**.

Die vorhandene Bodenpressung wird aus dem Verhältnis von Auflast zu Auflagerfläche ermittelt.

$$\text{Bodenpressung} = \frac{\text{Auflast}}{\text{Auflagerfläche}}$$

Bild 1: Streifenfundament

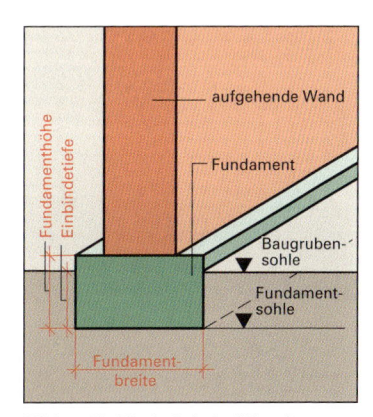

Bild 2: Einbindetiefe bei Fundamenten

$$\sigma = \frac{F}{A} \left[\frac{kN}{m^2}\right]$$

Damit die zulässige Bodenpressung nicht überschritten wird, muss das Fundament eine entsprechende Auflagerfläche haben. Diese wird als erforderliche Auflagerfläche bezeichnet.

$$\text{erforderliche Auflagerfläche} = \frac{\text{Auflast}}{\text{zulässige Bodenpressung}}$$

$$\text{erf } A = \frac{F}{\text{zul } \sigma} \left[\frac{kN}{kN/m^2}\right]$$

Daraus folgt, dass bei kleinerer zulässiger Bodenpressung sich eine größere Auflagerfläche, bei größerer zulässiger Bodenpressung und gleicher Auflast eine kleinere Auflagerfläche ergibt.

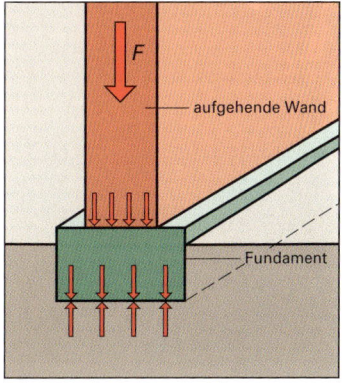

Tabelle 1: Zulässige Bodenpressungen in kN/m²

Bindige Böden	40 bis 300
Gemischtkörnige Böden	150 bis 500
Nichtbindige Böden (Bauwerk setzungsunempfindlich)	200 bis 700
Fels	1000 bis 4000

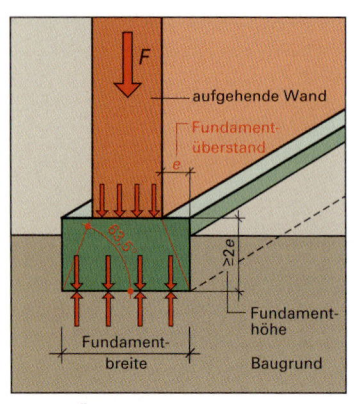

Bild 1: Übertragung und Verteilung der Last

Die Last, die auf das Fundament übertragen wird, verteilt sich von den Wandfußpunkten auf die Fundamentsohle. Die Fundamenthöhe ergibt sich bei Streifenfundamenten aus unbewehrtem Beton aus dem doppelten Abstand zwischen Wandfußpunkt und Außenkante des Fundaments, als Überstand e bezeichnet. Dabei geht man davon aus, dass die aufgehende Wand mittig auf dem Fundament sitzt und die Auflast sich unter einem Winkel von 63,5° auf die Fundamentsohle verteilt **(Bild 1)**.

Fundamenthöhe $h \geq 2 \times$ Überstand e

Die Fundamenthöhe muss unter Umständen höher sein als statisch erforderlich, z. B. um in frostfreier Tiefe gründen zu können. Auch die Fundamentbreite ist z. B. auf die Dicke der Wand oder auf die Aushubgeräte abzustimmen. Bei hohen Fundamenten kann durch Abtreppung oder durch eine andere Ausbildung, wie z. B. durch Abschrägen, Baustoff gespart werden. Abtreppungen erfordern aber einen erhöhten Schalungsaufwand **(Bild 2)**.

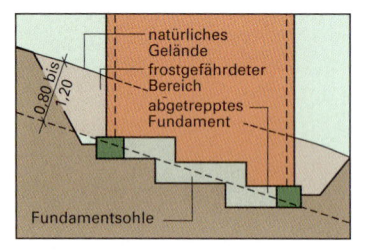

Bild 2: Abgetrepptes Fundament

Die Abmessungen der Fundamente sind bei einfachen Bauwerken aus den Ausführungszeichnungen zu ersehen. Für größere Bauwerke oder für Fundamente, die verschiedene Höhenlagen haben, ist eine Fundamentzeichnung notwendig. In einem Fundamentplan sind alle Fundamente mit den aufgehenden Bauteilen eingezeichnet.

Mithilfe des Schnurgerüsts können in der Baugrube Fundamente eingemessen werden. Fundamentgräben werden von Hand oder maschinell ausgehoben. Dabei sind die Wände des Fundamentgrabens senkrecht, die Fundamentsohle waagerecht auszuführen. Liegt die Baugrubensohle auf gleicher Höhe wie die Fundamentsohle, müssen Fundamente geschalt werden. Bewehrte Fundamente in Fundamentgräben sind ebenfalls zu schalen, um die erforderliche Betondeckung sicher einhalten zu können. Weiterhin ist zum Einbau der Bewehrung eine Sauberkeitsschicht unter dem Fundament einzubringen.

Der Fundamentgraben muss kantig sein und immer waagerecht verlaufen. Deshalb müssen Streifenfundamente in geneigtem Gelände abgetreppt werden. Die Abtreppung hat so zu erfolgen, dass die Fundamentsohle immer im frostfreien Bereich, 0,80 m bis 1,20 m unter Gelände, geführt wird. Auch Fundamente für untergeordnete Bauwerke oder Bauteile, wie z. B. für Garagen, für Freitreppen oder für Kellerabgänge, sind entsprechend auszuführen.

Liegt die Gründungssohle des zu errichtenden Bauwerks tiefer als die Fundamente angrenzender Gebäude, so ist eine Unterfangung erforderlich **(Bild 3)**. Dabei werden die bestehenden Fundamente abschnittsweise mit Mauerwerk aus Vollsteinen oder mit Beton unterfangen. Die Unterfangungsabschnitte sind in einem Arbeitsgang in ganzer Höhe herzustellen. Außerdem müssen Fundamente einer dauernden Durchfeuchtung widerstehen können und beständig gegen aggressive Wässer sein.

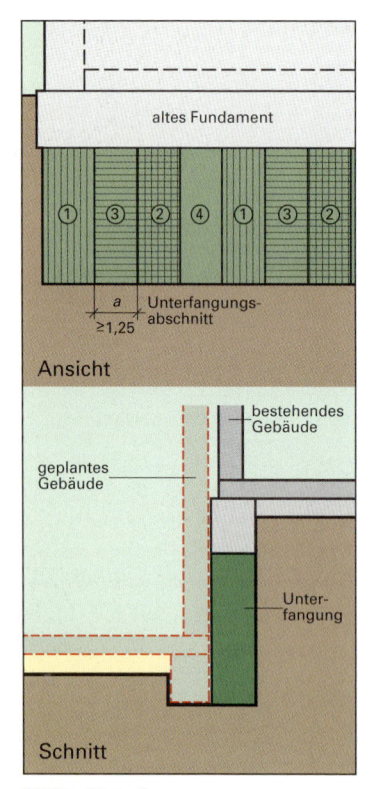

Bild 3: Unterfangung

Einzelfundamente

Bei punktförmiger Belastung einer Gründung, wie z. B. durch Stützen und Pfeiler aus Stahlbeton, Mauerwerk, Stahl oder Holz, werden Einzelfundamente angeordnet. Dabei unterscheidet man Blockfundamente, abgetreppte und abgeschrägte Fundamente, Plattenfundamente sowie Köcherfundamente (**Bild 1**).

Blockfundamente werden oft beim Wohnhausbau, wie z. B. unter Balkonpfeilern oder Kaminen sowie beim Bau von Freianlagen, wie z. B. Pergolen, verwendet. Erfordern hohe Einzellasten größere Fundamentflächen, so können abgetreppte Fundamente oder abgeschrägte Fundamente unter erheblicher Einsparung von Beton angeordnet werden. Der Lastverteilungswinkel von 63,5° lässt sich bei diesen Fundamenten besonders gut herstellen. Aus schalungstechnischen Gründen finden abgetreppte Fundamente wenig Anwendung.

Plattenfundamente sind eine sehr wirtschaftliche Gründungsart für große Einzellasten, wie z. B. unter Stützen. Durch die geringe Plattendicke sind diese Fundamente sowohl gegen Bruch der Platte außerhalb des Lastverteilungswinkels unter einem Winkel von 45° als auch gegen Durchstanzen der aufgestellten Stütze zu bewehren.

Einzelfundamente für Stützen im Fertigteilbau werden meist als **Köcherfundamente** (Becher- oder Hülsenfundamente) ausgeführt. Diese Fundamente sind bewehrt und bestehen aus einer lastverteilenden Fundamentplatte und einem ebenfalls bewehrten Köcher zur Einspannung der Stütze.

Fundamentplatten

Fundamentplatten eignen sich als Gründungen bei wenig tragfähigem Baugrund oder bei Baugrund aus unterschiedlichen Bodenarten (**Bild 2**). Bei Gründungen mit Fundamentplatten wird die Last des Bauwerks auf die gesamte Platte verteilt und somit die vorhandene Bodenpressung herabgesetzt. Fundamentplatten (Sohlplatten) sind unter dem ganzen Bauwerk durchgehende Stahlbetonplatten.

Wannengründungen

Wannengründungen sind notwendig, wenn außer senkrechten auch waagerechte Lasten, z. B. durch Wasserdruck, aufgenommen werden müssen (**Bild 3**). Diese Beanspruchungen werden von der Bodenplatte und den Umfassungswänden ins Erdreich übertragen. Dazu sind Bodenplatte, Umfassungswände und Zwischenwände der Wanne durch ihre Bewehrung zu einem geschlossenen Gründungskörper verbunden.

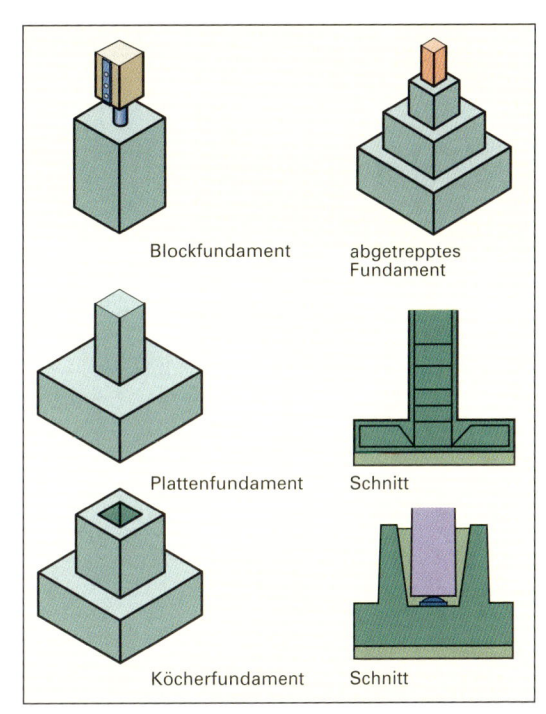

Bild 1: Einzelfundamente

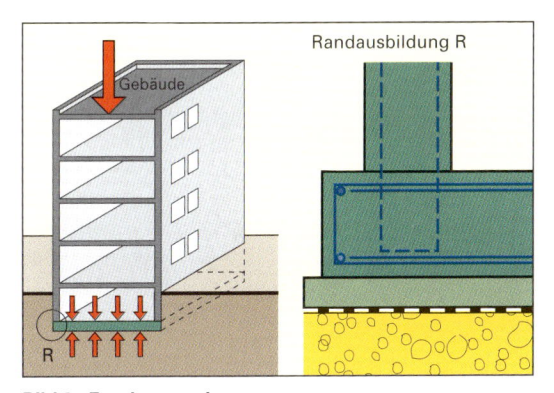

Bild 2: Fundamentplatte

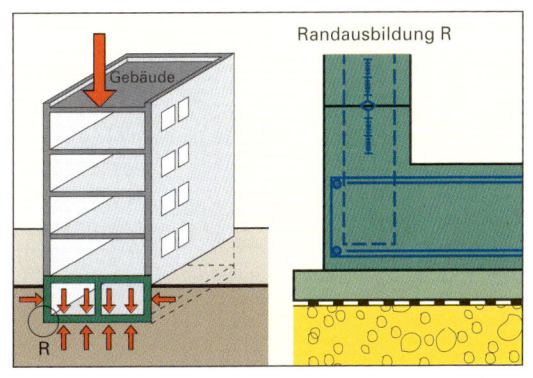

Bild 3: Wannengründung

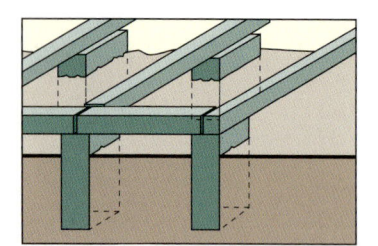

Bild 1: Pfeilergründung

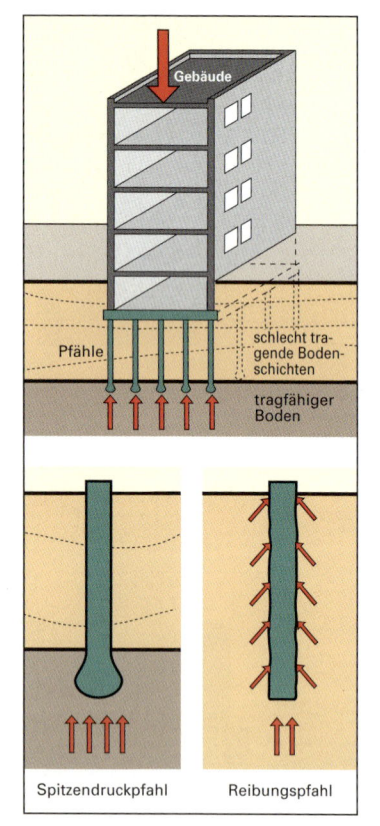

Bild 2: Pfahlgründung

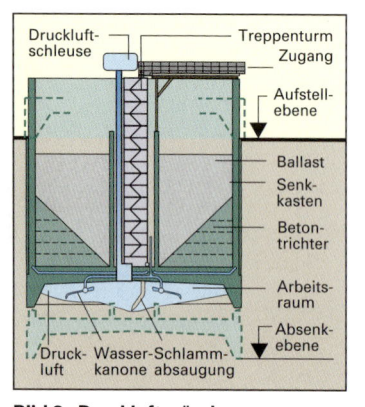

Bild 3: Druckluftgründung

6.2.2 Tiefgründungen

Tiefgründungen sind notwendig, wenn ein Bauwerk z. B. auf stark wasserhaltigem oder moorigem Boden gegründet werden muss. Dabei durchstößt man die wenig tragfähigen Bodenschichten bis auf darunter liegendem höher belastbarem Baugrund gegründet werden kann. Man unterscheidet Pfeilergründungen, Pfahlgründungen, Druckluft- oder Senkkastengründungen.

Mithilfe von **Pfeilergründungen** werden Balkenroste, vor allem unter Wandecken und Wandkreuzungen, abgestützt **(Bild 1)**. Dazwischen liegende Wände können z. B. durch aufliegende Stahlbetonbalken abgefangen werden. Die Pfeiler sind aus Beton oder Stahlbeton.

Bei den **Pfahlgründungen** stehen die Pfähle in der Regel so tief im Erdreich, dass sie ihre Lasten auf tragfähigen Boden übertragen können (Spitzendruckpfahl). Besteht der Baugrund nur aus weichen Schichten, können die Lasten des Bauwerks durch die Reibung zwischen der Pfahloberfläche und dem Erdreich in den Baugrund übertragen werden (Reibungspfahl). Man spricht hierbei auch von schwebender Gründung. Zu Pfahlgründungen verwendet man Ortbetonpfähle oder Fertigpfähle **(Bild 2)**.

Ortbetonpfähle, die man auch als Bohrpfähle bezeichnet, werden in den Baugrund betoniert. Dabei werden Löcher bis zu 2,50 m Durchmesser und bis zu 50 m Tiefe gebohrt. Bei nicht genügend festen Bodenarten muss zur Sicherung ein Stahlrohr mit eingeführt werden, das beim Betonieren wieder gezogen wird. Ortbetonpfähle können unbewehrt oder bewehrt sein.

Fertigpfähle werden eingerammt, eingerüttelt, eingeschwemmt oder in ein vorbereitetes Bohrloch eingestellt. Sie können aus Holz, Stahl, Stahlbeton oder Spannbeton hergestellt sein. Stahlbetonfertigpfähle gibt es mit rundem, quadratischem, rechteckigem und doppel-T-förmigem Querschnitt.

Bei **Druckluft- oder Senkkastengründungen** wird das Fundament auf dem Baugelände als unten offener, kastenförmiger Körper (Caisson) betoniert **(Bild 3)**. Zum Absenken des Kastens wird der Boden unter dem Kasten ausgehoben oder ausgespült. Um ein Eindringen von Wasser zu verhindern, wird durch Druckluft in bzw. unter dem Kasten ein entsprechender Gegendruck erzeugt. Dieses Gründungsverfahren eignet sich vor allem für Schachtbauwerke in Böden mit hohen Schichten aus Schluff, Sand und Kies. So wurden z. B. Abwasserpumpwerke oder U-Bahn-Schächte im Rahmen der städtebaulichen Sanierungs- und Entwicklungsmaßnahmen von Berlin erstellt.

6.2.3 Fundamenterder

Für jedes Gebäude ist nach DIN 18014 zur Sicherheit ein Schutzpotenzialausgleich und eventuell ein Potenzialausgleich, z. B. für den Gebäudeblitzschutz, erforderlich. Dazu wird ein Fundamenterder zum Schutz vor Korrosion in den Beton des Fundaments als Ringleiter eingebettet **(Bild 1)**. Dieser Fundamenterder besteht aus Rundstahl mit mindestens 10 mm Durchmesser oder aus Bandstahl mit den Mindestmaßen 30 mm x 3,5 mm. Der Stahl darf sowohl verzinkt als auch unverzinkt sein, muss aber mit einer Betondeckung von mindestens 5 cm eingebaut werden. Müssen Teile des Fundamenterders miteinander verbunden werden, kann dies durch mechanisch feste und elektrisch leitende Schweiß-, Schraub- oder Klemmverbindungen geschehen.

In **unbewehrten Fundamenten** erfolgt die Lagefixierung durch Abstandhalter. Wird der Beton mit Rüttler verdichtet, dürfen als Klemmverbindung keine Keilverbinder verwendet werden.

In **bewehrten Fundamenten** ist der Fundamenterder mit der Bewehrung in Abständen von 2,00 m dauerhaft elektrisch leitend zu verbinden.

Sind die Fundamente wärmegedämmt, z. B. mit einer Perimeterdämmung, wird der Erder, als Ringerder bezeichnet, außerhalb des Fundaments erdfühlig bzw. in der Sauberkeitsschicht verlegt. Für Ringerder ist korrosionsfester Werkstoff, z. B. nichtrostender Edelstahl, zu verwenden.

Im Hausanschlussraum ist einen 1,50 m lange Anschlussfahne einzubauen als Verbindungsleiter zur elektrischen Anlage (Seite 485). Für den Blitzschutz sind die Anschlussfahnen außerhalb des Gebäudes mindestens 1,50 m über den Spritzwasserbereich zu führen. Alle Anschlussfahnen sind in die Werkzeichnungen einzutragen und zu bemaßen.

Bild 1: Fundamenterder

Der Einbau von Fundament- und Ringerdern kann durch einen Elektro- oder einen Blitzschutzfachbetrieb sowie durch die Bauunternehmung erfolgen. Der Einbau ist zu dokumentieren, das Ergebnis der Durchgangsmessung sowie Pläne und/oder Fotos beizufügen.

6.3 Haus- und Grundstücksentwässerung

Alle Baugrundstücke sind nach DIN 1986 „Entwässerungsanlagen für Gebäude und Grundstücke" zu entwässern. Abwässer werden in der Kanalisation zusammengefasst, schadlos abgeführt und in Kläranlagen gereinigt.

6.3.1 Abwasserarten

Nach dem Grad der Verunreinigung unterscheidet man zwischen Schmutzwasser als häusliches und industrielles Abwasser und Oberflächenwasser aus Regen und Schnee. Schmutzwasser mit Oberflächenwasser zusammengeleitet bezeichnet man als Mischwasser.

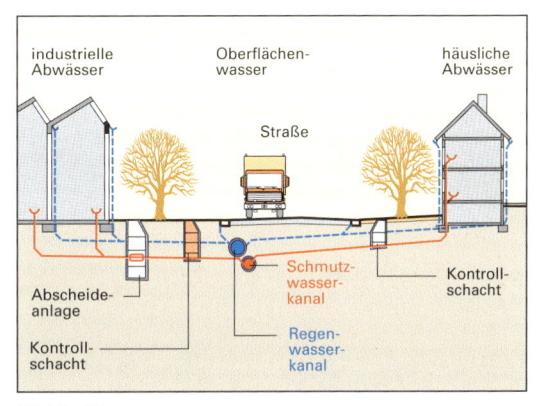

Bild 2: Abwasserarten

6.3.1.1 Häusliches Abwasser

Häusliches Abwasser ist Schmutzwasser aus Haushalten. Es enthält überwiegend Bade-, Spül-, Toiletten- und Waschrückstände. Wegen der zunehmenden Verwendung von chemischen Stoffen und wegen des hohen Tagesbedarfs von etwa 100 l bis 250 l Wasser pro Person müssen Wohngebäude vorschriftsmäßig entwässert werden. Das häusliche Abwasser wird der Kläranlage zugeleitet (**Bild 2**).

Europäische Wassercharta (Auszug)

„Wasser verschmutzen heißt, den Menschen und allen anderen Lebewesen Schaden zuzufügen". „Verwendetes Wasser ist den Gewässern in einem Zustand wieder zurückzuführen, der ihre weitere Nutzung für den öffentlichen wie für den privaten Gebrauch nicht beeinträchtigt.

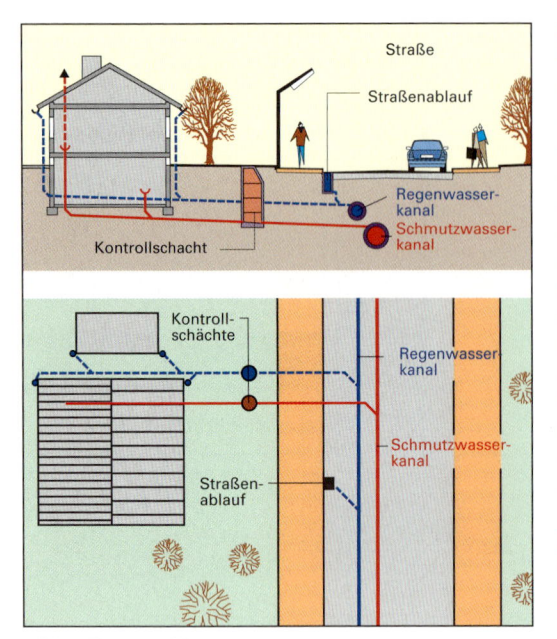

Bild 1: Trennverfahren

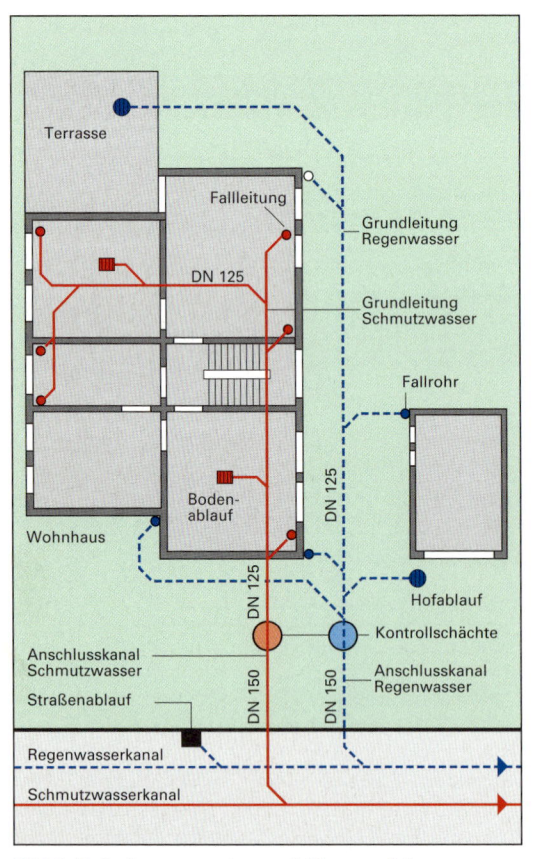

Bild 2: Entwässerungsplan nach Trennverfahren

6.3.1.2 Industrielles Abwasser

Industrielles Abwasser ist Schmutzwasser aus Gewerbe- und Industriebetrieben. Dieses Abwasser enthält oft chemische Verunreinigungen oder hat eine hohe Temperatur. Häufig kommen je nach Art der Betriebe Benzine, Öle und Säuren in das Abwasser. Durch Reinigungs- oder Abscheideanlagen, wie z. B. Benzinabscheider und Fettabscheider, muss verhindert werden, dass Abwässer dieser Art in die Kanalisation gelangen können. Die Anforderungen an die Entwässerungsleitungen sowie an deren vorschriftsmäßige Verlegung sind sehr hoch. Bei Undichtheit oder unsachgemäßer Ableitung kann das Grundwasser oder das Wasser in Bächen und Flüssen verunreinigt werden (**Bild 2, Seite 223**).

6.3.1.3 Oberflächenwasser

Oberflächenwasser ist Abwasser von Regen und Schnee, das direkt an der Oberfläche, wie z. B. an der Dachfläche, Hoffläche und Straßenfläche, anfällt. Diese Abwässer sind aufzufangen und der Kanalisation zuzuleiten.

Weiterhin ist es bei wasserdurchlässigen Böden möglich, das Oberflächenwasser der Dach- und Hofflächen durch Versickerungseinrichtungen wie Sickerteiche und Rigolen dem Grundwasser wieder direkt zuzuführen. Rigolen sind Sickerleitungen in Sickergräben, denen Oberflächenwasser zum Einstauen und Versickern zugeführt wird. Das stärker verschmutzte Niederschlagswasser von Straßen wird bei diesem Verfahren weiterhin der Kanalisation zugeleitet.

6.3.2 Abwasserableitungsverfahren

Entsprechend der Ableitung von Schmutz- und Regenwasser unterscheidet man das Trennverfahren und das Mischverfahren. Die Wahl des Ableitungsverfahrens richtet sich nach den Bestimmungen der Abwassersatzung der jeweiligen Gemeinde.

6.3.2.1 Trennverfahren

Werden Schmutz- und Regenwasser getrennt abgeleitet, spricht man vom Trennverfahren. Dabei ist lediglich das Schmutzwasser durch die Kläranlage zu reinigen. Eine gleichmäßigere Belastung der Kläranlage und des schmutzwasserführenden Kanals wird dadurch sichergestellt. Das Regenwasser wird in die nächste Vorflut, wie z. B. in den Graben, Bach oder See, geleitet. Für dieses Entwässerungsverfahren sind zwei parallel verlaufende höhenmäßig versetzte Kanäle erforderlich (**Bild 1**).

6.3.2.2 Mischverfahren

Beim Mischverfahren wird Schmutz- und Regenwasser in einem Kanal über die Ortsentwässerung als Mischwasser in die Kläranlage abgeleitet und dort gereinigt. Für dieses Abwasserableitungsverfahren ist nur ein Kanal erforderlich, der jedoch einen entsprechend großen Querschnitt haben muss. Bei diesem Verfahren wird auch Straßenschmutz wie z. B. Reifenabrieb zur Kläranlage geführt und dort gereinigt (**Bild 1**).

6.3.3 Abwasserleitungen

Die Abwasserleitungen bestehen aus verschiedenen Leitungsteilen wie Rohren, Formstücken, Übergängen und Kontrolleinrichtungen. Dabei unterscheidet man je nach Lage und Einbau im Gebäude und Grundstück zwischen Lüftungsleitungen, Regenfallleitungen, Fallleitungen, Grundleitungen und dem Anschlusskanal. Kontrolleinrichtungen sind Reinigungsverschlüsse in Rohren, Kontrollschächte innerhalb des Gebäudes sowie der Kontrollschacht vor der Grundstücksgrenze im Übergang der Grundleitung zum Anschlusskanal (Seite 486).

Beim **Mischverfahren** werden Regen- und Schmutzwasserleitungen in der Regel erst außerhalb des Gebäudes in der Grundleitung vor dem Kontrollschacht zusammengeführt. Vom Kontrollschacht aus wird das Abwasser als Mischwasser im Anschlusskanal zum öffentlichen Straßenkanal weitergeleitet (**Bild 2**).

Beim **Trennverfahren** dürfen Regen- und Schmutzwasser nur getrennt abgeleitet werden (**Bild 2, Seite 224**).

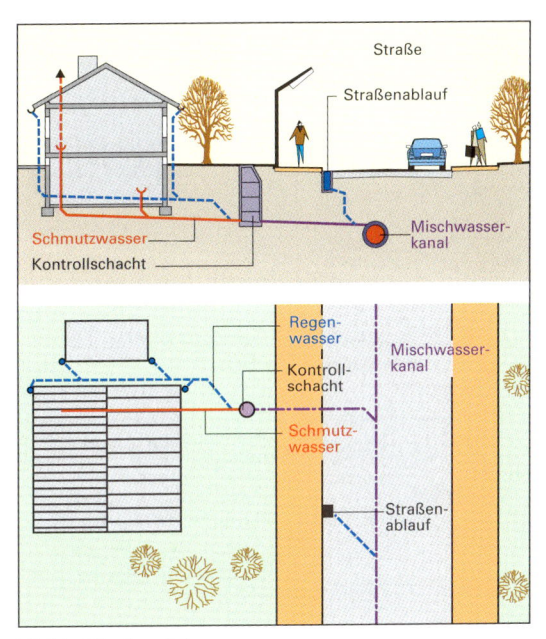

Bild 1: Mischverfahren

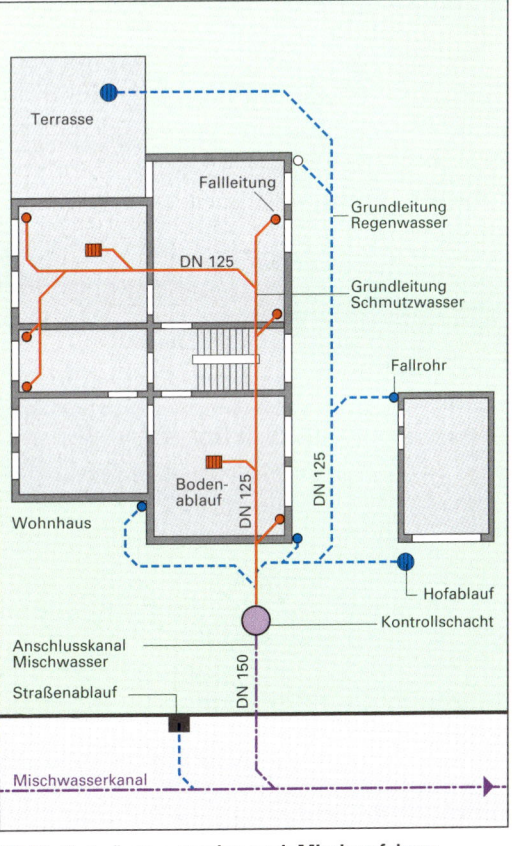

Bild 2: Entwässerungsplan nach Mischverfahren

Tabelle 1: Teile der Entwässerungsanlage	
Anschlusskanal	Kanal, vom öffentlichen Staßenkanal bis zur ersten Kontrolleinrichtung auf dem Grundstück
Grundleitung	Leitung, die das Abwasser zum Kontrollschacht führt. Sie ist auf dem Grundstück im Erdreich sowie unter dem Baukörper verlegt
Fallleitung	Lotrechte Leitung, die durch ein oder mehrere Geschosse führt, über Dach entlüftet wird und das Abwasser einer Grundleitung zuführt
Regenfallleitung	Innen- oder außenliegende lotrechte Leitung zum Ableiten des Regenwassers von Dachflächen, Balkonen und Loggien
Lüftungsleitung	Leitung, die die Entwässerungsanlage über Dach be- und entlüftet, aber kein Abwasser aufnimmt

Tabelle 1: Leitungsteile

Rohr		für Leitungsteile mit geradlinigem Leitungsverlauf
Abzweig		für die Zusammenführung zweier Leitungen mit gleicher oder unterschiedlicher Nennweite
Bogen		für die Richtungsänderung von Leitungen
Übergangsstück		für die Vergrößerung der Nennweiten von Leitungen

Tabelle 2: Verwendung von Werkstoffen für Abwasserleitungen

Werkstoff	Verwendung
Stahlbeton, Steinzeug, PVC-hart, PE-hart	Grundleitung, Anschlussleitung
Faserzement	Grundleitung, Anschlussleitung, Fallleitung
Beton	Grundleitung, Anschlussleitung nur für Regenwasser

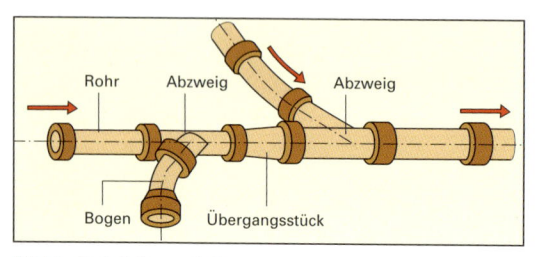

Bild 1: Rohrleitungsteile

Tabelle 3: Sinnbilder wichtiger Leitungsteile

Benennung	Darstellung	
	im Grundriss	im Schnitt
Schmutzwasserleitung	———	│
Regenwasserleitung	– – –	┆
Mischwasserleitung	–·–·–	┊
Fallleitung	○	je nach Leitungsart wie vor
Werkstoffwechsel	PVC ——— STZ	PVC / STZ
Nennweitenänderung	100 / 150	100 / 150
Reinigungsrohr		
Ablauf oder Entwässerungsrinne mit Geruchsverschluss		
Rückstauverschluss für fäkalienfreies Abwasser		

Bei der Verlegung der Abwasserleitungen ist auch die Dränung des Gebäudes zu berücksichtigen (Seite 439). Da diese Sicker- und Stauwasser aufnimmt, darf die Dränleitung jedoch nur ausnahmsweise an das öffentliche Abwassernetz angeschlossen werden. Die Abwasserleitungen sind in frostfreier Tiefe einzubauen. Dabei ist die frostfreie Tiefe das Maß von Geländeoberkante bis Oberkante Rohrscheitel.

6.3.1.1 Rohrleitungsteile

Beim Bau von Grund- und Anschlussleitungen werden außer Rohren auch Formstücke benötigt. Formstücke sind Abzweige, Bögen und Übergangsstücke **(Tabelle 1)**.

Die Leitungsteile mit Muffen werden entsprechend der Entwässerungszeichnung zur kompletten Haus- und Grundstücksentwässerung zusammengefügt. Dabei sind vor allem die Nennweite (DN), das erforderliche Gefälle, die Gefällerichtung sowie der entsprechende Baustoff zu berücksichtigen **(Bild 1)**. Rohrleitungsteile werden aus Steinzeug, Beton und Stahlbeton, PVC, PE oder Faserzement hergestellt.

Die Einsatzbereiche dieser Werkstoffe als Abwasserrohre und Formstücke in Gebäuden und auf Grundstücken sind begrenzt. In DIN 1986 werden die zulässigen Verwendungsbereiche verschiedener Baustoffe ohne weiteren Nachweis vorgegeben **(Tabelle 2)**.

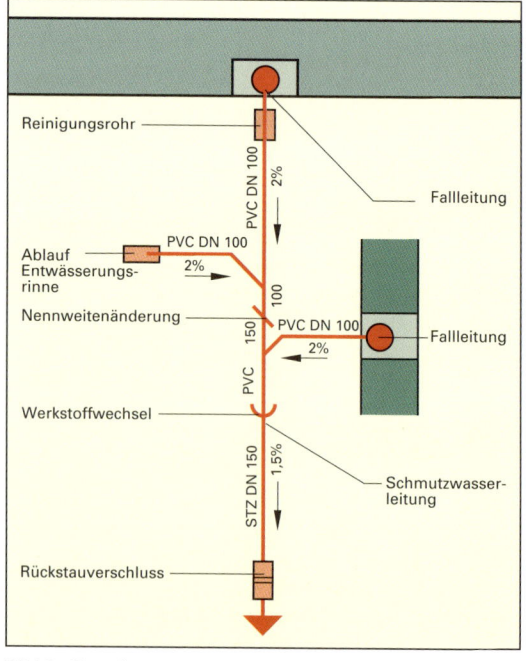

Bild 2: Entwässerungszeichnung (Ausschnitt)

Die Wahl des Baustoffes ist abhängig vom Entwässerungsverfahren, dem Einbau in Gebäuden und im Erdreich sowie vom Leitungsdurchmesser. Die Ausführung der Haus- und Grundstücksentwässerung wird in der Entwässerungszeichnung dargestellt. Dabei werden für die einzelnen Leitungsteile Sinnbilder und Zeichen verwendet **(Tabelle 3, Seite 226)**.

Werden Entwässerungsleitungen verlegt, so sind die einzelnen Leitungsteile entsprechend den Angaben in der Entwässerungszeichnung anzuordnen und vorschriftsmäßig einzubauen **(Bild 2, Seite 226)**.

6.3.4 Herstellen des Rohrgrabens

Abwasserleitungen sind frostfrei zu verlegen. Deshalb müssen Abwasserleitungen mindestens 0,80 m bis 1,20 m tief im Erdreich liegen. Um einen einwandfreien Abfluss zu gewährleisten, müssen Abwasserohre in einem Mindestgefälle von 1 % bis 2 % verlegt werden **(Tabelle 1)**. Wesentlich größere Gefälle führen durch mitgeführte Sinkstoffe im Abwasser zu erhöhtem Abrieb an der Rohrwandung und zu Ablagerungen auf der Rohrsohle.

Rohrgräben sind je nach Tiefe und Bodenart gegen Einstürzen zu sichern. Dabei gelten für Aushub und Sicherungsmaßnahmen die gleichen Unfallverhütungsvorschriften wie bei den Baugruben (Seite 215). Rohrgräben über 1,25 m Tiefe müssen je nach Bodenart verschieden abgeböscht oder durch Verbau gesichert werden. Nur in standfestem, gewachsenem Boden kann man bei Gräben bis 1,75 m Tiefe auf den Verbau verzichten, wenn der Grabenrand mit einer Saumbohle gesichert ist oder wenn die oberen Grabenkanten bis auf 1,25 m herab ausreichend abgeböscht sind **(Bild 1)**. Rohrgräben, die tiefer als 1,75 m sind, müssen verbaut werden. Dabei unterscheidet man wie bei den Baugruben den waagerechten Verbau mit Bohlen und den senkrechten Verbau mit Bohlen oder Kanaldielen.

Um Kosten beim Verbau von Rohrgräben zu sparen, werden vorgefertigte Verbaugeräte aus Stahl verwendet, die man mit dem Bagger oder Mobilkran in den Graben einsetzt. Diese Verbaugeräte bestehen aus zwei fest oder verstellbar verstrebten Seitenteilen. Sie werden dem Ausheben des Grabens und dem Verlegen der Rohre folgend umgesetzt **(Bild 1, Seite 228)**.

In den Leitungsgräben muss ein ausreichend breiter Arbeitsraum vorhanden sein. Die Arbeitsraumbreite soll dabei auf beiden Seiten des Rohres gleich sein und ist damit beidseitig je zur Hälfte zu berücksichtigen.

Die Ermittlung der Mindestgrabenbreite ist einerseits abhängig vom Leitungsdurchmesser und dem Mindestarbeitsraum zwischen Rohr und Grabenwand oder Grabenverbau **(Tabelle 1, Seite 228)**.

Andererseits ist die Breite des Grabens ohne Berücksichtigung des Rohrdurchmessers von der erforderlichen Grabentiefe abhängig **(Tabelle 2, Seite 228)**.

Tabelle 1: Mindestgefälle von Entwässerungsleitungen

Nennweite (DN)	Misch- und Schmutzwasser	Regenwasser
DN 100	2 %	1 %
DN 125	1,5 %	1 %
DN 150	1,5 %	1 %
DN 200	1 %	1 %

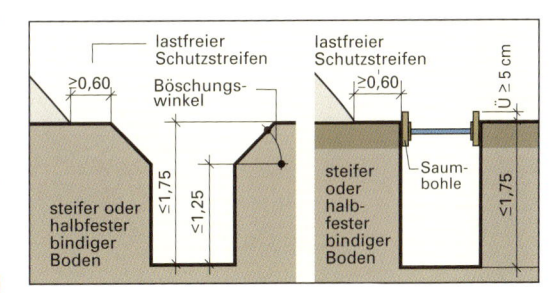

Bild 1: Sicherung der Rohrgrabenkanten

6.3.5 Verlegen der Rohre

Rohre für Grundleitungen und für den Anschlusskanal sind in der Regel aus PVC, Steinzeug oder Beton. Sie werden in Muffen zusammengesteckt, wobei ein Dichtungselement aus Kunststoff in der Muffe oder auf dem aufzusteckenden Rohr angebracht ist. Muffenlose Rohre werden mit Dichtungsmanschetten verbunden **(Bild 2)**.

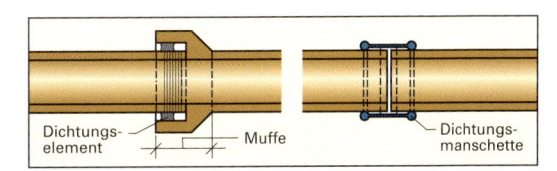

Bild 2: Rohrverbindungen

Einzelelement | Verbauter Graben

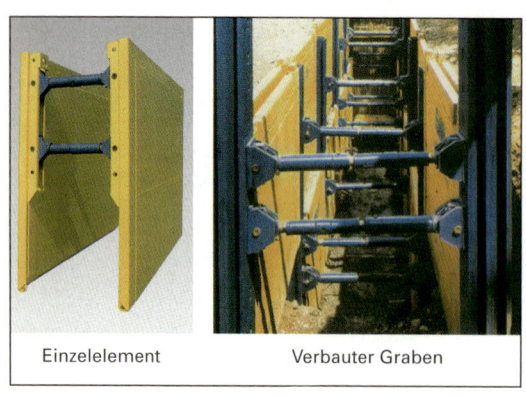

Bild 1: Grabenverbaugerät

Abwasserrohre verlegt man auf der Rohrgrabensohle in einem Sand-Kies-Bett. Dabei ist darauf zu achten, dass Muffenrohre mit der Muffe entgegen der Richtung des Wasserlaufs vom Straßenkanal zum Gebäude hin verlegt werden. Alle Rohre müssen in einem gleichmäßigen Gefälle z. B. von 2 % (1 : 50) verlegt werden, damit ein einwandfreier Ablauf des Abwassers gewährleistet ist. Eine Leitung darf nur in eine andere Leitung mit größerer Nennweite mithilfe eines Übergangsstücks eingeführt werden. Richtungsänderungen und das Zusammenführen von Leitungen sind nur unter Verwendung von Formstücken zulässig. Es dürfen Abzweige mit höchstens 45° verwendet werden; Doppelabzweige sind unzulässig. Richtungsänderungen sind mit 15°-, 30°- oder 45°-Bogen auszuführen. Bogen mit 90° sind nur für den Übergang von Fallleitungen in Grundleitungen zulässig.

Die Abwasserrohre dürfen bei Durchführungen durch Decken, Wände und Fundamente nicht fest eingebaut werden, um Schäden bei Setzungen des Gebäudes zu verhindern. Deshalb werden Schutzrohre (Futterrohre) mit größerer lichter Weite eingebaut. Die Rohre können an den gefährdeten Stellen auch mit weichen Werkstoffen (Deformationsmatten) abgedeckt werden.

6.3.6 Kontrolleinrichtungen

Als Kontrolleinrichtungen bei der Haus- und Grundstücksentwässerung unterscheidet man Reinigungsöffnungen und Schächte.

Reinigungsöffnungen sind Formstücke, die z. B. beim Übergang einer Fallleitung in eine Grundleitung, bei langen Grundleitungen im Abstand von etwa 40 m, bei Richtungsänderungen von mehr als 45° sowie vor dem öffentlichen Abwasserkanal einzubauen sind. Damit diese Reinigungsöffnungen zugänglich sind, müssen sie meistens in Schächte eingebaut werden. Schächte sind Bauwerke, die der Kontrolle von Entwässerungsleitungen dienen. Sie sind bei Richtungsänderung sowie zur Überbrückung von größeren Höhenunterschieden anzuordnen.

Schächte müssen standsicher sein und sind mit einer Abdeckung zu verschließen. Schächte mit geschlossenen Rohrdurchführungen müssen tagwasserdicht sein. Schächte mit offenem Gerinne sollen Abdeckungen mit Lüftungsöffnungen haben. Bei Entwässerungsanlagen im Trennverfahren sind getrennte Kontrollschächte anzuordnen. Reinigungsrohre oder offene Gerinne dürfen hier nicht in einem gemeinsamen Schacht verlegt werden. Besteigbare Schächte können einen runden, rechteckigen oder quadratischen Querschnitt haben. Die Schachtquerschnitte sind von der Schachttiefe abhängig.

Tabelle 1: Mindestgrabenbreite bezüglich Leitungsdurchmesser

Äußerer Leitungs- bzw. Rohrschaftdurchmesser D (m)	Mindestgrabenbreite b (m)		
	Verbauter Graben	Unverbauter Graben	
		$\beta > 60°$	$\beta \leq 45°$
≤ 0,225	D+0,40	D+0,40	
> 0,225 bis ≤ 0,350	D+0,50	D+0,50	D+0,40
> 0,350 bis ≤ 0,700	D+0,70	D+0,70	D+0,40
> 0,700 bis ≤ 1,200	D+0,85	D+0,85	D+0,40
> 1,200	D+1,00	D+1,00	D+0,40

Tabelle 2: Mindestgrabenbreite bezüglich Grabentiefe

Grabentiefe (m)	Mindestgrabenbreite (m)
bis 1,00	keine Vorgabe
über 1,00 unter 1,75	0,80
über 1,75 unter 4,00	0,90
über 4,00	1,00

Schächte bis zu einer Tiefe von 0,80 m haben einen Querschnitt von mindestens 0,60 m x 0,80 m und brauchen keine Steigvorrichtung. Schächte mit größerer Tiefe haben einen Mindestdurchmesser von 1,00 m oder einen Mindestquerschnitt von 0,90 x 0,90 m bzw. 0,80 x 1,00 m. Hier sind alle 25 cm Steigeisen versetzt anzuordnen. Schächte, die tiefer als 1,60 m sind, können nach oben verjüngt werden. Häufig werden Schächte aus Betonfertigteilen nach DIN 4034 hergestellt (**Bild 1**). Sie bestehen aus Schachtunterteil mit Durchfluss, Schachtringen, Schachthals, Auflagering und Schachtabdeckung. Die Ringe werden mit Mörtel der Mörtelgruppe III oder mit eingebauten Dichtringen versetzt. Die erforderliche Schachtabdeckung ist auf die anfallende Verkehrslast abzustimmen.

Der Durchfluss im Schachtunterteil ist als Rinne so auszubilden, dass das Abwasser sich nicht ausbreiten kann. Innerhalb von Gebäuden haben Schächte einen geschlossenen Durchfluss. Der Rohrleitungsanschluss an einen Schacht muss gelenkig sein, damit mögliche Setzungen oder Verlagerungen des Schachtes ohne Nachteil für die Rohrleitung aufgenommen werden können. Dies erreicht man durch Anordnung von Muffen unmittelbar vor Eintritt und nach Austritt der Rohrleitung oder durch entsprechende Gelenkstücke.

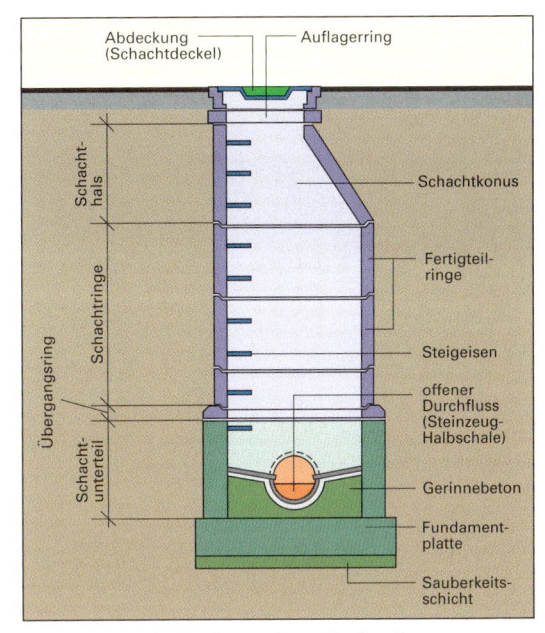

Bild 1: Kontrollschacht aus Betonfertigteilen

6.3.7 Verfüllen des Rohrgrabens

Vor dem Verfüllen des Rohrgrabens muss die Leitung in der Leitungszone eingebettet werden. Dazu wird ein geeigneter Boden oder Kiessand mit einem Größtkorn bis z. B. 22 mm in Schüttlagen zwischen 10 cm bis 15 cm eingefüllt. Durch gleichmäßiges Stampfen zu beiden Seiten der Rohre wird so verdichtet, dass diese sich nicht verschieben können.

Die Verfüllung über der Abdeckzone bis etwa 30 cm über Rohrscheitel erfolgt durch weitere Schüttlagen. In dieser Höhe kann eine mechanische Verdichtung der Verfüllung mit leichtem Verdichtungsgerät (Rüttelplatten) erfolgen. Danach erfolgt die weitere Hauptverfüllung in Verdichtungslagen von 20 cm bis 50 cm bis zur vorgesehenen Oberkante des Grabens (**Bild 2**).

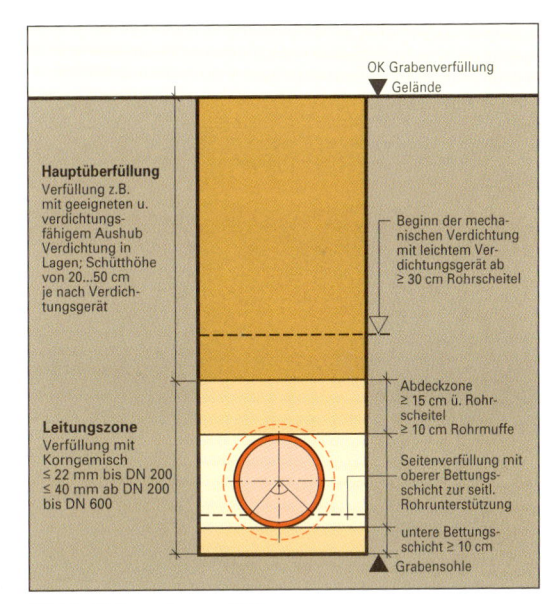

Bild 2: Rohrgrabenverfüllung

Aufgaben

1. Unterscheiden Sie die verschiedenen Abwasserarten.
2. Erläutern Sie die beiden Abwasserableitungsverfahren.
3. Ermitteln Sie die Mindestgrabenbreite für einen verbauten Graben, in den Rohre mit einem Rohrschaftdurchmesser zwischen 22,5 cm und 35 cm verlegt werden.
4. Begründen Sie die Forderung für einen gelenkigen Rohrleitungsanschluss am Schacht.
5. Nennen Sie die verschiedenen Formstücke und deren Verwendung bei Abwasserleitungen.
6. Unterscheiden Sie bei der Rohrgrabenverfüllung die verschiedenen Schüttlagen der Leitungszone.
7. Machen Sie Vorschläge für die Sicherung von Rohrgräben.

7 Mauerwerksbau

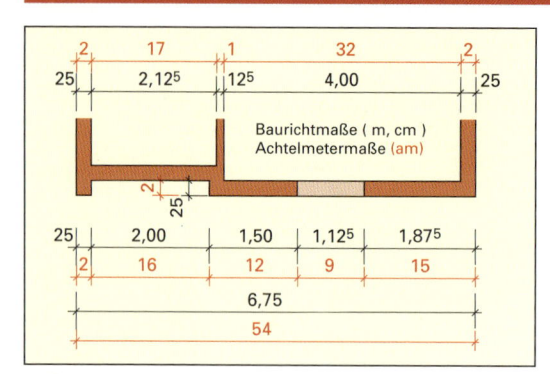

Bild 1: Baurichtmaße und Achtelmetermaße

Steinformate sind
- **D**ünnformate (**DF**) mit 24 cm/11⁵ cm/5² cm
- **N**ormalformate (**NF**) mit 24 cm/11⁵ cm/7¹ cm

Mauersteinlänge nach Baurichtmaß:	2 am
Tatsächliche Steinlänge:	25 cm – 1 cm = 24 cm
Mauersteinbreite nach Baurichtmaß:	1 am
Tatsächliche Steinbreite:	12,5 cm – 1 cm = 11,5 cm

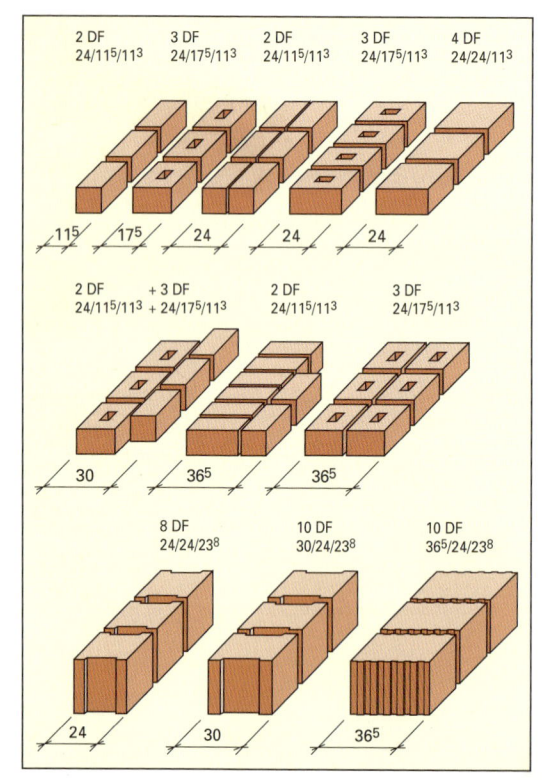

Bild 2: Mauerdicken mit klein- und mittelformatigen Steinen

Im Mauerwerksbau werden Bauteile aus künstlichen und natürlichen Mauersteinen hergestellt.

7.1 Maßordnung

Künstliche Mauersteine, wie z. B. Mauerziegel, sind in ihren Abmessungen nach der Maßordnung im Hochbau in DIN 4172 auf die Längeneinheit Meter abgestimmt. Mauermaße berechnet man als Baurichtmaße und als Rohbaumaße.

7.1.1 Baurichtmaße und Steinformate

Baurichtmaße sind die Grundlage für alle Rohbau- und Ausbaumaße. Die Baurichtmaße sind durch das **A**chtel**m**eter (**am**) festgelegt.

Ein Achtelmeter beträgt 12,5 cm.
Baurichtmaße sind Vielfache oder die Hälfte eines Achtelmeters.

Im herkömmlichen Mauerwerksbau sind zwischen den Mauersteinen Mörtelfugen erforderlich. Um die Baurichtmaße einhalten zu können, müssen Länge, Breite und Höhe der Mauersteine jeweils um eine Fugenbreite kleiner sein. Die sich aus den Baurichtmaßen ergebenden Abmessungen der Mauersteine bezeichnet man als **Steinformate**.

Alle weiteren Formate ergeben sich als Vielfache der Beträge von Länge/Breite/Höhe in **am**.

Beispiele für die Berechnung der Steinformate:

Stein-format	Länge	x	Breite	x	Höhe	=	Vielfache von am
DF	2	x	1	x	½	=	1
2 DF	2	x	1	x	1	=	2
3 DF	2	x	1½	x	1	=	3
16 DF	4	x	2	x	2	=	16

7.1.2 Rohbaumaße

Als **Rohbaumaße** bezeichnet man die am gemauerten Bauteil vorhandenen Abmessungen. Diese weichen je nach der Form des gemauerten Bauteils wegen der zu berücksichtigenden Fugenbreite von den Baurichtmaßen ab.

7.1.2.1 Mauerdicken

Die Mauerdicke hängt von der Anordnung und Anzahl der verwendeten Mauersteine ab **(Bild 2)**. Die kleinste Mauerdicke beträgt 11,5 cm, wenn der Stein als **Läufer** vermauert wird **(Bild 2, Seite 233)**. Wird der Stein als **Binder** vermauert, ergibt sich eine Mauerdicke von 24 cm. Dasselbe Maß erhält man, wenn zwei Läufer einschließlich Längsfuge nebeneinander liegen. Weitere Mauerdicken ergeben sich durch Verwendung von großformatigen Steinen.

7.1.2.2 Mauerlängen

Bei Mauerlängen unterscheidet man Maueröffnungen, Mauervorlagen und kurze Wände oder Mauerpfeiler **(Bild 1)**. Mauerlängen werden als Vielfache von am (12,5 cm) angegeben. Die jeweiligen **Rohbaumaße** werden aus den entsprechenden Baurichtmaßen errechnet **(Bild 2)**. Bei der Berechnung ist zu berücksichtigen, ob die Breite einer Stoßfuge abgezogen oder dazugerechnet werden muss.

7.1.2.3 Mauerhöhen

Mauerhöhen werden durch die Schichthöhe und die Anzahl der Schichten bestimmt. Die Schichthöhe ergibt sich aus der Steinhöhe einschließlich Lagerfuge. Die Dicke der Lagerfuge ist je nach verwendetem Steinformat unterschiedlich. Sie errechnet sich nach der Anzahl der Steine je Meter Mauerhöhe und beträgt beim Dünnformat 1,05 cm, beim Normalformat 1,23 cm, bei mittel- und großformatigen Steinen 1,2 cm **(Bild 3)**. Die Anzahl der Schichten ist abhängig von der Mauerhöhe und dem gewählten Steinformat. Die Schichtanzahl errechnet sich aus der Mauerhöhe : Schichthöhe.

Beispiele für die Berechnung der Schichtanzahl:

Mauerhöhe 2,62^5 m   Steinformat 3 DF

$$\text{Schichtanzahl} = \frac{262{,}5 \text{ cm}}{12{,}5 \text{ cm}} = 21$$

Die Länge einer **Maueröffnung** beträgt

Anzahl der am x 12,5 cm + 1 Stoßfuge

Beispiel: 3 x 12,5 cm + 1 cm = 38,5 cm

Die Länge einer **Mauervorlage** beträgt

Anzahl der am x 12,5 cm

Beispiel: 3 x 12,5 cm = 37,5 cm

Die Länge einer **kurzen Wand** beträgt

Anzahl der am x 12,5 cm - 1 Stoßfuge

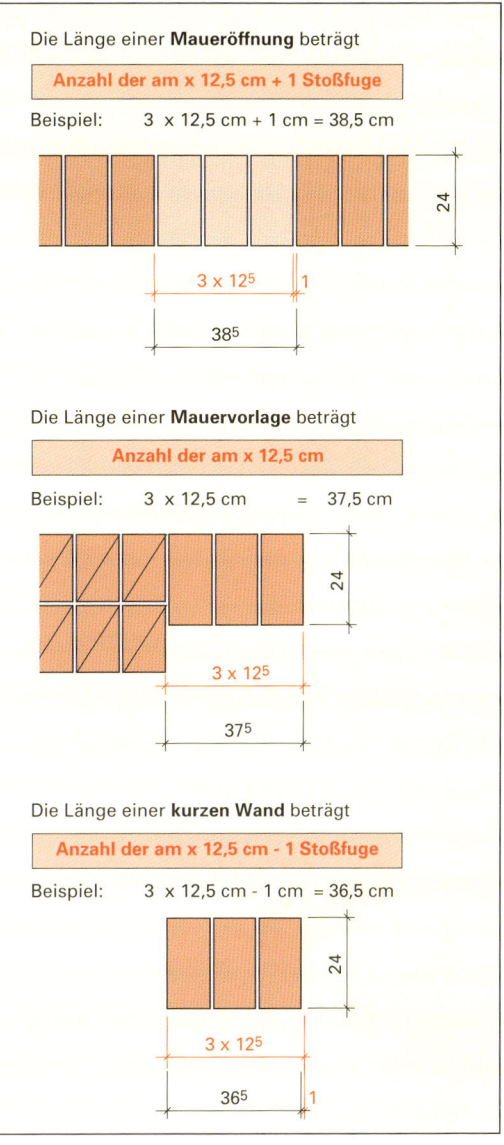

Beispiel: 3 x 12,5 cm - 1 cm = 36,5 cm

Bild 1: Maueröffnungen, Mauervorlage und kurze Wand (Mauerpfeiler)

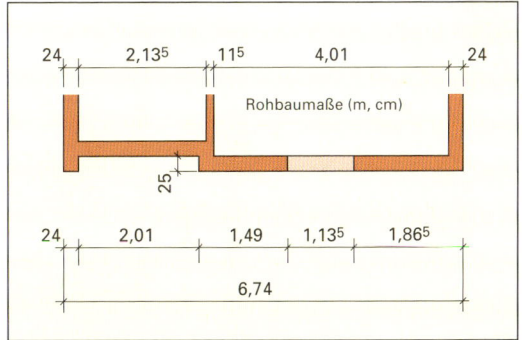

Bild 2: Mauerlängen als Rohbaumaße

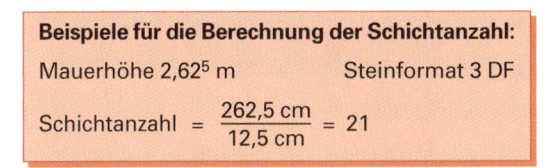

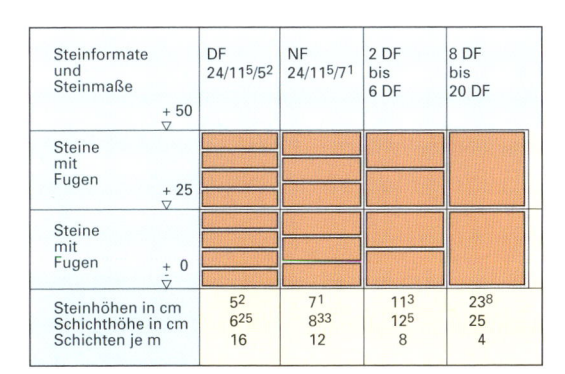

Bild 3: Schichthöhen

Steinformate und Steinmaße	DF 24/11^5/5^2	NF 24/11^5/7^1	2 DF bis 6 DF	8 DF bis 20 DF
Steinhöhen in cm	5^2	7^1	11^3	23^8
Schichthöhe in cm	6^{25}	8^{33}	12^5	25
Schichten je m	16	12	8	4

7.2 Mauerverbände

Mauerwerk entsteht durch regelmäßiges waagerechtes und fluchtgerechtes Aneinanderreihen sowie durch senkrechtes Aufschichten und Vermörteln von Mauersteinen.

Werden Mauersteine so in die Mauerflucht gelegt, dass man ihre Längsseite sieht, sind die Steine als **Läufer** vermauert. Läufer stoßen mit ihren Breitseiten (Kopfseiten oder kurz nur Kopf genannt) zusammen. Diese Fugen werden als **Stoßfugen** bezeichnet. Liegen Läufer bei größeren Mauerdicken mit ihren Längsseiten nebeneinander, werden diese Fugen als **Längsfugen** bezeichnet. Sieht man die Kopfseite der Mauersteine in der Maueransicht, sind die Steine als **Binder** vermauert. Binder stoßen mit ihren Längsseiten in Stoßfugen zusammen. Alle waagerecht angeordneten Steine einer bestimmten Mauerlänge ergeben die **Mauerschicht (Bild 1)**. Die waagerechten Fugen zwischen den Mauerschichten heißen **Lagerfugen**.

Beim Mauern lassen sich Maßabweichungen der Steine in der Mörtelfuge ausgleichen. Im erhärteten Mörtel sitzt der Stein fest und unverrückbar. Das Mauerwerk erreicht seine geforderte Festigkeit, wenn die Mauersteine außerdem im **Mauerverband** gemauert sind.

Durch einen Mauerverband werden Lasten und Kräfte nicht nur senkrecht, sondern gleichmäßig auf den ganzen Mauerquerschnitt verteilt **(Bild 2)**. Dies wird durch Versetzen der senkrecht übereinanderliegenden Stoß- und Längsfugen erreicht. Diesen Versatz nennt man **Überbindemaß (ü)**; er muss mindestens 4,5 cm betragen **(Bild 3)**. Werden höhere Mauersteine verwendet, so gilt $ü \geq 0{,}4\ h_{St}$ **(Tabelle 1)**. Nach DIN 1053 dürfen **keine Fugenüberdeckungen** auftreten. Sie gefährden die Tragfähigkeit des Mauerwerks.

Die Steine einer Schicht sollen gleiche Höhe haben. An Wandenden und unter Stürzen ist jedoch eine zusätzliche Lagerfuge in jeder zweiten Schicht zum **Längen- und Höhenausgleich** zulässig **(Bild 4)**.

Die Mauersteine müssen an Wandenden mit einer Breite von mindestens 11,5 cm aufliegen (Bild 4). Steine und Mörtel müssen von der gleichen Art und Festigkeit sein wie im übrigen Mauerwerk. In Schichten mit Längsfugen darf die Steinhöhe nicht größer als die Steinbreite sein. Abweichend davon muss die Aufstandsbreite von Steinen mit einer Höhe von 23,8 cm mindestens 11,5 cm betragen. Das Überbindemaß ist nach DIN 1053 einzuhalten.

Je nach Anordnung der Mauersteine ergeben sich unterschiedliche Mauerbilder, die man als Mittenverbände bezeichnet. Nach der Verwendung des Mauerwerks im Bauwerk unterscheidet man Endverbände, rechtwinklige und schiefwinklige Maueranschlüsse sowie Schornsteinverbände. Bei Sichtmauerwerk bieten Zierverbände besondere Gestaltungsmöglichkeiten.

7.2.1 Mittenverbände

Bei den Mittenverbänden unterscheidet man den Läuferverband, den Binderverband, den Blockverband und den Kreuzverband.

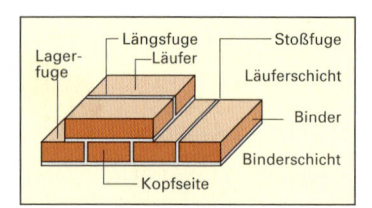

Bild 1: Mauerschichten

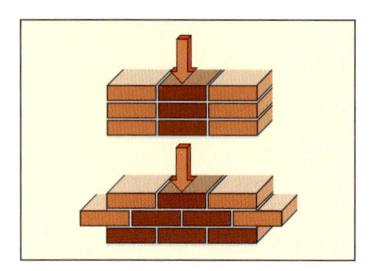

Bild 2: Lastverteilung im Mauerwerk

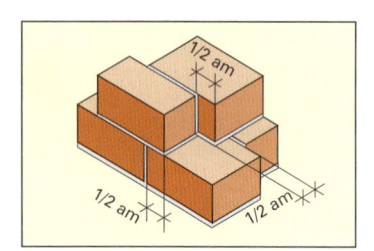

Bild 3: Überbindemaße

Tabelle 1: Überbindemaße

Steinhöhe h cm	$ü$ nach DIN 1053	$ü$ in am
5,2	≥ 4,5	1/2
7,1		
11,3	≥ 4,52	
23,8	≥ 9,52	1

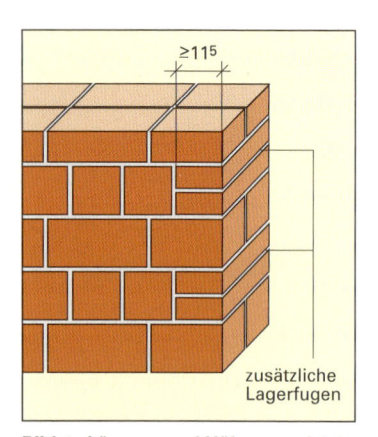

Bild 4: Längen- und Höhenausgleich an Wandenden

7.2.1.1 Binderverband

Beim Binderverband bestehen alle Schichten aus Bindern (**Bild 1**). Die Schichten sind gegeneinander mit einem Überbindemaß von $1/2$ am versetzt. Dieser Verband ergibt bei klein- und mittelformatigen Steinen eine Mauerdicke von 24 cm. Er wird selten ausgeführt. Dagegen treten bei mittel- und großformatigen Steinen häufig reine Binderverbände auf, z. B. bei 36,5 cm dicken Wänden.

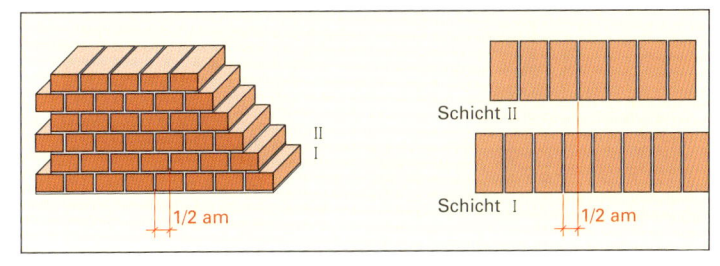

Bild 1: Binderverband

7.2.1.2 Läuferverband

Beim Läuferverband bestehen alle Schichten aus Läufern. In der Regel werden zwei übereinander liegende Mauersteine bei allen Steinformaten um 1 am oder um $1/2$ am versetzt (**Bild 2**). Das Überbindemaß muß jedoch mindestens 4,5 cm betragen. Der Läuferverband wird für 11,5 cm dicke Wände aus kleinformatigen Steinen und für 17,5 cm dicke Wände aus mittelformatigen Steinen angewendet. Eine Wanddicke von 30 cm wird mit klein- und mittelformatigen Steinen hergestellt. Großformatige Steine lassen sich für 24 cm, 30 cm und 36,5 cm dicke Wände im Läuferverband vermauern.

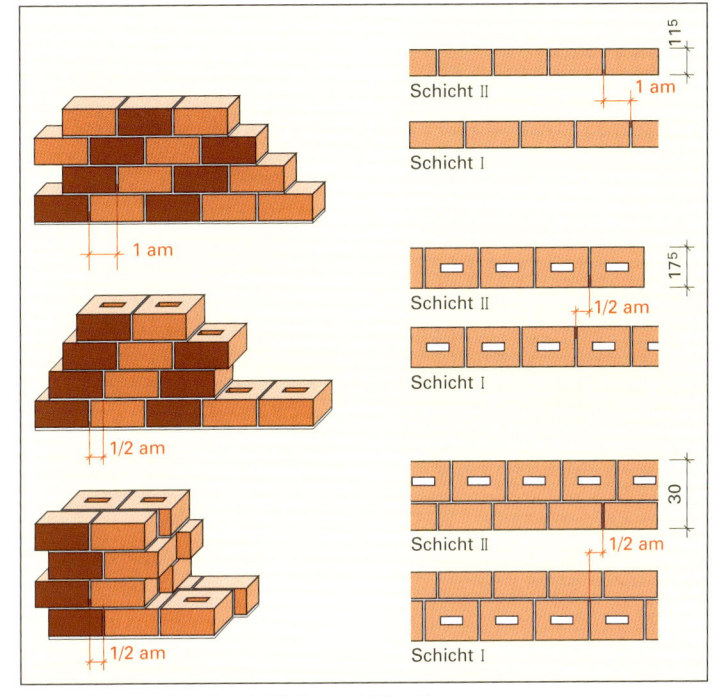

Bild 2: Läuferverbände mit Klein- und Mittelformaten

7.2.1.3 Blockverband

Beim Blockverband wechseln Läufer- und Binderschichten regelmäßig miteinander ab. Man beginnt mit der Binderschicht. Die darüber liegende Schicht ist die Läuferschicht. Sie besteht aus zwei nebeneinander liegenden Läuferreihen. Die Läufer sind gegenüber den Bindern um $1/2$ am versetzt (**Bild 3**). Diese Regel gilt bei 24 cm dicken Wänden und bei Verwendung von kleinformatigen Steinen, bei Wänden über 30 cm Wanddicke auch für mittelformatige Steine.

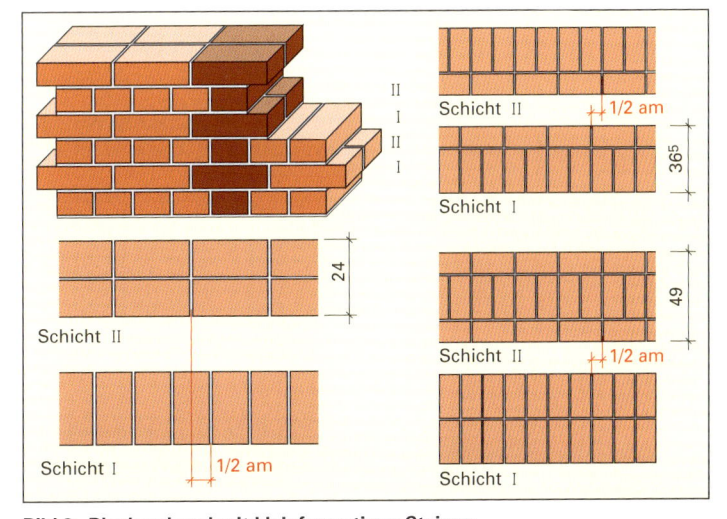

Bild 3: Blockverband mit kleinformatigen Steinen

7.2.1.4 Kreuzverband

Der Kreuzverband entsteht, wenn die Läuferschicht gegenüber der Binderschicht um $1/2$ am und außerdem die Läuferschichten untereinander um 1 am versetzt angeordnet werden (**Bild 1**). Der Kreuzverband ist nur bei Mauerdicken ab 24 cm möglich und erst nach 4 Mauerschichten erkennbar.

Wird der Kreuzverband bei Mauerdicken ab 36^5 cm angewendet, liegen bei klein- und mittelformatigen Steinen Läufer und Binder in derselben Schicht. In der Maueransicht sieht man aber weiterhin in der Binderschicht Binder und in der Läuferschicht Läufer. Innerhalb einer Mauerschicht dürfen hier die Stoßfugen über die ganze Mauerdicke durchgehen. Der Kreuzverband wiederholt sich alle 4 Schichten.

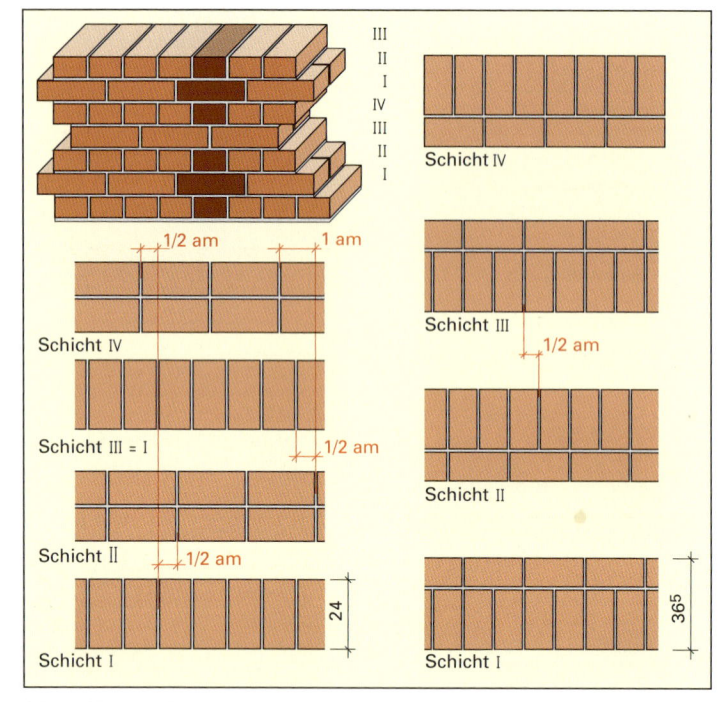

Bild 1: Kreuzverband mit kleinformatigen Steinen

7.2.2 Endverbände

Die beiden Schmalseiten einer freistehenden Mauer bezeichnet man als Mauerenden. Ist die freistehende Wand kurz, spricht man von Mauerpfeiler (kurze Wände). Ähnliche Regeln gelten für das Mauern von Vorlagen und Nischen.

7.2.2.1 Mauerenden

Das Mauern von Mauerenden geschieht im **Dreiviertelsteinverband**. Dabei enden die Läuferschichten jeweils mit Dreiviertelsteinen und die Binderschichten mit ganzen Steinen (**Bild 2**). Auf der Baustelle können zwei nebeneinander liegende Dreiviertelsteine im 2 DF-Format auch durch einen 3 DF-Stein ersetzt werden. Dies ist wirtschaftlicher, da keine Steine geschlagen werden müssen und kein Verhau entsteht. Der Dreiviertelsteinverband kann angewendet werden, wenn die Mauerlänge ein Vielfaches von 1 am ist.

Ist bei Mauerdicken ab 24 cm die Mauerlänge ein Vielfaches von $1/2$ am, kann das Mauerende nur mit dem **umgeworfenen Verband** ausgeführt werden. Man beginnt an einem Mauerende wie beim Dreiviertelsteinverband. Läuferschichten beginnen mit Dreiviertelsteinen, Binderschichten mit ganzen Steinen. Am anderen Mauerende wird die Läuferschicht jedoch mit Bindern abgeschlossen, die Binderschicht mit Dreiviertelsteinen als Läufer (**Bild 1, Seite 235**).

Bei der Verwendung von mittelformatigen Steinen, z. B. bei einer 30 cm dicken Wand aus 2 DF- und 3 DF-Steinen, liegen beide Steinformate in derselben Schicht ne-

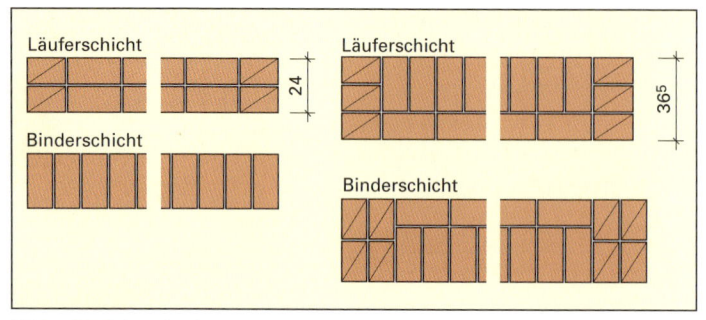

Bild 2: Dreiviertelsteinverbände

beneinander. Die Läuferschichten enden am einen Mauerende mit Läufern und am anderen mit Bindern. Der Verband ist umgeworfen. Jede folgende Schicht ist jeweils um 180° gedreht anzuordnen.

7.2.2.2 Mauerpfeiler

Mauerpfeiler sind Bauteile mit einem Mindestquerschnitt von 11,5 cm/36,5 cm bzw. 17,5 cm/ 24 cm (**Bild 2**). Wegen der Tragfähigkeit muss nach DIN 1053 das Überbindemaß mindestens 4,5 cm betragen. Fugenüberdeckungen sind nicht zulässig. Für rechtwinklige Mauerpfeiler gelten die gleichen Verbandsregeln wie für Mauerenden. Das wichtigste dabei ist, dass Läufer und Binder schichtweise wechseln. Auch quadratische Mauerpfeiler werden in der ersten Schicht wie kurze Mauerenden angelegt. Jede weitere Schicht liegt um 90° bzw. 180° gedreht auf der vorhergehenden Schicht.

7.2.2.3 Vorlagen und Nischen

Bei Vorlagen und Nischen wird die Dicke der Mauer vergrößert oder verkleinert. Nischen von geringer Breite werden als Schlitze bezeichnet und wie Nischen gemauert. Beim Mauern von Vorlagen läuft die äußere Läuferschicht durch; ihre Regelfuge liegt $1/2$ am vor Beginn der Vorlage (**Bild 3**). In der Binderschicht bindet die Vorlage in die Mauer ein, z. B. mit Dreiviertelsteinen.

Bei Mauernischen und Schlitzen gehen sowohl Läufer- als auch Binderschichten durch und werden auf Nischenbreite bzw. Schlitzbreite zurückgesetzt. Jede Schicht endet wie beim Mauerende im Dreiviertelsteinverband oder im umgeworfenen Verband. Die Größe von Mauernischen und Schlitzen ist nach DIN 1053 begrenzt (Seite 244).

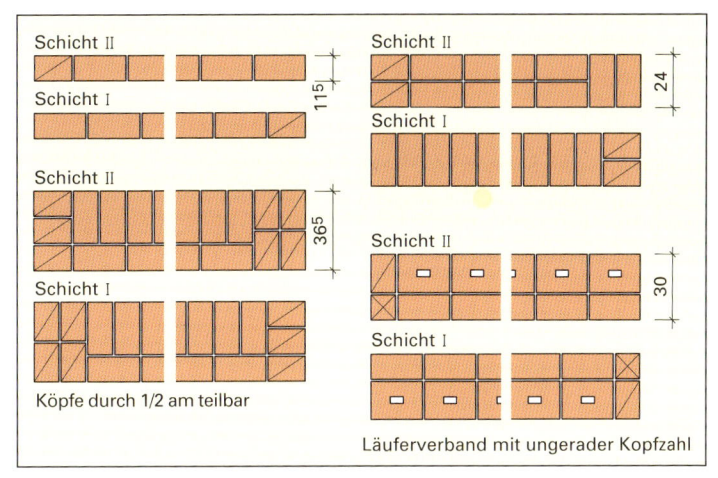

Bild 1: Umgeworfene Verbände

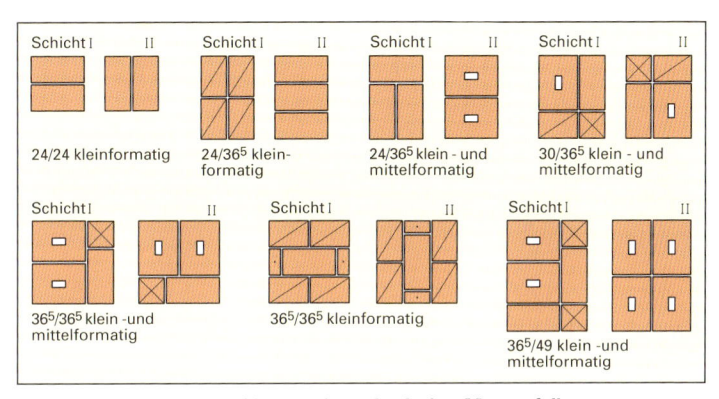

Bild 2: Verbände rechteckiger und quadratischer Mauerpfeiler

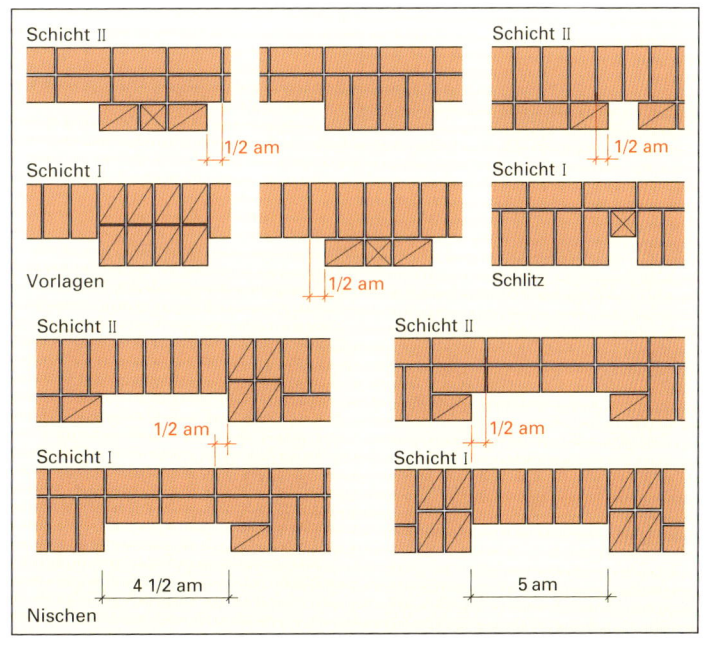

Bild 3: Verbände bei Vorlagen, Nischen und Schlitzen

7.2.3 Rechtwinklige Maueranschlüsse

Bei rechtwinkligen Maueranschlüssen gilt als Regel, dass diejenige Schicht durchgeführt wird, die in der Ansicht Läufer zeigt. Die rechtwinklig daran anschließende Schicht ist eine Binderschicht. An der Innenecke ergibt sich bei klein- und mittelformatigen Steinen ein Versatz von 1/2 am bzw. 1 am zur Regelfuge, bei großformatigen Steinen von 1 am. Die darüber liegende Schicht wird nach den Verbandsregeln so angeordnet, dass an der Sichtseite über der Läuferschicht eine Binderschicht liegt und umgekehrt.

7.2.3.1 Mauerecken

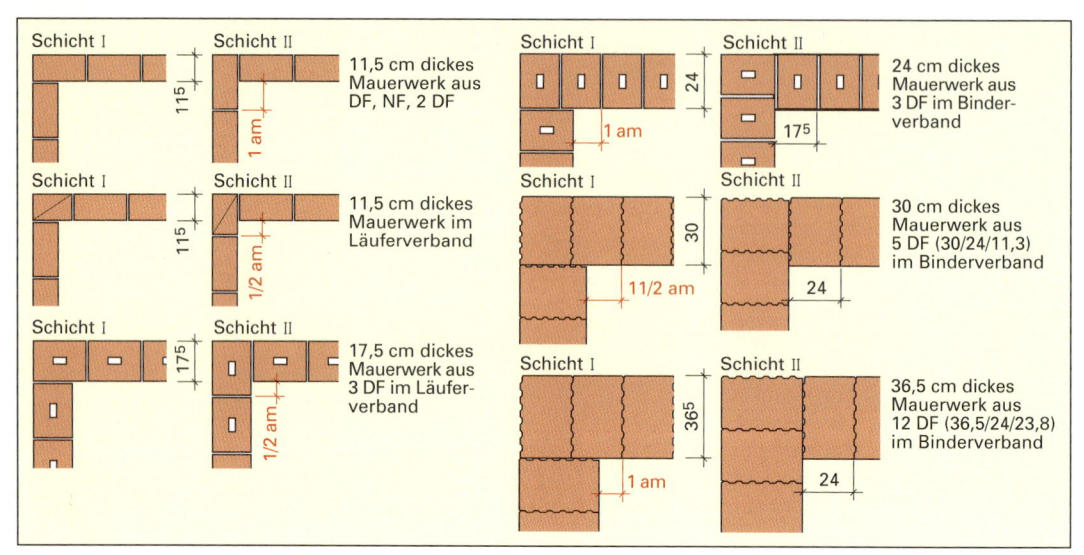

Bild 1: Eckverbände bei ein-Stein dicken Wänden

Die Mauerecke wird so angelegt, dass bei einer ein Stein dicken Mauer jede Schicht abwechselnd durchläuft. Dies gilt für klein-, mittel- und großformatige Steine **(Bild 1)**. Bei zwei und drei Stein dickem Mauerwerk wird die Flucht der durchbindenden Schicht nicht verändert und die Flucht der einbindenden Schicht schließt sich an. Stoß- und Längsfugen der einbindenden Schicht sind in der Ecke so anzulegen, dass keine Fugenüberdeckungen entstehen und der Verband eingehalten werden kann **(Bild 2)**. Bei Mauerwerk aus kleinformatigen Steinen werden an der Mauerecke wie beim Mauerendverband Dreiviertelsteine verwendet; bei mittelformatigen Steinen müssen keine Teilsteine eingeschlagen werden. Auf diese Weise lassen sich sowohl der Blockverband als auch der Kreuzverband herstellen.

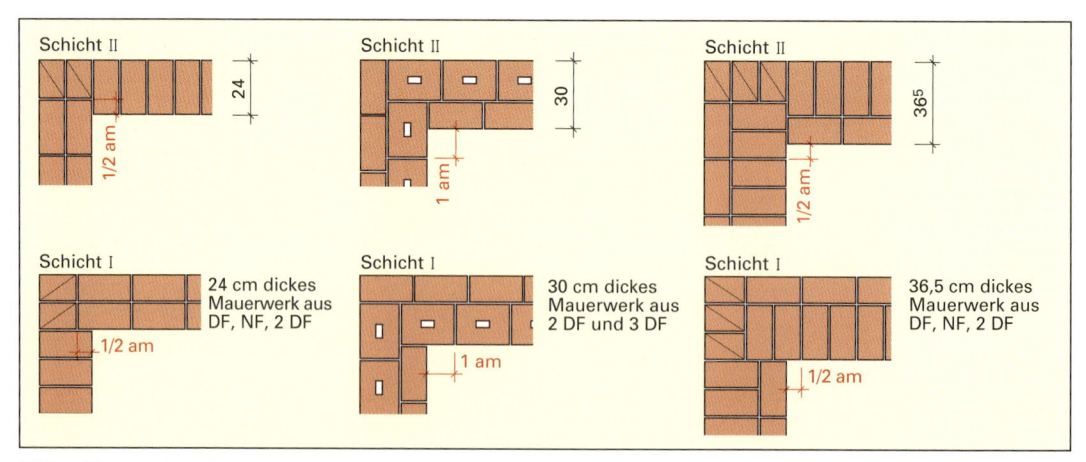

Bild 2: Mauerecke bei zwei- und drei-Stein dicken Wänden

7.2.3.2 Mauereinbindungen

Bei Mauereinbindungen (Maueranschluss, Mauerstoß) sollten die durchgehende und die einbindende Mauer gleichzeitig angelegt und hochgeführt werden. Andernfalls ist die einbindende Mauer abzutreppen. Jede zweite Schicht der schließenden Mauer ist einzubinden. Dadurch wird in der Mauereinbindung der Verbund gesichert. Unabhängig von der Dicke des Mauerwerks ist bei klein- und mittelformatigen Steinen die Regelfuge der durchgehenden Schicht um 1/2 am, bei großformatigen Steinen um 1 am versetzt **(Bild 1)**.

Ist eine Mauer anzuschließen, die mit der durchlaufenden Mauer keinen Regelfugenversatz ermöglicht, kann z. B. das Steinformat am Maueranschluss gewechselt werden.

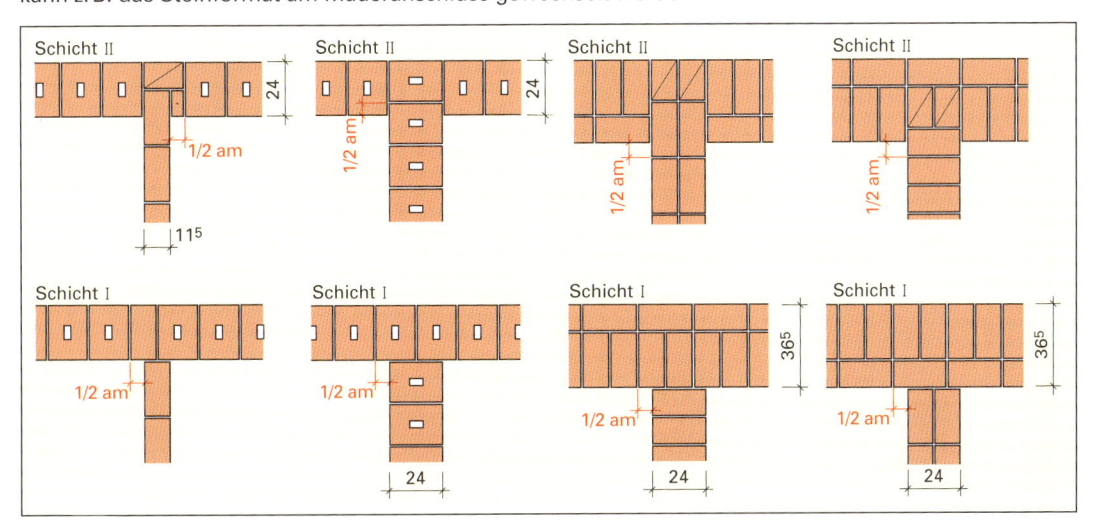

Bild 1: Verbände bei Mauereinbindungen

7.2.3.3 Mauerkreuzungen

Bei rechtwinkligen Mauerkreuzungen laufen die Schichten abwechselnd durch **(Bild 2)**. Die jeweilige Regelfuge der durchgehenden Schicht ist um 1/2 am bei kleinformatigen, um 1/2 am bzw. 1 am bei mittelformatigen und um 1 am bei großformatigen Steinen gegenüber der anstoßenden Schicht zu versetzen.

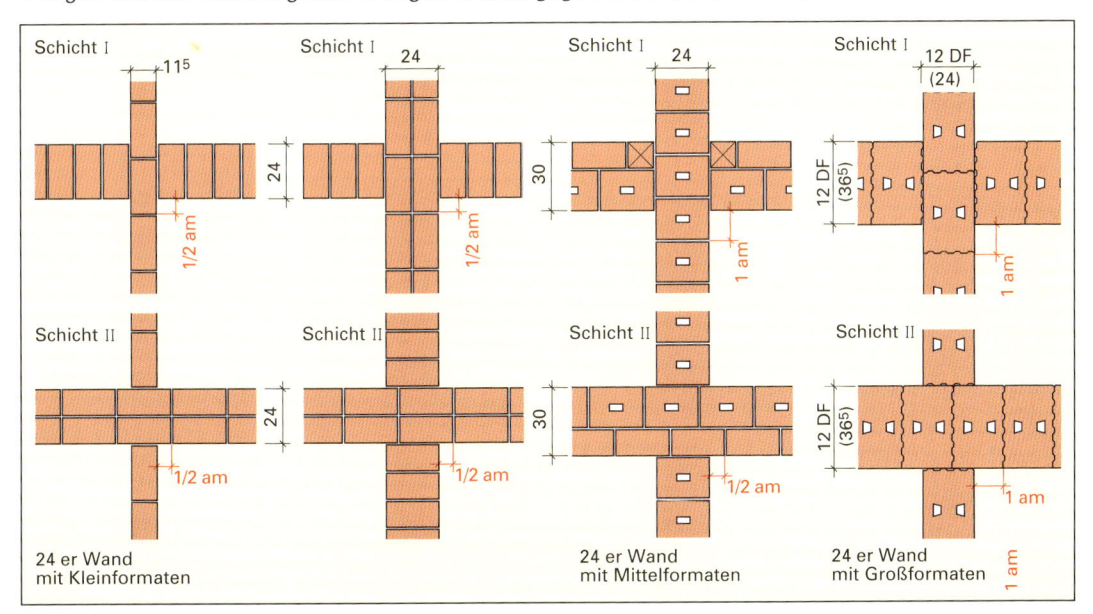

Bild 2: Verbandregeln rechtwinkliger Mauerkreuzungen

7.2.4 Schiefwinklige Maueranschlüsse

Bei schiefwinkligen Maueranschlüssen unterscheidet man Mauerecken, Maureinbindungen und -kreuzungen.

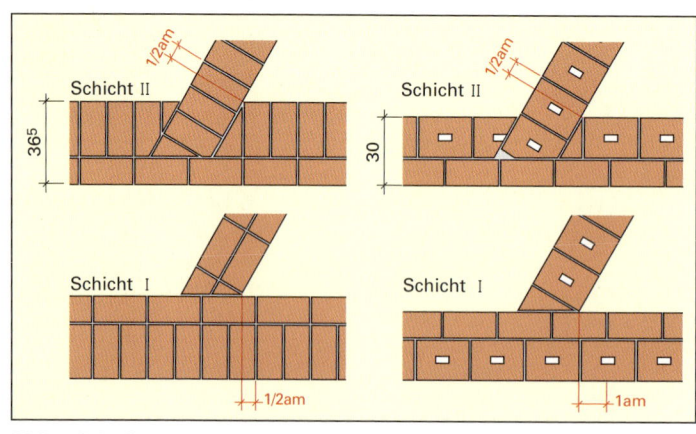

7.2.4.1 Schiefwinklige Mauerecken

Spitzwinklige Mauerecken werden von der äußeren Ecke aus angelegt. Der Eckstein der durchlaufenden Schicht sollte mit seiner längeren Seite etwa einem Dreiviertelstein entsprechen. Dieses Maß erhält man,

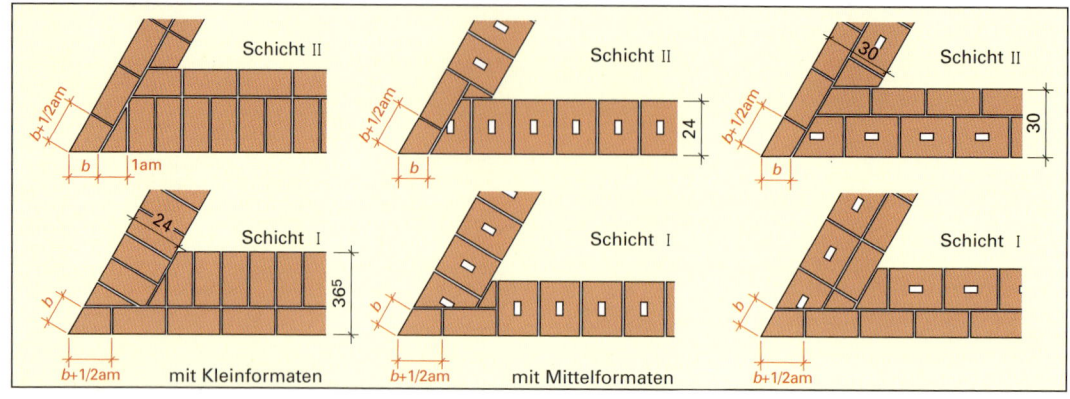

Bild 1: Spitzwinklige Mauerecke

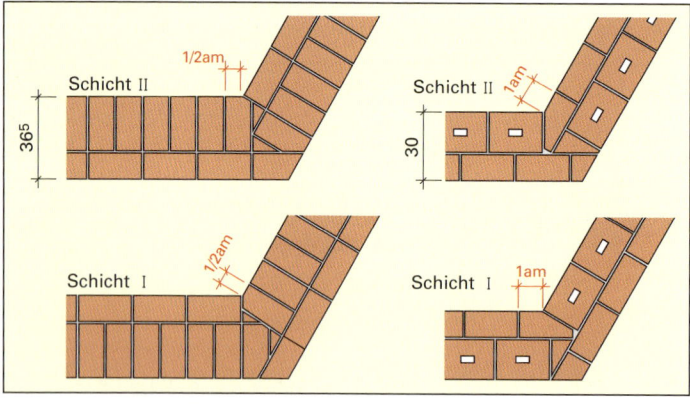

wenn zum schrägen Maß b des zugeschnittenen Steins noch $1/2$ am addiert wird **(Bild 1)**.

Stumpfwinklige Mauerecken werden von der Innenecke aus angelegt. Fugenüberdeckungen werden vermieden, wenn die Regelfuge der durchgehenden Schicht um mindestens $1/2$ am von der Innenecke versetzt ist **(Bild 2)**. Im Übrigen gelten die gleiche Verbandsregeln wie bei rechtwinkligen Mauerecken.

Bild 2: Stumpfwinklige Mauerecke

7.2.4.2 Schiefwinklige Maureinbindungen

Bei schiefwinkligen Maureinbindungen wird die einbindende Schicht bis zur Läuferreihe der durchlaufenden Schicht durchgeführt. Um Fugenüberdeckungen zu vermeiden, ist die letzte Regelfuge der durchlaufenden Schicht um mindestens $1/2$ am von der Innenecke versetzt. Die Regelfuge der anschließenden Schicht liegt jeweils an der Innenecke **(Bild 3)**. Die Schichten laufen abwechselnd durch bzw. binden ein.

Bild 3: Schiefwinklige Maureinbindung

7.2.4.3 Schiefwinklige Mauerkreuzungen

Bei schiefwinkligen Mauerkreuzungen gibt es keine Fugenüberdeckungen, wenn die jeweiligen Regelfugen um mindestens 1/2 am von der Innenecke versetzt sind **(Bild 1)**. Des weiteren können die Regeln für den schiefwinkligen Mauerstoß angewendet werden.

Bei Verwendung von großformatigen Mauersteinen ist der Abstand der letzten Regelfuge zur Innenecke von 1 am einzuhalten.

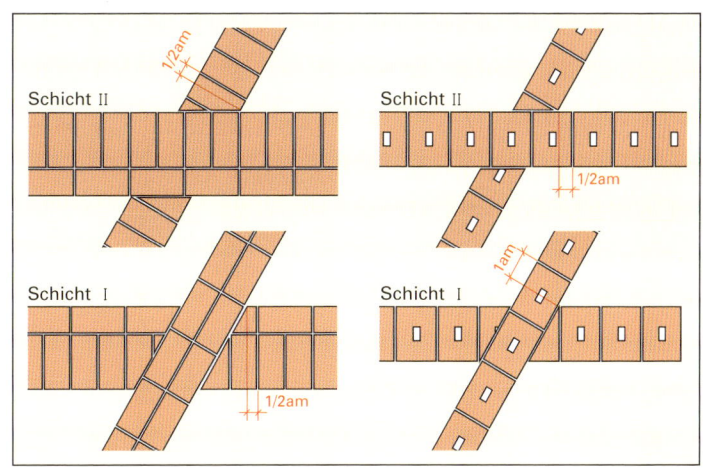

Bild 1: Schiefwinklige Mauerkreuzung

7.2.5 Schornsteinverbände

Schornsteine sind in fachgerechtem Verband so zu mauern, dass die Innenwandungen des Schornsteins lotrecht, eben und rauchdicht sind. Als Grundregeln gelten, dass das Überbindemaß von 4,5 cm eingehalten wird, möglichst ganze Mauersteine verwendet und notwendige Viertelsteine an den Außenseiten der Schornsteinwangen vermauert werden. An den inneren Ecken jeder Mauerschicht darf jeweils nur eine Fuge liegen; Kreuzfugen sind zu vermeiden. Schornsteinzungen müssen in die Wangen einbinden.

Schornsteinverbände werden in Verbände für frei stehende Schornsteine und in Verbände für Schornsteine im Mauerwerk unterteilt.

Der Mauerverband für **frei stehende Schornsteine** hängt von der Anzahl der Schornsteinrohre ab **(Bild 2)**. Ist ein Schornsteinrohr mit 11,5 cm dicken Wangen zu mauern, wird der Verband umlaufend gelegt, d. h. die zweite Schicht läuft entgegengesetzt zur ersten. Ist eine Schornsteingruppe mit 11,5 cm dicken Wangen und Zungen zu mauern, wird jede zweite Schicht um 180° zur ersten gedreht. Schornsteine und Schornsteingruppen können auch mit 24 cm dicken Wangen und Zungen gemauert werden. Dabei werden die ganzen Mauersteine wie bei 11,5 cm dicken gemauerten Wangen als Binder versetzt. Die Schichten sind gleich, doch wird bei rechteckigen Schornsteinquerschnitten jede zweite Schicht um 180°, bei quadratischen Schornsteinquerschnitten jede folgende Schicht um 90° gedreht.

Der Mauerverband der **Schornsteine im Mauerwerk** hängt von der Dicke des anschließenden Mauerwerks ab. Man spricht von Mauern ohne Vorlage, wenn das Mauerwerk mindestens so dick ist wie der Schornstein in seinen Wangenaußenmaßen. Hier kann der Schornsteinquerschnitt im Wandinneren ausgespart bleiben **(Bild 1, Seite 240)**. In der Läuferschicht liegen an beiden Seiten der Schornsteingruppe Dreiviertelsteine als Läufer, in der Binderschicht Dreiviertelsteine als Binder. Diese Verbandregel gilt für Schornsteingruppen mit der vielfachen Länge des Achtelmeter. Ist die Länge der Schornsteingruppe durch 1/2 am teilbar, wird nach den Regeln des umgeworfenen Verbands gemauert. In jeder Schicht liegen auf der einen Seite der Schornsteingruppe Dreiviertelsteine als Läufer, auf der anderen Seite Dreiviertelsteine als Binder. Man spricht von **Mauern mit Vorlage,** wenn das

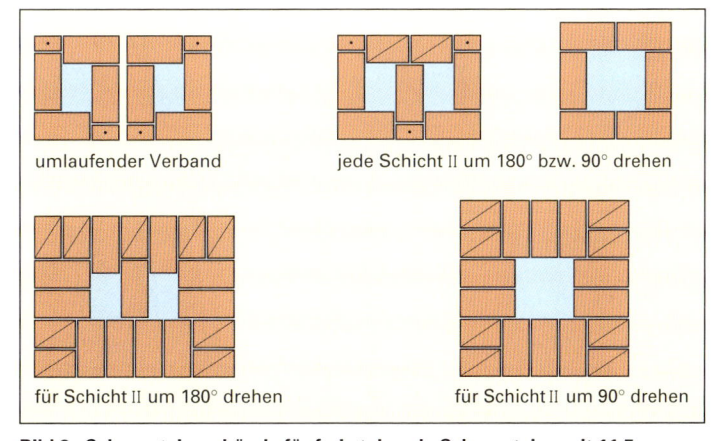

Bild 2: Schornsteinverbände für frei stehende Schornsteine mit 11,5 cm und 24 cm dicken Wangen

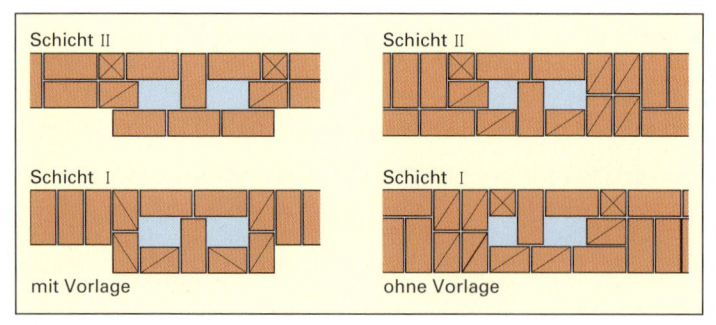

Bild 1: Schornsteinverbände im Mauerwerk ohne und mit Vorlagen

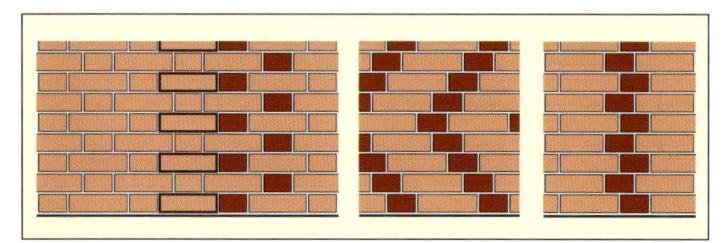

Bild 2: Gotischer Verband und Abwandlungen

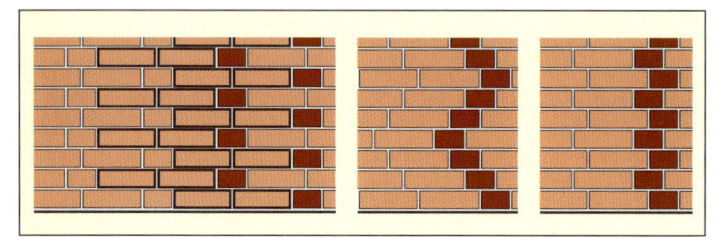

Bild 3: Märkischer Verband und Abwandlungen

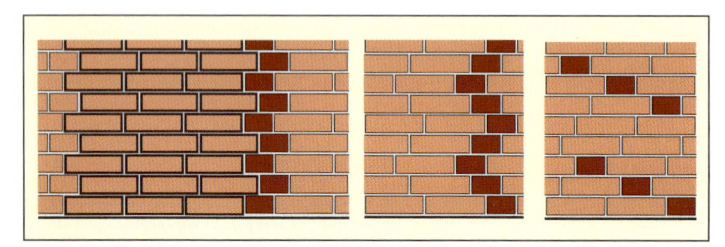

Bild 4: Schlesischer Verband und Abwandlungen

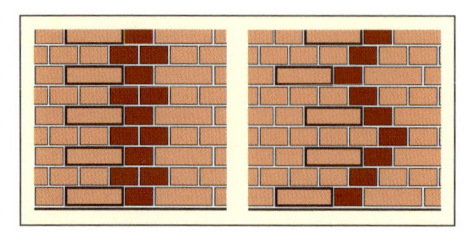

Bild 5: Holländischer Verband und Abwandlungen

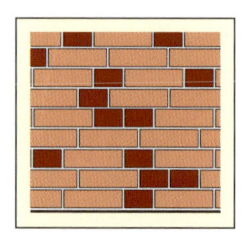

Bild 6: Wilder Verband

Mauerwerk dünner ist als der Schornstein in seinen Wangenaußenmaßen, wie z. B. bei 24 cm und 30 cm dickem Mauerwerk. In der Regel liegt die Vorlage als Läufer in der Läuferschicht vor der Mauerflucht. In der Binderschicht bindet die Vorlage mit Dreiviertelsteinen als Binder ein. Diese Verbandregeln gelten für Schornsteingruppen mit vielfachen Längen von am. Ist die Länge der Schornsteingruppe durch $1/2$ am teilbar, wird nach den Regeln des umgeworfenen Verbands gemauert.

7.2.6 Zierverbände

Zierverbände werden bei Verblendungen und zur Zierde gemauert und bleiben unverputzt. Außer den üblichen Verbänden gehören auch die historischen Verbände dazu.

Zierverbände dienen der Verschönerung des Mauerwerks, z.B. bei Umfassungsmauern oder bei der Ausfachung im Fachwerkbau. Als Zierverbände und Verblendverbände eignen sich die historischen Verbände.

Der **Gotische Verband** ist ein Verband mit Läufer-Binder-Schichten **(Bild 1)**. In jeder Schicht liegen abwechselnd Läufer und Binder nebeneinander. Die Binder sind von Schicht zu Schicht um $1^1/_2$ am versetzt anzuordnen. Durch Versetzen von nur $1/2$ am kann das Erscheinungsbild des Gotischen Verbandes beruhigt werden, z. B. wenn die Binder in einer Senkrechten übereinander liegen oder eine Schräge bilden.

Beim **Märkischen Verband** liegt in jeder Schicht zwischen zwei Läufern ein Binder **(Bild 2)**. Das Versetzmaß wird auf $1^1/_2$ am festgelegt. Dadurch liegen in jeder zweiten Schicht die Binder übereinander. Durch Verkürzen des Versatzmaßes auf $1/2$ am entstehen veränderte Erscheinungsformen des Märkischen Verbandes.

Beim **Schlesischen Verband** liegt in jeder Schicht zwischen drei Läufern ein Binder **(Bild 4, Seite 240)**. Die Binder können schichtweise um 1/2 am, 1 1/2 am oder 2 1/2 am versetzt angeordnet werden.

Beim **Holländischen Verband** wechseln Läufer-Binder-Schichten und Binderschichten regelmäßig miteinander ab **(Bild 5, Seite 240)**. Die Binder jeder Läufer-Binder-Schicht liegen übereinander.

Soll bewusst Unregelmäßigkeit im Zierverband vorherrschen, wird im so genannten **Wilden Verband** gemauert **(Bild 6, Seite 240)**. Dabei wechseln in jeder Schicht Läufer und Binder unregelmäßig miteinander ab.

Aufgaben

1. Welcher Unterschied besteht zwischen Baurichtmaßen und Rohbaumaßen?
2. Wie errechnet man die Rohbaumaße von Maueröffnung, Mauervorlage und Mauerpfeiler?
3. Wie viele Schichten müssen auf 1 m Höhe gemauert werden bei Verwendung von DF-, NF-, 3-DF- und 10-DF-Steinen?
4. Welche Verbandsregeln sind beim Mauern von Mauerenden einzuhalten?
5. Worauf ist bei rechtwinkligen Maueranschlüssen zu achten, damit keine Fugenüberdeckung auftritt?
6. Welche Verbandsregeln gelten für Schornsteinverbände?

7.3 Mauerwerk

Für Mauerwerk aus künstlich hergestellten Steinen dürfen nur Baustoffe verwendet werden, die den Normen entsprechen. Bei nicht genormten Baustoffen muss deren Eignung in Bezug auf Festigkeit und Verwendung nachgewiesen werden.

7.3.1 Mauerwerksfestigkeit

Die Druckfestigkeit von Mauersteinen und Mauermörtel bestimmen im Wesentlichen das Tragverhalten des Mauerwerks. Übliche Mauersteine haben Druckfestigkeiten von 2 N/mm² bis 28 N/mm² und Mauersteine für besondere Anforderungen 36 N/mm² bis 60 N/mm². Die Druckfestigkeiten von Mauermörtel liegen bei Güteprüfung zwischen 2,5 N/mm² für MG II und 20 N/mm² für MG IIIa, bei Eignungsprüfung zwischen 3,5 N/mm² für MG II und 25 N/mm² für MG IIIa.

Die Mauerwerksfestigkeit kann nach einem vereinfachten Verfahren oder nach einem genaueren Verfahren berechnet werden. Dabei sind neben dem Tragverhalten auch die Funktionen der Wände hinsichtlich des Wärme-, Schall-, Brand- und Feuchteschutzes zu beachten.

Das **vereinfachte Berechnungsverfahren** darf angewandt werden, wenn z. B.

- die Gebäudehöhe (Mittel von First- und Traufhöhe) über Gelände nicht mehr als 20 m beträgt,
- die Stützweite der aufliegenden Decken höchstens 6,0 m beträgt und
- die Wanddicke der Innen- und Außenwände auf deren lichte Wandhöhe abgestimmt ist **(Tabelle 1)**.

Die Druckfestigkeit des Mauerwerks wird in Abhängigkeit der Steinfestigkeitsklassen, der Mörtelarten und Mörtelgruppen als Grundwert σ_0 der zulässigen Druckspannungen angegeben. Es gibt Grund-

---

Tabelle 1: Voraussetzungen für die Anwendung des vereinfachten Verfahrens

Bauteil	Wanddicke d mm	lichte Wandhöhe h_s m	Verkehrslast p kN/m²
Innenwände	≥ 115 < 240	≤ 2,75	≤ 5
	≥ 240	–	
einschalige Außenwände	≥ 175[1] < 240	≤ 2,75	≤ 5
	≥ 240	≤ 12 · d	
Tragschale zweischaliger Außenwände und zweischaliger Haustrennwände	≥ 115[2] < 175[2]	≤ 2,75	≤ 3[3]
	≥ 175 < 240		≤ 5
	≥ 240	≤ 12 · d	

[1] Bei eingeschossigen Garagen und vergleichbaren Bauwerken, die nicht zum dauerhaften Aufenthalt von Menschen vorgesehen sind, auch d ≥ 115 mm zulässig.
[2] Geschossanzahl maximal zwei Vollgeschosse zuzüglich ausgebautes Dachgeschoss, aussteifende Querwände im Abstand ≤ 4,50 m bzw. Randabstand von einer Öffnung ≤ 2,0 m.
[3] Einschließlich Zuschlag für nichttragende innere Trennwände.

Tabelle 2: Grundwerte σ_0 der zulässigen Druckspannungen für Mauerwerk mit Normalmörtel

Steinfestigkeitsklasse	Grundwerte σ_0 für Normalmörtel Mörtelgruppe				
	I MN/m²	II MN/m²	IIa MN/m²	III MN/m²	IIIa MN/m²
2	0,3	0,5	0,5[1]	–	–
4	0,4	0,7	0,8	0,9	–
6	0,5	0,9	1,0	1,2	–
8	0,6	1,0	1,2	1,4	–
12	0,8	1,2	1,6	1,8	1,9
20	1,0	1,6	1,9	2,4	3,0
28	–	1,8	2,3	3,0	3,5
36	–	–	–	3,5	4,0
48	–	–	–	4,0	4,5
60	–	–	–	4,5	5,0

[1] σ_0 = 0,6 MN/m² bei Außenwänden mit Dicken ≥ 300 mm. Diese Erhöhung gilt jedoch nicht für den Nachweis der Auflagerpressung.

Tabelle 1: Grundwerte σ_0 der zulässigen Druckspannungen für Mauerwerk mit Dünnbett- und Leichtmörtel

Stein-festigkeits-klasse	Grundwerte σ_0 für		
	Dünnbett-mörtel[1]	Leichtmörtel	
		LM 21	LM 36
	MN/m²	MN/m²	MN/m²
2	0,6	0,5[2]	0,5[2,3]
4	1,1	0,7[4]	0,8[5]
6	1,5	0,7	0,9
8	2,0	0,8	1,0
12	2,2	0,9	1,1
20	3,2	0,9	1,1
28	3,7	0,9	1,1

[1] Anwendung bur bei Porenbeton-Plansteinen nach DIN 4165 und bei Kalksand-Plansteinen. Die Werte gelten für Vollsteine. Für Kalksand-Lochsteine und Kalksand-Hohlblocksteine nach DIN 106-1 gelten die entsprechenden Werte der Tabelle 2, Seite 241 bei Mörtelgruppe III bis Steinfestigkeitsklasse 20.
[2] Für Mauerwerk mit Mauerziegeln nach DIN 105-1 bis DIN 105-4 gilt $\sigma_0 = 0{,}4$ MN/m².
[3] $\sigma_0 = 0{,}6$ MN/m² bei Außenwänden mit Dicken ≥ 300 mm. Diese Erhöhung gilt jedoch nicht für den Fall der Fußnote[2] und nicht für den Nachweis der Auflagerpressung.
[4] Für Kalksandsteine nach DIN 106-1 der Rohdichteklasse ≥ 0,9 und für Mauerziegel nach DIN 105-1 bis DIN 105-4 gilt $\sigma_0 = 0{,}5$ MN/m².
[5] Für Mauerwerk mit den in Fußnote[4] genannten Mauersteinen gilt $\sigma_0 = 0{,}7$ MN/m².

Tabelle 2: Grundwerte σ_0 der zulässigen Druckspannungen für Mauerwerk nach Eignungsprüfung (EM)

Nennfestig-keit β_M[1] in N/mm²	1,0 bis 9,0	11,0 und 13,0	16,0 bis 25,0
σ_0 in MN/m²[2]	0,35 β_M	0,32 β_M	0,30 β_M

[1] β_M nach DIN 1053-2.
[2] σ_0 ist auf 0,01 MN/m² abzurunden.

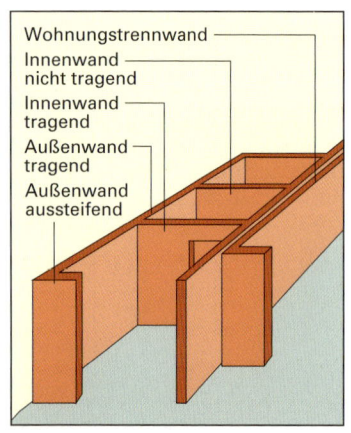

Bild 1: Wände aus Mauerwerk

werte für Mauerwerk mit Normalmörtel (**Tabelle 2, Seite 241**), Grundwerte für Mauerwerk mit Dünnbett- und Leichtmörtel (**Tabelle 1**) und Grundwerte für Mauerwerk nach Eignungsprüfung (**Tabelle 2**). So beträgt z. B. der Grundwert σ_0 der zulässigen Druckspannungen bei Verwendung der Steinfestigkeitsklasse 8

- für Mauerwerk mit Normalmörtel MG II 1,0 MN/m²
- für Mauerwerk mit Dünnbettmörtel und z. B. Plansteinen aus Kalksandstein 2,0 MN/m²
- für Mauerwerk mit Leichtmauermörtel LM 36 1,0 MN/m²
- für Mauerwerk nach Eignungsprüfung mit Mörtel MG II das Produkt aus Nennfestigkeit 7 MN/m² · 0,35 = 2,45 MN/m²

Bei der Bemessung des Mauerwerks nach dem vereinfachten Verfahren ist nachzuweisen, dass die zulässigen Druckspannungen nicht überschritten werden mit der Formel

$$\sigma_D = k \cdot \sigma_0.$$

Der Grundwert δ_0 wird mit einem Abminderungsfaktor k (Sicherheitsbeiwert) multipliziert. Dieser Faktor hat den Wert 1

- bei Wänden als Zwischenauflager,
- bei Wänden als einseitiges Endauflager, wenn die Schlankheit aus $\dfrac{\text{Knickhöhe } h_K}{\text{Wanddicke } d} \leq 10$ ist,
- bei Endauflagerung auf Innen- und Außenwänden, wenn die Deckenstützweite bei Decken zwischen Geschossen $l = 4{,}20$ m beträgt und
- bei kurzen Wänden (Mauerpfeilern), wenn sie aus einem oder mehreren ungetrennten Mauersteinen oder aus getrennten Steinen mit einem Lochanteil von weniger als 35 % bestehen und nicht durch Schlitze oder Aussparungen geschwächt sind.

Für alle anderen im Gebrauchszustand vorkommenden Druckeinwirkungen ist der entsprechende Abminderungsfaktor jeweils gesondert zu ermitteln.

Das **genauere Berechnungsverfahren** darf auf einzelne Bauteile, einzelne Geschosse oder ganze Bauwerke angewendet werden und kann günstigere Abmessungen des Mauerwerks ergeben.

7.3.2 Mauerwerk für Wände

Bei gemauerten Wänden unterscheidet man tragende Wände und nichttragende Wände sowie je nach Lage im Gebäude Außenwände und Innenwände.

7.3.2.1 Tragende Wände

Tragende Wände sind überwiegend auf Druck beanspruchte scheibenartige Bauteile, die mehr als ihre Eigenlast aus einem Geschoss zu tragen haben und auch horizontale Kräfte, wie z. B. aus Wind, aufnehmen (**Bild 1**). **Tragende Innen- und Außenwände** sind mit einer Dicke von mindestens 11,5 cm auszuführen, sofern aus Gründen der Standsicherheit, der bauphysikalischen Anforderungen und des Brandschutzes nicht größere Dicken erforderlich sind. Die Lasten tragender Wände sollen über Fundamente in den Baugrund übertragen werden.

Als **kurze Wände** gelten Wände oder Mauerpfeiler, deren Querschnittsflächen kleiner als 1000 cm² sind. Gemauerte Querschnitte kleiner als 400 cm² sind als tragende Wände unzulässig. Die Mindestmaße tragender Pfeiler sind 11,5 cm x 36,5 cm bzw. 17,5 cm x 24 cm.

Aussteifende Wände dienen der Knickaussteifung tragender Wände oder der Aussteifung des Gebäudes. Sie gelten stets auch als tragende Wände. Aussteifende Wände müssen mindestens eine wirksame Länge von $1/5$ der lichten Geschoßhöhe h_S und eine Dicke von $1/3$ der auszusteifenden Wand haben, jedoch mindestens 11,5 cm dick sein. Wird eine aussteifende Wand durch Öffnungen unterbrochen, muss die verbleibende Wand zwischen den Öffnungen mindestens so breit sein wie $1/5$ des arithmetischen Mittels der lichten Öffnungshöhen (**Bild 1**).

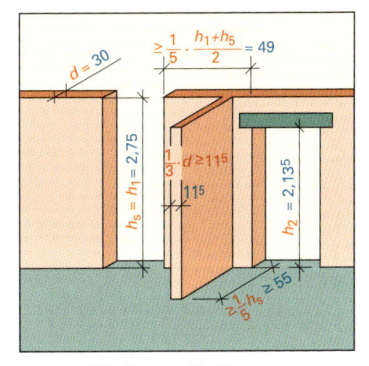

Bild 1: Mindestmaße für aussteifende Wände

Kellerwände müssen dem Erddruck standhalten. Sie können ohne rechnerischen Nachweis hergestellt werden, wenn folgende Bedingungen erfüllt sind:

- Die lichte Höhe der Kellerwand ist nicht höher als 2,60 m und ihre Wanddicke beträgt mindestens 24 cm.
- Die Kellerdecke wirkt als Scheibe und kann die aus dem Erddruck entstehenden Kräfte aufnehmen.
- Die Verkehrslasten auf die Geländeoberfläche im Bereich der Kellerwände sind nicht mehr als 5 kN/m², die Geländeoberfläche steigt nicht an und die Anschütthöhe h_e ist nicht größer als die Wandhöhe h_s (**Bild 2**).
- Die Auflast N_0 der Kellerwand unterhalb der Kellerdecke liegt zwischen max N_0 und min N_0. Dabei errechnet sich für die Kellerwand max $N_0 = 0{,}45 \cdot$ Wanddicke $d \cdot$ Grundwert der zulässigen Druckspannung; min N_0 ist von der Wanddicke abhängig (**Tabelle 1**).

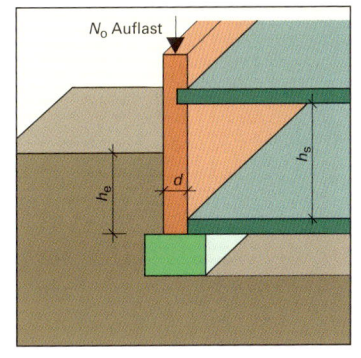

Bild 2: Lastannahmen für Kellerwände

Um eine wirtschaftlichere Bemessung der erforderlichen Mindestauflast N_0 zu ermöglichen, haben verschiedene Steinhersteller für vermörtelte und unvermörtelte Stoßfugen nach dem genaueren Bemessungsverfahren Tabellen erstellt. Daraus lässt sich die Mindestauflast N_0 bei unterschiedlichen Anschütthöhen, Böschungswinkeln und Verkehrslasten für die üblichen Kellerwanddicken ablesen.

Tabelle 1: Min N_0 für Kellerwände ohne rechnerischen Nachweis

Wand-dicke d	min N_0 in kN/m bei einer Höhe der Anschüttung h_e von			
mm	1,0 m	1,5 m	2,0 m	2,5 m
240	6	20	45	75
300	3	15	30	50
365	0	10	25	40
490	0	5	15	30
Zwischenwerte sind geradlinig zu interpolieren.				

7.3.2.2 Nichttragende Wände

Unter nichttragenden Wänden versteht man scheibenartige Bauteile, die überwiegend nur durch ihre Eigenlast beansprucht und nicht zur Gebäudeaussteifung oder zur Knickaussteifung tragender Wände herangezogen werden. Nichttragende Wände dürfen keine Lasten aus anderen Bauteilen aufnehmen, müssen aber die auf ihre Fläche einwirkenden Lasten auf angrenzende tragende Bauteile, wie z.B. Deckenscheiben, abtragen. Sie kommen als **nichttragende Außenwände** (Ausfachungswände) im Fachwerk (**Bild 3**) und Skelettbau vor (Seite 259) sowie als **nichttragende innere Trennwände** zur Abgrenzung von Räumen. Solche Wände mit geringer Dicke und geringem Gewicht bezeichnet man als leichte Trennwände. Sie haben nur geringfügige wärme-, schall- und brandschutztechnische Anforderungen zu erfüllen.

Bild 3: Ausfachungswände

Bei nichttragenden Außenwänden darf auf eine Berechnung verzichtet werden, wenn

- die Wände an allen vier Seiten gehalten sind, z. B. durch Verzahnung, Versatz oder Anker,
- abhängig von der Höhe über Gelände und der Wanddicke, die Größe der vorgeschriebenen Wandfläche eingehalten und
- Normalmörtel mindestens der Mörtelgruppe IIa, Dünnbettmörtel oder Leichtmörtel LM 36 verwendet wird.

7.3.2.3 Schlitze und Aussparungen

Schlitze und Aussparungen können die Standsicherheit und das Tragverhalten der Wände sowie den Wärme- und Schallschutz beeinträchtigen. In Schornsteinwangen sind Schlitze und Aussparungen unzulässig. Sie können gemauert, gefräst oder mit speziellen Werkzeugen hergestellt werden.

Im Verband gemauerte lotrechte Schlitze und Aussparungen dürfen unter Einhaltung bestimmter Vorschriften ab Wanddicken von 17,5 cm hergestellt werden (**Bild 1**). Dabei kann die Breite eines Schlitzes auf mehrere kleine Schlitze aufgeteilt werden. Die Gesamtbreite darf aber, auf 2 m Wandlänge bezogen, nicht überschritten werden. Der Abstand gemauerter Schlitze und Aussparungen von Öffnungen muss die 2fache Schlitzbreite, jedoch mindestens 24 cm betragen; der Abstand von Schlitzen und Aussparungen untereinander muss mindestens der Schlitzbreite entsprechen.

Für ohne rechnerischen Nachweis hergestellte Schlitze und Aussparungen gelten folgende Regeln:

- Lotrechte Schlitze und Aussparungen, die nachträglich hergestellt werden, dürfen nicht tiefer als 3 cm und nicht breiter als 20 cm sein.
- In hochbelasteten Bereichen, wie z. B. unter Auflagern, sowie in kurzen Wänden dürfen keine Schlitze und Aussparungen angeordnet werden.
- Waagerechte Schlitze, die nachträglich hergestellt werden, können bei Wanddicken von 17,5 cm und darüber ohne rechnerischen Nachweis ausgeführt werden, wenn sie nicht länger als 1,25 m und nicht tiefer als 3 cm sind.
- Schlitze, die bis höchstens 1 m über den Fußboden reichen, dürfen bei Wanddicken von 24 cm und darüber bis 8 cm tief und bis 12 cm breit ausgeführt werden.
- Waagerechte Schlitze sind nur bis zu einem Abstand von 40 cm unter der Decke oder über dem Fußboden zulässig.

Schlitze sind nach dem Einbringen von Wärme- und Schalldämmstoffen fachgerecht zu schließen durch Mauerwerk, plattenförmige Baustoffe oder durch auf Rabbitz aufgebrachten Putz.

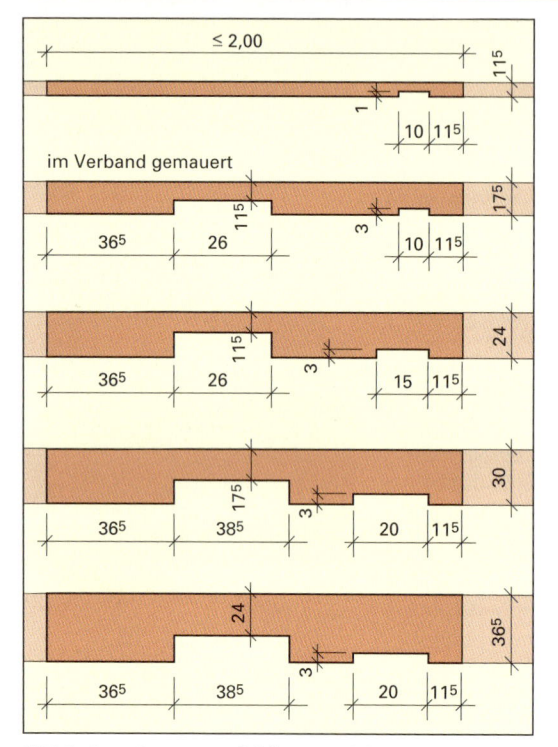

Bild 1: Anordnung von Schlitzen und Aussparungen

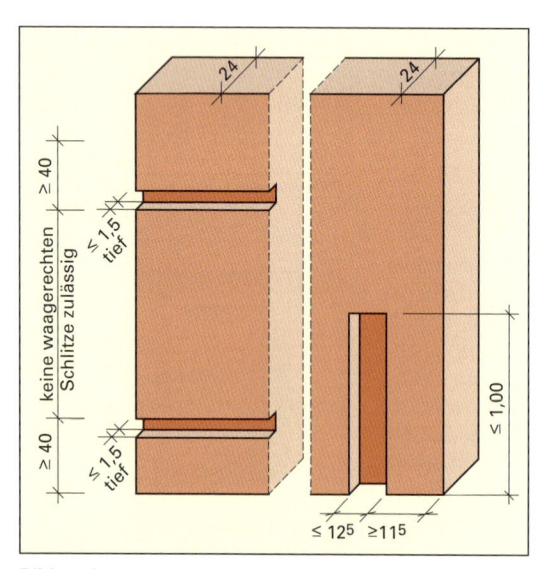

Bild 2: Waagerechte und senkrechte Schlitze ohne rechnerischen Nachweis (Beispiele)

7.3.2.4 Fertigteile im Mauerwerk

Fertigteile können im Mauerwerksbau als Ergänzungsbauteile zur Vervollständigung von Wänden dienen, wie z. B. Stürze, Rollladenkästen und Gurtsteine, Sohlbänke sowie Abdeckungen für freistehende Wände. Weitere Fertigteile im Mauerwerksbau sind z. B. Gewölbekeller und Lichtschächte.

Stürze

Maueröffnungen, wie z. B. Türen, erhalten eine tragende Überdeckung, die man als Sturz bezeichnet. Stürze können als Stahlbetonfertigstürze oder als vorgefertigte Stürze eingebaut werden. Sie können scheitrecht (waagerecht) sein oder die Form von Rundbogen, Segment-, Korb- oder Spitzbogen haben.

Stahlbetonstürze werden als Fertigteile geliefert oder auf der Baustelle hergestellt. Ihre Breite entspricht der jeweiligen Wanddicke; die Höhe ist der Schichthöhe des Mauerwerks angepasst. Wegen der unten liegenden Bewehrung sind Ober- und Unterseite des Sturzes zu kennzeichnen, um ein falsches Einbauen zu verhindern.

Vorgefertigte Stürze, auch als Flachstürze bezeichnet, bestehen aus U-förmigen Schalen, sind bewehrt und mit Beton verfüllt. Für die Schalen wird derselbe Baustoff verwendet wie für die Wand, z. B. Ziegel oder Kalksandstein. Die Schalen entsprechen in ihren Abmessungen NF, 2-DF und 3-DF-Mauersteinen und werden in Längen zwischen 1,00 m und 3,00 m, abgestuft alle 25 cm, geliefert. Die Tiefe des Auflagers sollte mindestens 11,5 cm betragen **(Bild 1)**. Ein vorgefertigter Sturz bildet nach der Übermauerung den Zuggurt des fertigen Sturzes. Bis zu seiner vollen Tragfähigkeit nach etwa 7 Tagen ist ab 1,25 m Spannweite eine Montageunterstützung erforderlich, ab 2,50 m zwei Unterstützungen. Für Außenmauerwerk ab 30 cm Wanddicke gibt es wärmedämmende Stürze **(Bild 2)**.

Rollladenkästen

Rollladenkästen sind Fertigteile im Mauerwerksbau, die über Fenster- und Türöffnungen den Einbau von Rollläden ermöglichen. Sie sollen den Wärmeschutz der Wand im Bereich des Rolladens sicherstellen. Rollladenkästen sind deshalb aus dem gleichen Baustoff wie die Mauersteine hergestellt oder sie bestehen aus Leichtbeton, beplankt mit Platten oder Blendern aus dem Wandbaustoff. Sie können auch aus Hartschaumdämmstoffen in Verbund mit Hartfaserplatten gefertigt sein **(Bild 3)**. In allen Fällen ermöglichen innen und außen angebrachte Putzschienen eine entsprechende Weiterbearbeitung. Rollladenkästen sind formstabil, selbst tragend, witterungsunempfindlich und entsprechen den Wärme-, Schall- und Brandschutzvorschriften **(Bild 4)**. Sie sind den jeweiligen Wanddicken angepasst, ihre Länge entspricht der Öffnungsbreite zuzüglich der herstellerbedingten Auflagertiefe. Der Gurtstein zur Aufnahme des Gurtwicklers wird auf der rechten oder linken Leibungsseite in die Wand eingesetzt, wodurch auf dieser Seite des Rollladenkastens die Auflagertiefe größer wird.

Bild 1: Eingebauter vorgefertigter Sturz

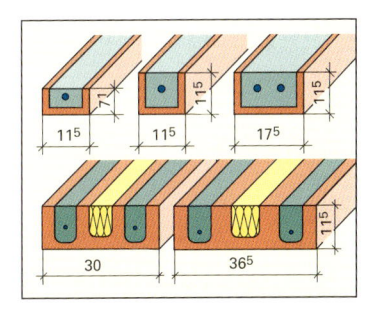

Bild 2: Abmessungen von vorgefertigten Stürzen

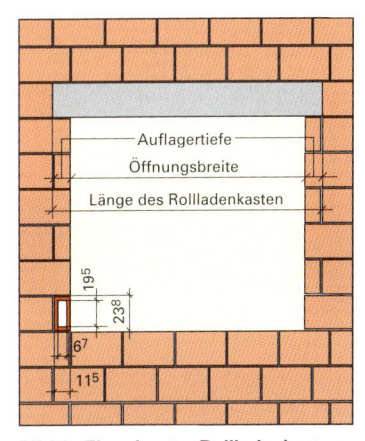

Bild 3: Eingebauter Rollladenkasten mit Gurtsteinen

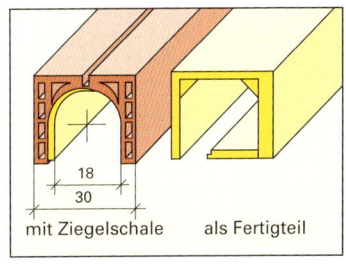

Bild 4: Rollladenkästen

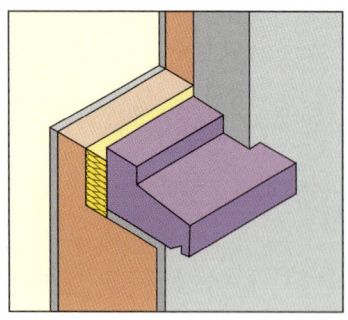

Bild 1: Sohlbank

Sohlbänke

Unter einer Sohlbank versteht man den oberen äußeren Abschluss einer Fensterbrüstung **(Bild 1)**. Sohlbänke als Fertigteile können aus Beton- oder Naturwerkstein sein. Sie sollten ausreichend über die fertig geputzte Außenwand überstehen und eine Tropfkante an der Unterseite aufweisen. Sohlbänke werden im Gefälle nach außen zur Tropfkante hin in Mörtel versetzt. Die Sohlbank sollte seitlich am unverputzten Mauerwerk anstoßen, damit der Putz die Fuge überdeckt und diese schlagregensicher ist. Bei Sichtmauerwerk ist die Fuge mit Dichtstoffen zu schließen.

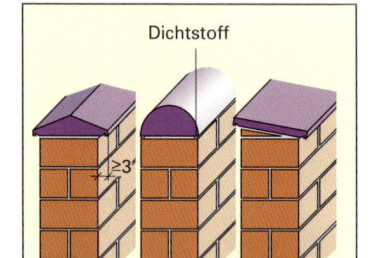

Bild 2: Abdeckung für frei stehendes Mauerwerk

Abdeckungen für frei stehendes Mauerwerk

Frei stehendes Mauerwerk ist von oben gegen Witterungseinflüsse durch Abdeckungen zu schützen. Solche Abdeckungen können als Rollschicht mit Gefälle nach einer Seite, als Gurt in Ortbeton, mit Dachziegeln oder Blechen pultartig oder satteldachartig sowie mit Stahlbetonfertigteilen hergestellt werden. Die Fertigteile können unterschiedliche Formen aufweisen, sollten jedoch auf jeder Seite ausreichend weit überstehen, damit der Einbau einer Tropfkante möglich ist **(Bild 2)**. Soll aus gestalterischen Gründen die Abdeckung nicht über die Wand überstehen, ist die Lagerfuge für das Fertigteil mit Dichtstoff plastisch zu schließen.

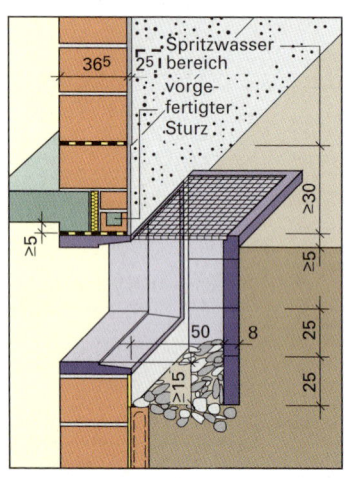

Bild 3: Lichtschacht

Lichtschächte

Lichtschächte sind U-förmige Fertigteile aus Beton oder glasfaserverstärktem Kunststoff. Sie dienen der Belichtung und Belüftung von Räumen unter der Erdgleiche. Lichtschächte können auf aus der Kellerwand auskragende Betonplatten aufgesetzt sein, an die Wand angedübelt oder mit entsprechenden Beschlägen in die Fertigelemente von Kellerfenstern eingehängt werden **(Bild 3)**. Sie sollten wegen möglicher Setzungen im Bereich des aufgefüllten Arbeitsraumes immer am Bauwerk befestigt sein. Die Lichtschachtsohle liegt als Spritzwasserschutz 15 cm tiefer als die Fensterbrüstung und sollte immer entwässert werden. Bei an der Wand befestigten Lichtschächten lässt man in der Regel den Boden offen und bedeckt ihn nur mit Grobkies. Wegen Unfallgefahr ist der Lichtschacht mit einem Gitterrost abzudecken.

Aufgaben

1. Durch welche Faktoren wird die Druckfestigkeit von Mauerwerk bestimmt?
2. Wie ändert sich der Grundwert δ_0 der zulässigen Druckspannung für Mauerwerk, wenn Mauersteine der Festigkeitsklasse 6 mit verschiedenen Mörtelarten verwendet werden?
3. Was versteht man unter kurzen Wänden?
4. Welche unterschiedlichen Aufgaben haben tragende Innen- und Außenwände sowie aussteifende Wände zu erfüllen?
5. Welche Bedingungen gelten für die Herstellung nichttragender Wände?
6. Warum sind für die Herstellung von Schlitzen und Aussparungen zahlreiche Vorschriften einzuhalten?
7. In einer Wand aus 24 cm dickem Sichtmauerwerk mit 2-DF-Steinen ist eine 2,01 m breite Tür vorgesehen. Wie kann der Türsturz mit vorgefertigten Bauteilen hergestellt werden?

7.4 Mauern

Unter Mauern versteht man das Herstellen von Bauteilen aus künstlichen und natürlichen Mauersteinen.

7.4.1 Arbeitsmittel

Zum Mauern sind Hilfsmittel erforderlich, die man als Werkzeuge und Geräte sowie als Rüstzeug bezeichnet.

7.4.1.1 Werkzeuge und Geräte

Werkzeuge zum Mauern sind Mauerkelle, Mauerhammer, Wasserwaage, Schnurlot und Fluchtschnur, Bauwinkel, Setzlatte oder Richtscheit, Schichtmaßlatte, Schlauchwaage und Stahlbandmaß **(Bild 1)**.

Geräte für Mauerarbeiten sind Arbeitshilfen, wie z. B. Schaufel, Mörtelkasten und Schubkarren sowie Baumaschinen. Dazu zählen Mörtelmischmaschine, Förderband, Bauaufzug, Kran, Greif- und Versetzzange, Steinsäge, Trenn- und Schleifmaschine.

7.4.1.2 Rüstzeug

Erreicht das Mauerwerk eine Höhe, bei der nicht mehr zügig und fachgerecht gemauert werden kann, ist ein Rüstzeug erforderlich. Dazu gehören Gerüst und Leiter. Die Gerüste müssen sich leicht erstellen lassen, sicher und fest stehen sowie Personen und Baustoffe tragen können. Im Mauerwerksbau werden üblicherweise Bockgerüste aus Holz oder Stahl verwendet. Neben den in der Höhe festgelegten Holzböcken werden häufig höhenverstellbare Stahlböcke eingesetzt. Zum Besteigen dieser Gerüste müssen Leitern vorhanden sein, die mindestens 1 m über den Gerüstbelag hinausragen. Zunehmend werden ergonomisch gestaltete Gerüste eingesetzt. Dabei sind Mauersteine und Mörtelkasten auf einer höheren Ebene angeordnet als der Standplatz des Maurers **(Bild 2)**. Dadurch kann er Steine und Mörtel immer in einer für ihn günstigen Körperhaltung abnehmen, ohne sich häufig bücken zu müssen. Außerdem sind die Gerüste dem Arbeitsfortschritt entsprechend höhenverstellbar und verfahrbar.

7.4.2 Arbeitsplatz

Beim Einrichten des Arbeitsplatzes ist zuerst die Stellfläche für Steine und Mörtel festzulegen. Der Mörtelkasten steht rechts vom Steinstapel, sodass die linke Hand den Stein greifen und die rechte Hand die Kelle führen kann. Der Abstand der Geräte und Baustoffe von der zu erstellenden Mauer sollte 50 cm bis 60 cm betragen. Dieses Maß reicht als Breite für den Arbeitsraum des Maurers aus **(Bild 3)**. Wird mit großformatigen Steinen gemauert, muss der Arbeitsraum größer sein. Dasselbe gilt, wenn großformatige Steine mit Greif- und Versetzzange vermauert werden.

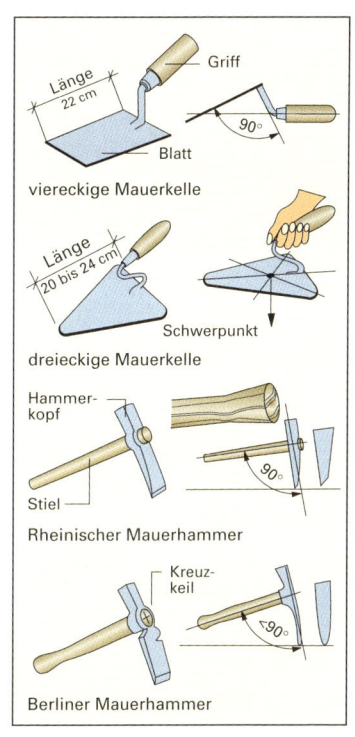

Bild 1: Werkzeuge zum Mauern

Bild 2: Ergonomisches Mauergerüst

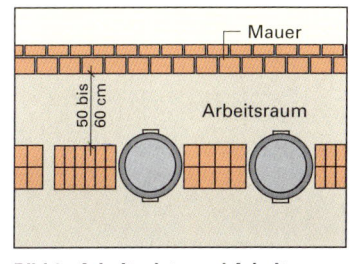

Bild 3: Arbeitsplatz und Arbeitsraum

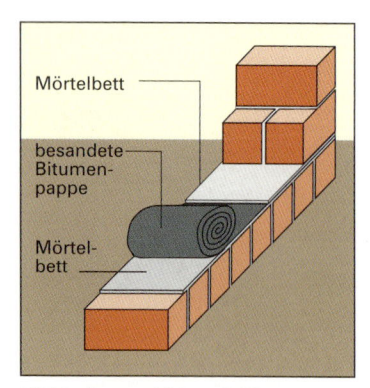

Bild 1: Sperrschicht mit Bitumenpappe

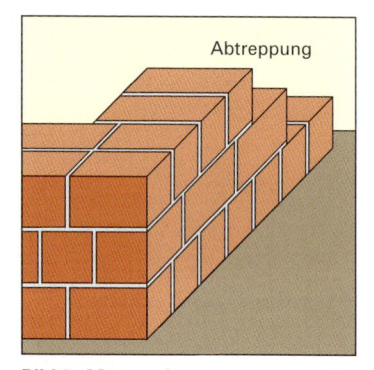

Bild 2: Mauerecke vorausgemauert

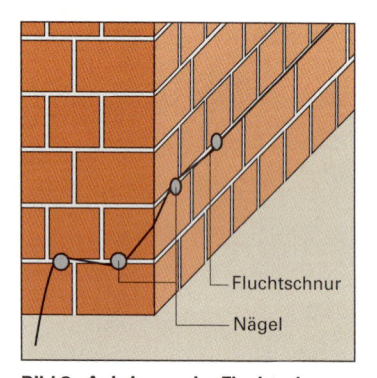

Bild 3: Anbringen der Fluchtschnur

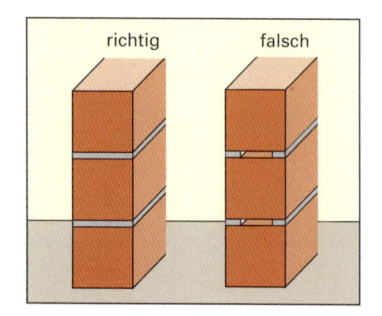

Bild 4: Lagerfuge

7.4.3 Arbeitsverfahren

Beim Mauern ist sicherzustellen, dass das hergestellte Mauerwerk die geforderte Druckfestigkeit erreicht. Neben den herkömmlichen Techniken ermöglichen neuere Verfahren ein wirtschaftlicheres Mauern.

7.4.3.1 Anlegen und Hochmauern

Vor dem **Anlegen** des Mauerwerks werden alle notwendigen Maße, z. B. für Mauerecken, Mauereinbindungen und Öffnungen auf der Bodenplatte oder den Geschossdecken eingemessen und angezeichnet.

Beim Anlegen der ersten Schicht versetzt man die Mauersteine in einem Mörtelbett und richtet sie mit dem Richtscheit nach der eingemessenen Mauerflucht aus. Das Mörtelbett ermöglicht den Ausgleich von Unebenheiten und das Herstellen einer waagerechten Mauerschicht mithilfe der Wasserwaage. Rechtwinklige Mauerecken, Mauereinbindungen und Mauerkreuzungen richtet man mithilfe von Bauwinkel und Meterstab aus. Der rechte Winkel lässt sich mit dem Meterstab durch Abmessen eines Dreiecks mit dem Seitenverhältnis 3 : 4 : 5 (Verreihung) überprüfen.

Ist in eine Mauerschicht gegen aufsteigende Feuchtigkeit eine Sperrschicht einzubauen, so wird in der Regel dazu eine besandete Bitumenpappe verwendet. Diese wird in Rollen entsprechend der jeweiligen Mauerdicke geliefert. Zunächst gleicht man die Mauerschicht mit Mörtel ab, um ein Durchstoßen der Pappe durch Steinkanten zu verhindern. Um die Bitumenpappe auch von oben gegen Durchstoßen zu sichern, wird sie mit einer Mörtelschicht abgedeckt (**Bild 1**). Diese Mörtelschicht dient gleichzeitig dem Ausgleich von Maßtoleranzen bei den Mauersteinen der nächsten Mauerschicht.

Das Hochmauern geschieht meist in mehreren Arbeitsschritten. Man beginnt an den Mauerecken, die einige Schichten vorausgemauert und zur Mauerflucht hin angetreppt werden (**Bild 2**). Um das Maß für die Mauerhöhe einhalten zu können, gibt es Schichtmaßlatten, auf denen die Schichthöhen der einzelnen Steinformate markiert sind. Sie werden lotrecht an den Mauerecken aufgestellt und dienen als Lehren beim Hochmauern. Die Flucht zwischen den Mauerecken wird mit der Fluchtschnur markiert (**Bild 3**). Sie muss immer gespannt sein, damit die Schichthöhe eingehalten wird.

Beim Mauern sind allgemein anerkannte Regeln zu beachten:

- Mauersteine sind stets waagerecht und lotrecht zu vermauern.
- Es sind nur gleichartige Mauersteine zu verwenden. Mischmauerwerk aus unterschiedlichen Steinarten ist zu vermeiden.
- Bei stark saugfähigen Steinen, wie z.B. bei Mauerziegeln, ist durch Vornässen der Steine ein vorzeitiger und zu hoher Wasserentzug aus dem Mörtel einzuschränken oder es ist ein Mörtel mit verbessertem Wasserrückhaltevermögen zu verwenden oder das Mauerwerk ist nachzubehandeln.
- Lagerfugen sind stets vollflächig herzustellen und dürfen nicht aus zwei am Rand aufgebrachten Mörtelstreifen bestehen, damit die geforderte Mauerdruckfestigkeit erreicht wird (**Bild 4**).

- Längsfugen und Stoßfugen sind satt zu verfüllen, um die Anforderungen an die Wand hinsichtlich des Schlagregenschutzes sowie des Wärme-, Schall- und Brandschutzes erfüllen zu können.
- In einer Schicht sind Mauersteine von gleicher Höhe zu verwenden, damit die Lagerfuge durchgeht.
- Ein versetzter Mauerstein soll möglichst wenig „bewegt" und nicht mehr abgehoben werden.
- Frisches Mauerwerk ist rechtzeitig vor Frost zu schützen, z.B. durch Abdecken. Gefrorene Baustoffe und Frostschutzmittel dürfen nicht verwendet werden. Durch Frost geschädigtes Mauerwerk ist vor dem Weiterbau abzutragen.
- Die Verbindung zweier Wände in Längsrichtung sowie rechtwinklig zueinander kann durch liegende und stehende Verzahnung sowie durch Lochverzahnung und Stockverzahnung geschehen **(Bild 1)**.

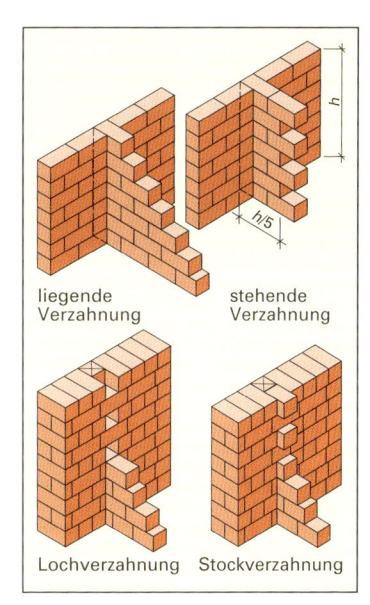

Bild 1: Verzahnungen

7.4.3.2 Mauern mit großformatigen Steinen

Die Verwendung großformatiger Mauersteine vermindert den Zeitaufwand beim Mauern, den Fugenanteil im Mauerwerk sowie die Mörtelmenge. Großformatige Steine dürfen zum Mauern von Hand ein von der Bau-Berufsgenossenschaft bestimmtes Gewicht nicht überschreiten und sind deshalb in ihren Abmessungen begrenzt. Da der Maurer zum Versetzen dieser Steine beide Hände benötigt, spricht man von Zweihandsteinen. Sollen noch größere Steine vermauert werden, verwendet man Versetzgeräte (Seite 252).

Großformatige Steine können einzeln vermauert werden. Dabei wird der Mörtel für die Lagerfuge vollflächig aufgetragen und der Mörtel für die Stoßfuge auf die beiden äußeren Steinflanken aufgegeben. Bei Reihenverlegung der Steine bereitet man das Mörtelbett für mehrere Steine gleichzeitig mit dem Mörtelschlitten vor und die Steine werden knirsch (dicht) aneinander gesetzt. Die Vermörtelung geschieht durch Verfüllen der Mörteltaschen. Steine mit Verzahnung werden ebenfalls knirsch versetzt und bleiben ohne Stoßfugenvermörtelung **(Bild 2)**. Allerdings müssen die Fugen, wenn sie größer als 5 mm sind, nachträglich beidseitig vermörtelt werden.

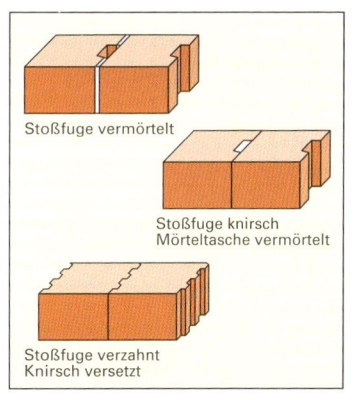

Bild 2: Stoßfugenausbildung bei großformatigen Steinen

Die Steine einer Schicht sollen auf gleicher Höhe liegen. An Wandenden können zur Einhaltung des Mauerverbands Ergänzungssteine oder ganze Mauersteine auf Maß gesägt werden. Außerdem ist in jeder zweiten Schicht zum Längen- und Höhenausgleich eine zusätzliche Lagerfuge zulässig (Bild 4, Seite 232). Das Überbindemaß ist einzuhalten.

Der Mauerverband ist von der Mauerdicke und dem verwendeten Steinformat abhängig. Das 36,5 cm sowie 30 cm dicke Mauerwerk kann im Binderverband gemauert werden. Dabei liegt jede Stoßfuge mittig über dem Stein der darunter liegenden Schicht. Das 24 cm dicke Mauerwerk wird im Läuferverband gemauert, wobei das Überbindemaß 11,5 cm beträgt. An den Mauerenden, bei Mauereinbindungen und in Mauermitte ermöglichen Ergänzungssteine einen regelgerechten Verband ohne Verhau **(Bild 3)**. Bei Ziegelmauerwerk lassen sich in Mauermitte Lücken zwischen 10 cm und 25 cm durch Verschiebesteine schließen. Um die vorgeschriebenen Mauerwerksdruckfestigkeiten zu erreichen, sind die üblichen Verbandsregeln anzuwenden.

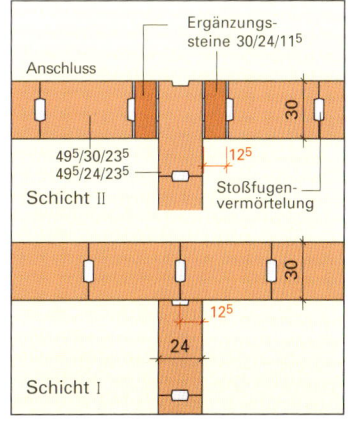

Bild 3: Ergänzungssteine

Bild 1: Auftragen des Dünnbettmörtels mit Zahnkelle

Bild 2: Versetzen des Plansteins

Bild 3: Versetzen von Plansteinen ohne Mörtel

Bild 4: Oberflächenstruktur

7.4.3.3 Mauern mit Plansteinen

Durch die Verwendung maßgenauer, großformatiger Mauersteine, wie z. B. Plansteine, kann die Lager- und Stoßfugendicke auf 1 mm bis 3 mm verringert werden. Dadurch ist es möglich, die Maße der Steinformate den Rohbaumaßen anzupassen; die tatsächlichen Steinlängen und Steinhöhen sind jedoch 1 mm bis 2 mm kleiner.

Plansteine werden mit Dünnbettmörtel vermauert **(Bild 1)**. Dünnbettmörtel ist nach DIN 1053 genormt, entspricht der Mörtelgruppe III und wird als Trockenmörtel auf die Baustelle geliefert. Er wird vollflächig mit Mörtelschlitten, Zahnkelle, Mörtelwalze oder durch Eintauchen in den Dünnbettmörtel aufgebracht. Das Mörtelbett ist jeweils nur so breit aufzutragen, dass an den beiden äußeren Steinkanten jeweils 0,5 cm bis 1 cm frei bleiben, damit der Mörtel bei Belastung durch den Mauerstein nicht hervorquillt.

Die Plansteine werden auf das Mörtelbett der Lagerfuge aufgesetzt, ausgerichtet und angedrückt. Die Stoßfuge kann vermörtelt sein. Das Versetzen der Steine hat sehr sorgfältig zu geschehen, da durch den geringen Mörtelauftrag ein nachträgliches Ausrichten der Steine fast nicht mehr möglich ist. Um das Versetzen zu erleichtern, können Plansteine mit Nut und Feder versehen sein. Sie werden beim Versetzen von oben so dicht zusammengeschoben und aneinander gedrückt, dass kein Mörtel in die Stoßfuge gelangen kann und die Steine knirsch vermauert sind. Für das Vermauern von Plansteinen ist auf der Bodenplatte oder der Geschossdecke eine planebene Mauerschicht herzustellen. Dazu werden alle Steine der 1. Schicht zum besseren Höhenausgleich in Normalmörtel verlegt. Das weitere Mauern mit Plansteinen erfolgt nach den üblichen Verbandsregeln **(Bild 2)**.

Mauerwerk mit Plansteinen hat als nahezu fugen- und mörtelloses Bauteil keine Wärmebrücken. Es lässt sich schneller, einfacher, genauer und damit wirtschaftlicher herstellen. Das Mauerwerk trocknet wegen des geringen Mörtelanteils schneller aus und ergibt einen ausgezeichneten Putzgrund.

7.4.3.4 Mauern von Trockenmauerwerk

Bestimmte großformatige Plansteine können ohne Mörtel verbaut werden **(Bild 3)**. Die Steine werden trocken aufeinander gesetzt, ausgerichtet und mit einem Fäustelschlag fixiert. Dabei verkrallen sich die Steine wegen ihrer rauhen Oberflächenstruktur **(Bild 4)**. Allerdings muss die 1. Mauerschicht, wie bei Plansteinen, zum genauen Höhenabgleich und Ausrichten auf einer Mörtelschicht angelegt werden.

Trockenmauerwerk ist zugelassen für Gebäude mit höchstens 3 Geschossen, zuzüglich einem Kellergeschoss. Die Gebäudehöhe über Erdgleiche darf 10 m nicht überschreiten. Es dürfen tragende und aussteifende Wände auf diese Weise gemauert werden; sie müssen durch scheibenartig ausgebildete Decken gehalten und belastet sein. Außenwände sind ab 24 cm Wanddicke, aussteifende Innenwände und zweischalige Haustrennwände ab 17,5 cm, Kellerwände ab 30 cm Wanddicke zugelassen.

Vorteilhaft ist bei Trockenmauerwerk besonders die Kosteneinsparung beim Versetzen der Steine. Da keine Baufeuchte durch Mörtel eingebracht wird, gibt es bei Frost keine Bauunterbrechung.

7.4.3.5 Mauern mit Vermörtelung durch Gießmörtel

Mauerwerk kann mit einer Vermörtelung der Lagerfuge hergestellt werden, ohne dass der Mörtel mit der Kelle aufgebracht werden muss. Planebene Mauersteine aus üblichen Wandbaustoffen werden trocken zu Einsteinmauerwerk im Läuferverband versetzt. Die Steine haben eine oder mehrere Reihen Verfüllöffnungen für Mörtel. Diese Öffnungen müssen übereinander angeordnet sein. An der Unterseite der Mauersteine sind Aussparungen, die eine möglichst große Ausbreitung des Mörtels auf der Lagerfuge ermöglichen (**Bild 1**). Der Mörtel aus den Mörtelgruppen II, II a und III muss dazu möglichst fließfähig sein. Dies erreicht man nicht nur durch Zugabe von Wasser, sondern auch durch Verwendung von Kalkhydrat und Zusatzmitteln, wie z. B. Verflüssiger.

Die Eignung des Mörtels muss auf jeder Baustelle nachgewiesen werden. Dazu ist ein Probemauerwerk zu errichten und mit dem vorgesehenen Mörtel auszugießen. Es ist sicherzustellen, dass Einfüllöffnungen und Horizontalaussparungen mit Mörtel ausgefüllt sind. Beim Abbruch des Probemauerwerks wird geprüft, wie weit die Hohlräume verfüllt wurden. Danach ist eventuell die Konsistenz des Mörtels zu verändern.

Durch die Verfüllung der Wände mit Mörtel wird ein höheres Wandgewicht erreicht. Dies wirkt sich auf den Schallschutz günstig aus. Dieses Mauerwerk eignet sich deshalb besonders für Wohnungs- und Haustrennwände. Für wärmedämmendes Mauerwerk als Außenwände verwendet man Steine mit einer durchgehenden Dämmschicht aus Hartschaum oder Kork.

Wände mit Vermörtelung durch Gießmörtel sind bauaufsichtlich zugelassen. Für ihre Verwendung und Ausführung sind die Angaben im Zulassungsbescheid zu beachten.

Bild 1: Mauerwerk mit Vermörtelung durch Gießmörtel

7.4.3.6 Mauern mit Schalungssteinen

Im **Mauerwerksbau** können Wände mit mauersteinartigen Schalungssteinen hergestellt werden. Die Steine haben senkrechte Hohlräume und Queraussparungen und sind aus haufwerksporigem Leichtbeton oder Normalbeton gefertigt (**Bild 2**). Sie können allseitig glatte Flächen haben oder an den Stoß- und an den Lagerflächen mit Nut und Feder versehen sein. Die Steine werden je nach Bauart und Oberflächenausbildung trocken versetzt, mit Mörtel der üblichen Mörtelgruppen oder mit Dünnbettmörtel im Läuferverband vermauert.

Die Hohlräume werden im Mauerwerksbau mit Beton C 8/10, C 12/15 oder LC 12/13 und den Konsistenzen F 1, F 2, F 3 oder F 4 verfüllt und mit Innenrüttler verdichtet. Die Betonsäulen in den Schalungssteinen sind durch Querfließen des Betons über die Queraussparungen miteinander verbunden. Die Verfüllhöhe hängt von der Bauart der Steine ab und geht vom schichtweisen bis zum geschosshohen Verfüllen. Mauerwerk mit Schalungssteinen bedarf einer bauaufsichtlichen Zulassung.

Bild 2: Mauerecke mit Schalungssteinen

Im **Betonbau** können auch Schalungssteine aus anderen Baustoffen verwendet werden, z. B. aus Holzspanbeton oder aus Hartschaum (**Bild 3**). Die Betonverfüllung geschieht hier nach DIN 1045 und erfolgt mit Beton C 12/15 und C 20/25.

Bild 3: Mauereinbindung mit Schalungssteinen aus Holzspanbeton

Bild 1: Versetzen einer Steinreihe mit der Greifzange eines Versetzgerätes

Bild 2: Stumpfstoß

Bild 3: Versetzen von Wandtafeln

7.4.3.7 Rationelles Mauern

Das Mauern von Hand mit klein- und mittelformatigen Steinen erfordert einen hohen Zeitaufwand. Eine Steigerung der Arbeitsleistung und eine Entlastung des Maurers erreicht man durch das **Mauern mit Versetzgeräten**. Versetzgeräte sind auf der jeweiligen Arbeitsfläche verfahrbare und schwenkbare Leichtkrane mit einer Tragkraft bis etwa 300 kg. Mit der zugehörigen Greifzange können bei jedem Hub bis zu 2 m lange Steinreihen knirsch in einem Arbeitsgang versetzt werden (**Bild 1**). Das Mörtelbett kann aus Normal- oder Dünnbettmörtel sein. Um ebene Mauerflächen zu erhalten, ist es von Vorteil, wenn die Stoßflächen der Steine mit Verzahnungen oder Nut und Feder ausgebildet sind und in den Lagerfugen konische Zentrierbolzen in gleichartig ausgebildete Nuten an den Unterseiten der Steine eingreifen.

Eine weitere Rationalisierung ist durch **Mauern in Stumpfstoßtechnik** möglich. Dabei können Wände ohne Verzahnung stumpf aneinander gestoßen werden. Der Vorteil liegt im Arbeitsablauf. Die Wände brauchen nur in Flucht gemauert zu werden. Dabei lassen sich Versetzgeräte einsetzen. An Mauerstößen und Mauerkreuzungen sind keine Verbände erforderlich. Beim Mauern der einzelnen Wände sind unterschiedliche Schichthöhen und unterschiedliche Baustoffe möglich. Allerdings sind Bedingungen für die Aussteifung und Standsicherheit des Gebäudes einzuhalten. Bei Anwendung der Stumpfstoßtechnik empfiehlt es sich aus baupraktischen Gründen Flachanker aus Edelstahl von 30 cm Länge im Stoßbereich der Wände in jeder Schicht einzulegen (**Bild 2**). Außerdem ist der Stumpfstoß aus statischen Gründen und Schallschutzgründen zu vermörteln.

Durch **Versetzen vorgefertigter Wandtafeln** lässt sich die Bauzeit wesentlich verkürzen. Werkseitig gemauerte Wandtafeln werden bauseits in Stumpfstoßtechnik versetzt oder als vorgefertigte Fassadenelemente an vorbereiteten Aufhängungen montiert (**Bild 3**). Wandtafeln und Elemente sind in der Regel ebenflächig, Tür- und Fensteröffnungen sind möglich. Die Größe der Wandtafeln wird von den Transportmöglichkeiten und den zur Verfügung stehenden Hebezeugen bestimmt. Es gibt Wandtafeln bis zu 24 m² Größe.

Aufgaben

1. Welche Regeln sind beim Vermauern von Mauersteinen zu beachten?
2. Welche Vorteile bieten verzahnte Stoßfugen?
3. Welche Möglichkeiten gibt es, gemauerte Wände zu erstellen?
4. Wie lassen sich beim Mauern Kosten einsparen?

7.5 Mauerwerksarten

Man unterscheidet einschaliges und zweischaliges Mauerwerk (**Bild 1**) sowie Mauerbögen und Gewölbe.

7.5.1 Einschaliges Mauerwerk

Einschaliges Mauerwerk ist über die ganze Wanddicke tragfähig und eignet sich für Außenwände wie für Innenwände. Die Wände können als Hintermauerwerk oder als Sichtmauerwerk hergestellt werden.

7.5.1.1 Hintermauerwerk

Für Hintermauerwerk eignen sich alle Steinarten und alle Steinformate. Innerhalb eines Geschosses sollte zur Vereinfachung von Ausführung und Überwachung das Wechseln der Steinarten möglichst eingeschränkt werden. Die Wände werden in der Regel verputzt, um einen ebenen und glatten Untergrund zu erhalten. Die Außenseite des Mauerwerks ist gegen Witterung zu schützen, z. B. durch Putz oder Bekleidung.

7.5.1.2 Sichtmauerwerk

Bei **Innenwänden** kann einschaliges Sichtmauerwerk mit verputzter Rückseite in allen Wanddicken und aus allen Steinarten hergestellt werden. Soll das Sichtmauerwerk beidseitig unverputzt bleiben, ist bei 11,5 cm und 17,5 cm dickem Mauerwerk eine Steinauswahl zu treffen. Da die Mauersteine als Läufer vermauert werden, müssen sie an beiden Längsseiten fehlerfrei sein. Dies ist besonders schwierig, da herstellungsbedingt bei diesen Steinen in der Regel nur eine Längsseite und die beiden Kopfseiten als Sichtfläche geeignet sind.

Bei **Außenwänden** sind an der Außenseite für das Sichtmauerwerk frostbeständige Steine zu verwenden. Jede Mauerschicht muss mindestens zwei Steinreihen gleicher Höhe aufweisen, zwischen denen zur Erhöhung der Schlagregensicherheit eine durchgehende, schichtweise versetzte, mit Gießmörtel hohlraumfrei vermörtelte 2 cm dicke Längsfuge verläuft (**Bild 2**). Dadurch erhöht sich die Mauerdicke jeweils um 1 cm, z. B. von 30 cm auf 31 cm oder von 36,5 cm auf 37,5 cm. Alle Fugen müssen vollfugig und haftschlüssig vermörtelt sein.

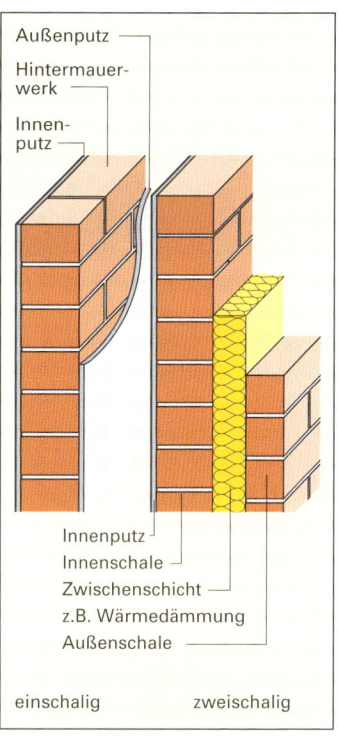

Bild 1: Mauerwerksarten

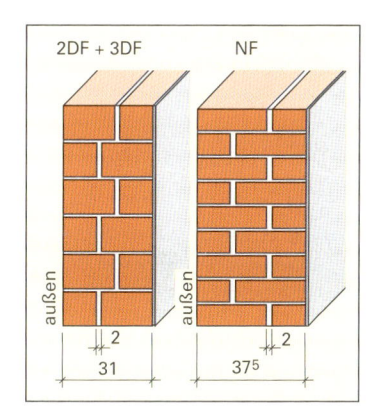

Bild 2: Einschaliges Sichtmauerwerk (Außenwand)

Für die **Herstellung von Sichtmauerwerk** sind folgende Regeln zu beachten:
- Mauersteine für Sichtmauerwerk müssen sorgfältig transportiert und gestapelt werden, um das Abstoßen und Abplatzen von Kanten zu vermeiden.
- Bei beidseitigem Sichtmauerwerk ist es häufig notwendig, geeignete Steine auszusuchen.
- Zum Vermauern wird Mörtel der Mörtelgruppe II oder IIa verwendet.
- Teilsteine müssen mit der Trennscheibe oder mit der Steinsäge zugeschnitten werden.
- Beim Versetzen der Steine sind gleiche Fugendicken einzuhalten.
- Es ist vollfugig, aber möglichst ohne überquellenden Mörtel zu mauern, um Verschmutzungen der Steine so gering wie möglich zu halten.
- Durch Augenschein ist stets nachzuprüfen, ob die Stoßfugen lotrecht übereinander liegen.
- Sichtmauerwerk ist nach Fertigstellung durch Abdecken vor eindringender Feuchtigkeit zu schützen.

Das **Verfugen des Sichtmauerwerks** kann unmittelbar im Anschluss an die Fertigstellung einer Mauerschicht erfolgen. Dabei wird der Mörtel der vollfugig gemauerten Mörtelfuge mit einer Fugenkelle, einem Stück Wasserschlauch oder Kabel angedrückt und glattgestrichen **(Bild 1)**.

Eine nachträgliche Verfugung ist möglich, wenn der Mörtel von Stoß- und Lagerfugen mindestens 1,5 cm tief flankensauber ausgekratzt wurde **(Bild 2)**. Der zur Verfugung verwendete Mörtel entspricht normalerweise dem Mauermörtel. Er sollte nicht zu feinkörnig und nicht zu fett sein, damit keine Schwindrisse entstehen und Kapillarität auftritt. Es empfiehlt sich die Verwendung von werkgemischtem Vormauermörtel, eventuell mit Trasszusatz.

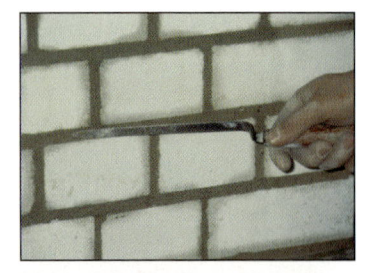

Bild 1: Sofortiger Fugenglattstrich

Die Fugen sind in zwei Arbeitsgängen zu verfüllen. Man spricht auch von zweilagigem Einbügeln des Fugenmörtels. Beim ersten Arbeitsgang mit der Reihenfolge Stoßfugen/Lagerfuge ist durch kräftiges Eindrücken von Fugenmörtel der dichte Anschluss mit den Innenfugen herzustellen. Beim zweiten Arbeitsgang mit der Reihenfolge Lagerfuge/Stoßfugen ist der Fugenmörtel durch Bügeln mit dem Fugeisen zu verdichten und bündig mit den Steinen abzuschließen **(Bild 3)**.

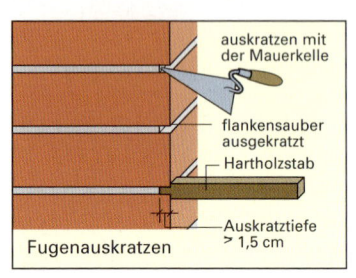

Bild 2: Auskratzen der Mauerfugen

Eine **Reinigung des Sichtmauerwerks** ist nach Erhärtung des Mauer- und Fugenmörtels meist notwendig. Zunächst sind erhärtete Mörtelreste mit der Kelle vorsichtig zu entfernen. Gelingt dies nicht, kann mit einem Reinigungsstein der gleichen Steinart durch Reiben versucht werden, die Verunreinigung zu beseitigen. Danach ist eine Nassreinigung mit Wasser unter Zusatz eines Reinigungsmittels mithilfe einer Wurzelbürste erforderlich. Auch eine Dampfstrahlreinigung ist möglich. Größere Verschmutzungen durch Mörtel können meist nur durch Absäuern beseitigt werden. Dabei ist nach folgenden Regeln zu verfahren:

- Sehr gutes Benetzen des Sichtmauerwerks mit Wasser **von unten nach oben,** damit die Poren sich mit Wasser füllen und gefüllt bleiben.
- Absäuern mit 6%iger Essigsäure, besonderen Steinreinigungsmitteln oder verdünnter Salzsäure (1:20) **von unten nach oben.** Kalksandsteine und Betonsteine dürfen nicht abgesäuert werden.
- Nach dem Absäuern ist das Mauerwerk **von unten nach oben** gründlich nachzuspülen.
- Beim Absäuern ist Schutzkleidung (Gummistiefel, -handschuhe und -schürze) sowie Schutzbrille zu tragen.

Das **Schützen des Sichtmauerwerks** kann erst vorgenommen werden, wenn die Steine und Fugen vollständig trocken sind. Als Schutz kann ein deckender Anstrich dienen, der das Mauerwerk jedoch farblich verändert, oder eine farblose Imprägnierung, z.B. mit Silicon (Seite 162). Diese bewirkt eine Verminderung der Wasseraufnahmefähigkeit des Mauerwerks. Dazu wird eine glasklare Silicon-Harz-Lösung auf das Sichtmauerwerk durch Spritzen oder Streichen aufgetragen, die nach dem Verdunsten des Lösemittels einen hauchdünnen unsichtbaren Film bildet. Die wasserabweisende Wirkung hält in der Regel mehrere Jahre. Die Atmungsfähigkeit des Mauerwerks bleibt erhalten. Beim Imprägnieren des Mauerwerks sind die Unfallverhütungsvorschriften zu beachten.

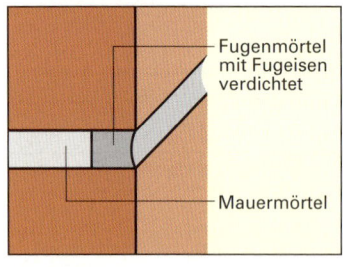

Bild 3: Mit dem Fugeisen verdichtete Fuge

- Gesicht und Hände sind vor Berührung mit Silicon-Harz-Lösung zu schützen.
- Offenes Feuer und offenes Licht ist vom Arbeitsplatz fernzuhalten.
- Mit Silicon-Harz-Lösung verschmutzte Kleidung ist sofort zu reinigen.

7.5.1.3 Anschlüsse bei Mauerwerk

Im Mauerwerksbau gibt es Anschlüsse des Mauerwerks im Bereich der Erdgleiche, im Bereich der Geschossdecken und im Bereich von Wand zur Decken- oder Dachkonstruktion. Alle Anschlüsse sind so auszuführen, dass keine Wärmebrücken entstehen und die Außenseite des Mauerwerks einen einheitlichen Putzgrund aufweist. Damit wird die Entstehung von Rissen durch Witterungseinwirkung und Temperaturschwankungen verhindert .

Im **Bereich der Erdgleiche** (Sockel- oder Spritzwasserbereich) geht die Kellerwand in die Erdgeschosswand über. Je nach Höhenlage der Erdgleiche wird der Spritzwasserbereich von 30 cm über Erdgleiche unterschiedlich ausgeführt **(Bild 1)**. Dabei kann das Mauerwerk der Kellerwand und des Erdgeschosses in einer Flucht liegen (HG = Hausgrund). Außenputz und Sockelputz werden 30 cm über Erdgleiche durch eine Putzschiene getrennt. Die beiden Putze unterscheiden sich in der Regel durch unterschiedliche Oberflächenstruktur und Farbe sowie durch unterschiedlichen Aufbau und Zusammensetzung. Hat das Mauerwerk des Erdgeschosses einen Überstand von 2,5 cm gegenüber der Kelleraußenwand, entsteht eine Abtropfkante. Statt eines Sockelputzes kann der Spritzwasserbereich auch als Sichtmauerwerk oder als Betonwand ausgeführt sein.

Im **Bereich der Geschossdecke** gibt es unterschiedliche Konstruktionen, weil die Deckendicken von Stahlbetonvollplatten nicht auf das Achtelmetermaß des Mauerwerks abgestimmt sind. Es bleibt eine Höhe von 25 cm für die Abmauerung der Decke. Beträgt die Deckendicke 18 cm bzw. 16 cm, ist unter der Decke eine Ausgleichsschicht von 7 cm bzw. 9 cm notwendig. Diese kann entweder mit der Decke betoniert sein, mit DF- oder NF-Mauersteinen ausgeglichen oder mit besonderen L-förmigen Mauersteinen (L-Schalen) hergestellt werden **(Bild 2)**. Die Maße der L-Schalen sind den üblichen Deckendicken angepasst. Die Abmauerung der Außenseite geschieht mit NF-, 2-DF-Steinen oder L-Schalen. Die zwischen Abmauerung und Stahlbetondecke liegende Wärmedämmung besteht betonseitig aus einer 2 cm dicken Hartschaumplatte und einer 5 cm dicken Faserdämmschicht.

Im **Bereich von Wand zur Decken- oder Dachkonstruktion** müssen in allen Außen- und Querwänden zur Aufnahme von Zugkräften durch äußere Lasten, z. B. durch Wind, oder durch Verformungsunterschiede bei Stahlbetonvollplatten Ringanker oder Ringbalken gelegt werden. Dies ist wichtig z. B. bei Bauten mit mehr als zwei Vollgeschossen, bei einer Länge des Bauwerks von mehr als 18 Meter oder bei Wänden, deren Öffnungsbreiten größer als 60% der Wandlänge ist.

Ringanker sind im Mauerwerksbau unmittelbar unter der Decke anzuordnen und bestehen aus bewehrtem Mauerwerk oder aus Stahlbeton **(Bild 3)**. Bei Ausführung in Stahlbeton werden U-förmige Steine aus den üblichen Wandbaustoffen versetzt, mit mindestens 2 Betonstabstählen ⌀ 10 mm bewehrt und ausbetoniert.

Ringbalken sind notwendig, wenn aus Gründen der Formveränderung der Dachdecke unter den Deckenauflagern Gleitschichten aus Folien oder unbesandeter Bitumenpappe angeordnet werden.

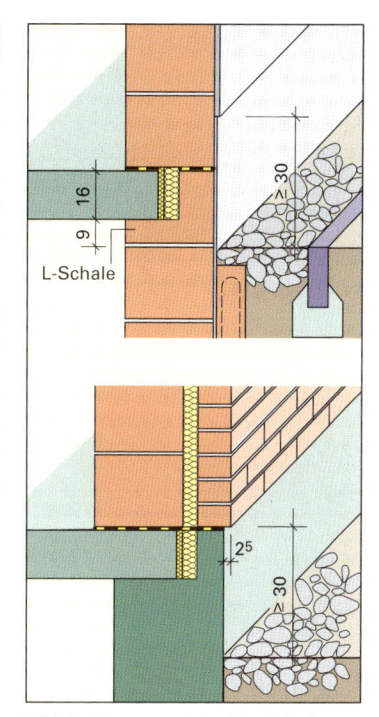

Bild 1: Mauerwerk im Bereich der Erdgleiche

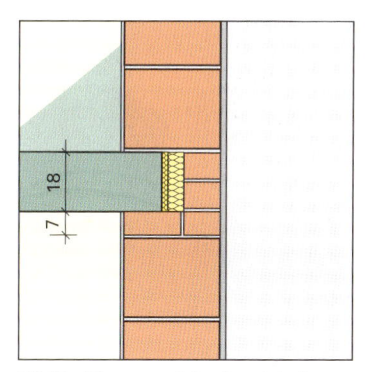

Bild 2: Mauerwerk im Bereich der Geschossdecke

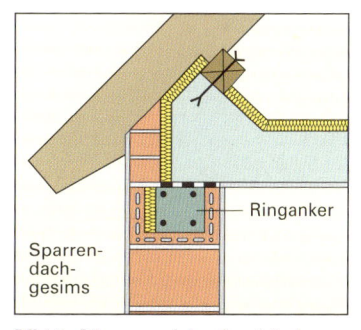

Bild 3: Mauerwerk im Bereich der Dachdecke

7.5.2 Zweischaliges Mauerwerk

Zweischaliges Mauerwerk eignet sich sowohl für Haustrennwände als auch für Außenwände. 11,5 cm und 17,5 cm dicke Tragschalen für Haustrennwände und Außenwände dürfen höchstens 2,75 m hoch sein und nur über zwei Vollgeschosse einschließlich einem ausgebauten Dachgeschoss gehen. Bei Außenwänden wird die Vorsatzschale häufig als Sichtmauerwerk witterungsbeständig ausgeführt

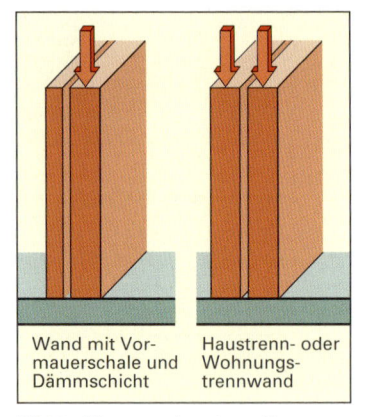

Bild 1: Mauerwerksarten mit Belastung

7.5.2.1 Haustrennwände

Trennwände, z. B. zwischen Reihenhäusern und zwischen nebeneinander liegenden Wohnungen, bestehen aus zwei voneinander getrennten Wänden im Abstand von mindestens 3 cm **(Bild 1)**. Sie sollen ausreichenden Schallschutz gewährleisten und dem Brandschutz dienen. Zweischalige Trennwände können ab einer Dicke von 11,5 cm je Wandschale z. B. mit großformatigen Steinen mindestens der Rohdichteklasse 1,0 gemauert sein. Es sind auch unterschiedlich dicke Wandschalen möglich, z. B. aus 17,5 cm und 24 cm dickem Mauerwerk möglich oder es lassen sich Betonfertigteilwände zusammen mit Mauerwerksschalen verwenden. Voraussetzung für einen guten Schallschutz ist eine möglichst 4 cm bis 6 cm dicke Schalenfuge, die über dem Fundament beginnt und über die gesamte Gebäudehöhe reicht. Dieser Hohlraum darf nicht mit biegesteifen Baustoffen verfüllt werden, auch Mörtelreste dürfen nicht zwischen die Schalen fallen. Dies kann verhindert werden, z. B. mithilfe einer Abdeckleiste in der Fuge, die beim Mauern schichtweise hochgezogen wird. Auch eine mineralische Dämmplatte kann vor dem Hochziehen der zweiten Mauer gegen die schon hochgemauerte Wand gestellt werden. Im Bereich der Geschossdecken verbessert eine Verbreiterung der Schalenfuge den Schallschutz (Bild 1). Die Schalenfuge darf unverfüllt bleiben, wenn die beiden Trennwände eine flächenbezogene Masse je Trennwand von mindestens 200 kg/m² besitzen. Ansonsten können Mineralwolle-Trittschallplatten, möglichst mehrschichtig und mit versetzten Fugen, verlegt werden. Hartschaumplatten und Holzfaserplatten sind wegen ihrer hohen Steifigkeit zur Verbesserung des Schallschutzes weniger geeignet.

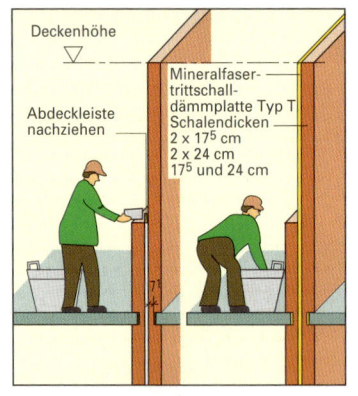

Bild 2: Hochmauern von zweischaligen Trennwänden

7.5.2.2 Außenwände

Zweischaliges Mauerwerk für Außenwände kann ohne oder mit senkrechter Luftschicht ausgeführt werden. Häufig wird zwischen den beiden Schalen eine Dämmschicht angeordnet. Die nichttragende Außenschale als Vormauerschale muss der Witterung standhalten; deshalb sind frostbeständige Steine zu vermauern. Die Außenschale muss eine Mindestdicke von 9 cm haben; die Mindestlänge von kurzen Wänden (Pfeilern), die nur Lasten der Außenschale zu tragen haben, beträgt 24 cm. Mauerwerk mit weniger als 11,5 cm Wanddicke darf nicht höher als 20 m über Gelände geführt werden und ist alle 6 m Höhe abzufangen **(Bild 3)**. Bei Gebäuden mit 2 Vollgeschossen darf das Giebeldreieck bis 4 m Höhe ohne zusätzliche Abfangung ausgeführt werden. Die Außenschale darf höchstens 1,5 cm über Auflager stehen. Außenschalen mit einer Wanddicke von 11,5 cm sollen alle 12 m abgefangen werden. Sie dürfen 2,5 cm über ihr Auflager stehen.

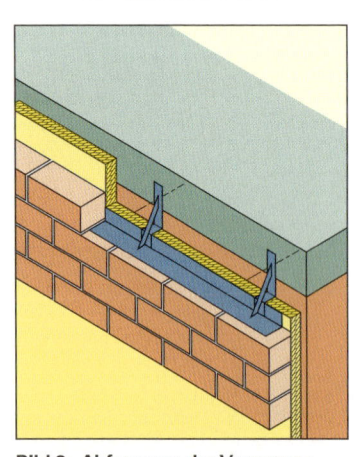

Bild 3: Abfangung der Vormauerschale

Werden zur geschosshohen Verankerung der Außenschale bauaufsichtlich zugelassene Anker verwendet, kann die Abfangung z. B. mit Edelstahlkonsolen entfallen. Die in sich beweglichen Anker, die die Verformungsunterschiede der beiden Schalen aufnehmen, sind jeweils mindestens 60 mm tief in Mörtel einzubetten (**Bild 1**).

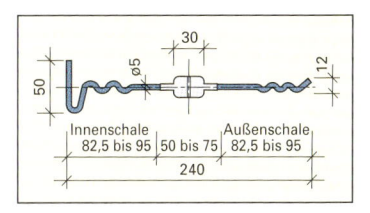

Bild 1: In sich beweglicher Anker

Die Außenschale ist mit der Innenschale zu verankern. Für die Verankerung sind je m² Mauerwerk mindestens 5 Drahtanker aus nichtrostendem Stahl mit einem Durchmesser von mindestens 3 mm beim Hochmauern der Innenschale zu vermauern. Die Drahtanker werden im Lagerfugenmörtel verlegt mit Abständen in der Senkrechten von höchstens 25 cm und in der Waagerechten von höchstens 75 cm. An allen freien Rändern des Mauerwerks, z. B. an Mauerecken und Maueröffnungen, sind zusätzlich 3 Drahtanker je Meter Randlänge vorzusehen (**Bild 2**). Ist der Wandbereich höher als 12 m über Gelände und liegt der Abstand der Mauerwerksschalen zwischen 7 cm und 12 cm, sind Anker mit 4 mm Durchmesser zu verwenden. Beträgt der Abstand zwischen 12 cm und 15 cm, sind 7 Maueranker je m² Wandfläche einzulegen. Werden die Drahtanker in Leichtmörtel eingebettet, ist dafür LM 36 erforderlich. Damit über die Drahtanker keine Feuchtigkeit in die Innenschale gelangen kann, sind auf die Drahtanker Kunststoffscheiben so aufzustecken, dass z. B. Tauwasser in der Luftschicht abtropfen kann (**Bild 3**).

Bei einer **zweischalige Außenwand mit Putzschicht** ist die Innenschale eine mindestens 11,5 cm dicke Wand, die in der Regel zuerst gemauert wird. Auf der Außenseite der Innenschale ist eine zusammenhängende Putzschicht als Feuchtigkeitssperre aufzubringen. Die Außenschale besteht aus einer mindestens 9 cm dicken Verblendung aus frostbeständigen Mauersteinen (**Bild 4**). Da die Baustoffe der Innen- und Außenschale unterschiedliche Verformungseigenschaften zeigen, sind die beiden Schalen durch eine Luftschicht (etwa Fingerbreite) zu trennen.

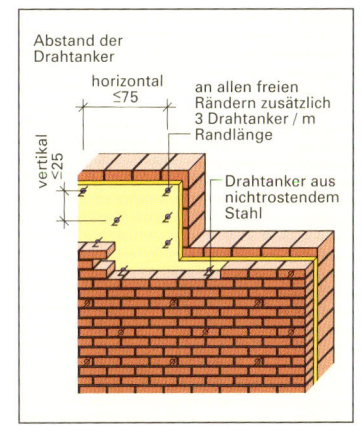

Bild 2: Anordnung der Verankerung

Eine **zweischalige Außenwand mit Kerndämmung** besteht aus Innen- und Außenschale, die durch eine Dämmschicht getrennt sind (**Bild 1, Seite 258**). Beide Mauerschalen sollten mindestens 11,5 cm dick sein. Sie sind durch Drahtanker miteinander zu verbinden. Die Dämmschicht, auch Kerndämmung genannt, bleibt ohne Luftschicht und darf eine Dicke von 15 cm nicht überschreiten. Werden Dämmplatten, wie z. B. Mineralfaserplatten oder Hartschaumplatten verwendet, ist es besser, nur einseitig umgebogene Drahtanker einzumauern. Die Dämmplatten können dann über die noch geraden Enden der Anker geschoben werden. Erst danach biegt man die Enden mit geeignetem Werkzeug um, wobei die umgebogene Schenkellänge mindestens 2,5 cm lang sein soll. Wird der Raum zwischen den Mauerschalen mit Dämmschüttung gefüllt, ist diese jeweils mit dem Hochmauern der Außenschale lagenweise einzubringen. Die Schüttung besteht aus wasserabweisendem Leichtzuschlag, z. B. aus vulkanischem Gestein. Durch lagenweises Hinterfüllen und Stochern ist eine lückenlose Hinterfüllung zu gewährleisten.

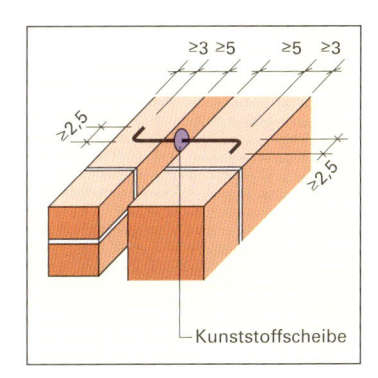

Bild 3: Drahtanker

Am Fußpunkt einer zweischaligen Außenwand mit Kerndämmung sind eine waagerechte Feuchtigkeitssperre und in der Außenschale offene Stoßfugen oder Lüftungssteine vorzusehen, damit gegebenenfalls Feuchtigkeit entweichen kann. Die Größe dieser Öffnungen

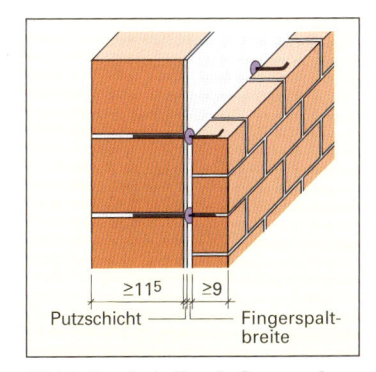

Bild 4: Zweischalige Außenwand mit Putzschicht

sollte mindestens 50 cm² je 20 m² Wandfläche, Fenster und Türen mit eingerechnet, haben **(Bild 2)**.

Eine **zweischalige Außenwand mit Luftschicht** besteht aus einer mindestens 9 cm dicken Außenschale, einer mindestens 11,5 cm dicken Innenschale und einer dazwischen liegenden 6 cm bis 15 cm dicken Luftschicht **(Bild 3)**. Innen- und Außenschale müssen miteinander verankert sein.

Für die Hinterlüftung sind in der Außenschale unten und oben offenen Stoßfugen anzuordnen. Nach DIN 1053 sollen auf eine zu hinterlüftende Fläche von 20 m², Fenster und Türen eingerechnet, die oberen und unteren Lüftungsöffnungen jeweils mindestens 75 cm² Gesamtquerschnitt betragen. Der erforderliche Lüftungsquerschnitt wird bei einer Vormauerschale erreicht, wenn die Stoßfugen der ersten und letzten Schicht offenbleiben. Dies gilt für Steine mit einer Höhe von 11,3 cm. Werden dünnformatige Steine im Läuferverband vermauert, sind die Stoßfugen der beiden unteren bzw. der beiden oberen Schichten offen zu halten. Außerdem ist zu beachten, dass auch unterhalb von Fenstern und oberhalb von Stürzen die Hinterlüftung durch offene Stoßfugen gesichert wird. Anstelle von offenen Stoßfugen können auch Lüftersteine vermauert werden.

Da trotz aller Vorsichtsmaßnahmen doch noch Mörtelreste an den Fußpunkt der Luftschicht fallen können, sollen die Stoßfugen erst in der zweiten und dritten Schicht der Vormauerschale offen bleiben, um eine vollkommene Hinterlüftung zu gewährleisten. Aus Gründen des Wetter- und Spritzwasserschutzes wird außerdem im Sockelbereich empfohlen, die offenen Stoßfugen erst oberhalb von 10 cm über Erdgleiche beginnen zu lassen und mit einer waagerechten Feuchtigkeitssperre abzudichten, um anfallendes tropfbares Wasser abzuführen.

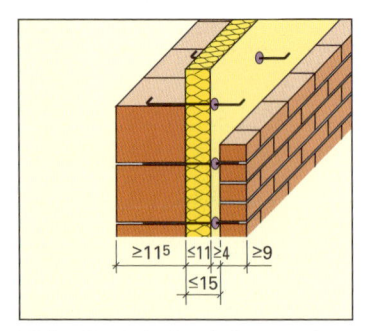

Eine **zweischalige Außenwand mit Luftschicht und Dämmschicht** besteht aus zwei miteinander verankerten Mauerschalen mit dazwischen liegender Luftschicht und Dämmschicht **(Bild 4)**. Die Mindestdicke für die Außenschale betragen 9 cm, für die Innenschale 11,5 cm und für die Luftschicht 4 cm, wenn überquellender Mörtel abgestrichen ist. Die Dämmschicht sollte nicht mehr als 11 cm dick sein, da Luft- und Dämmschicht zusammen 15 cm nicht überschreiten sollen. Die auf der äußeren Seite der Innenschale angebrachte Dämmschicht vermindert den Wärmeverlust der Innenräume. Die strömende Luft vor der Dämmung führt Feuchtigkeit ab, damit kein Tauwasser entstehen kann. Die Lüftung ist durch entsprechende Öffnungen am Fuß und an der Mauerkrone der Außenschale zu sichern.

Bei der Herstellung von zweischaligen Außenwänden mit Hinterlüftung sind die Dämmplatten dicht zu stoßen und an der Innenschale anzukleben oder mit Krallenplatten an den Ankern zu befestigen. Außerdem ist die Kunststoffscheibe auf die Anker aufzustecken, sodass Tauwasser in der Mitte der Luftschicht abtropfen kann.

Werden z. B. beim nachträglichen Dämmen von Außenwänden Einschlaganker verwendet, sind diese mit aufgesteckten Hülsen in vorgebohrte Löcher mit Kunststoffdübeln einzuschlagen. Die Hülsen schützen vor Verbiegen beim Einschlagen und können zum nachträglichen Umbiegen der Ankerenden verwendet werden.

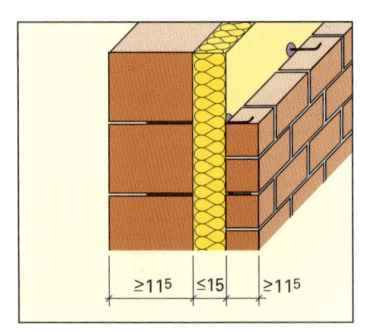

Bild 1: Zweischalige Außenwand mit Kerndämmung

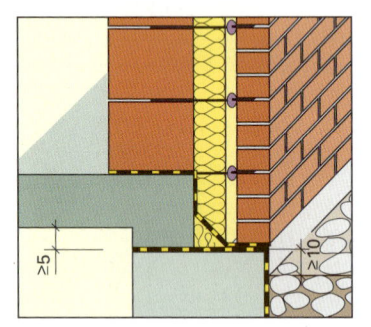

Bild 2: Fußpunkt einer zweischaligen Außenwand mit Kerndämmung

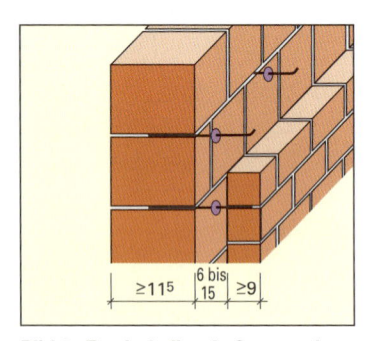

Bild 3: Zweischalige Außenwand mit Luftschicht

Bild 4: Zweischalige Außenwand mit Luftschicht und Dämmschicht

7.5.3 Ausfachungen

Unter Ausfachung versteht man das Ausfüllen zwischen tragenden Bauteilen wie z.B. zwischen Stützen und Decken im Fachwerk-, Skelett- und Stahlbau **(Bild 1)**. Ausfachungswände sind nichttragende Wände, die ihre Eigenlast und Windlasten, wie z. B. bei Außenwänden, auf tragende Bauteile ableiten. Auf einen statischen Nachweis kann verzichtet werden, wenn

- die Wände vierseitig gehalten sind, z.B. durch Verzahnung, Versatz oder Anker,
- Normalmörtel MG IIa, Dünnbettmörtel oder Leichtmörtel LM 36 verwendet wird und
- der zulässige Größtwert für die jeweilige Ausfachungsfläche nicht überschritten wird **(Tabelle 1)**. Dieser ist abhängig von der Wanddicke, der Höhe über Gelände und dem Verhältnis

$$\varepsilon = \frac{\text{größere Seite der Wandfläche}}{\text{kleinere Seite der Wandfläche}}$$

Für die Ausfachung der Außenwände eigen sich alle frostbeständigen Mauersteine. Werden andere Baustoffe verwendet, ist für entsprechenden Witterungsschutz zu sorgen. Vor dem Mauern der ersten Schicht ist immer eine Bitumenpappe einzulegen.

7.5.3.1 Ausfachungen im Fachwerkbau

Die Ausfachungflächen werden begrenzt durch Holzpfosten, Schwellen, Riegel, Streben, Pfetten und Balken. Sie sind in der Regel 90 cm bis 120 cm breit und bis zu einem Geschoss hoch. Da Holz arbeitet, kann eine gemauerte Ausfachung nicht bis an das Holz herangeführt werden. Es ist deshalb üblich, eine Verankerung aus Ankerschiene und Anker zu verwenden. An den seitlichen Holzbauteilen werden Ankerschienen befestigt, in die Anker aus Edelstahl im Abstand von 2 bis 3 Schichten eingehängt werden. An den Holzpfosten angebrachte Dreikantleisten oder eingeschlagene Nägel sind häufig verwendete Möglichkeiten, um die Ausfachungswände zu halten. Die Fuge zwischen der Ausmauerung und den Holzbauteilen muss mit Mineralwolle gefüllt und elastisch geschlossen werden. Wird zum Schließen der Fuge ein selbstklebendes Dichtungsband aus Schaumstoff verwendet, ist dieses bereits vor dem Hochmauern an den Holzbauteilen anzubringen.

7.5.3.2 Ausfachungen im Skelettbau

Ausfachungen im **Stahlbetonskelettbau** sind in der Regel großflächiger. Die Verankerung bei Stahlbetonstützen erfolgt durch Einbinden in seitliche Aussparungen oder wie beim Fachwerkbau durch Verankerungen **(Bild 2)**. Dabei werden die Ankerschienen vor dem Betonieren in die Schalung der Stütze eingebaut.

Ausfachungen im **Stahlskelettbau** binden in die Flanschen der Stahlprofile der Stützen ein oder werden von zusätzlich angebrachten Stahlwinkeln gehalten **(Bild 3)**. Statt Mauerwerk für die Ausfachung können auch großflächige Platten, Wandtafeln oder vorgefertigte Wandbauteile eingesetzt werden.

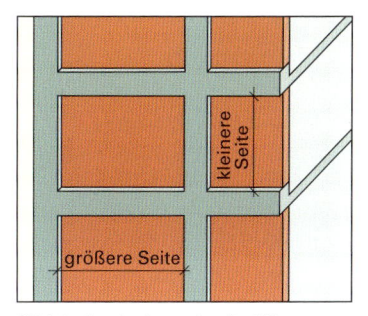

Bild 1: Ausfachung im Stahlbetonskelettbau

Tabelle 1: Größte zulässige Werte der Ausfachungsfläche von nichttragenden Außenwänden ohne Nachweis

Wand-dicke d mm	Größte zulässige Werte [1] der Ausfachungsfläche in m² bei einer Höhe über Gelände von			
	0 bis 8 m		8 bis 20 m	
	$\varepsilon = 1{,}0$	$\varepsilon = \geq 2{,}0$	$\varepsilon = 1{,}0$	$\varepsilon = 2{,}0$
115 [2]	12	8	8	5
175	20	14	13	9
240	36	25	23	16
≥ 300	50	33	35	23

[1] Bei Seitenverhältnissen 1,0 < ε < 2,0 dürfen die größten zulässigen Werte der Ausfachungsflächen geradlinig interpoliert werden.
[1] Bei Verwendung von Steinen der Festigkeitsklasse n ≥ 12 dürfen die Werte dieser Zeile um 1/3 vergrö-

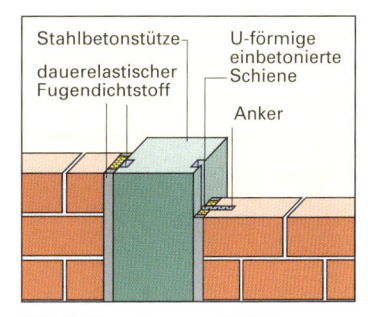

Bild 2: Verankerung mit Ankerschiene und Anker

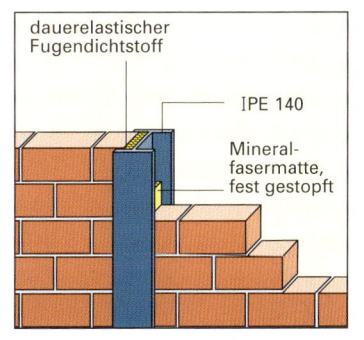

Bild 3: Verankerung in den Flanschen der Stahlprofile

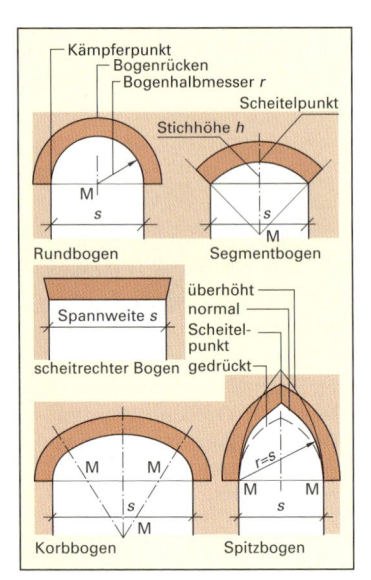

Bild 1: Bogenformen

7.5.4 Mauerbögen und Gewölbe

Mit gemauerten Bögen und Gewölben werden Maueröffnungen überdeckt und Räume überspannt. Bei Bögen unterscheidet man Segmentbogen und Rundbogen; Sonderformen sind der scheitrechte Bogen, der Spitzbogen und der Korbbogen (**Bild 1**). Beim Gewölbe unterscheidet man z. B. das Tonnengewölbe und das Kappengewölbe. Das Tonnengewölbe gleicht in Art und Ausführung dem Rundbogen, das Kappengewölbe dem Segmentbogen. Bögen und Gewölbe werden in der Regel mit Mauersteinen in DF oder NF gemauert. Für Bögen mit kleinem Bogenhalbmesser und für Gewölbe ist es zweckmäßiger, Keilsteine zu verwenden.

7.5.4.1 Segmentbogen

Der Segmentbogen wird auf einem Lehrbogen aus Holz gemauert, der dieselbe Wölbung wie der zu mauernde Bogen hat (**Bild 2**). Um den Lehrbogen aus Brettern herstellen zu können, sind Bogenhalbmesser R_L und Bogenmittelpunkt, Leierpunkt genannt, zu ermitteln. Halbmesser und Mittelpunkt sind von der Länge der Maueröffnung, Spannweite genannt, und von der Höhe des Bogens h, Stichhöhe oder Stich genannt, abhängig.

Nach dem Bogenmittelpunkt richten sich beide Widerlager und alle Steinlagen aus. Das Widerlager ist so auszuführen, dass die obere Bogenfläche am Widerlager auf eine Lagerfuge trifft. Die Mauersteine sollen beim Ausrichten eine untere Fugenbreite von mindestens 0,5 cm und eine obere Fugenbreite von höchstens 2 cm bilden. Die Anzahl der Schichten wird aus der Schichthöhe und der Bogenlänge ermittelt. Die Schichtanzahl kann errechnet werden. Es ist immer von einer ungeraden Anzahl von Schichten auszugehen. Diese wird nun auf den Lehrbogen jeweils von links und rechts bis zum Scheitel abgetragen. Kontrolle hat man durch die Lage der mittleren Schicht, die mittig im Scheitel des Bogens liegen muss. Beim Mauern der Schichten gelten im Allgemeinen die Verbandsregeln für Pfeiler. Die Schichten werden abwechselnd rechts und links, beginnend mit Läuferschichten, gemauert, um den Lehrbogen gleichmäßig zu belasten und die Schlussschicht im Scheitel mauern zu können. Alle Steine und Schichten sind vollfugig und dicht mit Mörtel der Mörtelgruppen II, IIa oder III auszuführen.

Rundbogen und Korbbogen werden wie Segmentbogen mithilfe einer Bogenlehre gemauert.

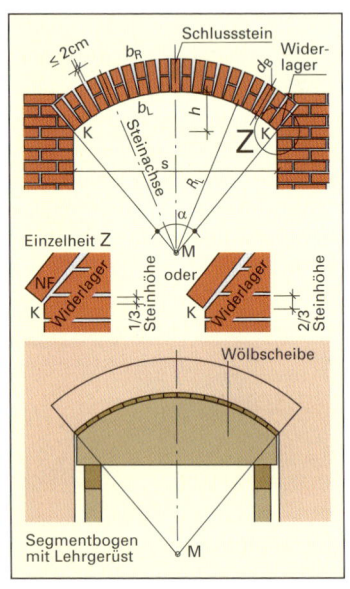

Bild 2: Segmentbogen

7.5.4.2 Scheitrechter Bogen

Eine besondere Form gemauerter Bögen sind scheitrechte Bögen. Ein scheitrechter Bogen gilt als waagerechter Sturz mit geringer Stichhöhe. Die Stichhöhe ist abhängig von der Spannweite und beträgt etwa 2 cm. Der Lehrbogen für den scheitrechten Bogen besteht aus einem mit geringem Stich eingebauten Brett (**Bild 3**). Der Stich kann auch aus einem Sandbett bestehen. Die Widerlagerflächen scheitrechter Bögen werden schräg angeordnet, wodurch sich eine gewisse Vorspannung im Bogen ergibt. Günstig für die Neigung der Widerlager ist ein Verhältnis von 4 : 1 bis 6 : 1.

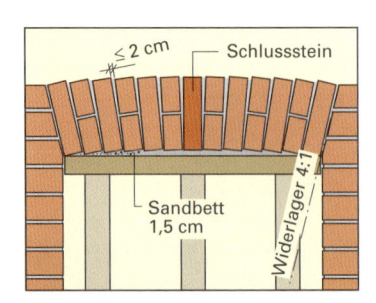

Bild 3: Scheitrechter Bogen mit Lehrgerüst

7.6 Natursteinmauerwerk

Mauerwerk aus Natursteinen ergibt bei richtiger Auswahl und werkgerechter Verarbeitung der Steine Mauern von großer Beständigkeit. Natursteine für Mauerwerk dürfen nur aus gesundem Gestein bestehen. Ungeschützt der Witterung ausgesetztes Mauerwerk aus Natursteinen muss witterungsbeständig sein.

7.6.1 Mauersteine aus Naturstein

Zu den wichtigsten natürlichen Bausteinen gehören Granit, Porphyr, Tuffstein und Basalt als Erstarrungsgesteine sowie Kalkstein und Sandstein als Sedimentgesteine. Die Eigenschaften der Natursteine bestimmen im Wesentlichen ihre Verwendung und die Art ihrer Verarbeitung **(Tabelle 1)**.

Tabelle 1: Eigenschaften und Verwendung von Natursteinen

Arten und Bestandteile		Eigenschaften	Verwendung
	Granit Feldspat Quarz Glimmer	sehr druckfest, hart bis sehr hart, witterungsbeständig Gefüge meist grob-, mittel- und feinkörnig Dichte 2,6 kg/dm^3 bis 2,8 kg/dm^3 Druckfestigkeit 160 N/mm^2 bis 210 N/mm^2 Farbe häufig schwarzgrau, weißgrau, teilweise gelblich, grünlich, rötlich, schwer bearbeitbar, gut polierfähig	Außenmauerwerk Säulen Widerlager Treppenstufen Denkmäler
	Porphyr Feldspat Quarz	sehr hart, sehr dauerhaft, druckfest, splitterig, feinkörnig, dicht, Dichte 2,5 kg/dm^3 bis 2,8 kg/dm^3 Druckfestigkeit 180 N/mm^2 bis 300 N/mm^2 Farbe rötlich, braungrün bis schwärzlich schwer bearbeitbar, polierfähig	Mauerwerk Sockel Treppenstufen Werksteine
	Tuffstein vulkanisches Auswurfgestein	porig und leicht, oft witterungsbeständig und feuerfest fein bis grobkörnig, Dichte 1,8 kg/dm^3 bis 2,0 kg/dm^3 Druckfestigkeit 20 N/mm^2 bis 30 N/mm^2 Farbe grau, hellgelb, rötlich bis bläulich lässt sich bruchfeucht leicht bearbeiten	Bekleidungen Abdeckungen Verblendungen Ausfachungen
	Basalt schwarzer Augit, Feldspat, Olivin	hart, zäh, druckfest, Gefüge körnig, dicht, auch glasig Dichte 3,0 kg/dm^3 bis 3,1 kg/dm^3 Druckfestigkeit 250 N/mm^2 bis 400 N/mm^2 Farbe graublau bis schwarz, bruchfrisch grünlich schwer bearbeitbar, gut polierfähig	Mauerwerk Treppenstufen Sockel Werksteine
	Kalkstein kohlensaurer Kalk mit Beimengungen wie Sande, Kohle, Oxide	meist dicht, fest, witterungsbeständig meist körnig, porig, Dichte 1,7 kg/dm^3 bis 2,85 kg/dm^3 Druckfestigkeit 20 N/mm^2 bis 180 N/mm^2 Farbe weiß bis grau, teils gelblich, grünlich, rötlich gut bearbeitbar, gut polierbar	Mauerwerk Bekleidungen Verblendungen Werksteine
	Sandstein Quarzkörner mit tonigen oder kalkigen Bindemitteln	meist zäh, fest und teilweise witterungsbeständig Gefüge tonig oder kalkig, fein- bis grobkörnig Dichte 2,0 kg/dm^3 bis 2,9 kg/dm^3 Druckfestigkeit 30 N/mm^2 bis 200 N/mm^2 Farbe gelblich bis bräunlich, gut bearbeitbar	Mauerwerk Treppenstufen Verblendungen Werksteine

7.6.2 Verarbeitung

Natursteine sind entsprechend ihrer ursprünglichen Lage und Schichtung zu verwenden. Beim Versetzen der Natursteine sollen Lagerfugen und Steinschichtungen rechtwinklig zur Richtung der Druckkräfte liegen. Auch darf der Naturstein mit seiner Lagerfläche nicht als Ansichtsfläche vermauert werden, da er an dieser Fläche leicht verwittert. Natursteine sind wegen ihrer geringen Zugfestigkeit in den Abmessungen zu begrenzen. In der Regel beträgt das Verhältnis von Steinhöhe zu Steinlänge höchstens 1 : 5.

Um Natursteine für Mauerwerk verwenden zu können, müssen sie in der Regel an Kanten und Flächen bearbeitet werden. Dies geschieht im Steinbruch oder im Natursteinwerk. Auf der Baustelle wird häufig nur noch die am Mauerwerk sichtbare Fläche des Natursteines bearbeitet. Zum groben Bearbeiten der Steinflächen nimmt man Bossier- und Stockhämmer. Setzer, Krönel, Scharrier- und Zahneisen werden zur Bearbeitung der Sichtfläche, dem Haupt, verwendet (**Bild 1**). Mit Steinsägen schneidet man größere Bruchsteine nach den vorgegebnen Abmessungen zu. Mit Fräs-, Hobel-, Schleif- und Poliermaschinen bearbeitet man die später am Mauerwerk sichtbaren Flächen. Die Oberflächen von harten Gesteinen bleiben häufig bruchrauh, oder sie werden bossiert, gestockt, gesägt und gefräst, geschliffen und poliert. Die Oberflächen von weichen Gesteinen werden oft bossiert, abgerieben, gesägt und gefräst. Natursteinmauerwerk muss im Verband gemauert werden (**Bild 2**).

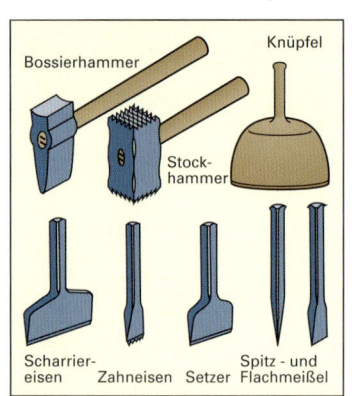

Bild 1: Werkzeuge zum Bearbeiten von Natursteinen

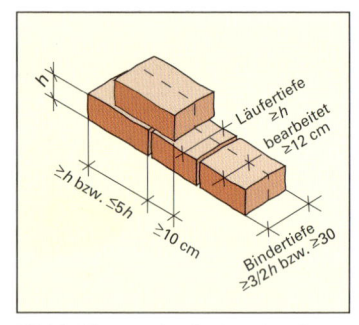

Bild 2: Natursteine im handwerklichen Verband

Die wichtigsten Verbandsregeln sind:

- In der Sichtfläche des Mauerwerks dürfen jeweils nicht mehr als drei Fugen zusammenstoßen.
- Stoßfugen dürfen höchstens über zwei Schichten durchgehen. Sie sind um 10 cm bzw. 15 cm zu versetzen.
- Ein Läufer muss mindestens mit seiner Steinhöhe einbinden.
- Läufer sollen mit ihrer größeren Fläche im Lagerfugenmörtel liegen.
- Ein Binder muss um das 1,5fache seiner Steinhöhe, mindestens aber 30 cm tief, einbinden.
- Läufer- und Binderschichten können abwechseln, oder zwei Läufer und ein Binder wechseln in jeder Schicht regelmäßig.
- Mörtelnester dürfen im Inneren der Mauer nicht entstehen, Zwischenräume sind mit Steinstücken auszufüllen.
- Regelmäßiges Natursteinmauerwerk ist zu verfugen.

7.6.3 Mauerwerksarten

Man unterscheidet nach der Art der Ausführung und nach der Bearbeitung der Steine Trockenmauerwerk, Bruchsteinmauerwerk, Schichtmauerwerk und Verblendmauerwerk.

Natursteinmauerwerk wird je nach seiner Ausführung in die Güteklassen N 1 bis N 4 eingestuft mit festgelegten Mindeststeinfestigkeiten und Grundwerten für die einzelnen Mörtelgruppen. Die Mindestdicke von tragendem Natursteinmauerwerk ist 24 cm, der Mindestquerschnitt 0,1 m².

7.6.3.1 Trockenmauerwerk und Bruchsteinmauerwerk

Beim **Trockenmauerwerk** werden die nur wenig bearbeiteten Steine ohne Mörtel mit möglichst engen Fugen im Verband aufeinander geschichtet. Die verbleibenden Hohlräume zwischen den größeren Steinen müssen durch kleinere Steine ausgefüllt werden (**Bild 3**). Trockenmauerwerk darf nur bei Schwergewichtsmauern, z. B. Stützmauern, angewendet werden. Die sichtbare Fläche des Trockenmauerwerks kann mit einer Neigung von mindestens 10° zur Senkrechten ausgeführt werden.

Bild 3: Trockenmauerwerk

Beim **Bruchsteinmauerwerk** (N 1) werden annähernd regelmäßige Bruchsteine mit Mörtel lagerhaft im Verband vermauert. Läufer- und Binderschichten wechseln miteinander ab (**Bild 4**). Die sich ergebenden unregelmäßigen Fugen werden mit Mauermörtel voll ausgefüllt. Das Mauerwerk ist in Höhenabständen von 1,50 m abzugleichen, d. h., die Lagerfläche geht über die ganze Mauerlänge durch. Für die

Bild 4: Bruchsteinmauerwerk

Mauerecken werden größerere lagerhafte Steine verwendet, die wechselseitig überbinden sollen.

Eine besondere Form ist das **Zyklopenmauerwerk (Bild 1)**. Die nur wenig bearbeiteten Bruchsteine werden im ganzen Mauerwerk satt in Mörtel vermauert, wobei sich nur wenige Lagerfugen ergeben.

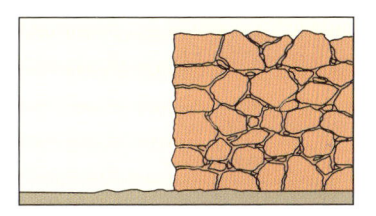

Bild 1: Zyklopenmauerwerk

7.6.3.2 Schichtenmauerwerk

Beim Schichtenmauerwerk unterscheidet man hammerrechtes, unregelmäßiges und regelmäßiges Schichtenmauerwerk sowie Quadermauerwerk. Bei hammerrechtem und unregelmäßigem Schichtenmauerwerk dürfen die Schichthöhen innerhalb einer Schicht wechseln, jedoch ist das Mauerwerk in Höhenabständen von höchstens 1,50 m abzugleichen.

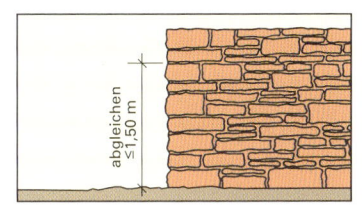

Bild 2: Hammerrechtes Schichtenmauerwerk

Für **hammerrechtes Schichtenmauerwerk** (N 2) verwendet man Steine, die mindestens 12 cm tief bearbeitete Lagerflächen haben. Diese sollen etwa rechtwinklig zueinander stehen. Die Steinabmessungen liegen etwa zwischen 25 cm x 10 cm x 7 cm und 80 cm x 40 cm x 40 cm; die Fugendicke beträgt höchstens 4 cm **(Bild 2)**. Das Verhältnis Fugenhöhe zu Steinlänge darf den Wert 0,2 nicht überschreiten.

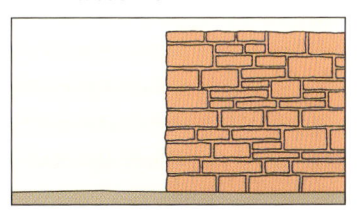

Für **unregelmäßiges Schichtenmauerwerk** (N 3) werden Steine vermauert, die mindestens 15 cm tief bearbeitete Lagerflächen und Stoßflächen haben. Diese sollen zueinander und zur Sichtfläche etwa rechtwinklig stehen. Die Fugen verlaufen waagerecht und senkrecht und haben eine Dicke von höchstens 3 cm. Die Schichthöhen sollen nur geringfügig voneinander abweichen **(Bild 3)**.

Bild 3: Unregelmäßiges Schichtenmauerwerk

Für **regelmäßiges Schichtenmauerwerk** (N 3) sind die Steine an Lager- und Stoßflächen in ganzer Tiefe zu bearbeiten. Auf mindestens 15 cm Tiefe müssen die Lager- und Stoßflächen parallel bzw. rechtwinklig zueinander verlaufen. Jede einzelne Schichthöhe muss gleichbleibend über die Mauerlänge durchgehen **(Bild 4)**.

Bild 4: Regelmäßiges Schichtenmauerwerk

Für **Quadermauerwerk** (N 4) dürfen nur allseitig bearbeitete, auf die ganze Mauertiefe maßgerecht verlaufende Steine vermauert werden. Es wechseln Läufer- und Binderschichten ab. Die einzelnen Schichthöhen können unterschiedlich sein, müssen aber jeweils über die ganze Mauerlänge gleich bleiben **(Bild 5)**.

Bild 5: Quadermauerwerk

Aufgaben

1 Welcher Unterschied besteht in der Bauart zwischen einer zweischaligen Außenwand und einer Gebäudetrennwand?
2 Wie ist eine einschalige Außenwand in Sichtmauerwerk herzustellen?
3 Welche Arbeitsgänge sind zum Verfugen von Sichtmauerwerk auszuführen?
4 Wie kann Sichtmauerwerk gereinigt und geschützt werden?
5 Wie ist eine Haustrennwand auszubilden?
6 Welche unterschiedlichen Ausführungsarten gibt es für zweischalige Außenwände?
7 Welche Bogenformen können gemauert werden?
8 Nach welchen Regeln werden die Schichten eines Bogens gemauert?
9 Welche Eigenschaften müssen Natursteine haben, die für Außenmauerwerk verwendet werden?
10 Worin unterscheiden sich die einzelnen Arten von Natursteinmauerwerk?

8 Schalungsbau

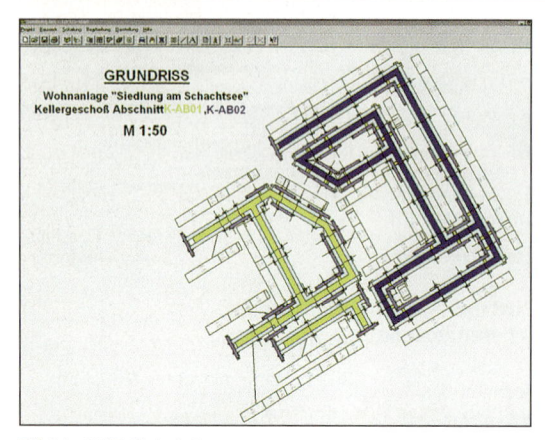

Bild 1: CAD-Schalplan

Bild 2: Einsatz der Systemschalung

Bild 3: Herstellung systemloser Schalung

Um ein Bauteil aus Beton herstellen zu können, ist für die Aufnahme des Frischbetons eine Schalung erforderlich. Die Schalung ist ein Hilfsmittel, das nur kurzzeitig eingesetzt wird. Ihre Herstellung erfordert jedoch in der Regel einen großen Aufwand.

Die Schalung muss jeweils auf die unterschiedlichen Bauteile, z. B. auf Fundamente, Wände, Stützen, Decken und Unterzüge, abgestimmt sein. Damit die Schalung der gewünschten Form entspricht, werden vorher Schalpläne erstellt, welche die Form des zu schalenden Bauteils zeigen. Sie bilden die Grundlage für Schalungspläne, nach denen die Schalungsarbeiten ausgeführt werden. Bei Verwendung von Systemschalungen können die Schalungspläne mit CAD-Programmen erstellt werden **(Bild 1)**.

Wirtschaftlich vorteilhaft ist der Einsatz der **Systemschalung**. Diese besteht aus Schaltafeln, Schalungsträgern und Zubehörteilen, die zu Schalungselementen vorgefertigt für Wand- und Deckenschalungen zusammengesetzt werden **(Bild 2)**. Um die Wirtschaftlichkeit des Schalungseinsatzes zu gewährleisten, sollten die Schalungsarbeiten gut vorgeplant werden. Bei flächigen Bauteilen, wie z. B. Wänden und Decken, sind Vorsprünge durch Stützen und Balken zu vermeiden. Wandeinbindungen, Richtungsänderungen oder Unterbrechungen der Bauteile sind so zu planen, dass sie den Abmessungen der Systemteile entsprechen, da jedes Abweichen vom Modulsystem einen erhöhten Arbeitsaufwand bedeutet. Bereits bei der Planung der Schalung ist auch das Ausschalen, die Wiederverwendbarkeit und Lagerung der oft größeren Schalungselemente zu berücksichtigen.

Die **systemlose Schalung** wird z. B. bei weniger umfangreichen Bauarbeiten eingesetzt. Sie eignet sich auch für Schalungen, die nur einmal benutzt werden und für deren Ausführung die Systemschalung unwirtschaftlich oder nicht ausführbar ist **(Bild 3)**. Eine Systemlose Schalung wird aus Schalbrettern, Holzträgern und Kanthölzern zusammengebaut.

8.1 Schalungsteile

Die Schalung muss das Gewicht des Frischbetons aufnehmen und den während des Betonierens entstehenden Belastungen, wie z. B. beim Rütteln, standhalten. Sie darf sich auch nach dem Betonieren in ihrer Form und Lage nicht verändern. Diese Aufgaben werden durch das Zusammenwirken von Schalhaut und Tragkonstruktion erfüllt.

8.1.1 Schalhaut

Die Schalhaut ist der Teil der Schalung, der beim Betonieren mit dem Frischbeton unmittelbar in Berührung kommt. Sie gibt dem Bauteil die Form und bestimmt das Aussehen der Oberfläche. Die Schalhaut muss beim Betonieren und während der Erhärtungszeit des Betons maßhaltig und dicht bleiben sowie die auftretenden Lasten gleichmäßig auf die Tragkonstruktion verteilen. Die Schalhaut wird aus Schalungsplatten zusammengesetzt, die sich im Wesentlichen in Werkstoff, Größe und Verbindungsmöglichkeit unterscheiden.

8.1.1.1 Schalungsplatten

Schalungsplatten können aus Schalbrettern in unterschiedlicher Größe auf der Baustelle hergestellt werden. Als Schalbretter verwendet man in der Regel 24 mm dicke Bretter aus Fichten- oder Tannenholz. Die Bretter können ungehobelt (sägerauh) oder einseitig gehobelt sein. Sie werden auf einem Arbeitstisch, dem Schaltisch, mit Brettlaschen zusammengenagelt.

Vorgefertigte Schalungsplatten (Schaltafeln) verringern die Schalungsarbeit und können vielfach wiederverwendet werden **(Bild 1)**. Sie werden einzeln verlegt, z. B. bei Deckenschalungen, oder aufgestellt, z. B. bei Fundament- oder Wandschalungen.

Schalungsplatten aus Vollholz bestehen aus beidseitig gehobelten Brettern. Die Bretter werden an den Stirnkanten durch ein Stahlprofil zusammengehalten. Gleichzeitig werden dadurch Kanten und Ecken geschützt (Bild 1).

Schalungsplatten aus Sperrholz gibt es in verschiedenen Dicken und unterschiedlichem Schichtaufbau (Seite 140). Oberflächen und Kanten der Platten sind mit Kunstharz beschichtet, um das Eindringen von Feuchtigkeit zu verhindern und sie gegen Aufsplittern zu schützen. Schalungsplatten aus Sperrholz mit und ohne Beschichtung ergeben glatte Sichtbetonflächen. Sie können mehrmals und beidseitig verwendet werden.

Bild 1: Vorgefertigte Schalungsplatten

8.1.1.2 Rahmenelemente

Rahmenelemente sind Schalungsplatten, bei denen die Schalhaut und der sie aussteifende Rahmen ein Schalungselement bilden. Man unterscheidet kombinierte Schalungsplatten und Ganzstahl-Schalungsplatten. Bei den kombinierten Schalungsplatten ist die Schalhaut aus Holz auf einem Stahl- oder Aluminiumrahmen befestigt **(Bild 2)**. Bei Ganzstahl-Schalungsplatten ist die Schalhaut aus Stahlblech mit dem Rahmen aus Stahlprofilen verschweißt. Diese Platten können lackiert, verzinkt oder mit einem anderen Überzug versehen werden. Die Maße der Rahmenelemente sind werkgenormt. Mithilfe von Ausgleichstafeln und Füllstücken können diese zu einer großflächigen **Rahmenschalung,** z. B. für Wände, montiert werden.

Bild 2: Rahmenelement

8.1.1.3 Schalkörper

Für besondere Deckenkonstruktionen, wie z. B. für Kassettendecken, verwendet man entsprechend geformte Schalkörper (Verdrängungskörper) z. B. aus Hartfaserplatten oder Kunststoff. Für Decken mit größeren Dicken eignen sich Hohlkörper aus zylinderförmig gewickelten Blechen **(Bild 3)**.

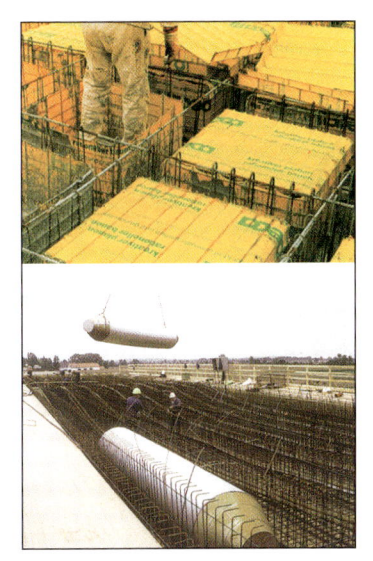

Bild 3: Schalkörper

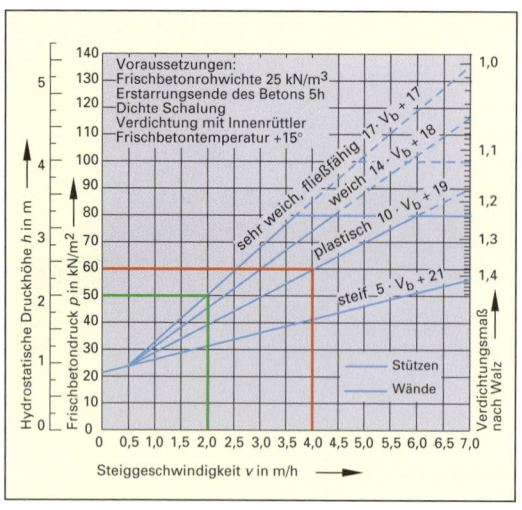

Bild 1: Frischbetondruck auf lotrechte Schalungen (nach DIN 18218)

Wenn das Entfernen dieser Schalelemente nicht möglich oder unwirtschaftlich ist, belässt man diese im Bauteil. In solchen und ähnlichen Fällen spricht man dann von **verlorener Schalung**.

8.1.2 Tragkonstruktion

Die Tragkonstruktion hat die Aufgabe, die Lasten von Schalung, Bewehrung und Frischbeton sowie von Arbeitskräften, Geräten und Maschinen aufzunehmen und auf den Untergrund zu übertragen. Daneben muss die Tragkonstruktion die beim Betonieren auftretenden Erschütterungen sowie den Frischbetondruck aufnehmen (**Bild 1**). Dieser muss besonders berücksichtigt werden bei vertikalen Schalungen, z. B. bei Wänden, Stützen und Fundamenten.

Der Frischbetondruck ist abhängig von:

> **Beispiel für die Ermittlung des Frischbetondrucks und der Steiggeschwindigkeit**
>
> 1. Gesucht wird der zulässige Betondruck p_b.
>
>   Vorgaben:
>   Konsistenz: plastisch
>   Steiggeschwindigkeit v_b: 4 m/h
>
>   **zulässiger Betondruck p_b: 60 kN/m²**
>
> 2. Gesucht wird die zulässige Steiggeschwindigkeit v.
>
>   Vorgaben:
>   Konsistenz: sehr weich, fließfähig
>   zulässiger Betondruck: 50 kN/m²
>
>   **zulässige Steiggeschwindigkeit v_b: 2,0 m/h**

- Betonzusammensetzung (Gesteinskörnung, Zement, Konsistenz, Betonzusatzmittel, Frischbetontemperatur),
- Schüttquerschnitt,
- Oberflächenbeschaffenheit der Schalhaut,
- Neigung und Steifigkeit der Schalung,
- Schütthöhe und Steiggeschwindigkeit (Einbau lagenweise oder kontinuierlich),
- Rüttelart (Innen- oder Außenrüttler), Rütteltiefe.

Die Tragkonstruktion besteht aus Schalungsträgern, Schalungsstützen und der Aussteifung der Schalhaut wie z. B. Riegel, Schalungszwingen und Verankerung.

8.1.2.1 Schalungsträger

Schalungsträger unterstützen die Schalhaut und tragen zur Aussteifung bei. Sie können aus Holz, Stahl oder Aluminium hergestellt sein (**Bild 2**).

Schalungsträger aus Holz gibt es als Kanthölzer der Sortierklasse S 10 mit unterschiedlichen Abmessungen (Seite 137). Häufiger setzt man Vollwand- oder Fachwerkträger (Gitterträger) aus Holz ein, z. B. für Wand- und Deckenschalungen. Vollwandträger und Fachwerkträger haben ein höheres Tragvermögen als Kanthölzer. Die Träger bestehen aus einem Ober- und Untergurt und einem Steg. Ober- und Untergurt werden aus Vollholz gefertigt.

Bei Vollwandträgern verwendet man für den Steg z. B. dreilagig verleimtes Sperrholz oder spezielle Spanplatten. Gurte und Stege werden durch Zinkung und Verleimung miteinander verbunden.

Bild 2: Beispiele für Schalungsträger aus Holz

Die Träger werden in verleimter Ausführung mit einer Höhe bis zu 26 cm und in Längen bis etwa 6,00 m gehandelt. Reicht die Trägerlänge z. B. bei einer Deckenschalung nicht aus, werden zwei Schalungsträger durch Übergreifen auf die gewünschte Länge gebracht (**Bild 1**).

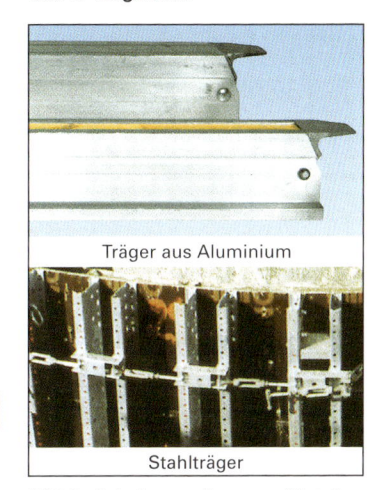

Schalungsträger aus Metall gibt es als Stahl- und Aluminiumträger (**Bild 2**). Sie sind bei nicht sachgemäßer Behandlung anfällig gegen Verformung. Ihr Einsatz erfordert daher auch beim Ausschalen erhöhte Sorgfalt.

Bild 1: Trägerstoß

Schalungsträger aus Stahl weisen eine besondere Profilierung auf, sodass bei geringem Gewicht eine ausreichende Steifigkeit gewährleistet ist. Eingesetzt werden sie für Wandschalungen.

Schalungsträger aus Aluminium sind leichte, profilierte, stranggepresste Träger für Decken, die sich in der Länge durch Überlappung stufenlos verstellen lassen. Ohne Unterstützung sind Spannweiten bis zu 3,70 m zu erreichen. Die breite Auflagefläche der Träger verhindert seitliches Kippen. In das Trägerprofil ist eine Leiste eingelegt, sodass die Schalhaut angenagelt werden kann. Ist die Schalhaut aus Metall oder sind Trägeranschlüsse notwendig, verwendet man Klemmschrauben.

Bild 2: Schalungsträger aus Metall

8.1.2.2 Schalungsstützen

Schalungsstützen dienen der Unterstützung. Dazu verwendet werden Metallstützen aus Aluminium oder Stahl (**Bild 3**). Die Lastaufnahme am Stützenkopf und der Lastabtrag am Stützenfuß müssen stets mittig erfolgen.

Schalungsstützen aus Metall bestehen meist aus zwei ineinandergesteckten Rohren (Innen- und Außenrohr) mit Kopf- und Fußplatte und sind in der Höhe verstellbar. Das Innenrohr ist ausziehbar und kann mit einem Steckbolzen grob eingestellt werden. Die Feineinstellung erfolgt mithilfe eines Gewindes. Metallstützen sind je nach Größe zwischen 1,70 m und 5,50 m stufenlos verstellbar. Kopf- und Fußplatten sind mit Nagellöchern versehen. Statt einer angeschweißten Kopfplatte zur Aufnahme der Schalungsträger gibt es z. B. auch aufgesetzte Kopfgabeln, die sich absenken lassen (Absenkköpfe) und dadurch das Ausschalen vereinfachen. Aufsteckbare und ausklappbare Stützenfüße ermöglichen ein freies und standsicheres Aufstellen. Durch Anschrauben von Gelenken an Stützenkopf und Stützenfuß sind die Stützen auch als Schrägstützen oder Streben geeignet. Wird das Gewinde durch eine Kontermutter gesichert, kann die Stütze auch Zugkräfte aufnehmen.

Nach DIN 1045 dürfen ausziehbare Stützen nur verwendet werden, wenn sie ein gültiges Prüfzeichen tragen. Ihre zulässige Belastung regeln DIN 4421 und die Prüfnorm Pr EN 1065. Bei der Bemessung der Stützen nach DIN 4421 muss nachgewiesen werden, dass die Stützen unter Belastung nicht ausknicken. Die Belastbarkeit der Stütze ist hauptsächlich abhängig von der Profildicke des Innen- und Außenrohres der Stütze und von ihrer Auszugslänge. Stützen neuerer Bauart weisen größere Profildicken auf. Dabei stellt die Steckverbindung (Steckbolzen mit -loch) von Innen- und Außenrohr eine Schwächung der Stütze dar. Dies wird bei der Bemessung der Stützen nach Pr EN 1065 auf Lochleibungsdruck berücksichtigt. Die Stützen können dann in jeder Auszugslänge die festgelegte Traglast aufnehmen (**Tabelle 1**).

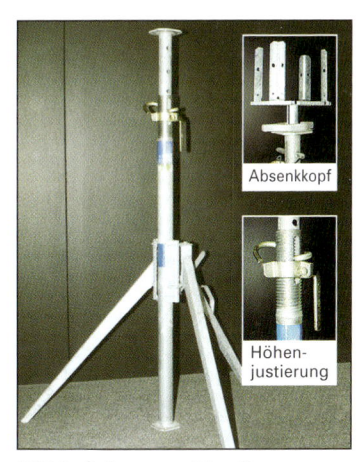

Bild 3: Stützen aus Metall

Tabelle 1: Zulässige Traglast einer Stütze (Länge 2,60 m)

DIN 4421		PrEN 1065	
Traglast in kN	Länge in m	Traglast in kN	Länge in m
30,0	1,80	20	1,80
28,8	1,90	20	1,90
26,0	2,00	20	2,00
23,6	2,10	20	2,10
15,4	2,60	20	2,60

Bild 1: Rüststütze

Bild 2: Einsatz von Lasttürmen

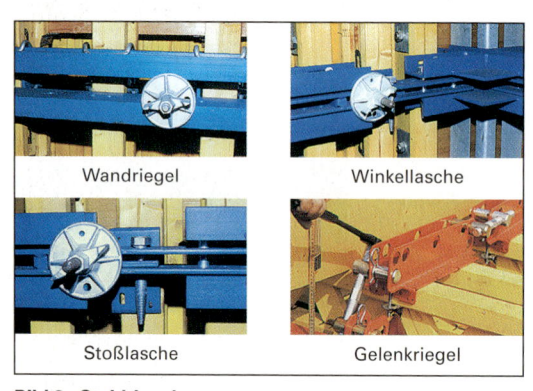

Bild 3: Stahlriegel
- Wandriegel
- Winkellasche
- Stoßlasche
- Gelenkriegel

Bild 4: Schalungszwingen
- Schlagzwinge
- Balkenzwinge

Sind Stützen für große Bauhöhen und hohe Traglasten erforderlich, z. B. für Brücken und Hallenbauten, werden Rüststützen oder Lasttürme verwendet.

Rüststützen bestehen aus drei oder vier Metallrohren, die in sich ausgesteift sind **(Bild 1)**. Rüststützen sind durch Zusammensetzen verschieden langer Zwischenstücke in ihrer Länge veränderbar und können bis zu einer Höhe von etwa 20 m aufgebaut werden. Kopf- und Fußstücke sind zur Feineinstellung der Höhenlage mit einer Spindel ausgestattet.

Lasttürme (Stützentürme) werden aus Stahlrohrrahmen mit verschiedenen Bauhöhen aufeinandergesteckt. Diagonalstäbe dienen der Aussteifung. Lasttürme können frei stehen und je nach Belastung Rüsthöhen zwischen 4,00 m und 10,00 m erreichen. Die Feineinstellung der Höhenlage erfolgt mithilfe von Spindeln an Kopf- und Fußstücken. Lasttürme werden auf der Baustelle zusammengebaut und mit dem Kran versetzt. Werden sie an Bauteilen befestigt oder untereinander verbunden, entstehen Lehrgerüste, mit denen sich noch größere Rüsthöhen erreichen lassen **(Bild 2)**.

8.1.2.3 Riegel

Riegel gehören zur Tragkonstruktion der Wandschalung **(Bild 3)**. Riegel sind miteinander verschweißte Stahlprofile. Sie werden meist in waagerechter Lage hochkant zur Schalfläche angeordnet, halten die Schalung in ihrer Lage und dienen zur Aufnahme der Verankerung. Mithilfe von Zubehörteilen wie Elementverbinder und Ausgleichslaschen können Schalelemente miteinander verbunden werden (Bild 3). Sind besonders geformte Schalungen, wie z. B. Rundschalungen, herzustellen, verwendet man Gelenkriegel (Bild 3). Damit können die Richtungsänderungen stufenlos angepasst werden. Gelenkriegel bestehen aus kurzen Stahlprofilen, die mit Bolzen und Stellschrauben druck- und zugfest miteinander verbunden sind.

8.1.2.4 Schalungszwingen

Schalungszwingen dienen zur Aussteifung und Lastenaufnahme bei Schalungen mit rechteckigem Querschnitt, wie z. B. bei Balken, Stützen, Unterzügen, Fundamenten und Stützen. Sie werden aus Flach- oder Winkelstahl gefertigt. Die Zwingen bestehen meistens aus einem beweglichen und einem feststehenden Schenkel **(Bild 4)**. Beim Spannen wird der bewegliche Schenkel so weit verschoben, bis beide Schenkel flächig an der Schalung anliegen.

Bei der Systemschalung verwendet man Zwingen, die einen Dreiecksverband bilden. Durch Feststellen der Zwinge wird der Schalungsdruck über ein Strebenprofil auf den Querträger übertragen (Bild 4, Seite 268).

8.1.2.5 Aussteifung

Jede Schalung muss gegen horizontal und schräg angreifende Kräfte, wie z. B. Windkräfte, gesichert werden. Dies geschieht durch die Aussteifung oder Verschwertung mithilfe von Dreiecksverbänden. Die Aussteifung erfolgt durch Stahlstützen. Diese werden als Richtstützen bezeichnet und sind mit Kopf- und Fußgelenk ausgestattet, um einen besseren Anschluss an die Schalelemente zu gewährleisten. Es gibt auch zweiteilige Stützen **(Bild 1)**.

8.2 Herstellen der Schalung

Bild 1: Wandaussteifung

Um eine Schalung wirtschaftlich herstellen zu können, muss diese sorgfältig geplant werden. Es ist darauf zu achten, dass möglichst viele Schalungsteile vorgefertigt werden können. Zusätzlich muss das Ausschalen, die Wiederverwendbarkeit und Lagerung sowie die Transportbreiten der oft größeren Schalungselemente berücksichtigt werden **(Bild 2)**.

8.2.1 Einschalen

Das Einschalen der Bauteile beginnt mit der Festlegung von Fluchtpunkten und Höhenpunkten. Bei Bauteilen im Untergeschoss oder Erdgeschoss können diese vom Schnurgerüst abgenommen werden, in den Obergeschossen erhält man sie durch Einmessen von vorhandenen Bauteilen aus. Nach diesen Punkten kann z. B. die Lage von Wänden und Stützen mit einer Risslinie auf der Rohdecke markiert werden. Diese Risslinie legt Außenkante Betonbauteil bzw. Vorderkante Schalhaut fest. Die Schalung wird entweder an Ort und Stelle aus Einzelteilen hergestellt oder aus bereits vorgefertigten Schalungsteilen zusammengebaut **(Bild 3)**.

Bild 2: Transport von Schalungselementen

Die Schalhaut muss so dicht hergestellt werden, dass die feinen Betonbestandteile beim Einbringen und Verdichten nicht aus den Fugen fließen. Werden an die Betonflächen Anforderungen an das Aussehen gestellt (Sichtbeton), muss dies schon bei der Planung und beim Einschalen, z. B. bei der Anordnung der Verankerung, beachtet werden. Außerdem muss die Schalhaut maßgenau und formbeständig sein. Sie ist so gut auszusteifen, dass sie sich während des Betonierens und Verdichtens nicht verformen kann. Dies geschieht bei der Rahmenschalung durch besondere Spanneinrichtungen, z. B. Schnellspanner oder Universalspanner (Bild 3).

Die richtige Höhenlage bei Balken-, Sturz- und Deckenschalungen erreicht man durch Aufwärtsdrehen der Gewinde bei Metallstützen. Wand- und Stützenschalungen müssen senkrecht stehen bleiben. Dies erreicht man durch eine geeignete Aussteifung mit schräggestellten Schalungsstützen oder Abstützböcken.

Um die Standsicherheit der Schalung zu gewährleisten, müssen eine liegende Schalung, wie z. B. eine Deckenschalung, ausgesteift und eine stehende Schalung, wie z. B. eine Wandschalung oder Stützenschalung, verspannt werden. Für die Verspannung gibt es verschiedene Möglichkeiten.

Bild 3: Zusammenbau der Schalelemente

Bild 1: Verspannen

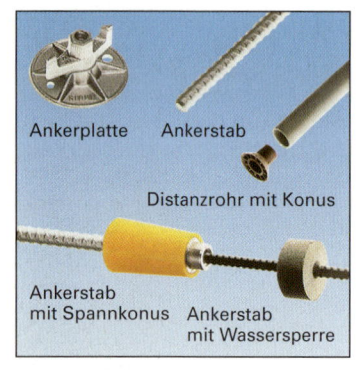

Bild 2: Teile von Schalungsankern

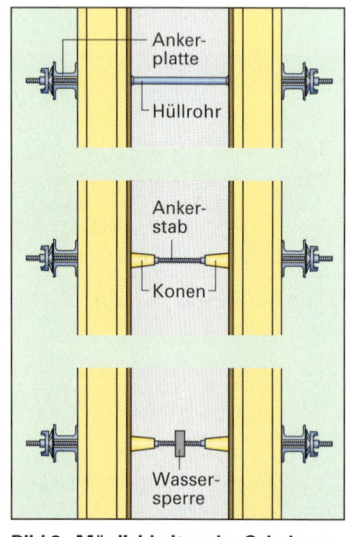

Bild 3: Möglichkeiten der Schalungsverankerung

8.2.2 Verspannen

Seitliche Schalungen müssen wegen des auftretenden Frischbetondrucks so befestigt werden, dass sie in ihrer vorgesehenen Lage bleiben. Beim Einbringen des Betons treten außer dem Schalungsdruck weitere Kräfte auf, z. B. bei plötzlichen Veränderungen der Schüttgeschwindigkeit und beim Verdichten durch Rütteln. Bei geringen Schalhöhen, z. B. bei Fundamenten, Balken und Unterzügen, können die auftretenden Kräfte noch durch aufgenagelte Brettlaschen, Verrödelungen, Schalungszwingen und Absprießungen aufgenommen werden (**Bild 1**).

Bei großen Schalhöhen, z. B. bei Wänden, sind Verspannungen notwendig. Verspannungen werden auf Zug beansprucht und bestehen deshalb aus Stahl. Anzahl und Abstände der Verspannungen richten sich nach dem Betondruck und der Schalungskonstruktion. Es sind mindestens im oberen und unteren Bereich der Schalung Verspannungen anzuordnen. Verspannungen werden hauptsächlich mit Hilfe von Schalungsankern ausgeführt. Ein Schalungsanker besteht aus Ankerstab, Ankerverschluss und Abstandhalter (Distanzrohr) (**Bild 2**).

Die **Ankerstäbe** müssen die Kräfte aufnehmen, die der Beton auf die Schalung ausübt. Bei der Systemschalung werden Ankerstäbe verwendet, die ein aufgewalztes, grobes Gewinde mit abgerundeten Gewindeflanken aufweisen. Die Ankerstäbe werden in sortierten Längen oder Sonderlängen angeboten. Sie können je nach Durchmesser Zugkräfte bis zu 250 kN aufnehmen und sind nach dem Ausschalen wieder verwendbar. Gleichwertige Flach- oder Profilstähle dürfen ebenfalls als Anker verwendet werden.

Die **Ankerverschlüsse** dienen der Kraftübertragung auf den Schalungsrahmen oder die Schalungsträger. Sie werden durch Schrauben in ihrer Lage gehalten. Vor dem Verschrauben werden Abstandhalter (Distanzrohre) mit konischen Enden auf den Ankerstab geschoben. Diese verhindern, dass die Schalung beim Verschrauben zusammengedrückt wird.

Abstandhalter sind Druckstäbe, die den Zugspannungen der Ankerstäbe entgegenwirken. Sie haben die Aufgabe, Schalungsteile im vorgeschriebenen Abstand zu halten. Abstandhalter bestehen meistens aus Kunststoff oder Faserzement und sind häufig als Hüllrohre für Ankerstäbe ausgebildet. Ihre Querschnittsfläche soll mindestens 5 cm^2 betragen, damit sie den Anpressdruck auf die Schalhaut übertragen können. Reicht die Querschnittsfläche zur Druckübertragung nicht aus, können z. B. konische Endstücke (Konen) mit größerer Querschnittsfläche aus Kunststoff aufgesetzt werden. Abstandhalter dürfen nicht ausknicken. Deshalb sind ihre Querschnitte rund, sechseckig oder sternförmig.

Anstelle der Distanzrohre können auch Konen aus Beton in Verbindung mit zweiteiligen Ankerstäben verwendet werden. Die Konen haben ein Innengewinde, in das die Ankerstäbe eingeschraubt werden können. Sie liegen mit ihrem größeren Radius auf der Schalhaut. Das Mittelteil des Ankers verbleibt nach dem Ausschalen im Beton, während die Konen und Endstäbe herausgedreht werden. Die verbleibenden konischen Löcher werden mit Mörtel oder Stopfen geschlossen.

Bei wasserdichtem Beton kann auf dem im Beton verbleibenden Mittelstab eine Platte aus Faserzement oder ein geriffeltes Kunststoffrohr aufgebracht werden. Dieses Teil dient dann als Wassersperre (**Bild 3**).

8.2.3 Schalen von Aussparungen

Aussparungen sind Öffnungen, Schlitze und Nischen in Bauteilen. Aussparungen in Wänden, Decken und Fundamenten dienen meist der Durchführung von Leitungen der Hausinstallation für Gas, Wasser, Strom, Heizung und Abwasser. Größere Aussparungen in Wänden sind für Türen und Fenster notwendig (**Bild 1**). Bei Schalungen für Aussparungen befindet sich die Schalhaut außen und die Aussteifung innen. Aussparungen jeder Größe müssen im Betonbau geschalt werden

Die Schalhaut wird aus einzelnen Schalungselementen zusammengesetzt. Schalungen für Aussparungen müssen dicht an der Schalung des Bauteils anliegen und können mit Brettlaschen, Kanthölzern und Keilen oder verstellbaren Stahlrahmen ausgesteift sein. Durch Anbringen von Diagonalstreben ist die Form und Maßhaltigkeit der Aussparungen zu sichern. Bei der Herstellung von Aussparungen ist zu berücksichtigen, dass sie auf einfache Weise wieder entfernt werden können.

Schalungen für Aussparungen in Wänden müssen in der Breite der Wanddicke entsprechen. Sie werden an einer Seite der Wandschalung befestigt. Nach dem Einbau der Bewehrung kann die andere Seite der Wandschalung aufgestellt werden. Bei Schalungen für breite Aussparungen sind Öffnungen anzuordnen, die das Verdichten des Betons unterhalb der Schalung und das Entweichen der eingeschlossenen Luft ermöglichen.

Bild 1: Aussparungen für Türen und Fenster

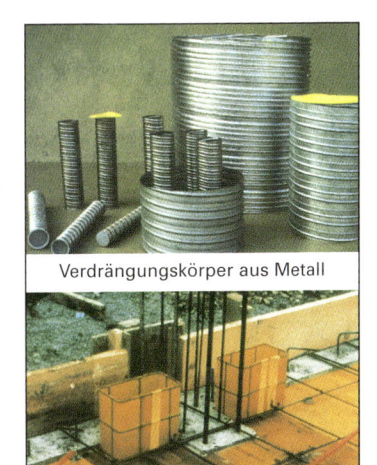

Häufig werden statt Aussparungen auch Fertigbauteile, z. B. Einbaurahmen für Kellerfenster, in die Schalung eingesetzt. Auf diese Weise lässt sich der Aufwand für das Herstellen und Entfernen der Schalungen verringern. Aussparungen sind nachher wieder dicht zu schließen. Im Grundwasserbereich werden die Leibungen der Aussparungen konisch ausgebildet, sodass die größere Fläche auf der Wasserseite zu liegen kommt.

Schalungen für Aussparungen in Decken entsprechen in Herstellung und Einbau denen für Wände. Damit das Abziehen und Scheiben des Betons nicht behindert wird, muss die Höhe der Schalung der Deckendicke entsprechen. Bleibt eine Aussparung an der Betonoberfläche sichtbar, empfiehlt es sich, an der Sichtseite ringsum auf Gehrung geschnittene Dreikantleisten zur Brechung der Betonkante anzubringen.

Aussparungen, z. B. für Installationsleitungen, werden nach dem Einbau der Leitungen wieder geschlossen. Dabei sind Maßnahmen zum Schallschutz zu berücksichtigen. Statt Schalungen aus Holz können Verdrängungskörper aus geschäumtem Kunststoff, Pappe oder Metall verwendet werden (**Bild 2**). Die Verdrängungskörper sind gegen Verschieben oder Aufschwimmen zu sichern. Dazu können sie an der Schalhaut oder an der Bewehrung befestigt werden.

Verdrängungskörper aus Metall

Verdrängungskörper aus Kunststoff

Bild 2: Verdrängungskörper

8.3 Ausschalen

Das Ausschalen geschieht in der Regel in umgekehrter Reihenfolge wie das Einschalen. Damit beim Ausschalen möglichst keine Schalungsteile zerstört oder beschädigt werden, ist es wichtig, bereits beim Einschalen den Ausschalvorgang mit einzuplanen. Nagelverbindungen müssen wieder gelöst und die Schalhaut von der Betonoberfläche abgehoben werden. Manchmal ist der Einbau von schmalen Brettern in die Schalhaut sehr hilfreich, weil sich dadurch beim Ausschalen Platz zum Lösen der Schalhaut ergibt.

Tabelle 1: Ausschalfristen (nach DIN 1045)

Festigkeitsklasse des Zements	Für die seitliche Schalung der Balken und für die Schalung der Wände und Stützen Tage	Für die Schalung der Deckenplatten Tage	Für die Rüstung (Stützung) der Balken, Rahmen und weitgespannten Platten Tage
32,5	3	8	20
32,5 R und 42,5	2	5	10
42,5 R und 52,5/52,5 R	1	3	6

Bauteile dürfen erst ausgeschalt werden, wenn der Beton ausreichend erhärtet ist. Dies ist dann der Fall, wenn die zum Zeitpunkt des Ausschalens auf das Bauteil einwirkenden Lasten aufgenommen werden können, ohne dass sich unzulässige Risse im Beton bilden würden. In DIN 1045 sind Anhaltswerte für die Ausschalfristen angegeben (**Tabelle 1**). Diese sind gegebenenfalls zu verlängern. So muss die Ausschalfrist z. B. verdoppelt werden, wenn die Betontemperatur während der Erhärtungszeit überwiegend unter + 5 °C lag. Ist der erhärtende, ungeschützte Beton Frost ausgesetzt, so sind die Ausschalfristen um die Dauer des Frostes zu verlängern. Die Entscheidung über das Ausschalen trifft der verantwortliche Bauleiter, nachdem er sich von der ausreichenden Festigkeit des Betons überzeugt hat.

Für das Ausschalen gelten folgende Regeln:

- Die Ausschalfristen sind zu beachten.
- Die Unfallverhütungsvorschriften sind einzuhalten, z. B. unnötig langer Aufenthalt unter der auszuschalenden Fläche ist verboten, bei Ausschalarbeiten ist ein Schutzhelm zu tragen.
- Wände, Stützen und Konsolen sind zuerst auszuschalen. Erst danach folgen Bauteile wie Balken, Unterzüge und Decken.
- Um Durchbiegungen und damit Rissbildung bei frisch ausgeschalten Decken zu vermeiden, sind bei Stützweiten über 3 m Hilfsstützen aufzustellen. Für Platten und Balken bis 8 m Stützweite genügt eine mittig angeordnete Hilfsstütze.
- In Geschossbauten sollten die Hilfsstützen möglichst übereinander stehen und solange verbleiben, bis der Beton ausreichend erhärtet ist.

Bei Deckenschalungen ist zunächst die Tragkonstruktion abzusenken und auszubauen. Dies wird durch Stützen mit Absenkköpfen vereinfacht. Ruckartiges Abschlagen von Tragkonstruktion und Schalhaut ist verboten. Zum Lösen großflächiger Schaltafeln gibt es mechanische Trennhilfen, z. B. Gewindebolzen, die an der Schalhaut befestigt sind. Durch Drehen des Bolzens wird die Schalhaut von der Betonoberfläche weggedrückt und das Ausbauen der Schalung erleichtert. Ausgeschalte Schlaungsteile sind auszunageln und aus dem Bauwerk zu entfernen. Dazu stehen besondere Behälter und Transportgestelle zur Verfügung, deren Einsatz Arbeitszeit einspart.

8.3.1 Wartung und Lagern der Schalung

Nach der Überprüfung der Schalung auf Standfestigkeit und Maßgenauigkeit ist jede Schalung unmittelbar vor dem Betonieren von Abfällen wie Schalholz, Sägemehl und Laub zu säubern. Dazu sind nach DIN 1045 vor allem am Fuß von Stützen und Wänden, am Ansatz von Auskragungen und an der Unterseite von tiefen Balkenschalungen Reinigungsöffnungen anzuordnen. Die Öffnung sollte so bemessen sein, dass das ausgeschnittene Schalungsteil leicht eingesetzt werden kann und dicht schließt.

Die Schalungsteile sind vor einem neuen Einsatz von Betonresten zu säubern (**Bild 1**). Dies kann schonend z. B. mit Wasserdruck geschehen. Beim Reinigen von Hand werden die Oberflächen von Schalungsplatten stark beansprucht. Betonhobel können Riefen bilden und Holzteile abheben. Deshalb sind sie nur für ungehobelte Bretter und Tafeln geeignet. Handschalungsreiniger, wie z. B. spezielle Schleifmaschinen oder rotierende Bürsten, können auch für oberflächenvergütete Schalungen verwendet werden.

Bild 1: Reinigung der Schalung

Die Wartung der Systemschalung wird auch von den Lieferfirmen angeboten. Der Leistungsumfang der Wartung umfasst z. B. die Reinigung der Schalung, die Reparatur oder Auswechslung schadhafter Teile der Schalung **(Bild 1)**.

Zur Pflege der Schalung gehört die Behandlung mit Trennmitteln. Diese verschließen die Poren der Schalhaut und vermindern so das Haften zwischen Schalhaut und Frischbeton. Dadurch ist der Kraftaufwand beim Ausschalen geringer und es werden Beschädigungen von Betonoberfläche und Schalung vermieden. Außerdem schützen Trennmittel die Schalhaut vor Korrosion und Fäulnis. Betontrennmittel sind Öle, Pasten, Wachse und Beschichtungen. Als Öle werden z. B. biologisch abbaubare Paraffinöle, synthetische und pflanzliche Öle mit oder ohne Lösemittel verwendet. Die Auswahl des Trennmittels richtet sich meistens nach der Saugfähigkeit der Schalhaut. Aufgebracht werden diese Trennmittel üblicherweise mit Hochdruckspritzen.

Bild 1: Wartung der Schalung im Lieferwerk

Pasten und Wachse sind dickflüssig bis fest. Überwiegend eingesetzt werden sie für hochwertige Sichtbetonflächen und stark verwinkelte Schalhäute. Sie werden mit Bürsten, Lappen oder maschinell sehr dünn aufgetragen und haften besser als flüssige Trennmittel. Dabei sind die Angaben der Hersteller zu beachten. Ein Besprühen anschließender Bauteile mit Trennmitteln muss vermieden werden.

8.4 Schalungen für Bauteile

8.4.1 Fundamentschalungen

Streifen-, Einzelfundamente oder Fundamentplatten werden eingeschalt, wenn die Fundamentsohle in Höhe der Baugrubensohle liegt. Dies kann bei systemloser Schalung mit Brettern, Bohlen oder Schaltafeln geschehen, die von Kanthölzern, Gurthölzern, Streben und Pflöcken oder Schalungszwingen in ihrer Lage gehalten werden. Wirtschaftlicher ist der Einsatz von Systemschalungen. Deren Modulsystem ist so aufgebaut, dass auch Bauteile mit geringer Bauteilhöhe eingeschalt werden können **(Bild 2)**. Eine fluchtgerechte Aussteifung der Schaltafeln erfolgt entweder durch eine Verstrebung gegen das angrenzende Erdreich oder durch im oberen Bereich der Schalung angeordnete Flachanker. Den Betondruck nehmen Schalungsanker auf.

Bild 2: Schalung von Fundamenten

8.4.2 Wandschalungen

Wandschalungen bestehen aus zwei gleichartigen Schalungsteilen, die gegeneinander aufgestellt werden. Ihr Abstand entspricht der Wanddicke. Man unterscheidet ebene Wandschalungen und gekrümmte Wandschalungen.

8.4.2.1 Ebene Wandschalungen

Ebene Wandschalungen können als Rahmen- oder Trägerschalung ausgeführt werden. Bei der **Rahmenschalung** können durch die Kombination verschiedener Module Wandschalungen für unterschiedliche Wandhöhen und -längen erstellt werden **(Bild 3)**. Die einzelnen Schaltafeln werden durch Spanner miteinander verbunden. Der Längenausgleich erfolgt mit Ausgleichsblechen, Passhölzern und besonderen Spanneinrichtungen. Der Betondruck wird von Schalungsankern aufgenommen. Der Höhenausgleich (Aufstockung) erfolgt mit-

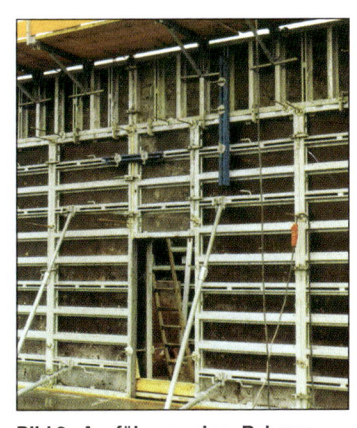

Bild 3: Ausführung einer Rahmenschalung

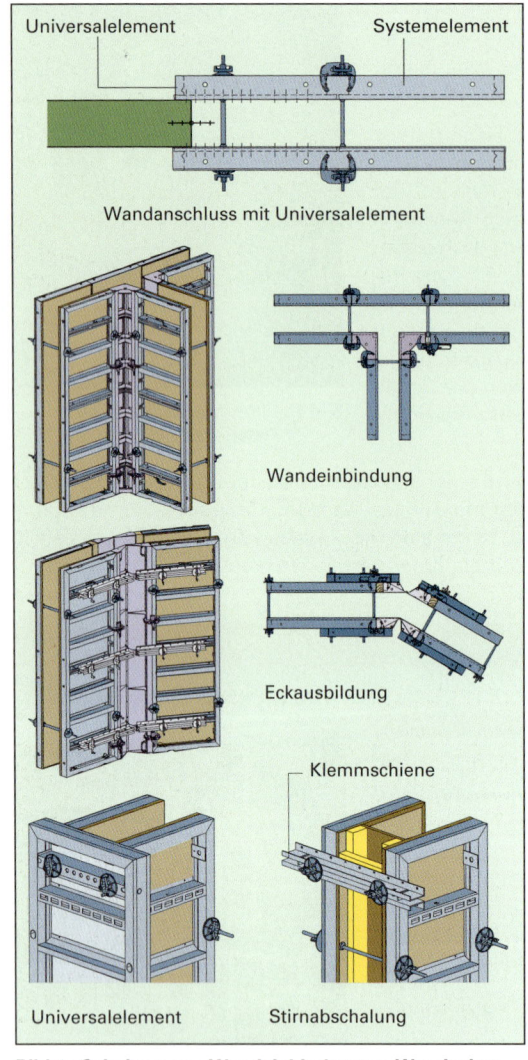

Bild 1: Schalung von Wandeinbindungen, Wandecken und Stirnabschalungen

hilfe kleinerer Elemente. Daneben besteht die Möglichkeit, die Elemente liegend oder stehend einzusetzen. Um eine genügend große Aussteifung an den Aufstockungen zu erreichen, werden Stahlprofile, z. B. Klemm- oder Richtschienen, eingebaut.

Betoniert man Wände in Abschnitten, sind Wandanschlüsse zu schalen. Dabei übergreift die umgesetzte Schalung das Wandende. Die Sicherung des Schalungsendes erfolgt durch Verankerung. Kann das Ende nicht mit normalen Rahmenelementen geschalt werden, verwendet man Universalelemente, die in den Querriegeln ein Lochraster von 5 cm Abstand für die Verankerung aufweisen.

Beim Einschalen von Wandeinbindungen und Wandecken benötigt man passende Formstücke oder ebenfalls Universalelemente **(Bild 1)**.

Zur rechtwinkligen Eckausbildung stehen Elemente für Innen- und Außenecken zur Verfügung. Ein möglicherweise erforderlicher Längenausgleich erfolgt mit Passstücken aus Holz oder Stahl. Die an den Ecken auftretenden Zugkräfte werden aufgenommen durch den Einbau zusätzlicher Elementspanner, Klemmschienen oder Eckzwingen, die mit den angrenzenden Wandelementen verbunden sind.

Spitze oder stumpfe Ecken schafft man mit starren Eckstücken oder Scharnierecken, die dem jeweiligen Winkel angepasst werden können.

Zur Ausbildung von Wandenden (Stirnabschalungen) werden Formstücke zwischen die Schaltafeln eingepasst und durch Schalungsanker, Klemmschienen oder Stahlriegel mit der Schalung verspannt. Die Art der Verspannung richtet sich nach der Größe der Zugkraft, die durch den Frischbetondruck auf die Abschalung entsteht. Auch hierbei eignen sich Universalelemente zum Abschalen (Bild 1).

Bei der Schalung von Außenwänden im Geschossbau muss die äußere Schalung ohne Aufstandsfläche an der Deckenstirnseite übergreifen. Die Befestigung der Außenschalung (Schließschalung) erfolgt an vorher einbetonierten Schalungsankern oder durch Verankerung unterhalb der Decke an bereits vorhandenen Abspannstellen der Wandschalung.

Daneben besteht die Möglichkeit, die Schalung auf **Faltbühnen** abzustellen. Faltbühnen sind Arbeits- und Schutzgerüste. Die Konsolenaufhängung greift in Verankerungen, die in die fertige Decke einbetoniert wurden. Durch Verschrauben mit Ankerkonen wird die Faltbühne gesichert. Die Sicherung der Schließschalung erfolgt entweder durch die Verankerung am inneren Teil der Schalung (Stellschalung) oder durch Abstützung auf der Faltbühne **(Bild 2)**.

Bild 2: Wandschalung mit Arbeitsbühne

Trägerschalungen zur Herstellung von Wandschalungen bestehen aus Vollwand- oder Fachwerkträgern, die mit einer Schalungshaut belegt sind. Anders als bei der Rahmenschalung sind neben der üblichen Sperrholzplatte auch andere Schalhautarten möglich, z. B. Mehrschichtplatten mit glatter oder strukturierter Oberfläche für hochwertige Sichtbetonoberflächen. Zur Aussteifung werden die Träger mit rechtwinklig zu diesen verlaufenden Stahlriegeln verbunden.

Trägerschalungen werden in verschiedenen Elementbreiten und -höhen angeboten, sodass die Schalung den jeweiligen Wandlängen und -höhen angepasst werden kann **(Bild 1)**. Die horizontale Verbindung der Elemente erfolgt mit Stahllaschen, die an den Stahlriegeln angebolzt werden. Die vertikale Verbindung der Elemente (Aufstockungen) erfolgt durch Laschung der Träger oder durch den Einbau vertikal verlaufender Stahlriegel bzw. Stahlzwingen. Auch die Ausbildung spitzer und stumpfer Ecken ist durch Verwendung z. B. von Gelenkkupplungen ebenso möglich wie Stirnabschalungen und Wandanschlüsse **(Bild 2)**.

Bild 1: Ausführung einer Trägerschalung

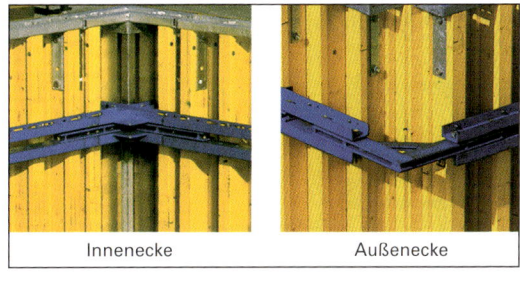

Bild 2: Eckausbildung bei der Trägerschalung

8.4.2.2 Gekrümmte Wandschalung

Gekrümmte Wandschalungen, auch Rundschalungen genannt, kommen meist im Ingenieurbau vor, z. B. beim Bau von Klärbecken, Wasserbehältern und Türmen. Rundschalungen können als Trägerschalung oder als Rahmenschalung ausgeführt werden. Zur Anpassung der Schalhaut an den geforderten Radius werden Holzschablonen gefertigt, die der Krümmungsform für ein Trägerschalungselement entsprechen. Durch gleichmäßiges Anspannen der Spindeln, die an den Trägern befestigt sind, und ständiger Kontrolle mit der Schablone wird das Element in die Form gebracht **(Bild 3)**.

Für die Auswahl der Schalhaut ist der Radius maßgebend. Für kleine Radien eignen sich Sperrholzplatten ab 4 mm Dicke. Diese lassen sich leicht biegen. Für größere Radien kann man eine Schalhaut bis 21 mm Dicke einsetzen.

Die Herstellung von Rundschalungen mit der Rahmenschalung ist nur für größere Radien möglich und nur da, wo ein genauer Kurvenverlauf des Bauteils nicht erforderlich ist, da die Rahmen nicht gebogen werden können. Die Rundung wird durch Bogenbleche erreicht, die zwischen den Schalungselementen eingebaut werden und mit der Oberfläche der Schalhaut abschließen. Durch Spanneinrichtungen können die Bogenbleche leicht gekrümmt werden. Dadurch entsteht ein polygonaler Verlauf der Schalung **(Bild 4)**.

Bild 3: Vorbereiten einer Rundschalung

Bild 4: Rundschalung als Rahmenschalung

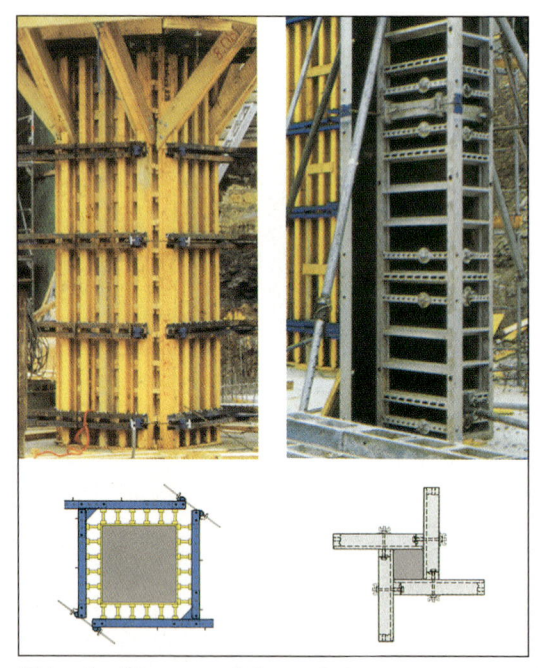

Bild 1: Ausführung von Stützenschalungen

Bild 2: Schalung von Rundstützen

Bild 3: Schalung von Balken

8.4.3 Stützenschalungen

Zur Herstellung von Stützenschalungen (Säulenschalungen) mit quadratischen oder rechteckigen Querschnitten eignet sich sowohl die Träger- als auch die Rahmenschalung. Entsprechen die Abmessungen den Elementbreiten der Rahmenschalung, so kann man entsprechende Grundelemente einsetzen. Die Elemente werden wie bei Wandecken mit Außenecken und Spannern zusammengehalten. Weichen die Abmessungen von den Standardgrößen ab, setzt man Säulen- bzw. Universalelemente ein. Die Schalungsrahmen lässt man windmühlenflügelartig an den Ecken überstehen **(Bild 1)**.

Bei Stützen aus Trägerschalung wird der Betondruck von Riegeln aufgenommen. Müssen Schalungen für Stützen mit besonderen Querschnittsformen hergestellt werden, wählt man als Grundform der Schalung einen rechteckigen oder quadratischen Querschnitt. Die besondere Querschnittsform lässt sich dann durch den Einbau entsprechender Aussparungen erzielen.

Zum Einschalen von Rundstützen (Rundsäulenschalung) werden zweiteilige Stahlelemente unterschiedlicher Höhe, Wickelrohre aus Blech oder Hartfaserrohre verwendet **(Bild 2)**.

8.4.4 Balkenschalungen

Balken, Stürze und Unterzüge können auf herkömmliche Weise mit Schalungsteilen aus Holz oder mit kleineren Elementen der Rahmenschalung hergestellt werden.

Bei Balkenschalungen erstellt man zunächst einen Schalboden in Höhe der Balkenunterseite. Der Schalboden besteht in der Regel aus Schaltafeln in der Breite des Balkens und liegt auf Querhölzern (Kopfhölzern), die von Längshölzern getragen werden. Stützen tragen die Lasten auf den Untergrund ab. Die beiden seitlichen Schalungsschilder bestehen aus Schaltafeln, die zur Aufnahme des Betondrucks durch horizontale oder vertikale Schalungsträger verstärkt sind. Diese werden auf die Querhölzer gestellt und mit besonderen Balkenzwingen gegen den Schalungsboden gepresst. Die Balkenzwingen sind so konstruiert, dass sie ein seitliches Verschieben der Seitenschalung verhindern und der Betondruck von den Querträgern aufgenommen wird **(Bild 3)**. Bei Balken, die man nicht mit der Decke zusammen betoniert, können besondere Schalungszwingen auf die Schalung aufgesetzt werden. Um eine Verformung der Balkenschalung zu verhindern, müssen hierbei jedoch Abstandhalter in die Schalung eingebaut werden.

8.4.5 Deckenschalungen

Deckenschalungen werden aus Schaltafeln und Schalungsträgern hergestellt **(Bild 1)**. Durch Stützen unter den Trägern werden die Lasten auf den Untergrund abgetragen. Das Herstellen der Deckenschalung beginnt mit dem Aufstellen der Hauptstützen, die zum Aufstellen mit Stützbeinen versehen sind. In die Kopfgabeln der Hauptstützen werden die Längsträger (Jochträger) eingelegt und in der Höhe ausgerichtet (Bild 1). Anschließend können die Zwischenstützen aufgestellt werden.

Danach können auf die Längsträger die Querträger aufgelegt werden (Bild 1). Der Abstand der Stützen und damit die Spannweite der Längs- und Querträger richtet sich nach deren Tragfähigkeit und Verlegeabstand und der Deckendicke.

Nach dem Auflegen der Längs- und Querträger werden die Schalplatten verlegt. Dabei ist darauf zu achten, dass unter jedem Plattenstoß ein Querträger angeordnet ist, damit die Platte bei Belastung am Stoß nicht hochschlagen kann (Bild 1). Restflächen werden mit Plattenzuschnitten geschlossen.

Bei der Paneelschalung handelt es sich um ein System, bei dem Längs- und Querträger eine Einheit bilden, die auf den Stützen aufgelegt wird. Die Schalhaut ist entweder ähnlich wie bei der Rahmenschalung an diesen Elementen befestigt oder kann nach Aufstellen des Tragsystems verlegt werden **(Bild 2)**.

Bei einem anderen System wird die Einschalzeit dadurch verkürzt, dass die Maße der Schaltafeln (Paneele), die Stützenabstände und die Abstände der Längs- und Querträger genau aufeinander abgestimmt sind. Eine Markierung an den Trägern gibt den entsprechenden Abstand von Trägern und Stützen an, sodass ein Einmessen von Trägern und Stützen nicht mehr erforderlich ist. Die Verwendung von Stützen mit absenkbaren Stützenköpfen (Absenkköpfe) erleichtert zusätzlich das Ausschalen der Decke.

Verlegen der Längsträger

Verlegen der Querträger

Verlegen der Schaltafeln

Bild 1: Einschalen einer Decke

Bild 2: Paneelschalung

8.4.6 Treppenschalungen

Treppenschalungen werden auf der Baustelle als systemlose Schalung hergestellt. Geradläufige Treppen werden an der Unterseite wie Decken geschalt. Die Tragkonstruktion für die Schalhaut besteht meist aus Kanthölzern und Stahlstützen. Die Stützen unter dem schrägen Treppenlauf werden rechtwinklig zur Laufunterseite angesetzt und am Fuß unterkeilt.

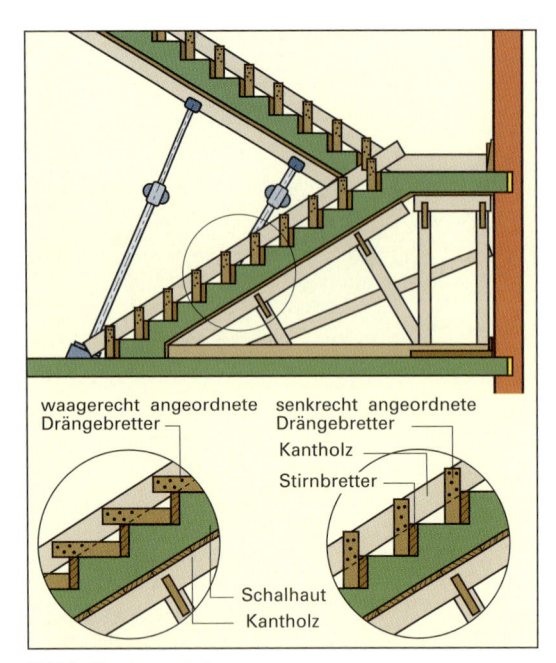

Bild 1: Treppenschalung

Eine sorgfältige Verschwertung der Stützen verhindert deren Ausweichen oder Verschieben **(Bild 1)**.

Als Schalung für die Treppenstufen werden Stirnbretter angebracht, deren Breite der Stufenhöhe entspricht. Die Stirnbretter befestigt man an Drängebrettern, die auf den seitlichen Abschalungen des Treppenlaufs angenagelt sind. Um ein Ausbiegen der Stirnbretter beim Betonieren zu verhindern, müssen diese durch Annageln eines Brettes in der Laufmitte gesichert werden. Das unterste Stirnbrett ist gegen die Treppenhauswand abzusteifen. Bei größeren Treppenbreiten erfolgt die Sicherung der Stirnbretter mit Kanthölzern oder Holzträgern und Drängebrettern. Die Drängebretter können sowohl senkrecht als auch waagerecht angeordnet werden (Bild 1).

Gewendelte Treppen erfordern einen hohen Schalaufwand. Die Unterseite des Laufes hat eine geschwungene Form, zu deren Einschalung Lehren notwendig sind. Die Form der Lehren wird durch Aufreißen des Verlaufs der Treppenunterseite und die Lage der Stufen ermittelt.

Wichtige Regeln für die Herstellung von Sichtbetonflächen:

- Neue, saugende Holzschalung ist z. B. durch ein geeignetes Trennmittel vorzubehandeln.
- Trennmittel sind dünn und gleichmäßig aufzutragen.
- Bei Brettschalung ist eine dichte Spundung, z. B. untergefügte Keilspundung vorzusehen.
- Neue und alte Schalungen sollten wegen des unterschiedlichen Einflusses auf die Farbe nicht zusammen verwendet werden.
- Ansichtsflächen sind vor Rostfahnen, z. B. von der Anschlussbewehrung, zu schützen.
- Die Schalungsanker sollen in einem regelmäßigen Abstand, z. B. in einem vorgegebenen Raster, eingebaut werden.

Bild 2: Sichtbetonstrukturen

8.4.7 Schalung für Sichtbeton

Sichtbetonflächen können glatt oder strukturiert sein **(Bild 2)**. Die Anforderungen an die Sichtbetonflächen müssen in der Leistungsbeschreibung erfasst werden. Festgelegt werden z. B. die Geschlossenheit der Oberfläche, die Struktur und die farbliche Gestaltung der Sichtbetonfläche. Als Schalhaut für glatte Sichtbetonflächen eignen sich Schalungsplatten wie kunstharzbeschichtete Sperrholzplatten mit Stab-, Stäbchen- oder Furniermittellage (Seite 140) sowie Schalungsplatten aus Metall. Will man scharfe Kanten vermeiden, so werden Dreikantleisten oder Kantenprofile aus Kunststoff in die Ecken der Schalung eingelegt. Auf ein sorgfältiges Verdichten ist zu achten, um z. B. Kiesnester und sich abzeichnende Schüttlagen zu verhindern. Bei Arbeitsfugen werden auch trapezförmige Leisten an der Schalhaut befestigt.

Als Schalhaut für strukturierte Betonoberflächen verwendet man meistens Vorsatzschalungen (Matrizen) aus elastischen Kunststoffen wie Polyurethan, Polysulfid oder Naturkautschuk (Seite 161) in verschiedenen Strukturen. Diese sind häufig ein Abguss natürlicher Stoffe wie z. B. Strohmatten, Bambusgeflechte und sandgestrahlte Holzbretter (Bild 2). Auch natursteinähnliche Formen können auf diese Weise nachgebildet werden.

Wird eine strukturierte Betonoberfläche mechanisch bearbeitet, z. B. durch Abschlagen von Kanten, entsteht eine gebrochene Sichtfläche (Abrissbeton) (Bild 2).

8.4.8 Großflächenschalung von Wänden und Decken

Der Einsatz einer Großflächenschalung muss so vorbereitet werden, dass ein sicheres Arbeiten möglich ist. Deshalb sind alle bei der Planung, Vorbereitung und Ausführung beschäftigten Personen mit dieser Arbeitsweise ausreichend vertraut zu machen.

Großflächenschalungen werden häufig mit dem Kran transportiert **(Bild 1)**. Dies erfordert besondere Aufmerksamkeit. Aber auch beim Aufstellen der Schalung bestehen Unfallgefahren durch Umkippen, vor allem beim Besteigen und beim Anschlagen. Es sind daher die Unfallverhütungsvorschriften für das Arbeiten mit Großflächenschalungen der Bauberufsgenossenschaft einzuhalten. Beim Transport und Aufbau von Großflächenschalungen ist zu beachten:

Bild 1: Transport von Großflächenschalungen

- An der Baustelle muss eine Montageanweisung für die Großflächenschalung vorliegen.
- Anschlagmittel dürfen erst gelöst werden, wenn die Schalelemente standsicher abgestützt sind.
- Lose Kleinteile sind von der Schalung zu entfernen oder gegen Herabfallen zu sichern.
- Schalelemente dürfen beim Aufnehmen und Ablegen nicht betreten werden.
- Personentransporte mit dem Schalelement sind verboten.
- Bei starkem Wind ist die Schalung z. B. mit Leitseilen zu führen, gegebenenfalls ist der Kranbetrieb einzustellen.
- Anschlagmittel dürfen erst gelöst werden, wenn die Schalelemente abgestützt sind.
- Schalelemente dürfen nur auf tragfähigem Untergrund aufgestellt werden.
- Wandschalelemente sind an beiden Enden oberhalb des Schwerpunktes abzustützen.
- Das Hochklettern an der Schalungskonstruktion ist verboten.
- Arbeiten von der Leiter aus sind auf ein Mindestmaß zu begrenzen.
- Beim Ausschalen sind vor dem Ausbau der Verankerung die Schalelemente gegen Umstürzen zu sichern.

Bei Großflächenschalungen unterscheidet man ebene Großflächenschalungen und räumliche Schalungen, die aus fertigen Systemelementen zusammengebaut werden. Für besondere Bauvorhaben, z. B. für Tunnelanlagen oder Brückenbauwerke, wird die Schalung aus Systemelementen und einer speziell für dieses Objekt gefertigten Trägerkonstruktion gefertigt. Diese Schalungen bezeichnet man auch als Objektschalungen.

8.4.8.1 Großflächige Wandschalungen

Mit ebenen Großflächenschalungen werden Wände und Decken geschalt. Großflächenschalungen für Wände können als Rahmen- und Trägerschalung ausgeführt werden **(Bild 2)**. Dabei werden zwei gleichgroße Schalelemente mit der Schalhaut gegeneinander gestellt. Der Abstand der Schalflächen entspricht der Wanddicke. Die Standflächen für die Schalelemente müssen eben und tragfähig sein. Die einzelnen Schalelemente werden durch Richtstützen, die einen druck- und zugfesten Dreiecksverband bilden, gesichert. Die erforderlichen Arbeitsgerüste, die DIN 4420 entsprechen müssen, sind meistens an den Schalelementen befestigt.

Bild 2: Großflächenschalung als Rahmenschalung

Bild 1: Ankerlose Schalung

Bild 2: Einsatz von Klappstützen
(Einschalen / Ausschalen)

Bild 3: Transport eines Schaltisches

Ankerlose Schalung (einhäuptige) Schalung

Ist eine Verspannung der gegenüberliegenden Schalungselemente zur Aufnahme des Betondrucks nicht möglich, z. B. beim Betonieren gegen vorhandene Wände oder bei massigen Bauteilen, so wird die Schalung als ankerlose Schalung (einhäuptige Schalung) ausgeführt **(Bild 1)**. Der Betondruck wird dabei am Fußpunkt der Schalung von den Ankern aufgenommen, die in den Untergrund eingelassen sind. Die Anker werden mit den Abstützböcken verschraubt. Auch über Querriegel können die Zugkräfte der Verankerung in die Abstützböcke eingeleitet werden (Bild 1).

Die Anzahl der erforderlichen Anker und die Abstände der Abstützböcke sind von der Größe des Betondrucks abhängig. Am hinteren Ende der Abstützböcke wirken Druckkräfte auf den Untergrund, die von diesem aufgenommen werden müssen. Darum muss vor dem Aufstellen der Schalung geprüft werden, ob der Untergrund für diese Belastung ausreichend tragfähig ist. Zur Aufnahme von seitlichen Kräften während des Betonierens werden die Abstützböcke untereinander verschwertet.

8.4.8.2 Großflächige Deckenschalungen

Großflächige Deckenschalungen können in Form von Schaltischen und als Schubladenschalungen ausgeführt werden. Bei Schaltischen handelt es sich um großflächige Schalelemente, bei denen die Schalhaut, die Trägerkonstruktion und die Abstützung eine Einheit bilden. Diese kann entweder mit dem Kran oder auf Rollen zum Einsatzort transportiert werden. Voraussetzung für ihren Einsatz auf der Baustelle sind Räume, die jeweils mindestens an einer Seite offen sind, damit der Schaltisch nach Gebrauch ausgefahren werden kann.

Für Räume, die z. B. durch Brüstungen teilweise geschlossen sind, gibt es Schaltische mit umklappbarer Tragkonstruktion (Klappstützen) **(Bild 2)**. Kann die Schalung nicht aus dem Bauteil gefahren werden, benötigt man zum Ausschalen eine besondere Umsetzgabel, die an das Tragseil des Krans angehängt werden kann **(Bild 3)**.

Bei der Schubladenschalung wird die Deckenschalung mit kurzen Stahlstützen auf Wandkonsolen abgestützt. Die Stahlstützen sind zur Höhenverstellung mit Spindeln versehen. Zur Befestigung der Konsolen müssen in den seitlichen Wänden Anker vorhanden sein. Beim Ausschalen wird die Schalung abgesenkt und ausgefahren. Schubladenschalungen eignen sich bei der Schottenbauweise und für Decken in großer Höhe, bei denen eine Unterstützung nicht möglich oder unwirtschaftlich ist.

8.4.8.3 Objektschalungen

Schalungen für besondere Bauwerke, wie z. B. für Brücken oder Tunnel, werden meist für einen einmaligen Einsatz hergestellt. Ausgeführt werden sie als ebene, gewölbte oder räumliche Schalungen. Dazu können auch Elemente der Systemschalung, z. B. Schalungsträger, Stützen und Lasttürme, verwendet werden. Häufig muss jedoch die Tragkonstruktion wegen der besonderen Form und der großen Last der Schalung und ihrer Aussteifung für den besonderen Einsatz gefertigt werden. Die Unterstützung der Schalung (Tragkonstruktion) wird dann aus Stahlprofilen mit verschiedenen Querschnittsformen hergestellt (**Bild 1**).

8.4.9 Kletterschalung

Bei der Schalungen, z. B. von hohen Wänden, die mehrfach nach oben umgesetzt wird, kann man die Kletterschalung einsetzen. Diese besteht aus einem Wandschalungselement, einer Klettereinrichtung und gegebenenfalls einer untergehängten Arbeitsbühne. Das Wandschalungselement kann als Großflächenschalung bis zu 25 m² groß sein und trägt am oberen Teil das zum Betonieren notwendige Gerüst. Die Klettereinrichtung richtet sich nach der Bauart der Kletterschalung. Man unterscheidet nicht selbstkletternde und selbstkletternde Schalungen.

Bei den **nicht selbstkletternden Schalungen** werden großflächige Schalelemente abschnittsweise mit dem Kran umgesetzt. Zum Klettern ist eine Kletterkonsole erforderlich. Diese besteht aus verschiedenen Stahlprofilen, die zu einer ausgesteiften Dreieckskonstruktion zusammengefügt wird. Am vorderen Ende des horizontalen Profils befindet sich die Aufhängevorrichtung, die mit einer Verankerung im Beton fest verschraubt wird. Am Fußpunkt der Schrägstreben wird die Last auf das fertige Bauteil übertragen (**Bild 2**).

Die Kletterkonsole bildet mit den Trägern und dem Bohlenbelag gleichzeitig auch das Arbeitsgerüst. Auf diesem lassen sich die Wandschalungselemente beim Ausschalen von der Wand wegkippen oder wegfahren. Dadurch ergibt sich ein Arbeitsraum, von dem aus die Schalhaut gewartet und die Bewehrung des folgenden Wandabschnitts eingebaut werden kann. Die Arbeitsbühne (Nachlaufbühne) unterhalb des Arbeitsgerüstes wird in die Konsole eingehängt. Von hier aus können Nacharbeiten, z. B. das Schließen von Ankerlöchern, durchgeführt werden.

Bei den **selbstkletternden Schalungen** bilden Schalelement und Arbeitsgerüst ein System, das mit einem hydraulisch betriebenen Hubsystem angehoben wird. Dieses besteht aus einer Kletterstange und dem Hubmechanismus. Beim Umsetzen der Schalung hebt der Hubmechanismus zuerst die Kletterstange und danach das Arbeitsgerüst mit der Schalung an der Kletterstange auf die neue Arbeitshöhe. Während des Kletterns sind Konsole und Kletterstange an Kletterschuhen gesichert, welche im fertigen Beton verankert sind (Bild 2).

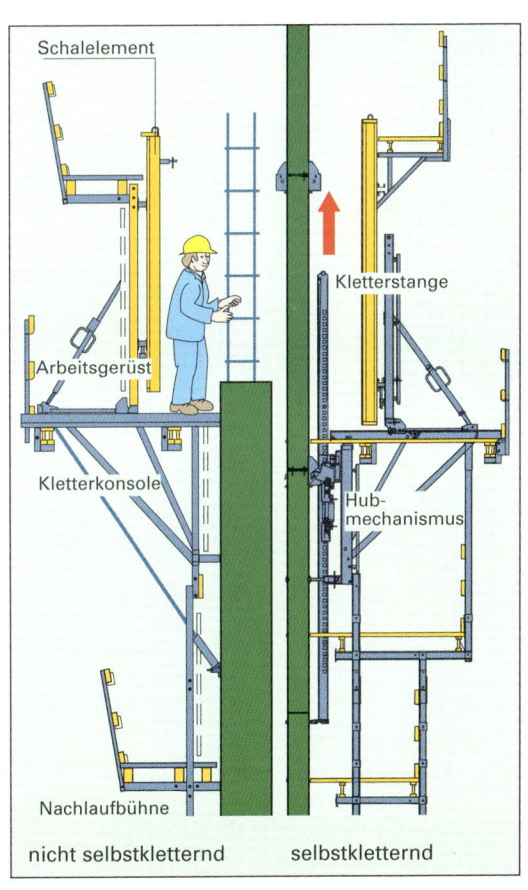

Kletterschalungen eignen sich für hohe Bauteile wie Wände, Treppenhäuser, Fahrstuhlschächte und Brückenpfeiler.

Bild 1: Beispiele für Objektschalung

Bild 2: Kletterschalung

Bild 1: Gleitschalung

Bild 2: Hebevorrichtung

8.4.10 Gleitschalung

Bei der Gleitschalung werden im Gegensatz zur Kletterschalung die Schalelemente nicht umgesetzt, sondern nach oben gezogen, wobei der Betoniervorgang nicht unterbrochen werden darf. Die Gleitschaltung besteht aus Wandschalung, Tragjoch mit Arbeitsbühnen und der Gleiteinrichtung (**Bild 1**).

Als Schalung werden 1,20 m bis 1,50 m hohe Wandschalelemente eingesetzt. Das Tragjoch hält die beiden Wandschalelemente im Wandabstand und nimmt den seitlichen Schalungsdruck auf, da eine Verankerung der Wandschalungselemente nicht möglich ist. Am Tragjoch befinden sich die Arbeitsbühnen für das Betonieren und die Nacharbeitsbühnen. Zur Gleiteinrichtung gehören Kletterstange und Hebevorrichtung. Die Kletterstange wird in einem Hüllrohr geführt und wieder ausgebaut. Der umgebende Beton macht ein Ausknicken unmöglich.

Die Hebevorrichtung ist mit dem Tragjoch fest verbunden, arbeitet hydraulisch und überträgt die Lasten auf die Kletterstange (**Bild 2**). Beim Gleiten bewegen sich Wandschalung und Arbeitsbühnen gleichzeitig nach oben. Die Gleichmäßigkeit der Hubbewegung kann z. B. durch Laser überwacht werden. Der Beton wird in Schichthöhen zwischen 20 cm und 30 cm eingebracht. Die Gleitgeschwindigkeit richtet sich nach der für das Bewehren und Betonieren notwendigen Zeit. Sie liegt zwischen 15 cm/h und 30 cm/h. Der Beton im unteren Bereich der Schalung muss ausreichend erhärtet sein. Gleitschalungen werden bei hohen Bauteilen eingesetzt, deren Querschnittsabmessungen annähernd gleich bleiben, wie z. B. bei Silobauten, Brückenpfeilern und Aufzugstürmen.

Aufgaben

1 Erläutern Sie den Unterschied zwischen Systemschalung und systemloser Schalung.

2 Beschreiben Sie die Funktion der Teile einer Schalung.

3 Welche Faktoren beeinflussen die Größe des Frischbetondrucks?

4 Welcher zulässige Frischbetondruck ergibt sich für die vier Konsistenzbereiche bei einer Steiggeschwindigkeit von 5 m/h?

5 Durch welche Maßnahmen erfüllt man die Anforderungen an die Schalhaut?

6 Welche Regeln gelten für das Ausschalen?

7 Erläutern Sie die Ausführungsmöglichkeiten ebener Wandschalungen.

8 Worin liegt der Vorteil der Trägerschalung gegenüber der Rahmenschalung bei einer runden Schalung?

9 Erläutern Sie die Ausführungsmöglichkeiten für die Herstellung einer Stützenschalung.

10 Erläutern Sie Ausführungsmöglichkeiten der Großflächenschalung. Welche Vorschriften gelten für den Transport der Schalelemente?

11 Welche Bedingung gilt für den Einsatz ankerloser Schalung? Wie wird diese ausgeführt und worauf ist bei der Ausführung zu achten?

12 Wodurch unterscheiden sich Kletterschalung und Gleitschalung?

9 Betonbau

Beton ist ein im Bauwesen vielfältig verwendeter Baustoff. Er wird hergestellt aus einem Gemisch aus Zement, Wasser (Zementleim) und einer Gesteinskörnung. Zum Erreichen bestimmter Eigenschaften können diesem Gemisch Zusatzmittel bzw. Zusatzstoffe beigefügt werden. Durch Erhärten des Zementleims entsteht ein künstlicher Stein mit einem festen Gefüge **(Bild 1)**. Den Baustoff Beton verwendet man für unbewehrten und bewehrten Beton sowie für Bauteile aus Spannbeton. Beton eignet sich auch für Fahrbahnen und Bauteile unter Wasser.

Die Anforderungen, die an das Betonbauteil gestellt werden, bestimmen weitgehend die erforderlichen Eigenschaften des Betons.

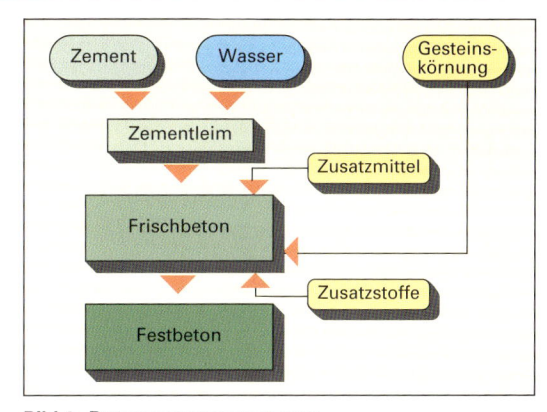

Bild 1: Betonzusammensetzung

9.1 Arten und Normung

Üblicherweise wird **Normalbeton** als Beton bezeichnet. Als Gesteinskörnung verwendet man überwiegend Sand und Kies. Durch die Auswahl leichter Gesteinskörnung, z. B. Blähton, erhält man **Leichtbeton** mit guten wärmetechnischen Eigenschaften.

Im Reaktorbau oder bei Röntgenräumen müssen Bauteile das Austreten von Strahlung verhindern. Für diese Bauteile eignet sich z. B. **Schwerbeton** mit Gesteinskörnungen aus Eisenerz oder Schwerspat **(Tabelle 1)**.

Für bestimmte Bauteile verwendet man Beton mit besonderen Eigenschaften, z. B. Wasserundurchlässigkeit, hoher Frostwiderstand oder hoher Widerstand gegen chemische Angriffe.

Zur Vereinheitlichung und Sicherung der Qualität wurden Normen entwickelt. Diesen unterliegen sowohl die Herstellung des Betons und seine Verarbeitung als auch die Eigenschaften des frischen und des erhärteten Betons.

Beton wird in Deutschland nach **DIN 1045 „Tragwerke aus Beton, Stahlbeton und Spannbeton"** hergestellt und verarbeitet. Sie gilt als Norm für die Anwendung nationaler Regeln auf der Grundlage der europäischen Norm **DIN EN 206 „Beton"**. Diese Norm ist eine Stoffnorm und regelt die Festlegung, Eigenschaften, Herstellung und Konformität von Beton. DIN EN 206 ist auf **DIN EN 1992** (Eurocode 2) **„Planung von Stahlbeton- und Spannbetontragwerken"** enthaltenen Regeln für die Bemessung und Ausführung von Betonbauten abgestimmt und gilt nur in Verbindung mit dieser **(Bild 2)**.

Tabelle 1: Betonarten nach Gesteinskörnungen

Betonart	Gesteinskörnung	Rohdichte (kg/dm^3)
Normalbeton	Kies, Sand, Splitt, Schotter	> 2,0, ≤ 2,6
Leichtbeton	z. B. Blähschiefer, Blähton	≤ 0,8, ≤ 2,0
Schwerbeton	z. B. Eisenerz, Schwerspat	> 2,6

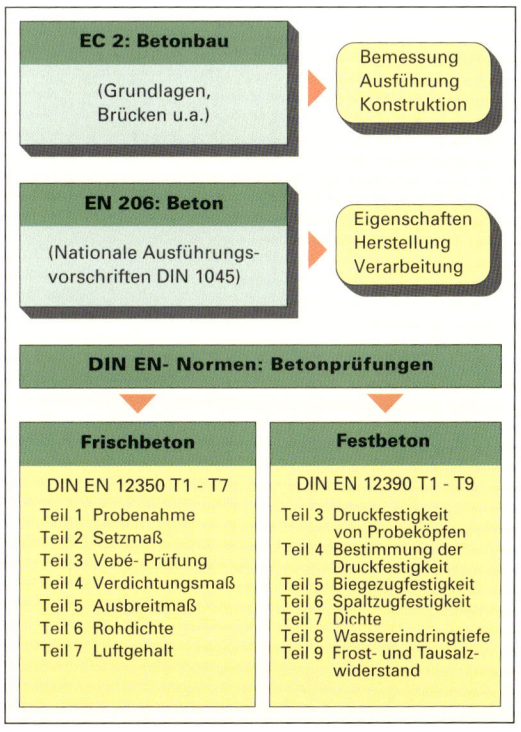

Bild 2: Europäische Regeln für den Betonbau (Auszug)

Die Regelungen dieser beiden Euro-Normen dürfen nur dann zusammen mit DIN-Normen für Beton und Stahlbeton angewendet werden, wenn dies ausdrücklich gestattet wird.

DIN EN 206 gilt für Normalbeton, Schwerbeton und Leichtbeton mit geschlossenem Gefüge. Sie darf auch für vorgefertigte Bauteile aus Beton angewendet werden. Sie gilt jedoch nicht für Betonwaren, wie Mauersteine oder Rohre.

Die Prüfverfahren zur Bestimmung von Eigenschaften des Betons sind in weiteren EN-Normen, z. B. **DIN EN 12350 „Prüfen von Frischbeton, Teile 1 bis 7,** geregelt.

Bild 1: Kristallnadelbildung

9.2 Frischbeton

Beton in verarbeitbarem Zustand bezeichnet man als Frischbeton. Für diesen sind bestimmte Regelungen, z. B. Verarbeitungsvorschriften und Nachbehandlungsmaßnahmen, festgelegt, damit der erhärtete Beton auch die erwarteten Eigenschaften erreicht.

9.2.1 Erhärtungsphasen

Beim Mischen der Betonbestandteile entsteht aus Zement und Wasser der **Zementleim,** der die Gesteinskörner vollständig umhüllt und den Raum zwischen ihnen ausfüllt. Durch das Erhärten des Zementleims entsteht aus **Frischbeton** der **Festbeton.** Da zum Erhärten Wasser notwendig ist, spricht man auch von **Hydratation**.

Der Erhärtungsvorgang des Betons erfolgt in drei Phasen, dem **Ansteifen,** dem **Erstarren** und dem **Erhärten**. Während dieses Vorganges bilden sich Kristalle, die das Wasser binden. Bei diesem chemisch-physikalischen Prozess wird Wärme (Hydratationswärme) freigesetzt.

Das **Ansteifen** beginnt unmittelbar nach dem Mischen der Betonbestandteile. Es verbinden sich die Zementkörner an ihrer Oberfläche mit einem Teil des Wassers zu **Hydraten**, die man als **Zementgel** bezeichnet.

Beim **Erstarren** wachsen die Hydrate mehr und mehr zusammen und überbrücken teilweise die Hohlräume zwischen den Zementkörnern, Gelporen genannt. Gleichzeitig bilden sich aus dem Zementgel sechseckförmige Kristalle und das plastische Zementgel verfestigt sich. Das Erstarren darf frühestens 1 Stunde nach dem Mischen beginnen.

Das **Erhärten** beginnt mit der Bildung langfaseriger Kristalle (Kristallnadeln), die sich gegenseitig verfilzen und dadurch das feste Gefüge bewirken **(Bild 1)**. So wird aus dem Zementgel der Zementstein.

Mit dem Erhärten werden die Gesteinskörner in ihrer Lage fixiert. Die Erhärtung oder Hydratation ist beendet, wenn alle Zementkörner in Zementstein umgewandelt sind. Dieser chemisch-physikalische Vorgang kann sehr lange dauern **(Bild 2)**.

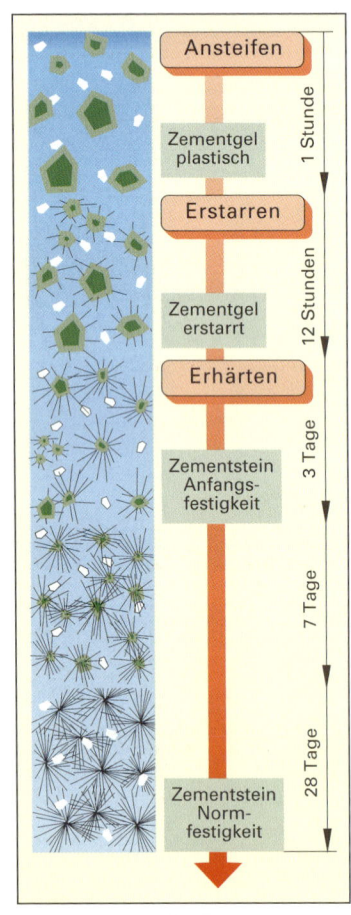

Bild 2: Erhärten des Betons

Zur vollständigen Hydratation muss neben bestimmten Temperaturbedingungen genügend Wasser vorhanden sein. Portlandzement z. B. benötigt eine Wassermenge von etwa 40 % seines Gewichts. Von dieser Menge wird etwa 25 % chemisch gebunden, etwa 15 % verbleibt in den Kristallen.

Die Hydratation läuft bei hohen Temperaturen beschleunigt ab, da sich schneller langfaserige Hydrate bilden können. Die Folge ist eine höhere Anfangsfestigkeit. Bei niedrigen Temperaturen verlangsamt sich die Hydratation, die Anfangsfestigkeit wird dabei später erreicht. Bei Temperaturen unter 5 °C kann sich kein Gel mehr bilden.

Bei vorzeitigem Austrocknen des Betons wird die Gelbildung unterbrochen. Der Beton „verdurstet". Er erreicht nicht die geforderte Endfestigkeit, was sich z. B. am Absanden der Betonoberfläche zeigt. Zu wenig Wasser kann außerdem zur Volumenverringerung des Zementgels, d.h. zum Schwinden führen. Dabei trocknet Wasser aus den Gelporen aus. Das Schwinden ist umso größer, je höher der Gelanteil ist. Wird jedoch wieder Wasser aufgenommen, spricht man vom Quellen, d. h. von einer Volumenvergrößerung. Allerdings ist das Quellen wesentlich geringer als das Schwinden. Die Volumenveränderungen können zu Spannungen im Beton und zur **Rissbildung** führen.

9.2.2 Wasserzementwert

Die zur vollständigen Hydratation erforderliche Wassermenge ist abhängig von der Zementmenge. Das Massenverhältnis von Wasser zu Zement bezeichnet man als **Wasserzementwert**.

$$\text{Wasserzementwert} = \frac{\text{Masse des Wassers (kg)}}{\text{Masse des Zements (kg)}}$$

$$w/z - \text{Wert} = \frac{w}{z}$$

Der Wasserzementwert bestimmt die Festigkeit des zu Zementstein erhärtenden Zementleims und damit die spätere Festigkeit des Betons. Beim erhärteten Beton (Festbeton) soll der Zementstein die Gesteinskörner fest verbinden und den Raum zwischen ihnen ausfüllen. Das festeste Gefüge entsteht bei einem w/z-Wert von 0,4. Bei hohem Wasserzementwert ist der Raum zwischen zwei Zementkörnern so groß, dass er bei vollständiger Hydratation des Zements nicht geschlossen werden kann. Es verbleibt **Überschusswasser,** welches verdunstet und **Hohlräume** hinterlässt. Diese Hohlräume, auch als **Poren** oder **Kapillare** bezeichnet, vermindern die Druckfestigkeit des Betons und erhöhen seine Kapillarität **(Bild 1)**. Bei Betonen mit zu hohem Wasserzementwert sammelt sich außerdem beim Einbringen von Beton Überschusswasser an der Oberfläche und Zementteilchen setzen sich ab. Man spricht vom **Bluten**.

Ein zu hoher Zementgehalt im Beton ist außerdem nicht nur unwirtschaftlich, sondern auch ungünstig, weil Zement beim Erhärten schwindet. Dadurch wächst die Gefahr der **Schwindrissbildung**.

Kapillare im Beton durch zu hohen Wasser- und Zementgehalt führen zu einer **Verringerung der Druckfestigkeit** des Festbetons. Auch seine Wassersaugfähigkeit nimmt zu. Das fördert bei Stahlbeton die **Korrosionsgefahr** für die Bewehrung.

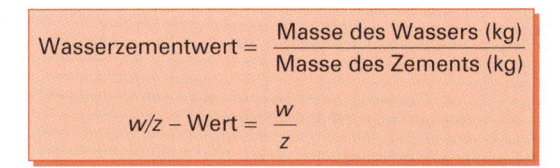

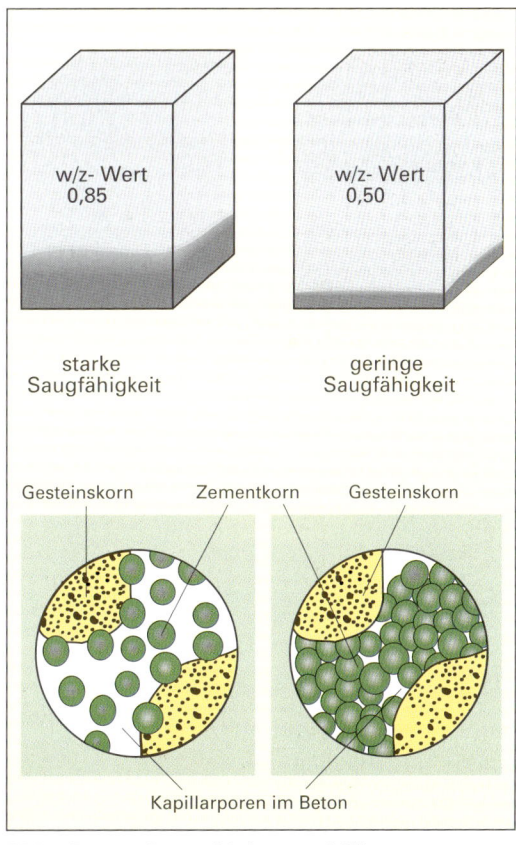

Bild 1: Beton mit verschiedenen w/z-Werten

DIN 1045 lässt einen maximalen w/z-Wert von 0,75 zu. Beton mit einem w/z-Wert von 0,75 hat jedoch nur etwa die Hälfte der Festigkeit eines Betons mit einem w/z-Wert von 0,40 **(Bild 1)**. Nach DIN 1045 ist zum Schutz der Bewehrung vor Korrosion, z.B. bei bestimmten Außenbauteilen, ein w/z-Wert von 0,60 einzuhalten.

DIN 1045 legt für Betone bestimmter Druckfestigkeitsklassen Mindestmengen für Zement fest. Für einen Standardbeton der Festigkeitsklasse C 16/20 ist ein Mindestzementgehalt von 290 kg/m³ vorgeschrieben. Der günstigste w/z-Wert von 0,40 ergibt sich durch Zugabe von 116 Liter (kg) Wasser. Der so gemischte Beton ist sehr steif und lässt sich nur schwer verdichten.

Wenn die Bedingungen einen plastischen Zustand des Frischbetons erfordern, lässt sich die richtige Wassermenge und Zementzugabe für eine Betonmischung mithilfe des w/z-Wertes ermitteln.

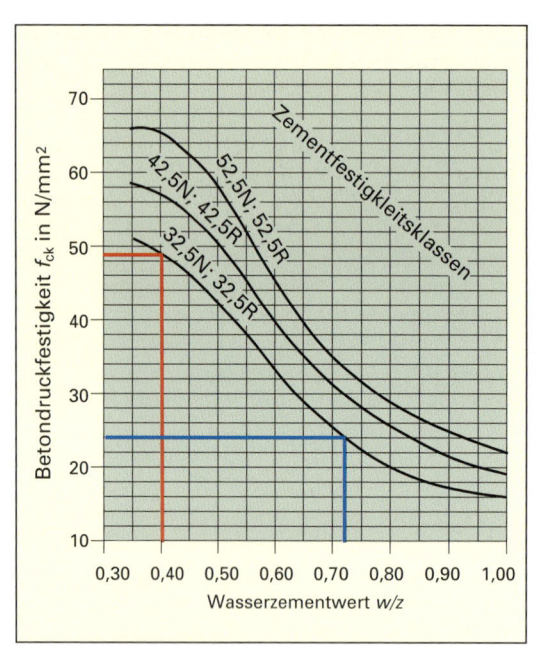

Bild 1: Einfluss des w/z-Wertes auf die Festigkeit des Betons (nach Walz)

Beispiel:

Einen vorgegebenen Wasserzementwert von 0,40 erhält man z.B. bei der Herstellung von 1 m³ Beton mit 140 kg Zement (32,5 R) und 56 Liter (56 kg) Wasser. Gibt man zur Verbesserung der Verarbeitbarkeit weitere 50 Liter Wasser hinzu, so steigt der w/z-Wert auf 0,76. Die Betondruckfestigkeit sinkt auf etwa die Hälfte. Um den Festigkeitsverlust auszugleichen und den ursprünglichen w/z-Wert wieder zu erreichen, müssen dem Beton zusätzlich 125 kg Zement zugefügt werden **(Bild 2)**.

Soll die Verarbeitbarkeit des Frischbetons verbessert werden, darf bei einer Betonmischung nicht einfach die Zugabewassermenge erhöht werden, da sich dadurch der Wasserzementwert erhöht und die Druckfestigkeit verringert. Es muss gleichzeitig auch mehr Zement zugegeben werden, um den vorgegebenen w/z-Wert beizubehalten.

9.2.3 Konsistenz

Die Konsistenz (Steifigkeit) dient als Maß für das Zusammenhaltevermögen und die Verarbeitbarkeit des Frischbetons. Sie ist so zu wählen, dass der Beton ohne sich zu entmischen verarbeitet und unter den jeweiligen Bedingungen verdichtet werden kann. Dies erreicht man durch eine geeignete Zementleimmenge in einer Betonmischung. Die für eine bestimmte Konsistenz erforderliche Zementleimmenge ist vor allem von der Zusammensetzung (Sieblinie) des Gesteinskörnung abhängig.

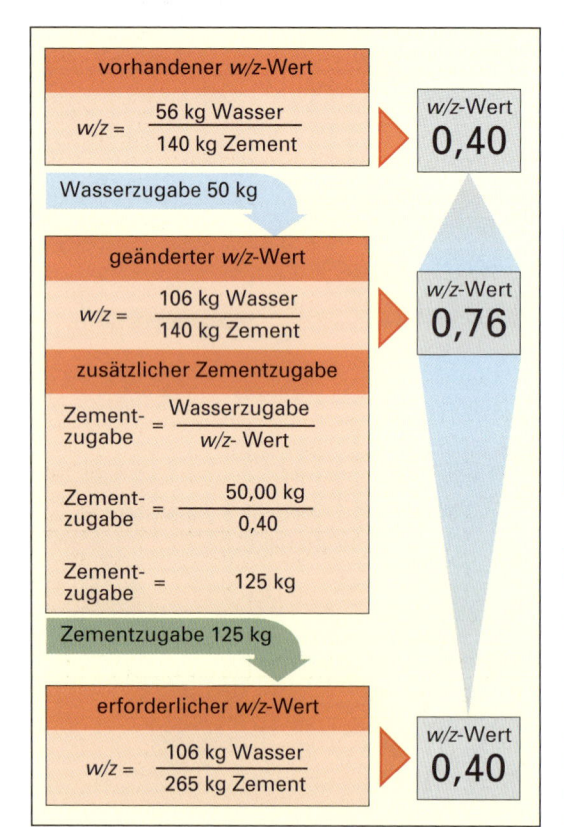

Bild 2: Veränderung der Konsistenz einer Betonmischung (Beispiel)

Sandreiche Gesteinskörnungen z. B. erfordern mehr Zementleim als weniger sandreiche Gesteinskörnungen zum Erreichen gleicher Konsistenz. Daneben bestimmt auch die Kornform und Rauigkeit der Kornoberfläche die für eine bestimmte Konsistenz erforderliche Zementleimmenge. Gemische gleicher Sieblinien aus ungebrochener Gesteinskörnung erfordern geringere Zementleimmengen als Gesteinskörnungen aus gebrochenem Material für die gleiche Konsistenz. Da die Verbesserung der Fließfähigkeit des Betons allein durch erhöhte Zugabe von Zementleim sich auch nachteilig auf den Beton auswirken kann, z. B. erhöhte Bereitschaft zur Schwindrissbildung, wird Beton mit guten Fließeigenschaften und gutem Zusammenhaltevermögen (Fließbeton) ein Fließmittel (FM) zugemischt. Um die Zementmenge zu verringern, ist auch die Zugabe von Flugasche (FA) zulässig.

9.2.3.1 Konsistenzklassen

Konsistenzklassen nach DIN 1045

DIN 1045 unterscheidet bei Frischbeton **4 bzw. 6 Konsistenzklassen** (Steifigkeitsbereiche). Die Bezeichnung der Konsistenzklasse richtet sich nach dem jeweiligen Prüfungsverfahren. Mit der **Verdichtungsprüfung** wird das **Verdichtungsmaß v** und der **Ausbreitprüfung** das **Ausbreitmaß a** festgestellt. Anhand der Prüfungsergebnisse kann der Beton der entsprechenden Konsistenzklasse zugeordnet werden. Abweichend von DIN EN 206 fügt DIN 1045 den Konsistenzklassen Konsistenzbeschreibungen hinzu **(Tabellen 1 und 2)**.

Konsistenzklassen nach DIN EN 206

Im Geltungsbereich der DIN EN 206 sind neben der Verdichtungsprüfung und der Ausbreitprüfung auch die **Slump-Prüfung** (Setzversuch) und die **Vebé-Prüfung** zur Bestimmung der Konsistenz des Betons üblich. Darum erweitert DIN EN 206 die Bezeichnung der Konsistenzklassen gegenüber DIN 1045 um die **Setzmaßklasse** und die **Setzzeitklasse**, ohne Konsistenzbeschreibungen vorzunehmen **(Tabelle 3)**. Eine Zuordnung der Beschreibung der Konsistenz der Setzmaßklasse und der Setzzeitklasse hinsichtlich der Konsistenzbeschreibung in DIN 1045 ist nur eingeschränkt möglich.

Tabelle 1: Verdichtungsmaßklassen nach DIN 1045

Klasse	Verdichtungs-maß v	Konsistenz-beschreibung
C0	≥ 1,46	sehr steif
C1	1,45 bis 1,26	steif
C2	1,25 bis 1,11	plastisch
C3	1,10 bis 1,04	weich

Tabelle 2: Ausbreitmaßklassen nach DIN 1045

Klasse	Ausbreitungsmaß a (Durchmesser in mm)	Konsistenz-beschreibung
F1	≤ 340	steif
F2	350 bis 410	plastisch
F3	420 bis 480	weich
F4	490 bis 550	sehr weich
F5	560 bis 620	fließfähig
F6	≥ 630	sehr fließfähig

Tabelle 3: Konsistenzklassen nach DIN EN 206

Beschreibung der Konsistenz nach DIN 1045 (gilt nicht für DIN EN 206)	sehr steif	steif	plastisch	weich	sehr weich	fließfähig	sehr fließfähig
Ausbreit-Klasse (Ausbreitversuch)		F1	F2	F3	F4	F5	F6
Ausbreitmaß a (Durchmesser) in mm		≤ 340	350 bis 410	420 bis 480	490 bis 550	560 bis 620	≥ 630
Verdichtungs-Klasse (Verdichtungsprüfung)	C0	C1	C2	C3			
Verdichtungsmaß v	≥ 1,46	1,45 bis 1,26	1,25 bis 1,11	1,10 bis 1,04			
Setzmaß-Klasse (Slump-Versuch)			S1	S2	S3	S4	S5
Setzmaß in mm			10 bis 40	50 bis 90	100 bis 150	160 bis 210	≥ 220
Vebé-Klasse (Vebé-Prüfung)	V0	V1	V2	V3	V4		
Setzzeit in Sekunden	≥ 31	30 bis 21	20 bis 11	10 bis 6	5 bis 3		

Bild 1: Ermitteln des Ausbreitmaßes
(Verdichten des Probekörpers / Ermitteln des Durchmessers)

Bild 2: Ermitteln des Verdichtungsmaßes
(Abziehen des Probekörpers / Ermitteln des Absinkmaßes)

Bild 3: Ermitteln des Setzmaßes (Slump)
(Abziehen der Form / Messen des Höhenunterschieds)

9.2.3.2 Prüfung der Konsistenz

Die Konsistenz ist beim ersten Einbringen des Betons und beim Herstellen von Probekörpern zu überprüfen. Während des Betoniervorgangs ist sie ständig durch Augenschein zu kontrollieren, um Abweichungen vom üblichen Aussehen feststellen zu können. Je nach Konsistenzart eignen sich unterschiedliche Versuche, deren Durchführung in **DIN EN 12350 „Prüfung von Frischbeton, Teile 1 bis 7"** festgelegt ist.

Beim **Ausbreitversuch** wird ein kegelstumpfförmiger Behälter mit Beton in 2 Lagen gefüllt, die mit je 10 Stößen einzustampfen sind. Der verwendete Ausbreittisch ist 70 cm x 70 cm groß. Überstehender Beton wird mit einem Stahllineal eben abgezogen. Danach nimmt man den Behälter senkrecht nach oben ab. Die Tischplatte wird 15-mal an einer Seite um 4 cm angehoben und wieder fallengelassen. Dabei breitet sich der Beton kuchenartig aus. Der Mittelwert aus zwei rechtwinklig zueinander gemessenen Durchmessern des Betonkuchens ergibt das **Ausbreitmaß a (Bild 1)**. Durch Vergleich mit Tabellenwerten lässt sich die vorhandene Konsistenz ermitteln und die Übereinstimmung mit der geforderten Konsistenz feststellen. Dieser Versuch ist geeignet für Konsistenzen zwischen plastisch und fließfähig.

Beim **Verdichtungsversuch** wird ein prismatischer Behälter von 40 cm Höhe und 20 cm x 20 cm Querschnittsfläche mit Beton lose gefüllt. Auf dem Rütteltisch wird der Beton verdichtet. Danach misst man in den 4 Ecken des Behälters das **Absinkmaß s**, bildet das Mittelmaß und erhält die Füllhöhe $h = 40$ cm $- s$. Das **Verdichtungsmaß v** oder den Verdichtungsgrad erhält man aus dem Verhältnis der Behälterhöhe zur Füllhöhe **(Bild 2)**.

Der Verdichtungsversuch eignet sich für weiche, plastische und steife, aber nicht für fließfähige Betone.

Beim **Slump-Versuch** (Setzversuch) zur Feststellung der **Setzmaßklassen** wird ein kegelstumpfförmiger Behälter von 30 cm Höhe in 3 Lagen gefüllt, mit jeweils 25 Stößen verdichtet und die Form abgezogen. Die Zeit vom Füllen bis zum Hochziehen der Form sollte nicht mehr als 150 Sekunden betragen. Der Beton fällt beim Abziehen kegelstumpfförmig zusammen. Das Setzmaß ist das Maß von Oberkante Behälter bis Oberkante abgesunkener Beton **(Bild 3)**.

Der Slump-Versuch wird bei weichen und plastischen Betonen durchgeführt.

Bei der **Vebé-Prüfung** (Setzzeitversuch) zur Einordnung der Konsistenz in eine der **Setzzeitklassen**

(Vebé) wird eine kegelstumpfförmige Metallform wie beim Slumpversuch gefüllt und von der Probe abgezogen. Die Form steht in einem Behälter. Eine Glasscheibe, die sich an einem Schwenkarm vertikal frei bewegen kann, wird auf die Oberfläche des Betons aufgesetzt. Danach wird der Rütteltisch eingeschaltet. Die Setzzeit ist die Zeit, bis zu der die Glasscheibe die Oberfläche der Betonprobe völlig bedeckt (**Bild 1**). Es kann auch das Setzmaß gemessen werden.

Die Vebé-Prüfung ist für Beton mit steifer und steifplastischer Konsistenz geeignet.

9.2.4 Transportbeton

Beton wird überwiegend in Transportbetonwerken hergestellt und als **Transportbeton** bezeichnet (**Bild 2**). Die Herstellung des Transportbetons umfasst das Lagern und Dosieren der Ausgangsstoffe und das Mischen des Betons.

Zement ist hygroskopisch (wasseranziehend). Bei Feuchtigkeitsaufnahme bilden sich Klumpen, die das Erhärtungsvermögen beeinträchtigen. Die Anlieferung des losen Zements erfolgt in Spezialfahrzeugen. Mit Druckluft wird der Zement in Silos umgefüllt. Die Silos sind entsprechend der Zementart gekennzeichnet, um Verwechslungen auszuschließen.

Gesteinskörnungen müssen nach Korngruppen getrennt gelagert werden, damit die Sieblinienbereiche eingehalten werden können und ein Vermischen verhindert wird. Sie sind frei von Verunreinigungen, z. B. Erdreich und Laub, anzuliefern. Sie werden im Freien in Sternlagern oder in Bunkern oder Silos gelagert. Die Lagerung der Gesteinskörnungen in Bunkern und Silos hat den Vorteil gleichbleibender Eigenfeuchte.

Das **Dosieren** geschieht in Transportbetonwerken mithilfe elektronisch gesteuerten Dosierungsanlagen nach einer dokumentierten **Mischanweisung**, die alle Einzelheiten über die Art und Menge der Ausgangsstoffe enthält (**Bild 3**). Die Dosierung der Betonbestandteile Zement und Gesteinskörnung erfolgt nach Massenanteilen in kg, weil ihre Dichte unterschiedlich sein kann. Das Zugabewasser, welches keine für den Beton schädlichen Bestandteile enthalten darf, wird wegen seiner gleichbleibenden Dichte über einen Wasserzähler in m³ zugemessen.

Das **Mischen des Betons** erfolgt mit Teller- oder Trogmischern solange, bis eine gleichmäßige Mischung entstanden ist. Normalbeton gilt nach 30 Sekunden als gleichmäßig durchmischt. Die Mischzeit beginnt mit dem Zeitpunkt, an dem sich alle Mischungsbestandteile im Mischer befinden. Die Zusammensetzung des Betons darf nach dem Entleeren des Mischers ohne Rücksprache mit dem Betonwerk nicht mehr verändert werden.

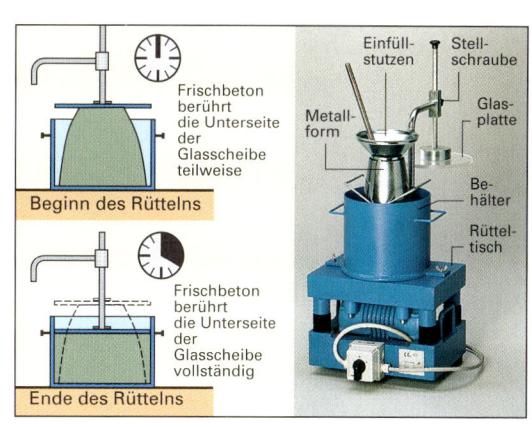

Bild 1: Ermitteln der Setzzeit (Vebé-Prüfung)

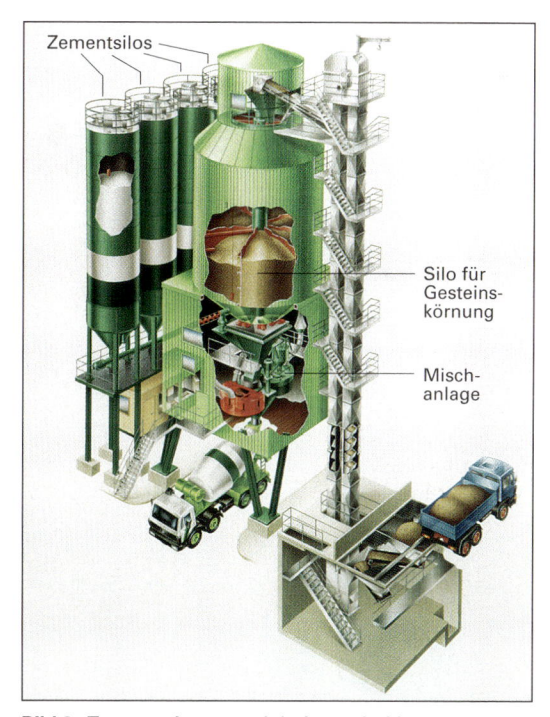

Bild 2: Transportbetonwerk (schematisch)

Bild 3: Steuerungsanlage in einem Transportbetonwerk

9.2.5 Lieferung von Transportbeton

Wird Beton nicht auf der Baustelle hergestellt, so wird er von einem Transportbetonwerk geliefert. Dort ist es möglich, auch geringe Mengen Beton (ab $1/3$ m³) zu mischen und abzugeben. Da die Frischbetonzusammensetzung nach dem Mischen nicht mehr verändert werden darf, ist der Beton vor der Herstellung hinsichtlich seiner Eigenschaften bzw. seiner Zusammensetzung festzulegen.

9.2.5.1 Festlegung des Betons

Die Anforderungen, die an das herzustellende Betonbauteil gestellt werden, bestimmen die Eigenschaften, die der zu liefernde Beton erfüllen muss. Sie ergeben sich einerseits aus der jeweiligen **Expositionsklasse**. Hierbei wird der Beton hinsichtlich schädigenden Umgebungsbedingungen, z. B. Feuchtigkeitseinwirkung oder chemische Einflüsse durch Tausalz oder sulfathaltige Stoffe eingeteilt (siehe Seite 306). Andererseits müssen besondere Bedingungen, z. B. Transport- und Einbaubedingungen sowie Anforderungen an die Betonausgangsstoffe berücksichtigt werden. Festgelegt werden kann der Beton nach seinen erforderlichen Eigenschaften und nach seiner Zusammensetzung. Es ist aber auch möglich, den Beton als Standardbeton festzulegen. Aus der Festlegung des Betons ergibt sich die Verantwortung dafür, inwieweit der gelieferte Beton die an ihn gestellten Anforderungen erfüllt.

Beton nach Eigenschaften wird festgelegt, indem der Verwender des Betons die Anforderungen bestimmt, die der Beton auf der Grundlage der DIN 1045 erfüllen muss. Dabei ist für Normalbeton anzugeben:

Grundlegende Anforderungen	Zusätzliche Anforderungen
• eine Anforderung nach Übereinstimmung mit DIN EN 206-1	• Zementart bzw. Zementklasse
• Druckfestigkeitsklasse	• Festigkeitsentwicklung
• Expositionsklasse	• Wärmeentwicklung während der Hydratation
• Nennwert des Größtkorns der Gesteinskörnung	• verzögertes Ansteifen
• Konsistenzklasse	• Wassereindringwiderstand
• Art der Verwendung des Betons (z. B. unbewehrter Beton, Stahlbeton, Spannbeton)	• Abriebwiderstand
	• Spaltzugfestigkeit
	• andere technische Anforderungen (z. B. besondere Einbringungsverfahren, besondere Anforderungen an die Oberflächenbeschaffenheit)

Beton nach Zusammensetzung wird festgelegt, indem der Besteller die Betonausgangsstoffe und die Betonzusammensetzung zum Erreichen der Eigenschaften bestimmt. Er ist verantwortlich dafür, dass der gelieferte Beton die erwarteten Eigenschaften erfüllt. Der Betonhersteller garantiert die festgelegte Betonzusammensetzung. Dazu ist dem Betonhersteller anzugeben:

Grundlegende Anforderungen	Zusätzliche Anforderungen
• eine Anforderung nach Übereinstimmung mit DIN EN 206 Teil 1	• Herkunft der Betonausgangsstoffe
• Zementgehalt	• zusätzliche Anforderungen an die Gesteinskörnung
• Zementart und Festigkeitsklasse des Zements	• Anforderung an die Frischbetontemperatur bei Lieferung
• w/z-Wert oder Konsistenzklasse	• andere technische Eigenschaften
• Art der Gesteinskörnung	
• Nennwert des Größtkorn der Gesteinskörnung	
• Verwendung von Zusatzmitteln oder -stoffen	

Standardbeton ist nur begrenzt einsetzbar. Seine Verwendung beschränkt sich auf Betonteile aus Normalbeton der Druckfestigkeitsklasse ≤ C16/20 und der Expositionsklasse ≤ XC2. Soll Standardbeton geliefert werden, so ist dem Betonwerk anzugeben:

- Druckfestigkeitsklasse
- Expositionsklasse
- Festigkeitsentwicklung
- Nennwert des Größtkorns der Gesteinskörnung
- Konsistenzklasse

9.2.5.1 Bestellung

Da die Frischbetonzusammensetzung während der Lieferung nicht mehr verändert werden darf, ist vor der Bestellung ein geeigneter Beton auszuwählen.

Im Transportbetonwerk nimmt der für die Disposition zuständige Mitarbeiter die Bestellung des Betons entgegen. Bei der Bestellung sind **Empfänger, Anschrift der Baustelle,** gegebenenfalls **Anfahrtsweg sowie Liefertermin** und **Betonmenge** anzugeben. Wenn keine anderen Vereinbarungen getroffen werden, wählt man die **Betonsorte** entsprechend dem **Sortenverzeichnis** des Transportbetonwerks aus **(Tabelle 1)**.

Dies beinhaltet Angaben über Art und Festigkeitsklasse des Zements und Art der Gesteinskörnung. Darüber hinaus wird der Besteller des Betons über die Art und Menge der Zusatzmittel bzw. Zusatzstoffe sowie die Konsistenz und die Festigkeitsentwicklung des Betons informiert. Diese Angaben sind erforderlich, damit der sachgerechte Einbau sichergestellt werden kann und erforderliche Nachbehandlungsmaßnahmen geplant werden können.

Tabelle 1: Betonsortenverzeichnis nach DIN 1045 (Auszug)

Beton-Sorten-Nr.	Festig-keits-klasse C	Zement- und Zusatz-stoff-gehalt (kg/m³)	Konsis-tenz	Zement Art, Festig-keits-klasse	Zement Gehalt (kg/m³)	Wasser Gehalt (kg/m³)	w/z-Wert	Zusatz-stoff Art	Zusatz-stoff Gehalt (kg/m³)	Gesteinskörnung (trocken) Art, Sieb-linienbereich Größtkorn (mm)	Gesteinskörnung (trocken) Gehalt (kg/m³)	Zusatz-mittel Art	Zusatz-mittel Gehalt % v.Z.G.	Festig-keits-entwick-lung
Beton für unbewehrte Bauteile – steife Konsistenz															
1111	8/10	120	C1	CEM I 32,5 R	100	140	1,40	FA	20	Kies A/B 32	2170	–	–	–
2111	16/20	180	C1	CEM I 32,5 R	150	150	1,00	FA	30	Kies A/B 32	2090	–	–	–
3111	16/20	205	C1	CEM I 32,5 R	175	150	0,86	FA	30	Kies A/B 32	2070	–	–	–
Stahlbeton – weiche Konsistenz															
23221	16/20	250	F2	CEM I 32,5 R	250	176	0,70	–	–	Kies A/B 16	1975	BV	0,5	mittel
24221	25/30	320	F2	CEM I 32,5 R	260	175	0,67	FA	60	Kies A/B 16	1890	BV	0,5	mittel
Stahlbeton – weiche Konsistenz – für Außenbauteile															
24311	25/30	300	F2	CEM I 32,5 R	300	165	0,55	–	–	Kies A/B 32	1950	BV	0,5	mittel
25222	35/45	320	F2	CEM I 42,5 R	315	170	0,53	–	–	Kies A/B 16	1925	BV	0,5	mittel
26222	35/45	320	F2	CEM I 42,5 R	315	170	0,53	–	–	Kies A/B 16	1870	BV	0,5	schnell

9.2.5.2 Transport

Der werkgemischte Frischbeton wird in Transportbetonmischern (Fahrmischer) zur Baustelle befördert **(Bild 1)**.

Bei Baustellenbeton kann der Beton auch mit dem Lkw zu einer Nachbarbaustelle transportiert werden. Der Beton ist während des Beförderns vor schädlichen Witterungseinflüssen (Hitze, Kälte, Niederschlag, Wind) zu schützen. Es darf insbesondere kein Zementleim verloren gehen.

Bild 1: Fahrmischer

9.2.5.3 Übergabe

Kontrolle des Lieferscheins

Der Abnehmer auf der Baustelle erhält vor dem Entladen einen nummerierten Lieferschein (**Bild 1**). Dieser ist von dem Beauftragten des Lieferers bzw. Abnehmers zu unterschreiben.

Ultra-Beton-GmbH	Fahrzeug-Nr 024 UB-AS-95			○ ⓑ	
Kunden-Nr F. Müller Berliner Platz 65432 Berndorf	Baustellen-Nr Ostring 27 65432 Berndorf Tiefgarage, Los II	Lieferschein-Nr. **1846**		Datum 25.07.05	
			Soll / Liefermenge in m³ Ist / Rest		

Sie erhalten nach unseren Geschäfts-, Liefer- und Zahlungsbedingungen, die Sie hiermit anerkennen, und dem Ihnen übergebenen Sortenverzeichnis:

Menge m³	Betonsorten-Nr nach DIN 1045	Expositions-klassen	Festigkeits-klasse	Konsistenz-bereich	Sieblinie	Zusatzmittel
4,50	4376	XC3	C20/25	F3	A/B 32	00,78kg/m³ Isola (BV)
	Festigkeits-entwicklung *mittel*	Eignung *Stahlbeton*	Zement CEM I 32,5 N			Zusatzstoff

✖ x=Reizend siehe Rückseite

Nachträgliche Zugabe oder Nachdosierung von Fließmittel
Zugabezeitpunkt _____ zugegeb.Menge FM _____
geschätzte Restmenge vor Zugabe _____ m³
Konsistenz der Zugabe _____ nach Zugabe _____
zugegeben von

Beauftragter des Herstellers *(Unterschrift)*	Frachtführer *Wagner*	▶ Lieferung ordnungsgemäß erhalten. Unterschrift des Abnehmers: *D. Wilke*
Beladezeit 8.35	Ankunft Baustelle 9 05	Beginn Entladung 9 25	Ende Entladung 9 43	Wartezeit in Minuten	Abfahrt Baustelle 10 05

Bemerkungen
Beton ist gemäß DIN 1045 grundsätzlich nachzubehandeln.
Die gelieferte Betonsorte unterliegt - nicht - fremdüberwachter Qualitätskontrolle

Bild 1: Transportbeton-Lieferschein

Nach DIN 1045 muss der Lieferschein nachfolgende Angaben enthalten:

- Name des Betonwerks, ggf. mit Nachweis der Überwachung durch z.B. Güte- oder Überwachungszeichen,
- Empfänger der Lieferung und Baustelle,
- Betonmenge in m³ verdichteten Frischbetons,
- Expositionsklasse(n),
- Betonfestigkeitsklasse,
- Konsistenz des Betons und Festigkeitsentwicklung,
- Angabe, Einzelheiten oder Verweis auf die Angaben bei der Bestellung, z.B. Nummer der Betonsorte,
- Eignung (z.B. für unbewehrten oder bewehrten Beton),
- Name des Abnehmers,
- Fahrzeugnummer,
- Datum und Uhrzeit des Be- bzw. Entladens.

Kontrolle des gelieferten Betons

Vor dem Entleeren des Mischfahrzeuges wird eine Probe zur Prüfung des gelieferten Betons entnommen **(Bild 1)**. Damit werden Prüfkörper hergestellt und es wird die Konsistenz überprüft. Ist die Konsistenz des Betons zum Zeitpunkt der Übergabe höher als festgelegt, ist der Beton zurückzuweisen. Bei Beton mit steiferer Konsistenz lässt DIN 1045 eine Veränderung der Konsistenz zu. Dies gilt für die Zugabe von Zusatzmitteln und Wasser in Verantwortung des Herstellers. Dazu muss das Mischfahrzeug über eine geeignete Dosiereinrichtung verfügen. Der Beton muss nach der Zugabe erneut durchmischt werden. Die nachträgliche Zugabe ist auf dem Lieferschein zu vermerken.

Auf der Baustelle ist dafür zu sorgen, dass die Mischfahrzeuge spätestens 90 Minuten nach der ersten Wasserzugabe zum Zement vollständig entleert sind. Bei Transport des Betons in Fahrzeugen ohne Rührwerk muss Beton steiferer Konsistenz spätestens 45 Minuten nach dem Mischen vollständig entladen sein. Bei warmer Witterung oder starker Sonneneinstrahlung muss diese Zeit verkürzt werden, um ein Austrocknen des Betons zu verhindern.

Bild 1: Kontrolle des Betons

9.2.6 Einbau

Vor dem Einbau des Betons sind wichtige **Vorarbeiten** durchzuführen **(Bild 2)**:

- Alle Verunreinigungen sind aus der Schalung zu entfernen.
- Holzschalungen werden vorgenässt, damit die Fugen durch das Quellen des Holzes dicht werden und der Feinmörtel beim Verdichten nicht austreten kann. Außerdem entzieht eine trockene Holzschalung einen Teil des Wassers und erschwert das Ausschalen. Dies wird durch das Aufsprühen eines Trennmittels verhindert.
- Die Schalung mit ihren Spannstellen und Aussteifungen ist auf ihre Standsicherheit zu prüfen.
- Bei Stahlbetonarbeiten ist nachzuprüfen, ob die Bewehrung mit genügend Abstandhaltern versehen ist. Verunreinigungen, z. B. Schalöle, die den Verbund zwischen Beton und Bewehrung beeinträchtigen, sind sorgfältig zu entfernen.
- Bei Deckenplatten sind Abziehlehren einzubauen, welche die Betondeckung der oberen Bewehrungslage sicherstellen.

Bild 2: Vorarbeiten

9.2.6.1 Fördern

Das Fördern beginnt mit der Entleerung des Fahrzeuges an der Baustelle und endet an der jeweiligen Einbaustelle. Der Frischbeton darf sich beim Fördern nicht entmischen, darum ist die Art des Förderns von der jeweiligen Konsistenz des Frischbetons abhängig. Außerdem ist die Wahl des Fördermittels, z. B. Krankübel, Pumpe, Förderband oder Rutsche, abhängig von der jeweiligen Baustelle, der Einbauleistung, der Förderhöhe und der Förderweite.

In **Krankübeln** wird vorwiegend plastischer und weicher Beton gefördert **(Bild 3)**. Der Einsatz von **Förderbändern** ist vorwiegend für plastischen Beton geeignet.

Bild 3: Fördern mit Krankübel

Bild 1: Pumpen von Beton

Bild 2: Einbringen und Verdichten

mit Kartätsche

mit Flügelglätter

Bild 3: Glätten der Betonoberfläche

Beton kann auch an den Einbauort gepumpt werden (**Bild 1**). Betonpumpen sind meist auf einem Lkw-Fahrgestell montiert und besitzen hydraulisch bewegbare zwei- oder dreiteilige Knickausleger. Das Fördern mit **Betonpumpen** erfordert eine besondere Betonzusammensetzung. Pumpbeton muss gut zusammenhalten, soll kein Wasser absondern, sich gut verformen lassen und eine gleichmäßige Konsistenz (plastisch) aufweisen. Weicher Beton mit hohem Wasserzusatz ist für Pumpbeton ungeeignet, da er sich unter dem Pumpdruck entmischen und eine Verstopfung der Rohrleitung verursachen kann.

Betonverflüssiger oder Fließmittel verbessern die Pumpfähigkeit und erleichtern das Einbringen des Betons. Außerdem bewirkt der verringerte w/z-Wert ein geringeres Schwinden des Frischbetons.

Die Gesteinskörnung sollte im Sieblinienbereich A/B liegen, das Größtkorn 32 mm und die Kornform möglichst rund sein.

9.2.6.2 Einbringen

Nach dem Fördern beginnt das Einbringen in das Bauteil und Verdichten des Betons (**Bild 2**). Um Betriebsunterbrechungen zu verhindern, müssen Maschinen und Geräte auf ihre Funktionstüchtigkeit geprüft werden. Bei größeren Betonierabschnitten sind Ersatzgeräte bereitzustellen.

Bei wandartigen Bauteilen sollte der Beton in Lagen gleicher Dicke möglichst waagerecht eingebracht werden. Die Dicke der Schüttlagen ist von der Art der Verdichtungsgeräte abhängig. Sie beträgt bei Innenrüttlern höchstens 50 cm, bei Außenrüttlern höchstens 20 cm.

Der Betoneinbau soll vom verdichteten Beton weg erfolgen, da sonst Luft eingeschlossen wird und Entmischungen auftreten. Anschließend ist die Oberfläche zu glätten (**Bild 3**).

Während des Betonierens ist darauf zu achten, dass Bewehrung, Verankerungen und Schalung nicht verschoben werden. Beim Betonieren von Schrägen wird mit der **Schleppschalung** gearbeitet.

Gewölbte und gebogene Bauteile müssen symmetrisch von den Kämpfern und Auflagern zum Scheitel hin betoniert werden, damit die Form der Schalung erhalten bleibt. Kann ein Bauteil nicht in einem Arbeitsgang betoniert werden, so sind **Arbeitsfugen** einzuplanen.

Wegen der Entmischungsgefahr soll der Beton beim Einbringen möglichst sanft in die Schalung gleiten. Der Beton sollte bei Wänden und Stützen beim Einbringen nicht gegen die Schalung prallen.

Die **Fallhöhe** sollte möglichst gering sein, damit sich der Beton nicht entmischt. Rutschen oder Verteilungsschläuche von Pumpen sind bis kurz über die Einbaustelle zu führen **(Bild 1)**. Bei Fallhöhen über 2 m werden Fallrohre eingesetzt, um ein Entmischen des Betons zu verhindern.

Arbeitsfugen

Kann ein Bauteil oder Bauwerk nicht in einem Arbeitsgang betoniert werden, so sind unvermeidbare Arbeitsfugen bereits vor der Bauausführung einzuplanen (Seite 438). Sie sind so herzustellen, dass durch eine dichte und feste Verbindung zwischen Alt- und Neubeton die Kräfte zuverlässig übertragen werden. Dies kann durch Abtreppungen, Verzahnungen oder durch den Einbau von Fugenbändern erreicht werden. Dazu verwendet man z. B. Kunststoffbänder aus PVC oder Kunstkautschuk und gepresste Injektionsschläuche (Seite 438). Ein Abschrägen der Fuge ist vor allem bei Fundamenten wegen der Gleitgefahr zu unterlassen. Die Fugenfläche ist aufzurauen und die Zementfeinschicht und lose Betonteile sind zu entfernen. Muss an trockenen, älteren Beton anbetoniert werden, so ist dieser vorher genügend lange anzufeuchten, damit dem jungen Beton kein Wasser entzogen wird. Zum Zeitpunkt des Anbetonierens sollte die Oberfläche des älteren Betons etwas angetrocknet sein und nur noch matt glänzen. Herausstehende Anschlussbewehrung ist von Betonresten gründlich zu säubern, damit diese sich mit dem frischen Beton gut verbindet.

9.2.6.3 Verdichten

Bild 1: Richtige Fallhöhe

Die wichtigsten Eigenschaften des Festbetons, seine Druckfestigkeit und Wasserundurchlässigkeit, sind von einer guten Verdichtung abhängig. Bei Stahlbeton muss die Bewehrung hohlraumfrei von Beton umschlossen sein, damit der Korrosionsschutz gewährleistet ist.

Voraussetzung für eine gute Verdichtung ist eine Betonzusammensetzung, bei der die kleineren Bestandteile die Hohlräume zwischen den größeren Körnern ausfüllen. Der Zementmörtel sorgt dabei für die Umlagerung des Korngefüges. Außerdem muss noch genügend Zementmörtel vorhanden sein, der die noch verbliebenen kleinen Hohlräume schließt. Die Verdichtungsmöglichkeit von Beton ist begrenzt. Beton mit 1 % bis 1,5 % Luftporenanteil in fein verteilter Form bezeichnet man als vollständig verdichtet.

Geräte zur Betonverdichtung

Verdichtungsgeräte erzeugen mechanische Schwingungen, die auf den Frischbeton übertragen werden. Die Schwingungen werden in der Regel durch Fliehkräfte erzeugt, wobei eine Masse in einem bestimmten Abstand zum Schwerpunkt des Schwingungserzeugers rotiert.

Der Antrieb kann durch Verbrennungs-, Elektro- oder Druckluftmotoren erfolgen. Nach ihrem Einsatz unterscheidet man **Innenrüttler** (Tauchrüttler), **Außenrüttler** (Schalungsrüttler), **Oberflächenrüttler** (Rüttelbohlen) und **Stampfer (Bild 2)**.

Bei elektrischen Verdichtungsgeräten sind entsprechende Schutzmaßnahmen erforderlich.

Maschinenstampfer   Außenrüttler

Innenrüttler

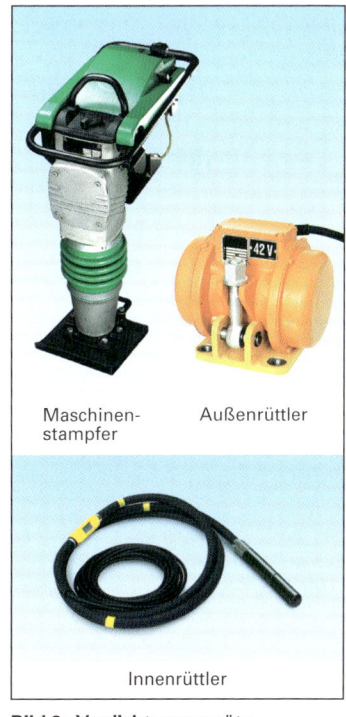

Bild 2: Verdichtungsgeräte

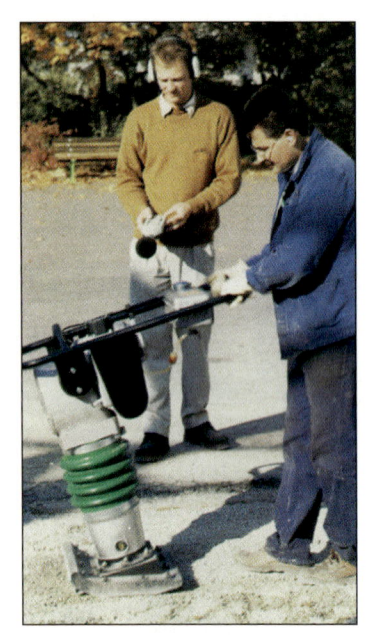

Bild 1: Verdichten mit dem Maschinenstampfer

Bild 2: Verdichten mit dem Innenrüttler

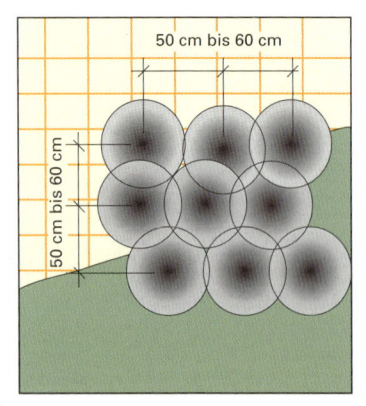

Bild 3: Abstände der Eintauchstellen

Verdichtungsverfahren

Beton kann entsprechend seiner Konsistenz nach verschiedenen Verfahren verdichtet werden.

Durch **Stampfen** mit **Maschinen- oder Handstampfern** kann steifer Beton verdichtet werden **(Bild 1)**.

Voraussetzung für den Einsatz von Maschinenstampfern sind verhältnismäßig große Querschnittsabmessungen der Bauteile, die nicht oder nur schwach bewehrt sind. Es ist lagenweise zu stampfen. Die fertig verdichtete Lage sollte nicht dicker als 15 cm sein. Das Stampfen kann beendet werden, wenn der Beton weich wird und eine geschlossene Oberfläche aufweist.

Durch **Rütteln** wird plastischer Beton verdichtet. Beim Verdichten mit dem **Innenrüttler** wird die Rüttelflasche in den frisch eingebrachten Beton eingetaucht **(Bild 2)**. Dabei breiten sich Schwingungen kreisförmig aus. Die Rüttelflasche sinkt durch ihr Eigengewicht in den Beton und beim langsamen Herausziehen schließt sich die Eintauchstelle.

Die Größe des Rüttlers ist auf die Bauteilabmessungen und auf den Abstand der Bewehrung abzustimmen. Große Rüttler lassen sich bei enger Schalung nicht einsetzen, da diese von den erzeugten Kräften auseinandergedrückt würde. Bei geringen Abständen der Bewehrungsstäbe sind Rüttelflaschen mit kleinem Durchmesser vorzusehen und die Abstände der Eintauchstellen entsprechend zu verkleinern. Gegebenenfalls sind besondere Rüttelgassen notwendig.

Beim Verdichten mit Innenrüttlern ist folgendermaßen zu verfahren:

- **Beton ist gleichmäßig zu verteilen, dann zu verdichten.** Beton niemals mit dem Rüttler verteilen (Entmischungsgefahr).

- **Die Rüttelflasche ist rasch einzutauchen und dabei senkrecht zu führen.** Es ist so lange zu rütteln, bis keine Luftblasen mehr austreten und sich an der Rüttelstelle eine ebene kreisförmige Fläche bildet.

- **Die Rüttelflasche ist langsam herauszuziehen,** damit sich eine **geschlossene** Oberfläche bilden kann, an der sich eine geringfügige Menge Mörtelschlempe ansammelt.

- **Die Abstände der Eintauchstellen sind so zu wählen, dass keine unverdichteten Zwickel verbleiben (Bild 3).** Als Faustformel kann bei Geräten mittlerer Leistungsstärke angenommen werden, dass der Abstand der Eintauchstellen in cm nicht größer sein sollte, als der Flaschendurchmesser in mm beträgt. In der Praxis wird ein **Abstand** von 50 cm bis 60 cm als obere Grenze angesehen.

- **Zu langes Rütteln kann zum Entmischen des Betons führen.** Dabei setzt sich wässriger Zementleim an der Oberfläche ab.

- **Die Rüttelflasche ist nur 10 cm bis 20 cm an die Schalung heranzuführen,** da diese sonst mitschwingen würde und sich der Beton im Bereich der Schalhaut entmischen könnte. Dies würde zu ungleichmäßigen Betonoberflächen führen, die insbesondere bei Sichtbeton unerwünscht sind.

- **Rüttelgeräte dürfen nicht gegen die Bewehrung geführt werden.** Dadurch könnte die Rüttelflasche beschädigt werden. Außerdem könnte sich der Beton von der Bewehrung teilweise lösen. Dies würde durch Abscheiden von Wasser im unmittelbaren Bereich der Bewehrungsstähle sichtbar werden (**Bild 1**).
- **Bei Bauteilen, die in mehreren Lagen geschüttet werden, z.B. Wände, soll die nachfolgende Betonschicht spätestens nach einer Stunde gerüttelt werden.** Der Rüttler muss 10 cm bis 20 cm in die untere, bereits verdichtete Schicht eingetaucht werden (**Bild 2**). Dadurch wird die vorhandene Mörtelschlempe der unteren Schicht mit der neuen Schüttlage vermischt und eine gute Verbindung der Lagen erreicht.
- **Die Schütthöhen sind auf die Verdichtungswirkung der Innenrüttler abzustimmen.** Bei Geräten mittlerer Leistung, wie sie auf Baustellen des Wohnungs- und Industriebaus verwendet werden, soll die Schütthöhe zwischen 40 cm und 60 cm liegen.
- **Frischer Beton kann nachverdichtet werden.** Dadurch werden Hohlräume unter waagerechten Bewehrungsstäben sowie Schrumpf- und Senkrisse geschlossen. Ein Nachrütteln ist nur möglich, solange der Beton wieder plastisch wird und sich nach dem Herausziehen der Rüttelflasche wieder schließt.
- **Nach Beendigung des Rüttelvorganges ist der Rüttler aus dem Beton herauszunehmen und erst dann abzuschalten.**

Bild 1: Rütteln an Schalung und Bewehrung

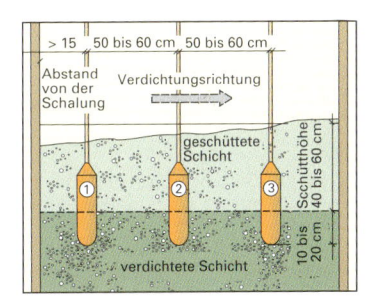

Bild 2: Betonieren mehrerer Lagen

Außenrüttler werden hauptsächlich bei der Herstellung von Betonfertigteilen und im Betonwerk eingesetzt. Da die Verdichtungswirkung in der Tiefe nur etwa 25 cm beträgt, eignet sich diese Verdichtungsart vorwiegend für schlanke Bauteile, wie z.B. Wände, Balken und Bauteile mit hochwertigen Sichtbetonflächen. Die Rüttler werden an den Schalungssteifen befestigt (**Bild 3**). Dadurch ist eine gleichmäßige Fortleitung der Schwingungen gewährleistet. Es ist darauf zu achten, dass der Außenrüttler senkrecht zur Hauptaussteifung wirkt. Der Abstand der Außenrüttler richtet sich nach der Größe der Rüttler, nach der Betonzusammensetzung und der Art der Schalung. Der Beton soll steifer sein als bei der Anwendung von Innenrüttlern. Es sollte z.B. der Wasserzementwert um 0,40 und das Ausbreitmaß zwischen 28 cm und 36 cm liegen.

Durch **Stochern** wird vor allem weicher und fließfähiger Beton verdichtet (**Bild 4**). Dieser darf nicht mit den üblichen Rüttelgeräten verdichtet werden, da sonst eine Entmischung eintritt. Der beim Schütten zusammenhängend bis fließende Beton muss bereits während des Einbringens gestochert werden, bis alle Luftblasen vollständig entwichen sind und ein gleichmäßig dichtes Gefüge entstehen kann.

Bild 3: Außenrüttler

Selbstverdichtender Beton (SVB)

Das Rütteln mit Innenrüttlern kann entfallen, wenn man selbstverdichtenden Beton einsetzt. Durch Zugabe bestimmter Mengen Hochleistungsfließmittel in Verbindung mit hohem Mehlkorngehalt der Gesteinskörnung erhält der selbstverdichtende Beton eine besonders gute Fließfähigkeit (Viskosität), ohne sich zu entmischen.

Es entstehen porenfreie Oberflächen der Betonbauteile. Selbstständiger Höhenausgleich über mehrere Meter erleichtert das Verteilen des Betons. Mit selbstverdichtendem Beton lassen sich auch Bauteile mit engliegender Bewehrung oder komplizierten Bauformen ohne besonderen Verdichtungsaufwand herstellen.

Bild 4: Verdichten durch Stochern

9.2.6.4 Nachbehandeln

Der frisch eingebrachte und verdichtete Beton (junger Beton) muss nachbehandelt und vor schädigenden Einflüssen geschützt werden, damit die geforderten Eigenschaften des Festbetons auch erreicht werden. Dies gilt nicht nur für die oberflächennahen Bereiche, sondern auch für den Innenbereich der betonierten Bauteile. So wird z. B. durch starke Sonneneinstrahlung oder starken Wind dem frischen Beton rasch Feuchtigkeit entzogen. Dadurch wird die Festigkeitsentwicklung nachteilig beeinflusst und es besteht die Gefahr, dass sich an der Oberfläche Frühschwindrisse bilden, die sich bis in das Innere des Bauteils fortsetzen können. Diese vermindern die Festigkeit und verringern die Wasserundurchlässigkeit, die Witterungsbeständigkeit und die Widerstandsfähigkeit gegen chemische Angriffe. Außerdem neigt die Oberfläche des Betons zu starkem Absanden. Auch der noch frische Beton nicht geschalter, freiliegender Oberflächen muss gegen Regen geschützt werden.

Mit den Nachbehandlungsmaßnahmen soll nach dem Einbau begonnen werden.

Abdecken mit Jutebahnen

Besprühen

Abdecken mit Dämm-Matten

Bild 1: Maßnahmen der Nachbehandlung

Maßnahmen zur Nachbehandlung sind:

- Aufbringen feuchter Abdeckungen,
- gleichmäßiges Besprühen (nicht Anspritzen) mit nicht zu kaltem Wasser,
- Feuchthalten der Holzschalung,
- Stahlschalung vor starker Sonneneinstrahlung schützen,
- Abdecken mit Dämm-Matten,
- Abdecken mit Kunststoff-Folien,
- Auftragen von schutzfilmbildenden Nachbehandlungsmitteln und
- Belassen des Frischbetons in der Schalung über die Ausschalfristen hinaus.

Die Nachbehandlungsmaßnahmen verhindern:

- vorzeitiges Austrocknen, vor allem durch Wind und Sonneneinstrahlung,
- ein hohes inneres Temperaturgefälle,
- niedrige Temperaturen oder Frost im Beton und rasches Abkühlen in den ersten Tagen nach dem Betonieren,
- Auswaschen durch Regen und fließendes Wasser und
- Erschütterungen oder Stöße (z. B. frühes Ausschalen, starker Lkw-Verkehr), die zur Rissbildung führen und den Verbund zwischen Bewehrung und Beton beeinträchtigen.

Die Maßnahmen der Nachbehandlung können einzeln oder zusammen angewendet werden (**Bild 1**).

Dauer der Nachbehandlung

DIN 1045 legt für die **Dauer der Nachbehandlung** Mindestfristen in Tagen fest **(Tabelle 1)**. Die Dauer der Nachbehandlung richtet sich nach den Expositionsklassen (Seite 306) und der Festigkeitsentwicklung des Betons (r) bei 20 °C. Diese ergibt sich aus dem Verhältnis der Mittelwerte der Druckfestigkeiten nach 2 Tagen und nach 28 Tagen (f_{cm2}/f_{cm28}). Dabei dürfen Zwischenwerte eingeschaltet werden. Für Betonoberflächen, die einer Verschleißbeanspruchung entsprechend der Expositionsklasse XM ausgesetzt sind, muss der Beton solange nachbehandelt werden, bis die Festigkeit des oberflächennahen Betons 70 % der charakteristischen Festigkeit f_{ck} des Betons erreicht hat. Dies sind z. B. Industriefußböden, die durch luftbereifte Fahrzeuge, Gabelstapler oder Kettenfahrzeuge befahren werden. Wird kein genauer Nachweis geführt, müssen die Werte der Tabelle 1 verdoppelt werden.

Tabelle 1: Mindestdauer für die Nachbehandlung von Beton bei den Expositionsklassen nach DIN 1045 (außer X0, XC1 und XM)

Festigkeitsentwicklung des Betons $r = f_{cm2}/f_{cm28}$	schnell $r \geq 0{,}50$	mittel $r \geq 0{,}30$	langsam $r \geq 0{,}15$	sehr langsam $r < 0{,}15$
Oberflächentemperatur υ in °C[3]	Mindestdauer in Tagen[1]			
$\upsilon \geq 25$	1	2	2	3
$25 > \upsilon \geq 15$	1	2	4	5
$15 > \upsilon \geq 10$	2	4	7	10
$10 > \upsilon \geq 5$[2]	3	6	10	15

[1] Bei mehr als 5 h Verarbeitungszeit ist die Nachbehandlungsdauer angemessen zu verlängern.
[2] Bei Temperaturen unter 5 °C ist die Nachbehandlungsdauer um die Zeit zu verlängern, während derer die Temperatur unter 5 °C lag.
[3] Anstelle der Oberflächentemperatur des Bodens darf die Lufttemperatur angesetzt werden.

9.2.6.5 Recycling von Restbeton

Nicht mehr benötigter Frischbeton wird gegen Gebühr zurückgeführt und in werkseigenen Recyclinganlagen durch Auswaschen entmischt **(Bild 1)**. Der von Zement befreite Restzuschlag und das Restwasser werden wiederverwendet. Dies dient der umweltfreundlichen Herstellung von Beton.

9.2.6.6 Betonieren unter besonderen Bedingungen

Nicht selten kommt es vor, dass unter besonderen Bedingungen betoniert werden muss. Solche Bedingungen liegen vor z. B. bei kühler Witterung und bei der Herstellung von massigen Bauteilen (Massenbeton).

Bild 1: Recyclinganlage eines Betonwerkes

Betonieren bei kühler Witterung und bei Frost

Die Umgebungstemperatur des Betons hat auf die Festigkeitsentwicklung des Betons einen erheblichen Einfluss. Bei niedrigen Betontemperaturen erhärtet der Beton langsamer als bei mittleren. So benötigt z. B. ein Beton, der bei 5 °C gelagert wird, etwa die doppelte Zeit, bis er die gleiche Festigkeit erreicht hat, wie ein Beton mit einer Lagerungstemperatur von 20 °C.

Treten Temperaturen unterhalb des Gefrierpunktes auf, so kann die Hydratation zum Stillstand kommen. Außerdem dehnt sich das nicht gebundene Wasser im Frischbeton nach mehrfachen Frost-Tauwechseln aus. Die Folge sind Gefügelockerungen, Festigkeitsverluste und Frostabsprengungen. Ist der Beton bereits soweit erhärtet, dass seine Druckfestigkeit mehr als 5 N/mm² beträgt, so ist er gegenüber einmaligem Gefrieren ausreichend widerstandsfähig. Die Ausschalfrist ist jedoch um die Zeitspanne zu verlängern, in der die Betontemperatur unter 0 °C abgesunken war. Daher muss dafür gesorgt werden, dass der Beton gerade bei niedrigen Temperaturen zügig erhärtet und ein Durchfrieren erst dann eintritt, wenn der Beton genügend Festigkeit aufweist. Der Beton ist einen Monat lang vor Schnee und Regen zu schützen und darf im ersten Winter nicht mit Streusalz in Verbindung kommen.

Nach DIN 1045 darf die Temperatur des Frischbetons in Abhängigkeit von der Lufttemperatur und der Zementmenge bzw. der Zementart bestimmte Werte nicht unterschreiten (**Tabelle 1**).

Bei Maßnahmen zur Erwärmung des Frischbetons, außer Dampfzuführung, darf die Temperatur des Frischbetons jedoch +30 °C nicht überschreiten. Die Frischbetontemperatur muss also mindestens +5 °C betragen und darf +30 °C nicht überschreiten. Betontemperaturen über +30 °C führen zu einem schnellen Ansteifen und Erstarren, zu schlechter Verarbeitbarkeit, zu größerem Schwinden, zu höheren Frühfestigkeiten und zu geringer Endfestigkeit.

Zum Schutz des frischen Betons sind darum folgende Maßnahmen zu ergreifen:

Tabelle 1: Erforderliche Temperaturen des Frischbetons

Zementgehalt/-art	Lufttemperatur	Frischbetontemperatur
> 240 kg/m³	+5 °C bis −3 °C	> +5 °C bis ≤ +30 °C
< 240 kg/m³ oder NW-Zemente	+5 °C bis −3 °C	≥ +10 °C bis ≤ +30 °C
allgemein	< −3 °C	+10 °C bis ≤ +30 °C

Zusätzlich gilt:
Frischbeton darf erst dann durchfrieren, wenn seine Temperatur vorher 3 Tage lang +10 °C nicht unterschritten hat oder seine Druckfestigkeit ≥ 5 N/mm² beträgt.

Maßnahmen bei der Betonherstellung

- Das Zugabewasser bzw. die Gesteinskörnung sind zu erwärmen. Nie gefrorene Gesteinskörnung verwenden!
- Es sind Zemente höherer Festigkeitsklassen zu verwenden. Diese erhärten schneller und entwickeln mehr Wärme als Zemente niedriger Festigkeitsklassen.
- Der Zementgehalt ist zur Beschleunigung der Festigkeitsentwicklung zu erhöhen.
- Der Wasserzementwert ist herabzusetzen. Das führt zu schnellerem Erstarren und Erhärten bei gleichzeitig höherer Wärmeentwicklung.
- In besonderen Fällen sind Erstarrungsbeschleuniger (BE) nach vorheriger Eignungsprüfung zuzugeben. Bei Spannbeton sind allerdings chlorhaltige Erstarrungsbeschleuniger verboten.

Maßnahmen bei Transport und Einbringung

- Die Transportgeräte sind gegen Wärmeentzug zu dämmen. Transportbänder und offene Rutschen sollen nicht verwendet werden.
- Der vorgewärmte Beton ist möglichst in eine vorgewärmte Schalung einzubauen und sofort zu verdichten.
- Schalungsflächen und Bewehrung sind von Schnee und Eis freizuhalten, z. B. mit Warmluft- oder Flammgeräten, jedoch nie mit Wasserstrahl.
- Es darf nicht gegen gefrorene Bauteile oder gefrorenen Grund betoniert werden.
- Die Betontemperatur ist in den ersten 3 Tagen möglichst auf +10 °C zu halten. Angrenzende Räume sind zu beheizen.

9.2.6.7 Sonderbetoniertechniken

Als Sonderbetoniertechniken bezeichnet man Betonierverfahren, die in einem oder mehreren Teilarbeitsgängen von der üblichen Betonherstellung und Betonverarbeitung abweichen.

Vakuumbeton

Unter Vakuumbeton versteht man ein Betonierverfahren, bei dem im Innern des Betons ein Unterdruck erzeugt wird, während gleichzeitig der atmosphärische Druck auf die Betonoberfläche einwirkt. Dadurch wird dem Frischbeton ein Teil des nicht zur Hydratation erforderlichen Wassers entzogen (**Bild 1**). Durch die besondere Behandlung des Frischbetons wird z. B. die Schwindrissbildung vermindert. Es entstehen dichte und verschleißfeste Betonoberflächen. Außerdem erreicht man durch dieses Verfahren schon sehr früh hohe Festigkeiten, wodurch sich die Ausschalfristen verkürzen, eine frühzeitige Nutzung der Oberfläche möglich ist und der Beton eine hohe Frostbeständigkeit erhält.

Der Frischbeton wird zunächst in üblicher Weise eingebaut, verdichtet und abgezogen. Unmittelbar nach dem Abziehen werden auf der Betonoberfläche Filtermatten aus Kunststoff ausgelegt. Diese haben auf der dem Beton abgewandten Seite luftgefüllte Noppen. Durch winzige Löcher in den Filtermatten wird das überschüssige Wasser abgesogen. Auf die Filtermatten werden „Vakuumteppiche", das sind wasser- und luftundurchlässige, synthetische Spezialgewebe, aufgelegt und mit einer Schlauchleitung an ein Vakuum-Aggregat (Unterdruckpumpe) angeschlossen. Dieses Gerät erzeugt zwischen Betonoberfläche und Vakuumteppich einen Unterdruck. Aus der Differenz zwischen Unterdruck und normalem Luftdruck ergibt sich ein Druck von etwa 0,09 N/mm², der den Beton zusammendrückt. Das überschüssige Wasser wird über Dränkanäle, die sich zwischen Vakuumteppich und Filtermatten bilden, durch die Löcher gepresst. Über die Schlauchleitung wird es zur Vakuumpumpe geleitet und in einem Behälter aufgefangen. Nach Entfernen der Vakuumanlage wird die Betonoberfläche geglättet und nachbehandelt (**Bild 2**).

Angewendet wird dieses Verfahren z. B. bei der Herstellung der Fahrbahnplatten von Brücken sowie verschleißfester Böden im Industrie- und Verwaltungsbau und in Parkhäusern. Der Einbau eines Estrichs entfällt wegen der hohen Qualität der Oberfläche. Durch die geringe Wassereindringtiefe eignet sich dieses Verfahren auch zum Bau von Kläranlagen und Reinwasserspeichern.

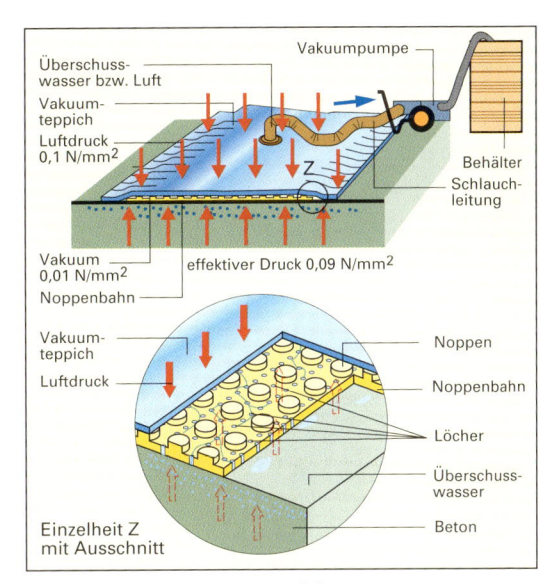

Bild 1: Prinzip des Vakuumverfahrens

Einbringen des Betons und Abziehen

Auslegen von Filtermatte und Vakuumteppich

Glätten der bearbeiteten Oberfläche

Bild 2: Arbeitsschritte beim Vakuumverfahren

Unterwasserbeton

Unterwasserbeton wird eingesetzt bei Betonierarbeiten in ruhig stehendem Wasser. Der Frischbeton muss unter Wasser so eingebaut werden, dass vor dem Erhärtungsbeginn kein Auswaschen des Zementleims oder der Feinstteile stattfinden kann. Erforderlich ist ein gut zusammenhaltender Beton mit einem Mindestzementgehalt von 350 kg/m^3, einem w/z-Wert ≤ 0,60 und einer weich bis fließfähigen Konsistenz. Im Allgemeinen werden für diesen Beton Zemente der Festigkeitsklasse ≥ 42,5 R verwendet. Bei einer geeigneten Kornzusammensetzung ist dieser Beton wasserundurchlässig. Wegen der Gefahr einer starken Wasseranreicherung im oberflächennahen Bereich des Frischbetons darf dieser nicht verdichtet werden.

Der Einbau muss zügig mit gleichmäßigem Betonfluss erfolgen. Unterwasserbeton kann z. B. im Pumpverfahren eingebracht werden (**Bild 1**). Bei diesem Verfahren wird durch den Druck einer Betonpumpe der Frischbeton jeweils in die bereits vorhandene Betonmasse hineingedrückt. Man verwendet dazu leistungsstarke Betonpumpen mit Knickausleger. Damit der Auslauf an der Baugrubensohle erfolgt, wird am Schlauchende ein Stahlrohr befestigt, dessen Länge größer ist als die Wassertiefe. Dadurch wird verhindert, dass die Förderleitung durch den Pumpendruck aus der Betonmasse herausgehoben wird (**Bild 2**). Der Betonierfortschritt wird mithilfe einer Peileinrichtung z. B. mit Laser überwacht.

Angewendet wird Unterwasserbeton für Bauwerke und Bauwerksteile, für die eine Wasserhaltung unzweckmäßig ist. Das Anwendungsgebiet umfasst z. B. die Herstellung von Sohlplatten bei Tunnel- und Hafenanlagen, das Betonieren von Bohrpfählen im Grundwasserbereich, bei Uferbefestigungen und Kläranlagen.

Bild 1: Einbau von Unterwasserbeton

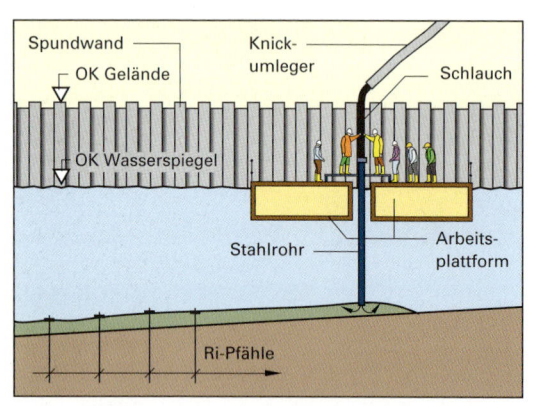

Bild 2: Einbau von Unterwasserbeton (schematisch)

Spritzbeton

Spritzbeton kann z. B. im Trockenspritzverfahren (Torkretieren) und im Nassspritzverfahren eingebracht werden. Beim **Trockenspritzverfahren** wird ein Trockengemisch aus Zuschlag und Zement im Luftstrom durch Schläuche gedrückt, vor dem Austreten mit Wasser vermengt und unter Schleuderdruck auf die vorbereitete Auftragsfläche gespritzt.

Beim **Nassspritzverfahren** wird anstelle eines Trockengemisches ein fertig gemischter Beton verwendet. Spritzbeton eignet sich zum Auftragen dünner Betonschichten auf Flächen jeder Neigung, z. B. bei Sanierungsarbeiten, zur Sicherung von Böschungen und im Tunnelbau (**Bild 3**).

Bild 3: Nassspritzverfahren im Tunnelbau

9.3 Festbeton

Unter Festbeton versteht man den erhärteten Beton. Er muss den für das Bauteil vorher festgelegten Anforderungen entsprechen **(Bild 1)**.

9.3.1 Eigenschaften

Beton hat die Aufgabe, Lasten zu übertragen. Gefordert wird daher eine der Beanspruchung entsprechende Druckfestigkeit. Wird Beton durch Biegung auf Zug belastet, bekommt er Risse oder bricht. Formänderungen unter Belastung bezeichnet man als **Kriechen,** Formänderungen aufgrund der Volumenverringerung des Betons während des Hydratationsvorgangs als **Schwinden**.

Um die Widerstandsfähigkeit gegenüber Rissbildung durch Formveränderungen zu verbessern, kann **Faserbeton** eingesetzt werden.

Hierbei handelt es sich um Beton, bei dem zusätzlich zur Gesteinskörnung Fasern beigemischt werden. Als Fasern verwendet man Stahlfasern, Fasern aus Faserbeton, Glasfasern, Kunststofffasern oder Kohlenstofffasern.

Diese Fasern können zwar die Bewehrung nicht ersetzen, vermindern jedoch die Rissbildung und erhöhen die Zugfestigkeit des Betons oder der Gesteinskörnung.

Das Gefüge des Betons soll so dicht sein, dass Korrosionsschutz gewährleistet ist. Bei Verwendung von Beton für Außenbauteile wird **Frostbeständigkeit** gefordert. Bei guter Verdichtung ist der Porengehalt im Beton zwar gering, **Wasserundurchlässigkeit** lässt sich zielsicher z. B. nur durch Zugabe von Zusatzmitteln und Zusatzstoffen und Auswahl der Gesteinskörnung eines geeigneten Sieblinienbereiches erreichen.

Beton hat wegen seiner großen Rohdichte eine schlechte Wärmedämmfähigkeit, jedoch eine gute Luftschalldämmung. Sein starres Gefüge bewirkt eine unzureichende Körper- und Trittschalldämmung von Bauteilen, z. B. bei Geschossdecken im Wohnungsbau.

Die **Druckfestigkeit** ist die wichtigste Eigenschaft des Betons. Diese ist von der Zementfestigkeitsklasse, dem Wasserzementwert und der Kornzusammensetzung der Gesteinskörnung abhängig. Beton aus grobkörniger Gesteinskörnung hat weniger Berührungsstellen der Körner, und es entstehen mehr Hohlräume (Haufwerksporen), als bei Beton aus gemischtkörniger Gesteinskörnung. Diese müssen mit Zementleim ausgefüllt werden. Es ist darum eine Kornzusammensetzung der Regelsieblinie Bereich 3 anzustreben, weil dann bei möglichst vielen Berührungspunkten der Gesteinskörner wenig Luftporen vorhanden sind.

Beton – Einsatz im Hochbau

Beton – Einsatz im Ingenieurbau

Beton – Einsatz im Tiefbau

Bild 1: Beispiele für den Einsatz von Beton

Das Erhärten beginnt 12 Stunden nach dem Mischen des Betons. Nach 3 Tagen hat er, z. B. bei Verwendung von Zement CEM 32,5 R und einer Außentemperatur von +20 °C zwischen 50 % und 60 % seiner Festigkeit erreicht. Nach 7 Tagen beträgt seine Festigkeit 65 % bis 85 % und nach 28 Tagen muss der Beton seine **Mindestdruckfestigkeit** erreicht haben. Eine weitere Erhärtung ist möglich. Diese wird für die zulässige Beanspruchung des Betons jedoch nicht mehr berücksichtigt.

Betone mit besonderen Eigenschaften

Wenn an Bauteile besondere Anforderungen, wie z. B. Wasserundurchlässigkeit oder Widerstandsfähigkeit gegen chemische Stoffe oder starke mechanische Beanspruchungen, gestellt werden, verwendet man Beton der Expositionsklasse XD, XF, XA oder XM (**Bild 1**).

Wasserundurchlässiger Beton (WU-Beton) für Bauteile mit einer Dicke von etwa 10 cm bis 40 cm muss so dicht sein, dass die Wassereindringungstiefe 50 mm nicht überschreitet. Um dies zu erreichen, darf der Wasserzementwert nicht über 0,60, bei dickeren Bauteilen nicht über 0,70 liegen.

Beton mit hohem Frostwiderstand ist zu verwenden, wenn dieser in durchfeuchtetem Zustand schroffen Frost-Tau-Wechseln ausgesetzt ist. Wenn die Bauteile zusätzlich noch durch Tausalze beansprucht werden, verwendet man **Beton mit hohem Frost- und Tausalzwiderstand**. In beiden Fällen ist wasserundurchlässiger Beton notwendig. Die Gesteinskörnung muss erhöhten Frostwiderstand (eF) aufweisen. Der Wasserzementwert darf die in der Norm festgelegten Grenzwerte nicht überschreiten. Gegebenenfalls ist eine begrenzte Zugabe von luftporenbildenden Betonzusatzmitteln erforderlich. Für Beton, der einem starken Frost-Tausalz-Angriff, wie z. B. bei Betonfahrbahnen und Parkdecks, ausgesetzt ist, sind Zementarten CEM I, CEM II der Festigkeitsklasse 32,5 N oder CEM III der Festigkeitsklasse 42,5 N zu verwenden.

Beton mit hohem Widerstand gegen chemische Angriffe wird festgelegt durch die Dichte und den w/z-Wert des Betons. Bei starker SO_4-Belastung der Bauteile, z. B. durch Rauchgase, schadstoffbelastete Böden und Industrieabwässer, wird Zement mit hohem Sulfatwiderstand gefordert.

Beton für hohe Gebrauchstemperaturen bis 250 °C ist mit Gesteinskörnungen herzustellen, die eine möglichst kleine Wärmeausdehnung haben, z. B. mit Kalkstein. Der Beton ist doppelt so lange nachzubehandeln, wie dies unter ungünstigsten Bedingungen gefordert wird. Vor der ersten Erhitzung soll der Beton ausgetrocknet sein.

Zur Vermeidung von Rissen soll die erste Erhitzung langsam erfolgen.

Klärbecken aus wasserundurchlässigem Beton

Fahrbahn aus Beton mit hohem Frost-Tausalz-Widerstand

Klärschlamm-Faulbehälter aus Beton mit hohem Widerstand gegen chemische Angriffe

Bild 1: Einsatz von Beton mit besonderen Eigenschaften

Beton mit hohem Verschleißwiderstand muss besonders starker mechanischer Beanspruchung standhalten, z. B. durch starken Verkehr, rutschendes Schüttgut, durch stark strömendes und Feststoffe führendes Wasser sowie häufige Stöße durch die Bewegung schwerer Gegenstände **(Bild 1)**.

Die Körner der Gesteinskörnung bis 4 mm Korngröße müssen übrwiegend aus Quarz oder aus Stoffen mindestens gleicher Härte bestehen. Für das gröbere Korn sollen Gestein oder künstlich hergestellte Stoffe mit hohem Verschleißwiderstand verwendet werden. Bei besonders hoher Beanspruchung sind Hartstoffe geeignet, wie z. B. Metallschlacken oder Metallspäne. Bei allen Gesteinskörnungen wird eine mäßig raue Obrfläche und eine gedrungene Form der Körner gefordert. Die Gesteinskörnung soll möglichst grobkörnig sein und nahe der Sieblinie A oder bei Ausfallkörnung zwischen den Sieblinien B und U liegen. Der Beton ist nach dem Einbau mindestens doppelt so lange wie üblicherweise gefordert nachzubehandeln.

Bild 1: Lagerhallenboden aus verschleißfestem Beton

9.3.2 Festbetonklassifizierung

Neben der Klassifizierung des Betons nach der Rohdichte und der Konsistenz wird der Beton nach der Druckfestigkeit (Druckfestigkeitsklassen) und den Umgebungsbedingungen (Expositionsklassen) eingeteilt.

9.3.2.1 Druckfestigkeitsklassen

Die geforderte Mindestdruckfestigkeit richtet sich nach den Anforderungen an den Beton im Bauteil. In DIN EN 206 wird Beton mit C (Concrete) abgekürzt und die Betone in **Festigkeitsklassen** eingeteilt **(Tabelle 1)**. Die Zuordnung des Betons in die jeweilige Festigkeit erfolgt durch **Festigkeitsprüfungen** an erhärteten Probekörpern nach 28 Tagen Lagerung. Nach DIN 1045 wird die Druckfestigkeit an Probewürfeln mit einer Kantenlänge von 150 mm festgestellt, wenn nichts anderes vereinbart wird. Nach DIN EN 206 sind auch zylindrische Prüfkörper mit 150 mm Durchmesser und 300 mm Höhe zulässig. Die jeweilige Festigkeit wird als charakteristische Festigkeit des Probekörpers angegeben und bei zylindrischen Probekörpern mit $f_{ck,cyl}$ und bei würfelförmigen Probekörpern mit $f_{ck,cube}$ bezeichnet. Es ist diejenige Festigkeit, die erwartungsgemäß nur von 5% aller möglichen Messwerte unterschritten wird.

Tabelle 1: Druckfestigkeitsklassen für Normal- und Schwerbeton nach DIN EN 206					
Druckfestigkeitsklasse	Charakteristische Mindestdruckfestigkeit von Zylindern $f_{ck,cyl}$ N/mm²	Charakteristische Mindestdruckfestigkeit von Würfeln $f_{ck,cube}$ N/mm²	Druckfestigkeitsklasse	Charakteristische Mindestdruckfestigkeit von Zylindern $f_{ck,cyl}$ N/mm²	Charakteristische Mindesdruckfestigkeit von Würfeln $f_{ck,cube}$ N/mm²
C8/10	8	10	C45/55	45	55
C12/15	12	15	C50/60	50	60
C16/20	16	20	C55/67	55	67
C20/25	20	25	C60/75	60	75
C25/30	25	30	C70/85	70	85
C30/37	30	37	C80/95	80	95
C35/45	35	45	C90/105	90	105
C40/50	40	50	C100/115	100	115

9.3.2.2 Expositionsklassen

Betonbauteile sind äußeren Einflüssen ausgesetzt. Diese können zu Schäden am Bauteil führen. Ist z. B. ein Betonbauteil ständiger Feuchtigkeit und Frost ausgesetzt, so wird die dichte Betonstruktur zerstört und die Bewehrung nicht mehr vor Korrosion geschützt. Auch chemische Einflüsse, z. B. Tausalz oder Meerwasser, können Schäden an Bauteilen hervorrufen.

Für die Zusammensetzung des Betons sind daher Einflüsse zu berücksichtigen, denen das spätere Bauteil ausgesetzt ist. Unterschieden werden Einwirkungen auf die Bewehrung im Beton (Bewehrungskorrosion) sowie auf den Beton selbst (Betonangriff). Die unterschiedlichen Umgebungsbedingungen werden nach der Art des schädigenden Einflusses in sieben Klassen eingeteilt. Diese bezeichnet man als **Expositionsklassen**, abgekürzt X **(Tabelle 1)**.

1. Kein Korrosions- oder Angriffsrisiko (XO = **O**hne Angriff),
2. Bewehrungskorrosion, ausgelöst durch Karbonatisierung (XC = **C**arbonation),
3. Bewehrungskorrosion, verursacht durch Chloride, ausgenommen Meerwasser (XD = **D**eicing Salt),
4. Bewehrungskorrosion, verursacht durch Chloride aus Meerwasser (XS = **S**eawater),
5. Frostangriff mit oder ohne Taumittel (XF = **F**reezing),
6. Chemischer Betonangriff, z. B. durch natürliche Böden oder Abwässer (XA = **C**hemical **A**cid) und
7. Betonangriff durch Verschleißbeanspruchung (XM = **M**ecanical Abrasion).

Ein Betonbauteil kann jedoch auch mehreren Einflüssen ausgesetzt sein. Dies kann dann durch die Kombination von Expositionsklassen ausgedrückt werden.

Damit der Beton für ein Bauteil die gewünschte Eigenschaft erreicht, legt DIN 1045 Grenzwerte für den Mindestzementgehalt und höchstzulässige w/z-Werte für die zu verwendenden Druckfestigkeitsklassen fest **(Tabelle 1)**.

Tabelle 1: Expositionsklassen und Grenzwerte für die Zusammensetzung und Eigenschaften von Beton nach DIN 1045

Expositionsklasse	Beschreibung der Umgebung	Druckfestigkeitsklasse	Mindestzementgehalt in kg/m³	Höchstzulässiger w/z-Wert	Bauteile (Beispiele)
1 Kein Korrosions- oder Angriffsrisiko					
XO	für Beton ohne Bewehrung	C8/10	–	–	Fundamente (ohne Frosteinwirkung), Innenbauteile, unbewehrt
2 Bewehrungskorrosion, ausgelöst durch Karbonatisierung					
XC1	trocken/ständig nass	C16/20	240	0,75	Innenbauteile mit üblicher Luftfeuchte einschließlich Küchen, Bäder und Waschküchen, bewehrt
XC2	nass, selten trocken	C16/20	240	0,75	Fundamente, Kellerwände im Erdbereich unter GOK, bewehrt, Sohlplatten (ohne Frosteinwirkung)
XC3	mäßige Feuchte	C20/25	260	0,65	Bauteile mit Zugang der Außenluft, bewehrt
XC4	wechselnd nass und trocken	C20/25	280	0,60	Bauteile im Freien, bewehrt, Bauteile mit hohem Wassereindringwiderstand, Kellerwände über GOK
3 Bewehrungskorrosion, verursacht durch Chloride, ausgenommen Meerwasser					
XD1	mäßige Feuchte	C30/37	300	0,55	Bauteile im Freien, mit Einwirkung von Frost (horizontal), Tausalzsprühnebel
XD2	nass, selten trocken	C35/45	320	0,50	
XD3	wechselnd nass und trocken	C35/45	320	0,45	Bauteile im Freien, mit Einwirkung von Frost (vertikal), Tausalzsprühnebel

Tabelle 1: Expositionsklassen und Grenzwerte für die Zusammensetzung und Eigenschaften von Beton nach DIN 1045 (Fortsetzung)

Expositionsklasse	Beschreibung der Umgebung	Druckfestigkeitsklasse	Mindestzementgehalt in kg/m^3	Höchstzulässiger w/z-Wert	Bauteile (Beispiele)
4 Bewehrungskorrosion, verursacht durch Chloride aus Meerwasser					
XS1	salzhaltige Luft, aber kein unmittelbarer Kontakt mit Meerwasser	C30/37	300	0,55	Außenbauteile in Küstennähe, z. B. Wehr- und Sperrwerkspfeiler
XS2	unter Wasser	C35/45	320	0,50	Bauteile in Hafenanlagen, die ständig unter Wasser liegen, z. B. Sperrwerkssohlen
XS3	Tidebereiche, Spritzwasser- und Sprühnebelbereiche	C35/45	320	0,45	Kaimauern in Hafenanlagen, Schleusenwände
5 Frostangriff mit und ohne Taumittel					
XF1	mäßige Wassersättigung, ohne Taumittel	C25/30	280	0,60	Außenbauteile
XF2	mäßige Wassersättigung, mit Taumittel	C25/30	300	0,55	Bauteile im Sprühnebel- oder Spritzwasserbereich von Taumittel behandelten Verkehrsflächen, soweit nicht XF4, Bauteile im Sprühnebelbereich von Meerwasser
		C35/45	320	0,50	
XF3	hohe Wassersättigung, ohne Taumittel	C25/30	300	0,55	offene Wasserbehälter, Bauteile in der Wasserwechselzone von Süßwasser
		C35/45	320	0,50	
XF4	hohe Wassersättigung, mit Taumittel	C30/37	320	0,50	Verkehrsflächen, die mit Taumittel behandelt werden, überwiegend horizontale Bauteile im Spritzwasserbereich von Taumittel behandelten Verkehrsflächen
6 Betonkorrosion durch chemischen Angriff					
XA1	chemisch schwach angreifende Umgebung	C25/30	280	0,60	Kellerwände im Erdreich und wasserundurchlässige Baukörper mit schwachem chemischen Angriff, Behälter von Kläranlagen, Güllebehälter
XA2	chemisch mäßig angreifende Umgebung	C35/45	320	0,50	Kellerwände im Erdreich und wasserundurchlässige Baukörper mit mäßigem chemischen Angriff, Betonbauteile, die mit Meerwasser in Berührung kommen
XA3	chemisch stark angreifende Umgebung	C35/45	320	0,45	Industrieabwasseranlagen mit chemisch angreifenden Abwässern, Gärfuttersilos, Kühltürme mit Rauchgasableitung
7 Betonkorrosion durch Verschleißbeanspruchung					
XM1	mäßige Verschleißbeanspruchung	C30/37	300	0,55	Tragende oder aussteifende Industrieböden mit Beanspruchung durch luftbereifte Fahrzeuge
XM2	starke Verschleißbeanspruchung	C30/37	300	0,55	Tragende oder aussteifende Industrieböden mit Beanspruchung durch luft- oder vollgummibereifte Gabelstapler
		C35/45	320	0,45	
XM3	sehr starke Verschleißbeanspruchung	C35/45	320	0,45	Oberflächen, die häufig mit Kettenfahrzeugen befahren werden

9.4 Qualitätssicherung

Zur Sicherung der Qualität des Betons unterliegt dieser einer ständigen Kontrolle. Die Kontrolle des Betons erfolgt sowohl im Transportbetonwerk als auch durch das Bauunternehmen. Dazu können eigene Prüfstellen (Eigenüberwachung) eingerichtet werden **(Bild 1)**. Daneben kann als Fremdüberwachung eine anerkannte Prüfstelle mit der Überwachung beauftragt werden. Die Qualitätssicherung umfasst die Produktionskontrolle und die Konformitätskontrolle.

9.4.1 Produktionskontrolle

Bei der Produktionskontrolle im Transportbetonwerk werden in einer **Erstprüfung** durch eine anerkannte Überwachungsstelle die Eignung des Personals, die Lagerung der Ausgangsstoffe sowie die Dosierungs- und Mischeinrichtungen überprüft. Auch die Einrichtungen zur Durchführung von Betonprüfungen werden kontrolliert.

In einem Bewertungsbericht werden die Ergebnisse der Kontrolle aufgezeichnet. Werden alle Anforderungen an die Herstellung von Beton erfüllt, so erhält das Transportbetonwerk eine **Zertifizierung des Betons** durch eine Zertifizierungsstelle (Bild 2). In **Regelüberwachungen** wird überprüft, ob die Voraussetzungen für eine normgerechte Produktion aufrecht erhalten bleibt.

Bild 1: Prüfstelle eines Transportbetonwerks

9.4.2 Konformitätskontrolle

Zur Produktionskontrolle im Transportbetonwerk gehört auch die Überwachung des hergestellten Betons in Form einer Konformitätskontrolle. Hierbei wird überprüft, ob der hergestellte Beton mit der Festlegung übereinstimmt. Geprüft wird nach genormten Prüfverfahren nach einem vorher festgelegten Prüfplan. Unterschieden wird dabei die Konformitätskontrolle des Betons nach Eigenschaften und der Konformitätskontrolle des Betons nach Zusammensetzung und Standardbeton. Dabei werden überprüft:

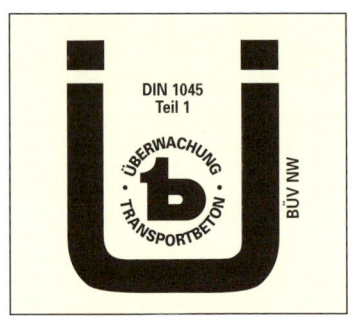

Bild 2: Zertifizierungszeichen

für Beton nach Eigenschaften:	
• Druckfestigkeit,	• Zementgehalt,
• Spaltzugfestigkeit,	• Konsistenz,
• Rohdichte,	• Luftporengehalt,
• Wasserzementwert,	• Chloridgehalt.

für Beton nach Zusammensetzung und Standardbeton:	
• Zementgehalt,	• Wasserzementwert,
• Nennwert des Größtkorns,	• Gehalt an Zusatzstoffen-/Zusatzmitteln,
• Kornverteilung oder Sieblinie,	• Konsistenz.

Auf der Baustelle muss nach DIN 1045 das Unternehmen neben der Überwachung z. B. von Gerüsten, Schalungen und Bewehrung auch eine Konformitätskontrolle des gelieferten Betons durchführen.

Beim Einbau von Standardbeton beschränkt sich die Überwachung auf den richtigen Einbau und die Überprüfung der Lieferscheine.

Wird Beton nach Zusammensetzung oder Beton nach Eigenschaften eingebaut, so müssen einerseits die Betoneigenschaften und andererseits der fachgerechte Einbau des Betons kontrolliert werden. Die Art der Überwachung und deren Häufigkeit ist abhängig von der jeweiligen **Überwachungsklasse (Tabelle 1)**.

Tabelle 1: Überwachungsklassen für Normal- und Schwerbeton nach DIN 1045

	Überwachungsklasse 1	Überwachungsklasse 2	Überwachungsklasse 3
Druckfestigkeitsklasse	≤ C25/30	≥ C30/37 und ≤ C50/60	≥ C55/67
Expositionsklasse	X0, XC, XF1	XS, XD, XA XM ≥ XF2	–
Besondere Eigenschaften		z. B. WU-Beton, Unterwasserbeton	–

9.4.2.1 Konformitätskontrolle für Frischbeton

Die Überwachung der Konformität des Betons mit dem gelieferten Beton findet sowohl im Betonwerk als auch auf der Baustelle statt. Die Art, der Umfang und der Zeitpunkt der Prüfung ist in DIN 1045 festgelegt und richtet sich nach der Art der Festlegung des Betons und der Überwachungsklasse **(Tabelle 2)**. Das Unternehmen muss dabei über eine ständige Überwachungsstelle (Eigenüberwachung) verfügen. Die Eignung unterliegt der Kontrolle durch eine anerkannte Prüfstelle (Fremdüberwachung).

Tabelle 1: Umfang und Häufigkeit der Frischbetonprüfung nach DIN 1045				
Gegenstand	Prüfverfahren	Häufigkeit der Prüfung für Überwachungsklasse		
		1	2	3
Lieferschein	Augenscheinprüfung	jedes Lieferfahrzeug		
Konsistenz	Augenscheinprüfung	Stichprobe	beim ersten Einbringen, bei der Herstellung von Prüfkörpern, in Zweifelsfällen	
	nach DIN EN 12350	nur in Zweifelsfällen		
Frischbetonrohdichte	nach DIN EN 12350	bei der Herstellung von Prüfkörpern und in Zweifelsfällen		
Gleichmäßigkeit des Betons	Augenscheinprüfung	Stichprobe	jedes Lieferfahrzeug	
	Eigenschaftsvergleich	nur in Zweifelsfällen		

Wird Beton nach Zusammensetzung als Transportbeton an die Baustelle geliefert, so erfolgt die Durchführung der Prüfung des Betons durch den Unternehmer wie die Prüfung des Betons nach Eigenschaften im Betonwerk.

9.4.2.2 Konformitätsprüfung für Festbeton

Die durchzuführenden Güteprüfungen dienen dem Nachweis, dass der für den Einbau hergestellte Beton die geforderten Eigenschaften erreicht. Die Erhärtungsprüfung gibt einen Anhalt über die Festigkeit des Betons im Bauwerk zu einem bestimmten Zeitpunkt. Sie wird mit Probekörpern oder am Bauteil selbst durchgeführt.

Erhärtungsprüfung mit Probekörpern

Bei der Festigkeitsprüfung nach DIN EN 12390 werden Probekörper in einer Presse bis zu ihrer Zerstörung belastet. An einer Messuhr oder einem Display kann die zur Zerstörung notwendige Kraft abgelesen werden **(Bild 1)**. Daraus lässt sich die Druckfestigkeit, d.h. das Verhältnis von Kraft zur Flächeneinheit in N/mm², ermitteln. Die Druckfestigkeit ist an mehreren Probekörpern festzustellen.

Bild 1: Erhärtungsprüfung

Probekörper sind in der Regel Würfel mit einer Kantenlänge von 15 cm. Im Geltungsbereich der DIN EN 206 sind auch zylindrische Probekörper mit 150 mm Durchmesser und 300 mm Länge zur Prüfung zugelassen **(Bild 2)**.

Die nach dem Abdrücken festgestellte Würfeldruckfestigkeit wird mit $f_{ck,cube}$ bezeichnet. Bei Verwendung von zylindrischen Probekörpern wird sie mit $f_{ck,cyl}$ bezeichnet. Die Druckfestigkeitsprüfung wird in der Regel nach 28 Tagen durchgeführt. Dieser Wert ist für die Einteilung des Betons in die Festigkeitsklassen maßgebend.

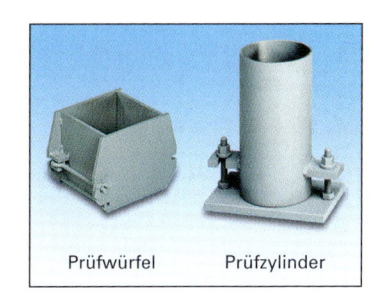

Prüfwürfel   Prüfzylinder

Bild 2: Formen für Prüfkörper

Betonfamilien

Die Überwachung des Betons kann vereinfacht und verbessert werden, wenn man Betone zu Betonfamilien zusammenfasst. Dies gilt insbesondere bei der Verwendung zahlreicher Betone unterschiedlicher Zusammensetzung. Veränderungen der Eigenschaften bei der Produktion können frühzeitiger erkannt werden als dies bei getrennter Prüfung einzelner Betone möglich ist. Grundlage zur Bildung einer Betonfamilie sind z. B. die Verwendung von Zementen gleicher Art, Festigkeitsklasse und Herkunft, Gesteinskörnungen gleicher Art und Herkunft. Auch Betone mit einem begrenzten Bereich von Festigkeitsklassen, z. B. C8/10 bis C25/30, können zu einer Betonfamilie zusammengefasst und zueinander in Beziehung gesetzt werden. Dazu ist für jede Betonfamilie ein Referenzbeton festzulegen, auf dessen Prüfergebnisse die Ergebnisse der anderen Mitglieder der Familie umgerechnet werden müssen.

Bild 1: Entnahme eines Bohrkerns

Erhärtungsprüfung an Bauteilen

Soll die Druckfestigkeit des Betons am bereits fertigen Bauteil geprüft werden, können Proben herausgestemmt und in Würfelform geschnitten werden. Eine weitere Möglichkeit besteht darin, zylinderförmige Probekörper als Bohrkerne dem Bauteil zu entnehmen (**Bild 1**). Diese werden nach Abgleichen der Oberfläche zur Feststellung der Druckfestigkeit abgepresst.

Bei der zerstörungsfreien Prüfung wird am fertigen Bauteil mit dem Rückprallhammer die Oberflächenhärte ermittelt. Dabei ist der vorne herausragende Schlagbolzen möglichst rechtwinklig zur Betonoberfläche anzusetzen (**Bild 2**). Diese ist vorher gegebenenfalls abzuschleifen. Durch Druck gegen den Beton wird eine Feder gespannt, die den Schlagbolzen auslöst und gegen den Beton schlagen lässt. Der Bolzen prallt zurück. Bei noch angedrücktem Rückprallhammer wird die Rückprallstrecke abgelesen.

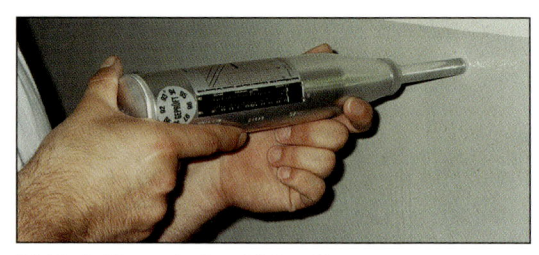

Bild 2: Prüfung mit dem Rückprallhammer

Je größer die Rückprallstrecke, desto härter ist der Beton. Bei diesem Prüfverfahren schließt man von der Oberflächenhärte auf die Druckfestigkeit des Betons.

Aufgaben

1 Erläutern Sie den Erhärtungsvorgang und die Festigkeitsentwicklung des Betons.

2 Welche Bedeutung hat eine zu hohe Zugabewassermenge für die Eigenschaften des Betons?

3 Durch welche Möglichkeiten kann die Konsistenz eines Betons verändert werden?

4 Welche Prüfverfahren eignen sich für die Überprüfung der plastischen Konsistenz, welche für sehr steife Konsistenz?

5 Begründen Sie die Tatsache, dass die Bestandteile des Betons nach Masseteilen und nicht nach Raumteilen zugegeben werden.

6 Nach welchen Gesichtspunkten erfolgt die Auswahl eines geeigneten Betons?

7 Welche Bedeutung hat in diesem Zusammenhang die Zuordnung eines Betons zu einer Expositionsklasse?

8 Welche Maßnahmen sind bei der Übergabe von Transportbeton auf der Baustelle erforderlich?

9 Welche Bedeutung hat die Zuordnung einer Baustelle zu einer Überwachungsklasse?

10 Erläutern Sie die Maßnahmen, die vor dem Einbringen des Betons erforderlich sind.

11 Worauf ist beim Verdichten des Betons zu achten?

12 Welche Bedeutung hat das Nachbehandeln des Betons?

13 Erläutern Sie die Möglichkeiten der Nachbehandlung des Betons.

14 Welche Vorteile bietet das Vakuumverfahren?

15 Was versteht man unter Standardbeton?

16 Zu welchem Zeitpunkt erfolgt die Druckfestigkeitsprüfung?

9.5 Leichtbeton

Beton mit einer Trockenrohdichte von höchstens 2,0 kg/dm³ und einer Gesteinskörnung aus dichtem oder porigem Gefüge wird in DIN 1045 als Leichtbeton mit der Kurzbezeichnung LB, in EN 206 mit der Kurzbezeichnung LC bezeichnet. Leichtbeton besitzt gegenüber Normalbeton einen erheblich größeren Porenanteil. Außerdem unterscheidet dieser sich von Normalbeton durch seine Zusammensetzung und seine Eigenschaften.

9.5.1 Leichtbetonarten

Den unterschiedlichen Verwendungszwecken entsprechend gibt es verschiedene Leichtbetonarten mit unterschiedlicher Art der Porigkeit (**Bild 1**). Dazu gehören Porenbeton, haufwerksporiger Leichtbeton mit dichter oder poriger Gesteinskörnung und Leichtbeton mit dichtem Gefüge und poriger Gesteinskörnung.

Bild 1: Leichtbeton mit unterschiedlicher Porigkeit

Porenbeton

Aus **Porenbeton** werden z. B. Mauersteine, Bauplatten und bewehrte Decken- oder Dachplatten hergestellt (**Bild 2**).

Haufwerksporiger Leichtbeton

Haufwerksporiger Leichtbeton entsteht durch Verwendung von Gesteinskörnungen mit gleicher Korngröße oder mit einer kleinen Abstufung der Korngröße. Die Zementleimmenge wird so bemessen, dass sie zur Umhüllung der Gesteinskörner ausreicht. Die Porenräume zwischen den Gesteinskörnern werden nicht gefüllt.

Haufwerksporiger Leichtbeton mit porigen Gesteinskörnungen wird wegen der guten wärmedämmtechnischen Eigenschaften und des geringen Gewichts bei der Herstellung von Stahlleichtbetondielen für Dach- und Deckenplatten, Mauersteinen und Wandplatten für leichte Trennwände eingesetzt.

Haufwerksporiger Leichtbeton mit dichter Gesteinskörnung dient zur Herstellung z. B. von Sickerrohren und Mauersteinen.

Bild 2: Verlegen von Porenbetondachplatten

Leichtbeton und Stahlleichtbeton mit dichtem Gefüge und porigen Gesteinskörnungen

Leichtbeton mit dichtem Gefüge und porigen Gesteinskörnungen ist nach DIN 4219 genormt und wird im Wohnungsbau als unbewehrter Leichtbeton, Stahlleichtbeton und Spannleichtbeton verwendet. Stahlleichtbeton und Spannleichtbeton werden auch als Konstruktionsleichtbeton bezeichnet. Aus Leichtbeton mit dichtem Gefüge werden Wandelemente, Wände und Decken gefertigt. Wegen des geringen Gewichts lassen sich auch Bauteile mit größeren Abmessungen als Fertigteile herstellen (**Bild 3**).

9.5.2 Zusammensetzung

Leichtbeton mit dichtem Gefüge und porigen Gesteinskörnungen wird aus Leichtgesteinskörnungen (Seite 100), Zement und Zugabewasser hergestellt. Die Zusammensetzung des Leichtbetons erfolgt immer aufgrund einer Eignungsprüfung. Das Größtkorn der Leichtgesteinskörnungen ist auf einen Korndurchmesser von 25 mm be-

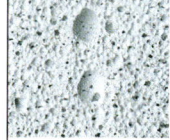

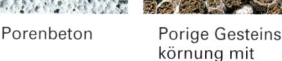

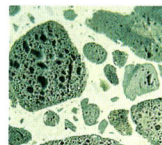

Bild 3: Bauteile aus Konstruktionsleichtbeton

schränkt. Für Leichtbeton höherer Festigkeit verwendet man nur Korngrößen bis 16 mm.

Die Leichtgesteinskörnung wird getrennt nach Korngruppen zugegeben. Ersetzt man einen Teil der groben Gesteinskörnung durch feine Leichtgesteinskörnung (Leichtsand) oder durch Natursand, kann eine weitere Steigerung der Druckfestigkeit erreicht werden. Allerdings erhöht sich dadurch auch die Rohdichte des Leichtbetons (**Tabelle 1**).

Der Zementgehalt bei unbewehrtem Beton muss aus Gründen der Verarbeitbarkeit je m³ verdichteten Beton mindestens 200 kg betragen. Durch eine Erhöhung des Zementgehaltes z. B. von 20 % kann die Festigkeit etwa um 10 % gesteigert werden. Wegen der Wärmeentwicklung beim Erhärten in Verbindung mit der geringen Wärmeableitung soll der Zementgehalt 450 kg/m³ nicht überschreiten. Abminderungen der Zementmenge wie sie bei der Zusammensetzung von Normalbeton möglich sind, z. B. bei Zement der Festigkeitsklasse 42,5 R, sind nicht zulässig. Sind Bauteile aus Stahlleichtbeton oder Spannleichtbeton korrosionsfördernden Einflüssen, wie z. B. wechselnder Durchfeuchtung oder aggressiver Gase, ausgesetzt, so muss der Leichtbeton als wasserundurchlässiger Beton hergestellt werden.

Leichtbeton erfordert wegen des starken Saugverhaltens der Gesteinskörnung mehr Zugabewasser als Normalbeton. Die zur Zementerhärtung erforderliche Wassermenge entspricht etwa der des Normalbetons. Zusätzlich muss bei Leichtbeton noch soviel Wasser zugegeben werden wie die Leichtgesteinskörnung in 30 Minuten aufnehmen kann. Bei zu geringer Wassermenge besteht die Gefahr des „Verdurstens". Wegen des Korrosionsschutzes der Bewehrung, die aus Betonstabstählen und Betonstahlmatten hergestellt werden kann, ist eine Mindestzementmenge von 300 kg/m³ fertigen Betons einzuhalten.

Zusatzmittel z. B. Fließmittel müssen wegen der Saugfähigkeit der Gesteinskörner höher dosiert werden als bei Normalbeton.

9.5.3 Eigenschaften

Rohdichte

Stahlleichtbeton und Spannleichtbeton wird in 6 Rohdichteklassen mit Rohdichten zwischen 0,8 kg/m³ und 2,0 kg/m³ eingeteilt. Die Bezeichnung der Rohdichteklassen entspricht der oberen Grenze der jeweiligen Trockenrohdichte (**Tabelle 2**). Diese wird festgestellt an Prüfmischungen, bei denen man Gesteinskörnung verwendet, die bei 105 °C getrocknet wurde.

Wärmedämmfähigkeit

Die Wärmedämmfähigkeit hängt mit der Rohdichte des Leichtbetons zusammen (**Tabelle 3**). Je mehr Luft eingeschlossen ist und je kleiner die Luftporen sind, desto höher ist die Wärmedämmfähigkeit. Sie ist bei Leichtbeton etwa 3- bis 5-mal größer als bei Normalbeton.

Feuerwiderstand

Der Widerstand gegen Feuer beruht auf der Wärmedämmfähigkeit des Leichtbetons. Die Lufteinschlüsse verringern die Wärmeleitfähigkeit und bewirken dadurch einen besseren Schutz der Bewehrungsstäbe vor Überhitzung.

Frost-Tausalzwiderstand

Der Frost-Tausalzwiderstand bei Leichtbeton mit dichtem Gefüge entspricht dem von Normalbeton. Bei offenporigem Leichtbeton kann sich eingedrungenes Wasser beim Gefrieren im Porenraum ausdehnen, ohne Schäden zu verursachen.

Tabelle 1: Anhaltswerte für Festigkeits- und Rohdichteklassen bei Leichtbeton

Festig- keits- klasse	Rohdichteklasse mit Natursand	Rohdichteklasse mit Leichtsand
LC 8/9	–	ab 1,0
LC 8/9	ab 1,4	ab 1,2
LC 16/18	ab 1,4 oder ab 1,6	ab 1,2 oder ab 1,4
LC 25/28	ab 1,6	ab 1,4
LC 35/38	ab 1,4 oder ab 1,6	ab 1,4 oder ab 1,6
LC 40/44	ab 1,6	ab 1,6

Tabelle 2: Rohdichteklassen von Stahlleichtbeton

Rohdichte- klassen	Grenzwerte der Trockenrohdichte in kg/dm³
D 1,0	≥ 0,80 und ≤ 1,00
D 1,2	> 1,00 und ≤ 1,20
D 1,4	> 1,20 und ≤ 1,40
D 1,6	> 1,40 und ≤ 1,60
D 1,8	> 1,60 und ≤ 1,80
D 2,0	> 1,80 und ≤ 2,00

Tabelle 3: Rechenwerte der Wärmeleitfähigkeit

Rohdichte- klassen	Rechenwert der Wärmeleitfähigkeit λ_R in W/mK
D 1,0	0,49
D 1,2	0,62
D 1,4	0,79
D 1,6	1,0
D 1,8	1,3
D 2,0	1,6

Die Werte gelten nur für Gesteinskörnungen mit porigem Gefüge ohne Quarzsandzusatz.

Druckfestigkeit

Während bei Normalbeton die Druckfestigkeit durch die Festigkeit des Zementsteins und nicht durch die Festigkeit der Gesteinskörnung bestimmt wird, hängt die Druckfestigkeit des Leichtbetons von der Festigkeit der Gesteinskörner ab.

Da bei Leichtbeton die Druckfestigkeit des Zementsteins bereits nach 7 Tagen die Druckfestigkeit der Gesteinskörnung erreicht hat, nimmt danach die Druckfestigkeit nur noch unwesentlich zu.

Leichtbeton wird in 14 Festigkeitsgruppen eingeteilt **(Tabelle 1)**.

Tabelle 1: Druckfestigkeitsklassen für Leichtbeton (nach DIN EN 206)

Druckfestigkeitsklasse	Druckfestigkeit von Zylindern $f_{ck, cyl}$	Druckfestigkeit von Würfeln $f_{ck, cube}$	Anwendung	
LC 8/9	8	9	Für unbewehrte Bauteile[1]	Nur bei vorwiegend ruhenden Lasten
LC 12/13	12	13	Unbewehrter Leichtbeton, Stahlleichtbeton	
LC 16/18	16	18		
LC 20/22	20	22		
LC 25/28	25	28		
LC 30/33	30	33		
LC 35/38	35	38	Unbewehrter Leichtbeton, Stahlleichtbeton und Spannleichtbeton	Auch bei nicht vorwiegend ruhenden Lasten
LC 40/44	40	44		
LC 45/50	45	50		
LC 50/55	50	55		
LC 55/60[2]	55	60		
LC 60/66	60	66		
LC 70/77	70	77		
LC 80/88	80	88		

[1] Bei Stahlleichtbeton nur für unbelastete Bauteile
[2] Für hochdruckfesten Leichtbeton

9.5.4 Verarbeitung

Leichtbeton wird wie Normalbeton verarbeitet. Wegen seines geringen Eigengewichts verteilt sich Leichtbeton beim Einbringen in die Schalung nicht so gut wie Normalbeton. Zudem ist seine Oberfläche schwieriger zu glätten als bei Normalbeton. Bei der Verarbeitung von Leichtbeton muss Folgendes beachtet werden:

- Die Betondeckung muss wegen der Porosität der Gesteinskörnung im Allgemeinen 0,5 cm größer sein als bei Normalbeton.
- Die Einbringstellen müssen gegenüber Normalbeton enger beieinander liegen.
- Die einzubringenden Lagen sind in der Höhe auf 50 cm beschränkt.
- Der Abstand der Rüttelstellen ist gegenüber Normalbeton zu halbieren, da sich die Schwingungen im Leichtbeton weniger gut ausbreiten.
- Die Rüttelzeiten sind wegen der Entmischungsgefahr zu verkürzen, da grobe Gesteinskörnung durch Rütteln zum Aufschwimmen neigt.
- Eine sorgfältige Nachbehandlung ist besonders wichtig, weil infolge der geringen Wärmeleitfähigkeit die Hydratationswärme nicht so schnell abgeführt werden kann. Dadurch entsteht zwischen Außenfläche und Kern des Bauteils ein größeres Temperaturgefälle, welches zu Rissbildung führen kann.

Aufgaben

1. Erläutern Sie die unterschiedlichen Leichtbetonarten.
2. Worin unterscheidet sich Leichtbeton von Normalbeton hinsichtlich der Zusammensetzung?
3. Was versteht man unter Konstruktionsleichtbeton?
4. Für welche Anwendungsbereiche eignet sich Leichtbeton?
5. Inwieweit unterscheidet sich Leichtbeton von Normalbeton hinsichtlich der Eigenschaften?
6. Begründen Sie die Regelungen für die Zement- und Wasserzugabe bei Leichtbeton.
7. Worin unterscheidet sich die Festigkeitsentwicklung des Leichtbetons von der des Normalbetons?
8. Erläutern Sie die Regeln, die bei der Verarbeitung von Leichtbeton einzuhalten sind.
9. Begründen Sie die besondere Sorgfalt bei der Nachbehandlung des Leichtbetons.

10 Stahlbetonbau

Unter Stahlbetonbau versteht man das Herstellen von Bauwerken oder Bauteilen aus bewehrtem Beton (**Bild 1**). Stahlbeton kann in Ortbauweise hergestellt oder für Fertigteile verwendet werden. Stahlbetonbauteile müssen ausreichend tragfähig sein und den bauphysikalischen Anforderungen genügen. Außerdem sollen sie ansprechend gestaltet sowie wirtschaftlich in Herstellung und Instandhaltung sein.

10.1 Stahlbeton

Stahlbeton ist ein Verbundbaustoff, dessen Tragfähigkeit durch das Zusammenwirken von Stahl und Beton erreicht wird. Stahleinlagen, die als Bewehrung bezeichnet werden, können aus Betonstabstählen oder Betonstahlmatten bestehen. Die Bewehrung nimmt Zugkräfte auf, erhöht die Druckfestigkeit des Betons und schränkt die Rissbildung am Bauteil ein. Der Beton darf nur Druckkräfte aufnehmen. Er bildet die Form des Bauteils, übernimmt den Rostschutz der Bewehrung und dient dem Brandschutz.

Voraussetzungen für ein dauerhaftes Zusammenwirken von Stahl und Beton sind z. B. gegeben durch:

- etwa gleich große Wärmedehnung von Stahl und Beton im Bereich der Gebrauchstemperaturen,
- den schubfesten Verbund zwischen Beton und Bewehrung infolge Haftverbund (Adhäsion), Reibungsverbund (Reibungswiderstand) und Scherverbund (dübelartige Verzahnung von Stahloberfläche und Beton) und
- den Rostschutz der Bewehrung durch den umgebenden Beton (Betondeckung).

Mindestanforderungen an die Baustoffe und deren Verarbeitung schreibt DIN 1045 „Tragwerke aus Beton, Stahlbeton und Spannbeton" vor:

- Die Mindestbetonfestigkeitsklassen in Abhängigkeit der Expositionsklassen sind zu beachten.
- Grenzwerte des Zementgehaltes und des Wasser-Zement-Wertes sind einzuhalten.
- Das Größtkorn des Gesteinskörnung darf $1/3$ der kleinsten Bauteilabmessung nicht überschreiten.
- Der überwiegende Teil der Gesteinskörnung soll kleiner sein als der Abstand der Bewehrungsstäbe untereinander bzw. der Abstand zwischen Bewehrung und Schalung.
- Die Oberfläche der Betonstähle muss frei von losem Rost, Öl, Fett und sonstigen Verschmutzungen sowie frei von Eis sein.

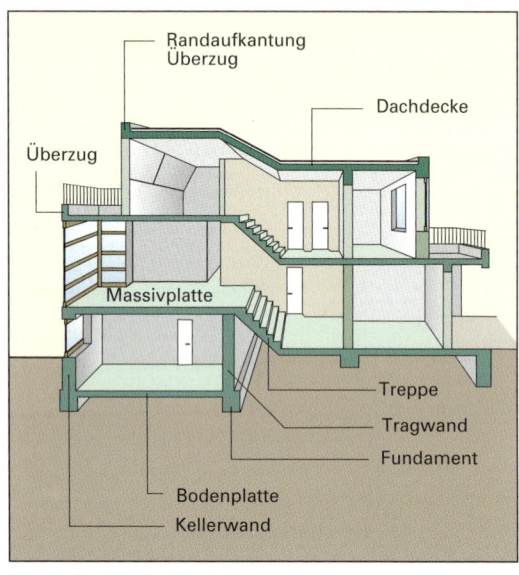

Bild 1: Stahlbetonbauteile

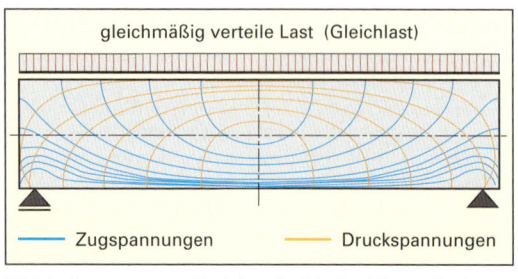

Bild 2: Spannungen (Trajektorien) in Stahlbetonbalken

Da die Bauteile in einem Bauwerk unterschiedlichen Einwirkungen (Aktionskräfte) ausgesetzt sind, stellen sich entsprechend unterschiedliche Spannungen durch die Reaktionskräfte ein. Die meisten Stahlbetonbauteile, z. B. Balken, Platten und Plattenbalken, werden auf Biegung beansprucht. Dabei entstehen aufgrund äußerer Einwirkungen, z. B. Eigenlast und Nutzlast, Biegemomente und Querkräfte, die im Innern des Balkens Biegezug-, Biegedruck- und Schubspannungen hervorrufen. Diese Spannungen treten gemeinsam auf, ihr Verlauf kann durch Linien der Hauptspannungsrichtungen

(Trajektorien) dargestellt werden **(Bild 2, Seite 314)**. Die Bewehrung sollte dem Kraftfluss der Zugspannungen folgend eingebaut werden, was nur näherungsweise möglich ist.

Für die Bemessung im Stahlbetonbau geht man von Annahmen aus, auf die sich die Rechenverfahren der Statik anwenden lassen. Bei reiner Biegung stellt sich eine Druck- und Zugzone ein. In der Zugzone erfährt der Stahl eine Dehnung, der Beton in der Druckzone eine Stauchung **(Bild 1)**.

Die Verbundfestigkeit bewirkt gleiche Verformungen unter äußeren Einwirkungen. Da die Dehnfähigkeit von Stahl jedoch wesentlich größer ist als die des Betons, bekommt dieser, bei Ausnutzung der zulässigen Stahlspannung in der Zugzone, Risse. Damit der Rostschutz und das Aussehen nicht beeinträchtigt werden, ist eine Beschränkung der Rissbreiten vorgeschrieben. Diese kann z. B. durch Anordnung einer Mindestbewehrung, Abminderung der zulässigen Stahlspannung, Begrenzung der Stabdurchmesser und der Stababstände erreicht werden.

Die Tragfähigkeit und Dauerhaftigkeit von Stahlbetonbauteilen lässt sich durch die Wahl höherer Betonfestigkeitsklassen steigern.

10.1.1 Lage und Form der Bewehrung

Das Bewehren setzt die Kenntnis des Kräfteverlaufes in Stahlbetonbauteilen voraus. Die Lage und die Form der Bewehrung ist von der Beanspruchung abhängig und ist für jedes Bauteil zu bestimmen.

Bewehrung bei auf Biegung beanspruchter Bauteile

Bei einem auf Biegung beanspruchten Bauteil, z. B. einem Türsturz (Balken), entstehen im Innern des Bauteils Biegemomente und Querkräfte. Der im Beispiel genannte Türsturz wird als Träger auf zwei Stützen mit gleichmäßig verteilten Lasteinwirkungen betrachtet. Diese vereinfachte Betrachtungsweise bezeichnet man als statisches System **(Bild 2)**.

Bei diesem Türsturz sind die Biegemomente in Trägermitte am größten und nehmen zu den Auflagern hin ab. Der Balken biegt sich durch. Dabei wird er im oberen Bereich gestaucht. Es entsteht Druck, auch Biegedruck genannt. Diesen Bereich nennt man deshalb Druckzone. Im unteren Bereich wird der Träger gedehnt. Man spricht in diesem Bereich von Zug oder Biegezug. Diesen Bereich bezeichnet man deshalb als Zugzone (Bild 2).

Die Querkräfte verlaufen quer (rechtwinklig) zur Trägerachse. Sie sind bei einem gleichmäßig belasteten Träger auf zwei Stützen an den Auflagern am größten und nehmen zur Trägermitte hin auf null ab. Die Querkräfte bewirken im Träger in Längsrichtung Längsschubspannungen und in Querrichtung Querschubspannungen. Die beiden Spannungen zusammen ergeben die Schubspannung. Diese verläuft schräg zur Trägerachse und wird als Schub bezeichnet. Der Schub bewirkt schräg verlaufende Zugspannungen **(Bild 1, Seite 316)**. Die Schubkräfte werden von lotrechten Bügeln allein und zusammen mit aufgebogenen Stäben oder durch Schrägbügel aufgenommen. Außerdem werden die Bügelabstände häufig in Richtung des Auflagers enger gewählt **(Bild 2, Seite 316)**.

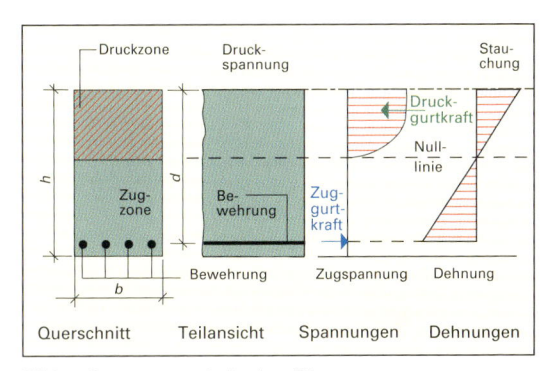

Bild 1: Spannungen bei reiner Biegung

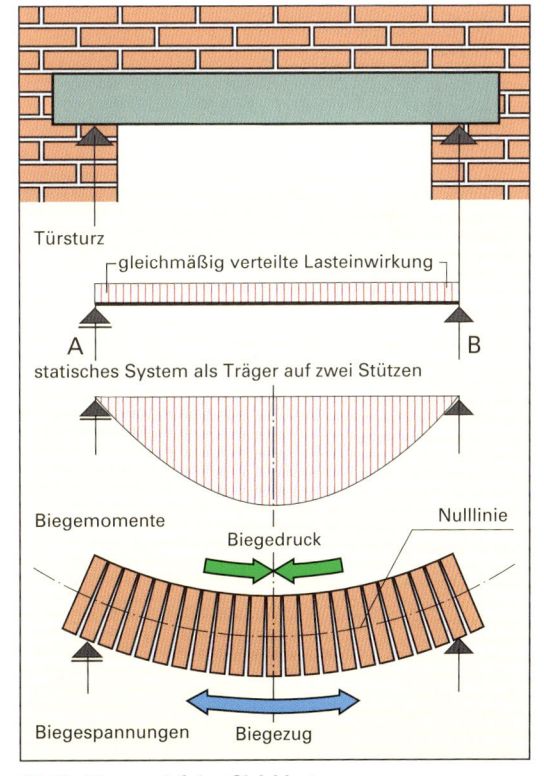

Bild 2: Biegung infolge Gleichlast

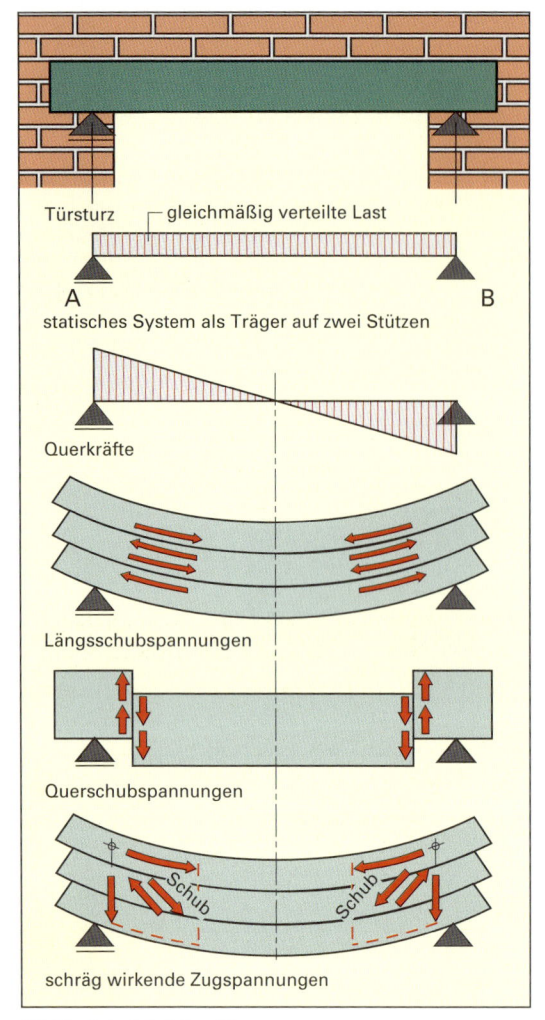

Bild 1: Schub infolge Biegung

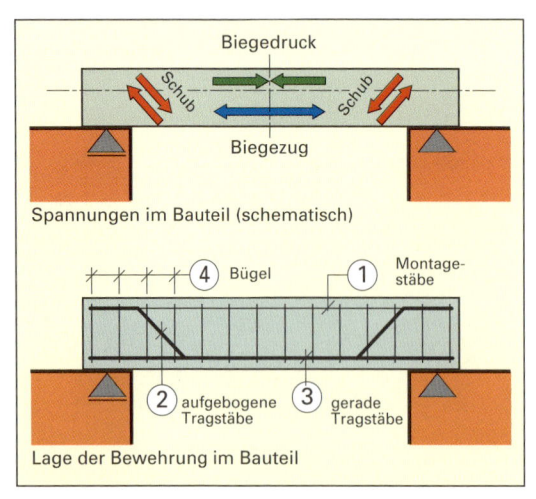

(Abbildungen: Türsturz, gleichmäßig verteilte Last, statisches System als Träger auf zwei Stützen A B, Querkräfte, Längsschubspannungen, Querschubspannungen, schräg wirkende Zugspannungen)

Bild 3: Auf Biegung beanspruchter Träger auf zwei Stützen

Spannungen im Bauteil (schematisch): Biegedruck, Schub, Biegezug
Lage der Bewehrung im Bauteil: ① Montagestäbe, ② aufgebogene Tragstäbe, ③ gerade Tragstäbe, ④ Bügel

Um die Tragfähigkeit des Trägers zu gewährleisten, muss dort, wo Zug und Schub auftreten, Bewehrung eingelegt werden **(Bild 3)**. Die Bewehrung besteht in der Regel aus geraden Tragstäben, aufgebogenen Tragstäben, Bügeln und Montagestäben. Gerade Tragstäbe nehmen Zugkräfte auf. Aufgebogene Tragstäbe nehmen zusätzlich im Bereich der Aufbiegungen Schubkräfte auf. Bügel dienen hauptsächlich der Schubsicherung und stellen den Zusammenhang zwischen der Druck- und Zugzone her. Montagestäbe erleichtern die Herstellung und den Einbau der Bewehrung.

In Bauwerken gibt es außer Trägern auf zwei Stützen noch andere Bauteile, die auf Biegung beansprucht werden, z. B. über mehrere Stützen durchlaufende Träger und Kragträger **(Bild 1, Seite 317)**. Um die Lage und Form der Bewehrung bestimmen zu können, ermittelt man die Querkräfte und Biegemomente und stellt sie zeichnerisch dar (Bild 1, Seite 317). Biegemomente, die unterhalb der Trägerachse liegen, erzeugen im unteren Bereich Zug; solche die oberhalb liegen, im oberen Bereich Zug. Momente, die unterhalb der Trägerachse liegen, nennt man Feldmomente; Momente, die oberhalb der Trägerachse liegen, Stützmomente. Die jeweils im Bereich der Biegemomente auftretenden Zugkräfte müssen durch die Bewehrung aufgenommen werden. Die jeweils in Auflagernähe entstehenden Schubspannungen müssen ebenfalls durch Bewehrung abgedeckt werden.

Vorwiegend auf Biegung beanspruchte Bauteile sind z. B. Balken, wie Stürze und Riegel; Platten wie Decken und Treppenläufe; Plattenbalken wie z. B. Unterzüge.

10.1.2 Betondeckung

Die Bewehrungsstäbe müssen zur Sicherung des Verbundes, des Korrosionsschutzes und zum Schutz gegen Brandeinwirkung eine ausreichend dicke und dichte Betondeckung erhalten. Stahlbetonbauteile müssen außerdem dauerhaft gegen chemische und physikalische Einflüsse sein. Diese Einflüsse sind in Umgebungsbedingungen klassifiziert. Dabei wird zwischen Bewehrungskorrosion

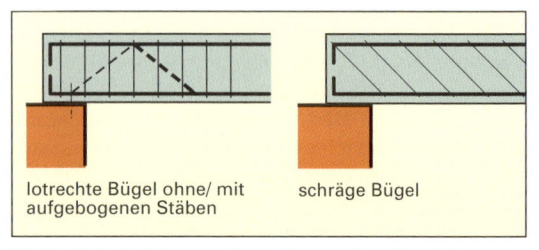

Bild 2: Schubsicherung im auflagernahen Bereich

(lotrechte Bügel ohne/ mit aufgebogenen Stäben, schräge Bügel)

auslösenden und Betonangriff verursachenden Einflüssen unterschieden. Zur Gewährleistung der Dauerhaftigkeit sind je nach Expositionsklasse Mindestbetonfestigkeitsklassen und Mindestwerte der Betondeckung festgelegt (**Tabelle 1, Seite 318**). Als Betondeckung wird der Abstand der äußersten Bewehrungsstäbe, z. B. der Bügel, von der Schalung bzw. der Sauberkeitsschicht bezeichnet. Man unterscheidet zwischen dem Mindestmaß c_{min} und dem Nennmaß c_{nom}. Das Nennmaß setzt sich aus dem Mindestmaß und dem Vorhaltemaß Δc zusammen, das für die Expositionsklasse XC1 1,0 cm und der Expositionsklassen XC2, XC3, XC4, XD und XS 1,5 cm beträgt. Mit dem Vorhaltemaß werden eventuelle Abweichungen bei der Planung und Ausführung berücksichtigt. Das Nennmaß der Betondeckung wird auf den Bewehrungszeichnungen angegeben.

Schichten aus natürlichen oder künstlichen Steinen, Holz oder haufwerkporigem Beton dürfen nicht auf die Betondeckung angerechnet werden. Eine Vergrößerung der Betondeckung kann z. B. aus Gründen des Brandschutzes, bei Betonflächen aus Waschbeton oder bei Flächen die sandgestrahlt oder steinmetzmäßig bearbeitet werden, notwendig sein.

Die Betondeckung wird durch Abstandhalter im Bauteil gewährleistet, außerdem werden Verschiebungen der Bewehrung beim Einbringen und Verdichten des Betons verhindert. Punktförmige Abstandhalter werden für untere Bewehrungen z. B. von Platten, Balken und Fundamenten sowie für Bewehrungen bei Seitenschalungen, z. B. bei Balken, Stützen und Wänden, verwendet. Als Abstandhalter für die obere Bewehrung von Platten eignen sich linienförmige Unterstützungskörbe aus Betonstahlmatten, je nach Einbauart mit oder ohne korrosionsgeschützten Standfüßen. Bei dicken Platten, z. B. Sohlplatten, baut man besondere Formen, wie z. B. Rundstahlböcke ein.

Abstandhalter sind Einbauhilfen und bestehen aus Kunststoff, Faserbeton oder Beton. Sie sollen einfach und schnell eingebaut werden können, widerstandsfähig gegen Bruch sein und keine Verformungen unter Last aufweisen. Abstandhalter dürfen keine Beschädigungen an der Schalhaut verursachen.

Abstandhalter aus Kunststoff sind am gebräuchlichsten, da sie hinsichtlich der Handhabung und des Zeitaufwandes beim Anbringen vorteilhaft sind (**Bild 1, Seite 319**). Die Bewehrung wird in einer dafür vorgesehenen Aussparung festgehalten. Die Berührungsfläche mit der Schalung ist gering. Kunststoff-Abstandhalter sind so geformt, dass sich eine Verzahnung mit dem Beton ergibt. Sie

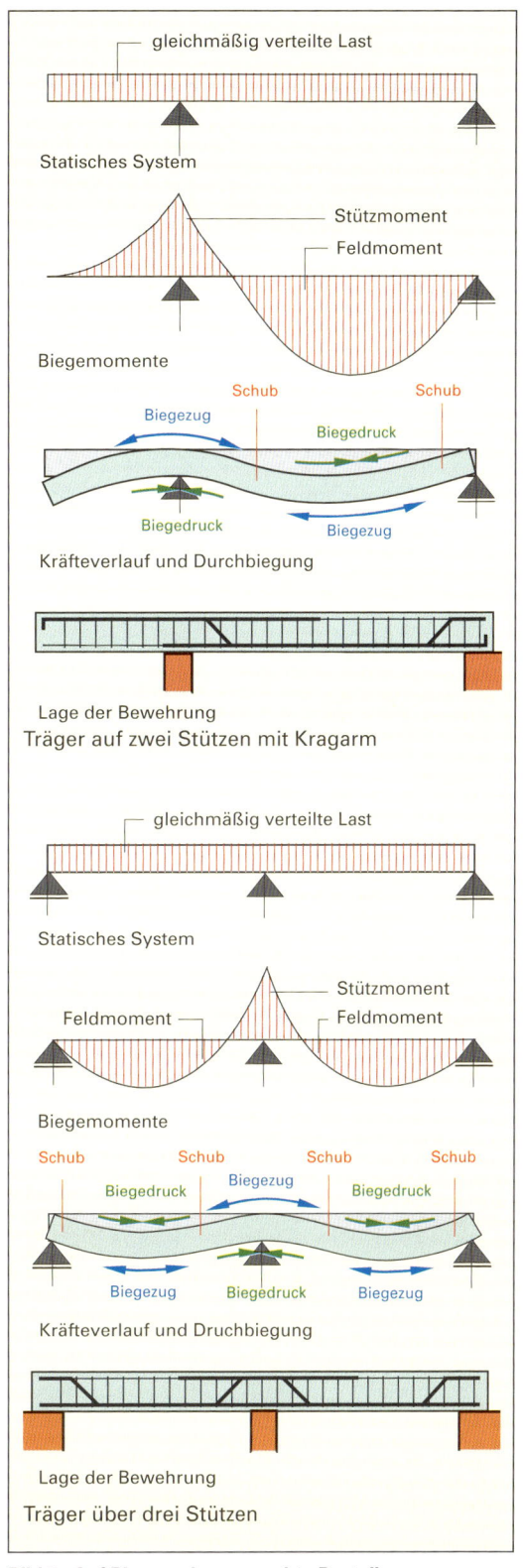

Bild 1: Auf Biegung beanspruchte Bauteile

Tabelle 1: Maße der Betondeckung in cm und Mindestfestigkeitsklasse des Betons in Abhängigkeit der Expositionsklassen (Auszug)

Expositionsklasse/ Beschreibung der Umgebung[1]		Beispiele für die Zuordnung von Expositionsklassen	Betondeckung [3], [4], [5], [6]			Mindest-festigkeits-klasse des Betons [7]
			c_{min}	Δc	c_{nom}	
Bewehrungskorrosion, ausgelöst durch Karbonatisierung						
XC1	trocken oder ständig nass	Innenräume mit normaler Luftfeuchte; Bauteile ständig unter Wasser	1,0	1,0	2,0	C16/20
XC2	nass, selten trocken	Teile von Wasserbehältern, Gründungsbauteile	2,0	1,5	3,5	
XC3	mäßige Luftfeuchte	Offene Hallen, Garagen, Innenräume mit hoher Luftfeuchte				C20/25
XC4	wechselnd nass und trocken	Beregnete Außenbauteile Bauteile in Wasserwechselzone	2,5		4,0	C 25/30
Bewehrungskorrosion, ausgelöst durch Chloride, ausgenommen Meerwasser						
XD1	mäßige Feuchte	Bauteile im Sprühnebelbereich von Verkehrsflächen; Einzelgaragen	4,0	1,5	5,5	C30/37
XD2	nass, selten trocken	Schwimmbecken und Solebäder, Bauteile die chloridhaltigen Industriewässern ausgesetzt sind				C35/45
XD3	wechselnd nass und trocken	Bauteile im Spritzwasserbereich von taumittelbehandelten Straßen, direkt befahrende Parkdecks[2]				
Bewehrungskorrosion, ausgelöst durch Chloride aus Meerwasser						
XS1	salzhaltige Luft, kein Kontakt mit Meerwasser	Außenbauteile in Küstennähe	4,0	1,5	5,5	C30/37
XS2	unter Wasser	Bauteile in Hafenbecken, ständig unter Wasser				C35/45
XS3	Gezeitenzonen	Kaimauern in Hafenanlagen				
Bewehrungskorrosion durch Verschleißbeanspruchung (ohne betontechnische Maßnahmen)						
XM1	mäßiger Verschleiß	Direkt befahrene Bauteile mit mäßigem Verkehr	Erhöhung von c_{min} um 0,5 cm			C30/37
XM2	starker Verschleiß	Durch schwere Gabelstapler direkt befahrene Bauteile, direkt beanspruchte Bauteile in Industrieanlagen, Silos	Erhöhung von c_{min} um 1,0 cm			
XM3	sehr starker Verschleiß	Durch Kettenfahrzeuge häufig direkt befahrene Bauteile	Erhöhung von c_{min} um 1,5 cm			C35/45

[1] Für Betondeckung und Mindestbetonfestigkeitsklasse ist die Expositionsklasse mit der höchsten Anforderung maßgebend.
[2] Zusätzlicher Oberflächenschutz für direkt befahrene Parkdecks notwendig, z. B. Beschichtung.
[3] c_{min} darf um 0,5 cm verringert werden, wenn die Betonfestigkeitsklasse um 2 Klassen höher ist als die Mindestbetonfestigkeitsklasse; für Bauteile in der Umgebungsklasse XC1 ist diese Abminderung unzulässig.
[4] Zur Sicherstellung des Verbundes gilt: $c_{min} \geq d_s$ bzw. d_{sv} (d_{sv} – Vergleichsdurchmesser eines Stabbündels)
[5] Bei kraftschlüssiger Verbindung von Ortbeton mit einem Fertigteil gilt für die Mindestwerte c_{min} an der Fuge der zugewandten Rändern: Ortbeton c_{min} 1,0 cm; Fertigteil c_{min} = 0,5 cm. Die Bedingungen zur Sicherstellung des Verbundes nach Fußnote [4] sind bei Ausnutzung der Bewehrung im Bauzustand zu beachten.
[6] Beim Betonieren gegen unebene Flächen ist Δc um das Differenzmaß der Unebenheit, jedoch mindestens um 2,0 cm zu erhöhen; beim Betonieren unmittelbar auf den Baugrund um 5,0 cm.
[7] Soweit sich aus den Expositionsklassen für Betonangriff keine höheren Werte ergeben.

können bei Frost spöde oder brüchig werden oder sich bei hohen Temperaturen verformen. Dies wirkt sich z. B. beim Bauen im Winter nachteilig aus, besonders dann, wenn eingeschalte und bewehrte Bauteile durch Wärmeerzeuger schnee- und eisfrei gehalten werden müssen.

Für Wände, die mit Betonstahlmatten bewehrt werden, gibt es Abstandhalter, die sowohl den Abstand der Matten untereinander als auch den Abstand zur Schalung gewährleisten. Solche Abstandhalter ersetzen S-Haken.

Abstandhalter aus Faserbeton und Beton besitzen eine gute Haftfähigkeit im Beton **(Bild 1, Seite 319)**. Sie sind besonders für Sichtbetonbauteile geeignet.

Bei der Bauausführung ist zu beachten, dass je kleiner die Höhe eines Bauteils ist, die Abstandhalter sorgfältiger einzubauen sind. Beispielsweise verringert 1 cm Abweichung von der geplanten Lage der Bewehrung die Tragfähigkeit eines 20 cm hohen Querschnittes um etwa 10 %, eines 100 cm hohen Querschnittes nur um etwa 1 %.

10.1.3 Bewehrungsrichtlinien

Um die hohen Anforderungen im Stahlbetonbau zu gewährleisten, sind für die Planung und Ausführung der Bewehrung Bewehrungsrichtlinien zu beachten. Daneben gibt es Bestimmungen, z. B. über Stababstände, Biegungen, Verankerungen und Stöße.

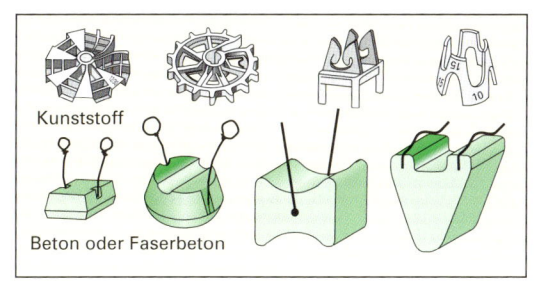

Bild 1: Abstandhalter

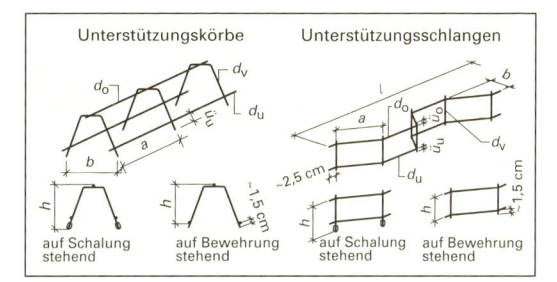

Bild 2: Unterstützungen bei Platten

Allgemeine Bewehrungsrichtlinien

Damit die Bewehrung ihre Aufgaben erfüllen kann, müssen neben der Lage im Bauteil auch Regeln für die Verarbeitung beachtet werden.

- Die Bewehrung muss frei sein von Bestandteilen, die den Verbund beeinträchtigen können, wie z. B. Schmutz, Fett, Eis und losem Rost. Leicht angerostete Stähle wirken sich auf den Verbund nicht nachteilig aus, stören gegebenenfalls jedoch bei Sichtbetonbauteilen.
- Die Bewehrung ist nach den geprüften Bewehrungszeichnungen herzustellen, einzubauen und zu einem steifen Gerippe zu verbinden. Die Zug- und Druckbewehrung (Hauptbewehrung) sind mit Quer- und Verteilerstäben oder Bügeln mit Bindedraht zu verbinden.
- Für das Biegen von Haken, Winkelhaken und Schlaufen sowie von Schrägstäben und anderen Krümmungen sind Mindestwerte der Biegerollendurchmesser (d_{br}) einzuhalten.
- Endende Bewehrungsstäbe sind ausreichend im Beton zu verankern.
- Die Bewehrung, insbesondere die obere Bewehrungslage von Platten, ist gegen Herunterdrücken durch Unterstützungen zu sichern.
- Wird bei engliegender Bewehrung der Beton durch Innenrüttler verdichtet, so sind Rüttelgassen vorzusehen. Bei Häufung der obenliegenden Bewehrung, z. B. über Stützen bei Plattenbalken, sind außerdem zum Einbringen des Betons Lücken einzuplanen.
- Der Verbund zwischen Bewehrung und Beton ist durch eine ausreichend dicke und dichte Betondeckung zu sichern, die gleichzeitig dauerhaften Korrosionsschutz gewährleistet.
- Zur Sicherung der Betondeckung müssen genügend Abstandhalter eingebaut werden.
- Montagebewehrung und Abstandhalter müssen so angeordnet sein, dass sie die Lage der Bewehrung beim Einbringen und Verdichten des Betons sichern.
- Bei Bauteilen, die auf dem Baugrund hergestellt werden, wie z. B. Fundamentplatten, ist das Erdreich durch eine Sauberkeitsschicht abzudecken. Diese besteht in der Regel aus einer mindestens 5 cm dicken Betonschicht.

10.1.3.1 Stababstände

Damit parallele Bewehrungsstäbe ausreichend von Beton umgeben sind, muss ihr lichter Abstand a mindestens 20 mm betragen bzw. gleich dem Stabdurchmesser d_s sein **(Bild 1, Seite 320)**. Wird zur Betonherstellung eine Gesteinskörnung mit einem Größtkorndurchmesser $d_g \geq 16$ mm verwendet, müssen die Mindestabstände außerdem 5 mm größer sein als der Größtkorndurchmesser. Kann diese Forderung wegen der verfügbaren Querschnittsbreite des Bauteils nicht eingehalten werden, ist die Bewehrung mehr-

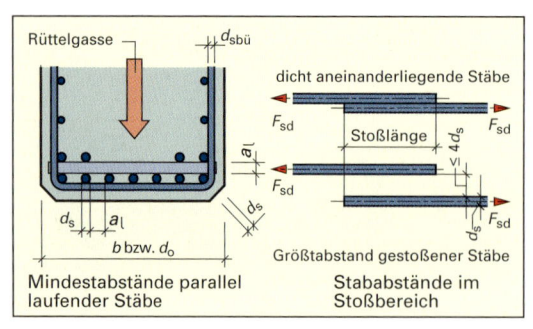

Bild 1: Stababstände

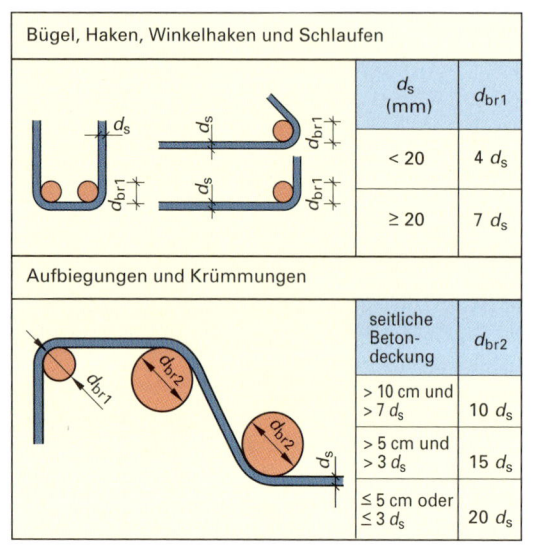

Bild 2: Mindestwerte der Biegerollendurchmesser d_{br}

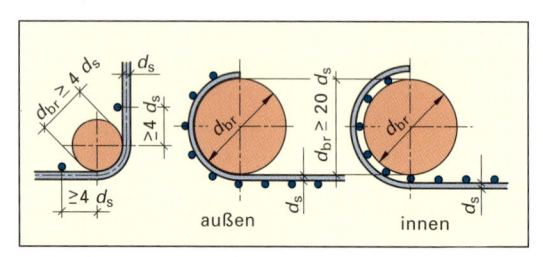

d_s (mm)	d_{br1}
< 20	4 d_s
≥ 20	7 d_s

seitliche Betondeckung	d_{br2}
> 10 cm und > 7 d_s	10 d_s
> 5 cm und > 3 d_s	15 d_s
≤ 5 cm oder ≤ 3 d_s	20 d_s

Bild 3: Lage der Schweißpunkte

lagig auszuführen. Dabei werden die Stäbe unter Einhaltung der Mindestabstände übereinander verlegt und die Lagenabstände durch Einbau von Querstäben mit entsprechendem Durchmesser gesichert. Bei dichter Bewehrung ist für den späteren Betoneinbau eine Rüttelgasse vorzusehen.

Müssen Stahleinlagen gestoßen werden, sollen im Stoßbereich die Betonstähle möglichst dicht aneinander liegen (**Bild 1**). Der Abstand darf nicht größer als 4 d_s sein. Vollstöße sollen nicht in hochbeanspruchten Bereichen liegen.

Die Höchstwerte der Stababstände werden wegen der Beschränkung der Rissbreite für den Einzelfall, unter Beachtung der Umgebungsklassen ermittelt. Für einzelne Bauteile, wie z. B. Platten, Stützen und Wände, sind Größtabstände in der Norm vorgegeben.

10.1.3.2 Biegungen

Der Kräfteverlauf im Bauteil kann es notwendig machen, dass die Bewehrung an bestimmten Stellen auf- bzw. abgebogen oder in einer Krümmung verlegt werden muss. Dies ist z. B. erforderlich zur Verankerung, zur Zugkraft- bzw. Schubkraftdeckung und zur Umlenkung von Kräften sowie an Rahmenecken. Dabei müssen Stäbe unter einem vorgegebenen Biegewinkel bzw. Biegeradius gebogen werden. Das Biegen der Bewehrung ist eine Kaltverformung, bei der das Werkstoffgefüge der äußeren Fasern gestreckt und der inneren Fasern gestaucht wird. Um die dabei auftretenden Spannungen in Grenzen zu halten, müssen Rundstäbe um drehbare Biegerollen gebogen werden, deren Durchmesser d_{br} in DIN 1045 festgelegt sind (**Bild 2**). Dies gilt für das Biegen von Haken, Winkelhaken, Schlaufen und Bügeln sowie für Aufbiegungen von Schrägstäben und anderen Krümmungen. Für die Mindestwerte der Biegerollendurchmesser sind entweder die Biegefähigkeit des Stahles oder die dem Beton zumutbaren Pressungen im Bereich der Krümmungen maßgebend. An Abbiegestellen, die auf Zug beansprucht werden, entstehen im Beton erhebliche Kräfte, die man als Spaltzugkräfte bezeichnet. Diese können aufgenommen bzw. verringert werden, indem man bei außenliegenden Stäben den Biegerollendurchmesser oder die seitliche Betondeckung größer wählt.

Ein Haken an einem Betonstabstahl mit einem Durchmesser d_s = 14 mm muss wegen der Werkstoffeigenschaften des Stahles über eine Biegerolle von 4 · d_s = 4 · 14 mm ≈ 60 mm gebogen werden. Ein schräg aufgebogener Bewehrungsstab mit d_s = 16 mm und einer seitlichen Betondeckung von 6 cm ist wegen der Eigenschaften des Betons über eine Biegerolle von 15 · 16 mm = 240 mm zu biegen.

Bei Biegungen an geschweißter Bewehrung muss verhindert werden, dass eine Dehnung oder Stauchung an der Schweißstelle entsteht. Deshalb ist neben dem Biegerollendurchmesser auch ein Mindestabstand der Schweißpunkte vom Krümmungsanfang vorgeschrieben. Werden geschweißte Betonstahlmatten gebogen, dürfen die Abbiegungen erst in einem Abstand von ≥ 4 d_s des gebogenen Stabes vom nächstgelegenen Schweißpunkt beginnen. Man kann davon abweichen, wenn bei außen liegenden bzw. innen liegenden Schweißpunkten der Krümmungsdurchmesser mindestens 20 d_s beträgt (**Bild 3**).

10.1.3.3 Verankerungen

Die Verankerung der Bewehrungsstäbe im Beton ist Voraussetzung für eine sichere Aufnahme der Kräfte durch die Bewehrung. Sie kann durch Verbund zwischen Beton und Stahl erfolgen. Möglich sind dabei gerade Stabenden, Haken, Winkelhaken, Schlaufen mit und ohne angeschweißte Querstäbe. Eine besondere Form der Verankerung sind Ankerkörper.

Der Verbund zwischen Betonstahl und Beton ist im Wesentlichen von der Oberflächengestalt des Betonstahls, der Betonfestigkeitsklasse, den Abmessungen des Bauteils sowie von der Lage und dem Neigungswinkel der Stäbe beim Betonieren abhängig. Bemessungswerte der zulässigen Verbundspannung sind in DIN 1045 festgelegt. Durch die Zuordnung der Stäbe in zwei Verbundbereiche werden die Setzungsvorgänge im Frischbeton berücksichtigt **(Bild 1)**.

Verbundbereiche

Dem Verbundbereich I (gute Verbundbedingungen) werden alle Stäbe zugeordnet, die beim Betonieren ≥ 45° gegen die Waagerechte geneigt sind. Flacher als 45° geneigte Stäbe und waagerechte Stäbe gehören nur dann zum Verbundbereich I, wenn sie beim Betonieren entweder höchstens 30 cm über Unterkante des Frischbetons oder mindestens 30 cm unter der Oberseite des Bauteils oder eines Betonierabschnittes liegen. Liegend gefertigte Bauteile mit einer Höhe ≤ 50 cm werden ebenfalls dem Verbundbereich I zugeordnet, wenn sie mit Außenrüttlern verdichtet werden.

Dem Verbundbereich II (mäßige Verbundbedingungen) gehören alle Stäbe an, die nicht dem Verbundbereich I zuzuordnen sind, sowie alle horizontalen Stäbe in Bauteilen, die im Gleitbauverfahren hergestellt werden.

Verankerungslänge

Das Grundmaß l_b der Verankerungslänge ist maßgebend für die Verankerung voll ausgenutzter Bewehrungsstäbe mit geraden Stabenden. Es dient als Bezugsgröße für die Berechnung der Verankerungslänge im Einzelfall. Die Verankerungslänge ist abhängig von der Stahlsorte, dem Stabdurchmesser, dem Verbundbereich und der Betonfestigkeitsklasse **(Tabelle 1)**.

Wenn die eingebaute Bewehrung (vorh A_s) größer ist als die erforderliche Bewehrung (erf A_s), wird die Zug- bzw. Druckkraft in den Stäben kleiner, als aufgrund der zulässigen Verbundspannungen möglich

Tabelle 1: Grundmaß l_b der Verankerungslänge in cm für Betonstabstähle BSt 500 S

Stab-∅ d_s [mm]	Verbundbereich	\multicolumn{5}{c}{Betonfestigkeitsklasse}
		C16/20	C20/25	C25/30	C30/37	C35/45
6	I	33	28	24	22	19
	II	47	40	35	31	28
8	I	43	38	32	29	26
	II	62	54	46	41	37
10	I	54	47	40	36	32
	II	78	67	58	51	46
12	I	65	56	48	43	38
	II	94	80	70	61	55
14	I	76	66	56	50	45
	II	109	94	81	71	64
16	I	86	75	64	58	51
	II	125	107	93	82	74
20	I	108	94	80	72	64
	II	156	134	116	102	92
25	I	135	118	100	90	80
	II	195	168	145	128	115
28	I	151	132	112	101	90
	II	218	188	162	143	129

Verbundbereich I (VB I)				Verbundbereich II (VB II)	
Stäbe mit α ≥ 45°	\multicolumn{3}{c}{Stäbe mit α < 45° im Bauteil oder Betonierabschnitt mit}	\multicolumn{2}{c}{Stäbe mit α < 45° im Bauteil oder Betonierabschnitt mit}
	h ≤ 30 cm	30 cm < h ≤ 60 cm	h ≥ 60 cm	30 cm < h ≤ 60 cm	h ≥ 60 cm
	alle Stäbe	Stäbe ≤ 30 cm über der Unterkante	Stäbe ≥ 30 cm unter der Oberkante	Stäbe > 30 cm über der Unterkante	Stäbe < 30 cm unter der Oberkante

Bild 1: Verbundbereiche

wäre. In diesem Falle darf die Verankerungslänge l_b im Verhältnis $A_{s,erf}/A_{s,vorh}$ verkürzt werden.

$$l_{b,net} = l_b \cdot \frac{A_{s,erf}}{A_{s,vorh}} \geq l_{b,min}$$

Mindestwert der Verankerungslänge für Zugstäbe $l_{b,min} \geq 10 \cdot d_s$

Ist z. B. für die Stützbewehrung eines Durchlaufbalkens b/h = 30 cm/50 cm in C20/25 - BSt 500 S ein Stahlquerschnitt von 10,2 cm² erforderlich und werden 4 Stäbe ⌀ 20 mit A_s = 12,6 cm² eingebaut, so darf die Verankerungslänge verringert werden:

l_b (Verbundbereich II) = 134 cm (Tabelle 1, Seite 321)

tatsächliche Verankerungslänge $l_{b,net}$ = 134 cm · 10,2 cm²/12,6 cm²

$l_{b,net}$ = 108 cm für ein Stabende.

Verankerungsarten

Bei geripptem Betonstahl sind Verankerungen durch gerade Stabenden, Haken, Winkelhaken, Schlaufen, mit und ohne angeschweißte Querstäbe zulässig (**Bild 1**). Die Verankerung bei Matten aus glatten oder profilierten Stäben kann im Gegensatz zu Matten aus Rippenstäben nur durch angeschweißte Stäbe erfolgen.

Gerade Stabenden bilden die einfachste Verankerungsmöglichkeit, wenn die erforderliche Verankerungslänge zur Verfügung steht (**Bild 1**). Haken, Winkelhaken und Schlaufen haben wegen der gekrümmten Stabenden den Vorteil, dass die Verankerungslänge gegenüber geraden Stabenden verkürzt werden darf. Durch die Verankerung mit einem angeschweißten Querstab innerhalb der Verankerungslänge oder zwei angeschweißten Querstäben in engen Abständen kann durch die Mitwirkung der Querbewehrung die Verankerungslänge wesentlich verringert werden.

Die zulässige Verkürzung bei Zugstäben ist von der Stabendausbildung abhängig und wird durch den Beiwert α_1 berücksichtigt (Bild 1).

Allgemein gilt:

$$l_{b,net} = \alpha_a \cdot l_b \cdot \frac{A_{s,erf}}{A_{s,vorh}} \geq l_{b,min}$$

Bei einem voll ausgenutzten Stabstahl ⌀ 16 mm aus BSt 500 S in Beton C20/25 im Verbundbereich I ergibt sich für ein gerades Stabende ein Verankerungsmaß von 75 cm, bei der Anordnung eines Winkelhakens eine Verankerungslänge von 75 cm · 0,7 = 52,5 cm (**Bild 1, Seite 323**).

Wird die Verankerung mittels Haken oder Winkelhaken ausgeführt (Bild 1), müssen zur Ermittlung der Schnittlänge die Hakenzuschläge addiert werden (Seite 326).

Verankerung aufgebogener Stäbe

Für aufgebogene und abgebogene Stäbe, die der Schubsicherung dienen, sind andere Verankerungslängen maßgebend. Im Bereich von Betonzugspannungen ist das 1,3fache Maß der Verankerungslänge für gerade Stabenden erforderlich, im Bereich von Betondruckspannungen das 0,6fache (**Bild 2, Seite 323**).

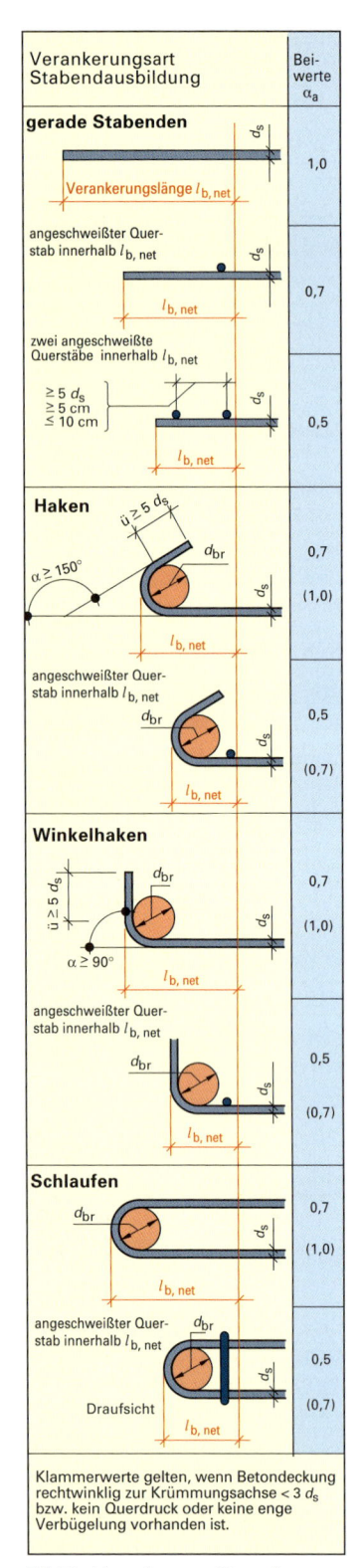

Verankerungsart Stabendausbildung	Beiwerte α_a
gerade Stabenden	1,0
angeschweißter Querstab innerhalb $l_{b,net}$	0,7
zwei angeschweißte Querstäbe innerhalb $l_{b,net}$	0,5
Haken	0,7 (1,0)
angeschweißter Querstab innerhalb $l_{b,net}$	0,5 (0,7)
Winkelhaken	0,7 (1,0)
angeschweißter Querstab innerhalb $l_{b,net}$	0,5 (0,7)
Schlaufen	0,7 (1,0)
angeschweißter Querstab innerhalb $l_{b,net}$	0,5 (0,7)

Klammerwerte gelten, wenn Betondeckung rechtwinklig zur Krümmungsachse < 3 d_s bzw. kein Querdruck oder keine enge Verbügelung vorhanden ist.

Bild 1: Verankerungslänge $l_{b,net}$ bei Zugstäben

Verankerungen am Endauflager

Zur Aufnahme der vorhandenen Zugkraft muss an Endauflagern ein Teil der Feldbewehrung über die rechnerische Auflagerlinie (R) geführt und dort verankert werden **(Bild 3)**. Diese verläuft bei dreieckförmig angenommener Auflagerpressung im vorderen Drittel der Auflagertiefe. Die über das Auflager zu führende Bewehrung muss allgemein mindestens einem Drittel, bei Platten ohne Schubbewehrung mindestens der Hälfte der Feldbewehrung entsprechen.

Man unterscheidet zwischen direkter Auflagerung, z. B. auf Wänden, und indirekter Auflagerung, z. B. Querbalken auf Längsbalken. Die Verankerungslänge wird von der Auflagervorderkante gemessen und beträgt

bei direkter Auflagerung $l_{b,dir} \geq 2/3\ l_{b,net} \geq 6\ d_s$
bei indirekter Auflagerung $l_{b,indir} \geq l_{b,net} \geq 10\ d_s$.

Ankerkörper werden nur in Sonderfällen verwendet. Sie bestehen z. B. aus Stahlplatten, Stahlprofilen oder Querstäben, die an den zu verankernden Stahl geschweißt werden. Ihre Anwendung kann z. B. im Fertigteilbau bei sehr kleinen Auflagertiefen notwendig werden.

Verankerung an Zwischenauflagern

An Zwischenauflagern durchlaufender Bauteile, z. B. Platten oder Balken, an Endauflagern mit anschließenden Kragarmen und an eingespannten Auflagern ist mindestens ein Viertel der größten Feldbewehrung, bei Platten ohne Schubbewehrung mindestens die Hälfte, hinter die Auflagervorderkante zu führen und zu verankern (Bild 3). Das Verankerungsmaß beträgt mindestens 6 d_s von der Vorderkante des Auflagers gemessen.

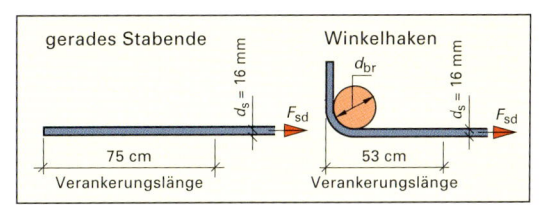

Bild 1: Verankerung eines Rippenstabes

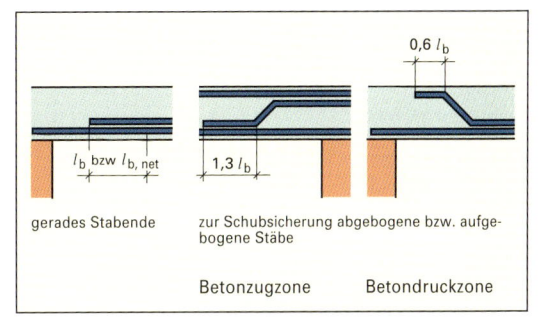

Bild 2: Verankerungslängen gerader Stabenden

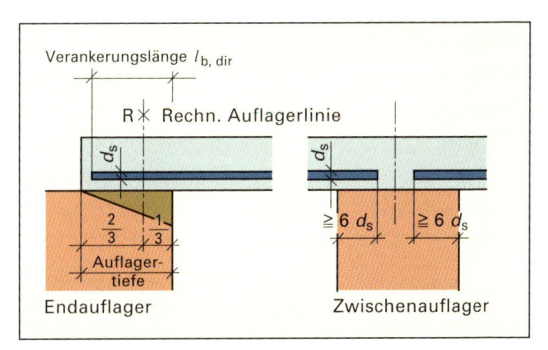

Bild 3: Verankerung an Auflagern

10.1.3.4 Stöße von Bewehrungen

Wenn sich die Bewehrung nicht aus einem Stück herstellen lässt, sind Bewehrungsstöße erforderlich. Stöße sollen möglichst nicht an Stellen hoher Beanspruchung angeordnet werden und in Längsrichtung gegeneinander versetzt sein. Das kraftschlüssige Stoßen von Bewehrungsstäben kann durch indirekte oder direkte Stoßverbindungen erfolgen.

Indirekte Stöße werden durch Übergreifen, d. h. durch Nebeneinanderlegen der Stäbe über eine gewisse Länge, erreicht. Bei Übergreifungsstößen wird der Beton für die Kraftübertragung zwischen den gestoßenen Stäben zusätzlich beansprucht. Die Ausführung kann mit geraden Stabenden, Haken, Winkelhaken und Schlaufen sowie mit geraden Stabenden und angeschweißten Querstäben, z. B. bei Betonstahlmatten, erfolgen **(Bild 1, Seite 324)**.

Direkte Stöße werden durch das Verbinden der Stabenden durch Schweißen oder mithilfe von Schrauben und Muffen hergestellt **(Bild 2, Seite 324)**. Axiale Stöße mit Schraub- und Pressmuffenverbindungen erfordern Betonstähle mit gewindeförmigen Rippen, mit konischem oder zylindrischem Gewinde an den Stoßenden sowie aufgepresste oder überzogene Muffen. Die Verbindungen müssen bauaufsichtlich zugelassen sein. Bei direkten Stößen wird der Beton nicht zusätzlich beansprucht.

Nach der zu übertragenden Kraft werden Zug- und Druckstöße unterschieden. Erfolgt der Stoß über die Stirnflächen der Stäbe, dürfen nur Druckkräfte übertragen werden.

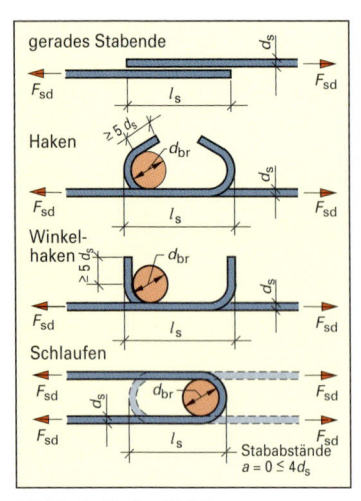

Übergreifungslänge l_s

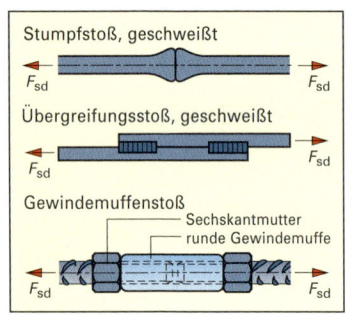

Die Übergreifungslänge indirekter Stöße ist in DIN 1045 festgelegt. Bei Rippenstäben sollen Übergreifungsstöße in Längsrichtung gegeneinander versetzt sein. Sie gelten als längsversetzt, wenn der Längsabstand der Stoßmitten mindestens der 1,3fachen Übergreifungslänge entspricht **(Bild 3)**.

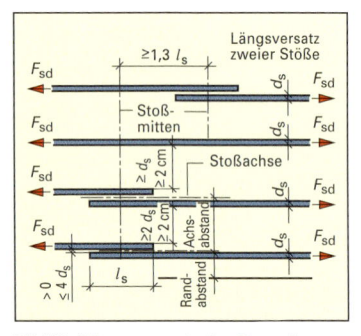

Übergreifungsstöße geschweißter Betonstahlmatten

Werden Lagermatten als Bewehrung verwendet, sind zur Anpassung an die Abmessungen der Bauteile Mattenstöße in Längs- und Querrichtung notwendig. Durch den Einbau von Listen- und Zeichnungsmatten kann die Anzahl der Mattenstöße vermindert werden. Bei Übergreifungsstößen geschweißter Betonstahlmatten unterscheidet man zwischen der Ausbildung der Stöße von Stäben in Längsrichtung und in Querrichtung. Grundsätzlich können Mattenstöße als Ein-Ebenen-Stöße oder Zwei-Ebenen-Stöße ausgeführt werden, wobei der Zwei-Ebenen-Stoß die Regelausführung ist.

Ein-Ebenen-Stöße sind Mattenstöße, bei denen die zu stoßenden Stäbe in einer Ebene nebeneinander liegen **(Bild 4)**. Sie können durch Verwendung von Matten mit langen Überständen, z. B. Listenmatten, oder durch wechselseitiges Verschwenken der Matten hergestellt werden, wobei die Querstäbe einmal oben und einmal unten zu liegen kommen. Da die Stoßlängen nach den Stoßregeln für Betonstabstähle ohne Berücksichtigung der im Stoßbereich vorhandenen angeschweißten Querstäbe zu bemessen sind, bleibt die Anwendung auf Sonderfälle beschränkt.

Zwei-Ebenen-Stöße sind Mattenstöße, bei denen die zu stoßenden Stäbe übereinander liegen (Bild 4). Dabei werden die mit Querstäben versehenen Mattenenden übereinander gelegt. Es dürfen Vollstöße bei Betonstahlmatten mit $a_s \leq 12$ cm²/m ausgeführt werden. Bei mehrlagiger Mattenbewehrung sind die Stöße der einzelnen Mattenlagen um mindestens der 1,3fachen Übergreifungslänge zu versetzen. Einzelheiten über die Übergreifungslängen bei Zugstößen sind in DIN 1045 festgelegt **(Tabelle 1, Seite 325)**.

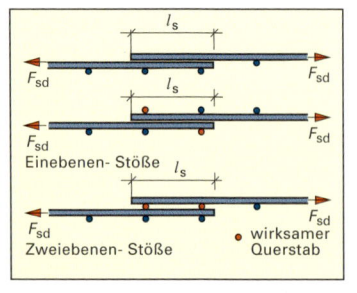

Meist wird jedoch noch nach der Maschenregel verfahren. Dies hat den Vorteil, dass sich die Maschen annähernd überdecken und leicht miteinander verbunden werden können (Tabelle 1, Seite 325).

Die Übergreifungslänge der Querbewehrung als Verteilerbewehrung ist kürzer als bei der Längsbewehrung. Verteilerstöße bei Lagermatten mit Randeinsparung sind vom Abstand der Längsrandstäbe und den seitlichen Überständen der Querstäbe abhängig. Innerhalb der Übergreifungslänge $l_{s,q}$ müssen mindestens zwei Querstäbe liegen. Die statisch nicht erforderliche Querbewehrung von Betonstahlmatten darf bei Platten und Wänden an einer Stelle gestoßen werden.

Bei der Anordnung der Trag- und Verteilerstöße ist darauf zu achten, dass nicht mehr als drei Matten aufeinander zu liegen kommen.

10.1.3.5 Stabbündel

Stabbündel bestehen aus zwei oder drei einzelnen Rippenstäben mit Durchmessern von $d_s \leq 28$ mm. Die Einzelstäbe berühren sich und müssen z. B. durch Bindedraht zusammengehalten werden. Die Bündelung von Bewehrungsstäben wird in der Regel dann angewendet, wenn die Zugkraft so groß ist, dass der erforderliche lichte Abstand zwischen den Einzelstäben nicht mehr eingehalten werden kann. Damit bei Stabbündeln keine größere Beanspruchung des umgebenden Betons als bei Einzelstabbewehrung auftritt, müssen der Abstand der Stabbündel a untereinander sowie die Betondeckung c_{nom} vergrößert werden. Außerdem kommt der Verankerung, dem Stoß und der Verbügelung von Stabbündeln große Bedeutung zu. Deshalb sind die Angaben in den Bewehrungszeichnungen unbedingt zu beachten. Durch die vergrößerte Betondeckung könnten in der Zugzone Risse auftreten. Deshalb wird bei Stabbündeln mit größeren Stahlquerschnitten in der Zugzone stets eine zusätzliche **Hautbewehrung** angeordnet. Diese muss aus einer engmaschigen geschweißten Betonstahlmatte aus gerippten Stäben mit einer Maschenweite von ≤ 15 cm bestehen (**Bild 1**). Eine Hautbewehrung wird notwendig, wenn Stabbündel aus 2 Stäben mit 28 mm Einzeldurchmesser gebildet werden.

10.1.4 Bewehren

Das Bewehren umfasst das Vorbereiten der Bewehrung, die Vorfertigung von Bewehrungseinheiten und den Einbau der Bewehrung.

Grundlage für die Ausführung und Abrechnung ist die Bewehrungszeichnung (**Bild 1, Seite 326**). Sie umfasst die Bewehrung im Bauteil, den Biegeplan und die Stahlliste (**Bild 2, Seite 326**).

Für die Darstellung der Bewehrung wird eine vereinfachte Form gewählt (**Bild 3, Seite 326**). Die Bewehrungszeichnung gibt außerdem Auskunft über Festigkeitsklasse des Betons, Stahlsorte, Anzahl und Durchmesser sowie Form und Lage der Bewehrungsstähle, Mindestdurchmesser der Biegerollen, Unterstützung der oberen Bewehrung und Betondeckung der Stahleinlagen. Bewehrungszeichnungen werden im Ingenieurbüro und von einem Prüfingenieur geprüft.

10.1.4.1 Vorbereiten der Bewehrung

Das Vorbereiten der Bewehrung umfasst das Lagern, das Messen und Schneiden sowie das Biegen des Betonstahls. Der Stahl wird im einbaufertigen Zustand angeliefert, kann aber auch auf der Baustelle gebogen werden.

Tabelle 1: Übergreifungslängen von Zwei-Ebenen-Stößen – Beton C20/25 Verbundbereich I

Übergreifungslänge l_s [cm]

	Mattenbezeichnung	Randeinsparung	Mattenlängsrichtung Tragstoß	Mattenquerrichtung Tragstoß
Q	Q 188A	ohne	29	29
	Q 257A		34	34
	Q 335A		38	38
	Q 424A	mit	43	50
	Q 524A		50	50
	Q 636A		51	57
				Verteilerstoß
R	R 188A	ohne	29	29
	R 257A		34	29
	R 335A		38	29
	R 424A	mit	43	38
	R 524A		50	38

Maschenregel, Anzahl der Maschen

			Tragstoß	Tragstoß
Q	Q 188A	ohne	1	2
	Q 257A		2	2
	Q 335A		2	3
	Q 424A	mit	2	3
	Q 524A		3	3
	Q 636A		4	6
				Verteilerstoß
R	R 188A	ohne	1	1
	R 257A		1	1
	R 335A		1	1
	R 424A	mit	1	2
	R 524A		1	2
Q	Bei Q-Matten werden in der Regel in Längs- und Querrichtung Tragstöße ausgeführt.			
R	Bei R-Matten werden meist nur in Längsrichtung Tragstöße, in Querrichtung nur Verteilerstöße ausgeführt.			

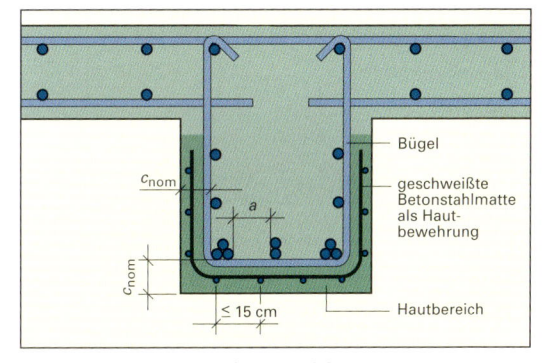

Bild 1: Bewehrung mit Stabbündeln

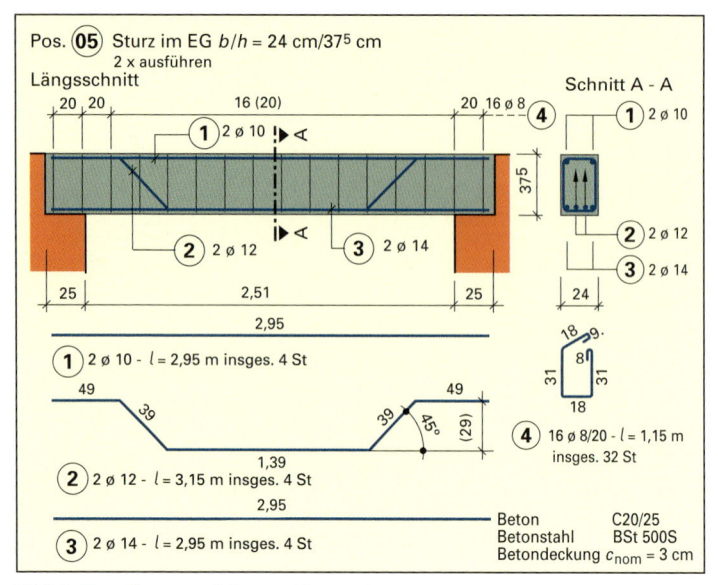

Bild 1: Bewehrungszeichnung (Auszug)

Bild 2: Betonstahlliste

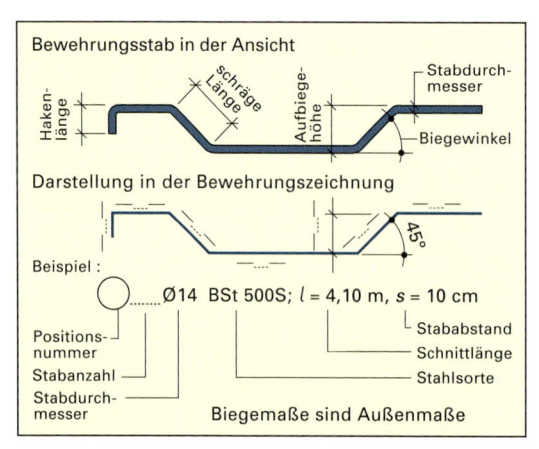

Bild 3: Darstellung der Einzelstabbewehrung

Lagern

Das Lagern des unbearbeiteten Betonstahls nach Stabdurchmessern getrennt erfolgt auf besonderen Lagerflächen, die möglichst an der Zufahrtsstraße und im Schwenkbereich des Krans liegen sollen (Seite 181). Betonstahlmatten können liegend oder stehend gelagert werden.

Messen und Schneiden

Um den Stahl richtig ablängen zu können, ist die Ermittlung der Schnittlänge erforderlich. Als Schnittlänge bezeichnet man die Länge der Stahleinlage in ungebogenem Zustand; als Kurzzeichen wird l verwendet (**Bild 1, Seite 327**). Bei geraden Stäben werden zum größten Längenmaß gegebenenfalls die Hakenzuschläge addiert. Diese betragen bei Haken, je nach Stabdurchmesser, etwa 10 d_s bis 12 d_s, bei Winkelhaken ungefähr 8 d_s. Bei aufgebogenen Stäben ist außerdem die schräge Aufbiegelänge zu berücksichtigen (**Bild 2, Seite 327**). Dabei wird die Aufbiegehöhe h stets von außen nach außen gemessen. Je nach Höhe des Bauteils kann die Aufbiegung unter 30°, 45° oder 60° erfolgen. Um den Verschnitt möglichst gering zu halten, sollte darauf geachtet werden, dass die Lagerlängen von 12 m bzw. 14 m ohne Abfall durch die ausgewiesenen Schnittlängen teilbar sind. Bevor mit dem Ablängen der Bewehrung begonnen wird, ist es zweckmäßig die Maßangaben in der Bewehrungszeichnung zu überprüfen.

Das Messen und Schneiden erfolgt auf dem Messtisch und an der Schneidemaschine. Schnittlängen werden nach Biegeplan angerissen und die Stäbe auf Länge geschnitten. Dabei sind die zulässigen Maßtoleranzen zu beachten. Die Abmaße (Maßabweichungen) der Bewehrungsstäbe dürfen die Grenzabmaße nicht überschreiten (**Tabelle 1, Seite 327**). Als Grenzabmaß wird die Differenz zwischen dem zulässigen Höchst- bzw. Mindestmaß und dem Nennmaß (Sollmaß) bezeichnet. Danach werden die Betonstabstähle auf Betonstahlschneidemaschinen abgelängt. Zum Schneiden von dünnen Stahlstäben eignet sich die Handschneidemaschine. Motorenschneidemaschinen werden bei umfangreicheren Arbeiten und größeren Stabdurchmessern verwendet. Außerdem gibt es auch automatisch arbeitende Schneidemaschinen. Zum Ablängen von Betonstahlmatten verwendet man Schneidemaschinen, die von Hand oder hydraulisch betätigt werden. Es können auch Betonstahlmatten-Schneider, die wie Bolzenschneider arbeiten, verwendet werden.

Biegen

Das Biegen von Betonstabstahl erfolgt auf Handbiegeplatten oder mit Motorbiegemaschinen. Zum Nachbiegen von Hand auf der Baustelle dient auch die Doppelklaue oder das Kröpfeisen.

Die Biegeeinrichtung besteht aus dem drehbaren Biegeteller, auf dem Biegerollen verschiedener Durchmesser aufgesteckt werden können, und dem Exzenter (**Bild 2**). Beim Biegen drückt der Exzenter den Stab gegen die Biegerolle. Dabei wird der Stab durch die feste Rolle (Widerlager) am Ausweichen gehindert. Das Herstellen von Aufbiegungen kann durch entsprechende Vorrichtungen in einem Arbeitsgang erfolgen. Mithilfe von Zusatzeinrichtungen lassen sich Ringe, Bügel und Spiralen biegen. Zur Fertigung von Bügeln gibt es besondere Biegemaschinen.

Bei mehrfach gebogenen Stäben, z. B. bei Bügeln, ist es zweckmäßig, einen Probstab zu biegen und die Außenmaße nachzumessen. Dabei dürfen die Maßabweichungen der Stäbe die zulässigen Grenzabmaße nicht überschreiten (**Tabelle 2**).

Zum Biegen von Betonstahlmatten werden besondere Biegemaschinen verwendet. Je nach Menge, Stabdicke, Mattenbreite und Stababstand können Handbiegemaschinen oder Motorbiegemaschinen eingesetzt werden. Motorbiegemaschinen ermögli-

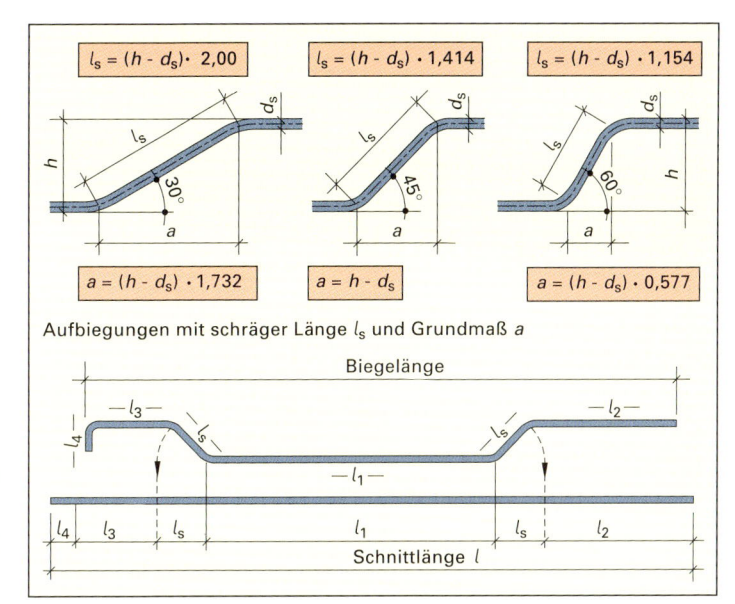

Aufbiegungen mit schräger Länge l_s und Grundmaß a

$l_s = (h - d_s) \cdot 2{,}00$; $a = (h - d_s) \cdot 1{,}732$ (30°)
$l_s = (h - d_s) \cdot 1{,}414$; $a = h - d_s$ (45°)
$l_s = (h - d_s) \cdot 1{,}154$; $a = (h - d_s) \cdot 0{,}577$ (60°)

Bild 1: Ermittlung der Schnittlänge l

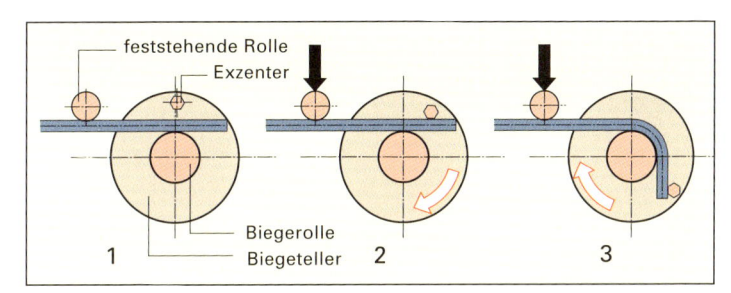

Bild 2: Biegeeinrichtung mit Biegevorgang

Tabelle 1: Grenzabmaße Δl [cm] der Schnittlängen beim Ablängen der Bewehrungsstäbe

Stablänge l [m]	≤ 5,00	> 5,00
Grenzabmaß Δl • allgemein	± 1,50	± 2,00
Grenzabmaß Δl • bei Passlängen	+ 0 bis − 0,50	+ 0 bis − 1,00

Tabelle 2: Grenzabmaße Δl [cm] der gebogenen Bewehrungsstäbe

Stabdurchmesser d_s [mm]	≤ 14	> 14	≤ 14	> 14	≤ 10	> 10
Grenzabmaß Δl • allgemein	+ 0 bis − 1,50	+ 0 bis − 2,50	+ 0 bis − 1,00	+ 0 bis − 2,00	+ 0 bis − 1,00	+ 0 bis − 1,50
Grenzabmaß Δl • bei Passlängen	+ 0 bis − 1,00	+ 0 bis − 1,50	+ 0 bis − 1,00	+ 0 bis − 2,00	+ 0 bis − 0,50	+ 0 bis − 1,00

[1]) Bei diesem Maß ist das Grenzabmaß der zugehörigen Bügel zu beachten.

chen das Biegen von Matten bis zu 12 mm Stabdurchmesser und Biegebreiten bis 6,00 m. Der Biegevorgang erfolgt über einen abrollenden Biegebalken, an dem drei Biegewinkel bis zu 180° voreinstellbar sind. Dazu werden auf seitlich stufenlos verstellbare Biegefinger auswechselbare Biegedorne aufgesteckt. Diese sind auf den Stababstand der zu biegenden Matte einzustellen. Das Biegen von Betonstahlmatten erfolgt nach einer Biegeskizze, die Positionsnummer, Biegeform, Abmessungen sowie Biegerollendurchmesser angibt.

10.1.4.2 Einbau der Bewehrung

Um die Tragfähigkeit von Stahlbetonbauten zu erreichen, muss die Bewehrung genau nach Zeichnung eingebaut werden. Dazu ist es notwendig, die einzelnen Bewehrungsstäbe zu steifen und zu unverschieblichen Bewehrungsgerippen bzw. Bewehrungskörben zu verbinden. Dies geschieht durch verschiedene Verbindungsarten.

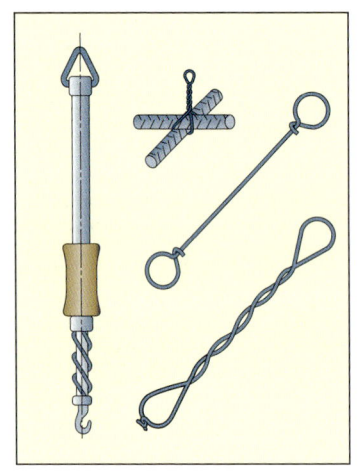

Bild 1: Drillstab und Drahtverschlüsse

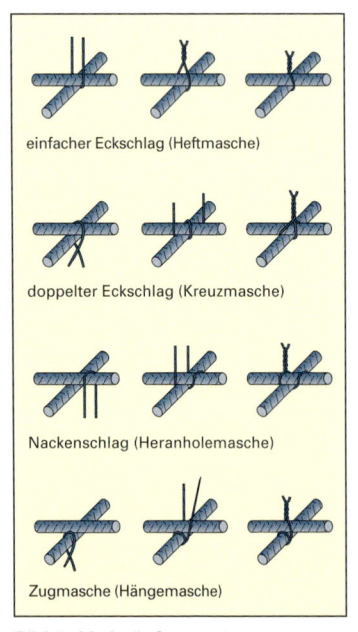

Bild 2: Verknüpfungsarten

Verbindungsarten

Bei den Verbindungsarten unterscheidet man z. B. das Rödeln und das Schweißen. Bei Betonstahlmatten sind die sich kreuzenden Bewehrungsstäbe bereits werkmäßig mittels elektrischer Widerstandsschweißung scherfest miteinander verbunden.

Das **Rödeln** (Flechten) wird hauptsächlich mit der Flechterzange oder Monierzange unter Verwendung von Bindedraht ausgeführt. Bindedraht ist geglühter Draht in Dicken von 1 mm bis 2 mm. Zum Rödeln eignet sich auch der Drillstab, man verwendet dabei Drahtverschlüsse (**Bild 1**). Drahtverschlüsse sind mit Schlaufen versehene Bindedrähte in Längen von 8 cm bis 30 cm. Beim Rödeln ist darauf zu achten, dass die Drahtenden nicht in die Betondeckung hineinragen.

Es gibt verschiedene Verknüpfungsarten, die man auch als Knoten bezeichnet (**Bild 2**).

Der **einfache Eckschlag** (Heftmasche) wird zum Befestigen von Tragstäben an Verteilerstäben bzw. Montagestäben verwendet. Der Eckschlag mit doppeltem Bindedraht (Heftmasche mit doppeltem Bindedraht) wird angewendet, wenn Stäbe herangezogen werden müssen, und bei Bewehrungsstäben größeren Durchmessers. Der **doppelte Eckschlag,** doppelte Heftmasche oder Kreuzmasche genannt, eignet sich in der Regel bei engmaschiger Bewehrung und bei Bewehrungsstäben mit größerem Durchmesser. Der doppelte Eckschlag mit doppeltem Bindedraht unterscheidet sich vom doppelten Eckschlag nur dadurch, dass der Bindedraht doppelt genommen wird. Der **Nackenschlag** (Heranholemasche) wird vorwiegend bei Stützen- und Balkenbewehrungen angewendet. Dabei werden die Tragstäbe in die Bügelecken gezogen; gleichzeitig wird ein Verschieben der Stäbe verhindert. Der **doppelte Nackenschlag** unterscheidet sich vom Nackenschlag dadurch, dass der Bindedraht doppelt genommen wird. Die Zugmasche (Hängemasche) verhindert das Rutschen der Stäbe. Sie wird besonders dann angewendet, wenn eine unbedingte Unverschieblichkeit der Stäbe verlangt wird.

Das **Schweißen** von Betonstahl auf der Baustelle ist eine weitere Verbindungsart. Durch Schweißen erreicht man eine weitgehende Formbeständigkeit. Am häufigsten eingesetzte Schweißverfahren sind das Abbrennstumpfschweißen (RA), das Metall-Aktivgasschweißen (MAG) und das Lichtbogenhandschweißen (E). Schweißverbindungen an Betonstahl dürfen nur durch entsprechend ausgebildetes Personal vorgenommen werden.

Verlegen der Bewehrung

Das Bewehren kann stabweise oder mit vorgefertigten Bewehrungseinheiten, z. B. Körben, erfolgen. Es ist anzustreben, einen möglichst großen Anteil der Bewehrung zu solchen Einheiten zusammenzufassen und vorzufertigen. Dabei werden die Körbe, z. B. für Stützen und Balken, auf einem wettergeschützten Fertigungsplatz hergestellt. Bei der Herstellung von Körben ist die Anzahl der Verbindungsstellen von der Steifigkeit der Bewehrung abhängig. Im Allgemeinen werden die Stäbe an jeder zweiten Kreuzung miteinander verbunden, wobei darauf zu achten ist, dass die Verbindungsstellen gegeneinander versetzt sind. Zur Sicherung der Betondeckung und Lage der Bewehrung sind Abstandhalter, Unterstützungen (Unterstützungskörbe, Stehbügel) und Lagesicherungen (S-Haken, U-Haken) in ausreichender Anzahl einzubauen.

Aufgaben

1 Erläutern Sie die Anforderungen an Baustoffe und deren Verarbeitung nach DIN 1045.

2 Beschreiben Sie die Spannungszustände, die an einem Einfeldträger mit Kragarm infolge Gleichlast auftreten.

3 Führen Sie aus, warum mehrere Stäbe mit kleinerem Stabdurchmesser günstiger sind als wenige Stäbe mit großem Stabdurchmesser.

4 Begründen Sie, warum sowohl die Betondeckung als auch die Bewehrungsrichtlinien unbedingt eingehalten werden müssen.

5 Erläutern Sie, warum beim Biegen von Betonstählen die Mindestwerte der Biegerollendurchmesser zu beachten sind.

6 Führen Sie aus, wie sich die Lage der Bewehrungsstäbe (Verbundbereiche) auf die Verankerungslänge l_b auswirkt.

7 Beschreiben Sie die Möglichkeiten der Stabendausbildung von Verankerungen und deren Auswirkung auf die Verankerungslänge $l_{b,net}$.

8 Begründen Sie, warum bei indirekten Bewehrungsstößen der umgebende Bauwerksbeton durch die Übertragung der Kräfte zusätzlich beansprucht wird.

10.1.5 Bewehrung von Stahlbetonbauteilen

Damit die Bewehrung ihre Aufgabe erfüllen kann, muss sie dem Kräfteverlauf im Bauteil entsprechend angeordnet sein, den Bewehrungsrichtlinien entsprechen und auf die Einbaubedingungen im Bauteil abgestimmt sein. Nach dem Zweck der Bewehrung unterscheidet man zwischen Haupttragbewehrung, konstruktiver Bewehrung und Transportbewehrung.

Für die Standsicherheit von Bauwerken wichtige Bauteile sind z. B. Fundamente, Stützen, Wände, Platten, Treppen, Balken und Plattenbalken.

10.1.5.1 Fundamente

Fundamente können bewehrt oder unbewehrt ausgeführt werden. Sie müssen bewehrt werden, wenn das Fundament nicht in der für die Druckverteilung erforderlichen Fundamenthöhe ausgeführt werden kann oder setzungsempfindlicher Baugrund ansteht. Der Baugrund ist vor dem Einbau der Bewehrung mit einer ≥ 5 cm dicken Sauberkeitsschicht abzudecken.

Fundamente werden meist als mittig belastete Streifenfundamente und Einzelfundamente ausgeführt.

Streifenfundamente

Streifenfundamente unter Wänden erhalten an der Fundamentsohle in Querrichtung eine Biegezugbewehrung und in Längsrichtung eine Verteilerbewehrung **(Bild 1)**. Eine zusätzliche obere Bewehrung ist einzubauen, wenn in der aufgehenden Wand Öffnungen sind, z. B. Türen.

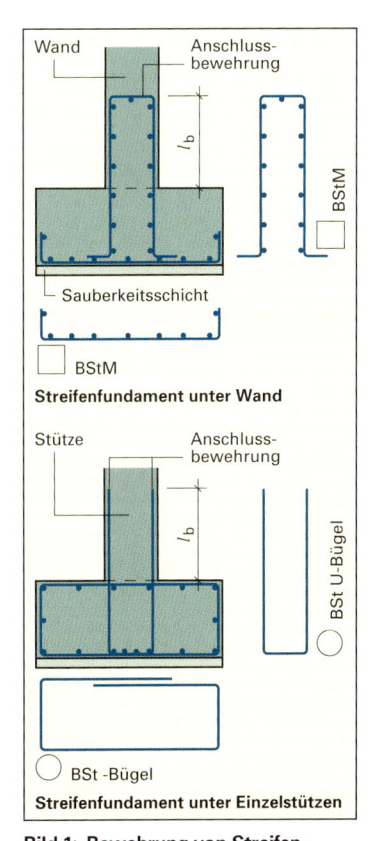

Bild 1: Bewehrung von Streifenfundamenten

Streifenfundamente unter einer Reihe von Einzelstützen werden meist als Fundamentbalken ausgeführt (Bild 1, Seite 329). Dabei wird die Bewehrung in Längsrichtung wie bei durchlaufenden Balken als Biegezugbewehrung ausgebildet. In Querrichtung werden Bügel eingebaut, die im Bereich der Stützen geringeren Abstand haben können.

Die Anschlussbewehrung für Wände und Stützen ist gleichzeitig mit der Fundamentbewehrung einzubauen (Bild 1, Seite 329).

Einzelfundamente

Mittig belastete Einzelfundamente haben meist eine quadratische Grundfläche mit der Seitenlänge b. Man geht von einem zweiachsigen Lastabtrag aus, wobei die Biegemomente von der Stütze zum Rand des Fundaments hin abnehmen. Daraus ergibt sich ein mittlerer Bereich, der stärker beansprucht ist als die Randbereiche. Der mittlere Bereich wird mit $2 \cdot b/4$, der Randbereich mit einer Breite von $b/4$ angenommen. Die Bewehrung wird in Längs- und Querrichtung über der Fundamentsohle angeordnet. Meist werden Einzelstäbe gleichen Durchmessers mit Winkelhaken an beiden Enden eingebaut. Dabei ist der Bewehrungsabstand s im Randbereich doppelt so groß wie im Mittelbereich, z. B. $s = 10$ cm/20 cm oder $s = 12,5$ cm/25 cm. Die einzelnen Stäbe werden zunächst über die ganze Breite des Fundamentes mit dem im Randbereich einzuhaltenden Abstand verlegt. Danach legt man im Bereich unter der Stütze mit der Breite $b/2$ je Zwischenraum einen weiteren Stab ein **(Bild 1)**.

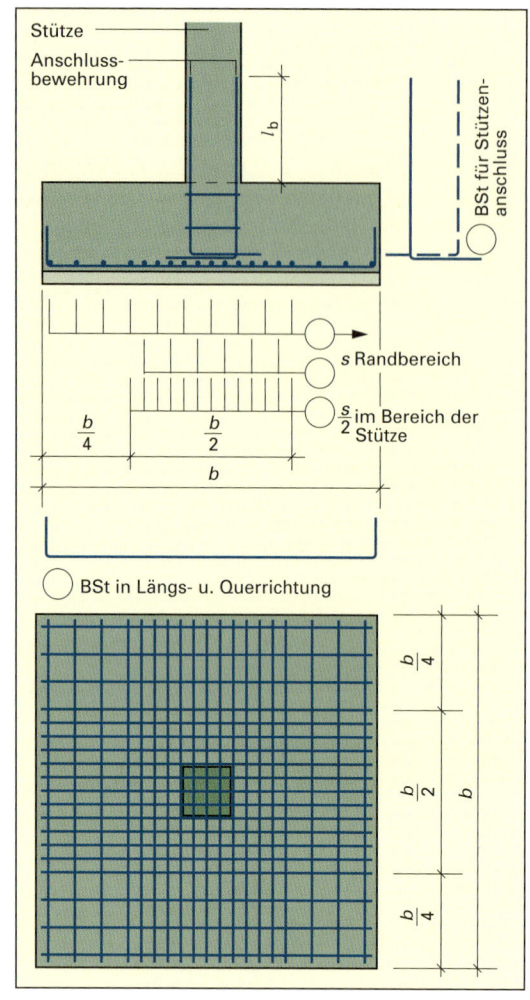

Bild 1: Bewehrung von quadratischen Einzelfundamenten

10.1.5.2 Stahlbetonstützen

Stützen sind lotrecht stehende Bauteile, deren Querschnittsabmessungen im Verhältnis zur Höhe, die auch als Länge bezeichnet wird, klein sind. Sie werden als stabförmige Druckglieder bezeichnet. Meist dienen sie anderen Bauteilen, z. B. Balken und Unterzügen, als Auflager und leiten deren Lasten weiter. Dabei handelt es sich vorwiegend um eine Druckbeanspruchung in Stützenlängsrichtung, die als Normalkraft (N) bezeichnet wird. Außerdem können Stützen auf Biegung und durch Horizontallasten, z. B. Windlasten und Anprallasten, beansprucht werden. Nach der Art der Belastung unterscheidet man mittig und ausmittig belastete Stützen. Bei schlanken Druckgliedern besteht zusätzlich die Gefahr des Ausknickens. Mit Knicken bezeichnet man das plötzliche seitliche Ausweichen einer Stütze unter Belastung. Ein Ausknicken kann bereits bei einer Belastung, die weit unter der zulässigen Druckspannung von Beton liegt, erfolgen.

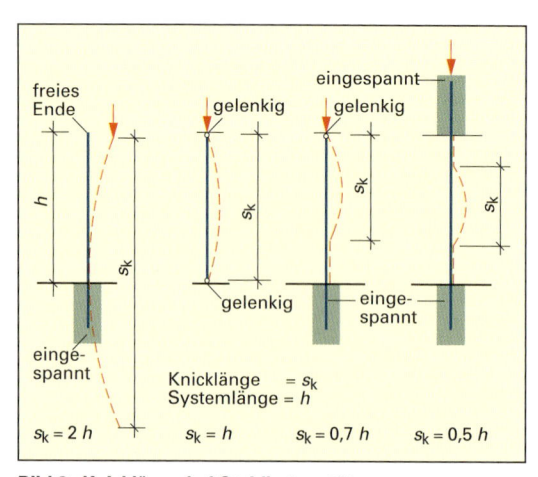

Bild 2: Knicklänge bei Stahlbetonstützen

Als Kennwert der Knickgefahr dient allgemein die Schlankheit, die als Verhältnis der Höhe bzw. Länge des Bauteils zu seiner Dicke ausgedrückt wird. Bei Stützen tritt anstelle der Länge die freie Knicklänge. Die freie Knicklänge (s_k) richtet sich danach, ob die Stütze eingespannt oder gelenkig gelagert ist **(Bild 2, Seite 330)**. Im Stahlbetonbau bezeichnet man als Gelenke solche Verbindungen, die aufgrund ihrer Bewehrung nur Zug- und Druckkräfte, jedoch keine Biegemomente auf andere Bauteile übertragen können.

Je nach Art der Herstellung, unabhängig von der Belastung und Knickgefahr, sind Mindestdicken für Stützen vorgeschrieben **(Tabelle 1)**. Stützen können unbewehrt, bügelbewehrt, umschnürt bzw. wendelbewehrt ausgeführt werden.

In Hochbauten kommen meist bügelbewehrte Stützen zur Ausführung. Die Bewehrung besteht aus Längsstäben und Bügeln. Der Betonquerschnitt trägt zusammen mit der Längsbewehrung die Last. Die Bügel haben die Aufgabe, die Längsstäbe am Ausknicken zu hindern.

Bei geschosshohen Stützen endet die Längsbewehrung am Stützenkopf und wird im anschließenden Bauteil verankert. Bei durchlaufenden Stützen müssen mindestens die Eckstäbe über die Geschossdecke als Anschlussbewehrung für die darüber liegende Stütze geführt werden. Die hierfür notwendigen Stäbe müssen gekröpft werden. Unmittelbar unter und über Balken oder Platten, auf einer Höhe gleich der größeren Stützenabmessung und bei Übergreifungsstößen der Längsstäbe $d_{sl} > 14$ mm ist der Bügelabstand s_w mit dem Faktor 0,6 zu vermindern.

Längsstäbe sind vorwiegend in den Ecken anzuordnen und zur Knickaussteifung durch Bügel zu halten. Jede Stützenecke ist mit mindestens einem Stab, jedoch mit höchstens fünf Stäben zu bewehren. Die Stabdurchmesser sind von den Querschnittsabmessungen der Stütze abhängig. Bei Stützen mit einer Querschnittshöhe h von ≥ 20 cm beträgt der Stabdurchmesser $d_{sl} \geq 12$ mm.

Bei der Anordnung der Stäbe dürfen Größtabstände nicht überschritten werden. Die Größtabstände der Längsstäbe dürfen höchstens 30 cm betragen, jedoch genügt für Querschnitte, deren Breite 40 cm nicht überschreitet, je ein Bewehrungsstab in den Ecken **(Bild 1)**. Müssen Längsstäbe gekröpft werden, sind an den unteren Knickpunkten Zusatzbügel anzuordnen (Bild 2, Seite 332).

Bügel können Einzelbügel oder Bügel aus Betonstahlmatten sein. Der Mindestbügeldurchmesser ist von der Art der Bewehrung und dem Durchmesser der Längsstäbe abhängig. Er beträgt für Einzelbügel ≥ 6 mm, für Betonstahlmatten ≥ 5 mm und bezogen auf den Durchmesser der Längsstäbe $\geq 0,25$ max d_{sl}, wobei der größere Wert maßgebend ist.

Die Längsbewehrung muss durch die Querbewehrung, die ausreichend zu verankern ist, umschlossen werden. Jeder Bügel muss mit einem Haken geschlossen sein. Die Haken sollen über die Stützenhöhe versetzt angeordnet werden. Sind mehr als drei Längsstäbe in einer Stützenecke angeordnet, müssen die Haken versetzt sein. Mit Bügeln können in jeder Stützenecke bis zu fünf Längsstäbe gegen

Tabelle 1: Ausführungsregeln für Stahlbetonstützen
Mindestabmessungen für Stützen mit Vollquerschnitt
Stehend betonierte Ortbetonstützen • $h \geq 20$ cm Liegend betonierte Fertigteilstützen • $h \geq 12$ cm
Mindeststabdurchmesser der Längs- und Querbewehrung
Längsbewehrung • min $d_{sl} \geq 12$ mm Querbewehrung (Bügel, Schlaufen oder Wendeln) • min $d_{sq} \geq 6$ mm bzw. $\geq 0,25$ max d_{sl} Bei Verwendung von Betonstahlmatten als Bügelbewehrung muss $d_{sq} \geq 5$ mm betragen.
Mindeststababstände der Längsbewehrung
rechteckige Stützen mit $b \leq 40$ cm • mindestens 1 Stab je Ecke rechteckige Stützen allgemein • $s \leq 30$ cm und mindestens 1 Stab je Ecke kreisförmige Stützen • $s \leq 30$ cm und mindestens 6 Stäbe
Mindeststababstände der Querbewehrung (Bügel, Schlaufen oder Wendeln)
• $s_w \leq 12$ min $d_{sl} \leq h_{min} \leq 30$ cm der kleinere Wert ist maßgebend

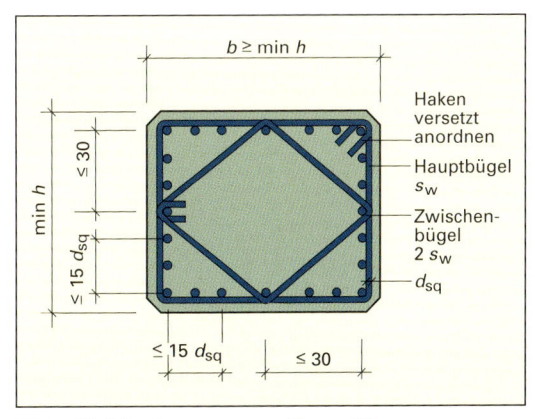

Bild 1: Verbügelung mehrerer Längsstäbe

Knicken gesichert werden. Dabei darf jedoch der Achsabstand vom letzten Stab zum Eckstab höchstens gleich dem 15fachen Bügeldurchmesser d_{sq} sein **(Bild 1)**. Weitere Längsstäbe und solche in größerem Abstand vom Eckstab sind durch Zwischenbügel bzw. S-Haken zu sichern. Diese dürfen im doppelten Abstand der Hauptbügel liegen (Bild 1).

Der Bügelabstand s_w darf höchstens gleich der kleinsten Querschnittshöhe h der Stütze oder dem 12fachen Durchmesser d_{sl} der Längsstäbe mit dem kleinsten Stabdurchmesser, bzw. ≤ 30 cm sein, wobei der kleinste Wert maßgebend ist (Bild 1). Geringere Bügelabstände sind z. B. bei endender Längsbewehrung, an Übergreifungsstöße und im Bereich am Stützenfuß und Stützenkopf, erforderlich.

Einbau der Bewehrung

Die Stützenbewehrung sollte grundsätzlich als Bewehrungskorb hergestellt werden. Die Vorfertigung eines Bewehrungskorbes erfolgt in Teilarbeitsgängen durch:

- Auflegen der Längsbewehrung (Tragstäbe) einer Stützenseite auf Montageböcke,
- Festlegen der Bügelabstände durch Anzeichnen an den Längsstäben unter Beachtung veränderlicher Abstände,
- Überhängen und Befestigen der Bügel (Bügelhaken versetzt anordnen),
- Einschieben von Diagonalstäben zur Aussteifung des Korbes,
- Anbringen der Abstandhalter an die Bügel und
- Überprüfen der Bewehrung.

10.1.5.3 Stahlbetonwände

Wände sind scheibenförmige Bauteile, die vorwiegend auf Druck beansprucht werden. Nach DIN 1045 unterscheiden sich Wände von Stützen durch das Verhältnis ihrer Breite b und Höhe h. Auf Druck beanspruchte Bauteile, auch Druckglieder genannt, deren Breite größer ist als die fünffache Dicke, werden als Wände, solche mit einem kleineren Verhältnis als Stützen bezeichnet **(Bild 3)**. Wände bilden die seitliche Begrenzung umbauter Räume. Wände als lotrechte Scheiben und Decken als waagerechte Scheiben steifen sich gegenseitig aus und bewirken damit die Tragfähigkeit und Standsicherheit eines Bauwerks.

Nach den Aufgaben unterscheidet man tragende, aussteifende und nichttragende Wände. Vorwiegend auf Biegung beanspruchte scheibenförmige Bauteile bezeichnet man als Stützwände.

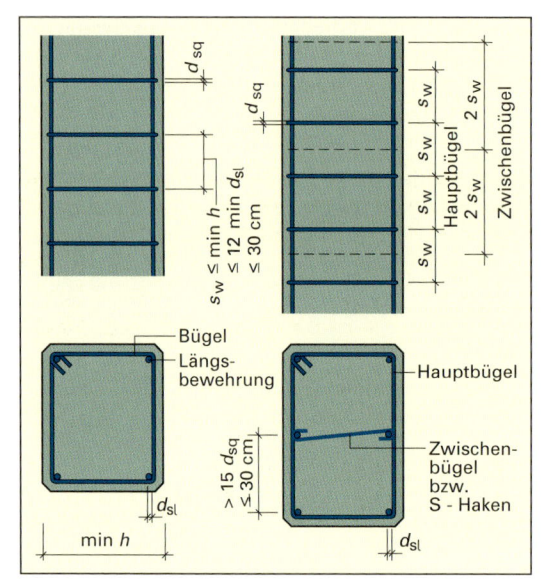

Bild 1: Bügelbewehrung

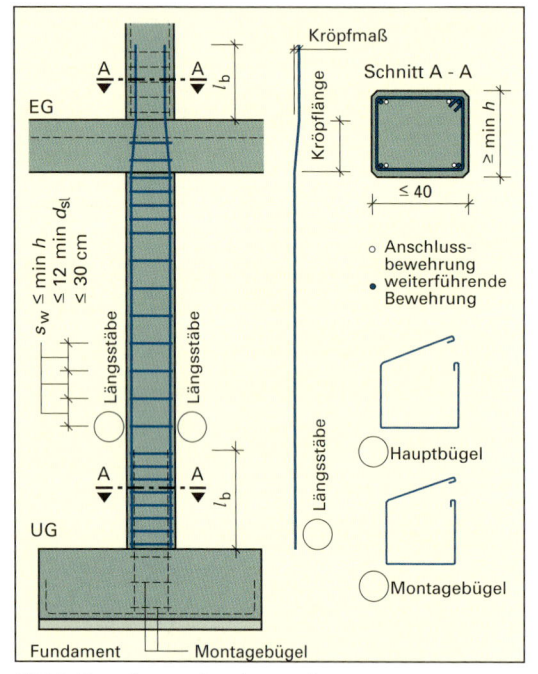

Bild 2: Bewehrung einer Innenstütze

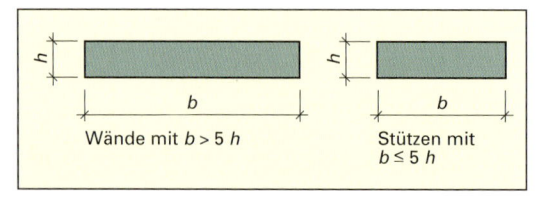

Bild 3: Bezeichnung von Druckgliedern

Werden Wände biegesteif mit der Sohlplatte verbunden, entstehen Becken oder Gerinne, wie sie z. B. im Kläranlagenbau Verwendung finden (Seite 554). Bei rahmenartigen Bauwerken, z. B. bei Wasserbehältern (Seite 538), werden Sohlplatte, Wände und Deckenplatte biegesteif miteinander verbunden. Ist dabei Wasserundurchlässigkeit gefordert, können die Schwindspannungen rissefrei aufgenommen werden, wenn im Bereich des Wandfußpunktes eine horizontale Bewehrung in engem Stababstand eingebaut wird.

Tragende Wände sind Bauteile zur Aufnahme von lotrechten Lasten oder zur Abtragung waagerechter Lasten. Lotrecht wirkende Lasten sind z. B. Eigen- und Verkehrslasten von Decken, waagerecht wirkende Lasten sind z. B. Windlasten. Tragwände müssen den statischen Anforderungen entsprechen. Die Tragfähigkeit wird hauptsächlich durch die Wanddicke und die Schlankheit bestimmt. Dabei dürfen die Mindestwanddicken nach DIN 1045 nicht unterschritten werden **(Tabelle 1)**.

Tragende Außenwände müssen neben ihrer Tragfähigkeit auch die Anforderungen des Wärme-, Feuchte-, Schall- und Brandschutzes erfüllen.

Wände können bewehrt oder unbewehrt ausgeführt werden. Sie müssen bewehrt werden, bei Beanspruchung auf Zug, bei Knickgefahr, bei ausmittiger Belastung und wenn sie nicht ausgesteift sind.

Die Bewehrungsführung richtet sich nach Art der Belastung. Dabei unterscheidet man zwischen druckbeanspruchten Wänden, biegebeanspruchten Wänden und Wänden, die auf Druck und Biegung beansprucht werden. Auf Druck beanspruchte Wände, z. B. Innenwände, werden wie Stützen, auf Biegung beanspruchte Wände, z. B. Stützwände, werden wie Platten bewehrt. Bei auf Druck und Biegung beanspruchten Wänden, z. B. Kelleraußenwänden, richtet sich die Bewehrung nach der überwiegenden Belastungsart.

Druckbeanspruchte Wände erhalten auf beiden Seiten eine Bewehrung. Diese besteht aus der Hauptbewehrung (Längsbewehrung), die auch als Druckbewehrung bezeichnet wird, und der Querbewehrung. Die Hauptbewehrung verläuft lotrecht in Richtung der Beanspruchung, die Querbewehrung rechtwinklig dazu. Sie dient hauptsächlich der Lastverteilung und der Vermeidung von Schwindrissen. Durch S-Haken oder Steckbügel werden die äußeren Bewehrungsstäbe im Innern der Wand verankert. In Ecken und an freien Rändern ist eine Zusatzbewehrung erforderlich.

Die **Hauptbewehrung** besteht aus Längsstäben, deren Mindestdurchmesser d_{sl} bei Einzelstäben 8 mm und bei Betonstahlmatten 5 mm betragen muss. Längsstäbe dürfen höchstens 20 cm Abstand haben. Sie dürfen in erster Lage außen stehend angeordnet werden, wenn die Betondeckung mindestens dem 2fachen Stabdurchmesser entspricht oder die Durchmesser der Tragstäbe höchstens 14 mm aufweisen. Bei Verwendung von Betonstahlmatten dürfen Tragstäbe stets außen stehen. Ansonsten sind Längsstäbe in zweiter Lage einzubauen, wobei sie von der Querbewehrung umfasst werden **(Bild 1)**.

Die **Querbewehrung** muss mindestens 20 % des Querschnitts der lotrechten Bewehrung betragen. Auf jeder Seite der Wand sind jedoch mindestens Querstäbe im Abstand $s \leq 35$ cm, mit Durchmessern von 6 mm bei Einzelstäben, anzuordnen **(Bild 3, Seite 334)**.

Die außenliegenden Bewehrungsstäbe beider Wandseiten sind an mindestens 4 versetzt angeordneten Stellen je m² Wandfläche mit **S-Haken** zu verbinden. Bei dicken Wänden kann die Verankerung mit Steckbügeln im Innern der Wand erfolgen,

Tabelle 1: Mindestwanddicken für tragende Wände in cm

Festigkeitsklasse des Betons	Herstellung	Wände aus			
		unbewehrtem Beton		Stahlbeton	
		Decken über Wänden nicht durchlaufend	durchlaufend	Decken über Wänden nicht durchlaufend	durchlaufend
C12/15	Ortbeton	20	14	–	–
ab C16/20	Ortbeton	14	12	12	10
	Fertigteil*)	12	10	10	8

*) Mindestdicke von Trag- und Vorsatzschalen von Sandwichtafeln ≥ 7 cm.

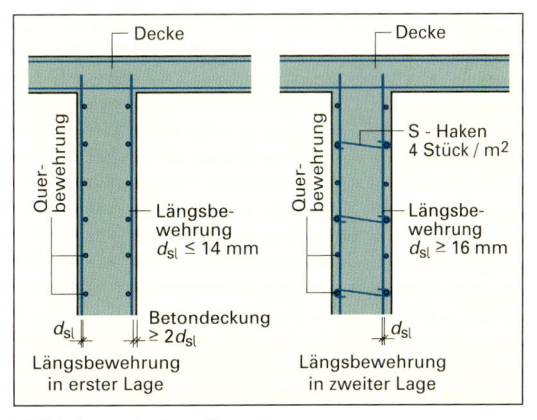

Bild 1: Lage der Hauptbewehrung

Bewehrungsrichtlinien für Stahlbetonwände:

- **Längsbewehrung:** Mindestdurchmesser $d_{sl} \geq 8$ mm, Stababstand $s_l \leq 20$ cm, je Wandseite.

- **Querbewehrung:** Je Wandseite 25 % der Längsbewehrung, im Abstand ≤ 35 cm.

- **Verankerung** der außenliegenden Bewehrungsstäbe beider Wandseiten durch vier versetzt angeordnete S-Haken je m²-Wandfläche, bei dicken Wänden vorzugsweise mit Steckbügeln. S-Haken können bei Tragstäben mit d_s 14 mm entfallen, wenn die Betondeckung mindestens 2 d_s beträgt.

- **Zulagebewehrung** z. B. an Wandenden, Türen und Fenstern durch U-förmige Steckbügel und Eckstäbe.

wobei die freien Bügelenden die Verankerungslänge 0,5 l_b aufweisen müssen **(Bild 1)**. S-Haken können entfallen, wenn die Tragstäbe einen Durchmesser von höchstens 14 mm haben und ihre Betondeckung mindestens dem 2fachen Stabdurchmesser entspricht.

An freien Rändern, z. B. an Wandenden, Fenstern und Türen, sind zusätzlich zur Hauptbewehrung Eckstäbe mit einem Durchmesser von ≥ 12 mm anzuordnen und durch U-förmige Steckbügel zu sichern. Der Abstand der Steckbügel sollte höchstens gleich der Wanddicke h oder dem 12fachen Durchmesser der Eckstäbe sein. Die Einbindelänge der freien Bügelenden muss der 2fachen Querschnittshöhe in der Wand bzw. der Verankerungslänge l_b entsprechen **(Bild 2)**.

Wandecken und Anschlüsse von Querwänden erfordern eine Zusatzbewehrung. Diese wird in der Regel mit Eckwinkeln oder Steckbügeln ausgeführt. Bei Hochbauten sind meist Stabdurchmesser von 8 mm in einem Abstand von 20 cm ausreichend (Bild 2).

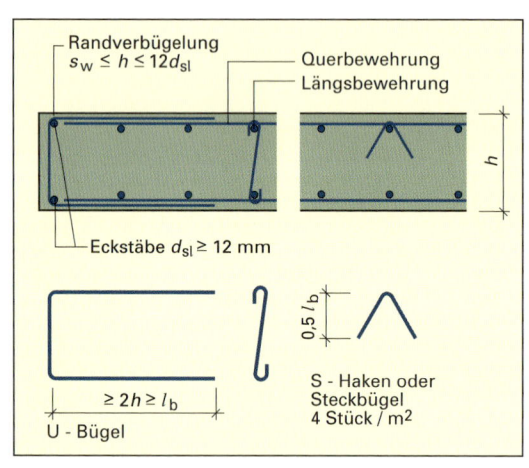

Bild 1: Verbügelung der Bewehrung

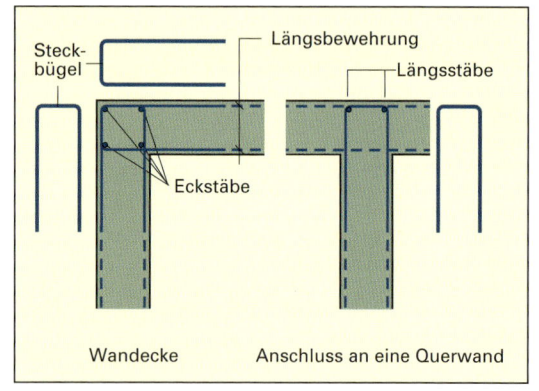

Bild 2: Zusatzbewehrung an Wandecken und Wandanschlüssen

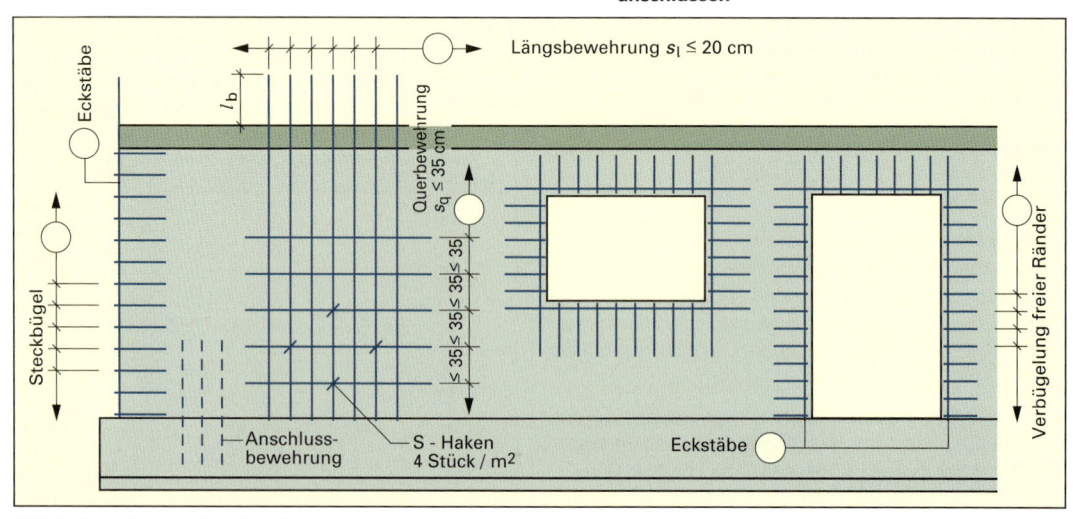

Bild 3: Bewehrung einer Stahlbetonwand

Über mehrere Geschosse durchlaufende Wände erfordern dann eine Anschlussbewehrung für die darüber liegende Wand, wenn Biegezugkräfte übertragen werden müssen.

Einbau der Bewehrung

Zur Bewehrung von Wänden werden häufig Betonstahlmatten verwendet. Wo dies nicht möglich ist, wird Einzelstabbewehrung eingebaut. In der Regel stellt man die Bewehrung an die Schalung einer Wandseite. Das Bewehren mit Einzelstäben geschieht in folgenden Arbeitsgängen:

- Ausrichten der Anschlussbewehrung,
- Befestigen einiger Längsstäbe an der Schalung unter Einhaltung der Betondeckung,
- Anbringen einiger Querstäbe,
- Befestigen der Abstandhalter,
- Einbauen der restlichen Längs- und Querstäbe,
- Bewehren der anderen Wandseite,
- Anbringen der S-Haken.

Beim Bewehren von Wänden darf das Bewehrungsgerippe nicht als Standplatz benutzt werden. Für Bewehrungsarbeiten muss ab einer bestimmten Höhe ein Gerüst erstellt werden. Werden Stäbe mit Nägeln an die Schalung geheftet, müssen diese wegen des Korrosionsschutzes vor dem Betonieren entfernt werden.

Für Kellerwände im Wohnbau werden zunehmend geschosshohe Wandtafeln mit einer Breite bis zu 2,50 m aus im Fertigteilwerk gegeneinander betonierten Gitterträgerelementen eingesetzt und anschließend mit Ortbeton ausgegossen. Diese Mischbauweise verbindet die Vorteile des Fertigteilbaus mit denen der Ortbauweise. Die arbeitsaufwendige Schal- und Bewehrungsarbeit wird dabei ins Fertigteilwerk verlegt. Die fertig vergossene Wand hat eine glatte Oberfläche, die raumseitig keiner weiteren Bearbeitung bedarf. Mit Standard-, Eck-, Tür- und Fensterelementen sowie mit Passstücken kann jede Grundrissform gestaltet werden.

10.1.5.4 Stützwände

Stützwände dienen zur Abstützung des Erdreiches, z. B. bei Straßen in Einschnitten oder Zufahrten zu Tiefgaragen. Da sie meist einseitig durch Erddruck belastet sind, werden Stützwände vorwiegend auf Biegung beansprucht. Die Ausführung erfolgt häufig als Winkelstützwand.

Eine Winkelstützwand besteht aus einer Sohlplatte, die auch als Fuß bezeichnet wird, und der aufgehenden Wand (**Bild 1**). Sohlplatte und Wand sind biegesteif miteinander verbunden und bilden meist einen rechten Winkel. Nach der Art der Fußausbildung wird zwischen Winkelstützwänden mit erdseitigem und solchen mit luftseitigem Fuß unterschieden. Eine Fußverbreiterung über die Dicke der Wand hinaus, auch als Sporn bezeichnet, verbessert insbesondere die Kippsicherheit der Stützwand. Die Erdauflast bei Winkelstützwänden mit erdseitigem Fuß trägt ebenfalls zur Kippsicherheit bei. Bei diesen Stützwänden werden die Wand auf der Erdseite, die Sohlplatte oben und der Sporn unten auf Zug beansprucht (**Bild 2**). Der gefährdete Querschnitt liegt zwischen Sohlplatte und aufgehender Wand. Da hier in der Regel eine Arbeitsfuge entsteht, ist bei der Ausführung an dieser Stelle besondere Sorgfalt notwendig.

Stützwände sind vorwiegend biegebeanspruchte Bauteile. Sie erhalten eine Biegezugbewehrung und eine konstruktive Bewehrung. Die Biegezugbewehrung wird auf der Zugseite der Stützwand eingelegt und besteht aus der Hauptbewehrung und der Querbewehrung.

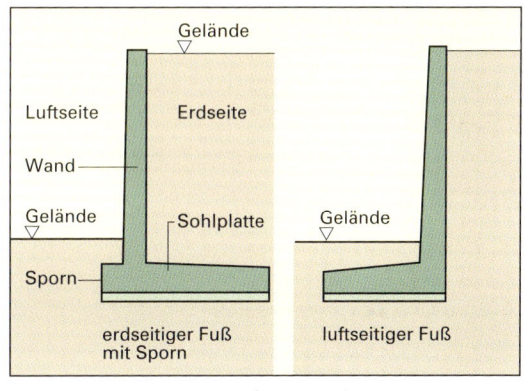

Bild 1: Fußausbildung von Stützwänden

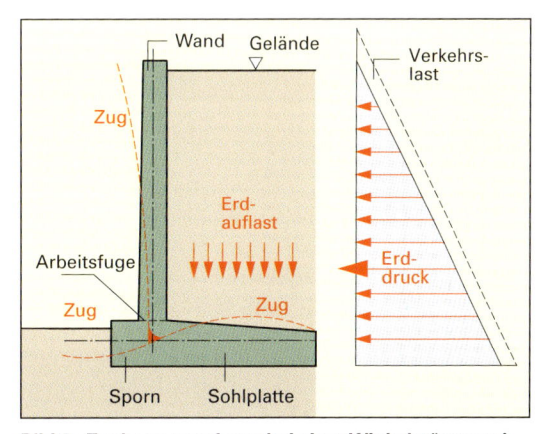

Bild 2: Zugbeanspruchung bei einer Winkelstützwand

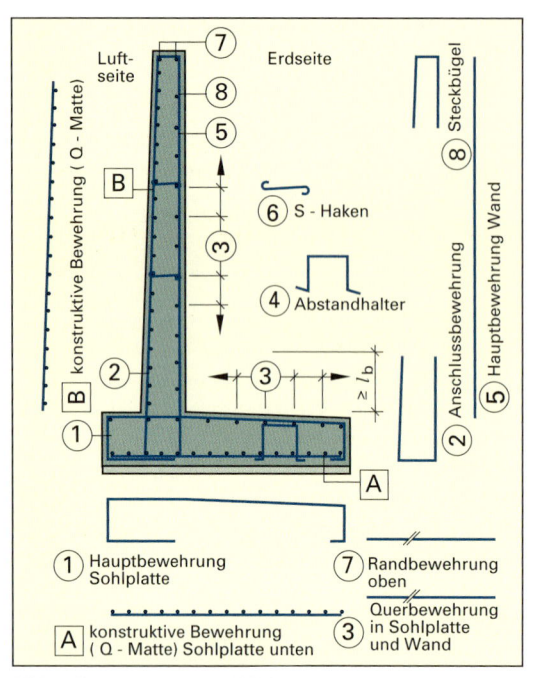

Bild 1: Bewehrung einer Winkelstützwand

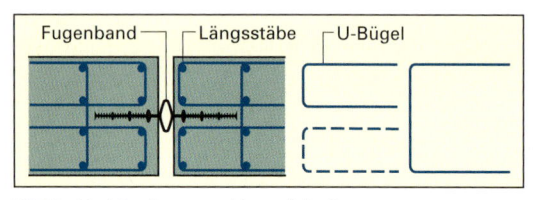

① Hauptbewehrung Sohlplatte
② Anschlussbewehrung
③ Querbewehrung in Sohlplatte und Wand
④ Abstandhalter
⑤ Hauptbewehrung Wand
⑥ S-Haken
⑦ Randbewehrung oben
⑧ Steckbügel
A konstruktive Bewehrung (Q-Matte) Sohlplatte unten
B konstruktive Bewehrung (Q-Matte)

Bild 2: Verbügelung von Fugenbändern

Die **Hauptbewehrung** der Wand ist lotrecht stehend, die der Sohlbewehrung liegt in Querrichtung. Durchmesser und Abstände der Bewehrungsstäbe werden der Bewehrungszeichnung entnommen. Größtabstände im Bereich der größten Biegebeanspruchung sind einzuhalten. Sie dürfen 25 cm bei einer Bauteildicke $h \geq 25$ cm und 15 cm bei einer Bauteildicke $h \leq 15$ cm nicht überschreiten.

Die **Querbewehrung** verläuft rechtwinklig zur Hauptbewehrung. Sie muss mindestens 20 % des Querschnitts der Hauptbewehrung betragen. Die Querbewehrung ist im Abstand $s_q \leq 25$ cm anzuordnen.

Die **konstruktive Bewehrung** befindet sich an der Luftseite der Stützwand und in der Sohlplatte unten. Hierfür eignet sich besonders eine Bewehrung aus Betonstahlmatten mit quadratischen Feldern (Q-Matte). Außerdem muss am oberen Wandabschluss eine Randbewehrung aus zwei Stäben, z. B. mit je 14 mm Durchmesser, angeordnet und durch Steckbügel gesichert werden. Die Bewehrung der aufgehenden Wand wird meist durch S-Haken oder Bügel verbunden. In der Sohlplatte werden zur Sicherung der oberen Bewehrungslage Unterstützungen (Seite 319) eingebaut **(Bild 1)**.

Bei Stützwänden mit größerer Höhe muss die Bewehrung getrennt in Sohlbewehrung mit Anschlussbewehrung und Wandbewehrung eingebaut werden. Die Anschlussbewehrung muss dabei so weit über OK-Sohlplatte ragen, dass das Übergreifungsmaß l_s mit der Wandbewehrung eingehalten ist. Es entspricht in der Regel dem Verankerungsmaß l_b.

Bei Stützwänden mit luftseitigem Fuß (Bild 1, Seite 335) wird die Wand auf der Erdseite und die Sohlplatte unten auf Zug beansprucht. Die Biegezugbewehrung wird entsprechend dem Kräfteverlauf eingebaut, die konstruktive Bewehrung an der Luftseite der Stützwand und in der Sohlplatte oben.

Werden Stützwände durch Fugen getrennt und mit Fugenbändern geschlossen, muss der Fugenbandbereich zusätzlich mit Bügeln umwehrt werden **(Bild 2)**. Die Fugenabstände sind auf die zu erwartenden Formänderungen aus Schwinden, Kriechen und Temperatureinflüssen abzustimmen. Direkter Sonneneinstrahlung ausgesetzte Stützwände erfordern geringere Fugenabstände als solche in geschützter Lage.

10.1.6 Decken

Decken trennen die einzelnen Geschosse eines Bauwerks. Als scheibenförmige Bauteile übernehmen sie außerdem in vielen Fällen die Aussteifung des Baukörpers. Decken bestehen aus der Rohdecke, der Unterdecke und der Oberdecke. Die **Rohdecke** bildet das Tragwerk. Sie hat die Aufgabe, Eigenlasten und Verkehrslasten auf die Auflager abzuleiten. **Unterdecken** bestehen z. B. aus Putz, Holzverkleidungen oder Plattenwerkstoffen. Dazu gehört auch der jeweils erforderliche Unterbau, wie Putzträger, Lattenroste und Abhängungen. Zur **Oberdecke** gehören Estriche und Bodenbeläge. Oberdecken und Unterdecken übernehmen vor allem die Aufgabe des Schall- und Wärmeschutzes (Seiten 430, 446). Rohdecken werden als Massivdecken und Fertigteildecken ausgeführt. Massivdecken bestehen aus Stahlbeton, in manchen Fällen auch aus Spannbeton, wobei Zwischenbauteile aus Normalbeton, Leichtbeton oder Deckenziegeln Verwendung finden können. Massivdecken stellt man aus Ortbeton, aus Fertigbauteilen und als Fertigteile her. Bei Massivdecken unterscheidet man im Wesentlichen Stahlbeton-Vollplatten, Stahlbeton-Hohlplatten, Plattenbalkendecken, Stahlbetonrippendecken, Stahlbetonbalkendecken und Stahlsteindecken.

10.1.6.1 Stahlbeton-Vollplatten

Die Deckendicke h wird nach den statischen Erfordernissen berechnet. Mindestdicken von Plattendecken sind in DIN 1045 festgelegt und betragen im Allgemeinen 7 cm; bei Platten, die nur ausnahmsweise begangen werden, 5 cm. Mit Personenkraftwagen befahrene Platten müssen mindestens 10 cm und bei schweren Fahrzeugen mindestens 12 cm dick sein. Außerdem richtet sich die Mindestdicke von Plattendecken, der zulässigen Durchbiegung wegen, nach der Stützweite und dem statischen System. Dabei gelten für trennwandtragende Decken höhere Anforderungen, wenn störende Risse in den Trennwänden nicht durch andere Maßnahmen vermieden werden (**Tabelle 1**). Geschossdecken im Wohnungsbau sollten wegen des Schallschutzes mindestens 16 cm dick ausgeführt werden.

Die Auflagertiefe von Plattendecken ist von der Größe der Auflagerkraft und von der Tragfähigkeit des Auflagers abhängig. Sie muss außerdem zur Verankerung der Bewehrung ausreichend sein. Bei der Auflagerung auf Mauerwerk oder Beton der Festigkeitsklassen C12/15 und C16/20 muss die Auflagertiefe mindestens 7 cm betragen. Bei höheren Betonfestigkeitsklassen und auf Stahl sind mindestens 5 cm Auflagertiefe erforderlich. Bei Stützweiten bis zu 2,50 m kann unter bestimmten Voraussetzungen auch eine Auflagertiefe von 3 cm ausreichend sein.

Die Gestaltung der Deckenauflager im Mauerwerksbau richtet sich auch nach den Forderungen des Wärmeschutzes und der Rissesicherheit. Bei Wanddicken über 24 cm darf die Decke nicht über die ganze Wanddicke aufgelagert werden, da sich sonst im Bereich der Deckenstirnseite Risse bilden können. Um dies zu verhindern, ist die Auflagertiefe geringer zu halten. Zwischen Decke und Vormauerung ist ein etwa 5 cm dicker Dämmstoff einzubauen (**Bild 1**). Vormauerung und Dämmstreifen dienen gleichzeitig dem Wärmeschutz. Bei Deckenspannweiten über 6 m sind wegen der zu erwartenden Deckenverformung Maßnahmen zur Zentrierung des Deckenauflagers, z. B. durch Anordnung eines Filzstreifens am Rande des Deckenauflagers, zu treffen.

Einachsig gespannte Platten haben ihre Auflager auf zwei gegenüber liegenden Wänden oder Trägern. Die Lasten werden im Wesentlichen in einer Richtung, der Spannrichtung l_{eff}, abgetragen. Bei gleichmäßiger Belastung der Platte verteilt sich die Last hälftig auf die beiden Auflager (**Bild 1, Seite 338**). Dies erfordert eine Tragbewehrung, die in Spannrichtung verläuft. Für Beanspruchungen, die quer zur Spannrichtung wirken, sowie zur Lastverteilung, wird rechtwinklig zur Tragbewehrung eine Querbewehrung angeordnet, die auch als Verteilerbewehrung bezeichnet wird. Sie besteht aus dünneren Stäben als die Tragbewehrung. Da Plattendecken vorzugsweise mit Betonstahlmatten bewehrt werden, haben diese bei einachsig gespannten Platten in Tragrichtung größere Stabquerschnitte als in Querrichtung.

Tabelle 1: Plattendicke h aufgrund der Durchbiegungsbeschränkung

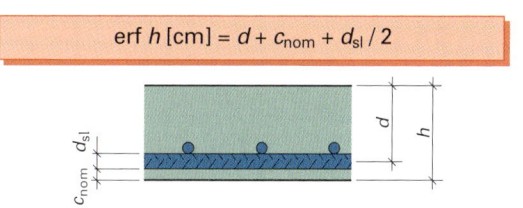

Statisches System	min d	
• bei Mehrfeldplatten min l_{eff} ≥ 0,8 · max l_{eff}	allgemein	trennwandtragend
l_{eff} ... l_k	≥ $l_{eff}/35$ ≥ $l_k/15$	≥ $l_{eff}^2/150$ ≥ $l_k^2/26$
$l_{eff,1}$ ... $l_{eff,2}$	≥ $l_{eff,1}/44$ ≥ $l_{eff,2}/44$	≥ $l_{eff,1}^2/234$ ≥ $l_{eff,2}^2/234$
$l_{eff,1}$ ... $l_{eff,2}$ ... $l_{eff,3}$	≥ $l_{eff,1,3}/44$ ≥ $l_{eff,2}/58$	≥ $l_{eff,1,3}^2/234$ ≥ $l_{eff,2}^2/417$

$$\text{erf } h \text{ [cm]} = d + c_{nom} + d_{sl}/2$$

Beispiel: Die Plattendicke einer über zwei Felder durchlaufenden Geschossdecke mit gleichen Stützweiten l_{eff} = 5,45 m ist zu berechnen.

Lösung: h = 545/44 + 2,0 + 1,0/2 ≈ 14,9 cm

gewählt: h = 16 cm

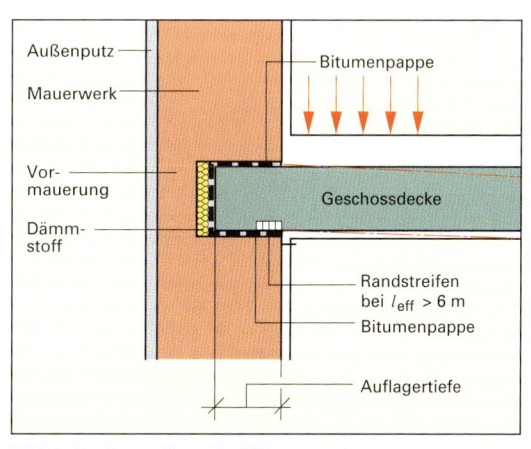

Bild 1: Deckenauflager bei Mauerwerk

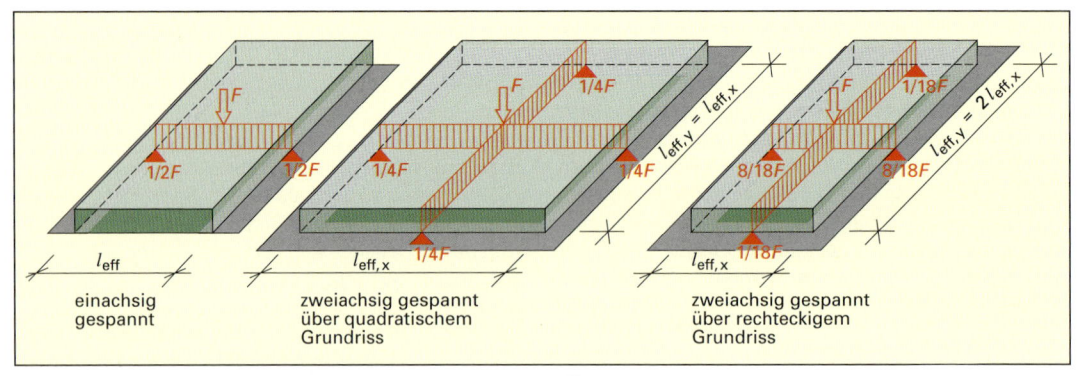

Bild 1: Lastabtrag bei einachsig und zweiachsig gespannten Platten

Zweiachsig gespannte Platten tragen die Lasten in rechtwinklig zueinander verlaufenden Richtungen ab. Sie können z. B. an vier, an drei und als Kragplatten an zwei benachbarten Rändern aufliegen. Beton und Bewehrung werden in zwei Richtungen, den Spannrichtungen $l_{eff,x}$ und $l_{eff,y}$, beansprucht. Bei Platten über quadratischem Grundriss wird die Last F gleichmäßig auf alle vier Auflager verteilt **(Bild 1)**. Bei Platten über rechteckigem Grundriss stellt sich die Hauptbeanspruchung stets über der kürzeren Spannrichtung ein. Ist z. B. das Verhältnis der Stützweiten $l_{eff,x}$ und $l_{eff,y}$ wie 1:2, so wird die Last F auf die kürzere Spannrichtung zu je $^8/_{18}$ F und in der längeren Spannrichtung zu je $^1/_{18}$ F abgetragen (Bild 1). Nach diesen Beanspruchungen muss die Bewehrung bemessen werden. Für zweiachsig beanspruchte Platten werden meist Betonstahlmatten verwendet, die annähernd gleiche Stabquerschnitte aufweisen. Eine bessere Anpassung an den Kräfteverlauf kann durch Verwendung von Listenmatten erreicht werden.

Teilweise vorgefertigte Plattendecken bestehen aus einer mindestens 4 cm dicken Fertigplatte und einer statisch mitwirkenden Ortbetonschicht. Plattendecken eignen sich für einfeldrige und durchlaufende Decken, die einachsig oder zweiachsig gespannt sind. Die Fertigplatten werden fabrikmäßig im Fertigteilwerk in der erforderlichen Länge und mit einer Breite bis zu 2,50 m sowie auf der Baustelle auch in Raumgröße hergestellt. Sie enthalten bereits ganz oder teilweise die untere Tragbewehrung sowie die Verbundbewehrung. Als Verbundbewehrung werden z. B. Gitterträger aus Stahl oder Bügel aus Betonstahl so eingebaut, dass sie aus der Fertigteilplatte in den Ortbeton hineinreichen. Bei einachsig gespannten Platten befindet sich die gesamte Tragbewehrung in der Fertigplatte. Die Plattenstöße erhalten vor dem Einbringen des Ortbetons eine Fugenbewehrung **(Bild 2)**. Bei zweiachsig gespannten Platten ist die Tragbewehrung nur teilweise, und zwar nur in einer Richtung, in der Fertigplatte enthalten. Die Tragbewehrung in der anderen Richtung muss nach dem Verlegen der Fertigplatten als Einzelstabbewehrung eingebaut werden **(Bild 3)**. Die obere Bewehrung als Randbewehrung und Eckbewehrung oder Stützbewehrung ist ebenfalls vor Ort einzubauen. Nachdem die Bewehrung verlegt ist, wird der Ortbeton in der erforderlichen Dicke eingebracht.

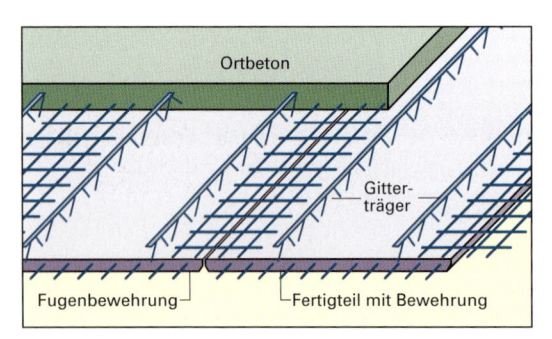

Bild 2: Einachsig gespannte Platte aus vorgefertigten Plattenstreifen

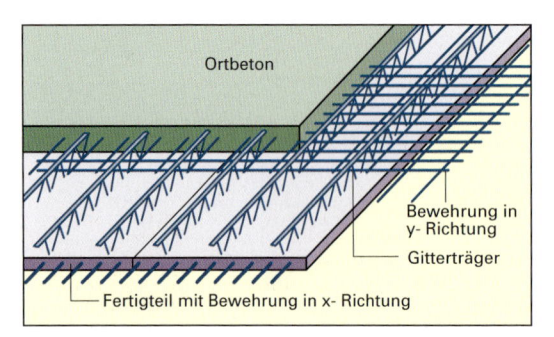

Bild 3: Zweiachsig gespannte Platte aus vorgefertigten Plattenstreifen

Durch Verwendung von teilweise vorgefertigten Plattendecken lassen sich die Vorteile der Vorfertigung mit denen der Ortbetonbauweise verbinden. Das Verlegen der Platten auf der Baustelle erfolgt ohne Schalung mit Hilfsunterstützungen, deren Anzahl und Abstände vorwiegend von der Stützweite und der Dicke der Ortbetonschicht abhängig sind. Werden besondere, bauaufsichtlich zugelassene Gitterträger verwendet, ist es möglich, Platten mit Spannweiten bis zu 5 m ohne Montageunterstützungen zu verlegen. Dies ist besonders bei großen Geschosshöhen wirtschaftlich, da die Mehrkosten für die Gitterträger in der Regel geringer sind als die Kosten für die Montageunterstützungen. Die Fertigplatten müssen im Montagezustand mindestens 3,5 cm aufliegen, dies kann auch durch Auflagerung auf einer Hilfsunterstützung geschehen. Im endgültigen Bauzustand, d. h. nach Aufbringen der Ortbetonschicht, müssen die Auflagertiefen denen für Vollplatten entsprechen (Seite 337). Dies wird durch überstehende Bewehrung oder Gitterträger erreicht.

Pilzdecken sind Stahlbetonplatten von mindestens 15 cm Dicke, die punktförmig auf gleichmäßig angeordneten Rand- und Innenstützen aufliegen. Die Stützen können am Stützenkopf eine ringsum laufende Verstärkung haben, wodurch das Aussehen eines Pilzes entsteht (**Bild 1**). Fehlt die Stützenkopfverstärkung, spricht man von **Flachdecken** (**Bild 2**).

10.1.6.2 Stahlbeton-Hohlplatten

Zur Herabsetzung der Eigenlast werden bei größeren Stützweiten und höheren Belastungen Stahlbetonplatten mit Hohlräumen ausgeführt (**Bild 3**). Die Hohlplatten haben durchlaufende Ober- und Unterschichten, die in Tragrichtung, zum Teil auch in Querrichtung, mit Stegen zu einer Einheit verbunden sind. Ober- und Unterschichten sind mindestens 6,5 cm dick, die Stege mindestens 8 cm breit. Im Bereich vor den Auflagern und über tragenden Innenwänden können keine Hohlräume angeordnet werden. Die an diesen Stellen wirkenden Spannungen müssen durch Vollbetonstreifen aufgenommen werden. Zur Bildung der Hohlräume werden wasserdichte Papprohre, Rohre aus profiliertem Stahlblech und Körper aus Hartschaumstoff verwendet. Um zu verhindern, dass die Hohlkörper beim Betonieren hochgetrieben werden, müssen sie auf die Schalung abgespannt werden.

Die als Fertigteile hergestellten Spannbeton-Hohlplatten sind in der Regel 33,3 cm oder 50 cm breit und haben für gewöhnlich eine Höhe bis zu 20 cm (Bild 3). Die Schmalseiten der Platten, die konisch genutet oder ineinander greifend geformt sein können, müssen mit Fugenmörtel vergossen werden.

10.1.6.3 Plattenbalkendecken

Plattenbalkendecken bestehen im Querschnitt aus einer Stahlbeton-Vollplatte mit unterseitigen Stahlbetonbalken (**Bild 4**). Der Abstand der Balken richtet

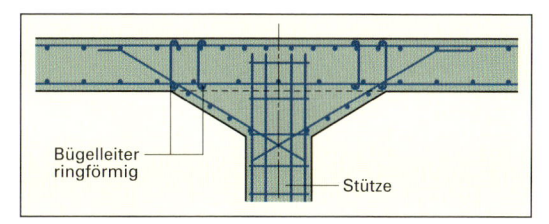

Bild 1: Pilzdecke

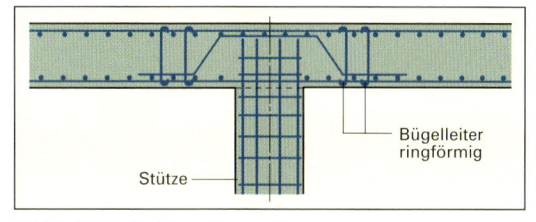

Bild 2: Flachdecke

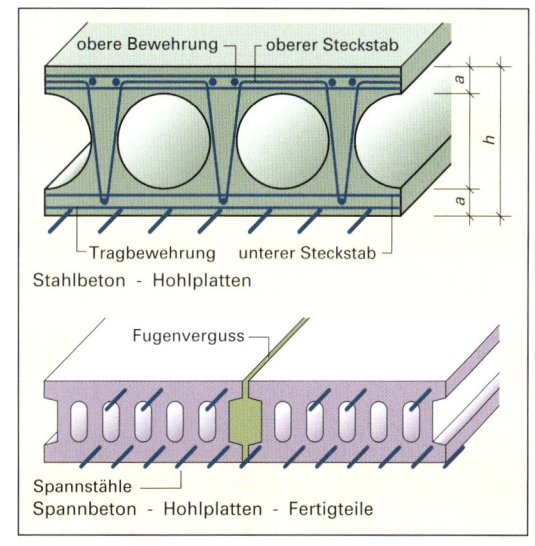

Bild 3: Hohlplattendecken

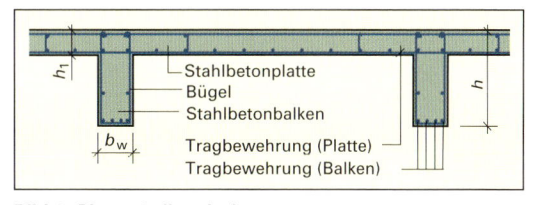

Bild 4: Plattenbalkendecke

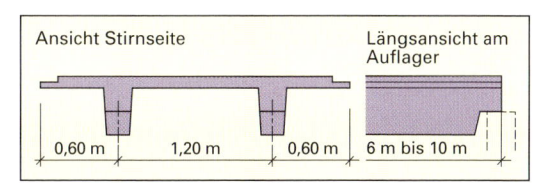

Bild 5: Doppelstegplatte als Fertigteil

sich meist nach der Größe der Einwirkungen, z. B. der Nutzlasten. Die Querschnittsabmessungen der Balken beeinflussen den Abstand, der mehr als 3 m betragen kann. Die Platte muss mindestens 7 cm dick sein. In Spannrichtung, die in der Regel quer zu den Balken verläuft, erhält die Platte eine Tragbewehrung. Platten sind an die Balken schubfest anzuschließen. Die Balken können schmal ausgebildet werden, da die Verbindung mit der Platte ein seitliches Ausweichen verhindert. Plattenbalkendecken werden häufig bis zu 2,50 m Breite als Fertigteile hergestellt. Sie werden als Doppelstegplatten bzw. als Trogplatten bezeichnet (**Bild 5, Seite 339**). Die Balken können bei Fertigteilen in den Viertelspunkten der Plattenbreite mit einem Abstand von ungefähr 1,25 m oder als Randbalken angeordnet sein.

10.1.6.4 Stahlbetonrippendecken

Plattenbalkendecken, bei denen die Balken in geringen Abständen nebeneinander liegen, bezeichnet man als Rippendecken (**Bild 1**). Rippendecken dürfen für die Schnittgrößenermittlung vereinfacht als Vollplatten betrachtet werden, wenn die Gurtplatte zusammen mit den Rippen eine ausreichende Torsionssteifigkeit besitzt. Dies ist der Fall, wenn gleichzeitig der Rippenabstand 150 cm nicht übersteigt, die Rippenhöhe unter der Gurtplatte die vierfache Rippenbreite nicht übersteigt sowie die Dicke der Gurtplatte mindestens 1/10 des lichten Abstands zwischen den Rippen oder 5 cm beträgt. Dabei ist der größere Wert immer maßgebend. Die Schubbewehrung der Rippen, die aus Bügelkörben, Einzelbügeln oder aus strebenartig angeordneten Bewehrungsstäben bestehen kann, greift normalerweise in die Druckplatte ein. Die für die Druckplatte erforderliche Querbewehrung sollte unter den Montagestäben der Stegbewehrung liegen.

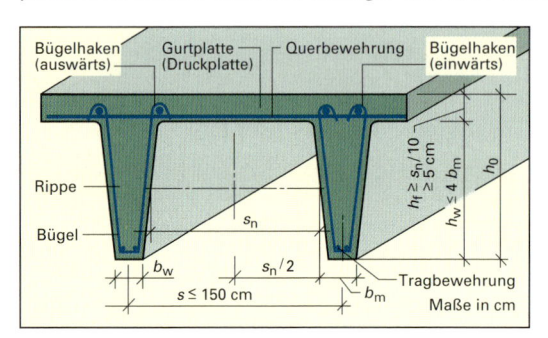

Bild 1: Stahlbetonrippendecke aus Ortbeton

Stahlbetonrippendecken sind nur für Verkehrslasten bis 5 kN/m² zulässig. Die Auflagertiefe der Tragrippen muss mindestens 10 cm betragen. Wird die Decke am Auflager durch aufgehende Umfassungswände belastet, ist ein Betonstreifen anzuordnen, der häufig als Ringanker ausgebildet wird. Bei durchlaufenden Rippendecken sind im Bereich der Innenstützen Verbreiterungen der Stege oder Massivstreifen erforderlich.

Stahlbetonrippendecken können einachsig oder zweiachsig gespannt sein. Bei den zweiachsig gespannten kreuzen sich Längs- und Querrippen in gleichen oder annähernd gleichen Abständen. Die häufiger angewandte einachsig gespannte Art hat in der Regel bei Stützweiten bis zu 4 m oder, wenn die Verkehrslast 2,75 kN/m² nicht überschreitet, bis zu 6 m keine Querrippen. Bei größeren Stützweiten müssen Querrippen angeordnet werden. Ihr Abstand s_q ist von der Verkehrslast, vom Rippenabstand und von der Deckendicke abhängig. Der lichte Querrippenabstand darf die 10fache Deckendicke h_0 nicht überschreiten. Stahlbetonrippendecken werden ohne Zwischenbauteile und mit Zwischenbauteilen sowohl aus Ortbeton als auch mit vorgefertigten Rippen hergestellt.

Bei **Ortbeton-Rippendecken ohne Zwischenbauteile** ist eine Schalung erforderlich, die eine dem Deckenquerschnitt entsprechende Form aufweist. Man verwendet dazu hauptsächlich Schalbleche und Schalkörper.

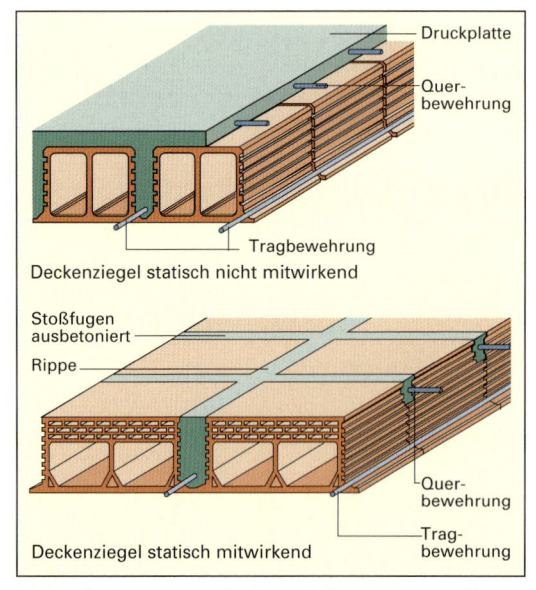

Bei **Ortbeton-Rippendecken mit Zwischenbauteilen** wird der Raum zwischen den Rippen mit Zwischenbauteilen aus Leichtbeton oder mit Deckenziegeln ausgefüllt (**Bild 2**). Die Deckenziegel und Deckensteine sind mit vorstehenden Fußleisten

Bild 2: Ortbetonrippendecken mit Zwischenbauteilen

versehen. Sie werden auf einer Voll- oder Streifenschalung verlegt. In den von den Fußleisten und Seiten der Zwischenbauteile gebildeten Raum wird die Tragbewehrung eingelegt und der Beton eingebracht.

Bei den Zwischenbauteilen für Ortbetonrippendecken unterscheidet man statisch nicht mitwirkende und statisch mitwirkende Zwischenbauteile.

Statisch nicht mitwirkende Zwischenbauteile dienen der Verbesserung des Schall- und Wärmeschutzes. Über statisch nicht mitwirkenden Zwischenbauteilen muss eine mindestens 5 cm dicke, mit Querbewehrung versehene Druckplatte aufbetoniert werden.

Bei statisch mitwirkenden Zwischenbauteilen, wie z. B. bei entsprechend beschaffenen Deckenziegeln, ist eine aufbetonierte Druckplatte nicht erforderlich. Die Deckenziegel sind im oberen Bereich verstärkt. Außerdem haben sie eine Stoßfugenaussparung, die zusammen mit den Rippen ausbetoniert wird, wodurch eine Druckzone entsteht. Die nach DIN 1045 vorgeschriebene Querbewehrung wird in diesem Fall in den Aussparungen der Stoßfugen verlegt.

Rippendecken mit vorgefertigten Rippen benötigen beim Verlegen in bestimmten Abständen Querunterstützungen. Zwischen den ganz oder teilweise vorgefertigten Rippen, die mit der Trag- und Schubbewehrung versehen sind, verlegt man Deckenziegel oder Zwischenbauteile aus Beton **(Bild 1)**. Diese sitzen meist mit einem Falz auf den an der Unterseite verbreiterten Rippenfertigteilen. Nach dem Verlegen der Bauteile betoniert man den Raum im oberen Bereich der Rippen aus. Ähnlich wie bei Ortbeton-Rippendecken können die Zwischenbauteile statisch nicht mitwirkend oder statisch mitwirkend sein. Dementsprechend besteht die Druckplatte aus Ortbeton oder aus oberseitig verstärkten Zwischenbauteilen mit ausbetonierten Stoßfugen.

10.1.6.5 Stahlbetonbalkendecken

Decken aus Stahlbeton- oder Spannbetonbalken unterscheiden sich von Rippendecken durch die fehlende Druckplatte. Zur Verbesserung der Tragfähigkeit der Balken kann deren Druckzone bis auf das 1,5fache der Deckendicke, höchstens aber auf 35 cm, verbreitert werden. Balkendecken kann man aus dicht nebeneinander verlegten Fertigteilbalken, aus Fertigteilbalken mit Zwischenbauteilen und aus Ortbeton mit Zwischenbauteilen fertigen.

Aneinander liegende Fertigteilbalken haben meist die Form eines Doppel-T-Trägers **(Bild 2)**. In der Regel ist der obere Flansch wegen der aufzunehmenden Druckkräfte größer bemessen als der untere, in dem die Tragbewehrung liegt. Zur Fertigstellung der Decke ist auf den verlegten Balken ein Überbeton mit Querbewehrung erforderlich.

Bei **Stahlbetonbalkendecken aus Ortbeton** werden ähnlich wie bei den Rippendecken aus Ortbeton Zwischenbauteile mit Fußleisten verlegt **(Bild 1, Seite 342)**. In den freien Raum zwischen ihren Seitenflächen wird die Bewehrung eingelegt und der Ortbeton eingebracht. Durch die Form der Zwischenbauteile wird die Druckzone der Balken in der Regel verbreitert. Bei einigen besonders zugelassenen Fertigteilsystemen werden zur Verbreiterung der Druckzone oberflächenverstärkte Zwischenbauteile mit vermörtelbaren Stoßfugen eingebaut.

Bei **Balkendecken mit vorgefertigten Balken und Zwischenbauteilen** muss der Raum zwischen Bal-

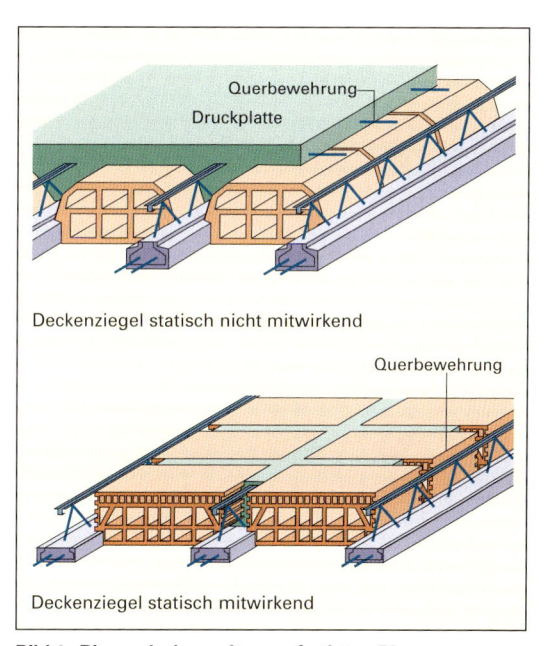

Bild 1: Rippendecken mit vorgefertigten Rippen

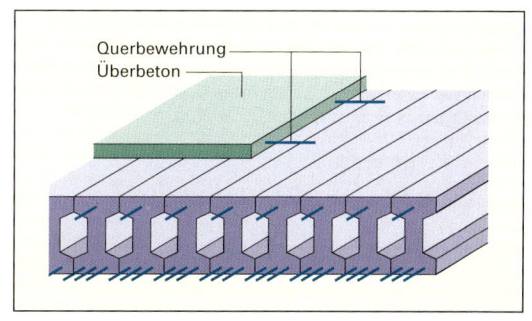

Bild 2: Decke aus aneinander liegenden Fertigteilbalken

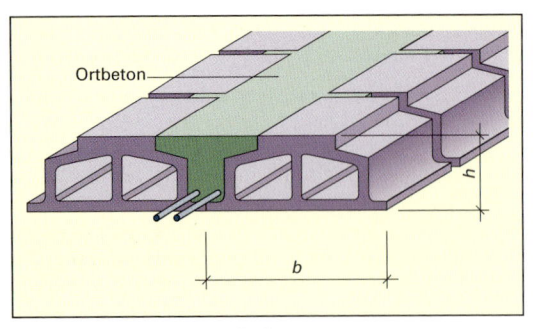

Bild 1: Balkendecke aus Ortbeton

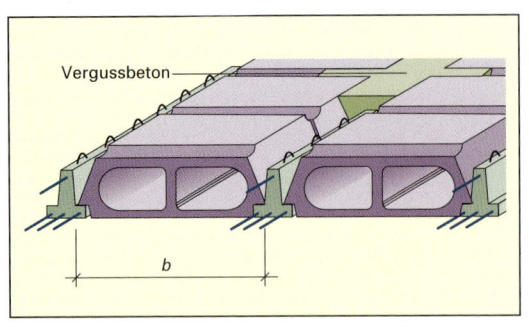

Bild 2: Decke aus vorgefertigten Balken und Zwischenbauteilen

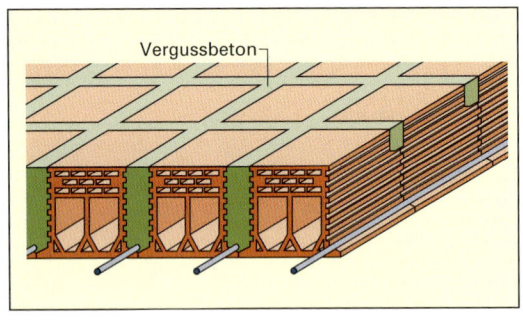

Bild 3: Stahlsteindecke

ken und Zwischenbauteil nach dem Verlegen ausbetoniert werden (**Bild 2**). Häufig sind die Zwischenbauteile so geformt, dass die Balken durch den Ortbeton eine verbreiterte Druckzone erhalten. Da ein Überbeton im Normalfall nicht erforderlich ist, bleiben die Oberflächen der Zwischenbauteile im Rohzustand der Decke sichtbar. Die Balken bestehen meist nur in ihrem unteren Teil aus Fertigbeton. Durch die herausragende Schubbewehrung ergibt sich ein guter Verbund mit dem Ortbeton.

10.1.6.6 Stahlsteindecken

Stahlsteindecken werden meist aus statisch mittragenden Deckenziegeln, zum Teil auch aus Deckensteinen aus Beton, von höchstens 25 cm Gesamtbreite hergestellt (**Bild 3**). Die Deckenziegel bzw. Deckensteine sind im oberen Bereich oder über die ganze Querschnittshöhe so ausgebildet, dass sie Druckkräfte aufnehmen können. Bei der Fertigstellung der Decke müssen zu diesem Zweck die Stoßfugenaussparungen mit Beton vergossen werden. Eine Querbewehrung in den Stoßfugen ist bei größerer Belastung erforderlich. Stahlsteindecken werden außer aus Ortbeton auch als plattenförmige Fertigteile hergestellt, die unter der Bezeichnung „Ziegel-Elementdecken" angeboten werden. Die Elemente werden fabrikmäßig in Dicken von 16,5 cm bis 24 cm, in der erforderlichen Länge und mit einer Breite bis zu 2,50 m hergestellt. Mit einer Deckendicke von z. B. 24 cm lassen sich Raumweiten bis 7,30 m überspannen. Montageunterstützungen sind in der Regel nicht notwendig, jedoch Randunterstützungen entlang von Rollladenkasten, Stürzen und Unterzügen. Im Bereich auskragender Balkone werden zur Aufnahme der einbindenden oberen Bewehrung Massivstreifen auf Flach-Deckensteinen ausgebildet.

Aufgaben

1 Unter welchen Voraussetzungen sind Stahlbeton-Hohlplatten vorteilhaft?
2 Wie groß ist der Mindestabstand der Balken einer Plattenbalkendecke?
3 Welche Aufgabe haben statisch mitwirkende Zwischenbauteile bei Stahlbetonrippendecken?
4 Wie unterscheiden sich Balkendecken und Rippendecken aus Stahlbeton?
5 Wozu verwendet man eine verlorene Schalung?
6 Welches ist die größte Breite von Deckenziegeln bei Stahlsteindecken?

10.1.6.7 Bewehrung von Stahlbetonplatten

Platten sind vorwiegend auf Biegung beanspruchte Bauteile. Hinsichtlich der Tragwirkung wird zwischen einachsig gespannten und zweiachsig gespannten Platten unterschieden. Nach der Anzahl der Deckenfelder, die überspannt werden, ergeben sich Einfeldplatten und Mehrfeldplatten. Platten, die über ein Endauflager auskragen, bezeichnet man als Kragplatten.

Nach der Lage der Bewehrung in der Platte unterscheidet man zwischen der unteren und oberen Bewehrung. Die untere Bewehrung wird auch als Feldbewehrung, die obere als Stützbewehrung bezeichnet. Deckenplatten im Hochbau werden vorwiegend mit Betonstahlmatten bewehrt.

Einachsig gespannte Platten

Die Bewehrung einachsig gespannter Platten besteht aus der Hauptbewehrung und der Querbewehrung **(Bild 1)**. Als Hauptbewehrung werden die Stäbe bezeichnet, die in Spannrichtung liegen und die Biegezugspannungen aufnehmen. Die Querbewehrung wird rechtwinklig zur Hauptbewehrung angeordnet und dient der Lastverteilung. Außerdem nimmt die Querbewehrung die quer zur Spannrichtung entstehenden Beanspruchungen auf. Die Hauptbewehrung wird deshalb auch als Tragbewehrung, die Querbewehrung als Verteilerbewehrung bezeichnet. Für die Bewehrung von Platten gelten die Bewehrungsrichtlinien nach DIN 1045 **(Tabelle 1)**.

Die **Hauptbewehrung** besteht aus Tragstäben, deren Durchmesser und Abstände der Bewehrungszeichnung zu entnehmen sind. Bei der Anordnung der Stäbe dürfen Größtabstände nicht überschritten und Mindestabstände nicht unterschritten werden. Der Betonstahlquerschnitt der Hauptbewehrung wird auf 1 m Plattenstreifen angegeben und mit dem Kurzzeichen a_s bezeichnet.

Die **Querbewehrung** besteht aus Stäben mit geringerem Querschnitt als bei der Tragbewehrung. Bei Betonstahl-Lagermatten sind die nach DIN 1045 zulässigen Stababstände und Querschnitte bereits bei der Herstellung der Matten berücksichtigt.

Eine zusätzliche Bewehrung ist z. B. als Randbewehrung, als Zulagebewehrung und als untere Bewehrung in Kragplatten erforderlich.

Die Randbewehrung wird als obere Bewehrung bei Endauflagern eingebaut. Sie ist eine Einspannbewehrung und dient zur Sicherung unbeabsichtigter Einspannungen der Platte, z. B. in Mauerwerk. Die Randbewehrung bezeichnet man auch als Abreißbewehrung. Ihre Länge sollte etwa $1/4$ der Plattenstützweite, ihr Querschnitt mindestens 25 % der Feldbewehrung betragen **(Bild 1, Seite 344)**. Meist werden hierfür Restmatten verwendet.

Die Zulagebewehrung unter Einzel- und Streckenlasten wird in der Regel in der Bewehrungszeichnung angegeben. Ist dies nicht der Fall, sind Stäbe in Längs- und Querrichtung anzuordnen.

Die Zulagebewehrung an freien, ungestützten Rändern von Platten, z. B. am Rand von Kragplatten, besteht aus einer Randlängsbewehrung und einer bügelartigen Umfassung. Zur Einfassung der Randbewehrung können Steckbügel oder entsprechend gebogene Bewehrungsstäbe verwendet werden, wobei die freie Schenkellänge der 2fachen Plattendicke entsprechen soll **(Bild 2, Seite 344)**.

Die Zulagebewehrung ist auch bei Öffnungen und Aussparungen, z. B. bei Kamindurchführungen, notwendig. Auch Kragplatten müssen zusätzlich bewehrt werden. Die Zulagebewehrung wird als untere Bewehrung eingelegt. Hierfür eignen sich besonders Q-Matten.

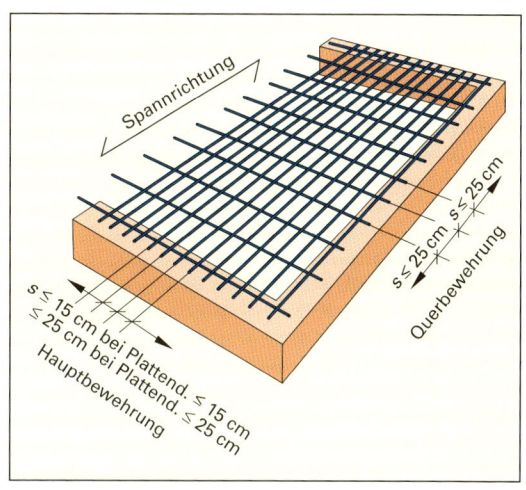

Bild 1: Lage der Bewehrung

Tabelle 1: Bewehrungsrichtlinien für einachsig gespannte Platten

Hauptbewehrung
- Größtabstände s (Achsabstände)
  $s_{l, max} \leq 15$ cm bei Plattendicken $h \leq 15$ cm
  $s_{l, max} \leq 25$ cm bei Plattendicken $h \leq 25$ cm
  Zwischenwerte sind linear zu interpolieren.
- Mindestabstände a (lichte Abstände)
  gleichlaufende Bewehrungsstäbe, ausgenommen Bewehrungsstäbe im Stoßbereich, die sich berühren dürfen
  $a \geq 20$ mm $\geq d_s$ bzw.
  $a \geq d_g + 5$ mm (für $d_g > 16$ mm)
- Bewehrung am Auflager
  ≥ 50 % der Feldbewehrung sind über das Auflager zu führen und zu verankern

Querbewehrung
- Mindest-Querbewehrung
  bei gleichmäßig verteilter Belastung
  $a_{sq} \geq 20$ % des Querschnitts der Hauptbewehrung
  bei Betonstahlmatten muss $d_s \geq 5$ mm sein
- Größtabstände $s_{q, max} \leq 25$ cm

Außerdem kann eine konstruktive **Einspannbewehrung** (obere Randbewehrung) und eine **Randbewehrung** an freien ungestützten Plattenrändern erforderlich sein.

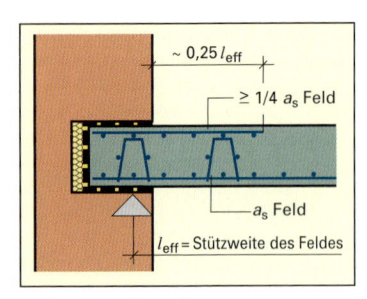

Bild 1: Randbewehrung

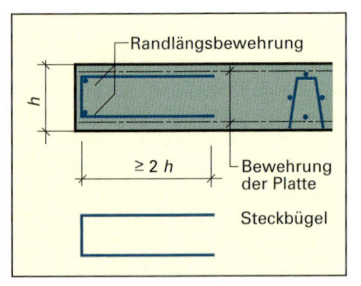

Bild 2: Einfassbewehrung an freien Rändern von Platten

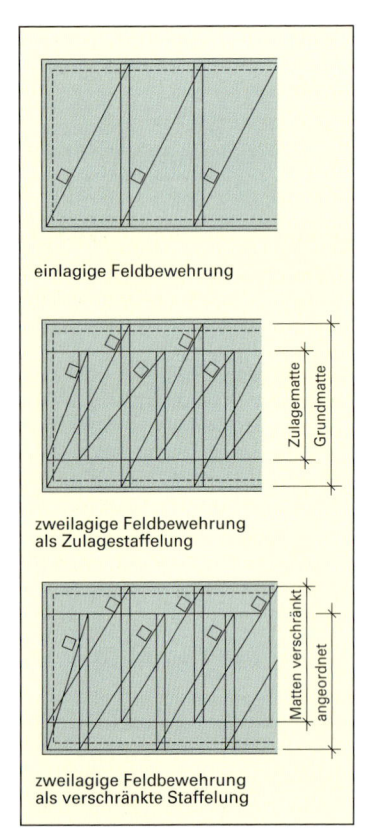

Bild 3: Bewehrungsanordnung bei Betonstahlmatten

Einachsig gespannte Einfeldplatte

Einfeldplatten erhalten im unteren Plattenbereich eine Feldbewehrung, die in der Bewehrungszeichnung als untere Bewehrung bezeichnet wird. Entsteht an den Auflagern eine Einspannung, ist eine Randbewehrung als obere Bewehrung erforderlich (**Bild 1**).

Die Feldbewehrung kann entsprechend dem Kräfteverlauf abgestuft werden. In diesem Fall muss jedoch mindestens die Hälfte der Bewehrung von Auflager zu Auflager geführt werden. Werden Betonstahlmatten als Lagermatten für die Feldbewehrung verwendet, unterscheidet man nach der Anordnung der Matten zwischen einlagigen und zweilagigen Bewehrungen. Die einlagige Bewehrung stellt die wirtschaftlichste Lösung hinsichtlich des Arbeitsaufwandes beim Bewehren dar. Bei zweilagiger Bewehrung kann die Feldbewehrung durch Staffelung abgestuft und dadurch Betonstahl eingespart werden.

Man unterscheidet die Zulagestaffelung und die verschränkte Staffelung. Eine zweilagige Mattenbewehrung mit Zulagestaffelung besteht aus einer Grundmatte und einer Zulagematte. Durch verschränkt angeordnete Matten erreicht man eine zweilagige Bewehrung mit verschränkter Staffelung (**Bild 3**).

Einachsig gespannte Durchlaufplatte

Bei durchlaufenden Platten ist eine Feldbewehrung und eine Stützbewehrung erforderlich. Die Stützbewehrung und die Randbewehrung werden in der Bewehrungszeichnung als obere Bewehrung ausgewiesen. Die Stützbewehrung verläuft über den Tragwänden im oberen Plattenbereich und darf dem Kräfteverlauf entsprechend abgestuft werden. Sie ist durch eine ausreichende Anzahl von Unterstützungskörben in ihrer Lage zu sichern.

Verwendet man Betonstahlmatten als Lagermatten für die Stützbewehrung, unterscheidet man wie bei der Feldbewehrung verschiedene Bewehrungsanordnungen (**Bild 1, Seite 345**).

Die Randbewehrung wird im Bereich der Plattenecken verstärkt, wobei man meist eine halbe Q-Matte als Eckbewehrung anordnet. Diese soll die Plattenecken gegen Abheben sichern, da bei Belastung die Gefahr besteht, dass die Plattenecken sich aufwölben.

Bei Hochbauten werden häufig Zweifeldplatten ausgeführt, deren Belastung gleichmäßig verteilt ist. Dabei wird zwischen Durchlaufplatten mit gleichen und ungleichen Stützweiten unterschieden. Durchlaufplatten mit gleichen Stützweiten erhalten in beiden Feldern eine Bewehrung mit gleichem Querschnitt und eine Stützbewehrung, die in der Regel einen größeren Querschnitt aufweist als die Feldbewehrung. Die Stützbewehrung wird mittig über der Tragwand angeordnet.

Bei Durchlaufplatten mit ungleichen Stützweiten erhalten die Felder mit geringerer Stützweite eine Bewehrung mit geringerem Querschnitt. Die Stützbewehrung ragt weiter in das kleinere Feld (**Bild 2, Seite 345**).

Wird eine durchlaufende Platte teilweise auf einem beiseitigen Überzug (Seite 349) aufgelagert, muss die Feldbewehrung mit geringer Neigung gekröpft und genügend weit über die untere Bewehrung des Überzuges geführt werden. Die Stützbewehrung ist wegen der Verbügelung des Überzuges als Einzelstabbewehrung auszuführen. Dabei ist zu beachten, dass Einzelstäbe eine größere Verankerungslänge erfordern als Betonstahlmatten.

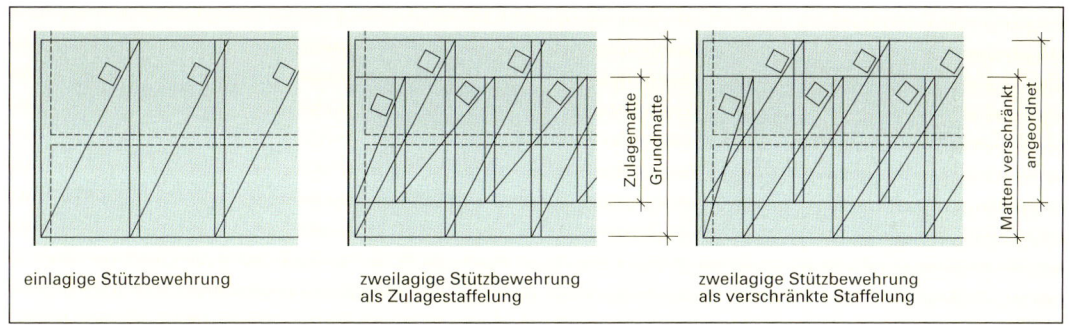

Bild 1: Bewehrungsanordnung bei Betonstahlmatten (Stützbewehrung)

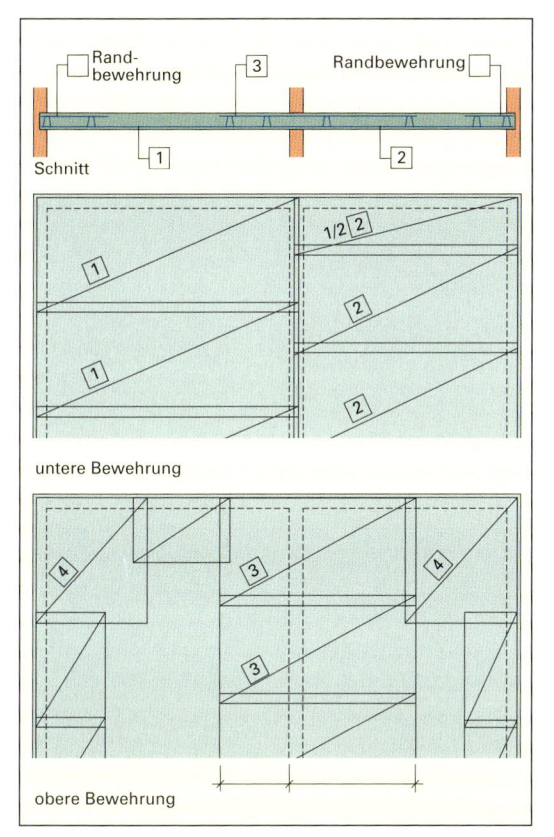

Bild 2: Zweifeldplatte mit einlagiger Bewehrung

Bild 3: Zweifeldplatte mit zweilagiger Bewehrung

Sind große Bewehrungsquerschnitte erforderlich, kann die Bewehrung zweilagig ausgebildet werden. Bei gestaffelter Feldbewehrung ist der einlagige Teil der Bewehrung im Bereich des Endauflagers stets kleiner als am Mittelauflager. Auch bei zweilagiger Stützbewehrung ragt diese weiter in das kleinere Deckenfeld **(Bild 3)**. Durch die Verwendung von abgestuften Listenmatten, so genannten Feldsparmatten, lässt sich mit einer einlagigen Bewehrung der Stahlquerschnitt dem Zugkraftverlauf anpassen.

Einachsig gespannte Einfeldplatte mit Kragarm

Die Hauptbewehrung einer Einfeldplatte mit Kragarm besteht aus der Feldbewehrung und der Stützbewehrung im Bereich der Auskragung. Außerdem ist eine zusätzliche Bewehrung der Kragplatte unten, eine Verbügelung der freien Ränder und eine Randbewehrung erforderlich. Die Hauptbewehrung kann einlagig **(Bild 1, Seite 346)** oder zweilagig **(Bild 2, Seite 346)** ausgebildet werden.

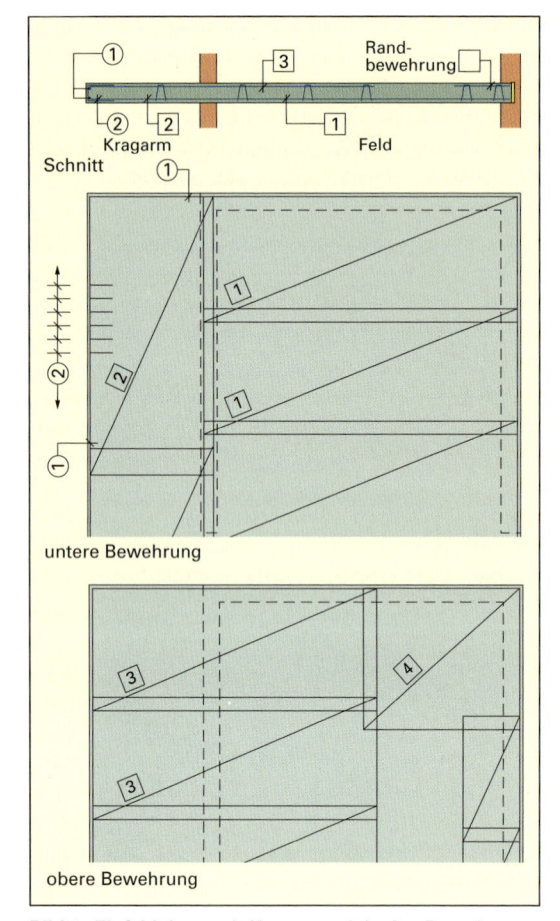

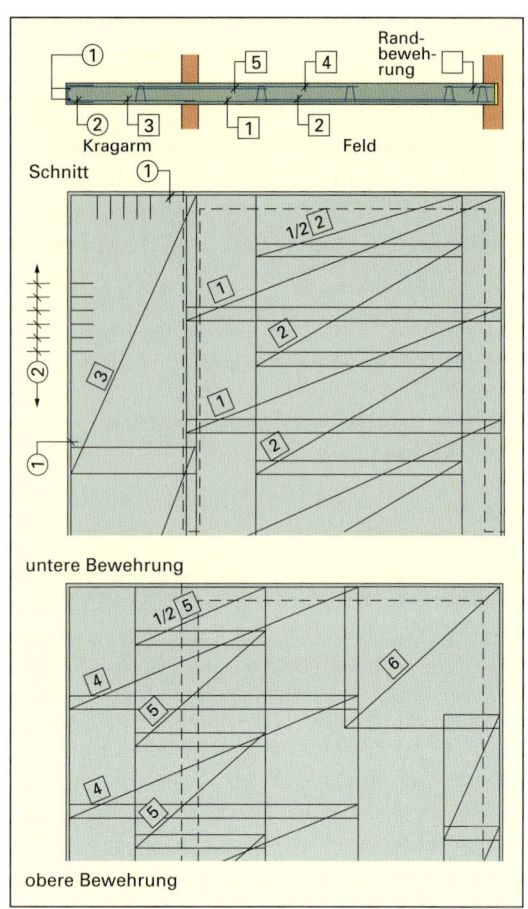

Bild 1: Einfeldplatte mit Kragarm, einlagige Bewehrung

Bild 2: Einfeldplatte mit Kragarm, zweilagige Bewehrung

Zweiachsig gespannte Einfeldplatte

Zweiachsig gespannte Platten unter gleichmäßig verteilter Belastung erhalten eine untere Bewehrung als Hauptbewehrung und eine obere Bewehrung als Eckbewehrung und Randbewehrung **(Bild 3)**.

Die **Hauptbewehrung** wird durch zwei Lagen sich kreuzender Tragstäbe gebildet. Bei quadratischen Platten ergeben sich in beiden Richtungen gleiche Stabquerschnitte. Rechteckplatten werden in Richtung der kürzeren Spannweite mehr beansprucht als in Richtung der längeren Spannweite. Man spricht deshalb

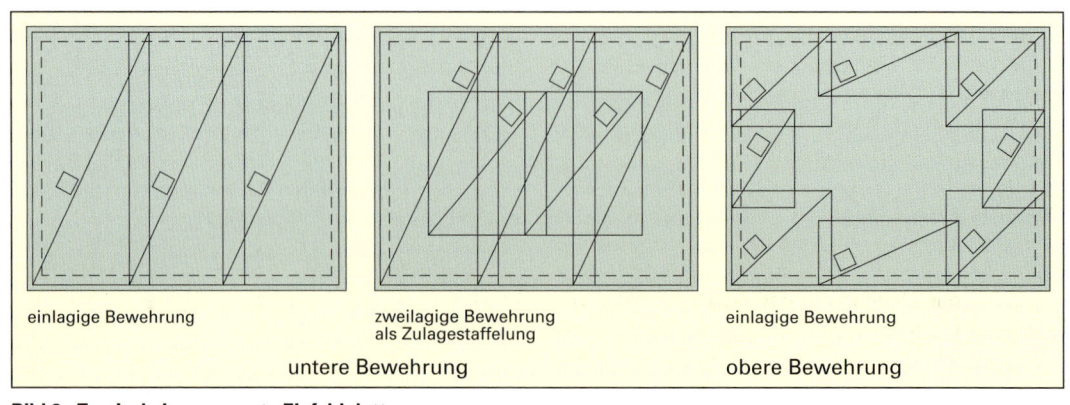

Bild 3: Zweiachsig gespannte Einfeldplatte

von einer Haupttragrichtung und einer Nebentragrichtung. In Haupttragrichtung gelten für die Größtabstände der Bewehrungsstäbe die Vorschriften für die einachsig gespannten Platten. Bewehrungsstäbe in der Nebentragrichtung sind in zweiter Lage einzubauen. In Haupt- und Nebentragrichtung gelten für die Größtabstände der Bewehrungsstäbe die Vorschriften für einachsig gespannte Platten.

Die **Eckbewehrung,** auch Drillbewehrung genannt, ist notwendig, um Risse in den Plattenecken zu verhindern. Wird die Eckbewehrung konstruktiv angeordnet, muss der Querschnitt der Hauptbewehrung entsprechend vergrößert werden.

Die **Randbewehrung** über den Endauflagern ist wie bei einachsig gespannten Platten anzuordnen.

Für die Bewehrung zweiachsig gespannter Platten werden meist Betonstahlmatten verwendet, wobei die Bewehrung einlagig oder zweilagig ausgeführt werden kann (Bild 3, Seite 346).

Treppenplatten

Treppen aus Stahlbeton können mit tragenden Stufen oder nichttragenden Stufen auf Laufplatten hergestellt werden. Nichttragende Stufen werden auf tragende Laufplatten aufgelagert. Durch die Laufplatte werden die Lasten aufgenommen und abgeleitet. Häufig werden U-förmige Podesttreppen ausgeführt.

In der Regel werden Treppenplatten in Längsrichtung gespannt. Es entsteht eine geknickte Platte, die meist als einachsig gespannte Platte bewehrt wird. An den Knickstellen ist eine zusätzliche Bewehrung erforderlich. An Knickstellen unterscheidet man ausspringende Ecken (Grate) und einspringende Ecken (Kehlen). Im Bereich der ausspringenden Ecke wird die Bewehrung umschließend durchlaufend, im Bereich der einspringenden Ecke sich kreuzend und im Bauteil selbst gerade weiterverlaufend, eingelegt **(Bild 1)**.

Treppenplatten können auf den Stirnseiten des Treppenhauses aufliegen und über die Treppenhauslänge gespannt sein oder auf Podesten aufliegen.

Über die Treppenhauslänge gespannte Platten werden als Treppenplatten mit gleich gespannten Podesten bezeichnet **(Bild 1, Seite 348)**. Die Hauptbewehrung wird von Auflager zu Auflager geführt. Bei Treppenplatten, die auf quer gespannten Podesten aufliegen, wird die Hauptbewehrung der Treppenplatte in der Podestplatte verankert **(Bild 2, Seite 348)**. Die Podestplatten sind entweder auf zwei gegenüberliegenden Rändern aufgelagert und einachsig gespannt oder an drei Rändern aufgelagert und zweiachsig gespannt.

Die Bewehrung erfolgt wegen der Knickstellen meist als Einzelstabbewehrung. Die Hauptbewehrung der Treppenlauf- und Podestplatten kann mit Betonstahlmatten ausgeführt werden. Dabei ist zu beachten, dass Matten ohne Randsparbereiche verwendet werden oder Einzelstäbe im Bereich der Randeinsparung zugelegt werden. Häufig ordnet man an den Knickstellen zur Lastverteilung unten durchlaufende Zulagestäbe an.

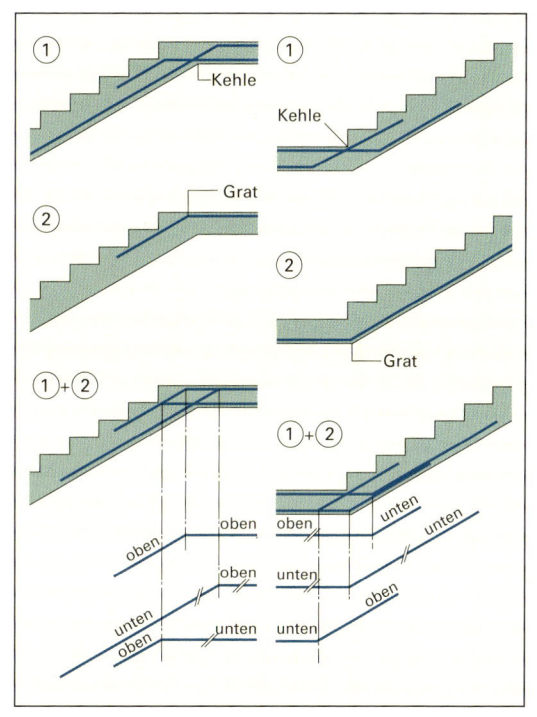

Bild 1: Bewehrung an Knickstellen

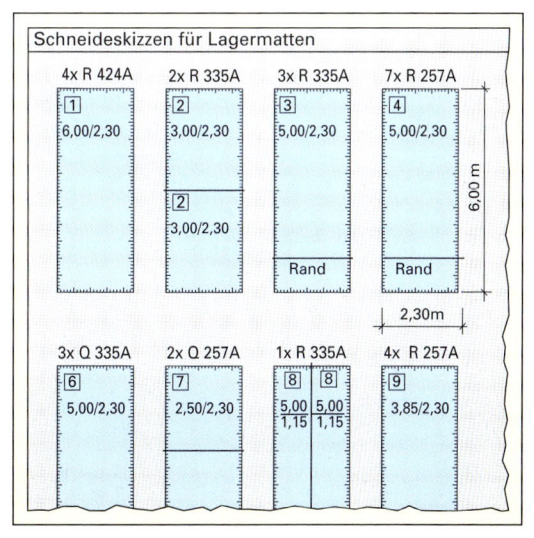

Bild 2: Schneideskizzen für Betonstahl-Lagermatten (Ausschnitt)

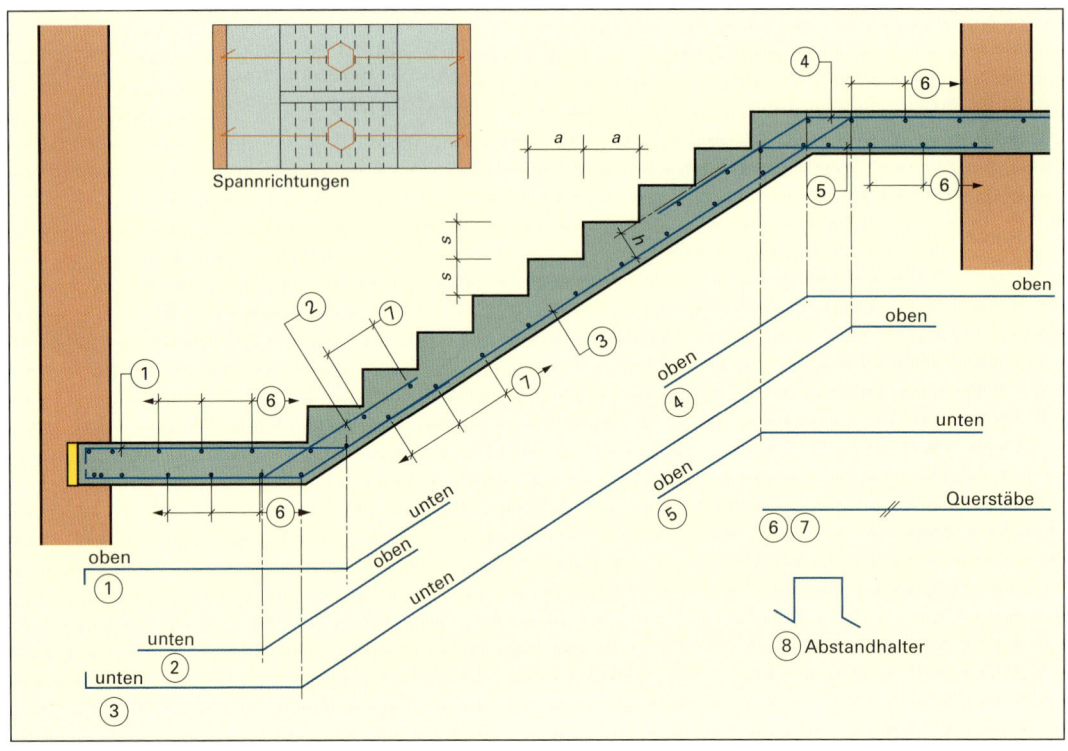

Bild 1: Bewehrung einer Treppenlaufplatte mit gleich gespannten Podesten

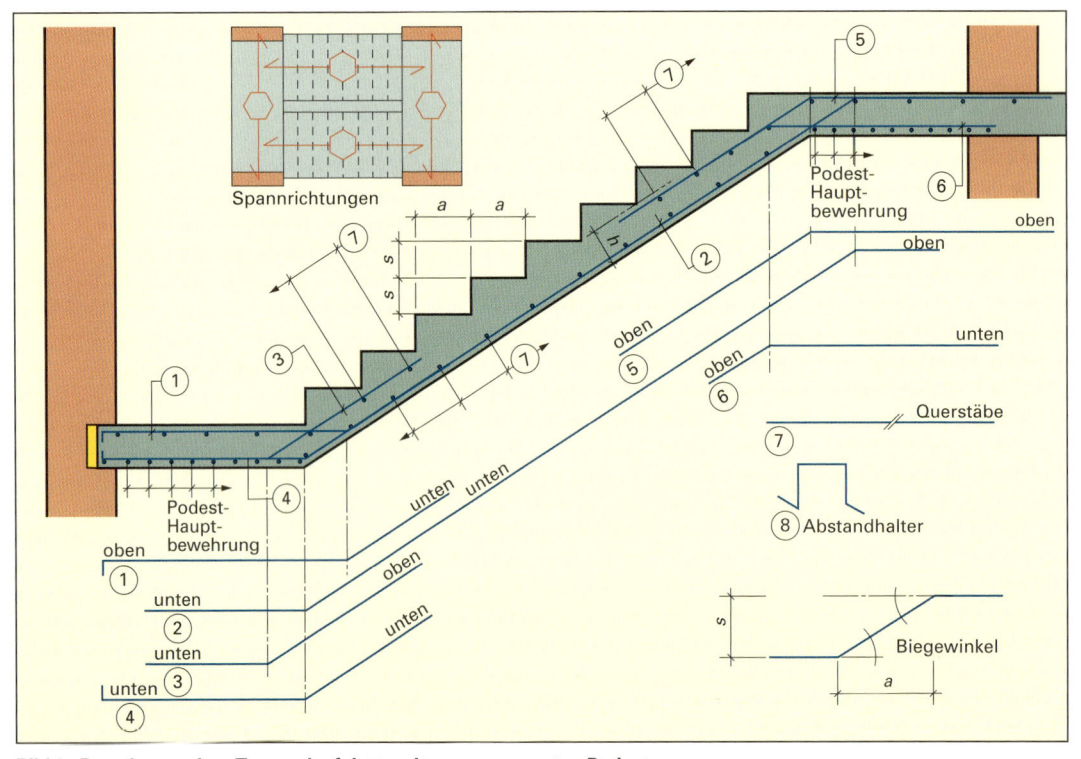

Bild 2: Bewehrung einer Treppenlaufplatte mit quer gespannten Podesten

Einbau der Bewehrung

Zur Bewehrung flächenartiger Bauteile, wie z. B. Massivplatten, eignen sich vorwiegend Betonstahlmatten, insbesondere Lagermatten, da diese in der Regel stets verfügbar sind.

Das Bewehren erfolgt nach der geprüften Bewehrungszeichnung. Bei Verwendung von Lagermatten ist außerdem zur Vorbereitung der Bewehrung eine Schneideskizze erforderlich (**Bild 2, Seite 347**).

Bei einlagiger Mattenbewehrung liegen die Tragstäbe zur Betonaußenfläche hin. Bei zweilagiger Mattenbewehrung können die Tragstäbe in einer Ebene oder in verschiedenen Ebenen angeordnet sein (**Bild 1**). Das Verlegen der unteren Bewehrung wird in der Regel von einer Ecke eines Deckenfeldes aus unter Einhaltung der vorgeschriebenen Überdeckung vorgenommen. Lagert das Deckenfeld z. B. auf einem Stahlbetonbalken auf, müssen die Tragstäbe in die Balkenbewehrung eingreifen. Dabei dürfen die Stäbe der Querbewehrung im Bereich der Bügel aufgeschnitten werden. Das Verlegen der oberen Bewehrung erfolgt wie bei der unteren Bewehrung, jedoch auf standfesten Unterstützungskörben, deren Unterstützungshöhe auf die Dicke der Decke und der Bewehrungslage abgestimmt sein muss. Die Abstände der Unterstützungskörbe richten sich nach der Steifigkeit der Bewehrung und der Art des Betoneinbaus. Bewehrungen aus dünneren Stäben erfordern geringere Abstände als Bewehrungen aus dickeren Stäben. Vor Betonierbeginn ist die Bewehrung durch den verantwortlichen Bauleiter zu überprüfen.

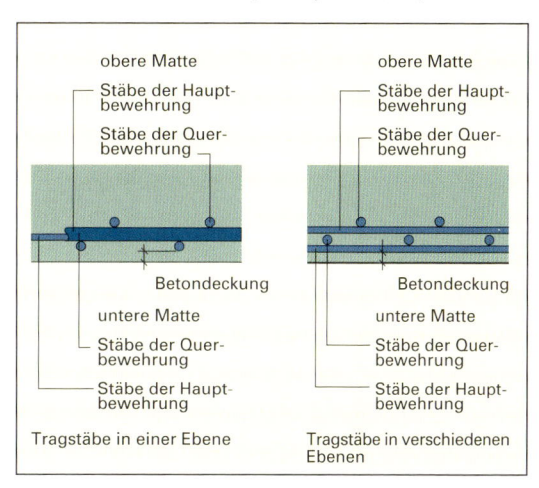

Bild 1: Tragstäbe bei zweilagiger Bewehrung

10.1.7 Stahlbetonbalken und Stahlbetonplattenbalken

Balken überspannen Öffnungen in Bauwerken, nehmen Lasten auf und tragen diese über Auflager in die unterstützenden Bauteile wie Stützen und Wände ab. Meist haben sie rechteckigen Querschnitt mit der Breite b und der Dicke h, die auch als Höhe bezeichnet wird (**Bild 2**). Da Balken vorwiegend auf Biegung beansprucht werden, sollten sie hochkant angeordnet werden. Die Querschnittsmaße sind gegenüber der Balkenlänge klein. Deshalb spricht man auch von stabförmigen Biegeträgern. Balken können im auflagernahen Bereich durch Querschnittsvergrößerungen, auch Vouten genannt, verstärkt werden.

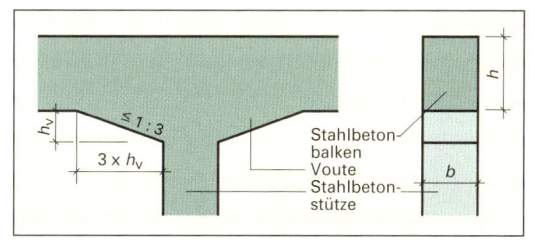

Bild 2: Stahlbetonbalken mit Voute

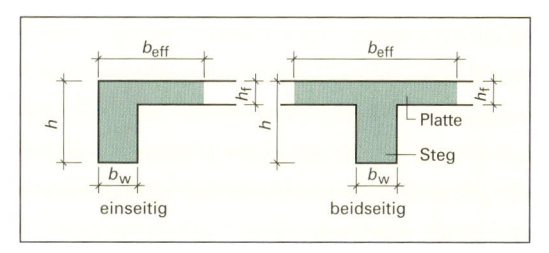

Plattenbalken sind Balken, die im oberen Bereich des Balkens durch Platten verbreitert sind (**Bild 3**). Die Tragwirkung des Plattenbalkens beruht auf dem Zusammenwirken von Balken und Platte. Deshalb müssen Platte und Balken durch Bewehrung schubfest miteinander verbunden sein. Die Plattendicke muss mindestens 7 cm und die Auflagertiefe des Balkens mindestens 10 cm betragen. Plattenbalken werden in der Regel in einem Arbeitsgang hergestellt. Man unterscheidet einseitige und beid-

Bild 3: Plattenbalken

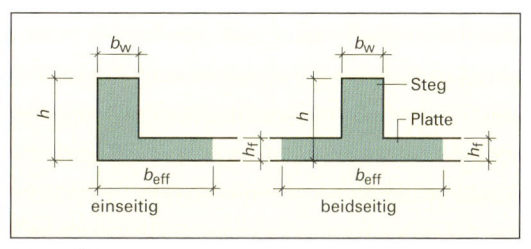

Bild 4: Überzug

seitige Plattenbalken. Die Breite des Balkens (Steges) wird mit b_w, die gesamte Dicke (Höhe) des Plattenbalkens mit h_1 und die Breite der Platte, die an der Übertragung der Kräfte mitwirkt, mit b_{eff} bezeichnet.

Durch die schubfeste Verbindung werden die im oberen Bereich des Balkens auftretenden Biegedruckkräfte zum Teil in die Platte eingeleitet. Dadurch steht zur Aufnahme der Druckkräfte ein größerer mitwirkender Betonquerschnitt zur Verfügung. Dieser bewirkt, dass sich die Nulllinie in Richtung der Platte verschiebt und die Tragbewehrung in der Zugzone des Balkens wirksamer wird. Werden Plattenbalken als Durchlaufträger ausgeführt, beteiligt sich die Platte nur in den Feldern an der Aufnahme der Biegedruckspannungen. Im Bereich der Stützung liegt die Platte in der Zugzone, wodurch die Druckkräfte allein vom Balken mit der Breite b_w aufgenommen werden müssen. Ist die Ausführung eines Plattenbalkens mit unterseitigem Steg nicht möglich, kann dieser auch oberhalb der Platte angeordnet werden. Man spricht dabei von einem Stahlbetonüberzug **(Bild 4, Seite 349)**. Beim Stahlbetonüberzug als Träger auf zwei Stützen werden die Kräfte nur vom Balken aufgenommen. Wird der Träger über mehrere Felder gespannt, beteiligt sich im Bereich der Stützung die Platte mit der Breite b_{eff} an der Aufnahme der Kräfte.

Balken und Plattenbalken sind vorwiegend biegebeanspruchte Bauteile, bei denen die Last in Längsrichtung abgetragen wird. Die Bewehrung besteht hauptsächlich aus der Längsbewehrung und der Bügelbewehrung. Außerdem ist in hohen Querschnitten eine Stegbewehrung erforderlich.

Die **Längsbewehrung** wird als Zugbewehrung, Stegbewehrung und Montagebewehrung angeordnet.

Die Zugbewehrung nimmt Biegekräfte auf. Sie kann aus Einzelstäben oder Stabbündeln bestehen, deren Gesamtquerschnitt mit A_s bezeichnet wird. Bewehrungsstäbe der Zugbewehrung sollen höchstens in zwei Lagen übereinander angeordnet werden, wobei die Mindeststababstände einzuhalten sind.

Nach der Biegeform unterscheidet man gerade und aufgebogene Stäbe. Gerade Stäbe nehmen Zugkräfte, aufgebogene zusätzlich im Bereich der Aufbiegungen Schubkräfte auf. Stäbe werden meist unter 45° aufgebogen. Bei hohen Trägern können Aufbiegungen unter 60° zweckmäßig sein. Aufgebogene Stäbe sollen möglichst innen liegen und in den Bügelecken sollten nur gerade Stäbe angeordnet werden. Die Zugbewehrung darf dem Kräfteverlauf entsprechend abgestuft werden, wobei die Abstufung mit geraden Stabenden oder aufgebogenen Stabenden erfolgen kann. Dabei müssen die Stabenden mit dem entsprechenden Verankerungsmaß im Beton verankert werden. Mehrere Stäbe mit geringerem Durchmesser ergeben eine bessere Abstufung als wenige mit größerem Durchmesser. Ein Teil der Zugbewehrung ist von Auflager zu Auflager zu führen, und zwar bei Endauflagern mindestens ein Drittel, bei Zwischenauflagern mindestens ein Viertel der Feldbewehrung.

Sollen aufgebogene Stäbe zur Aufnahme der Schubkräfte herangezogen werden, müssen die Aufbiegestellen in einem in DIN 1045 festgelegten Abstand vom Auflager entfernt liegen **(Bild 1)**. Aufgebogene Stäbe sind nur dann als Schubbewehrung wirksam, wenn sie im auflagernahen Bereich durch enger liegende Bügel ergänzt werden.

Die Stegbewehrung ist zur Vermeidung von Rissen an den Seitenflächen in Balken und Stegen bei Plattenbalken mit mehr als 1 m Höhe anzuordnen. Sie besteht aus Längsstäben, deren Querschnitt mindestens 8 % des Querschnitts der Zugbewehrung betragen soll. Die Stäbe der Stegbewehrung dürfen in einem Abstand von höchstens 20 cm verlegt werden.

Die Montagebewehrung ermöglicht das Binden eines steifen Bewehrungskorbes. Montagestäbe werden in den oberen Ecken der Bügel angeordnet. Bei Durchlaufbalken sollen die Montagestäbe möglichst nicht gestoßen werden, damit sie zur Stützbewehrung herangezogen werden können. Sind

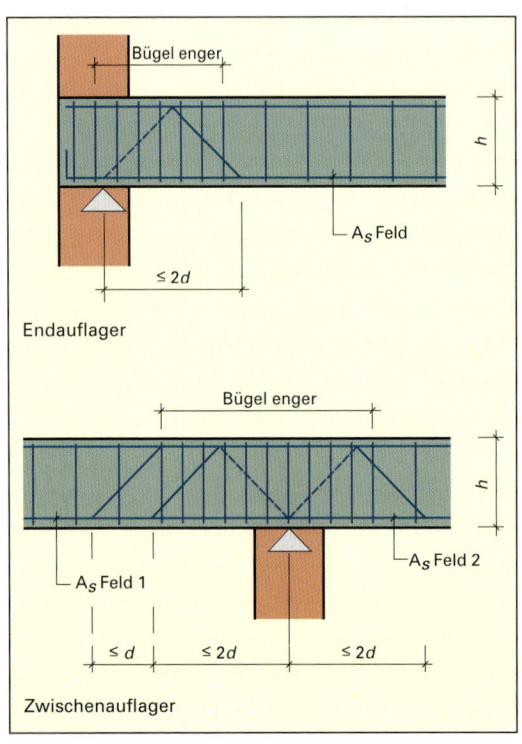

Bild 1: Bewehrungsführung in Balken und Plattenbalken

Stöße unumgänglich, sollen die Stoßstellen im Bereich der Endauflager zur Feldmitte hin liegen und verschwenkt angeordnet werden.

Die **Bügelbewehrung** dient vorwiegend der Schubsicherung. Bügel umfassen den Balkenquerschnitt in ganzer Breite und Höhe, sichern den Zusammenhang zwischen Druck- und Zugzone und helfen Schwindrisse vermeiden. Außerdem ermöglichen sie die Herstellung eines steifen Bewehrungskorbes. Bügelbewehrungen können aus Einzelstäben, aus Betonstahlmatten oder aus Bügelmatten bestehen. Nach der Biegeform unterscheidet man offene und geschlossene Bügel. Meist werden geschlossene Bügel eingebaut. Bügel können z. B. zwei- oder vierschnittig angeordnet werden. Bei niedrigen, breiten Balken sind mehrschnittige Bügel notwendig **(Bild 1)**. Bügel können lotrecht oder meist unter 45° zur Balkenachse geneigt angeordnet werden. Die Bügelabstände werden der Bewehrungszeichnung entnommen. Das Schließen der Bügel soll nach den Ausführungsbeispielen der Norm erfolgen **(Bild 2)**.

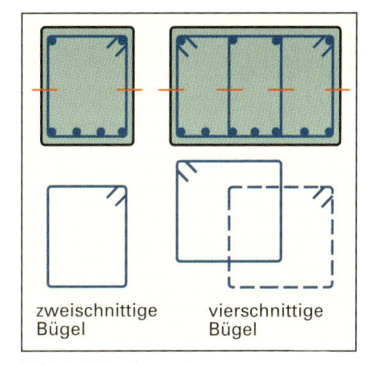

Bild 1: Bügelanordnung

Stahlbetonbalken

Stahlbetonbalken werden als Einfeldbalken, Durchlaufbalken und Kragbalken ausgeführt **(Bild 1, Seite 352)**. Biegezugkräfte werden von der Längsbewehrung aufgenommen, Schubkräfte von lotrechten Bügeln, aufgebogenen Stäben oder Schrägbügeln. Häufig werden die Bügelabstände in Richtung des Auflagers verringert.

Die Bewehrung kann vorgefertigt oder stabweise eingebaut werden. Die Vorfertigung des Korbes erfolgt in folgenden Teilarbeitsgängen:

- Aufstellen von Montageböcken in entsprechendem Abstand,
- Auflegen der Montagestäbe,
- Anreißen der Bügelabstände auf den Montagestäben unter Beachtung veränderlicher Abstände,
- Aufziehen der Bügel und Festbinden mit Bindedraht,
- Einlegen der geraden und aufgebogenen Längsstäbe,
- Verbinden der Stäbe an den Kreuzungspunkten,
- Anbringen der unteren und seitlichen Abstandhalter,
- Überprüfen des Bewehrungskorbes nach Zeichnung und
- Kennzeichnen durch Positionsschild.

Der stabweise Einbau in die Schalung erfolgt in folgenden Teilarbeitsgängen:

- Säuberung der Schalung,
- Antragen der Bügelabstände in der Schalung,
- Einbringen der Bügel und Ausbiegen der Bügelschenkel,
- Einbau der oberen Eckstäbe bzw. Montagestäbe,
- Verlegen der Abstandhalter für die unten liegende Bewehrung,
- Einbauen der geraden und aufgebogenen Längsstäbe,
- Befestigen der seitlichen Abstandhalter,
- Abbiegen der offenen Bügelschenkel,
- Einbiegen der Endhaken,
- Ausrichten der Bewehrung und Verbinden an den Knotenpunkten und
- Überprüfen der Bewehrung nach Zeichnung.

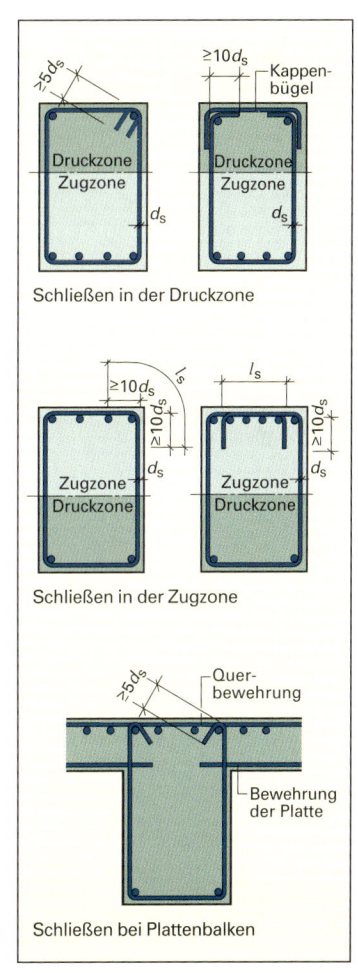

Bild 2: Schließen von Bügeln

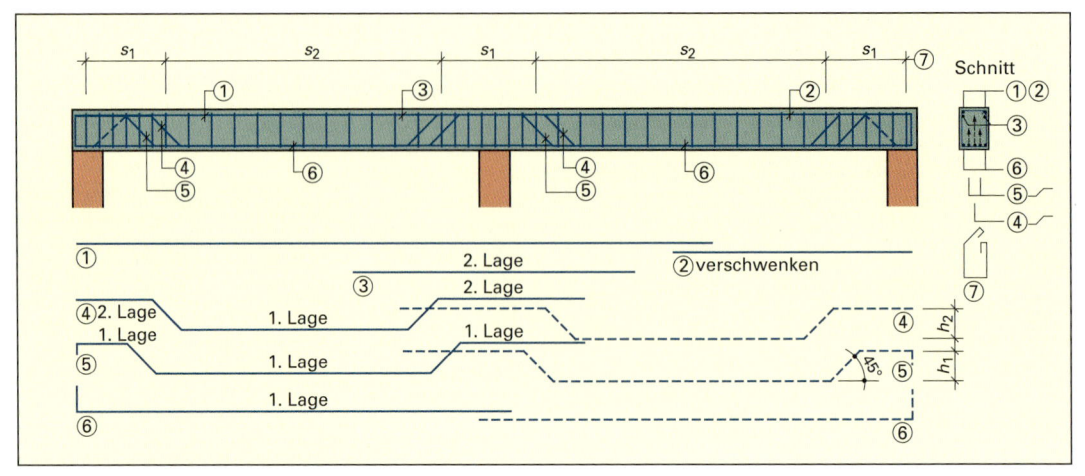

Bild 1: Bewehrung eines Durchlaufbalkens

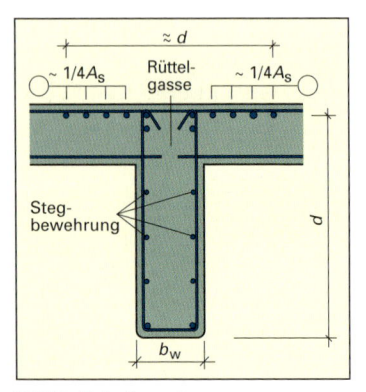

Bild 2: Stützbewehrung

Plattenbalken

Die Bewehrung von Einfeld-Plattenbalken erfolgt wie bei Balken. Bei durchlaufenden Plattenbalken wird etwa die Hälfte der Stützbewehrung außerhalb der Stegbreite, zu beiden Seiten des Steges, in die Platte gelegt. Dabei ist zu beachten, dass sich für die Verankerung der Stäbe unterschiedliche Längen ergeben, da meist die Stäbe in der Platte dem Verbundbereich I, die im Steg dem Verbundbereich II zuzuordnen sind. Außerdem sollte im Bereich der Zwischenauflager die Schubbewehrung aus Bügeln und nicht durch aufgebogene Längsstäbe gebildet werden **(Bild 2)**. Diese Bewehrungsanordnung hat den Vorteil, dass die Bewehrung in einer Lage eingelegt und eine Rüttelgasse gebildet werden kann. Die Bügelhöhe ist so zu wählen, dass die Betondeckung der Platte, auch bei zweilagiger Bewehrung, eingehalten wird.

Aufgaben

1 Vergleichen Sie Streifenfundamente unter Wänden mit denen unter Stützenreihen hinsichtlich des Kräfteverlaufs und der Lage der Hauptbewehrung.

2 Erklären Sie, wie die Bewehrung quadratischer Einzelfundamente ausgeführt werden muss, damit sich eine gleichmäßige Bodenpressung einstellt.

3 Zeichnen Sie eine Stütze 40 cm/50 cm mit der Mindestbewehrung nach DIN 1045 und aller zur Ausführung notwendiger Angaben.

4 Erläutern Sie anhand des Kräfteverlaufes die Bewehrungsführung bei einer Winkelstützwand.

5 Ermitteln Sie aufgrund der Durchbiegungsbeschränkung die Plattendicke h einer Zweifeld-Stahlbetonplatte mit $l_{eff,1} = l_{eff,2} = 5{,}75$ m.

6 Unterscheiden Sie einachsig gespannte und zweiachsig gespannte Platten bezüglich des Lastabtrags und der Anordnung der Biegezugbewehrung.

7 Stellen Sie dar, welche konstruktiven und betrieblichen Vorteile durch den Einbau von teilweise vorgefertigten Plattendecken erzielt werden können.

8 Vergleichen Sie die einlagige und zweilagige Bewehrungsanordnung in Bezug auf den Kräfteverlauf und den Aufwand beim Einbau der Bewehrung.

9 Erläutern Sie die Bewehrungsführung einer Treppe mit gleich gespannten Podesten und einer Treppe mit quer gespannten Podesten.

10 Unterscheiden Sie Balken und Plattenbalken hinsichtlich ihres Tragverhaltens.

11 Beurteilen Sie die Ausführung der Schubbewehrung mit aufgebogenen Tragstäben mit der aus eng liegenden Bügeln am Mittelauflager eines durchlaufenden Balkens.

12 Skizzieren Sie die Anordnung der Stützbewehrung aus 12 ⌀ 16 in einem Plattenbalken $b_w/h_1/h_2 = 30$ cm/ 60 cm/20 cm.

10.2 Instandsetzung von Stahlbetonbauten

Treten an Stahlbetonbauteilen nach einer bestimmten Nutzungsdauer Schäden auf, ist eine Instandsetzung erforderlich. Ein Schaden liegt dann vor, wenn die Standsicherheit, die Dauerhaftigkeit oder das Aussehen beeinträchtigt sind **(Bild 1)**. Die meisten Schäden an Außenbauteilen entstehen infolge Korrosion. Der Korrosionsschutz der Bewehrung ist dann gewährleistet, wenn die in den Poren des Betongefüges enthaltene Feuchtigkeit basisch bzw. alkalisch reagiert und einen pH-Wert von über 10 aufweist **(Bild 2)**. Frischbeton hat wegen seines Anteils an Calciumhydroxid ($Ca(OH)_2$) einen pH-Wert von 12,5 bis 13,5 und ist deshalb hochalkalisch. Der Frischbeton umgibt die Bewehrung und bewirkt auf den Stahloberflächen die Bildung einer dünnen Eisenoxidschicht (Fe_2O_3), welche die Korrosion des Betonstahls verhindert. Diese Eisenoxidschicht bezeichnet man als **Passivschicht**. Auch bei der Hydratation bzw. Erhärtung des Betons entsteht Calciumhydroxid ($Ca(OH)_2$), was zur Erhaltung der alkalischen Wirkung des Betons beiträgt. Die Menge an Calciumhydroxid ($Ca(OH)_2$) im Festbeton ist umso größer, je höher der Zementgehalt bzw. die Betonfestigkeitsklasse ist.

Bild 1: Bauschaden

10.2.1 Einwirkungen auf Stahlbetonbauteile

Beim Stahlbeton können sowohl das Betongefüge als auch die Bewehrungsstähle Schäden aufweisen. Die Schäden werden vorwiegend von Witterungseinflüssen verursacht, die zu chemischen und physikalischen Einwirkungen führen. Fehler bei der Planung, Bemessung und Ausführung der Bauteile begünstigen die Schadensentwicklung.

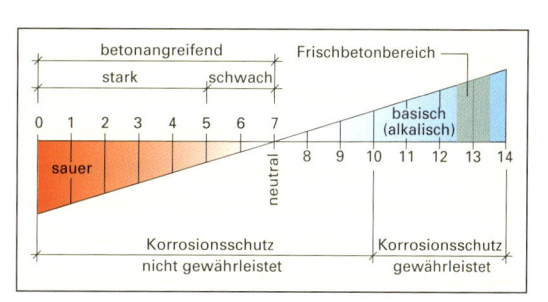

Bild 2: pH-Wert und Korrosionsschutz

10.2.1.1 Chemische Einwirkungen

Einwirkungen, die zu chemischen Reaktionen führen, erfolgen meist von außen auf das Bauteil über einen längeren Zeitraum. Von außen dringen z. B. säurebildende Gase wie Kohlenstoffdioxid (CO_2), Schwefeldioxid (SO_2) oder Stickstoffoxide (NO_x) ein, die ihre Wirkung in Verbindung mit der Luftfeuchtigkeit entfalten. Bei Verwendung von Tausalzen können z. B. mit dem Spritzwasser Chloride in die Betonoberfläche gelangen. Auch betonangreifende Substanzen aus Böden und Wässern können Betonschäden zur Folge haben. Man spricht allgemein von chemischen Angriffen, wenn auf den Beton einwirkende Stoffe mit dem Zementstein, dem Zuschlag oder dem Betonstahl chemisch reagieren. Wichtige chemische Reaktionen sind dabei die Karbonatisierung, die Reaktionen mit Chloriden und die Rostbildung.

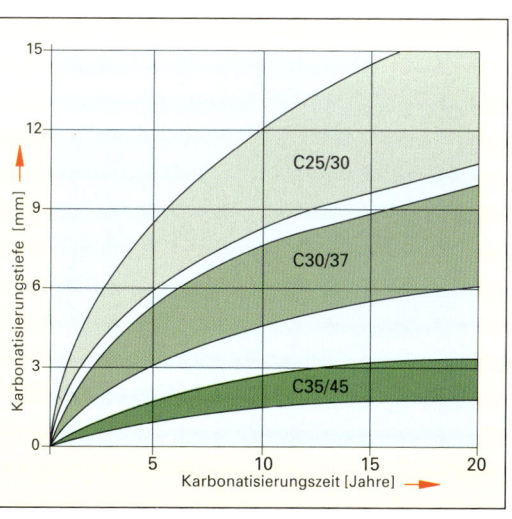

Bild 3: Karbonatisierungsverlauf

Als **Karbonatisierung** wird die chemische Reaktion des Calciumhydroxids (Ca(OH)$_2$) mit dem Kohlenstoffdioxid (CO$_2$) der Luft bezeichnet. Dabei dringt das in der Luft enthaltene Kohlenstoffdioxid (CO$_2$) in die Poren des Betons ein und verbindet sich mit dem Calciumhydroxid (Ca(OH)$_2$) des Zementsteins zu Calciumcarbonat (CaCO$_3$) und Wasser (H$_2$O).

Karbonatisierung					
Ca(OH)$_2$	+ H$_2$O	+ CO$_2$	→	CaCO$_3$	+ 2 H$_2$O
Kalziumhydroxid	+ Wasser	Kohlenstoffdioxid		Kalziumkarbonat	Wasser

Mit diesem Vorgang, der sich nach innen fortsetzt, ist eine Senkung des pH-Wertes auf etwa 8 bis 9 verbunden, wobei sich die alkalische Wirkung des Betons verringert und die Auflösung der Passivschicht beginnt. Dies hat zur Folge, dass der Korrosionsschutz der Bewehrung nicht mehr gewährleistet ist **(Bild 1)**. Die Karbonatisierung ist grundsätzlich nicht zu verhindern, sondern nur zu verzögern, wobei diese bei höheren Betonfestigkeitsklassen langsamer verläuft und eine geringere Eindringtiefe hat als bei Beton mit niedriger Festigkeitsklasse **(Bild 3, Seite 353)**. Zur Feststellung der Karbonatisierungstiefe werden frische Bruchflächen mit einer Indikatorflüssigkeit z. B. mit einer Phenolphthalein-Lösung besprüht. Karbonatisierte Betonteile verfärben sich dabei nicht.

Chloride gelangen meist über chloridhaltige Tausalze in den Beton. Reichert sich an der Oberfläche des Bewehrungsstahles der Chloridgehalt an, kann die Passivschicht auch in einer hoch alkalischen Umgebung örtlich zerstört werden. Chloridverbindungen verursachen Lochkorrosion (Seite 152). Diese ist nicht durch Absprengungen des Betons erkennbar, da sie vom Lochgrund aus den Betonstahl auflöst (Unterrosten). Häufig ist bereits ein großer Teil des Bewehrungsquerschnitts zerstört, bevor die Schädigung erkannt wird. Chloridverbindungen sind meist an Verkehrsbauwerken, wie z. B. Betonstraßen, Massivbrücken und Parkhäusern, festzustellen. Bei Wandbauteilen ist insbesondere die Spritzwasserzone gefährdet, da der Feuchtegehalt dort höher ist. Solche Bereiche zeichnen sich durch eine deutlich hellere Farbe von der übrigen Betonoberfläche ab.

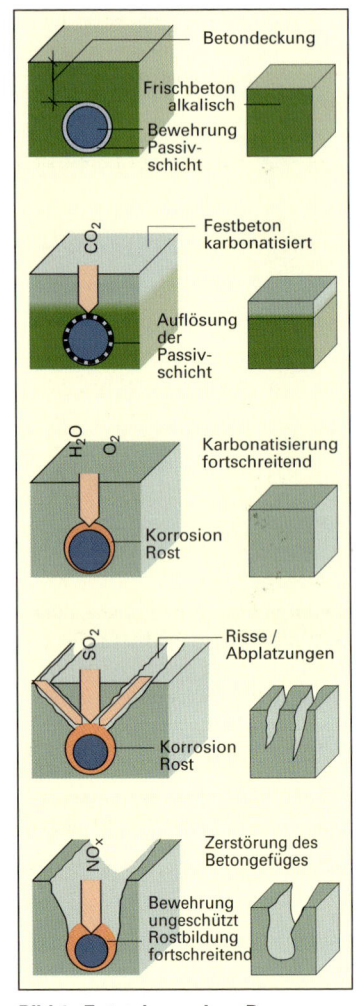

Bild 1: Entstehung eines Bauschadens durch chemische Einwirkungen

Rost entsteht, wenn Sauerstoff bzw. Feuchtigkeit auf den Betonstahl einwirken. Mit der Rostbildung ist eine Volumenvergrößerung verbunden, die zu Absprengungen der Betondeckung führt **(Bild 1)**.

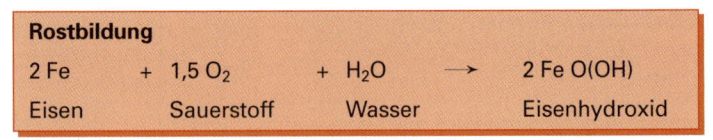

Rostbildung				
2 Fe	+ 1,5 O$_2$	+ H$_2$O	→	2 Fe O(OH)
Eisen	Sauerstoff	Wasser		Eisenhydroxid

Bild 2: Korrodierte Bewehrung

Das Volumen des Rostes ist etwa 2,5-mal größer als das des Betonstahls.

10.2.1.2 Physikalische Einwirkungen

Physikalische Einwirkungen haben ihre Ursache meist in den Witterungsbedingungen oder ergeben sich durch nicht vorhersehbare Belastungen oder mechanische Beanspruchungen des Bauteils.

Extreme Temperaturen sowie schroffe Temperaturwechsel führen zu Formänderungen. Insbesondere Frosteinwirkungen in durchfeuchtetem Zustand des Bauteils verursachen Spannungen, die sich bei einem

Frost-Tausalzangriff verstärken. Auch Schwinden und Kriechen des Betons kann zu Formänderungen führen. Niederschläge, Schwankungen der Luftfeuchtigkeit und Wind gehören ebenso zu den physikalischen Einwirkungen. Werden die dadurch bedingten Formänderungen nicht durch entsprechende Fugen oder Gleitschichten aufgefangen, entstehen Schäden. Auch größere Durchbiegungen schlanker Bauteile sowie Setzungen des Baugrundes können zu Schäden führen. Die meisten Schäden wirken sich auf die Dichtheit und Dicke der Betondeckung aus. Mechanische Beanspruchungen von Bauteilen ergeben sich durch Verschleiß.

10.2.1.3 Fehler bei der Bauausführung

Schäden an Stahlbetonbauteilen werden auch durch fehlerhafte Planung und mangelhafte Bauausführung verursacht, z. B. durch:

- unsachgemäße Ausbildung von Auflagern, Fugen und Gleitschichten,
- Verwendung eines Betons mit zu hohem w/z-Wert durch unzulässige Wasserzugabe,
- Nichteinhaltung der vorgeschriebenen Betondeckung,
- Fehler beim Einbau, der Verdichtung und der Nachbehandlung des Betons.

10.2.1.4 Korrosion der Bewehrung

Korrosion an der Bewehrung tritt auf, wenn infolge fortschreitender **Karbonatisierung** die Passivschicht auf der Stahloberfläche ganz oder teilweise aufgelöst ist. Durch eine zu geringe oder schadhafte Betondeckung, durch physikalische Einflüsse verursachte **Risse** in der Betonoberfläche oder durch stark porösen Beton können dann **schädliche Salze,** wie z. B. Chloride, an die Bewehrung gelangen und diese zerstören. Außerdem können **Feuchtigkeit** und **Sauerstoff** eindringen, was zum **Rosten** des Betonstahls führt.

10.2.2 Planung einer Instandsetzungsmaßnahme

Grundlage der Planung einer Instandsetzungsmaßnahme ist eine Bestandsaufnahme. Dazu gehören die Erfassung des Gebäudezustandes sowie Bauwerks- und Laboruntersuchungen.

Die **Erfassung des Gebäudezustandes** erstreckt sich z. B. auf Schmutzfahnen, Durchfeuchtungen, Ausblühungen, Abwitterungen, Gefügeauflösungen, Rostverfärbungen, Betonabplatzungen, Korrosion an der Bewehrung, Fehlstellen im Betongefüge, Hohlstellen, Schäden an Fugen und Pflanzenbewuchs.

Bauwerksuntersuchungen können z. B. die Prüfung der oberflächennahen Schichten auf Dichtheit, Feuchtigkeitsgehalt, Oberflächenfestigkeit, Abreißfestigkeit, Karbonatisierungstiefe, Betondeckung und Lage der Bewehrung sowie den Chloridgehalt umfassen. Bei Rissen ist die Entstehung, die Lage, der Verlauf, das Rissbild, die Rissbreite und die Risstiefe zu ermitteln.

Laboruntersuchungen erfordern eine Probeentnahme. An Bohrkernen können die Festbetoneigenschaften genau festgestellt, sowie Schadstoffe und Gefügestörungen im Beton erkannt werden. Man begnügt sich meist, die Bewehrungsstäbe im Bauteil freizulegen, zu entrosten und den verbleibenden Stabquerschnitt zu ermitteln. Die Wahl der Schutz- und Instandsetzungsmaßnahmen des Verfahrens und der Instandsetzungsstoffe muss auf das Schadensbild abgestimmt sein **(Tabelle 1)**.

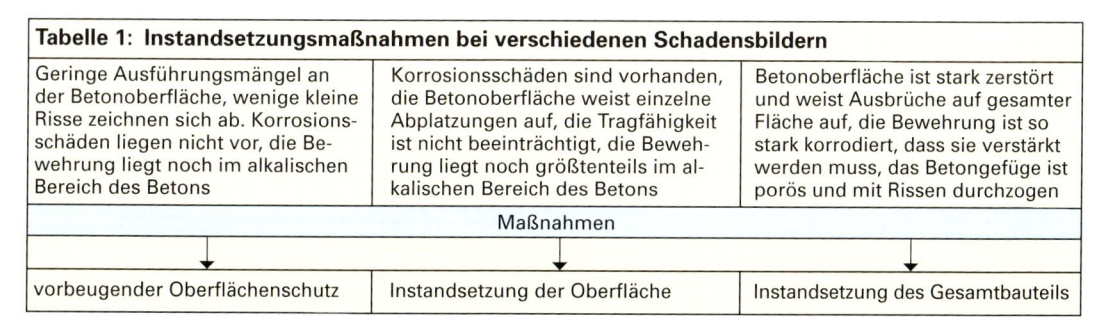

Tabelle 1: Instandsetzungsmaßnahmen bei verschiedenen Schadensbildern		
Geringe Ausführungsmängel an der Betonoberfläche, wenige kleine Risse zeichnen sich ab. Korrosionsschäden liegen nicht vor, die Bewehrung liegt noch im alkalischen Bereich des Betons	Korrosionsschäden sind vorhanden, die Betonoberfläche weist einzelne Abplatzungen auf, die Tragfähigkeit ist nicht beeinträchtigt, die Bewehrung liegt noch größtenteils im alkalischen Bereich des Betons	Betonoberfläche ist stark zerstört und weist Ausbrüche auf gesamter Fläche auf, die Bewehrung ist so stark korrodiert, dass sie verstärkt werden muss, das Betongefüge ist porös und mit Rissen durchzogen
Maßnahmen		
↓	↓	↓
vorbeugender Oberflächenschutz	Instandsetzung der Oberfläche	Instandsetzung des Gesamtbauteils

Bild 1: Betonabplatzung

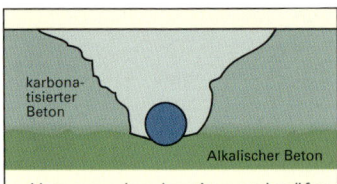

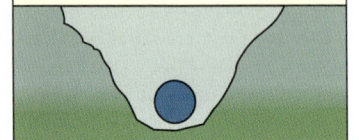

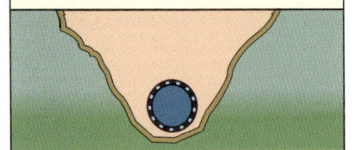

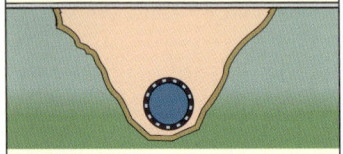

Bild 2: Arbeitsgänge bei der Spachtelmethode
- Untergrund vorbereiten und prüfen
- Bewehrung freilegen und entrosten
- Haftbrücke auftragen
- Korrosionsschutz auf Bewehrung aufbringen
- Reparaturmörtel einbringen
- Oberflächengestaltung
- Feinspachtel oder Beschichtung

10.2.3 Instandsetzungsverfahren

Instandsetzungsmaßnahmen werden je nach Schadensbild unterteilt in **Betonschutz** und **Betoninstandsetzung,** wobei verschiedene Verfahren angewendet werden. Instandsetzungsmaßnahmen, bei denen Stoffe aufgetragen werden müssen, erfordern einen Haftverbund mit dem Altbeton.

Oberflächenschutz erfolgt z. B. durch Füllen von Rissen mittels Tränkung (ohne Druck) mit Epoxidharz oder Injektionen (unter Druck) mit Epoxidharz oder Zementleim, Imprägnierung (nicht-filmbildende Hydrophobierung), Versiegelung (Poren des Betons werden teilweise ausgekleidet) und Beschichtungen (Dünnbeschichtung Schichtdicke $d < 1$ mm oder Dickbeschichtung auf Grundierung 1 mm $< d <$ 5 mm).

Instandsetzung nicht tiefgehender einzelner Schäden (Bild 1) geschieht durch Anwendung der **Spachtelmethode,** d. h. punktförmige Ausbesserung mit Reparaturmörtel **(Bild 2)**. Die Spachtelmethode, auch als Betonersatzmethode bezeichnet, erfordert einen Haftverbund mit dem Altbeton und zusätzlich einen Oberflächenschutz.

Instandsetzung zusammenhängender Schäden erfolgt durch flächiges Auftragen von Mörtel- oder Betonschichten, z. B. als Spritzbeton, auf den angefeuchteten Altbeton (Bild 3, Seite 304). Der Auftrag kann in mehreren Lagen von 3 cm bis 5 cm Dicke erfolgen. Abschließend wird eine Feinmörtelschicht und ein Oberflächenschutz aufgebracht **(Bild 2, Seite 357)**. Eine Nachbehandlung ist erforderlich.

10.2.4 Ausführung der Instandsetzungsmaßnahme

Instandsetzungen, insbesondere an Verkehrsbauten, sind von Fachbetrieben verantwortlich auszuführen, z. B. nach DafStb-Richtlinie „Schutz und Instandsetzung von Betonbauteilen", ZTV-SIB „Zusätzliche Technische Vorschriften und Richtlinien für Schutz und Instandsetzung von Betonbauteilen" und ZTV-RISS „Zusätzliche Technische Vertragsbedingungen und Richtlinien für das Füllen von Rissen in Betonbauteilen".

10.2.4.1 Vorbereitung des Untergrundes

Die Vorbereitung des Untergrundes besteht im Wesentlichen aus **(Bild 2)**:

- Reinigen der Betonoberfläche und Entfernen von Anstrich- und Beschichtungsresten sowie von Bewuchs,
- Abklopfen der Betonoberfläche auf Hohlstellen und Stellen verminderter Festigkeit,
- Entfernen minderfester Schichten, wie z. B. Zementschlämmen,
- Abtragen schadhafter Betonteile, z. B. karbonisiertem Beton und Beton mit hohem Chloridgehalt,
- Freilegen der korrodierten Bewehrungsstäbe,
- Entrosten der freigelegten Bewehrung,
- Säubern des Untergrundes von losen Teilen und Staub.

Für diese Arbeiten stehen verschiedene Verfahren zur Verfügung, wie z. B. Hochdruckreinigen, Hochdruckwasserstrahlen, Sandstrahlen,

Druckluftstrahlen mit Quarzsand und Wasser, Kugelstrahlen, Fräsen, Stemmen und Flammstrahlen.

Nach Abschluss der vorbereitenden Arbeiten ist der Untergrund zu überprüfen, ob er die Eigenschaften für die vorgesehene Instandsetzungsmaßnahme erfüllt. Es können z. B. folgende Eigenschaften gefordert sein:

- Der Beton sollte etwa der Festigkeitsklasse C25/30 entsprechen.
- Die Abreißfestigkeit sollte annähernd 1,5 N/mm² betragen.
- Die Oberfläche sollte fest und mäßig rau sein.

Bild 1: Auftragen von Spritzbeton

10.2.4.2 Wiederherstellen des Korrosionsschutzes

Für den Korrosionsschutz ist die Bewehrung freizulegen, zu entrosten und vorzubehandeln. Das Freilegen wird in einem Arbeitsgang mit der Untergrundvorbereitung ausgeführt. Das Entrosten darf nur mechanisch durch Handentrosten, Sandstrahlen oder Hochdruckwasserstrahlen erfolgen. Besonders sorgfältig sind Kreuzungsstellen zu behandeln. Chloride sind mit Hochdruckreiniger zu entfernen. Beim Entrosten werden die Stahloberflächen so behandelt, dass sie einen in DIN 55928 vorgeschriebenen Reinheitsgrad, d. h. in der Regel metallisch blank, aufweisen. Unmittelbar nach dem Entrosten ist der Korrosionsschutz aufzubringen.

Wird der Korrosionsschutz wie im Betonbau durch die Einbettung der Bewehrung in eine ausreichend dicke, dichte alkalische Betonschicht hergestellt, ist eine Beschichtung nicht erforderlich. Diese Betonschicht kann z. B. als Spritzbeton (**Bild 1**) aufgebracht werden.

Erfolgt der Korrosionsschutz durch eine Beschichtung, wird diese in mindestens zwei Schichten aufgetragen. Für die Beschichtung werden Stoffe auf Epoxidharzbasis sowie zementgebundene und mit Kunstharz versetzte Schlämmen verwendet.

Zur Auswahl stehen eine Vielzahl von Produkten und Systemen. Die Verarbeitungsanweisungen der Hersteller müssen befolgt werden, insbesondere sind die angegebenen Grenzwerte für die Temperatur und die Feuchte einzuhalten. Die meisten Verfahren erfordern eine Haftbrücke zwischen Altbeton und der aufzubringenden Beton- und Reparaturmörtelschicht.

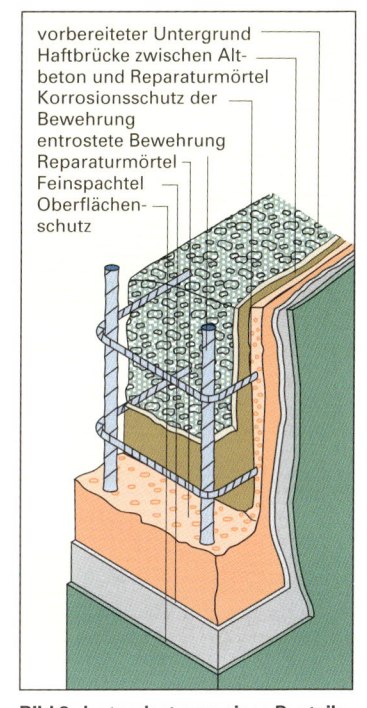

Bild 2: Instandsetzung eines Bauteils

vorbereiteter Untergrund
Haftbrücke zwischen Altbeton und Reparaturmörtel
Korrosionsschutz der Bewehrung
entrostete Bewehrung
Reparaturmörtel
Feinspachtel
Oberflächenschutz

Aufgaben

1. Nennen Sie wichtige Punkte, die bei der Planung und Bauausführung von Betonbauteilen zu beachten sind, um Bauschäden zu vermeiden.
2. Erläutern Sie den Zusammenhang zwischen der Karbonatisierung des Betons und der Rostbildung an der Bewehrung.
3. Bestimmen Sie anhand Bild 3, Seite 353, die mittlere Karbonatisierungstiefe eines Bauteils nach 15 Jahren, wenn für die Herstellung Beton C25/30 (C35/45) verwendet wurde.
4. Begründen Sie, warum Instandsetzungsmaßnahmen nur aufgrund einer umfassenden Bestandsaufnahme geplant werden können.
5. Nennen Sie Eigenschaften, die der Untergrund aufweisen muss, damit eine Instandsetzung erfolgreich durchgeführt werden kann.
6. Beschreiben Sie, wie der Korrosionsschutz bei der Betonersatzmethode bzw. beim Spritzbetonauftrag erreicht wird.
7. Ordnen Sie den beiden Begriffen „Schützen" und „Instandsetzen" von Bauteilen die entsprechenden Schadensbilder zu.
8. Begründen Sie, warum bei Instandsetzungs-Systemen das Auftragen eines Oberflächenschutzes empfohlen wird!

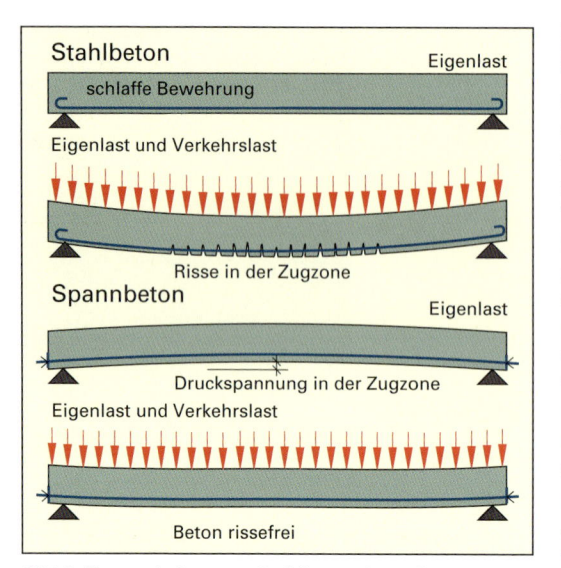

Bild 1: Tragverhalten von Stahlbeton- bzw. Spannbetonbauteilen

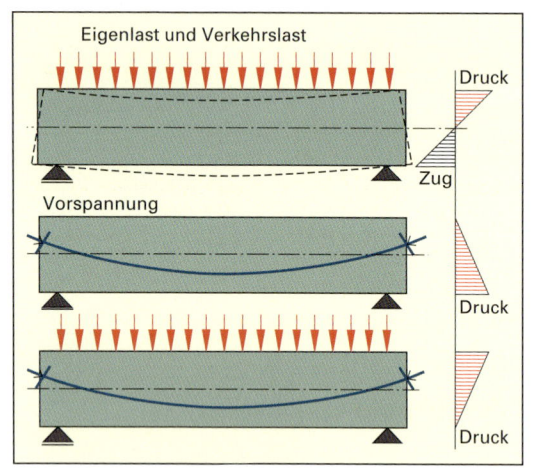

Bild 2: Ausmittige Vorspannung

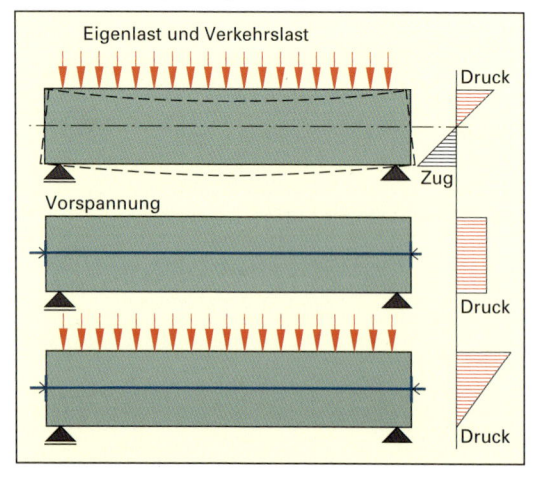

Bild 3: Mittige Vorspannung

10.3 Spannbeton

Spannbeton entsteht durch das Zusammenwirken von Beton und hochfestem Stahl, der vorgespannt wird. Der hierfür verwendete Stahl wird als Spannstahl, das einbaufertige Element zur Erzeugung der Vorspannung im Bauteil als Spannglied bezeichnet. Die Vorspannung wird erzeugt, indem die Spannglieder gespannt und in gespanntem Zustand mit dem Beton verbunden werden. Dadurch entsteht im Innern des Bauteils ein Spannungszustand, der im ganzen Bauteilquerschnitt Druck erzeugt. Bauteile werden vorwiegend in Längsrichtung vorgespannt. In Spannbetonbauteilen ist außer der Spannbewehrung eine Bewehrung aus Betonstahl, die als schlaffe Bewehrung bezeichnet wird, erforderlich.

Beim Spannbeton werden nach DIN 1045 verschiedene Arten unterschieden. Die Unterscheidung erfolgt nach dem Grad der Vorspannung, nach dem Zeitpunkt des Spannens und nach der Art der Verbundwirkung zwischen Spannglied und Beton. Die Unterscheidungsmerkmale beziehen sich auf die Größe der eingeleiteten Spannkräfte und die Technik des Vorspannens.

10.3.1 Prinzip des Spannbetons

Das Prinzip des Spannbetons beruht darauf, im Beton vor der Belastung dort Druck zu erzeugen, wo unter Belastung Zug auftreten würde. Dadurch können die Festigkeiten der Baustoffe voll ausgenutzt werden. Dies ermöglicht kleinere Betonquerschnitte und geringere Eigenlasten als beim Stahlbeton, bei dem aufgrund des Verbundes auf der Zugseite mit zunehmender Biegung Risse entstehen können (**Bild 1**).

Unter Gebrauchslast wird der gesamte Querschnitt auf Druck beansprucht. In der Zugzone des Bauteils treten deshalb im Beton keine Risse auf. Durch die Anordnung der Spannglieder im Querschnitt kann die Eigenspannung des Bauteils unterschiedlich beeinflusst werden.

Nach der Anordnung der Spannglieder unterscheidet man ausmittige und mittige Vorspannungen. Bei ausmittiger Vorspannung wird in der Zugzone, z. B. eines biegebeanspruchten Bauteils, eine so große Druckspannung erzeugt wie die später durch die Belastung erzeugte Zugspannung (**Bild 2**). Unter dieser Gebrauchslast entsteht dann keine Zugspannung, sondern es erfolgt ein Abbau der Druckspannung. Bei mittiger Vorspannung werden die Spannglieder in der Schwerachse des Bauteils angeordnet (**Bild 3**). Dadurch wird im gesamten Betonquerschnitt gleichmäßig Druck erzeugt. Unter Gebrauchslast baut sich in der Zugzone des Trägers die Druckspannung ganz oder teilweise ab, in der Druckzone entsteht zusätzlich Druck. Die ausmittige Vorspannung erfordert gegenüber der mittigen Vorspannung eine geringere Spannkraft und wird in der Regel bei biegebeanspruchten Bauteilen angewendet. Die Lage der Spannglieder richtet sich nach dem Verlauf der Biegemomente (**Bild 1**). Die mittige Vorspannung bleibt auf Bauteile beschränkt, bei denen die Momente keine vorbestimmte Richtung haben, wie z. B. bei Spannbetonmasten infolge wechselnder Belastung.

10.3.2 Arten des Spannbetons

Nach der Art der Verbundwirkung und dem Zeitpunkt des Spannens der Spannglieder wird nach DIN 1045 unterschieden zwischen Vorspannen mit sofortigem Verbund, Vorspannen ohne Verbund, Vorspannen mit nachträglichem Verbund, Spannen vor dem Erhärten des Betons im Spannbett und Spannen nach dem Erhärten des Betons. Meist wird das Spannen vor dem Erhärten des Betons und das Spannen nach dem Erhärten des Betons mit nachträglichem Verbund angewendet.

Spannen vor dem Erhärten des Betons

Dieses Verfahren erfordert besondere Einrichtungen, wie z. B. ein Spannbett. Als Spannbett wird eine Anlage bezeichnet, die in der Hauptsache aus zwei unverschieblichen Widerlagern und einer Spannpresse besteht (**Bild 2**). Die Spannglieder bzw. Spanndrähte werden zusammen mit der schlaffen Bewehrung in die Schalung eingebaut und gespannt. Sie verlaufen in der Regel geradlinig. Anschließend kann betoniert werden, wobei unmittelbarer Verbund zwischen Spannglied und Beton entsteht. Der Beton muss mindestens der Festigkeitsklasse C30/37 entsprechen. Nach dem Erhärten des Betons werden die Verankerungen der Spannglieder gelöst, wodurch die Spannkraft über Haftverbund auf den Beton übergeht. Dieses Verfahren wird in Betonwerken zur serienmäßigen Herstellung von Trägern verwendet. Es wird auch als Spannen im Spannbett mit sofortigem Verbund bezeichnet.

Spannen nach dem Erhärten des Betons mit nachträglichem Verbund

Dieses Verfahren wird in der Regel zur Herstellung von Spannbetonbauteilen auf der Baustelle angewendet. Die Spannglieder werden in Hüllrohren, die als Gleitkanäle dienen, verlegt (**Bild 3**). Danach kann betoniert werden, wobei der Beton mindestens der Festigkeitsklasse C25/30 entsprechen muss. Die Arbeitsweise beim Einbau der Spannglieder ist von den Baustellenbedingungen und der Länge der Spannglieder abhängig. Kürzere Spannglieder können zusammen mit der schlaffen Bewehrung, längere Spannglieder nach der Herstellung der schlaffen Bewehrung, eingebaut werden. Außerdem besteht die Möglichkeit, die Spannbewehrung nach

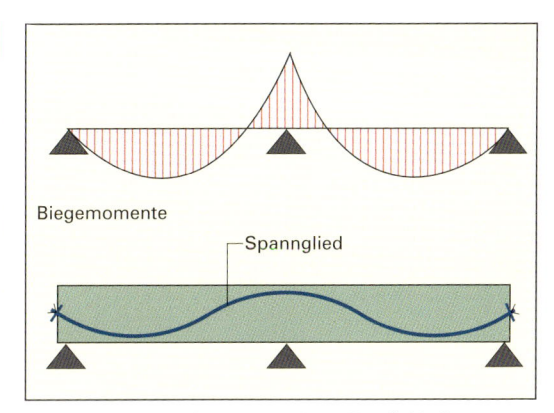

Bild 1: Spanngliedführung in einem Zweifeldträger

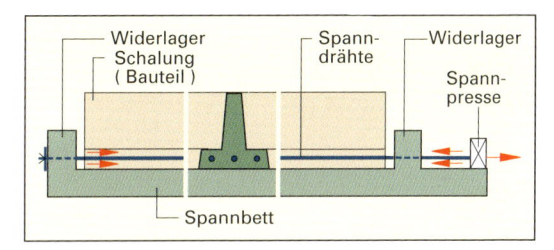

Bild 2: Vorspannen im Spannbett

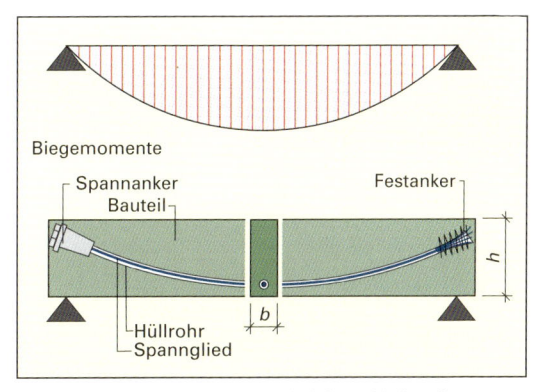

Bild 3: Vorspannen mit nachträglichem Verbund

Tabelle 1: Mindestbetonfestigkeiten f_{cmj} [MN/m²] beim Vorspannen

Betonfestigkeitsklasse	C25/30	C30/37	C35/45	C40/50
Zylinderdruckfestigkeit beim Teilvorspannen	13	15	17	19
Zylinderdruckfestigkeit beim endgültigen Vorspannen	26	30	34	38

Bild 1: Hüllrohre

Ansicht eines Spanngliedes	
Regeldarstellung	— — — — —
Ansicht einer Spannverankerung	
Spannanker	▷ — — — —
Festanker	▷ — — — —
Schnitt durch ein Spannglied	
Spannglied im Hüllrohr	○
Spannbettvorspannung	+
Schnitt durch eine Spanngliedverankerung	
Spannanker	⌀
Festanker	⊕

Bild 2: Darstellung von Spanngliedern

Verlegen von Spanngliedern

Spannglieder

Bild 3: Spannglieder

dem Erhärten des Betons in einbetonierte Hüllrohre (**Bild 1**) einzubringen. Man spricht hier vom Einschießen der Spannbewehrung. Wenn der Beton eine bestimmte Festigkeit erreicht hat, werden die Spannglieder mithilfe hydraulischer Pressen gespannt und anschließend verankert (**Tabelle 1, Seite 359**). Nach dem Spannen und Verankern wird das Hüllrohr mit Mörtel ausgepresst. Dadurch entsteht der Verbund zwischen Beton und Spannglied. Für die Darstellung der Spannglieder in Bewehrungszeichnungen werden Symbole nach DIN 1356-10 verwendet (**Bild 2**).

10.3.3 Baustoffe

Die Nutzung der Eigenschaften des Betons und des Stahls bis zur zulässigen Beanspruchungsgrenze erfordert die Verwendung von hochwertigen Baustoffen.

Zur Herstellung des Betons dürften alle Normenzemente der Festigkeitsklassen 42,5 und 52,5 sowie Portland- und Portlandhüttenzement der Festigkeitsklasse 32,5 verwendet werden. Die Zusammensetzung der Gesteinskörnung sollte durch Eignungsprüfung bestimmt werden. Gesteinskörnung und Zugabewasser müssen frei von schädlichen Bestandteilen sein. Der w/z-Wert ist möglichst niedrig zu halten. Betonzusatzmittel dürfen nur dann verwendet werden, wenn im Prüfbescheid die Verwendung für Spannbeton zugelassen ist.

Bei Spannbeton werden besondere Anforderungen an den erhärteten Beton gestellt. Diese sind hohe Druckfestigkeit und geringe Neigung zum Schwinden und Kriechen. Das **Schwinden** des Betons wird verursacht durch das Austrocknen des jungen Betons. Das Schwindmaß ist wesentlich vom Wassergehalt des Betons, der Luftfeuchtigkeit und den Abmessungen des Bauteils abhängig. Das **Kriechen** des Betons tritt unter dauernd einwirkender Last auf. Das Kriechmaß ist insbesondere abhängig von den Abmessungen des Bauteils, dem Erhärtungsgrad des Betons und der Belastung. Schwinden und Kriechen verursachen eine Verkürzung des Bauteils, die beim Spannen des Bauteils berücksichtigt werden muss.

Als **Spannstahl** für Spannglieder (**Bild 3**) darf nur Stahl verwendet werden, für den eine bauaufsichtliche Zulassung vorliegt (Seite 150). Da Spannglieder zur Erzeugung der Vorspannung dienen, müssen Spannstähle besondere Eigenschaften aufweisen, wie z. B. eine sehr hohe Zugfestigkeit und einen guten Haftverbund mit dem Beton.

Der **Einpressmörtel** dient beim Vorspannen mit nachträglichem Verbund zur Herstellung des Verbundes und als Korrosionsschutz. Er wird in die Hüllrohre so eingepresst, dass die Hohlräume zwischen den Spannstählen und zwischen den Spannstählen und dem Hüllrohr vollständig ausgefüllt sind. Dies erfordert einen Mörtel, der genügend fließfähig ist und sich beim Einpressen nicht absetzt. Der erhärtete Mörtel muss eine Druckfestigkeit von ≥ 30 N/mm^2 aufweisen, sowie dicht und außerdem frostbeständig sein. Als Einpressmörtel verwendet man ein Wasser-Zement-Gemisch mit einem w/z-Wert $\leq 0{,}4$, dem ein für Spannbeton zugelassenes Zusatzmittel, z. B. EH, zugegeben wird.

10.3.4 Spannglied

Die Stahleinlagen, die zur Erzeugung der Vorspannung in einem Bauteil dienen, werden als Spannglieder bezeichnet. Spannstahl für die Vorspannung mit sofortigem Verbund wird ohne Hüllrohre einbetoniert. Bei der Vorspannung mit nachträglichem Verbund muss der Spannstahl in Hüllrohren geführt werden. Man unterscheidet Spannglieder aus Einzelstäben und Bündeln. Bündel können aus glatten oder gerippten Drähten oder aus Litzen hergestellt werden. Spannstahl muss sauber und frei von schädigendem Rost sein und darf nicht nass werden. Die Herstellung von Fertigspanngliedern muss deshalb in Hallen erfolgen.

Hüllrohre werden aus gewelltem Stahlblech hergestellt. Durch die wendelartige Wellung ergibt sich eine gute Aussteifung des Rohres, ein guter Verbund mit dem Beton und die Möglichkeit, an den Stößen Muffen aufzuschrauben. Hüllrohre müssen dicht sein, damit beim Betonieren kein Zementleim eindringen kann. Sie dürfen durch den Betoneinbau keine Knicke, Eindrückungen oder andere Beschädigungen erfahren. Um beim späteren Auspressen der Hüllrohre ein Entweichen der Luft zu ermöglichen, müssen bei längeren Spanngliedern Entlüftungsröhrchen eingebaut werden.

Verankerungen dienen sowohl dem Verankern der Spanndrähte als auch dem Einleiten der Spannkräfte in das Bauteil. Man unterscheidet Spannanker und Festanker. Während Festanker lediglich die Spannstähle im Bauteil verankern **(Bild 2),** benötigt man Spannanker zum Spannen und Verankern der Spannstähle. Spannanker, auch als Spannköpfe bezeichnet, bestehen in der Regel aus Ankerplatte und Ankerkörper **(Bild 1).** Die Ankerplatte schließt betonseitig über einen Übergangsstutzen an das Hüllrohr an. Der Ankerkörper ist so ausgebildet, dass die Spannstahlenden nach dem Spannen festgehalten werden können. Die Ankerplatte enthält bei Bündelspanngliedern eine Vorrichtung zum Spreizen der Spannstähle. Häufig verwendete Verankerungen sind Gewindeverankerungen, Keilverankerungen und Schlaufenverankerungen. Die Verankerung größerer Spannkräfte erfordert eine Wendelbewehrung im Krafteinleitungsbereich. Dadurch wird die Kraft verteilt und die Verbundwirkung erhöht.

10.3.5 Vorspannen

Unter Vorspannen versteht man das Aufbringen der Spannkraft und das Verankern der Stabenden über den Spannanker im erhärteten Beton. Das Vorspannen beim Spannbeton mit nachträglichem Verbund kann erst erfolgen, wenn der Beton eine bestimmte Festigkeit erreicht hat (Tabelle 1, Seite 359). Die Vorspannung wird nach einem Spannprogramm aufgebracht. Über den Spannvorgang wird ein Spannprotokoll geführt.

Spannvorrichtungen

Für das Spannen der Spannbewehrung werden fast ausschließlich hydraulische Spannpressen verwendet **(Bild 1, Seite 362).** Beim Spannen müssen Spannkraft und Spannweg genau messbar sein. Als Widerstandsfläche für die Pressen dienen die Ankerplatten der Spannglieder. Die Presskraft ist auf die Spannkraft der Spannglieder abzustimmen, die Art der Pressen auf deren Querschnitt und die Art ihrer Verankerung.

10.3.6 Spannvorgang

Die Vorspannung eines Bauteils muss so erfolgen, dass die Druckspannungen im gesamten Betonquerschnitt gleichmäßig zunehmen. Deshalb werden die Spannglieder nacheinander in der im Spannpro-

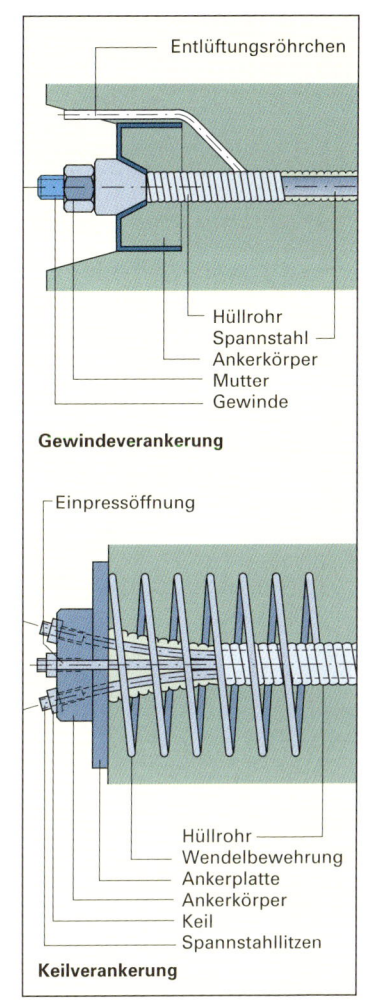

Bild 1: Spannanker

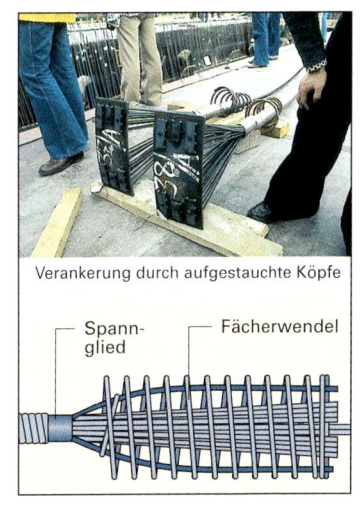

Bild 2: Festanker

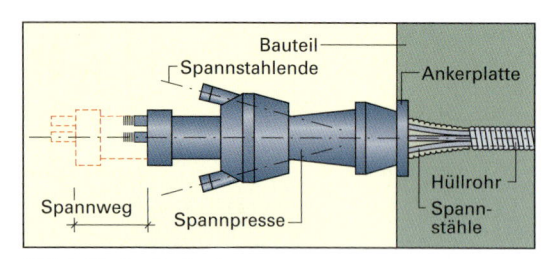

Bild 1: Hydraulische Spannpresse

gramm ausgewiesenen Reihenfolge gespannt. Das Vorspannen erfolgt stufenweise. Ist die volle Vorspannkraft erreicht, werden die Stabenden an den Verankerungsstellen festgehalten und anschließend die Hüllrohre mit Mörtel ausgepresst.

Das Auspressen soll wegen des Korrosionsschutzes baldmöglichst erfolgen. Es ist dafür zu sorgen, dass die Temperatur im Hüllrohr und im umgebenden Bauwerksbeton auf mindestens +5 °C gehalten wird. Der Auspressvorgang muss von einer Seite aus zügig und ohne Unterbrechung ausgeführt werden. Vor dem Auspressen wird der Spannkanal mit Wasser gespült und mit Druckluft ausgeblasen. Mit der Einpresspumpe wird der Mörtel mit geringem Druck, langsam und gleichmäßig, direkt vom Mischer über einem Pumpenschlauch und die Einpressöffnung in das Hüllrohr gefördert. Die Einpressöffnung liegt in der Regel in der Ankerplatte des Spanngliedes. Über die Entlüftungsröhrchen, die meist an hoch liegenden Spanngliedpunkten angeordnet sind, kann der Auspressfortschritt überwacht werden. Die Entlüftungsöffnungen werden geschlossen, wenn der Mörtel genügend weit vorgedrungen ist. Tritt der Mörtel an dem der Einpressöffnung gegenüberliegenden Ende des Spanngliedes in gleich bleibender Konsistenz aus, kann das Einpressen beendet werden.

10.3.7 Vorteile des Spannbetons

Der Spannbeton stellt eine Weiterentwicklung des Stahlbetons dar. Beim Stahlbeton können wegen der geringen Zugfestigkeit des Betons die Eigenschaften von Beton und Stahl nur teilweise, beim Spannbeton jedoch voll genutzt werden. Vergleicht man Stahlbeton und Spannbeton miteinander, ist Spannbeton für Bauteile mit größeren Spannweiten vorteilhafter. Die Wirtschaftlichkeit des Spannbetons ist in der höheren Tragfähigkeit bei gleichzeitiger Materialeinsparung begründet. Sein Vorteil in bautechnischer Hinsicht ist besonders die geringe Verformung der Bauteile, die Rissefreiheit der Betonoberfläche und der damit verbundene Korrosionsschutz. Ohne Spannbeton wären schlanke weit gespannte Bauteile und Bauwerke, z. B. im Brückenbau **(Bild 2)** und Fertigteilbau, nicht wirtschaftlich herzustellen.

Bild 2: Brückenüberbau und Fahrbahnplatte

Aufgaben

1 Vergleichen Sie Stahlbeton- und Spannbetonbauteile hinsichtlich ihres Verhaltens unter Biegebeanspruchung.

2 Begründen Sie, warum sich das Spannbettverfahren vorwiegend für die Herstellung von Fertigteilen eignet.

3 Erläutern Sie die Verfahren des Vorspannens mit sofortigem Verbund und mit nachträglichem Verbund. Nennen Sie die Anwendungsgebiete.

4 Zeichnen Sie die Spanngliedführung in einem auf Biegung beanspruchten Zweifeldträger einschließlich der Spannungsdiagramme.

5 Nennen Sie die Vorteile der ausmittigen Spanngliedführung bei einem auf Biegung beanspruchten Bauteil.

6 Führen Sie aus, welche Arten von Verankerungen unterschieden werden und welche Aufgaben sie zu erfüllen haben.

7 Beschreiben Sie, welchen Einfluss das Schwinden und Kriechen des Betons auf die Größe der aufzubringenden Spannkraft hat.

8 Nennen Sie die Vorteile und Anwendungsgebiete von Spannbetonbauteilen.

11 Betonfertigteilbau

Im Betonfertigteilbau werden Bauwerke oder Gebäudeteile aus vorgefertigten Stahlbeton- oder Spannbetonelementen zusammengefügt, wobei man verschiedene Bauweisen unterscheidet. Dabei kommt der Montage bzw. Verbindung der Fertigteilelemente in den Knotenpunkten besondere Bedeutung zu (**Bild 1**).

11.1 Fertigteilbauweisen

Bei der Erstellung von Bauwerken mit Betonfertigteilen unterscheidet man hauptsächlich die Skelettbauweise und die Tafelbauweise. Wird ein Gebäude nur aus Fertigbauteilen erstellt, spricht man vom Vollmontagebau. Beim Teilmontagebau fertigt man tragende Bauteile, wie z. B. Decken aus Ortbeton.

Eine weitere Bauart im Betonfertigteilbau ist die Zellenbauweise. Bei der Zellenbauweise werden raumgroße Elemente, die vollständig ausgebaut sein können, zusammengefügt. Diese Bauweise ermöglicht eine fabrikmäßige Vorfertigung des gesamten Bauwerks. Die Zellenbauweise hat sich wegen des hohen Montageaufwandes, der geringen Veränderbarkeit bei einer Umnutzung und den hohen Baukosten im Betonfertigteilbau kaum durchgesetzt.

Bei der Planung von Fertigteilbauwerken wird anstelle der Maßordnung im Hochbau die „**Modulordnung**" nach DIN 18000 verwendet. Das Ausgangsmaß beträgt $1/10$ Meter (10 cm). Dieses Grundmodell M bestimmt als ganzzahliges Vielfaches die Achsmaße der Fertigteilbauweise (Raster).

11.1.1 Skelettbauweise

Die Skelettbauweise wird meist für großräumige Gebäude, wie z. B. Industriehallen, sowie für Gebäude mit veränderbaren Grundrissen, wie z. B. für Fabrikationsgebäude, Schulen und Verwaltungsbauten, angewendet. Bei dieser Bauweise ersetzt man die üblichen Ortbetonteile durch vorgefertigte Skelettbauteile, wie z. B. durch Köcherfundamente, Stützen, Unterzüge, Deckenplatten, Dachbinder und Pfetten.

Diese werden im Montageverfahren auf der Baustelle zu einem Tragskelett zusammengefügt. Dabei ist vor allem auf die kraftschlüssige Verbindung zwischen den einzelnen Skelettbauteilen zu achten (**Bild 2**).

Bild 1: Betonfertigteilbau

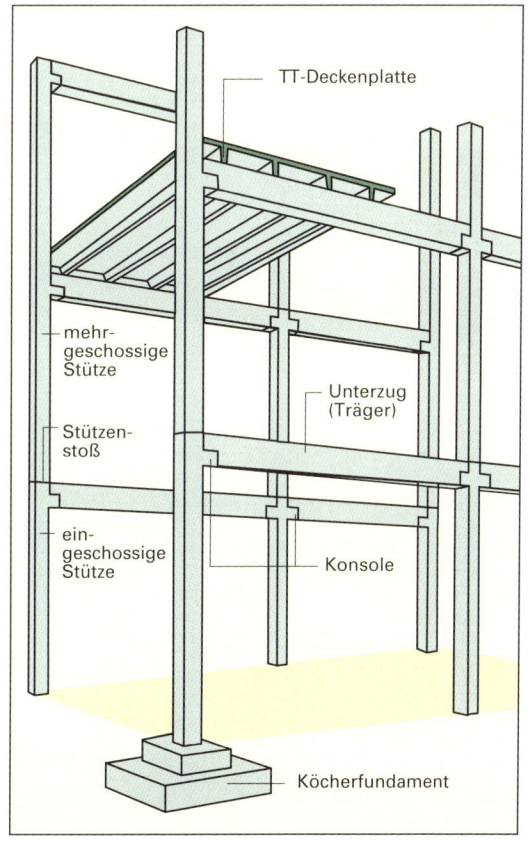

Bild 2: Skelettbauweise

Deckenelemente werden zu Deckenscheiben verbunden und übernehmen die horizontale Aussteifung. Die vertikale Aussteifung erfolgt durch Wandscheiben oder Erschließungskerne, die in Ortbeton ausgeführt werden.

Um möglichst wirtschaftlich zu bauen, wurde ein „Typenprogramm Skelettbau" mit festgelegten Betonfertigteilquerschnitten für die Planung und Fertigung von Skelettbauten erarbeitet **(Bild 1)**.

Dabei unterscheidet man

- lastaufnehmende Elemente, z. B. Deckenplatten
- lastübertragende Elemente, z. B. Unterzüge
- lastabtragende Elemente, z. B. Stützen, und
- lastverteilende Elemente, z. B. Köcherfundamente.

Fundamente werden meist in Ortbeton als Einzelfundamente in Form von Köcher- oder Blockfundamenten ausgeführt.

Stützen werden als Quadrat- oder Rechteckquerschnitte hergestellt. Dabei sind meist Konsolen auf Höhe der Geschosse angeordnet. Die Stützen können geschosshoch oder über mehrere Geschosse durchgehend sein.

Unterzüge werden vorwiegend mit rechteckiger oder trogförmiger Querschnittsform ausgeführt. Dabei können die verfügbare Konstruktionshöhe oder die Auflagerung der Deckenplatten maßgebend sein.

Deckenelemente werden als Stahlbeton- und Spannbetonplatten gefertigt. Es werden vorwiegend Doppelstegplatten (TT-Platten), Trogplatten und Hohlplatten verwendet. Diese werden durch Fugenverguss oder eine örtlich aufgebrachte Überbetonschicht zu Scheiben verbunden.

Ebenso wie für die Betonfertigteilquerschnitte gibt es auch für die Verbindungsstellen einheitliche Ausführungen, wie z. B. die Ausbildung des Auflagers von Deckenplatte und Unterzug, von Unterzug und Stütze oder von Stütze und Fundament **(Bild 2)**.

Die Montage der Skelettbauteile beginnt mit dem Einstellen und dem genauen Ausrichten der Stützen in den Köcherfundamenten. Nach dem Vergießen der Köcher werden Unterzüge, Deckenplatten, Dachbinder und Pfetten montiert und an den Knotenverbindungen vergossen oder verschraubt. Dadurch wird die Standsicherheit des Tragskeletts erreicht.

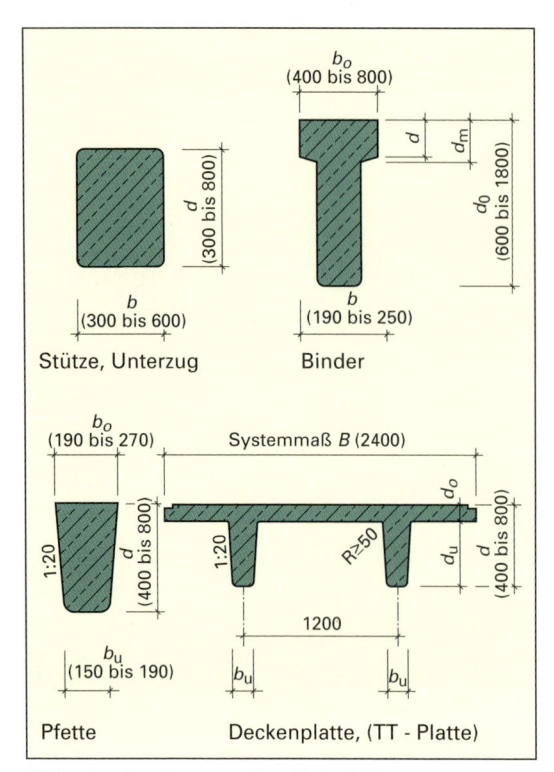

Bild 1: Fertigteilquerschnitte (Beispiele)

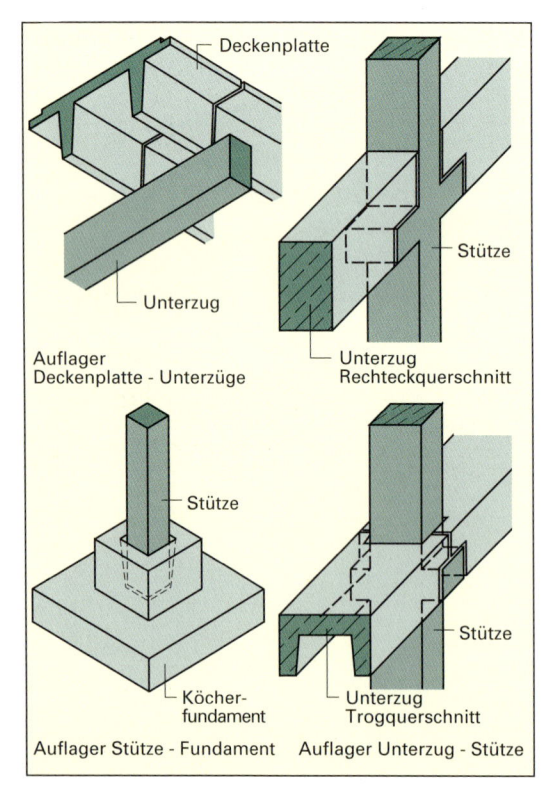

Bild 2: Verbindungsstellen im Skelettbau

11.1.2 Tafelbauweise

Die Tafelbauweise wird bei Systembauten wie Bürogebäuden oder großen Wohngebäuden eingesetzt. Bei dieser Bauweise werden selbsttragende Wand- und Deckentafeln verwendet. Diese Scheiben sind so aneinander und übereinander angeordnet, dass sich nach dem Verguss der Stöße ein standfestes Bauwerk ergibt (**Bild 1**).

Für Verbindungen und Knotenpunkte sind besondere Detailangaben unter Beachtung der statischen, bauphysikalischen und ausführungstechnischen Anforderungen an die Konstruktion erforderlich (**Bild 1, Seite 366**).

Man unterscheidet Außenwandtafeln, Innenwandtafeln und Deckentafeln (**Bild 2**).

Als **Außenwandtafeln** verwendet man zur besseren Wärmedämmung Tafeln aus Stahlleichtbeton mit einschaligem Aufbau oder Tafeln aus Stahlbeton mit mehrschichtigem Aufbau (Sandwichtafeln).

Innenwandtafeln sind einschalig und werden aus Stahlbeton oder Stahlleichtbeton hergestellt. Je nach Wanddicke können sie als tragende oder aussteifende Wandtafeln eingesetzt werden. Nichttragende Innenwände werden meist in leichter Bauweise als Ständerwände montiert.

Deckentafeln werden als teilweise vorgefertigte Plattenelemente mit Ortbetonschicht, als Stahlbetonvollplatten oder als Stahlbetonröhrenplatten eingebaut und zu Scheiben verbunden. Weiterhin werden zur Erschließung der einzelnen Geschosse vorgefertigte Treppenläufe montiert.

Je nach dem geplanten Innenausbau werden in den Tafelelementen bereits Türzargen, Hüllrohre für die Leitungsführung oder Leerrohre für die Kabelführung vorgesehen. Die Verbindung der Elemente an den Stößen erfolgt z. B. durch Bewehrungsschlaufen, Anker, Dübel, Schrauben oder Bolzenschlösser, mit oder ohne Fugenverguss. Besonderer Wert ist auf die Ausbildung und den Verguss der Wand- und Deckenstöße nach der Montage zu legen. Auf die richtige Lage der Anschlussbewehrung muss bereits bei der Montage äußerst sorgfältig geachtet werden (**Bild 2, Seite 366**).

Der Fugenverguss erfolgt mit feinkörnigem Beton oder mit Mörtel der Mörtelgruppe III. Anschlussbewehrungen an Stößen und Ecken sowie Auflagertiefen von Deckentafeln sind nach DIN 1045 auszuführen, denn davon ist die Standsicherheit des Gebäudes abhängig.

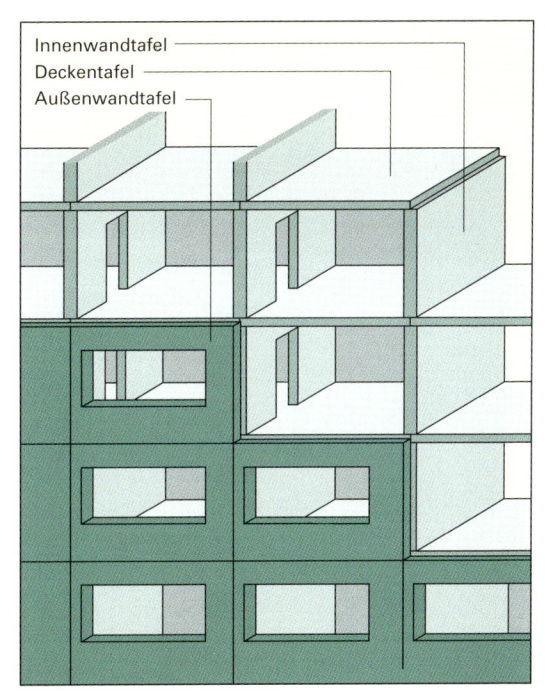

Bild 1: Tafelbauweise

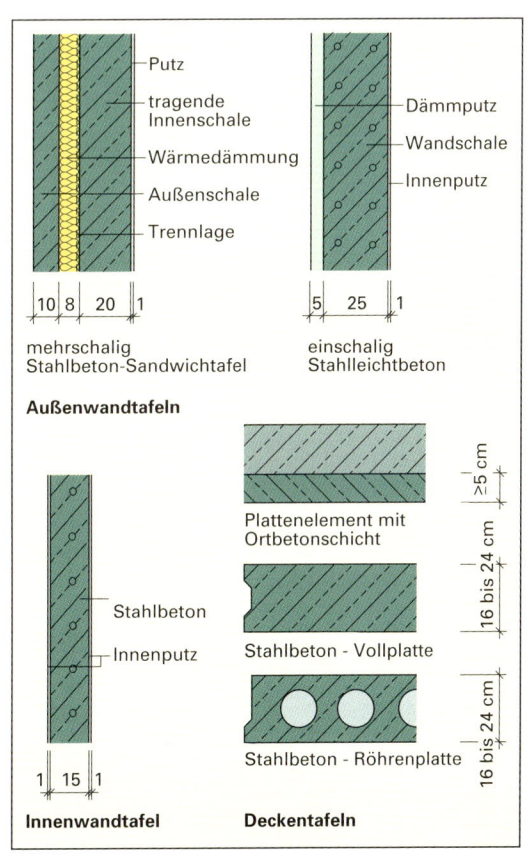

Bild 2: Elemente der Tafelbauweise

11.2 Herstellung und Montage von Fertigteilen

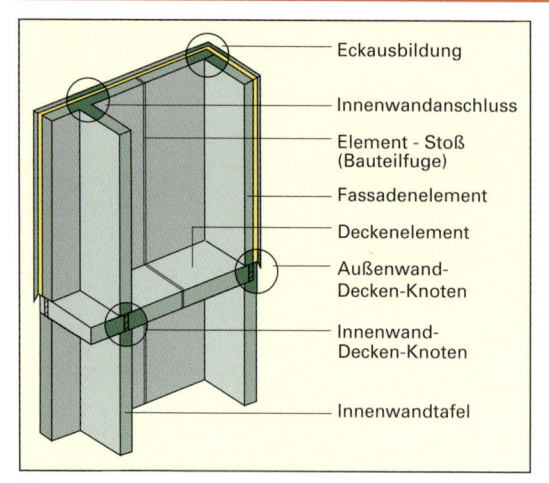

Bild 1: Knotenpunkte im Tafelbau

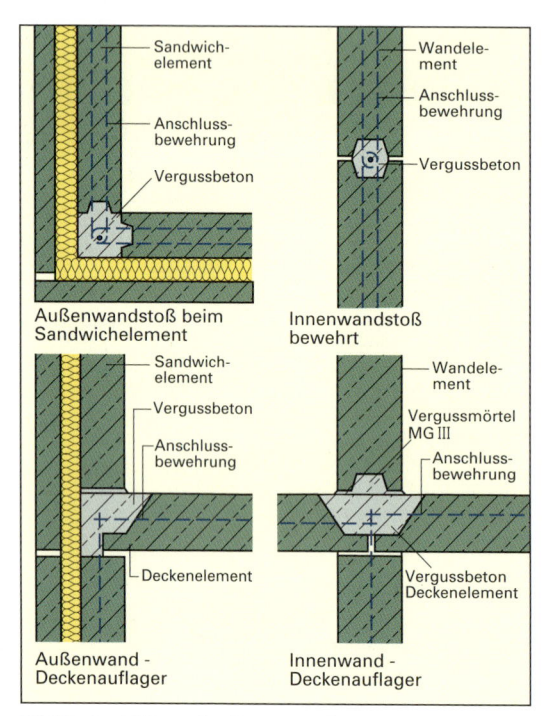

Bild 2: Ausbildung der Knotenpunkte

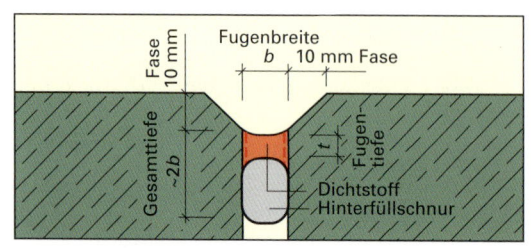

Bild 3: Bauteilfuge

Die für ein Bauwerk benötigten Fertigteile werden in einem Fertigteilverzeichnis zusammengestellt und im Fertigteilwerk hergestellt, zur Baustelle transportiert und dort nach Verlegezeichnungen montiert.

11.2.1 Herstellung

Die Fertigteile müssen nach den Bestimmungen der Konformität des Betonproduktes hergestellt werden (Seite 307). Dabei ist die Maßgenauigkeit unter Berücksichtigung der zulässigen Maßtoleranzen zu beachten. Die Fertigung erfolgt nach Element-Schalplänen und Element-Bewehrungsplänen. In diesen sind zusätzlich Angaben z. B. über den Einbau von Transport- und Montageankern enthalten.

Für die Herstellung der Stahlbeton-Fertigteile werden zunächst die erforderlichen Schalungen oder Formen gerichtet. Diese können aus Holz oder Stahl bestehen. Der Aufbau der Schalung erfolgt auf großen Rütteltischen, die mechanisch hochgekippt werden können. Danach werden die Bewehrungsteile in die Schalung eingebaut. Zusätzlich sind Montagehilfen, wie z. B. Hülsen und Gewinde, vorschriftsmäßig mit der Bewehrung zu verankern. Nach Abnahme der Bewehrung und der Montageverankerung durch den verantwortlichen Werksleiter oder Statiker werden die Betonfertigteile betoniert und verdichtet. Durch die Verwendung hoher Festigkeitsklassen und Einsatz der Dampfhärtung können die Fertigteile in kurzer Zeit von der Fertigungshalle auf den Lagerplatz gebracht werden.

Die Abmessungen der Fertigteile werden durch die Transportbedingungen und die Tragkraft der Hebezeuge bei der Montage bestimmt. Für den üblichen Straßentransport dürfen eine Transportbreite von 2,50 m, eine Transporthöhe von 4,00 m und eine Transportlänge von 30 m nicht überschritten werden.

11.2.2 Montage

Auf der Baustelle werden die Fertigteile nacheinander entsprechend dem Verlege- oder Montageplan durch Baustellenkrane oder Autokrane in das Bauwerk eingefahren. Die Unfallverhütungsvorschriften bei der Montage von Fertigteilen sind einzuhalten.

Entsprechend der Fertigteilbauweise wird zunächst die Rohmontage ausgeführt.

Dabei werden die einzelnen Konstruktionsteile z. B. mit Lasergeräten einnivelliert, ins Lot gebracht und mittels Keilen, Unterlegscheiben, Abstützböcken oder Schrägspießen ausgerichtet **(Bild 1)**.

Bei der Endmontage werden die erforderlichen Stoßbewehrungen eingelegt und die Stöße vergossen, Wandscheiben dicht untermörtelt oder Stützen in Köcherfundamenten vergossen. Sonstige Verankerungsmittel wie Stahlwinkel oder Stahllaschen werden fest verschraubt. Nach Erhärtung des Knotenvergusses werden die Konstruktionshilfen entfernt und eventuell aufgetretene Beschädigungen ausgebessert.

Beim Montagestoß der einzelnen Elemente entstehen Fugen. Diese sind witterungsbeständig zu schließen. Sie müssen den erforderlichen Feuchte- und Wärmeschutz gewährleisten sowie die Bewegungen, z. B. durch Wärmeausdehnung der Elemente, aufnehmen. Die Fugenbreite wird bereits bei der Herstellung der Wandtafeln berücksichtigt **(Tabelle 1)**.

Tabelle 1: Richtwerte der Fugenabmessungen

Fugenab-messungen	Fertigteillänge			
	bis 2 m	2 m bis 4 m	4 m bis 6 m	6 m bis 8 m
Breite (b) mm	15	20	25	30…35
Tiefe (t) mm	10	12	15	15

Durch die hohe Beanspruchung der Bauteilfugen müssen zur Abdichtung hochwertige dauerelastische Dichtstoffe verwendet werden (Seite 161 und 437). Vor dem Ausfüllen der Fugen mit dem Dichtstoff ist eine Hinterfüllschnur aus Schaumgummi als hinteres Trägermaterial einzubringen. Die trockenen Betonflächen sind mit einem geeigneten Haftgrund (Primer) vorzustreichen. Danach wird die dauerelastische Dichtungsmasse mit Druckluftspritzen eingebracht **(Bild 3, Seite 366)**.

Fertigteilstütze (Fuß)

Stützenköcher

Fertigteilstütze ausgerichtet

Bild 1: Stützenmontage

Aufgaben

1 Beschreiben Sie die beiden wichtigsten Fertigteil-Bauweisen.
2 Erklären Sie den Unterschied zwischen Vollmontagebau und Teilmontagebau.
3 Unterscheiden Sie die Elemente der Skelettbauweise bezüglich deren Belastung und vergleichen Sie diese mit dem Mauerwerksbau.
4 Welche Voraussetzungen gewährleisten die Standsicherheit von Bauwerken im Fertigteilbau?
5 Nennen Sie die Elemente der Tafelbauweise.
6 Beschreiben Sie den Ablauf der Fertigteilherstellung und vergleichen Sie diesen mit der Herstellung von Ortbetonbauteilen.
7 Unterscheiden Sie zwischen Rohmontage und Endmontage im Fertigteilbau.
8 Erläutern Sie die Anforderungen an die Bauteilfugen und deren Ausführung.

12 Holzbau

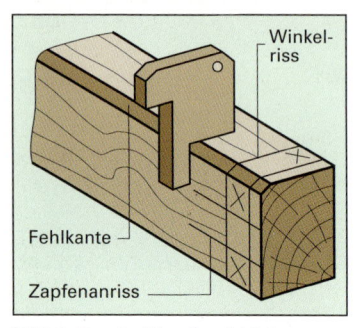

Bild 1: Zweiseitige Streichlehre

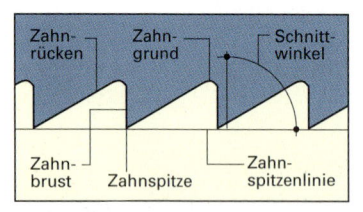

Bild 2: Sägezahnteile

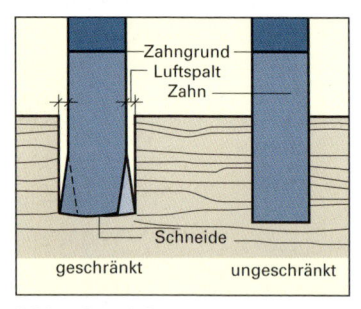

Bild 3: Schnittbahn bei geschränkter und bei ungeschränkter Säge

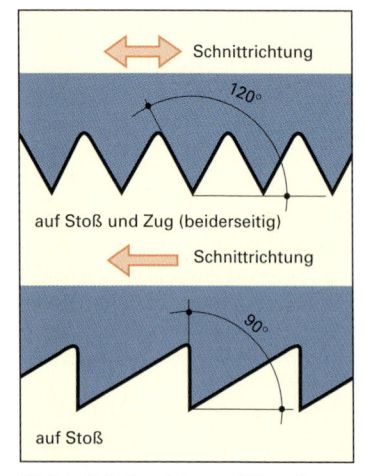

Bild 4: Schnittwinkel an Sägezähnen

12.1 Bearbeitung von Holz

Hölzer müssen vor der Bearbeitung gemessen und angerissen werden. Die wichtigsten Bearbeitungsarten sind Sägen, Fräsen, Stemmen, Bohren, Hobeln und Schleifen. Dies kann von Hand oder mit Hilfe von Maschinen erfolgen.

12.1.1 Messen und Anreißen

Zum Messen von Hölzern wird meist der **Gliedermaßstab** verwendet. Winkelrechte Risse für Abbundschnitte und Holzverbindungen erfolgen mit dem **Zimmermannswinkel** (Winkeleisen). Er ist 3,5 cm breit und hat ungleiche Schenkellängen. Schräge Risse werden mit dem **Schrägmaß** (Stellschmiege) übertragen. Das Schrägmaß besteht aus beweglichen Schenkeln, die mit einer Flügelmutter in jedem beliebigen Winkel fixiert werden können. Zum Anzeichnen (Anstreichen) von gleichen Abständen, z. B. beim Anreißen von Zapfen, eignen sich **Streichlehren (Bild 1)**. Mit diesen Anreißschablonen kann auch fehlkantiges Holz genau angerissen werden.

12.1.2 Sägen

Mit Sägen können Holz, Holzwerkstoffe und andere Baumaterialien durchtrennt werden.

12.1.2.1 Handsägen

Der wichtigste Teil einer Säge ist das Sägeblatt mit den Sägezähnen. Das Sägeblatt besteht aus gehärtetem Werkzeugstahl. Ein Sägezahn hat die Form eines Dreiecks bzw. eines Keils mit der Zahnspitze, der Zahnbrust, dem Zahnrücken und dem Zahngrund **(Bild 2)**. Durch die Dicke des Sägeblattes ergibt sich an der Zahnspitze eine Schneide, die beim Sägen das Holz zerspant. Außerdem müssen Sägen **geschränkt** werden, damit sie beim Sägen nicht klemmen und an der Risslinie geführt werden können **(Bild 3)**. Dabei werden die Zähne abwechselnd nach links und rechts ausgebogen. Dadurch wird die Schnittbahn breiter, das Sägeblatt hat Luft.

Der Winkel, der von der Zahnbrust und der Zahnspitzenlinie gebildet wird, heißt **Schnittwinkel**. Vom Schnittwinkel sowie von der Größe der Zähne ist die Schnittwirkung abhängig **(Bild 4)**. Bei einem großen Schnittwinkel schneidet die Säge beim Vorwärts- und Zurückführen, d. h., die Bezahnung wirkt auf **Stoß und Zug**. Mit der Verkleinerung des Schnittwinkels ändert sich die Sägewirkung. Dabei greift die Säge nur noch beim Vorwärtsstoßen an, sie arbeitet **auf Stoß (Tabelle 1, Seite 369)**.

Mit der Größe der Sägezähne nimmt die Schnittwirkung zu, aber der Schnitt wird grob und unsauber. Was man bei großer Bezahnung an Zeit spart, muss man an Kraftaufwand zulegen. Für feine, saubere Schnitte, insbesondere bei Hartholz, verwendet man Sägen mit kleiner Bezahnung, die nur wenig weit geschränkt sind. Weiches und feuchtes Holz verlangt dagegen große Zähne und einen weiten Schrank.

Alle Sägeblätter müssen bei ihrer Verwendung eine gewisse Steifigkeit haben, sie dürfen nicht flattern. Man erreicht das z. B. durch das Einspannen in einen Bügel bzw. in ein Gestell.

Bügelsägen

Bügelsägen haben einen ovalen Stahlbügel, mit dessen Hilfe das Sägeblatt gestreckt bzw. gespannt wird. Ihre Sägeblätter sind mit Sonderzahnungen ausgestattet, die nicht geschärft werden müssen. Die Zähne stehen auf Zug und Stoß. Der Schnitt der Bügelsägen ist grob. Man verwendet sie vor allem zum Ablängen von Brettern, Rund- und Kanthölzern.

Gestellsägen

Gestellsägen sind die Spannsägen, Absatzsägen, Schweifsägen und Schittersägen **(Bild 1)**.

Spannsägen haben verhältnismäßig große, auf Stoß stehende Sägezähne. Die Spannsägeblätter arbeiten deshalb mit einem gröberen Schnitt und mit einer guten Schnittleistung. Sie eignen sich darum vornehmlich zum Längsschneiden von Brettern.

Absatzsägen haben etwa halb so große Zähne wie die Spannsägen und stehen schwach auf Stoß. Sie eignen sich für Arbeiten, die einen feinen, sauberen und genauen Schnitt verlangen.

Schweifsägen haben ein schmales Sägeblatt mit auf Stoß gerichteten kleinen Zähnen. Man verwendet sie zum Schneiden von Schweifungen.

Schittersägen sind Gestellsägen, deren Bezahnung auf Zug und Stoß stehen. Ihre Zähne sind verhältnismäßig groß. Sie werden deshalb zum Ablängen von Brettern und Bohlen, Kanthölzern und Rundhölzern geringeren Durchmessers verwendet.

Heftsägen

Für Arbeiten, bei denen das Sägegestell hinderlich ist, werden Heftsägen verwendet. Zu den Heftsägen zählen Fuchsschwänze, Feinsägen, Rückensägen und Stichsägen (Lochsägen). Sie erhalten ihre Steifigkeit durch die Dicke des Blattes oder durch einen aufgesetzten Rücken.

12.1.2.2 Sägemaschinen

Sägemaschinen gibt es als Handmaschinen und als ortsfeste Maschinen. Zu den Handsägemaschinen gehören Handkreissägen, Handbandsägen, Kettensägen und Stichsägen **(Bild 2)**. Zu den ortsfesten Maschinen zählen Kreissägen, Bandsägen und Abbundmaschinen.

Kreissägen werden vor allem für das Schneiden von Hart- und Weichholz längs und quer zur Faser sowie von Holzwerkstoffen verwendet. Für die unterschiedlichen Werkstoffe werden Kreissägeblätter mit verschiedenen Zahngrößen und Zahnformen eingesetzt **(Bild 3)**. Hartmetallbestückte Sägeblätter haben häufig wechselseitig abgeschrägte Schneiden. Sägeblätter mit Hartmetallschneiden werden am meisten verwendet, denn sie haben höhere Standzeiten. Außerdem brauchen sie nicht geschränkt zu werden, da die Hartmetallschneiden seitlich über das Sägeblatt überstehen.

Tabelle 1: Schnittwirkungen von Sägezähnen

Schnittwinkel	Schnittwirkung
120°	auf Stoß und Zug
100°	schwach auf Stoß
90°	auf Stoß
<90°	stark auf Stoß

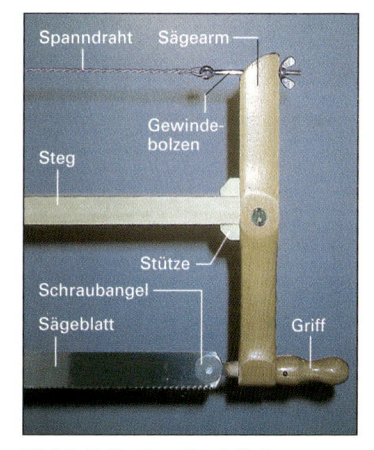

Bild 1: Teile einer Gestellsäge

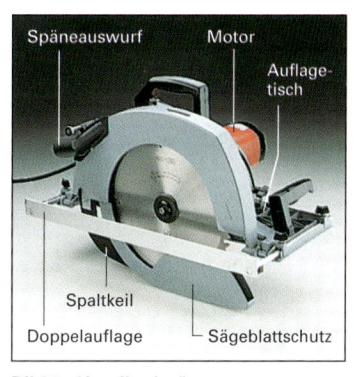

Bild 2: Handkreissäge

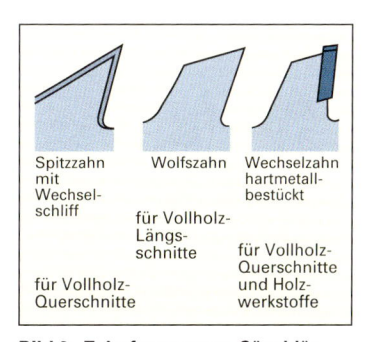

Bild 3: Zahnformen von Sägeblättern und deren Verwendung

Handkreissägen gibt es für verschiedene Sägeblattgrößen **(Bild 2, Seite 369)**. Die Schnitttiefe kann eingestellt werden. Außerdem kann der Auflagetisch bis zu 45° geneigt werden, damit Schrägschnitte möglich sind. Zum Schneiden nach einem Riss sind Handkreissägen mit einem Führungszeiger ausgestattet. Ein Parallelanschlag ermöglicht Schnitte parallel zu einer Kante. Der Spaltkeil verhindert weitgehend ein Hochschleudern der Maschine und ermöglicht ihre sichere Führung. Durch einen selbsttätig schließenden Blattschutz ist der Zahnkranz des Sägeblattes bei laufender, aber nicht arbeitender Maschine voll abgedeckt. Diese Schutzvorrichtungen dürfen nicht blockiert oder entfernt werden.

Für das Schneiden von Kanthölzern mit großem Querschnitt eignen sich besonders Handkreissägen mit einer Doppelauflage (Bild 2, Seite 369). Die Sägeblätter dieser Maschinen können bis zu 45° bzw. 60° geneigt werden. Durch die Doppelauflage und den großen Schwenkbereich der Maschinen können Gehrungen und Kerven angeschnitten werden. Zusatzwerkzeuge wie Abplattköpfe und Kervenfräsköpfe ermöglichen das Fräsen von geraden und schrägen Zapfen sowie das Nuten und Fälzen von dicken Hölzern. Für diese Arbeiten werden aber auch spezielle **Nutfräsmaschinen** sowie **Kervenfräsmaschinen** eingesetzt.

Mit **Zweimannhandkreissägen** kann man Schnitte bis zu 240 mm Tiefe ausführen.

Eine Sonderform der Handkreissäge ist die kleine, leichte **Schattenfugensäge (Bild 1)**. Mit dieser Maschine lassen sich bereits eingebaute Wand- und Deckenverkleidungen parallel zur Decke bzw. zur Wand sägen. Da damit Schattenfugen von nur 12 mm hergestellt werden können, entfällt das arbeitsaufwendige Einpassen und Zuschneiden von Passleisten.

Handbandsägen werden vor allem für Profilierungen eingesetzt **(Bild 2)**. Außerdem können damit tiefe und schräge Schnitte an Kanthölzern ausgeführt werden. Handbandsägen sind für den Zweimann-Einsatz gebaut. Bandsägen mit Auflagetisch können von einer Person bedient werden.

Kettensägen mit Tisch, auch **Schwertsägen** genannt, eignen sich zum Sägen von geraden oder schrägen Querschnitten vor allem von Kanthölzern **(Bild 3)**. Dazu kann der Sägetisch mit Hilfe einer Kippvorrichtung bis 60° geneigt werden. Die Sägekette wird um das Kettenschwert geführt, ein Spaltkeil verhindert ein Festklemmen der Sägekette.

Kettensägen ohne Tisch sind Handmaschinen, die zur Vermeidung des Rückschlagens mit einem Krallenanschlag ausgerüstet sind und vorwiegend für grobe Ablängschnitte verwendet werden.

Stichsägen verwendet man vorwiegend zum Sägen von Ausschnitten in Brettern und Platten **(Bild 4)**. Je nach Werkstoff muss ein entsprechendes Sägeblatt mit der richtigen Bezahnung verwendet werden.

Die Sägeblätter der Stichsäge arbeiten durch eine Auf- und Abwärtsbewegung und durch eine zusätzliche Pendelbewegung. Einschnitte in Bretter und Platten sind ohne Vorbohren möglich. Das Neigen der Fußplatte ermöglicht Schrägschnitte. Durch Zusatzausrüstungen sind Parallelschnitte und kreisrunde Ausschnitte durchführbar.

Bild 1: Schattenfugensäge

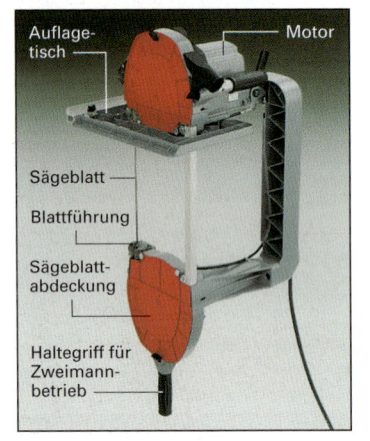

Bild 2: Handbandsäge

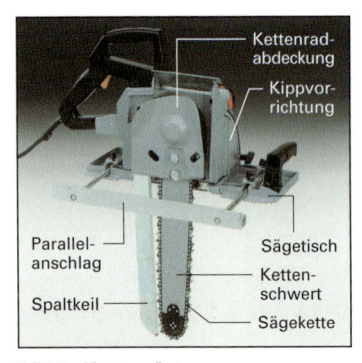

Bild 3: Kettensäge

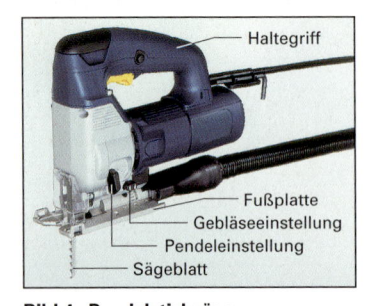

Bild 4: Pendelstichsäge

Kreissägen können als Tischkreissägen oder Formatkreissägen ortsfest in den Werkstätten oder als bewegliche Baukreissägen eingesetzt werden (**Bild 1** und **Bild 2**).

An Kreissägen muss der gesamte Zahnkranz des Sägeblattes bis auf die Schneidstelle verdeckt sein. Dies wird durch die untere und obere Sägeblattverkleidung erreicht. Die obere Sägeblattverkleidung besteht aus dem Spaltkeil und der Schutzhaube. Der Spaltkeil aus gehärtetem Stahlblech darf nicht dicker als die Schnittfuge und nicht dünner als das Sägeblatt sein. Werden verschieden dicke Sägeblätter verwendet, sind entsprechend dicke Spaltkeile einzusetzen, damit beim Schneiden das Holz nicht klemmt und zurückschlägt. Der Spaltkeil muß in der Sägeblattebene waagerecht und senkrecht zu verstellen sein (**Bild 3**). Der Abstand zwischen Spaltkeil und Zahnkranz darf bei ortsfesten Tisch- und Formatkreissägen nicht mehr als 8 mm betragen, bei Baukreissägen nicht mehr als 10 mm. Der obere Teil des Sägeblattes muss mit einer Schutzhaube abgedeckt sein, damit hoch geschleuderte Späne oder Werkstoffteile abgefangen werden können.

Zu den Einrichtungen von Kreissägen gehören der Längsanschlag und der Quer- und Gehrungsanschlag. Der Quer- und der Gehrungsanschlag können in verschiedenen Winkeln eingestellt und festgestellt werden. Beide Anschlageinrichtungen können so umgelegt werden, daß der Sägetisch frei ist. Die Höhenverstellung des Sägeblattes erfolgt durch eine Spindel mit Drehgriff. Beim Verstellen der Schnitthöhe wird mit dem Sägeblatt auch der Spaltkeil und die Schutzhaube gehoben bzw. gesenkt.

Baukreissägen sind Kreissägen von einfacher und leichter Bauart. Sie sollen durch ein Schutzdach vor Niederschlägen und Verschmutzung geschützt werden.

Als **Formatkreissägen** werden ortsfeste Tischkreissägen bezeichnet, die in Zimmereibetrieben vielseitig einsetzbar sind und sehr genaue und saubere Sägeschnitte ermöglichen.

Abbundmaschinen sind programmgesteuerte spezielle Kreissägen für Schnitthölzer mit Auflagetisch, Förder- und Spanneinrichtungen. Mit einem schwenkbaren Sägeblatt lassen sich senkrechte, waagerechte und schräge Schnitte ausführen. Die Sägen sind mit Fräs-, Stemm-, Bohr- und Hobelmaschinen zu Fertigungsstraßen kombiniert (**Bild 4**).

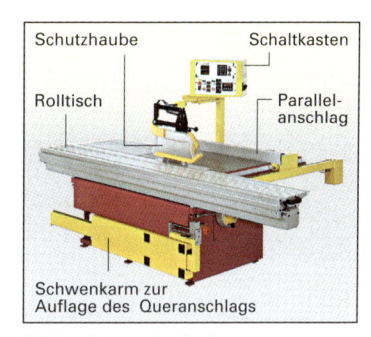

Bild 1: Formatkreissäge

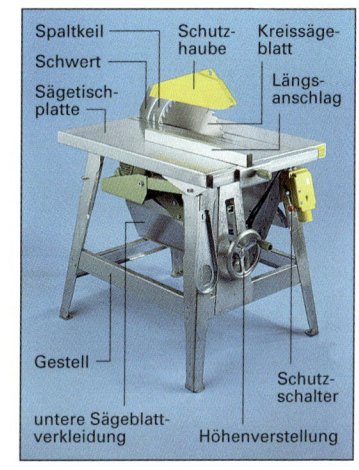

Bild 2: Baukreissäge

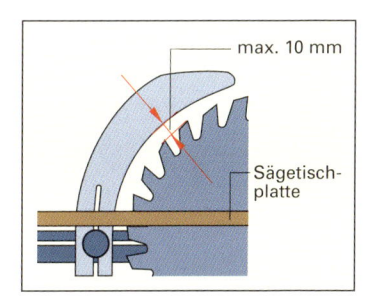

Bild 3: Spaltkeil bei Baukreissägen

Bild 4: Abbundmaschine

Arbeitsregeln beim Einsatz von Tischkreissägen

- Der Arbeitsplatz und der Sägetisch müssen frei von Werkstücken und Werkstückteilen sein.
- Vor dem Arbeiten ist zu prüfen, ob Sägeblatt, Spaltkeil und Schutzhaube richtig eingesetzt und eingestellt sind.
- Das Benützen von Sägeblättern mit Rissen, Zahnlücken oder Brandflecken ist verboten.
- Werkstücke müssen beim Bearbeiten voll aufliegen und sicher geführt werden können.
- Zum Schneiden von schmalen Werkstücken muss der Schiebestock benützt werden.
- Anschläge bzw. Schiebevorrichtungen sind stets zu verwenden. Zum Schneiden von Keilen ist die Keillade einzusetzen.

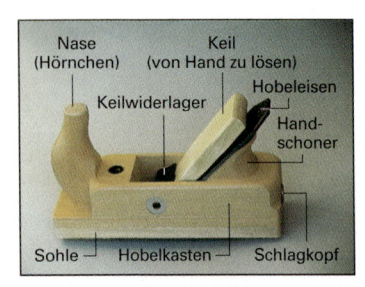

Bild 1: Teile eines Hobels

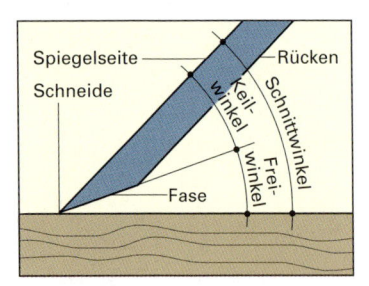

Bild 2: Winkel am Hobeleisen

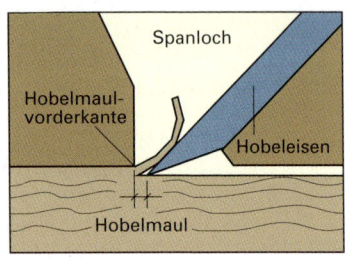

Bild 3: Spanbildung beim Hobeln

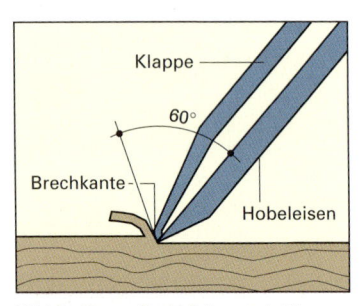

Bild 4: Doppelhobeleisen mit Klappe

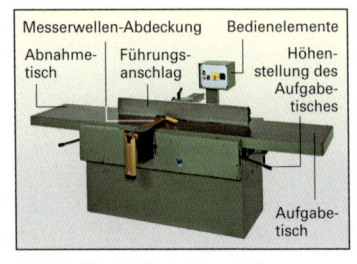

Bild 5: Abrichthobelmaschine

12.1.3 Hobeln

Zum Hobeln werden verschiedene Handhobelarten und Hobelmaschinen eingesetzt.

12.1.3.1 Handhobel

Handhobel bestehen aus dem Hobelkasten mit Maul und Spanloch sowie aus dem Hobeleisen und seiner Befestigung (**Bild 1**). Die vordere Seite des Hobeleisens nennt man die Spiegelseite, die entgegengesetzte Seite den Rücken. Die am unteren Teil des Eisens angeschliffene Fläche ist die Fase. Spiegelseite und Fase bilden die Schneide (**Bild 2**).

Der Schnittwinkel beträgt bei den meisten Hobelarten etwa 45°. Vom Keilwinkel hängt die Standzeit der Schneide ab. Er beträgt ungefähr 25°. Bei diesem Winkel entspricht die Länge der Fase etwa der doppelten Hobeleisendicke. Als Freiwinkel bezeichnet man den Winkel, den die Fase des Hobeleisens mit der Hobelsohle bildet. Ist der Freiwinkel zu klein, ist beim Hobeln ein größerer Kraftaufwand notwendig (Bild 2).

Vor der Schneide des Hobeleisens entsteht beim Abtrennen des Hobelspans im Holz ein vorauseilender Riss (**Bild 3**). Die Hobelmaulvorderkante drückt beim Hobeln auf die Holzfläche und knickt den abgetrennten Span um. Je feiner der Span sein soll, desto kleiner muss das Hobelmaul sein. Beim Doppelhobeleisen bricht ein zweites Eisen, die Klappe, den abgehobenen Span unmittelbar hinter der Schneide, damit er nicht einreißen kann (**Bild 4**).

Hobelarten

Die wichtigsten Hobel sind der Schrupphobel, der Schlichthobel, der Doppelhobel, der Putzhobel und der Simshobel (**Tabelle 1**).

Tabelle 1: Handhobelarten

Hobel	Merkmale	Verwendung
Schrupphobel	bogenförmige Schneide, weit vorstehendes Eisen	Vorhobeln mit dickem Span
Schlichthobel	einfaches Hobeleisen, Hobelmaul etwa 1 mm	Hobeln von rohen Flächen (schlichten)
Doppelhobel	Doppelhobeleisen, Hobelmaul etwa 1 mm	Hobeln auch gegen die Faser möglich
Putzhobel	kurzer Hobel mit Doppelhobeleisen, Schnittwinkel 50°	Glätten gehobelter Flächen (Putzen), Einpassarbeiten
Simshobel	schmaler Hobel, Hobel so breit wie Hobeleisen	Fälze und Profile nachhobeln

12.1.3.2 Hobelmaschinen

Mit der stationären **Abrichthobelmaschine** werden Hölzer eben gehobelt und winkelrecht gefügt. Dazu wird das Holz über einen von der Messerwelle geteilten Hobeltisch geschoben. Zur Vermeidung von Unfällen müssen die Messerwelle weitgehend abgedeckt und Schutzeinrichtungen zur sicheren Führung der Hölzer benutzt werden (**Bild 5**).

Die ebenfalls ortsfeste **Dickenhobelmaschine** eignet sich zum Aushobeln von Schnittholz auf gleiche Dicke.

Zum Hobeln von Kanthölzern, insbesondere von Sparren- und Pfettenköpfen, wird die **Handhobelmaschine** (Balkenhobel) verwendet **(Bild 1)**. Balkenhobel gibt es in Hobelbreiten von 82 mm bis 350 mm. Die Spandicke kann von 0 mm bis 3 mm eingestellt werden.

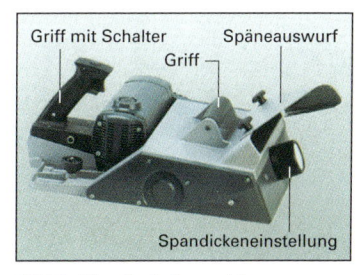

Bild 1: Handhobelmaschine

12.1.4 Stemmen

Die wichtigsten Werkzeuge und Maschinen zum Stemmen sind der Stechbeitel, der Stemmbeitel, der Hohlbeitel, der Lochbeitel sowie die Stoß- oder Stichaxt und die Kettenstemmmaschine.

12.1.4.1 Stemmwerkzeuge

Stemmwerkzeuge (Beitel) bestehen aus einer Klinge aus Werkzeugstahl und einem Heft aus Weißbuchenholz oder Kunststoff **(Bild 2)**. Zwei Zwingen (Metallringe) umschließen das Heft, damit es nicht aufgespalten wird. Die Krone verhindert das Eindringen der Klinge in das Heft.

Beitel werden nach der Form der Klingen unterschieden. Der **Stechbeitel** (Stecheisen) hat in der Regel eine an den Längsseiten abgefaste Klinge (Bild 2). Stechbeitel gibt es in Breiten von 2 mm bis 50 mm. Der **Stemmbeitel** (Stemmeisen) wird für schwerere Arbeiten verwendet. Seine Klinge ist deshalb nicht gefast. Der Hohlbeitel (Hohleisen) hat eine Klinge, deren Querschnitt einem Kreisringausschnitt entspricht. Der **Hohlbeitel** eignet sich daher zum Nachstechen von Hohlkehlen und zum Einlassen runder Beschläge. Der **Lochbeitel** (Locheisen), dessen Dicke größer ist als die Breite, eignet sich besonders zum Ausstemmen von Zapfenlöchern.

Die **Stoß-** oder **Stichaxt** verwendet man zum Abspalten von Holzteilen angeschnittener Zapfen und Abplattungen sowie zum Verputzen aus- oder abgestemmter Holzteile (Bild 2). Ihre Schneidfläche ist einseitig angeschliffen.

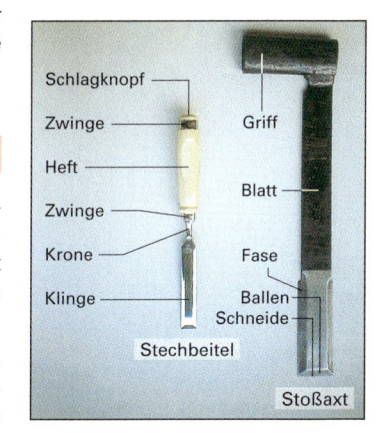

Bild 2: Stemmwerkzeuge

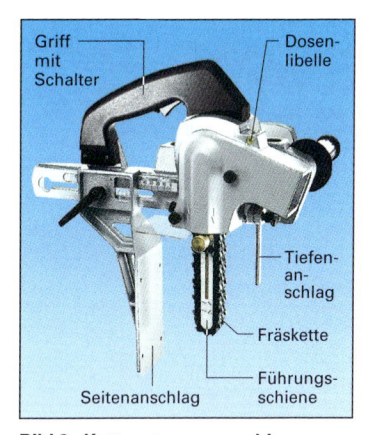

12.1.4.2 Kettenstemmmaschinen

Die Kettenstemmmaschine arbeitet wie eine Fräsmaschine **(Bild 3)**. Die sichere Führung und genaue Bearbeitung wird durch einen großflächigen Seitenanschlag und die eingebaute Dosenlibelle ermöglicht. Kettenstemmmaschinen können mit einem Führungsgestell ausgerüstet sein, welches das Anschlagen und das Verschieben der Maschine sowie den Rückhub erleichtert. Die Fräsgarnitur besteht aus der Fräskette, mit der das Zapfenloch ausgefräst wird, dem Kettenrad und der Führungsschiene. Die Fräskette kann in ihrer Breite nicht verändert werden, weshalb für jede Zapfenlochbreite eine entsprechende Kette aufgezogen werden muss. Die Zapfenlochtiefe dagegen kann mit einem Tiefenanschlag eingestellt werden. Durch Verschieben der Maschine kann jede Zapfenlochlänge ausgefräst werden.

Bild 3: Kettenstemmmaschine

Zum Herstellen von Schlitzen in Holzquerschnitten werden **Kettenschlitzfräsen** verwendet, die in Aufbau und Funktion den Kettenstemmmaschinen ähnlich sind **(Bild 4)**.

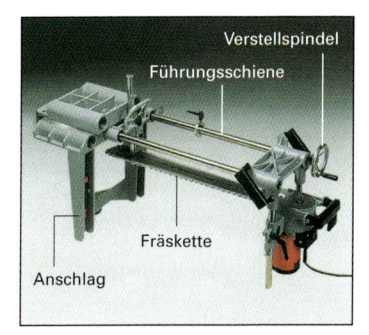

Bild 4: Kettenschlitzfräse

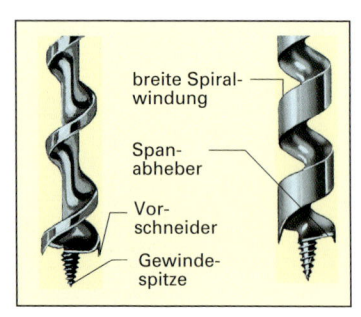

Bild 1: Schlangenbohrer

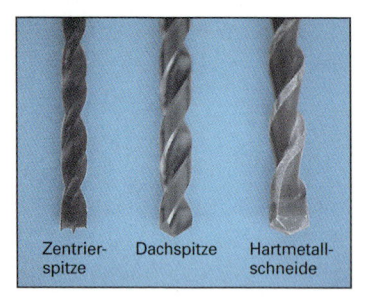

Bild 2: Spiralbohrer

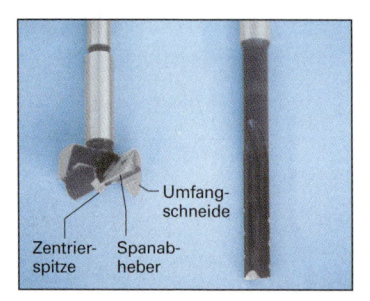

Bild 3: Forstnerbohrer und Langlochfräsbohrer

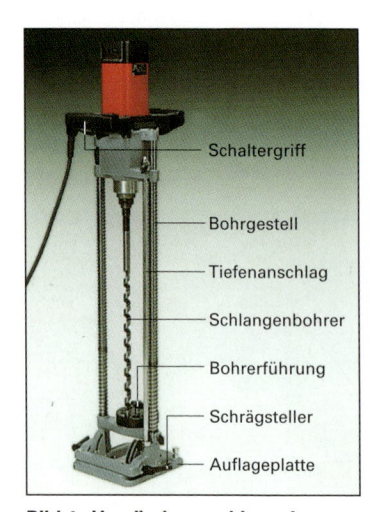

Bild 4: Handbohrmaschine mit Gestell

12.1.5 Bohren

Bohren ist ein spanabhebendes Arbeitsverfahren durch sich vorwiegend zentrisch drehende und schneidende Werkzeuge.

12.1.5.1 Bohrerarten

Schlangenbohrer haben eine Gewindespitze, ein oder zwei Vorschneider und ein oder zwei Spanabheber (**Bild 1**). Die Gewindespitze gibt dem Bohrer eine gute Führung und zieht ihn in das Holz ein. Durch die Vorschneider und die Spanabheber werden das Bohrloch ausgeschnitten und die Späne abgehoben Die Förderschlange transportiert die Späne selbsttätig aus dem Bohrloch, sodass der Bohrer nicht so leicht verstopft. Es gibt auch Schlangenbohrer, bei denen das Schlangengewinde durch breitkantige Spiralwindungen ersetzt wird.

Spiralbohrer können eine Zentrierspitze oder eine Dachspitze haben (**Bild 2**). **Spiralbohrer mit Zentrierspitze** verwendet man zum Bohren von Holz und Holzwerkstoffen. Dagegen eignen sich **Spiralbohrer mit Dachspitze** besonders zum Bohren von Metallen. **Bohrer mit Hartmetallschneiden** verwendet man zum Bohren von Stein und Beton (**Bild 2**). Anstelle des zylindrischen Schaftes können diese Bohrer einen Aufnahmeschaft mit Vertiefungen für den Einsatz in Bohrmaschinen mit Schnellspannfutter aufweisen.

Die **Forstnerbohrer** haben einen niederen zylindrischen Schneidkopf mit einer kurzen Zentrierspitze, zwei Spanabhebern und zwei Umfangschneidern (**Bild 3**). Diese Bohrer verwendet man zum Ausbohren von Ästen und zum Bohren von Holzwerkstoffen. In der Regel werden sie in Bohrmaschinen eingespannt.

Die **Langlochfräsbohrer** kann man nur in Langlochbohrmaschinen einsetzen (Bild 3). Sie haben im Allgemeinen zwei gerade Spannuten, die glatt sein können oder mit Spanbrechern versehen sind. Man verwendet die Langlochfräsbohrer in der Hauptsache zum Herstellen von Zapfenlöchern.

12.1.5.2 Bohrmaschinen

Handbohrmaschinen gibt es als Normalläufer, als Mehrgangmaschinen und als Maschinen mit elektronischer Drehzahlsteuerung. Die Bohrer werden in ein Bohrfutter eingespannt, das meist für einen Bohrerschaft bis zu 13 mm eingerichtet ist. Zum Bohren eignen sich Spiralbohrer sowie Forstnerbohrer. Bohrmaschinen mit Drehzahlsteuerung eignen sich auch zum Eindrehen und Lösen von Holzschrauben.

Handschlagbohrmaschinen sind mit Schlageinrichtungen ausgestattet, die den Bohrvorgang durch kurze Schläge in Axialrichtung des Bohrers unterstützen. Dadurch kann man mit Hartmetall bestückten Bohrern Löcher in Mauerwerk und Beton bohren.

Handbohrmaschinen mit einem Gestell werden in Zimmereibetrieben vor allem zum Bohren von Löchern für Schraubenbolzen oder Stabdübel eingesetzt (**Bild 4**). Das häufig abnehmbare Führungsgestell kann meist zum Bohren schräger Löcher bis 45° verstellt werden. Die Bohrtiefe ist einstellbar. Die Maschine kann sowohl für Rechts- als auch für Linkslauf geschaltet werden. Neben Schlangenbohrern können besondere Fräsköpfe eingesetzt werden, mit denen man Ringnuten und Ringdübellöcher bohrt.

12.1.6 Schleifen

Durch Schleifen wird die Oberfläche von Werkstoffen geglättet. Geräte zum Schleifen sind der Schleifklotz aus Holz oder Kork, in der Hauptsache aber Schleifmaschinen.

12.1.6.1 Schleifmittel

Schleifmittel sind Glas, Flint, Granat, Korund und Siliciumkarbid. Sie werden nach Größe sortiert und auf Papiere oder auf Textilgewebe aufgeleimt. Nach den einzelnen Korngrößen (Körnungen) bezeichnet man die Schleifmittel mit Kornnummern. Je kleiner die Nummer der Körnung ist, desto gröber ist der Schliff **(Tabelle 1)**.

12.1.6.2 Maschinen zum Schleifen

Schleifmaschinen gibt es als Hand-Bandschleifer, Schwingschleifer (Rutscher), Exzenterschleifer (Tellerschleifer) und Dreieckschleifer **(Tabelle 2)**. Mit ihnen können alle Holzarten, Holzwerkstoffe, lackierte Flächen, Metalle und auch Kunststoffe geschliffen werden.

Durch die eingebaute Staubabsaugung wird der angefallene Schleifstaub in einem Staubsack aufgefangen oder direkt von einem Absauggerät erfasst. Bei Schwing-, Exzenter- und Dreieckschleifern wird der Schleifstaub durch Bohrungen im Schleifschuh bzw. Schleifteller und entsprechender Lochung in den meist selbsthaftenden Schleifblättern aufgenommen.

Tabelle 1: Schleifmittelkörnungen

Bezeichnung	Kornnummer
grob	24…40
mittel	60…80
fein	100…180
sehr fein	220…400

Tabelle 2: Schleifmaschinen

Maschinentyp	Verwendung
Bandschleifer	für große Flächen mit Auflageschleifrahmen umrüstbar zum stationären Schleifen von kurzen Werkstücken und Leisten
Schwingschleifer	Feinschleifen Lackzwischenschliff
Exzenterschleifer	hohe Schleifleistung auch für gewölbte Flächen und zum Polieren
Dreieckschleifer	für Innenecken

12.1.7 Unfallverhütungsvorschriften

- Das Bedienen, Instandhalten und Einrichten von Holzbearbeitungsmaschinen ist nur Personen gestattet, die mindestens 18 Jahre alt, körperlich geeignet und zuverlässig sind. Sie müssen in der Bedienung dieser Maschinen vorher durch eine hierzu befähigte Person gründlich unterwiesen sein.
- Auszubildende ab dem 15. Lebensjahr dürfen jedoch zum Zweck ihrer Ausbildung Holzbearbeitungsmaschinen unter Anleitung und Aufsicht eines Fachkundigen bedienen.
- Jeder, der eine Maschine einschaltet oder an ihr arbeitet, hat darauf zu achten, dass niemand gefährdet wird. Bevor eine Maschine verlassen wird, ist sie auszuschalten.
- An Maschinen tätige Personen dürfen nicht angesprochen oder gestört werden, solange sie das Werkstück dem laufenden Werkzeug von Hand zuführen.
- Maschinen und Maschinenwerkzeuge sind vor ihrer Benutzung auf ihren ordnungsmäßigen Zustand und besonders auf ihre Unfallsicherheit zu prüfen. Das Arbeiten an Maschinen ohne die vorgeschriebenen Schutzvorrichtungen ist verboten. Mängel sind abzustellen oder sofort zu melden. Eine nicht einsatzbereite Maschine ist durch Anbringen eines Schildes „Nicht benutzen!" zu kennzeichnen.
- Vor dem Beseitigen von Störungen ist die Maschine stillzusetzen. Lose Splitter, Späne und Abfälle dürfen aus der Nähe sich bewegender Werkzeuge nicht mit der Hand entfernt werden.

Bei Handmaschinen ist außerdem zu beachten:

- Elektrisch betriebene Handmaschinen müssen vor Feuchtigkeit geschützt werden.
- Kabel und Stecker sind vor jeder Inbetriebnahme der Maschinen auf ihren einwandfreien Zustand zu prüfen. Kabel müssen so verlegt werden, dass sie vor Beschädigung geschützt sind und keine Stolperstellen bilden. Beim Wechseln eines Werkzeuges ist unbedingt der Netzstecker zu ziehen.
- Bei Handkreissägen muss nach dem Arbeiten der Blattschutz selbsttätig das Sägeblatt abdecken.
- Vor dem Einschalten der Maschinen ist zu prüfen, ob der Werkzeugspannschlüssel entfernt ist.
- Kleine Werkstücke sind beim Bearbeiten festzuspannen.

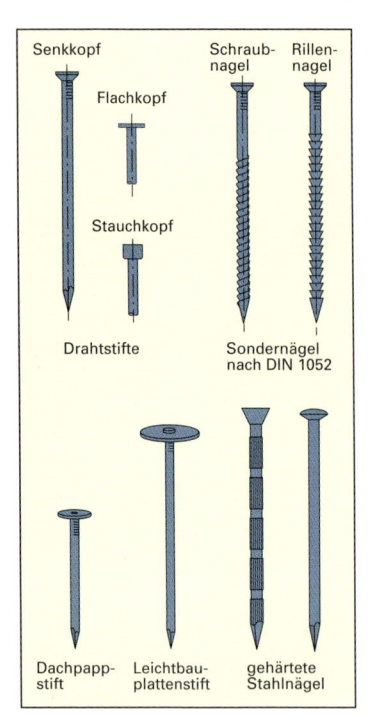

Bild 1: Nägel

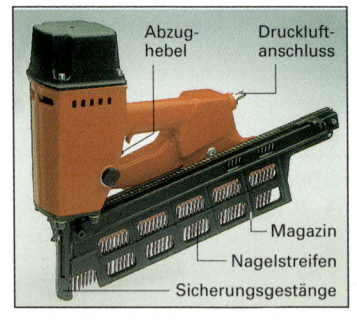

Bild 2: Druckluftmagazinnagler

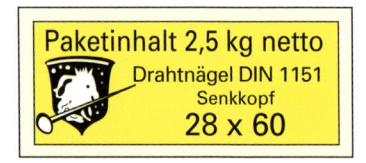

Bild 3: Herkömmlicher Stempelaufdruck auf Drahtstiftpaketen

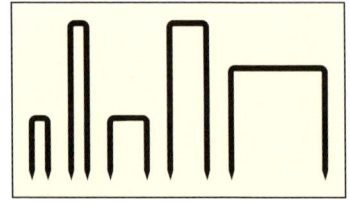

Bild 4: Klammern

12.2 Verbindungsmittel

Verbindungsmittel im Holzbau sind Nägel und Klammern, Schrauben und Dübel sowie Nagelplatten, Stahlbleche und Stahlblechformteile.

12.2.1 Nägel

Nägel sind aus unlegiertem Stahldraht hergestellte stiftförmige Verbindungsmittel. Die im Holzbau vorwiegend verwendeten Nägel nach DIN EN 10230-1 werden deshalb herkömmlich auch als **Drahtstifte** bezeichnet **(Bild 1)**. Nägel können unbeschichtet, verzinkt oder beispielsweise mit Metallpigmenten angereichertem Lack überzogen sein.

Nägel unterscheiden sich durch die unterschiedlichen Formen, die Nagelkopf, Nagelschaft und Nagelspitze haben können. Für Nagelverbindungen nach DIN 1052 sind Nägel mit flachem **Senkkopf** und rundem **Flachkopf** zulässig, deren Kopfoberfläche glatt oder gerieffelt sein kann. Nägel mit **Stauchkopf** eignen sich besonders zum Versenken. Die Nagelspitze ist häufig als Diamantspitze ausgebildet. Der Schaft von Nägeln ist meist glatt und hat einen runden Querschnitt, kann aber auch geraut, angerollt, gerillt oder verdrillt und im Querschnitt vierkantig oder oval sein. Nägel mit angerolltem Schaft werden gemäß DIN 1052 als Sondernägel bezeichnet (Bild 1).

Zu den **Sondernägeln** zählen die **Schraubnägel** und die **Rillennägel** (Bild 1). Sie haben einen profilierten Schaft. Darum ist die Haftfestigkeit von Sondernägeln in Holz erheblich größer als die von Drahtstiften; sie dürfen deshalb nach DIN 1052 höher belastet werden.

Als **Maschinenstifte** bezeichnet man Nägel in loser Form mit rundem Schaft für die Verwendung in automatischen Nagelmaschinen nach DIN 1143. Außerdem gibt es besondere Maschinenstifte in Streifen oder Rollen, die mit Druckluftmagazinnaglern eingeschlagen werden **(Bild 2)**.

Neben den allgemein üblichen Nägeln gibt es viele Sonderausführungen wie Breitkopfstifte, auch als Dachpapp-, Schiefer- und Gipsdielenstifte bezeichnet, Leichtbauplattenstifte und gehärtete Stahlnägel verschiedener Formen (Bild 1). Außerdem gibt es Nägel z. B. aus Edelstahl, Kupfer und Aluminium.

Nägel werden nach Gewicht gehandelt. Das Füllgewicht der Nagelpakete liegt je nach der Größe der Drahtstifte zwischen 1 kg und 10 kg. Die Nagelgröße für Nägel nach DIN EN 10230-1 wird für Schaftdurchmesser und Nagellänge in mm angegeben. Daneben sind auch noch Nagelpakete im Handel, bei denen jedoch der Schaftdurchmesser in Zehntelmillimeter, die Drahtstiftlänge aber in Millimeter aufgedruckt sind **(Bild 3)**.

12.2.2 Klammern

Klammern sind Verbindungsmittel, die nur mit Hilfe eines Klammernaglers eingetrieben werden können. Diese werden meist mit Druckluft betrieben. Nach der Form der Klammern unterscheidet man Schmal-, Normal- und Breitrückenklammern **(Bild 4)**. Klammern werden vor allem zum Befestigen von Platten aus Holzwerkstoffen und von Vertäfelungen eingesetzt. Sie dürfen nach DIN 1052 auch für tragende Verbindungen verwendet werden.

12.2.3 Schrauben

Schraubenverbindungen sind haltbarer als Verbindungen mit Drahtstiften und Klammern. Auch lassen sie sich wieder leicht lösen. Schrauben unterscheidet man im Wesentlichen nach dem verwendeten Werkstoff, der Art des Gewindes und der Kopfform.

Holzschrauben sind aus unlegiertem Stahl (St), aus einer Kupfer-Zink-Legierung (Cu-Zn) oder aus einer Aluminium-Legierung (Al-Leg). In der Regel sind sie blank, sie können auch mit einem Oberflächenschutz versehen sein, z. B. brüniert oder verzinkt. Holzschrauben bestehen aus dem Schraubenkopf, dem Schaft und dem Gewinde **(Bild 1)**. Nach der Kopfform unterscheidet man **Senkholzschrauben, Halbrundholzschrauben, Linsensenkholzschrauben** mit einfachem Schlitz oder mit Kreuzschlitz sowie **Sechskant-** bzw. **Vierkantholzschrauben (Bild 2 a, b, c, d)**.

Die Pakete von Holzschrauben sind durch farbige Aufklebezettel gekennzeichnet. Auf ihnen sind die Form der Holzschraube, der Schaftdurchmesser in Millimeter, die Länge in Millimeter, die DIN-Nummer und die Art des Werkstoffes sowie die Stückzahl angegeben **(Bild 3)**. Die Länge wird von der Spitze bis dahin gemessen, wo der Kopf mit dem Holz bündig ist.

Spanplattenschrauben (Spax-Schrauben) sind aus gehärtetem, oberflächengeschützem Stahl **(Bild 4)**. Sie haben einen verhältnismäßig kurzen oder keinen Schaft und meist einen Senkkopf mit Kreuzschlitz. Anstelle des Kreuzschlitzes sind auch spezielle Kopfausbildungen für die Montage mit Schraubern üblich (Bild 4). Die Zentrierspitze der Schrauben ermöglicht ein gerades Eindrehen. Durch geringen Druck beim Eindrehen wird das Aufreißen der Spanplatten weitgehend verhindert.

Schnellbauschrauben, die zur Befestigung von Gipsplatten verwendet werden, sind den Spanplattenschrauben ähnlich, haben aber meist einen Trompetenkopf (Bild 4).

Schraubenbolzen, auch Bauschrauben genannt, verwendet man zum Verbinden stark beanspruchter Bauteile, wie z. B. von verdübelten Balken. Schraubenbolzen haben einen Schaft mit Gewinde, einen vier- oder sechskantigen Kopf und eine vier- oder sechskantige Schraubenmutter **(Bild 5)**. Da sich beim Anziehen der Schraubenkopf und die Schraubenmutter in das Holz eindrücken würden, muss auf beiden Seiten eine quadratische oder runde Unterlegscheibe unterlegt werden.

Flachrundschrauben dienen vorwiegend zum Verbinden von Beschlagteilen mit Holz, meist zum Anschlagen von Türen und Toren (Bild 5). Sie werden auch als Schlossschrauben bezeichnet. Flachrundschrauben sind unter dem Schraubenkopf mit einem Vierkant versehen. Dieser verhindert beim Anziehen der Schraubenmutter das Mitdrehen der Schrauben.

Steinschrauben haben auf der einen Seite ein Gewinde und eine Schraubenmutter, auf der anderen Seite eine Kralle (Bild 5). Sie werden vor allem zum Verbinden von Schwellen mit Massivdecken verwendet, wobei die Kralle in die Decke einbetoniert wird.

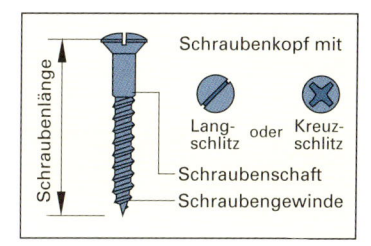

Bild 1: Teile der Holzschraube

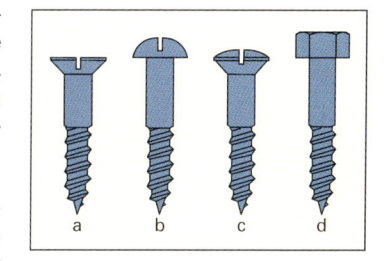

Bild 2: Holzschrauben

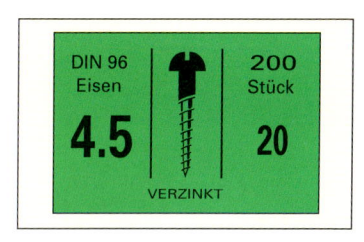

Bild 3: Schraubenpaketaufkleber

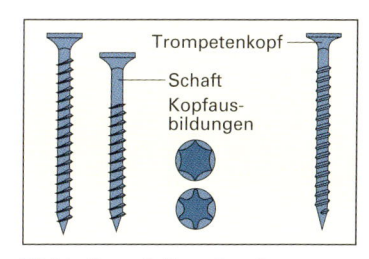

Bild 4: Spanplattenschrauben, Schnellbauschraube

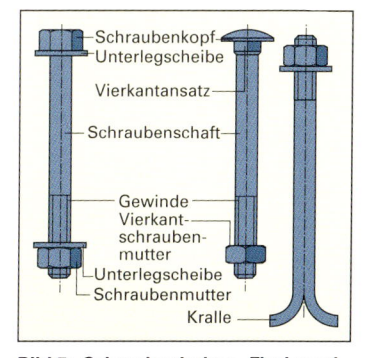

Bild 5: Schraubenbolzen, Flachrund- und Steinschraube

Bild 1: Einlassdübel
Ringdübel, Dübeltyp A1

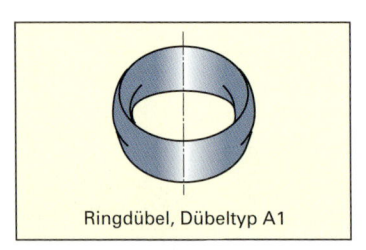

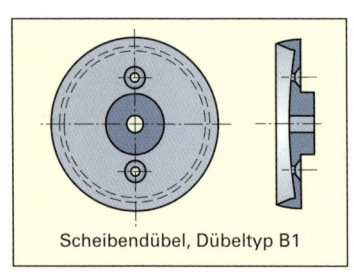

Bild 2: Einseitiger Einlassdübel
Scheibendübel, Dübeltyp B1

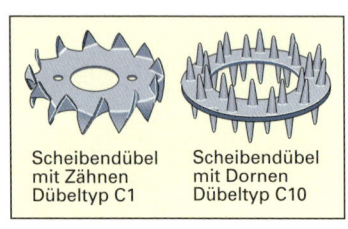

Bild 3: Einpressdübelarten
Scheibendübel mit Zähnen Dübeltyp C1
Scheibendübel mit Dornen Dübeltyp C10

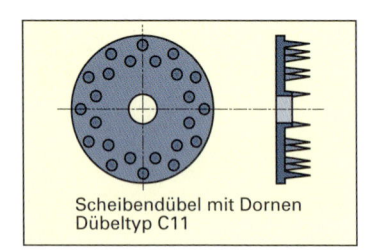

Bild 4: Einseitiger Einpressdübel
Scheibendübel mit Dornen Dübeltyp C11

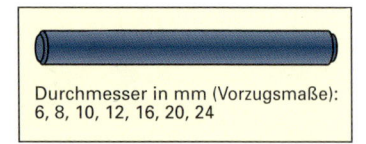

Bild 5: Stabdübel
Durchmesser in mm (Vorzugsmaße): 6, 8, 10, 12, 16, 20, 24

Bild 6: Nagelplatte

12.2.4 Dübel

Dübel sind Verbindungsmittel, die vorwiegend zum Anschluss von glatt anliegenden Stäben verwendet werden, z. B. von Kanthölzern aus Vollholz oder Brett- und Balkenschichtholz. Nach DIN 1052 unterscheidet man Dübel besonderer Bauart und Stabdübel.

Dübel besonderer Bauart werden überwiegend auf Druck und Abscheren beansprucht. Die Beanspruchung von Stabdübeln erfolgt dagegen, wie bei Schraubenbolzen, vorwiegend auf Biegung.

Dübel besonderer Bauart

Bei Dübeln besonderer Bauart unterscheidet man nach DIN 1052 die Ring- und Scheibendübel vom Typ A und Typ B und die Scheibendübel mit Zähnen und Dornen mit den Typenbezeichnungen C. Dübel vom Typ A und B liegen in Ausfräsungen der zu verbindenden Hölzer und werden deshalb herkömmlich auch als Einlassdübel bezeichnet. Scheibendübel mit Zähnen oder Dornen vom Typ C können ohne besondere Fräsarbeit in das Holz eingetrieben werden. Sie werden deshalb auch Einpressdübel genannt.

Einlassdübel werden aus Aluminium-Gusslegierungen hergestellt. **Ringdübel** vom Typ A 1 haben eine linsenförmige Querschnittsfläche **(Bild 1)**. **Scheibendübel** vom Typ B 1 werden nur einseitig ins Holz eingelassen. Sie haben einen umlaufenden Flansch und auf der gegenüberliegenden Fläche eine zylindrische Nabe **(Bild 2)**.

Einpressdübel sind **Scheibendübel,** die meist aus kreisrunden (Typ C 1), seltener aus ovalen (Typ C 3 und C 4) oder quadratischen (Typ C 5) Stahlblechscheiben mit wechselseitig aufgebogenen dreieckigen Zähnen bestehen. Häufig werden auch Scheibendübel aus Tempergussringen mit Dornen (Typ C 10) verwendet **(Bild 3)**.

Insbesondere für die Verbindung von Holz mit Stahlteilen sind **einseitige Scheibendübel** besonderer Bauart aus Stahl (Typ C 2) und Temperguss (Typ C 11) geeignet **(Bild 4)**.

Stabdübel

Stabdübel sind nicht profilierte zylindrische Stahlstäbe mit einem Durchmesser von mindestens 6 mm und höchstens 30 mm **(Bild 5)**. Sie sind an den Enden gefast, dürfen aber auch mit Kopf und Mutter oder beidseitig mit Muttern versehen sein (Passbolzen). Stabdübel werden im Holz mit dem Nenndurchmesser des Stabdübels vorgebohrt und in diese Löcher eingetrieben. Häufig werden sie zur Verbindung von Holz mit Stahlteilen eingesetzt.

12.2.5 Nagelplatten

Nagelplatten eignen sich zur Herstellung von Dach- und Wandkonstruktionen sowie für Lehrgerüste in Fachwerkbauweise. Sie bestehen aus verzinktem oder korrosionsbeständigem Stahlblech von mindestens 1,0 mm Nenndicke. Diese Bleche besitzen nagel- oder dübelartige Ausstanzungen, sodass einseitig etwa rechtwinklig zur Plattenebene abgebogene Nägel entstehen **(Bild 6)**.

Die Brauchbarkeit der Nagelplatten muss durch eine bauaufsichtliche Zulassung nachgewiesen werden. In der Zulassung sind z. B. die Form der Nagelplatten und deren zulässige Belastungen sowie die Mindestdicken der Hölzer festgelegt.

12.2.6 Stahlbleche und Stahlblechformteile

Vollholz und Brettschichtholz dürfen nach DIN 1052 mit korrosionsgeschützten Stahlblechen und Stahlblechformteilen durch Nagelung verbunden werden.

Ebene Stahlbleche

Ebene Bleche werden z. B. als Knotenbleche im konstruktiven Holzbau eingesetzt. Die Bleche werden in verschiedenen Größen mit und ohne vorgebohrte Löcher geliefert. Nach DIN 1052 werden dicke und dünne Stahlbleche unterschieden. Als dünn gelten Stahlbleche, deren Dicke nicht größer ist als die Hälfte des Verbindungsmitteldurchmessers. Die Nagelung erfolgt mit Drahtstiften, Maschinenstiften oder Sondernägeln (Seite 376).

Stahlblechformteile

Stahlblechformteile sind kaltgeformte Stahlbleche, die mit Sondernägeln an Holzbauteile angenagelt werden. Die korrosionsgeschützten Stahlblechformteile haben eine Blechdicke zwischen 2 mm und 4 mm. Sie sind gelocht, damit sie einfach an Holzbauteilen angenagelt werden können. Entsprechend ihren unterschiedlichen Verwendungszwecken sind sie verschieden geformt. Häufig verwendete Stahlblechformteile sind Winkelverbinder, Balkenschuhe, Universalbeschläge und Sparrenpfettenanker **(Bild 1)**.

Bild 1: Stahlblechformteile

Aufgaben

1. Erläutern Sie die Sicherheitseinrichtungen bei Kreissägen.
2. Welche Nagelarten unterscheidet man?
3. Wie wird die Größe von Drahtstiften bzw. von Holzschrauben angegeben?
4. Welches sind die Unterscheidungsmerkmale von Holzschrauben?
5. Erklären Sie den Zweck von Unterlegscheiben bei Schraubenbolzen sowie des Vierkantansatzes bei Flachrundschrauben?
6. Welche Dübelarten unterscheidet man im Holzbau?
7. Sie wollen ein kleines Gartenhaus für Kinder errichten.
   Erstellen Sie eine Liste der notwendigen Werkzeuge und Maschinen und legen Sie fest, welche verschiedenen Verbindungsmittel Sie benötigen. Begründen Sie Ihre Entscheidungen.

12.3 Holzverbindungen

Holzverbindungen haben die Aufgabe, zusammentreffende Bauschnitthölzer, z. B. Kanthölzer, unverschieblich miteinander zu verbinden. Nach Lage und Richtung der zu verbindenden Hölzer unterscheidet man Längsverbindungen und Eckverbindungen sowie Verbindungen an Abzweigungen und an Kreuzungen. Stahlblechformteile und Laschen aus gelochten Stahlblechen ersetzen häufig die zimmermannsmäßigen Holzverbindungen.

Verbindungen, die Kräfte von einer bestimmten Größe und Richtung, z. B. Druckkräfte, zu übertragen haben, bezeichnet man auch als Anschlüsse, die zu verbindenden Hölzer als Stäbe, z. B. als Druckstäbe. Spitzwinklig auftreffende Druckstäbe können mit einem Versatz angeschlossen werden. Weitere Holzverbindungen entstehen durch Anschlüsse von Hölzern mit Verbindungsmitteln.

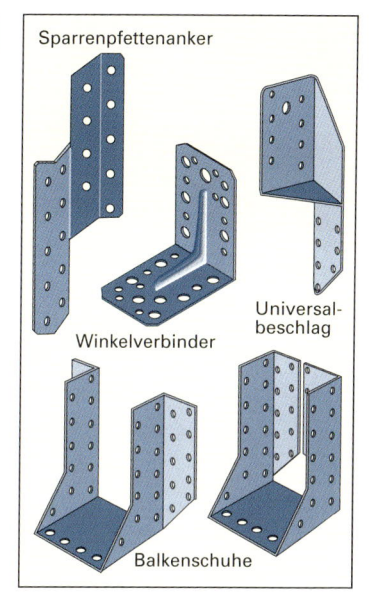

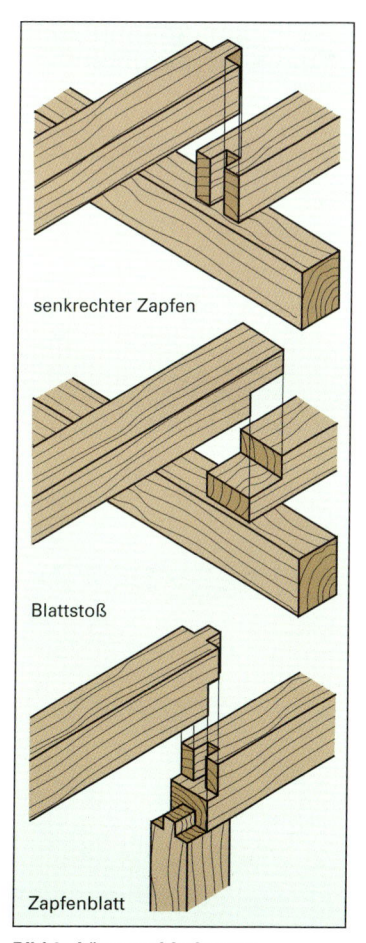

Bild 2: Längsverbindungen

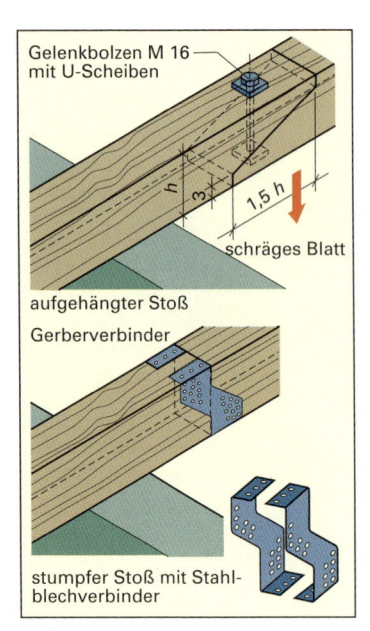

Bild 1: Längsverbindungen bei Gerberpfetten

Nach der Art der Verbindungsmittel nennt man diese Stabdübel- und Bolzenverbindungen, Dübelverbindungen und Nagelverbindungen. Im Holzbau verwendet man auch verklebte Bauteile. Da diese besondere Vorzüge haben, gewinnt die Bauholzverklebung zunehmend an Bedeutung.

12.3.1 Längsverbindungen

Man unterscheidet Längsverbindungen über Auflagern und Längsverbindungen neben Auflagern. Über Auflagern wendet man den senkrechten Zapfen, den Blattstoß und zum Teil auch noch das Zapfenblatt an **(Bild 2, Seite 379)**. Zur Sicherung dieser Verbindungen können oben oder seitlich Bauklammern aus Flach- oder Rundstahl eingetrieben werden. Häufig werden Hölzer auch nur stumpf gestoßen und mit Bauklammern gesichert. Wirken jedoch an der Verbindungsstelle größere Zugkräfte, z. B. bei Pfetten im Dachstuhl, stößt man die beiden Hölzer über dem Auflager stumpf zusammen und verbindet sie durch seitlich angenagelte Brettstücke oder durch Lochplattenstreifen aus rostgeschütztem Stahl.

Pfetten können auch als **Gerber- oder Gelenkpfetten** ausgebildet werden. Bei diesen liegt der Längsstoß an einer rechnerisch bestimmten Stelle neben dem Auflager, an der keine Biegkräfte übertragen werden **(Bild 1)**. Dort verbindet man die Pfetten durch ein gerades oder ein schräges Blatt. Die eingehängte Pfette wird durch einen Schraubenbolzen gehalten, den man auch Gelenkbolzen nennt. Der Gelenkbolzen mit den Unterlegscheiben muss die Lasten aus der aufgehängten Pfette aufnehmen können.

Gerberpfetten mit aufliegendem Stoß sind nicht zweckmäßig, da die Gefahr besteht, dass die Pfetten am Blattrand einreißen. Beim aufgehängten Stoß besteht dagegen keine Einreißgefahr.

Für die Verbindung von Gerberpfetten verwendet man auch Stahlblechformteile, die man als **Gerberverbinder** bezeichnet. Diese werden an die stumpf gestoßenen Pfetten genagelt (Bild 1).

12.3.2 Eckverbindungen

Eckverbindungen werden nötig, wenn zwei Bauhölzer an einer Ecke rechtwinklig oder annähernd rechtwinklig in einer Ebene zusammentreffen. Gebräuchliche Eckverbindungen sind der Scherzapfen, das glatte Eckblatt und das Druckblatt **(Bild 2)**. Mit dem Scherzapfen oder mit dem glatten Eckblatt werden aufliegende oder auskragende Enden von Schwellen, Pfetten und Sparren verbunden. Zur Sicherung der Verbindungen können Nägel oder Schraubenbolzen verwendet werden. Das Druckblatt hat schräg ineinander greifende Flächen. Es eignet sich besonders zur Verbindung belasteter, voll aufliegender Schwellen.

12.3.3 Abzweigungen

Bei der Abzweigung wird ein recht- oder spitzwinklig auftreffendes Kantholz meist oberflächengleich mit einem anderen verbunden. Nach der herkömmlichen Holzbauweise verwendet man dazu hauptsächlich die Verzapfung, bei untergeordneten Konstruktionen auch das Blatt. Außerdem werden Kantholzträger mithilfe von Blechformteilen verbunden.

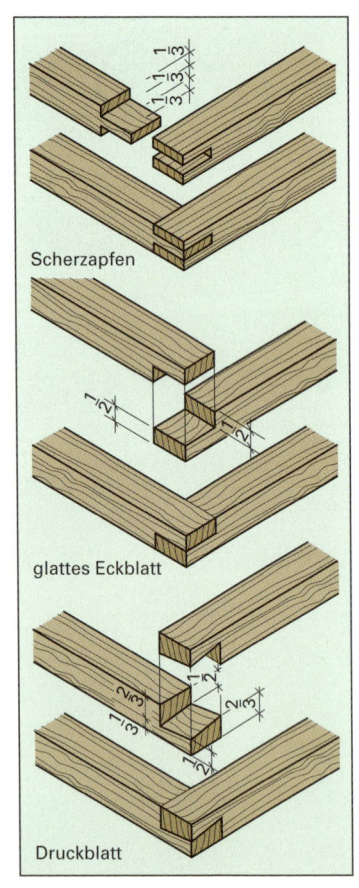

Bild 2: Eckverbindungen

Bei **Verzapfungen** beträgt die Dicke des Zapfens ungefähr ein Drittel der Holzdicke. Zapfen haben meist eine Länge von 4 cm bis 5 cm. Das Zapfenloch wird etwa 1 cm tiefer ausgestemmt, damit die Druckkraft nicht über den Zapfenquerschnitt, sondern über den größeren Restquerschnitt abgetragen wird.

Bei der Verzapfung unterscheidet man den normalen, über die ganze Holzbreite reichenden Zapfen und den **abgesteckten Zapfen,** der für Verzapfungen an Holzenden angewendet wird **(Bild 1)**. Treffen bei einer Zapfenverbindung die Hölzer nicht rechtwinklig zusammen, z. B. bei Kopfbändern, muss der Zapfen rechtwinklig **abgestirnt** werden (Bild 1).

Bei der Verzapfung von Hölzern in Balken- und Sparrenlagen muss der Zapfen die gesamte Last aufnehmen. Günstiger ist es, solche Verbindungen unter Verwendung von **Balkenschuhen** aus rostgeschütztem Stahl herzustellen **(Bild 6)**. Diese werden mit Sondernägeln so befestigt, dass Verdrehungen verhindert werden. Außerdem wird der Balkenquerschnitt nicht durch Zapfenlöcher geschwächt.

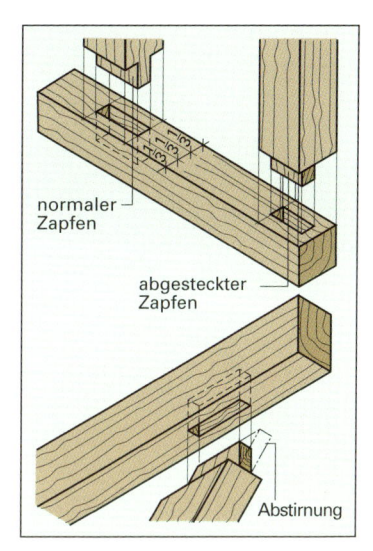

Bild 1: Verzapfungen

12.3.4 Kreuzungen

Hölzer können sich oberflächengleich oder mit versetzter Oberfläche als aufliegende bzw. anliegende Hölzer kreuzen. Oberflächengleiche Kreuzungen können voll **überblattet** werden, sofern die Querschnittsschwächung keine Rolle spielt **(Bild 2)**. Aufliegend kreuzende Hölzer, z. B. Schwellen auf Balken, werden vorteilhafterweise mit 10 cm bis 12 cm langen **Dollen** aus Hartholz oder Stahl verbunden **(Bild 3)**.

Seitlich anliegende, zum Teil auch aufliegende Hölzer, bekommen einen festen Sitz, wenn sie **verkämmt** werden **(Bild 4)**. Dazu werden die Berührungsflächen beider Hölzer 1,5 cm bis 2 cm tief ausgeblattet. Die Verbindung ist unverschieblich und wird in der Regel durch einen Schraubenbolzen zusammengehalten.

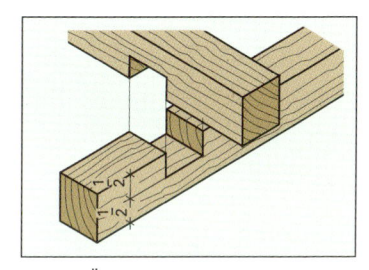

Bild 2: Überblattung

Bei Kreuzungen von geneigten mit waagerechten Hölzern, wie sie hauptsächlich bei Sparren mit Pfetten vorkommen, erhalten die Sparren einen der Neigung entsprechenden Einschnitt, den man als **Kerve** (Kerbe, Sattel) bezeichnet **(Bild 5)**. Die Tiefe von Sparrenkerven beträgt bei normalen Sparrenhöhen von 16 cm bis 20 cm 2,5 cm bis 3,5 cm. Zur Befestigung dient ein Nagel, der mindestens 12 cm (Haftlänge) in die Pfette eindringen sollte oder ein Sparrenpfettenanker.

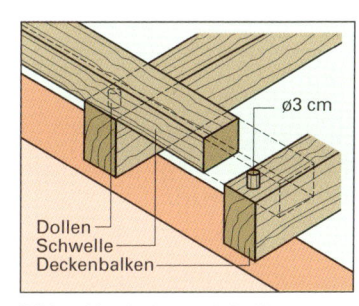

Bild 3: Verbindung mit Dollen

Bild 6: Abzweigung mit Balkenschuh

Bild 5: Sparrenkerve

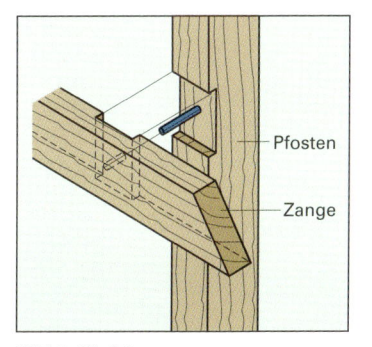

Bild 4: Verkämmung

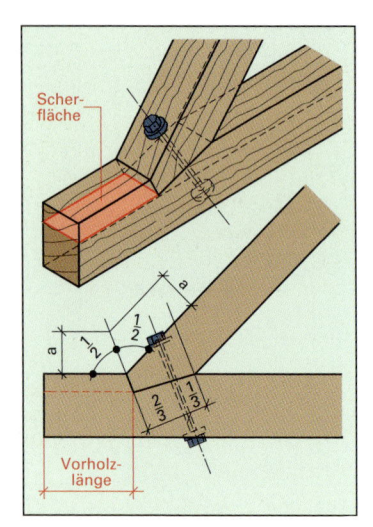

Bild 1: Stirnversatz

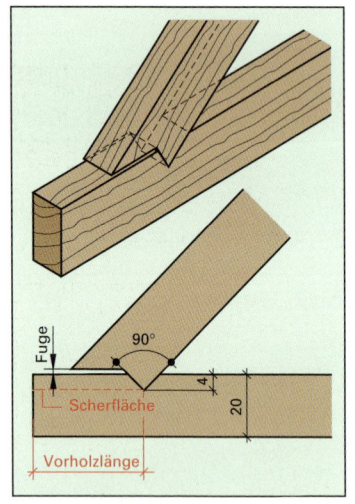

Bild 2: Fersenversatz

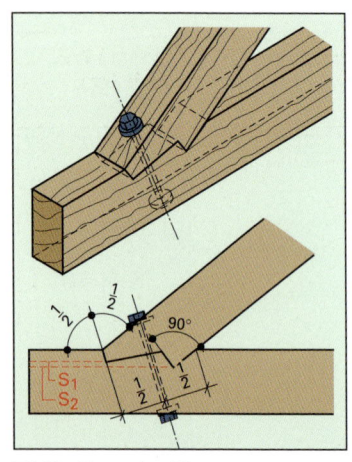

Bild 3: Doppelter Versatz

12.3.5 Versatz

Beim Versatz wird ein spitzwinklig auftreffender Druckstab durch eine oder mehrere Passflächen an seiner Stirnseite mit dem anderen Holz verbunden. Nach Zahl und Lage der Passflächen unterscheidet man den Stirnversatz, den Rück- bzw. Fersenversatz und den doppelten Versatz.

Beim **Stirnversatz** erhält der aufnehmende Stab eine keilförmige Ausklinkung, in die der Druckstab eingepasst wird **(Bild 1)**. Die Stirnfläche soll dabei in der Winkelhalbierenden des stumpfen Außenwinkels liegen. Die gleiche Richtung soll auch der Heftbolzen haben, der die Verbindung gegen seitliches Verschieben sichert. Zum Anreißen des Versatzes zieht man zu den beiden Schenkeln des zu halbierenden Winkels jeweils im gleichen Abstand eine Parallele. Die Verbindungslinie von deren Schnittpunkt mit dem Scheitel des stumpfen Winkels ist die Winkelhalbierende (Bild 1). Die Lage des Heftbolzens ergibt sich, wenn man den Abstand dieser Winkelhalbierenden vom Scheitel des spitzen Anschlusswinkels in drei gleiche Teile teilt. Den Heftbolzen legt man etwa durch den zweiten Drittelpunkt parallel zur Winkelhalbierenden (Bild 1).

Durch die eingeleitete Druckkraft wird das vor der Versatzfläche liegende **Vorholz** auf **Abscheren** beansprucht (Bild 1). Da die Festigkeit bei Beanspruchung auf Abscheren in Faserrichtung nur etwa ein Zehntel der Druckfestigkeit beträgt, muss die Vorholzlänge (Scherfläche) entsprechend groß sein. Da außerdem mit der Bildung von Trockenrissen gerechnet werden muss, sollte die Vorholzlänge nur in Ausnahmefällen 20 cm unterschreiten.

Beim **Rück-** oder **Fersenversatz** wird die Versatzfläche rechtwinklig zur Unterfläche des Druckstabs angeschnitten **(Bild 2)**. Da beim Fersenversatz wegen des außermittigen Anschlusses für den Druckstab Spaltgefahr besteht, darf dieser mit der freien Schnittfläche nicht aufsitzen, sondern muss eine Fuge aufweisen.

Der **doppelte Versatz** setzt sich in der Regel aus einem Stirn- und einem Fersenversatz zusammen **(Bild 3)**. Die Richtung der Versatzflächen ist die gleiche wie beim jeweiligen Einzelversatz. Der Fersenversatz muss aber mindestens 1 cm tiefer eingelassen werden, damit dessen Scherfläche unter der des Stirnversatzes liegt. Der Heftbolzen läuft parallel zur Versatzstirne etwa in der Mitte zwischen der Winkelhalbierenden und dem Scheitel des spitzen Anschlusswinkels.

Die **Tiefe von Versatzeinschnitten** t_v ist nach DIN 1052 beschränkt. Maßgebend dafür sind der Anschlusswinkel α und die Höhe h des ausgeklinkten Stabes **(Tabelle 1)**.

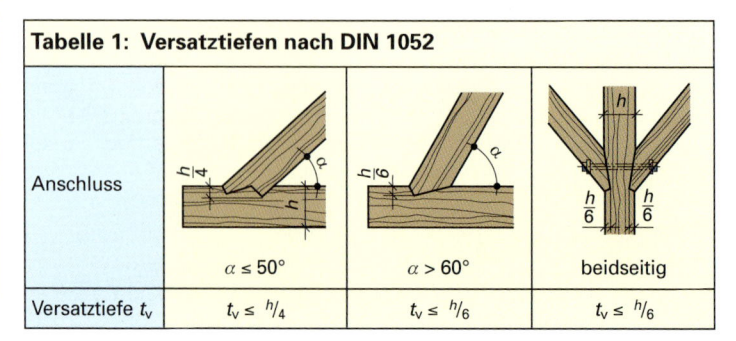

Tabelle 1: Versatztiefen nach DIN 1052

Anschluss	$\alpha \leq 50°$	$\alpha > 60°$	beidseitig
Versatztiefe t_v	$t_v \leq h/4$	$t_v \leq h/6$	$t_v \leq h/6$

12.3.6 Stabdübel- und Bolzenverbindungen

Bei den Stabdübel- und Bolzenverbindungen werden Hölzer, die mit ihren Seitenflächen aneinander liegen, durch zylindrische Verbindungsmittel aus Stahl, wie z. B. Stabdübel, Passbolzen und Schraubenbolzen, verbunden (Seiten 377 und 378). Diese Stabdübel und Bolzen müssen dabei verhindern, dass sich die Hölzer in der Verbindungsfläche, die man auch als Scherfläche bezeichnet, verschieben können. Dabei wirken die Kräfte rechtwinklig zur Stabdübel- oder Bolzenachse und beanspruchen die Stabdübel und Bolzen auf Biegung. Bei den angeschlossenen Hölzern werden die Kräfte auf die Bohrlochwandungen übertragen.

Die Anzahl der an einer Verbindungsstelle anzuordnenden Stabdübel und Bolzen hängt von der Größe der zu übertragenden Kraft ab. Dabei müssen jedoch in der Regel mindestens zwei dieser Verbindungsmittel vorhanden sein **(Bild 1)**.

An einer Verbindungsstelle können mehrere Scherflächen nebeneinander liegen. Nach der Zahl der Scherflächen, die jeweils durch die gleichen Verbindungsmittel verbunden werden, unterscheidet man einschnittige, zweischnittige und mehrschnittige Stabdübel- und Bolzenverbindungen **(Bild 2)**. Nach DIN 1052 müssen einschnittige tragende Stabdübelverbindungen mit mindestens vier Stabdübeln hergestellt werden.

Zu Bolzenverbindungen verwendet man hauptsächlich Schraubenbolzen aus Stahl mit genormten Durchmessern von 12 mm, 16 mm, 20 mm, 22 mm und 24 mm. Damit sich Kopf und Mutter der Schraubenbolzen nicht in das Holz eindrücken können, müssen tragfähige Stahlscheiben unterlegt werden. Die Vorzugsmaße dieser Scheiben sind für die verschiedenen Bolzendurchmesser in DIN 1052 (2004) angegeben **(Tabelle 1)**.

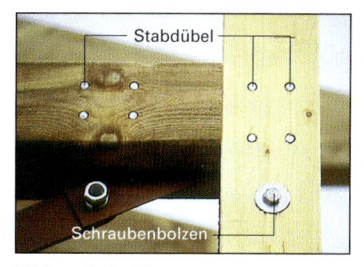

Bild 1: Stabdübelverbindung

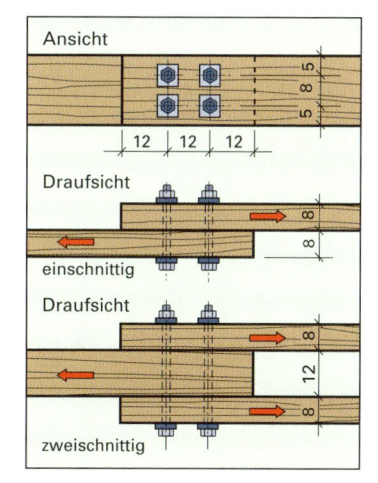

Bild 2: Bolzenverbindungen

Tabelle 1: Vorzugsmaße für Unterlegscheiben für tragende Bolzenverbindungen in mm

Bolzendurchmesser	M 12	M 16	M 20	M 22	M 24
Dicke der Scheibe	6	6	8	8	8
Außendurchmesser der Scheibe	58	68	80	92	105
Innendurchmesser der Scheibe	14	18	22	25	27

Um das Aufspalten der zu verbindenden Hölzer durch Stabdübel oder Bolzen zu verhindern, müssen diese Verbindungsmittel festgelegte **Mindestabstände** haben. Diese gelten untereinander, vom beanspruchten und vom unbeanspruchten Rand bzw. Stabende (Hirnholzende). Die Mindestabstände sind abhängig von der Kraftrichtung, von der Faserrichtung des Holzes und vom Stabdübeldurchmesser bzw. vom Bolzendurchmesser d **(Bild 3)**. Wegen der Spaltgefahr des Holzes bei mehreren hintereinander angeordneten Stabdübeln wird bei der Bemessung außerdem die tatsächliche Anzahl auf die wirksame Anzahl abgemindert.

Für tragende Schraubenbolzen sind teilweise untereinander und vom Hirnholzende größere Abstände einzuhalten als für Stabdübel und Passbolzen **(Bild 4)**.

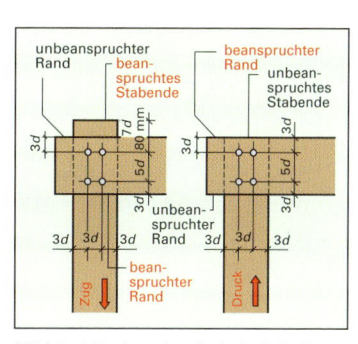

Bild 3: Mindestabstände bei Stabdübeln und Passbolzen

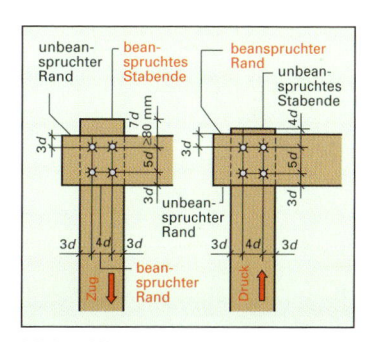

Bild 4: Mindestabstände bei tragenden Bolzen

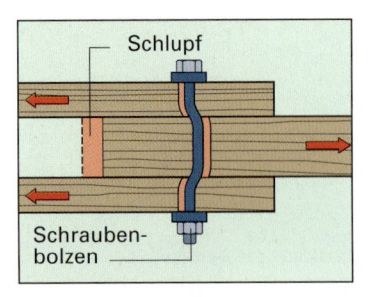

Bild 1: Schlupf bei Bolzenverbindungen

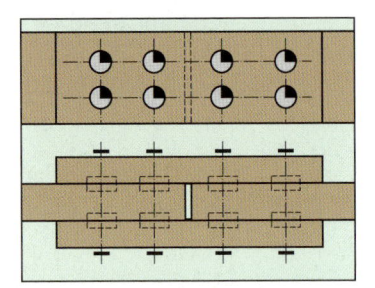

Bild 2: Holzverbindung mit Dübel und Bolzen

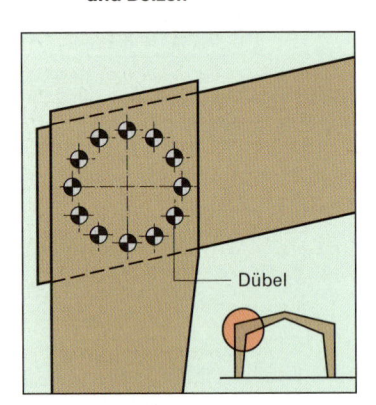

Bild 3: Dübelverbindung an Rahmenecke

Tabelle 1: Maße bei Dübelverbindungen

Außendurchmesser d_c in mm	Bolzendurchmesser d_b in mm	Dübelabstand/Vorholzlänge $a_\parallel$ in mm
50	10 bis 16	≥ 75
62	10 bis 20	≥ 93
75	10 bis 24	≥ 113
95	10 bis 30	≥ 190
117	10 bis 30	≥ 143
140	10 bis 30	≥ 210
165	10 bis 30	≥ 248
Werte für runde Einpressdübel, Dübeltyp C1		

Die Löcher für Stabdübel und Bolzen werden rechtwinklig zur Scherfläche vorgebohrt. Man verwendet dazu Aufsatzbohrmaschinen mit Parallelführung. Für Stabdübel sind die Löcher in Holz und beim gleichzeitigen Bohren von Hölzern und Stahlteilen entsprechend dem Stabdübeldurchmesser zu bohren.

Auch Löcher für Bolzen müssen gut passend gebohrt werden, ein Spiel von 1 mm darf nicht überschritten werden. Bei Bolzenverbindungen wirkt es sich ungünstig aus, wenn der Bolzen im Bohrloch etwas Spiel hat. Ebenfalls ungünstig ist es, dass durch das Schwinden der Hölzer die Klemmwirkung der Bolzen nachläßt. Dadurch entsteht in der Scherfläche ein Schlupf, der bewirkt, dass die Bolzenschäfte nur noch auf die Randzonen der Bohrlochwände drücken (**Bild 1**). Wegen der damit verbundenen Nachgiebigkeit dürfen Bolzenverbindungen nicht uneingeschränkt verwendet werden. Für einfache Bauten, wie Schuppen und Unterstellräume, sowie für Gerüste sind sie jedoch geeignet. Allerdings müssen die Bolzen im fertigen Bauwerk mehrmals nachgezogen werden.

12.3.7 Dübelverbindungen

Dübel sind Verbindungsmittel aus Metall, die man zusammen mit Schraubenbolzen vorwiegend zum Anschluss glatt anliegender Hölzer verwendet (**Bild 2**). Die Kraftübertragung erfolgt durch die Dübel, während die Schraubenbolzen durch ihre Klemmwirkung verhindern müssen, dass die Dübel verkanten können. Bei Scheibendübeln mit Zähnen oder Dornen beteiligen sich auch die Bolzen an der Tragwirkung. Laschen aus Flach- oder Profilstahl werden ebenfalls mit Hilfe von Dübeln an Holzstäbe angeschlossen. Dazu werden einseitige Dübel verwendet. Dübel gibt es in verschiedenen Formen und Arten (Seite 378).

Bei der Herstellung von Dübelverbindungen mit Einpressdübeln werden zuerst die Bolzenlöcher durch die zu verbindenden Hölzer gebohrt. Danach legt man die Hölzer wieder auseinander und fräst wenn nötig das Bett für die Grundplatte ein. Je nach Bauart und Größe treibt man dann die Dübel in eines der zu verbindenden Hölzer mit Hilfe eines Schlagaufsatzes ganz oder teilweise ein. Zum endgültigen Zusammenpressen der fluchtgerecht angelegten Verbindung verwendet man besondere Spannbolzen mit großen Unterlagsplatten. Verbindungen mit mehreren oder mit großen Einpressdübeln werden mit hydraulischen Pressen zusammengedrückt. Bei Verbindungen mit einer größeren Anzahl von Dübeln, was z. B. bei Rahmenecken aus Brettschichtholz vorkommt, verwendet man vorteilhafter ringförmige Einlassdübel, da bei Einpressdübeln der Pressdruck zu groß würde (**Bild 3**).

Bei der **Anordnung der Dübel** müssen bestimmte Abstände der Dübel untereinander und von den Holzrändern (Vorholz) eingehalten werden. Diese **Mindestabstände** nach DIN 1052 sind von der Dübelart und dem Dübeldurchmesser sowie von der Faser- und Kraftrichtung abhängig (**Tabelle 1**).

Zu jedem Dübel gehört in der Regel ein **Schraubenbolzen,** dessen Durchmesser abhängig von der Dübelgröße gewählt werden kann (Tabelle 1). Unter Kopf und Mutter der Schraubenbolzen sind **Unterlegscheiben** anzuordnen. Der Durchmesser bzw. die Seitenlänge der Unterlegscheibe muss mindestens das Dreifache, die Unterlegscheibendicke drei Zehntel des Bolzendurchmessers betragen.

Beim Anziehen der Schraubenbolzen von Düberverbindungen sollten sich die Unterlegscheiben etwa 1 mm tief in das Holz eindrücken. Die Schraubenbolzen müssen in der Regel einige Monate nach dem Einbau nachgezogen werden, damit ihre Klemmwirkung auch nach dem Schwinden der Hölzer voll erhalten bleibt. Auf das Nachziehen der Bolzen darf verzichtet werden, wenn die Holzfeuchte beim Einbau nicht mehr als 5 % über der zu erwartenden Holzausgleichsfeuchte liegt.

Die Schraubenbolzen von Dübelverbindungen werden durch den Dübelmittelpunkt geführt. Werden mehrere Dübel mit einem Durchmesser von mindestens 130 mm hintereinander angeordnet, so sind an den Enden der Hölzer zusätzliche Klemmbolzen erforderlich.

Je nach der Größe der an der Verbindungsstelle wirkenden Kraft können kleinere oder größere Dübel eingebaut werden. Die gebräuchlichsten Dübel haben einen Durchmesser zwischen 50 mm und 165 mm. In Zeichnungen wird die Dübelgröße durch Symbole gekennzeichnet **(Tabelle 1)**.

Tabelle 1: Zeichensymbole für Dübel besonderer Bauart

Symbol	Dübelnennmaß
	⌀ 40 mm bis 55 mm
	⌀ 56 mm bis 70 mm
	⌀ 71 mm bis 85 mm
	⌀ 86 mm bis 100 mm
	Nennmaße > 100 mm

12.3.8 Tragende Nagelverbindungen

Im Allgemeinen sind bei Nagelverbindungen mindestens zwei Nägel erforderlich. Die Befestigung von Schalungen, Latten und Windrispen sowie von Sparren, Pfetten und dergleichen ist mit einem Nagel zulässig, wenn die Bauteile mit insgesamt mindestens zwei Nägeln angeschlossen sind. Nagelverbindungen werden einschnittig und zweischnittig ausgeführt. Dabei richtet sich die Nagelgröße nach der Holzdicke und nach der Einschlagtiefe. Bei der Anordnung der Nägel müssen bestimmte Abstände eingehalten werden.

Bei tragenden Nagelverbindungen können die Löcher vorgebohrt werden, ab einer Rohdichte des Holzes von 500 kg/m³ müssen sie nach DIN 1052 vorgebohrt werden. Das Bohrloch muss dabei etwa ein Zehntel kleiner sein als der Durchmesser des Nagelschafts. Weil die Hölzer durch die Vorbohrung nicht so leicht aufspalten können, dürfen die Nägel näher beieinander liegen. Die Tragkraft der Nägel kann außerdem erhöht und die Holzdicke verringert werden.

Einschnittige Nagelverbindungen kommen hauptsächlich vor, wenn Druck- oder Zugstäbe aus Brettern oder Bohlen an Kanthölzer angeschlossen werden müssen **(Bild 1)**. Die Nägel dringen dabei nur durch eine Anschlussfuge. Sie werden dort quer zum Schaft beansprucht und können sich bei zu großer Krafteinwirkung verbiegen. Da in der Verbindungsfuge im Nagelschaft außerdem Scherspannungen auftreten, bezeichnet man dessen Querschnittsfläche als Scherfläche. Bedingt durch die paarweise Anordnung der Stäbe, liegen sich an Kantholzgurten häufig zwei einschnittige Nagelverbindungen gegenüber.

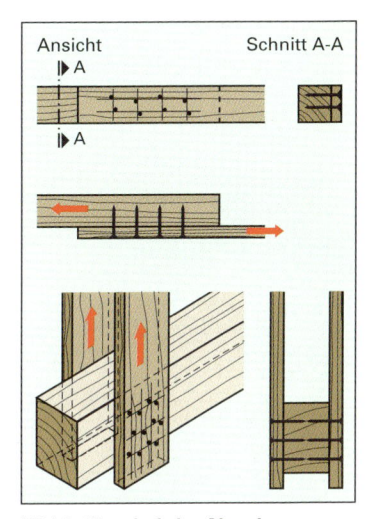

Bild 1: Einschnittige Nagelverbindung

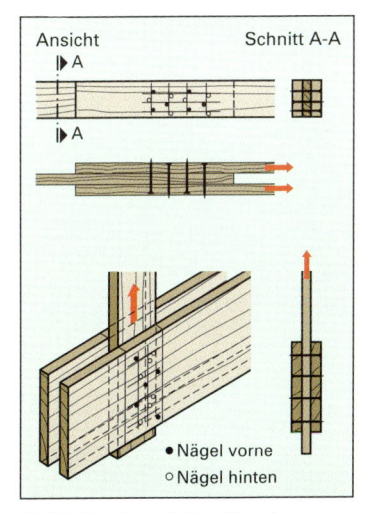

Zweischnittige Nagelverbindungen werden insbesondere verwendet, wenn Konstruktionen ganz oder überwiegend aus Brettern oder Bohlen hergestellt werden. Dabei verbinden die Nägel drei aneinander liegende Hölzer **(Bild 2)**. Die Nagelschäfte haben zwei Scherflächen, weil sie in beiden Verbindungsfugen durch gleichgerichtete Kräfte beansprucht werden. Deshalb ist die Tragfähigkeit eines zweischnittig beanspruchten Nagels doppelt so groß wie die eines einschnittigen. Damit zweischnittige Nagelverbindungen nicht auseinandergedrückt werden können, treibt man die Hälfte der Nägel von der Vorderseite, die andere von der Rückseite aus ein.

• Nägel vorne
○ Nägel hinten

Bild 2: Zweischnittige Nagelverbindung

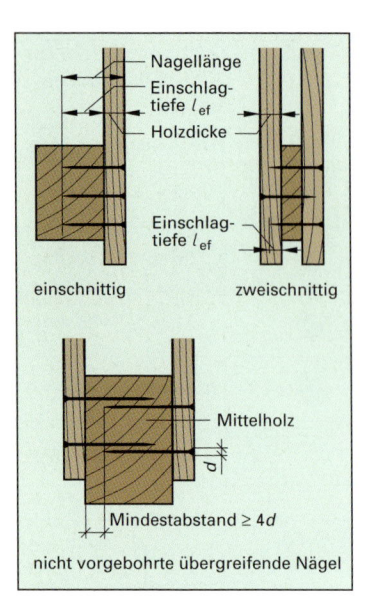

Bild 1: Holzdicken und Einschlagtiefe

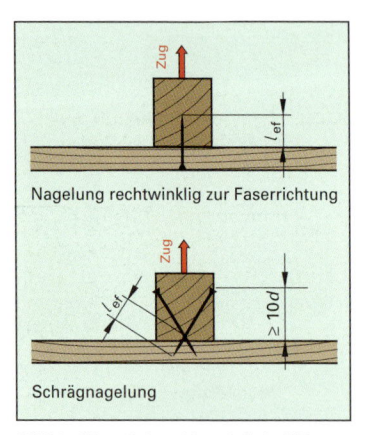

Bild 2: Nageleinschlagtiefe bei Beanspruchung auf Herausziehen

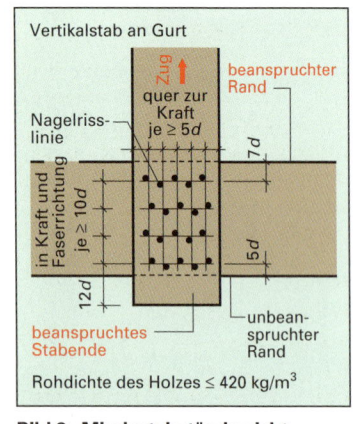

Bild 3: Mindestabstände nicht vorgebohrter Nägel

12.3.8.1 Mindestholzdicken und Einschlagtiefen

Da Holz beim Einschlagen von Nägeln aufspalten kann und Bretter von Nagelverbindungen auf Lochleibungsfestigkeit beansprucht werden, müssen **Mindestholzdicken** eingehalten werden **(Bild 1)**. Diese sind vom Nageldurchmesser d abhängig. Die Schnittholzdicke muss bei Nagelverbindungen ohne Vorbohrung mindestens $14\,d$ betragen. Bei Nagelverbindungen mit vorgebohrten Nagellöchern sind jedoch geringere Brettdicken zulässig, da die Spaltgefahr geringer ist. Gleiches gilt für Kiefernholz sowie für andere Nadelholzarten, wenn ausreichend große Nagelabstände zum Rand rechtwinklig zur Faser eingehalten werden.

Die Entfernung der Nagelspitze von der nächstliegenden Scherfläche bezeichnet man als **Einschlagtiefe** l_{ef} (Bild 1). Sie richtet sich ebenfalls nach dem Nageldurchmesser d. Bei zweischnittigen Verbindungen ist für den Nachweis der Tragfähigkeit der kleinere Wert aus Seitenholzdicke und Einschlagtiefe maßgebend. Bei Einschlagtiefen unter $4\,d$ darf die der Nagelspitze nächstliegende Scherfuge nicht in Rechnung gestellt werden. Nägel, die von beiden Seiten in nicht vorgebohrte Nagellöcher eingeschlagen sind, dürfen sich im Mittelholz übergreifen, wenn der Abstand von der Nagelspitze zur Scherfläche noch mindestens $4\,d$ beträgt (Bild 1).

Bei **Beanspruchung auf Herausziehen** muss die wirksame **Nageleinschlagtiefe** l_{ef} mindestens $12\,d$ betragen. Für bestimmte Sondernägel reicht jedoch, wegen der durch die Profilierung bewirkten größeren Haftkraft, eine Einschlagtiefe von $8\,d$ aus. Dies gilt für Nagelung rechtwinklig zur Faserrichtung des Holzes und für Schrägnagelung **(Bild 2)**. Parallel zur Faserrichtung des Holzes eingeschlagene Nägel dürfen nicht zur Kraftübertragung herangezogen werden.

12.3.8.2 Mindestnagelabstände

Zur gleichmäßigen Anordnung von mehreren Nägeln auf der Verbindungsfläche können **Nagelrisslinien** dienen **(Bild 3)**. Damit nicht zwei hintereinander liegende Nägel in der gleichen Faser sitzen, kann man sie an den Kreuzungspunkten der Nagelrisslinien in beiden Richtungen um die halbe Nageldicke versetzen.

Die **Mindestabstände,** die bei der Anordnung der Nägel eingehalten werden müssen, hängen von der Rohdichte des Holzes ab. Außerdem sind der Faserverlauf des Holzes und die Kraftrichtung zu berücksichtigen. Weiterhin muss beachtet werden, ob Hirnholzenden bzw. Holzränder durch die an der Verbindungsstelle wirkende Kraft beansprucht oder unbeansprucht sind. Da bei beanspruchten Rändern und Stabenden die Gefahr des Aufreißens besteht, sind größere Mindestabstände einzuhalten (Bild 3).

12.3.8.3 Herstellung von Nagelverbindungen

Bei der Herstellung von Nagelverbindungen sollen die Nägel rechtwinklig zur Holzfaserrichtung eingetrieben werden. Der Nagelkopf muss mit der Holzoberfläche bündig abschließen und wird nicht versenkt, damit die Holzfasern nicht beschädigt werden. Aus dem gleichen Grund dürfen vorstehende Nagelspitzen nur auf besondere Anordnung umgeschlagen werden. Dies erfolgt immer rechtwinklig zur Faser. Bei Schrägnagelung muss der Abstand zum beanspruchten Rand mindestens $10\,d$ betragen (Bild 2).

12.3.8.4 Nagelverbindungen mit Stahlblechen

Bei Nagelverbindungen mit Stahlblechen unterscheidet man im Wesentlichen drei Arten, nämlich Verbindungen mit außen liegenden oder mit eingeschlitzten Blechen mit mindestens 2 mm Dicke sowie Verbindungen mit eingeschlitzten Blechen mit weniger als 2 mm Dicke.

Außen liegende Bleche sind in der Regel vorgelocht **(Bild 1)**. Sie werden über die stumpf aneinander stoßenden Hölzer mit einer entsprechenden Zahl von Drahtstiften oder Sondernägeln genagelt. Bei **eingeschlitzten Blechen mit einer Mindestdicke von 2 mm** müssen die Löcher für die Nägel gleichzeitig durch die Holz- und Blechteile vorgebohrt werden. Der Bohrlochdurchmesser entspricht dabei dem Schaftdurchmesser der Nägel. **Eingeschlitzte Bleche mit weniger als 2 mm Dicke,** von denen häufig mehrere an einer Anschlussstelle liegen, können ohne Vorbohren durchgenagelt werden **(Bild 2)**. Solche Verbindungen dürfen jedoch nur mit Hilfe besonders entwickelter Schlitzgeräte und aufgrund einer amtlichen Zulassung hergestellt werden, wie das z. B. bei der Greim-Bauweise der Fall ist.

Bild 1: Verbindung mit gelochten Stahlblechen

12.3.9 Nagelplattenverbindungen

Nagelplatten werden für die rationelle Herstellung von Holzfachwerkbindern aus einteiligen Holzquerschnitten eingesetzt **(Bild 3)**. Dazu werden Holzstäbe gleicher Dicke zugeschnitten, imprägniert und passgenau zusammengefügt. Die Holzfeuchte der Stäbe darf hierbei in der Regel 20 % nicht überschreiten und der Dickenunterschied nicht mehr als 1 mm betragen. Außerdem dürfen die Stäbe keine Baumkante aufweisen.

Nagelplatten sind stets beidseitig symmetrisch anzuordnen und mittels geeigneter Pressen so einzupressen, dass die Nägel auf ihrer gesamten Länge im Holz sitzen. Das Einschlagen von Nagelplatten mit dem Hammer oder dergleichen ist unzulässig.

Die Verbindung mit Nagelplatten ergibt an den Knotenpunkten zug-, druck- und schubfeste Anschlüsse bzw. Stöße ohne Schwächung des tragenden Holzquerschnitts.

Nagelplattenbinder werden von Lizenzbetrieben industriell hergestellt, fertig auf die Baustelle geliefert und dort montiert. Wegen ihrer wirtschaftlichen Herstellung haben sie die Nagelbrettbinder weitgehend ersetzt.

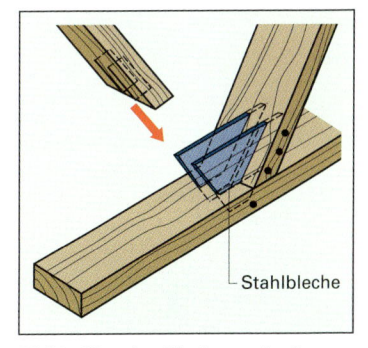

Bild 2: Nagelverbindung mit eingeschlitzten Stahlblechen (Greim)

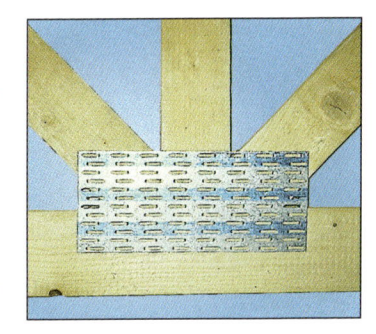

Bild 3: Nagelplattenverbindung

Aufgaben

1. Für welche Verbindungen werden Verzapfungen verwendet?
2. Wie werden Sparren-Pfetten-Kreuzungen ausgeführt?
3. Beschreiben Sie die Versatzarten und begründen Sie die konstruktive Ausbildung.
4. Bestimmen Sie die Versatztiefen für eine Strebe, die an ein 18 cm hohes Kantholz unter einem Winkel von 45° mit einem doppelten Versatz angeschlossen wird.
5. Ein Kantholz wird mit sechs Stabdübeln mit 12 mm Durchmesser rechtwinklig an zwei Bohlen (Zangen) angeschlossen. Skizzieren Sie die Holzverbindung in der Ansicht. Tragen Sie die Mindestabstände der Stabdübel sowie die sich daraus ergebenden Mindestbreiten der Hölzer in die Skizze ein.
6. Beschreiben Sie, welche Beanspruchungen bei Holzverbindungen mit stabförmigen Verbindungsmitteln, z. B. Passbolzen, auftreten.
7. Begründen Sie das Nachziehen der Schraubenbolzen bei Verbindungen mit Dübeln besonderer Bauart.
8. Welche Nageleinschlagtiefe ist bei einem Sparrennagel 7 x 220 erforderlich?
9. Wozu dienen Nagelrisslinien?
10. Erläutern Sie die Herstellung von Bindern mit Nagelplatten.
11. Wählen Sie geeignete Holzverbindungen für das Tragwerk eines Holzsteges (oder eines Dachbinders) und begründen Sie die Auswahl.

Bild 1: Dachtragwerk aus Brettschichtholzbinder

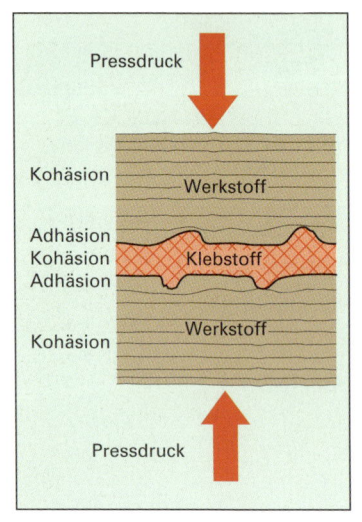

Bild 2: Kohäsion und Adhäsion beim Verkleben

Eigenschaften von Polyvinylacetat-Leimen (PVAC-Leimen)

Vorteile	Nachteile
• leicht und ohne Gesundheitsgefahren zu verarbeiten	• Berührung mit Eisenwerkstoffen bewirkt Holzverfärbungen
• schimmelfest	• hitzeempfindlich
• lang lagerfähig	• frostempfindlich
• elastische Verbindung mit heller Fuge	• nur wenig feuchtebeständig

12.4 Bauholzverklebung

Durch Verkleben bzw. Verleimen können tragende Bauteile aus Holz, z. B. Träger und Stützen, in verschiedenen Arten und Formen sowie mit großen Querschnittsmaßen und Längen hergestellt werden. Brettschichtholz spielt hierbei wegen seiner vielseitigen Verwendbarkeit eine besondere Rolle **(Bild 1)**. Außerdem werden Stegträger und Fachwerkträger sowie Wand- und Flachdachelemente zum Bau vorgefertigter Häuser verklebt.

12.4.1 Klebstoffe

Klebstoffe sind Stoffe, mit denen man andere feste Werkstoffe ohne Veränderung ihres Gefüges miteinander verbinden kann. Das Verkleben beruht auf **Adhäsionskräften,** die zwischen der Oberfläche der zu verklebenden Werkstoffteile und der Oberfläche des Klebstofffilms auftreten. Außerdem werden innerhalb des Klebstofffilms beim Erhärten **Kohäsionskräfte** wirksam **(Bild 2)**. Durch mechanische Verankerung des Klebstoffes, z. B. in den Holzporen, kann sich die Fugenfestigkeit erhöhen. Damit der Klebstoff die Oberflächen der zu verklebenden Werkstoffe **benetzen** kann, muss der Klebstoff beim Verkleben flüssig sein. Das Festwerden des Klebstoffes nennt man **Abbinden** bzw. **Aushärten**. Dazu sind meist hoher Druck und häufig Wärme notwendig.

Klebstoffe werden nach verschiedenen Gesichtspunkten unterschieden, z. B. nach der chemischen Zusammensetzung, der Verarbeitungsweise oder der Erhärtung. In der Praxis ist eine Unterteilung der Klebstoffe in Leime und Kleber üblich. Als **Leime** werden in Wasser gelöste oder dispergierte Klebstoffe bezeichnet. **Kleber** enthalten meist organische Lösungsmittel.

Klebstoffe aus natürlichen Rohstoffen, z. B. Glutin- und Kaseinleime, sind im Bauwesen ohne Bedeutung. Stattdessen werden künstlich hergestellte Klebstoffe verwendet. Diese synthetischen Klebstoffe teilt man hauptsächlich in thermoplastische Klebstoffe und duroplastische Klebstoffe sowie in Kleber ein.

12.4.1.1 Thermoplastische Klebstoffe

Thermoplastische Klebstoffe werden hergestellt, indem man thermoplastische Kunststoffe, z. B. Polyvinylacetat, in feinster Form in Wasser (Dispersionsmittel) verteilt (Seite 24). **Polyvinylacetatleime** nennt man deshalb auch **Dispersionsklebstoffe**. Wegen ihres milchigen Aussehens werden sie auch als **Weißleime** bezeichnet.

Das Erhärten der Dispersionsklebstoffe ist ein physikalischer Vorgang, bei dem das Wasser von den zu verklebenden Werkstoffen aufgenommen wird. Die Verleimtemperatur darf hierbei etwa 8 °C nicht unterschreiten, da sonst die Fuge weiß wird und der Klebstoff seine Klebekraft verliert (Weißpunkt). Damit Holz das im Klebstoff enthaltene Wasser aufnehmen kann, sollte die Holzfeuchte nicht mehr als 12 % bis 15 % betragen. Wärme beschleunigt die Wasserverdunstung und damit das Abbinden. Der Klebstoff bleibt thermoplastisch, er wird beim Erhitzen wieder weich, aber nicht mehr flüssig. Durch Einwirken von Wasser lassen sich Dispersionsklebstoffe zwar nicht mehr lösen, aber anquellen. Deshalb werden diese gebrauchsfertig gelieferten Klebstoffe vorwiegend als Montageleime im Innenausbau verwendet.

12.4.1.2 Duroplastische Klebstoffe

Aus den Rohstoffen Phenol, Harnstoff, Melamin oder Resorcin, die jeweils mit Formaldehyd eine chemische Verbindung eingehen, werden duroplastische Klebstoffe hergestellt. Der Klebstoff wird dann beispielsweise als **Phenol-Formaldehyd-Harzleim** bezeichnet. Bei der Herstellung der duroplastischen Kunstharze wird der chemische Vorgang der Kondensation unterbrochen. Durch Zugabe eines Härters oder durch Wärme wird diese chemische Reaktion wieder in Gang gebracht und bis zur vollständigen Aushärtung fortgesetzt. Duroplastische Klebstoffe werden auch als **Kondensationsleime** bezeichnet.

Härter sind Säuren oder Salze, die entweder im Klebstoff bereits enthalten sind oder als Härterpulver bzw. Härterlösung dem Klebstoff vor dem Auftragen beigemischt werden (Untermischverfahren). Sie können aber auch vor dem Verkleben auf einen der zu verklebenden Werkstoffteile aufgestrichen werden, während der Klebstoff auf die andere Fläche aufgetragen wird (Vorstrichverfahren).

Da die Kondensation dieser Klebstoffe auch bei normaler Raumtemperatur und ohne Härter langsam weiter läuft, sind diese Leime zeitlich nur begrenzt lagerfähig. Sie sind teilweise auch für wetterfeste Verklebungen geeignet und werden besonders für die Herstellung von Holzwerkstoffen und im Holzleimbau verwendet **(Tabelle 1)**.

12.4.1.3 Kleber

Kleber können aus duroplastischen Kunstharzen aufgebaut sein wie die **Epoxidharz**-Klebstoffe und die **Polyurethan**-Klebstoffe (Isocyanat-Klebstoffe) oder aus thermoplastischen Kunstharzen wie beispielsweise die **Polychloropren**-Klebstoffe.

Kleber aus **duroplastischen Kunstharzen** erhärten durch chemische Reaktionen (Polyaddition) und ergeben hochfeste Klebungen.

Die **thermoplastischen Kleber** sind in der Regel **Kontaktkleber**. Diese sind bei der Verarbeitung auf beiden Seiten der zu verklebenden Werkstoffe aufzutragen. Danach muss der Kleber ablüften, d. h., das sehr flüchtige Lösungsmittel muss verdunsten. Erst wenn sich der Kleberauftrag trocken anfühlt, werden die Werkstoffteile unter kurzem starkem Pressdruck zusammengefügt und verklebt. Deshalb können mit Kontaktkleber auch nicht saugfähige Werkstoffe wie Metalle oder Kunststoffe geklebt werden.

Kleber, die ohne Härter verarbeitet werden, bezeichnet man als **Einkomponentenkleber,** solche mit einem Härterzusatz als **Zweikomponentenkleber.** Durch den Härter erhalten die Verklebungen eine erhöhte Anfangshaftung und Wärmebeständigkeit, außerdem sind sie widerstandsfähiger gegen Feuchtigkeit.

Kleber werden nicht nur im Holzbau, sondern auch für das Befestigen von Fliesen, Bodenbelägen sowie im Leichtmetallbau häufig eingesetzt.

Beim Verwenden von Klebstoffen sind die Verarbeitungsvorschriften der Herstellerfirmen und das Sicherheitsdatenblatt genau zu beachten, da viele Klebstoffe gesundheitsschädigende oder leicht entzündliche Bestandteile enthalten **(Bild 1)**. Außerdem ist eine sachgerechte Entsorgung der Klebstoffreste sicherzustellen.

Tabelle 1: Verwendung von Kondensationsklebstoffen und Klebern

Kunstharz	Verwendung
Phenol	Sperrholz, Spanplatten Faserplatten, Mehrschichtplatten
Harnstoff	Sperrholz, Furnierschichtholz, Spanplatten, Faserplatten und Brettschichtholz für Innenräume
Melamin	Spanplatten, Mehrschichtplatten, feuchtebeständiges Brettschichtholz
Resorcin	Bausperrholz, Brettschichtholz, das hoher Feuchte und chemischen Angriffen ausgesetzt ist
Epoxid	Holz-Stahl-Verbindungen, für dicke Fugen, z. B. bei Holzsanierungen
Polyurethan	Spanstreifenholz, Spanplatten P 5 und P 7, Brettschichtholz
Polychloropren	Holz-Kunststoff-verklebungen

Schutzmaßnahmen im Umgang mit duroplatischen Leimen sowie mit Klebern:

- Augen und Haut vor Kontakt mit Klebstoffen schützen
- Ausreichend Belüftung sicherstellen oder Atemschutz verwenden
- Gefäße getrennt lagern und nicht offen stehen lassen
- Zündquellen fernhalten
- Während der Arbeit nicht essen, trinken oder rauchen

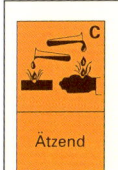

Bild 1: Gefahrensymbole auf Klebstoffgebinden

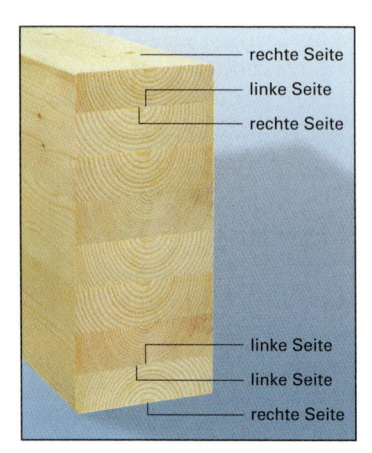

Bild 1: Rechte und linke Brettseiten bei Brettschichtholz

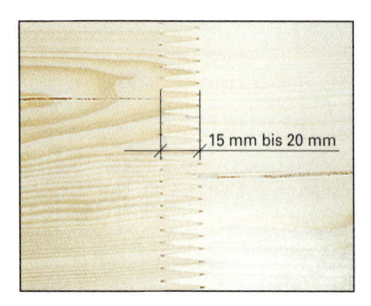

Bild 2: Keilzinkung

Bild 3: Brettschichtholz-Bogenbinder

Tabelle 1:	Festigkeit von Brettschichtholz in N/mm²

Festigkeitsklasse nach charakteristischer Biegefestigkeit gemäß DIN 1052	
Homogenes Brettschichtholz	Kombiniertes[1] Brettschichtholz
GL24h	GL24c
GL28h	GL28c
GL32h	GL32c
GL36h	GL36c

[1] unterschiedliche Festigkeitsklassen von inneren und äußeren Lamellen

12.4.2 Brettschichtholz

Brettschichtholz besteht aus mindestens drei Nadelholzbrettern, zumeist Fichtenholz, deren Breitflächen so miteinander verklebt sind, dass jeweils eine linke und eine rechte Seitenfläche aneinander liegen. Das Brett, dessen linke Seite bei dieser Abfolge außen liegen würde, muß jedoch gewendet werden, da dort nur rechte Brettflächen liegen dürfen **(Bild 1)**.

Um das Arbeiten, vor allem aber das Schwinden bei Brettschichtholz gering zu halten, müssen die zu verklebenden Bretter eine Holzfeuchte haben, die der relativen Luftfeuchtigkeit am Einbauort entspricht (Seite 122). Außerdem härten Holzleime besser aus, wenn das Holz beim Verkleben eine geringe Holzfeuchte aufweist. Deshalb dürfen für konstruktive Leimverbindungen nur Hölzer mit höchstens 15 % Feuchte verwendet werden. Zur Erzielung dieser Feuchtigkeitsgehalte ist die künstliche Holztrocknung unerlässlich. Beim Transport, bei der Lagerung und bei der Montage ist sicherzustellen, dass sich die Feuchte von Bauteilen aus Brettschichtholz durch länger einwirkende Einflüsse aus Bodenfeuchte, Niederschlägen sowie infolge Austrocknung nicht unzuträglich verändert.

Die Dicke der einzelnen gehobelten Bretter, die man auch als **Lamellen** bezeichnet, liegt in der Regel bei 33 mm, höchstens jedoch bei 42 mm. Zur Herstellung dieser Lamellen werden meist regelmäßig gewachsene Brettabschnitte mittels verklebter Keilzinkung zusammengefügt **(Bild 2)**.

Brettschichtholz wird in Breiten bis 30 cm und Querschnittshöhen von bis zu 2 m hergestellt. Die Bauteillängen können bis 60 m betragen, wobei neben den technischen Möglichkeiten auch die Transportfrage eine Rolle spielt. Stützweiten von mehr als 100 m sind durch Anordnung von Montagestößen möglich. Deshalb ist Brettschichtholz bei vielen weit gespannten Bauwerken, wie z. B. bei Industriebauten, Hallenbädern, Sporthallen, Kirchen und Brücken einsetzbar. Da sich die einzelnen Brettlamellen beim Pressen biegen lassen, können aus Brettschichtholz auch gekrümmte Bauteile, so genannte Bogenbinder, hergestellt werden **(Bild 3)**.

Brettschichtholz hat eine gute Formbeständigkeit, höhere Festigkeitswerte als Vollholz sowie eine gestalterisch wirkende, schwindrissarme Oberfläche **(Tabelle 1)**. Da es auch im Brandfall eine geringere Rissbildung als Vollholz aufweist, bleibt die schützende Verkohlungsschicht besser erhalten. Dadurch sind nach DIN 4102 feuerhemmende Konstruktionen der Feuerwiderstandsklassen F 30 und F 60 mit geringen Querschnittsflächen ohne zusätzliche Schutzmaßnahmen möglich.

Da fehlerhafte Verklebungen schwerwiegende Folgen haben können, dürfen geklebte tragende Holzbauteile nur aufgrund eines **besonderen Befähigungsnachweises** hergestellt werden. Dieser erstreckt sich auf die räumliche und maschinelle Betriebsausstattung sowie auf entsprechend geschulte Fachkräfte. Außerdem dürfen im Holzleimbau nur besonders geprüfte, anerkannte Klebstoffe verwendet werden. Geeignet sind ausschließlich duroplastische Kunstharzklebstoffe (Kondensationsleime) sowie Polyurethanklebstoffe. Für Verklebungen, die dem normalen Raumklima ausgesetzt sind, haben sich Harnstoffharzklebstoffe bewährt, die eine helle Fuge ergeben, für alle anderen Anwendungsbereiche sind nur Resorcin- und Melaminharzklebstoffe sowie Polyurethanklebstoffe zugelassen.

Auch bei der Verwendung von Holzschutzmitteln sind besondere Sorgfalt und Sachkenntnis notwendig. Es dürfen nur solche Schutzmittel aufgebracht werden, deren Verträglichkeit mit den jeweiligen Leimen nachgewiesen ist. Dazu zählen fast ausschließlich ölige Holzschutzmittel. Diesen sind zum Teil Farbpigmente zugesetzt, die eine Tönung des Holzes ermöglichen, ohne dessen Poren zu verschließen. Um zusätzliche Erwärmung und die damit verbundenen erhöhten Schwindbewegungen zu vermeiden, sollen freistehende Bauteile aus Brettschichtholz jedoch nicht mit schwarz färbenden Holzschutzmitteln behandelt werden.

In Innenräumen verbautes Brettschichtholz benötigt in der Regel keinen chemischen Holzschutz.

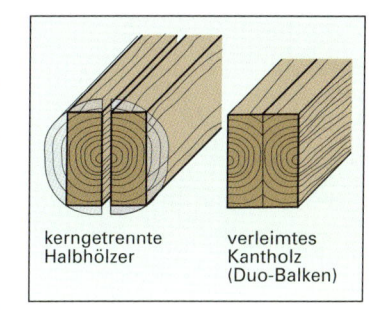

Bild 1: Balkenschichtholz

12.4.3 Verklebte Kanthölzer

Zur Herstellung von sichtbaren Konstruktionen, bei denen ein gleichmäßiges Oberflächenbild und gutes Stehvermögen erforderlich ist, werden getrocknete Kanthölzer aus Nadelholz zu formstabilen und maßhaltigen Elementen verleimt. Dazu werden beispielsweise zwei kerngetrennte bzw. kernfreie Halbhölzer, deren rechte Seiten nach außen gedreht wurden, mit Polyurethanklebstoff zu **Balkenschichtholz** bzw. Lamellenholz (Duo-Balken) verklebt **(Bild 1)**. Ebenso verklebte Hölzer aus drei Lamellen bezeichnet man als Trio-Balken. In gleicher Weise entstehen durch vier nach außen gewendete Kreuzhölzer so genannte **Kreuzbalken (Bild 2)**. Der typische Querschnitt der Kreuzbalken mit der rautenförmigen Aussparung ergibt sich dadurch, dass die Splintseiten schräg abgehobelt werden. Deshalb kann auch Holz mit Fehlkanten ohne Nachteil verwertet werden.

Durch Keilzinkung können Elemente in beliebiger Länge hergestellt werden. Balkenschichtholz gibt es in Lieferlängen bis 18 m, Kreuzbalken sind bis 15 m Länge zugelassen. Verklebte Kanthölzer sind aufgrund bauaufsichtlicher Zulassungen für tragende Bauteile verwendbar. Balkenschichtholz wird meist in der Sortierklasse S 10 angeboten. Kreuzbalken werden wie Brettschichtholz sortiert und in die Sortierklassen KB 11 und KB 14 eingeteilt.

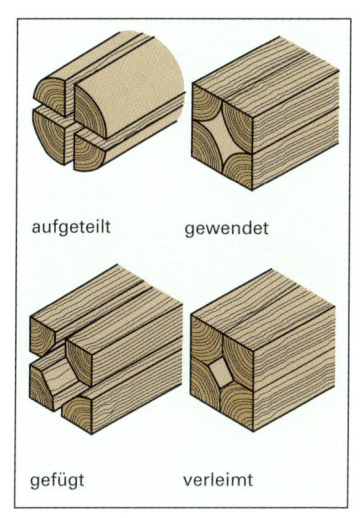

Bild 2: Kreuzbalken

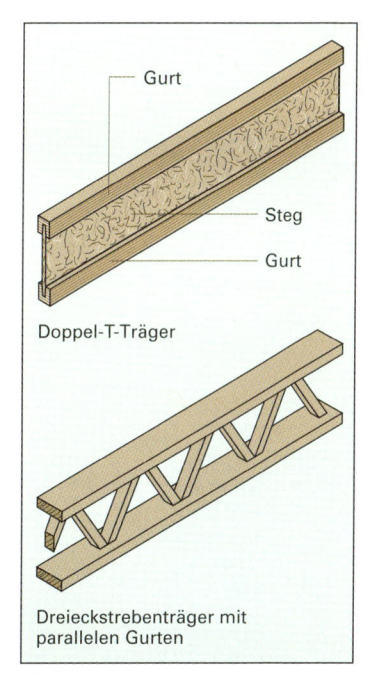

12.4.4 Stegträger und Fachwerkträger

Aus statischen Gründen ist es zweckmäßig, I-förmige verklebte Träger herzustellen. I-förmige Träger aus Brettschichtholz und aus verklebten Vollholzbohlen haben nur geringe Bedeutung. Jedoch werden einige bauaufsichtlich zugelassene Sonderkonstruktionen häufig als Sparren, Pfetten und Flachdachträger für Spannweiten bis etwa 12 m, zum Teil auch bis 20 m verwendet. Dazu zählen der Doppel-T-Träger und Fachwerkträger. Außerdem werden für die Schalung von Decken und Wänden spezielle Fachwerkträger und Stegträger hergestellt (Seite 266).

Doppel-T-Träger haben Stege aus Langspan-Platten (OSB-Platten), aus Flachpressplatten für das Bauwesen oder auch aus Hartfaserplatten, die in Keilnuten der Gurte eingeklebt sind **(Bild 3)**. Die Gurte bestehen aus Furnierschichtholz oder aus Nadelholz der Sortierklasse S 10.

Dreieckstrebenträger (DSB) sind **Fachwerkträger**, die mit parallelen Gurten und in Sattel- oder Pultdachform hergestellt werden (Bild 3). Die Streben des Dreieckstrebenträgers werden in die Einfräsungen der Gurte eingezapft und verklebt.

Bild 3: Stegträger und Fachwerkträger

Bild 1: Haus in Holzbauweise

Bild 2: Traditioneller Fachwerkbau

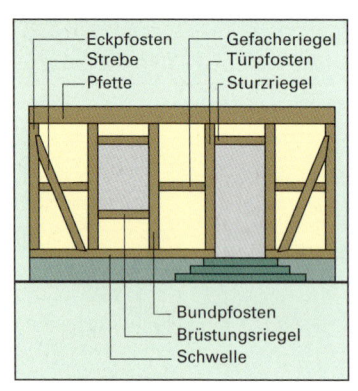

Bild 3: Fachwerkwand
- Eckpfosten
- Strebe
- Pfette
- Gefacheriegel
- Türpfosten
- Sturzriegel
- Bundpfosten
- Brüstungsriegel
- Schwelle

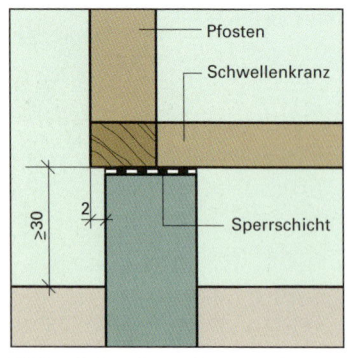

Bild 4: Schwellenauflager auf Betonsockel
- Pfosten
- Schwellenkranz
- Sperrschicht

12.5 Holzkonstruktionen

Aus Holz werden vorwiegend Dachkonstruktionen und Treppen hergestellt (Seiten 460 und 414). Aber auch zur Errichtung von Wänden und zum Einziehen von Decken sind Holz und Holzwerkstoffe geeignet. Deshalb werden Holzkonstruktionen nicht nur mit der üblichen Massivbauweise kombiniert, sondern auch ganze Gebäude, außer dem Keller und dem Sockel, in Holzbauweise errichtet **(Bild 1)**.

12.5.1 Holzwände

Holzwände können tragende, nichttragende, aussteifende und raumabschließende Funktion haben.

Bei den Holzskelettbauweisen bestehen sie in der Regel aus stabförmigen tragenden Hölzern mit gleichen Rasterabständen. Die raumabschließende Funktion wird bei Holzskelettbauten durch die Ausfachungen bzw. Beplankungen übernommen. Zum Holzskelettbau zählen neben dem traditionellen Fachwerk die Ständerbauweise sowie die Holzrahmenbauweisen **(Bild 2)**. Aus dem Holzrahmenbau hat sich die Tafelbauweise entwickelt.

Die Holzskelettbauweisen haben die historische massive Blockbauweise weitgehend verdrängt. Jedoch haben sich aus dieser auch neue Konstruktionen wie der Brettstapelbau oder die Holzblocktafelbauweise entwickelt.

12.5.1.1 Fachwerkwand

Fachwerkwände bestehen aus Pfetten (Rahmenhölzer, Rähm), Pfosten (Stiele, Ständer), Schwellen, Streben und Riegel **(Bild 3)**. Die Verbindungen der Hölzer erfolgen durch Zapfen, Versätze und verschiedene Arten von Überblattungen und Stöße.

Die senkrechten Lasten werden im Fachwerkbau von den **Pfetten,** den geschossweise angeordneten **Pfosten** und den **Schwellen** aufgenommen und abgeleitet. Zur Aufnahme von waagerechten Kräften, z. B. Windlasten, werden Fachwerkwände in ihrer Längsrichtung durch **Streben** ausgesteift. Streben sind schräg stehende Hölzer, die in den Endfeldern mit dem Strebenkopf nach außen gerichtet angeordnet sind. Dadurch entstehen unverschiebliche Dreiecke und die Druckkräfte werden direkt in die Schwellen abgeleitet. Zur Unterteilung der einzelnen Abschnitte, die man Gefache nennt, verwendet man **Riegel**. Diese verhindern das Ausknicken der Pfosten als Gefacheriegel oder begrenzen Tür- und Fensteröffnungen als Sturz- und Brüstungsriegel. Die Anschlüsse von Sturz- und Brüstungsriegel werden mit Zapfen ausgeführt. Bei modernen Varianten des Fachwerks werden die Riegel mittels Balkenschuhen angeschlossen und die Längsaussteifung durch Verschalung erreicht. Bei vorgefertigten Fachwerkwänden können die Stäbe auch mit Nagelplatten verbunden werden.

Beim Herstellen einer Fachwerkwand ohne äußere Beplankung ist darauf zu achten, daß die Schwellen etwa 2 cm über den Sockel vorstehen **(Bild 4)**. Dadurch wird erreicht, dass Spritzwasser an der Schwellenunterkante abtropfen kann. Damit aufsteigende Feuchtigkeit nicht in die Schwellen eindringen kann, muss eine Abdichtungsbahn unterlegt werden. Die Gefache der Fachwerkwände werden in der Regel ausgemauert.

12.5.1.2 Holzskelettbau

Aus dem Fachwerk haben sich verschiedene Konstruktionen im Holzskelettbau entwickelt. Bei der Ständerbauweise z. B. gehen die Stiele über zwei Geschosse durch.

Holzskelettkonstruktionen erlauben einen großen Rasterabstand der Stützen und Träger. Diese tragenden Bauteile aus Vollholz, Konstruktionsvollholz oder Brettschichtholz werden mit Stabdübeln, Dübeln besonderer Bauart und Schrauben, Winkelstählen, Stahlblechformteilen oder Hakenplatten verbunden. Die Stützen können einteilig oder als Doppelstützen, geschosshoch oder durchlaufend, ausgeführt werden. Daran werden, je nach Konstruktionsart, durchgehende Einzelträger oder Doppelträger als Zangen angeschlossen **(Bild 1)**. Auch Konstruktionen mit zwischengesetzten Riegeln sind möglich. Auf die Träger werden die Deckenbalken aufgelegt. Zur Aufnahme der Windlasten müssen Holzskelettwände ausgesteift werden. Dies erreicht man durch Streben oder durch Diagonalverbände aus Stahl bzw. durch Verschalung der Wände.

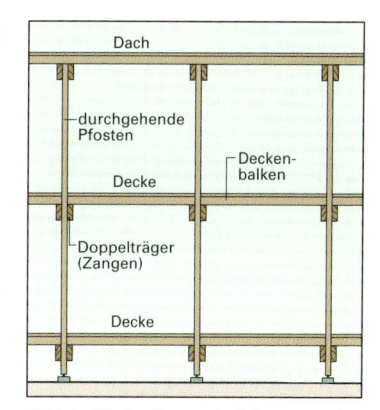

Bild 1: Skelettbau mit Stützen und Doppelträgern

12.5.1.3 Holzrahmenbau

Bei der Holzrahmenbauweise, auch als Gerippe- oder Rippenkonstruktionen bezeichnet, werden die Wände geschosshoch auf der Baustelle hergestellt. Alle Rahmenhölzer des Tragskeletts haben die gleichen Querschnittsmaße, meist $^6/_{16}$ cm. Diesen Querschnitt nennt man Regelquerschnitt. Die Pfosten haben üblicherweise einen Abstand von 62,5 cm und werden mit Schwellen und Riegel oder Rähme gleichen Querschnitts verbunden. Schwellen, Riegel, Eckpfosten und Sturzriegel werden aus mehreren Bohlen des Regelquerschnitts zusammengesetzt **(Bild 2)**. Die Verbindung der Hölzer erfolgt mit Nägeln, gelegentlich auch mit genagelten Stahlblechen. Da auf Streben zur Aussteifung verzichtet wird, ist eine Beplankung der Wände notwendig. Hierzu verwendet man meist Span- oder Sperrholzplatten, an Innenwänden auch Gipsplatten.

Auf der äußeren Beplankung werden eine Windsperre sowie ein Witterungsschutz, z. B. eine Verschalung auf Lattenrost, angebracht **(Bild 3)**. Die Hohlräume zwischen den tragenden Rahmenhölzern werden mit wärmedämmenden Mineralfaserplatten ausgefüllt. An der Innenseite der Wärmedämmung wird eine PE-Folie als Dampfsperre angeordnet.

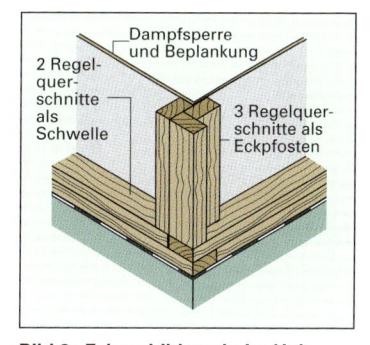

Bild 2: Eckausbildung beim Holzrahmenbau

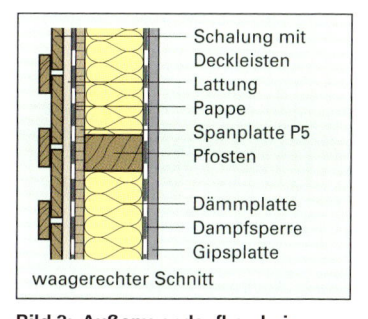

Bild 3: Außenwandaufbau beim Holzrahmenbau

12.5.1.4 Holztafelbau

Der Holztafelbau ist eine Fertigteilbauweise **(Bild 4)**. Die raumhohen, meist großformatigen Wandtafeln werden industriell vorgefertigt und auf der Baustelle zusammengefügt. Die Wandtafeln bestehen, ähnlich der Rippenbauweise, aus Holzrahmen mit Wärmedämmung und beidseitiger Beplankung aus Brettern oder Holzwerkstoffen. Rippen und Beplankung werden im Werk mit Nägeln, Klammern, Schrauben oder durch Verleimung verbunden. Die Montage der Wandtafeln erfolgt auf der Baustelle mit Sondernägeln, Sechskantholzschrauben oder Schraubenbolzen.

Bei der Holztafelbauweise ist besondere Sorgfalt auf die Fugenausbildung zu legen. Auch bei Wand- und Deckenanschlüssen sind Undichtigkeiten sowie Wärme- und Schallbrücken zu vermeiden.

Bild 4: Werksfertigung von Wänden in Holztafelbauweise

Bild 1: Eckausbildung bei Blockhauswänden
Überkreuzte Ecke — Überblattete Ecke

Bild 2: Aufbau von Holzblocktafeln

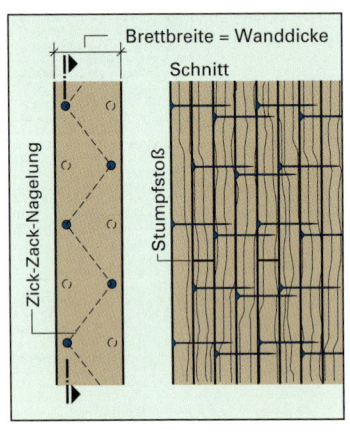

Bild 3: Nagelung bei Brettstapeln

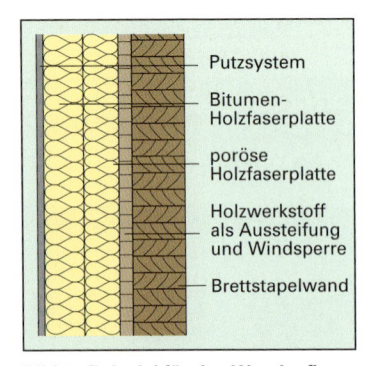

Bild 4: Beispiel für den Wandaufbau einer Brettstapelwand
- Putzsystem
- Bitumen-Holzfaserplatte
- poröse Holzfaserplatte
- Holzwerkstoff als Aussteifung und Windsperre
- Brettstapelwand

12.5.1.5 Blockbauweisen

Da Holz ein nachwachsender Baustoff ist, der ausreichend zur Verfügung steht, Kohlenstoffdioxid bindet und bei seiner Bereitstellung wenig Energie verbraucht, sind aus ökologischer Sicht massive Bauteile aus Holz sinnvoll. Deshalb wurden aus der traditionellen Blockbauweise die neuen Techniken des Blocktafelbaus, die Brettstapelbauweise und verklebte Brettschichtholzwände entwickelt.

Blockhauswände können als massive Vollwände mit Nut- und Federausbildung und vorkomprimierten Fugenbändern zur Winddichtigkeit ausgeführt werden. In der Regel werden sie jedoch als Doppelblockwand mit Kerndämmung oder mit raumseitig angeordneter Wärmedämmung und zusätzlicher Verschalung hergestellt. Die übereinander gefügten Hölzer werden mittels Rundstählen miteinander verschraubt und die Ecken überblattet oder überkreuz ausgebildet (**Bild 1**).

Holzblocktafelwände werden aus bauaufsichtlich zugelassenen raumhohen Tafelelementen hergestellt, die im Rastermaß von 12,5 cm gefertigt werden (**Bild 2**). Diese Holzblocktafeln bestehen aus drei, vier, fünf oder sieben mit Polyurethan-Klebstoff verklebten Brettlagen. Die Lamellen der inneren Brettlagen sind auf Abstand verklebt, sodass in den Lufthohlräumen Installationen verdeckt geführt werden können. Das Bausystem wird durch verklebte Schwellen- und Rahmenhölzer sowie Eckpfosten und Brüstungsprofile ergänzt. Die Holzblocktafeln bilden das tragende Wandelement, das außen durch eine Wärmedämmung mit Windsperre und Fassadenbekleidung ergänzt wird und innen verkleidet werden kann. Eine innenseitige Dampfsperre ist wegen der feuchteausgleichenden Wirkung der Holzmasse nicht erforderlich.

Brettstapelwände bestehen aus stehend angeordneten 8 cm bis 12 cm breiten Seitenbrettern der Sortierklasse S 10. Sie haben meist eine Dicke zwischen 24 mm und 33 mm. Die Bretter werden in der Regel mit Drahtstiften nach DIN EN 10230-1 oder mit Sondernägeln zweischnittig durch versetzte Nagelung (Zick-Zack-Nagelung) zu Brettstapel-Elementen bis 2,40 m Breite vernagelt (**Bild 3**). Oben und unten wird meist ein lastverteilendes Rähm angebracht. Zur Verbindung sowie zur Aussteifung der Brettstapel ist eine außenseitige Beplankung üblich (**Bild 4**). Die äußere und innere Verkleidung erfolgt wie bei Holzblocktafelwänden.

Brettschichtholzwände werden aus großformatigen, beidseitig gehobelten Elementen errichtet, die in der Regel mit Federn miteinander verbunden werden. Die Wandelemente bestehen aus verklebten Nadelholzlamellen, die waagerecht oder senkrecht angeordnet sein können. Brettschichtholzwände weisen neben der guten Wärmedämmung eine hohe Passgenauigkeit und Belastbarkeit auf.

12.5.1.6 Leichte Trennwände

Unbelastete Innenwände aus mit Gipsplatten oder Holzwerkstoffplatten beplankten Holzgerippekonstruktionen werden als leichte Trennwände bezeichnet. Die Wände werden meist als Ständerwände mit senkrecht angeordneten Kanthölzern ausgeführt, seltener als Riegelwände, bei denen die Hölzer waagerecht eingebaut werden (**Bild 1, Seite 395** und **Seite 510**). Streben sind nicht erforderlich, da die Beplankung die Aussteifung bewirkt. Als Kantholzquerschnitte sind 6 cm/6 cm bzw. 6 cm/8 cm üblich.

12.5.2 Holzdecken

Holzdecken werden meist als Balkendecken hergestellt. Jedoch werden Holzdecken auch als massive Holzkonstruktionen oder als Holz-Beton-Verbundkonstruktionen ausgeführt.

12.5.2.1 Holzbalkendecken

Holzbalkendecken haben eine geringe Eigenlast und werden trocken eingebaut. Sie werden vorwiegend im Fachwerk- und Holzskelettbau verwendet. Auch im Mauerwerksbau und im Holztafelbau werden Holzbalkendecken eingezogen.

Balkenlagen

Holzbalkendecken im Wohnungsbau unterscheidet man nach ihrer Lage im Gebäude. Die **Geschossbalkenlage** trennt zwei Vollgeschosse voneinander. Die **Dachbalkenlage** trennt das Dachgeschoss vom obersten Vollgeschoss. Bei Kehlbalkendächern bildet die **Kehlbalkenlage** den oberen Abschluß des Dachraumes.

Balkenanordnung und Deckenkonstruktion

Innerhalb der Balkenlage werden die Balken entsprechend ihrer Anordnung und nach der Art ihrer Auflagerung verschieden bezeichnet **(Bild 2)**.

Streichbalken liegen neben aufgehenden Wänden. Der Mindestabstand zur Wand soll 2 cm betragen.

Giebelbalken sind an den Giebelwänden angeordnete Streichbalken.

Wandbalken bilden den oberen Abschluß von Wänden. Bei Fachwerkwänden und bei Balken unter den Pfosten eines Dachstuhls nennt man diese auch Bundbalken.

Zwischenbalken liegen zwischen Streich-, Giebel- oder Wandbalken.

Ganzbalken nennt man die von Außenwand zu Außenwand ohne Stoß durchlaufenden Balken.

Stoßbalken sind Balken, die auf Zwischenwänden gestoßen werden.

Wechsel sind quer zu den Längsbalken angeordnete Balken. Sie werden meist eingezapft oder mit Balkenschuhen angeschlossen und bilden das Auflager von nicht durchgehenden Balken.

Stichbalken schließen an Wechseln oder Giebelbalken an und liegen auf Wänden auf.

Füllhölzer werden eingebaut, wenn der Abstand von Balken zu den Wänden zu groß wird.

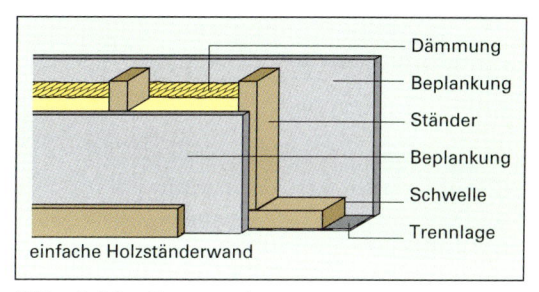

Bild 1: Leichte Trennwand

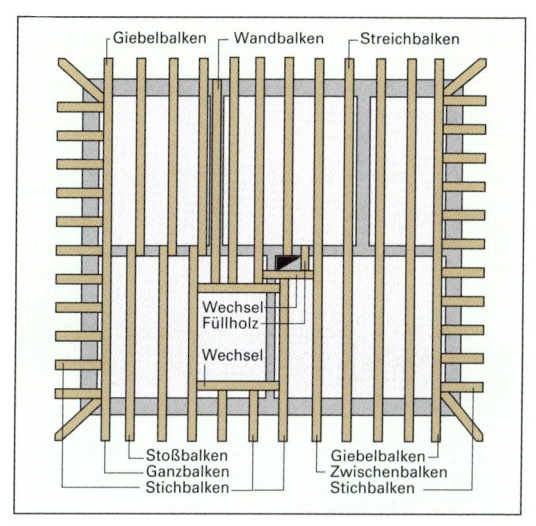

Bild 2: Anordnung der Balken (Dachbalkenlage)

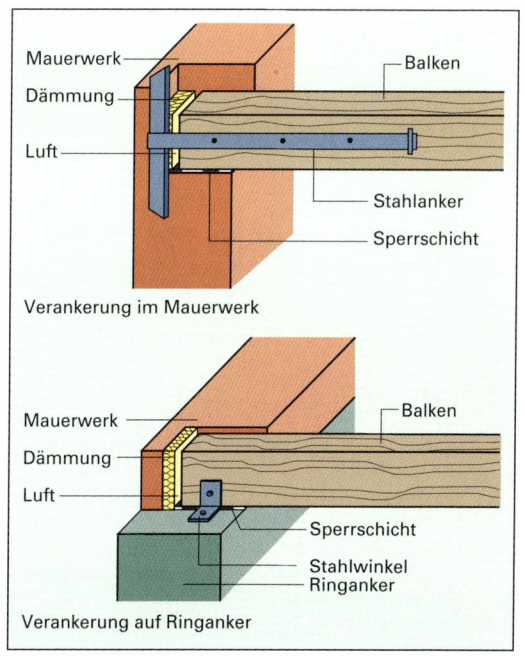

Bild 3: Verankerung von Balken

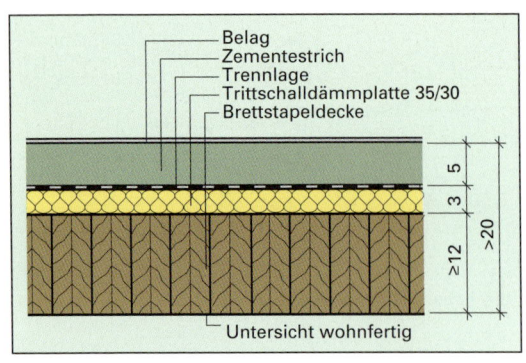

Bild 1: Brettstapeldecke mit schwimmendem Estrich

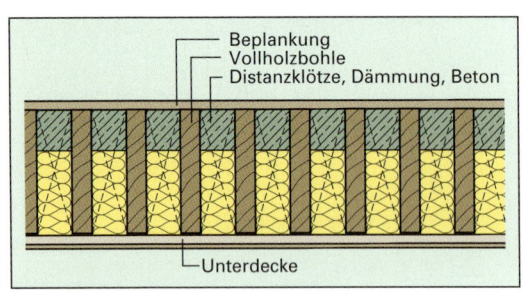

Bild 2: Wabendecke mit Betonfüllung

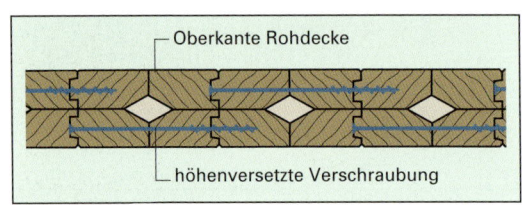

Bild 3: Kreuzbalkendecke

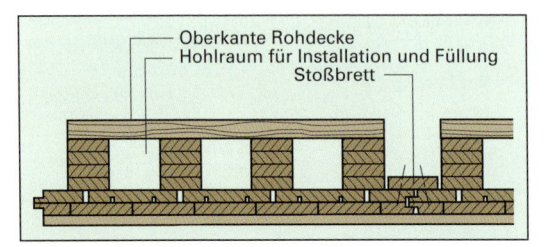

Bild 4: Holzrippenplatten-Deckenelemente

Holzbalkendecken müssen mit den Außenwänden verankert werden **(Bild 3, Seite 395)**. Die Verankerung im Mauerwerk wird durch Stahlanker im Abstand von etwa 3 m erreicht. Dies entspricht auf der Gebäudelängsseite einer Verankerung von jedem vierten Balken. Bei der Verankerung von Giebelwänden sind die Giebelanker über drei Balken hinweg zu befestigen. Erfolgt die Verankerung der Balkenlage auf einem betonierten Ringanker, werden in der Regel Ankerwinkel aus Stahl verwendet (Bild 3, Seite 395). An Balkenauflagern auf Mauerwerk und Beton ist der Schutz der Balken vor Durchfeuchtung sicherzustellen (Seite 133).

Neben der Holzbalkendecke aus Vollholz oder Konstruktionsvollholz werden auch Balkendecken aus Brettschichtholz, Furnierschichtholz oder Furnierstreifenholz hergestellt. Diese werden mit Holzwerkstoffen beplankt, damit eine Scheibenwirkung entsteht. Bei größeren Spannweiten können auch Doppel-T-Träger oder Hohlkastenträger eingesetzt werden.

12.5.2.2 Massive Holzdecken

Um eine weitgehende Vorfertigung zu ermöglichen und den Einbau zu erleichtern sowie eine bessere Tragfähigkeit und höheren Schall- und Brandschutz zu erreichen, wurden verschiedene massive Holzdeckensysteme entwickelt. Dazu zählen:

- genagelte **Brettstapeldecken (Bild 1)**,
- Elementdecken aus **wabenförmig vernagelten Bohlen** mit Distanzklötzen **(Bild 2)**,
- Decken aus verschraubten **Kreuzbalken** mit Nut und Feder **(Bild 3)**,
- Deckenelemente aus **Brettschichtholz,** ähnlich wie Brettschichtholzwände,
- großformatige **Brettsperrholz-Elemente** aus kreuzweise verklebten Nadelholzbrettern oder
- **Holzrippenplatten-Deckenelemente** aus verklebten Lamellen **(Bild 4)** sowie
- verschiedene **Holz-Beton-Verbundkonstruktionen,** bei denen eine Stahlbetonplatte kraftschlüssig mit einer Rippen- oder Plattendecke aus Holz verbunden ist.

Aufgaben

1 Welche Kräfte sind beim Verkleben bzw. Verleimen von Werkstoffen wirksam?
2 Beschreiben Sie das unterschiedliche Abbindeverhalten von Weißleim und Kondensationsklebstoffen.
3 Nennen Sie für Dispersionsklebstoffe, Kondensationsklebstoffe und Kontaktkleber je eine zweckmäßige Anwendung und begründen Sie diese.
4 Erläutern Sie den Aufbau und die Verwendung von Brettschichtholz.
5 Erklären Sie die Vorteile von Lamellenhölzern und Kreuzbalken gegenüber Vollholzquerschnitten.
6 Nennen Sie die Hölzer von Fachwerkwänden und erläutern Sie deren Aufgaben.
7 Welche Balkenarten unterscheidet man?
8 Wie wird eine Balkenlage verankert?
9 Wählen Sie je eine Wand- und eine Deckenkonstruktion für ein Wohnhaus in Holzbauweise und stellen Sie die Vorteile dieser Bauweisen dar.

13 Stahlbau

Der Stahlbau ist eine Montagebauweise, bei der einzelne Stahlbauteile zu einem Tragskelett zusammengefügt werden. Außerdem werden einzelne tragende Bauteile aus Stahlprofilen hergestellt. Stahltragwerke haben den Vorteil, dass nachträgliche Änderungen, wie z. B. Umbauten oder Aufstockungen, durch entsprechende Verstärkungen der bereits vorhandenen Bauteile vorgenommen werden können. Der Stahlbau findet Anwendung bei Bauwerken mit großen Spannweiten, wie z. B. bei Industriehallen oder Tribünenüberdachungen.

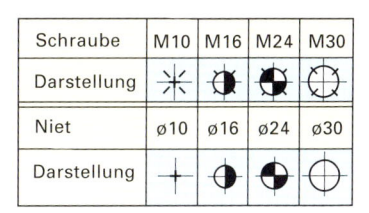

Schraube	M10	M16	M24	M30
Darstellung	✳	◐	●	◯
Niet	ø10	ø16	ø24	ø30
Darstellung	+	◐	●	◯

Bild 1: Darstellung von Schrauben und Nieten

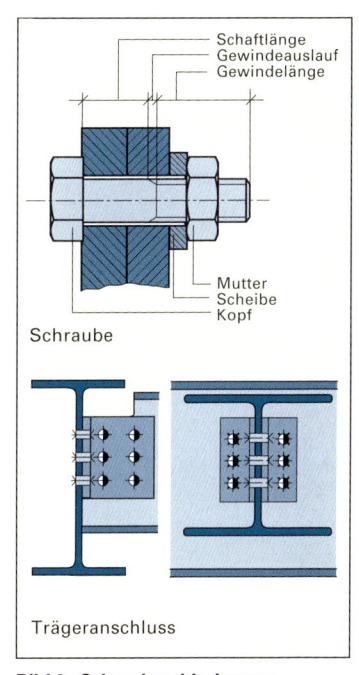

13.1 Stahlbearbeitung

Als wichtigste am Bau vorkommende Metallbearbeitungsverfahren gelten das Fügen, Trennen und Umformen.

13.1.1 Fügen

Unter Fügen versteht man das Verbinden von Werkstoffen, wobei die Verbindung fest oder beweglich, lösbar oder unlösbar und dicht sein kann. Bei den Metallverbindungen unterscheidet man das Schrauben, das Nieten, das Löten, das Schweißen und das Kleben. Für die Darstellung von Schrauben und Nieten verwendet man Symbole **(Bild 1)**.

Schrauben ist eine Verbindungsart, die hauptsächlich in der Bauschlosserei und im Stahlbau angewendet wird. Bei einer Schraubenverbindung können die zu verbindenden Teile entweder Durchgangslöcher besitzen und durch Schraube und Mutter zusammengehalten werden oder ein Teil der Verbindung ist mit einem Innengewinde versehen, in das die Schraube eingeschraubt wird **(Bild 2)**. Schraubverbindungen müssen gegen selbsttätiges Lösen gesichert werden.

Nieten ergibt unlösbare Verbindungen. Nietverbindungen wendet man im Stahlbau, z. B. bei Konstruktionen von Aufzügen und Kranen, an. Ähnlich wie bei den Schrauben gibt es bei den Nieten je nach Form und Werkstoff zahlreiche Arten, z. B. Halbrund-, Senk- und Linsensenkniet aus Stahl oder Aluminium **(Bild 3)**.

Schweißen ist das unlösbare Verbinden gleichartiger Werkstoffe in plastischem oder flüssigem Zustand unter Anwendung von Wärme. Schweißverbindungen sind fest und dicht, außerdem lässt sich dabei Werkstoff sparen **(Bild 4)**. Beim Schweißen von Metallen unterscheidet man das Schmelzschweißen und das Pressschweißen.

Bild 2: Schraubverbindungen

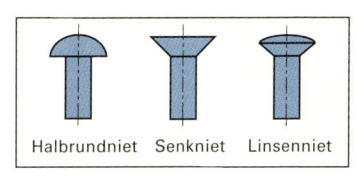

Bild 3: Nietformen

13.1.2 Trennen

Von den vielen Verfahren zum Trennen und zum spanenden Formen von Metallen werden auf der Baustelle nur wenige davon angewendet. Es sind dies z. B. das Schneiden und das Sägen beim Trennen von Profilstäben, Rohren und Blechen sowie das Bohren und das Feilen.

Zum **Schneiden** von Blechen, besonders bei bogenförmigen Schnitten, werden heute hauptsächlich elektrische Blechscheren bzw. Knabber oder die Handschere benutzt. Dickere Bleche und Profilstäbe trennt man auf der Hebelschere, durch Trennscheiben oder durch Brennschneiden.

Bild 4: Schweißnähte (Beispiele)

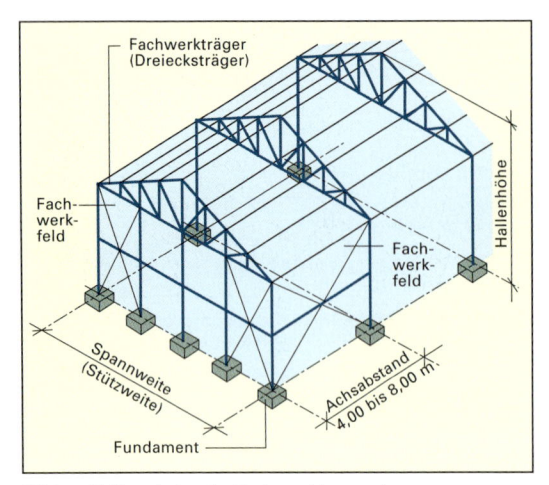

Bild 1: Hallenskelett in Fachwerkbauweise

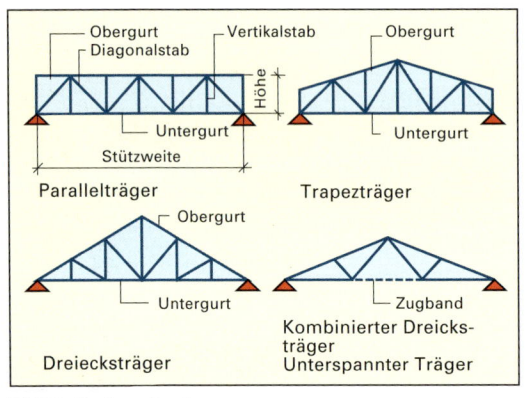

Bild 2: Fachwerkträger

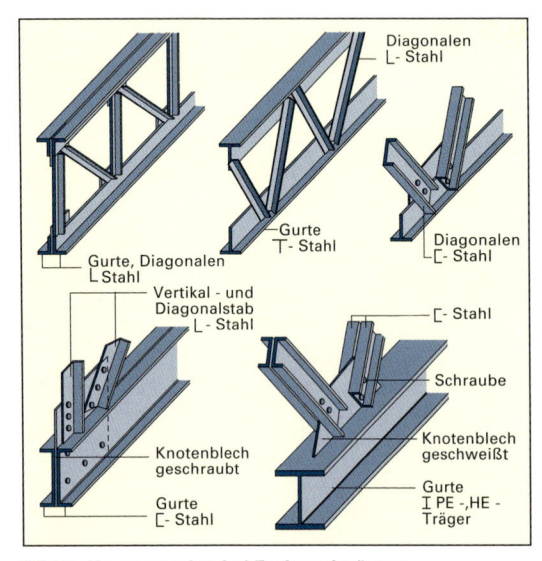

Bild 3: Knotenpunkte bei Fachwerkträgern

Beim **Sägen** von Hand benutzt man die Bügelsäge. Das Sägeblatt ist fein gezahnt, im Bereich der Zahnreihe gewellt und gehärtet. Durch das Wellen schneidet sich das Sägeblatt frei. Beim Sägen soll das Sägeblatt unter leichtem Druck möglichst ganz durchgezogen werden, damit sich alle Zähne gleichmäßig abnutzen.

Zum **Bohren** von Metallen benutzt man Spiralbohrer, die in elektrisch betriebenen Handbohrmaschinen eingeschraubt sind. Da jedoch beim Bohren mit der Handbohrmaschine keine einwandfreie Führung des Werkzeuges möglich ist, sollen nur Bohrungen mit Durchmessern unter 10 mm und Metallteile geringer Dicke gebohrt werden.

Das **Feilen** wird angewendet, wenn z. B. an Blechen oder Profilstählen scharfe Ecken oder Kanten angeschrägt bzw. Grate entfernt, Ungenauigkeiten oder Schweißnähte nachgearbeitet werden müssen.

13.1.3 Umformen

Unter Umformen versteht man die Formveränderung eines Werkstoffes ohne Spanabnahme, bei Metallen z. B. das Schmieden und das Biegen. Auf der Baustelle vorkommende Umformverfahren sind das Biegen der Flachstähle und das Biegen von Rohren.

Das **Biegen** der Stähle wird meist auf elektrisch betriebenen Biegemaschinen ausgeführt, seltener jedoch auf Handbiegemaschinen. Rohre werden in der Werkstätte auf hydraulisch betriebenen Rohrbiegevorrichtungen gebogen.

13.2 Bauarten

Im Stahlbau bestehen die meisten Tragwerke aus einem Stahlskelett. Je nach Bauart des Stahlskeletts unterscheidet man die Fachwerkbauweise und die Rahmenbauweise.

13.2.1 Fachwerkbauweise

Bei der Fachwerkbauweise werden Stäbe so angeordnet, dass sie Dreiecke bilden. Auf diese Weise entstehen unverschiebliche Fachwerkfelder (**Bild 1**). Durch Aneinanderreihen von Fachwerkfeldern erhält man Fachwerkträger (Fachwerkbinder), mit denen große Stützweiten überspannt werden können. Dabei unterscheidet man hauptsächlich Parallelträger, Trapezträger und Dreieckträger (**Bild 2**). Je nach Lage der Stäbe spricht man vom oberen und unteren Begrenzungsstab, dem Ober- und Untergurt, sowie von den Diagonalstäben und den Vertikalstäben. Die Stäbe werden an den Knotenpunkten miteinander verschweißt oder verschraubt **(Bild 3, Seite 398)**. Die Fachwerkträger verbindet man über Kopfplatten durch Schrauben mit den lastabtragenden Stahlstützen.

Die Stützen werden über Fußplatten durch Schrauben auf den Fundamenten gelenkig gelagert. Werden mehrere solcher Binder auf Stützen hintereinander in einem bestimmten Achsenabstand angeordnet, ergeben sich beliebig lange freie Räume. Durch die Anordnung von Fachwerkfeldern in Hallenquer- und Hallenlängsrichtung sowie in der Dachebene erhält man ein ausgesteiftes Tragskelett.

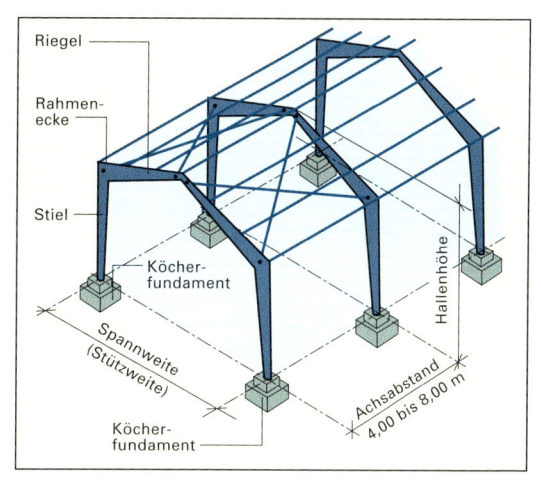

Bild 1: Hallenskelett in Rahmenbauweise

13.2.2 Rahmenbauweise

Die Bauteile bei der Rahmenbauweise bestehen aus Stahlprofilen, die an den Eckpunkten biegesteif miteinander verbunden sind. Dadurch entsteht ein unverschieblicher Rahmen. Die Rahmenfüße (Stützenfüße) können eingespannt oder gelenkig ausgebildet sein. Bei den Stäben unterscheidet man die meist senkrecht stehenden Rahmenstiele, die gleichzeitig als Stützen dienen, und die waagerecht oder geneigt angeordneten Rahmenriegel, welche die Decken- oder Dachkonstruktion tragen **(Bild 1)**.

Die Ausbildung der biegesteifen Rahmenecken erreicht man durch das Einfügen von Aussteifungsblechen. Dabei unterscheidet man vollgeschweißte Rahmenecken, Rahmenecken mit angeschweißten Riegeln sowie ausgerundete Rahmenecken mit Kopfplatten und Verschraubungen zwischen Stiel und Zwischenaussteifungen. Die Stoßverbindung der beiden Rahmenriegel am Firstknoten erfolgt ebenfalls über Kopfplatten und Verschraubungen **(Bild 2)**.

Stützenfüße haben zur Befestigung auf den Fundamenten und zur Lastverteilung angeschweißte Stahlplatten. Eingespannte Stützenfüße können entweder in Köcherfundamente eingestellt und mit Beton vergossen oder durch Verankerungen befestigt werden. Die Verankerung besteht aus im Fundament einbetonierten Stahlprofilen und eingehängten, in Aussparungen verschieblichen Ankerschrauben. Beim Aufstellen des Rahmens werden die Fußplatten mit den Ankerschrauben verschraubt. Nach dem Verschrauben gießt man die Aussparungen mit Beton aus. Bei gelenkig gelagerten Rahmenfüßen werden die Stahlplatten mit Ankerschrauben auf das Fundament geschraubt **(Bild 3)**.

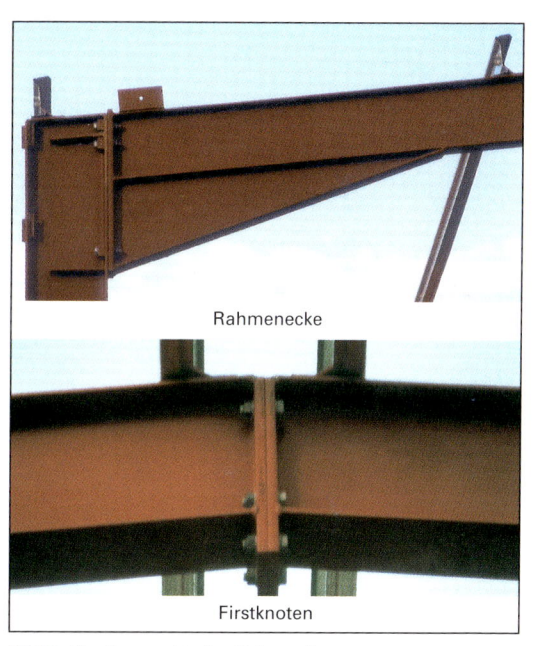

Bild 2: Knotenpunkte im Rahmenbau

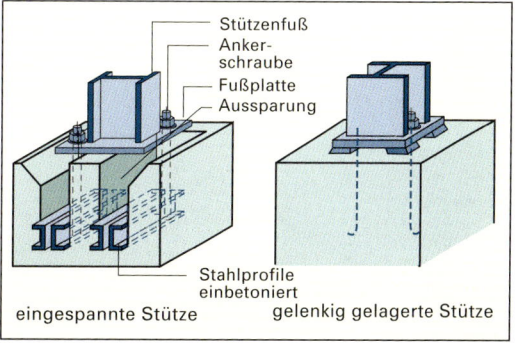

Bild 3: Stützenfußausbildung

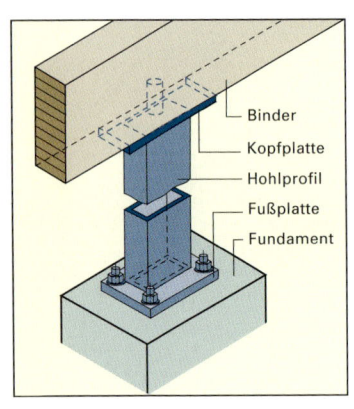

Bild 1: Hohlprofilstützen

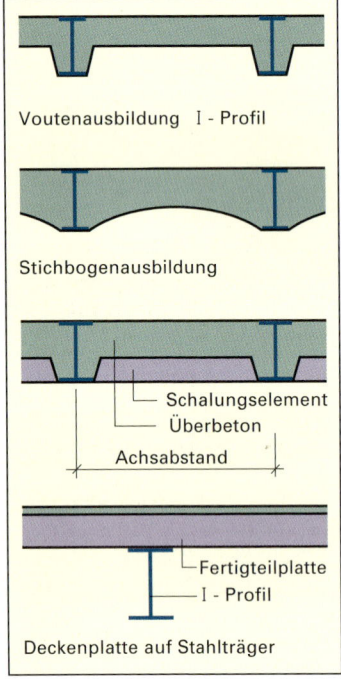

Bild 2: Stahlträgerdecken

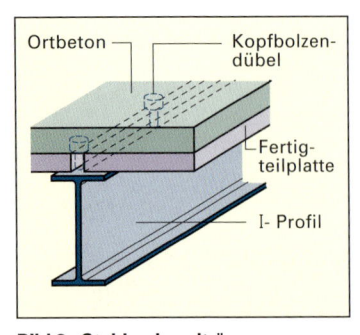

Bild 3: Stahlverbundträger

13.3 Einbau von Stützen und Trägern

Für den Einbau von Stahlstützen und Stahlträgern als tragende Bauteile verwendet man genormte Baustähle wie Formstähle oder Hohlprofile (Seite 145).

13.3.1 Stahlstützen

Für Stahlstützen in herkömmlichem Mauerwerks- oder Betonbau können sowohl Formstähle als auch Hohlprofile eingesetzt werden (**Bild 1**). Sie können große Druckkräfte aus Decke oder Wand aufnehmen, sind einfach einzubauen und ermöglichen einen zügigen Baufortschritt. Vor dem Einbau werden Kopf- und Fußplatten als Stahlblech aufgeschweißt und die Stützen mit einem Anstrich als Korrosionsschutz versehen. Haben Stahlstützen große Belastungen aufzunehmen, wie z. B. bei Abfangungen, können die Profile durch aussteifende Bleche an Kopf- und Fußplatten verstärkt werden. Häufig werden Hohlprofile als schlanke Druckglieder unter Fußpfetten bei großen Dachüberständen oder als Eckstützen weit auskragender Balkone verwendet. Die gängigsten Größen von Hohlprofilstützen sind vorgefertigt lieferbar.

13.3.2 Stahlträger

Stahlträger aus Formstählen werden als I-Profile für Stahlträgerdecken, Stahlverbundträger oder Stahlträger-Stürze eingesetzt. Bei Stahlträgerdecken werden meist schmale und hohe I-Profile in bestimmten Achsenabständen verlegt und in den Feldern (Kappen) mit Beton ausgegossen. Diese Kappen sind zur besseren Lastübertragung meist stichbogenförmig oder mit Vouten ausgebildet. Weiterhin können auch Schalungsplatten aus Leichtbeton oder Ton (Hourdisplatten) zwischen die Felder eingelegt und danach mit einem Aufbeton versehen werden. Sollen Deckenkonstruktionen bei großer Spannweite möglichst geringe Eigenlast haben, werden Stahlbetondeckenplatten, z. B. als Fertigteile, auf I-Profile aufgelegt. Diese sind dann nur im Stoßfugenbereich der Deckenplatte auszugießen. Die Stahlbetondeckenplatten müssen dabei eine Mindestdicke von 5 cm haben (**Bild 2**).

Bei Stahlverbundträgern werden Stahlträger und Deckenplatte miteinander verbunden. Dabei wird der Verbund z. B. durch Kopfbolzendübel, die auf den oberen Flansch des Trägers geschweißt sind, hergestellt. Man erreicht dadurch eine erhebliche Gewichtseinsparung beim Stahlträger sowie eine wesentliche Verringerung der Durchbiegung der Decke (**Bild 3**). Diese Deckenkonstruktionen können in Ortbeton als Plattendecken mit Aufbeton oder als Fertigteildecken mit entsprechendem Fugenverguss ausgeführt werden.

Bei Umbaumaßnahmen, Abfangungen oder über großen Öffnungen werden oft Stahlträger als Stürze verwendet. Dabei sind vor allem die Auflager als Lastverteiler sorgfältig vorzubereiten. Entsprechend der Wanddicke werden ein oder mehrere I-Profile aufgelegt und zwischen den Flanschen ausgemauert oder mit Beton vergossen (**Bild 1, Seite 401**).

13.3.3 Wandausbildung

Die Wandausbildung bei einem Stahlskelettgebäude richtet sich in der Regel nach der Nutzung des Gebäudes und nach gestalterischen Gesichtspunkten. Dabei wird die übliche Ausmauerung des Tragskeletts immer mehr von großformatigen Wandtafelsystemen aus Porenbeton und aus Trapezblechen oder von Stahlsandwichelementen abgelöst. Diese werden in der Regel vor den Stützen montiert. Die Außenwände müssen die auf ihre Fläche wirkenden Windlasten sicher auf das angrenzende Tragskelett ableiten. Falls erforderlich müssen sie auch die Anforderungen an Wärme-, Schall- und Brandschutz erfüllen. Die Wanddicke ist auf die Stahlprofile des Skeletts abzustimmen und muss mindestens 11,5 cm betragen. Im Stahlskelettbau werden die Felder ganz oder teilweise geschlossen. Man spricht dabei von Ausfachung, die aus Mauerwerk und anderen Wandbaustoffen bestehen kann.

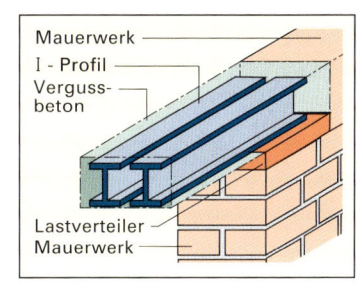

Bild 1: Stahlträger-Sturz

Die Anschlüsse der Ausmauerung an die Stahlbauteile müssen so ausgebildet sein, dass Bewegungen des Stahlskeletts möglich sind, ohne am Mauerwerk Schäden zu verursachen. Deshalb sind zwischen Mauerwerk und Stahlprofil Dämmstreifen anzuordnen. Zur Verbindung zwischen Mauerwerk und Stahlskelett sowie zur Aussteifung des Mauerwerks werden Anker, Bewehrungsstäbe oder Flachstahl in die Lagerfugen des Mauerwerks eingelegt (Seite 259). Ausfachungen mit Mauerwerk können einschalig oder zweischalig ausgeführt werden (**Bild 2**).

Bei der Ausmauerung im Skelettbau dürfen die zulässigen Größtwerte der Ausfachungsflächen nicht überschritten werden. Diese betragen z. B. bei einer Gebäudehöhe bis 8,00 m und einer Wanddicke von 24 cm zwischen 25 m² und 36 m².

13.4 Schutzmaßnahmen

Der Schutz der Stahlkonstruktion erfolgt durch Beschichtungen oder durch metallische Überzüge. Beschichtungen sind mehrere zusammenhängende Schichten, die durch Streichen, Tauchen oder Spritzen aufgebracht werden. Dazu gehören die Grundbeschichtung und die Deckbeschichtung. Als Grundbeschichtung verwendet man z. B. Zinkchromat und als Deckbeschichtung Aluminiumpulver oder Eisenglimmer. Beschichtungen dürfen nur auf entsprechend vorbereitete Oberflächen aufgebracht werden. Diese muss frei von Schmutz, Staub, Öl, Rost und Zunder ein. Metallische Überzüge als dauerhaften Korrosionsschutz erhält man durch Feuerverzinken. Das Feuerverzinken erfolgt in Zinkbädern bei Temperaturen von etwa 450 °C. Es erfordert eine metallisch blanke Oberfläche, die frei von Fett und sonstigen Verunreinigungen sein muss. Im Zinkbad entstehen auf den Stahlflächen Eisen-Zink-Legierungsschichten. Um einen noch besseren Korrosionsschutz zu erreichen, kann der Zinküberzug beschichtet werden (Seite 154).

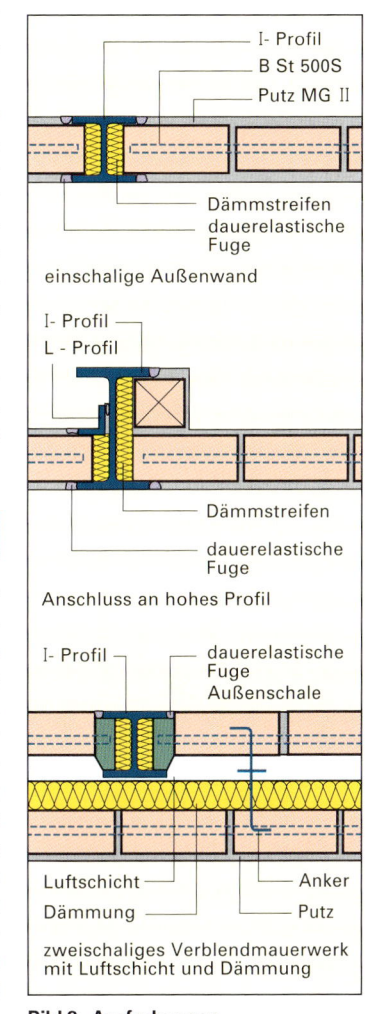

Bild 2: Ausfachungen

Aufgaben

1. Nennen Sie Verbindungsmöglichkeiten im Stahlbau.
2. Unterscheiden Sie den konstruktiven Aufbau von Fachwerkbauweise und Rahmenbauweise.
3. Beschreiben Sie die Ausführung einer biegesteifen Rahmenecke.
4. Erläutern Sie die Ausführungsarten der Stahlskelettausmauerung.
5. Nennen Sie Korrosionsschutzmaßnahmen.

14 Treppenbau

Treppen dienen der Überwindung von Höhenunterschieden bei Bauwerken. Sie müssen sicher, bequem und ohne Gefahr begangen werden können.

14.1 Bezeichnungen

- **Treppe** ist ein Bauteil aus mindestens einem Treppenlauf (**Bild 1**).
- **Geschosstreppe** verbindet zwei Geschosse, Keller und Erdgeschoss (Kellertreppe) sowie das oberste Geschoss mit dem Dachboden (Bodentreppe).
- **Ausgleichstreppe** ist in der Regel notwendig zum Ausgleich von Höhenunterschieden innerhalb eines Geschosses sowie zwischen Eingangsebene und erstem Geschoss (Erdgeschoss).
- **Treppenlauf** besteht aus mindestens 3 Treppenstufen in ununterbrochener Folge zwischen zwei Ebenen.
- **Lauflänge** ist die Länge des Treppenlaufs in der Draufsicht.
- **Laufbreite** ist die Breite des Treppenlaufs in der Draufsicht.
- **Lauflinie** gibt als gedachte Linie den üblichen Weg der Benutzer einer Treppe an. wird zeichnerisch im Grundriss dargestellt, beginnt mit einem Kreis an der Vorderkante der Antrittsstufe und endet an der Vorderkante der Austrittsstufe mit einem Pfeil.
- **Treppenpodest** wird der Treppenabsatz am Anfang oder Ende eines Treppenlaufs bezeichnet.
- **Zwischenpodest** liegt als Treppenabsatz zwischen zwei Treppenläufen.
- **Treppenauge** nennt man den von Treppenläufen und dem Treppenpodest umschlossenen freien Raum.
- **Treppenraum** auch Treppenhaus, ist der für die Treppe vorgesehene Raum.
- **Treppenöffnung** auch Treppenloch, ist die Aussparung in Geschossdecken für den Treppenlauf.

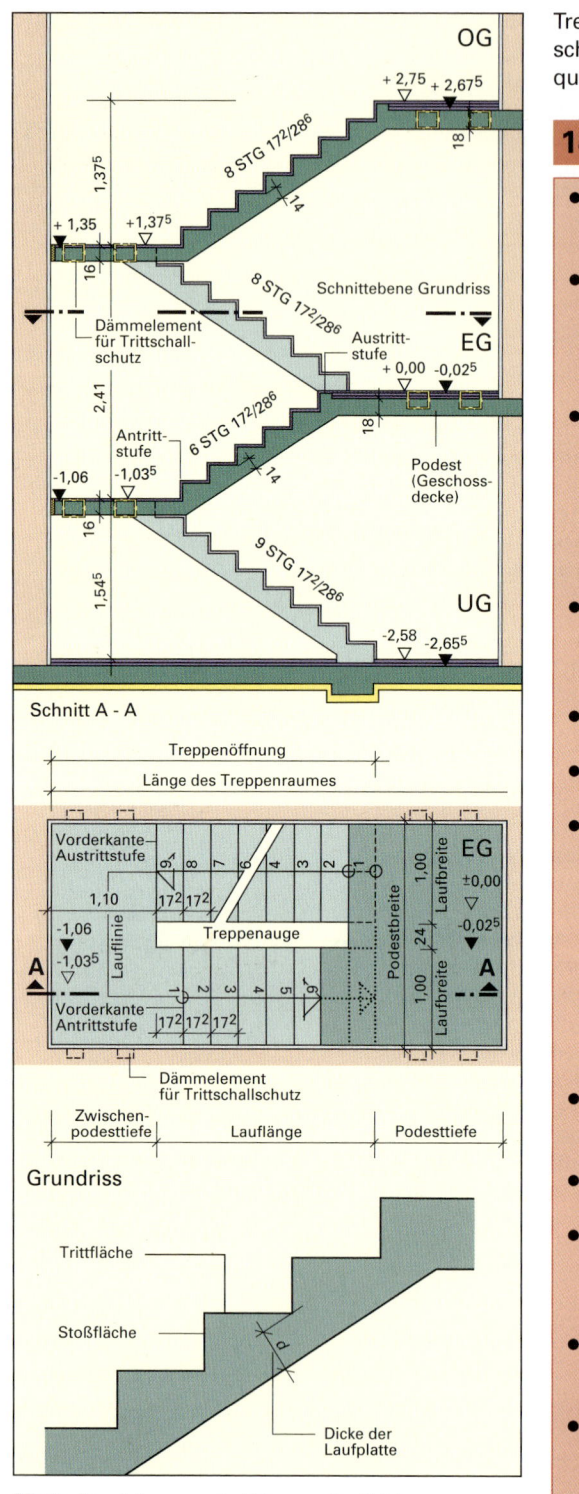

Bild 1: Bezeichnungen bei Treppen im Rohbau

14.2 Treppenformen

Die Form der Treppe richtet sich nach der Größe des zur Verfügung stehenden Treppenraumes. Daneben können praktische und gestalterische Gesichtspunkte für die Wahl einer bestimmten Treppenform eine Rolle spielen. Treppen werden nach der Grundrissform, nach der Zahl der Läufe sowie nach den Podestarten benannt. Nach der Grundrissform unterscheidet man Treppen mit geraden Läufen und mit gewendelten Läufen sowie Treppen mit geraden und gewendelten Laufteilen (**Bild 1**).

Treppen mit geraden Läufen haben gleich breite Stufen und geradlinige seitliche Begrenzungen. Zu diesen Treppen zählen auch mehrläufige gewinkelte und gegenläufige Treppen.

Treppen mit gewendelten Läufen sind Wendeltreppen und Spindeltreppen. Wendeltreppen führen bogenförmig um ein Treppenauge mit annähernd einer ganzen Drehung zum nächsten Geschoss. Bei Spindeltreppen sind die keilförmigen Stufen in der Mitte an einer Stahlbetonsäule oder an einem Stahlrohr befestigt.

Treppen mit geraden und gewendelten Laufteilen sind in der Regel einläufige Treppen, die im Antritt, im Austritt oder im An- und Austritt viertelgewendelt sein können. Es gibt auch halb- und dreiviertelgewendelte Treppen.

Nach der Zahl der Läufe unterscheidet man einläufige, zweiläufige und mehrläufige Treppen.

Einläufige Treppen überwinden ohne Unterbrechung der Stufenfolge den Höhenunterschied zwischen zwei Stockwerken. Bei **zweiläufigen Treppen** wird die Stufenfolge durch einen waagerechten Absatz, dem Zwischenpodest, unterbrochen. Dies ist bei größeren Höhenunterschieden sowie in mehrgeschossigen Gebäuden vorteilhaft, weil durch Podeste die Anstrengung beim Treppensteigen gemindert wird.

Je nach ihrer Lage unterscheidet man verschiedene Podestarten. **Viertelpodeste** liegen zwischen zwei rechtwinklig zueinander angeordneten Treppenläufen. **Halbpodeste** verbinden Treppenläufe mit entgegengesetzter Laufrichtung. Das **Geländer mit Handlauf** muss an der inneren Treppenseite (freien Seite, Lichtwange) befestigt sein, um ein Abstürzen des Benutzers zu verhindern. Fasst man beim Hinaufgehen den Handlauf mit der rechten Hand, bezeichnet man diese Treppe als **Rechtstreppe**, liegt das Geländer links, ist es eine **Linkstreppe**.

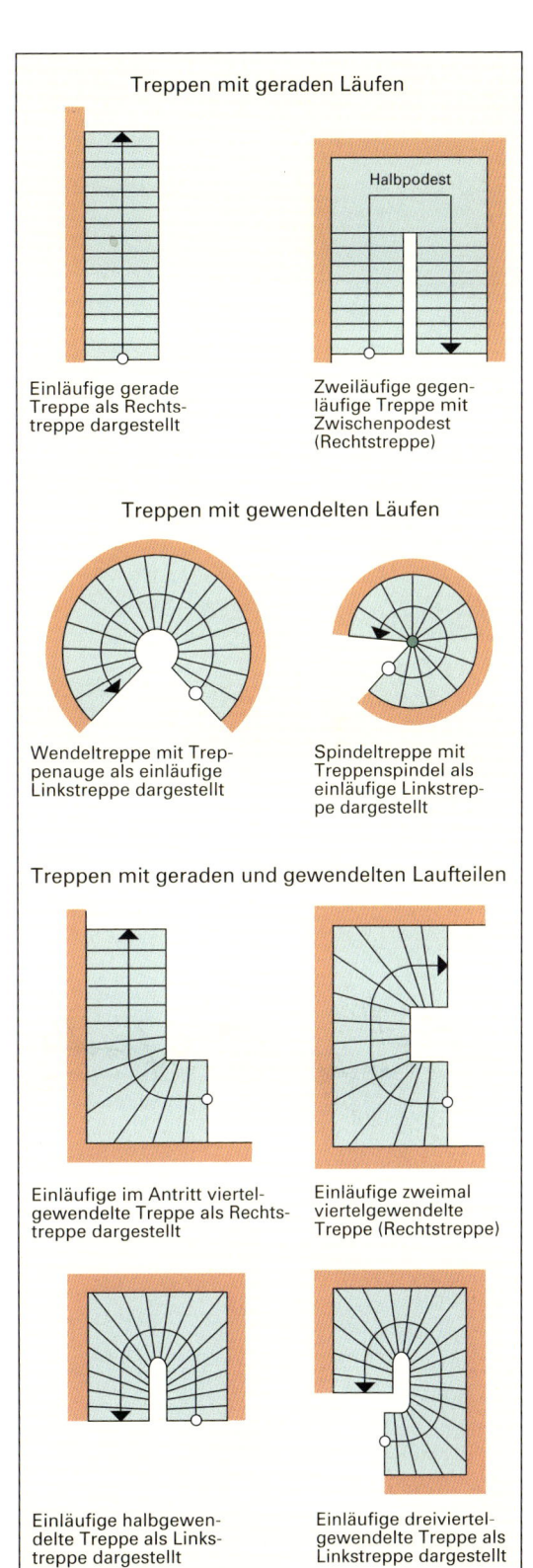

Bild 1: Grundrissformen von Treppen

14.3 Treppenabmessungen

Treppen müssen so bemessen sein, dass die Stufenmaße der natürlichen Gehbewegung angepasst sind. Die Treppenmaße ergeben sich aus den Stufenmaßen. Bei gewendelten Treppen ist eine Stufenverziehung erforderlich.

14.3.1 Stufenmaße

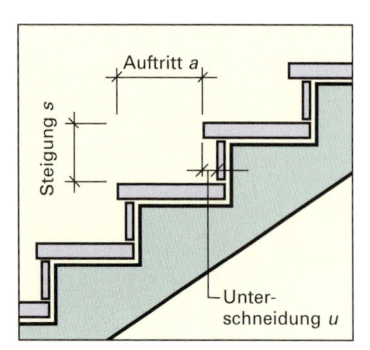

Bild 1: Stufenmaße

- **Steigungshöhe** ist das lotrechte Maß s zwischen den Trittflächen zweier aufeinander folgender Stufen (**Bild 1**).

- **Auftrittsbreite** ist das waagerechte Maß a, gemessen zwischen den Vorderkanten zweier aufeinander folgender Treppenstufen.

- **Steigungsverhältnis** nennt man das Verhältnis von Steigungshöhe zu Auftrittsbreite s/a. Es ist das Maß für die Neigung einer Treppe.

- **Unterschneidung** ist das waagerechte Maß u, um das die Vorderkante einer Stufe über die Breite der Trittfläche der darunter liegenden Stufe vorspringt.

Tabelle 1: Richtwerte für Steigungshöhen bei Treppen

Treppen in	Steigungshöhe in cm
im Freien und in Bahnhöfen	14 bis 16
Schulen, Kaufhäusern	15 bis 17
Versammlungsstätten	15 bis 17
Mehrfamilienhäusern	17 bis 18
Einfamilienhäusern	17 bis 20
Kellern und Dachböden	bis 21

Je nach **Steigungshöhe** ist das Begehen einer Treppe mehr oder weniger anstrengend. Außerdem ist von Bedeutung, wie häufig eine Treppe begangen wird. Die Steigungshöhe ist ein wichtiges Maß für die Planung einer Treppe. Dafür sind Richtwerte einzuhalten (**Tabelle 1**).

Die **Auftrittsbreite** soll zwischen 25 und 32 cm betragen. Bei Auftrittsbreiten unter 26 cm ist zur Vergrößerung der Trittfläche eine Unterschneidung bis zu 3 cm möglich. Bei massiven Steintreppen kann dies durch Auskehlungen oder Abschrägungen erreicht werden; Trittplatten werden entsprechend verbreitert.

Das **Steigungsverhältnis** wird als Größenverhältnis zwischen Steigungshöhe und Auftrittsbreite in cm und mm angegeben (**Bild 2**). Demnach bedeutet das Steigungsverhältnis $17^8/27^4$ bei einer Treppe, dass ihre Stufen eine Steigungshöhe von 17,8 cm haben und eine Auftrittsbreite von 27,4 cm. Zur Berechnung dieser Maße geht man von einem durchschnittlichen Schrittmaß des Menschen von 63 cm aus.

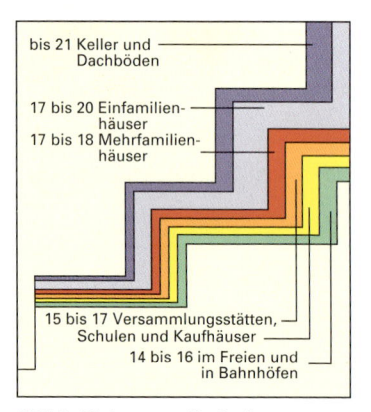

Bild 2: Richtwerte für Steigungshöhen in cm

Man errechnet die Stufenmaße mithilfe der **Schrittmaßregel**:

$2s + a$ = 63 cm bis 65 cm	zwei Steigungshöhen + eine Auftrittsbreite = Schrittmaß
a = 63 cm – $2s$	eine Auftrittsbreite = Schrittmaß – zwei Steigungshöhen

Beispiel: a = 63 cm – 2 · 17 cm
a = **29 cm**

Treppen mit einem Steigungsverhältnis **17/29** sind am sichersten und bequemsten zu begehen.

14.3.2 Treppenmaße

Treppenmaße werden durch die Treppenberechnung ermittelt. Außerdem muss die Treppenlaufbreite und die Treppendurchgangshöhe bestimmt werden.

Die **Treppenberechnung** erfolgt in drei Abschnitten. Man ermittelt zuerst die Steigungshöhe s, dann die Auftrittbreite a und danach die Lauflänge der Treppe. Dabei ist zu beachten, dass die Stufenmaße innerhalb eines Treppenlaufs auf der Lauflinie gleich sein müssen.

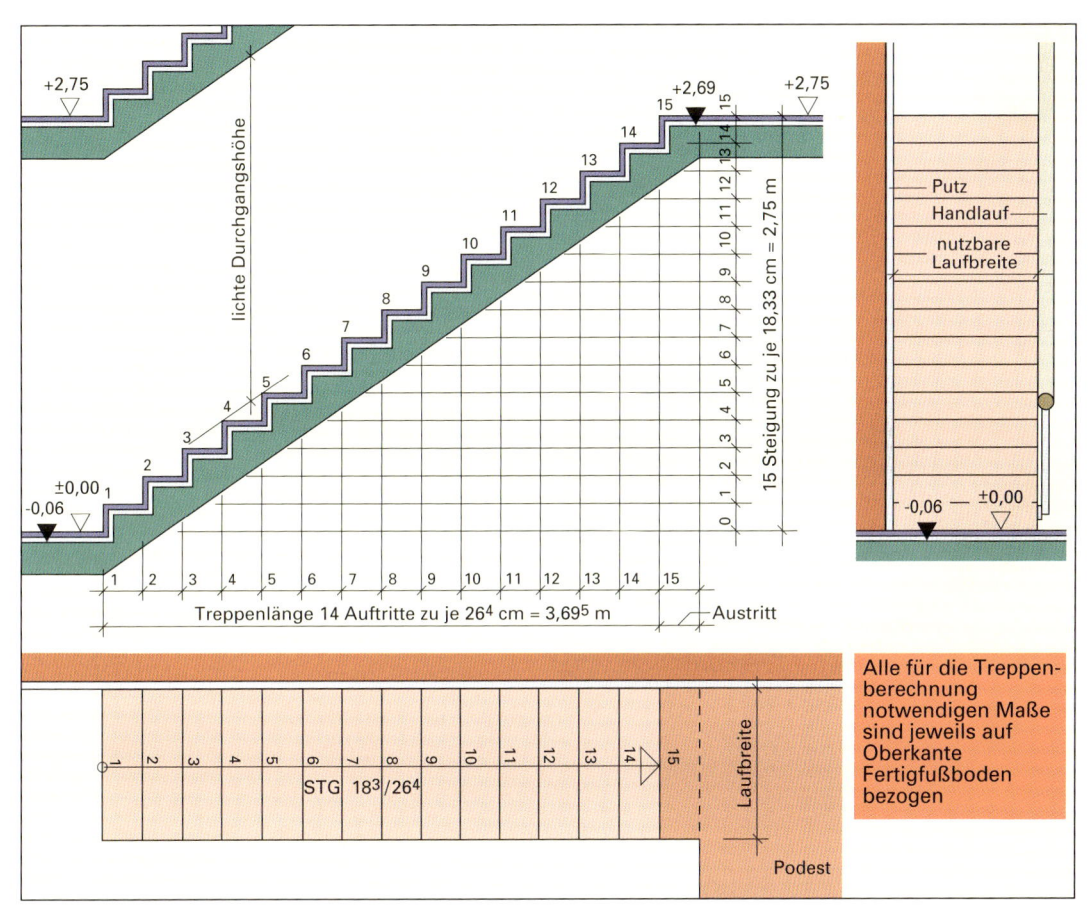

Bild 1: Grundriss und Schnitt einer geraden Treppe

Für die Berechnung der einzelnen Treppenmaße ist der Fußbodenaufbau der unteren und der oberen Decke zu berücksichtigen **(Bild 1)**. **Die errechneten Maße sind die Fertigmaße der Treppe.** Zur Herstellung sind zunächst jedoch die Rohbaumaße wichtig. Diese errechnen sich aus den Fertigmaßen abzüglich der Dicke des Fußbodenbelags.

Bei der **Laufbreite** von Treppen sind Mindestmaße für die nutzbare Laufbreite vorgeschrieben (Bild 1). Diese betragen nach DIN 18065 für Treppen in Wohngebäuden mit nicht mehr als 2 Wohnungen mindestens 80 cm, darüber hinaus mindestens 1,00 m. Für die Treppenbreiten in öffentlichen Gebäuden, wie z. B. in Schulen, gelten besondere Vorschriften.

Als **lichte Durchgangshöhe** muss eine Höhe von mindestens 2,00 m vorhanden sein, damit ein gefahrloses Begehen der Treppe möglich ist. Alle über der Treppe liegenden Bauteile wie Decken, Balken oder Treppenläufe dürfen die Durchgangshöhe nicht verringern (Bild 1).

Bild 1: Viertelgewendelte Treppe

Bild 2: Halbgewendelte Treppe

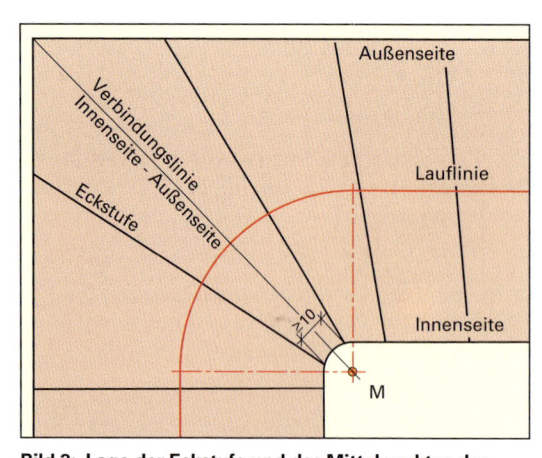

Bild 3: Lage der Eckstufe und des Mittelpunktes der Lauflinie

14.3.3 Stufenverziehung

Bei gewendelten Treppen entstehen im gewendelten Bereich keilförmige Stufen (**Bild 1 und Bild 2**). Die Ermittlung der keilförmigen Form dieser Stufen nennt man Stufenverziehung. Dies kann rechnerisch und zeichnerisch geschehen.

Zunächst wird wie bei allen Treppen die Anzahl der Steigungen n für die vorgesehene Geschosshöhe sowie die sich daraus ergebende Steigungshöhe s und die Auftrittsbreite a errechnet. Die Länge der Treppe ergibt sich aus der Auftrittsbreite, multipliziert mit der Anzahl der Steigungen, vermindert um eine Steigung. Dies ist notwendig, weil die oberste Auftrittsbreite bereits der Geschossdecke zugeordnet ist.

Auf der Lauflinie wird die Auftrittsbreite in der jeweiligen Anzahl der Auftritte abgetragen. Dabei ist wiederum zu beachten, dass die oberste Auftrittsbreite bereits auf der Geschossdecke liegt. Bei gewendelten Treppen hat die Lauflinie im Bereich der Wendelung die Form eines Kreisbogens. Der Mittelpunkt dieses Kreisbogens liegt meist im Eckpunkt der Treppeninnenseiten oder fällt mit dem Mittelpunkt der Ausrundung der Treppeninnenseiten zusammen. Beim Abtragen der Auftrittsbreiten auf der Lauflinie ist darauf zu achten, dass die Eckstufe möglichst mittig liegt, d.h., dass die Verbindungslinie zwischen den Eckpunkten von Treppeninnenseite und Treppenaußenseiten die Auftrittsfläche etwa halbiert.

Allgemeine Regeln für die Stufenverziehung

- Die Anzahl der zu verziehenden Stufen muss festgelegt werden, da sie sich weder rechnerisch noch zeichnerisch ermitteln lässt.
- Es wird in der Regel eine ungerade Anzahl von Stufen verzogen, da die Eckstufe mittig zur Verbindungslinie Außenecke – Innenecke der Treppe liegen soll (**Bild 3**).
- Die Stufenbreiten an der Innenseite der Treppe werden von den nicht verzogenen Stufen zur Eckstufe hin kleiner.
- Die Vorderkante der Eckstufe darf nicht mit der Verbindungslinie Außenecke – Innenecke zusammenfallen.
- Die kleinste Auftrittsbreite sollte mindestens 10 cm betragen.
- Durch Ausrunden der Treppe an der Treppeninnenseite können die Auftrittsbreiten vergrößert werden.

14.3.3.1 Verziehen einer viertelgewendelten Treppe

Die Vorgehensweise bei der Konstruktion ist am Beispiel einer im Antritt viertelgewendelten Treppe dargestellt. Die Länge der Lauflinie misst 3,78 m; das Steigungsverhältnis der Treppe beträgt 18/27.

Es sollen die Stufen 2 bis 10 verzogen werden. Die Lösung der Konstruktion wird in 3 Schritten durchgeführt (**Bild 1**).

- In der Mitte des Treppenlaufs wird die Lauflinie eingezeichnet und die ermittelte Anzahl von Auftrittsbreiten abgetragen (1. Schritt).
- Die Stufenbreiten an der Treppeninnenseite sind zeichnerisch zu ermitteln.

  Dies geschieht mit einer Hilfskonstruktion:
  - Dreieck ABC mit rechtem Winkel in Scheitel A und den Katheten s konstruieren
  - s = halbe Strecke an der Treppeninnenseite zwischen den zu verziehenden Stufen (2. Schritt).

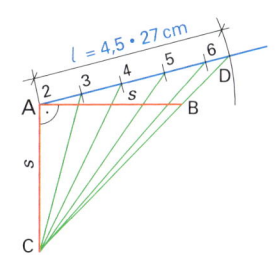

  - Kreis um A mit Radius l schneidet Gerade CB in D

    l = halbe Strecke auf der Lauflinie zwischen den zu verziehenden Stufen

  - auf $\overline{AD} = l$ die Auftrittsbreiten der zu verziehenden Stufen abtragen
  - Verbindungslinien zwischen C und den Teilpunkten auf l teilen $\overline{AB} = s$ in die gesuchten Stufenbreiten an der Treppeninnenseite

- Die gesuchten Teilpunkte werden im Grundriss an die Treppeninnenseite übertragen. Verbindet man diese Teilpunkte mit den entsprechenden Teilpunkten auf der Lauflinie, ergibt sich die jeweilige Stufenvorderkante (3. Schritt).

1. Schritt

2. Schritt

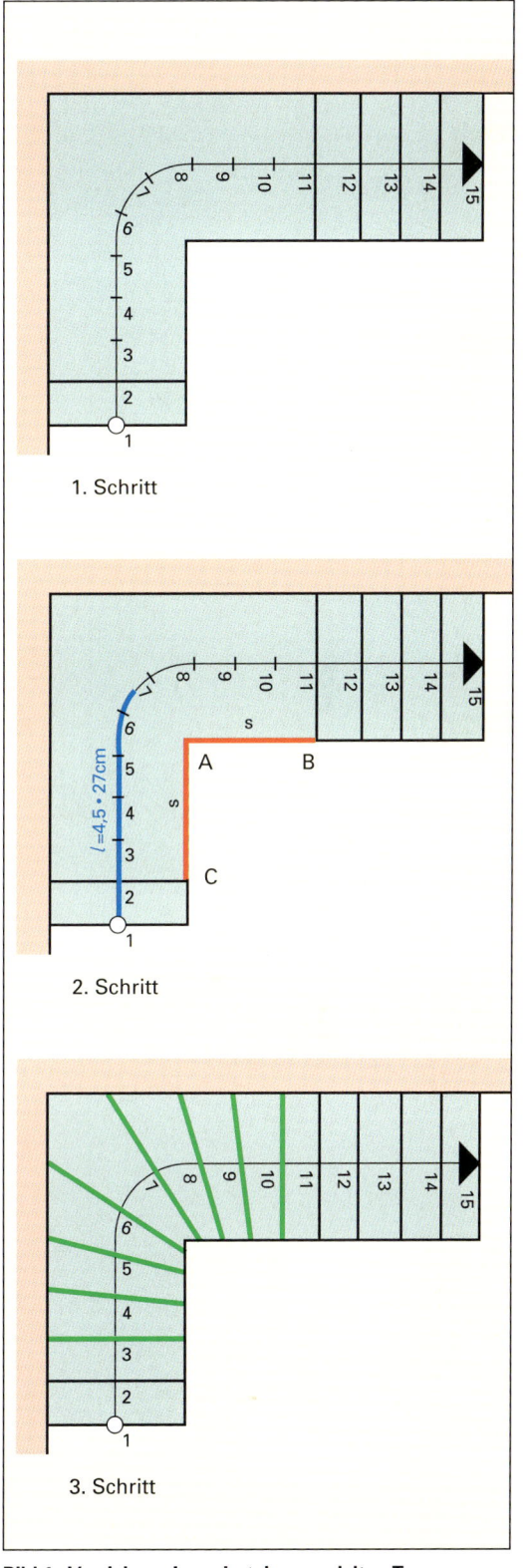

3. Schritt

Bild 1: Verziehen einer viertelgewendelten Treppe

14.3.3.2 Verziehen einer halbgewendelten Treppe

Die Vorgehensweise bei der Konstruktion ist am Beispiel einer halbgewendelten Treppe dargestellt. Die Länge der Lauflinie misst 4,05 m; das Steigungsverhältnis der Treppe beträgt 18/27.

Es sollen die Stufen 3 bis 13 verzogen werden. Die Lösung der Konstruktion wird in 3 Schritten durchgeführt (**Bild 1**).

- In der Mitte des Treppenlaufs wird die Lauflinie gezeichnet und die Anzahl der errechneten Auftrittsbreiten abgetragen (1. Schritt).

- Die Stufenbreiten an der Treppeninnenseite sind zeichnerisch zu ermitteln.

  Dies geschieht mit einer Hilfskonstruktion:

  – Dreieck ABC mit rechtem Winkel in Scheitel A und den Katheten s konstruieren

  s = halbe Strecke an der Treppeninnenseite zwischen den zu verziehenden Stufen (2. Schritt)

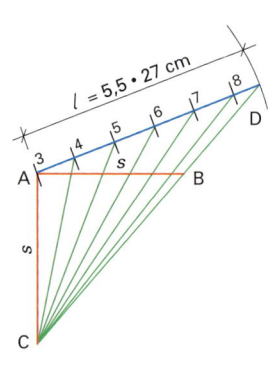

  – Kreis um A mit Radius l schneidet Gerade CB in D

  l = halbe Strecke auf der Lauflinie zwischen den zu verziehenden Stufen

  – auf $\overline{AD} = l$ die Auftrittsbreiten der zu verziehenden Stufen abtragen

  – Verbindungslinien zwischen C und den Teilpunkten auf l teilen $\overline{AB} = s$ in die gesuchten Stufenbreiten an der Treppeninnenseite

- Die gesuchten Teilpunkte werden im Grundriss an die Treppeninnenseite übertragen. Fehlende Teilpunkte auf der anderen Treppenlaufhälfte lassen sich symmetrisch übertragen. Verbindet man die Teilpunkte mit den entsprechenden Teilpunkten auf der Lauflinie, ergibt sich die jeweilige Stufenvorderkante (3. Schritt).

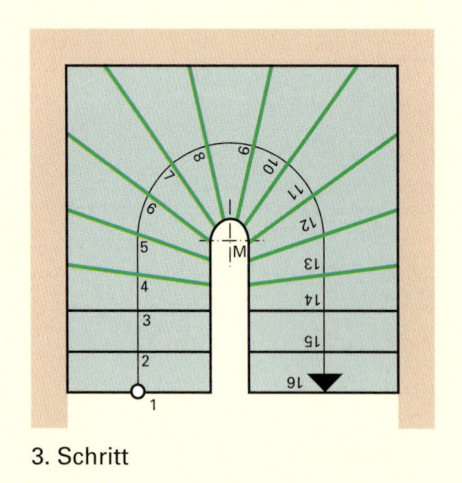

Bild 1: Verziehen einer halbgewendelten Treppe

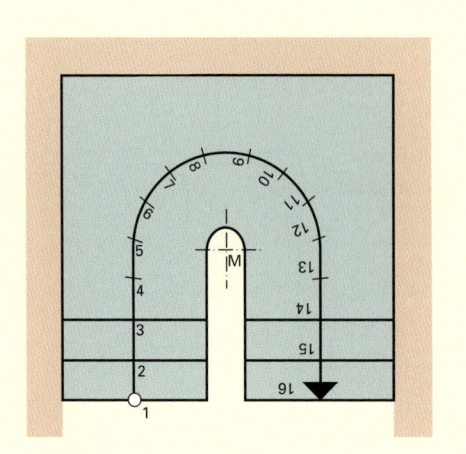

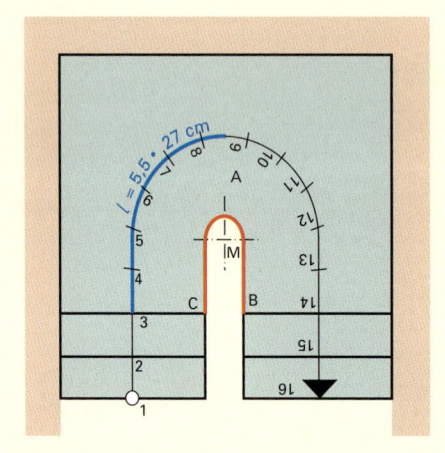

14.4 Treppenaufbau

Treppen werden als Stein- oder Holztreppen für Geschosstreppen, Ausgleichs- oder Differenztreppen, Eingangstreppen und Kellertreppen in Gebäude eingebaut.

14.4.1 Steintreppen

Steintreppen unterscheiden sich in der Art ihrer Stufen und in der Bauart. Um die Sicherheit bei ihrer Benutzung zu gewährleisten, sind Treppenbrüstungen vorzusehen.

14.4.1.1 Treppenstufen

Treppenstufen können aus unterschiedlichen Werkstoffen in den verschiedensten Formen hergestellt werden.

Steintreppen müssen abriebfest, rutschsicher und pflegeleicht sein, Außentreppen unempfindlich gegen Witterungseinflüsse. Für Treppenstufen eignen sich Naturstein, Beton und Betonwerkstein sowie Klinker. Treppenstufen aus Beton können mit keramischen Bodenfliesen und Spaltplatten belegt werden. Entscheidend für die Wahl eines dieser Werkstoffe sind Standort, Bauart und die beabsichtigte Wirkung einer Treppe sowie die Querschnittsform der Stufen.

Bei den Stufen unterscheidet man nach dem Querschnitt Blockstufen, Dreieck- oder Keilstufe, Winkelstufen, Plattenstufen sowie Stufen aus Tritt- und Stellplatten **(Bild 1)**.

Blockstufen haben einen rechteckigen Querschnitt. Die Stufen erhalten ein gefälligeres Aussehen, wenn die Stoßflächen ausgekehlt oder schräg unterschnitten sind. Die jeweils höher liegende Stufe springt etwa 3 cm über die darunter liegende vor. Die Stufen liegen jedoch nicht unmittelbar aufeinander, sondern werden durch eine etwa 3 mm dicke Mörtelfuge getrennt.

Dreieck- oder Keilstufen haben eine schräge Unterfläche und an der Unterkante der Stoßfläche einen etwa 3 cm tiefen, stumpfwinkligen Falz, der das Abrutschen der Stufen verhindert.

Winkelstufen haben einen winkelförmigen Querschnitt. Man unterscheidet hängende und stehende Winkelstufen. Bei den hängenden Winkelstufen bildet die meist unterschnittene Stoßfläche mit der darüberliegenden Trittplatte eine Einheit. Stehende Winkelstufen (L-Stufen) bestehen aus einer Trittfläche und der nächstfolgenden Stoßfläche. Dabei kann der Übergang von der Tritt- zur Stoßfläche ausgerundet sein.

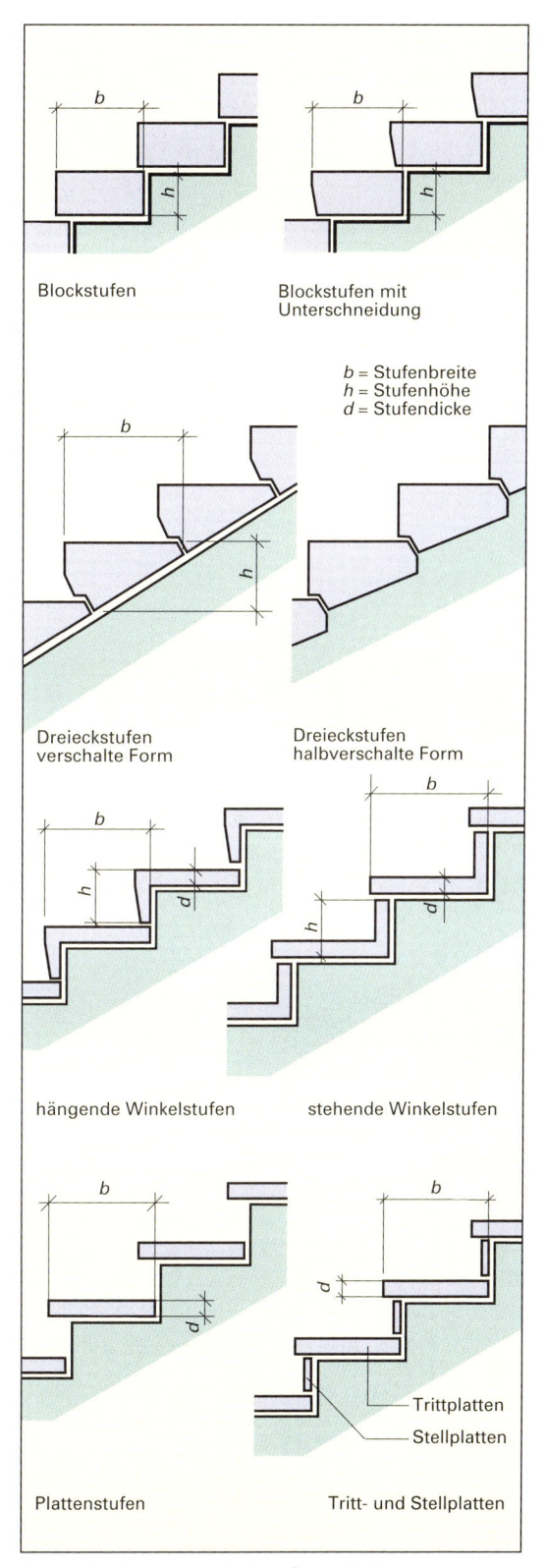

Bild 1: Stufenarten nach dem Querschnitt

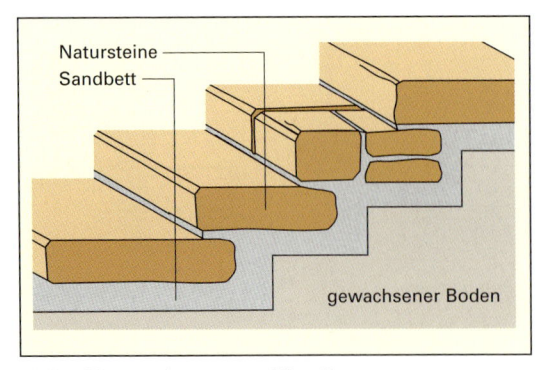

Bild 1: Natursteintreppe auf Sandbett

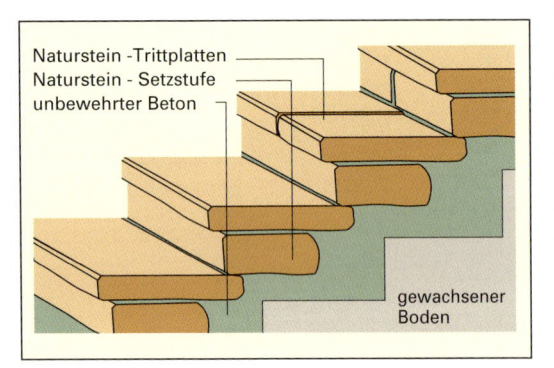

Bild 2: Natursteintreppe auf unbewehrtem Beton

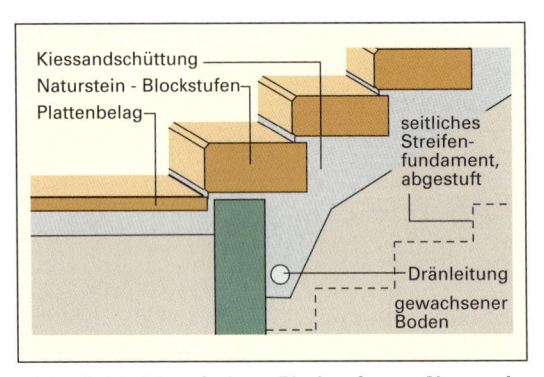

Bild 3: Beidseitig aufgelegte Blockstufen aus Naturstein

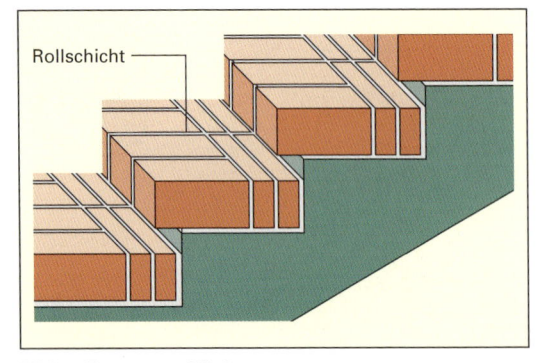

Bild 4: Treppe aus Klinker

Plattenstufen ergeben Treppenläufe mit offenen Stoßflächen. Die Dicke der Platten hängt von der Bauart der Treppen und von der Spannweite der Stufen ab.

Tritt- und Stellplatten verlegt man auf Betontreppen in Mörtel. Die Trittplatten sind 3 bis 5 cm, die Stellplatten etwa 2 cm dick. An der Stoßfläche stehen die Trittplatten 3 bis 4 cm über die Stellplatten vor. Die Platten können aus Naturstein oder aus Betonwerkstein bestehen.

14.4.1.2 Gemauerte Treppen

Treppen können aus Natursteinen oder aus Klinkern gemauert werden, sowie als untermauerte Treppe hergestellt sein.

Natursteintreppen kommen häufig als Hauseingangstreppen oder als Treppen in Freianlagen vor. Man verwendet dazu bearbeitete Natursteine als Mauersteine oder werkmäßig hergestellte Natursteinplatten und Natursteinblockstufen. Die Stufen von Außentreppen sollten stets ein leichtes Gefälle zur Trittkante haben, damit Regenwasser ablaufen und sich kein Glatteis bilden kann. Die Steine können auf einem Sand- oder Kiesbett aufliegen **(Bild 1)**. Vorteilhafter als ein Sand- oder Kiesbett sind Fundamente aus unbewehrtem oder bewehrtem Beton. Der stufenförmig ausgehobene Boden sollte ausreichend verdichtet sein, um Setzungen zu vermeiden.

Verwendet man für die Trittfläche Platten aus Naturwerkstein, werden diese an der Stoßfläche mit Natursteinen untermauert und der Rest der Stufe hinterbetoniert **(Bild 2)**.

Natursteinblockstufen können auf seitlich angeordneten, frostfrei gegründeten Streifenfundamenten aufgelegt werden. Sind die seitlichen Fundamente unter der Antrittsstufe durch ein quer angeordnetes Fundament miteinander verbunden, sollte zur Ableitung von eventuell anfallendem Sickerwasser eine Dränung eingebaut werden **(Bild 3)**. Damit die Blockstufen nicht hohl liegen, empfiehlt sich eine Kiessandhinterfüllung des Hohlraumes unter den Stufen.

Treppen aus Klinkern werden mit Mauersteinen im Dünnformat und Normalformat nach den Verbandregeln gemauert **(Bild 4)**. Dabei bilden die Klinker in der Regel nur den Stufenbelag. Man vermauert sie meist auf entsprechend abgetreppten Stahlbetontreppenläufen als Rollschichten mit Mörtel der Mörtelgruppe II. Klinkertreppen, die an Sichtmauerwerk anschließen, sind in Verband und Höhenlage den Schichten des Sichtmauerwerks anzupassen **(Bild 1)**.

Untermauerte Treppen bestehen aus Blockstufen, die beidseitig auf Mauerwerk aufliegen. Diese Bauart eignet sich besonders für Hauseingangstreppen sowie für Kellertreppen. Das Fundament für die Untermauerung muss in frostsicherer Tiefe und auf tragfähigem Boden liegen. Die Treppen würden sich sonst gegenüber dem Gebäude ungleich setzen und von diesem abreißen. Bei Hauseingangstreppen mit wenigen Stufen kann dies auch verhindert werden, wenn die Untermauerung durch Konsolen von der Kelleraußenwand getragen wird **(Bild 2)**.

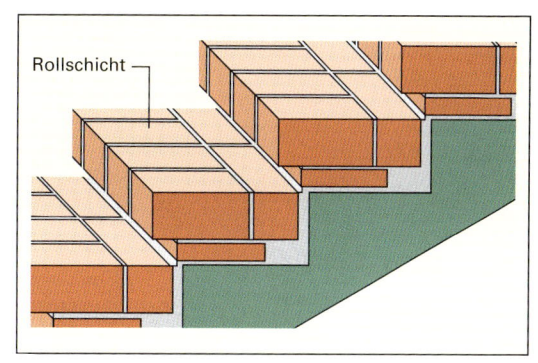

Bild 1: Mit Klinker gemauerte Stufen

14.4.1.3 Laufplattentreppen

Laufplattentreppen bestehen aus geneigten Stahlbetonplatten, die man auf der Baustelle in Ortbeton herstellt oder als Betonfertigteil versetzt. Die Oberfläche der Laufplatten kann entweder parallel zur Unterfläche verlaufen oder stufenförmig ausgebildet sein. Auf Laufplatten mit geneigter Oberfläche werden zur Fertigstellung der Treppe vorgefertigte Keilstufen verlegt. Stufenförmig betonierte Laufplattentreppen belegt man meist mit Tritt- und Stellplatten, hängenden oder stehenden Winkelstufen oder mit Spaltklinkerplatten als Fertigbelag **(Bild 3)**.

Eine Sonderform der Laufplattentreppe ist die Lamellentreppe. Bei dieser Treppe wird der Treppenlauf aus etwa 16 cm breiten, vorgefertigten Lamellen gebildet **(Bild 4)**. Die Lamellen sind meist hohl und können wegen ihres geringen Gewichts ohne großen Aufwand von Hand versetzt werden.

Vorgefertigte Laufplattentreppen bestehen aus dem Treppenlauf oder aus einem Treppenlauf mit einem oder zwei Podesten. Wird der Lauf als Fertigteil geliefert, sind die Enden so ausgebildet, dass sie auf ein bauseits vorhandenes Podest oder auf einen Podestbalken aufgelegt werden können **(Bild 1, Seite 412)**. Besteht das Fertigteil aus Treppenlauf und Podest, kann es am Ende des Podestes ein Wandauflager erhalten oder das Fertigteil wird z. B. unter der Antrittstufe auf einem Fertigteilbalken aufgelegt. Zur Trittschalldämmung ordnet man zwischen Laufplatte und Balken ein Neoprenlager an.

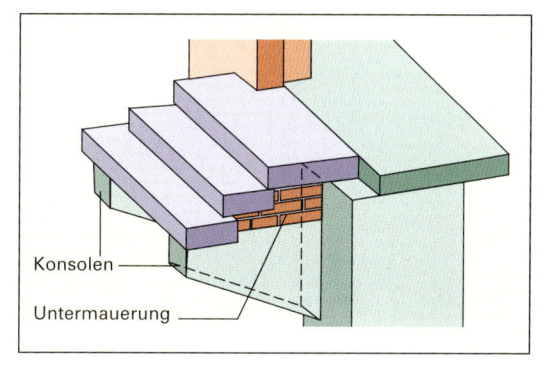

Bild 2: Untermauerte Treppe

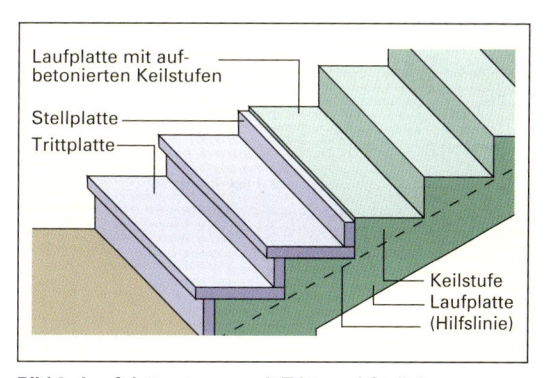

Bild 3: Laufplattentreppe mit Tritt- und Stellplatten

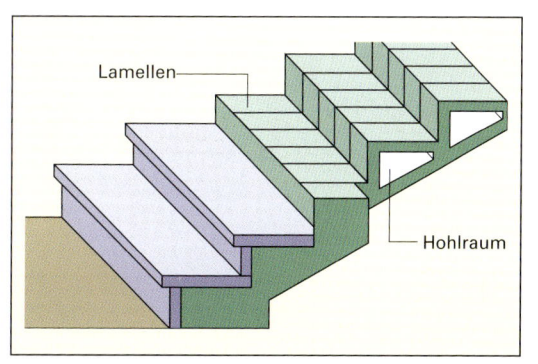

Bild 4: Lamellentreppe

Solche schalldämmenden Auflager werden zunehmend bei Ortbetontreppen eingebaut **(Bild 1, Seite 402)**. Podeste oder Treppenläufe sind punktförmig aufgelagert. Diese Punkte können als Balkenkopf ausgebildet sein und lassen sich mit gummiartigen Kunststoffschalen von der tragenden Wand trennen.

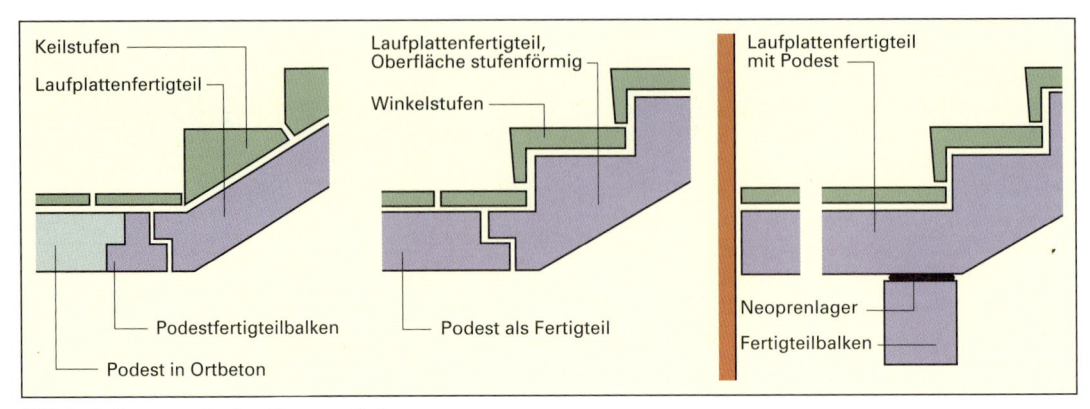

Bild 1: Auflage von Fertigteiltreppenläufen

Bei gegenläufigen Treppen mit Zwischenpodest sollten Podestunterseite und Laufplattenunterseite aus gestalterischen Gründen eine gemeinsame Brechkante bilden. Je nach Lage von Antrittstufe und Austrittstufe zueinander verändert sich bei gleichen Laufplattendicken die Dicke des Podestes **(Bild 2)**. Unterschreitet die Podestdicke das erforderliche Maß, kann eine gemeinsame Brechkante nur durch Veränderung der Laufplattendicke erreicht werden.

Soll bei einer gemeinsamen Brechkante der beiden Treppenläufe das Podest etwa gleich dick sein, muss die Vorderkante der Antrittstufe zur Vorderkante der Austrittstufe um eine Auftrittsbreite zurückversetzt sein (Bild 2).

d_p = Podestdicke
d_l = Laufplattendicke

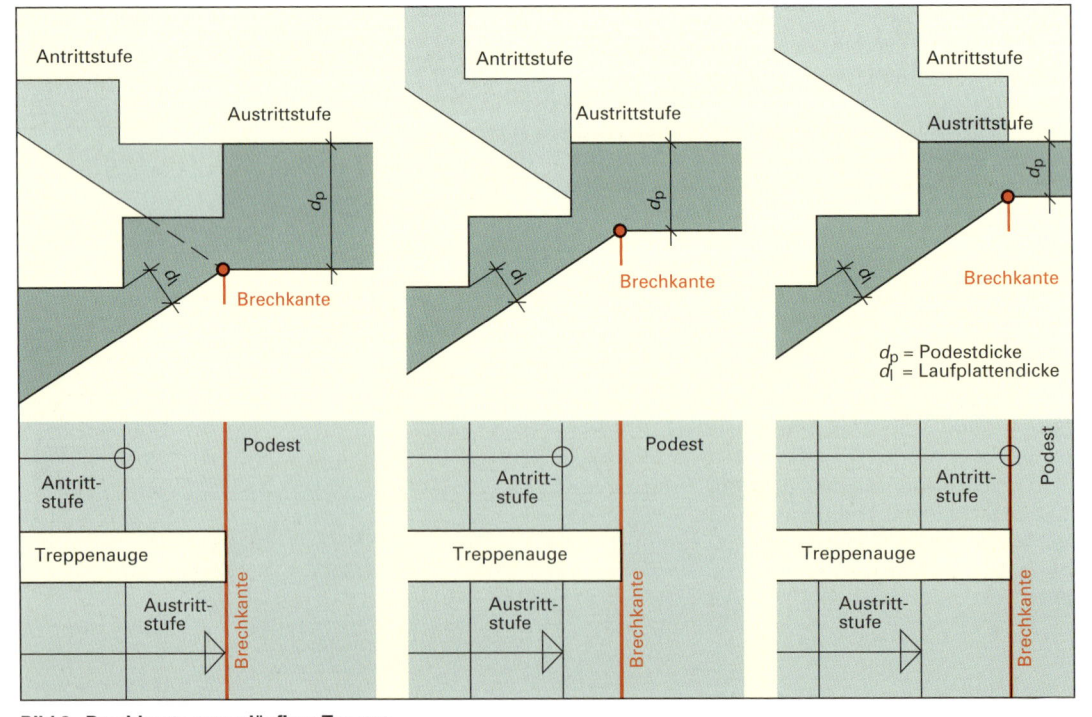

Bild 2: Brechkante gegenläufiger Treppen

14.4.1.4 Wangentreppen

Wangentreppen als Balkentreppen werden durch seitliche L-förmige Stahlbetonträger begrenzt **(Bild 1)**. Die Träger haben im unteren Bereich eine Verbreiterung von 5 cm bis 6 cm, auf der die Stufen aufliegen. Die günstigste Stufenform für Wangentreppen ist die Keilstufe. Zur Verringerung der Eigenlast können Wangentreppen aber auch mit hängenden oder stehenden Winkelstufen hergestellt werden. Wangentreppen aus Stahlbeton werden fast ausschließlich als Fertigteiltreppen geliefert.

14.4.1.5 Trägertreppen

Trägertreppen als Balkentreppen haben in der Regel zwei unter den Trittstufen liegende treppenförmige Längsträger **(Bild 2)**. Auf diese werden Plattenstufen von entsprechender Dicke so aufgelegt, dass sie seitlich 10 cm bis 20 cm überstehen. Bei Trägertreppen mit einem Mittelträger liegen die Stufen nur in ihrem mittleren Bereich auf und kragen entsprechend weit nach beiden Seiten über **(Bild 3)**. Sie müssen deshalb am Auflager fest verankert sein. Der Mittelträger kann auch als Plattenbalken ausgebildet sein. Trägertreppen wirken leichter als Laufplattentreppen. Diese Wirkung wird noch verbessert, wenn man die Träger nicht aus Stahlbeton, sondern aus schlanken Stahlprofilen mit kastenförmigem Querschnitt herstellt.

14.4.1.6 Treppenbrüstungen

Die freien Seiten von Treppen, Treppenpodesten und Treppenöffnungen sind durch Geländer oder Brüstungen zu sichern. Treppenbrüstungen können gemauert, betoniert oder als Stahlbetonfertigteil ausgebildet sein **(Bild 4)**. Sollen Treppenbrüstungen gemauert werden, können die Mauersteine auf den Trittflächen aufgesetzt sein oder es können Wände vom Fuß der Treppe an den Treppenläufen vorbei im Treppenauge hochgeführt werden. Die geneigte Mauerkrone der Brüstung schließt man mit einer Rollschicht ab. Der Handlauf verläuft entweder über oder seitlich der Rollschicht. Brüstungen aus Beton können statisch mitwirkend sein und vielseitige Gestaltungsmöglichkeiten zulassen. Um aufwendige Schalarbeit auf der Baustelle zu vermeiden, werden häufig Brüstungselemente aus Stahlbetonfertigteilen eingebaut.

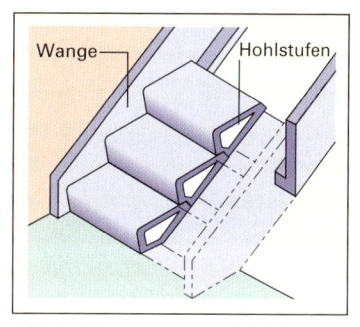

Bild 1: Wangentreppe mit Keilstufen

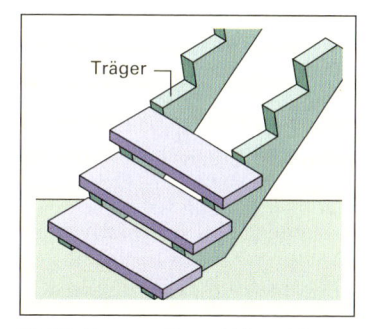

Bild 2: Treppe mit zwei Längsträgern

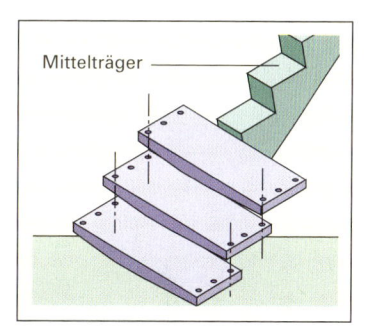

Bild 3: Treppe mit Mittelträger

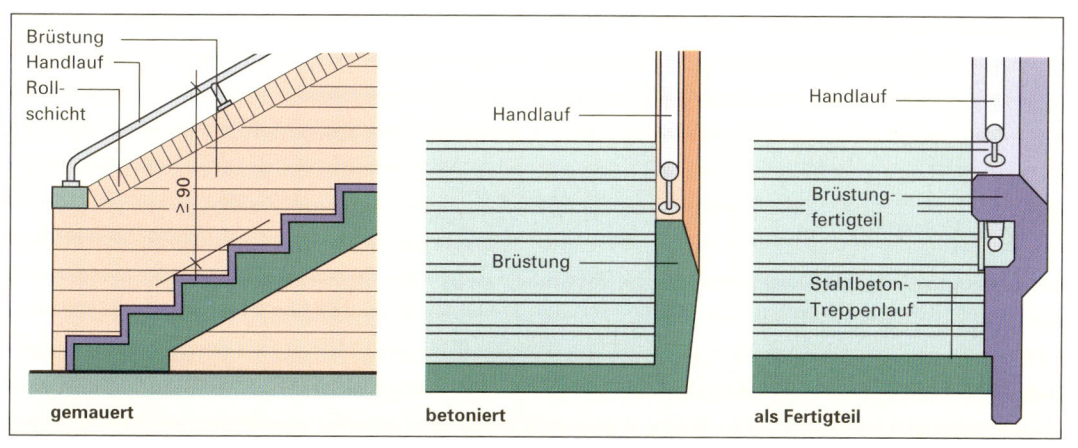

Bild 4: Treppenbrüstungen

14.4.2 Holztreppen

Holz und Holzwerkstoffe eignen sich als Werkstoffe für Treppen, weil sie ein geringes Gewicht haben und leicht zu bearbeiten sind. Außerdem haben Treppen aus Holz eine raumgestaltende Wirkung. Holztreppen können aus verschiedenen Holzarten und Holzwerkstoffen sowie in verschiedenen Bauarten hergestellt werden.

14.4.2.1 Werkstoffe für Holztreppen

Die Auswahl der Treppenhölzer wird im Wesentlichen von gestalterischen Überlegungen bestimmt. Alle üblichen einheimischen Nadelhölzer wie Kiefer, Fichte, Lärche, Tanne und Douglasie weisen die erforderliche Biegefestigkeit auf. Viele europäische Laubhölzer, wie z. B. Esche, Ahorn, Rüster und Nussbaum, sind zur Herstellung von Treppen besonders geeignet. Für die stark auf Abrieb beanspruchten Trittstufen werden vorwiegend harte Laubhölzer wie Eiche und Rotbuche verwendet.

Bei der herkömmlichen Bauweise von Holztreppen werden die Treppenteile überwiegend aus Vollholz gefertigt. Dieses muss so trocken verarbeitet werden, dass ein Schwinden der Treppenteile nach dem Einbau weitgehend verhindert wird. Die Verleimung von Vollholz und die Verwendung von Holzwerkstoffen verringern das Arbeiten des Holzes und ermöglichen die Herstellung geschwungener Formen. Wangen und Holme werden deshalb auch aus Brettschichtholz oder verleimten Furnieren hergestellt. Trittstufen bestehen in der Regel aus Vollholz oder aus verleimten Vollholzstreifen. Es werden auch furnierte Holzwerkstoffe verwendet. Bei diesen Verbundwerkstoffen soll die Furnierdicke bei Nadelholz etwa 6 mm und bei Laubhölzern etwa 4 mm betragen.

14.4.3 Bauarten von Holztreppen

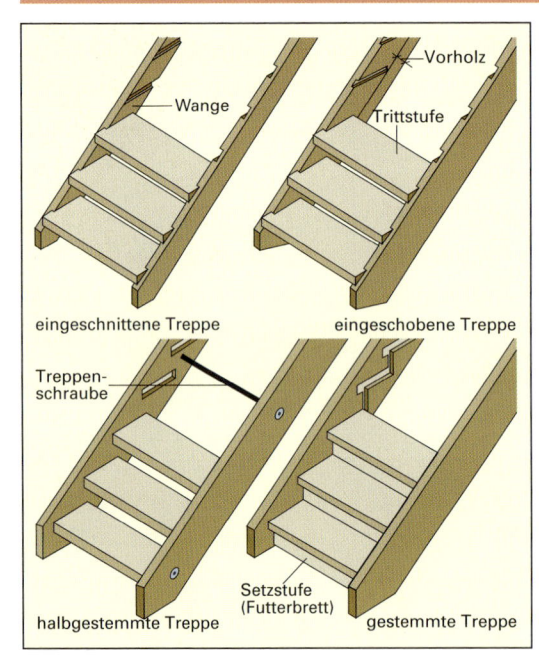

Bild 1: Wangentreppen

Nach Art und Lage der Stufenunterstützung kann man Holztreppen unterscheiden in

- Wangentreppen,
- aufgesattelte Treppen,
- Einholmtreppen,
- abgehängte Treppen und
- Spindeltreppen.

14.4.3.1 Wangentreppen

Wangentreppen haben Tragholme von bohlenförmigem Querschnitt. Da die Tragholme die Treppe seitlich abschließen, nennt man sie Wangen bzw. Treppenwangen. Die Trittstufen liegen in Ausfräsungen der Wangen auf. Nach der Form der Ausfräsungen unterscheidet man bei Wangentreppen vier Bauarten, nämlich

- eingeschnittene,
- eingeschobene,
- halbgestemmte und
- gestemmte Treppen.

Bei der **eingeschnittenen Treppe** stehen die Trittstufen vorne und hinten über die Wange vor. Die etwa 20 mm tiefen Ausfräsungen, in denen die Trittstufen aufliegen, verlaufen über die ganze Wangenbreite (**Bild 1**). Setzstufen werden bei eingeschnittenen Treppen nicht verwendet.

Bei der **eingeschobenen Treppe** stehen die Stufen nur vorne über die Wange vor. Die Ausfräsung verläuft nicht über die ganze Wangenbreite und kann schwalbenschwanzförmig ausgebildet werden. Dadurch wird eine feste Verbindung von Trittstufen und Wangen ohne Treppenschrauben erreicht. Der nicht ausgefräste Teil heißt Vorholz oder Besteck.

Die **halbgestemmte Treppe** ist die am häufigsten hergestellte Wangentreppe. Sie hat beidseitig ein Vorholz. Die Form der Ausfräsung entspricht dem Querschnitt der dazugehörigen Trittstufe. Setzstufen sind nicht vorhanden.

Die halbgestemmte Treppe eignet sich für gerade und gewendelte Treppen, während die eingeschnittene und eingeschobene Treppe nur als Treppe mit geradem Lauf ausgeführt werden können.

Gestemmte Treppen haben geschlossenen Stufen, die aus Tritt- und Setzstufen bestehen. Bei dieser Treppenart sind sowohl die Trittstufen als auch die Setzstufen in die Wangen eingefräst. Oben sind die Setzstufen in die Unterfläche der Trittstufen eingenutet. Unten läuft die Setzstufe meist hinter der Trittstufe vorbei und wird mit dieser durch Nägel oder Schrauben verbunden **(Bild 1)**.

Treppenwangen werden nach ihrer Lage unterschiedlich benannt. An Wänden liegende Wangen bezeichnet man als Wandwangen. An der freien Treppenseite liegende Wangen heißen Freiwangen, bei viertel- und halbgewendelten Treppen auch Licht- oder Öffnungswangen. Das bogenförmige Übergangsstück, das bei gewendelten Treppen zwei Freiwangenabschnitte bzw. Geländerholme verbindet, heißt Kropfstück oder Krümmling. **(Bild 2)**.

Die **Auflagerung der Wangen** kann mit Klauen auf der Decke bzw. dem Podestbalken erfolgen. Damit die Wangen am oberen Auflager nicht einreißen, müssen diese wie eine Leiter anliegen, ohne die Klauen zu belasten. Die oberen Klauen binden die Austrittsstufe in die Wangen ein, ohne Kräfte zu übertragen. Am unteren Auflager kann die Rissbildung durch Auflagerwinkel mit Steg verhindert werden. Eine statisch günstigere Befestigung erreicht man auch mit Hängewinkeln **(Bild 3)**.

Bild 1: Gestemmte Treppe

Bild 2: Kropfstück

14.4.3.2 Aufgesattelte Treppen

Bei aufgesattelten Treppen werden die Trittstufen auf Tragholme aufgesetzt. Dazu muss auf den geneigten Tragholmen eine waagerechte Auflage für die Trittstufen hergestellt werden, die man auch Sattel nennt. Man unterscheidet danach aufgesattelte Treppen

- mit Sattelwangen,
- mit Konsolen und
- mit Stützfüßen **(Bild 2, Seite 416)**.

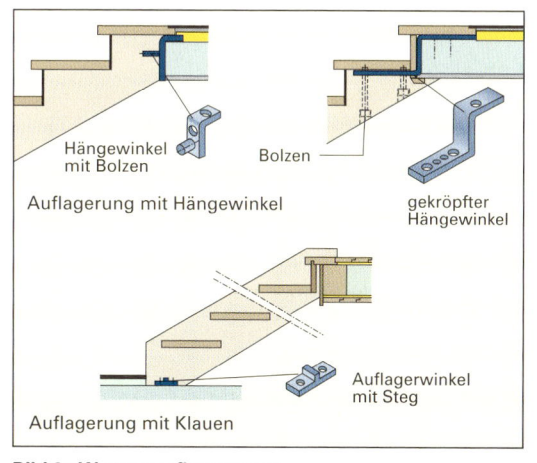

Bild 3: Wangenauflagerungen

Treppen mit Sattelwangen haben treppenartig ausgeschnittene Tragholme. Die Maße der Wangenausschnitte entsprechen den Steigungshöhen und Auftrittsbreiten der Treppe. Die Trittstufen stehen vorne und seitlich über die Sattelwange vor (**Bild 1 und Bild 2**). Anstelle von Sattelwangen aus Holz werden auch stufenförmig verschweißte Vierkantstahlrohre als Treppenträger verwendet.

Bei den aufgesattelten **Treppen mit Konsolen** haben die Tragholme die Form eines Kantholzes. Die Konsolen, auf denen die Trittstufen aufliegen, sind meist schmaler als die Tragholme, auf die sie aufgedübelt sind (Bild 2).

Bei den aufgesattelten **Treppen mit Stützfüßen** liegen die Trittstufen nur hinten auf den Tragholmen auf. Die waagerechte Lage der Trittstufen erreicht man durch Stützfüße, die senkrecht zwischen den Stufen stehen. Stützfüße kann man aus Holz in kantiger oder runder Form sowie aus Metall herstellen. Außerdem können Geländerstäbe so durch zwei übereinander liegende Stufen geführt werden, dass sie als Stützen wirken (Bild 2).

Anstelle von Trittstufen mit Konsolen können auch Blockstufen mit dreieckigem Querschnitt direkt auf die Holme aufgedübelt werden. Die Befestigung der Holme von aufgesattelten Treppen erfolgt wie die Wangenauflagerung bei den Wangentreppen (Bild 2).

Bild 1: Aufgesattelte Treppe mit Sattelwangen

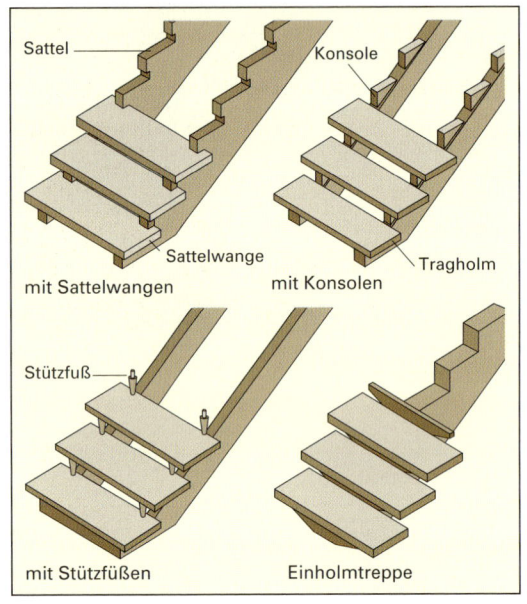

Bild 2: Aufgesattelte Treppen und Einholmtreppe

14.4.3.3 Einholmtreppen

Einholmtreppen haben nur einen Tragholm in der Mitte des Treppenlaufes (Bild 2). Die Trittstufen müssen auf dem Holm so befestigt sein, dass sie seitlich nicht kippen können. Das wird erreicht, indem man z. B. die Trittstufen gegen den Tragholm abstrebt. Zusätzlich wird dadurch die Biegefestigkeit der Trittstufen erhöht. Der Tragholm muss bei dieser Treppenart einen größeren Querschnitt haben, da er zusätzlich zur Biegung noch auf Verdrehen (Torsion) beansprucht wird. Tragholme bestehen häufig aus Brettschichtholz. Sie können auch aus Stahlträgern mit kastenförmigem Querschnitt hergestellt werden. Auf die Stahlträger schweißt man als Auflager für die Trittstufen Stützwinkel aus rechteckigem Profilstahl. Solche Treppen wirken leichter, weil Stahlträger geringere Querschnittsabmessungen haben als Holzträger.

14.4.3.4 Abgehängte Treppen

Abgehängte Treppen haben Trittstufen, die durch Zugstäbe in ihrer Lage gehalten werden. Auf der Wandseite werden die Trittstufen häufig mit Stahlwinkeln befestigt oder von Bolzen getragen, die in Kunststoffhülsen gelagert sind. Nach dem Ort, an dem die oberen Enden der Zugstäbe befestigt sind, unterscheidet man Treppen mit tragendem Geländerholm und trägerlose Treppen (**Bild 1, Seite 417**).

Treppen mit tragendem Geländerholm haben meist einen bohlenförmigen Handlauf, an dem die freien Enden der Trittstufe abgehängt sind. Dazu werden Hängestäbe aus Holz, Stahlrohr oder Rundstahl zugfest mit dem Handlauf verbunden **(Bild 2)**.

Bei **trägerlosen Treppen** hängen die Trittstufen an Zugstäben, die an der Decke befestigt sind.

14.4.3.5 Spindeltreppen

Die Spindeltreppe ist eine gewendelte Treppe, bei der die Stufen aus einer mittigen Spindel auskragen **(Bild 3)**.

Der Durchmesser von verleimten Spindeln beträgt in der Regel zwischen 150 mm und 200 mm. Die Trittstufen liegen meist auf Kragarmen, die in die Holzspindel eingebohrt oder eingezapft und verkeilt sind. Neben den Treppen mit frei auskragenden Trittstufen werden auch Spindeltreppen mit brettschichtverleimten Wandwangen hergestellt.

Systemtreppenhersteller liefern Spindeltreppen, bei denen die tragende Spindel aus einem Stahlrohr besteht. Dieses Rohr wird am Fußpunkt oder zwischen Fußpunkt und Podest eingespannt und trägt die Trittstufen sowie Differenzringe aus Holz. Differenzring (Distanzring) und Trittstufe ergeben zusammen die Steigungshöhe. Die Standsicherheit der Treppe wird dadurch erreicht, dass alle Trittstufen und Differenzringe mit einem Spannelement zu einer Einheit verspannt werden.

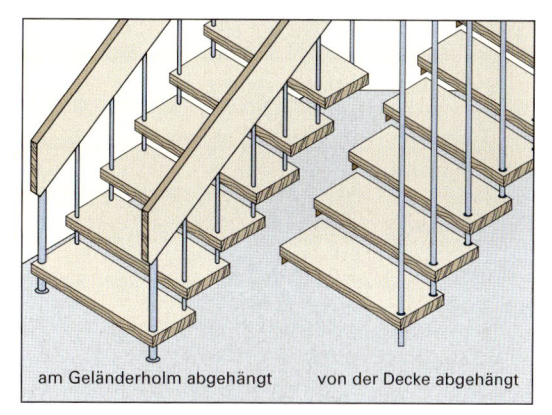

Bild 1: Abgehängte Treppen

Bild 2: Treppe mit tragendem Geländerholm

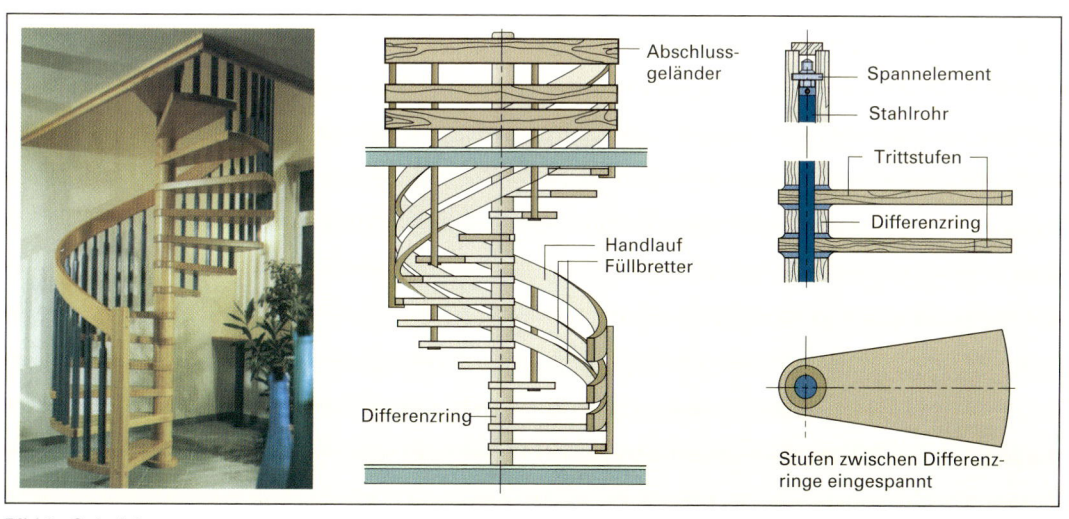

Bild 3: Spindeltreppe

14.4.4 Treppengeländer

Treppengeländer sind als Abschluss freier Treppenseiten vorgeschrieben. Sie schützen vor Unfällen und erleichtern das Treppensteigen. Treppengeländer bestehen aus dem Handlauf und der Geländerfüllung. Die waagerechte Fortführung des Treppengeländers um die Deckenaussparung bezeichnet man als Abschlussgeländer.

Handläufe sollen eine glatte Oberfläche und einen griffgerechten Querschnitt haben **(Bild 1)**. Sie können aus Holz in profilierter oder brettähnlicher Form sowie aus Metall oder Kunststoffprofilen hergestellt werden. Die lotrechte Höhe des Handlaufs über den vorderen Kanten der Trittstufen muss mindestens 90 cm betragen.

Geländerfüllungen füllen den Abstand zwischen Treppe und Handlauf. Sie werden meist aus lotrechten Stäben oder geneigten Füllbrettern hergestellt. Man kann auch Gitter aus Schmiedeeisen sowie Glasfüllungen verwenden.

Geneigte Füllbretter, manchmal auch Kniebretter genannt, verlaufen parallel zur Treppenneigung. Sie eignen sich vor allem für Geländer von geraden oder gleichmäßig geschwungenen Holz- oder Steintreppen. Geländerfüllungen aus geneigten bzw. waagerechten Brettern, Leisten oder Rohren sind weniger sicher als solche aus lotrechten Stäben, weil sie Kinder zum Klettern verleiten können.

Lotrechte Stäbe geben dem Geländer eine ruhige Wirkung (Bild 1). Aus Sicherheitsgründen darf der Abstand der Stäbe 12 cm nicht überschreiten. Die Stäbe können aus Metall oder Holz bestehen und verschiedenartig geformt sein. Metallstäbe eignen sich für Holz- und Steintreppen. Sie können auf den Trittflächen, seitlich am Treppenlauf oder zwischen Längsstäben befestigt sein. Hölzerne Geländerstäbe bezeichnet man auch als Staketen. Diese werden meist durch Bohrlöcher mit den Trittstufen bzw. mit den Treppenwangen und dem Handlauf verbunden.

Bild 1: Treppengeländer mit lotrechten Stäben und griffgerechtem Handlauf

---

Aufgaben

1. Beschreiben Sie die Auswirkungen der Treppenmaße auf die Begehbarkeit einer Treppe.
2. Berechnen Sie die Anzahl der Steigungen sowie das Steigungsverhältnis einer Treppe für die Geschosshöhe 2,75 m in einem Wohngebäude.
3. Vergleichen Sie Platzbedarf und Lauflänge einer geraden, einer viertel- und einer halbgewendelten Treppe, die jeweils das Steigungsverhältnis 18,33/27, die Laufbreite 90 cm und ein Treppenauge von 30 cm aufweist.
4. Listen Sie die verschiedenen Treppenbauarten auf, jeweils ergänzt durch eine Beschreibung, Werkstoffauswahl und eine Skizze.
5. Beschreiben Sie die Arten von Treppenstufen aus Naturstein, Beton und Holz.
6. Stellen Sie in einem Fertigteilwerk in Ihrer Nähe fest, welche Treppenbauteile dort hergestellt werden.
7. Nennen Sie Vor- und Nachteile von Holztreppen gegenüber Betontreppen in der Bauphase sowie bezüglich Rohstoff und Schallschutz.
8. Suchen Sie nach rechtlichen Vorschriften (DIN, Landesbauordnung …) für Abmessungen von Treppen und Geländern, erstellen Sie eine Tabelle dieser Vorschriften und beurteilen Sie deren Bedeutung!

15 Bautenschutz

Bauwerke sind fortwährend einer Vielzahl von äußeren Einwirkungen, wie z. B. Hitze, Frost, Feuchtigkeit und Lärm, im Brandfalle auch der Feuereinwirkung ausgesetzt. Diese Einwirkungen können Schäden am Bauwerk verursachen, sie können Belästigungen für die Bewohner dieser Gebäude darstellen und die wirtschaftliche Nutzung der Gebäude herabsetzen. Deshalb ist es notwendig, durch geeignete Maßnahmen diesen Einflüssen entgegenzuwirken. Man unterscheidet dabei den Wärmeschutz, den Feuchteschutz, den Schallschutz und den Brandschutz. Die Wirksamkeit dieser Schutzmaßnahmen hängt maßgebend von der richtigen Auswahl und von der richtigen Anordnung der verwendeten Dämm-, Dicht- und Sperrstoffen ab.

15.1 Dämmstoffe

Unter Dämmen versteht man Maßnahmen gegen Temperatur- und Schalleinflüsse. Zum Dämmen verwendet man Dämmstoffe. Dies sind Stoffe, die aufgrund ihrer Zusammensetzung und Struktur den Schall und die Wärme schlecht leiten. Es gibt Dämmstoffe, die nur zur Wärmedämmung oder nur zur Schalldämmung eingesetzt werden können oder die sich für beide Zwecke eignen. Sie können außerdem dem Brandschutz dienen. Neben den eigentlichen Dämmstoffen besitzen zahlreiche Baustoffe eine gute Wärmedämmfähigkeit, z. B. Leichtbetonsteine aus Bims, Hüttenbims und Blähton, Porenbetonsteine, porosierter Gips und Gipsplatten, Holz- und Holzwerkstoffe.

Tabelle 1: Anorganische Dämmstoffe (Auszug aus DIN V 4108 und DIN EN 12524)

Dämmstoffart	Rohdichte ρ kg/m³	Wärmeleitfähigkeit λ** in W/(m·K)	Wasserdampfdiffusionswiderstandszahl μ	Bestandteile und Herstellung	Eigenschaften	Verwendung
1. Porige Dämmstoffe						
Blähglimmer (Vermiculite)	100	0,07	3	Abfallglimmer durch Hitze gebläht	hitze-, alterungs-, säure-, laugenbeständig	Leichtzuschlag für feuerdämmende Ummantelung
Blähperlit (EPB) WLS ***	100	0,045 bis 0,065	5	aufgeblähtes, vulkanisches, siliciumhaltiges Gestein	schimmelfest, alterungsbeständig, nicht brennbar	Leichtzuschlag für Estriche und Dämmplatten
Blähton	400	0,16	3	mit organischen Bestandteilen angereicherter Ton wird zu Kügelchen granuliert und bei 1200 °C gebrannt, wobei die Tonkügelchen aufgebläht werden	leicht, druckfest, wärmedämmend, säure-, laugen-, feuerbeständig, frostsicher, umweltverträglich	Wärmedämmung, Brandschutz, als Schüttung, als Leichtzuschlag für Mauersteine, Betone und Mörtel
Schaumglas (CG) WLS ***	100 bis 150	0,035 bis 0,055	dampfdicht	geschlossenzelliges, aufgeschäumtes Glas in Plattenform	unbrennbar, wärmedämmend, dampfdicht, korrosionsbeständig, alterungsbeständig	Wärmedämmung, Feuchtigkeitsschutz
2. Faserige Dämmstoffe						
Mineralwolle in Form von Matten, Filzen, Platten WLS ***	8 bis 500	0,035 bis 0,050	1	dünne Fasern aus geschmolzenem Glas, geschmolzenem Kalkstein und Mergel, geschmolzener Hochofenschlacke, Filze und Platten mit Phenolharz gebunden, Platten auch bituminiert oder einseitig mit Aluminiumfolie	leicht, wärmedämmend, schallschluckend, nicht brennbar, alterungsbeständig, fäulnisfest, nicht Krebs erregend	Wärme- und Luftschalldämmung bei Wänden, Decken, Dächern, Brandschutz
						Wärme- und Trittschalldämmung unter schwimmenden Estrichen
						zum Ausstopfen von Hohlräumen
Fiber-Silikat-Platten	870 450	0,175 0,083	8	aus Silikaten, Mineralfasern und Zement	nicht brennbar, wärmedämmend, hygroskopisch, fäulnisfest	Brandschutz, feuerfeste Ummantelung von Stahl, Wärmedämmung

| Blähglimmer | Blähperlit | Blähton | Schaumglas | Mineralwollefilz |

Tabelle 1: Organische Dämmstoffe (Auszug aus DIN V 4108 und DIN EN 12524)

Dämmstoffart	Rohdichte ρ kg/m³	Wärmeleitfähigkeit λ **) in W/(m·K)	Wasserdampfdiffusionswiderstandszahl μ *)	Bestandteile und Herstellung	Eigenschaften	Verwendung
1. Porige Dämmstoffe						
Expandierter Kork (ICB) WLS ***)	80 bis 500	0,040 – 0,055	5/10	Korkschrot wird durch Erhitzen aufgebläht und zusammengebacken, ohne oder mit Bitumen	schall- und wärmedämmend, geringe Feuchtigkeitsaufnahme, fäulnisfest	Tritt- und Körperschalldämmung, Wärmedämmung, Kühlhausbau
Expandierter Polystyrolschaum (EPS) WLS ***)	10 bis 50	0,030 – 0,050	20/100	in Blöcken, Platten oder Formteilen geschäumt, als Partikelschaum, als Extruderschaum	entflammbar oder schwer entflammbar, alterungsbeständig, verrottungsfest, maßhaltig	Wärmedämmung, Trittschalldämmung, bewehrt als frei tragende Dachelemente, Dämmschicht in Sandwichplatten
Extrudierter Polystyrolschaum (XPS) WLS ***)	20 bis 65	0,026 – 0,040	80/250			
Polyurethan-Hartschaum (PUR) WLS ***)	28 bis 55	0,020 – 0,045	40/200	in Blöcken, Platten oder Formteilen geschäumt, als Ortschaum in Kanälen und unter Dächern	wärmedämmend, bei Temperaturschwankungen nicht maßhaltig, alterungsbeständig	Wärmedämmung

Korkplatte | Polystyrol-Hartschaum | PS-Extruderschaum | PUR-Schaum | Holzwolle-Leichtbauplatte

Dämmstoffart	Rohdichte ρ kg/m³	Wärmeleitfähigkeit λ **) in W/(m·K)	Wasserdampfdiffusionswiderstandszahl μ *)	Bestandteile und Herstellung	Eigenschaften	Verwendung
2. Faserige Dämmstoffe (ökologische Dämmstoffe)						
Holzwolle-Leichtbauplatten (WW) WLS ***)	360 bis 460	0,06 – 0,10	2/5	langfaserige Holzwolle mit mineralischen Bindemitteln (Magnesit, Zement, Gips) gebunden	biegefest, raumbeständig, gut verarbeitbar, nicht wetterfest, schwerentflammbar, verputzt schalldämmend, unverputzt schallschluckend, wärmedämmend, gute Putzhaftung	wärmedämmende Putzträger für Wände, Decken, Dächer, verputzt als schalldämmende Vorsatzschale oder für Leichtbauwände, unverputzt für Schallschluckung, verlorene Schalung im Stahlbetonbau
Holzwolle-Mehrschichtplatten (WWC) mit expandiertem Polystyrolschaum WLS ***)		0,030 – 0,050	20/50	Schaumkunststoffplatten (z. B. Styropor) ein- oder zweiseitig mit Holzwolleleichtbauplatten beplankt		
Holzwolle-Deckschicht WLS ***)	460 bis 650	0,10 – 0,14	2/5			
Holzfaser-Dämmplatten (WF) WLS ***)	250	0,032 – 0,060	5	mit Kunstharz gebundene Holzfasern in Plattenform, bituminiert oder nicht bituminiert	leicht, wärmedämmend, schallschluckend, trittfest	Wärmedämmung bei Decken und Dächern, bituminiert für Trockenböden, Akustikplatten
Cellulosefaser-Dämmstoffe Flockenschüttung Platten	40 bis 80	0,045	1–2	wieder verwertbares Zeitungspapier wird zerfasert, gegen Schädlingsbefall mit Borsalz behandelt und gepresst	wärmedämmend, diffusionsoffen, schallabsorbierend, geruchsneutral, normal entflammbar	zur Wärmedämmung als lose Schüttung, als eingeblasene Dämmschicht in geschlossene Hohlräume, als Platten
Schafwolle Bahnen Platten	16 bis 80	0,030– 0,045	1–3	Schafwollefasern werden zu Bahnen und Platten verfilzt unter Zugabe von Borsalz als Mottenfraßgift	wärmedämmend, trittschalldämmend	als Matten zur Wärmedämmung, als Filze und Platten zur Trittschalldämmung
Kokosfaser Rollfilze Dämmplatten	85	0,045	1	Herstellung von Matten und Platten aus Kokosfasern, mit Flammschutzmitteln behandelt	geruchsneutral, wärmedämmend, trittschalldämmend	Wärmedämmung, Trittschalldämmung
Baumwolle, Stroh, Schilf						

Holzfaserplatte | Zellulosefaserplatte | Schafwolle | Kokosfaser | Schilfmatte

*) Es ist jeweils der für die Baukonstruktion ungünstigere Wert einzusetzen. **) Bemessungswerte
***) WLS = Wärmeleitfähigkeitsstufen, z. B. 021, 022, 023 … 045 bedeutet: 0,021 / 0,022 / 0,023 … 0,045 W/(m · K)

Dämmstoffe werden je nach Stoffart und nach Art der Verwendung in verschiedenen Formen hergestellt, z. B. als Schüttgut, in Form von Platten, Bahnen, Matten, Filzen oder Vliesen. Sie müssen den Normen und dem Güteschutz entsprechen und für das Bauwesen zugelassen sein. Für die Auswahl eines Dämmstoffs wurden in DIN V 4108-10 die Anwendungsgebiete für Dämmstoffe und deren Produkteigenschaften in Tabellen festgelegt und in Buchstabenkombinationen ausgedrückt (**Beispiele siehe Tabelle 1**).

Alle Dämmstoffe sind auf der Verpackung mit einer Etikette normgerecht zu kennzeichnen (**Bild 1**). Das Übereinstimmungszeichen (Ü-Zeichen) dokumentiert, dass das Bauprodukt mit den Normen übereinstimmt und die Herstellung überwacht wird.

Die Angabe der Wärmeleitfähigkeit bei Dämmstoffen erfolgt z. B. als $\lambda = 0{,}030$ W/(m · K), wie in Tabelle 1 Seite 219 angegeben, oder durch die Wärmeleitfähigkeitsstufen WLS, z. B. 030 (Angabe nur die Ziffernfolge nach dem Komma, wie in Bild 1).

Tabelle 1: Anwendungstypen von Dämmstoffen nach DIN V 4108-10

Kurzzeichen	Anwendungsbeispiele und Produkteigenschaften	Kurzzeichen	Anwendungsbeispiele und Produkteigenschaften
DAD (dk)	**A**ußendämmung von **D**ecke oder **D**ach, **k**eine **D**ruckbelastbarkeit	WI (wk)	**I**nnendämmung der **W**and, **k**eine Anforderungen an die **W**asseraufnahme
DAA (dh)	**A**ußendämmung von **D**ach oder Decke, **D**ämmung unter **A**bdichtung, **h**ohe **D**ruckbelastbarkeit	PW (wd)	Außen liegende **W**ärmedämmung von **W**änden gegen Erdreich außerhalb der Abdichtung (**P**erimeterdämmung)
DES (sm)	**I**nnendämmung der **D**ecke unter **E**strich mit Trittschalldämmung, **m**ittlere Zusammendrückbarkeit	WTH (sg)	Dämmung zwischen **H**austrennwänden mit **S**challschutzanforderungen, **g**eringe Zusammendrückbarkeit
WAP (zh)	**A**ußendämmung der **W**and unter **P**utz, **h**ohe **Z**ugfestigkeit		Weitere Beispiele s. DIN V 4108-10

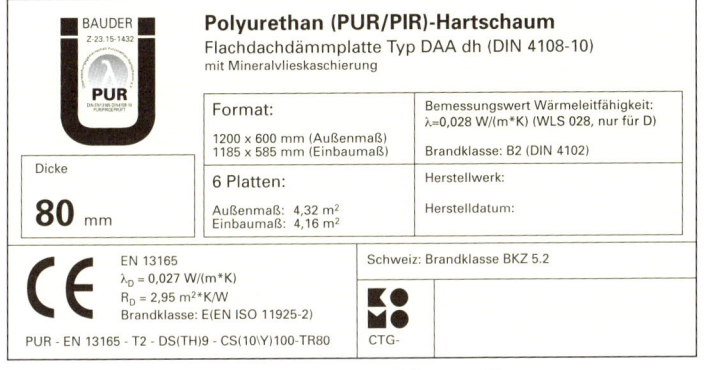

Bild 1: Normgerechte Kennzeichnung von Dämmstoffen

15.2 Dicht- und Sperrstoffe

Von Abdichten und Sperren spricht man bei Maßnahmen gegen das Eindringen von Feuchtigkeit in das Bauwerk. Man verwendet dazu Dicht- und Sperrstoffe als Bahnen aus Pappe, Metall- oder Kunststofffolie sowie gießbare Massen aus mineralischen oder organischen Bestandteilen. Diese Dicht- und Sperrstoffe lassen die tropfbare Feuchtigkeit (Wasser) nicht durch, können aber den Durchgang von Wasserdampf entweder ermöglichen oder behindern, wie z. B. Dampfsperren (**Tabelle 2**).

Tabelle 2: Dampfsperren

Stoffart	Dicke mm	Wasserdampfdiffusionswiderstandszahl μ[1]	Eigenschaften	Verarbeitung	Verwendung
PVC-Folien	≥ 0,1	20 000 / 50 000	abriebfest, begrenzt alterungsbeständig	Nageln, Einspannen, Kleben	bei Dächern, Decken und Außenwänden
Polyethylen-Folien	≥ 0,1	100 000	säure- und laugenbeständig, nicht witterungsbeständig		
Aluminium-Folien	≥ 0,05	praktisch dampfdicht	alterungsbeständig	Aufkleben, Kaschierung auf Dämm-Matten und -Platten	bei Dächern und Außenwänden

[1] Es ist jeweils der für die Baukonstruktion ungünstigere Wert einzusetzen.

Tabelle 1: Dicht- und Sperrstoffe

Stoffart	Herstellung und Aufbau	Eigenschaften und Verarbeitung	Anwendung	Schutzmaßnahme	Verwendung
Bitumen, rein	durch Destillation von Erdöl, auch im Naturasphalt enthalten	wasserundurchlässig, widerstandsfähig gegen chemische Einflüsse (außer Benzin), Erweichung bei Temperaturerhöhung, flüssig bei ca. 150 °C, plastisch bei längerer Druckbelastung, Verarbeitung heiß oder kalt	bei Pappen und Geweben	gegen Feuchtigkeit	als Tränkmittel
mit Kunststoffen vermischt (z. B. PE, IIR)			bei Wänden, Decken, Dächern	gegen Bodenfeuchtigkeit, Sickerwasser, Oberflächenwasser	als Voranstrichmittel (kalt), Deckaufstrichmittel (heiß oder kalt),
mit Füllstoffen (z. B. Tonmineralien)			zum Aufkleben von Pappen, Bahnen, Folien		als Klebemasse (heiß)
kunststoffmodifizierte Bitumendickbeschichtung (KMB)	pastöse, spachtel- oder spritzfähige Masse (Bitumenemulsion), polystyrolgefüllt oder faserhaltig, ein- oder zweikomponentig		bei Außenflächen von Umfassungswänden und bei Bodenplatten		als gespachtelte oder gespritzte Abdichtung
Asphalt	Naturasphalt oder Mischung aus Bitumen und mineralischen Zuschlägen (z. B. Sand oder Gesteinsmehl)		im Straßenbau	gegen Oberflächenwasser	als Guss- und Walzasphalt
			bei Flachdächern	gegen Oberflächenwasser	als Sperrschicht
			bei Estrichen	gegen Wärmeableitung	als Gussasphalt
Bitumenbahnen, nackt (N)	Rohfilzpappen mit Bitumen oder Naturasphalt getränkt	bei Verarbeitung Einbettung in Bitumenmasse	bei Grundwasser, im Behälterbau	gegen Druckwasser	als Trägereinlage
Bitumendachbahnen mit Rohfilzeinlage	Bitumengetränkte Rohfilzpappe (R) mit ein- oder beidseitiger Deckschicht aus Bitumen besandet	wird mit Bitumenklebemasse aufgeklebt	bei Kellerwänden, Dacheindeckungen	gegen Bodenfeuchtigkeit, Oberflächenwasser	als Abdichtung
Kaltselbstklebende Bitumen-Dichtungsbahnen (KSK)	Kombination einer vierfach kreuzlaminierten Spezial-HDPE-Folie mit einer Dicht- und Klebeschicht	wasserundurchlässig	bei Außenwandflächen und Bodenplatten	gegen Bodenfeuchte und Sickerwasser	als Abdichtung
Bitumen-Dachdichtungsbahnen (DD)	Trägerbahn aus Jutegewebe (J), Glasgewebe (G) oder Polyestervlies (PV), beidseitig mit Bitumen beschichtet, Oberflächen besandet oder beschiefert	Dicke ≥ 3 mm, wird mit Bitumenklebemasse aufgeklebt	bei Wänden	gegen Bodenfeuchtigkeit	als waagrechte und senkrechte Sperrschichten
			bei Wänden, Dächern	gegen nichtdrückendes Wasser, Sickerwasser	als Abdichtung
Bitumen-Schweißbahnen (S)	Trägerbahnen und Deckschichten wie bei DD, zusätzlich einseitig eine Schicht als Klebemasse	Klebemasse auf der Bahn wird erhitzt und auf den Untergrund aufgedrückt	bei Flachdächern	gegen Oberflächenwasser	als Abdichtung
Metallbahnen	Weichkupfer oder Reinaluminium, mindestens 0,1 mm dick	in Bitumen verlegt	bei Wänden, Decken, Flachdächern	gegen Bodenfeuchtigkeit, Oberflächenwasser	als Abdichtungsfolie
Thermoplastische Kunststofffolien	Polyisobutylen (PIB) oder Weichpolyvinylchlorid (PVC)				
Unterspannbahnen	Kunststoff-Faservlies mit Bitumen beschichtet	wasserableitend, wasserdicht, dampfdurchlässig	unter Dächern, in Außenwandverkleidungen, Holzbalkendecken	gegen Staub und Wasser	als Abdichtung
Sperrmörtel	Zementmörtel mit vorgeschriebener Zusammensetzung und mit Dichtungsmittelzusatz	wasserabweisend, dicht	bei Wänden, Behältern	gegen Bodenfeuchtigkeit, Oberflächenwasser, Sickerwasser, Druckwasser	als Sperrputz
Dichtungsschlämmen	Spezialbaustoffe mit mineralischem Aufbau	wasserundurchlässig, raumbeständig			als dünner Auftrag
Beton mit hohem Wassereindringwiderstand	Beton mit vorgeschriebener Sieblinie und Zusatz eines Betondichtungsmittels		bei Wänden, Decken, Stahlbetonkörpern ohne zusätzliche Sperrmaßnahmen		als dichter Baukörper

15.3 Wärmeschutz

Unter Wärmeschutz versteht man Maßnahmen zur Verringerung der Wärmeübertragung zwischen Räumen und der Außenluft und zwischen Räumen mit verschiedenen Raumtemperaturen. Ausreichender Wärmeschutz ist eine wichtige Voraussetzung für gesundes und behagliches Wohnen. Durch guten Wärmeschutz werden die Heizkosten und die Instandsetzungskosten des Gebäudes verringert.

Der Wärmeschutz eines Gebäudes ist abhängig von der Wärmedämmfähigkeit der das Gebäude umschließenden Bauteile wie Wände, Decken, Dach, Fenster und Türen. Unter **Wärmedämmfähigkeit** versteht man die Fähigkeit eines Bauteils, den Durchgang von Wärme von der einen zu anderen Seite des Bauteils einzuschränken und damit eine Abwanderung oder Zufuhr von Wärme weitgehend zu verhindern. Sie kann durch Verwendung geeigneter Baustoffe und durch zweckmäßige Konstruktion der Bauteile erreicht werden. Die Übertragung der Wärme geschieht im Bauwerk durch Wärmestrahlung, durch Wärmemitführung, vor allem aber durch Wärmeleitung.

Der Umfang des erforderlichen Wärmeschutzes ist in DIN 4108 – Wärmeschutz im Hochbau – sowie in der Energieeinsparverordnung festgelegt. Sie enthalten auch die wärmeschutztechnischen Größen und Einheiten sowie die notwendigen Rechenverfahren. Wichtige Größen des Wärmeschutzes sind in DIN 4108 und in DIN EN ISO 7345 festgelegt **(Bild 1)**.

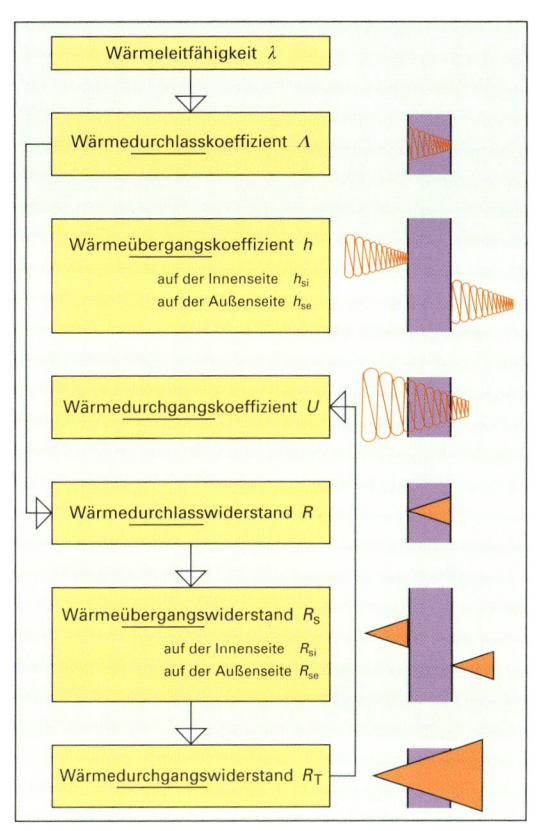

Bild 1: Übersicht über wichtige wärmeschutztechnische Größen

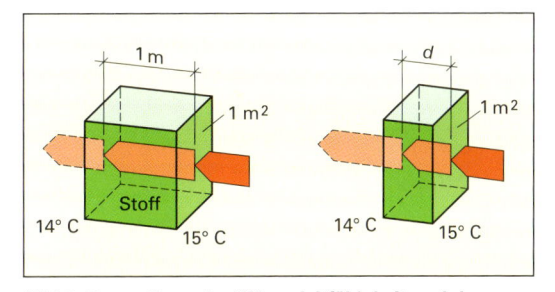

Bild 2: Darstellung der Wärmeleitfähigkeit und des Wärmedurchlasskoeffizienten

15.3.1 Wärmeleitfähigkeit

Als Kenngröße für die Wärmeleitung in Stoffen wurde die Wärmeleitfähigkeit λ (gesprochen: klein lambda) eingeführt. Diese gibt diejenige Wärmemenge in Joule je Sekunde an, die durch eine 1 m² große Fläche eines Baustoffes von 1 m Dicke hindurchgeht, wenn der Temperaturunterschied zwischen beiden Oberflächen 1 Kelvin beträgt **(Bild 2)**. Da 1 Joule je Sekunde (1 J/s) der Einheit 1 Watt (1 W) entspricht, wurde als Einheit für die Wärmeleitfähigkeit Watt je Meter und Kelvin W/(m · K) festgelegt.

Ein Stoff leitet die Wärme umso besser, d. h., seine Wärmeleitfähigkeit ist umso größer, je dichter der Stoff ist, je weniger Poren er hat und je feuchter er ist. Es ist deshalb darauf zu achten, dass die Baustoffe vor Feuchtigkeit geschützt werden, damit ihre Wärmedämmfähigkeit erhalten bleibt.

Tabelle 1: Wärmedurchlasswiderstand R_g von ruhenden Luftschichten nach DIN EN ISO 6946 in m² · K/W

Luftschichtdicke in mm	Richtung des Wärmestroms		
	aufwärts	horizontal	abwärts
5	0,11	0,11	0,11
7	0,13	0,13	0,13
10	0,15	0,15	0,15
15	0,16	0,17	0,17
25	0,16	0,18	0,19
50	0,16	0,18	0,21
100	0,16	0,18	0,22
300	0,16	0,18	0,23

Tabelle 1: Wärmeleitfähigkeit verschiedener Baustoffe nach DIN V 4108 (Auszug)

Baustoffe	Rohdichte ρ $\frac{kg}{m^3}$	Wärmeleitfähigkeit λ $\frac{W}{m \cdot K}$
Beton		
Normalbeton	2400	2,00
Leichtbeton	1000	0,36
Mauerwerk		
Vollziegel, Lochziegel	1200	0,50
Leichthochlochziegel, Typ W	700	0,21
Kalksand-Vollsteine	1800	0,99
Kalksand-Lochsteine	1400	0,70
Leichtbeton-Vollsteine	1200	0,54
Leichtbeton-Hohlblocksteine	800	0,41
Porenbetonsteine	600	0,19
Putz, Estrich, Mörtel		
Kalkputz, Kalkzementputz	1800	1,00
Zementmörtel	2000	1,60
Kalkgipsputz	1400	0,70
Gipsputz	1200	0,51
Kunstharzputz	1100	0,70
Zementestrich	2000	1,40
Gussasphaltestrich	2100	0,70
Gipsbaustoffe		
Gipswandbauplatten	1200	0,58
Gipsplatten	800	0,25
Holz und Holzwerkstoffe *		
Hartholz	700	0,18
Weichholz	500	0,13
Sperrholz	700	0,17
Holzspanplatte	600	0,14
Holzfaserplatte, hart, HB	800	0,18
Holzfaserplatte, porös, SB	250	0,07
Sonstige *		
Glas	2500	1,00
Stahl	7800	50
Aluminium-Legierungen	2800	160
Kupfer	8900	380
Wärmedämmstoffe	siehe Tabelle 1, Seite 419	

* Nach DIN EN 12524

Bauteile mit großer Wärmespeicherfähigkeit

- besitzen eine hohe Rohdichte und erwärmen sich nur langsam,
- nehmen viel Wärme aus der Raumluft auf und geben sie bei Abkühlung wieder ab,
- wirken temperaturausgleichend, die Raumtemperatur ist keinen großen Schwankungen unterworfen,
- sollten als Innenbauteile keine leichten Vorsatzschalen erhalten, da sonst die Wärmespeicherung stark eingeschränkt wird,
- sollten als Außenbauteile eine außenseitige Wärmedämmschicht erhalten, damit die Wärmespeicherung zur Raumseite hin wirksam bleibt.

15.3.2 Wärmedurchlasskoeffizient, Wärmedurchlasswiderstand

Die Wärmeleitfähigkeit bezieht sich beim Wärmedurchgang auf einen 1 m dicken Baustoff. Die Bauteile sind in der Regel jedoch viel dünner als 1 m; sie haben die Schichtdicke d. Der **Wärmedurchlasskoeffizient** Λ (gesprochen: groß lambda) gibt diejenige Wärmemenge in Joule je Sekunde (= Watt) an, die durch eine 1 m² große Fläche eines Baustoffes mit der Dicke d hindurchgeht, wenn der Temperaturunterschied zwischen beiden Oberflächen 1 Kelvin beträgt (**Bild 2, Seite 423**).

$$\text{Wärmedurchlasskoeffizient } \Lambda = \frac{\lambda}{d} \left[\frac{W}{m^2 \cdot K}\right]$$

Λ in W/(m²·K), λ in W/(m·K), d in m

Während der Wärmedurchlasskoeffizient die Wärmemenge angibt, die durch ein Bauteil hindurchgeht, ist der **Wärmedurchlasswiderstand** R der Widerstand, den das Bauteil dem Durchgang der Wärme entgegensetzt. Rechnerisch bedeutet dies den Kehrwert des Wärmedurchlasskoeffizienten Λ.

$$\text{Wärmedurchlasswiderstand } R = \frac{d}{\lambda} \left[\frac{m^2 \cdot K}{W}\right]$$

R in m²·K/W, d in m, λ in W/(m·K)

Besteht ein Bauteil aus mehreren Schichten, werden die Einzeldurchlasswiderstände addiert.

$$\text{Wärmedurchlasswiderstand}$$
$$R = \frac{d_1}{\lambda_1} + \frac{d_2}{\lambda_2} + \frac{d_3}{\lambda_3} \ldots \left[\frac{m^2 \cdot K}{W}\right]$$

Berechnungen des Wärmedurchlasswiderstandes sind nur bei festen Baustoffen möglich. Die Wärmedurchlasswiderstände von ruhenden Luftschichten zwischen den Schalen eines Bauteils ohne Verbindung mit der Außenluft sind der **Tabelle 1, Seite 423** zu entnehmen. Bei belüfteten Luftschichten gelten die Werte in Tabelle A 38/1 in Fachmathematik Bautechnik, Formeln und Tabellen.

15.3.3 Wärmeübergangswiderstand

Der **Wärmeübergangswiderstand** R_s ist der Widerstand, den die an ein Bauteil angrenzenden Luftschichten dem Wärmeübergang entgegensetzen. Der Wärmeübergangswiderstand innen wird mit R_{si}, der Wärmeübergangswiderstand außen wird mit R_{se} bezeichnet. Die Einheit ist m²·K/W. Die Bemessungswerte der Wärmeübergangswiderstände sind in **Tabelle1, Seite 425** angegeben.

Tabelle 1: Bemessungswerte der Wärmeübergangswiderstände nach DIN EN ISO 6946 und EN ISO 13370

	Bauteile			Bemessungswerte der Wärmeübergangswiderstände ($m^2 \cdot K/W$)	
				R_{si}	R_{se}
1	Außenwand ohne hinterlüfteter Außenhaut			0,13	0,04
2	Außenwand mit hinterlüfteter Außenhaut, Wände (auch Abseitenwände) zu nicht wärmegedämmten Dachräumen, Durchfahrten, Garagen, offenen Hausfluren			0,13	0,13
3	Wohnungstrennwände, Wände zu fremdgenutzten Räumen, zu dauernd unbeheizten Räumen, Abseitenwand zum wärmegedämmten Dachraum			0,13	0,13
4	Treppenraumwand zum Treppenraum			0,13	0,13
5	Wände, die an das Erdreich grenzen			0,13	0,04
6	Wohnungstrenndecken, Decken zwischen fremden Arbeitsräumen, Decken unter gedämmten Dachräumen allgemein und in zentralbeheizten Gebäuden			0,10	0,10
7	Decken unter nicht ausgebauten Dachräumen oder unter belüfteten Räumen (z. B. belüftete Dachschrägen)			0,10	0,04
8	Decken, die Aufenthaltsräume nach oben gegen die Außenluft abgrenzen, z. B. Dächer und Decken unter Terrassen			0,10	0,04
	Wärmegedämmte Steildächer Neigung ≥ 5°	Belüftet	Neigung ≤ 60°	0,10	0,10
			Neigung > 60°	0,13	0,13
		Nicht belüftet mit belüfteter Deckung ohne Zu- und Abluftöffnungen, Steildach mit Schalung	Neigung ≤ 60°	0,10	0,04
			Neigung > 60°	0,13	0,04
9	Kellerdecken, Decken gegen abgeschlossene unbeheizte Hausflure			0,17	0,17
10	Decken, die Aufenthaltsräume nach unten gegen die Außenluft abgrenzen, z. B. Garagen oder Durchfahrten			0,17	0,04
11	Unterer Abschluss nicht unterkellerter Aufenthaltsräume, unmittelbar an das Erdreich grenzend			0,17	0,04

15.3.4 Wärmedurchgangswiderstand, Wärmedurchgangskoeffizient

Der **Wärmedurchgangswiderstand** R_T eines Bauteils setzt sich zusammen aus dem Wärmeübergangswiderstand R_{si}, dem Wärmedurchlasswiderstand R und dem Wärmeübergangswiderstand R_{se}.

Der **Wärmedurchgangskoeffizient** U ist der Kehrwert des Wärmedurchgangswiderstandes. Er gibt die Wärmemenge in Joule je Sekunde (= Watt) an, die durch 1 m² eines Bauteils bei 1 Kelvin Temperaturunterschied von der warmen Raumluft zur kalten Außenluft oder im Sommer von der warmen Außenluft zur kühlen Raumluft hindurchgeht.

Wärmedurchgangswiderstand
$$R_T = R_{si} + R + R_{se} \quad \left[\frac{m^2 \cdot K}{W}\right]$$

Wärmedurchgangskoeffizient
$$U = \frac{1}{R_T} \quad \left[\frac{W}{m^2 \cdot K}\right]$$
$$\text{oder } U = \frac{1}{R_{si} + R + R_{se}} \quad \left[\frac{W}{m^2 \cdot K}\right]$$

15.3.5 Anforderungen an den Wärmeschutz

In der DIN 4108 – Wärmeschutz und Energieeinsparung in Gebäuden – und in der Energieeinsparverordnung (EnEV) sind für den Wärmeschutz Mindest- bzw. Höchstwerte vorgegeben. Danach dürfen die Anforderungen an die Wärmedurchlasswiderstände R nicht unterschritten, die Anforderungen an die Wärmedurchgangskoeffizienten U sowie an vorgegebene Energiebedarfswerte nicht überschritten werden.

15.3.5.1 Anforderungen nach DIN 4108

Für den **winterlichen Wärmeschutz** werden an die Außenbauteile eines Bauwerks Anforderungen als Mindestwerte vorgegeben. Dabei wird unterschieden zwischen Bauteilen mit einer flächenbezogenen Gesamtmasse von ≥ 100 kg/m² und leichten Bauteilen mit einer flächenbezogenen Gesamtmasse von < 100 kg/m². Dasselbe gilt auch für Rahmen- und Skelettbauarten. Die entsprechenden Mindestwerte der Wärmedurchlasswiderstände R sind in den Tabellen 426/1 und 426/2 angegeben.

Tabelle 1: Mindestwerte der Wärmedurchlasswiderstände R für wärmeübertragende Bauteile mit einer flächenbezogenen Gesamtmasse von ≥ 100 kg/m² nach DIN 4108-2

	Bauteile		Wärmedurchlasswiderstand R m² · K/W
1	Außenwände einschließlich Nischen und Brüstungen unter Fenstern, Festerstürzen und Wärmebrücken		1,20
2	Wände von Aufenthaltsräumen gegen Bodenräume, Durchfahrten, offene Hausflure, Garagen		1,20
3	Wohnungstrennwände, Wände zu fremdgenutzten Räumen		0,07
4	Treppenraumwände zum Treppenraum	mit Innentemperaturen Θ ≤ 10 °C, aber Treppenraum frostfrei	0,25
		mit Innentemperaturen Θ > 10 °C, z. B. in Verwaltungsgebäuden, Geschäftshäusern, Unterrichtsgebäuden, Hotels, Gaststätten und Wohngebäuden	0,07
5	Wände von Aufenthaltsräumen, die an das Erdreich grenzen		1,20
6	Wohnungstrenndecken, Decken zwischen fremden Arbeitsräumen, Decken unter ausgebauten Dachräumen mit gedämmten Dachschrägen und Abseitenwänden	allgemein	0,35
		in zentralbeheizten Bürogebäuden	0,17
7	Decken unter nicht ausgebauten Dachräumen, Decken unter belüfteten Räumen zwischen Dachschrägen und Abseitenwänden bei ausgebauten Dachräumen, wärmegedämmte Dachschrägen		0,90
8	Decken und Dächer, die Aufenthaltsräume nach oben gegen die Außenluft abgrenzen, Decken und Dächer unter Terrassen, Umkehrdächer (mit zusätzlicher Zuschlagsberechnung)		1,20
9	Kellerdecken, Decken gegen abgeschlossene, unbeheizte Hausflure		0,90
10	Decken, die Aufenthaltsräume nach unten gegen die Außenluft abgrenzen, z. B. über Garagen, Durchfahrten (auch verschließbare) und belüfteten Kriechkellern		1,75
11	Unterer Abschluss nicht unterkellerter Aufenthaltsräume, wenn unmittelbar an das Erdreich grenzend (bis zu einer Raumtiefe von 5 m) oder über einem nicht belüftetem Hohlraum an das Erdreich grenzend		0,90

Tabelle 2: Mindestwerte der Wärmedurchlasswiderstände R für leichte Bauteile mit einer flächenbezogenen Gesamtmasse von < 100 kg/m², sowie für Rahmen und Skelettbauarten nach DIN 4108-2

	Bauteile		Wärmedurchlasswiderstand R m² · K/W
1	Außenwände, Decken unter nicht ausgebauten Dachräumen und Dächer (< 100 kg/m²)		1,75
2	Rahmen und Skelettbauarten	im Gefachbereich	1,75
		für das gesamte Bauteil im Mittel (R_m)	1,00
3	Rollladenkästen		1,00
4	Deckel von Rollladenkästen		0,55
5	Nichttransparenter Teil der Ausfachungen von Fensterwänden und Fenstertüren	bei > 50 % der Gesamtausfachungsfläche	1,20
		bei < 50 % der Gesamtausfachungsfläche	1,00

Der **sommerliche Wärmeschutz** soll bei Sonneneinstrahlung und hohen Außentemperaturen ein angenehmes Raumklima bewirken. Dieses ist abhängig von Anzahl, Größe und Lage der Fenster zur Himmelsrichtung, von der Art des Sonnenschutzes sowie von der Energiedurchlässigkeit der Verglasung. Von Bedeutung sind auch die Möglichkeiten der natürlichen Lüftung sowie die Wärmespeicherfähigkeit der raumumschließenden Flächen (Seite 424).

15.3.5.2 Anforderungen nach der Energieeinsparverordnung (EnEV)

In der Energieeinsparverordnung sind Höchstwerte für den **Jahres-Primärenergiebedarf** sowie für den **Transmissionswärmeverlust** eines Gebäudes festgelegt, die nicht überschritten werden dürfen. Unter **Primärenergie** versteht der Gesetzgeber Energieformen, die direkt von der Natur zur Verfügung gestellt werden und noch keiner Umwandlung unterzogen wurden, wie z. B. Stein- und Braunkohle, Erdgas, Erdöl und Uran (**Bild 1, Seite 427**). Regenerative Energien, wie z. B. Sonnen-, Wind- und Gezeitenenergie, Biomasse, Erd- und Umweltwärme, erneuern sich ständig und verringern den Jahres-Primärenergiebedarf.

Die Berechnung des Jahres-Primärenergiebedarfs schließt folgende Anforderungen ein:

- Eine **kompakte Bauweise** mit einem möglichst kleinen A/V_e-Verhältnis (A = Gebäudehüllfläche, V_e = beheiztes Gebäudevolumen).
- Eine erhöhte Wärmedämmung für alle Außenbauteile eines Gebäudes, wie Wände, Decken, Dächer, Fenster, Fenstertüren und Außentüren. **Wärmebrücken** sind dabei zu vermeiden, um feuchte Stellen in den Räumen wegen möglicher Schimmelbildung auszuschließen.
- Eine Gebäudehülle mit luftundurchlässigen Flächen, Fugen und Anschlüssen, wobei der notwendige **Luftwechsel** durch natürliche Belüftung oder durch Belüftungseinrichtungen zu gewährleisten ist **(Bild 2)**.
- Der Einbau wirtschaftlicher **Heizanlagen,** wie Niedertemperaturkessel oder Brennwertkessel (mit CE-Kennzeichnung).
- Einen erhöhte Wärmedämmung von Wärme- und Warmwasserverteilungsleitungen und den Einbau von energiesparenden **Regelungssystemen.**
- Einen energiesparenden **sommerlichen Wärmeschutz,** der evtl. notwendige energieverbrauchende Klimaanlagen auf ein Minimum reduziert.
- Die Nutzung **solarer Wärmegewinne,** die durch Fenster mit einem hohen Gesamtenergiedurchlassgrad erreicht werden kann (Bild 1).
- Die Nutzung **interner Wärmegewinne** von wärmeabgebenden elektrischen Geräten, wie Beleuchtungskörper, Herde, Kühlschränke usw. und durch Wärmeabgabe der Bewohner des Hauses (Bild 1).

Der **Jahresheizwärmebedarf** Q_h beinhaltet

– den Transmissionswärmebedarf Q_T
– den Lüftungswärmebedarf Q_v
– die nutzbaren solaren Wärmegewinne Q_s
– die nutzbaren internen Wärmegewinne Q_i

Jahresheizwärmebedarf $Q_h = Q_T + Q_v - Q_s - Q_i$

Der **Jahres-Primärenergiebedarf** Q_p beinhaltet

– den Jahresheizwärmebedarf Q_h
– den Wärmebedarf für die Trinkwassererwärmung Q_w
– die Anlagenaufwandszahl e_p

Jahres-Primärenergiebedarf $Q_p = (Q_h + Q_w) \cdot e_p$

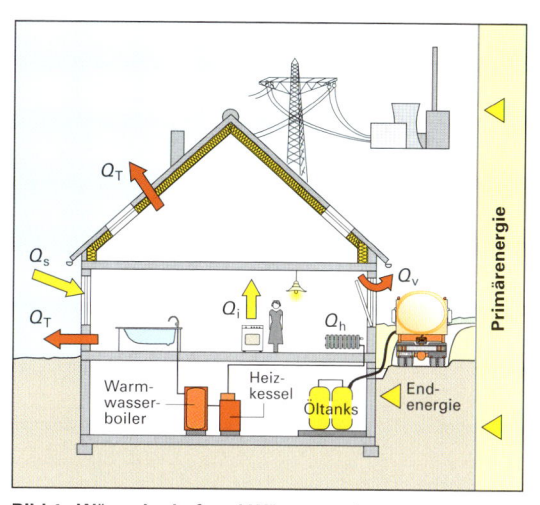

Bild 1: Wärmebedarf und Wärmegewinne (schematisch)

Endenergie ist die Energie am Ort des Verbrauchs, die an den Verbraucher geliefert und mit dem Verbraucher abgerechnet wird, z. B. als Fernwärme aus Kraftwerken, als Heizöl im Öltank, als Koks und Briketts, als Strom aus der Steckdose **(Bild 1)**.

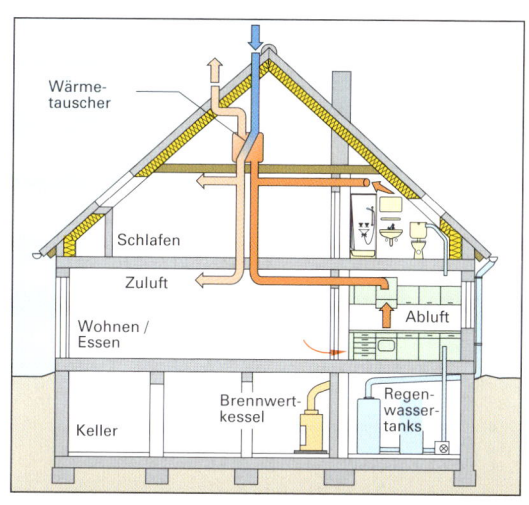

Bild 2: Mechanische Lüftung mit Wärmerückgewinnung

Der **Transmissionswärmebedarf** Q_T hat vorhandene Transmissionswärmeverluste (H_T) der **Lüftungswärmebedarf** Q_v die Lüftungswärmeverluste (H_v) auszugleichen, damit ein gleichmäßiges Raumklima erhalten bleibt.

Die **Anlagenaufwandszahl** e_p umfasst die Anlagenverluste bei der Haustechnik, d.h. die Wärmeverluste bei der Erzeugung und Verteilung der Wärmeenergie im Gebäude sowie die Primärenergiefaktoren, das sind die Energieverluste bei der Gewinnung, der Umwandlung und beim Transport der Energieträger.

Tabelle 1: Höchstwerte der Wärmedurchgangskoeffizienten U bei erstmaligem Einbau, Ersatz und Erneuerung von Bauteilen in bestehenden Gebäuden nach der Energieeinspar-VO

	Bauteile	Wärmedurchgangskoeffizient U_{max} W/(m²·K)
1	Außenwände, allgemein	0,45
2	Außenwände, a) wenn außen Platten, Verschalungen oder Mauerwerks-Vorsatzschalen angebracht werden oder die Innenseite mit Bekleidungen versehen wird b) wenn Dämmschichten eingebaut oder der Außenputz mit $U > 0,9$ W/m²·K) erneuert wird	0,35
3	Decken unter nicht ausgebauten Dachräumen sowie Decken, Wände und Dachschrägen, die beheizte Räume nach oben gegen die Außenluft abgrenzen a) bei Neueinbau oder Ersatz von außenseitigen oder innenseitigen Bekleidungen oder Verschalungen und Dämmschichten b) bei Einbau von zusätzlichen Bekleidungen und Dämmschichten in Wände zum unbeheizten Dachraum	0,30
4	Flachdächer a) bei Erneuerung von Dachhaut und Dämmschicht b) bei Anbringung von innenseitigen Bekleidungen oder Verschalungen	0,25
5	Decken und Wände gegen unbeheizte Räume a) bei Anbringung von Wand- und Deckenbekleidungen auf der Kaltseite	0,40
6	Decken und Wände von beheizten Räumen gegen Erdreich bei Anbringung a) von innenseitigen oder außenseitigen Wandbekleidungen einschließlich Feuchtigkeitssperre oder Drainagen b) von Fußbodenaufbauten auf der beheizten Seite und Einbau von Dämmschichten	0,50
7	Erneuerung von Außentüren (Türfläche)	2,90

Der Nachweis für die Einhaltung der Vorschriften nach der Energieeinsparverordnung ist für Neubauten durch einen **Energiebedarfsausweis** zu erbringen. In ihm sind Angaben über den vorhandenen und zulässigen Jahres-Primärenergiebedarf, den Endenergiebedarf und den Transmissionswärmeverlust zu machen. Weitere Angaben über Wärmebrücken, Dichtheit der Gebäudehülle, Lüftungsmöglichkeiten, Mindestluftwechsel und den sommerlichen Wärmeschutz sind notwendig.

Bei **bestehenden Gebäuden (Altbauten)** werden maximale Anforderungen an den Wärmedurchgangskoeffizienten U gestellt, wenn Außenbauteile, wie Außenwände, Dächer, Fenster und Außentüren erneuert, ersetzt oder erstmalig eingebaut werden **(Tabelle 1)**.

Wie der Wärmeschutz in den letzten Jahrzehnten durch immer neue Verordnungen mit erhöhten Anforderungen auch in Richtung ökologischer Bauweise verbessert wurde, zeigt die **Tabelle 2**.

Tabelle 2: Entwicklung des Wärmeschutzes vom Altbau zum Passivhaus

Vergleichskriterien	Altbauten nach dem Energieeinsparungs-Ges. und der Wärmeschutz-VO 1977	Bauweise nach der Wärmeschutz-VO 1995	Niedrigenergiehaus Energieeinspar-VO 2001	Passivhaus
U-Werte für Außenwände	1,4 W/(m²·K)	0,8 bis 0,6 W/(m²·K)	0,4 bis 0,2 W/(m²·K)	< 0,15 W/(m²·K)
Dach und oberste Geschossdecke	0,9 W/(m²·K)	0,5 bis 0,3 W/(m²·K)	0,2 bis 0,15 W/(m²·K)	< 0,1 W/(m²·K)
Kellerdecke	0,8 W/(m²·K)	0,7 bis 0,55 W/(m²·K)	0,4 bis 0,3 W/(m²·K)	< 0,25 W/(m²·K)
Fenster	Einfach- und Doppelfenster 5,2 W/(m²·K)	Isolierverglasung 1,8 bis 3,1 W/(m²·K)	2-Scheiben-Wärmeschutzverglasung 1,3 W/(m²·K)	3-Scheiben-Wärmeschutzverglasung < 0,7 W/(m²·K)
Lüftung	geringe Anforderungen	Fensterfugenlüftung	Mech. Abluft-Lüftungsanlage	Lüftungsanlage mit Wärmerückgewinnung
Solare und interne Wärmegewinne	nicht wirksam	teilweise wirksam	wirksam, reicht noch nicht aus	sehr wirksam
Heizung	groß	kleiner	klein, leicht regelbar	keine
Maximaler Jahres-Heizwärmeverbrauch	280 bis 180 kWh/(m²·a)	100 bis 54 kWh/(m²·a)	70 bis 50 kWh/(m²·a)	< 15 kWh/(m²·a)
Geforderter Nachweis	Maximaler mittlerer k-Wert (k_m)	Maximaler Jahres-Heizwärmebedarf Q_h	Maximaler Jahres-Primärenergiebedarf Q_p	–
Heizölverbrauch	18 bis 13 l/(m²·a)	9 l/(m²·a)	5 bis 4 l/(m²·a)	Energiebedarf entspricht 1,5 l/(m²·a)

15.3.5.3 Ökologisches Bauen

Ökologisch Bauen heißt, eine Bauweise wählen,

- die einen möglichst geringen Energiebedarf zur Beheizung eines Gebäudes erfordert,
- bei der Baumaterialien mit einer geringen Herstellungs-, Transport- und Verarbeitungsenergie verwendet werden und diese Materialien sowie deren Abfälle, durch Aufbereitung wieder verwendbar sind,
- die nicht erneuerbare Rohstoffvorräte, wie Kohle, Erdöl und Erdgas, schonen.

Bei der Anwendung der Vorgaben der Energieeinsparverordnung mit monatlicher Bilanzierung erreicht man mit einem geringen Jahresheizwärmebedarf den Standard eines **Niedrigenergiehauses**. Durch eine ständige ökologisch-technische Weiterentwicklung können schon **Passivhäuser** gebaut werden, die ohne aktives Heizsystem im Winter und ohne Klimaanlage im Sommer auskommen und dabei eine hohe Behaglichkeit im Haus erreichen.

Der Baustandard eines Passivhauses mit einem Jahresheizwärmebedarf von < 15 kWh/(m^2 · a) erfordert

- eine kompakte Gebäudeform mit einem möglichst kleinen Hüllflächenfaktor (= A/V_e-Verhältnis),
- eine hochgedämmte Gebäudehülle (U-Werte Tabelle 2, Seite 428) mit Wärmedämmstoffdicken von 25 cm bis 40 cm als Außendämmung oder als Zwischendämmung bei Holzhäusern.
- ein vollständiges Abdichten der Gebäudehülle und Vermeidung jeglicher Wärmebrücken (Bild 2, Seite 431),
- den Einbau von Fensterelementen mit einem U-Wert von < 0,8 W/(m^2 · K),
- eine kontrollierte Wohnungsbe- und entlüftungsanlage mit Wärmerückgewinnung (Bild 2, Seite 427),
- eine Nutzung der solaren und internen Wärmegewinne (Text und Abbildungen Seite 427),
- eine Abdeckung des verbleibenden Energiebedarfs durch erneuerbare Energien, z. B. über Solarkollektoren oder Wärmepumpen für die Warmwasserbereitung und Solarzellen zur Stromerzeugung.

15.3.6 Wärmedämmende Konstruktionen

15.3.6.1 Wärmedämmung bei Wänden

Bei Außenwänden können die Wärmedämmschichten auf der Außenseite der Außenwand (Außendämmung), auf der Innenseite der Außenwand (Innendämmung), als Kerndämmung zwischen zwei Schalen oder auf der Außen- und Innenseite der Außenwand (Mantelbauweise) angebracht werden. Die Anbringungsmöglichkeit hängt von der Art des Gebäudes ab. Die bauphysikalischen und wirtschaftlichen Vor- und Nachteile der vier Konstruktionen sind schon bei der Planung zu berücksichtigen.

Die **Außendämmung** ist als günstigste Lösung möglichst schon bei der Erstellung des Bauwerks einzuplanen. Vorteilhaft ist dabei, dass die Wand frostfrei bleibt, dass sich keine Wärmebrücken nach außen bil-

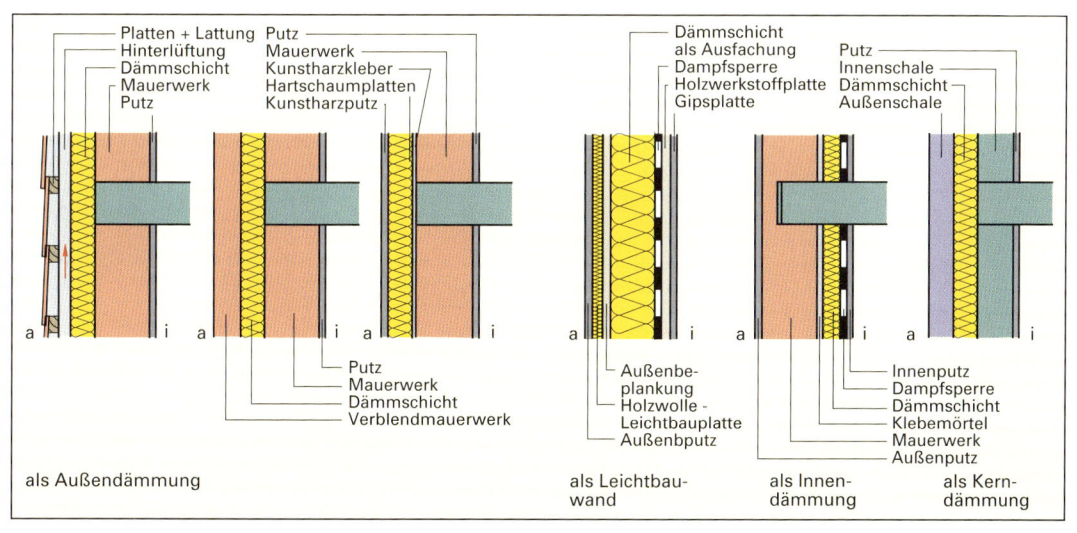

Bild 1: Wärmedämmschicht bei Wänden.

den und dass die Wärmedehnung der tragenden Bauteile gering ist. Anzuwenden ist sie vor allem bei Räumen, die ständig genutzt werden, wie z. B. Räume in Wohnhäusern, Altenheimen und Krankenhäusern.

Die **Innendämmung (Bild 1, Seite 429)** ist bei Räumen geeignet, die schnell aufzuheizen sind oder die nur kurzzeitig benutzt werden, wie z. B. Räume in Kirchen, Vortragsräume, Konzerträume oder Räume in Wochenendhäusern. Möglich ist sie auch bei der nachträglichen Dämmung von Wänden. Eine **Kerndämmung** wird häufig bei Bauten mit Fassaden aus Sichtbeton oder Sichtmauerwerk angewendet.

15.3.6.2 Wärmedämmung bei Decken

Bei Decken unter nicht ausgebauten Dachgeschossen, z. B. bei Abstellräumen, kann die Wärmedämmschicht unter dem Fußboden eingebracht werden **(Bild 1a)**. Decken, die Aufenthaltsräume nach unten gegen die Außenluft abgrenzen, wie z. B. Decken über Durchfahrten, benötigen an der Unterseite eine zusätzliche Dämmschicht **(Bild 1b)**. Die Wärmedämmung von Kellerdecken kann durch das Anbringen einer zusätzlichen Dämmschicht unter dem Estrich oder an der Unterseite der Kellerdecke verbessert werden. Bei Aufenthaltsräumen, die nicht unterkellert sind, ist der Fußboden sowohl gegen Wärmeabwanderung ins Erdreich als auch gegen aufsteigende Feuchtigkeit zu schützen **(Bild 1c)**. Bei Wohnungstrenndecken werden an den Wärmeschutz keine besonderen Anforderungen gestellt, jedoch ist eine Dämmschicht als Trittschallschutz erforderlich.

15.3.6.3 Wärmedämmung bei Wärmebrücken

Wärmebrücken sind einzelne Bereiche, die eine geringere Wärmedämmung aufweisen als die übrigen Bauteile. Da über sie mehr Wärme nach außen abwandert, ist die Oberflächentemperatur an ihrer Innenseite niedriger. Dies kann zu Tauwasserbildung führen. Deshalb sind Wärmebrücken durch bautechnische Maßnahmen zu vermeiden **(Bild 2)**. Die Anforderungen an den Mindestwärmeschutz zeigt **Tabelle 1, Seite 426**.

15.3.6.4 Wärmedämmung bei Dächern

Die Anordnung der Wärmedämmschicht bei Dächern hängt von der Art des Daches ab. Beim belüfteten oder unbelüfteten geneigten Steildach kann die Wärmedämmschicht auf den Sparren, zwischen den Sparren oder unter den Sparren angebracht sein **(Bild 1, Seite 431 und Bild 1a, Seite 443)**. Häufig werden sie kombiniert ausgeführt.

Bild 1: Wärmedämmschicht bei Decken

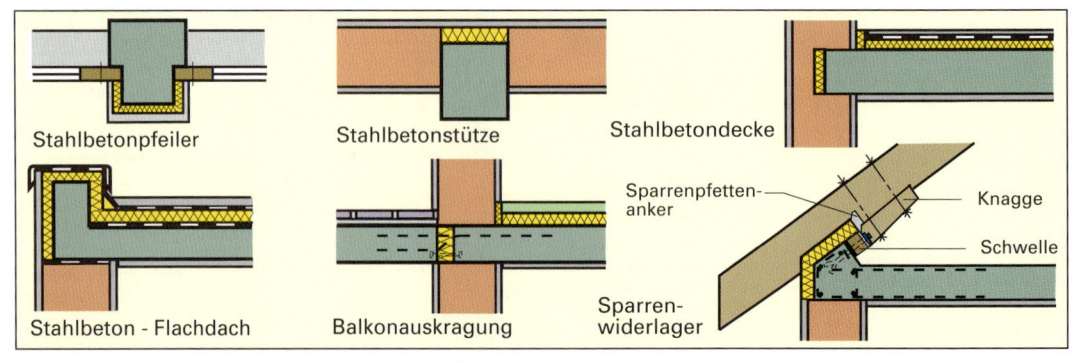

Bild 2: Wärmedämmung zur Vermeidung von Wärmebrücken

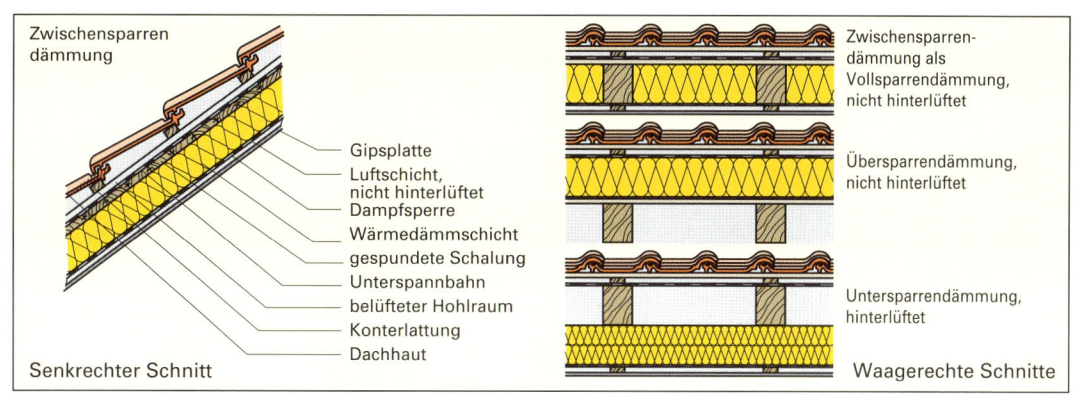

Bild 1: Wärmedämmschichten bei Dächern

Labels (senkrechter Schnitt): Zwischensparrendämmung; Gipsplatte; Luftschicht, nicht hinterlüftet; Dampfsperre; Wärmedämmschicht; gespundete Schalung; Unterspannbahn; belüfteter Hohlraum; Konterlattung; Dachhaut.

Labels (waagerechte Schnitte): Zwischensparrendämmung als Vollsparrendämmung, nicht hinterlüftet; Übersparrendämmung, nicht hinterlüftet; Untersparrendämmung, hinterlüftet.

Beim belüfteten Flachdach liegt die Wärmedämmschicht entweder auf der Stahlbetondecke (**Bild 1b, Seite 443**) oder über der inneren Deckenverschalung (**Bild 1c, Seite 443**). Das unbelüftete Flachdach (Warmdach) benötigt wegen der Gefahr der Tauwasserbildung eine gute Wärmedämmung und die Anordnung einer Dampfsperre auf der warmen Seite der Dämmschicht (**Bild 1d, Seite 443**). Beim **Umkehrdach** liegt die Wärmedämmschicht über der Dachabdichtung (**Bild 1e, Seite 443**). Sie besteht aus geschlossenzelligem Hartschaum mit verdichteten Oberflächen, der keine Feuchtigkeit aufnimmt und deshalb auch bei Anfall von Wasser seine Wärmedämmfähigkeit behält. Die darunter liegende Dachhaut wird auf diese Weise auch vor mechanischer Beschädigung, hohen Temperaturschwankungen (Sommer/Winter) und vor UV-Strahlen geschützt.

Bei belüfteten Dächern muss wegen einer möglichen Wasserdampfdiffusion der freie Lüftungsquerschnitt innerhalb des Dachbereichs über der Wärmedämmschicht je m Breite senkrecht zur Strömungsrichtung mindestens 200 cm² betragen. Die freie Höhe des Lüftungsquerschnitts darf 2 cm bei Steildächern (Dachneigung ≥ 10°) und 5 cm bei Flachdächern (Dachneigung < 10°) nicht unterschreiten. Wegen evtl. durchhängender Unterspannbahnen ist sicherheitshalber eine Luftschichtdicke von 3 bis 4 cm bzw. 6 bis 7 cm zu empfehlen.

Bei belüfteten Steildächern ist eine Dampfsperre auf der warmen Seite der Dämmschicht einzubauen, wenn eine Belüftung bei Sparrenfeldern mit Dachflächenfenstern, Schornsteinwechseln oder Dachgaubenanschlüssen nicht möglich ist.

Luftströmungen durch Bauteile hindurch und durch undichte Fugen an den Bauteilanschlüssen, z. B. Wand/Dach, führen zu Zugerscheinungen und Lüftungswärmeverlusten. Dies ist durch den Einbau einer **Luftdichtheitsschicht** aus Folien, Dichtungsbändern oder Dichtungsmassen zu verhindern. Sie müssen so eingebaut werden, dass sie bei Bauteilbewegungen nicht abreißen können (**Bild 2**).

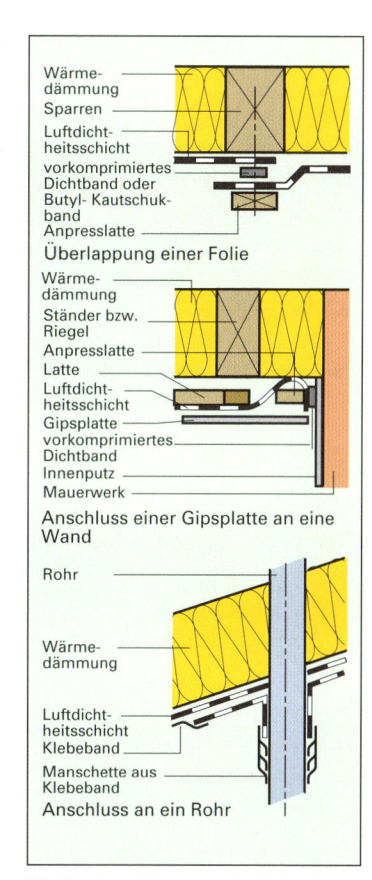

Bild 2: Anschlüsse von Luftdichtheitsschichten

Labels: Überlappung einer Folie (Wärmedämmung, Sparren, Luftdichtheitsschicht, vorkomprimiertes Dichtband oder Butyl-Kautschukband, Anpressleiste); Anschluss einer Gipsplatte an eine Wand (Wärmedämmung, Ständer bzw. Riegel, Anpressleiste, Latte, Luftdichtheitsschicht, Gipsplatte, vorkomprimiertes Dichtband, Innenputz, Mauerwerk); Anschluss an ein Rohr (Rohr, Wärmedämmung, Luftdichtheitsschicht Klebeband, Manschette aus Klebeband).

Aufgaben

1. Dämmstoffe sollen eine hohe Wärmedämmfähigkeit besitzen. Wodurch erreichen die einzelnen Dämmstoffe diese Eigenschaft?
2. Erläutern Sie, warum Wände und Decke eines Raumes eine ausreichende Wärmespeicherfähigkeit besitzen sollen.
3. Stellen Sie fest, wo in einem Gebäude Wärmebrücken entstehen können, und machen Sie Vorschläge zu ihrer Beseitigung.
4. Beschreiben Sie die Ziele des ökologischen Bauens und die Auswirkungen bei ihrer Umsetzung.

15.4 Feuchteschutz

Als Feuchteschutz bezeichnet man alle Maßnahmen, die das Bauwerk vor Eindringen von Wasser und Feuchtigkeit schützen. Unter Feuchtigkeit versteht man Wasser, das fein verteilt in den Baustoffen oder im Erdboden auftritt.

Die meisten Schäden am Bauwerk entstehen durch Feuchtigkeit. Wo sie auftritt, können Mörtel und Beton ausgelaugt werden, kann Holz faulen und Stahl rosten, können Steine verwittern sowie Putze, Lacke und Tapeten sich lösen. Enthält Wasser schädliche Stoffe, so verstärkt sich seine zerstörende Wirkung. Man bezeichnet solches Wasser als aggressives Wasser. Schädliche Stoffe gelangen meist als Abgase über die Luft und häufig über Abwässer in das Wasser. Einem verstärkten Umweltschutz kommt deshalb für die Erhaltung der Bauwerke eine erhöhte Bedeutung zu. Da Wasser die Wärme 25-mal besser leitet als Luft, wird auch der Wärmeschutz durch feuchte Bauteile erheblich vermindert.

Wasser und Feuchtigkeit können von außen und von innen in ein Bauwerk gelangen (**Bild 1**). Man unterscheidet daher Außen- und Innenwasser.

Als Außenwasser bezeichnet man Wasser, das von oben als Niederschläge und Schmelzwasser, von der Seite als Oberflächenwasser und Spritzwasser, von unten als Sickerwasser, Schichtwasser, Stauwasser und Grundwasser auf ein Bauwerk einwirken kann.

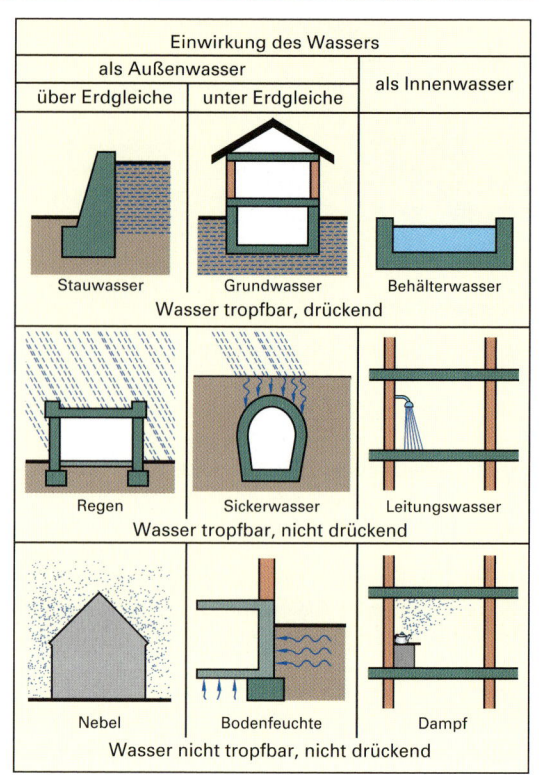

Bild 1: Wasser bei Bauwerken

Tabelle 1: Lastfälle in Abhängigkeit der Wasserbeanspruchung und der Bodenart

Bauteilart	Wasserart	Einbausituation		Lastfall
Erdberührte Wände und Bodenplatten oberhalb des Bemessungs-wasserstandes	Kapillarwasser Haftwasser Sickerwasser	stark durchlässiger Boden		Bodenfeuchte und nichtstauendes Sickerwasser
		wenig durchlässiger Boden	mit Dränung	
			ohne Dränung	aufstauendes Sickerwasser
Waagerechte und geneigte Flächen im Freien und im Erdreich;	Niederschlags-wasser, Sickerwasser,	Balkone u.ä. Bauteile im Wohnungsbau, Nassräume im Wohnungsbau		nicht drückendes Wasser, mäßige Beanspruchung
		genutzte Dachflächen, intensiv begrünte Dächer, Nassräume (ausgenommen Wohnungsbau), Schwimmbäder		nicht drückendes Wasser, hohe Beanspruchung
Wand und Boden-flächen in Nassräumen	Anstau-bewässerung, Brauchwasser	nicht genutzte Dachflächen, frei bewittert, ohne feste Nutzschicht, einschließlich Extensivbegrünung		nicht drückendes Wasser
Erdberührte Wände, Boden-platten- und Deckenplatten unterhalb des Bemessungs-wasserstandes	Grundwasser	jede Bodenart, Gebäudeart und Bauweise		drückendes Wasser von außen
Wasserbehälter, Becken	Brauchwasser	im Freien und in Gebäuden		drückendes Wasser von innen

Auch die Bodenfeuchtigkeit bzw. aufsteigende Feuchtigkeit, die hauptsächlich von Haftwasser, Sickerwasser, Schichtwasser, Stauwasser und Grundwasser herrührt, kommt von außen an das Bauwerk.

Als Innenwasser ist das Wasser zu bezeichnen, das in Nassräumen, z. B. Bädern und Duschen, anfällt. Auch die an kalten Bauteilen sich niederschlagende Luftfeuchtigkeit, das Tau- oder Schwitzwasser, zählt man zum Innenwasser.

Wasser kann als Flüssigkeit (tropfbar), als Feuchtigkeit (nicht tropfbar) und als Gas (Dampf) mit unterschiedlicher Dauer auf ein Bauwerk einwirken. Es tritt als drückendes oder nicht drückendes Wasser auf. Aggressives Wasser schädigt oder zerstört ungeschützte Bauteile. Deshalb sind Bauwerke durch Abdichtungen zu schützen.

DIN 18195 „Bauwerksabdichtungen" unterscheidet Lastfälle in Abhängigkeit der Bauteil- bzw. Wasserart, der Einbausituation und der Wassereinwirkung **(Tabelle 1, Seite 432)**. Dem jeweiligen Lastfall ist eine entsprechende Art der Abdichtung zugeordnet.

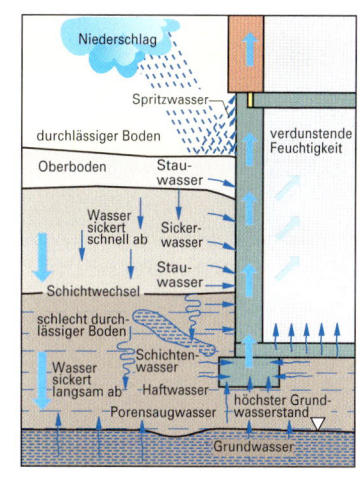

Bild 1: Wasseranfall an erdberührten Wänden

15.4.1 Abdichtung gegen Bodenfeuchte

Bodenfeuchte ist als Mindestbeanspruchung immer anzunehmen **(Bild 2)**. Bei der Planung der Abdichtung ist außerdem die Bodenart, Geländeform und der höchste Grundwasserstand zu berücksichtigen. Die Abdichtungsart wird aufgrund der Lastfälle, DIN 18195 „Bauwerksabdichtungen", bestimmt. Hierbei wird zwischen Bodenfeuchte und nicht stauendem Sickerwasser sowie aufstauendem Sickerwasser unterschieden. Nach VOB DIN 18336 Teil C „Abdichtungsarbeiten" ist der Lastfall in der Leistungsbeschreibung anzugeben.

Bodenfeuchte ist im Erdreich immer vorhandenes, kapillar gebundenes und durch die Kapillarkräfte auch entgegen der Schwerkraft fortleitbares Wasser.

Nicht stauendes Sickerwasser ist eine dem Lastfall Bodenfeuchte vergleichbare Belastung und wird durch das von Niederschlägen herrührende, nicht stauende Sickerwasser erzeugt. Mit dem Lastfall darf nur gerechnet werden, wenn das Baugelände bis zu einer ausreichenden Tiefe unter der Fundamentsohle und auch das Verfüllmaterial der Arbeitsräume aus stark durchlässigen Böden, zum Beispiel Sand oder Kies, bestehen. Voraussetzung ist, dass die Böden für in tropfbarflüssiger Form anfallendes Wasser so durchlässig sind, dass es ständig von der Oberfläche des Geländes bis zum freien Grundwasserstand absickern kann und sich auch nicht vorübergehend, beispielsweise bei starken Niederschlägen, aufstaut. Dies ist bei einer Sickergeschwindigkeit von Regenwasser durch den anstehenden Boden ≥ 0,1 mm/s gegeben. Diese Feuchtigkeitsbeanspruchung liegt auch dann vor, wenn bei wenig durchlässigen Böden eine Dränung nach DIN 4095 vorhanden ist, deren Funktionsfähigkeit auf Dauer gegeben ist.

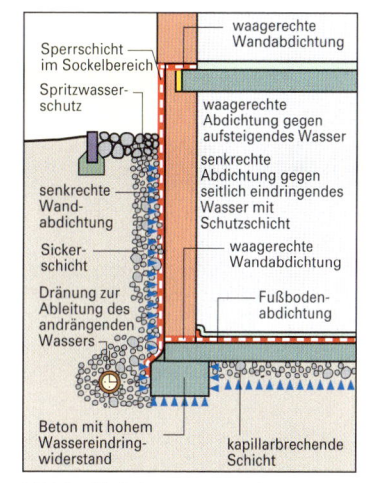

Bild 2: Abdichtung gegen Bodenfeuchte (schematisch)

Aufstauendes Sickerwasser liegt vor, wenn sich Kelleraußenwände oder Bodenplatten mit Gründungstiefen bis zu 3,00 m unter Geländeoberkante in wenig durchlässigen Böden und ohne eine Dränung vorhanden sind. Außerdem müssen Bodenart und Geländeform so beschaffen sein, dass nur Stauwasser zu erwarten ist. Der höchste Grundwasserstand muss mindestens 30 cm unter der Unterkante Kellersohle liegen.

Die wichtigsten Abdichtungen gegen Bodenfeuchte sind die Fußbodenabdichtung, die waagerechte Wandabdichtung, die senkrechte Wandabdichtung und die Abdichtung im Sockelbereich **(Bild 1)**.

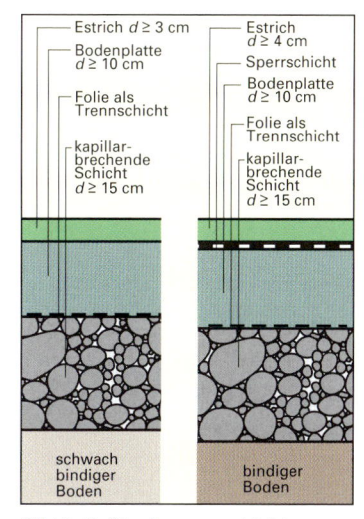

Bild 3: Fußbodensperrschichten

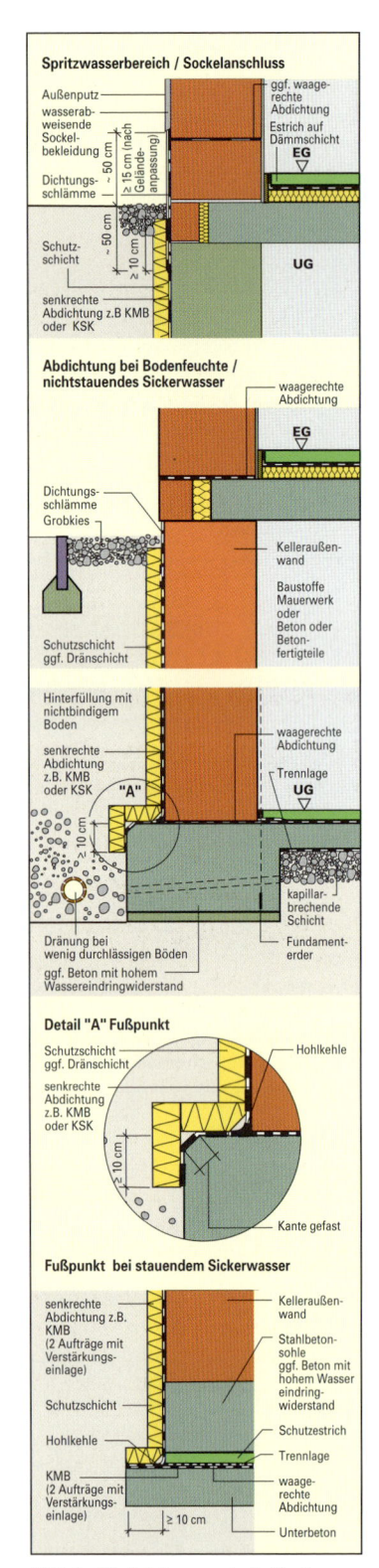

Bild 1: Abdichtung unterkellerter Gebäude

Fußbodenabdichtung

Bodenplatten sind gegen aufsteigende Feuchtigkeit abzudichten. Die Ausführung richtet sich nach der Bodenart, dem höchsten Grundwasserstand und der Nutzung des Raumes. Bei Raumnutzungen mit geringen Anforderungen an die Trockenheit der Raumluft kann eine Abdichtung entfallen. Das Aufsteigen der Bodenfeuchte bei schwachbindigem Baugrund, wird durch eine mindestens 15 cm dicke kapillarbrechende Schicht, z.B. aus Grobkies, verhindert (Bild 3, Seite 433). Darüber wird eine etwa 10 cm dicke Betonschicht als Bodenplatte aufgebracht und je nach Nutzung des Raumes mit einem Estrich versehen. Wenn nach DIN 18195 keine weitreichenderen Maßnahmen gefordert werden, wird bei bindigem Baugrund zusätzlich unter dem Estrich eine Sperrschicht eingebaut (Bild 3, Seite 433).

Waagerechte Abdichtung

Außen- und Innenwände im Untergeschoss sind durch eine waagerechte Abdichtung (Querschnittsabdichtung) gegen aufsteigende Feuchtigkeit zu schützen. Anordnung und Ausführung dieser Abdichtung richtet sich nach dem verwendeten Wandbaustoff. Bei Wänden aus Mauerwerk wird die Abdichtung in der Regel unter der ersten Steinlage angeordnet. Damit keine Feuchtigkeitsbrücken, insbesondere im Bereich von Putzflächen entstehen können, müssen die Wand-, wie auch Bodenplattenabdichtung in ihrer gesamten Länge an die waagerechte Abdichtung herangeführt oder mit ihr verklebt werden. Bei Außenwänden des Erdgeschosses wird meist oberhalb der Kellerdecke ebenfalls eine Abdichtung angeordnet. Je nach verwendetem Baustoff werden die Abdichtungen ein- oder zweilagig ausgeführt. Für Mauerwerksabdichtungen sind z.B. Bitumendachbahnen, Bitumendachdichtungsbahnen oder Kunststoffdichtungsbahnen zugelassen. Bei Wänden aus Beton wird in der Regel auf der Wandsohle eine Abdichtung aus Dichtungsschlämme aufgebracht. Diese Abdichtung kann entfallen, wenn das Fundament und die Untergeschosswand bis mindestens 30 cm über OK-Kellerfußboden in Beton mit hohem Wassereindringwiderstand hergestellt und die Arbeitsfuge entsprechend ausgebildet wird.

Senkrechte Abdichtung

Alle vom Boden berührten Außenflächen der Umfassungswände sind gegen seitliche Feuchtigkeit abzudichten. Diese Abdichtung muss in der Regel bis 30 cm über Gelände hochgeführt werden, um ausreichende Anpassungsmöglichkeiten der Geländeoberfläche sicherzustellen. Im Endzustand darf dieser Wert das Maß von 15 cm nicht unterschreiten. Oberhalb des Geländes kann die Abdichtung entfallen, wenn dort ausreichend wasserabweisende Bauteile verwendet werden. Andernfalls ist die Abdichtung hinter der Sockelbekleidung hochzuziehen.

Für Abdichtungen eignen sich bituminöse Stoffe, wie z.B. **k**unststoff-**m**odifizierte **B**itumendickbeschichtungen **(KMB)** und **k**alt**s**elbst**k**lebende Bitumen-Dichtungsbahnen **(KSK)** sowie mineralische Stoffe, wie Dichtungsschlämmen. Kalt zu verarbeitende Deckaufstriche sollten nicht verwendet werden.

Da Abdichtungen empfindlich gegen mechanische Beschädigungen sind, müssen sie grundsätzlich mit einer **Schutzschicht** versehen werden. Beanspruchungen, z.B. beim Verfüllen der Baugrube, dürfen die Abdichtung nicht beschädigen. Vor KMB dürfen Schutzschichten erst nach Durchtrocknung der Abdichtung aufgebracht werden. Schutzschichten können gleichzeitig auch die Funktion einer Dämmung und/oder Dränung übernehmen. Es eignen sich z. B. expandierte Polystyrolhartschaumplatten, extrudierte Polystyrolhartschaumplatten, Noppenbahnen mit Gleitschicht, und Schaumglasplatten.

An Wand-/Bodenanschlüssen und Innenecken sind Hohlkehlen auszubilden. Diese können z. B. mit kunststoffmodifiziertem Mörtel oder Mörtel der Gruppe MG III mit einem Radius von 4 cm bis 6 cm ausgeführt werden. Wird die Hohlkehle aus Bitumendickbeschichtung hergestellt, darf jedoch ein Radius von 2 cm nicht überschritten werden.

Sperrschichten im Sockelbereich

Gegen Eindringen von Spritzwasser im Sockelbereich, bis mindestens 15 cm über angepasster Geländeoberfläche, sind die Außenwände abzudichten (Bild 1, Seite 434). Häufig geschieht dies mit einer mineralischen Dichtungsschlämme. Diese soll im Rohbauzustand einen Bereich von etwa 50 cm oberhalb- und unterhalb der geplanten Geländeoberfläche abdecken. Hierauf können im Sockelbereich z. B. Putze aufgetragen oder Riemchen aufgeklebt werden. Der anschließende Außenputz soll etwa 2 cm gegenüber dem Sockel vorstehen und die untere Kante als Tropfnase ausgebildet sein. Durch den Einbau eines Grobkiesstreifens wird der Spritzwasseranfall vermindert.

Allgemeine Ausführungsregeln bei Abdichtungen

Abdichtungsarbeiten auf gefrorenem Untergrund sind nicht zulässig. Bei extremer Witterung, z. B. Kälte, Hitze, starken Niederschlägen, starker Luftbewegung und Sonneneinstrahlung, sind Schutzmaßnahmen vorzusehen. KMB und Dichtungsschlämmen dürfen nur bei Temperaturen über + 5 °C und bei trockener Witterung verarbeitet werden, KSK-Bahnen, je nach Hersteller, bei Temperaturen bis zu – 5 °C. Die Verarbeitungsrichtlinien des Herstellers sind zu beachten.

Bei Abdichtungsarbeiten gegen Bodenfeuchte sind z. B. folgende Ausführungsregeln zu beachten:

- Der Untergrund muss fest, tragfähig, trocken, eben, frei von Nestern, klaffenden Rissen oder Graten sein, Unebenheiten sind abzugleichen.
- Verschmutzungen, z. B. Staub, lose Teile, Öle und Fett, sind zu entfernen.
- Dichtungsbahnen dürfen nie stumpf gestoßen werden, damit keine Feuchtigkeitsbrücken entstehen.
- Überdeckungsstöße sind mindestens 20 cm breit auszuführen und gegebenenfalls zu verkleben.
- Betonwände sind zu entgraten, die Abspannstellen zu schließen und die Nester abzugleichen.
- Rückstände von Entschalungshilfen und Nachbehandlungsmitteln sind sorgfältig zu entfernen.
- Kanten müssen gefast und Kehlen sollten gerundet sein.
- Bei Boden-/Wandanschlüssen ist die Abdichtung aus dem Wandbereich über den Vorsprung der Bodenplatte bis etwa 10 cm auf die Stirnfläche der Bodenplatte (Fundament) herunterzuführen.
- Der Auftrag von KMB muss grundsätzlich in zwei Aufträgen erfolgen. Die Mindesttrockenschichtdicken von 3 mm bei Bodenfeuchte/nicht stauendem Sickerwasser und 4 mm bei aufstauendem Sickerwasser sind verbindlich einzuhalten.
- Bei Abdichtungen gegen aufstauendes Sickerwasser ist die Einarbeitung einer Verstärkungseinlage, z. B. Gewebe, erforderlich. Außerdem sind Schichtdickenmessungen und Durchtrocknungsprüfungen durchzuführen und zu dokumentieren.

15.4.2 Abdichtung gegen drückendes Wasser

Wasserdruckhaltende Abdichtungen müssen Bauwerke gegen von außen hydrostatisch drückendes Grund- und Stauwasser schützen und gegen aggressive Wässer unempfindlich sein. Der Bemessungswasserstand ist aus langjährigen Beobachtungen zu ermitteln. Die Abdichtung kann entweder mit einer hautartigen, auf den tragenden Baukörper aufgebrachten Abdichtung erfolgen oder das tragende Bauteil selbst wird als dichter Baukörper ausgeführt. Drückendes Wasser tritt auch auf z. B. bei Wasserbehältern von innen.

15.4.2.1 Wasserdruckhaltende hautartige Abdichtung

Bei dieser Abdichtungsart werden z. B. Bitumen-, Kunststoff- und Elastomer-Dichtungsbahnen oder Metallbänder verwendet. Die wasserdruckhaltende Abdichtung wird auf der dem Wasser zugekehrten Bauwerksseite so angeordnet, dass sie eine geschlossene Wanne bildet oder das Bauwerk allseitig umschließt. Sie ist bei stark durchlässigem Boden mindestens 30 cm über den Bemessungswasserstand, bei wenig durchlässigem Boden, wegen der Gefahr einer Stauwasserbildung, mindestens 30 cm über die Geländeoberkante zu führen. Die Anzahl der Abdichtungslagen hängt z. B. von der Eintauchtiefe ins Grundwasser, vom Baustoff der Abdichtung und vom Einbauverfahren ab. Klebemasseschichten der Abdichtung können z. B. im Bürstenstreich-, im Gieß- oder im Gieß- und Einwalzverfahren aufgebracht werden.

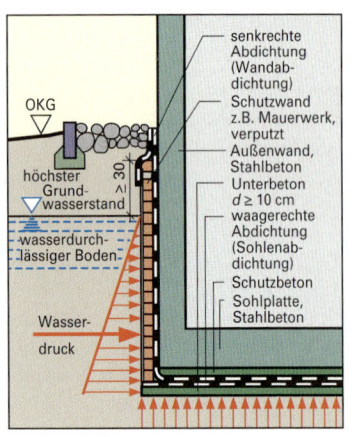

Erfolgt die Abdichtung nachträglich, z. B. wegen Anstiegs des Grundwassers, wird meist eine Innenhautabdichtung ausgeführt. Bei dieser Anordnung werden die tragenden Bauteile durchfeuchtet, was in den meisten Fällen Maßnahmen erfordert, die das Aufsteigen der Feuchtigkeit unterbinden.

Nach der Lage der Abdichtung wird zwischen der Außenhautabdichtung und der Innenhautabdichtung unterschieden. Die Außenhautabdichtung, bei der das Bauwerk von außen geschüzt wird, ist die Regelausführung der Abdichtung gegen von außen drückendem Wasser

Bild 1: Außenhautabdichtung

(**Bild 1**). Bei der Innenhautabdichtung liegt die Abdichtung innerhalb der tragenden Bauteile, z. B. bei wasserdichten Behältern und bestehenden, nachträglich abzudichtenden Bauwerken (**Bild 2**). Die Abdichtungsarbeiten werden durch Fachfirmen unter Beachtung der Normen und Einhaltung der Unfallverhütungsvorschriften ausgeführt.

Der Arbeitsablauf bei einer auf der Wasserseite eines Bauwerks angeordneten Abdichtung ist:

- Der Unterboden ist mindestens 10 cm dick einzubringen und die Oberfläche nester- und gratfrei herzustellen.
- Die Schutzwand, bei Mauerwerk mindestens 11,5 cm dick, ist hochzuziehen und Kalkzementputz aufzubringen, Schutzwand und Sohle durch Dachbahnstreifen zu trennen.
- Die Abdichtung ist aus vollflächig miteinander verklebten Abdichtungsbahnen auf Sohle und Wand auszubilden.
- Die Schutzschicht, etwa 5 cm dick, Gesteinskörnung 0/4 mm, ist auf der Sohlabdichtung herzustellen.
- Ein Kalk- oder Zementmilchanstrich ist auf die senkrechte Wandabdichtung aufzutragen um eventuelle Beschädigungen erkennbar zu machen.
- Bewehrung und Beton für Sohle und Wände ist einzubauen, Beton ist sorgfältig zu verdichten.
- Obere Abdichtungsenden der Wandabdichtung sind gegen Ablösen zu sichern.

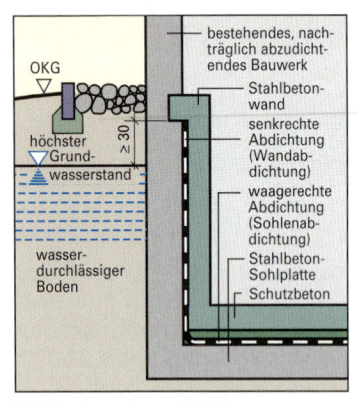

15.4.2.2 Dichter Baukörper

Dichte Baukörper werden aus Beton mit hohem Wassereindringwiderstand hergestellt, der auch gegen chemische Angriffe beständig ist. Sie benötigen keine zusätzlichen Abdichtungen, da die Betonbauteile außer der tragenden Funktion auch die Aufgabe der Abdichtung übernehmen. Sohle und Wände werden als geschlossene Wanne ausgebildet, die das Bauwerk unten und seitlich so umschließt, dass der Dichte Baukörper mindestens 30 cm über den höchsten Grundwasserstand reicht. Bei der Planung ist eine einfache Konstruktion mit ausreichend dicken Bauteilabmessungen anzustreben. Als einfache Konstruktionen gelten z. B. gleichdicke Bauteile, die weder Vor- noch Rücksprünge aufweisen und deren Bauwerksohle auf einer Ebene verläuft. Möglichst wenig Durchdringungen, z. B. Rohrleitungen, sollten den Baukörper durchstoßen. Die Dicke der Sohle und Wände sind so zu wählen, dass keine Gefahr des Auftriebs besteht.

Bild 2: Innenhautabdichtung

Große Bauwerke und solche, die aus unterschiedlichen Baukörpern hinsichtlich ihrer Bauteilabmessungen und Belastungen bestehen, sind durch Bewegungsfugen zu trennen. Außerdem können durch den Bauablauf bedingt Arbeitsfugen erforderlich sein. Bewegungs- und Arbeitsfugen müssen wasserundurchlässig hergestellt werden und dicht bleiben. Dazu verwendet man meist Dehnfugen- bzw. Arbeitsfugenbänder.

15.4.3 Fugen bei Bauwerken

Beim Zusammenfügen von Bauteilen ergeben sich Fugen. Diese müssen fachgerecht ausgebildet werden, wobei die Fugenabdichtung den Anforderungen aus dem Wärme-, Schall-, Feuchte- und Brandschutz genügen muss.

15.4.3.1 Fugenarten

Als Fuge wird ein Zwischenraum zwischen zwei Bauteilen oder Bauwerken bezeichnet, die aneinander stoßen, ohne miteinander verbunden zu sein. Man unterscheidet im Wesentlichen, Bewegungsfugen, Setzungsfugen, Arbeitsfugen und Scheinfugen.

Bewegungsfugen sind in bestimmten Abschnitten vorgeplante Bauteilunterbrechungen. Bei Erwärmung, z. B. durch Sonneneinstrahlung, dehnen sich die Bauteile aus und die Fuge wird schmaler. Im Winter, wenn durch Kälte sich die Bauteile zusammenziehen, wird die Fuge breiter. Die Fugendichtung muss alle Bewegungen schadlos aufnehmen können.

Arten der Dichtstoffe				
Form	Bezeichnung	Werkstoff	Fugenarten	Bauteil/Bauwerk
Elementdichtstoffe	Folie	Metall		Brücken Terrassen
Elementdichtstoffe	Profile	Kautschuk oder Kunststoff		Fertigteile Verblendungen
Elementdichtstoffe	Bänder	Kunststoff		Brücken Behälter
Massendichtstoffe	feste Stoffe	Mörtel		Beläge Rissfüllungen
Massendichtstoffe	gussförmige Stoffe	Heissvergussmassen		Betonfahrbahnen
Massendichtstoffe	elastische Stoffe	Silikon-Kautschuk Polyurethan Polysulfid-Kautschuk		Fertigteile

Bild 1: Dichtstoffe und ihre Verwendung

Setzungsfugen dienen der Verringerung bzw. Verhinderung von Zwängskräften infolge unterschiedlicher Setzungen, die sich z. B. aus ungleichen Baugrundeigenschaften oder zwischen Gebäudeteilen mit sehr unterschiedlichem Lastfall ergeben. Setzungsfugen trennen Gebäudeteile voneinander und sind nur wenige Millimeter breit. Damit unterschiedliche Setzungen spannungsfrei und rissefrei möglich sind, muss die Fuge durch das gesamte Bauwerk, also bis zur Gründungssohle, geführt werden.

Arbeitsfugen entstehen, wenn bei der Herstellung eines Bauwerks eine Unterbrechung erforderlich ist. Auch beim Wechsel von Baustoffen, z. B. Fertigteilstütze und Mauerwerk, treten Arbeitsfugen auf.

Scheinfugen werden z. B. in großflächigen Betonböden meist nachträglich eingeschnitten. Sie haben den Zweck, den Verlauf möglicherweise auftretender Risse vorzubestimmen **(Bild 4, Seite 438)**.

15.4.3.2 Fugendichtung

Zur Abdichtung von Fugen sind Fugendichtstoffe notwendig. Man unterscheidet Element- und Massendichtstoffe **(Bild 1)**.

Elementdichtstoffe sind Folien, Profile und Dichtungsbänder.

Folien werden vorwiegend aus Kupfer hergestellt. Sie werden über die Fuge gelegt, verklebt oder einbetoniert. Auch werden Kupferbleche mit Dicken von 0,8 mm bis 1,0 mm verwendet. Die Bewegungen der Fuge werden von einer Metallschleife aufgenommen.

Profile können in den verschiedensten Querschnittsformen aus Metall, Kautschuk und Kunststoff hergestellt werden. Für kreuzförmige Fugenstöße gibt es besondere Profile.

Dichtungsbänder werden besonders im Betonbau verwendet. Je nach Art des Profils unterscheidet man zwischen Dehnfugen-, Arbeitsfugen- und Fugenabschlussbändern.

Dehnfugenbänder sind verschiedenen Beanspruchungen ausgesetzt **(Bild 2, Seite 438)**. Sie bestehen aus einem Dehnteil, Dichtungsteilen und Verankerungsteilen **(Bild 1, Seite 438)**. Man unterscheidet zwischen innen liegenden und außen liegenden Fugenbändern **(Bild 3, Seite 438)**. An das Fugenbandmaterial werden Anforderungen wie z. B. Verformbarkeit, Dauerelastizität und Rückstellverhalten, Festigkeit und Steifigkeit, Alterungs- und Verrottungsbeständigkeit sowie Temperaturbeständigkeit gestellt.

Der Einbau eines Dehnfugenbandes hat so zu erfolgen, dass es nicht flachgedrückt wird und vollständig vom Beton ummantelt ist. Im ersten Betonierabschnitt wird die Schalung an der Stelle, an der das Fugen-

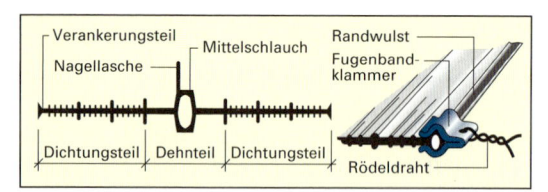

Bild 1: Dehnfugenband

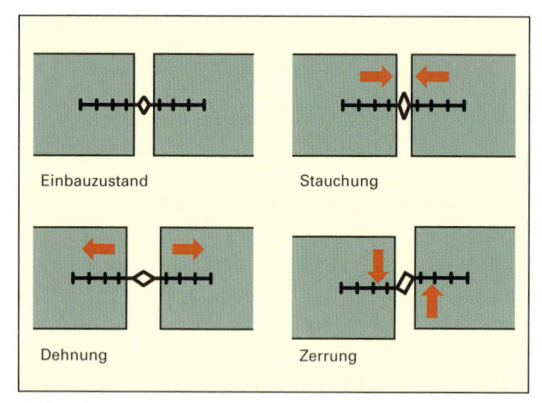

Bild 2: Beanspruchung eines Fugenbandes (schematisch)

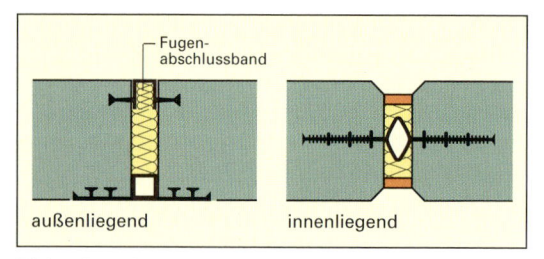

Bild 3: Anordnung von Dehnfugenbändern (schematisch)

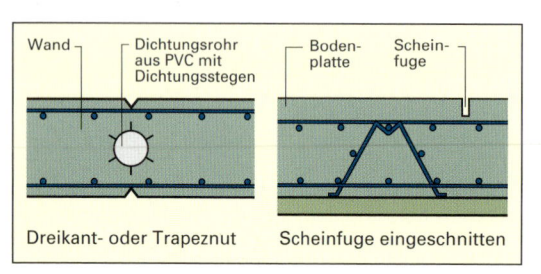

Bild 4: Ausbildung von Scheinfugen (schematisch)

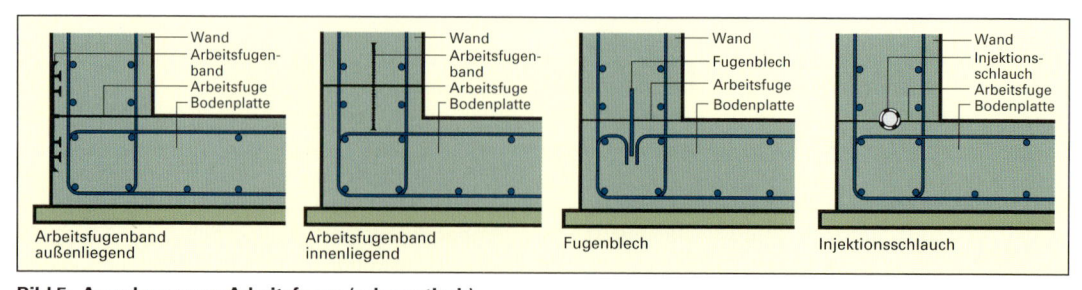

Bild 5: Anordnung von Arbeitsfugen (schematisch)

band einzubauen ist, so geschlitzt, dass der Mittelschlauch in diesem Schlitz Platz findet. Der Verankerungsteil wird mit der Schalung oder Bewehrung verrödelt. Dies geschieht mithilfe von Fugenbandklammern und Bindedraht. Nach dem Betonieren und dem Entfernen der Schalung wird beidseitig des Mittelschlauches die Fugenfüllplatte aufgeklebt. Betonierabschnitt II kann betoniert werden, nachdem der zweite Verankerungsteil des Fugenbandes befestigt ist.

Arbeitsfugenbänder werden verwendet, wenn Bauteile nicht in einem Betonierabschnitt hergestellt werden können. Sie können innen liegend oder außen liegend eingebaut werden (**Bild 5**).

Anstelle innen liegender Arbeitsfugenbänder können z. B. auch Fugenbleche und Injektionsschläuche verwendet werden. In den Injektionsschlauch wird nach dem vollständigen Erhärten des Betons flüssiges Kunstharz eingepresst, das im Bereich der Arbeitsfuge austreten kann und dabei den Fugenspalt, Fehlstellen und Risse ausfüllt und dauerhaft abdichtet.

Fugenabschlussbänder dienen zum bündigen Abschließen einer Fuge und sind so eine Alternative zur Fugenverfüllung mit dauerplastischem Kitt (**Bild 3**). Sie verhindern das Eindringen z. B. von Erdreich, Steinen und Schmutz in die Fuge.

Massendichtstoffe sind gieß-, spachtel- oder spritzfähige Dichtstoffe, die nach der Verarbeitung fest werden, plastisch bleiben oder elastisch sein können. Man unterscheidet daher feste, gussförmige und elastische Massendichtstoffe. Zu den festen Massen zählen z. B. kunststoffmodifizierte Mörtel, Epoxidharz- und Polyestermassen. Bituminöse Stoffe, die vorwiegend im Straßen- und Brückenbau Verwendung finden, zählen zu den gussförmigen Massendichtstoffen. Elastische Massen werden meist in Kartuschen geliefert und mithilfe von Spritzpistolen verarbeitet. Sie müssen dehnbar und rückstellfähig sein und gut am Untergrund haften. Es gibt Ein- und Zweikomponentenmassen. Sie eignen sich besonders für Bewegungsfugen. Die Fugenflanken werden vor dem Einbringen des Dichtstoffes mit einem Haftanstrich vorbehandelt.

15.4.4 Dränung

Die Dränung dient dem Feuchteschutz von Bauteilen und Bauwerken unter Erdgleiche. Sie erfüllt ihre Aufgabe zusammen mit der Bauwerksabdichtung. Als Dränung bezeichnet man alle Maßnahmen zur Entwässerung von Bodenschichten. Sie besteht hauptsächlich aus der Dränschicht und der Dränleitung. Wird das in den Erdboden eindringende Niederschlags- und Oberflächenwasser entlang der Umfassungswände gefasst und abgeleitet, spricht man von einer Ringdränung, die flächenhafte Fassung des Wassers unter der Bodenplatte des Bauwerks bezeichnet man als Flächendränung.

15.4.4.1 Dränschicht

Eine Dränschicht besteht aus der Filterschicht und der Sickerschicht. Die Filterschicht hält ausgeschlämmten Boden von der Sickerschicht ab. Je feinkörniger der anstehende Boden ist, desto größer ist die Gefahr des Ausschlämmens von Bodenteilen durch fließendes Wasser. Die Sickerschicht leitet anfallendes Wasser aus dem Bereich der erdberührten Bauteile in die Dränleitung ab. Dränschichten können als Stufenfilter und Mischfilter sowie mit Dränelementen, z. B. Dränsteinen, Dränplatten und Dränmatten, hergestellt werden (**Bild 1**).

Stufenfilter erfordern das Zusammenwirken von Sickerschicht, z. B. aus Kiessand 4/32 mm, und Filterschicht, z. B. aus Sand 0/4 mm. Die Filterschicht kann durch ein Filtervlies, z. B. aus Polyester, ersetzt werden.

Mischfilter bestehen aus einer Schicht abgestufter Körnung, z. B. Kies der Sieblinie B 32. Sie gelten als filterstabil und erfüllen die Aufgaben der Sickerschicht und der Filterschicht.

Dränsteine sind Hohlkörper und werden aus haufwerkporigem Beton hergestellt. Sie wirken sowohl als Sicker- und Filterschicht, als auch als Schutzschicht gegen mechanische Beschädigung der Abdichtung. Dränsteine werden als Wand, trocken im Verband vor der Umfassungswand aufgebaut.

Dränplatten sind aus Kunststoff. Sie werden vollflächig verlegt und punktweise auf die Abdichtung geklebt. Verwendet man Dränplatten, die keine Feuchtigkeit aufnehmen, z. B. aus bitumengebundenen Polystyrolkugeln oder geschlossenzellige Dämmplatten aus extrudiertem Polystyrol-Hartschaum, kann noch eine Wärmedämmung erreicht werden.

Dränmatten sind aus Kunststoff. Sie müssen satt am Bauwerk anliegen und dicht verlegt werden. Beim Verfüllen des Arbeitsraumes sind sie gegen Abrutschen zu sichern. Dränmatten eignen sich als Drän- und Schutzschicht.

Wird die Dränschicht aus Dränelementen gebildet, kommt es auf das Verfüllmaterial des Arbeitsraumes an, ob zusätzlich ein Filtervlies erforderlich ist. Wird Kiessand verwendet, ist es entbehrlich, bei Verwendung des Baugrubenaushubmaterials ist meist ein Filtervlies anzuordnen.

15.4.4.2 Dränleitung

Die Dränleitung nimmt das Sickerwasser auf und leitet es ab. Sie besteht aus Dränrohren in Verbindung mit Spül- und Kontrollrohren sowie Kontroll- und Sammelschächten. Spülrohre sind bei jedem Richtungswechsel, Schächte an Hoch- und Tiefpunkten jedoch im Abstand von höchstens 60 m anzuordnen.

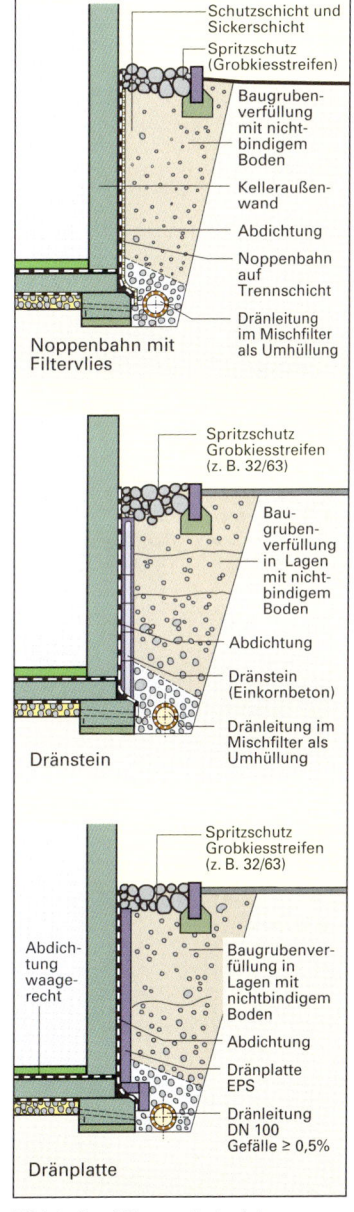

Bild 1: Ausführungsbeispiele von Dränschichten

Dränrohre haben poröse, geschlitzte oder gelochte Rohrwandungen. Sie werden aus PVC, Beton bzw. haufwerkporigem Beton, Ton und Steinzeug hergestellt. Gelochte Rohre können je nach Anordnung und Ausbildung der Lochung als Sicker- oder Teilsickerrohre verwendet werden.

Spülrohre sind stehend eingebaute Rohre mit DN ≥ 300 mm und einer Abdeckung. Meist sind sie aus dem Baustoff, aus dem die Dränleitung besteht.

Kontrollschächte, in der Regel mit DN ≥ 1000 mm, werden wie bei der Haus- und Grundstücksentwässerung, meist in Fertigteilbauweise hergestellt (Seite 229).

15.4.4.3 Bautechnische Ausführung

Voraussetzungen für eine Dränung sind im Gefälle verlegte Leitungen und eine ausreichende Vorflut, die ohne Gefahr eines Rückstaus das Wasser abfließen lässt. Ist keine Vorflut erreichbar, kann das Wasser z. B. in eine Sickergrube abgeleitet werden. Die kleinste zulässige Rohrabmessung ist DN 100, das kleinste zulässige Gefälle beträgt 0,5 %. Der zu erwartende Wasseranfall nach Menge und Ort des Auftretens ist für die Art der Dränung und die Bemessung der Rohrleitungen maßgebend. Tritt das Wasser vor Umfassungswänden auf, reicht zu seiner Ableitung eine Ringdränung aus. Fällt Wasser außerdem unter der Bodenplatte des Bauwerks an, ist eine zusätzliche Flächendränung erforderlich.

15.4.4.4 Ringdränung

Die Dränleitung wird entlang der Fundamente, jedoch nicht auf den Fundamentüberständen, frostfrei so angelegt, dass eine geschlossene Ringleitung mit Spülrohren und Schächten entsteht. Befindet sich unter der Bodenplatte eine kapillarbrechende Schicht, ist ein Wasserabfluss aus dieser Schicht in die Ringleitung herzustellen (**Bild 1**). Ergibt sich bei der Planung, dass die Dränleitung unter der Fundamentsohle zu liegen käme, ist in diesem Bereich die Fundamentsohle entsprechend tiefer vorzusehen. Die Rohre werden, vom Tiefpunkt ausgehend zum Hochpunkt geradlinig, von Spülrohr zu Spülrohr auf einer etwa 15 cm dicken Schicht eines Mischfilters im Gefälle verlegt und bis etwa 25 cm über OK-Fundament mit diesem Material überdeckt und verdichtet. Außerdem ist zu beachten, dass sich die Rohrsohle mindestens 20 cm unter der Bodenplatte befindet bzw. so tief liegt, dass die kapillarbrechende Schicht problemlos entwässert werden kann. Die Dränschicht kann als Stufenfilter, Mischfilter oder aus Dränelementen hergestellt werden.

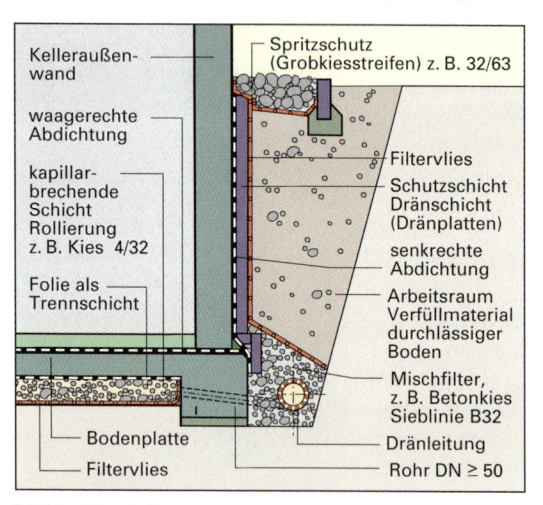

Bild 1: Ringdränung

15.4.4.5 Flächendränung

Unter der gesamten Bodenplatte wird eine Dränschicht angeordnet und oben mit einer Trennschicht abgedeckt, um das Einfließen des Betons in die Dränschicht zu verhindern. Bei Verwendung von Betonierkies der Sieblinie B 32 beträgt die Mindestschichtdicke 30 cm. Weniger aufwändig ist der Einbau einer mindestens 10 cm dicken Schicht aus Kies der Körnung 4/32 mm auf einem Filtervlies, das außerdem als Trennschicht zum anstehenden Boden hin wirkt. Unterhalb der Dränschicht werden Dränrohre eingebaut, deren Durchmesser und Abstand vom Wasserandrang abhängig sind. Die Dränrohre werden allseitig in einen Mischfilter eingebettet und an die Ringdränung angeschlossen.

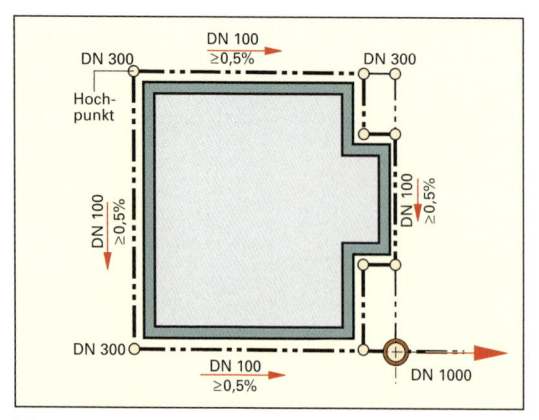

Bild 2: Beispiel einer Anordnung von Dränleitungen

15.4.5 Entstehung von Tauwasser

Feuchtigkeit kann nicht nur von außen in das Bauwerk eindringen, sondern kann sich auch im Innern auf den Bauteiloberflächen oder im Bauteil als Tauwasser niederschlagen. Tauwasser durchfeuchtet die Bauteile, vermindert deren Wärmedämmung und verursacht Bauschäden.

15.4.5.1 Tauwasser auf Bauteiloberflächen

Die Luft enthält immer eine bestimmte Menge an gasförmigem Wasserdampf. Der Wasserdampfgehalt wird relative Luftfeuchte genannt und in % ausgedrückt (Seite 52). Die **relative Luftfeuchte** nimmt ab, wenn bei gleich bleibender Wasserdampfmenge die Temperatur der Luft ansteigt **(Bild 1)**, sie nimmt zu, wenn die Lufttemperatur sinkt **(Bild 2)**. Die Luft kann jedoch je nach ihrer Temperatur nur die maximal mögliche Wasserdampfmenge, also 100%, aufnehmen. Man nennt diese die **maximale Luftfeuchte**. Kühlt sich die Luft soweit ab, dass die relative Luftfeuchte den Wert 100% erreicht, scheidet sich bei weiterer Abkühlung Wasserdampf aus der Luft in Form von Nebel, auf kalten Gegenständen in Form von Tauwasser ab **(Bild 3)**. Die Temperatur, bei der dies geschieht, wird als Taupunkttemperatur Θ_s, kurz **Taupunkt**, bezeichnet. Um eine Tauwasserbildung zu vermeiden, muss die Oberflächentemperatur der Bauteilinnenseite über der Taupunkttemperatur der Raumluft liegen. Dies erreicht man durch eine entsprechende Wärmedämmung bei den Außenbauteilen.

15.4.5.2 Tauwasser im Bauteilinnern

Wasserdampfgehalt der Luft und Temperatur der Luft bewirken einen bestimmten Dampfdruck. Der Dampfdruck ist im Freien und in bewohnten Räumen meist unterschiedlich groß. Deshalb hat der Dampfdruck das Bestreben, sich zwischen innen und außen auszugleichen. Dabei entsteht eine Wanderung von Wasserdampf durch die Bauteile hindurch, meist von innen nach außen. Man nennt diese Wanderung des Wasserdampfes durch Bauteile **Wasserdampfdiffusion** (Bild 3).

Während der kalten Jahreszeit, wenn die Wohnraumtemperatur und die Außentemperatur im Freien stark voneinander abweichen, nimmt die Temperatur in den einzelnen Schichten eines Bauteils, je nach deren Wärmedurchlasswiderstand R von innen nach außen ab. Der Temperaturverlauf in den einzelnen Bauteilschichten kann zeichnerisch durch eine Kurve dargestellt werden **(Bild 4)**. Bei der Wanderung des Wasserdampfes von innen nach außen nimmt somit bei Abnahme der Temperatur die relative Luftfeuchte in den Poren des Bauteils zu. Hat die relative Luftfeuchte 100% erreicht, scheidet sich bei weiterer Abkühlung im Bauteil Tauwasser ab (Bild 2). Dauert dieser Vorgang längere Zeit, wird das Bauteil durchfeuchtet.

Um Tauwasserbildung in **Außenwänden** zu vermeiden, darf von der warmen Seite her nicht mehr Wasserdampf in das Bauteil eindringen, als auf der kalten Seite wieder zur Außenluft entweichen kann. Dies erreicht man, indem man auf der warmen Seite der Wärmedämmschicht die Baustoffe mit hohem **Diffusionswiderstand,** auf der kalten Seite der Wärmedämmschicht die Baustoffe mit geringem Diffusionswiderstand anordnet, wie z. B. bei einer außengedämmten Stahlbetonwand **(Bild 1a, Seite 442)**. Die Höhe des Diffusionswider-

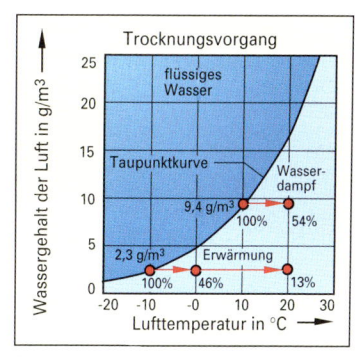

Bild 1: Abnahme der relativen Luftfeuchte bei Erwärmung

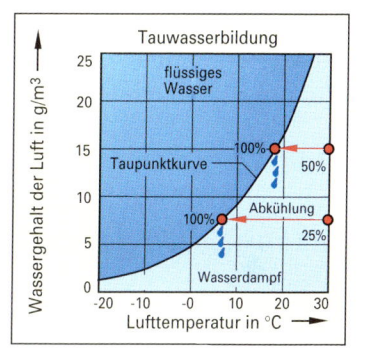

Bild 2: Zunahme der relativen Luftfeuchte bei Abkühlung

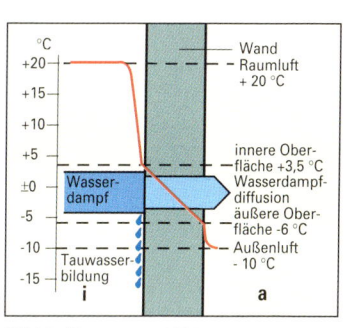

Bild 3: Tauwasserbildung an kalten Oberflächen

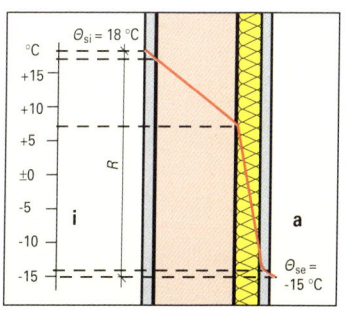

Bild 4: Temperaturverlauf in einer Außenwand

Tabelle 1: Wasserdampf-Diffusionswiderstandszahlen μ verschiedener Baustoffe*) nach DIN 4108 und DIN EN 12524 (Dämmstoffe Seite 419)

Baustoff	μ	Baustoff	μ	Baustoff	μ
Beton		**Mauerwerk**		**Gipsbaustoffe**	
Normalbeton	80/130	Vollziegel, Lochziegel	5/10	Gipswandbauplatten	5/10
Leichtbeton	70/150	Leichthochlochziegel	5/10	Gipsplatten	8/25
Putz		Kalksand-Vollsteine	15/25		
Kalkputz	15/35	Kalksand-Lochsteine	15/25	**Holz und Holzwerkstoffe**	
Zementputz	15/35	Leichtbeton-Vollsteine	5/10	Hartholz	50/200
Kalkgipsputz	10	Leichtbeton-Hohlblocksteine	5/10	Weichholz	20/50
Gipsputz	10	Porenbetonsteine	5/10	Sperrholz	90/220

*) Es ist jeweils der für die Baukonstruktion ungünstigere Wert einzusetzen.

standes s_d der einzelnen Baustoffschichten kann ermittelt werden, indem man die Schichtdicke d des Baustoffs (in m) mit der **Wasserdampfdiffusionswiderstandszahl** μ (gesprochen: mü) multipliziert **(Tabelle 1)**. Ist die Dämmschicht durch eine Außenverkleidung mit hohem Diffusionswiderstand, z. B. aus Klinkermauerwerk, abgedeckt, ist eine Hinterlüftung vorzusehen, damit der ausdiffundierende Wasserdampf abgeführt werden kann **(Bild 1b)**. Ist keine Hinterlüftung möglich, so ist auf der warmen Seite der Wand eine Dampfsperre anzubringen **(Bild 1d und 1f)**. Wird die Dämmschicht innen angeordnet, entsteht wegen des geringen Diffusionswiderstandes des Innenputzes an der kalten Stahlbetonwand Tauwasser. Um dies zu vermeiden, ist auf der warmen Seite der Wärmedämmschicht eine Dampfsperre vorzusehen **(Bild 1c)**.

Bei Dächern ist nach dem gleichen Prinzip wie bei Wänden zu verfahren. Das **belüftete Dach** (Kaltdach) hat zwischen Wärmedämmschicht und Dachhaut einen Zwischenraum, durch den der diffundierende Wasserdampf abgeführt wird. Der Einbau einer Dampfsperre ist in problematischen Fällen empfehlenswert **(Bilder 1a und 1c, Seite 443)**. Das **nicht belüftete Dach** (Warmdach) benötigt auf der warmen Seite der Dämmschicht eine Dampfsperre, damit eine Kondensation unter der kalten Dachhaut vermieden wird **(Bild 1d, Seite 443)**. Unter der Dachhaut wird auch z. B. eine Noppenbahn eingebaut, durch die eine Dampfdruckausgleichsschicht entsteht. In dieser Schicht kann sich zu bildender Wasserdampf, z. B. durch Verdunstung von Baufeuchte bei starker Sonneneinstrahlung, ausdehnen, wodurch eine Entstehung von Dampfblasen unter der Dachhaut verhindert wird. Beim **Umkehrdach** wird die Dachhaut gegenüber dem normalen Dach „umgekehrt", also unterhalb der Dämmschicht verlegt. Die Anordnung einer besonderen Dampfsperre ist dabei nicht erforderlich, weil die Dachhaut als Dampfsperre wirkt **(Bild 1e, Seite 443)**. Möglicherweise noch durch die Dachhaut diffundierender Wasserdampf kann dabei im nassen Bereich kondensieren, ohne Schaden anzurichten.

Bild 1: Wasserdampfdiffusion bei Außenwänden

(a) Außenwand mit Außendämmung — Innenputz, Wand, Wärmedämmschicht, Außenputz
(b) Zweischalige Wand — Innenputz, Wand, Wärmedämmschicht, Hinterlüftung, Außenschale
(c) Außenwand mit Innendämmung und Dampfsperre — Innenputz, Dampfsperre, Wärmedämmung, Wand, Außenputz
(d) außengedämmte Wand mit Dampfsperre — Innenputz, Dampfsperre, Wand, Wärmedämmschicht, Außenschale
(e) Leichtbauwand mit hinterlüfteter Außenfassade — Innenschale, Dämmschicht, Hinterlüftung, Außenschale
(f) Leichtbauwand mit Dampfsperre — Innenschale, Dampfsperre, Wärmedämmung, Außenschale

Aufgaben

1. Fugen sind sorgfältig abzudichten. Nennen Sie die verschiedenen Dichtstoffe und worauf beim Abdichten zu achten ist.
2. Die Wasserdurchlässigkeit von Böden ist sehr unterschiedlich. Erläutern Sie, wie deshalb die Abdichtung jeweils auszuführen ist.
3. Beschreiben Sie, wie Kellerwände gegen aufsteigende Feuchtigkeit geschützt werden können.
4. Erläutern Sie, durch welche Maßnahme, eine Tauwasserbildung auf Bauteiloberflächen und im Bauteilinnern verhindert werden kann.

15.5 Schallschutz

Mit wachsender Technisierung von Industrie und Verkehr nimmt der Lärm immer mehr zu. Die dauernde Lärmeinwirkung gefährdet die Gesundheit des Menschen. Die Aufgabe des Schallschutzes ist es, den Menschen vor Lärm sowohl von außen, als auch innerhalb von Gebäuden zu schützen. Dies wird erreicht durch Schalldämmung und durch Schallschluckung.

15.5.1 Schalldämmung

Unter Schalldämmung versteht man den Widerstand von Bauteilen, z. B. von Wänden, Decken, Türen oder Fenstern, gegen den Durchgang von Schallenergie. Wenn man von Schalldämmung spricht, bezieht sich dies auf Schallvorgänge zwischen zwei Räumen oder zwischen Räumen und der Außenwelt. Nach Art der Schallausbreitung unterscheidet man die Luftschalldämmung und die Körperschalldämmung, insbesondere die Trittschalldämmung.

15.5.1.1 Luftschalldämmung

Zur Bewertung der Luftschalldämmung wird das **bewertete Schalldämm-Maß R'_w** verwendet. Es wird in der Einheit Dezibel (dB) ausgedrückt.

Diese Größe wird nach einer Bezugskurve bestimmt, die in DIN EN ISO 140-4 festgelegt ist. Die

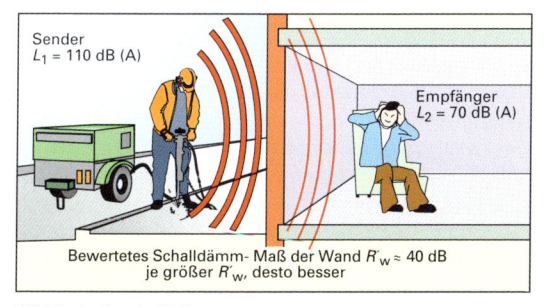

Bild 2: Luftschalldämmung

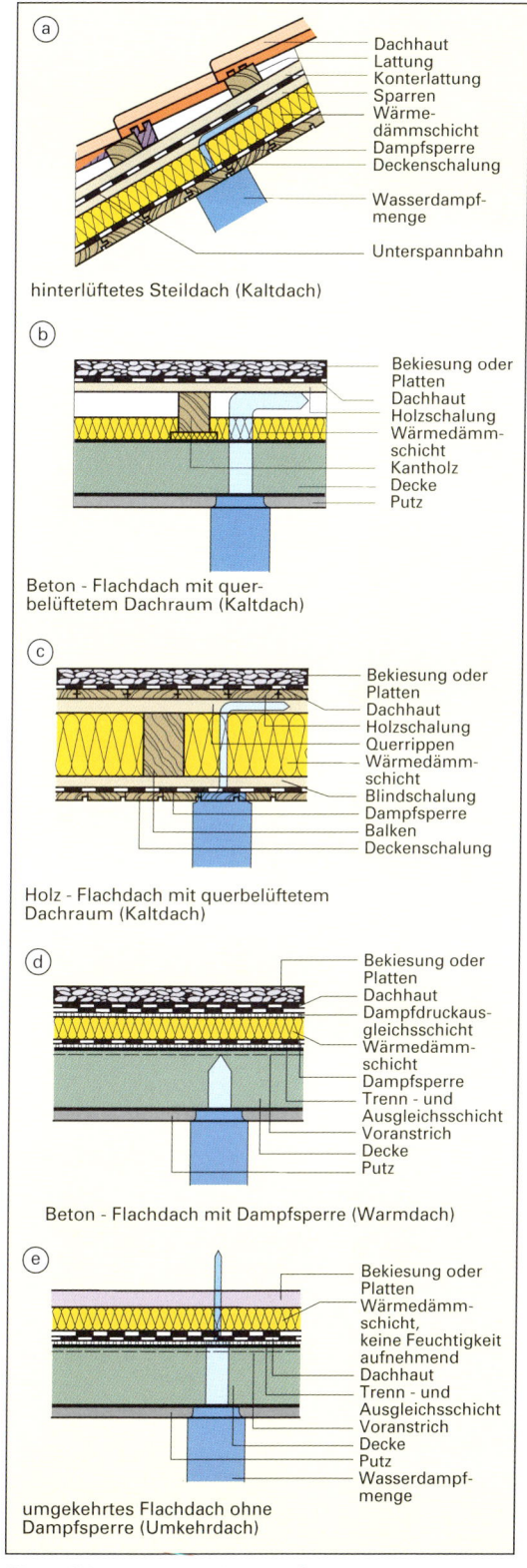

a) hinterlüftetes Steildach (Kaltdach)
b) Beton - Flachdach mit querbelüftetem Dachraum (Kaltdach)
c) Holz - Flachdach mit querbelüftetem Dachraum (Kaltdach)
d) Beton - Flachdach mit Dampfsperre (Warmdach)
e) umgekehrtes Flachdach ohne Dampfsperre (Umkehrdach)

Bild 1: Wasserdampfdiffusion bei Dächern

Bezugskurve verläuft im bauakustisch wichtigen Frequenzbereich zwischen 100 Hz und 3150 Hz. Nach dem Verlauf der Bezugskurve sind die Anforderungen an den Luftschallschutz im unteren Frequenzbereich bei tiefen Tönen gering, bei hohen Tönen im oberen Frequenzbereich hoch. Hier wurde die Eigenschaft des menschlichen Gehörs berücksichtigt, das die tieferen Töne als weniger laut und damit als nicht so lästig empfindet wie die hohen Töne (**Bild 1**).

Anforderungen an den Luftschallschutz

Um einen ausreichenden Luftschallschutz zwischen Wohnungen und fremden Arbeitsräumen zu erreichen, werden in DIN 4109 Mindestluftschallschutzwerte vorgeschrieben. Werden diese Mindestwerte nicht eingehalten, können Schadenersatzansprüche geltend gemacht werden.

15.5.1.2 Trittschalldämmung

Zur Bewertung der Trittschalldämmung wird der **bewertete Normtrittschallpegel** ($L'_{n,w}$) verwendet. Er wird nach einer Bezugskurve bestimmt, die in DIN EN ISO 140-7 festgelegt ist. Diese Bezugskurve verläuft wie bei der Luftschalldämmung im bauakustisch wichtigen Bereich zwischen 100 Hz und 3150 Hz unter Berücksichtigung der Eigenart des menschlichen Gehörs so, dass im Tieftonbereich bei niederen Frequenzen ein höherer Schallpegel zugelassen ist und damit die Anforderungen an den Trittschallschutz geringer sind als im Hochtonbereich (**Bild 2**).

Der Trittschallschutz einer Decke kann durch Aufbringen eines schwimmenden Estrichs oder eines weich federnden Bodenbelags verbessert werden. Für die Bewertung der verschiedenen Deckenauflagen wurde das **Trittschallverbesserungsmaß** (ΔL_w) eingeführt. Das Trittschallverbesserungsmaß gibt an, um wie viel dB eine Deckenauflage den bewerteten Normentrittschallpegel einer Rohdecke verbessert. Trittschallverbesserungsmaße für verschiedene Deckenauflagen sind in DIN 4109 angegeben.

Anforderungen an den Trittschallschutz

Um einen ausreichenden Trittschallschutz von Decken zu erreichen, werden in der DIN 4109 Mindesttrittschallschutzwerte vorgeschrieben, die nicht überschritten werden dürfen.

15.5.2 Schallschutz bei Wänden

Um zu verhindern, dass Luftschall von einem Raum in den anderen übertragen wird, ist die dazwischen liegende Wand schalldämmend auszuführen. Man unterscheidet dabei einschalige und zweischalige Wände (**Bild 3**).

Unter **einschaligen Wänden** versteht man solche aus einer Schicht, z.B. einer betonierten Wand, oder aus mehreren Schichten, wenn diese vollflächig miteinander verbunden sind, z.B. verputztes Mauerwerk. Die Schallübertragung von einem Raum in andere Räume erfolgt direkt durch die Wand und als Längsleitung über die angrenzenden Wände und Decken (Bild 3). Die Wände werden vom auftreffenden Luftschall in Schwingungen versetzt, die auf der anderen Seite an die angrenzenden Luftschichten in Form von Luftschall wieder abgegeben werden. Der Luftschallschutz einer einschaligen Wand nimmt bei Erhöhung des Flächengewichts (kg/m²) zu. Die

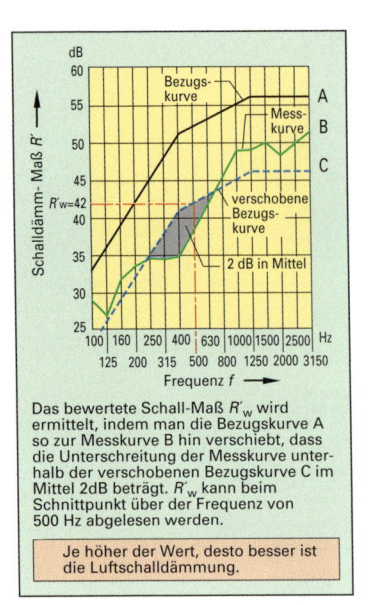

Bild 1: Ermittlung des bewerteten Schalldämm-Maßes R'_w

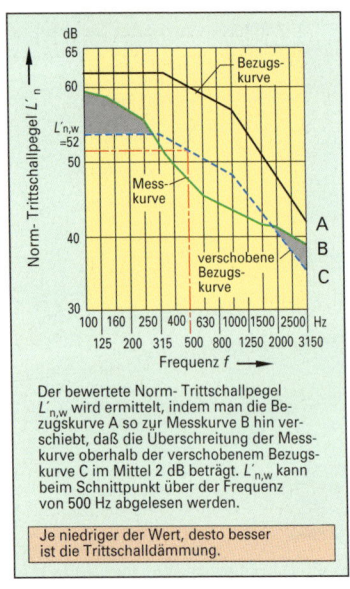

Das bewertete Schall-Maß R'_w wird ermittelt, indem man die Bezugskurve A so zur Messkurve B hin verschiebt, dass die Unterschreitung der Messkurve unterhalb der verschobenen Bezugskurve C im Mittel 2dB beträgt. R'_w kann beim Schnittpunkt über der Frequenz von 500 Hz abgelesen werden.

Je höher der Wert, desto besser ist die Luftschalldämmung.

Bild 2: Ermittlung des bewerteten Norm-Trittschallpegels $L'_{n,w}$

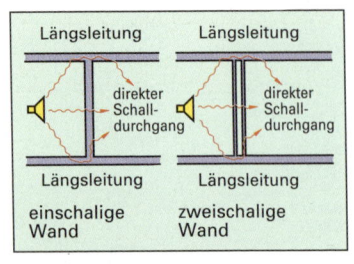

Der bewertete Norm-Trittschallpegel $L'_{n,w}$ wird ermittelt, indem man die Bezugskurve A so zur Messkurve B verschiebt, daß die Überschreitung der Messkurve oberhalb der verschobenen Bezugskurve C im Mittel 2 dB beträgt. $L'_{n,w}$ kann beim Schnittpunkt über der Frequenz von 500 Hz abgelesen werden.

Je niedriger der Wert, desto besser ist die Trittschalldämmung.

Bild 3: Wege des Luftschalls

Wände müssen dicht sein, d.h., sie müssen vollfugig, rissefrei und ohne Fehlstellen sein, weshalb z.B. gemauerte Wände zu verputzen sind.

Bei **zweischaligen Wänden** kann die geforderte Luftschalldämmung mit geringerem Wandgewicht erreicht werden als bei einschaligen Wänden. Eine zweischalige Wand besteht aus zwei einzelnen, durch eine Luftschicht oder weich federnde Dämmschicht getrennte Schalen. Die Schalen können z.B. dick und biegesteif oder dünn und biegeweich sein. Zweischalige Wände mit zwei biegesteifen Schalen werden vor allem als Trennwände zwischen Reihenhäusern oder Geschosswohnhäusern verwendet.

Hier wird zwischen die gemauerten oder betonierten Schalen eine Faserdämmplatte, Anwendungstyp T (Trittschalldämmplatte), eingebaut, die vor allem die Bildung von Schallbrücken verhindern soll. Die Fuge nach außen ist mit einer Dichtung zu schließen **(Bild 1a)**.

Wird vor einer biegesteifen Schale, z.B. vor einer 11,5 cm dicken Vollziegelwand, eine biegeweiche Schale, z.B. eine Gipsplatte, angebracht, so spricht man von einer **Vorsatzschale (Bild 1b)**.

Leichtbauwände bestehen in der Regel aus zwei biegeweichen Schalen. Diese Schalen können z.B. aus Gipsplatten oder verputzten Holzwolle-Leichtbauplatten bestehen. Die Schalen werden auf einer Unterkonstruktion aus Kanthölzern oder Stahlblechprofilen befestigt **(Bild 1c)**. Die Schalen aus Holzwolle-Leichtbauplatten können auch selbst tragend sein **(Bild 1d)**. Die Schallübertragung erfolgt bei zweischaligen Wänden sowohl direkt über die mitschwingenden beiden Schalen als auch über die angrenzenden Wände und Decken als Längsleitung **(Bild 3, Seite 444)**.

Eine **Schall-Längsleitung** ist bei flankierenden Wänden umso größer, je leichter diese Wände sind. Sie erfolgt über den Fußboden, wenn Leichtbauwände auf einen durchgehenden schwimmenden Estrich gestellt werden. Auch durchgehende Hohlräume über einer abgehängten Decke bewirken eine gute Schallübertragung. Diese sind deshalb über die Trennwand abzuschotten.

Eine weitere Möglichkeit der Schallübertragung besteht über Schallbrücken. **Schallbrücken** sind starre Verbindungen zwischen zwei Schalen, wie z.B. Mörtelbrücken, Kanthölzer, Holzleisten, Nägel, Schrauben oder durchgeführte Rohre.

> **Die Luftschalldämmung zweischaliger Wände wird verbessert,**
> - wenn die beiden Schalen möglichst schwer, aber andererseits auch dünn und biegeweich sind, wie z.B. Gipsplatten oder verputzte Holzwolle-Leichtbauplatten,
> - wenn der Abstand zwischen den Ständern und den Schalen möglichst groß ist,
> - wenn in den Hohlraum schallschluckende Stoffe, wie z.B. Mineralwolle, eingebaut werden,
> - wenn Schallbrücken vermieden werden,
> - wenn die beiden Schalen nicht eingespannt oder eingekeilt werden, sondern schwingen können,
> - wenn die Wand-, Decken- und Fußbodenanschlüsse gut abgedichtet sind und
> - wenn die Schall-Längsleitung möglichst gering ist.

a) Wand — Dämmschicht — Decke
senkrechter Schnitt

Wand — Dämmschnitt
waagrechter Schnitt zweischalig als Trennwand zwischen Reihenhäusern

b) Putz — dünnes Mauerwerk — Mineralwolle
Gipsplatten — Kanthölzer — Schwingsdämpfer
waagrechter Schnitt zweischalig mit Vorsatzschale

c) Gipsplatten — Mineralfaserfilz — C-Profile (Ständer)
Gipsplatten
waagrechter Schnitt zweischalig mit Unterkonstruktion aus Stahlblechprofilen

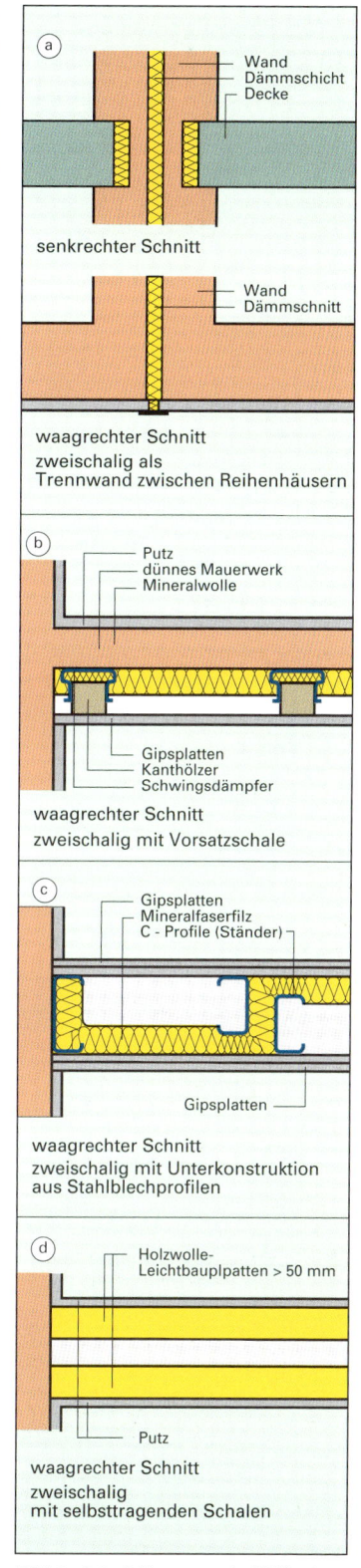

d) Holzwolle-Leichtbauplatten > 50 mm
Putz
waagrechter Schnitt zweischalig mit selbsttragenden Schalen

Bild 1: Schalldämmung bei Wänden

15.5.3 Schallschutz bei Decken

Der Schallschutz bei Decken umfasst die Luftschalldämmung, die Trittschalldämmung und die Körperschalldämmung.

Für die **Luftschalldämmung** bei Massivdecken gelten dieselben Grundsätze wie bei einschaligen Wänden. Eine Decke sollte ein Mindestflächengewicht von 400 kg/m² haben. Hohlräume in Massivdecken, wie sie sich bei Verwendung von Deckenhohlkörpern ergeben, vermindern den Schallschutz. Da jedoch verschiedene Deckenarten ein geringeres Gewicht besitzen und somit nicht den Mindestluftschallschutz erreichen, müssen solche Decken zweischalig ausgeführt werden. Sie erhalten eine Unterdecke (**Bild 1**). Als Baustoffe für Unterdecken eignen sich z. B. Gipsplatten, Holzfaserdämmplatten, verputzte Holzwolle-Leichtbauplatten oder Putz auf Streckmetall bzw. Putzträger. Auch ein schwimmender Estrich auf der Decke bringt eine Verbesserung des Luftschallschutzes.

Da die **Trittschalldämmung** bei Massivdecken unzureichend ist, wird ein schwimmender Estrich auf die Decke aufgebracht (**Bild 2**). Dabei ist auf der Rohdecke eine Dämmschicht, z. B. aus Polystyrolschaum, Mineralwolle, Kokosfasern oder ähnlichen Werkstoffen, zu verlegen. Die Dämmschicht ist z. B. mit Bitumenpapier oder Kunststofffolie gegen eindringende Feuchtigkeit aus dem frisch eingebrachten Estrichmörtel zu schützen. Dadurch wird auch ein Durchfließen des Estrichs auf die Rohdecke vermieden. Seitlich an den Wänden sind Randstreifen aus Dämmstoffen anzubringen.

Eine erhebliche Verschlechterung des Trittschallschutzes tritt ein, wenn Schallbrücken, d. h. feste Verbindungen zwischen Estrich und Decke oder seitlichen Wänden, entstehen. Diese können auch dort auftreten, wo durch den Estrich geführte Rohre (z. B. Heizkörperstützen), wo harte Fußleisten, Türzargen, Bodenabläufe oder ähnliche Stellen eine starre Verbindung zum Estrich haben. Solche starren Verbindungen sind durch weiche Zwischenlagen, z. B. Dämmstreifen oder Fugenmassen, zu vermeiden.

Als Estrich werden z. B. Zementestriche, Gipsestriche, Magnesiumestriche oder Gussasphaltestriche verwendet. Die Estrichdicke muss je nach Art der Dämmschicht mindestens 30 mm bis 45 mm, bei Gussasphaltestrich mindestens 20 mm bis 25 mm betragen. Will man den vorgeschriebenen Trittschallschutz durch weich federnde Bodenbeläge erreichen, so sind hochflorige Teppiche mit Unterlagen aus Filzpappe, Porengummi oder Kork zu verwenden.

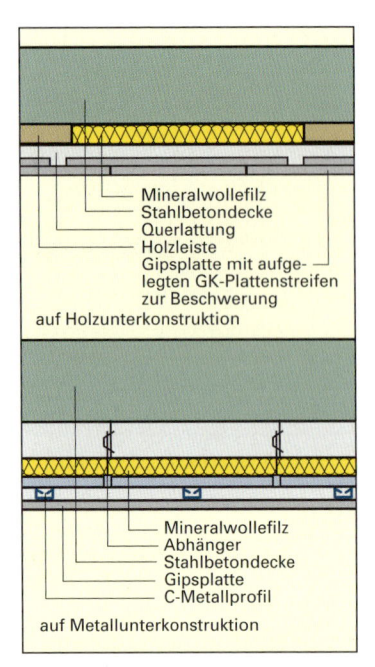

Bild 1: Luftschalldämmende Unterdecken

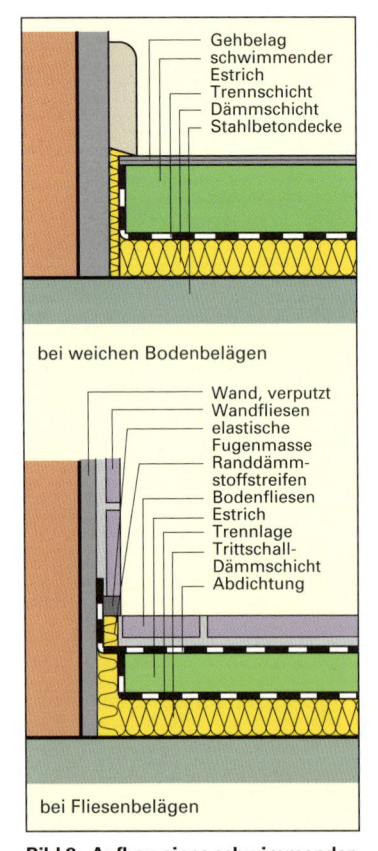

Bild 2: Aufbau eines schwimmenden Estrichs

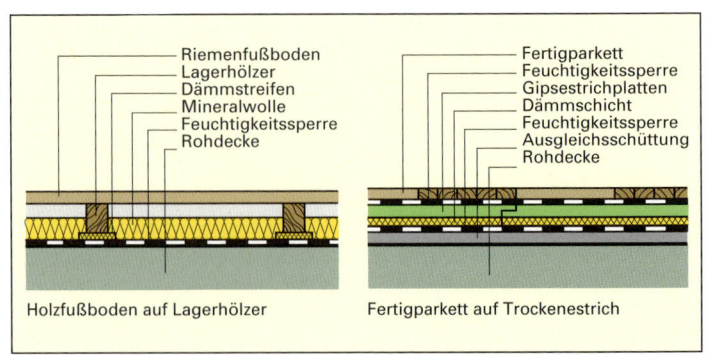

Bild 3: Trockenunterböden

Weich federnden Bodenbeläge verbessern wegen ihres geringen Gewichts nur die Trittschalldämmung, nicht dagegen die Luftschalldämmung. Sind Fußboden und Wände mit Fliesen belegt, so sind die Wandfliesen von den Fußbodenfliesen zur Verhinderung von Schallbrücken mit einer elastischen Fugenmasse zu verfüllen (**Bild 2, Seite 446**).

Anstelle eines nass eingebrachten Estrichs kann auch ein schwimmender Trockenunterboden auf der Rohdecke verlegt werden. Als Trockenunterboden werden z.B. Spanplatten auf Lagerhölzern mit Dämmstreifen (**Bild 3, Seite 446**), Gips-Estrichplatten auf einer Dämmschicht (Bild 3, Seite 446) oder bituminierte Holzfaser- oder Leichtbauplatten auf einer Ausgleichsschüttung aus bituminiertem Perlit verwendet. Als Fußboden ist Fertigparkett oder ein Kunststoff- oder Teppichbelag auf Spanplatten möglich.

Die herkömmlichen Holzbalkendecken erfüllen in Mehrfamilienhäusern nicht den geforderten Luft- und Trittschallschutz. Dieser kann erreicht werden, indem man die untere Deckenverkleidung als abgehängte Unterdecke mit Federbügeln oder Federschienen an der Balkenlage befestigt. Eine weitere Möglichkeit zur Verbesserung vor allem des Trittschallschutzes bringt ein schwimmender Estrich oder schwimmend verlegte Spanplatten (**Bild 1a und 1b**).

In Mehrfamilienhäusern ist der Trittschallschutz im Treppenraum besonders zu beachten, da der Trittschall sehr leicht von den Treppenstufen auf die angrenzenden Wände übertragen werden kann. Den erforderlichen Trittschallschutz erreicht man, indem man die Treppenläufe und gegebenenfalls die Treppenpodeste elastisch lagert (**Bild 1c**). Fugen zu Wänden und Decken verhindern Schallbrücken. Die Fugen sind mit einer elastischen Fugendichtmasse zu schließen. Schallbrücken, insbesondere im Bereich der Wohnungseingangstür, sind zu vermeiden, wie z. B. ein unter der Tür durchlaufender schwimmender Estrich.

Eine **Körperschalldämmung** ist dort vorzusehen, wo Strömungsgeräusche in Wasser- oder Heizungsleitungen auftreten können, wo Maschinen, Motoren oder ähnliche Geräte Laufgeräusche und Schwingungen als Körperschall an den Fußboden bzw. an die Wand weitergeben können. Von dort aus kann sich der Körperschall leicht in andere Bauteile ausbreiten. Eine Dämmung des Körperschalls wird dadurch erreicht, dass man diese Maschinen auf Schwingungsisolatoren aus Hartgummi, Stahlfedern oder ähnliche Vorrichtungen stellt oder die Leitungen durch Dämmstoffe von den Bauteilen trennt (**Bild 2**).

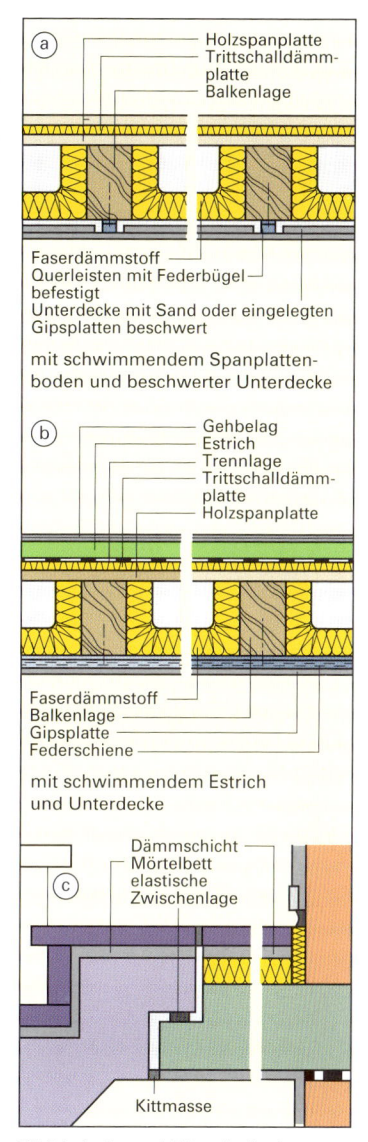

Bild 1: Luft- und Trittschallschutz bei Treppen und Holzbalkendecken

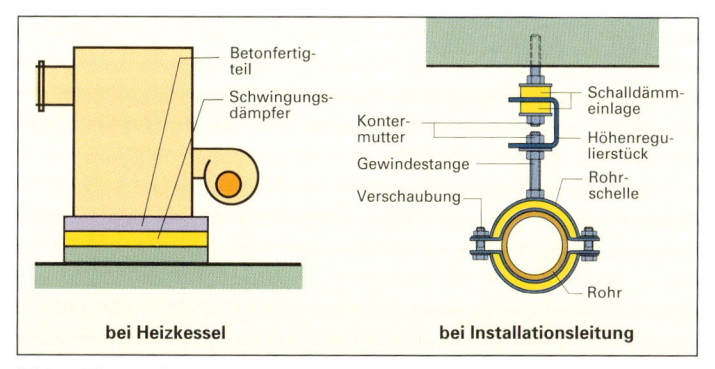

Bild 2: Körperschalldämmung

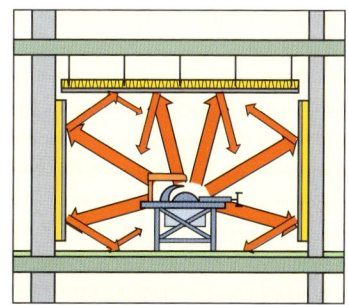

Bild 3: Schallschutz durch Schallschluckung

15.5.4 Schallschutz durch Schallschluckung

Schallschluckmaßnahmen werden dort angewendet, wo in einem lauten Raum, z. B. in einem Maschinenraum **(Bild 3, Seite 447)** der Lärmpegel gesenkt werden soll. Auch in Konzert- und Vortragsräumen, wo es auf gute Hörsamkeit ankommt, sind Schallschluckmaßnahmen notwendig. Die Schallschluckung bezieht sich immer auf Luftschallvorgänge innerhalb eines „lauten" Raumes. Man unterscheidet poröse Schallschlucker und Resonanzschallschlucker.

Poröse Schallschlucker sind leichte Stoffe mit rauer und offenporiger Oberfläche, wie z. B. Mineralfaser- und Holzfaserplatten oder verschiedene Schaumkunststoffe. Bei der Schallschluckung treffen die Luftschallwellen auf die Oberfläche des schluckenden Materials. Ein Teil der Schallwellen wird reflektiert, d. h. in den Raum zurückgeworfen, der andere Teil dringt in die Poren ein. Die hin- und herschwingende Luft wird dabei an den Porenwandungen abgebremst, wodurch die Schallenergie in Wärmeenergie umgewandelt und damit der Schall verschluckt wird. Die Schallschluckstoffe werden meist als Platten unmittelbar an Wand oder Decke befestigt und schlucken vor allem hohe Töne **(Bild 1)**.

Resonanzschallschlucker bestehen aus geschlossenporigen Platten, wie z. B. aus dünnen Sperrholz-, Spanholz-, Holzfaser- oder Gipsplatten, die in einem bestimmten Abstand an der Wand oder an der Decke anzubringen sind. Durch die einwirkenden Luftschallwellen werden die Platten in Schwingung versetzt, wobei ein Teil der Schallenergie in Bewegungsenergie umgewandelt wird. Sie schlucken vor allem tiefe Töne.

Schallschlucker für den Mitteltonbereich erhält man durch eine Kombination von porösen Schallschluckern und Resonanzschallschluckern. Dabei werden poröse Schallschlucker im Abstand von der Wand oder Decke angebracht und häufig mit gelochten Blechen, Gipsplatten, Gipskörpern oder Sperrholzplatten abgedeckt.

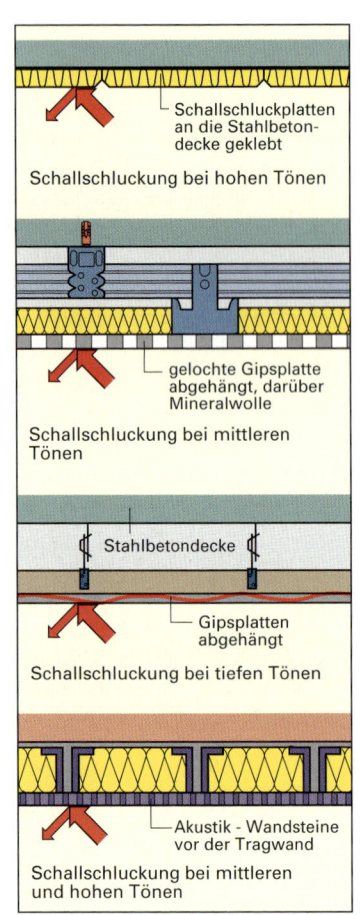

Bild 1: Schallschluckkonstruktionen

- Schallschluckplatten an die Stahlbetondecke geklebt — Schallschluckung bei hohen Tönen
- gelochte Gipsplatte abgehängt, darüber Mineralwolle — Schallschluckung bei mittleren Tönen
- Stahlbetondecke / Gipsplatten abgehängt — Schallschluckung bei tiefen Tönen
- Akustik-Wandsteine vor der Tragwand — Schallschluckung bei mittleren und hohen Tönen

---

Aufgaben

1. Zeigen Sie die Möglichkeiten zur Vermeidung von Lärm auf in Bezug auf Schallquelle, auf Schalldämm- und Schallschluckmaßnahmen.
2. Beschreiben Sie den Aufbau ein- und zweischaliger Wände, die zwischen Reihenhäusern, zwischen Wohnungen und zwischen Räumen den notwendigen Schallschutz bieten.
3. Machen Sie Vorschläge, durch welche Maßnahmen bei den verschiedenen Deckenarten der notwendige Luft- und Trittschallschutz erreicht bzw. verbessert werden kann.
4. Vergleichen Sie Aufbau und Wirkungsweise von Schallschluckkonstruktionen, die jeweils hohe, mittlere und tiefe Töne schlucken.

15.6 Brandschutz

Täglich entstehen durch Brände beträchtliche Schäden an volkswirtschaftlichem Vermögen. Noch schwerer wiegen die Verluste an Leben und Gesundheit von Menschen. In der Sorge um die Sicherheit des Menschen, um die Erhaltung von Sachwerten und um die Betriebe und Arbeitsplätze wurden eine Vielzahl brandschutztechnischer Gesetze, Verordnungen und Bestimmungen erlassen.

Die baurechtlichen Vorschriften enthalten deshalb brandschutztechnische Anforderungen sowohl an die am Bauwerk zu verwendenden Baustoffe oder Bauprodukte als auch an die verschiedenen Bauteile des Bauwerks. Diese sind nach DIN 4102 „Brandverhalten von Baustoffen und Bauteilen" in **Baustoffklassen** bzw. **Feuerwiderstandsklassen** und nach DIN EN 13501-1 in **Euroklassen für Bauprodukte** eingeteilt. Bauteile sind in der Regel aus mehreren Baustoffen zusammengesetzt.

15.6.1 Brandverhalten von Baustoffen

Baustoffe verhalten sich je nach ihrer Art unterschiedlich gegenüber Feuereinwirkung. Nach DIN 4102 unterscheidet man die Baustoffklassen A mit nichtbrennbaren und B mit brennbaren Baustoffen. In DIN EN 13501-1 dagegen gibt es die entsprechenden **Hauptklassen** A bis F und die **Unterklassen** für die Rauchentwicklung s1 (gering), s2 (mittel) und s3 (hoch) sowie für das brennende Abtropfen oder Abfallen d0 (nicht zutreffend), d1 (gering) und d2 (stark) **(Tabelle 1)**.

Beispiel: B-s2, d1: schwer entflammbar, Rauchentwicklung mittel, brennendes Abtropfen gering.

Tabelle 1: EURO-Klassen für Baustoffe nach DIN EN 13501-1 (2007)				Baustoffklassen nach DIN 4102			
EURO-Hauptklassen	\multicolumn{3}{c}{EURO-Unterklassen}		Baustoffklasse	Bauaufsichtliche Benennung	Beispiele
A1	\multicolumn{3}{c}{A1}	A = Nichtbrennbare Baustoffe	A1	ohne brennbare Bestandteile	Gips, Kalk, Zement, Steine, Beton, Glas, Faserbetonplatten
						mit brennbaren Bestandteilen (< 1 %)	bestimmte Mineralfaser-Feuerschutzplatten, Fiber-Silikat-Platten
A2	\multicolumn{3}{c}{A2 – s1, d0}		A2	mit brennbaren Bestandteilen	Gipsplatten, Mineralfasererzeugnisse
	A2 – s2, d0 \newline A2 – s3, d0	A2 – s1, d1 \newline A2 – s2, d1 \newline A2 – s3, d1	A2 – s1, d2 \newline A2 – s2, d2 \newline A2 – s3, d2	B = Brennbare Baustoffe	B1	schwerentflammbare Baustoffe	Gipsplatten mit gelochter Oberfläche, Holzwolle-Leichtbauplatten, schwerentflammbare Spanplatten, bestimmte Kunststoff-Hartschaumplatten, bestimmte PVC-Erzeugnisse, Eichenparkett, Gussasphaltestriche
B	B – s1, d0 \newline B – s2, d0 \newline B – s3, d0	B – s1, d1 \newline B – s2, d1 \newline B – s3, d1	B – s1, d2 \newline B – s2, d2 \newline B – s3, d2		B1		
C	C – s1, d0 \newline C – s2, d0 \newline C – s3, d0	C – s1, d1 \newline C – s2, d1 \newline C – s3, d1	C – s1, d2 \newline C – s2, d2 \newline C – s3, d2		B1		
D	D – s1, d0 \newline D – s2, d0 \newline D – s3, d0	D – s1, d1 \newline D – s2, d1 \newline D – s3, d1	D – s1, d2 \newline D – s2, d2 \newline D – s3, d2		B2	normalentflammbare Baustoffe	Holz und Holzwerkstoffe, ρ > 400 kg/m³ und über 2 mm Dicke, genormte Dachpappen und PVC-Bodenbeläge
E	\multicolumn{3}{c}{E – d2}		B2		
F	\multicolumn{3}{c}{keine Leistung festgestellt}		B3	leichtentflammbare Baustoffe	Papier, Holzwolle, Holz bis 2 mm Dicke

15.6.2 Brandverhalten von Bauteilen

Bauteile werden nach ihrem Brandverhalten in Feuerwiderstandsklassen eingeteilt. Man unterscheidet, wie in **Tabelle 2** angegeben, die Klassen F, W und T. Für das jeweilige Bauteil wird die Feuerwiderstandsdauer mithilfe eines Brandversuchs ermittelt. Daneben enthält die Feuerwiderstandsklasse F und W Angaben über die Brennbarkeit der verwendeten Baustoffe, z. B. F 90-A, F 30-B, W 60-AB oder F 90-BA.

Tabelle 2: Feuerwiderstandsklassen nach DIN 4102 (Auszug)					nach DIN EN 13501-2 (2003)
Feuerwiderstandsdauer in Minuten	Feuerwiderstandsklassen für			Bauaufsichtliche Benennungen nach der Landesbauordnung	Feuerwiderstandsdauer in Minuten: $\geq$ 10, $\geq$ 15, $\geq$ 20, $\geq$ 30, $\geq$ 45, $\geq$ 60, $\geq$ 90, $\geq$ 120, $\geq$ 180, $\geq$ 240, $\geq$ 360
	Wände, Decken, Stützen, Unterzüge, Treppen	Nichttragende Außenwände, Brüstungen	Feuerschutzabschlüsse, Türen, Tore, Klappen		
$\geq$ 30	F 30	W 30	T 30	feuerhemmend	Kriterien für Euro-Feuerwiderstandsklassen: R, E, I, W, S, M und C (Erläuterungen siehe bei *)
$\geq$ 60	F 60	W 60	T 60	hochfeuerhemmend	
$\geq$ 90	F 90	W 90	T 90	feuerbeständig	
$\geq$ 120	F 120	W 120	T 120	**Beispiel:** Bei **Brandversuch:** Tragfähigkeit 155 min, Raumabschluss 115 min, Wärmedämmung 42 min. **Kennzeichnung:** R 120 / RE 90 / REI 30	
$\geq$ 180	F 180	W 180	T 180		
* R = Erhalt der Tragfähigkeit, E = Raumabschluss, I = Wärmedämmung, S = Rauchdurchtritt, W = Wärmestrahlungsdurchtritt, M = Erhöhte mechanische Festigkeit, C = Selbstschließend					

15.6.3 Brandschutzmaßnahmen für Bauteile

Um die Bauteile eines Gebäudes gegen Brandeinwirkung zu schützen, sind vor allem bauliche Schutzmaßnahmen zu treffen. Sie hängen im Wesentlichen ab

- von der ein- oder mehrseitigen Brandbeanspruchung,
- vom verwendeten Baustoff oder Baustoffverbund,
- von den Bauteilabmessungen, z. B. von der Schlankheit einer Stütze,
- von der Konstruktion des Bauteils, z. B. von Anschlüssen, Auflagern, Halterungen, Befestigungen, Verbindungsmitteln und Fugen sowie
- von der Anordnung der Bekleidungen, z. B. von Ummantelungen, Putzen, Unterdecken oder Vorsatzschalen.

Brandschutzmaßnahmen für Bauteile aus Stahl

Stahl gehört aufgrund seines Brandverhaltens in die Klasse der nichtbrennbaren Baustoffe (Baustoffklasse A1). Im Brandfall dehnt sich Stahl stark aus und verliert wegen seiner hohen Wärmeleitfähigkeit bei Temperaturen von etwa 500 °C innerhalb kurzer Zeit seine statische Festigkeit. Diese kann ohne vorherige Ankündigung zum Einsturz des Bauwerks führen. Wichtige Bauteile aus Stahl, wie z. B. Stützen, Deckenträger und Dachbinder, müssen deshalb gegen Feuer und Wärme durch besondere Maßnahmen geschützt werden. Die Stahlteile können entweder durch direkten Brandschutz (Ummantelung) oder durch indirekten Brandschutz (Anbringen einer Unterdecke) gegen Feuer abgeschirmt werden.

Direkten Brandschutz erreicht man

- durch Anbringen eines Spritzputzes auf einem Putzträger unter Verwendung von Mineralfasern, Vermiculite oder Perlite als Zuschlagstoffe,
- durch Beton- oder Mauerwerksbekleidungen,
- durch Anbringen von vorgefertigten Verkleidungen z. B. aus Gips- oder Fiber-Silikatplatten, sowie
- durch Anbringen von dämmschichtbildenden Brandschutzbeschichtungen, die bei Wärmeeinwirkung aufschäumen und eine Wärmeschutzschicht um das Bauteil bilden.

Die Decke einer profilfolgenden oder kastenförmigen Ummantelung hängt von der Art des anzubringenden Schutzbaustoffes und von der geforderten Feuerwiderstandsklasse ab **(Bild 1)**.

Indirekten Brandschutz, hauptsächlich bei Decken und Dächern, erreicht man

- durch untergehängte Putzdecken aus dämmenden Putzen auf Streckmetall, Drahtgewebe oder Holzwolle-Leichtbauplatten,
- durch untergehängte Decken aus vorgefertigten Deckenplatten aus Gips, Mineralfaserplatten, Gips-Feuerschutzplatten, Fiber-Silikatplatten oder Holzwerkstoffplatten an Metall- oder Holzunterkonstruktionen **(Bild 2)**.

Die Anschlüsse der Unterdecke an angrenzende Wände müssen dicht sein. Notwendige Dämmschichten im Zwischendeckenbereich müssen der Baustoffklasse A angehören.

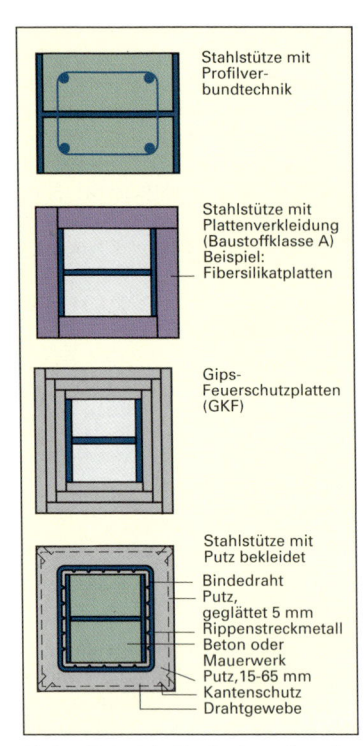

Bild 1: Beispiele für direkten Brandschutz bei Stahlstützen

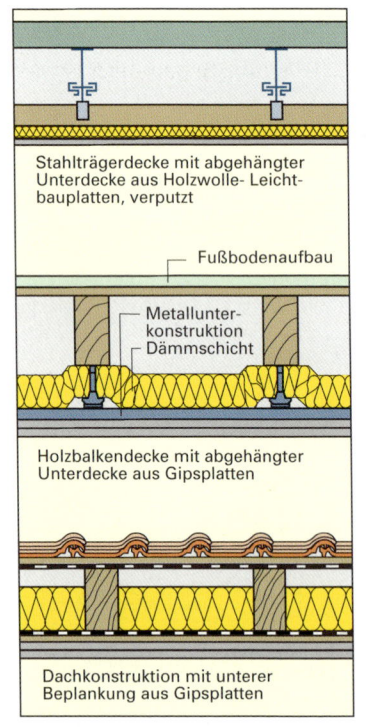

Bild 2: Beispiele für indirekten Brandschutz bei Decken und Dächern

Brandschutzmaßnahmen für Bauteile aus Stahlbeton

Wie Stahl gehört auch Beton zu den nichtbrennbaren Baustoffen. Die Feuerwiderstandsfähigkeit von Bauteilen aus Stahlbeton ist deshalb sehr hoch. Sie ist umso höher, je höher die Betonfestigkeitsklasse und je größer der Querschnitt eines Bauteils ist. Wegen der Wärmeempfindlichkeit der Stahleinlagen, die bei Temperaturen von etwa 500 °C ihre Zugfestigkeit verlieren, ist für eine ausreichende Betondeckung (nom c) zu sorgen. Sie beträgt nach DIN 1045 je nach Umweltbedingungen für das Bauteil 2 cm bis 5 cm. Beträgt die Betondeckung mehr als 5 cm, ist sie mit einer Schutzbewehrung zu versehen, um ein Abplatzen der Betondeckung zu verhindern. Die Feuerwiderstandsdauer eines Bauteils kann auch erhöht werden durch Verwendung von kalkhaltigen Zuschlägen mit geringer Wärmedehnung. Bei bewehrtem Leichtbeton wird die Bewehrung vor starker Erwärmung geschützt, weil die Luftporen im Leichtzuschlag die Wärmeleitfähigkeit vermindern. Wie andere Baustoffe kann auch Stahlbeton in Sonderfällen durch Ummantelung, durch Dämmputze (maximal 30 mm dick) sowie durch abgehängte Beplankungen gegen Feuereinwirkung geschützt werden.

Brandschutzmaßnahmen für Bauteile aus Holz

Holz ist im Gegensatz zu Stahl oder Stahlbeton ein brennbarer Baustoff. Es verkohlt bei Brandeinwirkung an der Oberfläche. Diese Holzkohlenschicht an den Außenzonen der Bauteile bildet eine Schutzschicht, die den weiteren Abbrand des Holzes stark verzögert. Um die Entflammung des Holzes und die Flammausbreitung an Holzbauteilen einzuschränken, können vorbeugende Brandschutzmaßnahmen getroffen werden. Dazu gehören vor allem bauliche und chemische Maßnahmen.

Bauliche Maßnahmen sind z. B. die Verwendung von rissefreien Holzbauteilen mit möglichst großem Querschnitt, mit möglichst glatter Oberfläche und gerundeten Kanten und Ecken. Flächige Holzbauteile sollten möglichst großformatig sein und gegebenenfalls aus schwerentflammbaren Sperr- und Spanplatten bestehen. Waagerecht angebrachte Holzverkleidungen bieten dem Feuer einen größeren Widerstand als senkrecht angebrachte Verkleidungen. Außerdem können Holzbauteile mit nichtbrennbaren Baustoffen wie Putz, Gipsplatten oder Fiber-Silikat-Platten ummantelt werden. Holzbalkendecken und Dächer können durch Unterdecken geschützt werden **(Bild 2, Seite 450)**. Holzbauteile müssen nach DIN 18160 von Rauchschornsteinen einen Mindestabstand von 5 cm haben.

Durch **chemische Maßnahmen** wird eine Schwerentflammbarkeit des Holzes erzielt. Angewendet werden Feuerschutzsalze und schaumschichtbildende Feuerschutzmittel.

Feuerschutzsalze bestehen vor allem aus Phosphaten und Ammoniumsulfat als Streckmittel. Sie werden als wässrige Lösung im Kesseldruckverfahren in das Holz eingebracht. Die Feuerschutzsalze schmelzen bei Wärmeeinwirkung, wodurch Wärme entzogen wird, und bilden dabei an der Holzoberfläche eine Schmelzschicht. Außerdem entwickeln sie im Brandfall nichtbrennbare Gase und fördern die Holzkohlebildung.

Während die Feuerschutzsalze das Holz von innen her schützen, wirken die schaumschichtbildenden Feuerschutzmittel an der Oberfläche des Holzes. Diese Schaumschichtbildner werden als farblose oder pigmentierte Schicht aufgebracht. Bei direkter Beflammung oder bei Wärmeeinwirkung von etwa 200 °C bildet sich durch Zersetzung dieser Schicht auf der Holzoberfläche ein 2 cm bis 3 cm dicker schwerentflammbarer Schaum. Dieser verhindert den Sauerstoffzutritt und schützt das Holz eine gewisse Zeit vor weiterer Verbrennung. Beide Feuerschutzmittelarten sind nur innerhalb von Gebäuden anzuwenden.

Aufgaben

1. Nennen Sie die Baustoffklassen, in welche die Baustoffe bezüglich ihrer Brennbarkeit eingeteilt werden.
2. Nennen Sie die Feuerwiderstandsklassen, in die die Bauteile entsprechend ihres Brandverhaltens eingeteilt werden.
3. Erläutern Sie, was die Angaben F 90 AB nach DIN 4102 und A2-s3, d0 nach DIN EN 13501-1 bedeuten.
4. Erläutern Sie, worin sich der direkte und der indirekte Brandschutz unterscheidet.
5. Machen Sie Vorschläge, wie Stahlbauteile und Betonbauteile gegen Brandeinwirkung geschützt werden können.
6. Beschreiben Sie, welche baulichen und chemischen Brandschutzmaßnahmen bei Holzbauteilen möglich sind.

16 Schornsteinbau

Abgasanlagen haben die Aufgabe, Abgase schadlos über Dach ins Freie abzuführen. **Schornsteine** sind für alle Brennstoffe geeignet. Abgasanlagen, die ausschließlich für Öl und Gas verwendbar sind, nennt man **Abgasleitungen**. Für die Rohbauberufe haben gemauerte Schornsteine besondere Bedeutung.

16.1 Bezeichnungen

Der Schornstein ist ein Teil der Feuerungsanlage, zu der auch die Feuerstätte und das Verbindungsstück gehören (**Bild 1**).

• Feuerstätte	ist der Brennraum für feste, flüssige oder gasförmige Brennstoffe
• Lichter Querschnitt	ist der innere Querschnitt eines Schornsteins; er muss auf der gesamten Schornsteinhöhe gleich bleiben
• Schornsteinwange	ist die äußere Schale eines Schornsteins
• Schornsteinzunge	ist die Wandung zwischen den Abgasleitungen
• Verbindungsstück	verbindet die Feuerstätte mit dem Schornstein und leitet die Abgase ein
• Schornsteinschaft	ist der Schornstein zwischen Schornsteinfuß und Schornsteinkopf
• Schornsteinkopf	ist der über Dach geführte Teil des Schornsteins
• Schornsteinmündung	ist das obere Ende des Schornsteins und muss über Dach im freien Luftstrom liegen
• Schornsteinhöhe	wird zwischen Fuß und Mündung gemessen
• Wirksame Schornsteinhöhe	wird zwischen Verbindungsstück oder Rost der Feuerstätte und Mündung gemessen
• Reinigungsöffnung	ist eine verschließbare Öffnung in der Schornsteinwange zum Reinigen des Schornsteins
• Verwahrung	ist der mit nichtbrennbaren Baustoffen gefüllte Raum zwischen Schornstein und Decken- bzw. Dachdurchbruch
• Schornsteinformstücke	sind Fertigteile für den Bau von Schornsteinen
• Einzügiger Schornstein	ist ein Schornstein mit einer Abgasleitung
• Mehrzügiger Schornstein	ist ein Schornstein mit mehreren Abgasleitungen und Zungen
• Eigener Schornstein	ist mit einer Feuerstätte jeweils nur einfach belegt
• Gemeinsamer Schornstein	ist mehrfach belegt mit Feuerstätten, die mit gleichen Brennstoffen beheizt werden

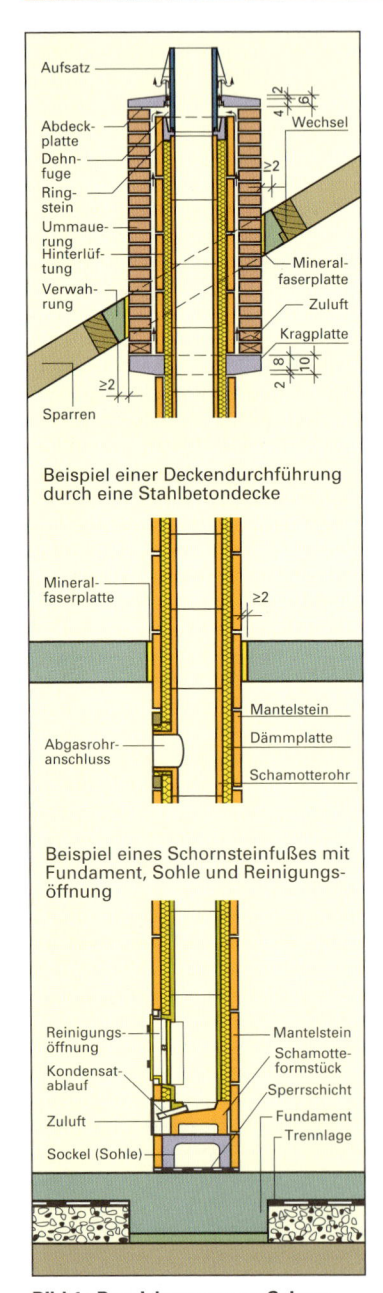

Bild 1: Bezeichnungen an Schornsteinen

16.2 Wirkungsweise

Die wichtigsten Brennstoffe sind gasförmig (Erdgas), flüssig (Heizöl) oder fest (Kohle und Holz). Hauptelemente der Brennstoffe sind Kohlenstoff und Wasserstoff, bei Öl auch Sauerstoff. Bei der Verbrennung verbinden sich die Brennstoffe mit dem Sauerstoff aus der Luft, wobei Wärme frei wird (Oxidation). Als Verbrennungsrückstände verbleiben Asche (fest) und Abgase (gasförmig), die eine verstärkte Umweltbelastung darstellen **(Bild 1)**.

Durch die bei der Verbrennung entstehende Wärme haben die Abgase eine höhere Temperatur als die zugeführte Luft aus dem Freien. Aufgrund des Dichteunterschiedes entsteht im Schornstein eine Auftriebskraft, die man als **Schornsteinzug (Bild 2)** bezeichnet. Der Schornsteinzug hängt wesentlich von Größe und Form des lichten Querschnitts, der Wärmedämmung der Wangen und der Schornsteinhöhe ab. Schornsteine sollen möglichst im Inneren des Gebäudes angeordnet sein, damit eine vorzeitige Abkühlung der Abgase vermieden wird.

Ist der Schornsteinzug zu gering, schlägt sich Wasserdampf an der Schornsteininnenwand nieder und verbindet sich mit den Verbrennungsrückständen zu Säuren und Laugen. Diese können die Wände gemauerter Schornsteine angreifen und zerstören. Man spricht vom **Versotten** des Schornsteins. Zudem können abgelagerte Rußpartikel zu Schornsteinbränden führen.

16.3 Bau von Schornsteinen

Schornsteine sind nach Anzahl, Beschaffenheit und Lage so herzustellen, dass alle vorgesehenen Feuerstätten angeschlossen werden können. Sie müssen dicht, feuchtigkeitsunempfindlich, standsicher und widerstandsfähig sein gegen Wärme, Abgase, Säuren und Rußbrände sowie gegen Kehrbeanspruchung.

16.3.1 Vorschriften

16.3.1.1 Form, Größe und Höhe

Ein Schornstein muss einen durchgehenden und gleichbleibenden lichten Querschnitt haben. Günstig sind runde Querschnitte, weil die Abgase wirbelfrei aufsteigen können. Bei quadratischen Querschnitten behindert die Wirbelbildung in den Ecken den ungehinderten Abzug der Abgase. Bei rechteckigen Querschnitten wird die Wirbelbildung durch ein Seitenverhältnis von höchstens 1 : 1,5 begrenzt **(Bild 3)**. Um die Wirbelbildung zu verringern, werden bei Schornstein-Formstücken die Ecken abgerundet.

Die lichten Querschnittsabmessungen von mindestens 100 cm^2 richten sich nach der Art und Anzahl der anzuschließenden Feuerstätten und deren Wärmeleistungen sowie der wirksamen Schornsteinhöhe. Der kleinste Durchmesser bei runden bzw. die kleinste Seitenlänge bei quadratischen Formstücken beträgt 13,5 cm, bei Befeuerung mit Holz, wie z. B. bei offenen Kaminen, jedoch 18 cm **(Tabelle 1)**. Die kleinste Seitenlänge bei rechteckigen Querschnitten muss 10 cm betragen.

Hauptbestandteile von Abgasen	
Stickstoff	N_2
Kohlenstoffdioxid	CO_2
Schwefeldioxid	SO_2
Wasserdampf	H_2O
Ruß (Kohlenstoff)	C

Bild 1: Abgasbestandteile

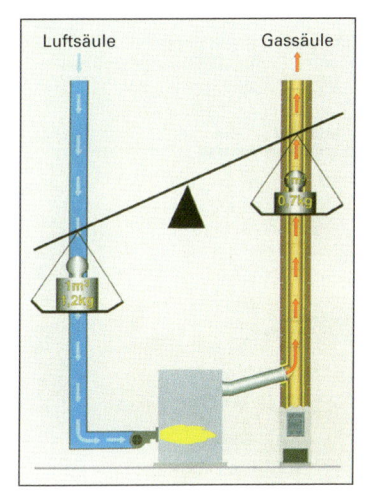

Bild 2: Schornsteinzug

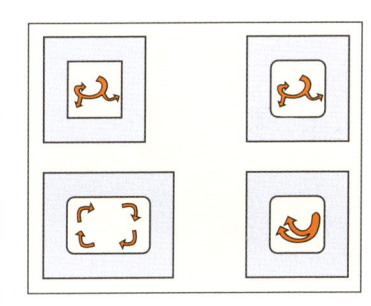

Bild 3: Querschnittsformen

Tabelle 1: Abmessungen ein- und zweizügiger Schornsteine

lichter $\varnothing$ [cm]	Außenmaß [cm]	lichter $\varnothing$ [cm]	Außenmaß [cm]
12	34/34	12+12	38/68
14	34/34	14+14	38/68
16	36/36	16+16	40/72
18	40/40	18+12	43/73
20	40/40	18+14	43/73
22	43/43	20+12	43/73
25	50/50	20+14	43/73
12 L	38/52 (einzügig mit Lüftung)		

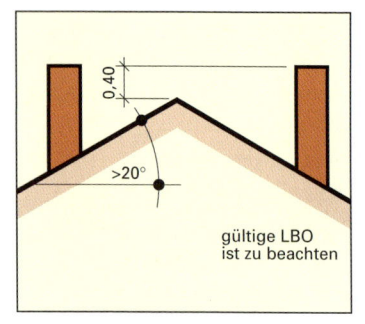

Bild 1: Schornsteinmündung bei Dachneigung > 20°

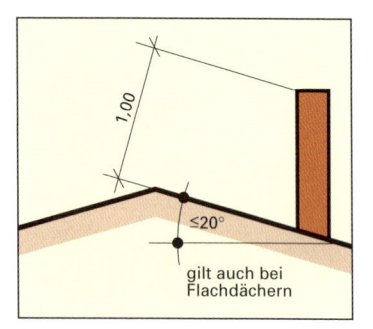

Bild 2: Schornsteinmündung bei Dachneigung < 20°

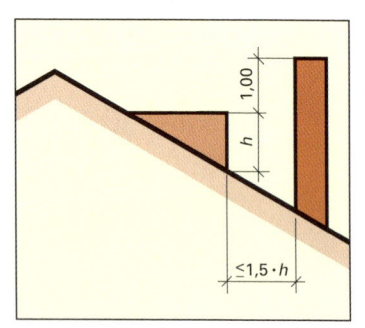

Bild 3: Schornsteinmündung bei Dachaufbauten

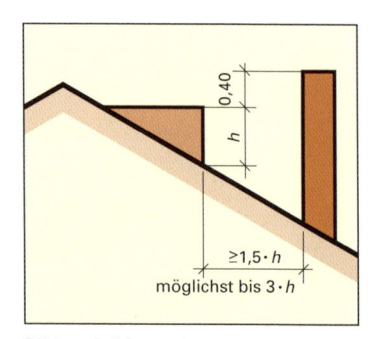

Bild 4: Größerer Abstand von Dachaufbauten

Um ausreichende Zugwirkung zu gewährleisten, muss die wirksame Höhe eigener Schornsteine und gemeinsamer Schornsteine, die an die Feuerstätten für gasförmige Brennstoffe angeschlossen sind, mindestens 4 m betragen. Bei gemeinsamen Schornsteinen mit Feuerstätten für feste oder flüssige Brennstoffe beträgt die wirksame Schornsteinhöhe mindestens 5 m.

16.3.1.2 Anordnung und Schornsteinführung

Schornsteine können einzeln oder in Gruppen angeordnet werden. Mehrere Schornsteine sind in Gruppen zusammenzufassen, damit möglichst wenig Wärme verloren geht. Grundsätzlich sollten Schornsteine innerhalb eines Hauses hochgeführt werden, um sie gegen Abkühlung weitgehend zu schützen. Schornsteine außerhalb von Außenwänden müssen durch zusätzliche Wärmedämmung geschützt werden.

Schornsteine sollten möglichst in der Nähe des Dachfirstes austreten, damit die Schornsteinmündung im freien Luftstrom liegt, die Zugwirkung am gleichmäßigsten ist und der den Windkräften und der Witterung ausgesetzte Teil des Schornsteins relativ kurz ist. Seitlich vom First geführte Schornsteine dürfen einmal bis zu 30° gegen die Senkrechte verzogen werden, damit die Schornsteinmündung in der Nähe des Firstes liegt. Dabei darf der lichte Querschnitt nicht verändert werden.

Schornsteinmündungen dürfen nicht in unmittelbarer Nähe von Fenstern und Balkonen liegen. Damit der Schornsteinzug und der Brandschutz gewährleistet ist, müssen Schornsteinmündungen das Dach überragen. Die jeweiligen Maße sind abhängig von der Dachneigung, den Bedachungsstoffen und von eventuell vorhandenen Dachaufbauten.

Bei einer Dachneigung von mehr als 20° müssen Schornsteinmündungen mindestens 40 cm über der höchsten Dachkante (First) liegen **(Bild 1)**. Der Schornstein muss am First austreten und diesen um mindestens 0,80 m überragen, wenn das Dach mit weichen Bedachungsstoffen wie z. B. Reet oder Bitumenschindeln gedeckt ist. Bei terrassenförmigen Gebäuden darf der Schornstein nur aus dem Dach des höchsten Gebäudeteils austreten.

Je weiter der Schornstein vom First entfernt liegt, desto größer ist insbesondere bei steilen Dächern die Schornsteinhöhe über Dach. Aus Gründen der Standsicherheit kann ein Abstand der Schornsteinmündung zur Dachfläche von 1,00 m als ausreichend gelten, wenn die Mündung im freien Windstrom liegt. Bei hohen Schornsteinköpfen sind besondere Maßnahmen zur Standsicherheit zu treffen. Liegt die Dachneigung bei 20° und darunter, muss die Schornsteinmündung einen Abstand zur Dachfläche von mindestens 1,00 m haben **(Bild 2)**. Dies gilt auch bei Flachdächern.

Schornsteine, die Dachaufbauten näher liegen als deren 1,5fache Höhe h über Dach, müssen diese Dachaufbauten um mindestens 1,00 m überragen **(Bild 3)**. Dieses Maß soll bis zu einem Abstand von $3\,h$ zwischen Schornstein und Dachaufbau eingehalten werden. Bei größeren Abständen genügt eine Überhöhung der Schornsteinmündung um 0,40 m **(Bild 4)**. Bei Flachdächern gelten die gleichen Vorschriften.

16.3.1.3 Anschlüsse und Öffnungen

Für Anschlüsse an den Schornsteinen sind Verbindungsstücke notwendig. Dazu werden besondere Anschlussstücke oder Ergänzungsformstücke eingebaut **(Bild 1)**. Der Neigungswinkel der Anschlüsse zur Horizontalen kann 10° oder 45° betragen. Sind an einem Schornstein mehrere Anschlüsse herzustellen, dürfen diese nicht auf der gleichen Höhe liegen. Der Abstand zwischen der Einführung des untersten und obersten Verbindungsstücks darf jedoch nicht mehr als 6,50 m betragen.

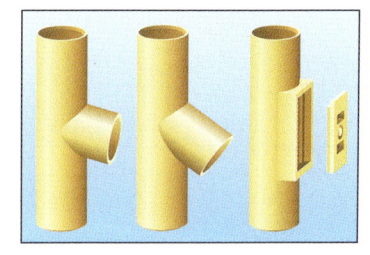

Bild 1: Anschlussstücke und Reinigungsöffnung

Schornsteine müssen sicher gereinigt und auf ihren freien Querschnitt hin überprüft werden können. Deshalb muss jeder Schornstein an seiner Sohle eine Reinigungsöffnung haben. Diese ist mindestens 20 cm unter dem untersten Feuerstättenanschluss anzuordnen.

Können Schornsteine nicht von der Mündung aus gereinigt werden, ist im Dachraum eine Reinigungsöffnung vorzusehen. Bei schräg geführten Schornsteinen sind jeweils in der Nähe der Knickstellen Reinigungsöffnungen einzubauen. Diese Putztüren müssen mindestens 10 cm breit und 18 cm hoch sowie leicht und sicher zugänglich sein. Sie müssen ein gültiges Prüfzeichen des Instituts für Bautechnik tragen. Putztüren dürfen sich nicht in Wohn- und Schlafräumen, Garagen, Ställen, Räumen mit gelagerten Lebensmitteln und in Räumen mit erhöhter Brandgefahr befinden.

Mehrfach belegte Schornsteine mit Anschlüssen von Feuerstätten mit gasförmigem Brennstoff sind an der Reinigungsöffnung mit dem Buchstaben G zu kennzeichnen und gemischt belegte Schornsteine tragen die Buchstaben GR.

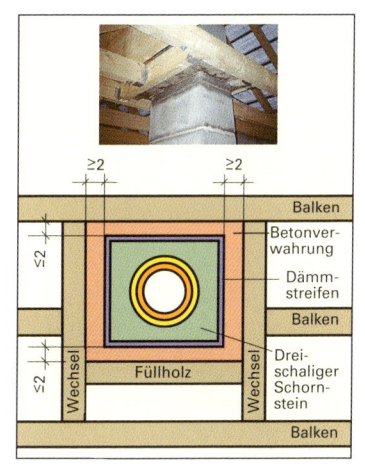

Bild 2: Verwahrung Balkenlage

16.3.1.4 Abstände zu anderen Bauteilen

Die Außenflächen von Schornsteinen müssen nach der Feuerungsverordnung von Holzbalken einen Mindestabstand von 2 cm und von anderen Bauteilen aus brennbaren Stoffen einen Mindestabstand von 5 cm haben **(Bild 2 und 3)**. Schornsteine aus Formstücken müssen von anderen Bauteilen getrennt sein. In Landesbauordnungen können geringere Abstände festgelegt sein.

Verwahrungen sind mit nichtbrennbaren Baustoffen auszuführen. In Sparrenlage und Balkenlage können Verwahrungen z. B. aus Beton bestehen. Als Verwahrung zwischen Massivdecke und Mantelstein eignen sich Mineralfaserplatten. Der Hohlraum zwischen Schornstein und Wänden ist ebenfalls mit nichtbrennbaren Baustoffen auszufüllen, damit sich die Oberfläche der Wände nicht erwärmt.

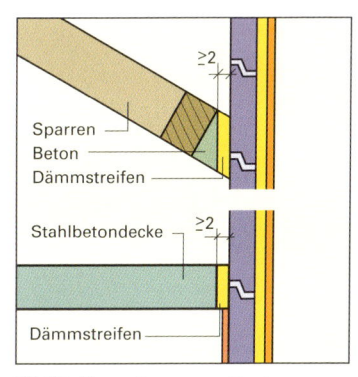

Bild 3: Verwahrung am Dach

16.3.1.5 Zusätzliche Anforderungen zum Schutz der Schornsteine

Schornsteine müssen standsicher auf tragfähigem Fundament errichtet oder von tragfähigen Bauteilen gestützt sein. Sie dürfen nicht durch Decken, Unterzüge und andere Bauteile unterbrochen und nicht belastet oder anderweitig beansprucht werden.

Tabelle 1: Abgastemperaturen

Feuerstätte	Brennstoff	Abgastemperatur
herkömmlich, z. B. Heizkessel, Gastherme, Kachelofen	Öl, Gas, Kohle, Holz	> 80 °C ≤ 400 °C
Niedertemperaturkessel	Öl, Gas	> 60 °C ≤ 400 °C
raumluftunabhängig	Gas	> 30 °C ≤ 200 °C
Brennwertkessel	Öl, Gas	> 30 °C ≤ 400 °C

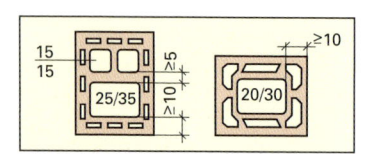

Bild 1: Einschalige Formstücke

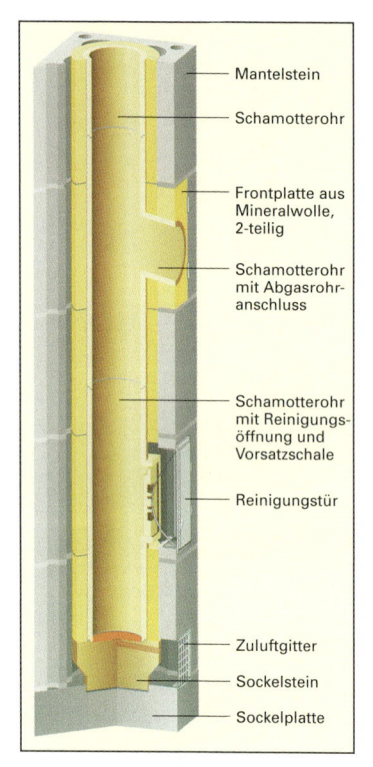

Bild 2: Dreischaliger Schornstein

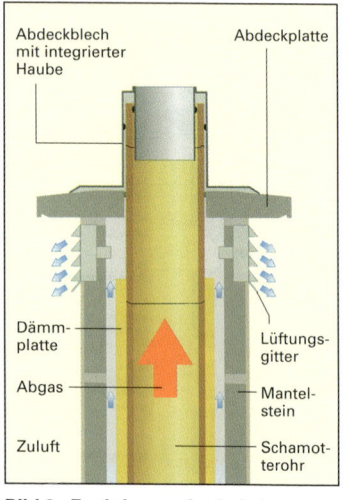

Bild 3: Funktionsweise bei einem Schornstein aus Mantelsteinen

Oberflächen von Schornsteinen, die ans Freie grenzen, müssen so hergestellt sein, dass kein Niederschlagswasser eindringen kann. Dies kann durch Putz, Vormauerung oder Verkleidung z. B. mit Blech erreicht werden.

An Schornsteinen dürfen keine Bauteile und andere Einrichtungen, wie z. B. Installationsleitungen und Maueranker, angebracht werden. Stemmarbeiten an Schornsteinen sind unzulässig. Bohren, Sägen, Fräsen oder Schneiden, z. B. zur Herstellung von Anschlüssen oder zum Befestigen der Ummantelung, sind dagegen zulässig.

16.3.2 Baustoffe und Bauteile

Schornsteine können aus Mauersteinen und Formstücken bestehen. Ihre Verbindung geschieht mit kondensatdichtem, feuer- und säurefestem Fugenkitt oder Mauermörtel der Gruppe II oder IIa. Bei mehrschaligen Schornsteinen ist außerdem eine Wärmedämmung einzubauen. Zunehmend werden Schornsteinsysteme verwendet, bei denen neben den Schornstein-Grundelementen auch Zubehör wie Sockel- und Abdeckplatten angeboten werden.

Als **Mauersteine** für Schornsteine eignen sich nur bestimmte Mauerziegel und Kalksandsteine. Bei mehrschaligen Schornsteinen können für die Außenschale z. B. Mauervollziegel, Porenbeton-Blocksteine, Hohlblocksteine und Vollsteine aus Leichtbeton verwendet werden. Ein gemauerter Schornsteinkopf ist aus frostbeständigen Mauersteinen herzustellen.

Einschalige Formstücke nach DIN 18150 werden im Werk einwandig oder zellwandig hergestellt **(Bild 1)**. Sie haben meist lichte Querschnittsmaße von 13,5 cm, 20 cm, 23 cm oder 26 cm mit quadratischen oder runden lichten Querschnitten. Die Höhen der einwandigen Formstücke betragen 24,3 cm, 32,6 cm oder 49,3 cm und passen sich damit dem Raster der Rohbaurichtmaße an. Sie besitzen häufig Fälze, um das Versetzen zu erleichtern.

Dreischalige Schornsteine bestehen aus Innenrohrformstücken und Mantelformstücken oder Mauerwerk mit zwischenliegender Dämmschicht **(Bild 2)**.

Das **Innenrohr** besteht meist aus Schamotte, glasiert oder unglasiert. Schamotterohre sind säure- und temperaturwechselbeständig, glattwandig, abriebfest und versottungssicher. Die Formstücke sind einschließlich etwa 7 mm Fugenkitt 33,3 cm bzw. 66,6 cm hoch. Zusätzlich werden Formstücke mit Reinigungsöffnung und Abgasrohranschluss hergestellt (Bild 2). Für den Anschluss von Niedrigtemperatur-Kesseln werden auch Innenrohre aus Edelstahl und Kunststoffen verwendet. Bei Anordnung innerhalb von Gebäuden benötigen alle Rohre einen feuerbeständigen Mantel.

Der **Mantelstein** besteht in der Regel aus Leichtbeton mit der Wangendicke 5 cm und der Höhe 32,6 cm. Mit einer Fugendicke von 7 mm ergibt sich das Rastermaß 33,3 cm. Für Feuerstätten mit niedrigen Abgastemperaturen eignen sich Mantelsteine mit Aussparungen für Hinterlüftung. Durch die zusätzlichen Lufttröhren wird anfallendes Kondensat nach außen geführt und die Wärmedämmung des Schornsteins verbessert **(Bild 3)**.

Die **Wärmedämmung** zwischen Innenrohr und Mantelstein besteht aus Dämmstoffen, deren Brauchbarkeit durch eine bauaufsichtliche Zulassung nachgewiesen ist. Häufig werden Dämmplatten aus Mineralfasern verwendet, die innen gespurt sind und so ein einfaches Einbringen ermöglichen.

16.3.3 Bauarten

Viele ältere Gebäude besitzen gemauerte Schornsteine. Für die Verbrennung von Öl, Gas, Kohle und Holz werden dreischalige Schornsteine eingesetzt. Abgasleitungen sind nur für Öl und Gas verwendbar. Für raumluftunabhängige Feuerungen sind Luft-Abgas-Schornsteine (LAS) zugelassen. In zunehmendem Maße versetzt man geschosshohe Fertigschornsteine.

Gemauerte Schornsteine werden nicht mehr hergestellt. Für Sanierungen sind Kenntnisse zur Herstellung noch notwendig. Gemauerte Schornsteine sind rauchdicht und mit glatten Innenflächen im fachgerechten Verband (Seite 239) herzustellen. Dies wird durch vollfugiges und innenbündiges Mauern erreicht. Die Fugen sind an den Innenflächen glattzustreichen. Die frei liegenden Außenflächen sind innerhalb des Gebäudes zu verputzen und im Freien mindestens zu verfugen.

Bestehende gemauerte Schornsteine haben für moderne Heizungssysteme mit niedrigen Abgastemperaturen häufig zu große lichte Querschnitte und müssen bei Versottung saniert werden. Dazu kann ein Edelstahlrohr mit kleinerem lichten Durchmesser zusammen mit Wärmedämmplatten und Abstandschellen in den bestehenden Querschnitt von der Kaminmündung her eingesetzt werden **(Bild 1)**.

Dreischalige Schornsteine bestehen aus Innenschale und Außenschale mit zwischenliegender Dämmstoffschicht. Sie werden innerhalb des Gebäudes verputzt und über Dach am Schornsteinkopf verkleidet.

Das Versetzen der Formstücke ist nach den Versetzanleitungen der Herstellerfirmen durchzuführen. Zuerst ist die Sockelplatte in Mörtel auf der Bodenplatte zu versetzen. Der erste Mantelstein erhält eine Öffnung für ein Zuluftgitter und den Kondensatablauf. Nach dem Aufmauern des ersten Mantelsteins wird der Sockelstein zur Aufnahme des Kondensatablaufs eingesetzt und die Mantelsteinöffnung mit dem Zuluftgitter verschlossen **(Bild 2)**. Nach dem Einfügen der Dämmplatte wird diese auf Mantelsteinhöhe gekürzt. Der zweite Mantelstein erhält eine Öffnung für die Reinigungstür. Der Fugenkitt wird mit Mörtelschablone aufgetragen und der Mantelstein vermauert. Nach dem Einfügen der Dämmplatte wird das Schamotterohr mit Reinigungsöffnung eingesetzt. Jede Schicht wird dreischalig fertiggestellt, bevor die nächste Schicht aufgesetzt wird. Zur Vereinfachung kann der Schornsteinfuß als vorgefertigte Baueinheit auf das Fundament aufgesetzt werden.

Für **Abgasleitungen** gelten geringere technische Anforderungen als für Schornsteine. Abgasleitungen gibt es für unterschiedliche Abgastemperaturgrenzen, z. B. bis 80 °C oder bis 160 °C. Wichtig ist die Korrosionsbeständigkeit der Rohre. Geeignete Materialien für Abgasleitungen sind Edelstahl, Keramik und Kunststoffe (z. B. Polypropylen). Die meisten Abgasleitungen haben um das Innenrohr keine Dämmschicht. Der frei bleibende Raum zwischen dem abgasführenden Rohr und dem Mantelstein wird hinterlüftet.

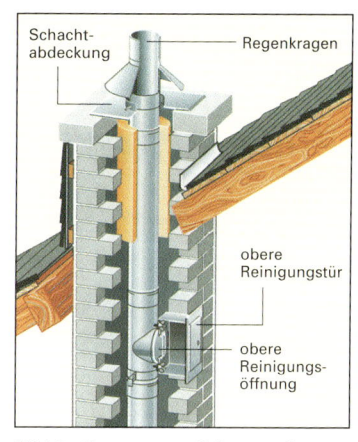

Bild 1: Gemauerter Schornstein, saniert

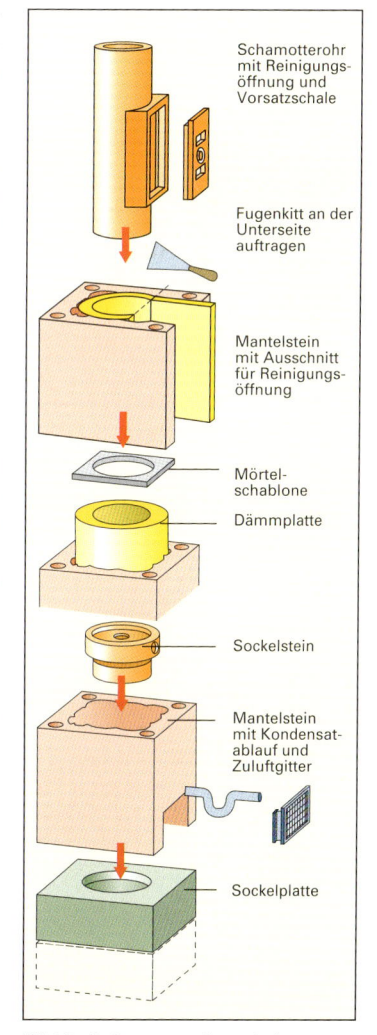

Bild 2: Aufmauern eines dreischaligen Schornsteins

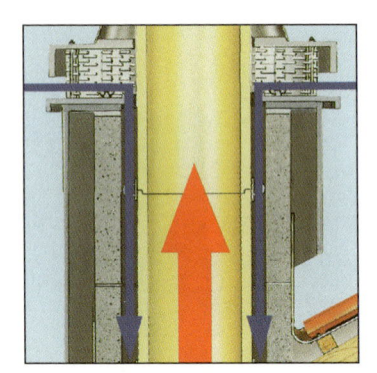

Bild 1: Funktion eines Luft-Abgas-Schornsteines

Bei **Luft-Abgas-Schornsteinen (LAS)** erhalten Gasfeuerstätten die notwendige Verbrennungsluft nicht aus der Raumluft, sondern durch den Schacht zwischen Innenrohr und Mantelstein **(Bild 1)**. Die kalte Zuluft wird auf dem Weg nach unten von den heißen Abgasen vorgewärmt. Der Kessel muss mit Gebläse ausgerüstet sein, um die Luft im Schacht anzusaugen. Durch eine besondere Schornsteinkopfausbildung wird das Eindringen von Abgas in den Luftschacht verhindert. An einen Luft-Abgas-Schornstein können bis zu 10 Feuerstätten angeschlossen werden. Für die luftführenden Schächte ist Feuerbeständigkeit gefordert. Ein Abstand zu brennbaren Bauteilen ist bei dieser Schornsteinart nicht erforderlich. Im Aufstellraum der Feuerstätte muss eine Kennzeichnung als Luft-Abgas-System mit entsprechender Zulassung angebracht werden.

Geschosshohe Fertigschornsteine werden im Werk mit allen Anschlüssen Stein für Stein zusammengefügt und vorgespannt. Sie können entweder je nach Baufortschritt geschossweise oder aber in gesamter erforderlicher Höhe eingesetzt werden **(Bild 2)**. Der Einbau ist auch nach der Rohbaufertigstellung möglich. Die Montage erfolgt mithilfe eines Krans durch Einhängen in eingegossene Ankerhülsen. Fertigschornsteine werden ebenfalls im Rastermaß 33,3 cm hergestellt. Lieferbar sind ein- und zweizügige Schornsteine mit lichten Durchmessern von 12 cm bis 30 cm und bis zu einer Höhe von 5,5 cm. Die Lieferung erfolgt nach bauseitiger Angabe von Geschosshöhe und Lage der Öffnungen für Anschlussöffnungen und Reinigungstüren.

Bild 2: Fertigschornstein

Für die Ausbildung von Schornsteinen über Dach sind **Schornsteinköpfe** aus Stahlbeton oder Ummantelungen und Verkleidungen aus Mauersteinen, Platten oder Blechen möglich. Stahlbetonfertigteile, die mithilfe eines Krans aufgesetzt werden, gewährleisten einen Abstand von ca. 3 cm zur Schornstein-Außenschale. Die Dachneigung ist beim Schornsteinkopf-Fertigteil zu berücksichtigen. Die Verwahrungsbleche müssen vor dem Versetzen des Schornsteinkopfes angebracht sein. Schornsteinummantelungen aus Mauersteinen werden unterhalb des Daches auf Kragplatten aufgesetzt und in Höhe der Schornsteinmündung mit einer Abdeckplatte abgeschlossen **(Bild 1, Seite 452)**. Gut gedämmte Schornsteine aus Formstücken können am Schornsteinkopf auch verputzt werden **(Bild 3)**.

Bild 3: Schornsteinkopf

Aufgaben

1 Begründen Sie, warum einschalige gemauerte Schornsteine nicht mehr hergestellt werden.

2 Erstellen Sie die Bestellliste für einen dreischaligen einzügigen 9 m hohen Schornstein mit 2 Feuerungsanschlüssen (lichter ⌀ 12 cm, Außenmaß ☐ 34 cm).

3 Beschreiben Sie Vorfertigungsmöglichkeiten im Schornsteinbau.

4 Stellen Sie die Schornstein-Bauarten gegenüber und vergleichen Sie ihre Einsatzbereiche.

17 Dächer

Das Dach schließt ein Gebäude nach oben ab und schützt es vor Witterungs- und Klimaeinflüssen. Es besteht aus der Dachhaut und dem Dachtragwerk. Außerdem wird in der Regel eine Wärmedämmung zwischen den Sparren des Tragwerkes oder über diesen angeordnet. Aus gestalterischen Gründen und aus der beabsichtigten Nutzung des Dachraumes ergeben sich verschiedene Dachformen, Dachtragwerke und Dachneigungen mit entsprechender Ausbildung der Dachhaut. Nach dem bauphysikalischen Aufbau unterscheidet man belüftete und unbelüftete Dächer.

17.1 Dachteile und Dachformen

Als Dachteile bezeichnet man die Dachflächen und deren Begrenzungen (**Bild 1**).

Dachräume werden nicht ausgebaut als Speicher, ausgebaut zum Wohnen und Arbeiten genutzt. Um diese Räume zu belüften und mit Tageslicht zu versorgen, werden **Gauben** (Gaupen) in der Dachfläche angeordnet oder **Dachflächenfenster** eingebaut (**Bild 2**). Gauben sind Dachaufbauten, die den Einbau von Fenstern ermöglichen und den Dachraum vergrößern. Ebenso wie die Dachform tragen auch Dachgauben sehr zur Gestaltung eines Hauses bei. Nach der Form unterscheidet man beispielsweise Schlepp-, Giebel-, Walm-, Spitz-, Trapez-, Rund- und Fledermausgauben. Dacheinschnitte (Dachbalkone) bezeichnet man als **Loggien** (Bild 2).

Anzahl, Form und Lage der Dachflächen zueinander bestimmen die Dachform. Die wichtigsten Dachformen sind das Satteldach, das Pultdach, das Walmdach, das Zeltdach, das Mansarddach, das Sheddach und das Flachdach (Bild 1 und **Bild 1, Seite 460**).

Aus diesen traditionellen Dachformen werden häufig zusammengesetzte Dächer gebildet, denn das umfangreiche Angebot an Dacheindeckungsprodukten und Werkstoffen zur Dachabdichtung sowie die statisch berechneten Dachtragwerke erlauben es, Dächer in nahezu jeder Form zu gestalten.

Das **Satteldach** hat zwei rechteckige, gleich große Dachflächen mit gleicher Neigung. Jede Dachfläche wird unten durch die **Traufe** und oben durch den **First** begrenzt. Den seitlichen Abschluss an den Giebeln nennt man **Ortgang**.

Das **einhüftige Satteldach** hat zwei verschieden große Dachflächen und einen außermittigen First. Durch diese Anordnung der Dachflächen entsteht ein asymmetrisches Giebeldreieck (**Bild 3**).

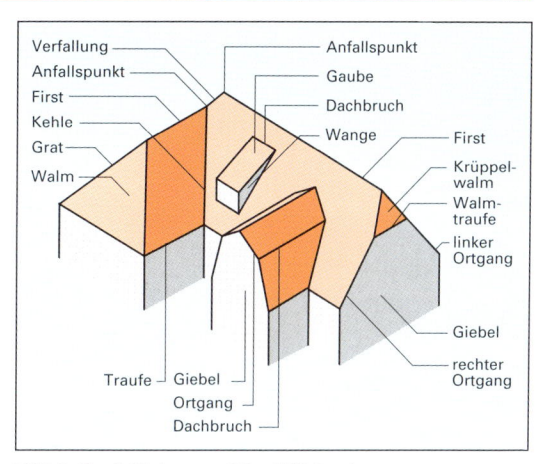

Bild 1: Dachflächen und Dachflächenbegrenzungen

Bild 2: Dachaufbauten und Dacheinbauten

Bild 3: Satteldächer

Das **Pultdach** besteht aus einer Dachfläche, die nach einer Seite geneigt ist. Mit sehr flacher Dachneigung eignet es sich z. B. für Garagen, Lagerhallen und Betriebsgebäude.

Das **Walmdach** ist vom Satteldach abgeleitet, wobei die Giebeldreiecke als Dachflächen ausgebildet und gebäudewärts geneigt sind. Seine Hauptmerkmale sind der verkürzte First und umlaufende, gleich hohe Traufen. Die trapezförmigen Dachflächen bezeichnet man als **Hauptdachflächen,** die dreieckigen als **Walmflächen**. Die Kante, die durch den Schnitt der Hauptdachfläche mit der Walmfläche entsteht, nennt man **Grat**. Der Punkt, in dem drei oder mehr Dachflächen zusammentreffen, z. B. die Hauptdachflächen und eine Walmfläche, bezeichnet man als **Anfallspunkt**. Bei zusammengesetzten Walmdächern mit verschieden hoch liegenden Firsten werden zwei Anfallspunkte durch eine Gratlinie verbunden. Diese Gratlinie heißt **Verfallung**. Treffen zwei Dachflächen an einer einspringenden Ecke zusammen, z. B. zwischen Hauptgebäude und Anbau, entsteht eine **Kehle**.

Das **Krüppelwalmdach** hat nur kleine Walmflächen, deren Traufen mindestens eine Stockwerkshöhe über der Traufe des Hauptdaches liegen.

Das **Zeltdach** besteht aus vier Walmflächen, deren Spitzen sich in einem Punkt treffen. Zeltdächer können gebaut werden, wenn der Dachgrundriss quadratisch oder annähernd quadratisch ist.

Das **Mansarddach** hat geknickte Dachflächen. Der Knick, der **Dachbruch** genannt wird, liegt in der Regel eine Stockwerkshöhe über dem Dachgeschossboden. Er entsteht, weil die unteren Hälften der Dachflächen steiler geneigt sind als die oberen. Beim Mansarddach wird der Dachraum durch die steilen unteren Dachflächen vergrößert.

Beim **Sheddach** sind steil und flach geneigte Dachflächen im Wechsel aneinander gereiht. Die steileren Dachflächen liegen auf der Schattenseite und sind verglast. Dadurch ist es möglich, großflächige Hallen ohne Sonneneinstrahlung mit Tageslicht zu versorgen.

Unter **Flachdach** als Dachform versteht man einen oberen Gebäudeabschluss ohne sichtbare Neigung. Das Aussehen eines Flachdaches erreicht man auch durch eine waagerechte Dachumrahmung, auch Attika genannt, hinter der die Dachfläche leicht geneigt sein kann.

17.2 Dachtragwerke

Das Dachtragwerk trägt die Dachhaut und muss die Belastung aus Schnee und Wind aufnehmen. Zur Aufnahme und zur Übertragung dieser Lasten auf das Bauwerk bzw. auf die Gründung gibt es verschiedene Arten von Dachtragwerken. Die wichtigsten sind das Sparrendach und das Kehlbalkendach, das Pfettendach und freigespannte Binder.

Dachtragwerke müssen so ausgebildet sein, dass sich der First in Längsrichtung nicht verschieben kann. Dies erreicht man durch Längsaussteifungen bzw. Längsverbände, die je nach der Art des Dachtragwerks verschieden sein können. Außerdem müssen Dachtragwerke wegen der Windlasten verankert werden. Deshalb werden die Sparren mit den Schwellen bzw. Pfetten mit Nägeln oder mit Blechverbindern (Sparrenpfettenanker, Stahlwinkel) verbunden. Die Schwellen und Pfetten werden in der Regel mit einbetonierten Ankerschrauben, andernfalls mit Flachstahllaschen oder Stahlwinkeln auf der Unterkonstruktion befestigt.

Bild 1: Dachformen

17.2.1 Sparrendach

Beim Sparrendach sind die Sparren paarweise angeordnet (**Bild 1**). Diese sind am First kraftschlüssig verbunden und bilden mit der darunter liegenden Decke ein unverschiebliches Dreieck. Durch das gegenseitige Abstützen werden die Sparren, zusätzlich zur Biegung, noch in Längsrichtung belastet. Diese Druckkräfte werden jeweils am Sparrenfuß durch ein **Widerlager** aufgenommen und entweder direkt oder über einen **Drempel** (Kniestock) in die Decke eingeleitet (Bild 1). Die Decke wird dadurch auf Zug beansprucht. Die senkrechten Lasten werden ausschließlich durch die Außenwände abgeleitet.

Der **Anschluss am Sparrenfuß** erfolgt bei Stahlbetondecken in der Regel mit **Knaggen,** die sich auf Schwellen abstützen (Bild 1). Der Sparrenanschluss kann auch mit Stahlblechformteilen erfolgen. Bei Holzbalkendecken werden die Druckkräfte am Sparrenfuß meist durch Versätze oder durch Stahlblechverbinder in die Deckenbalken eingeleitet.

Der **Anschluss der Sparren am First** erfolgt durch Scherzapfen, durch Überblattung oder durch waagerechte Laschen, die **Firstzangen** genannt werden. Häufig wird unter oder zwischen die Sparren ein **Firstbrett** oder eine **Firstbohle** eingebaut, die das Ausrichten der Sparrenpaare erleichtert (**Bild 2**).

Die **Längsaussteifung** bewirkt man durch die Lattung, teilweise auch durch eine Verbretterung sowie durch diagonal angeordnete **Windverbände (Bild 3)**. Firstbretter tragen ebenfalls zur Längsaussteifung bei. Als Windverband werden meist verzinkte, gelochte Flachstahlbänder auf die Sparren genagelt. Anstelle der Flachstahldiagonalen kann der Windverband auch mit Brettern ausgeführt werden. Diese **Windrispen** werden unter die Sparren genagelt.

Beim Sparrendach kann der Dachraum frei gestaltet werden, da keine störenden Konstruktionshölzer vorhanden sind. Größere Fensteröffnungen und Dachgauben sind jedoch nicht möglich, weil sich die Sparrenpaare gegenseitig abstützen müssen. Damit die waagerechten Kräfte am Sparrenfuß nicht zu groß werden, sollte die Dachneigung 25° nicht unterschreiten. Sparrendächer sind für Spannweiten bis etwa 10 m geeignet.

17.2.2 Kehlbalkendach

Das Kehlbalkendach ist eine Weiterentwicklung des Sparrendaches für Spannweiten zwischen 9 m und 14 m (**Bild 4**). Bei diesen Spannweiten ergeben sich verhältnismäßig lange Sparren, sodass eine Zwischenstützung erforderlich ist. Diese übernimmt der **Kehlbalken**. Die Kehlbalken werden etwa in Raumhöhe waagerecht zwischen jedes Sparrenpaar eingebaut und durch seitlich angenagelte Brettlaschen verbunden. Der Kehlbalken kann auch aus zwei Bohlen mit Füllhölzern bestehen. Diese werden seitlich an die Sparren genagelt oder mit Dübeln angeschlossen.

Um das seitliche Ausknicken der druckbeanspruchten Sparren zu verhindern, nagelt man als Längsverband im Bereich der Sparrenanschlüsse ein Brett über die Kehlbalken. Die Kehlbalkenlage kann ebenfalls ausgesteift oder als Scheibe ausgebildet werden. Die Anschlüsse am Sparrenfuß und am First sowie die Längsaussteifung werden wie beim Sparrendach ausgeführt.

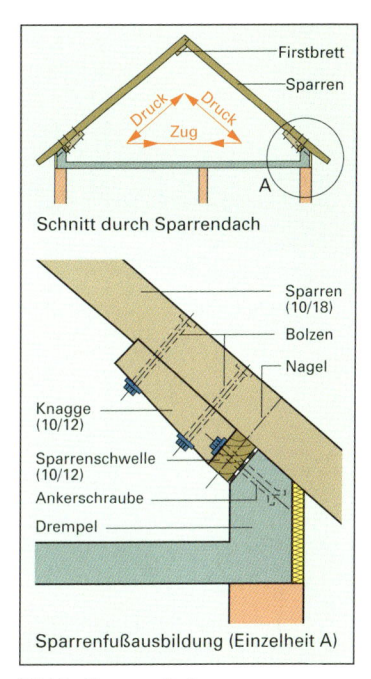

Bild 1: Sparrendach

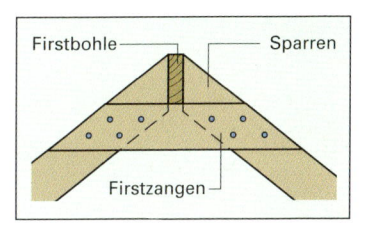

Bild 2: Firstausbildung beim Sparrendach

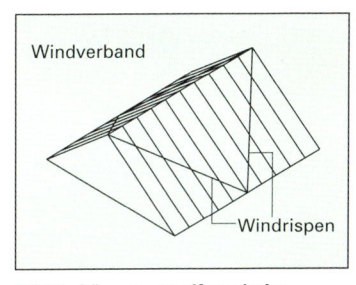

Bild 3: Längsaussteifung beim Sparrendach

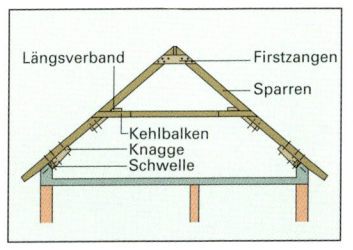

Bild 4: Kehlbalkendach

17.2.3 Pfettendach

Beim Pfettendach liegen die Sparren auf waagerechten Längsträgern, die man **Pfetten** nennt **(Bild 1)**. Die Sparren werden deshalb als schräg liegende Träger vorwiegend auf Biegung beansprucht. Die beiden Dachhälften bilden statisch getrennte Tragwerke. Deshalb müssen die Sparren nicht, wie beim Sparrendach, zwingend paarweise gegenüberliegen. Außerdem sind Auswechslungen für Schornsteine, Dachflächenfenster und für Dachgauben in beliebiger Größe leicht möglich.

Sparrenauflager bildet man gewöhnlich als **Kerven** (Sattel) aus (Bild 1 und Bild 5, Seite 381). Die Pfetten übernehmen die über die Sparrenauflager abgegebenen Dachlasten und übertragen sie auf Unterstützungen. Diese haben in der Regel einen Längsabstand von 3 m bis 5 m. Nach der Richtung der Unterstützungen unterscheidet man stehende Pfettendächer und Pfettendächer mit liegendem Stuhl. Nach der Zahl der Pfettenstränge unterteilt man in einfache Pfettendächer, zweifache oder doppelte Pfettendächer und dreifache Pfettendächer. Pfettendächer werden auch als abgestrebtes Pfettendach sowie als Hängewerk oder als Sprengwerk ausgeführt.

Zur **Längsaussteifung** werden bei Pfettendächern üblicherweise **Kopfbänder** (Büge) oder **Streben** eingebaut **(Bild 2)**. Diese bilden zusammen mit den Pfetten und den Unterstützungen Dreiecke, die das Dachgefüge in Längsrichtung unverschieblich machen. Außerdem werden durch Kopfbänder oder Streben die Pfettenstützweiten verkürzt. Die Anschlüsse müssen Druckkräfte aufnehmen und weiterleiten können. Kopfbänder werden häufig mit Zapfen oder Versatz und Zapfen angeschlossen. Bei großen Lasten ist jedoch ein Anschluss mit Laschen zweckmäßiger, weil dadurch eine Schwächung der Pfetten und Unterstützungen vermieden wird.

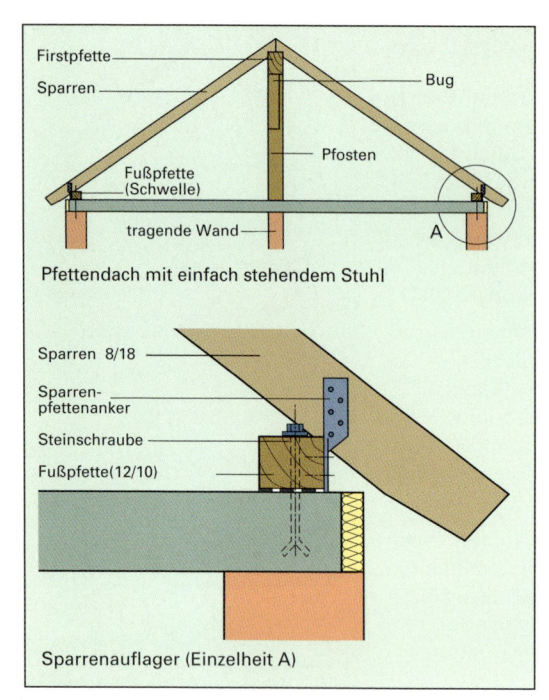

Bild 1: Pfettendach

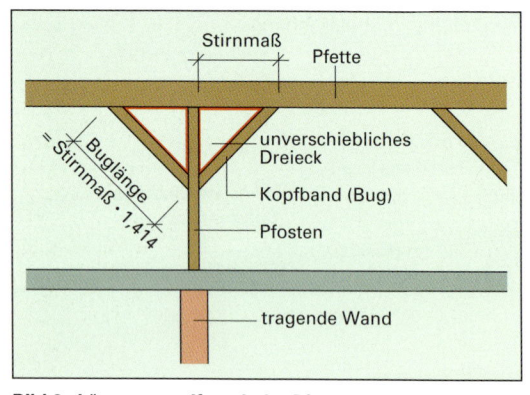

Bild 2: Längsaussteifung beim Pfettendach mit Kopfbändern

17.2.3.1 Pfettendächer mit stehendem Stuhl

Bei stehenden Pfettendächern werden die Pfetten durch Pfosten unterstützt. Damit keine Einzellasten auf die Decke wirken, ordnet man Pfosten vorteilhafterweise über tragenden Innenwänden an.

Das **einfach stehende Pfettendach** ist bei einem Sparrenquerschnitt bis zu 12 cm/18 cm für Spannweiten bis zu 10 m geeignet (Bild 1). Die Sparren werden am First durch die Firstpfette, am Fuß durch die Sparrenschwelle bzw. Fußpfette getragen.

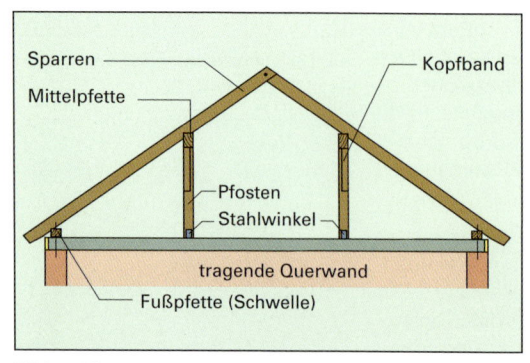

Bild 3: Pfettendach mit zweifach stehendem Stuhl

Bei **doppelt stehenden Pfettendächern** liegen die Sparren am Fuß und auf der Mittelpfette auf und kragen über diese bis zum First aus (**Bild 3, Seite 462**). Die Länge der Auskragung ist am günstigsten, wenn sie $3/10$ der Sparrenlänge zwischen Fußpunkt und First beträgt. Längere Kragarme erfordern große Sparrenquerschnitte oder haben zur Folge, dass sich die Sparrenenden ähnlich wie beim Kehlbalkendach am First gegeneinander abstützen, wodurch auch in Längsrichtung Kräfte in die Sparren eingeleitet werden, die von den Fußpunkten nicht aufgenommen werden können.

Dreifach stehende Pfettendächer sind ab Gebäudebreiten von etwa 14 m zweckmäßig, wenn Querwände zur Unterstützung der Pfosten vorhanden sind (**Bild 1**).

Stehende Pfettendächer bis zu 35° Dachneigung benötigen in der Regel keine besonderen Bauglieder für die Queraussteifung. Die Standsicherheit in Querrichtung wird erreicht, indem man die Sparren mit den Pfetten fest verbindet. Dazu genügt bei kleineren Kräften ein Sparrennagel, bei größeren werden Blechverbinder eingesetzt. Die Sparren bilden dadurch zusammen mit den Pfosten und der Decke unverschiebliche Dreiecke. Zum Ausrichten der Sparren am First werden jedoch häufig eine Firstbohle und Firstzangen eingebaut.

17.2.3.2 Abgestrebte und liegende Pfettendachstühle

Das **abgestrebte Pfettendach** erhält als Queraussteifung im Abstand von etwa 4 m **Streben** und Zangen (**Bild 2**). Die Streben stehen auf einer mit der Decke verankerten Sohle und enden meist unterhalb der Pfostenköpfe, auf denen die Mittelpfetten liegen. Zusammen mit den **Zangen,** die den seitlichen Abstand der Pfetten gewährleisten, entsteht so eine trapezförmige Queraussteifung. Damit diese Queraussteifung wirksam wird, sind knickfeste Zangen und zugfeste Strebenanschlüsse notwendig. Das abgestrebte Pfettendach ist deshalb eine aufwendige und statisch ungünstige Konstruktion.

Bei **Pfettendächern mit liegendem Stuhl** werden die Dachlasten über Streben nur auf die Außenwände übertragen. Liegende Stühle werden als doppelte und dreifache Pfettendächer hergestellt.

Beim zweifachen Pfettendach mit liegendem Stuhl liegen die Mittelpfetten auf einem durch **Streben und Spannriegel** gebildeten Tragwerk (**Bild 3**). Damit sich dieses trapezförmige Traggefüge bei einseitiger Belastung nicht verformen kann, muss es durch Kopfbänder in Querrichtung ausgesteift werden.

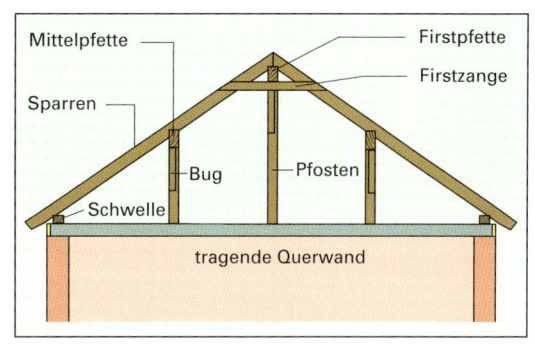

Bild 1: Pfettendach mit dreifach stehendem Stuhl

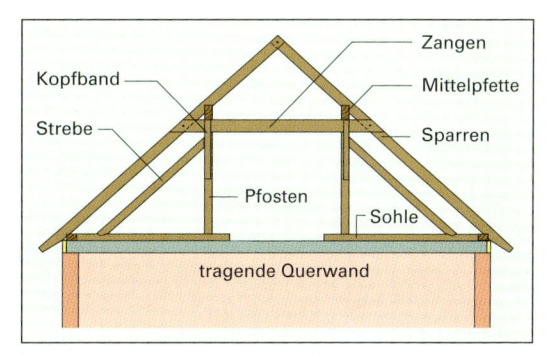

Bild 2: Abgestrebtes Pfettendach

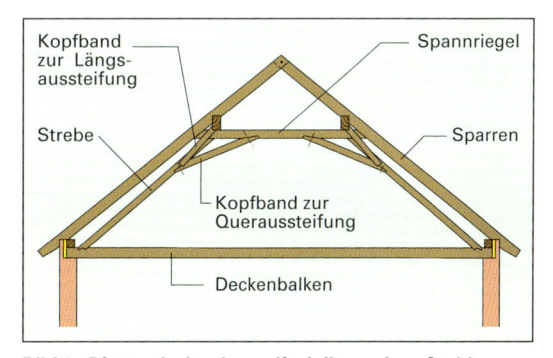

Bild 3: Pfettendach mit zweifach liegendem Stuhl

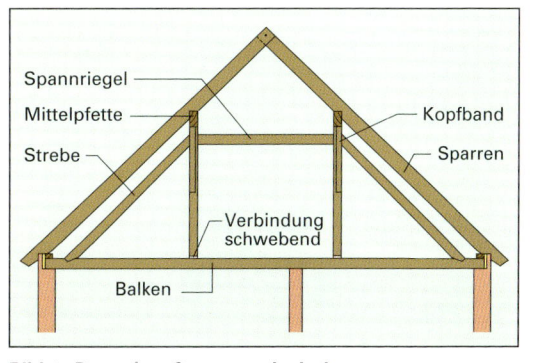

Bild 4: Doppeltes Sprengwerksdach

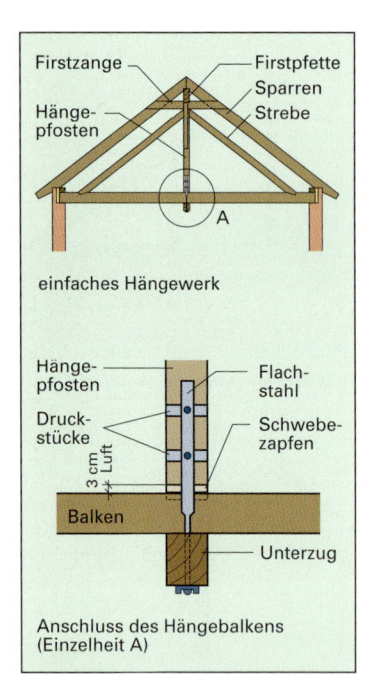

Bild 1: Hängewerksdach

Bild 2: Unterspannte Binder

Bild 3: Zugband mit Spannschloss beim unterspannten Binder

Bild 4: Pultdach-Fachwerkbinder mit gebogenem Obergurt

17.2.4 Sprengwerk und Hängewerk

Bei **Sprengwerksdächern** werden die Pfettenlasten von **Streben** auf tragende Wände übertragen. Durch das doppelte Sprengwerk werden nur die Außenwände belastet **(Bild 4, Seite 463)**. Die Pfosten, in welche die Pfettenlast eingeleitet wird, hängen im Bereich ihrer Kopfenden in der Verbindungsstelle zwischen Strebe und **Spannriegel**. Das untere Pfostenende wird z. B. durch einen **Schwebezapfen** so angeschlossen, dass es keine Druckkräfte übertragen kann.

Als **Hängewerksdächer** bezeichnet man Dachtragwerke, die neben den Dachlasten auch noch einen Lastanteil der hölzernen Dachgeschossdecke tragen **(Bild 1)**. Man unterscheidet einfache und doppelte Hängewerke.

Beim **einfachen Hängewerk** stützt ein Strebenpaar vom äußeren Auflagerbereich eines Balkens aus den Hängepfosten ab. Das obere Ende dieses Pfostens trägt in der Regel die Firstpfette. An seinem unteren Ende wird ein in Gebäudelängsrichtung verlaufender **Über- oder Unterzug** angehängt (Bild 1). Da der Über- bzw. Unterzug im Abstand von etwa 4 m jeweils von einem Hängewerk getragen wird, bildet er ein Zwischenauflager für die Deckenbalken.

Das **doppelte Hängewerk** besteht aus einem Strebenpaar und zwei Hängepfosten. Die Streben stützen sich, wie beim doppelten Sprengwerk, über einen Spannriegel gegenseitig ab. Die Pfosten, auf denen die Pfettenlast abgesetzt wird, hängen ebenfalls zwischen Strebe und Spannriegel. Durch die an die Pfosten mittels Ober- oder Unterzug angehängte Decke wird das doppelte Hängewerk jedoch wesentlich stärker belastet als das doppelte Sprengwerk, das nur die Dachlast trägt.

17.2.5 Freigespannte Binder

Als freigespannte Binder bezeichnet man vorgefertigte Dachtragwerke, die in der Regel nur an den Längsseiten eines Gebäudes aufliegen. Sie eignen sich besonders für weitgespannte Dächer. Freigespannte Binder werden vorwiegend als unterspannte Binder (unterspannte Balken), als Fachwerkbinder (Fachwerkträger) und als verleimte Rahmenbinder ausgeführt. Für freigespannte Dächer mit einer Breite von 10 m, höchstens jedoch etwa 15 m, können auch Stegträger mit Gurten aus Nadelholz oder Furnierschichtholz und Stegen aus Holzwerkstoffplatten oder aus profiliertem feuerverzinkten Stahlblech verwendet werden (Seite 391).

17.2.5.1 Unterspannte Binder

Träger aus Vollholz oder Brettschichtholz mit rechteckigem Querschnitt und geringer Bauhöhe werden auf Biegung beansprucht. Sie eignen sich deshalb nur für sehr kurze Stützweiten. Durch den Einbau eines unterspannten Zugbandes und einem oder mehreren Kanthölzern, die den Träger abstützen, können tragfähige freigespannte Balkenbinder wirtschaftlich hergestellt werden **(Bild 2)**. Das Zugband kann, wie der Balkenträger und die Stützen, in Holz ausgeführt werden. Die Ausbildung der Knotenpunkte und die Montage ist jedoch einfacher, wenn das Zugband aus Stahl besteht. Außerdem können Zugbänder aus Stahl mittels Spannschlössern leicht nachgespannt werden **(Bild 3)**.

17.2.5.2 Fachwerkbinder

Fachwerkbinder unterscheidet man nach ihrer Form hauptsächlich in **Dreieckbinder, Trapezbinder** und **Parallelbinder (Bild 1)**. Sie sind meist symmetrisch aufgebaut, können aber auch als **Pultdachbinder** ausgeführt werden **(Bild 4, Seite 464)**. Fachwerkbinder bestehen aus **Gurten** und **Zwischenstäben**. Die Gurte bezeichnet man nach ihrer Lage als **Ober- und Untergurte,** die Zwischenstäbe nach ihrer Richtung als **Diagonal- und Vertikalstäbe** (Bild 1). Die Stäbe werden so angeordnet, dass ihre Achsen sich an den Anschlüssen in einem Punkt, dem Knotenpunkt, treffen.

Die Stäbe und Gurte von Fachwerkbindern bilden Dreiecke und werden vorwiegend in Längsrichtung beansprucht. Die Anordnung der Stäbe bewirkt, ob diese auf Druck oder auf Zug beansprucht werden. Dies muss bei der Querschnittsform der Stäbe und bei der Ausbildung der Anschlüsse beachtet werden. Beim Dreieckbinder kann man z. B. die Obergurte zusammen mit dem Untergurt als Sprengwerk betrachten **(Bild 2)**. In diesem werden die Obergurte auf Druck und die Untergurte auf Zug beansprucht. Schließt man zwischen dem First des Sprengwerks und dem Untergurt einen Vertikalstab an, entsteht eine einfache Hängewerkskonstruktion. Von der Aufhängestelle aus werden die lasttragenden Obergurte durch Diagonalstäbe unterstützt. Der Vertikalstab wird in diesem Fall auf Zug, die Diagonalstäbe auf Druck beansprucht.

Fachwerkbinder können aus Kanthölzern, Brettschichtholz, Furnierstreifenholz oder Brettern bestehen. Die Verbindung der Stäbe kann mit Nägeln, genagelten Stahlblechen, Nagelplatten, Stabdübeln, Dübeln besonderer Bauart oder durch Verleimung erfolgen.

Die einzelnen Binder müssen wie andere Dachtragwerke ebenfalls in Längsrichtung ausgesteift werden. Die Längs- und Windaussteifung erreicht man durch Diagonalverbände. Außerdem müssen die Binder zur Aufnahme von Windsogkräften am Auflager verankert werden.

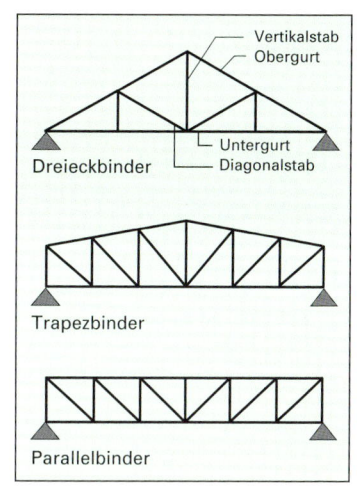

Bild 1: Formen und Bezeichnungen bei Fachwerkbindern

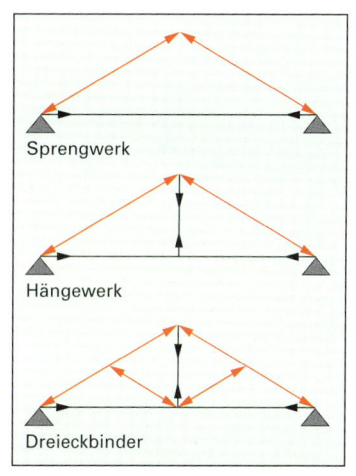

Bild 2: Aufbau eines Dreieckbinders

17.2.5.3 Rahmenbinder

Binder bezeichnet man als Rahmen, wenn Wandstützen und Dachtragwerk in einem Bauteil vereinigt sind **(Bild 3)**. Die als Stütze und Träger wirkenden Binderteile müssen steif ineinandergreifen oder verbunden sein. Rahmen haben deshalb im Bereich der Ecken eine verhältnismäßig große Bauhöhe (Seite 384). Bei Rahmen unterscheidet man nach der Bauart Zweigelenkrahmen und Dreigelenkrahmen. Diese werden hauptsächlich aus Brettschichtholz hergestellt. Jedoch werden auch Fachwerkrahmen aus Furnierstreifenholz oder aus Kanthölzern gebaut. Die üblichen Spannweiten von Rahmenbindern liegen zwischen 12 und 50 m.

Zweigelenkrahmen haben einen über die ganze Breite durchlaufenden Dachträger, dessen Bauhöhe in Bindermitte nicht abnimmt. Zweigelenkrahmen eignen sich vorwiegend für sehr flach geneigte Dächer.

Dreigelenkrahmen bestehen aus zwei Binderhälften, die sich im First gegenseitig abstützen. Die Querschnittshöhe der Binder nimmt in der Regel gegen die Firstmitte hin ab. Dreigelenkrahmen können auch bei steiler geneigten Dächern ausgeführt werden.

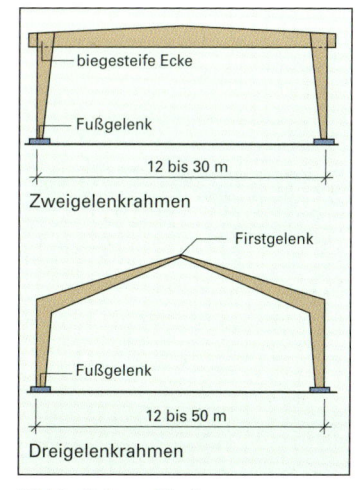

Bild 3: Rahmenbinder

Aufgaben

1. Welche Dachformen erkennen Sie in Bild 1 auf dieser Seite?
2. Nennen und erklären Sie die Begrenzungen von verschiedenen Dachflächen.
3. Wie werden Dachtragwerke gegen Windsogkräfte verankert?
4. Erläutern Sie die Funktion von Kopfbändern oder Streben in einem Pfettendach.
5. Erläutern Sie die Anschlussmöglichkeiten von Kopfbändern an Pfetten und Pfosten.
6. Beschreiben und erklären Sie die Firstausbildung und die Sparrenfußausbildung bei Sparren- und Pfettendächern.
7. Wodurch wird bei Sparrendächern die Längsaussteifung erreicht?
8. Weshalb sind Hängewerke und Sprengwerke für Dachtragwerke von Hallen geeignet?
9. Skizzieren Sie einen unterspannten Binder und beschreiben Sie die Teile und die auftretenden Kräfte.
10. Welche Formen unterscheidet man bei Fachwerkbindern?
11. Benennen Sie die Teile eines Dreieckbinders.
12. Beschreiben Sie die Ausführungsmöglichkeiten von Rahmentragwerken.
13. Welche Dachtragwerke sind für das Satteldach eines Wohnhauses geeignet? Beschreiben Sie die Vor- und Nachteile dieser Dachtragwerke!
14. Wählen Sie ein Dachtragwerk, das die Nutzung des Daches als Wohnraum begünstigt, und erläutern Sie Ihre Auswahl.

17.3 Dachneigung

Die Dachneigung eines Daches wird durch den Winkel bestimmt, den die Dachfläche mit der Waagerechten bildet. Diesen Winkel bezeichnet man als Neigungswinkel.

Die Dachneigung beeinflusst wesentlich das Aussehen eines Gebäudes sowie die Wirkung von Gebäudegruppen und prägt somit das Stadtbild (**Bild 1**). Deshalb kann die Dachneigung bei Neu- und Umbauten nur im Einvernehmen mit den Baubehörden festgelegt werden. Für Neubaugebiete wird von den Gemeinden ein Bebauungsplan aufgestellt, in dem die Dachneigung für Neubauten vorgeschrieben ist.

In Ausführungszeichnungen wird die Dachneigung in der Regel durch die Maße für Gebäudebreite, Firsthöhe und gegebenenfalls durch die Drempelhöhe festgelegt. Die Firsthöhe gibt man von Oberfläche Dachgeschossdecke bis zur Sparrenspitze an, die Drempelhöhe (Kniestockhöhe) von Oberfläche Dachgeschossdecke bis Oberfläche Sparren, lotrecht gemessen. Dächer kann man dem Aussehen nach als **Flachdach, flachgeneigtes Dach** und **Steildach** bezeichnen (**Bild 2**). Die Bezeichnung Flachdach bringt zum Ausdruck, dass man diese Dächer als waagerecht oder annähernd waagerecht empfindet. Bei flachgeneigten Dächern liegt der Neigungswinkel zwischen 5° und etwa 30°. Flachdächer und flachgeneigte Dächer führt man aus bei Hallen, Betriebsgebäuden und Wohngebäuden, bei denen keine Nutzung des Dachraumes vorgesehen ist. Durch Steildächer mit mehr als 30° Neigung wird die Trennung von Obergeschoss und Dachgeschoss hervorgehoben. Das Dachgeschoss kann als Wohn- oder Speicherraum genutzt werden.

Die Dachneigung wird auch durch landschaftsgebundene Bauweisen beeinflusst. Im Alpenraum z. B. überwiegen flachgeneigte Dächer, weil diese dort früher mit aufgelegten Natursteinplatten oder großen

Bild 1: Dachlandschaft

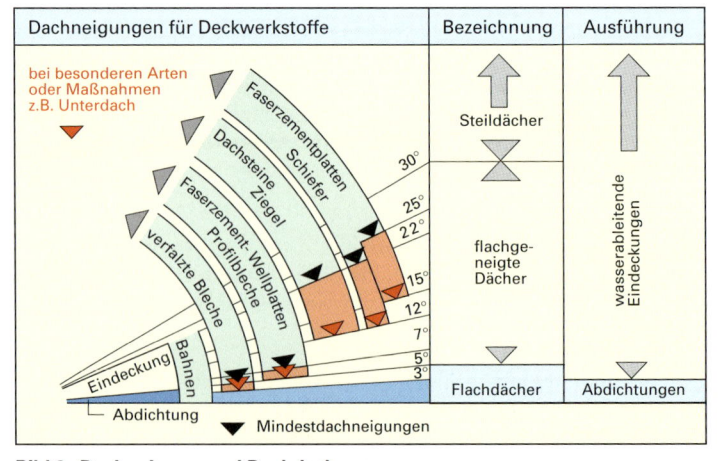

Bild 2: Dachneigung und Dachdeckung

Legschindeln gedeckt wurden (**Bild 1**). Legschindeln wurden ebenfalls mit lose aufgelegten Steinen beschwert, um sie vor dem Abheben durch Windkräfte zu sichern. In Gegenden, in denen die Dächer mit Stroh oder Rohr (Reet) gedeckt wurden, überwiegt das Steildach (**Bild 2**). Werden solche Dachdeckungen heute noch ausgeführt, darf der Dachneigungswinkel nicht kleiner als 45° sein, damit das Regenwasser rasch abgeleitet wird.

Bild 1: Flach geneigtes Schindeldach mit Beschwerung

17.4 Dachhaut

Die Dachhaut hat hauptsächlich die Aufgabe, die von oben auf das Gebäude einwirkende Nässe abzuhalten. Wegen ihrer Lage ist die Dachhaut äußeren Einwirkungen besonders ausgesetzt. Schneelast, Hagel und Spannungen aus Temperaturdifferenzen dürfen nicht zum Bruch oder zur dauernden Verformung der Dachhaut führen. Damit bei Eisbildung keine Absprengungen entstehen, müssen die Deckwerkstoffe frostbeständig sein. Durch Wind entstehen neben Staudruck auch Sogkräfte, welche die Dachhaut abheben können. Besonders die leichten Deckwerkstoffe müssen daher ausreichend gesichert werden (**Bild 3**). Die Befestigung der Dachdeckung darf jedoch nicht so starr sein, dass bei Wärmedehnungen sowie bei Bewegungen durch Schwinden des Dachtragwerks übermäßige Spannungen in der Dachhaut entstehen. Rauch- und Abgase können in Verbindung mit der Luftfeuchtigkeit und den Niederschlägen zersetzend auf die Dachhaut wirken.

Bild 2: Steildach mit Reetdeckung

Die Art der Dachdeckung und die Verwendung der verschiedenen Deckwerkstoffe sind weitgehend von der Dachneigung abhängig. Je geringer die Neigung eines Daches ist, desto größere Anforderungen müssen an die Deckwerkstoffe und deren Fugendichte gestellt werden. Deshalb können Deckwerkstoffe nur von einer jeweils festgelegten Mindestneigung an verwendet werden, bei der sich die Deckung in der Praxis als regensicher erwiesen hat (**Bild 1, Seite 466**). Diese Mindestdachneigung verschiedener Dachdeckungen wird als **Regeldachneigung** bezeichnet (Tabelle 1, Seite 471).

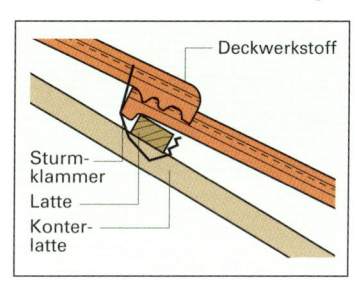

Bild 3: Sicherung der Dachdeckung gegen Windsog mit Sturmklammern

17.4.1 Unterdach, Unterdeckung und Unterspannung

Wird die Regeldachneigung für eine Dachdeckungsart unterschritten, sind zusätzliche Maßnahmen erforderlich, z. B. der Einbau von Unterdächern, Unterdeckungen oder Unterspannungen (**Bild 4 und 5**). Diese haben die Aufgabe, durch Fugen und Ritzen der Dachdeckung eingetriebenen Schlagregen und Flugschnee sowie Schmelzwasserrückstau aufzunehmen und abzuleiten. Außerdem wird das von der Unterseite der Deckwerkstoffe abtropfende Tauwasser abgeführt und Ruß und Staub abgehalten.

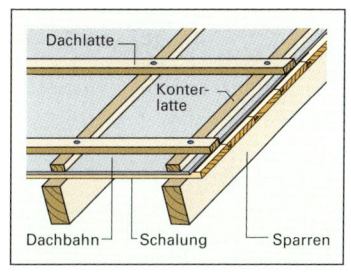

Bild 4: Regensicheres Unterdach

Auch bei Dächern mit größerer Neigung als der Regeldachneigung können solche zusätzlichen Maßnahmen erforderlich sein, z. B. wenn erhöhte Anforderungen an die Dachdeckung gestellt werden oder diese besonders beansprucht wird. Erhöhte Anforderungen ergeben sich beispielsweise aus der Nutzung des Dachgeschosses zu Wohnzwecken oder durch örtliche Bestimmungen. Zusatzmaßnahmen können auch bei stark gegliederten Dachflächen, besonderen Dachformen und großen Sparrenlängen erforderlich werden, ebenso bei außergewöhnlichen klimatischen Verhältnissen, z. B. in schnee- oder windreichen Gebieten.

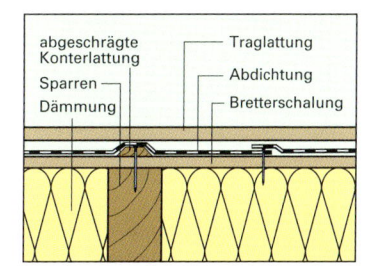

Bild 5: Schnitt durch wasserdichtes Unterdach

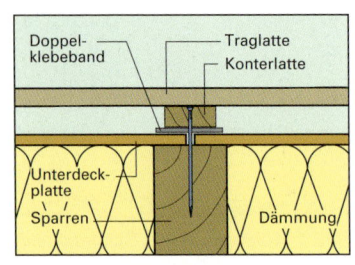

Bild 1: Seitlicher Stoß bei Unterdeckung mit Unterdeckplatten

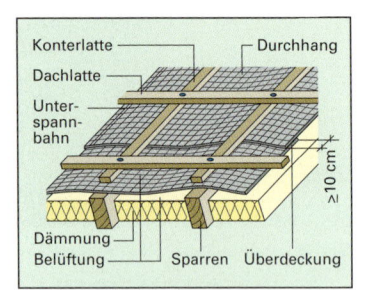

Bild 2: Unterspannbahn mit geringem Durchhang

Bild 3: Unterspannbahn als Vlies mit Konterlattung und Traglattung

Zur Herstellung von **Unterdächern** werden meist 24 mm dicke Bretter auf die Sparren genagelt und mit Bitumen- und Kunststoffbahnen belegt. Als wasserdichte Auflage eignen sich zwei Lagen Bitumen- oder Polymerbitumen-Dachbahnen sowie Bitumen-Dachdichtungsbahnen auf Trennlagen. Ausführung mit Bitumen- oder Polymerbitumen-Schweißbahnen oder Kunststoffdachbahnen erfolgen einlagig. Die Bahnen werden überlappt und mit korrosionsgeschützten Klammern oder Breitkopfstiften im oberen Drittel der Höhenüberdeckung befestigt. Stöße und Nähte müssen ausreichend überdecken und werkstoffgerecht und wasserdicht verklebt oder verschweißt werden. Bei Bitumenbahnen muss die Überdeckung mindestens 8 cm betragen.

Beim **regensicheren Unterdach** wird die Konterlattung auf der Abdichtung angebracht (Bild 4, Seite 467). Bei belüfteten Dächern enden die Bahnen 30 mm unterhalb des Firstscheitelpunktes.

Beim **wasserdichten Unterdach** ist die Dachkonstruktion stets unbelüftet, da die Dichtungsbahnen über den First geführt werden. Damit bei der Befestigung der Traglattung auf der Konterlattung die Abdichtung nur im Hochpunktbereich durchdrungen wird, müssen die Dichtungsbahnen über die Konterlatten geführt werden. Deshalb sollen diese abgeschrägt sein oder seitlich durch Dreikantleisten ergänzt werden (Bild 5, Seite 467).

Unterdeckungen werden mittels überdeckender aufliegender Bahnen oder überdeckender Platten hergestellt. Als **Unterdeckplatten** (Unterdachplatten) eignen sich bituminierte Faserplatten oder Faserzementplatten, die auf die Sparren genagelt, geklammert oder geschraubt werden. Die Platten werden entweder überlappt verlegt oder müssen Falze aufweisen. An den Überdeckungs- oder Stoßbereichen werden sie mit Dichtungsbändern verklebt **(Bild 1)**.

Als **Unterdeckbahnen** werden beispielsweise mit Bitumen imprägnierte Vliese oder faserverstärkte Kunststoff-Folien verwendet, die verschweißt, verklebt oder mit Klebebändern abgedichtet werden. Sie können auf einer Schalung auf ausreichend formstabiler Wärmedämmung oder über einer Luftschicht angeordnet sein.

Unterspannungen erfolgen mit freihängenden oder freigespannten **Unterspannbahnen**, die mit einer Überdeckung von mindestens 10 cm verlegt werden und etwa 5 cm unter dem First enden sollen **(Bilder 2 und 3)**. Der Durchhang soll nicht größer als die Konterlattendicke sein. Die Unterspannbahnen werden mit Klammern oder Breitkopfstiften und/oder durch die Konterlatten auf den Sparren befestigt. Sie bestehen aus ähnlichen Werkstoffen wie Unterdeckbahnen.

Auch **Wärmedämmsysteme** können die Funktion eines Unterdaches, einer Unterdeckung oder Unterspannung übernehmen.

17.4.2 Dachdeckung und Dachabdichtung

Bei Dächern unterscheidet man zwischen Dachdeckung und Abdichtung. Abdichtungen müssen stehendes Wasser abhalten, während Dachdeckungen lediglich wasserableitend sein müssen. Allgemein müssen **Flachdächer** mit einer Neigung bis zu 3° abgedichtet werden, Dachdeckungen werden bei **geneigten Dächern** ausgeführt (Bild 2, Seite 466). Nach der Art der Deckwerkstoffe und ihrer Verlegung unterscheidet man schuppenartige Dachdeckungen, Dachdeckung mit profilierten Tafeln, Dachdeckung mit verfalzten Blechen sowie Abdichtungen und Dachdeckungen mit Bahnen **(Tabelle 1)**.

Tabelle 1: Dachdeckungen	
Deckungsart und -verlegung	Deckwerkstoffe
Schuppenartige Dachdeckungen	Strangdachziegel, Pressdachziegel, Dachsteine, Faserzementdachplatten, Schiefer, Holz- und Bitumenschindel
Dachdeckung mit profilierten Tafeln	Faserzement-, Bitumen- und Acrylglas-Wellplatten
Dachdeckung mit verfalzten Blechen	Kupfer-, Aluminium-, Titan-Zink- und Stahlbleche
Abdichtung/ Dachdeckung mit Bahnen	Bitumen- und Kunststoffdachbahnen

17.5 Geneigte Dächer

Geneigte Dächer müssen nach den Fachregeln für Dachdeckungen regensicher hergestellt werden. Dazu werden meist schuppenartig überlappende Deckwerkstoffe, z.B. Dachziegel, aber auch profilierte Tafeln, verfalzte Bleche und Dachbahnen verwendet.

17.5.1 Schuppenartige Dachdeckung

Schuppenartige Dachdeckungen werden mit angehängten oder angenagelten kleinformatigen Deckwerkstoffen ausgeführt. Die wichtigsten Dacheindeckungsprodukte sind Dachziegel und Dachsteine sowie Faserzement-Dachplatten. Außerdem zählen hierzu die Dachdeckungen mit Schiefer, Holzschindeln und Bitumendachschindeln.

17.5.1.1 Dachziegel

Dachziegel sind grobkeramische Deckwerkstoffe aus gebranntem Ton. Sie werden nach der Art der Herstellung in Strangdachziegel und Pressdachziegel unterteilt. Außerdem unterscheidet man sie nach ihrer Form, den Abmessungen, der Falzausbildung und dem Überdeckungsbereich. Die Farbe wird beim Brennen erzeugt. Es werden beispielsweise naturfarbene, durchgehend gefärbte, engobierte oder glasierte Ziegel hergestellt.

Strangdachziegel werden ähnlich den Mauerziegeln auf Strangpressen hergestellt. Dazu zählen Ziegel ohne Falz wie Hohlpfannen und Biberschwanzziegel (Flachziegel) sowie die seitlich verfalzten Strangfalzziegel (**Bild 1**).

Pressdachziegel werden auf Stempelpressen hergestellt. Man unterscheidet beispielsweise Flachdachziegel (Flachdachpfannen), Falzziegel und Doppelmuldenfalzziegel, Reformziegel (Reformpfannen) und Krempziegel (**Bild 2**). Verschiebeziegel sind Pressdachziegel, deren Kopf- und Fußverfalzung eine Höhenverschiebbarkeit von mindestens 3 cm ermöglicht. Mit diesen Ziegeln kann man bei einer Neueindeckung das Deckmaß dem vorhandenen Lattenabstand anpassen.

Formziegel sind Sonderziegel, die zum Beispiel als First-, Ortgang- oder Lüftungsziegel die jeweiligen Flächenziegel ergänzen (**Bild 2, Seite 470**).

17.5.1.2 Dachsteine

Dachsteine bestehen aus Beton, d.h. aus Gesteinskörnungen, Wasser und Zement sowie Zusätzen. Durch Zugabe von Farbpigmenten auf Eisenoxidbasis erreicht man verschiedene Farben wie beispielsweise Braun und Ziegelrot. Die Oberfläche ist meist glatt, kann aber auch rau (granuliert) sein.

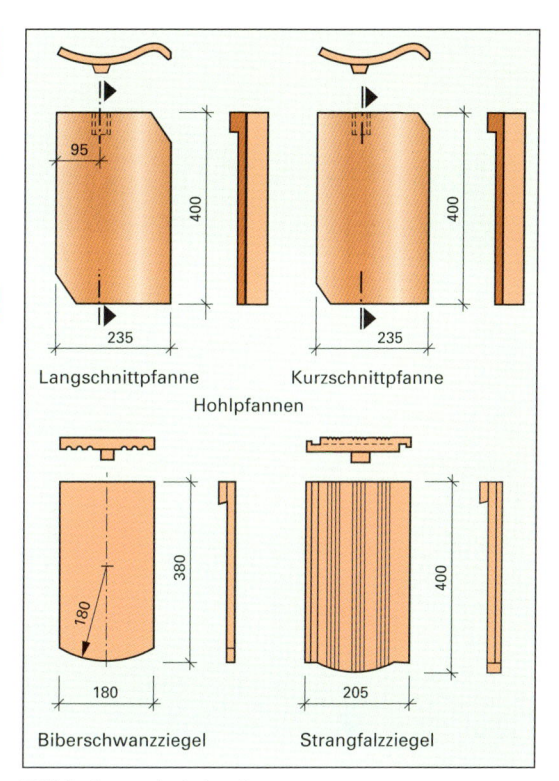

Bild 1: Strangdachziegel

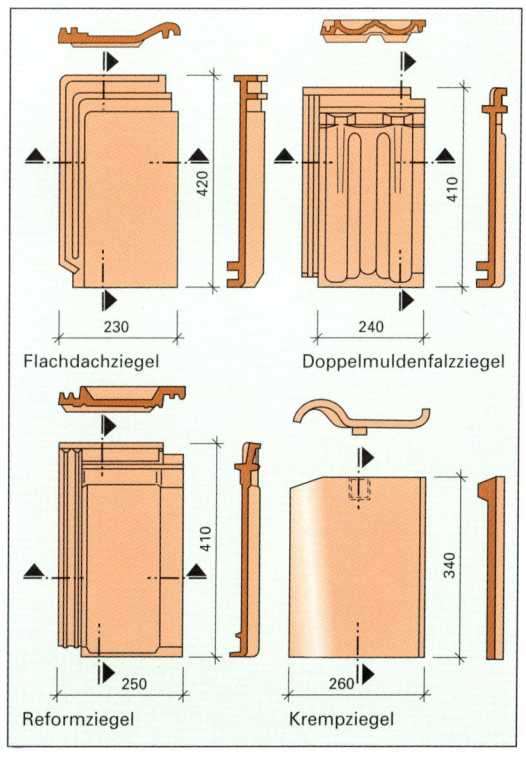

Bild 2: Pressdachziegel

Dachsteine werden hauptsächlich mit halbkreisförmigem Mittelwulst, mit symmetrischer oder asymmetrischer Welle (S-Profil) sowie zickzackförmig gefaltet und als ebene Dachsteine hergestellt (**Bild 1**). Sie haben eine Seitenverfalzung mit einem Wasser- und einem Deckfalz sowie eine mehrfache Fußverrippung. Es werden aber auch Dachsteine ohne Verfalzung in Biberform hergestellt (Bild 1). Wie die Dachziegel werden auch Dachsteine durch ein umfassendes Programm an **Formsteinen** und Systembauteilen, z. B. für Lüftung, Befestigung, Begehung und Schneesicherung ergänzt (**Bild 2**).

17.5.1.3 Deckung mit Dachziegeln und Dachsteinen

Dachziegel unterteilt man nach der Ausbildung der Höhen- und Seitenüberdeckung in **Falzziegel** und **unverfalzte Ziegel**. Falzziegel können entweder mit Kopf- und Längsfalzen oder nur mit Längsfalzen versehen sein.

In manchen Gegenden wird die Deckung mit unverfalzten Dachziegeln, in geringem Umfang auch die Falzziegeldeckung, unter Verwendung von Kalkzementmörtel ausgeführt. Dabei unterscheidet man Innenverstrich, Querschlag und Längsfuge. Beim Innenverstrich werden die Querfugen, zum Teil auch die Längsfugen, nach erfolgter Eindeckung von innen mit Mörtel verstrichen. Wenn die Ziegel im Bereich der Höhenüberdeckung in Mörtel verlegt werden, spricht man von Querschlag. Bei der Längsfuge werden die Ziegel seitlich mit Mörtel versehen.

Bei der Deckung mit Dachziegeln und Dachsteinen unterscheidet man verschiedene Deckarten. Vor dem Dachdecken ist der Lattenabstand zu bestimmen und die Deckbreiten zu ermitteln.

Bestimmen des Lattenabstands

Der Lattenabstand (Lattmaß) wird von Oberkante zu Oberkante Dachlatte gemessen. Bei Dachziegeln mit Kopffalz muss der Lattenabstand so groß sein, dass die Kopfverfalzung einwandfrei ineinandergreift. Da die Maße der kopfverfalzten Dachziegelarten sowohl untereinander als auch von Lieferung zu Lieferung einige Millimeter voneinander abweichen können, muss der Lattenabstand ermittelt werden (**Bild 1, Seite 471**). Dazu legt man zwölf Ziegelpaare so auf eine ebene Unterlage, dass die Kopffalze ineinandergreifen. Man misst über 10 Ziegel den Abstand von Nase zu Nase. Bei der ersten Messung zieht man die Ziegel und ermittelt das Maß l_1, bei der zweiten schiebt man sie zusammen und erhält das Maß l_2. Der Lattenabstand ergibt sich, wenn man die beiden Maße addiert und die Summe durch 20 dividiert.

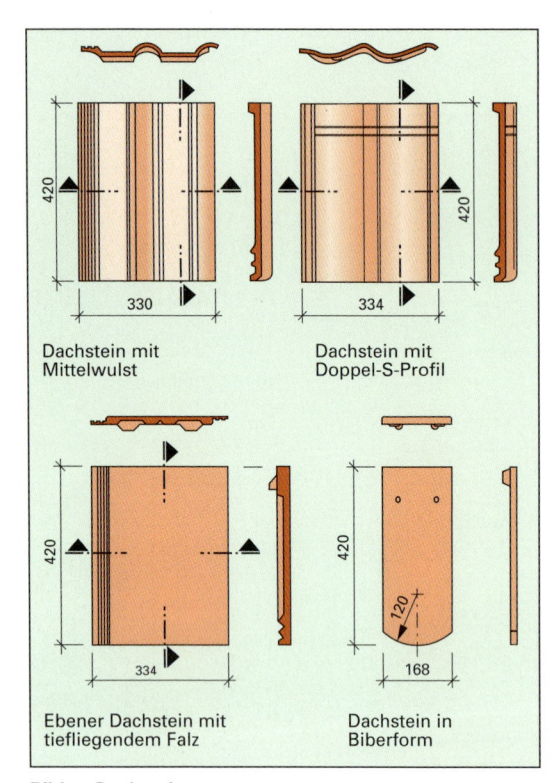

Bild 1: Dachsteine

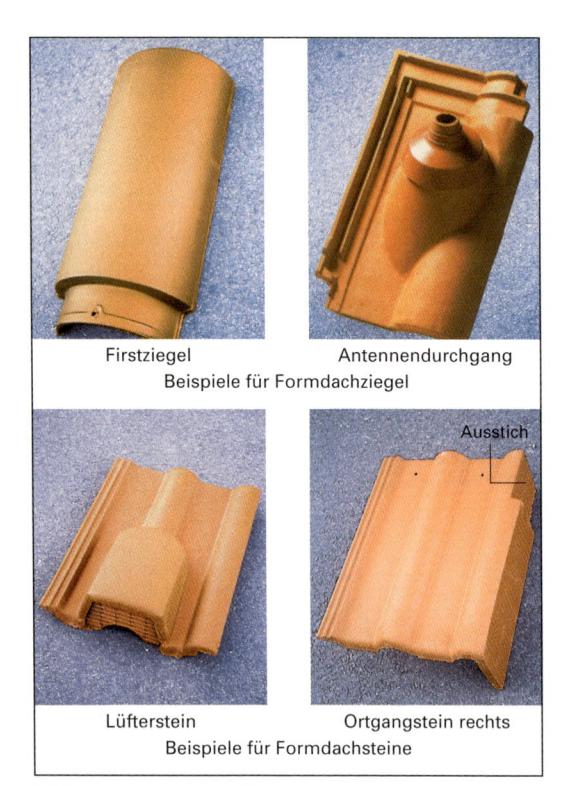

Bild 2: Formziegel und Formdachsteine

Bei Dachziegeln ohne Kopffalz richtet sich der Lattenabstand nach der Ziegellänge und nach der **Höhenüberdeckung**. Das Mindestmaß für die Höhenüberdeckung ist für die verschiedenen Deckungsarten in Abhängigkeit von der Dachneigung festgelegt **(Tabelle 1)**. Der Mindestlattenabstand ergibt sich aus Ziegellänge minus Höhenüberdeckung. Bei Doppeldeckung errechnet man den Lattenabstand, indem man das Maß Ziegellänge minus Höhenüberdeckung halbiert **(Bild 2)**.

Durch Vergrößerung der Höhenüberdeckung kann der Lattenabstand bei Dachziegeln ohne Kopffalz allen Sparrenlängen angepasst werden. Dies gilt auch für Dachsteine, die zwar eine mehrfache Fußverrippung, jedoch keine Kopfverfalzung aufweisen.

An der Traufe bringt man in der Regel eine abgeschrägte **Traufbohle** an. Diese muss so hoch sein, dass die Dachziegel bzw. Dachsteine der untersten Deckreihe die gleiche Neigung haben wie die übrigen (Bild 2, Seite 478). Der Traufabstand der Latte, an der die unterste Deckreihe hängt, richtet sich nach der Lage der Dachrinne und nach der Ausführung des Rinnenanschlusses.

Die Entfernung der obersten Dachlatte vom First hängt von der Art der Ziegel bzw. Dachsteine, der Firsteindeckung und von der Dachneigung ab. In den meisten Fällen ergibt sich daraus ein Abstand von 2 cm bis 7 cm, der vom Hersteller verbindlich vorgegeben wird.

Die **Dachlatten** haben je nach Sparrenabstand einen Querschnitt von 24 mm/48 mm, von 30 mm/50 mm oder von 40 mm/60 mm. Sie müssen vollkantig auf den Sparren oder der Konterlattung aufliegen. Die zum First gerichtete Lattenkante, die dem Einhängen der Dachdeckung dient, muss ebenfalls scharfkantig sein.

Beispiel:

gegeben:
Ziegel gezogen: l_1 = 3,38 m
Ziegel gestoßen: l_2 = 3,28 m

gesucht: Lattenabstand l

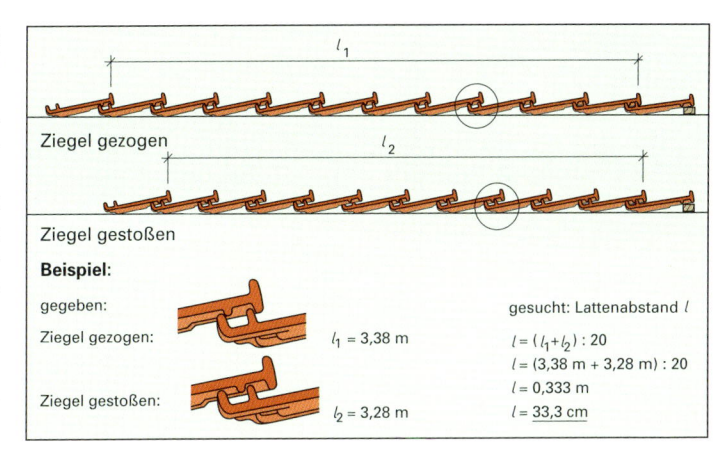

$l = (l_1 + l_2) : 20$
$l = (3,38\ m + 3,28\ m) : 20$
$l = 0,333\ m$
$l = \underline{33,3\ cm}$

Bild 1: Ermitteln des Lattenabstandes bei Dachziegeln mit Kopffalz

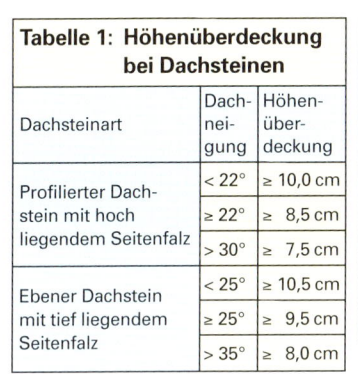

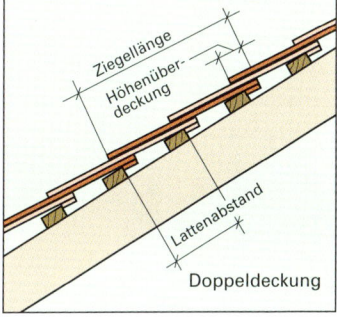

Tabelle 1: Höhenüberdeckung bei Dachsteinen

Dachsteinart	Dachneigung	Höhenüberdeckung
Profilierter Dachstein mit hoch liegendem Seitenfalz	< 22°	≥ 10,0 cm
	≥ 22°	≥ 8,5 cm
	> 30°	≥ 7,5 cm
Ebener Dachstein mit tief liegendem Seitenfalz	< 25°	≥ 10,5 cm
	≥ 25°	≥ 9,5 cm
	> 35°	≥ 8,0 cm

Bild 2: Lattenabstand

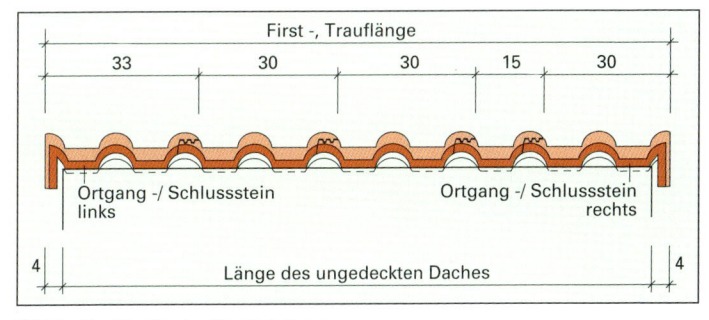

Bild 3: Deckbreite bei Dachsteinen

Tabelle 2: Regeldachneigungen

Deckungsart	Dachneigung
Flachdachziegel, Flachkremper Dachsteine mit mehrfacher Fußverrippung und hoch liegendem Längsfalz	22°
Dachsteine mit tief liegendem Längsfalz	25°
Falzziegel, Reformziegel, Verschiebeziegel Doppel- oder Kronendeckung mit Biberschwanzziegel und Dachsteine in Biberform	30°
Einfachdeckung mit Krempziegel Aufschnittdeckung mit Hohlpfannen	35°
Vorschnittdeckung mit Hohlpfannen Einfachdeckung mit Mönch- und Nonnenziegel	40°

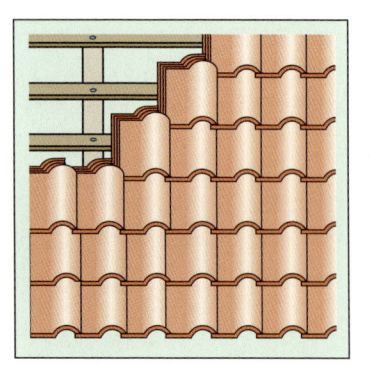

Bild 1: Deckung mit Flachdachziegel

Biberschwanz- Doppeldeckung

Biberschwanz- Kronendeckung

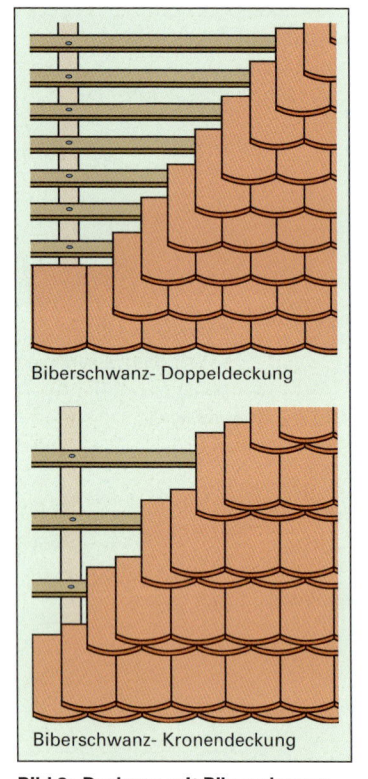

Bild 2: Deckung mit Biberschwanzziegel und Dachsteinen in Biberform

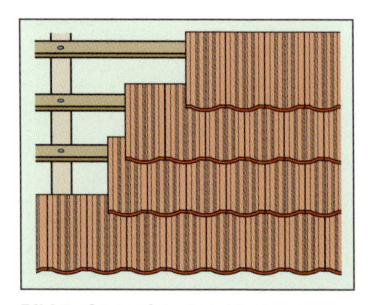

Bild 3: Strangfalzziegeldeckung

Ermitteln der Deckbreite

Die Deckbreite von Dachziegeln, besonders die der Falzziegel, ermittelt man ebenfalls wie den Lattenabstand durch ausgelegte Dachziegelreihen. Das errechnete Mittelmaß dient, unter Berücksichtigung der Ortgangausbildung, zur Bestimmung von Trauf- und Firstlänge von Satteldächern.

Die Deckbreite von Dachsteinen beträgt meist 30 cm, der linke Ortgangstein bzw. Schlussstein hat dann eine Deckbreite von 33 cm **(Bild 3, Seite 471)**. Die First- bzw. Trauflänge entspricht demnach bei ganzen Dachsteinen einem Vielfachen von 30 cm zuzüglich 33 cm. So beträgt beispielsweise die Länge bei 41 Steinen 40 x 0,30 m + 0,33 m = 12,33 m. Durch die Verwendung von halben Dachsteinen mit einer Deckbreite von 15 cm können abweichende Maße erreicht werden. Trauf- bzw. Firstlänge der ungedeckten Dachfläche müssen jeweils 8 cm kürzer sein als die errechnete Länge, da für den Überhang der Ortgangsteine jeweils 4 cm abzuziehen sind.

Vor dem Eindecken mit Dachziegeln oder Dachsteinen erfolgt das Abschnüren der Dachfläche mit dem Maß der Deckbreite. Dazu wird an Traufe und First vom Ortgang aus jeweils die Deckbreite von drei Dachsteinen bzw. von drei oder vier Dachziegeln abgemessen. Durch Schnurschlag überträgt man die Maßpunkte von Traufe und First auf die dazwischen liegenden Dachlatten.

Deckarten bei Dachziegeln und Dachsteinen

Die wichtigsten Deckarten sind Falzziegel- und Falzpfannendeckung, die Deckung mit Biberschwanzziegeln, die Strangfalzziegeldeckung, die Hohlpfannendeckung, die Mönch-Nonnendeckung und die Deckung mit Dachsteinen.

Die Form und die Ausbildung der Höhen- und der Seitenüberdeckung von Dachziegeln und Dachsteinen sind maßgebend für die Regensicherheit einer Deckung. Deshalb sind für verschiedene Deckungen **Regeldachneigungen** festgelegt, d. h. Mindestdachneigungen, bei denen sich eine Dachdeckung ohne Unterdach, Unterdeckung oder Unterspannung als ausreichend regensicher erwiesen hat **(Tabelle 2, Seite 471)**.

Falzziegel und Falzpfannen, wie Muldenfalzziegel, Reformziegel, Flachdachziegel und verfalzte Kremperziegel, werden in der Regel trocken, in manchen Gegenden auch mit Innenverstrich der Querfugen eingedeckt **(Bild 1)**. Eine Ziegelschicht überdeckt jeweils nur die darunterliegende Schicht. Diese Deckung bezeichnet man als **Einfachdeckung.** Das Eindecken erfolgt von der Traufe zum First in einzelnen Reihen. Dabei verlegt man auf jeder Lattenreihe drei bis vier Ziegel. Zweckmäßig ist es, die einzelnen Gänge um jeweils einen Ziegel zu versetzen, damit das Eindecken am Vierziegeleck leichter erfolgen kann (Bild 1). Muldenfalzziegel sollten unter Verwendung von halben Ziegeln im Verband gedeckt werden.

Bei der **Deckung mit Biberschwanzziegeln** und **Dachsteinen in Biberform** unterscheidet man Doppeldeckung und Kronendeckung **(Bild 2)**.

Die **Biberschwanzdoppeldeckung** erfolgt im Verband, wobei die Längsfugen jeder Deckreihe, auch Deckgebinde genannt, um eine halbe Ziegelbreite gegeneinander versetzt sind (Bild 2). Die Deckgebinde überdecken jeweils das darunter liegende vollständig und greifen um das Maß der Höhenüberdeckung auf das übernächste Gebinde.

Bei der **Biberschwanzkronendeckung** besteht jedes Deckgebinde aus zwei Ziegellagen (Bild 2, Seite 472). Die untere Lage hängt an der Dachlatte, die daraufliegende an der oberen Ziegelkante der darunter liegenden Lage. Die Längsfugen der beiden Lagen sind um die halbe Ziegelbreite gegeneinander versetzt.

Die **Strangfalzziegeldeckung** muss im Verband erfolgen **(Bild 3, Seite 472)**. Die Höhenüberdeckung ist variabel, muss aber bei ebenen Strangfalzziegeln mindestens 12 cm betragen.

Die **Hohlpfannendeckung** wird als Vorschnittdeckung und als Aufschnittdeckung ausgeführt **(Bild 1)**. Die Eindeckung mit Hohlpfannen erfolgt häufig mit Innenverstrich der Quer- und Längsfugen oder mit Querschlag und Längsfuge.

Zur **Vorschnittdeckung** verwendet man Langschnittpfannen, deren untere linke und obere rechte Ecke beschnitten ist (Bild 1). Das Maß der Schnitte beträgt in Pfannenlängsrichtung 75 mm, im Querrichtung 40 mm. Beim Decken liegen die Eckenschnitte voreinander. Durch die darüber liegende Pfanne wird die Schnittfuge einfach überdeckt.

Die **Aufschnittdeckung** wird mit Kurzschnittpfannen ausgeführt (Bild 1). Deren Eckenschnitte verlaufen unter 45° und haben eine Seitenlänge von 40 mm. Im Gegensatz zur Vorschnittdeckung werden die Kurzschnittpfannen an den Eckschnitten aufeinandergedeckt. Dadurch liegen am Vierziegeleck die Pfannen vierfach übereinander.

Die **Mönch-Nonnen-Deckung** besteht aus konisch zulaufenden Ziegelschalen mit halbkreisförmiger Ausbuchtung **(Bild 2)**. Die Nonnen, deren Hohlseite nach oben zu liegen kommt, greifen mit Nasen über die Dachlattenoberkante. Die Mönche überdecken kuppenartig die Fugen zwischen den Nonnen. Die Verlegung der Nonnen erfolgt trocken oder mit Querschlag. Die Mönche werden am Kopf mit Mörtel gefüllt und erhalten an beiden Seiten einen Längsschlag. Beim Aufdrücken der Mönche ist darauf zu achten, dass der mit Mörtel gefüllte Kopf in die Auskerbungen an den Nonnenrändern zu liegen kommt. Dadurch überragen die Mönche den Nonnenfuß um einige Zentimeter.

Dachsteine mit Wulst oder Welle werden in Reihen ohne Versatz der Längsfugen gedeckt. Zu beachten ist, dass dem Lattenabstand entsprechende Ortgangsteine vorgesehen werden (Bild 2, Seite 470). Bei einem Lattenabstand von 31 cm bis 32 cm müssen z. B. Ortgangsteine mit 11 cm Ausstich, bei einem Lattenabstand von 32 cm bis 34 cm z. B. solche mit 9 cm Ausstich verwendet werden.

Ebene Dachsteine werden im Verband gedeckt. Dazu verlegt man im Anschluss an die Ortgangsteine in jede zweite Deckreihe jeweils einen halben Stein.

17.5.1.4 Deckung mit Schiefer und Faserzement-Dachplatten

Schiefer sind frostbeständige und wasserundurchlässige Natursteine, die durch Umwandlung aus tonigen Sedimenten hervorgegangen sind. Das dabei entstandene parallele Gefüge ermöglicht es, Schiefer leicht in ebenflächige, dünne Platten zu spalten. Die Spaltstärke beträgt für übliche Schieferplatten 4 mm bis 6 mm, im Mittel 5 mm. Schiefer aus deutschen Gruben ist Blaugrau bis Schwarz und wird in verschiedenen Standardformaten (Schablonen) geliefert. Vorgefertigte Schablonen sind häufig mit mindestens drei Nagellöchern verlegefertig gelocht. Für Dachränder, wie Traufe, First und Ortgang, gibt es Rohschiefer, die auf der Baustelle zugerichtet werden.

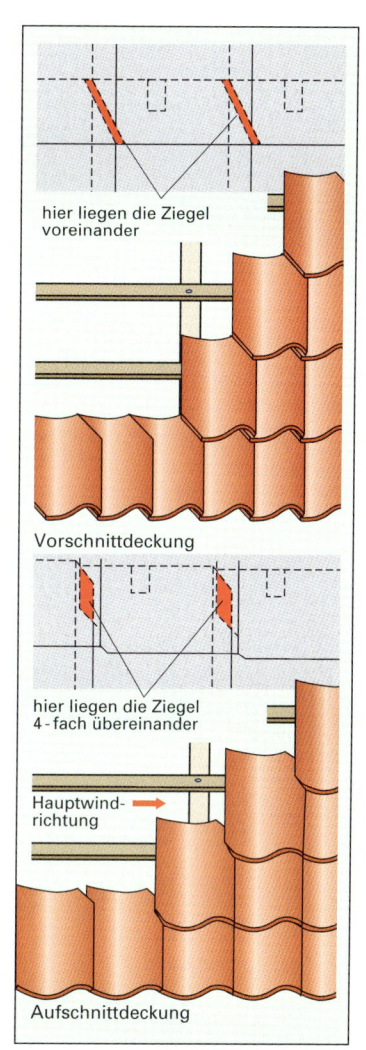

Bild 1: Deckung mit Hohlpfannen

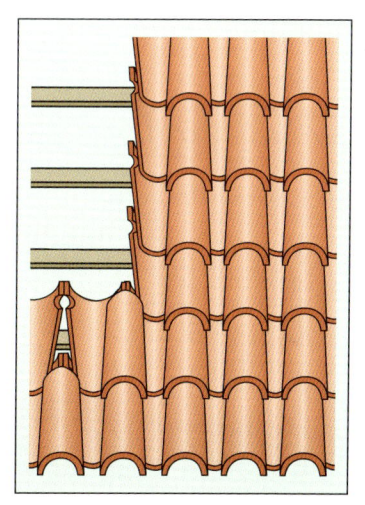

Bild 2: Mönch-Nonnen-Deckung

Tabelle 1: Regeldachneigungen

Deckungsart	Schiefer	Faserzement
Deutsche Deckung	≥ 25°	≥ 25°
Doppeldeckung		≥ 25°
Rechteckdoppeldeckung	≥ 22°	
Waagerechte Deckung		≥30°
Spitzwinkeldeckung	≥ 30°	
Spitzschablonendeckung		≥ 30°

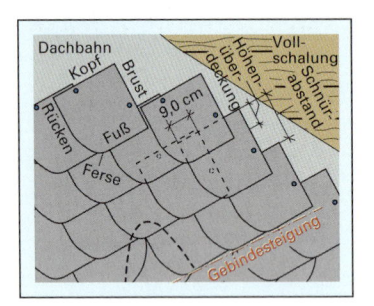

Bild 1: Deutsche Deckung

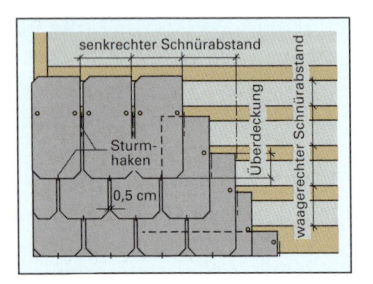

Bild 2: Doppeldeckung

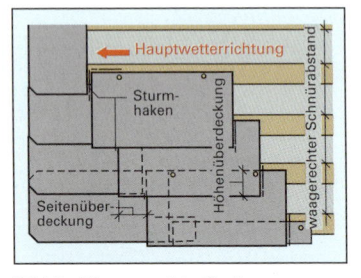

Bild 3: Waagerechte Deckung

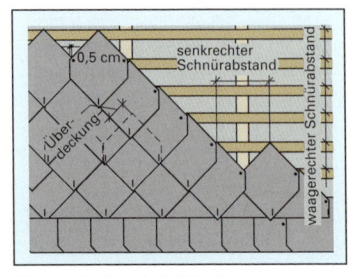

Bild 4: Spitzwinkeldeckung

Faserzement-Dachplatten wurden nach dem Vorbild der Schieferplatten entwickelt und bestehen aus Zement, Wasser, Fasern aus Kunststoff und/oder Zellulose sowie eventuell Zuschlägen und Farbstoffen. Asbestfasern sind seit 1990 in Deutschland nicht mehr zulässig. Faserzementplatten sind ebene kleinformatige, verlegefertige gelochte Platten mit einer Dicke von 4 mm. Sie werden in verschiedenen Farben mit glatter oder strukturierte Oberfläche geliefert.

Schiefer und Faserzement-Dachplatten werden auf einer Holzschalung von mindestens 24 mm Dicke, teilweise auch auf Dachlatten mit einem Querschnitt von 3 cm/5 cm bzw. 4 cm/6 cm mit korrosionsgeschützten Schieferstiften befestigt. Meist sind zusätzlich Plattenhaken oder Plattenklammern zur Befestigung nötig. Die sind stets 1 cm länger als die Höhenüberdeckung. Holzschalungen sind mit besandeten Bitumendachbahnen oder anderen geeigneten Dachbahnen vorzudecken. Wird die Regeldachneigung für eine Deckungsart unterschritten, ist stets ein Unterdach anzuordnen **(Tabelle 1)**.

Größe und Form der Platten sind den verschiedenen Deckungsarten angepasst. Gebräuchliche Deckungsarten für Schiefer und Faserzementplatten sind die Deutsche Deckung, die Doppeldeckung bzw. Rechteckdoppeldeckung, die Spitzwinkel- bzw. Spitzschablonendeckung und bei Faserzementplatten die waagerechte Deckung. Bei allen Deckungsarten ist die Dachfläche vor Beginn der Deckung abzuschnüren.

Zur **Deutschen Deckung** verwendet man quadratische Platten mit Bogenschnitt, mit üblicher Kantenlänge von 25 cm, 30 cm, bei Faserzement auch 40 cm **(Bild 1)**. Die Ränder der Platten bezeichnet man als Kopf, Brust, Fuß und Rücken, die Plattenecke am Auslauf des Rückens als Ferse. Die Verlegung erfolgt in ansteigenden Gebindereihen. Der Winkel der Gebindesteigung öffnet sich nach der Wetterseite. Seine Größe ist von der Dachneigung abhängig; bei flachgeneigten Dächern ist er größer als bei Steildächern. Höhen- und Seitenüberdeckung sind bei steilen Dächern geringer als bei flachgeneigten. Die Maße dafür liegen allgemein zwischen 7 cm und 11 cm. Außerdem richtet sich die Seitenüberdeckung nach dem Maß des Bogenrücksprungs, da die Pfettenferse mindestens einen Zentimeter über den Rücken der unteren Platte vorstehen soll.

Zur **Doppeldeckung** sowie zur **Rechteckdoppeldeckung** verwendet man quadratische oder rechteckige Platten mit Höhen von 30 cm bis 60 cm und Breiten von 20 cm bis 40 cm **(Bild 2)**. Sie werden im regelmäßigen Verband verlegt. Die Deckgebinde überlagern das darunter liegende voll und greifen um das Maß der Höhenüberdeckung auf das übernächste Gebinde über. Die Höhenüberdeckung ist von der Plattengröße und von der Dachneigung abhängig. Im allgemeinen beträgt sie 6 cm bis 12 cm.

Die **waagerechte Deckung** wird mit 60 cm x 30 cm großen Platten aus Faserzement ausgeführt **(Bild 3)**. Die Längskanten der Platten verlaufen in Traufrichtung. Abhängig von der Dachneigung beträgt die Höhenüberdeckung 8 cm bis 10 cm, die Seitenüberdeckung 9 cm bis 12 cm. Die aufliegenden Seitenränder der Platten (Plattenrücken) dürfen nicht gegen die Hauptwetterrichtung zeigen.

Die **Spitzwinkeldeckung** wird mit rautenförmigen Schiefern, die **Spitzschablonendeckung** mit quadratischen Faserzementplatten ausgeführt, die jeweils zwei gegenüberliegende gestutzte Ecken aufweisen **(Bild 4)**. Die Deckungen erfolgen im halben Verband mit Stoßfuge ohne Berücksichtigung der Hauptwetterrichtung.

17.5.2 Deckung mit profilierten Tafeln

Profilierte Dachtafeln sind Faserzement-Wellplatten, Bitumen-Wellplatten und Arcylglas-Wellplatten sowie Well- und Trapezblechbänder aus Aluminium oder verzinktem Stahl **(Bild 1)**. Durch die Ausbuchtungen ergeben sich eine zügige Wasserableitung und an der Seitenüberdeckung hochliegende Fugen.

Im Allgemeinen ist für Deckungen mit Faserzement-Wellplatten eine Dachneigung von mindestens 7° erforderlich (Bild 2, Seite 466). Bei besonderer Verlegung können Dachflächen mit einer Mindestneigung von 5° eingedeckt werden. Selbst tragende Metalldeckungen aus großformatigen Elementen können bereits bei Dachneigungen ab 3° verlegt werden.

17.5.2.1 Faserzement-Wellplatten

Faserzement-Wellplatten sind großformatige Platten, die infolge ihrer Wellung eine gute Tragfähigkeit besitzen **(Bild 2)**. Sie werden als **Standardwellplatten** ohne Lochung für die Befestigung und als gelochte **Kurzwellplatten** meist mit farbiger Oberflächenbeschichtung geliefert. Vorgefertigte Eckenschnitte sind an Faserzement-Wellplatten üblich, um eine einfache Verlegung zu ermöglichen. Das Lieferprogramm wird durch **Ergänzungsplatten** ohne Eckenschnitt und **Formstücke** ergänzt (Bild 3).

Faserzement-Wellplatten werden in unterschiedlichen Formaten und Profilierungen hergestellt **(Tabelle 1)**. Vorzugsweise werden die Profile 177/51 und 130/30 verwendet. Das **Profil 177/51** hat einen Wellenabstand von 177 mm und eine Wellentiefe von 51 mm. Die Platten werden nach der Anzahl der Wellen auch als **Profil 5** oder **Profil 6** bezeichnet. Beim **Profil 130/30** beträgt der Wellenabstand 130 mm und die Wellentiefe 30 mm. Da diese Platten, die beidseitig mit abfallender Welle enden, im Querschnitt acht Wellenberge aufweisen, werden sie auch **Profil 8** genannt (Bild 2 und Tabelle 1).

17.5.2.2 Deckung mit Faserzement-Wellplatten

Faserzement-Wellplatten können als Dachdeckung auf Pfetten aus Holz oder Profilstahl sowie auf Stahlbetonträgern verlegt werden. Bei Deckungen mit Faserzement-Wellplatten ist die Dachfläche in Traufrichtung nach der Deckbreite (Nutzbreite) der einzelnen Platten einzuteilen. Die Deckbreite ist abhängig von der **Seitenüberdeckung,** die sich nach dem Profil der Platten richtet (Tabelle 1). Weitere wichtige Maße bei Dachdeckungen aus Faserzement-Wellplatten sind Höhenüberdeckung und Auflagerabstand.

Bild 1: Deckung mit Trapezblechen

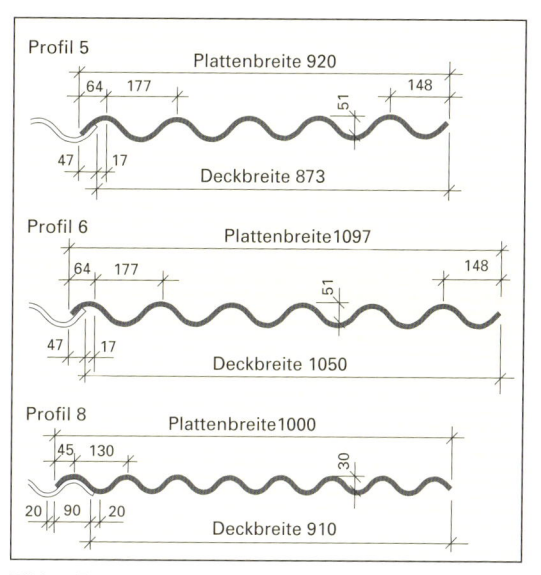

Bild 2: Faserzement-Wellplatten (Maße in mm)

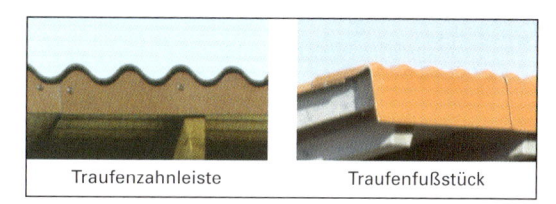

Bild 3: Faserzement-Wellplatten-Formstücke

Tabelle 1: Faserzement-Platten

Plattenart	Profil	Wellenberge	Länge	Breite	Seitenüberdeckung	Deckbreite
		Anzahl	mm	mm	mm	mm
Standard-Wellplatte	177/51	5	2500	920	47	873
		6	2000	1097		1050
	130/30	8	1600 1250	1000	90	910
Kurz-Wellplatte	177/51	5	625	920	47	873

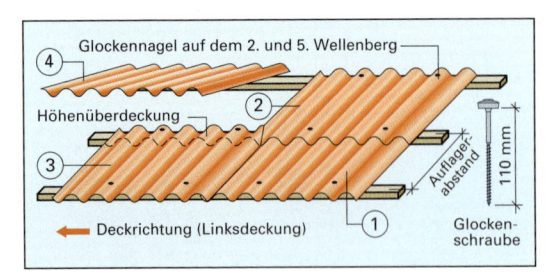

Bild 1: Deckung von Faserzement-Kurzwellplatten

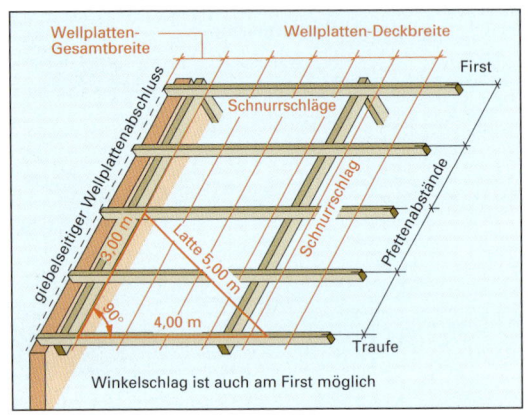

Bild 2: Festlegung des rechten Winkels und Schnürung

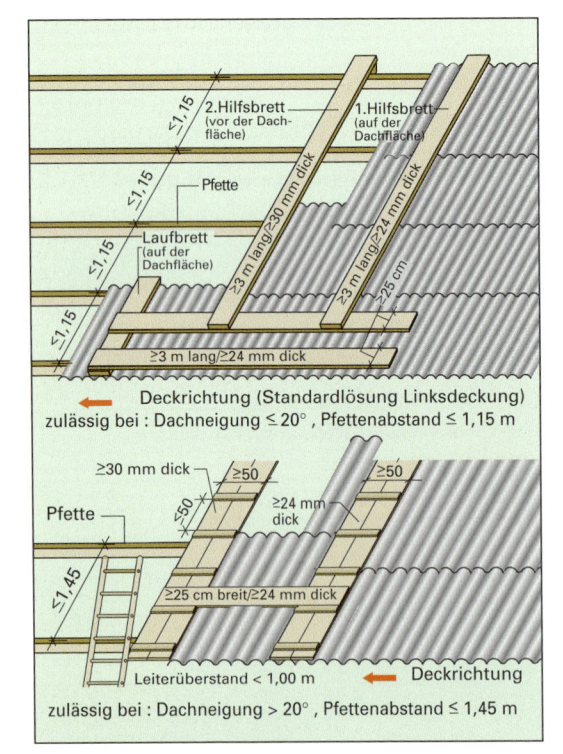

Bild 3: Lauf- und Arbeitsstege beim Verlegen von Faserzement-Wellplatten

Das Eindecken selbst umfasst die Schnürung sowie die Verlegung unter Beachtung der Deckrichtung und die Befestigung der Platten.

Die **Höhenüberdeckung** großformatiger Platten beträgt in der Regel 20 cm **(Bild 1)**. Bei Dachneigungen zwischen 7° und 10° muss im Bereich der Höhenüberdeckung ein dauerplastischer Kitt (Dichtungsschnur) mit einem Durchmesser von 8 mm eingelegt werden. Die Höhenüberdeckung von Kurzwellplatten darf 125 mm nicht unterschreiten. Das Einlegen von Dichtungsschnüren ist bei Kurzwellplatten auch auf Dächern mit Neigungswinkeln zwischen 10° und 25° erforderlich.

Der **Auflagerabstand** ist von der Länge der Wellplatten, vom Maß der Höhenüberdeckung, von der Dachneigung und vom Profil der Platten abhängig (Bild 1). Für Platten mit den Längen 2500 mm und 2000 mm ist neben den Endauflagern stets eine mittlere Unterstützung erforderlich, bei 1600 mm langen Platten ist sie häufig notwendig. Platten mit einer Länge von 1250 mm werden ohne Mittelunterstützung verlegt. Das Gleiche gilt für Kurzwellplatten, die in der Regel auf 4 cm/6 cm dicken Latten liegen. Da normale Kurzwellplatten 625 mm lang sind, beträgt der Lattenabstand bei 125 mm Höhenüberdeckung 500 mm.

Beim Eindecken mit Faserzement-Wellplatten muss die **Deckrichtung** beachtet werden (Bild 1). Die übliche Deckung ist die **Linksdeckung**, d. h. sie beginnt am rechten Ortgang und erfolgt von rechts nach links. Die vorgefertigten Eckenschnitte an den Wellplatten, die eine Vierfachüberdeckung an den Ecken vermeiden, entsprechen dieser Deckrichtung. Soll ausnahmsweise eine Rechtsdeckung durchgeführt werden, sind Platten ohne Eckenschnitt zu verwenden, und dieser ist bauseits durchzuführen.

Unter **Schnürung** versteht man das Einteilen der Dachfläche in die einzelnen Plattenbreiten **(Bild 2)**. Die Schnürung beginnt mit der Festlegung des rechten Winkels, an dem die Deckung beginnt. Zuerst misst man an Traufe und First vom Dachüberstand aus jeweils die Gesamtbreite der ersten Wellplatte ab. Die Verbindungslinie der beiden Messpunkte wird mittels Verreihung auf ihre rechtwinklige Lage zur Traufe überprüft und erforderlichenfalls ausgemittelt. Von der Verbindungslinie aus misst man an Traufe und First die Nutzbreiten der folgenden Wellplatten ab und überträgt die Messpunkte durch Schnurschlag auf die dazwischen liegenden Plattenauflager. Misst die Dachlänge nicht ein Vielfaches der Plattenbreite, muss eine Plattenreihe in der Breite zugeschnitten werden. Das Maß dieser Schnittplatten wird an vorletzter Stelle angetragen. Zu beachten ist, dass sich bei Satteldächern die Wellen der Platten beidseitig des Firstes genau decken, damit Firstformstücke in beide Dachflächen passen.

Bei der **Verlegung** wird die Traufplatte der Giebelseite, an der die Deckung beginnt, zuerst aufgelegt und nach dem Schnurschlag ausgerichtet. Die weitere Verlegung erfolgt in Bahnen jeweils von der Traufe zum First. Dabei muss beachtet werden, dass die Platten am Eckenschnitt einen Abstand von mindestens 5 mm haben.

Zur **Befestigung** werden Faserzement-Wellplatten im Bereich der Höhenüberdeckung auf dem Wellenberg mit zwei Schrauben mit der Unterkonstruktion verschraubt. Im Bereich von Ortgängen und Traufen müssen wegen des Windsogs die Platten auch auf der Mittelauflage befestigt werden. Dazu werden in die Platten Löcher mit einem Durchmesser von 11 mm gebohrt.

Nach dem Werkstoff der Unterkonstruktion erfolgt die Befestigung hauptsächlich mit Holzschrauben, L-Haken und Schrauben mit Dübeln **(Bild 1)**. Die Abdichtung des Schraubenloches erfolgt durch eine Pilzdichtung aus Kunststoff mit einem Korrosionsschutzhut. Kurzwellplatten werden durch vorhandene Bohrungen mit Glockenschrauben befestigt (Bild 1, Seite 476).

17.5.3 Deckung mit verfalzten Blechen

Zu Dachdeckungen aus ebenflächigen Blechen verwendet man vorwiegend Blechbänder, aber auch Blechtafeln aus Kupfer, Aluminium, Titan-Zink sowie verzinktem und beschichtetem Stahl. Blechbänder haben eine Länge bis zu 14 m und eine Breite bis zu 1000 mm. Die Abmessungen von Blechtafeln betragen in der Regel 1000 mm x 2000 mm. Die Bleche werden an den senkrecht zur Traufe liegenden Stößen aufgekantet und übereinander gefalzt **(Bild 2)**. Durch diese **Stehfalzdeckung** liegen die verhältnismäßig dichten Fugen bis zu 35 mm über der Dachoberfläche und erfordern nur eine Mindestneigung von 3°. Sind Querfalze erforderlich, erhöht sie sich auf 5°.

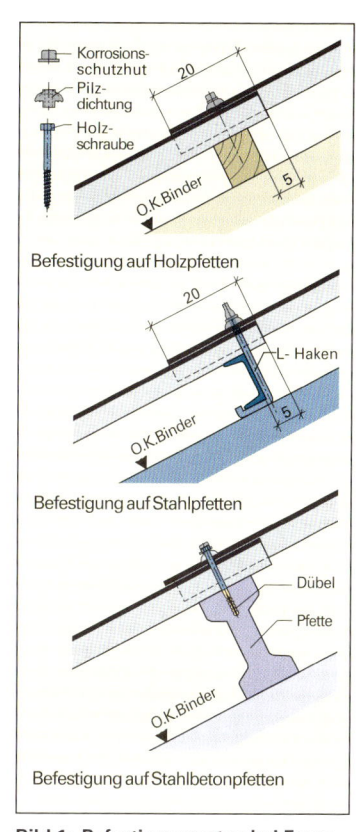

Bild 1: Befestigungsarten bei Faserzement-Platten

17.5.4 Deckung mit Bahnen

Die Bahnendeckung wird im Wesentlichen mit **Bitumen-Dachbahnen** und **Bitumen-Dachdichtungsbahnen** ausgeführt. Für normale Beanspruchung genügt eine zweilagige Deckung. Auf die punktweise aufgeklebte oder aufgenagelte erste Lage wird die zweite Lage aus Bitumen-Dachbahnen vollflächig aufgeklebt.

Dachbeläge aus Bahnen müssen einen **Oberflächenschutz** erhalten. Dieser hat die Aufgabe, unmittelbare Sonneneinstrahlung von der Dachhaut abzuhalten. Als Oberflächenschutz weisen Bahnen eine werkmäßig aufgebrachte Bestreuung, z. B. aus **Schiefersplitt,** auf.

17.5.5 Unfallschutz bei Dacharbeiten

Arbeitsplätze auf Dächern müssen sicher begehbar sein. Dazu müssen entsprechende Arbeits- und Schutzgerüste sowie Leitern bereitgehalten werden (Seite 190). Faserzement-Wellplatten dürfen beispielsweise beim Verlegen nicht betreten werden. Das Eindecken erfolgt deshalb mithilfe eines Laufstegs, der auf den Pfetten aufliegt, und eines Arbeitsstegs auf den verlegten Platten sowie einer quer darüber liegenden Arbeitsbohle. Die Ausführung ist vom Pfettenabstand und der Dachneigung abhängig **(Bild 3, Seite 476)**.

Deckwerkstoffe müssen so auf dem Dach abgesetzt und gesichert werden, dass sie nicht abrutschen, das Dach nicht überlastet wird und ein zügiger Arbeitsablauf beim Eindecken möglich ist **(Bild 3)**.

Bild 2: Deckung mit verfalzten Blechen

Bild 3: Bereitstellung von Deckwerkstoffen

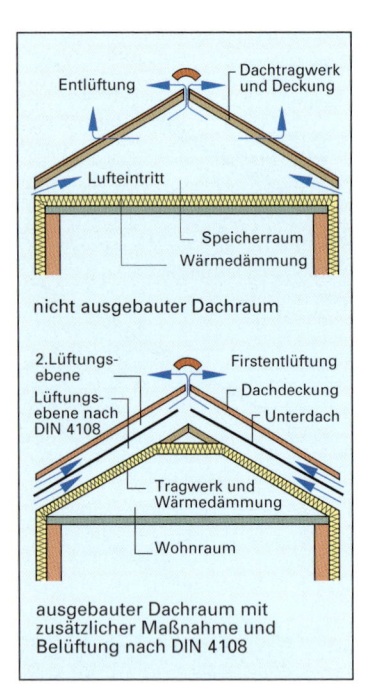

Bild 1: Belüftete Dächer

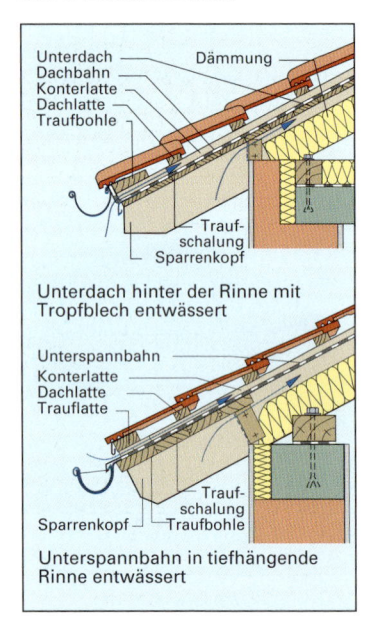

Bild 2: Traufausbildungen

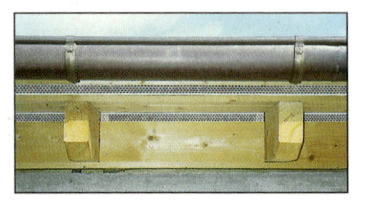

Bild 3: Lufteintritt an der Traufe mit Traufgitter

17.5.6 Belüftete und unbelüftete geneigte Dächer

Dächer sind erheblichen klimatischen Einflüssen ausgesetzt. Bei ihrer Durchbildung müssen daher neben den statischen und mechanischen Erfordernissen auch die bauphysikalischen Vorgänge berücksichtigt werden. Eine besondere Rolle spielt dabei die Wasserdampfdiffusion (Seite 442). Diese erfolgt, besonders im Winter, durch Decke und Wärmedämmschicht gegen die Dachhaut. Der Wasserdampf darf jedoch nicht an die kalte Dachhaut gelangen, da sich sonst Tauwasser niederschlägt, das die Dämmung durchfeuchtet und die Holzkonstruktion schädigt. Man verhindert dies, indem man entweder den Wasserdampf vor Erreichen der Dachhaut abführt, oder indem man die Dampfdiffusion unterbindet. Entsprechend ausgebildete Dächer nennt man belüftete oder unbelüftete Dächer. Ein belüftetes Dach bezeichnet man auch als Kaltdach, ein unbelüftetes als Warmdach.

17.5.6.1 Belüftete geneigte Dächer

Belüftete Dächer weisen über der Wärmedämmung eine Lüftung auf. Bei nicht ausgebauten Dächern kann der gesamte Speicherraum dieser Lüftung dienen **(Bild 1)**. Sollen Dachräume beispielsweise zu Wohnzwecken genutzt werden, ergeben sich bei belüfteten Dächern zwei Lüftungsebenen, weil dann zusätzlich zur Dachdeckung stets eine Zusatzmaßnahme, z. B. ein Unterdach, erforderlich ist.

Die erste Lüftungsebene ist bei belüfteten ausgebauten Dächern nach DIN 4108 zwischen der Wärmedämmung und einer Zusatzmaßnahme (Seite 467) anzuordnen, damit durch die Dämmung diffundierter Wasserdampf sicher abgeführt wird und keine Schäden durch Tauwasserbildung entstehen. Damit die Durchlüftung gewährleistet ist, enden regensichere Unterdächer, Unterdeckungen und Unterspannbahnen unterhalb des Firstscheitelpunktes.

Die zweite Lüftungsebene ergibt sich durch die Konterlattung oberhalb einer Zusatzmaßnahme **(Bild 2)**. Diese hat die Aufgabe, die Feuchtigkeit abzuleiten, die beispielsweise durch Schlagregen eingedrungen ist. Bei Unterspannbahnen genügt dazu unter günstigen Voraussetzungen auch der durch den Durchhang entstandene Raum zwischen Bahn und Deckung. Die Belüftung beider Lüftungsebenen erfolgt über Öffnungen an den Traufen und am First.

Den **Lufteintritt an der Traufe** ermöglicht man in der Regel durch **Abstandsfugen** zwischen den Brettern des Traufgesimses oder durch einen Abstand des Gesimses vor der Außenwand (Bild 2). Vor den Fugen angebrachte Traufgitter verhindern den Vogel- und Insekteneinflug **(Bild 3)**. Die Lüftungsfugen müssen nach DIN 4108 mindestens 2 cm breit sein und über die gesamte Trauflänge reichen. Bei einer Entfernung von mehr als 10 m von den Trauföffnungen zum First müssen die Zuluftöffnungen auf $1/500$ der dazu gehörenden Dachfläche vergrößert werden. Dabei wird vorausgesetzt, dass der freie Strömungsquerschnitt mindestens 2 cm hoch ist und dass der Wasserdampfdurchgang durch die untere Schale gebremst wird.

Von Unterdächern, Unterdeckungen und Unterspannbahnen abrinnendes Wasser muss ungehindert in die Dachrinne gelangen oder hinter dieser abtropfen können (Bild 2). Führt man die Bahnen in die Rinne, sind sie mit dem Taufblech zu verkleben. Außerhalb der Rinne entwässernde Bahnen sollten auf einem Tropfblech enden.

Der **Luftaustritt am First** erfolgt durch eine besondere Firstabdeckung oder durch Lüftungsziegel bzw. Lüftersteine.

Für die Entlüftung durch die Firstabdeckung gibt es besonders geformte **Firstentlüftungsziegel** und **Firststeine (Bild 1)**. Die Firstentlüftungsziegel werden trocken über die dazu gehörenden **Firstanschlussziegel** verlegt und mithilfe von Klammern auf der Firstlatte befestigt. Häufig werden unter Firstziegeln und Firststeinen **gelochte Firstkappen** (Firstlüftungsprofile) aus Kunststoff angebracht **(Bild 2)**. Die Ränder dieser Firstlüftungsprofile passen sich der Querschnittsform der Ziegel- bzw. Dachsteinoberfläche an oder werden durch systemgebundene Sonderelemente ergänzt.

Lüftungsziegel und **Lüftersteine** verlegt man in der zweiten Reihe unterhalb des Firstes (Bild 1). Ihre Zahl hängt von der Größe der Dachfläche ab. Wenn der Wasserdampfdurchgang durch die Unterschale gebremst ist, beträgt nach DIN 4108 bei wärmegedämmten Dächern der erforderliche freie Querschnitt der Firstlüftung $1/2000$ der Dachfläche, also z. B. bei einer Sparrenlänge von 12 m je Meter Firstlänge 60 cm^2.

17.5.6.2 Unbelüftete geneigte Dächer

Die zunehmend höheren Anforderungen an den Wärmeschutz bedingen große Dämmstoffdicken, die häufig nicht mehr mit einer Lüftungsebene innerhalb der statisch notwendigen Sparrenhöhe Platz finden. Das führt dazu, dass man beispielsweise einen Teil der Wärmedämmung unter den Sparren anbringen muss.

Eine andere Möglichkeit ist die **Sparrenvolldämmung,** bei der die gesamte Sparrenhöhe mit Dämmstoffen ausgefüllt wird **(Bild 3)**. Damit bei dieser Ausführung keine Feuchteschäden im Dachtragwerk und keine Minderung der Wärmedämmung durch Tauwasser auftritt, muss raumseitig eine **Dampfsperre** bzw. eine Dampfbremse angebracht werden. Diese bewirken außerdem die ebenfalls erforderliche **Luftdichtigkeit** des Daches (Windsperre). Dabei ist sicherzustellen, dass die Dampfsperre keine Lücken, Risse oder sonstigen Undichtigkeiten aufweist. Insbesondere die Anschlüsse an Dachdurchdringungen durch Schornsteine, Dachflächenfenster oder Ähnliches sind fachgerecht auszuführen. Außerdem muss gewährleistet sein, dass Feuchtigkeit im Sparrenbereich, z. B. durch erhöhte Anfangsfeuchte des Dachkonstruktionsholzes, nach außen abwandern kann. Dies erreicht man beispielsweise durch **diffusionsoffene Unterspannbahnen** oder **diffusionsoffene Unterdeckungen**.

Damit ein Dach mit Sparrenvolldämmung funktionsfähig ist, muss also die raumseitige Dampfsperre dicht und die der Deckung zugewandte Seite diffusionsoffen sein. Der Diffusionswiderstand dieser Schichten wird durch die „Diffusionsäquivalente Luftschichtdicke" gekennzeichnet und s_d**-Wert** oder **Dampfsperrwert** genannt (Seite 442). Nach DIN 4108 muss für unbelüftete wärmegedämmte Dachkonstruktionen ein Tauwassernachweis geführt werden, wenn die Dampfsperre einen s_d-Wert < 100 m aufweist. In dem „Merkblatt Wärmeschutz bei Dächern" des Zentralverbandes des Deutschen Dachdeckerhandwerks sind s_d-Werte für Dampfsperre und die diffusionsoffene Schicht angegeben, bei deren Einhaltung auf einen Nachweis verzichtet werden kann **(Tabelle 1)**. Da die Sparrenvolldämmung viele Vorteile gegenüber belüfteten Dächern aufweist, wird sie vermehrt ausgeführt **(Seite 480)**.

Mit dem Ziel, Dächer schnell und wirtschaftlich herzustellen, wurden großflächige verlegefertige Dachelemente entwickelt, die industriell vorgefertigt werden. Auch diese **Elementdächer** werden in der Regel **vollgedämmt** ausgeführt.

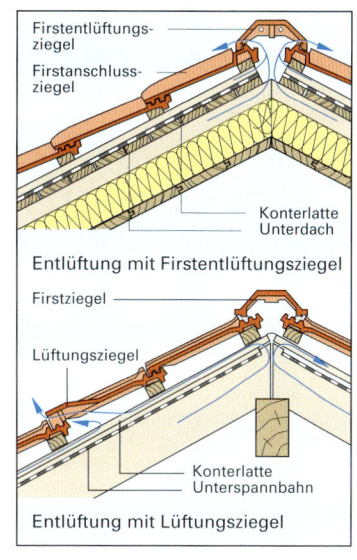

Bild 1: Luftaustritt am First

Bild 2: Firstentlüftung mit gelochten Firstkappen

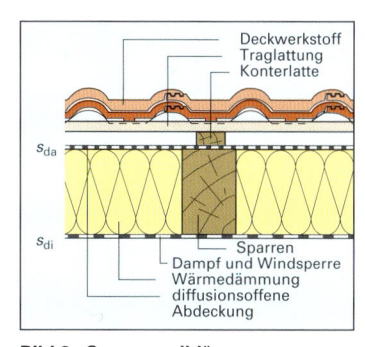

Bild 3: Sparrenvolldämmung

Tabelle 1: Maßnahmen zur Vermeidung von Tauwasser

Dampfsperrwerte s_d	
außen s_{da}	innen s_{di}
≤ 0,3 m	≥ 2 m
> 0,3 m < 16 m	≥ 6 · s_{da}
≥ 16 m	≥ 100 m

> **Gründe für Sparrenvolldämmung:**
> - vorhandener Sparrenquerschnitt reicht meistens für Dämmung aus
> - Holzimprägnierung kann entfallen, z. B. bei Unterspannbahn mit einem Sperrwert $s_d \leq 0{,}2$ m
> - wasserdichtes Unterdach mit Firstabdichtung ist möglich
> - einfache Ausführung, d. h. keine Risiken durch unterbrochene Lüftungsebene, z. B. durch
>   - zu hoch verlegte Dämmung
>   - Volumenvergrößerung der Dämmung
>   - viele Dacheinbauten oder Kehlen

Elementdächer bestehen gewöhnlich aus 1,25 m breiten Tafeln aus Holz-Doppel-T-Trägern und Wärmedämmung und erfüllen meist noch die Funktionen einer winddichten Dampfbremse, eines Unterdaches und der Konterlattung (**Bild 1**). Die Elemente werden auf zuvor verlegte Pfetten montiert und weisen oft eine wohnfertige Untersicht auf.

17.6 Flachdächer

Als Flachdach bezeichnet man einen mehrschichtigen Dachaufbau, der kein oder nur ein geringes Gefälle aufweist. Damit keine Wasseransammlungen entstehen, die im Winter vereisen können und die den Algen- und Pflanzenbewuchs sowie Schmutzansammlungen fördern, werden Flachdächer meist mit einem Mindestgefälle von 2 % bis 5 %, d. h. etwa 1° bis 3° ausgebildet.

Flachdächer werden durch vielfältige Einflüsse beansprucht. Damit keine Schäden entstehen und die Niederschläge sicher abgeführt werden, ist eine sorgfältige Planung und Ausführung von Tragwerk und Abdichtung erforderlich. Dies gilt insbesondere für den Dachrand und für Dachdurchdringungen. Flachdächer können als begehbare Dachterrassen, befahrbare Parkdecks oder mit einer Dachbegrünung (Gründach) hergestellt werden.

Bild 1: Vollgedämmte Dachelemente

> **Beanspruchung von Flachdächern**
> - Regen, Hagel, Wind
> - Eis- und Pfützenbildung
> - Hitze, Kälte, Temperaturwechsel
> - UV-Strahlung, Ozon-Einwirkung
> - Durchbiegung, Setzungen
> - Tauwasser
> - Verkehrslasten

17.6.1 Unbelüftete Flachdächer

In der Regel werden Flachdächer als unbelüftete Konstruktion ausgeführt, bei der Raumdecke, Wärmedämmschicht und Dachhaut miteinander verbunden sind (**Tabelle 1 und Bild 2**).

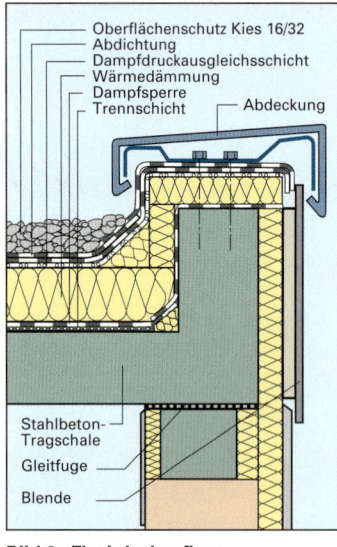

Bild 2: Flachdachaufbau

Tabelle 1: Ausführung unbelüfteter Flachdächer

Aufbau	Funktion	Werkstoffe
Tragschale	Raumtrennung Aufnahme und Abtragen von Lasten Schall- und Brandschutz	Stahlbetondecke aus Ortbeton, Betonfertigteile, Stahltrapezprofile Holzkonstruktion, beplankt mit imprägnierten Nut- und Federbrettern bzw. Holzwerkstoffen
Trennschicht	Gleitschicht, Trennung unverträglicher Werkstoffe	Lochglasvlies-Bitumenbahnen, Folien oder punktweise verklebte Dampfsperre aus Bitumendachbahnen mit Einlage aus Aluminium- oder Kupferfolie an den Stößen verschweißte Folien aus Polyethylen oder Polyisobutylen
Dampfsperre	Verhinderung der Dampfdiffusion in Wärmedämmung und unter die Abdichtung	
Wärmedämmung	Verringerung von Wärmedurchgang und Dehnungsspannungen Herstellen eines Gefälles mit Gefälledämmschichten	Hartschaumplatten aus Polystyrol, Polyurethan oder Phenolharz trittfeste Mineralfaserplatten Schaumglas bituminierte Korkplatten
Dampfdruckausgleich und Trennschicht	Verhinderung von Blasenbildung durch Entspannung eingeschlossener oder eingewanderter Feuchtigkeit Schutz der Dämmung vor Hitze bei Heißverklebung Gleitschicht	wie Trennschicht häufig punktweise aufgeklebte erste Schicht eines mehrlagigen Aufbaus der Abdichtung aus einer Kombination von Dachbahnen und Dachdichtungsbahnen mit verschiedenen Trägereinlagen bzw. entsprechenden Bahnen aus Polymerbitumen sowie Schweißbahnen oder Kunststoffdachbahn z. B. aus Polyisobutylen mit Rohglasvliesbahn
Abdichtung	wasserdichte Ebene	
Oberflächenschutz	Schutz vor direkter Sonneneinstrahlung, Windsog und mechanischer Beschädigung	5 bis 10 cm gewaschener Kies der Körnung 16/32, Plattenbeläge oder Bahnen mit werkseitiger Bestreuung z. B. aus Schiefersplitt

Tragschalen aus Stahlbeton und Profilblechen erhalten auf ihrer Oberfläche einen **Voranstrich** aus Bitumenemulsion oder Bitumenlösung (Seite 95). **Biegeweiche Leichtdächer** mit tragender Schale aus Stahltrapezprofilen oder einer Holzkonstruktion mit Beplankung werden immer mit geringem Gefälle ausgeführt **(Bild 1)**.

Stahlbetondächer aus wasserdichtem Beton haben einen einfachen Aufbau. Es ist nur eine meist raumseitig angeordnete Wärmedämmung aus Polystyrol-Hartschaum (Seite 158) mit Dampfbremse sowie ein Oberflächenschutz erforderlich **(Bild 2)**. Solche Dächer können auch als Umkehrdach ausgeführt werden, wobei der Beton auch noch die Funktion der Dampfsperre übernimmt (Seite 442).

Bild 1: Leichtdach aus Stahltrapezprofilen

17.6.2 Gründach

Durch zunehmende Bebauung werden natürliche Lebensräume verdrängt und die Landschaft versiegelt. Eine Möglichkeit naturnahen Lebensraum zurückzugewinnen und das Kleinklima zu verbessern, bietet das begrünte Dach, das vor allem bei Flachdächern gut auszuführen ist. Die Dachbegrünung hat neben der ökologischen Bedeutung auch bautechnische Vorteile, z. B. den Schutz des Daches vor extremen Temperaturen, UV-Strahlen, Windsog und mechanischer Beschädigung sowie einen erhöhten Schall- und Wärmeschutz.

Neben dem bei Flachdächern üblichen Schichtenaufbau sind weitere Funktionsschichten für den Grünaufbau nötig. Die obere Lage der Abdichtung wird mit einer wurzelfesten Bahn ausgeführt. Darüber werden eine Trenn- und Gleitschicht, eine Schutzschicht, eine Wasserspeicher- und Dränschicht, ein Filtervlies sowie die Vegetationsschicht und die Begrünung bzw. Bepflanzung angeordnet **(Bild 3)**.

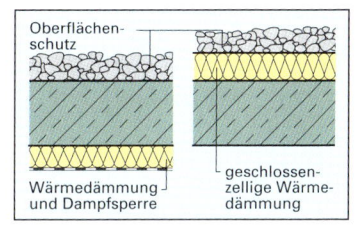

Bild 2: Stahlbetondächer aus wasserdichtem Beton

Nach dem Aufbau von Vegetationsschicht und der möglichen Bepflanzung unterscheidet man **extensive** und **intensive Begrünung**. Letztere ermöglicht eine Gartenlandschaft. Bei der extensiven Begrünung ist dafür ein leichterer Aufbau möglich und nur geringer Pflegeaufwand nötig, dafür ist jedoch die Bepflanzung auf Moose, Dickblattgewächse (Sedum), Kräuter und einige Gräser begrenzt.

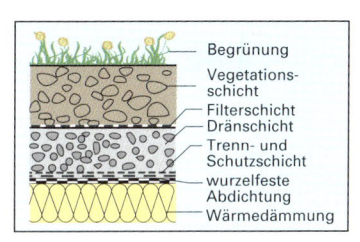

Bild 3: Aufbau von Gründächern

17.6.3 Belüftete Flachdächer

Das belüftete Flachdach (Kaltdach) ist eine zweischalige Konstruktion **(Bild 4)**. Der Luftaustausch erfolgt über Öffnungen am Dachrand, die durch ein Insektengitter gesichert werden. Nach DIN 4108 muss der freie Querschnitt der Öffnungen an zwei gegenüberliegenden Traufen jeweils mindestens $1/500$ der gesamten Dachgrundfläche betragen und der belüftete Zwischenraum muss mindestens 5 cm hoch sein. Es ist zweckmäßig, diese Mindestwerte deutlich zu überschreiten. Bei Holzkonstruktionen ist unter der Wärmedämmung eine Dampfsperre erforderlich. Als Dachhaut muss eine Abdichtung mit Oberflächenschutz aufgebracht werden.

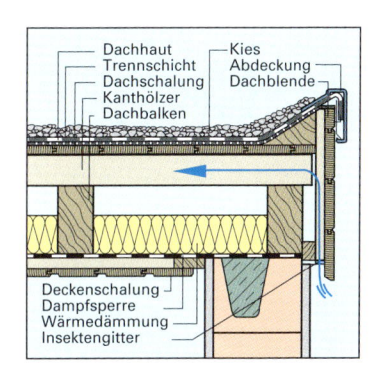

Bild 4: Belüftetes Flachdach

Aufgaben

1. Welche Anforderungen stellt man an die Dachhaut?
2. Beschreiben Sie die Ausführung von Unterdächern.
3. Unterscheiden Sie Dachziegel und Dachsteine nach Herstellung, Form und Eindeckung.
4. Erklären Sie, wie das Lattmaß ermittelt wird.
5. Unterscheiden Sie Flachdächer nach ihrem Aufbau.
6. An ein Produktionsgebäude soll ein 8,00 m breiter Anbau mit einem Pultdach errichtet werden. Wählen Sie ein geeignetes Dachtragwerk, einen bauphysikalisch zweckmäßigen Aufbau sowie den Deckwerkstoff und begründen Sie Ihre Wahl!

18 Ausbau

Vom Rohbau bis zur Fertigstellung eines Gebäudes sind der Einbau von Heizungsanlagen, die Sanitärinstallation und die Elektroinstallation sowie Putz-, Glaser- und Tischlerarbeiten vorzunehmen.

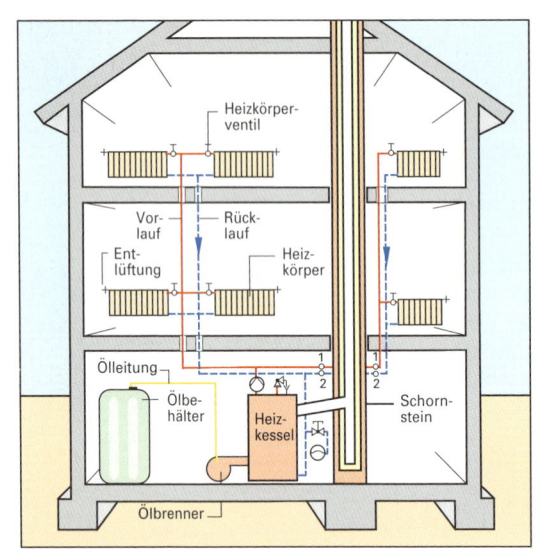

Bild 1: Zentralheizungsanlage (Strangschema)

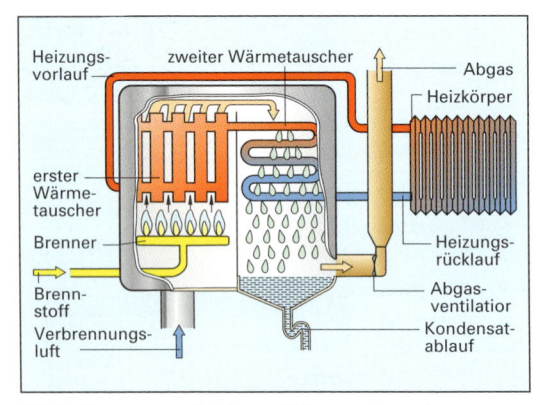

Bild 2: Brennwert-Heizkessel (Strangschema)

18.1 Heizungsanlagen

Heizungen haben die Aufgabe, die geforderte Raumtemperatur herzustellen, sie müssen deshalb regelbar sein. Nach Art der Brennstoffe und Betriebsmittel unterscheidet man Holz-, Gas-, Öl- und elektrisch betriebene Heizungsanlagen. Nach Lage der Feuerstätten gibt es Einzelofenheizungen, Zentralheizungen und Fernheizungen. Aus Gründen der Energieersparnis werden Heizungsanlagen zunehmend mit erneuerbaren Energien, wie z. B. Sonnenenergie, Erdwärme über Wärmepumpen, Windenergie und Wasserenergie, betrieben.

18.1.1 Zentralheizungen

Zentralheizungen bestehen aus einem Wärmeerzeuger, z. B. einem Heizkessel, aus Rohrleitungen und Heizkörpern oder Flächenheizungen, z. B. Fußboden- und Deckenheizungen (**Bild 1**). Der Heizkessel wird meist im Untergeschoss des Gebäudes, in der Regel in einem besonderen Raum, aufgestellt. Heizkessel für flüssige und gasförmige Brennstoffe mit einer Nennwärmeleistung von über 50 kW dürfen je nach Bauordnung nur in Räumen (Aufstellräumen) aufgestellt werden,

- die nicht anderweitig genutzt werden, ausgenommen z. B. zur Lagerung von Heizöl,
- die gegenüber anderen Räumen keine Öffnungen haben, ausgenommen für Türen,
- deren Türen dicht und selbstschließend sind,
- wenn Brenner und Heizölzufuhr (sofern Heizöl im Aufstellraum gelagert wird) durch einen außerhalb des Raumes angeordneten Schalter abgeschaltet und
- die gelüftet werden können, z. B. durch Fenster.

Der **Heizkessel,** in dem sich außer dem Verbrennungsraum ein Behälter zum Erwärmen des Heizwassers befindet, kann aus Stahl oder Gusseisen sein. Während in einem Heizkessel Warmwasser für die Heizungsanlage erzeugt wird, kann mit Hilfe eines Warmwasserspeichers das Gebäude auch mit Warmwasser versorgt werden. Heizkessel sind über Rauchrohre und Abgasrohre an Schornsteine anzuschließen. Beheizt werden sie mit Holz, Gas oder Heizöl. Besonders energiesparend und schadstoffarm sind Brennwert-Heizkessel. Diese haben einen zusätzlichen Wärmetauscher, an dem das Abgas kondensiert. Die dabei frei werdende Kondensationswärme wird an das Heizwasser übertragen (**Bild 2**).

Die **Heizöllagerung** muss so vorgenommen werden, dass eine Verunreinigung des Grundwassers ausgeschlossen ist. Deshalb dürfen größere Mengen Heizöl nur in ortsfesten und geschlossenen Behältern gelagert werden. Diese unterliegen je nach Lagerkapazität einer erstmaligen oder wiederkehrenden Prüfpflicht.

Die **Rohrleitungen** einer Heizungsanlage führen Warmwasser zu den Heizkörpern. Für diese werden Gewinderohre, nahtlose Stahlrohre und Kupferrohre sowie Kunststoffrohre verwendet.

Da sich die Rohrleitungen durch das Warmwasser erwärmen, sind die Längenänderungen der Leitungen zu berücksichtigen und die Rohre entsprechend zu befestigen. Bei Wand- und Deckendurchführungen sind die Rohre durch Rohrhülsen zu führen sowie bei Wand und Deckenaustritt Rosetten anzubringen.

Um den **Wärmeverlust** vom Heizkessel zu den Heizkörpern möglichst klein zu halten, werden die Rohre wärmegedämmt. Die Wärmedämmung erfolgt durch Ummantelung der Rohre mit Wärmedämmschalen oder durch Ausschäumen der Wandschlitze.

Heizkörper und Flächenheizungen

Heizkörper nehmen die Wärme des Warmwassers auf und geben sie durch Wärmestrahlung und Wärmemitführung (Konvektion) an die Raumluft ab. Heizkörper sind meist unter Fensteröffnungen angebracht. Je nach Art der Wärmeabgabe unterscheidet man Radiatoren, Plattenheizkörper und Konvektoren.

Bei Flächenheizungen werden die Raumbegrenzungsflächen, in der Regel Boden und Decke, teilweise für die Raumheizung genützt. Flächenheizungen geben die Wärme überwiegend als Wärmestrahlung ab.

Radiatoren bestehen aus Gusseisen oder Stahlblech und können durch Anbringen oder Abnehmen von Gliedern in ihrer Länge verändert werden. Sie geben die Wärme zu etwa 65 % durch Konvektion und zu etwa 35 % durch Strahlung ab. Radiatoren dürfen nicht verdeckt oder mit Möbeln verstellt werden **(Bild 1)**.

Plattenheizkörper sind aus Stahlblech gefertigt und haben glatte oder gerippte Seitenflächen. Da die Bautiefe einer Platte mit etwa 20 mm sehr gering ist, kann auf eine Heizkörpernische verzichtet werden. Zur Steigerung der Heizleistung lassen sich mehrere Platten hintereinander anordnen (Kompaktheizkörper). Plattenheizkörper geben ihre Wärme sowohl durch Abstrahlung als auch durch Konvektion ab **(Bild 2)**.

Konvektoren bestehen aus verzinktem Stahlblech, Kupfer oder Aluminium und geben ihre Wärme fast ausschließlich durch Wärmemitführung ab. Sie sind wesentlich kleiner als Radiatoren, haben aber durch ihre Lamellen eine wesentlich größere Oberfläche. Konvektoren müssen schachtförmig eingebaut sein, um eine kaminartige Zugwirkung zu erzielen **(Bild 3)**.

Fußbodenheizungen geben ihre Wärme durch Abstrahlung an den Raum ab. Die Heizungsrohre aus Kunststoff (PB, PP oder PE-X), Kupfer oder Präzisionsstahl, jeweils kunststoffummantelt, werden schlangenförmig und in geringen Abständen auf einer Wärmedämmschicht mit vorbereiteten Vertiefungen verlegt, damit nach unten keine Wärmeverluste auftreten. Nach oben folgen der Heizestrich und der Bodenbelag. Zwischen den Heizungsrohren und dem Estrich ist eine Abdeckung einzubauen **(Bild 4)**. Bei der Nasseinbettung werden die Heizrohre direkt in den Heizestrich gelegt (Seite 499). Unter dem Estrich ist eine Trennschicht angeordnet, um ein Eindringen von Feuchtigkeit in die Wärmedämmung zu verhindern.

Deckenheizungen geben ihre Wärme ebenfalls durch Strahlung ab. Die Heizrohre aus Stahl werden von der Raumdecke abgehängt. Die sichtbare Deckenuntersicht kann aus Aluminiumplatten bestehen, die mit Stahlklammern an den Heizrohren befestigt werden. Durch Wärmeleitung geht die Wärme auf die Blechplatten über und wird in

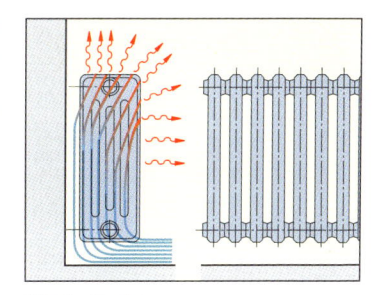

Bild 1: Radiator

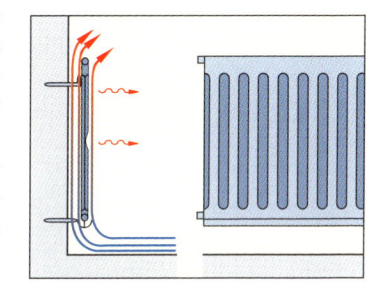

Bild 2: Plattenheizkörper

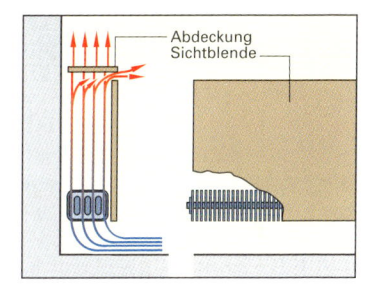

Bild 3: Konvektor

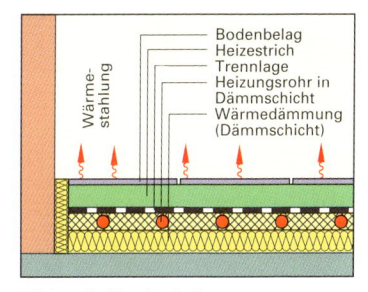

Bild 4: Fußbodenheizung

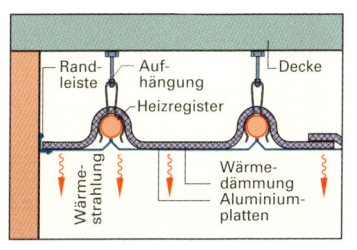

Bild 5: Deckenheizung

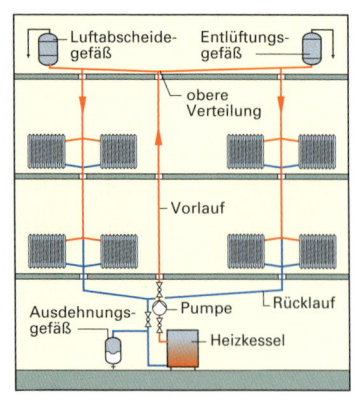

Bild 1: Einrohrsystem

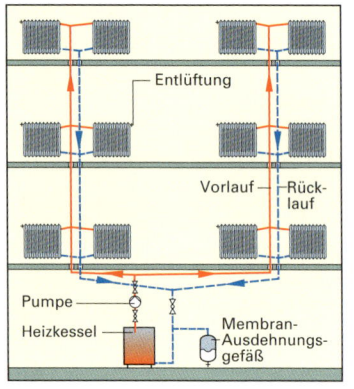

Bild 2: Zweirohrsystem

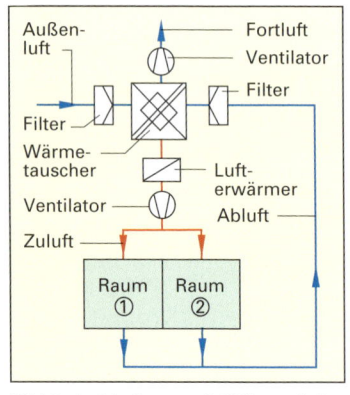

Bild 3: Luftheizung mit Wärmerückgewinnung

den Raum abgestrahlt. Über den Heizrohren ist eine Wärmedämmung angebracht **(Bild 5, Seite 483)**.

Heizungssysteme

Bei Zentralheizungen unterscheidet man nach Lage der Hauptverteilung des Warmwassers die obere und die untere Verteilung. Bei der **oberen Verteilung** wird das Warmwasser in der Steigleitung an die höchste Stelle gepumpt und von dort über Fallleitungen den Heizkörpern zugeleitet. Bei der **unteren Verteilung** erfolgt die Zuführung des Warmwassers und die Rückführung des Kaltwassers von unten.

Beim **Einrohrsystem** durchfließt das Warmwasser mehrere hintereinander geschaltete Heizkörper. Dabei wird über ein besonderes Ventil nur ein Teil des Heizwassers (etwa 30 %) dem Heizkörper zugeführt. Das abgekühlte Wasser wird in der gleichen Rückleitung dem anderen Teil des Heizwassers wieder zurückgeführt, in den Heizkessel geleitet und erwärmt. Einrohrheizungen gibt es nur als Pumpenheizungen. **(Bild 1)**. Beim **Zweirohrsystem** fließt das Warmwasser über die Vorlaufleitung in den Heizkörper. Das abgekühlte Wasser wird in einer besonderen Rücklaufleitung wieder in den Heizkessel geleitet **(Bild 2)**. Bei Warmwasserheizungen erfolgt der Druckausgleich über ein Druckausdehnungsgefäß mit Sicherheitsventil.

18.1.2 Lüftungsanlagen, Warmluftheizung, Klimaanlagen

Die Lüftung von Räumen kann z. B. über Fenster auf natürliche Weise erfolgen. Bei **Lüftungsanlagen** findet der Luftaustausch über Lüftungsschächte statt. Dabei blasen Ventilatoren Luft ein oder saugen Luft ab. Eingeblasene Luft kann kalt sein oder erwärmt werden. Deckt die erwärmte Luft die geforderte Raumtemperatur ab, spricht man von **Warmluftheizung**. Bei der Luftheizung wird Außenluft (Frischluft) angesaugt und durch Lufterhitzer erwärmt. Dies sind durch Warmwasser oder Dampf erhitzte Heizflächen, an denen die zu erwärmende Luft vorbeistreicht. Man spricht dabei von **Frischluftheizung**. Bei der Umluftheizung wird aus dem Raum abgesaugte Luft erwärmt und als Umluft wieder in den Raum eingeblasen. Bei der **Mischluftheizung** wird sowohl Außenluft als auch Umluft erwärmt.

Häufig, besonders im Winter, enthält die abgeblasene Fortluft gegenüber der Außenluft große Wärmemengen, die in die Atmosphäre verloren gehen. Wird diese Wärmeenergie zurückgehalten und zur Erwärmung der angesaugten Außenluft verwendet, spricht man von **Wärmerückgewinnung**. Diese erfolgt in einem Wärmetauscher. Eine Lüftungsanlage mit Wärmerückgewinnung kann mit einer Pumpenwarmwasserheizung kombiniert werden **(Bild 3)**.

Klimaanlagen sorgen für Temperaturregelung, Luftaustausch, Luftreinigung sowie für Luftbe- und -entfeuchtung. In Klimaanlagen wird ein Teil der Abluft gefiltert, mit Außenluft gemischt, erwärmt, befeuchtet und wieder in die Räume eingeblasen. Dabei ist ein mehrmaliger Luftwechsel in der Stunde erforderlich.

Aufgaben

1 Für Heizungen stehen verschiedene Energiequellen zur Verfügung. Vergleichen Sie diese hinsichtlich ihrer Folgen für die Umwelt und hinsichtlich ihrer Verfügbarkeit.

2 Vergleichen Sie die verschiedenen Möglichkeiten, Wärme an die Raumluft abzugeben.

3 Beschreiben Sie die Unterschiede von Lüftungsanlagen, Luftheizung und Klimaanlagen!

18.2 Sanitärinstallation

Menschen, die sich in Gebäuden aufhalten, müssen mit Trinkwasser versorgt werden. Das anfallende Schmutzwasser ist zusammen mit dem Niederschlagswasser als Abwasser zu entsorgen.

In vielen Gebäuden wird Gas als Energieträger eingerichtet. Die dabei zu verrichtenden Arbeiten werden unter der Bezeichnung Sanitärinstallation zusammengefasst und vom Sanitärinstallateur ausgeführt. Man unterscheidet dabei die Rohmontage und die Fertigmontage.

Zur **Rohmontage** gehört das Verlegen von Rohrleitungen für Trinkwasser, Abwasser und Gas. Sie beginnen unmittelbar nach Beendigung des Rohbaues bei noch unverputzten Wänden. Die Rohre werden vor der Wand, in Aussparungen oder in Schächten verlegt.

Bei der **Fertigmontage** werden die Sanitärgegenstände wie Spüle, Waschbecken, WC oder Gasgeräte wie Gasherd und Warmwasserbereiter montiert, an das Rohrnetz angeschlossen und auf ihre Betriebsfähigkeit überprüft. Die Versorgungsleitungen für Trinkwasser und Gas sowie die Grundleitungen für Abwasser führt man innerhalb eines bestimmten Bereiches in das Gebäude bzw. aus dem Gebäude. Nach DIN 18012 kann dies innerhalb eines **Hausanschlussraumes** erfolgen (**Bild 1**).

18.2.1 Trinkwasserinstallation

Die Trinkwasserinstallation umfasst das Verlegen der Rohre für Trinkwasser (TW) und Warmwasser (TWW), die Montage der Armaturen, mit denen man den Wasserdurchfluss absperren, den Wasserdruck verändern und überprüfen kann, sowie den Einbau der Sanitärgegenstände. Für die Darstellung der Rohrleitungsanlagen verwendet man Sinnbilder (**Tabelle 1, Seite 486**).

Rohrleitungen bestehen z. B. aus verzinktem Stahl oder Edelstahl, die mit Hilfe von Fittings wie Winkel, Bögen und Übergangsstücken zusammengeschraubt werden. Rohrleitungen aus Kupfer werden gelötet, solche aus Kunststoffen geklebt, geschweißt oder verschraubt. Alle Rohre müssen einem Dauerdruck von 10 bar standhalten. Die Rohrleitungsanlage beginnt an der Versorgungsleitung, die meist im Straßenbereich liegt und deren Absperreinrichtung durch Hinweisschilder festgestellt werden kann. Von hier aus wird die Hausanschlussleitung in frostsicherer Tiefe zum Gebäude geführt. Die Mauerdurchführung muss gas- und wasserdicht, elastisch und korrosionsfest sein. Möglichst nahe an der Hauseinführung ordnet man den Wasserzähler an. Um diesen leicht auswechseln zu können, baut man vor und nach dem Zähler ein Absperrventil ein. Über Verteilungs- und Steigleitungen wird das Trinkwasser in die verschiedenen Stockwerke des Gebäudes geführt und dort über Verbrauchsleitungen zu den einzelnen Zapfstellen geleitet. Alle Steigleitungen müssen einzeln absperrbar sein und entleert werden können. Beim Entleeren der Steigleitungen soll das Wasser über eine Auffangrinne abgeführt werden können.

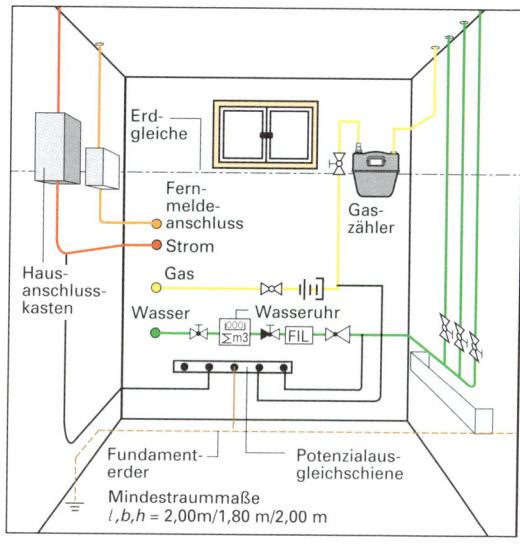

Bild 1: Hausanschlussraum

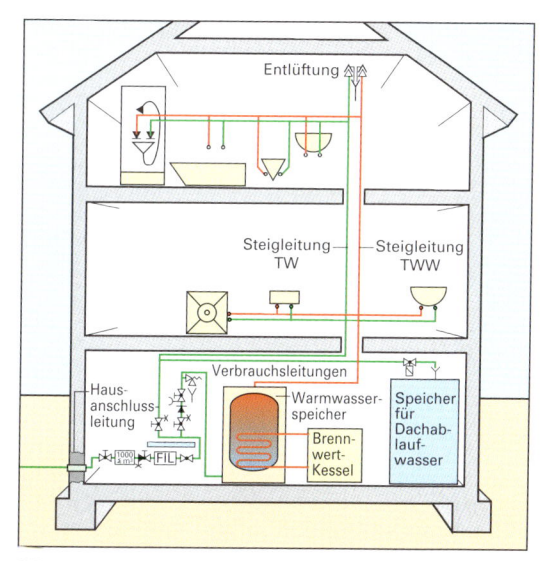

Bild 2: Haustrinkwasseranlage (Strangschema)

Tabelle 1: Sinnbilder für Trinkwasseranlagen			
Benennung	Sinnbild	Benennung	Sinnbild
Trinkwasserleitung kalt	TW 80	Auslaufventil mit Rückflussverhinderer	
Trinkwasserleitung warm	TWW 50	Spülkasten	S
Filter	FIL	Rohrbelüfter	
Wasserzähler	000 ∑ m³	Auslaufventil	
Absperrarmatur		Druckspüler	
Schraubverbindung		Anschluss für Messgerät	
Absperrventil		Schlauchbrause	
Eckventil		Pumpe	
Durchgangshahn		Mischbatterie für Kalt- und Warmwasser	
Rückflussverhinderer		Wand- und Deckendurchführung	
Druckminderer		freier Auslauf	

Armaturen, wie z. B. Absperrventile, werden dort in die Rohrleitung eingebaut, wo der Wasserstrom zum Auswechseln von Geräten oder anderen Armaturen unterbrochen werden muss. Auslaufarmaturen sitzen am Ende von Verbrauchsleitungen. Über eine Mischbatterie kann gleichzeitig Kalt- und Warmwasser entnommen, bei einer Thermostatbatterie vor und während der Wasserentnahme die gewünschte Temperatur eingestellt werden. Schwimmerauslaufventile werden in den Spülkästen der WCs verwendet, wobei ein Kunststoffschwimmer die Wasserzufuhr regelt. Bei Druckspülern wird das Absperrventil durch Feder- und Wasserdruck geschlossen bzw. geöffnet.

Sicherheitsarmaturen verhindern ein zu hohes Ansteigen des Wasserdruckes in den Sanitärgegenständen, Rückflussverhinderer vermeiden ein Zurückfließen von Warmwasser oder Schmutzwasser in die Trinkwasserleitung.

18.2.2 Abwasserinstallation

Zur Abwasserinstallation gehören **Rohrleitungen, Geräte und Anlagen,** die Schmutz- und Niederschlagswasser zur Grundleitung führen (**Tabelle 1, Seite 226**). Auch Sanitärgegenstände mit Wasserzapfstellen, wie z. B. Spüle, Badewanne und WC, gehören dazu (**Tabelle 2**). **Abwasserleitungen** beginnen jeweils am Auslauf der Sanitärgegenstände (**Bild 1**). Sie haben einen Geruchsverschluss, der das Austreten von Kanalgasen verhindert. Das Abwasser wird über die **Anschlussleitung** und die zu entlüftende **Fallleitung,** die aus Stahl-, Guss- oder Kunststoffrohren besteht, abgeleitet. Regenwasser fließt über Dachrinnen und über außen- oder innenliegenden Regenfallrohre ab. Diese können aus verzinktem Stahlblech, Titanzink, Kupfer oder Kunststoff sein. Zur Trinkwassereinsparung wird zunehmend Regenwasser gespeichert und für Toilettenspülung, Waschmaschine und Gartenbewässerung genutzt (Grauwasser).

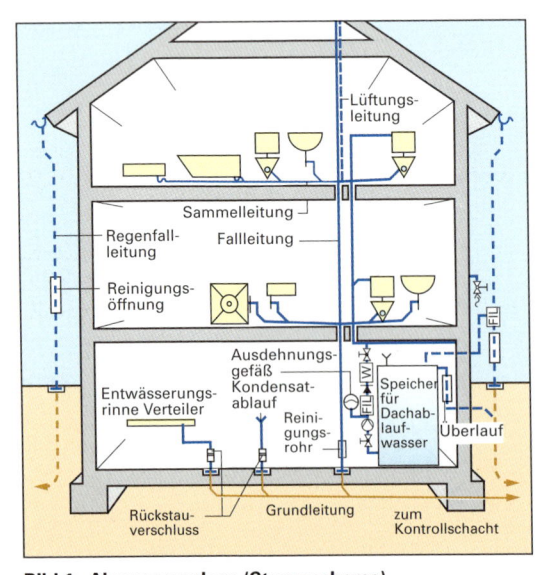

Bild 1: Abwasseranlage (Strangschema)

Tabelle 2: Sinnbilder für Sanitärgegenstände			
Name	Sinnbild	Name	Sinnbild
Badewanne		Klosettbecken	
Duschwanne		Spülbecken, einfach	
Waschbecken		Geschirr-Spülmaschine	
Urinalbecken		Waschmaschine	

18.2.3 Gasinstallation

Bei der Installation von Gasleitungen und Gasgeräten sind die vom **D**eutschen **V**erein der **G**as- und **W**asserfachmänner erarbeiteten **T**echnischen **R**egeln für **G**as-Installation (**DVGW-TRGI**) zu beachten. Die Überwachung der Gasanlagen erfolgt durch das örtliche **G**as**v**ersorgungs**u**nternehmen (**GVU**) oder das **V**ertrags-**I**nstallations-**U**nternehmen (**VIU**).

Gasleitungen werden ähnlich wie Wasserleitungen verlegt (**Bild 1**). Bei der zeichnerischen Darstellung werden Sinnbilder verwendet (**Tabelle 1**). In der Versorgungsleitung, die sich wie bei der Wasserversorgung im Straßenbereich befindet, muss eine Absperreinrichtung angeordnet sein. Von dort führt die Hausanschlussleitung in das Gebäude zur Hauptabsperreinrichtung (**HAE**). Eine Zähleranschlussleitung leitet das Gas über ein Isolierstück, eine Verschraubung und einen Druckregler zum Gaszähler und von dort in die Verbrauchsleitung. Über Abzweig- und Geräteanschlussleitungen wird das Gas zu den einzelnen Geräten geführt.

Bild 1: Gasversorgung

Gasleitungen werden meist aus verzinkten Stahlrohren hergestellt. Abzweige und Richtungsänderungen werden wie bei Wasserleitungen durch den Einbau von Fittings vorgenommen. Die Rohre werden vor der Wand, in Aussparungen oder Schächten verlegt. Sie sind besonders sorgfältig auf ihre Dichtheit zu überprüfen. Dies geschieht durch Abdrücken mit Luft oder Stickstoff. Bei Geräteanschlüssen kann dies auch durch Abpinseln mit schaumbildenden Stoffen, wie z. B. mit Seifenwasser, erfolgen.

Gasgeräte, wie z. B. Gasherde, Gaswasserheizer oder Raumheizer, sind an das Rohrleitungsnetz fest oder beweglich, wie z. B. bei Gasherden, angeschlossen. In den Geräten oder am Ende der Geräteanschlussleitung sind Absperrhähne eingebaut, die um 90° gedreht das Gas durchströmen lassen oder die Gaszufuhr absperren. In den Gasgeräten wird das Gas verbrannt. Um bei erloschener Flamme das Ausströmen von Gas zu verhindern, sind Sicherungen eingebaut. Diese können auf thermoelektrischem Wege oder elektronisch gesteuert sein. Die Gaszufuhr wird dann sofort nach Erlöschen der Flamme geschlossen.

Gasfeuerstätten können einzelne Gasraumheizer oder Kessel für Zentralheizungen sein. Bei deren Einbau sind besondere Vorschriften über die Zufuhr von Verbrennungsluft zu beachten. Die Abgase müssen durch besondere Anlagen ins Freie geführt werden. Treten Abgase in den Raum aus, wird die Gaszufuhr ebenfalls elektrisch oder elektronisch gesperrt.

Tabelle 1: Sinnbilder für Gasanlagen

Benennung	Sinnbild	Benennung	Sinnbild
Hauseinführung mit Abdichtung		Zweistutzengaszähler	Z
Isolierstück		Durchgangshahn	
Leitung offenliegend mit DN	25	Gasherd, vierflammig	
Querschnittsveränderung mit DN	20 × 25	Gasraumheizer mit Nennwärmeleistung	kW
Druckregelgerät		Gasfilter	
Gassteckdose, thermisch auslösend		Gasheizkessel mit Nennwärmeleistung	G kW
lösbare Verbindung		Abgasschornstein	cm²

Aufgaben

1. Trinkwasser ist eines der wichtigsten Lebensmittel des Menschen. Beschreiben Sie, was dies für den Umgang mit dem Trinkwasser bedeutet.
2. Die Bereitstellung von Trinkwasser erfordert hohe Kosten. Begründen Sie diese Aussage.
3. Die Verwendung von Gas birgt erhebliche Gefahren. Beschreiben Sie, durch welche Maßnahmen diese verringert werden können.
4. Beschreiben Sie den Weg des Abwassers vom Wasserhahn bis zur öffentlichen Kanalisation.

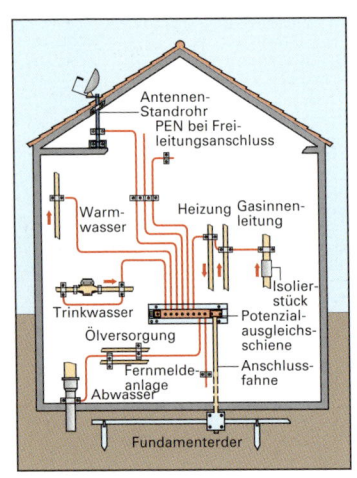

Bild 1: Potenzialausgleich in Wohngebäuden

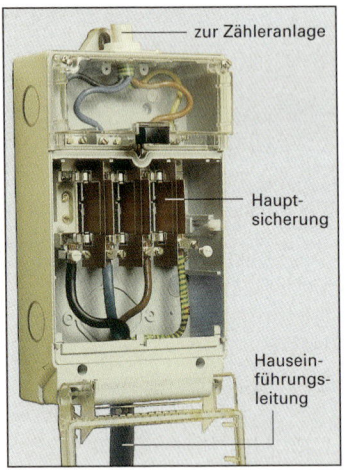

Bild 2: Hausanschlusskasten

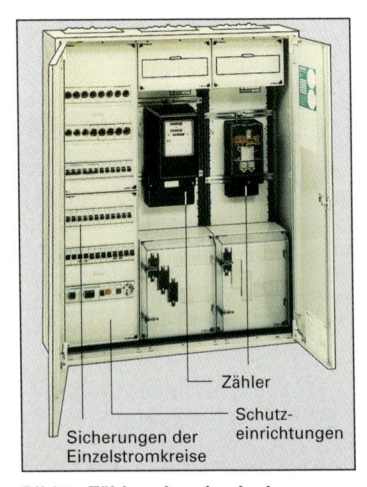

Bild 3: Zählerschrank mit eingebautem Stromkreisverteiler

18.3 Elektroinstallation

Die Planung von elektrischen Anlagen kann nicht nur von den Wünschen des Bauherrn ausgehen, sondern muss auch die geltenden Vorschriften der **E**lektrizitäts-**V**ersorgungs-**U**nternehmen **(EVU)**, also die **T**echnischen **A**nschluss**b**edingungen **(TAB)** berücksichtigen. Vor der Installation der elektrischen Anlagen müssen bauliche Maßnahmen getroffen werden, z. B. das Einbauen des Fundamenterders oder das Aussparen einer Nische für den Zählerkasten.

Zur elektrischen Anlage eines Hauses gehören die Hausanschlussanlagen, die Hauptleitungen, die Zähleranlage, die Verteilung und Absicherung der Einzelstromkreise, die Signal-, Antennen- und Fernmeldeanlagen sowie die Gebäudesystemtechnik. Über Potenzialausgleichsschiene und Fundamenterder werden alle metallischen Rohrleitungen und Sanitäreinrichtungen geerdet **(Bild 1)**.

18.3.1 Hausanschlussanlagen

Die elektrische Energie für ein Gebäude kann über Erdkabel oder eine Freileitung mit Dachständer zugeführt werden. Die Hausanschlussanlagen umfassen den Hausanschluss, die Hauseinführungsleitung und den Hausanschlusskasten **(Bild 2)** mit den Hauptsicherungen. Für diese Anlagen ist entsprechend den Vorschriften des EVU ausreichend Platz vorzusehen. Die Vorschriften sind für Kabelanschlüsse in DIN 18012 und für Freileitungsanschlüsse in DIN 18015 festgelegt. In der Nähe der Hausanschlussanlagen dürfen keine leicht entzündlichen Gegenstände gelagert werden.

18.3.2 Hauptleitungen

Durch die Hauptleitungen werden der Hausanschlusskasten mit der Zähleranlage und diese mit den Einzelverteilungen verbunden. Bei Freileitungsanschlüssen ist in den meisten Wohngebieten die Hauptleitung so auszuführen, dass die Anlage später auch über Kabelanschluss versorgt werden kann. Zu diesem Zweck sind Leerrohre mit 29 mm Innenweite für jede Hauptleitung vorzusehen.

18.3.3 Zähleranlage

Die Zähleranlage umfasst die Zähler für die elektrische Energie, die Stromkreisverteiler mit Sicherungen sowie Steuereinrichtungen, z. B. eine Schaltuhr. Diese Geräte müssen vor Feuchtigkeit, Verschmutzung und Beschädigungen geschützt sein und befinden sich deshalb in einem Zählerschrank **(Bild 3)**. Zähleranlagen sind in leicht zugänglichen Räumen wie Fluren oder Vorräumen unterzubringen. Der Einbau soll in Nischen nach DIN 18013 erfolgen. Teile der elektrischen Anlage, in denen ungezählter Strom fließt, werden plombiert.

18.3.4 Verteilungen mit Absicherung der Einzelstromkreise

Der elektrische Strom wird von den Zählern aus über Hauptleitungen zu den Verteilerkästen in den einzelnen Wohnungen geführt. Diese Leitungen werden unter Putz gelegt. Im Verteilerkasten wird der Strom auf Einzelstromkreise für Räume bzw. Geräte verteilt. Jede Leitung wird im Verteilerkasten einzeln abgesichert. In den Verteilerkästen können auch Schaltgeräte und Schutzeinrichtungen, z. B. Fehlerstromschutzschalter (Seite 62), untergebracht sein.

18.3.5 Elektroinstallation der Einzelstromkreise

Die Elektroinstallationen werden mit Schaltzeichen im Bauplan eingetragen (**Tabelle 1**). **Bild 1** zeigt als Beispiel die Elektroinstallation in einer Küche und dem angrenzenden Esszimmer.

Wichtige Teile der Elektroinstallation sind Schalter und Anschlussstellen. Ein einfacher Schalter zum Ein- und Ausschalten eines Elektrogerätes, z. B. einer Lampe, heißt Ausschalter. Soll eine Lampe von zwei Stellen aus betätigt werden, so sind zwei Wechselschalter vorzusehen. Bei drei oder mehr Schaltstellen, z. B. bei einer Treppenhausbeleuchtung, werden meist Stromstoßschalter (Relais) verwendet, die jeweils von den Schaltstellen aus durch Taster gesteuert werden.

18.3.6 Signal-, Antennen-, Fernmelde- und Überwachungsanlagen

Auch Signalanlagen, wie z. B. Klingel und Torlautsprecher, sowie Antennen-, Fernmelde- und Überwachungsanlagen sind bereits bei der Planung zu berücksichtigen. Für einen späteren Einbau oder für Erweiterungen ist es zweckmäßig, Leerrohre einzubauen.

18.3.7 Einrichtungen der Gebäudesystemtechnik

Der Umfang der Gebäudeausrüstung nimmt ständig zu. Mit Hilfe der **Gebäudesystemtechnik** können Anlagenteile über einen zweiadrigen **Installations-Bus,** auch **E**uropäischer **I**nstallations**b**us (EIB) genannt, vernetzt werden. Dabei treffen in einer zentralen Leitstelle alle für ein Gebäude wichtigen Informationen zusammen, werden dort ausgewertet und weitergeleitet. So können z. B. Leuchten und Jalousien ferngesteuert sowie Rauch, Bewegung und Geräusche angezeigt werden (**Bild 2**).

Der Installations-Bus benötigt nur zwei Adern mit 24 V Gleichspannung und ermöglicht daher eine leichte und übersichtliche Installation. Alle busfähigen Geräte liegen an der gleichen Übertragungsleitung und werden von der Zentrale über ihre Kennnummer gesteuert. Bei der Nutzungsänderung einer Anlage ist keine neue Verdrahtung, sondern nur ein Umprogrammieren erforderlich.

Tabelle 1: Schaltzeichen elektrischer Anlagen

Symbol	Bezeichnung	Symbol	Bezeichnung
	Schutzkontaktsteckdose		Zähler
	Doppelschutzkontaktsteckdose		Temperaturmelder (Thermostat)
	Antennensteckdose		Elektro-Herd
	Leuchte, allgemein		Geschirrspülmaschine
	Leuchtstofflampe		elektrisch betriebener Lüfter
	Ausschalter		Waschmaschine
	Wechselschalter		Kühlgerät
	Wecker, Klingel		Gefriergerät
	Türöffner		Heizgerät

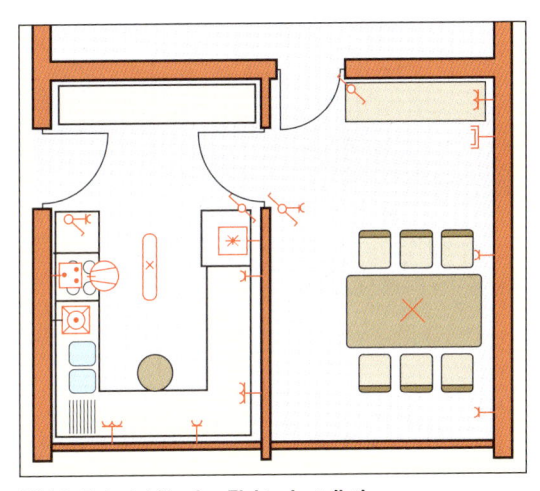

Bild 1: Beispiel für eine Elektroinstallation

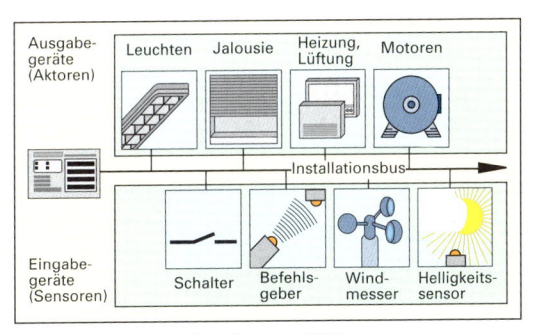

Bild 2: Installations-Bus-System (EIB)

Aufgaben

1. Erklären Sie die Bedeutung der Abkürzungen EVU und TAB.
2. Nennen Sie wesentliche Teile der elektrischen Anlage eines Wohnhauses.
3. Erklären Sie, warum Zählerschränke in leicht zugänglichen Räumen untergebracht werden.
4. Welche Vorteile bietet die Gebäudesystemtechnik? Was heißt EIB?

Bild 1: Putzfassade

18.4 Putz

Unter Putzen versteht man das Aufbringen eines Mörtelbelages aus mineralischen Bindemitteln mit oder ohne organischen Zuschlag auf Außenwände, Innenwände und Decken **(Bild 1)**. Nach den Anforderungen, die an Putzflächen gestellt werden, ist das Putzverfahren vom Putzaufbau zu unterscheiden. Werden Gipskartonplatten ohne Unterkonstruktion durch Ansetzgips an Innenwänden befestigt, so spricht man von Trockenputz oder Wandtrockenputz. Zur Wärmedämmung werden Wärmedämmputzsysteme und Wärmedämmverbundsysteme eingesetzt. Besondere Beachtung kommt dabei der Vermeidung von Putzschäden zu.

18.4.1 Putzverfahren

Das Putzverfahren unterscheidet man in Arbeits- und Putzweisen.

18.4.1.1 Arbeitsweisen

Zum Putzen sind Putzwerkzeuge notwendig, womit die Putzlagen gleichmäßig dick aufgetragen werden. Das Putzen kann von Hand oder mit der Putzmaschine erfolgen. Die Putzwerkzeuge dienen zum Anwerfen, Aufziehen, Glätten sowie Anreißen und Prüfen lotrechter, waagerechter und geneigter Putzflächen. Wichtige Werkzeuge sind Kelle, Glätter (Traufel), Aufzieher, Reibebrett, Filzscheibe, Richtscheit und Lehrlatte **(Bild 2)**.

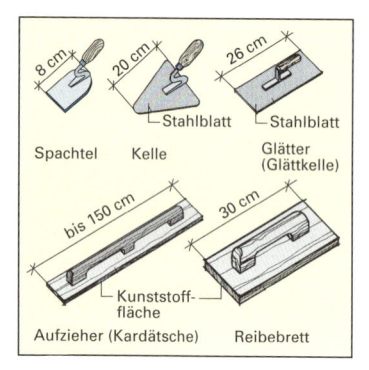

Bild 2: Putzwerkzeuge

Witterungseinflüsse müssen sowohl beim Herstellen von Außenputzen als auch von Innenputzen berücksichtigt werden. Sind die Putzflächen dem Regen ausgesetzt oder wenn Frostgefahr besteht, dürfen Putzarbeiten nicht ausgeführt werden. Zu schnelles Austrocknen von Außen- und Innenputzen durch starke Sonneneinstrahlung oder Zugluft sind durch besondere Schutzmaßnahmen (Nachbehandlung) zu vermeiden.

Beim **Putzen von Hand** ist der Mörtel mit der Putzkelle kräftig anzuwerfen, um die Luft aus den Oberflächenporen des Putzgrundes zu verdrängen und damit eine ausreichende Putzhaftung zu erzielen. Eine nächste Lage Mörtel darf erst angeworfen werden, wenn die vorhergehende so weit erhärtet ist, dass sie die neue Putzlage tragen kann.

Das **Putzen mit Maschine** wird am häufigsten ausgeführt. Dabei erfolgt der Putzauftrag mit einer Putzmaschine, die aus einem Mischpumpenmodul mit Förderpumpe, einem Behälter- oder Siloanschlussmodul sowie einem Steuerungsmodul besteht. Die Mischpumpe ist über den Förderschlauch mit dem Mörtelauftraggerät (Spritzkopf) verbunden **(Bild 3)**.

18.4.1.2 Putzweisen

Die Putzweise ist das Verfahren, die Oberfläche eines Putzes zu bearbeiten und zu gestalten. Man unterscheidet nach DIN V 18550 z. B. gefilzten oder geglätteten Putz, Reibeputz, Kratzputz, Spritzputz, Kellenstrichputz, Scheibenputz, Kellenwurfputz und Waschputz. Besondere Putzweisen sind z. B. Sgraffito, Stuck als Stuckputz, Stuckmarmor und Stuckolustro sowie der Lehmputz. Diese Putzweisen können je nach Bindemittel bei Innen- oder Außenputzen angewendet werden.

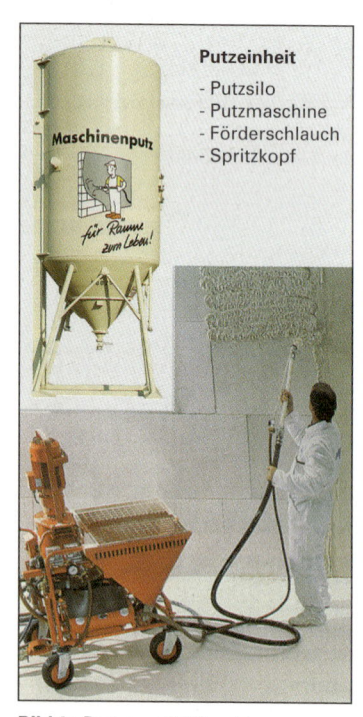

Bild 3: Putzen mit Maschine

Der Mörtel für **Glätt- und Reibeputze** soll möglichst wasserarm sein. Er ist in kleinen Flächen anzuwerfen und in gleichmäßigen Arbeitsgängen fertigzustellen **(Bild 1)**. Reiben oder Glätten darf nicht zu lange erfolgen. Sobald die Putzoberfläche blank wird, muss man mit Glätten bzw. Reiben aufhören. Bei zu langem Abreiben wird die Mörteloberfläche mit übermäßig viel Bindemittel angereichert, wodurch Schwindrisse entstehen.

Der **Kratzputz** gehört zu den Rauputzen **(Bild 2)**. Durch Kratzen wird die bindemittelreichere Oberschicht aufgeraut; die Schwindrissbildung wird dadurch vermieden. Zum Kratzen eignen sich z. B. Nagelbretter. Gekratzt werden darf erst bei geeigneter Putzhärte, die Voraussetzung für das sauber abspringende Korn ist. Die Putzfläche ist anschließend mit einem weichen Besen abzukehren.

Bild 1: Geriebener Putz

Der **Spritzputz** hat eine ähnliche Oberfläche wie der Kratzputz **(Bild 3)**. Er wird häufig mit dem maschinellen Putzgerät aufgetragen. Der Mörtel soll aus feinkörnigen Sanden bestehen. Eine gleichmäßige Oberfläche lässt sich durch mehrmaliges Spritzen erreichen. In der Regel erfolgt dies in drei Lagen, wobei jede Lage in eine andere Richtung zu spritzen ist.

Der **Kellenstrichputz** ist dadurch gekennzeichnet, dass der angeworfene und angezogene Mörtel mit einer Glättkelle verdichtet wird. Der einzelne Kellenstrich bleibt jedoch sichtbar. Er kann waagerecht, bogenförmig oder fächerförmig geführt werden, wodurch sich jeweils eine andere Oberflächenwirkung ergibt.

Die Struktur des **Scheibenputzes** entsteht beim Verreiben der Oberschicht durch das Grobkorn **(Bild 4)**. Das Grobkorn von 2 mm oder 4 mm bei Sanden rollt dabei auf dem festen Untergrund und bildet Rillen. Mit dem Reibebrett kann waagerecht, senkrecht oder bogenförmig verrieben werden.

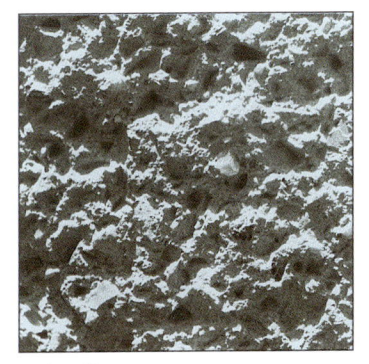

Bild 2: Kratzputz

Der **Kellenwurfputz** erhält seine Oberfläche durch das Anwerfen des Mörtels mit der Kelle. In der Regel wird eine Gesteinskörnung der Korngröße bis etwa 10 mm verwendet. Der Kellenwurfputz gehört zu den sehr rauen Putzen.

Das **Sgraffito** ist ein aus mehreren farbigen Putzlagen herausgekratztes Bild mit Linien- oder Flächenstruktur. Die einzelnen Lagen dieses Putzes heißen Unterputz, Kratzgrund und Kratzschicht. Der Kratzgrund umfasst die farbigen Schichten, die einzeln nacheinander mit jeweils 5 mm Dicke aufgetragen werden. Die Deckschicht als Kratzschicht besteht in der Regel aus einem hellen Mörtel. Das Herstellen des Sgraffitos erfordert genaue Zeichnungen und Schablonen sowie eine geübte Hand.

Bild 3: Spritzputz

Mit **Stuck** bezeichnet man einen Stuckputz, der nach dem Auftragen durch Ziehen oder Abscheiben mit Lehren oder Schablonen geformt wird. Für Stuckputz eignet sich am besten Gipsmörtel, dem für längere Verarbeitungszeiten Leim oder Verzögerer zugesetzt werden können.

Der Mörtel für **Stuckmarmor** wird aus feinem Alabastergips oder Marmorgips unter Beimischung von Farbpigmenten hergestellt und auf den Putzgrund aus Stuckgips aufgetragen. Die gespachtelte und polierte Oberfläche, die dem nachzuahmenden Marmor entsprechen muss, ist nach dem Austrocknen zu wachsen.

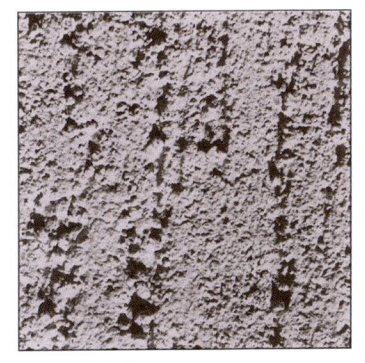

Bild 4: Scheibenputz

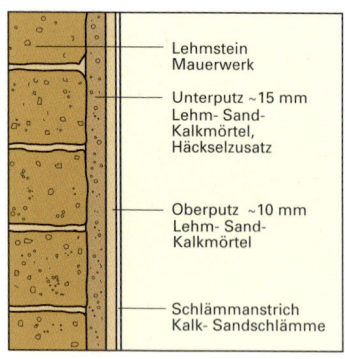

Bild 1: Lehmputz

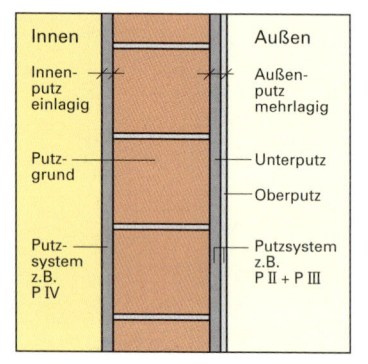

Bild 2: Putzaufbau

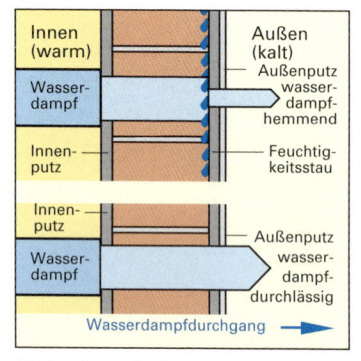

Bild 3: Dampfdiffusion

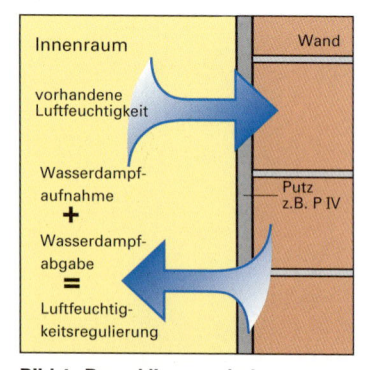

Bild 4: Raumklimaregelnde Eigenschaft des Putzes

Als **Stuckolustro,** der sich auch als Außenputz eignet, bezeichnet man eine dem Stuckmarmor ähnliche Putzoberfläche, bei der Kalk als Bindemittel verwendet wird. Der Putzaufbau besteht aus drei Schichten, wobei als letzte Schicht ein Marmormörtel aus pigmentiertem Kalkteig verwendet wird. Diese wird nach dem Erhärten mit einem erwärmten Stahl geglättet und eingewachst.

Als Naturbaustoff findet **Lehmputz** im Zusammenhang mit dem ökologischen Bauen und der Erhaltung alter Bausubstanz Verwendung. Lehmputze werden über Lehmsteinmauerwerk und Lehmfüllungen mit eingebundenem Stroh- oder Schilfhäcksel in Holzbalkendecken oder Fachwerkwänden aufgezogen **(Bild 1)**. Der lehmgebundene Mörtel besteht meist aus einer Mischung von Lehm, Quarzsand und Kalkhydratteig. Als Zusätze können feines Strohhäcksel, Rinderhaare sowie Molke und Quark beigemischt werden. Er kann dünnschichtig als Innenputz oder mehrschichtig als Außenputz mit glatter, geriebener oder strukturierter Oberfläche aufgetragen werden.

18.4.2 Putzaufbau

Der Aufbau des Putzes richtet sich nach den Putzanforderungen und dem Putzgrund. Die Putzlagen werden in mehreren Arbeitsgängen aufgetragen, um die geforderten Putzdicken für den Putzaufbau zu erreichen **(Bild 2)**.

18.4.2.1 Anforderungen an den Putz

Die Anforderungen an Putze sind nach der Putzanwendung für Außenputze und Innenputze verschieden. Besondere Anforderungen können z. B. an Sockelputze oder wasserabweisende Putze gestellt werden.

Außenputze müssen witterungsbeständig sein. Die Beanspruchung durch Frost, Feuchtigkeit und Sonneneinstrahlung darf nicht zur Zerstörung führen. Deshalb bestehen Außenputze in der Regel aus Kalk- und Zementmörteln. Das bauphysikalische Verhalten der Putze wird besonders vom Saugverhalten und von der Wasserdampfdurchlässigkeit bestimmt. Zementmörtel haben im Allgemeinen geringes Saugvermögen.

Außenputze bewohnter Räume müssen ausreichend wasserdampfdurchlässig sein, um bei der Dampfdiffusion von innen nach außen keinen Feuchtigkeitsstau auf der Innenseite des Außenputzes entstehen zu lassen **(Bild 3)**. Wasserhemmende und wasserabweisende Putze vermindern das Eindringen des Regenwassers, müssen aber wasserdampfdurchlässig sein. Diese Anforderung kann mit Mörtel der Gruppe P II bei günstigem Kornaufbau erreicht werden. Wasserabweisende Putze aus Mörtel der Gruppen P II und P III mit und ohne chemische Zusätze sind dicht gegen drückendes Wasser. Ihre Wasseraufnahme ist sehr gering. Diese Putzart eignet sich besonders für Sockelputze und für Kellerwandaußenputze.

Mit **Innenputzen** werden ebene Flächen an Decken und Wänden hergestellt. Ihre feuchteregelnde Eigenschaft fördert die Behaglichkeit der Räume. Um ebene Flächen zu erhalten, werden häufig dünne Feinschichten aufgetragen. Mit dem Aufbringen der Feinschicht sollte so lange gewartet werden, bis der Unterputz erhärtet ist. Bei Feinschichten aus Baugips ist der Unterputz aus Mörtel der Gruppe P I mit Gipszusatz oder aus Mörtel der Gruppen P II oder P IV auszuführen. Die raumklimaregelnde Eigenschaft des Innenputzes beruht vor allem auf der Wasserdampfaufnahme und -abgabe innerhalb bewohnter Räume **(Bild 4, Seite 492)**.

18.4.2.2 Putzgrund

Als Putzgrund wird die zu putzende Fläche bezeichnet; sie kann rau oder glatt sein.

Rauer Putzgrund, z. B. Leichtbetonsteine aus Naturbims, bieten dem Mörtel genügend Haftfähigkeit. Der kräftig anzuwerfende Mörtel dringt in die Hohlräume des Putzgrundes ein und kann sich gut verzahnen.

Glatter Putzgrund bietet dem Mörtel nicht genügend Haftfähigkeit, z. B. bei Beton, Ziegel- und Kalksandsteinmauerwerk oder auch bei Holz und Stahl. Bei glattem Putzgrund erreicht man eine bessere Haftfähigkeit durch einen Spritzbewurf oder durch Anbringen von Putzträgern. Für den Spritzbewurf ist Mörtel der Gruppen P II bis P IV zu verwenden. Der Sand soll grobkörnig sein. Der Spritzbewurf wird mit der Kelle angeworfen. Auf den Spritzbewurf darf Putz erst dann aufgetragen werden, wenn der Bewurf mit der Hand nicht mehr abgerieben werden kann; in der Regel sind 12 Stunden zu warten. Putzträger, z. B. Holzwolle-Leichtbauplatten, Gipskarton-Putzträgerplatten, Metallputzträger, Rohrmatten oder Ziegeldrahtgewebe, sind ausreichend zu befestigen.

18.4.2.3 Putzlagen

Die in getrennten Arbeitsgängen aufzubringenden Schichten bezeichnet man als Putzlagen, die in Putzsystemen aufeinander abgestimmt sind. Die unteren Lagen nennt man **Unterputz,** die obere Lage **Oberputz**. Der Oberputz bestimmt das Aussehen der Putzfläche oder dient als Untergrund für die weitere Wandbehandlung. Die physikalischen Eigenschaften des Putzes, z. B. die Saugfähigkeit oder die Festigkeit, sind hauptsächlich vom Unterputz abhängig. Der Unterputz hat bei Außenputzen in der Regel eine mittlere Dicke von 20 mm, der Oberputz kann bis 5 mm dick sein. Daraus ergibt sich für zweilagige Außenputze eine Dicke von etwa 2,5 cm. Damit der Oberputz sich fest mit dem Unterputz verbinden kann, muss der Unterputz rau sein **(Bild 1)**. Die Putzlagen sind in ihrer Mörtelzusammensetzung so aufeinander abzustimmen, dass der Oberputz gegenüber dem Unterputz üblicherweise eine geringere Festigkeit aufweist. Dadurch unterscheidet sich der Putzaufbau von Außenputzen **(Tabelle 1)** und Innenputzen **(Tabelle 2)**.

Die Putzanwendung legt den Putz nach seiner Lage im Bauwerk fest. Dadurch ergibt sich die jeweilige Beanspruchung und das notwendige **Putzsystem**. Andere Putzsysteme als nach DIN V 18550 können verwendet werden, wenn ein Eignungsnachweis geführt wird.

Bei Außenputzen unterscheidet man Wandputze auf Flächen über dem Sockel, auf Kellerwänden, auf Außensockeln sowie Deckenputze auf Deckenuntersichten.

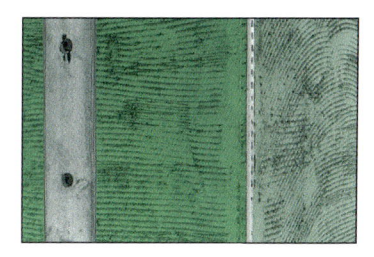

Bild 1: Aufgerauter Unterputz

Tabelle 1: Beispiele von Putzsystemen für Außenputze

Zeile	Anforderung bzw. Putzanwendung	Mörtelgruppe für Unterputz	Mörtelgruppe bzw. Beschichtungsstoff-Typ für Oberputz
1		–	P I
2		P I	P I
4 a	ohne besondere Anforderung	P II	P I
4 b		P II	P I
5 a		P II	P II
12 a	wasserhemmend	P II	P I
12 b		P II	P I
13 a		P II	P II
20 a	wasserabweisend	–	P II
20 b		–	P II
21 a		P II	P II
21 b		P II	P II
24	Kellerwandaußenputz	–	P III
25		–	P III [b]
26	Außensockelputz	–	P III [b]
27		P III	P III [b]
30		P III	P II [b]
31		P II	P II [b]
32 [d]		P II	P II [b]

[a] Nur bei Beton mit geschlossenem Gefüge als Putzgrund.
[b] Ein Sockelputz sowie ein Kellerwandaußenputz sind im erdberührten Bereich immer abzudichten. Der Putz dient als Träger der vertikalen Abdichtung.
[c] > 2,5 N/mm²
[d] Gilt nur für Sanierputze.

Tabelle 2: Beispiele von Putzsystemen für Innenputze

Zeile	Anforderung bzw. Putzanwendung	Mörtelgruppe bzw. Beschichtungsstoff-Typ für Unterputz	Mörtelgruppe bzw. Beschichtungsstoff-Typ für Oberputz [a]
1		–	P I
2		P I	P I
3		–	P II
4 a		P II	P I
6 c	übliche Beanspruchung	P III	P II
6 d		P III	P III
6 e		P III	P Org 1
6 f		P III	P Org 2
7		–	P IV
13 b		–	P III
14 a	Feuchträume	P III	P III
14 b		P III	P III
14 c		P III	P Org 1
14 d		P III	P Org 1
15		–	P Org 1 [c]

[a] Oberputze dürfen mit abschließender Oberflächengestaltung oder ohne ausgeführt werden (z. B. bei zu beschichtenden Flächen).
[b] Druckfestigkeit ≥ 2,0 N/mm².
[c] Nur bei Beton mit geschlossenem Gefüge als Putzgrund.
[d] Dünnlagige Oberputze.

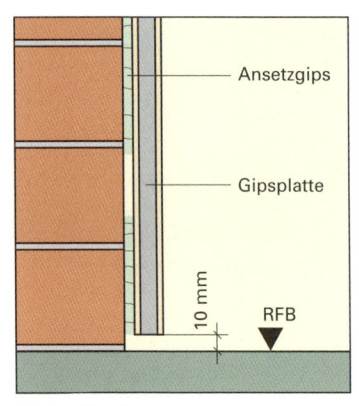

Bild 1: Trockenputz

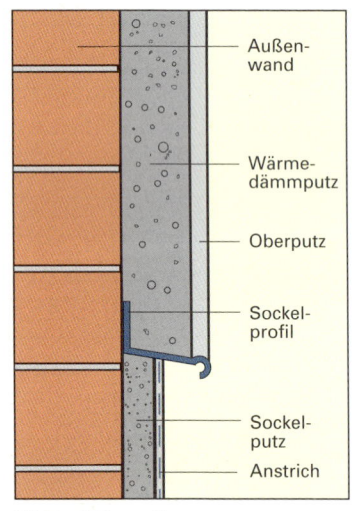

Bild 2: Wärmedämmputzsystem

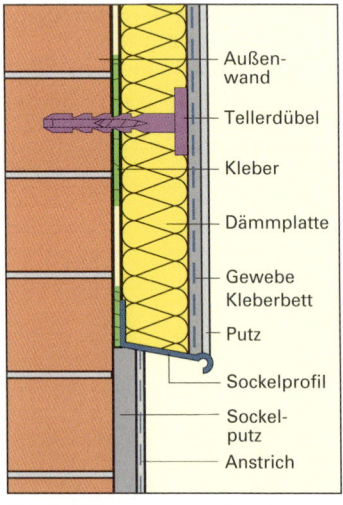

Bild 3: Wärmedämmverbundsystem

Bei Innenputzen unterscheidet man Wand- und Deckenputze für Räume üblicher Luftfeuchte einschließlich häuslicher Küchen und Bäder und für Feuchträume bei langzeitig einwirkender Feuchtigkeit. Sie werden fast ausschließlich als **Leichtputze** (Einlagenputze) der Mörtelgruppen P I, P II und P IV ausgeführt. Diese können ohne Putzgrundvorbehandlung in einem Arbeitsgang aufgetragen werden. Um die notwendige Festigkeit des Einlagenputzes zu erreichen, muss das Gewicht durch Luftporenbildner verringert werden. Deshalb spricht man auch von **Luftporenputz**. Außerdem verbessert sich die Wärmedämmung und die Wasserdampfdurchlässigkeit, wobei die Wasseraufnahmefähigkeit verringert wird. Innenputze sollen im Mittel 1 cm dick sein. Um gleichmäßig dicke und fluchtgerechte Putzflächen zu erzielen, können Putzlehren oder Putzleisten als Abziehhilfen auf dem Putzgrund eingebaut werden. Aus Rationalisierungsgründen können vor allem Innenputze auch als **Dünnlagenputze** (Spachtelputze) mit einer Dicke von 3 mm bis 5 mm aufgetragen werden. Voraussetzung dafür sind jedoch ebene Untergründe aus Beton oder Mauerwerk aus Plansteinen.

18.4.3 Trockenputz

Trockenputz oder Wandtrockenputz sind Bekleidungen aus Gipsplatten (Seite 507), die mittels Ansetzgips direkt an den Innenwänden befestigt (angesetzt) werden (**Bild 1**). Für das Herstellen von Trockenputz können sowohl geschosshohe Gipsplatten oder faserverstärkte Gipsplatten als auch entsprechende Verbundplatten zur Innendämmung von Gebäuden verwendet werden. Voraussetzung für den Einsatz von Trockenputz ist, dass die unverputzten Wände vollfugig und damit winddicht erstellt sind. Vor dem Ansetzen wird auf der Rückseite der Platte punkt- oder streifenweise Ansetzgips aufgetragen. Die angesetzten Gipsplatten werden fluchtgerecht ausgerichtet und die Plattenstöße nach dem Erhärten des Ansetzgipses mit Fugenfüller verspachtelt.

18.4.4 Wärmedämmputzsysteme

Wärmedämmputzsysteme für Außenputze bestehen aus mindestens zwei aufeinander abgestimmter Putzlagen, dem wärmedämmenden Unterputz und dem wasserabweisenden Oberputz.

Der Wärmedämmputz wird als Werk-Trockenmörtel aus mineralischem Bindemittel und organischem Zuschlag, vorwiegend aus **ex**pandiertem **P**oly**s**tyrol **(EPS)** mit ca. 75 % Volumenanteil, hergestellt. Der Oberputz kann je nach Putzweise ein- oder zweischichtig sein und besteht aus mineralischem Bindemittel und Gesteinskörnungen. Die Dicke des Putzsystems richtet sich nach dem geforderten Wärmeschutz. Dabei muss der Dämmputz mindestens 20 mm und darf höchstens 100 mm dick sein. Die mittlere Dicke des Oberputzes liegt zwischen 10 mm und 15 mm.

Der Oberputz darf je nach Schichtdicke des Dämmputzes frühestens nach 7 Tagen aufgebracht werden (**Bild 2**).

18.4.5 Wärmedämm-Verbundsysteme

Wärme**d**ämm-**V**erbund**s**ysteme **(WDVS)** dienen der außenseitigen Wärmedämmung von Bauwerken. Sie werden eingesetzt, wenn der Wärmeschutz eines Gebäudes nachträglich verbessert werden soll oder eine Außendämmung vorgesehen ist (erhöhter Wärmeschutz). Das Dämmsystem besteht aus einer Dämmschicht und einer Putzschicht. Die Dämmschicht, z. B. aus geeigneten Polystyrolschaum-Platten, Mineralfaser-Platten oder Mehrschicht-Leichtbauplatten, wird mit Kleber auf den Untergrund (Wand, Decke) geklebt und mit Tellerdübeln zusätzlich gesichert. Die Dämmschichtdicke liegt je nach gefordertem Wärmeschutz zwischen 40 mm und 100 mm. Der Aufbau der Putzschicht von 3 mm bis 5 mm erfolgt über eine in Kleber eingebettete Bewehrungsschicht aus Glasfaser-Gittergewebe. Diese gleicht die Bewegungen der Dämmschicht aus und bildet gleichzeitig den Untergrund für die darüber aufzubringende Deckputzschicht (**Bild 3, Seite 494**).

18.4.6 Putzschäden

Die Ursachen von Putzschäden können vielfältig sein und lassen sich oft nur schwer feststellen. Man unterscheidet daher nach der Erscheinungsform Schäden wie Rissebildung, Zerstörung der Putzfläche, Feuchteschäden, Verfärbungen und Verschmutzungen (**Tabelle 1, Bild 1**).

Tabelle 1: Erscheinungsformen und Ursache von Putzschäden

Erscheinungsform des Putzschadens	Besondere Kennzeichen des Putzschadens	Mögliche Schadensursache
Rissebildung	Einzelrisse	unterschiedliche Setzung des Bauwerkes, konstruktive Fehler im Putzgrund, Mischmauerwerk als Putzgrund, falsches Anbringen von Putzträgern auf Bauteilen aus Holz oder Stahl
	Risse im Fugenverlauf des Putzgrundes	mangelhafte Ausbildung der Mauerwerksfugen, zu geringe Putzdicke, unsachgemäße Befestigung des Putzträgers
	unregelmäßig, netzartig verlaufende Risse	zu hoher Bindemittelgehalt des Mörtels, zu schnelle Austrocknung des Putzes durch Sonnenbestrahlung, künstliche Raumtrocknung und Zugluft, bindemittelreicher Oberflächenfilm bei Kellerputzen und Glättputzen, Oberputz fester als Unterputz, falsches Festigkeitsgefälle
Zerstörung der Putzfläche	kraterförmige Aussprengungen	nachlöschende Bestandteile des Kalkes, quellende Tonteilchen oder Kohleteilchen aus dem Sand
	blätterteigartige Schichtstruktur im Mörtel	Treibererscheinungen (z. B. durch „Zementbazillus"), Frosteinwirkung auf den frischen Putz, Frosteinwirkung auf durchfeuchteten Sockelputz
	Absanden der Putzfläche	zu geringer Bindemittelanteil des Mörtels, zu schneller Entzug des Mörtelwassers durch stark saugenden Putzgrund oder zu schnelle Austrocknung der Putzfläche
	Putz löst sich vom Untergrund	zu starker Wasserentzug durch den Putzgrund, zu geringe Rauigkeit des Putzgrundes, zu große Putzdicke in einem Arbeitsgang aufgetragen, fehlender Spritzbewurf
	einzelne Putzschicht löst sich ab	falscher Aufbau des Putzes, Oberputz fester als Unterputz, unzureichende Aufrauung des Unterputzes, zu dünne Feinschicht als Träger von Anstrich oder Tapete
Feuchtigkeitsschäden	im Außenputz	ausblühende Salze, Außenputz wirkt als Sperrschicht für die aus dem Inneren abwandernde Feuchtigkeit
	im Innenputz	Kondenswasserbildung
Verfärbungen mit Verschmutzungen	Fleckenbildung	ausblühende Salze, zu dünne Putzdicke, Mischmauerwerk als Putzgrund

Einzelrisse

Fugenrisse

Netzartige Risse

Feuchtigkeitsschäden

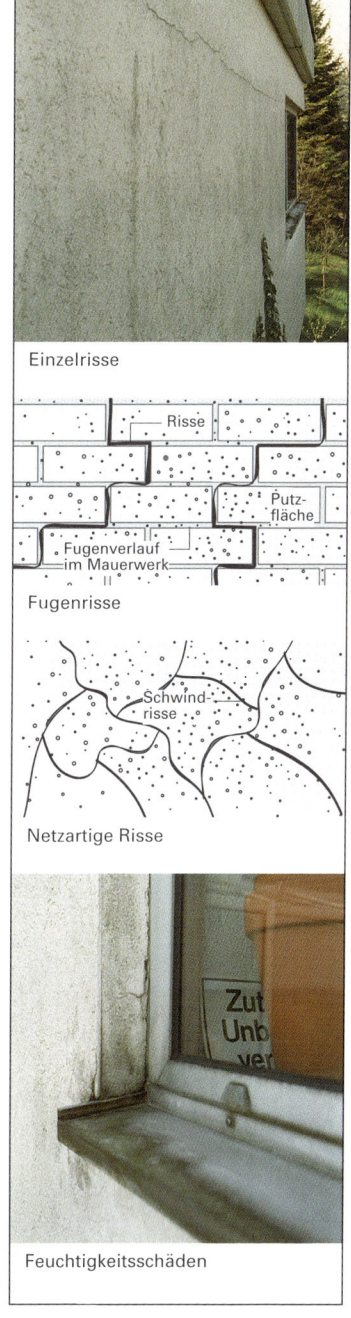

Bild 1: Putzschäden

Aufgaben

1 Erklären Sie den Begriff Putzweisen und zählen Sie diese auf.

2 Unterscheiden Sie die Anforderungen an Außenputze und Innenputze.

3 Beschreiben Sie die Aufgaben der verschiedenen Putzlagen und erklären Sie den Begriff „Putzsystem".

4 Vergleichen Sie zwei Systeme für die Wärmedämmung von Außenwänden.

18.5 Estrich

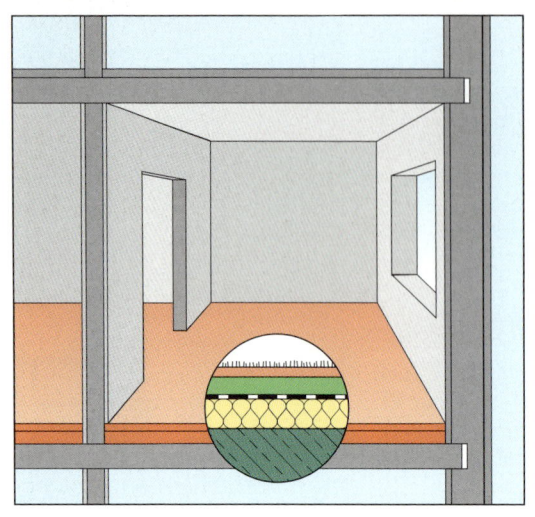

Bild 1: Bodenaufbau

Estrich ist ein Bauteil, das auf den tragenden Untergrund des Rohbodens oder der Rohdecke eingebaut wird. Dabei kann zwischen Estrich und Untergrund eine Trennschicht oder eine Dämmschicht angeordnet werden (**Bild 1**). Estriche haben als Teil des Fußbodens die Aufgabe, Verkehrslasten auf den Untergrund zu übertragen. Weiterhin können sie bauphysikalische Anforderungen an den Wärme- und Schallschutz erfüllen.

Die Verlegung des Estrichs erfolgt im Rahmen der Ausbauarbeiten eines Gebäudes und wird nach den Innenputzarbeiten ausgeführt.

Estriche sind unmittelbar als Boden nutzfähig, wie z. B. in Fabrikhallen und Garagen, oder erhalten einen Bodenbelag, wie z. B. in Wohnräumen, Abstellräumen und Balkonen.

Je nach Anforderung und Einbau wird der Estrich (Estrichmörtel, Estrichmassen) nach dem verwendeten Bindemittel oder nach der Estrichkonstruktion (Schichtenaufbau, Einbauart) unterschieden (**Tabelle 1**). Estriche werden je nach Beanspruchung oder Eigenschaft in verschiedene Festigkeits-, Härte- oder Widerstandsklassen eingeteilt. Diese Einteilung erfolgt nach genormten Prüfverfahren.

Tabelle 1: Unterscheidung der Estriche (Beispiele)	
Estrichmörtel, Estrichmassen; DIN EN 13813 (Estriche nach Bindemittel)	Estriche nach Konstruktion; DIN 18560 (Einbauart, Schichtenaufbau)
Calciumsulfatestrich	Verbundestriche
Gussasphaltestrich	Estrich auf Trennschicht
Kunstharzestrich	Estriche auf Dämmschicht
Zementestrich	
Eigenschaftsklassen	Sonstige Estricharten
Druckfestigkeitsklasse	Fertigteilestrich
Biegezugfestigkeitsklasse	Heizestrich
Verschleißwiderstandsklasse	Industrieestrich
	Hartstoffestrich
Oberflächenhärteklasse	

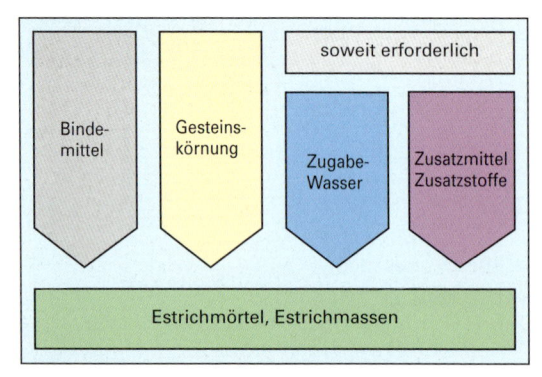

Bild 2: Estrichzusammensetzung

18.5.1 Estrichmörtel, Estrichmassen

Estriche nach Bindemittel

Nach dem Bindemittel unterscheidet man die Estrichmörtel und Estrichmassen z. B. nach Calciumsulfatestrich, Gussasphaltestrich, Kunstharzestrich und Zementestrich.

Calciumsulfatestrich (CA) ist ein Estrichmörtel, der aus Calciumsulfat oder Anhydrit, Gesteinskörnung und Zugabewasser hergestellt wird. Als Gesteinskörnungen eignen sich Sande bis zu einer Korngröße von 8 mm. Zur besseren Verarbeitung und Konsistenzveränderung können Zusatzmittel verwendet werden (**Bild 2**).

Er eignet sich besonders für die Trockenbereiche von Wohn-, Büro- oder Dienstleistungsgebäuden. Calciumsulfatestrich ist etwa zwei Tage nach dem Einbau begehbar und kann nach fünf Tagen geringfügig belastet werden.

Calciumsulfatestrichmörtel kann auch als **Fließestrich (CAF)** hergestellt werden. Er zeichnet sich durch einen leichten Einbau mit selbstnivellierender Oberfläche aus. Der werkgemischte Trockenmörtel wird z. B. in Silos angeliefert und an der Baustelle, unter Zugabe von Wasser, mit entsprechenden Mischpumpen zur Einbaustelle gefördert. Bei Fließestrich ist die lange Austrocknungszeit zu beachten **(Bild 1)**.

Gussasphaltestrich (AS) besteht aus Bitumen, Füller (gemahlener Naturstein) und Sand **(Bild 2, Seite 496)**. Das Mischgut wird als Estrichmasse mit einer Temperatur von 220 °C bis 250 °C eingebaut und ist nach Abkühlung voll belastbar. Die Oberfläche des heißen Gussasphaltestrichs wird im Zuge des Einbaus mit Sand abgerieben. Der Gussasphaltestrich eignet sich besonders bei Bauwerksanierungen oder kurzen Bauzeiten und kann in allen Nutzungsbereichen der Gebäude eingesetzt werden.

Kunstharzestrich (SR) ist ein Estrichmörtel aus synthetischem Reaktionsharz als Bindemittel und Sand. Die Aushärtezeit von Kunstharzestrich ist sowohl von der Untergrundtemperatur (Bauteiltemperatur) als auch von der Lufttemperatur abhängig. Bei Temperaturen ab 15 °C kann Kunstharzestrich nach etwa 10 Stunden begangen und nach drei Tagen belastet werden. Für die Herstellung und den Einbau von Kunstharzestrichmörtel sind die Verarbeitungs- und Sicherheitshinweise für Reaktionsharzprodukte besonders zu beachten.

Der Kunstharzestrich eignet sich durch seine hohe Festigkeit besonders zum Einbau in dünnen Schichten bei geringen Konstruktionshöhen sowie als Nutzestrich in Garagen und Fabrikhallen.

Zementestrich (CT) besteht aus Zement als Bindemittel, Gesteinskörnung und Zugabewasser. Als Zement wird meist Portlandzement CEM I 32,5 R eingesetzt. Durch geeignete Zusätze kann z. B. die Verarbeitbarkeit des Zementestrichmörtels beeinflusst werden. Für die Gesteinskörnung werden je nach Estrichdicke Sande der Korngruppe 0/4 und 0/8 sowie ab einer Estrichdicke von 50 mm Kies der Korngruppe 0/16 verwendet.

Zementestrich kann nach drei Tagen begangen, nach sieben Tagen geringfügig belastet und nach 21 Tagen voll beansprucht werden. Er ist für alle Nutzungsbereiche einsetzbar **(Bild 2)**.

Zementestrichmörtel kann auch fließfähig, als **Fließestrich** eingebaut werden. Fließestriche können durch die Verwendung von Zusatzmitteln (Fließmittel und Stabilisierer) nach zwei Tagen begangen und nach fünf Tagen belastet werden. Zusätzlich zur Erhärtungsdauer ist jedoch eine ausreichend lange Austrocknungszeit zu berücksichtigen.

Erhärteter Zementestrich mit Natursteinkörnungen, z. B. Marmor als Zuschlag, und geschliffener Oberfläche wird als **Terrazzo** bezeichnet.

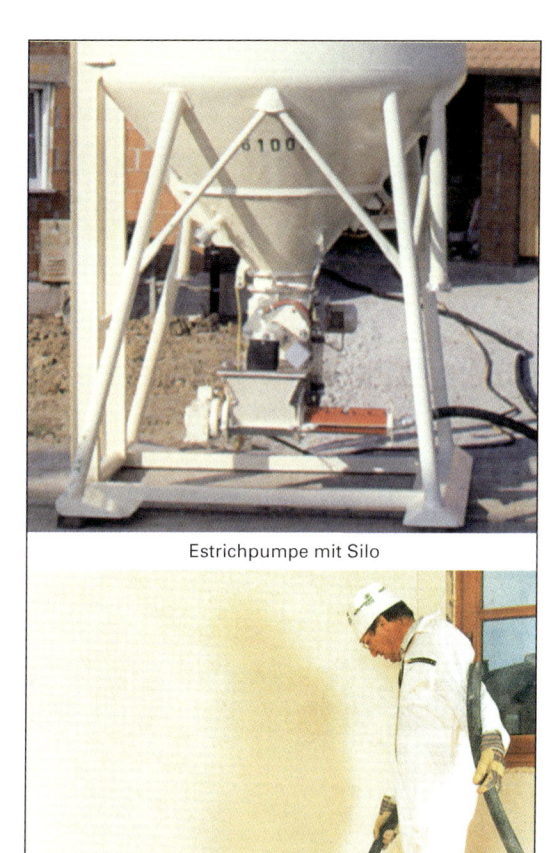

Estrichpumpe mit Silo

Bild 1: Einbau von Fließestrich

Bild 2: Einbau von Zementestrich

Zementestrich mit Zugabe von Hartstoffen, z. B. Korund, bezeichnet man als **zementgebundenen Hartstoffestrich**.

Trockenestrich, auch als Trockenunterboden oder Fertigteilestrich bezeichnet, besteht aus vorgefertigten Elementen in Form von Platten, die im Verband verlegt und im Fugenstoß verklebt werden. Die einzelnen Elemente bestehen aus zwei bis drei miteinander verklebten Gipskartonplatten und wahlweise einer Dämmstoffschicht aus PS-Schaum auf der Plattenunterseite.

Trockenestrich-Systeme sind vor allem beim nachträglichen Ausbau von Gebäuden und bei Sanierungen vorteilhaft. Sie sind leicht zu verlegen, sofort begehbar und bringen keine Feuchtigkeit in das Gebäude ein **(Bild 1)**.

Bild 1: Verlegung von Trockenestrich

Einteilung und Prüfung der Estrichmörtel

Bei der Lieferung der Estrich-Produkte ist zu prüfen, ob die Angaben auf der Verpackung oder dem Lieferschein der Bestellung entsprechen (Eingangsprüfung).

Bei baustellengemischten Estrichmörteln ist eine Sichtprüfung der Ausgangsstoffe sowie die Einhaltung der vorgegebenen Estrichrezeptur erforderlich (Erstprüfung).

Estrichmörtel werden in festgelegte Eigenschaftsklassen eingeteilt **(Tabelle 1)**.

Die geforderten Mörteleigenschaften sind bei den jeweiligen Estrichmörteln oder Estrichmassen im erhärteten Zustand zu prüfen **(Tabelle 2)**.

Dabei werden die angegebenen Eigenschaften überprüft (Bestätigungsprüfung). Die Prüfungen erfolgen nach der jeweils zutreffenden Prüfnorm.

Bei der jeweiligen Konformitätskennzeichnung (CE-Kennzeichnung) können weitere Eigenschaften des Produktes, z. B. das Brandverhalten, die Wasserdampfdurchlässigkeit oder die chemische Beständigkeit, vom Hersteller deklariert werden.

Tabelle 1: Estrichmörtel, Estrichmassen; Einteilung in Eigenschaftsklassen nach DIN EN 13813 (Auszug)

Eigenschaft Abkürzung Einheit	Eigenschaftsklassen Beispiel gemäß Prüfnorm
Druckfestigkeit C (Compression) N/mm^2	C5; C7; C12; C16; C20; C25; C30; C40; …; C80 **C20** Druckfestigkeit 20 N/mm^2
Biegezugfestigkeit F (Flexural) N/mm^2	F1; F2; …; F7; F10; F15; …; F50 **F10** Biegezugfestigkeit 10 N/mm^2
Verschleißwiderstand n. Böhme **A** (Abrasion) cm^3/50 cm^2	A22; A15; A12; A9; A6; A3; A1,5 **A9** Abriebmenge 9 cm^3/50 cm^2
Eindringtiefe als Maß für die **Härte IC** (Identation Cube) 1/10 mm Werte	IC10; IC 15; IC40; IC100 **IC15** Eindringtiefe 1,5 mm

Weitere zu prüfende Eigenschaften mit Angabe der Eigenschaftsklassen sind die Oberflächenhärte, der pH-Wert, die Schlagfestigkeit oder die Haftzugfestigkeit.

Tabelle 2: Estrichmörtel, Estrichmassen; Normprüfung der Eigenschaften nach DIN EN 13813

Bindemittel des Estrichmörtels, der Estrichmasse	Geforderte Normprüfung
Zement (Zementestrich)	– Druckfestigkeit – Biegezugfestigkeit – Verschleißwiderstand bei Nutzestrichen
Calciumsulfat (Calciumsulfatestrich) Anhydrit (Anhydritestrich)	– Druckfestigkeit – Biegezugfestigkeit – pH-Wert
Gussasphalt (Gussasphaltestrich)	– Eindringtiefe (Härte)
Kunstharz (Kunstharzestrich)	– Verschleißwiderstand – Schlagfestigkeit bei Nutzestrichen – Haftzugfestigkeit

18.5.2 Estrichkonstruktionen

Mit der Estrichkonstruktion wird die Schichtenfolge des Estricheinbaus (Estrichverlegung) vom tragenden Untergrund bis zur fertigen Estrichschicht festgelegt. Estrichkonstruktionen als genormte **Estriche im Bauwesen** sind Verbundestriche, Estriche auf Trennschicht, Estriche und Heizestriche auf Dämmschicht sowie hochbeanspruchte Estriche.

Verbundestriche (V) sind im Verbund mit dem tragenden Untergrund hergestellte Estriche. Sie können unmittelbar als Boden, wie z. B. in Keller- und Abstellräumen oder Garagen, genutzt werden. Zusätzlich können Verbundestriche auch mit einer Beschichtung oder einem Belag versehen werden. Für Verbundestriche eignen sich alle Estrichmörtel oder Estrichmassen. Dabei kann der Zementestrich sowohl „frisch in frisch" als monolithischer Estrich oder nachträglich wie alle anderen Estriche über eine geeignete Haftbrücke, zur Sicherung des Verbundes, eingebaut werden **(Bild 1)**.

Die Dicke der Estrichschicht liegt bei einschichtigen Estrichen üblicherweise je nach Nutzungszweck, verwendetem Bindemittel und Korngröße des Zuschlages zwischen 20 mm und 50 mm. Verbundestriche werden nach verwendeter Mörtelart, Druckfestigkeits- bzw. Härteklasse, Estrichkonstruktion und Dicke der Estrichschicht bezeichnet. Weitere Angaben wie z. B. die Biegezugfestigkeitsklasse (F) oder die Verschleißwiderstandsklasse (A) sind möglich **(Bild 2)**.

Bild 1: Verbundestrich

Bild 2: Bezeichnung eines Verbundestrichs

Estriche auf Trennschicht (T) sind Estriche, die durch eine Zwischenlage vom Untergrund getrennt sind. Sie eignen sich unmittelbar als Fußboden sowie zur Aufnahme einer Beschichtung oder eines Belages, z. B. in Heizräumen, Wasch- und Trockenräumen oder Lagerräumen.

Für Estriche auf Trennschicht können alle Estrichmörtelarten verwendet werden. Als Trennschichten werden Polyethylenfolien, Bitumenpapier oder Rohglasvliesbahnen verwendet. Sie sind außer bei Calciumsulfatestrich und Gussasphaltestrich zweilagig zu verlegen. Dabei kann eine Lage der Trennschicht, z. B. in Untergeschossräumen, auch als Abdichtung gegen aufsteigende Feuchtigkeit ausgeführt werden.

Die zweilagige Verlegung der Trennschicht sichert die Entkopplung des Estrichs vom Untergrund und ermöglicht eine spannungsfreie Bewegung auf der Unterlage. Durch den umlaufenden 5 mm dicken Randstreifen wird der Estrich von den angrenzenden Bauteilen durch die entstehende Randfuge getrennt (Seite 504).

Die Mindestdicken der Estrichschichten betragen bei Gussasphaltestrich 20 mm, bei Calciumsulfatestrich 30 mm und bei Zementestrich 35 mm **(Bild 3)**.

Bei der Bezeichnung der Estriche auf Trennschicht werden der verwendete Estrich mit der Druckfestigkeits- bzw. Härteklasse, die Estrichkonstruktion und die Dicke der Estrichschicht angegeben **(Bild 4)**.

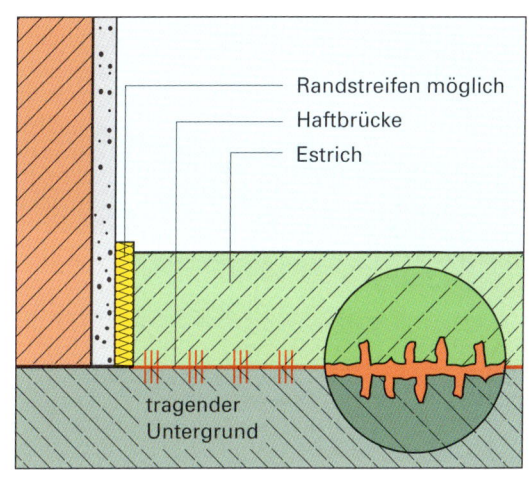

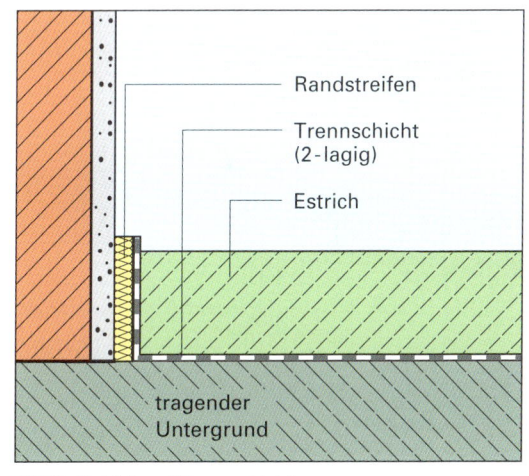

Bild 3: Estrich auf Trennschicht

Bild 4: Bezeichnung eines Estrichs auf Trennschicht

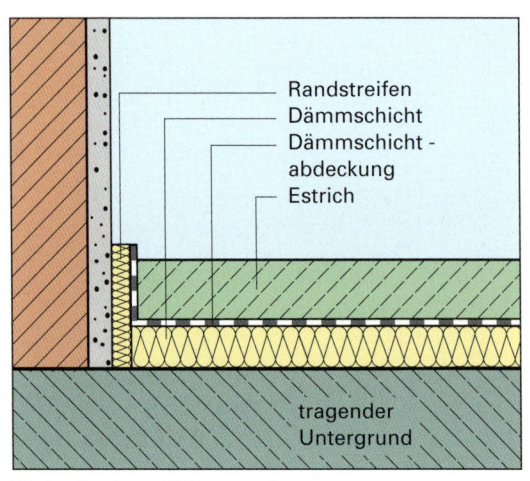

Bild 1: Estrich auf Dämmschicht

Bild 2: Bezeichnung eines Estrichs auf Dämmschicht

Estrich DIN 18560 - CA - F4 - S 40
- Calciumsulfatestrich
- Biegezugfestigkeitsklasse
- schwimmend eingebaut
- Estrichdicke

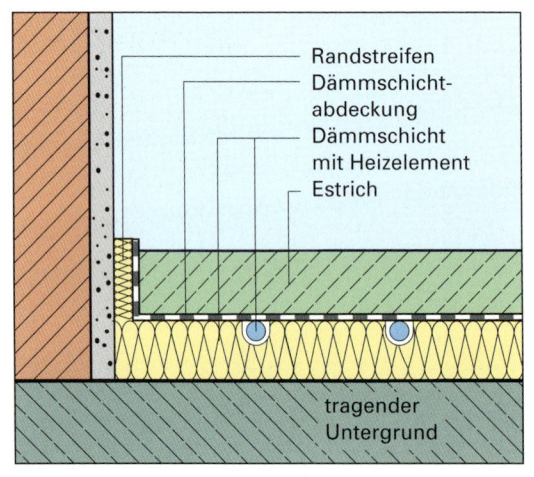

Bild 3: Heizestrich

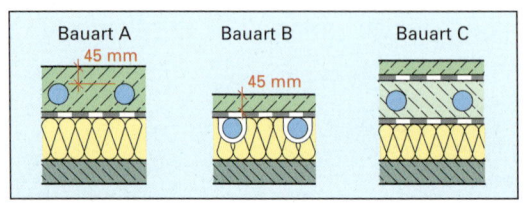

Bild 4: Bauarten

Estriche auf Dämmschichten (S), auch als schwimmende Estriche bezeichnet, ist ein Estrich, der über einer Dämmschicht eingebaut wird. Er ist darauf beweglich und hat keine unmittelbare Verbindung mit den angrenzenden Wänden oder durchdringenden Stützen. Der **schwimmende Estrich** ist eine Konstruktion, die den Anforderungen sowohl des Schallschutzes als auch des Wärmeschutzes genügen muss. Er dient insbesondere zur Verbesserung der Trittschalldämmung besonders bei Wohn-, Verwaltungs- oder Geschäftsgebäuden. Als **Estrich auf Dämmschicht** können Estriche aller Bindemittelarten verwendet werden. Der Estrich dient dabei auch als Lastverteilungsschicht über dem Dämmstoff. Der Dämmstoff kann je nach erforderlicher Dicke ein- oder mehrlagig sein. Dabei ist auch eine kombinierte Trittschall- und Wärmedämmung aus zwei Einzellagen möglich. Beim mehrlagigen Einbau von Dämmschichten ist auf einen Versatz der Plattenstöße sowohl in Längs- als auch in Querrichtung zu achten. Als Dämmstoffabdeckung werden Polyethylenfolien oder Bitumenpapier verwendet **(Bild 1)**.

Die Estrichdicken sind von der Dicke der Dämmstoffschicht, deren Zusammendrückbarkeit sowie dem Biegezugfestigkeits- bzw. Härteklasse abhängig. Sie betragen bei Calciumsulfatestrich mindestens 35 mm, bei Gussasphaltestrich mindestens 25 mm und bei Zementestrich mindestens 40 mm. Der Estrich auf Dämmschicht wird nach der Estrichart, dem verwendeten Bindemittel und der Biegefestigkeits- bzw. Härteklasse bezeichnet. Weiterhin wird der schwimmende Einbau und die Dicke der Estrichschicht angegeben **(Bild 2)**.

Heizestrich (S-H) ist ein Estrich auf Dämmschicht (schwimmender Estrich), der zur Aufnahme von Heizelementen für die Raumheizung sowie der Wärmespeicherung dient **(Bild 3)**.

Je nach Lage der Heizelemente werden die Heizestriche in die Bauarten A, B, C unterteilt **(Bild 4)**.

Bauart A: Heizelement innerhalb der Estrichschicht,

Bauart B: Heizelement innerhalb der profilierten Dämmschicht und

Bauart C: Heizelement innerhalb der separaten Estrichausgleichsschicht.

Der Heizestrich muss grundsätzlich den Anforderungen des schwimmenden Estrichs genügen. Die Dicke der Estrichschicht richtet sich nach der Bauart. Dabei muss die Überdeckung der Heizelemente mindestens 45 mm betragen.

Weitere Besonderheiten beziehen sich auf die Dehnfugenausbildung und die Estrichfeldgröße (Seite 504). Für den konstruktiven Aufbau eines Heizestrichs ist das jeweilige Fußboden-Heizungssystem maßgebend.

In der Bezeichnung des Heizestrichs werden der verwendete Estrich mit der Festigkeitsklasse, die Konstruktionsbezeichnung und die Ergänzung für Heizestrich mit der Überdeckungshöhe der Heizelemente, soweit nach Bauart erforderlich, angegeben (**Bild 1**).

Hochbeanspruchbare Estriche sind Industrie-Estriche für hohe Beanspruchungen z. B. in Lager- und Fertigungsgebäuden. Sie können in allen Konstruktionsarten als Verbundestrich, Estrich auf Trennschicht oder als Estrich auf Dämmschicht hergestellt werden.

Nach dem verwendeten Bindemittel eignen sich Estriche mit hoher Festigkeitsklasse wie Gussasphaltestrich und Zementestrich mit Hartstoffzuschlag (**Tabelle 1**).

Diese Estriche müssen vor allem gegen hohe mechanische Beanspruchungen, wie z. B. durch Flurförderzeuge oder Arbeitsabläufe, widerstandsfähig sein. Industrie-Estriche werden in Beanspruchungsgruppen eingeteilt (**Tabelle 2**).

Die Einbaudicke der Estrichschicht ist abhängig von der Konstruktionsart, der Nutzung und der geforderten Beanspruchungsgruppe des Estrichs.

Die Bezeichnung eines Industrieestrichs enthält die Estrichart mit Festigkeits- bzw. Härteklasse, die Konstruktionskennzeichnung sowie die Dicke des Estrichs, ergänzt durch die Kennzeichnung der Verschleißwiderstandsklasse mit Hartstoffgruppe und der Kontruktionsart mit Schichtdicken (**Bild 2**).

18.5.3 Estricheinbau

Vorbereiten des Untergrundes

Der tragende Untergrund muss sauber und eben sein sowie den Anforderungen der verschiedenen Estrich-Konstruktionen entsprechen.

Die Ebenheit und die Einbauhöhe des Estrichs sind vor Beginn der Estrichverlegung über den Meterriss zu kontrollieren.

Da die Estriche in gleichmäßiger Schichtdicke eingebaut werden müssen, sind auch punktförmige Erhöhungen oder andere Unebenheiten, wie lose Bestandteile oder Mörtelreste, zu beseitigen (**Bild 3**). Eingebaute Rohrleitungen müssen auf dem Untergrund befestigt und über eine Ausgleichsschicht, z. B. als Ausgleichsestrich, abgeglichen oder überdeckt werden (**Bild 1, Seite 502**).

Gefälle im Bodenbelag sind durch entsprechende Gefälleschichten über dem Untergrund herzustellen, damit der Estrich in gleichmäßiger Dicke eingebaut werden kann. Dadurch werden Rissbildungen und Hohlstellen vermieden (**Bild 2, Seite 502**).

Zur Vorbereitung des Untergrundes gehören weiterhin dessen Vorbehandlung und das Aufbringen von Haftbrücken.

Estrich DIN 18560 - CT - F4 - S70 H45
- Zementestrich
- Biegezugfestigkeitsklasse
- schwimmend eingebaut
- Dicke der Estrichschicht
- Heizestrich
- Überdeckung Heizelement

Bild 1: Bezeichnung eines Heizestrichs

Tabelle 1: Hartstoffzuschlag

Gruppe	Bezeichnung
A	Allgemeine Hartstoffe (Naturgestein, Schlacke)
M	Metallische Hartstoffe
KS	Hartstoffe mit Elektrokorund/ Siliziumkarbid

Tabelle 2: Beanspruchungsgruppen

Gruppe	Zuordnung
I	schwer (befahrbar mit Stahlreifen)
II	mittel (befahrbar mit Vollgummireifen
III	leicht (befahrbar mit Luftbereifung

Hartstoffestrich
Estrich DIN 18560 - CT-C60-F10-A1,5-A-V30
- Zementestrich
- Druckfestigkeitsklasse
- Biegezugfestigkeitsklasse
- Verschleißwiderstandsklasse
- Hartstoffgruppe
- Verbundestrich, Nenndicke

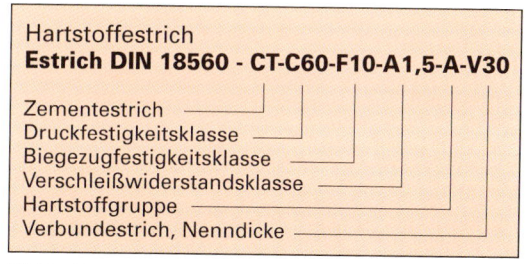

Bild 2: Hochbeanspruchbarer Estrich

- Estrich auf Dämmschicht
- Erhöhung
- Rissbildung wegen ungleichmäßiger Schichtdicke
- tragender Untergrund

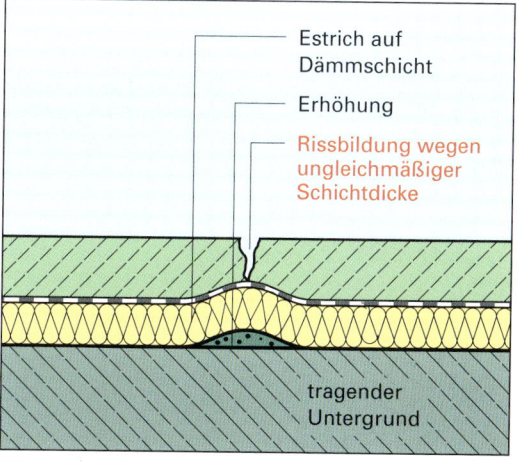

Bild 3: Punktförmige Erhöhung

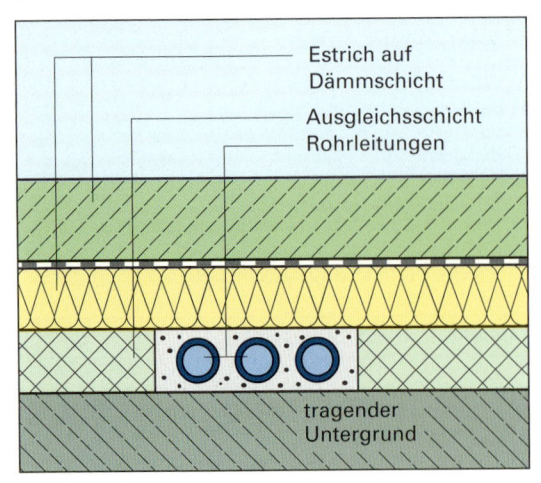

Bild 1: Eingebaute Rohrleitungen

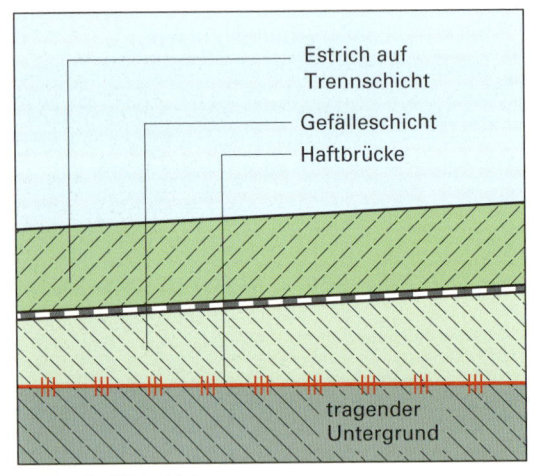

Bild 2: Gefälleschicht

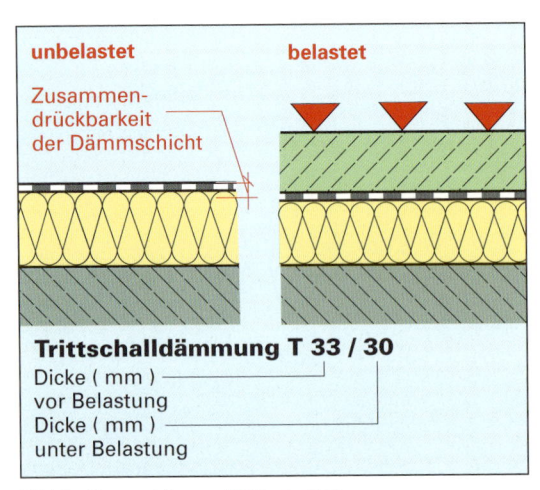

Bild 3: Kennzeichnung Trittschalldämmung

Vorbehandlung

Bei der Verlegung von Verbundestrichen auf dem erhärteten Betonuntergrund sind besondere Vorbehandlungsmaßnahmen zur Sicherung des Verbundes und der Tragfähigkeit des Estrichs erforderlich.

Neben einer sauberen, offenporigen und möglichst rissfreien Oberfläche muss der Untergrund frei von losen Bestandteilen und Anreicherungen von Feinstteilen sein. Daher ist die Betonoberfläche durch mechanische Bearbeitung wie Fräsen, Kugelstrahlen oder Wasserstrahlen vorzubehandeln.

Haftbrücken

Beim Einbau von Verbundestrichen, Gefälleschichten oder mehrschichtigen Estrichen sichert die Haftbrücke den Verbund zum Untergrund oder zur unteren Estrichlage. Sie kann je nach Estrichart als Kunstharzemulsion oder als bindemittelgebundene und kunstharzvergütete Schicht in die Oberfläche eingeschlämmt werden.

Trennschichten

Zur Trennung und Sicherung der Funktion des Estrichs sind Trennschichten aus Bitumenpapier, Polyethylenfolien oder Abdichtungsbahnen erforderlich. Sie sind entsprechend der Estrichart auszuwählen, konstruktionsgerecht und zweilagig einzubauen. Die einzelnen Lagen der Trennschicht sind glatt und ohne Aufwerfungen zu verlegen sowie im Randbereich an den angrenzenden Bauteilen hochzuziehen. Beim Einbau von Fließestrich über Dämmschichten werden als Trennlagen PE-Folien verwendet, die an den Überlappungsstößen dicht zu verschweißen oder zu verkleben sind.

Dämmschichten

Als Dämmschichten werden Dämmstoffe aus mineralischen oder pflanzlichen Fasern sowie aus Schaumkunststoffen wie Polystyrol (PS) und Polyurethan (PUR) verwendet. Dabei wird je nach Anforderung unterschieden in Dämmstoffe für die Wärmedämmung und Dämmstoffe für die Trittschalldämmung.

Trittschalldämmschichten werden als **biegeweiche Schale** in schwimmende Estriche eingebaut. Durch ihr Federungsvermögen (Zusammendrückbarkeit) nehmen sie die Schwingungen und Belastungen der biegesteifen Estrichschicht auf. Daher wird bei der Kennzeichnung der Trittschalldämmschicht die Dicke vor dem Einbau und die Dicke bei Belastung angegeben. Die Zusammendrückbarkeit liegt üblicherweise zwischen 1 mm und 5 mm **(Bild 3)**.

Dämmschichten können ein- und mehrlagig verlegt werden. Die Platten sind dicht zu stoßen und im Verband anzuordnen. Bei zweilagiger Ausführung sind die Plattenstöße der beiden Lagen zu versetzen. Die eingebaute Dämmschicht muss vollflächig auf dem Untergrund aufliegen.

Schüttungen

Sind flächige Unebenheiten im Untergrund vorhanden, so können diese durch Schüttungen ausgeglichen werden.

Die Schüttungen (Ausgleichsschüttungen) aus feinkörnigem Blähtongranulat oder aufgeschäumtem vulkanischen Gestein (Perlite) werden trocken eingebaut und eben abgezogen **(Bild 1)**.

Sie eignen sich besonders zum Höhenausgleich über Holzbalkendecken sowie in Verbindung mit dem Verlegen von Trockenestrich-Systemen.

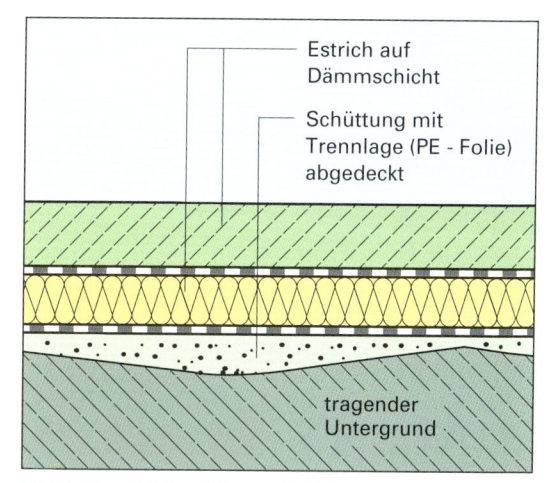

Bild 1: Ausgleichsschüttung bei Unebenheiten

Einbringen des Estrichmörtels

Die Herstellung und der Transport des Estrichmörtels zum Einbauort erfolgt meist durch Mischpumpen. Der größtenteils im Silo angelieferte Estrichtrockenmörtel wird in den Mischpumpen so aufbereitet, dass er sofort verarbeitet werden kann. Dabei wird der Zementestrich in steifer Konsistenz eingebaut. Nach dem Verdichten durch Oberflächenrüttler oder Rüttelbohlen wird der Nassestrich über die höhenmäßig genau eingemessenen Abziehleisten eben abgezogen und anschließend gescheibt oder geglättet.

Der Einbau von anhydrit- oder zementgebundenem Fließestrich erfolgt nach Zugabe von Fließmittel in weich-flüssiger Konsistenz. Der Fließestrich nivelliert sich nach dem Einbau unter Zuhilfenahme eines Besens oder der Schwabbelstange von selbst ein. Die genaue Festlegung der Einbauhöhe erfolgt durch zuvor höhenmäßig einjustierte Dreifuß-Markierungen **(Bild 2)**.

Bild 2: Dreifuß-Markierung

Der Einbau des Estrichs darf nicht bei Bodentemperaturen unter 5 °C erfolgen.

Bewehrungen

Eine Bewehrung von Estrichen ist grundsätzlich nicht erforderlich. Lediglich bei Zementestrichen auf Trenn- und Dämmschichten ist eine Bewehrung sinnvoll, wenn Keramik- oder Steinbeläge verlegt werden sollen. Die Bewehrung verhindert nicht die Rissbildung, sondern begrenzt lediglich die Rissbreite sowie einen möglichen Höhenversatz. Als Bewehrungen eignen sich Betonstahlgitter mit einer Maschenweite von 50 mm x 50 mm und einem Stabdurchmesser von 2 mm. Der Einbau erfolgt über dem unteren Drittel der Estrichdicke **(Bild 3)**.

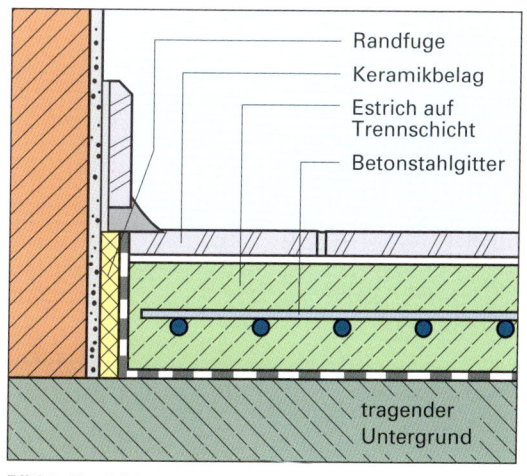

Bild 3: Estrichbewehrung

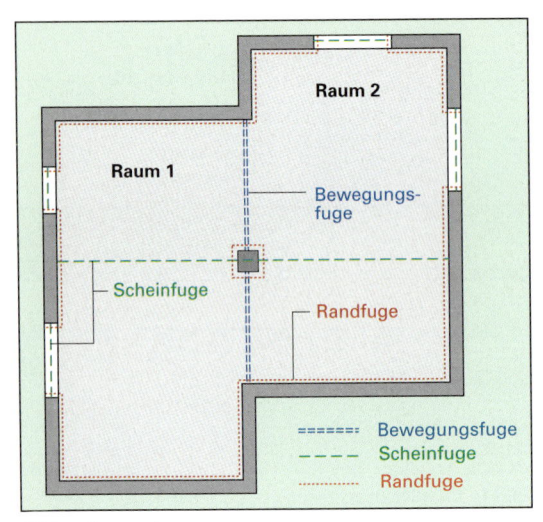

Bild 1: Fugenplan

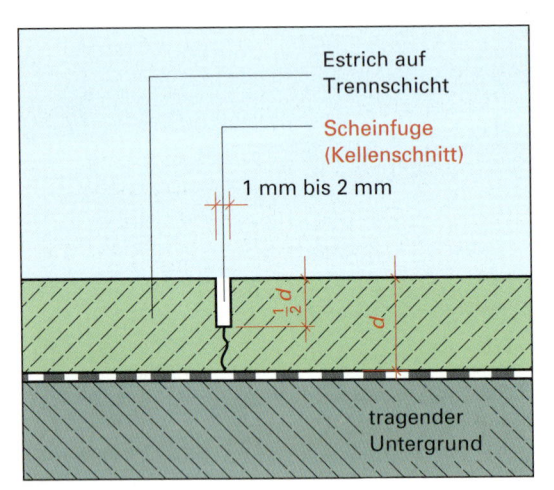

Bild 2: Scheinfuge

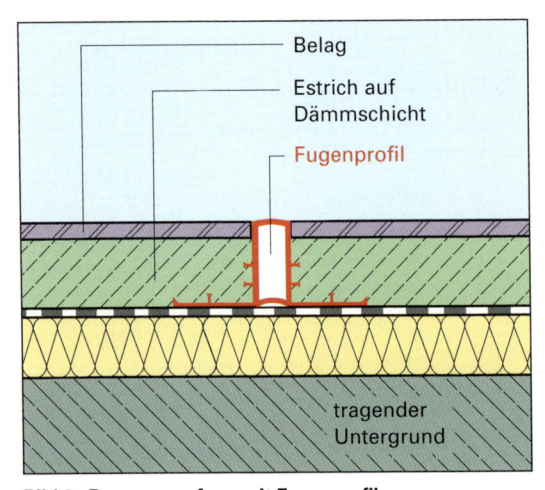

Bild 3: Bewegungsfuge mit Fugenprofil

Estrichfugen

Um Rissbildungen im Estrich zu verhindern, die durch Schwindvorgänge oder Bewegungen im Untergrund und über Dämm- und Trennschichten auftreten können, sind in Fugen auszubilden. Diese können in einem **Fugenplan** dargestellt werden (**Bild 1**).

Randfugen sind in der Regel bei allen Estrichkonstruktionen entlang der Bauteilränder sowie bei Bauteildurchführungen wie z. B. bei Stützen herzustellen. Sie müssen eine Bewegung des Estrichs von mindestens 5 mm ermöglichen. Sie verhindern Schallübertragungen (Schallbrücken).

Scheinfugen (Schwindfugen) sind besonders bei Zementestrichen herzustellen. Damit werden unkontrollierte Rissbildungen in der Estrichschicht infolge des anfangs auftretenden Schwindens verhindert. Der Estrich wird dabei mit der Kelle auf bis zur Hälfte seiner Dicke eingeschnitten (Kellenschnitt). Scheinfugen werden zur Verkleinerung großer Estrichfelder mit Kantenlängen von über 6,00 m sowie bei Raumverengungen und Durchgängen (Türen) angeordnet (**Bild 2**).

Bewegungsfugen (Dehnfugen) müssen über den vorhandenen Bewegungsfugen des Untergrundes oder zur Flächenunterteilung des Estrichs, z. B. bei Heizestrichen, angeordnet werden. Die Breite der Bewegungsfuge richtet sich nach den auftretenden Längenänderungen und sollte 8 mm bis 10 mm nicht unterschreiten. Die Kantenlängen der Estrichfelder sind auf etwa 8 m zu begrenzen. Bewegungsfugen sind elastisch zu verfüllen und abzudecken oder mit geeigneten Fugenprofilen auszubilden (**Bild 3**).

18.5.4 Estrichnachbehandlung

Anhydritestrich und Zementestrich bedürfen einer sorgfältigen Nachbehandlung. Anhydritestrich muss ungehindert und gleichmäßig austrocknen können. Anhydritestrich als Fließestrich kann nach etwa fünf bis zehn Tagen angeschliffen werden. Dadurch wird die an der Oberfläche angereicherte Bindemittelschicht (Sinterschicht) abgetragen und damit eine schnellere Austrocknung erreicht (**Bild 1, Seite 506**).

Zementestriche sind wegen der Festigkeitsentwicklung und der Neigung zum Schwinden mindestens sieben Tage feucht zu halten und vor Austrocknung zu schützen, z. B. durch Abdecken mit Kunststoffbahnen. Alle Estriche sind während der Aushärtungsphase vor schädlichen Einwirkungen, wie z. B. erhöhte Temperaturen, Zugluft oder direkte Sonneneinstrahlung, zu schützen.

18.5.5 Estriche im Bauwesen nach Raumnutzung

Tabelle 1: Verlegearten im Wohnungsbau (Beispiele)

Raumbedingung Anforderung	Raumnutzung Raumbezeichnung	Geeignete Estrichkonstruktion mit Bauteilanschluss (Wandanschluss)
Raum – gegen Erdreich angrenzend – unbewohnt – nicht beheizt z. B. Kellergeschoss, Garagen	Kellerraum Abstellraum Heizraum Fahrradraum Hausanschlussraum Garagenraum Geräteraum Lagerraum Wasch- und Trockenraum	**Verbundestrich** Randstreifen möglich, Beschichtung, Estrich, Haftbrücke, Bodenplatte, Trennlage, Kapillarbrechende Schicht
Raum – gegen Erdreich angrenzend – bewohnt – beheizt z. B. Untergeschoss – Abdichtung gegen Bodenfeuchte und nichtstauendes Sickerwasser – Wärmedämmung – Trittschalldämmung	Wohnräume aller Art Hobbyraum Fitnessraum Hauswirtschaftsraum Arbeitsräume	**Schwimmender Estrich** Randstreifen, Bodenbelag, Estrich, Trennlage, Kombinierte Trittschall- und Wärmedämmung, Abdichtung, Bodenplatte, Trennlage, Kapillarbrechende Schicht
Raum – bewohnt – beheizt – darunter liegende Räume bewohnt/beheizt z. B. Obergeschoss – Trittschalldämmung	Wohnräume aller Art Arbeitsräume	**Schwimmender Estrich** Randstreifen, Bodenbelag, Estrich, Trennlage, Trittschalldämmung, Deckenplatte, Wohnraum EG
Raum – Außenbereich – offen, nicht überdeckt – der Witterung ausgesetzt – Entkopplung des Belagaufbaus – Dränung der Belagfläche	Balkone Dachterrassen (zusätzlich mit Wärmedämmung)	**Estrich auf Trennschicht** Randstreifen, Sockel an Winkelprofil, Belag, Estrich (bewehrt), Dränschicht (Dränmatte), Abdichtung, Balkonplatte thermisch getrennt

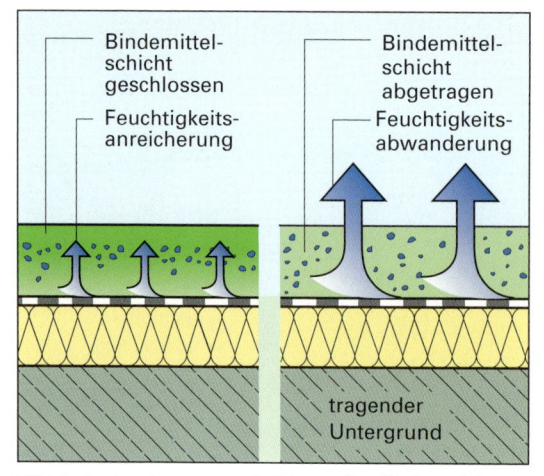

Bild 1: Austrocknung von Calciumsulfat-Fließestrich

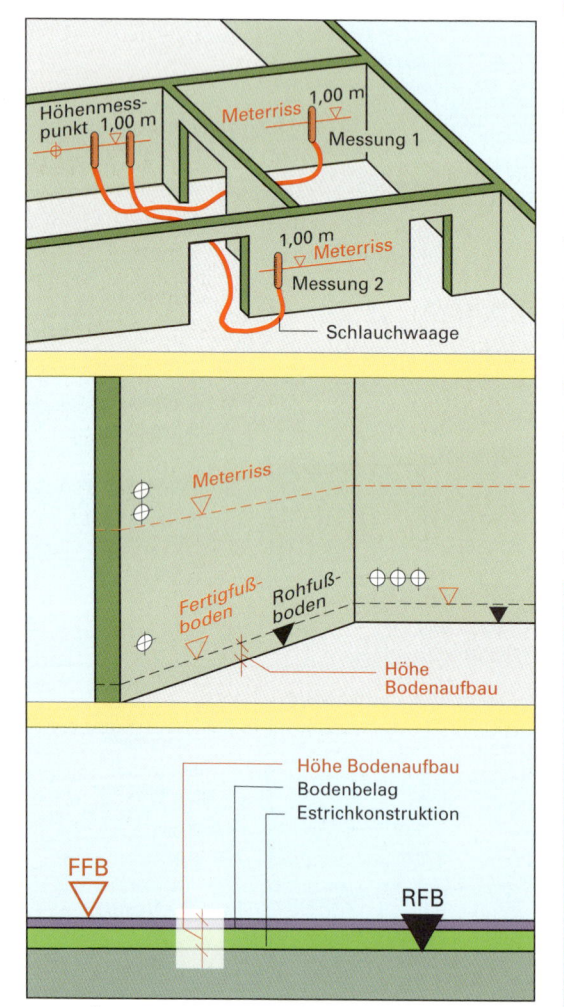

Bild 2: Übertragen des Meterrisses

18.5.6 Belegung von Estrichen

Bevor ein Gehbelag verlegt wird, ist der Estrich je nach Art und Anordnung des Belages entsprechend vorzubereiten. Zur Vorbereitung gehören der Voranstrich sowie die Spachtelung. Diese müssen für die jeweilige Estrichart geeignet sein und nach Werkvorschrift aufgebracht werden. Weiterhin ist vor Belegung des Estrichs die Estrichfeuchte (max. 2 % bis 3 %), insbesondere beim Zementestrich und beim Fließestrich, zu prüfen. Ebenso soll die Oberflächenfestigkeit (Haftzugfestigkeit) festgestellt werden. Zur Belegung der Estriche mit elastischen, textilen und keramischen Bodenbelägen sowie mit Parkett werden geeignete Kleber verwendet. Dabei sind die Verarbeitungsvorschriften der Hersteller hinsichtlich der Belegereife des Estrichs zu beachten.

18.5.7 Höhenfestlegung

Vor dem Verlegen des Estrichs muss die Bezugsebene (Höhenlage) für den fertigen Fußboden im jeweiligen Geschoss festgelegt werden. Dazu wird ein Höhenmesspunkt von der Bauleitung angegeben. Dieser liegt überlicherweise einen Meter über dem fertigen Fußboden z. B. im Zugangsbereich eines Geschosses.

Von diesem Messpunkt aus wird dann die Höhe in alle Räume des Geschosses z. B. mit Hilfe einer Schlauchwaage übertragen und als umlaufender **Meterriss** an der verputzten Wand angezeichnet (**Bild 2**). Diese Bezugsebene ist dann für die **Höhenfestlegung** aller Ausbauarbeiten verbindlich. Die Höhenlage der Estrichoberfläche kann so für jeden Raum unter Berücksichtigung der Höhe des Bodenbelages festgelegt werden. Vor dem Einbau der Estrichschicht werden die Höhenmarkierungen wie Abziehleisten oder Dreifußmarkierungen genau eingemessen.

Aufgaben

1 Unterscheiden Sie die Estriche nach Bindemittel und Konstruktionsaufbau.

2 Stellen Sie die Estrichkonstruktionen von Verbundestrich und Estrich auf Trennschicht gegenüber.

3 Welche Aufgaben haben Schüttungen und Bewehrungen in Estrichkonstruktionen?

4 Welche Voraussetzungen sind vor der Belegung von Zementestrichen zu beachten?

5 Wählen Sie für folgende Nutzungen je eine gebräuchliche Estrichkonstruktion: Pkw-Garage, Lagerhalle, Hobbyraum, Schulungsraum, Wohnzimmer.

6 Für welche Raumnutzungen eignen sich Heizestriche?

18.6 Trockenbau

Die Trockenbautechnik umfasst ein Angebot von Bausystemen für den Innenausbau zur Herstellung von nichttragenden Wänden und abgehängten Decken **(Bild 1)**.

Durch Zusammenfügen oder Montieren industriell vorgefertigter Bauelemente, wie Trockenbauplatten, Holz- oder Stahlprofilen und Dämmstoffen, werden raumabschließende Bauteile als Wandkonstruktionen oder abgehängte Deckenkonstruktionen sowie Wand- und Deckenbekleidungen hergestellt. Dabei lassen sich die Anforderungen an den Wärme-, Schall-, Feuchte- und Brandschutz sowie an die Installationstechnik und Raumgestaltung rationeller erfüllen. Außerdem entfällt das Austrocknen der bei einer herkömmlichen Bauweise eingebrachten Baufeuchte. Damit wird das Bauen weiter rationalisiert und die Bauzeit erheblich verkürzt.

Der Ausbau von Gebäuden wie Industrie- und Verwaltungsgebäude oder Wohn- und Geschäftshäusern erfolgt daher in zunehmendem Maße im Trockenbauverfahren.

Die Trockenbauarbeiten erfolgen in Abstimmung mit den sonstigen Ausbau- und Installationsgewerken eines Gebäudes.

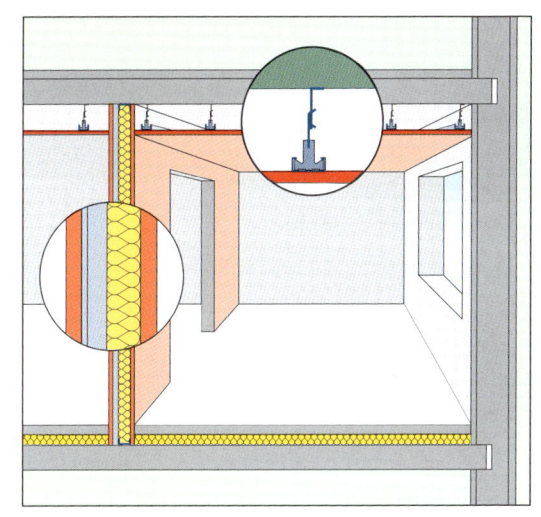

Bild 1: Nichttragende Wand, Abgehängte Decke

18.6.1 Baustoffe

Baustoffe für den Trockenbau sind Trockenbauplatten, Befestigungselemente, Dämmstoffe und Gips-Wandbauplatten.

18.6.1.1 Trockenbauplatten

Trockenbauplatten werden für die Beplankung oder Bekleidung von Wänden sowie als Deckenbekleidung oder als Einlage in abgehängte Decken verwendet. Dazu eignen sich besonders Gipsplatten, Mineralfaserplatten oder Deckenplatten aus Gips. Weiterhin können auch Plattenwerkstoffe aus Holz, wie z. B. Spanplatten, Holzfaserplatten oder Sperrholzplatten verwendet werden.

Gipsplatten nach DIN EN 520 werden auf einem Produktionsband gefertigt und bestehen aus einem Gipskern, der einschließlich der Längskanten mit einem Karton ummantelt ist **(Bild 2)**. Der Karton ist mit dem Gipskern, der geeignete Zuschlag- oder Zusatzstoffe, wie z. B. Porenbildner, enthalten kann, fest verbunden und wirkt wie eine Zugbewehrung. Dadurch erhalten die großformatigen Platten, die in Regelabmessungen herstellt werden, ihre notwendigen Festigkeits- und Elastizitätseigenschaften **(Tabelle 1)**.

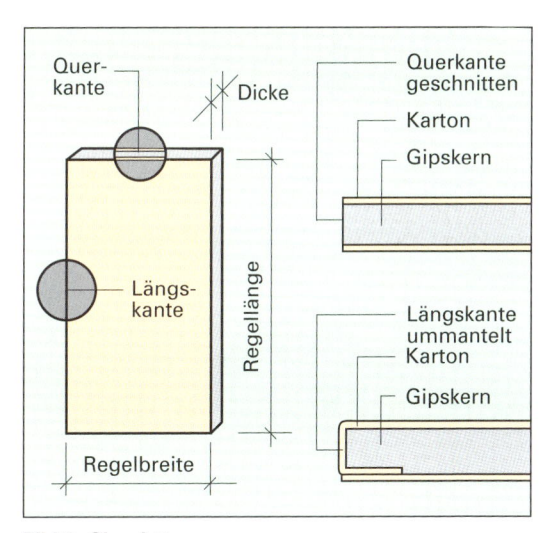

Bild 2: Gipsplatte

Tabelle 1: Abmessungen (mm) der Gipsplatten (Beispiele)		
Dicke (mm)	Regelbreite (mm)	Regellänge (mm)
9,5	1250 Sonderbreiten 600, 625, 900, 1200	Unterschiedliche Regellängen von 2000 bis 3000
12,5		
15,0		
18,0		
20,0	800	
25,0		

Tabelle 1: Arten von Gipsplatten (Beispiele)			
Plattenart	Leistungsmerkmale	Verwendung	Anwendungsbereich
Gipsplatte Typ A	Gipsplatte ohne besondere Leistungsmerkmale	– Beplankung von Montagewänden – Bekleidung von abgehängten Decken (Montagedecken) – Bekleidung von Wänden und Decken als Trockenputz	in Innenräumen aller Art ohne besondere Anforderungen
Gipsplatte Typ H	Gipsplatte mit reduzierter Wasseraufnahmefähigkeit	– wie zuvor beschrieben, jedoch mit Anforderungen an den Feuchteschutz durch verzögertes bzw. begrenztes Wasseraufnahmevermögen	in Räumen im Kellergeschoss, in Feuchträumen wie Küchen und Bäder
Gipsplatte Typ E	Gipsplatte für Beplankungen	– Beplankung der Außenwandelemente ohne dauernde Außenbewitterung – Anforderung an reduzierte Wasseraufnahmefähigkeit und geringe Wasserdampfdurchlässigkeit	bei Außenwänden im Holz- oder Stahlfertigteilbau, in Garagen und Durchfahrten
Gipsplatte Typ F	Gipsplatte mit verbessertem Gefügezusammenhalt des Kerns bei hohen Temperaturen	– wie bei Gipsplatte Typ A beschrieben, jedoch mit Anforderungen an den baulichen Brandschutz bezüglich Feuerwiderstandsdauer der Bauteile	in Innenräumen aller Art im Dachgeschoss, in Fluren und Treppenhäusern oder in Heizräumen
Gipsplatte Typ P	Putzträgerplatte	– als Putzträger, perforiert, für Nassputz an Wänden und Decken	in Innenräumen aller Art

Bild 1: Werkmäßig weiterbearbeitete Gipsplatten

Bandgefertigte Platten wie

- Gips-Bauplatten,
- Gips-Feuerschutzplatten,
- Gips-Bauplatten, imprägniert,
- Gips-Feuerschutzplatten, imprägniert, und
- Gips-Putzträgerplatten

sind unterschiedlich ausgerüstet und daher vielseitig verwendbar (**Tabelle 1**).

Um bandgefertigte Gipsplatten auch für andere Anwendungsbereiche einsetzen zu können, werden diese werkmäßig weiterbearbeitet (**Bild 1**).

Werkmäßig weiterbearbeitete Platten sind:

- Gips-Lochplatten und -Schlitzplatten für Akustikzwecke,
- Gips-Verbundplatten für Wärmedämmzwecke,
- formbare Gips-Bauplatten für die Ausbildung gerundeter Formen und
- beschichtete Gipsplatten mit Aluminiumfolien-Beschichtung für Dampfsperren oder Bleifolien-Beschichtung für den Strahlenschutz.

Die Oberfläche der Gipsplatten bildet einen guten Untergrund für weitere Beschichtungs- oder Belagsaufbauten, wie z.B für Anstriche, Tapeten, Putze und Fliesen.

Faserverstärkte Gipsplatten bestehen aus einem homogenen Gemisch aus Gips und Zellulosefasern. Der Gips bewirkt günstige bauphysikalische Eigenschaften. Die vorwiegend aus Altpapier gewonnenen Zellulosefasern verbessern die mechanischen Eigenschaften der Platten. Zähigkeit und Festigkeit von faserverstärkten Gipsplatten sind weitgehend richtungsunabhängig und höher als die von Gipsplatten.

Mineralfaserplatten sind Platten aus Mineralfasern, wie z. B. Basaltfasern. Diese Platten werden als Dekorplatten geliefert und meist als Deckenplatten verwendet. Sie haben hervorragende Brand- und Schallschutzeigenschaften. Die üblichen Abmessungen dieser Platten sind 62,5 cm x 62,5 cm und 62,5 cm x 125 cm.

Deckenplatten aus Gips sind montierbare Platten aus Gips mit Glasfasereinlage. Nach Aufbau und Verwendungszweck werden Dekorplatten, Schallschluckplatten und Brandschutzplatten hergestellt. Diese Platten sind quadratisch und haben Kantenlängen von 50 cm, 60 cm oder 62,5 cm. Die Plattendicke am Rand liegt bei 30 cm.

18.6.1.2 Befestigungselemente

Befestigungselemente werden für die verschiedenen Unterkonstruktionen sowie für deren Zusammenbau und Montage verwendet.

Holzrahmen und Latten können für Unterkonstruktionen verwendet werden und müssen der Sortierklasse S 10 entsprechen. Das Holz muss trocken (Holzfeuchte < 20 %) und verwindungsfrei sein. Die Holzquerschnitte sind je nach Verwendung und Beanspruchung auszuwählen **(Tabelle 1)**. Dabei werden Holzrahmen für Wandkonstruktionen und Latten meist für Deckenkonstruktionen eingesetzt.

Metallprofile werden für die Konstruktion von Montagewänden und Unterdecken verwendet. Sie werden aus verzinktem Stahlblech in Regelprofilen hergestellt **(Bild 1)**. Diese Profile sind leicht und passgenau sowie durch die Ausbildung des Profilsteges mit Sicken sehr formstabil. Die Blechdicken betragen meist 0,6 mm.

Metallabhänger dienen der sicheren Abhängung und Befestigung des Latten- und Profilrostes einer Unterdecke an der tragenden Deckenkonstruktion. Die Abhänger aus verzinktem Stahl bestehen meist aus zwei Teilen, um einen Höhenausgleich auf die festgelegte Abhängehöhe zu gewährleisten. Dafür eignen sich die Noniusabhänger mit Höhenfixierung durch Lochraster und die Schnellabhänger mit Höhenfixierung durch Klemmvorrichtung **(Bild 2)**.

Tabelle 1: Querschnitte für Holzunterkonstruktionen

Verwendung	Querschnitt b/h (mm)
Abgehängte Decke	je nach Abstand
– Grundlatte (direkt befestigt)	z. B. 48/24 50/30
– Traglatte	z. B. 48/24 50/30
Leichte Trennwände	Achsabstand 62,5 cm
– Holzrahmen als Ständer	z. B. 60/60 60/80

Form	Benennung
CW - Profil	C-Ständerprofil für Wände Abmessungen h/b (mm) z.B. 50 / 50 75 / 50 100 / 50
UW - Profil	U-Anschlussprofil für Wände zur Aufnahme der CW-Profile an Boden und Decke
CD - Profil	C-Deckenprofil mit abgekanteten Profilflanschen zur Aufnahme des Abhängers

Bild 1: Regelprofile

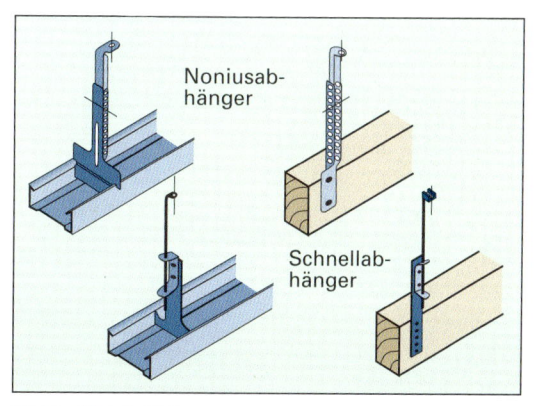

Bild 2: Metallabhänger

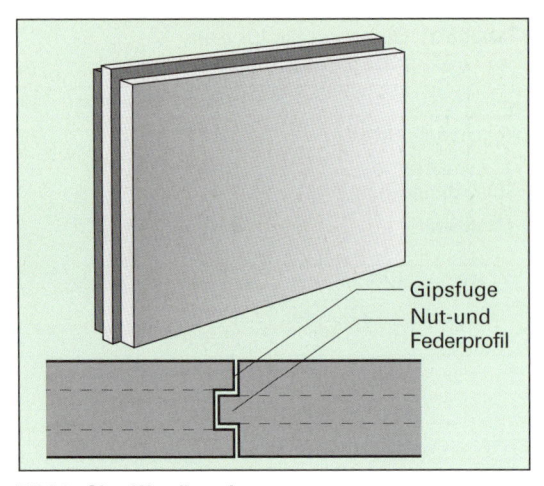

Bild 1: Gips-Wandbauplatte

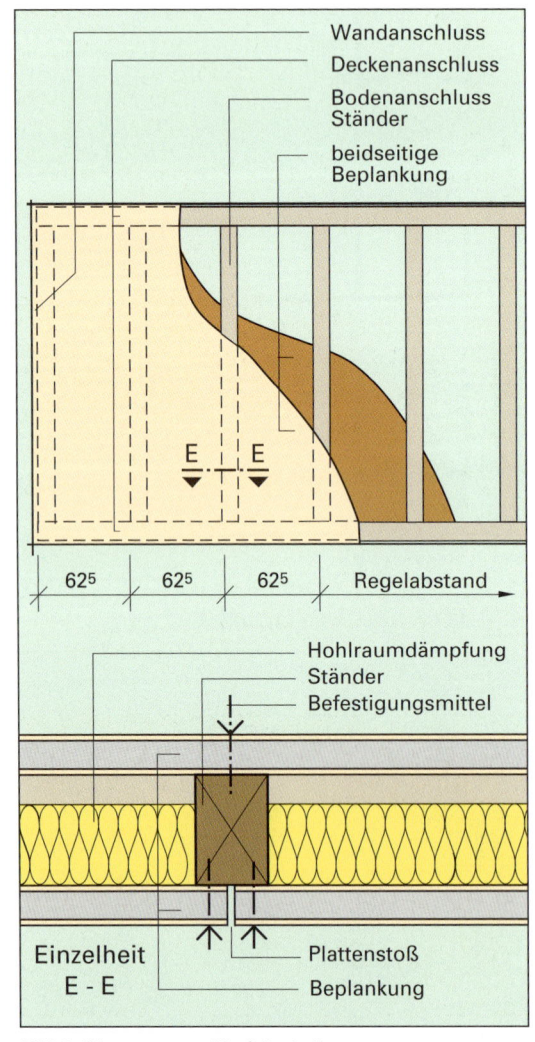

Bild 2: Montagewand in Ständerbauart

Befestigungsmittel sind Verbindungsmittel und Verankerungselemente. Für die Befestigung der Trockenbauplatten mit der Unterkonstruktion oder der Konstruktionsteile untereinander werden Verbindungsmittel, wie z. B. Schnellbauschrauben, gerillte Nägel, Klammern, Nieten, Klemmprofile oder die Crimperzange verwendet. Zur Befestigung von Trockenbauwänden und abgehängten Decken mit dem tragenden Untergrund werden Verankerungselemente, wie z. B. Keilnägel, Einschlaganker oder verschiedene Dübelsysteme eingesetzt.

18.6.1.3 Dämmstoffe

Dämmstoffe werden neben der Wärmedämmung insbesondere für die Schalldämmung in Wandhohlräumen zur Hohlraumdämpfung sowie für die Verbesserung der Akustik über Lochplatten- oder Schlitzplattenbekleidungen abgehängter Decken eingesetzt. Als Dämmstoffe eignen sich besonders Faserdämmstoffe aus mineralischen oder natürlichen Fasern, die als Dämmplatten oder Dämmfilze eingebaut werden.

18.6.1.4 Gips-Wandbauplatten

Gips-Wandbauplatten nach DIN 18163 sind massive Bauplatten aus Stuckgips. Sie haben umlaufende Nut- und Federprofile, eine Länge von 666 mm, eine Höhe von 500 mm und Dicken von 60 mm, 80 mm und 100 mm. Je nach Rohdichte, die durch porenbildende Stoffe beeinflusst wird, werden folgende Plattenarten unterschieden:

- Porengips-Wandbauplatten (PW),
- Gips-Wandbauplatten (GW) und (SW).

Zum Verbinden der Platten untereinander wird Fugengips oder Stuckgips verwendet **(Bild 1)**.

18.6.2 Wandkonstruktionen

Wandkonstruktionen in Trockenbauweise werden für nichttragende Innenwände eingesetzt. Es sind Montagewände in Ständerbauart mit einem Regelabstand der Ständer von 62,5 cm und Unterkonstruktionen aus Holzrahmen oder Metallprofilen sowie einer beidseitigen Beplankung, z. B. aus Gipsplatten. Diese erhalten ihre Standsicherheit durch die Befestigung an die anschließenden Bauteile von Wand und Stütze, Boden und Decke sowie durch die Verbundkonstruktion von Ständer und Beplankung. Dabei kann die Beplankung einlagig oder mehrlagig sein **(Bild 2)**.

Ständerwände erfüllen neben der Raumabtrennung auch noch Anforderungen an den Schall- und Brandschutz sowie an den Wärmeschutz. Dazu sind die Hohlräume mit Dämmstoffen auszukleiden. Zusätzlich können die Hohlräume zwischen den Beplankungsebenen für Installationszwecke, wie z. B. für Elektroleitungen, genutzt werden.

Nach Konstruktionsart und Funktion unterscheidet man z. B. Einfachständerwände, Doppelständerwände und Installationswände. Eine weitere Bauart von Trockenbauwänden sind die Wände aus Gips-Wandbauplatten.

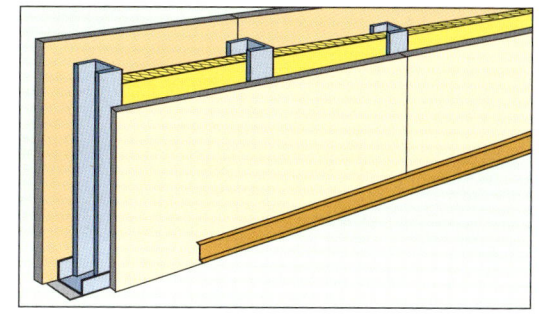

Bild 1: Metall-Einfachständerwand

18.6.2.1 Einfachständerwände

Enfachständerwände können als Montagewände in Metallständerkonstruktion oder Holzständerkonstruktion ausgeführt werden. Dabei sind die Ständer als Unterkonstruktion in einer Ebene angeordnet und beidseitig, z. B. mit Gipsplatten des entsprechenden Plattentyps, beplankt.

Besteht die Unterkonstruktion aus Metallprofilen, so werden an Decke oder Unterdecke, Wand und Boden umlaufend U-Wandprofile (UW-Profile) montiert. Die C-Wandprofile (CW-Profile) werden in diese Anschlussprofile lose eingestellt und mit dem UW-Profilen vernietet oder verschraubt. Öffnungen, wie z. B. für Türen oder Oberlichter werden durch entsprechende Auswechslungen oder Sonderprofile hergestellt und in das Ständerraster integriert. Danach werden die Beplankungen aufgeschraubt, Dämmstoffe eingestellt oder Installationen verlegt **(Bild 1)**.

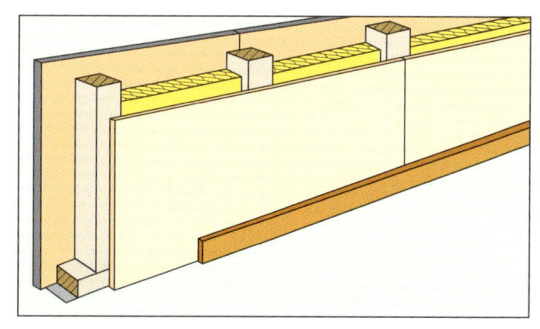

Bild 2: Holz-Einfachständerwand

Bei einer Unterkonstruktion aus Holzrahmen entspricht das Konstruktionsprinzip dem der Metallkonstruktion. Dabei werden an der Decke ein Rähm und am Boden eine Schwelle angeordnet, an denen man die Holzständer über geeignete Holzverbinder verschraubt **(Bild 2)**. Die Beplankung der Einfachständerwände kann je nach den Anforderungen an den Schall- oder Brandschutz einlagig oder mehrlagig ausgeführt werden. Die Wanddicken richten sich zusätzlich nach den statischen Anforderungen im jeweiligen Einbaubereich.

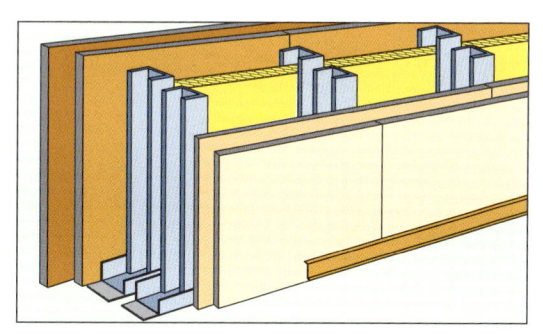

Bild 3: Metall-Doppelständerwand

18.6.2.2 Doppelständerwände

Doppelständerwände werden wie die Einfachständerwände in Metall- oder Holzkonstruktion hergestellt. Dabei besteht die Unterkonstruktion aus zwei im Abstand stehenden, getrennten Ständerreihen, die gegenseitig versetzt sind **(Bild 3 und 4)**. Stehen sie eng nebeneinander, sind die Ständer berührungsfrei anzuordnen, getrennt durch einen

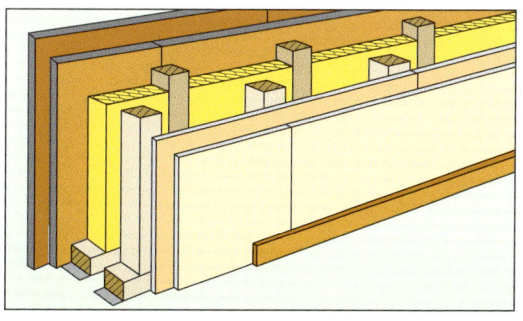

Bild 4: Holz-Doppelständerwand

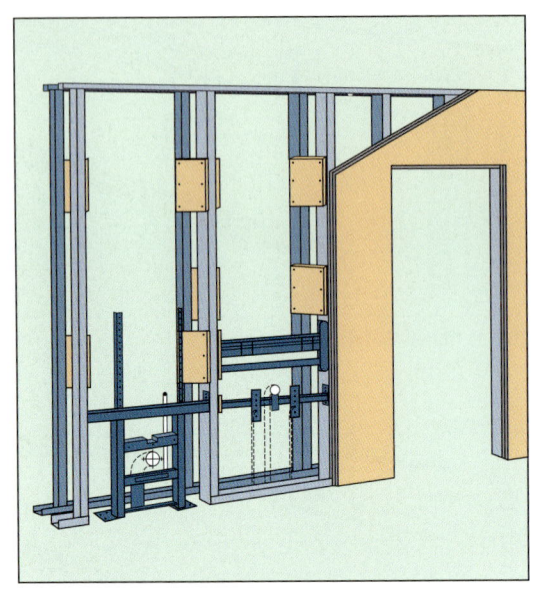

weichen Dämmstreifen. Doppelständerwände werden dann montiert, wenn z. B. eine erhöhte Schalldämmung gefordert wird oder Konstruktionsteile des Rohbaues in die Wand eingebaut werden sollen.

18.6.2.3 Installationswände

Installationswände beruhen auf der Konstruktionsart der Doppelständerwände. Dabei wird der Abstand der beiden Ständerreihen so bemessen, dass im Wandhohlraum die Rohinstallationen und Einbauten der Haustechnik wie Wasser- und Abwasserleitungen, WC-Spülkästen, Armaturen und Aufhängekonstruktionen für Sanitäreinrichtungen untergebracht werden können (**Bild 1**). Um die Stabilität der Installationswand zu gewährleisten, werden die beiden Ständerreihen durch Stabilisierungsstreifen aus Gipsplatten oder Blechstreifen miteinander zug- und druckfest verbunden (**Bild 2**).

Bild 1: Installationswand mit Rohinstallation

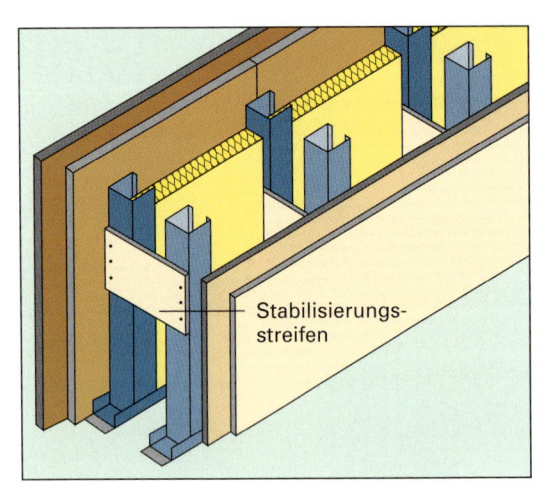

18.6.2.4 Wände aus Gips-Wandbauplatten

Wände aus Gips-Wandbauplatten werden häufig im Wohnungsbau als Raumtrennwände eingesetzt. Die Wandbauplatten werden im Verband zusammengefügt und dabei mit Fugengips verbunden. Durch den Plattenverband und den Anschluss an die angrenzenden Bauteile, der meist elastisch oder gleitend ausgeführt wird, erhalten die Wände ihre Standsicherheit. Öffnungen, wie z. B. für Türen oder Aussparungen für Durchbrüche, sind beim Aufbau anzulegen oder können nachträglich ausgesägt werden. Durch den flächenfertigen und trockenen Aufbau können die Wände aus Gips-Wandbauplatten nach einer Grundierung beschichtet oder tapeziert werden.

Bild 2: Ständerreihen mit Stabilisierungsstreifen

18.6.3 Deckenkonstruktionen

Deckenkonstruktionen in Trockenbauweise werden nach DIN 18168 als leichte Deckenbekleidungen und Unterdecken hergestellt. Diese Montagedecken besitzen nur geringe Tragfähigkeit und werden an den tragenden Bauteilen wie Massivdecken oder Dachkonstruktionen befestigt. Sie bestehen aus einer tragenden Unterkonstruktion und der raumabschließenden Decklage. Diese trägt wesentlich zur Raumgestaltung bei. Je nach Aufbau der Decklage kann diese auch Aufgaben des Brand-, Schall- und Wärmeschutzes übernehmen.

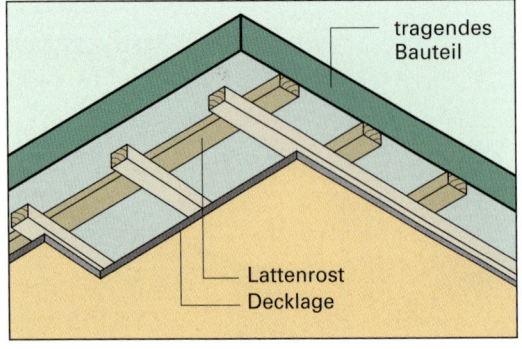

Bild 3: Leichte Deckenbekleidung

18.6.3.1 Leichte Deckenbekleidungen

Leichte Deckenbekleidungen sind Deckensysteme, deren Unterkonstruktion direkt an den tragenden Bauteilen befestigt wird. Dabei besteht die Unterkonstruktion meist aus einem Holzlattenrost (**Bild 3, Seite 512**).

Dieser Lattenrost wird aus einer Grundlattung und einer Traglattung gebildet. Die Grundlattung wird an der Rohdecke befestigt. Die Traglattung, welche die Decklage trägt, wird quer dazu angeordnet. Der Querschnitt von Grund- und Traglattung muss bei leichten Deckenbekleidungen mindestens 24 mm x 48 mm betragen, wobei die Latten an jedem Kreuzungspunkt miteinander zu verbinden sind. Zur Befestigung am tragenden Untergrund dürfen nur geeignete und zugelassene Verankerungselemente verwendet werden (**Bild 1**).

Die zulässigen Abstände der Grund- und Traglatten und die Befestigung der Grundlatten an der Rohdecke sind abhängig von der Gesamtlast der Konstruktion. Dabei sind Einbauten, wie z. B. Beleuchtungskörper, sowie Art und Dicke der Deckenlage des Plattensystems zu berücksichtigen. Die entsprechenden Angaben sind den jeweiligen Tabellen zu entnehmen. So sind z. B. für eine leichte Deckenbekleidung mit einer Flächenlast bis 0,15 kN/m^2 folgende Achsabstände einzuhalten:

- Verankerungsabstand der Grundlatte 750 mm,
- Abstand der Grundlatten 700 mm und
- Abstand der Traglatten 310 mm (**Bild 2**).

18.6.3.2 Unterdecken

Unterdecken sind Deckensysteme, deren jeweilige Unterkonstruktion von den tragenden Bauteilen der Rohdecke abgehängt ist (abgehängte Decken). Die Unterkonstruktion muss so beschaffen sein, dass die Decklage der Montagedecke sicher an der Unterkonstruktion befestigt oder eingelegt werden kann (**Bild 3**). Da es eine Vielzahl unterschiedlicher Deckensysteme gibt, sind die Einzelteile oft produkt- oder herstellergebunden. Meist werden jedoch Systeme aus standardisierten Konstruktionselementen und Decklagen eingesetzt (**Bild 1, Seite 514**).

Die Unterkonstruktionen dieser Montagedecken bestehen aus einem Metallprofilrost, den Grund- und Tragprofilen sowie deren Profilverbindern, den Abhängern und den Befestigungsteilen. Weiterhin stehen Sonderprofile wie Auswechselprofile für Deckeneinbauteile oder Wandanschlussprofile zur Verfügung. Die Unterkonstruktion der Systemdecken ist auf die jeweilige Montageart der Deck-

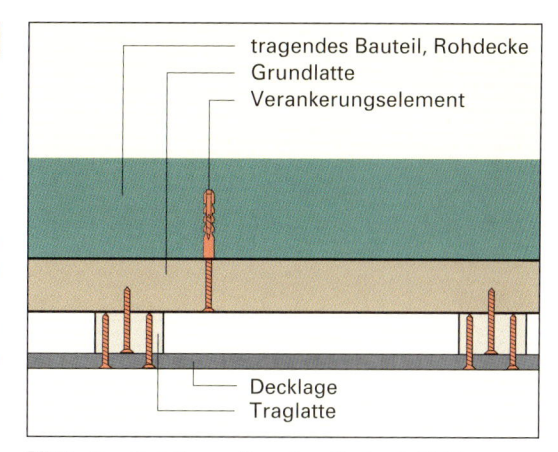

Bild 1: Konstruktionsaufbau einer Deckenbekleidung

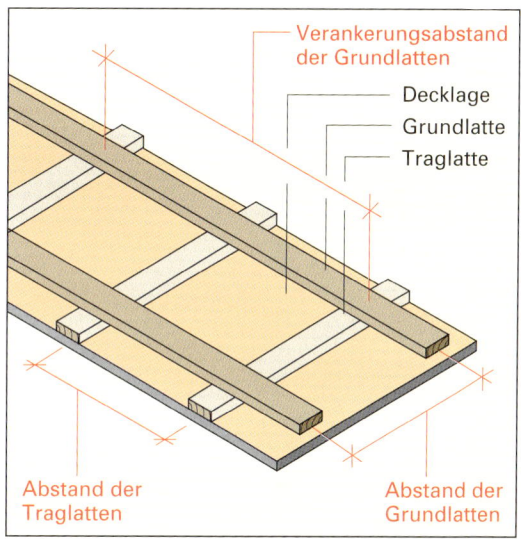

Bild 2: Befestigung, Anordnung der Unterkonstruktion

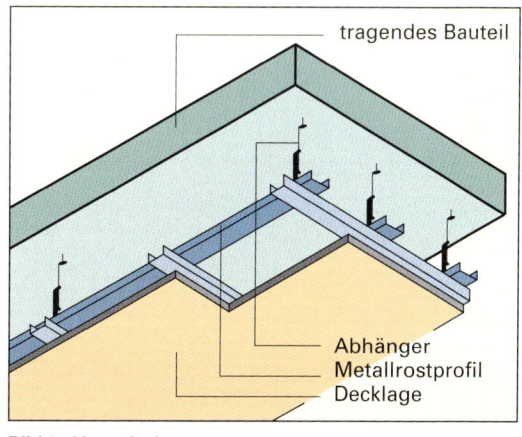

Bild 3: Unterdecke

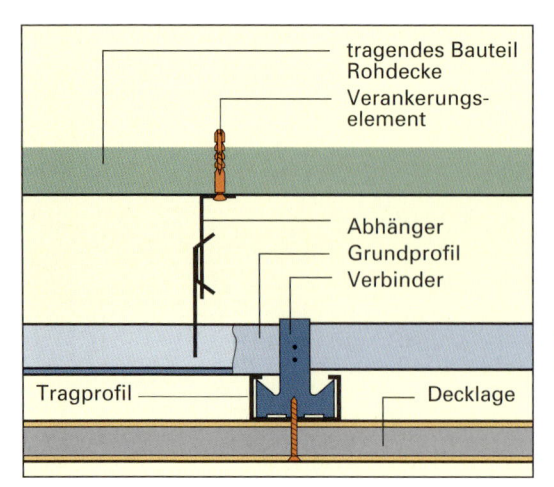

Bild 1: Konstruktionsaufbau einer Unterdecke

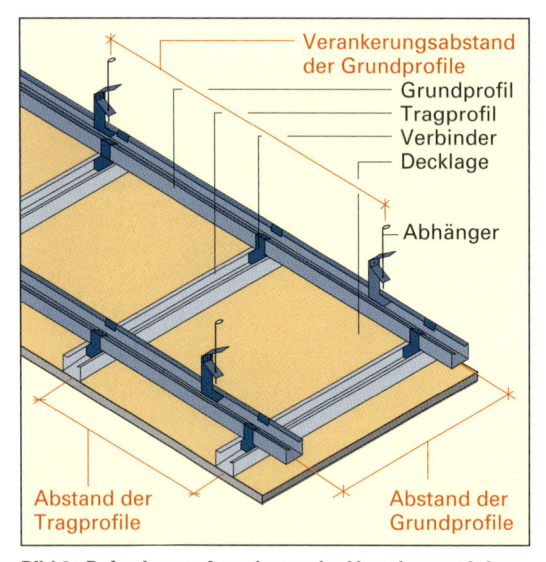

(Beschriftungen: tragendes Bauteil Rohdecke, Verankerungselement, Abhänger, Grundprofil, Verbinder, Tragprofil, Decklage)

Bild 2: Befestigung, Anordnung der Unterkonstruktion

(Beschriftungen: Verankerungsabstand der Grundprofile, Grundprofil, Tragprofil, Verbinder, Decklage, Abhänger, Abstand der Tragprofile, Abstand der Grundprofile)

lage abgestimmt **(Bild 2)**. Dabei unterscheidet man Unterdecken mit fugenloser Decklage wie Plattendecken, mit fugenbetonter oder gerasteter Decklage, wie Mineralfaserdecken, Kassettendecken, Paneel- und Rasterdecken. Weiterhin können diese Deckensysteme zur Erfüllung bestimmter Funktionen, wie z. B. als Akustikdecken oder Brandschutzdecken, eingesetzt werden.

18.6.4 Verarbeitung der Gipsplatten

Bei der Verarbeitung von großformatigen Gipsplatten sind besondere Be- und Verarbeitungsregeln sowie die einschlägigen Vorgaben und Werksvorschriften zu beachten. Dies gilt für die Lagerung und den Transport der Platten ebenso wie für den Zuschnitt, die Kantenbearbeitung oder die Herstellung von Ausschnitten **(Tabelle 1)**.

Nach einer standsicheren Montage der Unterkonstruktion für Wand oder Decke werden die Platten mit dem Magazinbauschrauber und den geeigneten Schnellbauschrauben vorschriftsmäßig, von der Plattenmitte aus oder einer Plattenseite her, befestigt. Fehlstellen oder örtliche Beschädigungen an den Platten werden durch Fugenfüller ausgebessert.

Besonderer Sorgfalt bedarf es bei der Verspachtelung der Plattenfugen durch aufeinander abgestimmte Verspachtelungssysteme mit Fugendeckstreifen und Spachtelmasse. Nach dem Erhärten der Spachtelmasse wird diese plattenbündig und fein abgeschliffen.

An besonders beanspruchten Plattenanschlüssen oder Außenecken werden Einfassprofile, Kantenschutzprofile oder Kantenschutzstreifen aufgesetzt oder eingespachtelt.

Tabelle 1: Verarbeitung von Gipsplatten

Lagerung	– auf ebener Unterlage wie z. B. auf Paletten
	– gegen Feuchtigkeit schützen
Transport	– mit Plattenträger oder Plattenroller
Zuschnitt	– mit Plattenmesser, Plattenschneider oder Fuchsschwanz
Schnittkanten	– Begradigung mit dem Kantenhobel
	– Karton darf nicht einreißen
Installationsausschnitte	– mit Lochschneider oder Stichsäge ausführen

Aufgaben

1 Wählen Sie die geeignete Gipsplatte für einen Wohnraum, ein Bad sowie für einen Heizraum aus und begründen Sie.
2 Unterscheiden Sie die Befestigungselemente bei Trockenbaukonstruktionen.
3 Vergleichen Sie zwischen Einfachständerwänden und Doppelständerwänden.
4 Erläutern Sie den Unterschied der beiden Deckensysteme im Trockenbau.
5 Der Dachraum eines Wohngebäudes soll zu einer 3-Zimmerwohnung mit Küche und Bad in Trockenbauweise ausgebaut werden. Erstellen Sie eine Ausführungsbeschreibung für die Decken-, Wand- und Bodenkonstruktionen der einzelnen Räume.

18.7 Fliesen und Platten

Die Fliesen und Platten werden in einer Vielzahl von Formen und Abmessungen nach verschiedenen Verfahren hergestellt **(Bild 1)**. Sie können in den unterschiedlichsten Verbänden im Dickbett oder im Dünnbett angesetzt oder verlegt werden. Unter Fliesenlegen versteht man das Ansetzen von Wandbekleidungen und das Verlegen von Bodenbelägen aus keramischen Fliesen und Platten. Dazu benötigt man geeignete Werkzeuge und Geräte.

18.7.1 Werkzeuge und Geräte

Zur fachgerechten Werkzeug- und Geräteausstattung des Fliesenlegers gehören Fliesenkelle, Reißnadel, Spitzhammer, Lochzange, Fliesenlochapparat, Hauschiene, Fliesenschneidmaschine, Fliesenhexe (Schnur), Fliesenkeile, Zahntraufel und Fuggummi **(Bild 2)**.

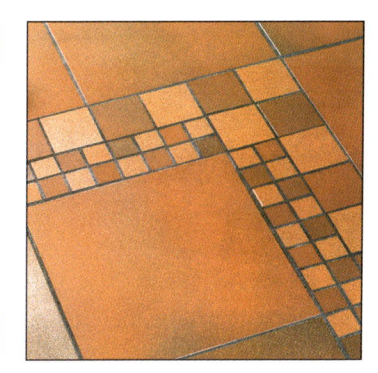

Bild 1: Formate

Die **Fliesenkelle** gibt es mit verschiedenen Blattformen. Dabei unterscheidet man z. B. die Herzform, die Hamburger, Schweizer oder Süddeutsche Form. Die Fliesenkelle benützt man zum Aufbringen des Verlegemörtels und zum Anklopfen der Fliese oder Platte. Um Beschädigungen der Fliesen beim Anklopfen zu vermeiden, hat das Griffende eine Gummikappe.

Die **Reißnadel** hat eine sehr harte Spitze aus Hartmetall und dient zum Anreißen der Fliesenoberfläche (Glasur). Die Fliese kann entlang dieser Reißlinie gebrochen werden.

Der **Spitzhammer** wird zum Aufbrechen der Glasur und zum Durchschlagen eines Loches oder einer Ausklinkung in der Fliese verwendet.

Die **Lochzange** dient zum Erweitern von Öffnungen auf das gewünschte Öffnungsmaß.

Der **Fliesenlochapparat** ermöglicht das Anreißen und Lochen der Fliesen bis zu einem Lochdurchmesser von ca. 80 mm in einem Arbeitsgang. Anstelle des Lochapparates kann auch eine Bohrmaschine mit Ständerhalterung und entsprechendem Bohrvorsatz verwendet werden.

Die **Fliesenhauschiene** wird zum Abtrennen von sehr harten und dicken Fliesen (Steinzeugfliesen) verwendet. Nach dem Einstellen der Abtrennlinie wird entlang der Hauschiene ein Hartmetallmeißel unter leichten Hammerschlägen einige Male entlang geführt, bis die Fliese getrennt ist

Die **Schneidmaschine** erübrigt ein Vorreißen der Trennlinie, da die Fliesen nach einer Skala eingelegt und festgeklemmt werden. Danach wird mit einem eingebauten Fliesenschneider (Glasschneider) die Trennlinie vorgerissen und durch Verstärkung des Druckes am Klemmhebel die Fliese gleichzeitig gebrochen.

Die **Fliesenhexe** ist eine Gummischnur mit zwei Halteblechen, die nach dem Ansetzen von Punkt- oder Richtfliesen angelegt wird.

Die **Fliesenkeile** aus Kunststoff werden beim Ansetzen der Wandfliesen in die waagerechte Fuge gedrückt, um ein Abrutschen der Fliese zu verhindern.

Die **Zahntraufel** dient zum Aufziehen von Dünnbettmörtel.

Der **Fuggummi** wird beim Verfugen von Fliesen- und Plattenbelägen sowie zum Verteilen und Abstreifen des Fugmörtels verwendet.

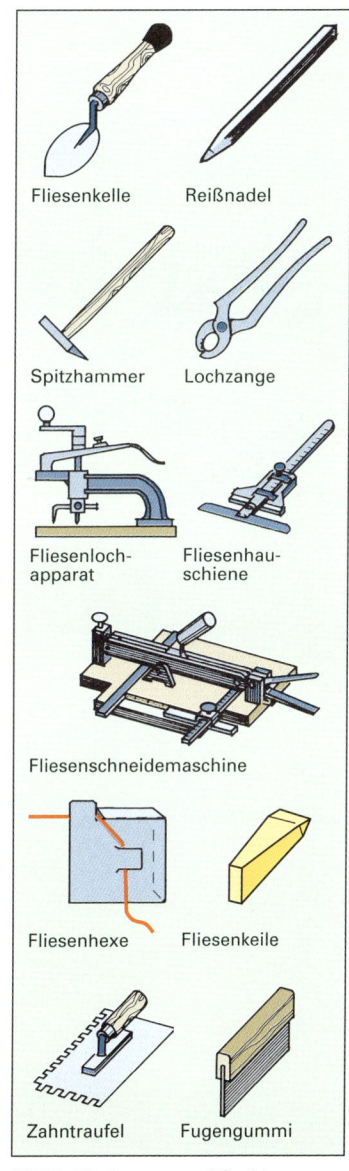

Bild 2: Werkzeuge und Geräte

Tabelle 1: Formgebungsverfahren	
Formgebung	Bezeichnung
Verfahren A	Stranggepresste Platten
Verfahren B	Trockengepresste Fliesen und Platten
Verfahren C	Gegossene Fliesen und Platten

Tabelle 2: Wasseraufnahmegruppen	
Gruppe	Wasseraufnahme (E)
I	niedrige Wasseraufnahme $E \leq 3\%$
II II a II b	mittlere Wasseraufnahme $3\% < E \leq 6\%$ $6\% < E \leq 10\%$
III	hohe Wasseraufnahme $E > 10\%$

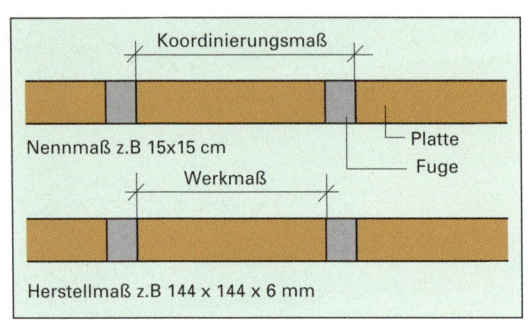

Bild 1: Fliesen- und Plattenmaße

Tabelle 3: Beanspruchungsgruppen		
Gruppe	Beanspruchung	Einsatzbereich
I	sehr leicht	Wohnbereich: Schlafraum, Bad
II	leicht	Wohnbereich: Wohnräume außer Küchen und Dielen
III	mittel	Wohnbereich, Objektbereich: Gesamter Wohnbereich, Balkone, Hotelbäder
IV	hoch	Objektbereich: Eingänge, Büros, Verkaufsräume
V	sehr hoch	Objektbereich: Gaststätten, Schalterhallen

18.7.2 Fliesen- und Plattenarten

Keramische Fliesen und Platten werden aus einer Mischung von Ton, Quarzsand und Flussmitteln hergestellt. Die natürlichen Rohstoffe werden aufbereitet und durch Pressen, Ziehen oder Gießen zu Fliesen oder Platten geformt. Nach dem Trocknen werden diese bei hohen Temperaturen gebrannt. Dabei können sie je nach Oberflächengestaltung glasiert (GL) oder unglasiert (UGL) sein.

18.7.2.1 Kennzeichnung und Maße

Die Klassifizierung und Einordnung von Fliesen und Platten, Mosaik und Industriefliesen sowie dazugehörenden Sonderformstücken erfolgt nach DIN EN 87. Danach werden die keramischen Fliesen und Platten nach dem **Formgebungsverfahren (Tabelle 1)** und ihrer **Wasseraufnahme (Tabelle 2)** eingeteilt.

Weiterhin sind die Angaben zu den Maßen mit den **Maßbezeichnungen** festgelegt. Hier werden das Koordinierungsmaß oder Nennmaß (Maße einschließlich Fuge in cm), sowie das eigentliche Werkmaß oder Herstellmaß (Maße in mm) als Einzelabmessung der Fliese und Platte angegeben **(Bild 1)**. Ebenso werden zu den einzelnen Fliesen- und Plattenarten Angaben zur Oberflächenbeschaffenheit sowie zu den physikalischen und chemischen Eigenschaften gemacht.

Diese sind dann bei der Auswahl von Bodenbelägen und Wandbekleidungen in den verschiedensten Anwendungsbereichen, wie z. B. im Wohnbereich, Objektbereich, Fertigungsbereich oder Laborbereich, zu berücksichtigen.

Weitere Bedeutung kommt dabei neben der Kennzeichnung der **Frostsicherheit** auch der Einordnung keramischer Fliesen und Platten bezüglich der zulässigen **Oberflächenbeanspruchung** zu. Jeder genutzte Bodenbelag unterliegt dem Verschleiß. Dieser ist abhängig vom jeweiligen Einsatzbereich und der Gehfrequenz, vom Verschmutzungsgrad sowie der Härte und Verschleißfestigkeit des Belagwerkstoffes. Danach werden glasierte Fliesen- und Plattenbeläge auf den möglichen Glasurabrieb geprüft und in **Beanspruchungsgruppen** eingeteilt **(Tabelle 3)**.

Für den Einsatz von Fliesen- und Plattenbelägen im Arbeitsbereich von Betrieben (Gewerbebereich) sowie im Barfuß- und Nassbereich von Schwimmanlagen und Sportstätten ist die **Trittsicherheit** und **Rutschhemmung** des Bodenbelages zu klassifizieren.

18.7.2.2 Stranggepresste Platten

Stranggepresste Platten sind keramische **Spaltplatten** oder einzeln **gezogene Platten,** die aus Tonen mit mineralischen Zuschlagstoffen hergestellt und bei einer Brenntemperatur von ca. 1200 °C gebrannt werden **(Bild 1)**. Spaltplatten werden im plastischen Zustand auf Strangpressen zu Doppelplatten gezogen, die man nach dem Brand in Einzelplatten spaltet. Dabei ergeben sich auf den Einzelplatten schwalbenschwanzförmige Rippen. Die Platten werden glasiert oder unglasiert hergestellt. Sie müssen frost-, farb- und lichtbeständig sein. Glasierte Platten sind beständig gegen Laugen und Säuren. Spaltplatten werden mit einer Wasseraufnahme von E ≤ 3 % nach DIN EN 121 und einer Wasseraufnahme von 3 % < E ≤ 6 % nach DIN EN 186, Teil 1 hergestellt. Eine unglasierte Spaltplatte mit dem Nennmaß 25 cm x 25 cm und einer mittleren Wasseraufnahme wird wie folgt gekennzeichnet:

Bild 1: Spaltplatte

Spaltplatte DIN EN 186-1, A IIa, 25 x 25 cm (240 x 240 x 11 mm) UGL

18.7.2.3 Trockengepresste Fliesen und Platten

Trockengepresste Fliesen und Platten sind Steinzeugfliesen und -platten mit Mosaik und Steingutfliesen.

Die **Steinzeugfliesen und -platten** haben einen feinkörnigen Scherben. Sie werden bei Temperaturen von 1200 °C gebrannt und haben nur ein geringes Wassersaugvermögen. Die unglasierten Steinzeugfliesen und -platten haben eine einfarbige gelbe, rote oder eine geflammte grauweiße, rotweiße, braungelbe Oberfläche. Sie kann glatt oder profiliert sein. Glasierte Steinzeugfliesen und -platten haben eine Scharffeuerglasur, die auf die Rohfliese aufgetragen wird **(Bild 2)**. Steinzeugfliesen und -platten werden mit einer Wasseraufnahme von E ≤ 3 % nach DIN EN 176 hergestellt. Eine glasierte Steinzeugfliese mit dem Nennmaß 30 cm x 30 cm und einer geringen Wasseraufnahme hat folgende Kennzeichnung:

Bild 2: Steinzeugfliese

Steinzeugfliese DIN EN 176, B I, 30 x 30 cm (294 x 294 x 8 mm) GL

Fliesen und Platten, deren Ansichtsfläche 90 cm^2 nicht übersteigt, werden als **Mosaik** bezeichnet. Zur einfacheren Verlegung ist das Mosaik verlegeseitig auf Kunststoffnetze oder auf Papiernetze zu einzelnen Verlegetafeln aufgeklebt **(Bild 3)**.

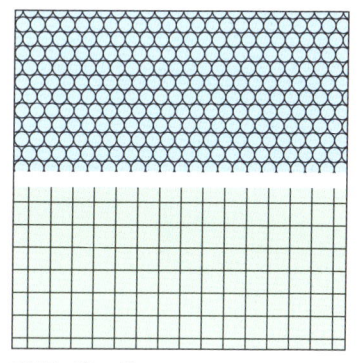

Die **Steingutfliesen** werden unter hohem Druck in Stempelpressen gepresst und bei einer Temperatur von 1100 °C gebrannt. Sie haben einen feinkristallinen, porösen Scherben, der eine hohe Wasseraufnahme zulässt. Der fast weiße Scherben der Steingutfliese hat eine Glasur, die auch in einem zweiten Brennvorgang aufgeschmolzen werden kann. Irdengutfliesen werden wie Steingutfliesen hergestellt und haben daher auch die gleichen Eigenschaften. Kennzeichnend für diese Fliese ist der gelb, gelbbraun oder rotbraun gefärbte Scherben, dessen Farbe vom Abbauort der Ausgangsstoffe herrührt **(Bild 4)**. Steingut- oder Irdengutfliesen haben nach DIN EN 159 eine Wasseraufnahme von E > 10 % und sind nicht frostbeständig. Eine glasierte Steingutfliese mit dem Nennmaß 15 cm x 15 cm und einer hohen Wasseraufnahme wird wie folgt gekennzeichnet:

Bild 3: Mosaik

Steingutfliese DIN EN 159, B III, 15 x 15 cm (146 x 146 x 6 mm) GL

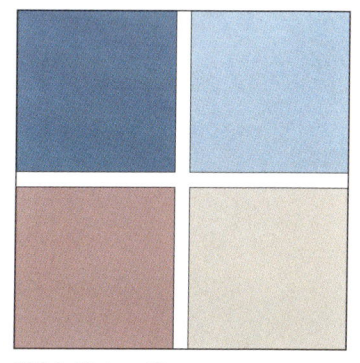

Bild 4: Steingutfliese

Tabelle 1: Modulare Vorzugsmaße (Beispiele)

Fliesen- und Plattenarten	Vorzugsmaß (Koordinierungsmaß) in cm	Herstellmaß (Werkmaß) in mm
Spaltplatten	30 x 30	290 x 290 x 15
	25 x 25	240 x 240 x 11
	15 x 15	140 x 140 x 11
	25 x 12,5	240 x 115 x 11
Fliesen und Platten aus Steinzeug und Steingut	30 x 30	230 x 230 x 8
	20 x 20	194 x 194 x 8
	15 x 15	144 x 144 x 8
	10 x 10	97,5 x 97,5 x 8
Mosaik	5 x 5	48 x 48 x 6
Bodenklinkerplatten	25 x 25	240 x 240 x 25
	25 x 12,5	240 x 115 x 25

Tabelle 2: Fugenbreiten

Fliesen- und Plattenarten	Seitenlänge	Fugenbreite
Trockengepresst	bis 10 cm	1 mm bis 3 mm
	über 10 cm	2 mm bis 8 mm
Stranggepresst	bis 30 cm	4 mm bis 8 mm
	über 30 cm	≥ 10 mm
Bodenklinkerplatten	für alle Seitenlängen	8 mm bis 15 mm

Bild 1: Formstücke
Treppensystem: Stufenplatte, Eckstück, Setzecke
Sockelsystem: Kehlsockel, Außenecke, Innenecke

18.7.2.4 Bodenklinkerplatten

Bodenklinkerplatten werden nach DIN 18158 aus sinterfähigen Tonen bei trockener Aufbereitung in Flachpressen geformt. Durch den hohen Druck bei der Herstellung des Rohlings sowie durch den Brand bei ca. 1200 °C (Sintergrenze) erlangt die Klinkerplatte eine sehr große Härte. Sie ist beständig gegen Säuren, Laugen, Frost und Abrieb. Durch eine geriffelte oder genarbte Oberfläche wird sie rutschfest. Die Platten sind zwischen 10 mm und 40 mm dick und haben verschiedene Abmessungen.

18.7.2.5 Formen und Abmessungen, Fugenbreiten

Keramische Fliesen und Platten gibt es in den verschiedensten Formen und Abmessungen, wobei nur die Maße der rechtwinkligen Formen genormt sind. Dabei können die Oberflächen der unterschiedlichen Fliesen- und Plattenformen eben, profiliert, gewellt, dekoriert oder auf andere Weise gestaltet sein. Ebenso können die glasierten Oberflächen mattes, halbmattes oder glänzendes Aussehen haben.

Die Abmessungen der genormten Formen werden in „Modularen Vorzugsmaßen" (Koordinierungsmaß), die bei allen Herstellern gleich sind, oder in „Herstellerbezogenen Maßen" gefertigt **(Tabelle 1)**. Der Maßunterschied zwischen dem Koordinierungsmaß bzw. Nennmaß und dem tatsächlichen Herstellmaß bzw. Werkmaß von Fliesen und Platten ergibt das Fugenmaß. Dabei sind die Fugen für Bekleidungen und Beläge gleichmäßig breit anzulegen. Maßtoleranzen werden mit den Fugenbreiten ausgeglichen. Die Fugenbreiten sind nach den unterschiedlichen Fliesen- und Plattenarten sowie deren Seitenlängen festgelegt **(Tabelle 2)**.

18.7.2.6 Formstücke

Die Fliesen- und Plattenarten werden insbesondere mit funktionsbezogenen und ästhetisch abgestimmten Formteilen ergänzt. Diese beziehen sich meist auf bestimmte Produktlinien, wie z. B. Treppen- und Schwimmbadsysteme, Sockel- und Hohlkehlsysteme oder Duschtassen- und Rinnensysteme **(Bild 1)**. Diese Formstücke ergänzen die Fliesen- und Plattenflächen für spezielle Abschluss-, Übergangs- und Anschlussbereiche. Die Verwendung dieser Sonderartikel ist auf das jeweilige Produktsegment eines Herstellers abgestimmt.

Weiterhin gibt es Fliesentafeln mit Farbverlauf, handbemalte Fliesen oder Mosaikbilder.

18.7.3 Wandbekleidungen und Bodenbeläge

Wandbekleidungen und Bodenbeläge aus keramischen Fliesen und Platten können für Innenräume und Außenbereiche ausgeführt werden (**Bild 1**). Dabei sind für den jeweiligen Anwendungsbereich die Eignung des Werkstoffes wie die Frostbeständigkeit oder die Verschleißfestigkeit sowie der Ansetz- und Verlegeuntergrund zu prüfen. Weiterhin sind die bauphysikalischen Anforderungen des Wärme- und Schallschutzes zu beachten. Das Ansetz- oder Verlegeverfahren wird nach diesen Bedingungen festgelegt.

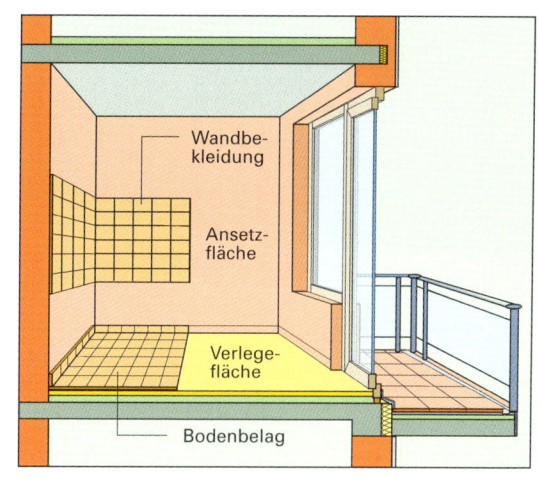

Bild 1: Anwendungsbereiche

18.7.3.1 Ansetzen und Verlegen von Fliesen und Platten

Fliesen und Platten sind senkrecht, fluchtrecht, waagerecht oder im angegebenen Gefälle anzusetzen oder zu verlegen. Entsprechende Anforderungen sind auch an den **Untergrund** zu stellen. Zusätzlich muss dieser tragfähig und staubfrei sein. Dabei nennt man den Untergrund für eine Wandbekleidung **Ansetzfläche** und für einen Bodenbelag **Verlegefläche**.

Das Ansetzen von Fliesen und Platten an eine Wand kann ebenso wie das Verlegen auf einem Boden im Dickbett- oder Dünnbettverfahren erfolgen. Dabei haben die so angesetzten Wandbekleidungen einen festen Verbund mit der Ansetzfläche. Bei der Verlegung der Bodenbeläge kann dies jedoch auch ohne festen Verbund mit der Verlegefläche, z. B. über einer Trennschicht, Dämmschicht oder einem schwimmenden Estrich, erfolgen.

Das Ansetzen oder Verlegen von Fliesen und Platten im **Dickbettverfahren** erfolgt mit Mörtel der Mörtelgruppe III. Die Dicke des Ansetzmörtels bei einer Wandbekleidung beträgt mindestens 15 mm. Die Dicke des Verlegemörtels bei Bodenbelägen im festen Verbund beträgt mindestens 20 mm, auf Trennschichten mindestens 30 mm und auf Dämmschichten mindestens 45 mm (**Bild 2**).

Das Ansetzen oder Verlegen von Fliesen und Platten im **Dünnbettverfahren** erfolgt durch hydraulisch erhärtenden Dünnbettmörtel mit organischen Zusätzen oder mit Klebern. Dabei beträgt die Bettungsdicke je nach Fliesen- und Plattenart zwischen 2 mm und 15 mm (**Bild 3**).

Nach Erhärtung der Mörtel oder Kleber sind die **Fugen** als toleranzbedingter und beabsichtigter Zwischenraum der einzelnen Fliesen und Platten mit Fugenmörtel, z. B. durch Einschlämmen, zu verfugen.

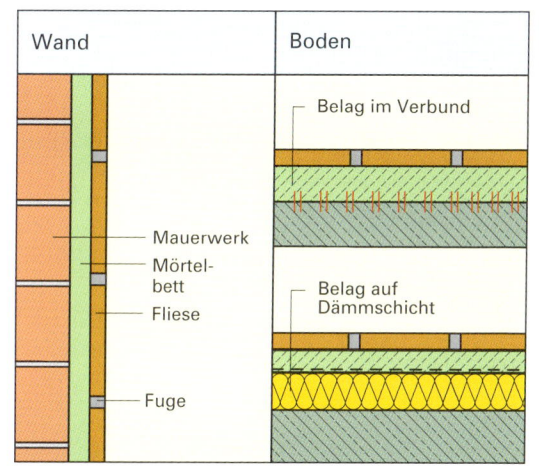

Bild 2: Dickbettverfahren

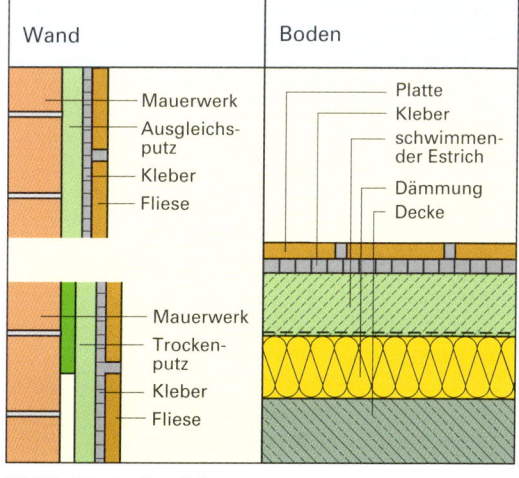

Bild 3: Dünnbettverfahren

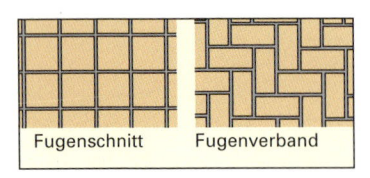

Bild 1: Fugenbild

Bereits vor dem Ansetzen oder Verlegen muß das **Fugenbild** geplant und eingeteilt werden, da es maßgeblich die Gestaltung der fertigen Bekleidung oder des Belages mitbestimmt. Quadratische Fliesen und Platten werden meist im Fugenschnitt oder diagonal und rechteckige im Fugenversatz oder Verband angeordnet. Mit besonders geformten Fliesen und Platten lassen sich bei entsprechender Kombination die vielfältigsten Fugenmuster herstellen **(Bild 1)**.

18.7.3.2 Innenbekleidungen und Innenbeläge

Innenbekleidungen und -beläge werden häufig in Sanitäranlagen, Küchen, Eingangshallen oder Treppenhäusern von Wohn- und Verwaltungsgebäuden sowie in den Nassbereichen von Sport- und Schwimmhallen ausgeführt. Dabei erfolgt das Ansetzen von **Wandbekleidungen** bei unebenem oder unverputztem Untergrund im Dickbettverfahren. Ist der Untergrund eben, wie z. B. bei Gipskartonplatten oder verputzten Wänden, werden die Fliesen und Platten im Dünnbett angesetzt. Das Ausfugen der Bekleidungsflächen erfolgt nach ca. 1 bis 2 Tagen mit zementgebundenem Fugenmörtel. **Anschlussfugen** zu anderen Bekleidungsflächen oder **Randfugen** in Ecken oder bei Wand-Boden-Übergängen sind von Fugenmörtel freizuhalten und mit dauerelastischer Fugenmasse auszuspritzen **(Bild 2)**.

Das Verlegen von **Bodenbelägen** erfolgt ebenfalls im Dickbett- oder Dünnbettverfahren. Aus Gründen des Wärme- und Schallschutzes werden diese meist schwimmend eingebaut. Dabei sind bei Flächen über 25 m² **Feldbegrenzungsfugen** (Dehnfugen) mit einer Breite von 10 mm bis 20 mm anzuordnen. Hierzu werden geeignete **Fugenprofile** aus Kunststoff oder Metall, wie z. B. Messing oder Edelstahl verwendet.

Treppenläufe werden häufig im Zusammenhang mit dem Bodenbelag gestaltet. Dazu werden die entsprechenden Stufensysteme mit Stufenplatte oder Schenkelplatte verwendet, die im Dickbett verlegt werden.

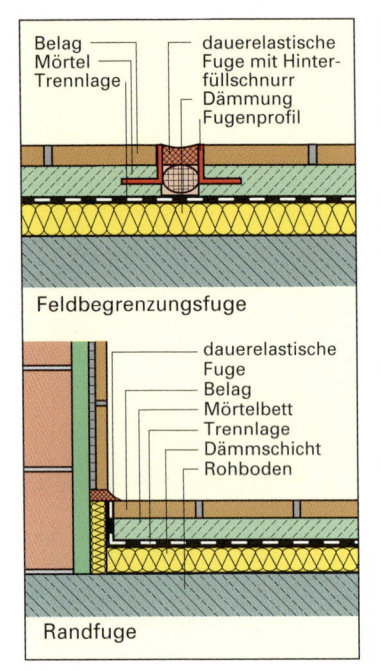

Bild 2: Fugen

18.7.3.3 Außenbeläge

Außenbeläge aus keramischen Fliesen oder Platten werden meist auf Balkonen und Gebäudeeingängen verlegt. Diese Beläge müssen frostbeständig und sehr verschleißfest sein. Die Verlegung kann wie bei den Innenbelägen sowohl im Mörtelbett als auch auf einem Verbundestrich im Kleberbett erfolgen. Bei größeren Flächen müssen Verbundbeläge durch Fugen in Felder bis zu 30 m² unterteilt werden. An Wandanschlüssen sind Randfugen anzuordnen, um eine Rissbildung durch Einspannung des Belages zu vermeiden. Für **Balkonflächen** werden meist untergrundentkoppelte Belagsysteme mit Dränmatten zur Entwässerung eingesetzt **(Bild 3)**.

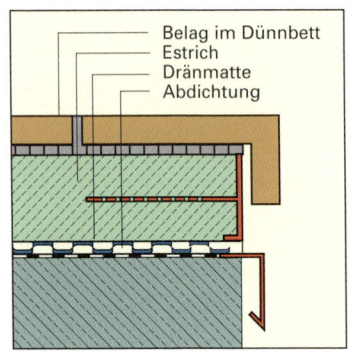

Bild 3: Balkonbelag

Aufgaben

1 Nennen Sie die Herstellungsverfahren mit den dazugehörigen Arten der Fliesen und Platten.
2 Unterscheiden Sie zwischen Nennmaß und Herstellmaß.
3 Begründen sie die Einteilung der Fliesen und Platten in Beanspruchungsgruppen.
4 Wählen Sie für die Wandbekleidung und den Bodenbelag eines Wohnbades und einer Küche die geeigneten Fliesen oder Platten aus. Begründen Sie die Auswahl.
5 Nennen Sie die verschiedenen Fugenausbildungen und erklären Sie deren Konstruktion.

18.8 Bautischlerarbeiten

Zu den Bautischlerarbeiten gehören unter anderem die Herstellung von Fenstern, Haustüren, Innentüren, Wand- und Deckenverkleidungen und Einbauschränken. Die Bauteile werden vorwiegend aus Holz und Holzwerkstoffen gefertigt. Es können auch Kunststoffe und Metalle verwendet werden.

18.8.1 Fenster

Fenster schließen Gebäude nach außen hin ab und sollen einen guten Lichteinfall und ausreichende Belüftung der Räume ermöglichen. Bei Fenstern werden hohe Anforderungen an die Wärmedämmung, Schalldämmung sowie an die Wind- und Schlagregensicherheit gestellt. Fenster können aus Holz, Kunststoff oder Aluminium bzw. aus Kombinationen dieser Werkstoffe gefertigt werden.

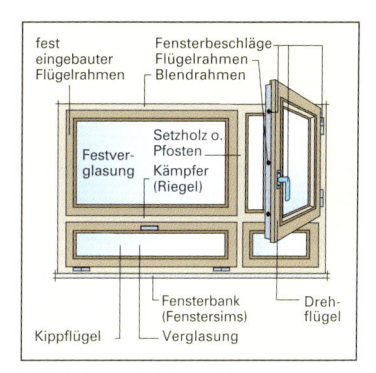

Bild 1: Einzelteile des Fensters

Teile des Fensters

Die Teile des Fensters sind im Wesentlichen der Blendrahmen, der Flügelrahmen, die Verglasung und die Beschläge. Auch Fensterbank und Sohlbankabdeckung sowie das Brüstungselement und die Rollladenführung und -verkleidung können Teile des Fensters sein.

Der **Blendrahmen** besteht aus den senkrechten, dem oberen und den unteren Blendrahmenstücken. Wird ein Blendrahmen in der Breite geteilt, wird ein Pfosten eingesetzt. Die Teilung in der Höhe erfolgt durch den Riegel (Kämpfer) **(Bild 1)**.

Der Blendrahmen wird fest mit dem Mauerwerk verbunden. Je nach Maueranschlag kann der Blendrahmen von außen (Außenanschlag), von innen (Innenanschlag) oder stumpf (ohne Anschlag) eingesetzt werden. Der Raum zwischen Mauerwerk und Blendrahmen ist durch Mineralwolle, PUR-Schaum und dauerelastische Dichtungsmassen gut zu dichten und kann durch Deckleisten abgedeckt werden. Auf der Innenseite ist ein Dichtungsstreifen als Dampfsperre einzubauen **(Bild 2)**.

Die **Flügelrahmen** sind die beweglichen Teile des Fensters. Sie bestehen aus den senkrechten, den oberen und den unteren Flügelrahmenstücken. Sie werden in den Falz der Blendrahmen eingesetzt. Dadurch erreicht man eine gute Abdichtung zwischen Blendrahmen und Flügelrahmen, die durch Dichtungsprofile noch verbessert wird.

Die **Verglasung** der Flügel besteht aus einer, meist jedoch mehreren Glasscheiben, die in den Glasfalz des Flügels eingesetzt sind. Das Glas ermöglicht den Tageslichteinfall und schützt vor Witterungs- und Umwelteinflüssen wie Wind, Regen, Kälte und Lärm. Je nach Größe der Scheibe und dem zu erwartenden Winddruck sind die Scheiben entsprechend dick zu wählen.

Nach der Verglasungsart sind Einfachverglasung, Doppelverglasung und Isolierverglasung zu unterscheiden.

Bei Einfachverglasung **(EV)** weist der Flügel nur eine Scheibe auf. Die Wärmedämmung solcher Fenster ist gering.

Bei Doppelverglasung **(DV)** sind zwei einfach verglaste Flügel zu einem Flügel miteinander verbunden (Verbundfenster). Durch das Luftpolster zwischen den Scheiben wird eine bessere Wärmedämmung und Schalldämmung erreicht.

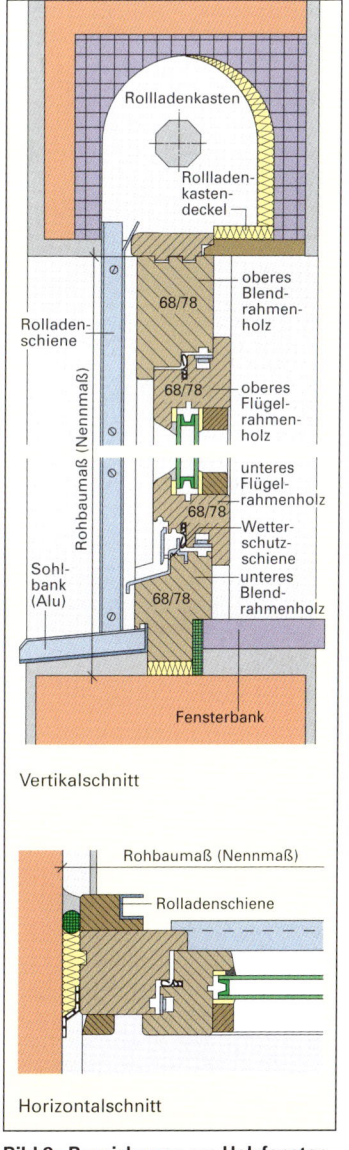

Bild 2: Bezeichnung am Holzfenster (Beispiel)

Bei Isolierverglasung **(IV)** sind zwei oder mehrere Glasscheiben so miteinander verbunden, dass zwischen den Scheiben noch ein mit trockener Luft oder Edelgas, z. B. Argon, Xenon, gefüllter Scheibenzwischenraum **(SZR)** verbleibt. Diese Scheiben bezeichnet man als Isolierglasscheiben. Durch sie wird die Wärmedämmung gegenüber der Einfachverglasung wesentlich verbessert.

Die **Fensterbeschläge** verbinden die Flügel mit den Blendrahmen und ermöglichen das Öffnen und Schließen der Fenster. Je nach Bewegungsart sind verschiedene Beschläge einzubauen. Auch die Regenschutzschienen, die bei nach innen aufgehenden Fenstern auf dem unteren Blendrahmenstück angeordnet werden, sowie Fenstergriffe (Oliven) und die Dichtungsprofile gehören zu den Beschlägen.

Fensterbänke werden bei vielen Fenstern an der Innenseite angeordnet. Sie liegen entweder auf der Brüstung auf oder werden durch Konsolen getragen und werden in der Regel seitlich eingeputzt. Fensterbänke können aus Holz, Holzwerkstoffen, Kunststoff, Betonwerkstein oder Naturstein bestehen.

Sohlbankabdeckungen decken die Brüstung außen bei zurückliegenden Fenstern ab. Sie bestehen z. B. aus Aluminium oder Betonwerkstein.

Brüstungselemente werden oft bei hohen Fenstern, die vom Fußboden bis zur Decke reichen, angeordnet. Dieser Teil des Fensters kann aus undurchsichtigen Werkstoffen bestehen. Brüstungselemente müssen wetterbeständig und wärmedämmend sein sowie die Anforderungen des Brandschutzes erfüllen.

Fensterarten

Je nach **Bewegungsrichtung** der Flügel unterscheidet man: Drehflügelfenster, Kippflügelfenster, Dreh-Kippflügelfenster, Klappflügelfenster, Schwingflügelfenster, Wendeflügelfenster und Schiebeflügelfenster **(Bild 1)**. Je nach **Konstruktion** der Flügelrahmen unterscheidet man: Einfach-, Verbund- und Kastenfenster sowie fest verglaste Fenster **(Bild 2)**. Je nach verwendetem **Material** unterscheidet man Holzfenster, Kunststofffenster, Aluminiumfenster und Kombinationen wie Holz-Alu-Fenster **(Bild 3)**.

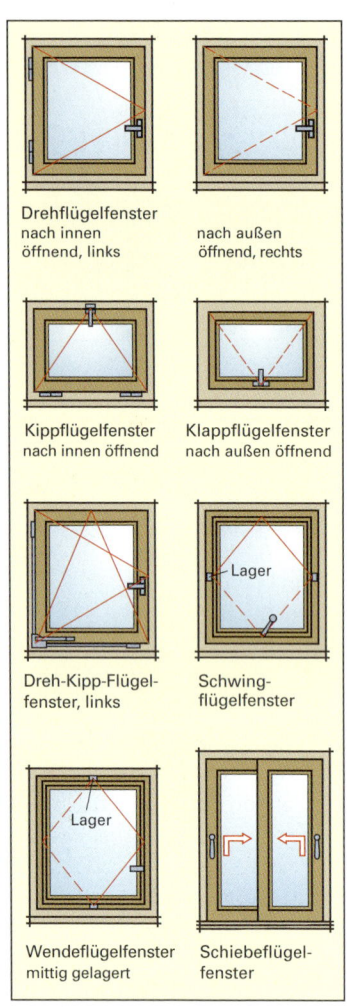

Bild 1: Die Fensterarten nach der Bewegungsrichtung der Flügel

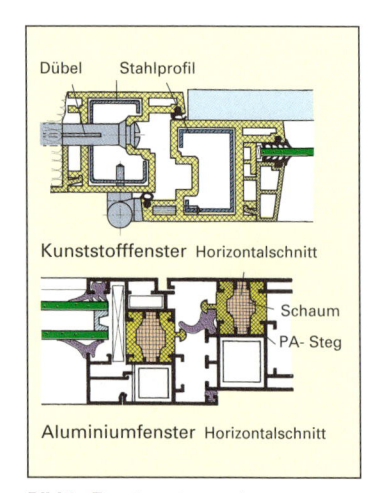

Bild 3: Fensterarten nach verwendetem Material

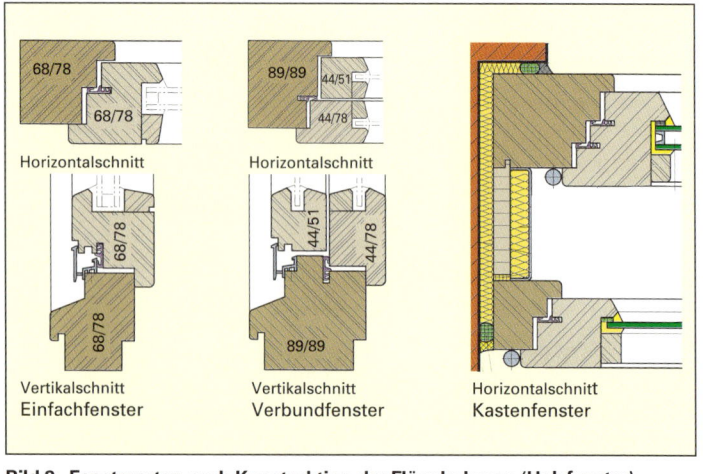

Bild 2: Fensterarten nach Konstruktion der Flügelrahmen (Holzfenster)

18.8.2 Türen

Türen haben die Aufgabe, Räume miteinander zu verbinden und nach außen hin abzuschließen. Neben den Türen aus Holz gibt es auch Türen aus Metall und Glas. Bei Türen können Anforderungen an den Schallschutz, Wärmeschutz und Brandschutz gestellt werden.

Die Türen bestehen im Wesentlichen aus dem beweglichen Türblatt, der Türumrahmung und den Beschlägen (**Bild 1**).

Türblatt

Das **Türblatt** ist der bewegliche Teil der Tür. Es kann aus Sperrholz, Rahmen mit Glas- oder Holzfüllungen, Glas, Brettern oder aufgedoppelt hergestellt werden (**Bild 2**).

Sperrtürblätter sind glatte Türblätter aus Rahmen, Einlage und Deckplatten. Die vorwiegend industriell hergestellten Türblätter werden häufig mit Edelholzfurnieren, Schichtpressstoffplatten oder Folien sowie mit Oberflächenbehandlung geliefert. Sie können mit Glasausschnitten, Briefschlitzen und Spionloch versehen sein.

Rahmentürblätter bestehen aus Rahmenhölzern (Friese) und Füllungen aus Glas, Holz oder Sperrholz.

Ganzglastürblätter bestehen aus bruchsicherem, 8 mm bis 12 mm dicken Glas. In ihm sind alle Bohrungen und Aussparungen für die Beschläge vorhanden sowie alle Kanten gefast. Ganzglastürblätter können in Rahmen aus Holz und Metall eingebaut werden.

Brettertürblätter werden aus einzelnen Brettern zusammengesetzt und auf Querriegel und Strebe befestigt.

Bei **aufgedoppelten Türblättern** können gespundete Verbretterungen oder Platten auf Rahmen oder Sperrtürblätter gesetzt werden.

Türumrahmung

Die **Türumrahmung** wird fest mit der Wand verbunden und hat das Türblatt zu tragen. Unten kann in die Türumrahmung eine Schwelle aus Holz oder Metall eingebaut werden, die dem Türblatt einen Anschlag gibt oder verschiedene Fußböden voneinander trennt. Nach Art der Türumrahmung unterscheidet man Türen mit Blockrahmen, Blendrahmen, Futterrahmen und Bekleidungen sowie Zargenrahmen.

Beschläge

Die **Beschläge** verbinden das Türblatt mit der Türumrahmung und ermöglichen das Öffnen und Schließen der Tür. Je nach der Bewegungsart der Türen sind z. B. Dreh-, Pendel- oder Schiebetürbeschläge und nach dem Einbauort der Tür z. B. Haus-, Hotel- oder Zimmertürbeschläge zu unterscheiden.

Türmontage

Das Befestigen der Türumrahmungen am Mauerwerk erfolgt bei Blockrahmen und Blendrahmen mittels Schrauben in Spreizdübeln, bei Futter und Bekleidungen in der Regel mit feinzelligem PUR-Schaum (**Bild 3**).

Stahlzargen werden mit Mauerankern in den Maueröffnungen befestigt, die Hohlräume zwischen Zarge und Mauerlaibung mit Mörtel ausgefüllt. Da Stahlzargen in den Estrich eingegossen werden, ist bei der Montage die Fußbodeneinstandsmarkierung auf die Oberkante Fertigfußboden zu setzen (**Bild 4**).

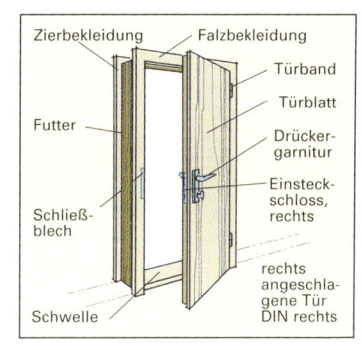

Bild 1: Teile einer Tür mit Futter und Bekleidungen

Bild 2: Bauarten von Türblättern

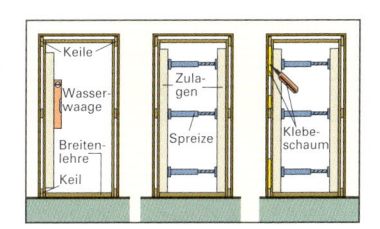

Bild 3: Türfutterbefestigung mit Klebeschaum

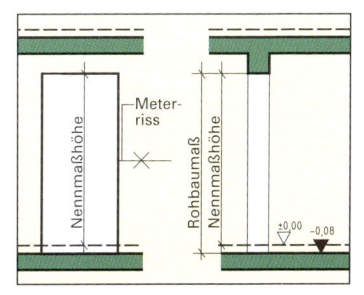

Bild 4: Nennmaßhöhe bei Türöffnungen

Türarten

Türen unterscheidet man nach der Bauart des Türblattes (Seite 521), nach der Bewegung des Türblattes, nach dem Einsatzort der Tür und nach der Art der Türumrahmung.

Tabelle 1: Türarten nach der Bewegung des Türblattes			
Bezeichnung der Türart	Drehtür	Pendeltür	Schiebetür
Skizze	Linkstür / Rechtstür	Ansicht / Vertikalschnitt / Türblattaußenmaß / Rohbaumaß / Horizontalschnitt	Laufschiene, Befestigungslaschen, Laufwagen, Muschelgriff, Türpuffer / Führungsnocke zweiflügelige Schiebetür (Schema) / in Mauertasche laufend / hinter Wandverkleidung laufend
Funktion	Türblatt ist an der linken oder rechten Längskante angeschlagen und dreht sich um diese und schlägt auf die Türumrahmung auf	Türblatt ist an der linken oder rechten Längskante angeschlagen und pendelt um diese durch die Türumrahmung nach beiden Seiten durch	Türblatt wird an der Oberkante an ein Laufwerk gehängt und lässt sich so seitlich nach links oder rechts verschieben.
Beschläge	Einbohrbänder, Aufsatzbänder, Kombibänder oder Bodentürschließer Einsteckschloss mit Schließblech Drückergarnitur Bei zweiflügeligen Türen Arretierungsriegel unten in Boden und oben in Türumrahmung	Pendeltürbänder (Bommerbänder) oder Bodentürschließer und Türschiene mit oberem Zapfenband Pendeltürschloss mit Schließblech Stoßgriff Auch zweiflügelig möglich	Laufschiene mit Laufwagen (mind. zwei Stück pro Türblatt) Führungsnocke (unten) Schiebetürschloss mit Schließblech und Griffmuscheln, bei zweiflügeligen Schiebetüren mit Schloss-Gegenkasten
Verwendung	Für Innentüren und Außentüren	Für Raumabtrennungen und häufig benutzte Innentüren	Für Raumabtrennungen und weniger begangene Innentüren
Besondere Vorschriften und Sondertüren	In der Regel öffnen die Drehtüren in den Raum, Fluchttüren in den Fluchtweg Sonderkonstruktionen für Brandschutz-, Schallschutz- und Strahlenschutztüren	Türblatt muss verglast (bruchfest) und mit Stoßgriffen versehen sein	Platz für Laufwerk muss in der Höhe der Maueröffnung berücksichtigt werden Evtl. Mauertasche vorsehen Automatikbetrieb möglich

Bild 1: Laufwerke für Schiebetüren

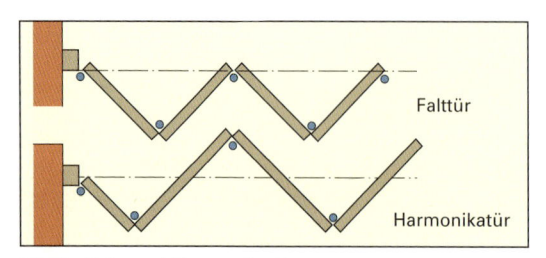

Bild 2: Falt- und Harmonikatür

Nach der **Bewegung** des Türblattes sind Dreh-, Pendel- oder Schiebetüren zu unterscheiden (**Tabelle 1**). Falt- und Harmonikatüren sind Sonderformen der Schiebetüren (**Bild 1**). Die einzelnen Flügel sind an den Längskanten miteinander verbunden. Falttüren werden an den oberen und unteren Außenecken der Flügel geführt, Harmonikatüren in der Mitte (**Bild 2**).

Nach dem **Einsatzort** und den besonderen technischen Anforderungen sind z. B. Außen- und Innentüren, Hotel- und Krankenhaustüren, Brandschutz- und Schallschutztüren zu unterscheiden.

Nach Art der **Türumrahmung** sind Blockrahmen-, Blendrahmen- und Zargenrahmentüren sowie Türen mit Futter und Bekleidungen zu unterscheiden (**Tabelle 1, Seite 525**).

Tabelle 1: Arten der Drehtüren nach der Türumrahmung (Übersicht)				
Blockrahmentür	Blendrahmentür	Tür mit Futter und Bekleidungen	Zargenrahmentür Holzzarge	Zargenrahmentür Metallzarge
Schemaskizze				
Eigenschaften • Kein Maueranschlag erforderlich • Platzverlust beim lichten Durchgangsmaß • Mauerlaibung muss geputzt werden • Rahmen muss eingeputzt und Fugen gedichtet werden	• Maueranschlag erforderlich • Gute Montagemöglichkeit • Mauerlaibungen müssen geputzt werden • Rahmen muss eingeputzt oder Fugen gedichtet werden	• Fuge zwischen Futter und Mauerwerk wird abgedeckt • Laibungen müssen nicht geputzt werden • Mit Montageschaum leicht einzusetzen	• Schmale, sichtbare Türfutterkanten • Futter können mit Montageschaum eingesetzt werden • Fuge zwischen Mauerwerk und Futter muss gedichtet werden	• Strapazierfähige Futter • Gute Beschlagsmontage • Für Schallschutz- und Brandschutztüren gut geeignet • Futter müssen bauseits eingesetzt werden
Verwendung Für Außentüren und Innentüren, wenn kein Maueranschlag vorhanden ist	Vorwiegend für Außentüren wie Haustüren und Fenstertüren, wenn Maueranschlag vorhanden ist	Vorwiegend für Innentüren Häufigste Innentürkonstruktion	Vorwiegend für Innentüren	Vorwiegend für Innentüren in Schulen, Verwaltungsgebäuden und für Brandschutztüren

Außentüren

Zu den Außentüren gehören die Haustüren und Terrassentüren. Auch die Wohnungsabschlusstür kann als Außentür angesehen werden.

Haustüren und Haustürelemente

Haustüren müssen gestalterisch zum Gebäude passen und so gefertigt werden, dass sie durch Witterungseinflüsse keine Schäden nehmen können, dass sie einbruchhemmend und wärmedämmend sind und stets funktionsfähig bleiben.

Aus diesem Grund sollten Haustüren in der Gebäudefront zurückliegend und **witterungsgeschützt** eingebaut werden und mit **einbruchhemmenden** Beschlägen angeschlagen sein. Haustüren aus Holz müssen aus widerstandsfähigen Hölzern gefertigt werden. Die **Türblätter** von Haustüren können besondere Sperrholztüren mit Vollholzmittellage und eingebauten Stabilisatoren, Rahmentüren mit Füllungen aus Glas oder aus Holz sowie aufgedoppelte Türen mit Wärmedämmung sein **(Bild 1)**. In der Regel wird eine Haustür mit einem **Wetterschenkel** versehen. Dieser weist an der Unterseite eine Wassernut (Tropfnase) auf und ist oben abgeschrägt, damit das Niederschlagswasser abfließen kann **(Bild 2, Seite 526)**.

schlichte Sperrholztür

Tür mit Rahmen und Füllungen

aufgedoppelte Tür

Türelement mit Oberlicht und verglasten Seitenteilen

Türelement mit verglastem Seitenteil

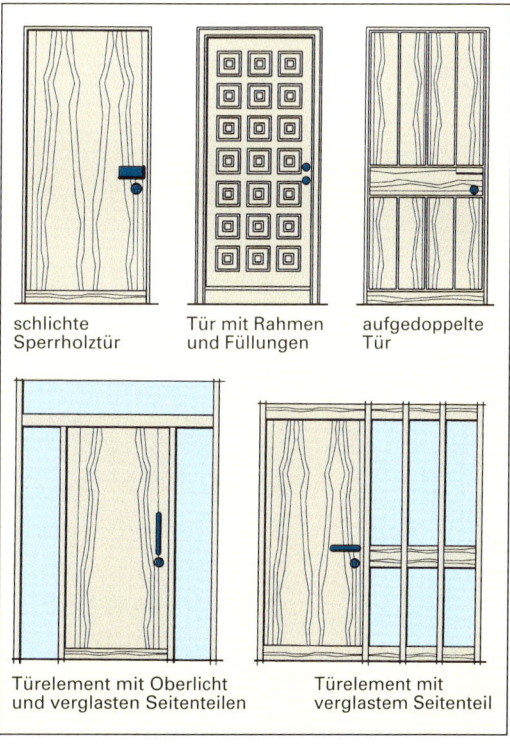

Bild 1: Haustüren und Haustürelemente

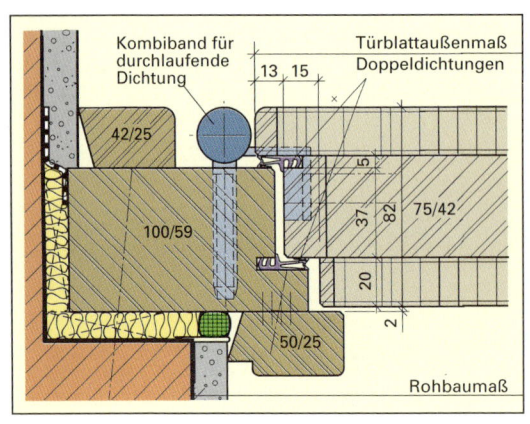

Bild 1: Haustür mit Blendrahmen (Horizontalschnitt)

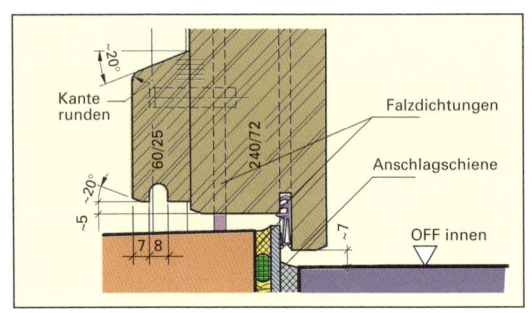

Bild 2: Bodenanschluss bei Haustüren (Vertikalschnitt)

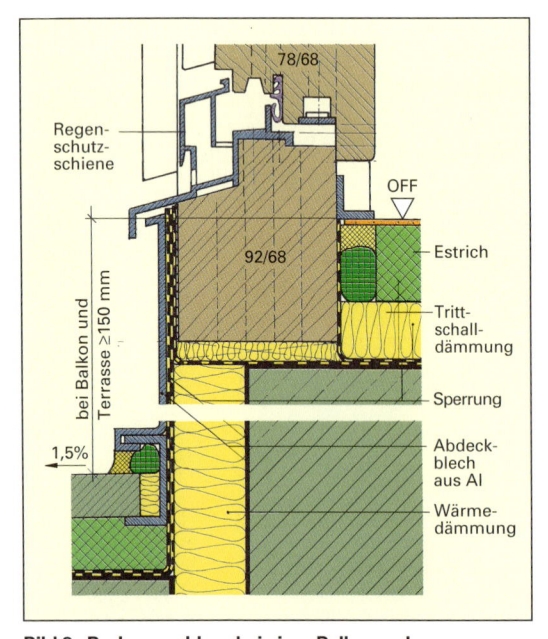

Bild 3: Bodenanschluss bei einer Balkon- oder Terrassentür (Vertikalschnitt)

Für **Verglasungen** werden meist Mehrscheiben-Isoliergläser verwendet. Es können aber auch einbruchhemmende Verglasungen (Verbundgläser) eingesetzt werden.

Das Haustürblatt wird in die **Türumrahmung** mit Doppelfalz eingebaut. Die Türumrahmung ist meist ein Blendrahmen oder Blockrahmen (**Bild 1**). Am Türrahmen wird unten eine **Metallschiene** (L-Profil) für den Anschlag der Tür angebracht. Diese Schiene muss so weit zurückgesetzt werden, dass das Niederschlagswasser nicht hinter die Schiene laufen kann (**Bild 2**). Türrahmen können bei größeren Rohbauöffnungen um ein feststehendes, **verglastes Seitenteil** erweitert werden (**Bild 1, Seite 525**).

Wegen des großen Gewichts des Türblattes und einer höheren Sicherheit gegen Einbruch sind bei Haustüren besondere Beschläge wie kräftige **Einbohrbänder** oder **Aufsatzbänder**, **verlängerte Schließbleche** und **schwere Haustürschlösser** erforderlich. **Drückergarnituren**, **Griffplatten**, **Briefkästen** und elektrische **Türöffner**, sowie **Klingelplatten** und **Sprechanlagen** können weitere Einbauteile der Haustür sein.

Bei **Haustüren** müssen die Befestigungsmittel dem Winddruck und der mechanischen Beanspruchung standhalten. Sie sind alle 800 mm anzuordnen, mindestens aber in Höhe der Bänder und des Schließbleches.

Balkon- und Terrassentüren

Balkon- und Terrassentüren haben eine doppelte Aufgabe zu erfüllen, und zwar als Fenster und als Tür. Hier haben sich besonders die Dreh-Kippflügel-Türen, die Hebeflügel-Türen und die Hebe-Schiebetüren bewährt.

Der Blendrahmen erhält unten eine Schwelle, auf die eine Schiene aus Metall aufgesetzt wird. Dadurch wird auch unten ein wind- und regendichter Abschluss erreicht (**Bild 3**).

Hebe-Schiebetüren reichen bis zum Fußboden. Sie sind daher sehr großflächig und müssen auf Grund des hohen Scheibengewichts aus besonders tragfähigen Rahmen gebaut werden.

Wohnungsabschlusstüren

Wohnungsabschlusstüren trennen in Geschosshäusern Wohnungen von Hausfluren oder Treppenhäusern ab. Sie müssen schalldämmend sein, mindestens 28 dB (R'_w), wenn die Tür in Flure oder Dielen der Wohnung führt und mindestens 37 dB (R'_w), wenn sie direkt Wohnräume abtrennt. Dies kann durch ein schalldämmendes Türblatt, durch Doppelfalze mit Dichtungen und durch eine Bodendichtung erreicht werden. Außerdem wird Einbruchhemmung verlangt.

18.8.3 Wandverkleidungen

Durch Wandverkleidungen aus Holz wirken Räume warm und behaglich. Außer Holz sind auch andere Werkstoffe wie Gips, Kunststoff und Metall geeignet. Wandverkleidungen können außerdem erforderlich werden, um z. B. die Akustik des Raumes zu verbessern, die Wärmedämmung zu erhöhen oder Installationen zu verdecken. Sie bestehen im Wesentlichen aus der Unterkonstruktion und der Verkleidungsschale.

Die **Unterkonstruktion** hat die Wandverkleidung zu tragen, die Unebenheiten der Raumwand auszugleichen und eine gute Hinterlüftung der Verkleidungsschale zu ermöglichen. Sie besteht in der Regel aus Latten, die auf der Raumwand befestigt werden. Die Unterkonstruktion ist auszurichten, damit die Verkleidungsschale eben und lotrecht befestigt werden kann **(Bild 1)**.

Zur Hinterlüftung sind bei Wandverkleidungen an Außenwänden oder bei Wänden in Feuchträumen im Sockelbereich und an der Decke Lüftungsschlitze vorzusehen, damit ein Luftausgleich hinter der Verkleidungschale möglich ist.

Die **Verkleidungsschale** kann auf verschiedene Arten gefertigt werden. Je nach Bauart der Verkleidungsschale unterscheidet man verbretterte und verstäbte Wandverkleidungen, Rahmenverkleidungen, Plattenverkleidungen, wärmedämmende, schalldämmende und schallschluckende Wandverkleidungen.

Verbretterte und verstäbte Wandverkleidungen werden aus einzelnen aneinander gefügten Profilbrettern bzw. Stäben aufgebaut. Sie sind untereinander durch Schattenfugen getrennt. Sie können sichtbar oder unsichtbar auf der Konstruktion befestigt werden. Bei sichtbarer Befestigung können Ziernägel oder Zierschrauben verwendet werden. Die unsichtbare Befestigung erfolgt durch Profilbrettklammern in der Nut- und Federverbindung **(Bild 2)**.

Rahmentäfelungen bestehen aus einem Rahmenwerk und den Füllungen, dadurch wird eine starke Gliederung der Fläche erreicht. Der Rahmen besteht meistens aus Vollholz, der auf der Sichtseite furniert sein kann, die Füllungen wegen der größeren Fläche aus furnierten Holzwerkstoffen (Bild 2).

Plattenverkleidungen bestehen aus großformatigen Platten, die auf der Unterkonstruktion mit Einhängebeschlägen oder -leisten befestigt werden. Plattenverkleidungen werden aus Holzwerkstoffen, z. B. Sperrholzplatten oder Spanplatten, hergestellt, die furniert oder mit Kunststoff, Metall, Leder, Bastmatten oder Textilien kaschiert sein können (Bild 2).

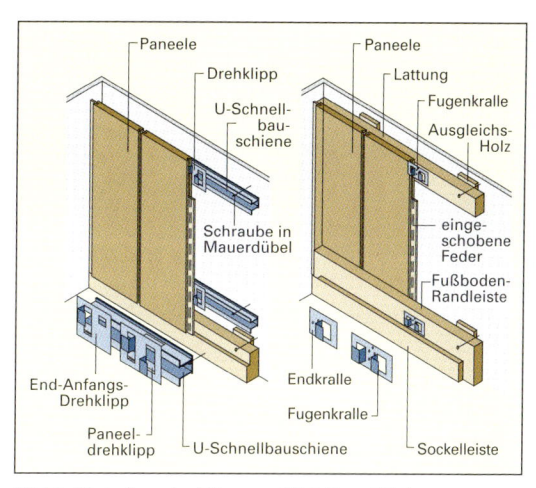

Bild 1: Unterkonstruktion aus Metall und Holz

Bretter und Stab im Wechsel

Rahmen und Füllungen mit einem Querfries

Plattenverkleidung mit Lisenen

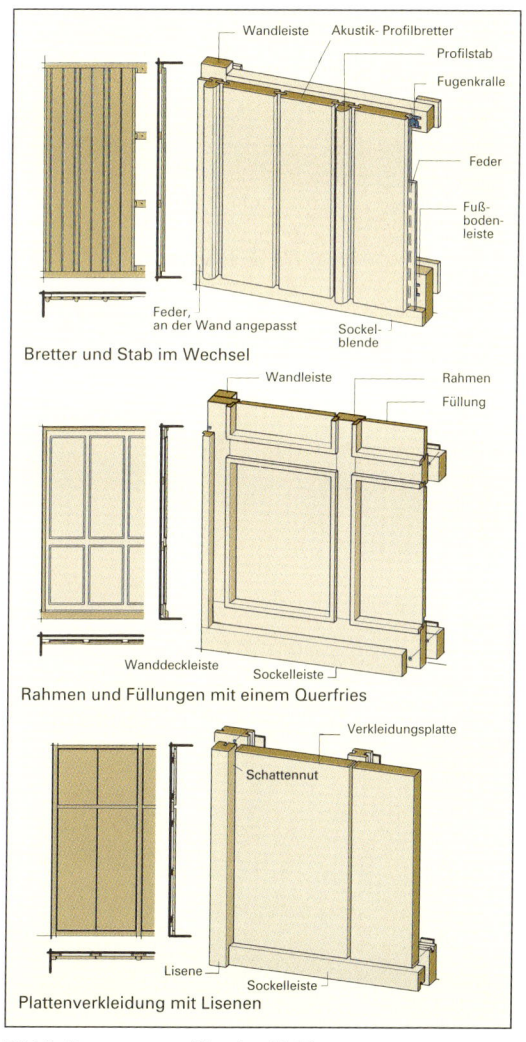

Bild 2: Bauarten von Wandverkleidungen

18.8.4 Deckenverkleidungen

Deckenverkleidungen lassen im Allgemeinen die Räume niedriger und behaglicher erscheinen. Sie können auch eingebaut werden, um die Raumhöhe zu verringern, Installationsleitungen und Klimakanäle zu verdecken oder um die Raumakustik zu verbessern. Deckenverkleidungen bestehen aus der Unterkonstruktion und der Verkleidungsschale.

Die **Unterkonstruktion** hat die Aufgabe, die Deckenverkleidungen zu tragen. Sie kann aus Holz, wie Latten und Lattenroste, oder aus Metallprofilen bestehen. Je nach Bauart unterscheidet man Deckenbekleidungen und Unterdecken. Bei **Deckenbekleidungen** ist die Unterkonstruktion direkt an der Gebäudedecke befestigt, bei **Unterdecken** durch eine besondere Unterkonstruktion von dieser abgehängt.

Man unterscheidet nach der Gestaltung der **Verkleidungsschale** Balkendecken, Bretterdecken, Plattendecken und Kassettendecken, nach der Aufgabe Akustikdecken, Lüftungsdecken und Lichtdecken.

Balkendecken weisen vorstehende Balken oder balkenförmige Verkleidungen auf. Die Felder zwischen den Balken können verputzt oder mit Platten oder Brettern verkleidet werden (**Bild 1**).

Bretterdecken sind eine vollständige Verkleidung der Decke mit Brettern. Die Bretter können gespundet, gefedert, überfälzt, überschoben oder überluckt sein. Die Bretter werden vorwiegend verdeckt mittels Profilbrettklammern an der Unterkonstruktion befestigt.

Plattendecken werden aus quadratischen oder rechteckigen Platten aufgebaut, die durch Schattenfugen gegliedert sind. In der Regel werden Platten aus Holzwerkstoffen verwendet, die furniert, mit Kunststoff oder Metall kaschiert sein können.

Kassettendecken sind Deckenverkleidungen mit quadratischen oder rechteckigen, vertieft angeordneten Feldern (Kassetten). Die Kassettenbegrenzung bilden Rahmen oder Scheinbalken.

Akustikdecken haben die Aufgabe, die Schallreflektion zu vermeiden oder auszuschalten und die auftreffenden Schallwellen zu schlucken. Diese Schallschluckung kann durch poröse Werkstoffe und stark gegliederte Deckenflächen geschehen (**Bild 2**).

Lüftungsdecken ermöglichen eine Belüftung bzw. Klimatisierung des Raumes über Öffnungen in der Deckenschale oder im umlaufenden Deckengesims. Der Luftaustausch kann über spezielle Downlights mit Kanalanschluss, über Lüftungsgitter und Ausblasprofile oder einfach über die offene Deckenschale, wie bei Rasterdecken, erfolgen (**Bild 3**).

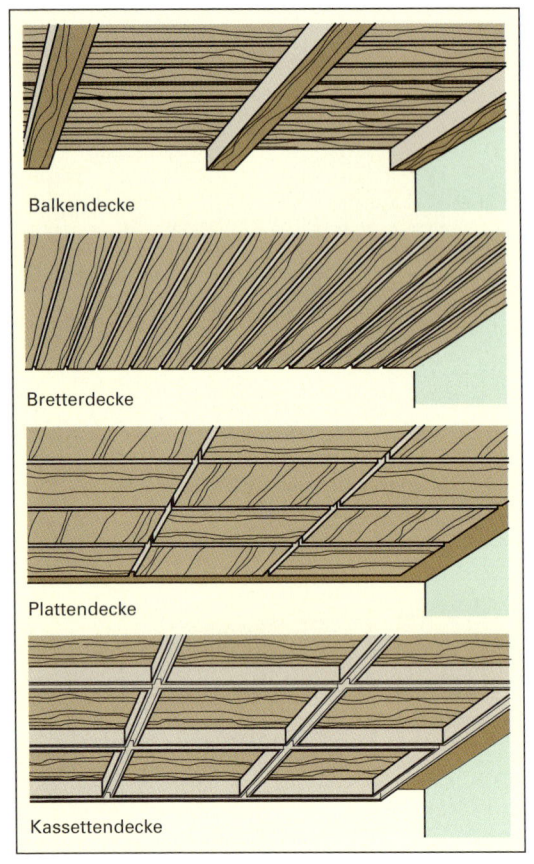

Bild 1: Bauarten von Decken

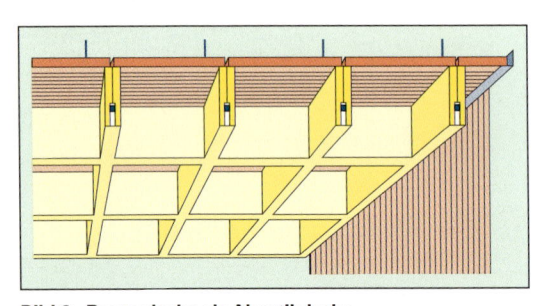

Bild 2: Rasterdecke als Akustikdecke

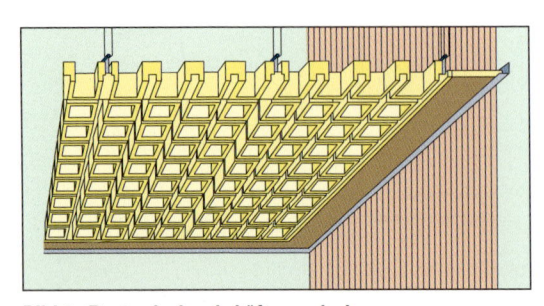

Bild 3: Rasterdecke als Lüftungsdecke

18.8.5 Versetzbare Trennwände

Versetzbare Trennwände sind statisch nichttragende Innenwände mit geringem Gewicht. Man kann sie in der Regel umsetzen, ohne dass dabei die Trennwand selbst und der Raumkörper wesentlich beschädigt werden. Sie ermöglichen das Aufteilen großer Räume in kleinere. Man verwendet hierfür z. B. Elementwände.

Elementwände werden als raumhohe Fertigelemente im Betrieb vorgefertigt, auf dem Bau nach dem Nut- und Federprinzip zusammengesetzt und zwischen Deckenschwelle und Fußbodenschwelle eingespannt. **(Bild 1)**.

Die Trennwandelemente selbst bestehen aus Rahmen, der Hohlraumfüllung und der beidseitigen Beplankung. Elementwände sind in der Breite und in der Höhe auf ein bestimmtes Maßsystem aufgebaut. Für die Montage unterscheidet man zwei verschiedene Rastersysteme, das Achsrastersystem und das Bandrastersystem. Beim Achsraster verläuft die Achse in der Mitte der Trennwände **(Bild 2)**. Beim Bandraster sind es zwei Achsen, die beidseitig der Trennwände verlaufen, genau in der Mitte der Anschlussfugen. Für versetzbare Trennwände ist besonders das Bandrastersystem geeignet **(Bild 3)**, weil hier die Trennwandelemente eine einheitliche Breite aufweisen. Es ist bei größeren Bauten üblich, dass sich dieses Maßsystem auch auf andere Einbauten wie Wandverkleidungen, Einbauschränke und auf Deckenverkleidungen fortsetzt.

Meistens sollen leichte Trennwände auch schalldämmend sein. Das lässt sich bei dieser leichten Bauweise nur durch eine zweischalige Konstruktion mit biegeweichen und schweren Schalen erreichen. Ein höheres Gewicht kann bei den Schalen durch Aufkleben von schweren Klötzen, von schwerer Bitumenpappe oder besonderen Schallschutzmatten an der Innenseite der Platten erreicht werden. Der Abstand der Schalen ist so groß wie möglich zu halten und der Hohlraum z. B. mit Mineralwolle auszufüllen. Die Schalen dürfen nicht fest zwischen Raumwände oder Fußboden und Decke eingespannt oder verkeilt sein, damit sie frei schwingen können. Eine elastische Abdichtung an den Boden-, Decken- und Wandanschlüssen und an den Fugen zwischen den Elementen ist erforderlich.

Sollen die Trennwände feuerhemmend oder gar feuerbeständig sein, sind schwer entflammbare Spanplatten bzw. nichtbrennbare zementgebundene Spanplatten, schwer entflammbare Oberflächenmaterialien und als Hohlraumfüllung Mineralfaserdämmschichten zu verwenden. Die Unterkonstruktion besteht bei solchen Trennwänden aus Stahlprofilen.

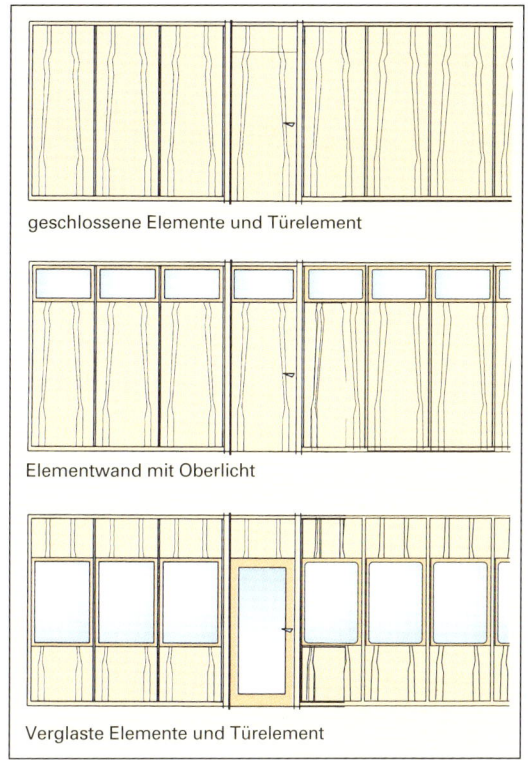

geschlossene Elemente und Türelement

Elementwand mit Oberlicht

Verglaste Elemente und Türelement

Bild 1: Elementwände

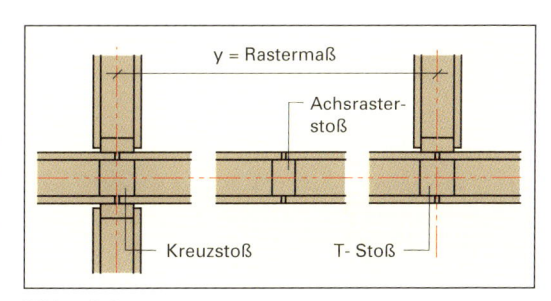

Bild 2: Achsrastersystem

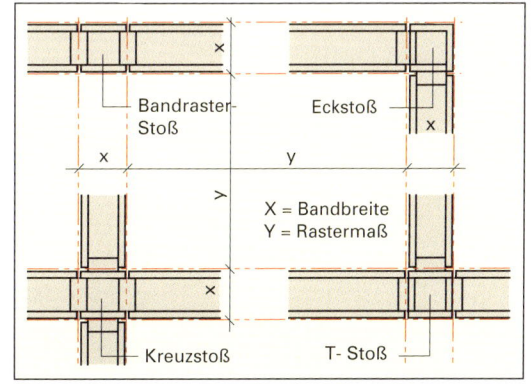

X = Bandbreite
Y = Rastermaß

Bild 3: Bandrastersystem

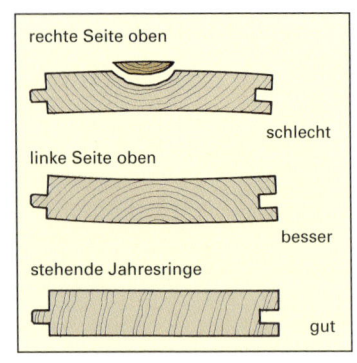

Bild 1: Auswirkung des Jahresringverlaufs auf die Fußbodenoberfläche

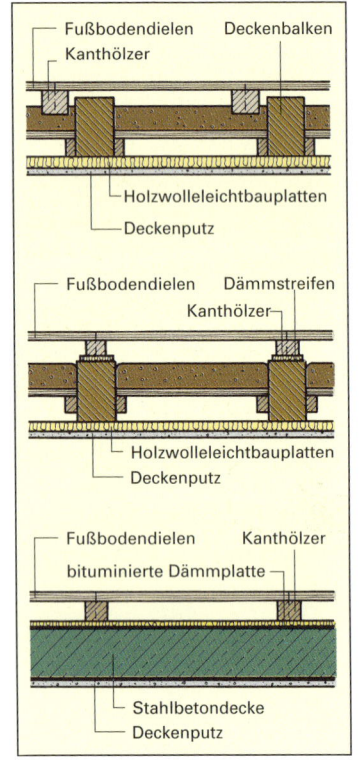

Bild 2: Fußbodenaufbau mit Fußbodendielen

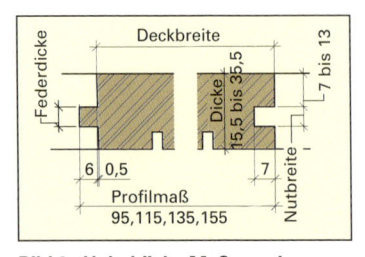

Bild 3: Hobeldiele, Maße nach DIN 4072

18.8.6 Bodenbeläge aus Holz und Holzwerkstoffen

Holzfußböden, ob aus Vollholz oder Holzwerkstoffen, sind fußwarm und elektrostatisch wenig aufladbar. Sie ergeben einen warmen, gemütlichen Raumeindruck.

Für Fußböden muss das Holz gut trocken, gesund, rissfrei und möglichst astrein sein. Eichenholz darf keinen Splint und Rotbuchenholz keinen falschen Kern aufweisen. Bei Kiefernholz ist die Verwendung von bereits blau verfärbtem Splint nicht zulässig. Werden Seitenbretter aus Nadelholz verwendet, muss die linke Seite oben liegen, weil die rechte Seite splittern bzw. ausreißen würde. Bei der Verwendung von Seitenbrettern lässt sich ein sogenanntes Schüsseln, also Hohlwerden der Bretter, nicht vermeiden. Besser wäre es, Bretter mit stehenden Jahresringen zu verwenden **(Bild 1)**.

Holzfußböden verlegt man auf Holzbalkendecken oder bei Betondecken auf einer Unterkonstruktion aus Kanthölzern. Bei nicht unterkellerten Erdgeschossdecken ist gegen aufsteigende Bodenfeuchtigkeit sorgfältig zu sperren und für einen Austausch der Luft unter dem Fußboden zu sorgen **(Bild 2)**.

Man unterscheidet Dielen-, Parkett- und Pflaster-Holzfußböden.

Dielen-Holzfußböden

Fußbodendielen werden auch als gespundete Bretter oder Hobeldielen bezeichnet. Sie werden meistens aus Nadelhölzern wie Fichte, nordische Kiefer oder Pitch Pine gefertigt. Gespundete Bretter sind beidseitig oder auch nur einseitig gehobelt und weisen zur Verbindung an den Kanten Nut und Feder auf. Die Abmessungen sind in DIN 4072 festgelegt **(Bild 3)**. Die Breite wird ohne Feder gemessen (Deckbreite).

Die Dielen verlegt man entweder auf eingebaute Deckenbalken oder auf Kanthölzer. Der Abstand dieser Kanthölzer hängt von der Dielendicke und der Belastung des Fußbodens ab. Er beträgt in der Regel 60 cm bis 80 cm. Die Räume zwischen den Deckenbalken füllt man am besten mit trockenem Rollkies oder Sand. Bauschutt oder Stoffe mit organischen Bestandteilen sind wegen der Gefahr eines Pilzbefalls nicht geeignet. Zur Wärmedämmung dient bei Hohlraumausfüllungen Mineralwolle oder Polystrol.

Bei einem **Dielenfußboden** werden die einzelnen Bretter meist mittels Drahtstiften mit gestauchten Köpfen sichtbar genagelt. Ihre Länge soll wegen der geforderten zweifachen Verankerungslänge das dreifache der Dielendicke betragen.

Bei **Riemenfußböden** sind die einzelnen Bretter nur 100 mm breit. Es sind Langriemen und Kurzriemen zu unterscheiden, die in der Länge mehrfach zu stoßen sind. Kurzriemen sind an beiden Längskanten zur Aufnahme von Querholzfedern genutet. Die Fußbodenriemen werden an der Feder verdeckt genagelt, damit die Nägel in der Bodenfläche nicht stören. Die Kurzriemen sind in der Länge versetzt zu stoßen.

Parkett-Holzfußböden

Parkett ist ein Fußboden, der aus kleineren Holzteilen zu Mustern zusammengefügt wird. Er kann aus Parkettstäben, Parkettriemen, Mosaikstäbchen oder aus Fertig-Parkettplatten, -Parkettdielen oder -Mosaikparkettplatten bestehen. Als Holzarten werden im Allgemeinen europäische Harthölzer wie Eiche, Buche, Ahorn, Esche oder außereuropäische Harthölzer wie Teak und Mahagoni verwendet.

Parkettstäbe (DIN 280 T1) sind ringsum zur Aufnahme von Hirnholzfedern genutet. Man unterscheidet Kurzstäbe mit einer Länge von 250 mm bis 560 mm und Langstäbe mit Längen über 600 mm (um 50 mm steigend). Sie sind 45 mm bis 80 mm breit (um 5 mm steigend) und 22 mm dick **(Bild 1)**. Parkettstäbe kann man als Schiffsverband, in Gruppen längs- und querlaufend in Würfel- oder Flechtmuster oder 45° schräg in Fischgrätmuster verlegen **(Bild 2)**.

Parkettriemen (DIN 280 T3) haben an einer Längskante und an einer Hirnkante eine angefräste Feder, die gegenüber liegenden Kanten sind genutet. Die Abmessungen entsprechen den Parkettstäben.

Man unterscheidet bei Parkettstäben und Riemen drei Sortierungen:

E = Exquisit: Holz ohne grobe Struktur- und Farbunterschiede

S = Standard: Holz mit fest verwachsenen Ästen und kleinen Farbunterschieden sind zugelassen

R = Rustikal: Holz mit Ästen, betonten Farben und lebhafter Struktur

Parkettstäbe und -riemen werden auf Lagerhölzer bzw. Unterböden aus Holz verdeckt genagelt oder vollflächig auf Estrichböden verklebt.

Mosaikparkett besteht aus Lamellen (DIN 280 T2), die etwa 120 mm bis 165 mm lang, 20 mm bis 25 mm breit und 8 mm dick sind. Aus ihnen werden die Verlegeeinheiten in verschiedenen Mustern zusammengesetzt, die auf alle ebenen Unterböden wie Estrich- und Trockenunterböden geklebt werden können. Nach dem Abbinden des Klebstoffes kann die Oberfläche geschliffen und oberflächenbehandelt werden.

Hochkant-Lamellenparkett ist eine besondere Art des Mosaikparketts. Hier werden die Lamellen hochkant aneinander gereiht, sodass sich ein sehr strapazierfähiger Bodenbelag für Fabrikationsräume, Schulen, Labors usw. ergibt.

Um die Oberflächen der Holzfußböden gegen Verschmutzung zu schützen und diese reinigen zu können, müssen diese nach dem Schleifen geölt, gewachst oder versiegelt werden. Für das Ölen und Wachsen stehen biologische Mittel für kalte oder warme Verarbeitung zur Verfügung. Widerstandsfähige Oberflächen lassen sich durch säurehärtende Siegel oder Polyurethan-Siegel erreichen.

Fertigparkett-Elemente (DIN 280 T5) werden industriell hergestellt. Sie sind wie Holzwerkstoffe, wie z.B. das Stabsperrholz, aufgebaut. Die begehbare Deckschicht besteht aber aus einer Hartholzschicht, die fertig oberflächenbehandelt, d.h. geschliffen und versiegelt ist.

Je nach Format unterscheidet man Fertigparkettplatten und die langen Fertigparkettdielen. Sie sind an den Kanten mit Nut und Feder oder zur Aufnahme loser Verbindungsfedern vorgesehen **(Bild 3)**.

Parkettplatten sind quadratische Elemente, 200 mm bis 650 mm groß und 8 mm, 13 mm bis 26 mm dick, die mit verschiedenen Verlegemuster angeboten werden.

Parkettdielen sind lange rechteckige Elemente, 1200 mm bis 3640 mm lang und 130 mm bis 200 mm breit, in verschiedenen Verlegemustern, z.B. Flechtmustern, die bei einer Dicke von 20 mm bis 26 mm auch freitragend auf Lagerhölzer verlegt werden können.

Fertigparkettelemente werden an den Kanten zu einer Fläche verleimt. Die Parkettfläche wird entweder schwimmend auf Wollfilzpappe bzw. auf Weichfaserdämmplatten verlegt, oder bei freitragender Verlegung auf Lagerhölzer verdeckt genagelt, wobei der Abstand der Lagerhölzer auf die Plattenstöße abzustimmen ist und 30 cm nicht überschreiten sollte.

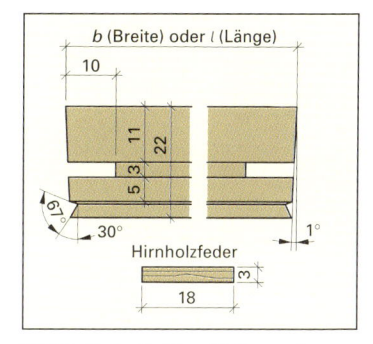

Bild 1: Parkettstäbe, Maße nach DIN 280 T1

Bild 2: Verlegemuster aus Parkettstäben

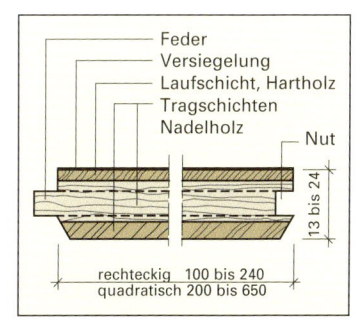

Bild 3: Fertigparkett-Element, Aufbau (Beispiel)

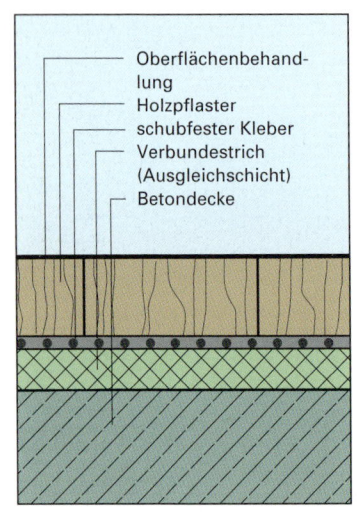

Bild 1: Holzpflasterboden (Verlegebeispiel in Innenräumen)

Beschriftung:
- Oberflächenbehandlung
- Holzpflaster
- schubfester Kleber
- Verbundestrich (Ausgleichschicht)
- Betondecke

Laminatfußböden werden aus industriell vorgefertigten Elementen hergestellt, die wie die Fertigparkettplatten oder -dielen aufgebaut sind. Allerdings besteht hier die Lauffläche aus einer strapazierfähigen Kunststoffschicht, die in Porung, Struktur und Farbe dem Holzparkett täuschend ähnlich ist. Laminatfußböden werden z. B. in Läden, Hotels und Gaststätten in gleicher Technik verlegt wie die Fertigparkettelemente.

Pflaster-Holzfußböden

Holzplaster besteht aus scharfkantig geschnittenen Klötzen, die so verlegt werden, dass die Hirnholzfläche als Lauffläche dient. Die Abmessungen der einzelnen Pflasterklötze betragen in der Höhe 50 mm, 60 mm, 80 mm und 100 mm, in der Breite 80 mm und in der Länge 80 bis 160 mm. Die Holzart ist Fichte, Kiefer, Lärche oder Eiche **(Bild 1)**.

Holzpflasterböden sind besonders strapazierfähig, fußwarm und lärmdämpfend. Sie haben eine geringe elektrische Leitfähigkeit und eine rutschfeste, trittsichere Oberfläche. Sie werden für Industriefußböden imprägniert und z. B. in Maschinenräumen mit offenen Fugen in einer Vergussmasse verlegt, damit die einzelnen Klötze quellen und schwinden können.

18.8.7 Elastische Fußbodenbeläge

Zu den elastischen Bodenbelägen gehören die PVC-Bodenbeläge, Gummi-Bodenbeläge, die Linoleum-Bodenbeläge und die Kork-Bodenbeläge.

Die Rohstoffe für **PVC-Bodenbeläge** sind **P**oly**v**inyl**c**hlorid **(PVC)**, ein thermoplastischer Kunststoff, Weichmacher, mineralische Grundstoffe und Farbpigmente. Daraus werden unter Wärme und Druck in Kalandern die Bodenbelagsbahnen ausgewalzt. Sie kommen in Bahnen oder Platten in den Handel. Die Dicke beträgt 1,5 mm bis 3,0 mm. Die Oberflächen können glatt oder genarbt, die Farben uni oder gemustert sein **(Bild 2)**.

Zum Verlegen dieses relativ dünnen Bodens muss der Untergrund völlig eben, rissfrei, aber auch absolut trocken sein. Die PVC-Bahnen und auch -Platten werden vollflächig verklebt. Die Fugen können noch mit PVC-Schweißschnüren fugenlos und wasserundurchlässig verschweißt werden **(Bild 3)**.

PVC-Bodenbeläge sind pflegeleicht, verschleiß- und abriebfest, beständig gegen viele Säuren und Laugen und unempfindlich gegen Feuchtigkeit. Dagegen sind Kugelschreiber- und Stempelfarbe kaum wieder zu entfernen. Bei allen dicht verschweißten PVC-Böden ist zu berücksichtigen, dass der Bodenbelag wie eine Dampfsperre wirkt, durch die keine Feuchtigkeit nach oben entweichen kann.

Linoleum-Bodenbeläge (DIN 18171) bestehen aus der Linoleumschicht, die aus Korkmehl, oxidiertem Leinöl, Harzen, mineralischen Füllstoffen und Pigmenten hergestellt wird und dem tragenden Jute-Untergewebe. Je nach Qualität und Ausführung ist Linoleum 2,5 mm bis 4,5 mm dick. Er wird in der Regel in Rollen geliefert und in vielen Farben und Musterungen angeboten. Linoleum-Bodenbeläge sind angenehm begehbar, wärme- und trittschalldämmend, elastisch, strapazierfähig und leicht zu reinigen. Sie laden sich elektrostatisch nicht auf. Vor Feuchtigkeit und chemischen Lösungen sind sie zu schützen. Scharfe Knicke sind zu vermeiden **(Bild 1, Seite 533)**.

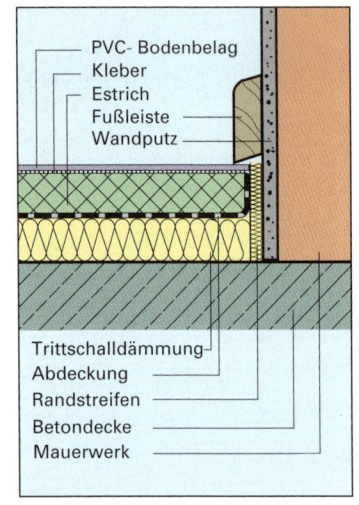

Bild 2: PVC-Bodenbelag (Beispiel)

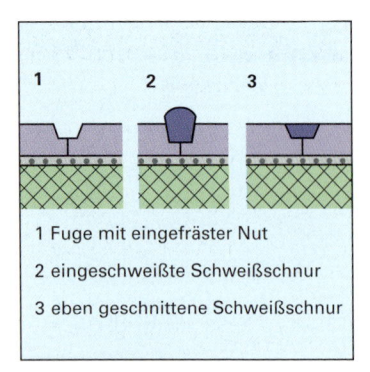

Beschriftung:
- PVC-Bodenbelag
- Kleber
- Estrich
- Fußleiste
- Wandputz
- Trittschalldämmung
- Abdeckung
- Randstreifen
- Betondecke
- Mauerwerk

Bild 3: Verschweißen der PVC-Bahnen

1 Fuge mit eingefräster Nut
2 eingeschweißte Schweißschnur
3 eben geschnittene Schweißschnur

Korklinoleum hat einen höheren Korkanteil, ist dadurch etwas weicher und elastischer, fußwärmer und schalldämmender als die üblichen Linoleum-Beläge. Korklinoleum ist sehr angenehm zu begehen.

18.8.8 Textile Fußbödenbeläge

Zu den textilen Fußbodenbelägen gehören die Teppichbeläge und die Nadelfilzbodenbeläge. Sie können je nach Qualität, Herstellungs- und Verlegeverfahren besonders für den Ruhebereich, Wohnbereich oder Arbeitsbereich geeignet sein. Sie sind auf Treppen verlegbar und für Fußbodenheizung geeignet.

Teppichbeläge

Teppichbeläge bestehen aus einer Trägerschicht, dem Grundgewebe und einem senkrecht auf diesem Gewebe stehendem Flor, der die Nutzschicht bildet. Es sind gewebte Teppiche und getuftete Teppiche zu unterscheiden.

Bei **gewebten Teppichbelägen** werden Grundgewebe und die Florschicht durch sich kreuzende Fadensysteme in einem Arbeitsgang hergestellt. Bleiben als Nutzschicht die Schlingen stehen, spricht man von Bouclé-Teppichen, werden die Schlingen aufgeschnitten, entstehen Velour-Teppiche. Sie kommen in breiten Bahnen in den Handel (**Bilder 2 und 3**).

Bei **getufteten Teppichbelägen** werden nach dem Nähmaschinen-prinzip die Nutzschichtfäden durch ein vorgefertigtes Gewebe kontinuierlich durchgenadelt. Eine zusätzliche Rückenbeschichtung mit einer Gummimasse ist aus Gründen der Haltbarkeit erforderlich.

Schwere Teppiche können im Privatbereich lose verlegt werden. Eine Sicherung an den Kanten und Bahnenstößen ist durch doppelseitige Klebebänder möglich. In Büros und öffentlichen Gebäuden, besonders bei stuhlrollengeeigneten Verlegungen, werden die Teppiche in der Regel vollflächig verklebt. Teppiche können auch von Wand zu Wand gespannt werden. Die Bahnenstöße müssen dann vernäht werden. An den Wänden werden die zu spannenden Teppiche auf einer Nagelleiste mit schräg zur Wand stehenden Nägeln befestigt.

Nadelfilz-Bodenbeläge

Textile Fasern werden mechanisch durch Nadeln mit Widerhaken und/oder mit zusätzlichem Bindemittel so miteinander verfilzt, dass man daraus ein festes Faservlies herstellen kann. Dieses erhält zusätzlich noch eine Rückenbeschichtung, die das Faservlies fest verankert und gleichzeitig eine gute Fläche für den Kleberauftrag bietet. Schwere Ware kann lose verlegt werden.

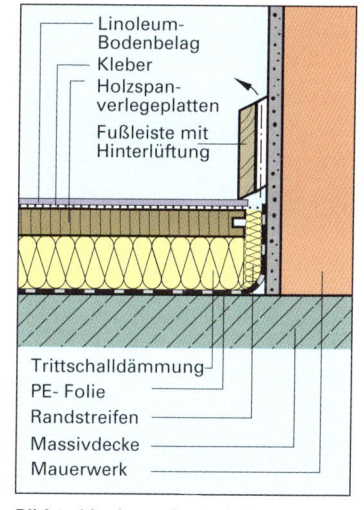

Bild 1: Linoleum-Bodenbelag auf Trockenunterboden

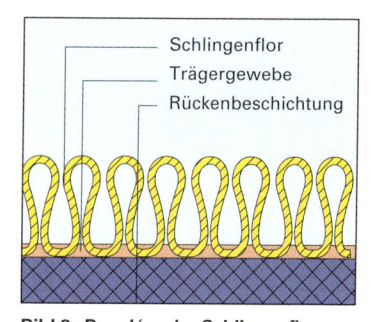

Bild 2: Bouclé- oder Schlingenflorware

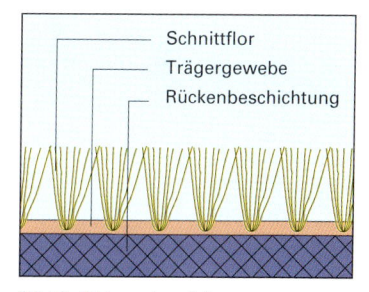

Bild 3: Veloursteppich

Aufgaben

1. Beschreiben Sie die unterschiedlichen Fensterarten in Bezug auf die Bewegungsrichtung der Flügel.
2. Stellen Sie die unterschiedlichen Merkmale einer Blockrahmentür und einer Tür mit Futter und Bekleidung besonders heraus.
3. Nennen Sie die Merkmale, an denen man eine DIN-Rechtstür und eine DIN-Linkstür erkennen kann.
4. Erläutern Sie die Aufgabe einer Bodenschiene bei Haustüren.
5. Beschreiben Sie die Aufgabe der Unterkonstruktion bei Wandverkleidungen.
6. Heben Sie die Unterschiede bezüglich der Montage von Deckenverkleidungen und Unterdecken besonders hervor.
7. Skizzieren Sie mindestens drei Beispiele der Befestigung von Deckenbekleidungen.
8. Vergleichen Sie für den Einbau von Trennwänden das Achsrastersystem und das Bandrastersystem.

19 Tiefbau

Ein wichtiges Teilgebiet des Tiefbaues ist die Wasserwirtschaft. Sie umfasst vorwiegend die Wasserversorgung und die Abwasserbeseitigung mit den Bereichen Kanalisation und Abwasserbehandlung.

19.1 Wasserversorgung

Das für die Wasserversorgung benötigte Wasser wird durch die Bewirtschaftung des natürlichen Wasservorkommens gewonnen. Die Wasserversorgung und die Abwasserentsorgung sind Teilgebiete der Wasserwirtschaft. Diese regelt die Eingriffe des Menschen in das oberirdische und unterirdische Wasserdargebot, um das ökologische Gleichgewicht der Gewässer aufrecht zu erhalten und damit die Wasserversorgung langfristig zu gewährleisten. Dabei kommt dem Umweltschutz eine besondere Bedeutung zu. Die Durchführung solcher Maßnahmen liegt meist bei den Städten, Gemeinden oder Kommunalverbänden.

Der Wasserbedarf ist vorwiegend von der Größe des Versorgungsgebietes, der Anzahl und Art der Verbraucher, den klimatischen Verhältnissen und der Jahreszeit abhängig und muss bei der Planung einer Wasserversorgung ermittelt werden. Der Wasserverbrauch privater Haushalte wird über die Einwohnerzahl ermittelt, der Wasserverbrauch für Landwirtschaft, Gewerbe, Industrie und sonstige Großverbraucher muss gesondert erfasst werden. Außerdem sind beim Wasserverbrauch Rohrnetzverluste und Verbrauch, z.B. zur Reinigung von Hochbehältern und Rohrleitungen, sowie für Löschwasser zu berücksichtigen.

Die Wasserversorgung umfasst bauliche Anlagen und technische Einrichtungen zur Wassergewinnung, Wasseraufbereitung, Speicherung und Verteilung des Wassers bis zum Verbraucher.

19.1.1 Wasserarten

Für die Wassergewinnung werden das in der Natur vorkommende unterirdische Wasser und das oberirdische Wasser genutzt (**Bild 1**). Zum Schutz des Wassers vor Verunreinigungen wird im Einzugsgebiet einer Wassergewinnungsanlage ein Wasserschutzgebiet ausgewiesen, das Nutzungsbeschränkungen unterliegt (**Tabelle 1**). Beschränkungen können z. B. die Besiedlung und die landwirtschaftliche Düngung betreffen. Für die Einteilung ist maßgebend, wie weit sich auf dem Weg zur Fassungsanlage in das Wasser gelangende Verunreinigungen schädlich auswirken können.

unterirdisches Wasser	oberirdisches Wasser
Grundwasser (GW), uferfiltriertes GW, mit Oberflächenwasser angereichertes Grundwasser, Quellwasser	Wasser aus oberirdischen Gewässern, z.B. Bach- und Flusswasser, Wasser aus Seen und Wasser aus Talsperren

Bild 1: Wasserarten

Tabelle 1: Wasserschutzgebiete	
Zone I	(**Fassungsbereich**) umfasst die unmittelbare Umgebung der Entnahmestelle, eine Bodennutzung ist nicht zulässig.
Zone II	(**engere Schutzzone**) wird in der Regel nach der sogenannten 50-Tage-Linie festgelegt, d. h. die Fließzeit vom äußeren Rand der Zone II bis zur Wasserfassung beträgt 50 Tage, mit dem Ziel, bakterielle Gefahren zu vermeiden.
Zone III	(**weitere Schutzzone**) markiert in der Regel die Umgrenzung des Einzugsbereiches der Wasserfassung mit dem Ziel, chemische Beeinträchtigungen der Wasserqualität zu verhindern.

Unterirdisches Wasser

Zu unterirdischem Wasser rechnet man natürliches Grundwasser, uferfiltriertes Grundwasser, mit Oberflächenwasser angereichertes Grundwasser und Quellwasser.

Grundwasser ist Wasser, das die Hohlräume der Erdrinde zusammenhängend ausfüllt und nur der Schwerkraft, d. h. dem hydrostatischen Druck, unterliegt. Es entsteht durch die natürliche Versickerung von Niederschlägen und durch Bodenfiltration. Voraussetzung für seine Entstehung sind durchlässige und undurchlässige Böden. Durchlässige Böden, die das Grundwasser weiterleiten, wie z. B. Sande und Kiese, bezeichnet man als Grundwasserleiter. Undurchlässige Böden bilden die Grundwassersohle, über der ein Grundwassersee entstehen kann. Sind Grundwasserleiter durch undurchlässige Schichten voneinander getrennt, können sich Grundwasserstockwerke bilden.

Grundwasser ist in der Regel mikrobiologisch unbedenklich, in seiner Beschaffenheit gleichbleibend und weist keine stärkeren Temperaturschwankungen auf. Da bei Beachtung des Umweltschutzes die Verunreinigungsgefahr gering ist und der Boden außerdem als natürlicher Filter wirkt, können die Wasserschutzgebiete verhältnismäßig klein gehalten werden.

Uferfiltriertes Grundwasser ist Wasser, das aus einem oberirdischen Gewässer durch das Ufer oder die Sohle des Gewässers in den Untergrund gelangt ist. Seine Beschaffenheit wird von der des oberirdischen Wassers bestimmt und kann deshalb Schwankungen der Temperatur, des Geruchs und Geschmacks sowie der chemischen und mikrobiologischen Eigenschaften aufweisen. In der Regel muss uferfiltriertes Grundwasser aufbereitet werden.

Grundwasseranreicherung entsteht durch Einleitung von gereinigtem oberirdischen Wasser in das natürliche Grundwasser über aufnahmefähige Sand- oder Kiesschichten. Die Einleitung kann durch Oberflächenberieselung, über Versickerungsgräben, Versickerungsbecken, Versickerungsbrunnen und Versickerungsleitungen aus gelochten oder geschlitzten Rohren erfolgen. Nach einer bestimmten Verweildauer bzw. Fließstrecke, die vom anstehenden Grundwasserleiter abhängig ist, nimmt es die Eigenschaften des natürlichen Grundwassers an. Die Eignung eines Geländes zur Grundwasseranreicherung erfordert eingehende Untersuchungen und Versickerungsversuche.

Quellwasser ist auf natürlichem Wege, örtlich begrenzt austretendes Grundwasser. Quellen sind geologisch bedingt. Je nach Verlauf der Bodenschichten unterscheidet man z. B. Stauquellen, Schichtquellen, Überlauf- und Verwerfungsquellen **(Bild 1)**. Quellwasser ist mikrobiologisch unbedenklich, wenn es aus gut filtrierenden Schichten kommt. Die Nutzung des Quellwassers erfordert umfangreiche geologische und hydrogeologische Untersuchungen sowie Messungen der Quellschüttung über einen längeren Zeitraum.

Oberirdisches Wasser

Wasser aus stehenden oder fließenden oberirdischen Gewässern wird als oberirdisches Wasser bezeichnet. Es kann z. B. Bach- und Flusswasser, Wasser aus Seen und Wasser aus Talsperren sein. Meerwasser eignet sich wegen seines hohen Salzgehaltes nicht unmittelbar zur Wasserversorgung.

Oberirdisches Wasser ist wegen der Einleitung von Abwässern meist verunreinigt und verschmutzt. Seine Temperatur an der Oberfläche ist jahreszeitlich verschieden. Wasser aus Seen und Talsperren eignet sich für die Wasserversorgung eher als Wasser aus Flüssen, das für Trinkwasser stets aufzubereiten ist. Im Oberlauf von Flüssen ist die Verschmutzung geringer, meist jedoch die Entnahmemenge ohne Aufstau zu gering. Die Verwendung von oberirdischem Wasser für die Wasserversorgung erfordert in jedem Einzelfalle umfangreiche Erhebungen und Untersuchungen.

19.1.2 Gewinnung von Wasser

Der Wasserbedarf wird zu etwa 65 % aus Grundwasser, 15 % aus Quellwasser und 20 % aus oberirdischem Wasser gedeckt. Zur Wassergewinnung sind bauliche Anlagen und technische Einrichtungen erforderlich, die als Wasserfassung bei unterirdischem Wasser und als Entnahmestellen bei oberirdischem Wasser bezeichnet werden.

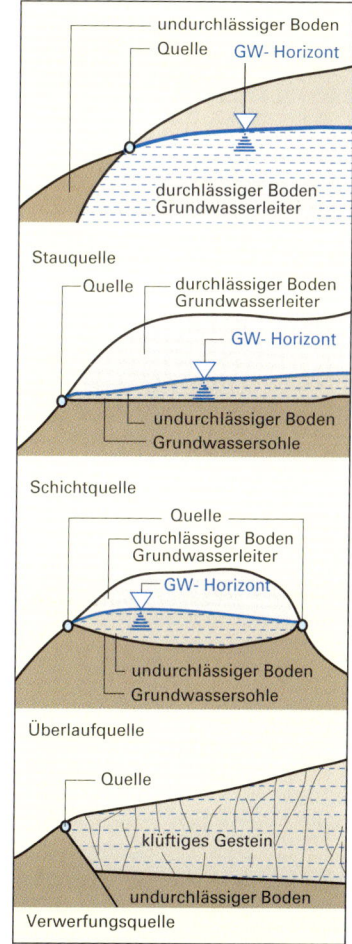

Bild 1: Quellarten (schematisch)

Gewinnung von unterirdischem Wasser

Die Erschließung des Grundwassers kann mit Bohrbrunnen, Horizontalfilterbrunnen und mit Sickerleitungen erfolgen und in besonderen Fällen mit Schachtbrunnen. Quellaustritte werden durch Quellfassungen gesichert. Die Anlagen müssen so erstellt werden, dass eine Verunreinigung des Wassers vermieden wird.

Bohrbrunnen sind die häufigste Art der Grundwassererfassung. Sie eignen sich besonders, wenn die grundwasserführende Schicht große Mächtigkeit hat, in größeren Tiefen vorkommt oder sich über mehrere Grundwasserstockwerke erstreckt. Durch eine vertikale Bohrung, die als verrohrte Bohrung bis in die Grundwassersohle geführt wird, werden die wasserführenden Schichten aufgeschlossen. Bohrverfahren und Bohrfortschritt sind von den zu durchfahrenden Gesteinsschichten abhängig. Als Bohrverfahren werden meist das Trockenbohrverfahren oder das Spülbohrverfahren angewendet. Nach erfolgreich abgeschlossenem Dauerpumpversuch wird der Brunnen als Kiesfilterbrunnen ausgebaut. Ein Kiesfilterbrunnen besteht im Wesentlichen aus dem Filterrohr, dem Vollwandrohr mit Aufsatzrohr, Sumpfrohr und Rohrboden, den Filterkiesschichten, dem Sperrrohr, der Abdichtung gegen die Bohrlochwand, dem Brunnenkopf und dem Brunnenschacht mit den Entnahme- und Messeinrichtungen **(Bild 1)**. Über das gelochte oder geschlitzte Filterrohr wird Grundwasser entnommen. Damit eine sandfreie Entnahme im Dauerbetrieb möglich ist, wird um das Filterrohr eine ausreichend dicke Kiesschüttung, möglichst in zwei- oder dreifacher Kornabstufung eingebracht.

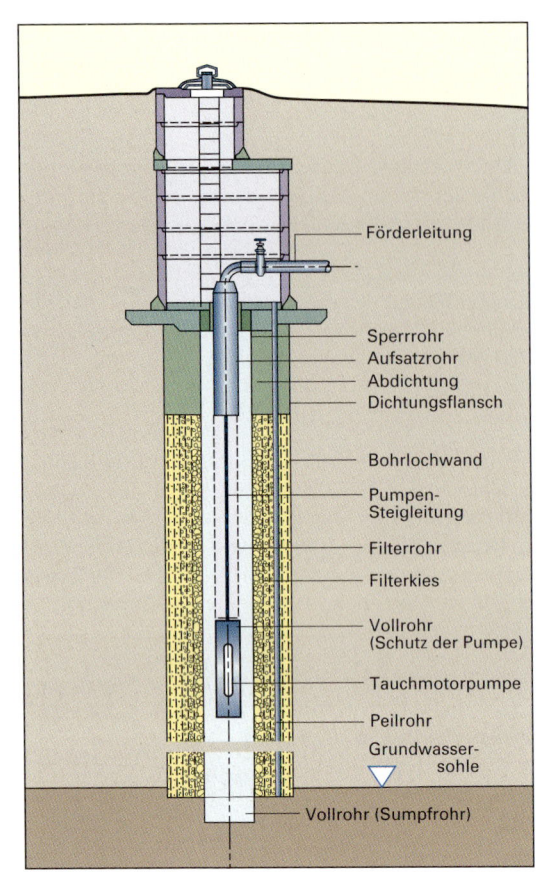

Bild 1: Bohrbrunnen (Kiesfilterbrunnen)

Horizontalfilterbrunnen werden meist angewendet, wenn die wasserführenden Schichten nicht zu tief liegen und nur geringe Mächtigkeit haben. Sie bestehen aus einem senkrechten Sammelschacht, von dem aus einzeln absperrbare Fassungsstränge aus Filterrohren radial in den Grundwasserleiter führen **(Bild 1, Seite 535)**.

Sickerleitungen werden bei flach liegenden Grundwasserleitern geringer Mächtigkeit angelegt. Sie werden aus gelochten oder geschlitzten Rohren, mit einer abgestuften Kies- oder Steinpackung umhüllt, meist in offener Baugrube hergestellt. Gegen Eindringen von Oberflächenwasser muss der Graben mit undurchlässigem Boden abgedeckt werden, sodass diese Schicht seitlich in das gewaschene Erdreich einbindet. An Knickpunkten und bei längeren Sickersträngen in bestimmten Abständen sind Kontrollschächte anzuordnen. Das anfallende Wasser wird einem Sammelschacht zugeleitet und dort entnommen.

Quellfassungen werden erst dann angelegt, wenn die Beschaffenheit des Wassers gleichbleibende Qualität aufweist und die Quellschüttung, auch während und nach einer Trockenzeit, ausreichend ist. Art der zu fassenden Quelle und Bodenbeschaffenheit bestimmen die Konstruktion der Quellfassung. Quellen werden in der Regel durch Sickerleitungen gefasst, die in einen wasserdichten Sammelschacht münden **(Bild 2, Seite 537)**. Dieser wird in einiger Entfernung zur Quelle angeordnet, damit die Quelle nicht beeinträchtigt wird. Der Sammelschacht nimmt das gewonnene Wasser in Kammern auf, die gleichzeitig als Sandfang dienen. Diese haben einen Überlauf und eine Grundablaßleitung zur Entleerung. Die Wasserentnahme erfolgt mindestens 30 cm über der Kammersohle. Bei der Baudurchführung muss gewährleistet sein, dass die natürlichen Verhältnisse so wenig wie möglich gestört werden sowie Wasserqualität und Quellschüttung nicht beeinträchtigt werden.

Gewinnung von oberirdischem Wasser

Flusswasser ist dort zu entnehmen, wo die Verunreinigung möglichst gering ist, z. B. an Stellen mit großer Wassertiefe oder starker Strömung. Die günstigste Entnahmestelle ist durch eingehende Untersuchungen unter Berücksichtigung der Erfahrungen bei Hoch- und Niedrigwasser zu ermitteln. In jedem Falle sind Stellen von Abwassereinleitungen, Mündungsbereiche belasteter Nebenflüsse, Badeanstalten, Schiffsliegeplätze und Hafenanlagen zu meiden.

Entnahmebauwerke sind so zu gestalten, dass Schwimmstoffe dem Einlauf weitgehend ferngehalten werden. In der Regel werden sie wegen der Zugangsmöglichkeit am Flussufer angeordnet. Bei größeren Flüssen kann die Wasserentnahme auch in der Flussmitte erfolgen. Dann muss die Anlage so gesichert sein, dass weder Schifffahrt noch Hochwasser, Treibgut und Treibeis Beschädigungen hervorrufen können.

Wasser aus Seen muss zur Einschränkung der Verunreinigungsgefahr in größerer Entfernung vom Ufer und in größerer Tiefe entnommen werden, jedoch genügend hoch über dem Seegrund (**Bild 3**). Die günstigste Entnahmestelle zur Erlangung möglichst schwebstoff- und keimarmen Wassers ist durch eingehende Untersuchungen unter Berücksichtigung der Seezuflüsse, der Strömungsverhältnisse und der Erfahrungen bei Hoch- und Niedrigwasser zu ermitteln.

Der Entnahmekopf, der gegen das Eindringen von Fischen geschützt ist, wird 5 m bis 8 m über dem Seeboden angeordnet. Die Rohwasser-Entnahmeleitung wird meist auf dem Seeboden verlegt und führt zu dem unmittelbar am Ufer liegenden Entnahmebauwerk. Im Entnahmebauwerk sind Pumpen und Einrichtungen für die Spülung der Entnahmeleitung installiert.

Eines der bekanntesten Beispiele für die Verwendung von Seewasser ist die Bodensee-Wasserversorgung. Aus dem Bodensee, einem der größten natürlichen Wasserspeicher Europas, wird aus 60 Meter Tiefe das Wasser entnommen, weil es dort rein und klar ist. Die in dieser Tiefe etwa 5 °C kalten Wasserschichten bleiben fast das ganze Jahr über getrennt von den wärmeren, lichtdurchfluteten Schichten im Bereich der Seeoberfläche, in denen Algen schweben. Dieses Wasser gleicht natürlichem Grund- und Quellwasser, weist etwa einen pH-Wert von 8 und eine Gesamthärte von ungefähr 2 mmol/l auf. In gesundheitlicher Hinsicht erfüllt es die Anforderungen der Trinkwasserverordnung, wird jedoch in Filter- und Ozonanlagen zu noch besserer Qualität aufbereitet.

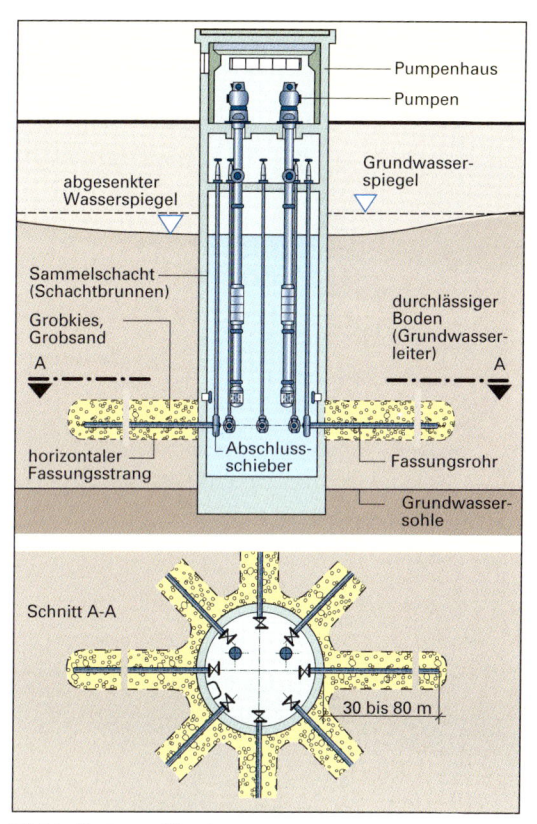

Bild 1: Horizontalfilterbrunnen

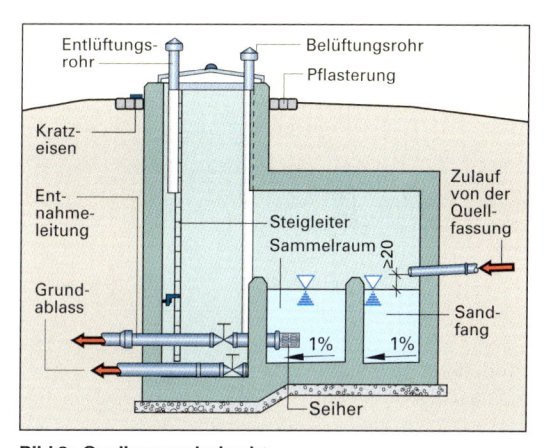

Bild 2: Quellsammelschacht

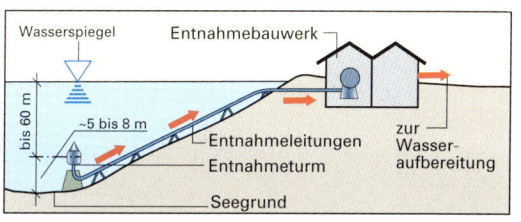

Bild 3: Seewasserentnahme (schematisch)

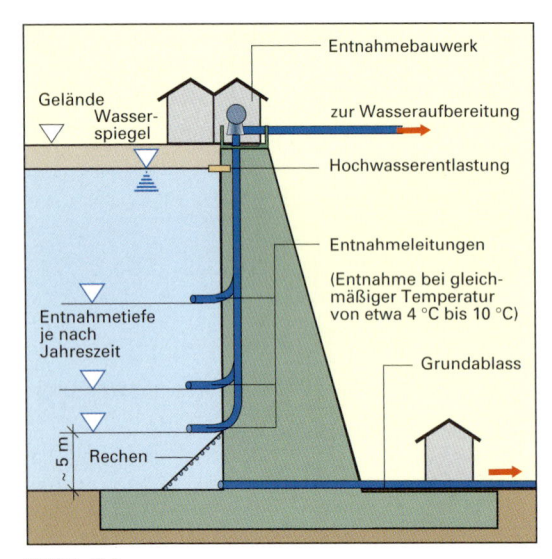

Bild 1: Talsperre

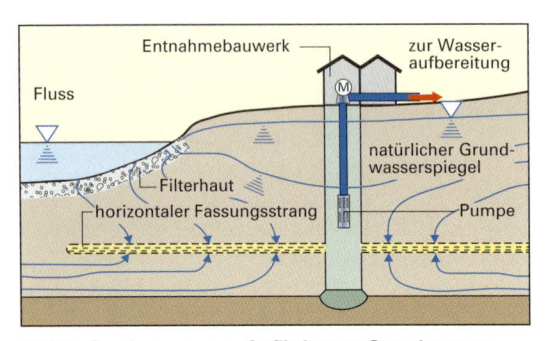

Bild 2: Gewinnung von uferfiltriertem Grundwasser

Tabelle 1: Wasserhärtebereiche für Trinkwasser

Gesamthärte mmol/l	Bezeichnung	Beurteilung
0 bis 0,71	sehr weich	geeignet
> 0,71 bis 1,42	weich	gut geeignet
> 1,42 bis 2,14	mittelhart	gut geeignet
> 2,14 bis 3,21	ziemlich hart	tragbar
> 3,21 bis 5,35	hart	tragbar
> 5,35	sehr hart	ungeeignet

Tabelle 2: Wasserhärtebereiche (Waschmittelgesetz)

Gesamthärte mmol/l	Härtebereich	Beurteilung
≤ 1,25	1	weich
> 1,25 bis 2,50	2	mittelhart
> 2,50 bis 3,78	3	hart
> 3,78	4	sehr hart

Wasser aus Talsperren soll wie Wasser aus Seen weder an der Wasseroberfläche noch an der Talsperrensohle entnommen werden, sondern in der Tiefe, in der die größte Reinheit und eine möglichst gleichmäßige Temperatur vorherrschen (**Bild 1**).

Talsperren werden unter Ausnutzung natürlicher Tallagen im Oberlauf von Flüssen erstellt und umfassen das Absperrbauwerk mit den Vorrichtungen für die Wasser- und Wasserprobenentnahme, dem Grundablass und der Hochwasserentlastung sowie das Staubecken und die Uferanlagen. Die Einläufe der Entnahmetürme liegen auf unterschiedlichen Höhen. Sohle und Wände des Stauraumes sollen weitgehend wasserundurchlässig sein. Vor dem Einstau sind alle, die Güte des Wassers mindernden Bestandteile, wie Bepflanzungen, Bauwerke und organische Bodenschichten zu entfernen. Schutzzonen werden durch Beschilderung gekennzeichnet.

Uferfiltriertes Grundwasser erfordert Fassungsanlagen (**Bild 2**). Die zu gewinnende Wassermenge ist vor allem von der Durchlässigkeit der Gewässersohle und des Grundwasserleiters sowie vom Druckgefälle zwischen Oberflächenwasser- und Grundwasserspiegel abhängig. Die Fassungen müssen für eine ausreichende Reinigung des uferfiltrierten Grundwassers einen genügenden Abstand vom Ufer haben. Dieser ist abhängig von der Beschaffenheit des oberirdischen Wassers und des Untergrundes sowie von der durch die Entnahme zu erwartenden Absenkung des Grundwasserspiegels.

19.1.3 Wasseraufbereitung

Wasser, das für die Trinkwasserversorgung genutzt wird, muss den Anforderungen an Trinkwasser entsprechen. Nach Möglichkeit soll Wasser gewonnen werden, das bereits von Natur aus diese Voraussetzungen erfüllt. Ist dies nicht der Fall, ist es aufzubereiten. Wasser vor der Aufbereitung bezeichnet man als Rohwasser, nach der Aufbereitung als Reinwasser. Art und Umfang der Aufbereitung richten sich nach der Beschaffenheit des Rohwassers und den Anforderungen an das Reinwasser.

19.1.3.1 Anforderungen an Trinkwasser

Trinkwasser muss für den menschlichen Genuss geeignet und appetitlich sein. Weiterhin muss es farblos, klar, kühl, geruchlos und geschmacklich einwandfrei sowie frei von Krankheitserregern sein. Es soll keimarm sein und der Gehalt von gelösten Stoffen soll sich in Grenzen halten. Trinkwasser soll möglichst keine Korrosion hervorrufen. Appetitlich ist ein Wasser, wenn seine äußere Beschaffenheit sowie seine physikalischen, chemischen, mikrobiologischen und biologischen Eigenschaften keine Anzeichen einer Verschmutzung erkennen lassen. Die Temperatur des Trinkwassers soll nach Möglichkeit zwischen 8 °C und 12 °C liegen und keine kurzzeitigen Schwankungen aufweisen. Für die Beschaffenheit des Trinkwassers in gesundheitlicher Hinsicht gelten die Vorschriften des Lebensmittelgesetzes und des Bundes-Seuchengesetzes.

Im Wasser gelöste Calcium- und Magnesium-Ionen bestimmen die Härte des Wassers. Calcium und Magnesium in Verbindung mit Hydrogenkarbonaten ergeben die Karbonathärte, in Verbindung mit Sulfaten, Nitraten, Chloriden die Nichtkarbonathärte. Die Gesamthärte setzt sich zusammen aus der Karbonathärte und der Nichtkarbonathärte. Sie wird gemessen in mmol/l (Millimol je Liter). Die Karbonathärte kann zum größten Teil durch Kochen ausgeschieden werden, die Nichtkarbonathärte kann durch Kochen nicht verändert werden, sie wird deshalb auch als bleibende Härte bezeichnet. Die Härte des Wassers ist regional verschieden, da sie vorwiegend von den durchflossenen Bodenschichten abhängt. Sie wird in Härtebereiche eingeteilt (**Tabelle 1** und **Tabelle 2, Seite 538**).

Für den Rostschutz in Rohrleitungen sind die Karbonathärte und der pH-Wert mit entscheidend. Der pH-Wert wird vorwiegend von dem Verhältnis des Calciumkarbonats zur Kohlensäure bestimmt. Trinkwasser und die damit in Berührung stehenden Werkstoffe sollen so aufeinander abgestimmt sein, daß keine Korrosionsschäden hervorgerufen werden.

19.1.3.2 Verfahren zur Wasseraufbereitung

Die Aufbereitung zu Reinwasser setzt Untersuchungen des Rohwassers voraus. Chemische und physikalische Untersuchungen geben Aufschluß darüber, welche Stoffe im Wasser vorhanden sind und in welchen Mengen. Durch mikrobiologische und biologische Untersuchungen wird festgestellt, ob Viren, Bakterien, Kleinlebewesen und Pflanzen im Wasser enthalten sind. Nach den Untersuchungsergebnissen richten sich Art, Umfang und Reihenfolge der Aufbereitungsschritte.

Für die Trinkwasseraufbereitung werden physikalische, chemische und biologische Verfahren sowie Sonderverfahren, wie z. B. die UV-Bestrahlung, angewendet. Durch physikalische Verfahren werden ungelöste und kolloidal gelöste Stoffe entfernt. Chemische Verfahren dienen der Beseitigung gelöster Stoffe. Durch biologische und bakteriologische Verfahren werden unerwünschte und schädliche Bestandteile entfernt sowie die Entkeimung des Wassers vorgenommen. Meist werden die Verfahren in Kombination angewendet. Weitere Verfahren zur Wasseraufbereitung können notwendig sein, z. B. zur Enteisenung, Entmanganung, Entsäuerung, Enthärtung, Entkeimung, Schönung und zur Entfernung von Geruchs- und Geschmacksstoffen.

Vorreinigung
Der Aufbereitung ist eine Vorreinigung durch Entfernen der ungelösten und kolloidal gelösten Stoffe vorgeschaltet. Dazu leitet man das Rohwasser durch Rechen- und Siebeinrichtungen, Sandfänge und Vorklär- oder Absetzbecken. Feindisperse Trübstoffe und kolloide Stoffe können nicht allein durch Absetzen und Filtration ausgeschieden werden. Sie werden durch Zugabe von Chemikalien in eine abscheidbare Form gebracht. Dabei verbinden sich die Chemikalien mit diesen Stoffen, bilden mit ihnen Flocken und sinken zu Boden.

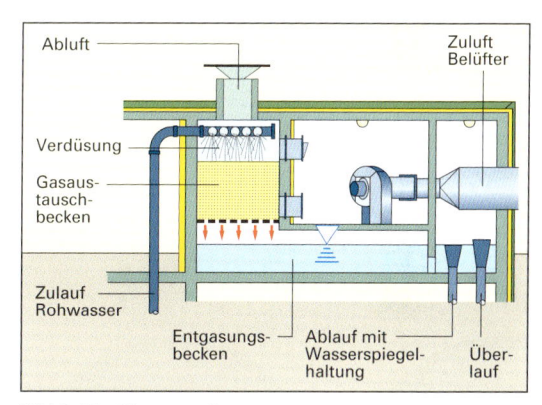

Bild 1: Verdüsungsanlage

Belüftung
Wenn unerwünschte Gase, wie aggressive Kohlensäure und Schwefelwasserstoff, ausgeschieden oder Sauerstoff in das Wasser eingetragen werden soll, erfolgt ein Gasaustausch (**Bild 1**). Das Belüften des Wassers kann z. B. durch Rieselung, Kaskadenbelüftung und Druckbelüftung erfolgen.

Filtration
Die Filtration stellt das wichtigste Verfahren der Wasseraufbereitung dar. Dabei sollen die auszuscheidenden Stoffe in einem körnigen oder porösen Filter zurückgehalten werden. Zur Filtration benutzt man z. B. Langsamfilter, Schnellfilter, Einschicht- und Mehrschichtfilter.

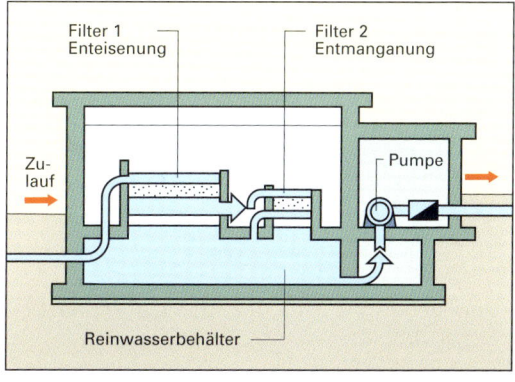

Bild 2: Schnellfilter

Langsamfilter ahmen das Prinzip der natürlichen Bodenfiltration nach. Sie wirken physikalisch, chemisch und biologisch. Die Filterschichten aus Sand und Kies ermöglichen eine Filtergeschwindigkeit von 0,05 m/h bis 0,25 m/h. Das Filter muss durch Ersetzen der oberen Sandschicht gereinigt werden.

Schnellfilter mit Füllungen aus Sand und Kies oder anderen Filterstoffen werden wegen der höheren Filtergeschwindigkeit bevorzugt eingesetzt **(Bild 2, Seite 539)**. Diese beträgt z. B. bei Aktivkohle 20 m/h bis 45 m/h. Der Filter wird durch Rückspülen der gesamten Filterfüllung gereinigt.

Mehrschichtfilter sind Schnellfilter mit Füllungen aus Schichten von Filterstoffen, deren Dichten und Korngrößen so abgestimmt sind, dass bei der Filtration der Durchgang des Wassers von der grobkörnigen in die feinkörnige Schicht erfolgt. Der Aufbau des Filters bleibt bei der Rückspülung erhalten.

19.1.4 Wasserspeicherung

Die Wasserspeicherung ermöglicht einen Ausgleich bei unterschiedlichem Wasserverbrauch, sorgt für einen ausreichenden, gleichmäßigen Versorgungsdruck und verhindert Druckschwankungen im Versorgungsnetz. Außerdem ist eine Notversorgung bei Betriebstörungen und die Bereithaltung von Löschwasser gesichert.

Reinwasser wird ausschließlich in geschlossenen Behältern gespeichert. Am häufigsten werden Hochbehälter als künstliche Wasserspeicher erstellt. Der Inhalt ist im Wesentlichen auf den Wasserbedarf, die Förderleistung der Pumpen und die zeitliche Verbrauchsentnahme abzustimmen. Die freie Wasserspiegelhöhe über dem Versorgungsgebiet beeinflusst den Versorgungsdruck wesentlich. Hochbehälter können als Erdhochbehälter oder als Wassertürme ausgeführt werden.

Nach der Lage zum Versorgungsgebiet unterscheidet man außerdem zwischen Tiefbehältern, Durchlaufbehältern und Gegenbehältern. Tiefbehälter sind Wasserspeicher, die als Saugbehälter eines Pumpwerks für ein höher gelegenes Versorgungsgebiet dienen. Sie haben keinen Einfluß auf den Versorgungsdruck. Durchlaufbehälter sind Wasserspeicher, die zwischen Wasserwerk und dem Versorgungsgebiet liegen. Das gesamte, im zugehörigen Wasserversorgungsgebiet benötigte Wasser wird durch den Behälter geleitet. Gegenbehälter sind Wasserspeicher, die ebenfalls zwischen Wasserwerk und dem Versorgungsgebiet liegen. Sie sind nur als Hochbehälter möglich. Es gelangt nur der Teil des Wassers in den Speicher, der während der Pumpenlaufzeit von den Verbrauchern nicht abgenommen wird.

19.1.4.1 Erdhochbehälter

Erdhochbehälter werden angeordnet, wenn in der Nähe des Versorgungsgebietes ein Gelände von ausreichender Höhenlage vorhanden ist. Sie werden so nah wie möglich am Versorgungsgebiet, überwiegend unter Gelände, erstellt und mit Erde überdeckt. Die Erdüberdeckung als Dämmungsschicht verhindert große Temperaturschwankungen. Erdhochbehälter sind die wirtschaftlichste und betriebssicherste Art der Wasserspeicherung. Außerdem fügen sie sich in das Landschaftsbild ein.

Ein Erdhochbehälter besteht in der Regel aus den Wasserkammern und dem Armaturenraum, den man auch als Schieberkammer bezeichnet **(Bild 1)**. Er wird als dichter Behälter aus Stahl- oder Spannbeton erstellt. Als Grundriss für die Wasserkammern werden meist Rechteck- oder Kreisformen gewählt. Zu- und Ableitungen in den Kammern müssen so angeordnet sein, dass eine Wasserumwälzung gewährleistet ist. Je nach Geländeform können Hochbehälter in Kreisform, z. B. mit konzentrisch angeordneten Wasserkammern, als Hochbehälter in Brillenform oder als Spiralwandbehälter gebaut werden. Für eine spätere Erweiterung ist ein entsprechender Platz vorzusehen.

Bild 1: Erdhochbehälter (schematisch)

19.1.4.2 Wassertürme

Wassertürme werden dort gebaut, wo natürliche Erhebungen von ausreichender Höhe fehlen. Als günstiger Standort gilt ein hochgelegenes Gelände im Zentrum des Versorgungsgebietes. Ein Wasserturm besteht aus der Tragkonstruktion in Form eines Turmes, den Wasserkammern und den Bedienungsräumen **(Bild 1)**. Der Turm kann in Stahlbeton-, Spannbeton- oder Stahlbauweise z. B. in Kugelform, Kelch- oder Pilzform und als aufgelöste Stützenkonstruktion ausgeführt werden. Das Fassungsvermögen der Kammern wird auf den unbedingt erforderlichen Inhalt begrenzt. Die Wasserkammern sind zum Schutz gegen Temperaturschwankungen zu dämmen.

19.1.5 Verteilung des Wassers

Die Verteilung des Wassers innerhalb des Versorgungsgebietes erfolgt vom Hochbehälter aus über ein Rohrnetz. Dieses besteht aus verzweigten und vermaschten Zubringer-, Haupt-, Versorgungs- und Anschlussleitungen, die in frostfreier Tiefe verlegt werden. Zur Wartung, Reinigung und Reparatur des Rohrnetzes sind Absperrschieber eingebaut. Für die Brandbekämpfung, aber auch zur Entnahme von Wasser in größeren Mengenn werden etwa alle 100 Meter Entnahmestellen als Überflur- oder Unterflurhydranten installiert. Die Lage der Hydranten und Schieber wird jeweils am Straßenrand durch Schilder markiert. Das Rohrnetz kann als Verästelungsnetz oder Ringnetz ausgebildet werden **(Bild 2)**.

Beim **Verästelungsnetz** zweigen von der Hauptleitung Nebenleitungen ab, die sich ihrerseits wieder so oft verästeln, wie es Anzahl und Lage der Straßen erfordern. Das Wasser wird stets nur von einer Seite eingespeist und bewegt sich nur in einer Fließrichtung. Durch die geringe Bewegung des Wassers in den Endsträngen kann die Wasserqualität beeinträchtigt und die Gefahr des Einfrierens erhöht werden. Bei der Behebung eines Leitungsschadens bleibt das gesamte Gebiet hinter der Schadensstelle ohne Wasser.

Beim **Ringnetz** werden die Leitungsstränge der Hauptleitung ringförmig durch das Versorgungsgebiet geführt. Der Ring wird möglichst weit außen verlegt, damit bei Erweiterung des Versorgungsgebietes unter guten Druckverhältnissen angeschlossen werden kann. Bei notwendigen Absperrungen, z. B. bei Leitungsschäden, ist die Versorgung mit Wasser durch die Umlaufwirkung gesichert. Die Umlaufwirkung gewährleistet außerdem eine gleichbleibende Wasserqualität. Ringnetzen ist deshalb der Vorzug zu geben.

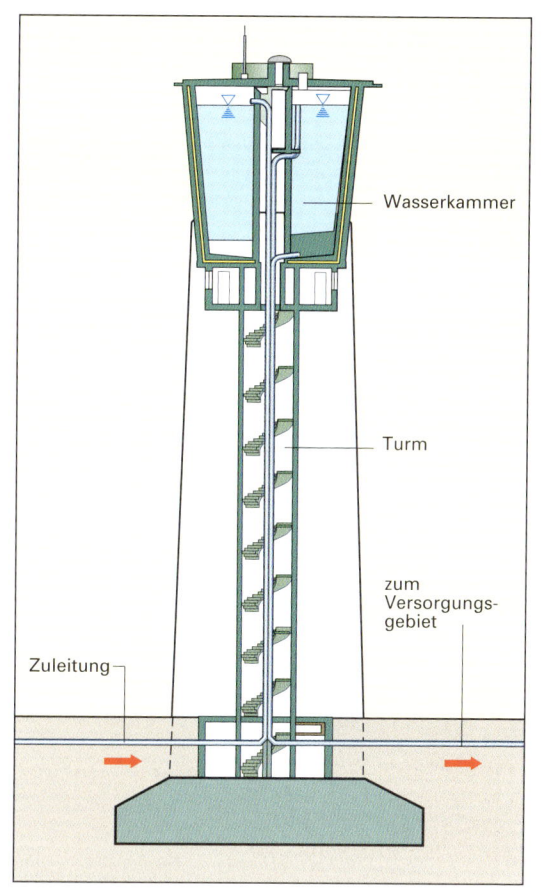

Bild 1: Wasserturm

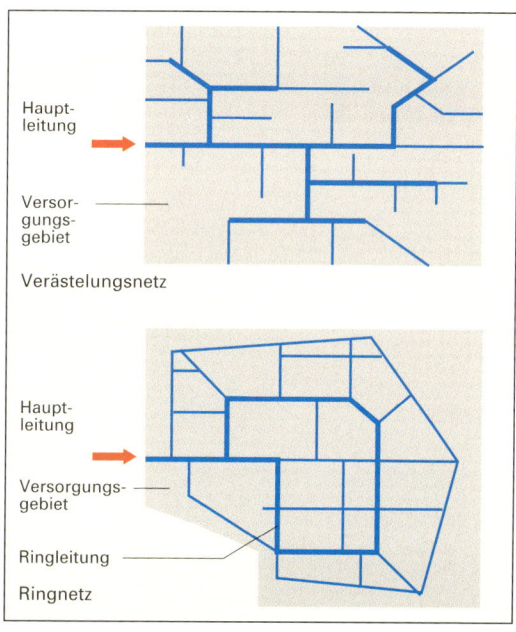

Bild 2: Rohrnetze (schematisch)

19.2 Abwasserentsorgung

Ungereinigtes Abwasser darf nicht in Flüsse und Seen gelangen. Die langfristige Sicherung der Trinkwasserversorgung, die Gesundheit und Hygiene, die Fischerei, der Naturschutz sowie der Erholungswert der Landschaft erfordern saubere Gewässer. Das Wasserhaushaltsgesetz des Bundes und die Wassergesetze der Länder bilden die rechtliche Grundlage für die Ableitung und Reinigung der Abwässer.

In die Kanalisation darf nichts eingeleitet werden, was sich störend auf das Kanalnetz und die Kläranlage auswirken könnte. Dazu gehören feuergefährliche Stoffe und Flüssigkeiten, wie z. B. Benzin und Heizöl, und Flüssigkeiten mit Säure-, Alkali- und hohem Fettgehalt. Stoffe, die schädliche oder übelriechende Gase entwickeln, und Stoffe, welche die Abwasserkanäle verstopfen könnten, z. B. Schutt, Asche, Müll und Dung, dürfen ebenfalls nicht über die Kanalisation entsorgt werden. Auch Abwässer mit einer Temperatur von mehr als 35 °C dürfen nicht eingeleitet werden.

19.2.1 Abwasser

Als Abwasser bezeichnet man alle in der Kanalisation abzuführenden Wässer unterschiedlicher Herkunft und Verschmutzung, wie z. B. Regenwasser (RW), Schmutzwasser (SW) und Mischwasser (MW). Dabei unterscheidet man zwischen dem Trockenwetterabfluss und dem Regenabfluss. Der Trockenwetterabfluss (TWA) umfaßt das häusliche, gewerbliche und industrielle Schmutzwasser. Die Menge des anfallenden Abwassers ist für die Bemessung des Kanalnetzes (hydraulische Berechnung) maßgebend.

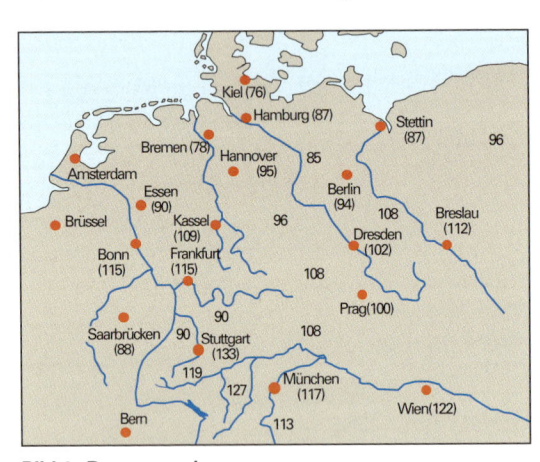

Bild 1: Regenspende

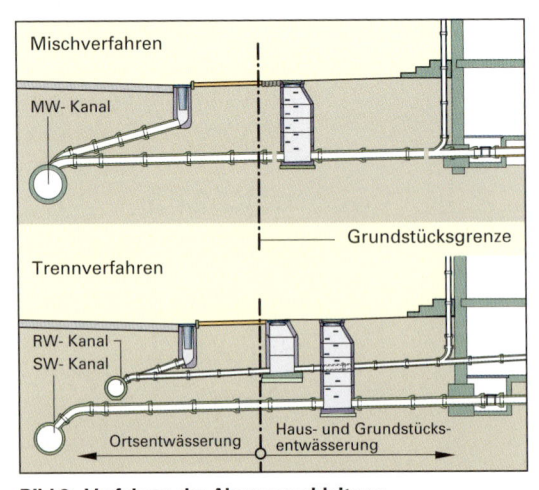

Bild 2: Verfahren der Abwasserableitung

19.2.1.1 Regenwasser

Regenwasser (RW) und Schmelzwasser ergeben die Niederschläge. Die Menge der Niederschläge schwankt je nach den örtlichen Verhältnissen. Der Regenabfluss wirkt sich maßgebend auf die Bemessung des Kanalnetzes aus. Er wird aus der Regenspende, der Regendauer, der Häufigkeit des jährlichen Auftretens, dem Abflussbeiwert und der Fläche des Einzugsgebietes ermittelt.

Die Regenspende wird in Liter je Sekunde und Hektar angegeben, sie ist regional verschieden, da dieser Wert auf der Niederschlagshöhe beruht **(Bild 1)**. Für die Bemessung ist eine Regendauer von mindestens 10 bis 15 Minuten anzunehmen. Dieser für die Bemessung maßgebende Regen wird als Bemessungsregen bezeichnet. Der ausgesprochene Katastrophenregen bleibt aus wirtschaftlichen Gründen unberücksichtigt, d. h., eine mögliche Überflutung des Kanalnetzes wird bewusst in Kauf genommen. Der Abflussbeiwert ist das Verhältnis des tatsächlichen Abflusses zum gefallenen Regen. Er ist von der Neigung des Geländes sowie vom Anteil der befestigten Flächen und damit von der Möglichkeit der Versickerung und Verdunstung der Niederschläge abhängig. Die auf eine bestimmte Kanalstrecke entfallende, abzuleitende Regenwassermenge ist von der Größe des Einzugsgebietes abhängig. Dieses wird vorwiegend durch die topografische Lage des Geländes bestimmt.

19.2.1.2 Schmutzwasser

Zum Schmutzwasser (SW) rechnet man hauptsächlich die häuslichen, gewerblichen und industriellen

Abwässer (Seite 224). Häusliche Abwässer sind in ihrem Verschmutzungsgrad in der Regel gleichbleibend. Die Menge ist im Wesentlichen von der Größe des Einzugsgebietes, von der Einwohnerdichte und dem Lebensstandard der Bewohner abhängig. Sie wird aufgrund des Verbrauchs an Trinkwasser ermittelt und kann zwischen 150 Liter und 300 Liter je Einwohner und Tag betragen.

Gewerbliches und industrielles Schmutzwasser kann bezüglich des Verschmutzungsgrades und der Menge stark schwanken und muss gegebenenfalls untersucht werden. Um gewerbliche und industrielle Abwässer rechnerisch erfassen zu können, werden diese hinsichtlich der Menge und des Verschmutzungsgrades mit den häuslichen Abwässern verglichen und in Einwohnergleichwerten (EGW) ausgedrückt.

19.2.2 Verfahren der Abwasserableitung

Die Ableitung des Abwassers kann im Misch- oder Trennverfahren erfolgen **(Bild 2, Seite 540)**. Das für die Ortsentwässerung gewählte Verfahren ist auch bei der Haus- und Grundstücksentwässerung anzuwenden. Die Wahl des Verfahrens ist von den örtlichen Verhältnissen, der Lage des Entsorgungsgebietes zum Vorfluter und dessen Belastbarkeit sowie von wirtschaftlichen Überlegungen abhängig.

19.2.2.1 Mischverfahren

Beim Mischverfahren werden alle Arten der Abwässer in einem Kanal, dem Mischwasserkanal, abgeleitet. Bei Trockenwetter, bei schwächerem Regen und bei Tauwetter gelangt die ganze Abwassermenge in die Kläranlage. Dies hat den Vorteil, dass z. B. auch Staub, Straßenschmutz, Ruß und gelöste Tausalze in den Klärprozess einbezogen werden. Sich eventuell ablagernde Stoffe werden durch das zeitweise anfallende Regenwasser mitgespült.

Damit bei stärkeren Niederschlägen die Kläranlage und das Kanalnetz entlastet werden, wird ein Teil des Abwassers über Regenüberläufe einem Regenwasserbecken zugeleitet. Regenüberläufe springen bei einer bestimmten Abflussmenge an. Regenwasserbecken können je nach Lage zum Vorfluter z. B. als Regenwasserrückhaltebecken, Regenwasserüberlaufbecken oder Regenwasserklärbecken ausgeführt werden **(Bild 1)**. Regenwasserrückhaltebecken (RRB) sind Pufferbecken, die bei starkem Regen das plötzlich und in großer Menge ankommende Wasser aufnehmen und bei nachlassendem Regen zeitverschoben wieder in das Kanalnetz einspeisen. Regenwasserüberlaufbecken (RÜB) sind Absetzbecken, bei denen ein Teil des Regenwassers mechanisch vorgereinigt und zum Vorfluter weitergeleitet wird. Der andere Teil wird gespeichert und nach Abklingen des Regens wieder über das Kanalnetz der Kläranlage zugeleitet. Regenwasserklärbecken (RKB) sind Absetzbecken, in denen das Regenwasser mechanisch gereinigt und danach dem Vorfluter zugeleitet wird. Der dabei anfallende Schlamm wird in einer Vertiefung der Beckensohle, als Absetzraum bezeichnet, gesammelt und muss entsorgt werden. Dies geschieht meist durch Weiterbehandlung in der Kläranlage. Eine Regenentlastung in Mischwasserkanälen kann auch durch die Gestaltung von Kanalstauräumen in Verbindung mit Drosselstrecken erreicht werden.

19.2.2.2 Trennverfahren

Beim Trennverfahren wird durch die Trennung der Abwässer zwischen dem Schmutzwasser- und dem Regenwasserkanal unterschieden. Der Trockenwetterabfluss wird im Schmutzwasserkanal zur Klär-

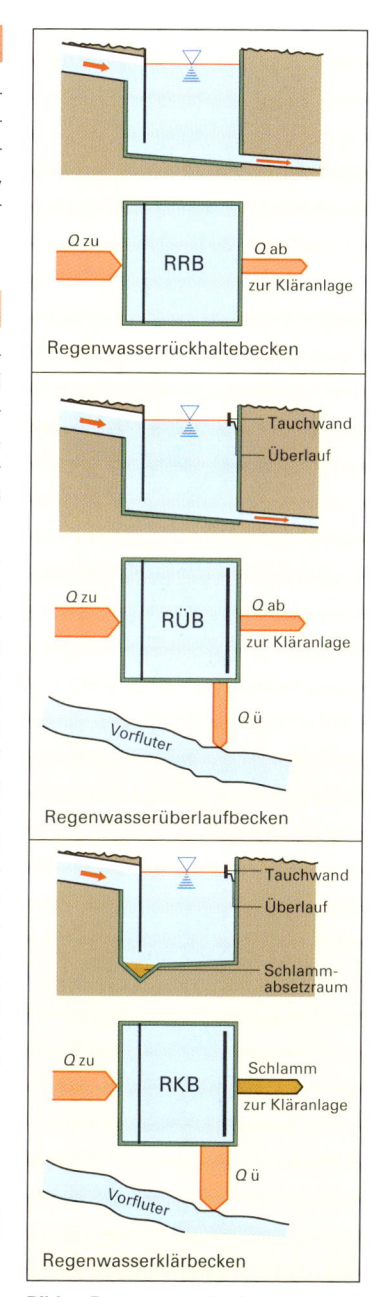

Bild 1: Regenwasserbecken (schematisch)

anlage geleitet, der Regenabfluss fließt im Regenwasserkanal auf kürzestem Wege dem nächsten Vorfluter zu. Dabei besteht die Gefahr, dass der Vorfluter unmittelbar nach Beginn eines Regens einen großen Schmutzstoß aus dem Abfluss von Straßen und Dächern aufnehmen muss. Die Kläranlage wird gleichmäßiger belastet und außerdem kann der mechanische Teil kleiner ausgelegt werden.

Die Ableitung der Abwässer im Trennverfahren ist ohne weitere Abwägung dann zweckmäßig, wenn Tiefgebiete entsorgt werden müssen und der Regenabfluss im freien Gefälle dem Vorfluter zugeleitet werden kann. Der Vorteil ist in den niedrigeren Kosten für die Anschaffung und den Betrieb von Pumpen begründet, da nur der Trockenwetterabfluss in den zur Kläranlage führenden Schmutzwasserkanal gepumpt werden muss.

19.2.3 Abwasserkanal

Die Abwasserkanäle eines Entsorgungsgebietes werden als Kanalisation oder Ortsentwässerung bezeichnet. Aufgabe der Ortsentwässerung ist es, die Abwässer vollständig, schadlos, auf kürzestem Wege und möglichst im natürlichen Gefälle der Kläranlage bzw. dem Vorfluter zuzuleiten **(Bild 1)**. Abwasserkanäle sind meist unterirdisch verlegte Leitungen und sind in der Regel nur über Schächte zugänglich. Wartung und notwendige Reparaturen müssen deshalb unter erschwerten Bedingungen durchgeführt werden, weshalb an Baustoff und Verarbeitung hohe Anforderungen zu stellen sind.

Abwasserkanäle werden meist als Freispiegelleitungen, selten als Druckrohrleitungen betrieben. In Freispiegelleitungen fließt das Abwasser im natürlichen Gefälle mit freiem Wasserspiegel, in Druckrohrleitungen unter Druck ab. Kreuzt eine Rohrleitung ein tiefliegendes Hindernis, wie z. B. einen Wasserlauf, kann bei ausreichendem Höhenunterschied das Hindernis unterfahren werden. Ein solches Kreuzungsbauwerk bezeichnet man als Düker. Auf die Länge der Dükerstrecke wird die Freispiegelleitung zur Druckrohrleitung.

19.2.3.1 Rohre und Rohrverbindungen

Kanalisationsrohre müssen hydraulisch leistungsfähig und beständig gegen mechanische, chemische und thermische Beanspruchungen sein. Als weitere Eigenschaften sind Belastbarkeit, Dichtheit, Alterungsbeständigkeit sowie Wurzelfestigkeit gefordert. Die hydraulische Leistungsfähigkeit ist z. B. von der Wandrauigkeit und der Ausbildung der Rohrverbindungen abhängig. Mechanische Beanspruchungen entstehen vor allem beim Abfluss der im Abwasser enthaltenen Feststoffe, insbesondere bei hohen Fließgeschwindigkeiten und bei der Kanalreinigung. Eine chemische Beanspruchung erfolgt z. B. durch im Abwasser enthaltene Säuren, Laugen, gelöste Salze, Lösemittel und durch Reaktionen, die im fäulnisfähigen Abwasser ablaufen. Häusliche Abwässer weisen oft Temperaturen bis 90 °C auf, deshalb müssen Kanalrohre neben der Aggressivbeständigkeit auch eine entsprechende Temperaturbeständigkeit aufweisen. Rohrleitungen müssen tragfähig und so belastbar sein, dass es nicht zum Bruch kommt und Abwasser austreten oder Fremdwasser eintreten kann.

Rohre und Formstücke für Abwasserkanäle werden aus verschiedenen Werkstoffen und in verschiedenen Querschnittsformen hergestellt. Neben der überwiegend verwendeten Kreisform gibt es z. B. Rohre in Ei-, Maul-, Hauben- und Parabelform. Kanalisationsrohre werden aus Steinzeug, unbewehrtem Beton, Stahlbeton, Spannbeton, Polymerbeton, Faserbeton und Kunststoff angeboten.

Steinzeugrohre (Stz-Rohre) können nur kreisförmig hergestellt werden. Kanäle mit anderen Querschnittsformen müssen aus Profilschalen zusammengesetzt werden. Steinzeug ist wasserdicht und korrosionsbeständig, es wird von den im Abwasser, Grundwasser und Erdreich enthaltenen Stoffen, mit Ausnahme der Flußsäure, nicht angegriffen (Seiten 73 und 226).

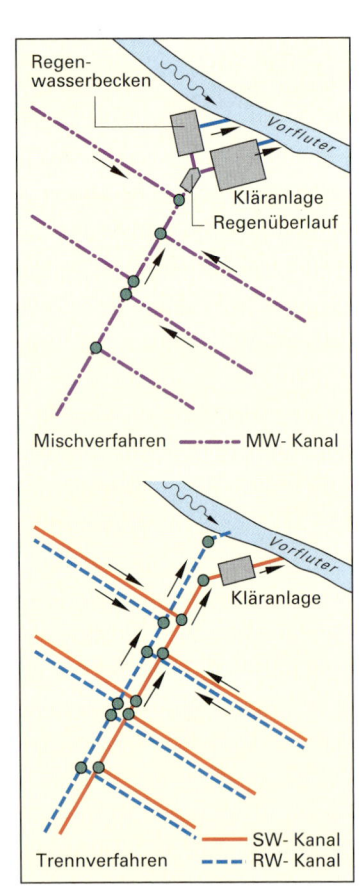

Bild 1: Kanalisation

Rohre der DN 100 bis DN 1000 werden mit Normalwanddicken (N) mit üblicher Tragfähigkeit, solche der DN 200 bis DN 800 auch mit verstärkter Wanddicke (V) und erhöhter Tragfähigkeit hergestellt. Die Regelbaulängen sind durch 250 mm teilbar und betragen höchstens 2000 mm. Steinzeugrohre werden meist werkseitig mit dauerelastischen Dichtelementen ausgestattet. Rohre der DN 100 bis DN 200 haben eine Lippendichtung (L), Rohre von DN 200 und größer werden mit der Steckmuffenverbindung (K) hergestellt. Für Rohre, die nicht mit Dichtungselementen ausgestattet sind, wird meist der Rollring als Dichtung verwendet (Seite 227).

Betonrohre können aus unbewehrtem Beton, Stahlbeton und Spannbeton gefertigt werden **(Bild 1)**.

Unbewehrte Betonrohre nach DIN 4032 werden aus Beton der Festigkeitsklassen C 30/37 bis C 40/45 hergestellt, wobei die Wasserundurchlässigkeit nach DIN 1045 als Beton mit besonderen Eigenschaften gefordert ist. Auch Ausführungen mit Transportbewehrung gelten als unbewehrte Rohre. Betonrohre können in allen Querschnittformen hergestellt werden. Genormt sind kreisförmige Rohre (K) von DN 100 bis DN 1500 und eiförmige Rohre (EF) von DN 400 x 600 bis DN 1200 x 1800. Kreisförmige Rohre werden auch mit verstärkten Wandungen (W) angeboten. Rohrverbindungen können mit Falz (F) oder Muffe (M) erfolgen. Kreis- und eiförmige Rohre werden ohne und mit Fuß hergestellt. Die Regelbaulängen sind durch 500 mm teilbar und betragen bei mittleren Nennweiten bis zu 5,00 m. Stöße bei Rohren mit Muffen werden meist mit Rollringen, solche bei Rohren mit Fälzen mit Klebebändern gedichtet.

Bei der Verwendung von Rohren aus Beton ist die Aggressivität des Abwassers und des Grundwassers zu berücksichtigen. Man unterscheidet die Angriffsgrade schwach, stark und sehr stark. Je nach Angriffsgrad sind Rohre aus Beton mit besonderen Eigenschaften oder Rohre mit Auskleidungen aus Kunststoff oder Steinzeugprofilschalen zu verwenden.

Stahlbetonrohre nach DIN 4035 werden nach den statischen Erfordernissen bemessen und bewehrt, wobei zur Herstellung mindestens Beton der Festigkeitsklasse C 35/45 zu verwenden ist. Die Rohre können in allen Querschnittsformen ausgeführt werden, wobei die Kreisform überwiegt. Stahlbetonrohre bis zu DN 4000 wurden bislang hergestellt und eingebaut. Bei der Herstellung wird z. B. das Vakuum- oder Schleuderpressbeton-Verfahren angewendet. Rohrverbindungen werden mit Muffe und mit Falz angeboten. Rohrstöße werden meist mit Rollringdichtungen oder Gleitringdichtungen ausgeführt. Stahlbetonrohre baut man z. B. bei hoher Last aus der Erdüberdeckung oder bei geringer Erdüberdeckung und gleichzeitig hoher Verkehrslast ein. Außerdem werden sie als Vorpressrohre für den grabenfreien Kanalbau verwendet.

Spannbetonrohre nach DIN 1045 werden für die jeweiligen Erfordernisse und Längen konstruiert und hergestellt. Die Vorspannung gewährleistet eine hohe Risssicherheit des Betons. Um die Spannstähle vor Korrosion zu schützen, wird meist zusätzlich eine aggressiv-beständige Innenbeschichtung aufgebracht. Neben den Kreisprofilen, die von DN 500 bis DN 3600 hergestellt werden, sind auch Kanal-Element-Systeme, z. B. mit wabenförmigem Querschnitt, verfügbar.

Rohr mit Muffe
Kreisquerschnitt ohne Fuß

Rohr mit Muffe
Kreisquerschnitt mit Fuß

Rohr mit Falz
Kreisquerschnitt ohne Fuß

Rohr mit Falz
Kreisquerschnitt mit Fuß

Rohr mit Muffe
Eiquerschnitt mit Fuß

Rohr mit Falz
Kreisquerschnitt mit Fuß

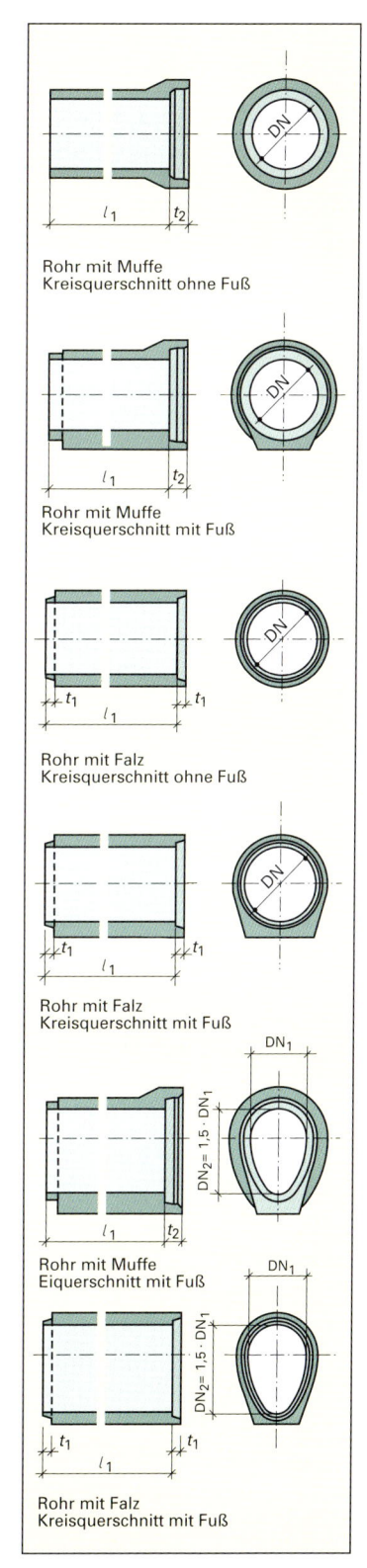

Bild 1: Betonrohre

Kunststoffrohre können aus Polyvinylchlorid (Hart-PVC) nach DIN 19534 und Polyethylen (HDPE) nach DIN 19537 hergestellt werden. PVC-Rohre werden mit Steckmuffen in den Nennweiten DN 100 bis DN 600 angeboten. Rohre mit DN 100 haben eine Mindestwanddicke von 3 mm, bei Rohren mit DN 600 beträgt die Wanddicke 15,4 mm. Kanalrohre aus PVC sind durchgehend orangebraun eingefärbt. PE-Rohre gibt es in den Nennweiten DN 100 bis DN 1000 und in drei verschiedenen Wanddicken. Sie werden durch Spiegelschweißung miteinander verbunden.

19.2.3.2 Lage der Abwasserleitungen

Abwasserleitungen gehören zu den Versorgungs- und Entsorgungsleitungen, die im Bereich des Straßenkörpers verlegt werden. Die Lage dieser Leitungen ist in DIN 1998 festgelegt **(Bild 1)**. Abwasserkanäle sind im Bereich der Fahrbahn so unterzubringen, dass deren Reinigung und Wartung ohne Verkehrsbehinderung erfolgen kann. Bei Fahrbahnen mit Breiten von weniger als 5,50 m werden daher die Kanäle nicht mittig, sondern seitlich angeordnet. Dies gilt auch bei Hauptverkehrsstraßen und bei Straßen mit einseitiger Bebauung.

19.2.3.3 Tiefenlage der Abwasserleitungen

Die Mindesttiefenlage bei Schmutz- und Mischwasserkanälen wird vorwiegend durch die Tiefenlage der Hausanschlussleitungen bestimmt. Alle Keller der angeschlossenen Grundstücke sollen ohne Pumpen entwässert werden können und selbst bei voller Auslastung der Kanäle darf kein Rückstau in die Keller der angeschlossenen Gebäude auftreten. Unter Berücksichtigung des Wasserspiegels im Hauptkanal bei voller Auslastung muss der Hausanschlusskanal ein ausreichendes Gefälle, in der Regel von 1 : 50 (2 %), erhalten.

Regenwasserkanäle liegen in der Regel höher als Schmutz- oder Mischwasserkanäle, da sie lediglich frostfrei und so tief verlegt sein müssen, dass sie den Beanspruchungen, z. B. aus dem Straßenverkehr, standhalten. Außerdem sind Abwasserkanäle unterhalb der frostfrei verlegten Rohrleitungen der Wasserversorgung, der Gas- und Fernheizleitungen sowie der Kabel, z. B. für Strom und Telefon, zu führen. Auch Boden- und Grundwasserverhältnisse können sich auf die Tiefenlage der Kanäle auswirken.

19.2.3.4 Gefälle der Abwasserleitungen

Die im Abwasser enthaltenen Schmutzstoffe, wie z. B. Fäkalien und Abfallstoffe der Küche, oder Sand, Kies und Schmutzstoffe der Straße haben das Bestreben sich auf der Kanalsohle abzusetzen. Die Spülwirkung des fließenden Abwassers bewirkt die Sauberhaltung der Leitungen, man spricht dabei von der Schleppspannung des Wassers. Nach DIN 4049 ist der Begriff Schleppspannung wie folgt festgelegt: „Kraft des fließenden Wassers je Flächeneinheit der Gewässersohle, mit der es auf die Sohle wirkt und dort Geschiebe vorwärts bewegt". Die Schleppspannung wird hauptsächlich durch das Sohlgefälle beeinflusst. Sohlgefälle und Füllhöhe des Kanals wirken sich neben anderen Faktoren auf die Fließgeschwindigkeit des Abwassers aus.

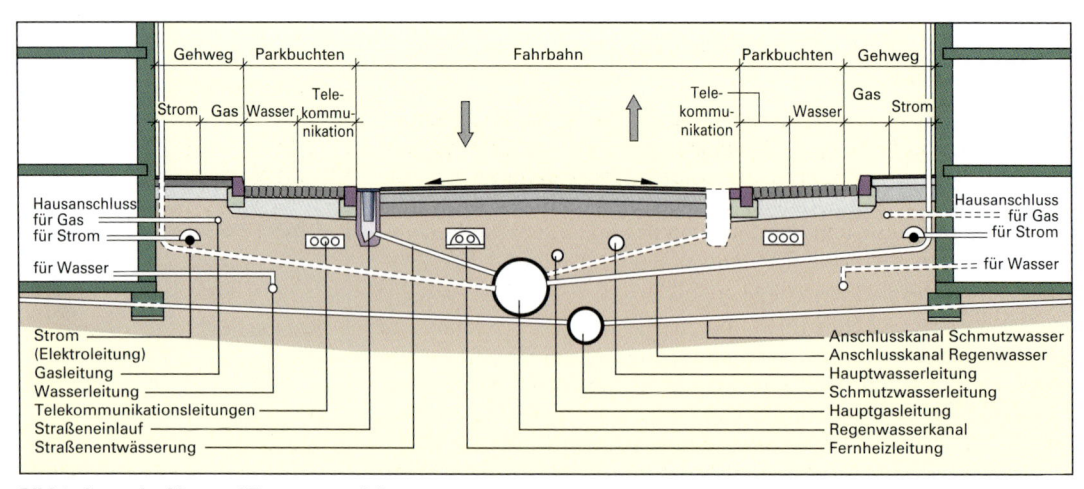

Bild 1: Lage der Ver- und Entsorgungsleitungen

Ist die Fließgeschwindigkeit zu gering, lagern sich Abfallstoffe an der Sohle ab und eine regelmäßige Kanalreinigung wird erforderlich. Bei zu großer Fließgeschwindigkeit wird die Kanalsohle abgerieben, was sich auf ihre Lebensdauer nachteilig auswirkt. Zur Vermeidung von Ablagerungen soll die Mindestfließgeschwindigkeit von 0,6 m/s nicht unterschritten werden. Die günstigste Fließgeschwindigkeit bei Trockenwetterabfluss beträgt etwa 0,8 m/s bis 1,5 m/s. Bei dieser Geschwindigkeit werden Ablagerungen vermieden und der Abrieb durch die mitgeführten Inhaltsstoffe bleibt gering. Die zulässigen Höchstfließgeschwindigkeiten sind je nach Rohrart verschieden und betragen z. B. bei Steinzeugrohren 8 m/s bis 10 m/s, bei Betonrohren etwa 3,5 m/s und bei Schleuderbetonrohren etwa 6 m/s.

Das Sohlgefälle des Kanals ist möglichst parallel zum Straßenlängsgefälle anzuordnen. Hiervon wird abgewichen, wenn das Gefälle zu gering ist oder die Straße ein entgegengerichtetes Gefälle aufweist, sodass sich Übertiefen ergeben würden. Ist das Gefälle der Straße oder des Geländes zu groß, müssen Schächte mit Sohlabsätzen oder Steilstrecken ausgebildet werden.

Steilstrecken sind Leitungsabschnitte, in denen sich eine größere Fließgeschwindigkeit einstellt, als nach der Rohrart für zulässig erachtet wird. Für solche Strecken ist ein besonders verschleißfestes Rohrmaterial zu wählen und der Übergang vom geringeren zum großen Sohlgefälle als Einlauftrichter auszuführen. Rohre sind zu verankern, besonders an Richtungsänderungen. Solche Festpunkte werden hinter Rohrmuffen im Abstand von etwa 10 Meter durch Anordnung von Betonauflagern mit horizontaler Sohlabstufung hergestellt. Am Ende der Steilstrecke ist zur Umwandlung der Strömungsenergie ein Tosbecken anzuordnen.

19.2.3.5 Bemessung von Abwasserleitungen

Für die Bemessung einzelner Rohrstrecken eines Kanalnetzes ist eine hydraulische Berechnung und eine statische Berechnung erforderlich.

Hydraulische Berechnung von Rohrleitungen

Durch die hydraulische Berechnung wird die Leistungsfähigkeit einer Rohrstrecke ermittelt. Diese ist durch die Abwassermenge Q in l/s gekennzeichnet, die bei einem bestimmten Sohlgefälle und einer zugeordneten Fließgeschwindigkeit v in m/s abgeleitet werden kann. In die Berechnung geht außer der Abwassermenge die Betriebsrauigkeit k_b und der hydraulische Radius ein.

Die Abwassermenge ist abhängig von der Größe des Entsorgungsgebietes, der Menge des Trockenwetterabflusses, dem abzuleitenden Fremdwasser, dem Regenabfluss sowie dem Entwässerungsverfahren. Fremdwasser kann z. B. bei hohem Grundwasserstand in das Kanalnetz gelangen. Aus betrieblichen Gründen dürfen Mindestquerschnitte, z. B. DN 250 bei Schmutzwasserkanälen und DN 300 bei Regen- und Mischwasserkanälen, nicht unterschritten werden.

Die Betriebsrauigkeit berücksichtigt alle Einflüsse, die beim Betrieb der Rohrleitung Reibungswiderstände und somit Verluste an Leistungsfähigkeit beim Abfluss hervorrufen. Dazu gehören z. B. die Rauigkeit der Rohrwandungen, unvermeidbare Abweichungen bei der Fertigung, Verlegung und Dichtung der Rohre, der Einfluss von Schächten und seitlichen Zuläufen, wie Hausanschlüsse und Straßenabläufe. Außerdem werden Verluste durch Ablagerungen berücksichtigt.

Der hydraulische Radius R ist das Verhältnis aus der durchflossenen Querschnittsfläche A und dem benetzten Umfang U. Bei geringer Füllhöhe entsteht eine kleine Querschnittsfläche und ein großer benetzter Umfang. Dies wirkt sich nachteilig auf die Fließgeschwindigkeit aus, da Ablagerungen begünstigt werden. Die Mindestfüllhöhe sollte deshalb etwa 3 cm betragen bzw. 9 % des Durchmessers sein.

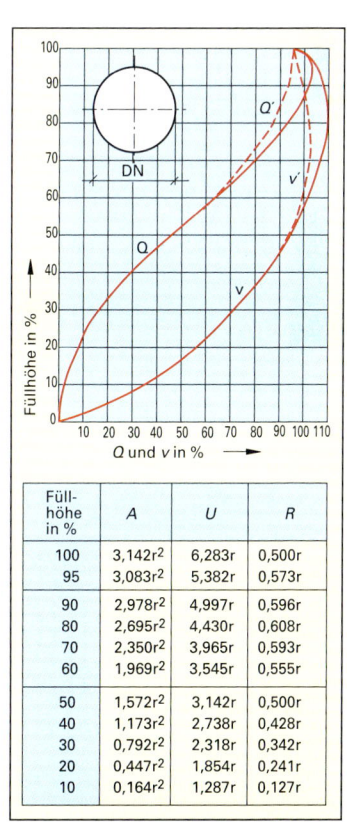

Füllhöhe in %	A	U	R
100	$3{,}142r^2$	$6{,}283r$	$0{,}500r$
95	$3{,}083r^2$	$5{,}382r$	$0{,}573r$
90	$2{,}978r^2$	$4{,}997r$	$0{,}596r$
80	$2{,}695r^2$	$4{,}430r$	$0{,}608r$
70	$2{,}350r^2$	$3{,}965r$	$0{,}593r$
60	$1{,}969r^2$	$3{,}545r$	$0{,}555r$
50	$1{,}572r^2$	$3{,}142r$	$0{,}500r$
40	$1{,}173r^2$	$2{,}738r$	$0{,}428r$
30	$0{,}792r^2$	$2{,}318r$	$0{,}342r$
20	$0{,}447r^2$	$1{,}854r$	$0{,}241r$
10	$0{,}164r^2$	$1{,}287r$	$0{,}127r$

Bild 1: Füllkurve und Querschnittswerte von Kreisprofilen

Die hydraulische Berechnung erfolgt mit Hilfe von Tabellen oder EDV-Programmen. Bei der Ermittlung der Leistungsfähigkeit einer Rohrstrecke wird zunächst angenommen, dass die gesamte Querschnittsfläche als Fließquerschnitt (Vollfüllung) genutzt wird. Abwasserkanäle sind nahezu immer teilgefüllt, d. h., es stellt sich je nach Füllhöhe eine Fließgeschwindigkeit v bei einer vorhandenen Abwassermenge Q ein (**Bild 1, Seite 545**). Beim Kreisquerschnitt ist bei einer Füllhöhe von 95 % die Abwassermenge, die abgeführt werden kann, um 8 % größer als bei Vollfüllung, da bei Füllung bis zum Scheitel wenig durchflossene Fläche bei viel benetztem Umfang hinzukommt. Die Fließgeschwindigkeiten verhalten sich ähnlich.

Statische Berechnung von Rohrleitungen

Durch die statische Berechnung wird die Standsicherheit von Rohrleitungen nachgewiesen. Abwasserkanäle werden meist als erdüberdeckte Rohrleitungen, seltener als Rohrbrücken hergestellt.

Erdverlegte Rohrleitungen werden z. B. durch ihre Eigenlast, das Gewicht der Wasserfüllung, der Erdauflast, dem seitlichen Erddruck und von der Belastung durch den Verkehr beansprucht. Liegen die Leitungen im Grundwasser, treten außerdem Auftriebskräfte auf. Der Nachweis der Standsicherheit der Rohre erfolgt z. B. durch Vergleich der vorhandenen Belastung mit der zulässigen Scheiteldruckfestigkeit. Die Scheiteldruckfestigkeit ist ein Kennwert für die Tragfähigkeit eines Rohres.

Durch die Art der Auflagerung der Rohre kann die Tragfähigkeit beeinflusst werden (**Bild 1**). Die Auflagerung der Rohre kann auf Kiessand oder Beton erfolgen. Der Auflagerwinkel beträgt meist 90°. Je besser ein Rohr gelagert ist, umso größer ist seine Tragfähigkeit. Sehr tiefliegende Leitungen und Leitungen mit geringer Überdeckung unter schwerem Verkehr erfordern besondere Vorkehrungen, z. B. durch eine Betonummantelung.

19.2.3.6 Herstellung der Abwasserleitungen

Bei der Herstellung von Abwasserleitungen sind vorwiegend Erd- und Rohrverlegearbeiten auszuführen. Diese bezeichnet man auch als Tiefbauarbeiten. Außerdem können dabei z. B. Bohr-, Verbau-, Wasserhaltungs-, Beton- und Stahlbeton- sowie Abdichtungsarbeiten notwendig werden. Für die Ausführung der Arbeiten gelten die entsprechenden Unfallverhütungsvorschriften und Normen. Bei der Herstellung eines Rohrgrabens ist z. B. DIN 4124 „Baugruben und Gräben, Böschungen, Arbeitsraumbreiten, Verbau" zu beachten (Seiten 213 und 229).

Vor Baubeginn müssen Vorarbeiten, wie z. B. Bodenuntersuchungen, das Feststellen vorhandener Leitungen im Bereich der Trasse, die Vermessung, die Planung des Geräteeinsatzes abgeschlossen und die Lagerung der Aushubmassen geklärt sein.

Dem Rohrgrabenaushub folgend wird das Rohrauflager mit dem geforderten Längsgefälle hergestellt. Es ist mindestens dem Auflagerwinkel der statischen Berechnung entsprechend auszuführen. Bei Auflagerung auf gewachsenem, tragfähigen Boden ist die Grabensohle so auszuformen, dass das Rohr auf der ganzen Länge satt aufliegt. Bei Verwendung von Muffenrohren sind ausreichend große Muffenlöcher auszubilden, damit eine punktförmige Beanspruchung der Muffe vermieden wird. Stehen Böden an, die für eine unmittelbare Auflagerung der Rohre ungeeignet sind, wie z. B. grober Kies, Steine, Mergel und harter Lehm, wird die Grabensohle tiefer ausgehoben. Das Auflager wird dann aus verdichtungsfähigem Baustoff, z. B. aus Sand, Kiessand oder Splitt, hergestellt.

Auf dem vorbereiteten Rohrauflager werden die Rohre verlegt und die Rohrverbindungen hergestellt, wobei weder Punktauflagerungen, noch Linienauflagerungen entstehen dürfen. Als Dichtungen werden meist Rollring- oder Gleitdichtungen ausgeführt. Dichtele-

Bild 1: Rohrauflager

mente und Dichtflächen der Rohre müssen sauber und trocken sein. Der Anschluss von Rohren an Bauwerke, insbesondere an Schächte, muss gelenkig erfolgen. Dies wird durch den Einbau von Formstücken erreicht, die als Gelenkstücke oder Einbindestutzen bezeichnet werden. Auf der Zulaufseite werden Formstücke mit Muffe, auf der Ablaufseite solche ohne Muffe angeordnet.

Nach dem Verlegen der Rohrleitungen und der Prüfung ihrer ordnungsgemäßen Lage sind die Gräben anzufüllen und zu verdichten. Dabei wird zwischen dem Einbetten und dem Überschütten der Rohrleitungen unterschieden. Die Einbettung erfolgt in der Leitungszone. Diese erstreckt sich von der Grabensohle bis zu einer Höhe von 30 cm über Rohrscheitel (**Bild 1, Seite 548**). In diesem Bereich ist steinfreies, verdichtungsfähiges Material lagenweise einzubauen und so zu verdichten, dass die Rohrleitung dabei nicht verschoben oder beschädigt wird.

Ist eine Wasserdichtheitsprüfung der Rohrleitung vorgesehen, wird die Einbettung zunächst nur bis zur Kämpferlinie der Rohre vorgenommen. Dies hat den Vorteil, dass Nacharbeiten leichter ausgeführt werden können.

Das Auffüllen des Rohrgrabens oberhalb der Leitungszone bezeichnet man als Überschüttung. Meist wird das anstehende Aushubmaterial lagenweise eingebaut und verdichtet. Nasser oder wassergesättigter, bindiger Boden sowie gefrorener Boden darf wegen später sich einstellender Setzungen nicht eingebaut werden. Bei der Wahl des Verdichtungsgerätes sind z. B. der Werkstoff der Rohre, die Scheitelüberdeckung und der geforderte Verdichtungsgrad zu berücksichtigen. Die Schütthöhe und die Anzahl der Übergänge sind auf die Verdichtungswirkung des gewählten Gerätes abzustimmen.

Die Prüfung der Rohrleitungen auf Wasserdichtheit erfolgt in der Regel bei einem Prüfdruck von 0,50 bar, was einer Wassersäule von 5,00 m entspricht. Durch die Prüfung wird nachgewiesen, dass weder Abwasser in das Erdreich austreten noch Grundwasser in die Rohrleitung eindringen kann. Die Prüfstrecke wird am Anfang und Ende sowie an sämtlichen Öffnungen verschlossen und die Verschlüsse gesichert (**Bild 1**). Danach wird die Leitung vom Tiefpunkt aus über einen offenen Behälter gefüllt und über ein Entlüftungsrohr am Hochpunkt entlüftet. Der Prüfdruck von 0,50 bar, vom Tiefpunkt aus gemessen, wird 60 Minuten durch Zugabe von Wasser gehalten. Danach ist der Prüfdruck weitere 15 Minuten lang zu halten und die dafür notwendige Wasserzugabe zu messen. Die Leitung gilt als wasserdicht, wenn die Wasserzugabe die zulässigen Werte nicht überschreitet.

19.2.3.7 Grabenfreier Kanalbau

Der grabenfreie Kanalbau, auch als Durchpressung bezeichnet, wird angewendet, wenn es schwierig oder unmöglich ist, Gräben herzustellen. Dies ist z. B. in dicht besiedelten und eng bebauten Gebieten der Fall oder dort, wo Verkehrswege nicht unterbrochen werden dürfen. Beim grabenfreien Kanalbau wird von einer Grube aus ein Hohlraum im Erdreich für die Abwasserleitung geschaffen. Dabei bleibt die darüber liegende Oberfläche erhalten. Diese Bauweise erfolgt nach dem Prinzip der Bodenverdrängung oder der Bodenentnahme.

Die Bodenverdränung eignet sich wegen der begrenzten Zusammendrückbarkeit des Erdreiches nur für Hohlraumdurchmesser bis höchstens 220 mm (**Bild 2**).

Bei der Bodenentnahme unterscheidet man das Durchbohren ohne Verrohrung, mit gleichlaufender Verrohrung und mit nachlaufender Verrohrung. Durchbohrungen ohne Verrohrung können nur in stark bindigen Böden mit ausreichender Standfestigkeit ausgeführt werden. Sie sind für Kanalrohre

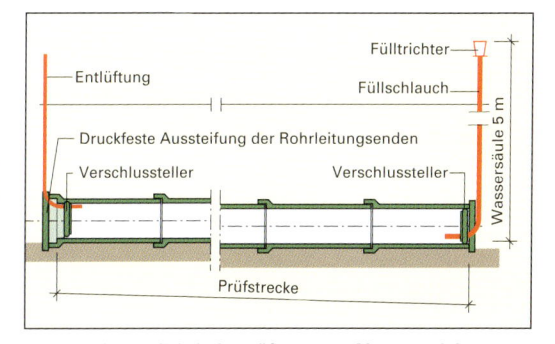

Bild 1: Wasserdichtheitsprüfung von Abwasserleitungen

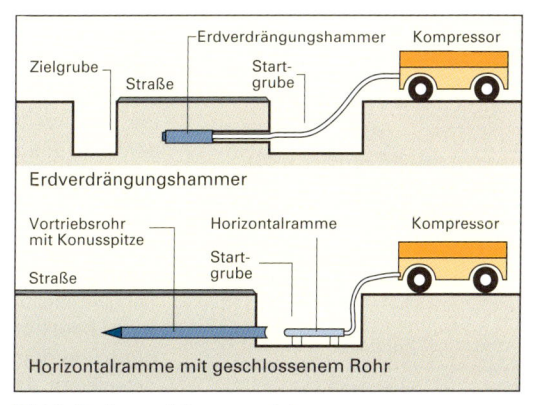

Bild 2: Bodenverdrängungsverfahren

mit höchstens DN 350 anwendbar. Durchbohrungen mit gleichlaufender Verrohrung können bei den meisten Böden ausgeführt werden. Vorgeschrieben ist dieses Verfahren unter allen Bahnstrecken und stark befahrenen Straßen. Dabei wird ein Rohr mit vorgeschalteter, steuerbarer Schneide in das Erdreich eingepresst. Als Vorpressrohre eignen sich z. B. Stahlrohre, BK-Rohre und Stahlbetonrohre. Der Bohrkopf arbeitet im Schutze des Vorpressrohres, wobei der gelöste Boden durch eine Schnecke nach hinten gefördert wird. Durchbohrungen mit nachlaufender Verrohrung werden angewendet, wenn der Boden nur eine geringe Standfestigkeit besitzt. Die Verrohrung wird laufend, der Bohrung folgend, nachgeschoben.

19.2.3.8 Bauwerke im Kanalnetz

Ein Kanalnetz besteht aus einzelnen Rohrstrecken, die über Bauwerke miteinander verbunden sind. Bauwerke, wie z. B. Schächte, Entlastungsbauwerke, Abwasserhebeanlagen und Auslassbauwerke, sind für den Betrieb und die Unterhaltung notwendig. Schächte werden je nach Funktion als Kontrollschächte, Verbindungs-und Kurvenbauwerke sowie als Abstürze ausgeführt. Zu den Entlastungsbauwerken zählen Regenüberläufe mit den nachgeschalteten Regenwasserbecken (Seite 541). Bei geringen Förderhöhen und großen Fördermengen wird ungereinigtes Abwasser häufig mit Schneckenpumpen gehoben. Auslassbauwerke werden an den Ufern der Gewässer unter einem spitzen Winkel angeordnet und gewährleisten eine sichere Einleitung. Zu den Bauwerken im Kanalnetz zählen auch die Straßenabläufe. Sie dienen der Oberflächenentwässerung von Fahrbahnen und Gehwegen.

Schächte

Schächte ermöglichen den Zugang zu den erdverlegten Entwässerungsleitungen. Sie sind zur Überwachung und Reinigung des Kanalnetzes erforderlich. Außerdem dienen sie zu dessen Ent- und Belüftung sowie zur örtlichen Bestimmung des Kanals.

Kontrollschächte, auch als Einstiegschächte bezeichnet, sind bei nicht begehbaren Leitungen am Leitungsbeginn und -ende sowie bei Richtungs-, Gefälle- und Querschnittsänderungen anzuordnen. Ein Rohrstrang muss zwischen zwei Schächten geradlinig mit gleichmäßigem Gefälle verlaufen. Eine solche Rohrstrecke wird auch als Haltung bezeichnet. Begehbare Leitungen können auch bogenförmig verlaufen. Schächte sind außerdem beim Zusammentreffen von zwei oder mehreren Leitungen, nicht bei Einmündungen von Hausanschlüssen, erforderlich. Die Haltungslänge sollte bei nicht begehbaren Leitungen 50 m und bei begehbaren Leitungen 70 m bis 100 m nicht überschreiten. Haltungen sollten möglichst gleiche Längen aufweisen.

Die Verbindung zweier Haltungen mit verschiedenen Nenndurchmessern kann scheitelgleich oder sohlengleich erfolgen. Die scheitelgleiche Ausführung stellt den Regelfall dar. Dabei wird beim Übergang zur größeren Nennweite die abgehende Sohle entsprechend tiefer verlegt. Die sohlengleiche Verbindung sollte nur dann angewendet werden, wenn das Gefälle gering ist und durch die Änderung der Nennweite keine Höhe verloren gehen darf. Ergeben sich wesentliche Unterschiede zwischen Ein- und Auslaufhöhe, sind solche Schächte als Abstürze auszubilden.

Die Abmessungen der Schächte werden durch die Anzahl und die Nennweiten der ankommenden und abgehenden Rohrleitungen bestimmt. Schächte setzen sich aus dem Unterteil, dem Schaft, dem Schachthals und der Abdeckung zusammen **(Bild 1)**. Das Schachtunterteil baut auf der Sohlplatte auf und besteht aus dem Durchflussgerinne und den Anschlussstücken bzw. Einbindestutzen, die für einen gelenkigen Anschluss der Rohrleitungen notwendig sind. Gerinne werden meist bis auf Höhe des Rohrscheitels hochgeführt, die beid-

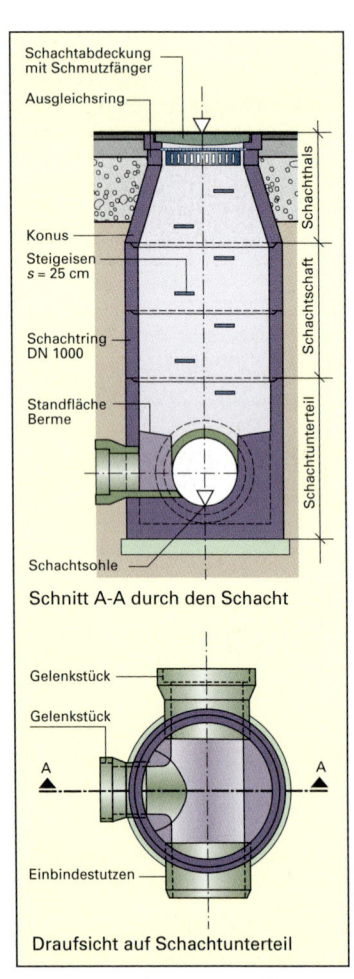

Bild 1: Kontrollschacht aus Fertigteilen

seitig entstehenden Flächen dienen als Standflächen. Sie erhalten ein geringes Gefälle zum Gerinne hin. Die senkrecht hochgeführten Wände werden als Schaft bezeichnet. Die Mindestlichtweite eines Schachtes beträgt 1000 mm. Den Schachthals bildet der Teil des Schaftes, der sich auf einen lichten Durchmesser von 625 mm verjüngt. Steigeisen werden im Schacht alle 25 cm bzw. 33 cm so angeordnet, dass auch im Schachthals ein senkrechter Durchstieg möglich ist. Der Schacht wird nach oben hin durch eine Schachtabdeckung mit Schmutzfänger abgeschlossen. Abdeckungen werden je nach zu erwartender Verkehrslast an der Einbaustelle in Klassen eingeteilt. Zum Angleichen an die Oberfläche werden meist Ausgleichsringe verwendet.

Bei tiefen Schächten über großem Grundriss ist ein lichter Raum über der Arbeitsfläche von etwa 2,00 m Höhe auszubilden. Danach kann der Schacht in üblicher Bauweise weitergeführt werden. Kontrollschächte bei Steilstrecken sind zusätzlich zu verankern, besonders an Richtungsänderungen.

Schächte können in Ortbauweise oder mit Fertigteilen hergestellt werden. Häufig werden Schachtringe aus Fertigteilen auf einem in Ortbeton hergestellten Schachtunterteil versetzt (Seite 548). Schachtfertigteile können aus Beton oder Stahlbeton sowie aus Steinzeug oder Faserbeton sein. Fertigteilschächte aus Steinzeug haben eine fest installierte Steigleiter anstelle von Steigeisen.

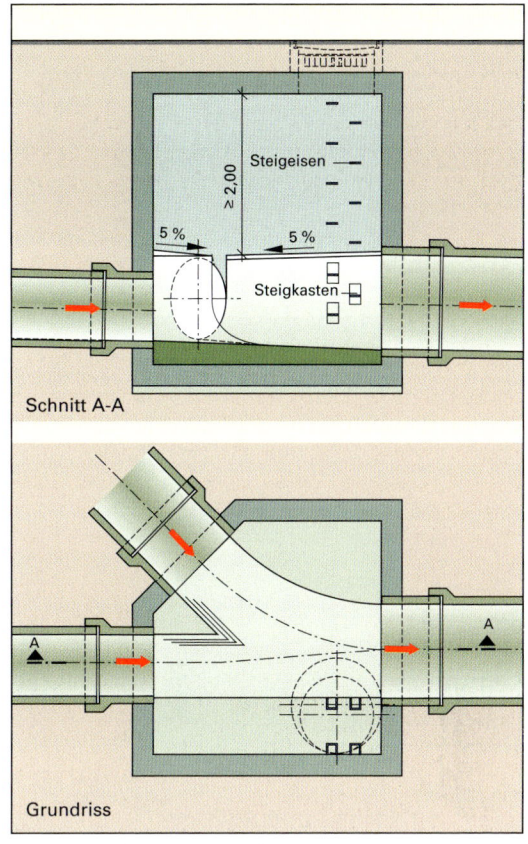

Bild 1: Verbindungsbauwerk

Absturzschächte

Absturzschächte sind erforderlich, um größere Höhendifferenzen in einer Abwasserleitung überwinden zu können. Solche entstehen, z. B. wenn das Oberflächengefälle größer ist als das zulässige Sohlengefälle oder wenn tief liegende Nebensammler angeschlossen werden müssen.

Je nach Absturzhöhe, abzuleitender Abwassermenge, Nennweite und Sohlengefälle der ankommenden Rohrleitung ist ein Schacht mit äußerem oder ein Schacht mit innerem Absturz auszuführen. Beiden Ausführungsarten gemeinsam ist ein Gerinne mit glatter Oberfläche, in dem der Trockenwetterabfluss ungehindert abfließen kann.

Schächte mit äußerem Absturz bezeichnet man auch als Untersturzbauwerke **(Bild 2)**. Sie werden in Leitungen bis etwa DN 400 eingebaut. In der Sohle der ankommenden Rohrleitung zweigt vor dem Schacht eine Fallleitung ab, durch die das Abwasser zur Schachtsohle und damit zur abgehenden Rohrleitung führt. Die ankommende Leitung wird weitergeführt und mündet in den Schacht. Von dieser Einmündung aus ist die Leitung zur Reinigung

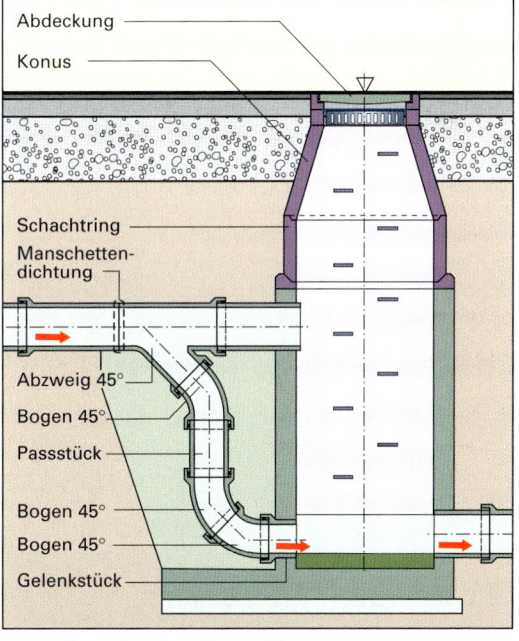

Bild 2: Schacht mit äußerem Absturz

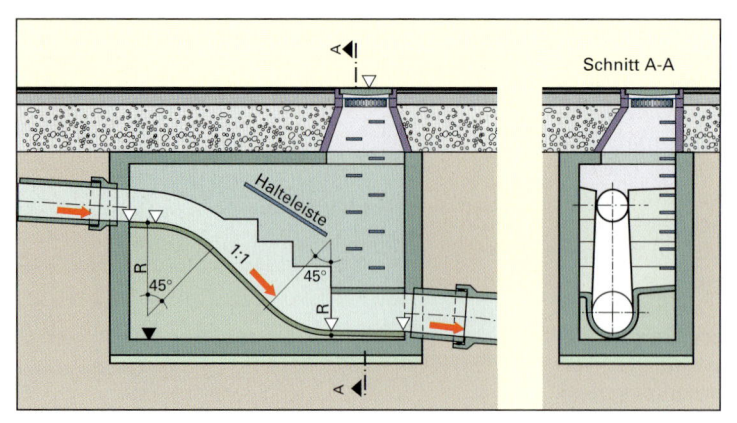

Bild 1: Schacht mit innerem Absturz

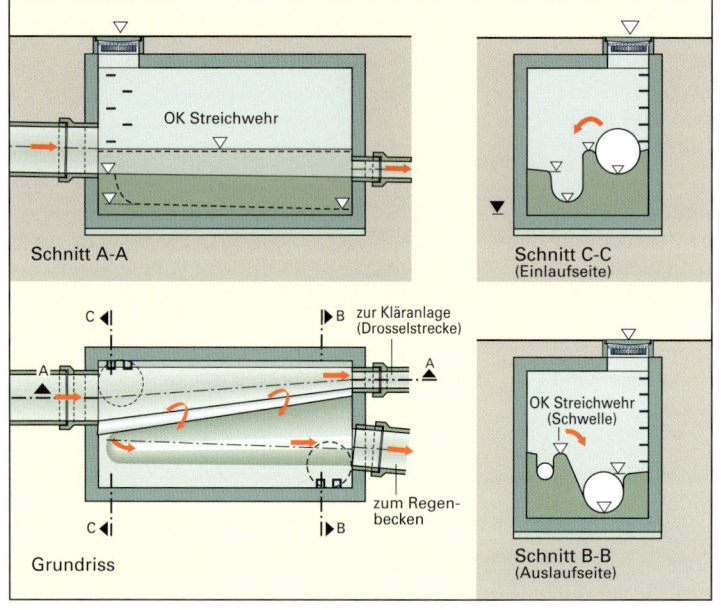

Bild 2: Regenüberlauf

zugänglich. Die Fallleitung kann unter 45° oder 90° abgehen. Ihre Nennweite ist meist kleiner als die der Rohrleitung, jedoch sollen DN 150 bis DN 200 nicht unterschritten werden. Die vor den Schacht verlegte Fallleitung muss z. B. mit Beton ummantelt werden. Der Trockenwetterabfluss erfolgt über die Fallleitung. Bei stärkerem Regen wird ein Teil des Abwassers unmittelbar in den Schacht geleitet.

Schächte mit innerem Absturz werden bei größeren Abwassermengen, z. B. bei Rohrleitungen größer als DN 400, ausgebildet (**Bild 1**). Die Gerinnesohle wird als Parabel mit Wendepunkt ausgeformt und die Gerinnewände bis zum Scheitel hochgeführt. Sind zwischen der ankommenden und abgehenden Rohrleitung Übergänge in der Querschnittsform oder im Nenndurchmesser vorgesehen, sind diese durch Verziehung des Gerinnes vorzunehmen.

Regenüberlauf

Regenüberläufe werden bei Mischwasserkanälen angeordnet, um bei starkem Regen den Zulauf zur Kläranlage zu begrenzen (**Bild 2**). Dabei wird der Teil des verdünnten Abwassers, der über dem kritischen Mischwasserabfluss liegt, über eine Überlaufschwelle geleitet und einem Regenentlastungsbauwerk zugeführt (Seite 541). Überlaufschwellen können als ein- oder beidseitige Wehre angeordnet werden. Der Zulauf zum Regenüberlauf darf nicht schießend sein. Die Ablaufleitung soll als Drosselstrecke mit einem Mindestdurchmesser von 250 mm ausgebildet werden. Nur so ist gewährleistet, dass der Regenüberlauf bei Erreichen der kritischen Mischwassermenge wirksam wird.

19.2.4 Ausführungszeichnungen

Ausführungszeichnungen müssen alle Angaben enthalten, die zur Ausschreibung, Vergabe und Baudurchführung notwendig sind. Bevor sie gefertigt werden können, sind mehrere vorbereitende Planungsstufen erforderlich (Seite 172). Zur Baudurchführung werden meist Lagepläne, Längsschnitte sowie Ausführungszeichnungen von Einbauten in das Kanalnetz, wie z. B. von Schächten, Entlastungsbauwerken und Pumpwerken, benötigt. Auch Detailzeichnungen, wie z. B. für Anschlüsse an bestehende Leitungen, Abdichtungen bei Bauteilen im Grundwasser und Gebäudeunterfangungen, sind im Bedarfsfalle zu fertigen.

Lagepläne zeigen den Verlauf der Abwasserleitung in der Draufsicht. Sie dienen zur Absteckung der Trasse. Die Lage vorhandener und geplanter Leitungen und Schächte muss eindeutig bestimmt sein, z. B.

durch den Abstand zur Straßenachse oder durch Zuordnung zu leicht zugänglichen, unverschiebbaren Punkten in der Örtlichkeit. Außerdem muss der Lageplan Eintragungen enthalten über

- Art der Abwasserleitung, z. B. Regen-, Schmutz- oder Mischwasserleitung,
- Lage der Schächte und Länge der Haltungen,
- Bezeichnung der Schächte und deren Numerierung in Fließrichtung,
- Baustoff, Querschnittsform und -abmessung, z. B. Nenndurchmesser bei Kreisform der Rohrleitung,
- Fließrichtung und Gefälle der Leitungen, z. B. als Neigungsverhältnis, in Promille oder in Prozent,
- Höhenlage der Rohrsohlen und Schachtdeckel bezogen auf NN und
- Untersuchungsstandorte von Bodenuntersuchungen.

Lagepläne werden je nach Größe des zu entwässernden Gebietes im Maßstab 1:1000 oder 1:500 dargestellt. Dabei werden die Angaben zur Leitungsführung durch Zeichen und Symbole ergänzt. Zeichen und Symbole für die Kanalisation sind nicht genormt und sollten daher auf jedem Lageplan in einer Zeichenerklärung angegeben werden.

Der **Längsschnitt** wird für einen Straßenzug erstellt und enthält als Archivierungsmerkmal die Straßenbezeichnung **(Bild 1)**. Im Längenmaßstab des Lageplans und im Verhältnis 1:10 überhöht, z. B. MdL = 1:1000 und MdH = 1:100, wird der höhenmäßige Verlauf der Rohrleitungen und des Geländes über einem Bezugshorizont dargestellt . Beim Trennverfahren werden meist die Schmutz- und Regenwasserleitungen in getrennten Längsschnitten dargestellt. Erfolgt die Darstellung in einer Zeichnung, wird für die Regenwasserleitung eine Strichlinie, für die Schmutzwasserleitung eine Volllinie verwendet.

Alle Angaben, die im Lageplan enthalten sind, müssen auch im Längsschnitt gleichlautend eingetragen sein. Außerdem sind Höhenangaben für Straße bzw. Gelände sowie für zu- und ablaufende Abwasserleitungen mit Straßennamen gekennzeichnet. Auch ist die Lage der Untergeschossebenen der anzuschließenden Gebäude mit Angabe der Hausnummer und die Schachttiefe einzutragen. Schächte werden nur schematisch dargestellt, ebenfalls sonstige Bauwerke, wie Abstürze, Regenüberläufe oder Pumpwerke, jedoch mit dem Hinweis auf besondere Ausführungszeichnungen.

19.2.5 Bestandspläne

Bestandspläne sind nach DIN 4050 für unterirdische Leitungen und Bauwerke erforderlich. Sie enthalten alle bei der Baudurchführung notwendig gewordenen Abweichungen von den Bauzeichnungen und stellen den tatsächlichen lage- und höhenmäßigen Verlauf der Abwasserleitung bzw. des Kanalnetzes dar. Zusätzliche, bei der Baudurchführung gewonnene Informationen, wie anstehende Bodenarten, Auffüllungen und Grundwasserstände sowie Vermaßung der Hausanschlüsse, können ergänzend eingetragen werden. Bestandspläne sind Grundlage für alle späteren Umbau- und Erweiterungsmaßnahmen.

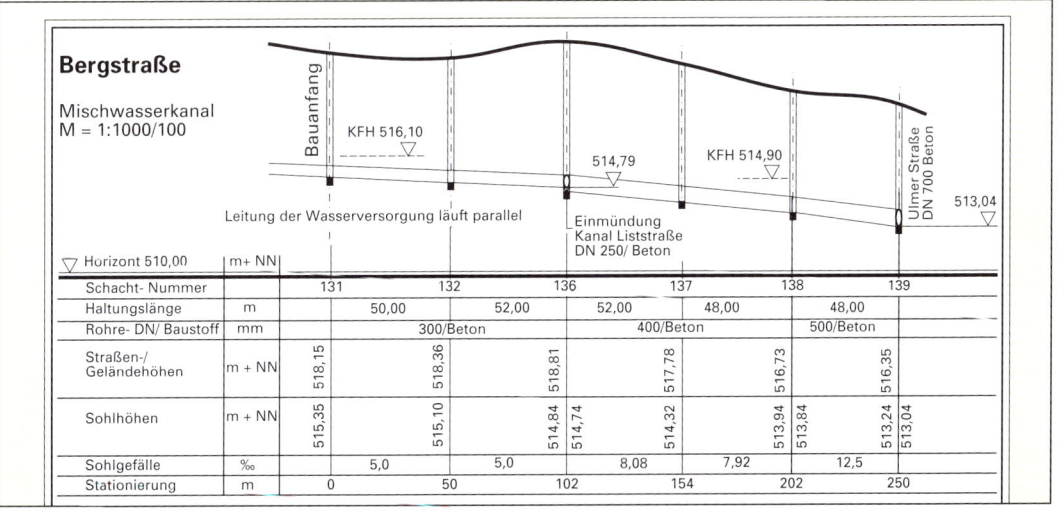

Schacht-Nummer		131	132	136	137	138	139
Haltungslänge	m	50,00	52,00	52,00	48,00	48,00	
Rohre- DN/ Baustoff	mm	300/Beton		400/Beton		500/Beton	
Straßen-/ Geländehöhen	m + NN	518,15	518,36	518,81	517,78	516,73	516,35
Sohlhöhen	m + NN	515,35	515,10	514,84 / 514,74	514,32	513,94 / 513,84	513,24 / 513,04
Sohlgefälle	‰	5,0	5,0	8,08	7,92	12,5	
Stationierung	m	0	50	102	154	202	250

Bild 1: Längsschnitt (Auszug)

19.3 Abwasserreinigung

Da der Wasservorrat in der Natur begrenzt ist, der Wasserbedarf jedoch ständig steigt, gewinnt die Abwasserreinigung zunehmend an Bedeutung. Außerdem ist die Abwasserreinigung zum Schutz und zur Sanierung der natürlichen Gewässer erforderlich.

Die Abwasserreinigung erfolgt in Kläranlagen, in denen die Selbstreinigung der natürlichen Gewässer nachgeahmt wird. Die Selbstreinigung natürlicher Gewässer erfolgt zunächst auf physikalischem Wege durch Absetzen von Stoffen, deren Dichte größer ist als die des Wassers. Organische, fäulnisfähige Schmutzstoffe werden durch biologische Vorgänge abgebaut, bei denen Mikroorganismen, vorwiegend Bakterien, die Schadstoffe aufzehren oder umwandeln.

Ist ausreichend Sauerstoff im Gewässer vorhanden, bewirken im Gewässer vorhandene **aerobe** Bakterien die Selbstreinigung. Diese oxidieren unter Aufnahme von Sauerstoff die organischen, fäulnisfähigen Verbindungen zu geruchlosen mineralischen Stoffen und bewirken damit die Reinigung des Wassers. Diesen Vorgang bezeichnet man auch als Mineralisation.

Bei ungenügendem Sauerstoffgehalt werden die Schmutzstoffe durch **anaerobe** Bakterien abgebaut. Diese reduzieren die organischen, fäulnisfähigen Verbindungen unter Abgabe von Sauerstoff, wobei sich Schwefelwasserstoff bildet und die Wasserqualität sich verschlechtert. Man spricht von stinkender Fäulnis.

Bei Gewässern, deren Sauerstoffgehalt zu gering oder die Sauerstoffaufnahme z. B. aus der Luft unzureichend ist, lässt die reinigende Wirkung der aeroben Bakterien zu Gunsten der anaeroben mehr und mehr nach und hört letztlich auf. Diesen Vorgang, der nicht mehr rückgängig gemacht werden kann, bezeichnet man als Umkippen eines Gewässers.

19.3.1 Kläranlage

Für Kläranlagen sind besondere Bauwerke und Anlagen notwendig, welche die natürlichen Reinigungsvorgänge zeitlich verkürzen und den erforderlichen Klärraum verkleinern. Die Reinigung des Abwassers erfolgt in drei Stufen, der mechanischen, der biologischen und der chemischen Reinigung. Der anfallende Schlamm wird gesondert behandelt **(Bild 1)**.

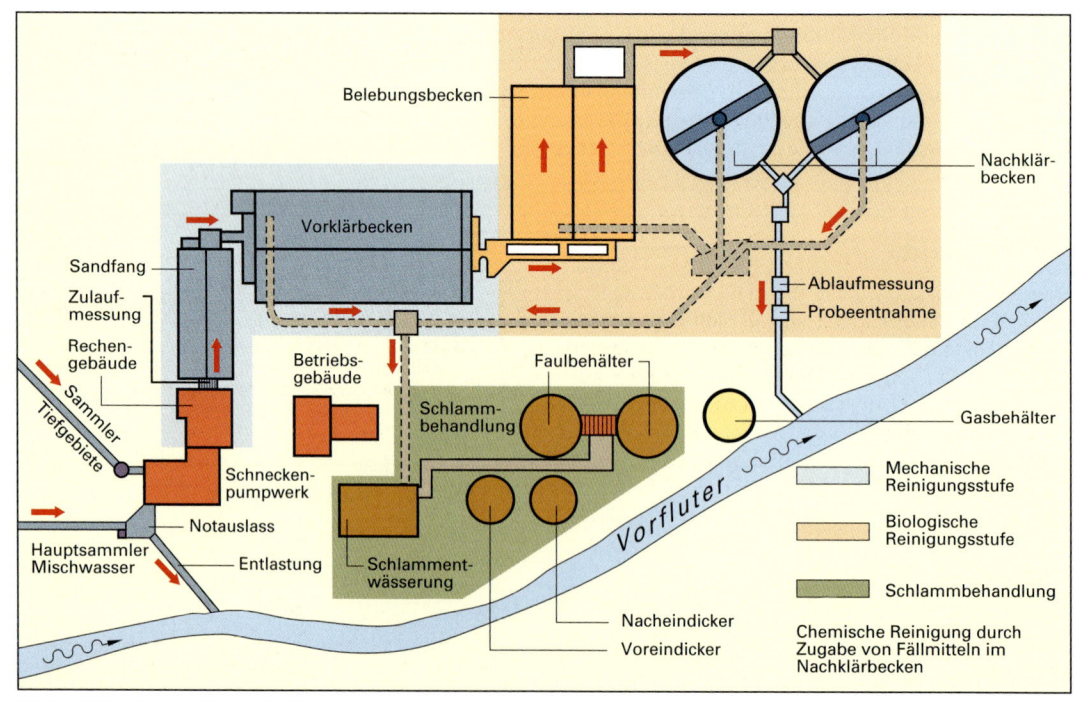

Bild 1: Kläranlage (schematisch)

19.3.1.1 Mechanische Abwasserreinigung

Reinigungsverfahren, die auf physikalischen Vorgängen beruhen, wie z. B. Sieben, Absetzen und Aufschwimmen, werden als mechanische Reinigung bezeichnet. Bei der mechanischen Reinigung werden absetzbare oder schwimmfähige ungelöste Stoffe aus dem Abwasser entfernt. Zu den Bauwerken dieser Reinigungsstufe gehören z. B. Rechen, Sandfang, Benzin- bzw. Fettabscheider und Vorklärbecken. Bevor das Abwasser der mechanischen Reinigung zugeführt werden kann, sind weitere Bauwerke erforderlich, wie z. B. ein Notauslass und ein Pumpwerk.

Zuleitung zur Kläranlage

Die Kanalisation führt das Abwasser meist im natürlichen Gefälle der Kläranlage zu. Liegen die Kanäle so tief, dass eine Weiterleitung des Abwassers durch die Kläranlage im natürlichen Gefälle nicht möglich ist, muss das Abwasser gehoben werden. Zur Hebung von ungereinigten Abwässern eignen sich besonders Schneckenpumpen.

Bei Kläranlagen, die auch durch Regenwasser belastet werden, ist ein Notauslass erforderlich. Dieses Bauwerk ist so gestaltet, dass selbst bei sehr starken Niederschlägen nur die Menge an Abwasser der Kläranlage zufließt, für die die Anlage ausgelegt ist. Wenn kein Regenwasserbecken zwischengeschaltet ist, fließt das durch Regenwasser verdünnte Abwasser ungereinigt dem Vorfluter zu.

Rechen

Mit dem Rechen werden grobe Stoffe, wie z. B. Textilabfälle, Konservendosen, Kunststoffteile und Holzstücke zurückgehalten. Rechen werden meist in überdachte Bauwerke eingebaut. Dies ist eine wichtige Voraussetzung für einen störungsfreien Betrieb in den Wintermonaten. Je nach Stababständen unterscheidet man zwischen Grobrechen und Feinrechen. Um einer Überflutung der Rechenanlage vorzubeugen, ist ein Sicherheitsumlauf mit einem Grobrechen erforderlich **(Bild 1)**. Rechen werden in der Regel maschinell von Rechengut geräumt. Nach der Art der Räumung werden Rechen z. B. als Greiferrechen, Harkenrechen oder Kammrechen bezeichnet.

Sandfang

Im Sandfang werden mineralische Feststoffe, wie Sand, Kies und Geröll, ausgeschieden **(Bild 2)**. Dies ist erforderlich, da sie den Klärvorgang stören würden und ohnehin nicht weiterbehandelt werden müssen. Der Sandfang wird bautechnisch so gestaltet, dass sich eine Durchflussgeschwindigkeit des Abwassers von etwa 0,3 m/s einstellt. Bei dieser Fließgeschwindigkeit setzen sich die mineralischen Feststoffe ab, die organischen Schwebestoffe werden jedoch nicht zurückgehalten. Auch bei stark wechselnden Abwassermengen darf die Fließgeschwindigkeit nicht wesentlich über- oder unterschritten werden. Sandfänge können z. B. als Langsandfänge, Rundsandfänge und belüftete Sandfänge ausgeführt werden. Sandfänge sollen einen Sandsammelraum aufweisen, der mit einem Saugräumer ausgestattet ist. Belüftete Sandfänge sind vorteilhaft, da diese neben der Auffrischung des Abwassers zur Fäulnisverhinderung auch Leichtstoffe wie z. B. Fette und Öle zum Aufschwimmen bringen. Solche Anlagen können gleichzeitig auch als Abscheider dienen.

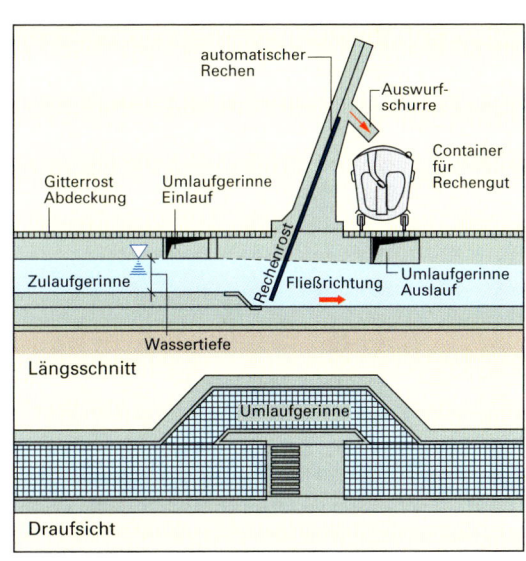

Bild 1: Automatischer Rechen (schematisch)

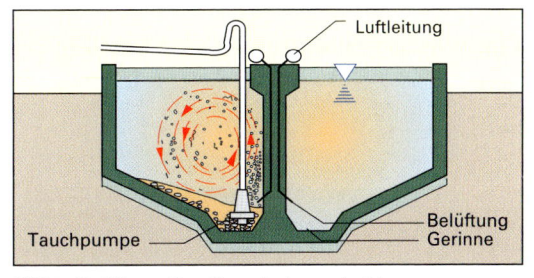

Bild 2: Belüfteter Sandfang (schematisch)

Abscheider

Im Abscheider werden alle Stoffe, die leichter als Wasser sind, z. B. Benzine, Fette und Öle, durch Aufschwimmen ausgeschieden. Deshalb ist dem Vorklärbecken ein Abscheider vorzuschalten. Der Abscheidevorgang kann durch Einblasen von Luft verbessert werden.

Vorklärbecken

Im Vorklärbecken werden absetzbare Schwebestoffe abgeschieden. Vorklärbecken sind Absetzbecken, die meist als Rechteckbecken ausgebildet werden (**Bild 1**). Absetzbecken werden in der Regel untergliedert in den Einlaufbereich, den Absetzbereich, den Auslaufbereich, den Schlammtrichter und Einrichtungen zur Schlammräumung. Das Abwasser durchströmt das Becken horizontal in Längsrichtung. Die Fließgeschwindigkeit wird so vermindert, dass ein Absinken der Stoffteilchen auf die Beckensohle gewährleistet ist. Dabei fällt Frischschlamm an, der im Trichter des Beckens gesammelt und mittels Pumpen der Schlammbehandlung zugeführt wird. Die Schlammräumung kann z. B. mittels Schildräumer, Bandräumer oder Saugräumer erfolgen. Sie muss so erfolgen, dass der abgesetzte Schlamm nicht aufgewirbelt wird.

Bild 1: Vorklärbecken (schematisch)

19.3.1.2 Biologische Abwasserreinigung

Bei der biologischen Reinigung werden die im Abwasser befindlichen, nicht absetzbaren und gelösten organischen Stoffe mit Hilfe von Mikroorganismen abgebaut. Abwasser wird nach dem Verschmutzungsgrad beurteilt, wobei dieser meist durch den biochemischen Sauerstoffbedarf (BSB) ausgedrückt wird. Unter BSB versteht man die Menge Sauerstoff in g/m^3, die für den aeroben Abbau der organischen Stoffe im Abwasser benötigt wird. Als Messzahl für die organische Belastung des Abwassers dient in der Regel der biochemische Sauerstoffbedarf in 5 Tagen (BSB_5).

Die biologische Reinigung von Abwässern kann auf natürlich biologischem oder künstlich biologischem Wege erfolgen. Wegen des großen Flächenbedarfs bildet die natürlich biologische Reinigung, wie z. B. die Anlage von Abwasserteichen, die Ausnahme. Künstlich biologische Verfahren sind das Belebungsverfahren und das Tropfkörperverfahren.

Belebungsverfahren

Das Belebungsverfahren, auch als Belebtschlamm-Verfahren bezeichnet, erfordert Belebungsbecken und Nachklärbecken, die eine Funktionseinheit bilden.

Im Belebungsbecken, das meist als Rechteckbecken ausgebildet ist, werden die Mikroorganismen angesiedelt (**Bild 2**). Die im Abwasser verbliebenen kolloidal gelösten organischen Stoffe dienen ihnen als Nahrung. Unter Aufnahme von Sauerstoff wird ein Teil der Schmutzstoffe mineralisiert, ein anderer Teil in körpereigene Substanz umgewandelt. Dabei bildet sich ein belebter Schlamm mit Flockenstruktur. Dem belebten Schlamm ist ausreichend Sauerstoff zuzuführen, der Beckenin-

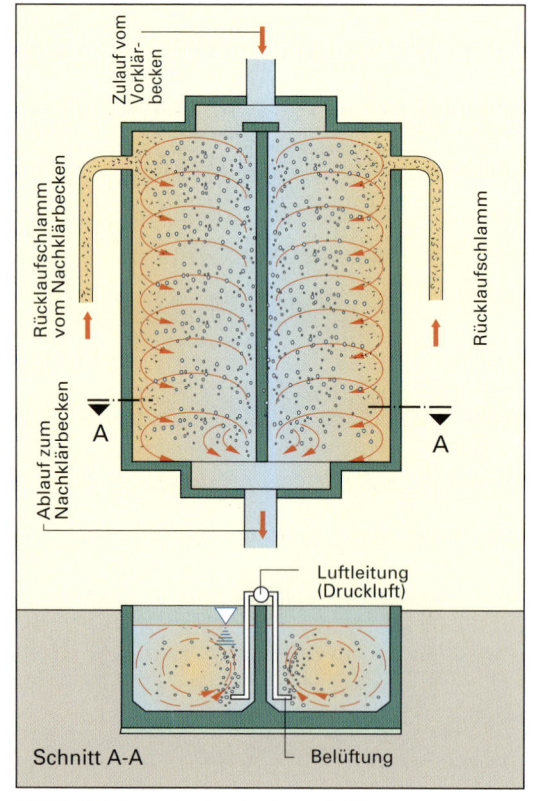

Bild 2: Belebungsbecken (schematisch)

halt ständig umzuwälzen, um dadurch für eine gute Durchmischung von Abwasser und belebtem Schlamm zu sorgen. Zur Regenerierung der Mikroorganismen wird abgesetzter Schlamm, der als Rücklaufschlamm bezeichnet wird, aus dem Nachklärbecken zurückgeführt. Durch die Umwälzung werden Schlammablagerungen vermieden und die Bakterien in Schwebe gehalten.

Das Eintragen des Luftsauerstoffes in das Belebungsbecken und das Umwälzen des Abwasser-Schlamm-Gemisches kann durch Oberflächenbelüfter oder durch Einblasen von Druckluft erfolgen. Die Oberflächenbelüftung geschieht durch Kreisel, Turbinen oder Bürsten und Walzen. Die Regelung der Sauerstoffzufuhr erfolgt über eine Veränderung der Drehzahl oder der Eintauchtiefe. Das Einblasen von Duckluft geschieht über gelochte Rohre im Bereich der Beckensohle.

Im **Nachklärbecken,** das meist als rundes Flachbecken ausgebildet ist, setzt sich der belebte Schlamm vom gereinigten Wasser ab und läuft über ein Gerinne ab **(Bild 1)**. Ein Teil des abgesetzten Schlammes wird in das Belebungsbecken als Rücklaufschlamm zurückgepumpt, der verbleibende Teil lagert sich als Überschussschlamm auf der flach geneigten Beckensohle ab. Mit Hilfe von Räumern wird der abgelagerte Schlamm in den Schlammtrichter gefördert und von dort der Schlammbehandlung zugeführt.

Tropfkörperverfahren

Beim Tropfkörperverfahren sind im Gegensatz zum Belebungsverfahren die Mikroorganismen nicht frei schwebend im Abwasser, sondern auf einer festen Oberfläche, dem Tropfkörper, als biologischer Rasen angesiedelt **(Bild 2)**. Der Tropfkörper besteht meist aus einem grobkörnigen, porösen Material, z. B. aus wetterfestem Gesteinsschotter, Koksschlacke, Lavaschlacke oder aus Kunststoffplatten. Das Füllmaterial wird in einem oben offenen, runden Behälter über dem Belüftungsboden aufgeschichtet. Mit einem Drehsprenger wird das mechanisch vorgereinigte Abwasser über dem biologischen Rasen, auf dem die biologische Reinigung stattfindet, versprüht. Der notwendige Luftsauerstoff wird von der Oberfläche des Tropfkörpers aufgenommen bzw. über den Belüftungsboden von unten an den biologischen Rasen herangeführt. Hat der Bakterienrasen eine bestimmte Dicke, reicht die Spülkraft des abfließenden Wassers aus, Schlammflocken und Rasenteile in das Nachklärbecken abzuleiten. Das Nachklärbecken dient hier als Absetzbecken. Das Tropfkörperverfahren hat den Nachteil, dass unterschiedliche Abwassermengen und Schwankungen im Verschmutzungsgrad den Reinigungsvorgang erschweren.

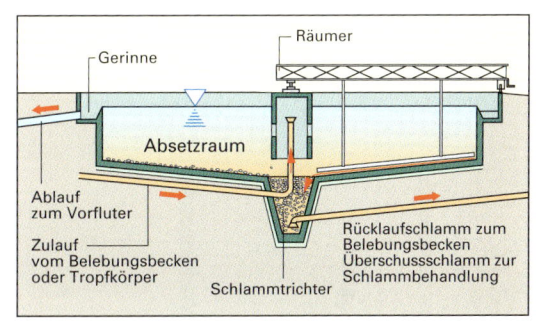

Bild 1: Nachklärbecken (schematisch)

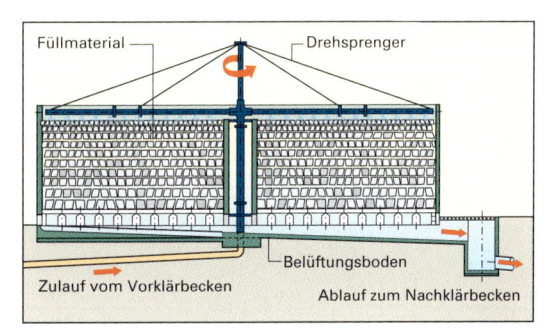

Bild 2: Tropfkörper (schematisch)

19.3.1.3 Chemische Abwasserreinigung

Abwasser, das in mechanisch-biologischen Kläranlagen gereinigt wurde, enthält Restverschmutzungen, die den Vorfluter belasten würden. Meist sind es gelöste organische Stoffe, die biologisch schwer oder gar nicht abbaubar sind, und Mineralstoffe, vor allem Stickstoff- und Phosphorverbindungen. Mineralstoffe begünstigen das Wachstum von Wasserpflanzen. Übermäßiger Pflanzenbewuchs vermindert jedoch den Sauerstoffgehalt des Was-

Bild 3: Fällmitteldosiereinrichtung

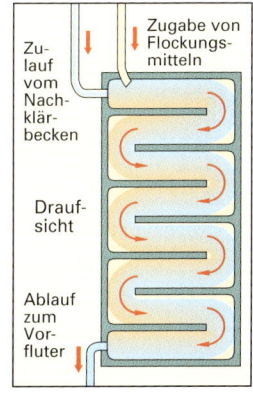

Bild 4: Reaktionsbecken (schematisch)

ser und damit die Wasserqualität. Deshalb wird mechanisch-biologisch gereinigtes Abwasser durch physikalisch-chemische Verfahren nachbehandelt. Die meisten Restverschmutzungen lassen sich mit chemischen Mitteln abbauen. Diese Nachbehandlung, als 3. Reinigungsstufe bezeichnet, wird z. B. durch Zugabe eines Fällungsmittels in einem Reaktionsbecken, welches dem Nachklärbecken nachgeschaltet ist, erreicht **(Bild 3 und Bild 4, Seite 557)**.

19.3.1.4 Schlammbehandlung

Bei der mechanischen Abwasserreinigung fällt im Vorklärbecken und bei der biologischen Abwasserreinigung im Nachklärbecken Schlamm an, der als Rohschlamm bezeichnet wird. Der Rohschlamm hat eine graue bis graugelbe Farbe, einen fäkalen Geruch und weist einen Wassergehalt von etwa 98 % auf.

Klärschlamm kann einer natürlichen oder einer künstlichen Schlammbehandlung zugeführt werden. Natürliche Verfahren sind z. B. Schlammentwässerung auf Schlammtrockenplätzen und die Einleitung in Schlammteiche. Wegen des großem Flächenbedarfes bei der natürlichen Schlammbehandlung wird die künstliche Schlammbehandlung bevorzugt angewendet.

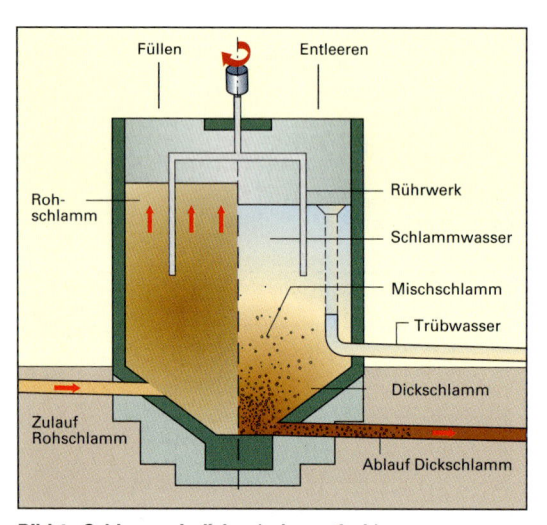

Bild 1: Schlammeindicker (schematisch)

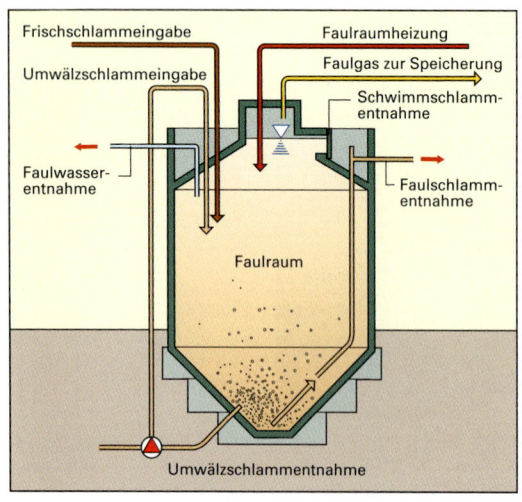

Bild 2: Schlammfaulbehälter (schematisch)

Künstliche Schlammbehandlung

Bei der künstliche Schlammbehandlung gilt es, das Schlammvolumen durch Verminderung des Wassergehaltes zu verringern, den Schlamm auszufaulen und ihn für eine Nutzung aufzubereiten oder zu entsorgen.

Die Schlammeindickung erfolgt meist in einem zylindrischen Behälter, der als Voreindicker bezeichnet wird **(Bild 1)**. Seine Aufgabe ist es, den Rohschlamm zu entwässern, d. h., das Ballastwasser abzutrennen. Bei Abnahme des Wassergehaltes z. B. von 98 % auf 95 % verringert sich das Schlammvolumen von 100 % auf 50 %. Nach Befüllung des Eindickers mit Rohschlamm setzt sich durch die Schwerkraft der Dickschlamm im unteren Teil des Behälters ab. Das Schlammwasser verbleibt im oberen Teil. Der Absetzvorgang kann durch Zuschalten eines Rührwerkes unterstützt bzw. beschleunigt werden. Der Dickschlamm wird der weiteren Schlammbehandlung, das Schlammwasser in der Regel dem Belebungsbecken zugeführt.

Die Schlammwasserabtrennung kann auch z. B. mit Vakuumfiltern durch Saugdruck, Druckfiltern mit Staudruck oder mittels Zentrifugen erfolgen. Durch die Zugabe von chemischen Mitteln, Kalk oder Asche, kann der Entwässerungsvorgang verbessert werden. Dies bezeichnet man als Konditionierung. Der eingedickte Schlamm wird meist durch Schlammfaulung weiterbehandelt.

Die Schlammfaulung erfolgt in großen, geschlossenen Behältern, den Faulbehältern, die das Bild vieler Kläranlagen prägen **(Bild 2)**. Der Rohschlamm beginnt sehr schnell zu faulen. Dabei läuft ein biochemischer Prozess ab, bei dem anaerobe Bakterien ohne Zufuhr von Luftsauerstoff die Zersetzung der organischen Stoffe bewirken. Hierbei wird Faulgas frei, das zu etwa 70 % aus Methan besteht und einen hohem Heizwert besitzt. Faulbehälter werden beheizt, da für die Bakterien bei einer Temperatur von 30 °C bis 35 °C die Lebensbedingungen am günstigsten sind. Die Faulzeit einer Behälterfüllung beträgt dann etwa 25 Tage bis 30 Tage, bei einer Temperatur von 8 °C etwa 120 Tage. Damit der Faulprozess störungsfrei ablaufen kann, ist eine Umwälzung und eine Durchmischung des Schlammes sowie eine regelmäßige Entnahme des Schwimmschlammes und der Abzug des Faulwassers notwendig.

Faulschlamm wird zur Verminderung des Wassergehaltes in Nacheindickern, Kammerfilterpressen oder Zentrifugen ohne und mit Konditionierung weiterbehandelt. Danach wird er auf die Mülldeponie verbracht oder durch Verbrennung (Veraschung) entsorgt.

Gasbehälter sind bei Kläranlagen dann erforderlich, wenn die Faulgasmenge so groß ist, dass sie z. B. zur Beheizung der Faulbehälter oder der Betriebsgebäude ausreicht. Das Gas wird in Behältern aus Stahl oder Stahlbeton gelagert und somit ein gleichmäßiger Versorgungsdruck der angeschlossenen Anlagen gewährleistet. Überschussgas wird in der Regel abgefackelt.

19.3.1.5 Betriebsanlagen

Zum Betrieb einer Kläranlage sind außer den eigentlichen Kläreinrichtungen weitere bauliche Anlagen erforderlich.

Betriebsgebäude sind notwendig, um z. B. die Anlagensteuerung, Kontrollmess- und Schaltwarte, Labors, Büros, Aufenthaltsräume sowie Sanitär- und Umkleideräume unterzubringen. In der Schaltwarte ist in der Regel die Gesamtanlage mit optisch anzeigender Lauf- und Störmeldung installiert (**Bild 1**). Ein Prozessrechner erfasst, speichert und protokolliert sämtliche Messdaten und Betriebszustände, wie z. B. Abwassermenge im Zu- und Ablauf, Abwasser- und Lufttemperatur, Frischschlammmenge und Energieverbrauch. Im Labor werden Untersuchungen, Messungen und Analysen durchgeführt, wie z. B. Bestimmung des BSB_5 der absetzbaren Stoffe, der Trockensubstanz und der Schwermetallverbindungen (**Bild 2**). Automatisch arbeitende Probenahmegeräte im Zulauf zur biologischen Stufe und im Ablauf des Nachklärbeckens dienen zur Entnahme von Wasserproben (**Bild 3**).

Bei der Planung einer Kläranlage ist z. B. von den Anschlusswerten, Einwohner-Gleichwerten, der Lage zum Vorfluter und der verfügbaren Grundstücksform und -fläche auszugehen. Eine harmonische Einbindung in Landschaft und Umgebung ist ebenso wichtig wie eine gute Verkehrserschließung, besonders dann, wenn der Klärschlamm z. B. zur Mülldeponie oder zur Verbrennungsanlage befördert werden muss.

Die Einleitung des geklärten Wassers in den Vorfluter muss auch bei Hochwasser gewährleistet sein. Dazu kann es notwendig werden, das Wasser z. B. mit Schneckenpumpen zu heben. Durch besondere Maßnahmen des Hochwasserschutzes ist das Gelände der Kläranlage vor Überflutung zu schützen.

Bild 1: Schaltanlage

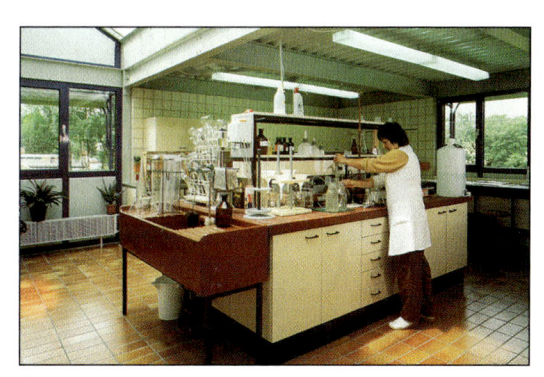

Bild 2: Labor

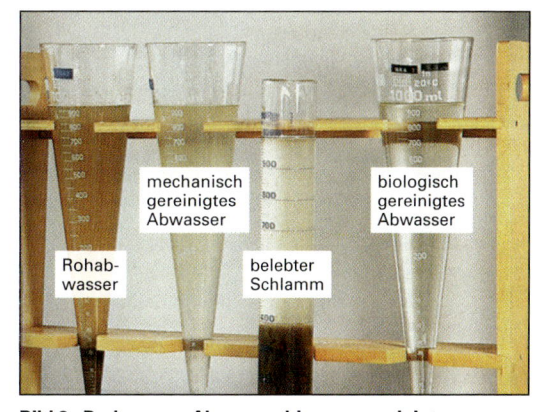

Bild 3: Proben von Abwasser bis zum gereinigten Abwasser

19.3.2 Kleinkläranlagen

Ist die Wasserentsorgung eines Gebäudes durch Anschluss an die öffentliche Kanalisation nicht möglich, muss die Reinigung der meist häuslichen Abwässer vor Ort, z. B. in Kleinkläranlagen nach DIN 4261, erfolgen. Bei Kleinkläranlagen unterscheidet man zwischen Anlagen ohne und mit Abwasserbelüftung. Oberflächenwasser, z. B. Regenwasser, darf nicht in diese Anlagen eingeleitet werden. Kläranlagen sind regelmäßig zu entleeren, müssen wasserdicht sein und ausreichend über Dach be- und entlüftet werden. Kleinkläranlagen werden häufig aus Stahlbetonfertigteilen hergestellt und betriebsfertig eingebaut. Anlagen aus Fertigteilen müssen mit einem Prüfzeichen versehen sein, das vom Institut für Bautechnik in Berlin erteilt wird. Kleinkläranlagen als Bestandteil der Grundstücksentwässerung sind genehmigungspflichtig (Seite 171).

Kleinkläranlagen ohne Abwasserbelüftung werden nur noch dann zugelassen, wenn der Anschluss an eine kommunale Kläranlage geplant ist. Dabei kommen überwiegend Mehrkammergruben und Mehrkammerausfaulgruben mit nachgeschalteter Untergrundverrieselung zur Anwendung. Sie bestehen in der Regel aus drei Kammern, die durch Überläufe miteinander verbunden sind (**Bild 1**). Durch diese Anordnung verringern sie die Fließgeschwindigkeit der Abwässer, wodurch sich die Schwebestoffe absetzen können.

Kleinkläranlagen mit Abwasserbelüftung müssen den Bau- und Prüfgrundsätzen des Instituts für Bautechnik in Berlin genügen. Vorwiegend kommen Belebungs- und Tropfkörperanlagen zur Anwendung, bei denen das Abwasser mechanisch-biologisch gereinigt wird.

Dem Stand der Technik entsprechen Kleinkläranlagen mit Membrantechnologie. Sie eignen sich für Anschlusswerte zwischen 4 und 500 Einwohnern, haben ein bauaufsichtliche Zulassung und sind genehmigungsfähig. Die Kombination aus mechanischer, biologischer und physikalischer Abwasserreinigung ermöglicht, auch stark verschmutztes häusliches Abwasser wirtschaftlich so zu reinigen, dass es zur Wiederverwendung, z. B. in der Toilettenspülung und zur Gartenbewässerung, geeignet ist.

Das mechanisch vorgereinigte Abwasser fließt in das Belebungsbecken mit integrierter Membraneinheit und wird nach dem Belebtschlammverfahren (Seite 554) gereinigt. Wasser und Belebtschlamm werden anschließend durch Membranfiltration voneinander getrennt. Zur Versorgung der Mikroorganismen mit Sauerstoff und um eine Verstopfung der Membran durch die zurückgehaltenen Stoffe zu verhindern, wird ein Gemisch aus Wasser und Luftblasen über die Membranoberfläche geführt (Crossflow-Verfahren). Die dabei entstehenden Kräfte reinigen ständig die Membranoberfläche und gewährleisten eine stabile Filtrationsleistung. Das biologisch gereinigte Wasser wird mittels einer Pumpe mit geringem Unterdruck durch die Membran gesaugt. Es erreicht eine Qualität, welche die Richtwerte der EU-Badegewässerrichtlinien erfüllt.

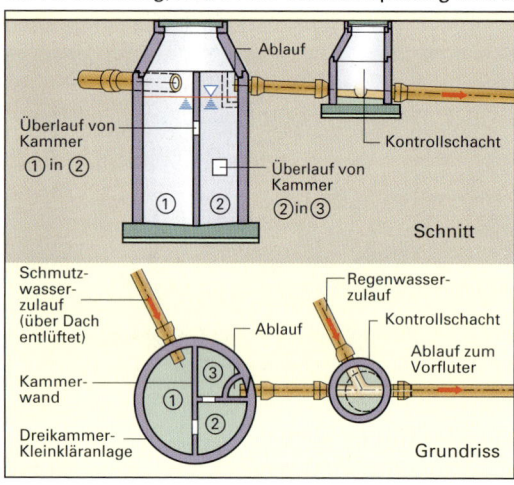

Bild 1: Fertigteil-Kleinkläranlage (schematisch)

Aufgaben

1. Erläutern Sie, warum die Größe der Wasserschutzgebiete von der Durchlässigkeit des anstehenden Bodens abhängig ist.
2. Unterscheiden Sie Bohrbrunnen und Horizontalfilterbrunnen hinsichtlich ihrer Ausführung und Anwendungsgebiete.
3. Begründen Sie die Notwendigkeit der Wasserspeicherung für die Deckung des Wasserbedarfs eines Versorgungsgebietes.
4. Unterscheiden Sie die Rohrnetze nach der Anordnung der Hauptleitungen und den dadurch bedingten hydraulischen Verhältnissen.
5. Begründen Sie, warum Abwässer nicht ungereinigt in einen Vorfluter eingeleitet werden dürfen.
6. Geben Sie an, bei welchen Klärprozessen Bakterien mitwirken und unter welchen Lebensbedingungen diese ihren besten Wirkungsgrad erreichen.
7. Erläutern Sie die Funktion eines Sandfangs und geben Sie an, warum dabei eine bestimmte Fließgeschwindigkeit erforderlich ist.
8. Beschreiben Sie die Vorgänge, die bei der Schlammfaulung ablaufen, und begründen Sie, warum diese nicht in einem offenen Behälter stattfinden dürfen.

20 Straßenbau

Straßen sind Verkehrswege, die dem Transport von Personen und Gütern dienen. Sie sind ein Teil des Verkehrswesens, das außerdem noch die Bereiche Schienen-, Schifffahrts- und Flugverkehr umfasst. Die verschiedenen Verkehrswege sind miteinander verknüpft und bilden zusammen ein Verkehrswegenetz.

20.1 Straßennetz

Öffentliche Straßen sind an Knotenpunkten, wie Anschlussstellen, Kreuzungen und Einmündungen, miteinander verknüpft. In ihrer Gesamtheit bilden sie das Straßennetz (**Bild 1**). Entsprechend ihrer Funktion im Straßennetz wird unterschieden in Bundesautobahnen, Bundesstraßen, Landesstraßen, Kreisstraßen und Gemeindestraßen. In Bayern und Sachsen werden die Landesstraßen Staatsstraßen genannt. **Bundesautobahnen (A)** und **Bundesstraßen (B)** werden auch als Bundesfernstraßen bezeichnet. **Landesstraßen (L)** dienen dem Durchgangsverkehr des jeweiligen Bundeslandes, **Kreisstraßen (K)** nehmen überwiegend den Verkehr der jeweiligen Landkreise auf. Bundesautobahnen, Bundesstraßen, Landesstraßen und Kreisstraßen bilden zusammen das Netz der überörtlichen Straßen. Das örtliche Straßennetz wird durch die **Gemeindestraßen** gebildet. Diese können je nach ihrer Verkehrsfunktion in Gemeindeverbindungsstraßen, Ortsstraßen und Sonstige Gemeindestraßen eingeteilt werden. Gemeindeverbindungsstraßen verlaufen außerhalb geschlossener Ortschaften und dienen dem Verkehr zwischen benachbarten Gemeinden und Gemeindeteilen. Ortsstraßen dienen dem Verkehr innerhalb der geschlossenen Ortschaften. Ortsdurchfahrten von Bundes-, Landes- und Kreisstraßen sind keine Ortsstraßen. Unter den Sonstigen Gemeindestraßen werden alle weiteren Verkehrswege zusammengefasst wie z.B. land- und forstwirtschaftliche Wege und nicht straßenbegleitende Geh- und Radwege.

20.2 Straßenbaulastträger

Für den Bau, die Unterhaltung, Erneuerung und Instandsetzung der Straßen ist der jeweilige Straßenbaulastträger verantwortlich (**Tabelle 1**). Der Straßenbaulastträger hat dafür Sorge zu tragen, dass das in seiner Zuständigkeit liegende Straßennetz dem regelmäßig auftretenden Verkehrsbedürfnis entspricht. Die Straßenbaulast bei Ortsdurchfahrten (OD) überörtlicher Straßen ist in Abhängigkeit der Einwohnerzahl, länderweise unterschiedlich, geregelt.

20.3 Einteilung der Straßen

Entsprechend ihrer Verkehrsbedeutung und ihrer Funktion im Straßennetz werden Straßen in Straßenkategorien unterteilt (**Tabelle 1, Seite 560**). Unterschieden wird zwischen Straßen außerhalb und innerhalb bebauter Gebiete, zwischen anbaufreien und angebauten Straßen und der maßgebenden Funktion der Straße. Bei Straßen außerhalb bebauter Gebiete spricht man auch von der freien Strecke. Je nach Einstufung in eine Straßenkategorie ergeben sich unterschiedliche Anforderungen an die Planung einer Straße. Es müssen z.B. die Fahrbahnbreiten, die Kurvenmindestradien oder auch die Höchstlängsneigungen auf die Straßenkategorie abgestimmt sein. Dadurch wird gewährleistet, daß Straßen mit gleicher Kategorie im Straßennetz auch den gleichen Ausbaustandard haben.

Bild 1: Straßennetz

Tabelle 1: Straßenbaulastträger

Straßenart		Baulastträger
Bundesautobahnen	A	Bundesrepublik Deutschland
Bundesstraßen	B	
Landesstraßen	L	Bundesländer
Kreisstraßen	K	Landkreise
Stadtstraßen		Städte
Gemeindestraßen		Gemeinden

Tabelle 1: Einteilung der Straßen

Straßenfunktion			Entwurfs- und Betriebsmerkmale		
Kategoriengruppe	Straßenkategorie		Verkehrsart	zul. Geschw. v_{zul} in km/h	Querschnitt
A anbaufreie Straßen außerhalb bebauter Gebiete mit maßgebender Verbindungsfunktion	A I	Fernstraße	Kfz / Kfz	– / ≤ 100 (120)	zweibahnig / einbahnig
	A II	überregionale/ regionale Straße	Kfz / (Kfz) Allg.	– / ≤ 100	zweibahnig / einbahnig
	A III	zwischengemeindliche Straße	Kfz / Allg.	≤ 100 / ≤ 100	zweibahnig / einbahnig
	A IV	flächenerschließende Straße	Allg.	≤100	einbahnig
	A V	untergeordnete Straße	Allg.	≤ 100	einbahnig
	A VI	Wirtschaftsweg	Allg.	≤ 100	einbahnig
B anbaufreie Straßen im Vorfeld und innerhalb bebauter Gebiete mit maßgebender Verbindungsfunktion	B I	Stadtautobahn	Kfz	≤ 100	zweibahnig
	B II	Schnellverkehrsstraße	Kfz	≤ 80	zweibahnig
	B III	Hauptverkehrsstraße	Allg. / Allg.	≤ 70 / ≤ 70	zweibahnig / einbahnig
	B IV	Hauptsammelstraße	Allg.	≤ 60	einbahnig
C angebaute Straßen innerhalb bebauter Gebiete mit maßgebender Verbindungsfunktion	C III	Hauptverkehrsstraße	Allg. / Allg.	50 / 50	zweibahnig / einbahnig
	C IV	Hauptsammelstraße	Allg.	50	einbahnig
D angebaute Straßen innerhalb bebauter Gebiete mit maßgebender Erschließungsfunktion	D IV	Sammelstraße	Allg.	≤ 50	einbahnig
	D V	Anliegerstraße	Allg.	≤ 50	einbahnig
E angebaute Straßen innerhalb bebauter Gebiete mit maßgebender Aufenthaltsfunktion	E V	Anliegerstraße	Allg.	Schrittgeschw.	einbahnig
	E VI	befahrbarer Wohnweg	Allg.	Schrittgeschw.	einbahnig

20.4 Ablauf einer Straßenplanung

Die Notwendigkeit von Straßenneu- und -umbaumaßnahmen wird durch die zuständigen Behörden ermittelt, in Bedarfs- und Ausbauplänen dargestellt und schließlich eine Planung in unterschiedlichen Entwurfsstufen erstellt (**Bild 1**). Dabei ist das Straßenbauprojekt so zu beschreiben, dass eine Beurteilung der Baumaßnahme in technischer, umweltverträglicher, wirtschaftlicher und rechtlicher Hinsicht möglich ist. Die Planung von Straßen mit maßgebender Verbindungsfunktion erfolgt auf der Grundlage der **R**ichtlinien für die **A**nlage von **S**traßen (**RAS**).

20.4.1 Vorplanung (Linienentwurf)

Zur Aufstellung der Vorplanung sind zuerst die Rahmenbedingungen zu erheben, die im Planungsraum vorliegen. Dies können z.B. Vorgaben aus Flächennutzungsplänen sein, aber auch Verkehrsprognosen, sowie geologische und topografische Verhältnisse. In einer Umweltverträglichkeitsstudie (UVS) wird geprüft, in welchen Bereichen des Planungsraumes ein Straßenbauprojekt aus der Sicht des Natur- und Landschaftsschutzes vertretbar ist. Dabei werden unter anderem auch die Auswirkungen des Straßenbauvorhabens auf das Oberflächenwasser und Grundwasser geprüft. Die durch den Verkehr ent-

Planungsphasen:
Vorplanung (Linienentwurf) → Raumordnungsverfahren* → Linienbestimmung* → Genehmigungsentwurf → Feststellungsentwurf → Planfeststellungsverfahren → Ausführungsplanung

* gegebenenfalls

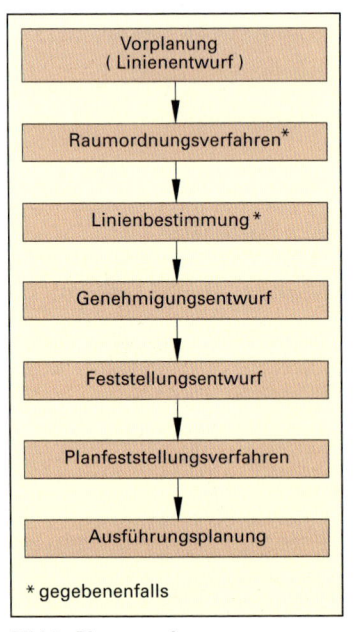

Bild 1: Planungsphasen

stehenden Emissionen wie Lärm und Abgas werden in die Prüfung mit einbezogen. Die erstellten Planunterlagen werden zusammen mit der Umweltverträglichkeitsstudie und einem Erläuterungsbericht den Behörden und Verbänden, den Trägern öffentlicher Belange, vorgestellt. Gegebenenfalls ist ein **Raumordnungsverfahren** durchzuführen. Die Vorplanung wird mit der Feststellung der Straßenführung, der **Linienbestimmung,** abgeschlossen.

20.4.2 Genehmigungsentwurf (Vorentwurf)

Im Vorentwurf wird die gewählte Linie entsprechend den **R**ichtlinien für die Gestaltung von einheitlichen **E**ntwurfsunterlagen im Straßenbau **(RE)** ausgearbeitet. Außer der Beschreibung der Straße durch Pläne und dem Erläuterungsbericht werden genaue Angaben über Immissionen (Lärm, Abgas) gemacht und die Kosten der Maßnahme ermittelt. In einem landschaftspflegerischen Begleitplan (LBP) werden die Eingriffe und deren Auswirkung auf Natur und Landschaft genauer untersucht. Sind die Eingriffe schwerwiegend, werden Ersatz- und Ausgleichsmaßnahmen genannt. Der Vorentwurf wird nach Prüfung durch die übergeordnete Behörde genehmigt, die ermittelten Kosten in Haushaltspläne aufgenommen.

20.4.3 Feststellungsentwurf

Mit dem Feststellungsentwurf wird das **Planfeststellungsverfahren** eingeleitet. Dabei werden die Pläne nochmals dem Träger öffentlicher Belange zur Stellungnahme vorgelegt. Gleichzeitig wird die Planung öffentlich ausgelegt, wobei die betroffenen Bürger Gelegenheit haben, die Planung anzusehen und ihre Einwände vorzubringen. In der Erörterungsverhandlung werden alle Einwände gegen die Planung vorgetragen. Schließlich ergeht der Planfeststellungsbeschluss. Wird gegen den Planfeststellungsbeschluss geklagt, entscheiden die Verwaltungsgerichte. Nach Abschluss des Planfeststellungsverfahrens wird die **Ausführungsplanung** erstellt.

20.5 Linienführung der Straße

Der Verlauf der Straße in Grund- und Aufriss wird unter Verwendung von geometrischen Elementen so ausgebildet, dass sie den verkehrstechnischen Erfordernissen entsprechen. Dabei wird in der Fahrbahnachse eine aufeinander abgestimmte Linienfolge unter Verwendung von Geraden, Kreisbögen und Übergangsbögen festgelegt. Diesen Vorgang nennt man Trassieren, die festgelegte Achse nennt man Trasse. Die Planung von Straßen des überörtlichen Netzes erfolgt auf der Grundlage der (RAS), Teil: L Linienführung (RAS-L). Darin werden Grund- und Richtwerte genannt, die bei der Trassierung zu berücksichtigen sind. Ein wichtiger Faktor zur Bestimmung der Grund- und Richtwerte ist die Entwurfsgeschwindigkeit v_e. Sie ergibt sich im Wesentlichen aus der Funktion der Straße im Straßennetz und der entsprechenden Straßenkategorie. Der Entwurfsgeschwindigkeit sind Grund- und Richtwerte zugeordnet, wie z. B. Kurvenmindestradien, Höchstlängsneigungen und Kuppenmindesthalbmesser. Die Querneigungen der Fahrbahnen z. B. werden nach der Geschwindigkeit v_{85} bemessen. Sie entspricht der Geschwindigkeit, die 85 % der unbehindert fahrenden Pkw auf nasser Fahrbahn nicht überschreiten.

20.6 Lageplan

Elemente der Trasse im Lageplan sind Geraden, Kreisbögen und Übergangsbögen **(Bild 1, Seite 567)**.

20.6.1 Geraden

Die einfachste und kürzeste Verbindung zweier Punkte ist die Gerade. Sie kann als Entwurfselement im Grundriss von Vorteil sein, z. B. in der Ebene und in weiten Tälern **(Bild 1)**. Nachteile von langen, geraden Straßen sind, dass sie zu erhöhter Geschwindigkeit verleiten, das Abschätzen von Entfernungen und Geschwindigkeiten anderer Fahrzeuge erschweren, eine erhöhte Blendgefahr bei Nacht bewirken und sich in hügeligem Gelände nur schwer an die Struktur der Landschaft anpassen lassen.

Bild 1: Gerade

Bild 1: Kreisbogen

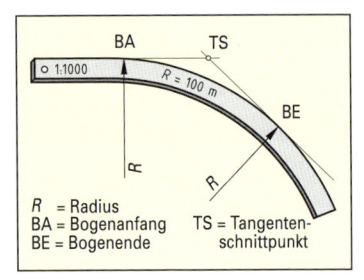

Bild 2: Kreisbogenlineal
R = Radius
BA = Bogenanfang
BE = Bogenende
TS = Tangentenschnittpunkt

Bild 3: Klotoide

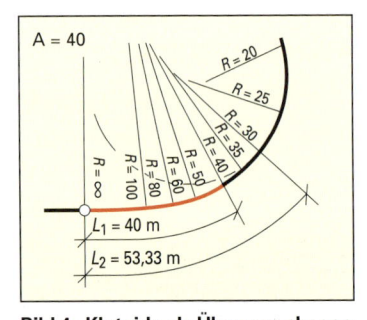

Bild 4: Klotoide als Übergangsbogen

Das Bildungsgesetz der Klotoide lautet:

$$A^2 = R \cdot L$$

A Klotoidenparameter
R Radius in m
L Länge der Klotoide zwischen Beginn und Ende des Übergangsbogens in m

20.6.2 Kreisbögen

Um eine der Landschaft und den topografischen Bedingungen besser angepasste Linie zu erhalten, werden beim Straßenentwurf Kreisbögen verwendet (**Bild 1**). Die Krümmung des Kreisbogens wird bestimmt durch den Radius R. Bei der Trassierung der freien Strecke sollte aus fahrdynamischen Gründen ein möglichst großer Radius gewählt werden. Andererseits sollen Radien nur so groß gewählt werden, dass die entstehende Trasse sich harmonisch in das Landschaftsbild einfügt. Oftmals lassen auch vorhandene Zwangspunkte, wie z. B. Gebäude oder andere Verkehrswege, größere Radien nicht zu. Aus fahrdynamischen Gründen sollten jedoch bei der Trassierung der freien Strecke bestimmte Mindestradien nicht unterschritten werden (**Tabelle 1**). Die Mindestradien sind abhängig von der Entwurfsgeschwindigkeit v_e. Um die Radien im Lageplan darstellen zu können, verwendet man Kreisbogenlineale (**Bild 2**).

Der auf dem Kreisbogenlineal angegebene Radius bezieht sich auf eine Darstellung im Maßstab 1 : 1000. Daher ist bei der Trassierung in anderen Maßstäben eine Umrechnung erforderlich. Ist z. B. ein Kreisbogen mit dem Radius R = 200 im Maßstab 1 : 500 zu zeichnen, ist das Kreisbogenlineal mit dem Radius R = 400 zu wählen.

20.6.3 Übergangsbögen

Bei der Fahrt mit einem Kraftfahrzeug auf einer geraden Straße kann der Lenkeinschlag ohne Veränderung beibehalten werden, Gleiches gilt für die Fahrt im Kreisbogen. An der Übergangsstelle zwischen Gerade und Kreisbogen wäre jedoch ein ruckartiger Lenkeinschlag erforderlich. Zudem würden die im Kreisbogen wirkenden Zentrifugalkräfte (Fliehkräfte) schlagartig auftreten. Um dies zu vermeiden und um eine stetige Änderung des Lenkeinschlags zu erreichen, wird zwischen der Geraden und dem Kreisbogen ein Übergangsbogen vorgesehen. Diesen bezeichnet man als **Klotoide**. Auf der Länge des Übergangsbogens findet die Änderung und Anpassung statt. Gleichzeitig wird auf der Länge des Übergangsbogens die Veränderung der Querneigung vorgenommen. Durch die Anwendung von Übergangsbögen wird ein stetiger Linienverlauf der Fahrbahn gewährleistet, der eine gleichmäßige Geschwindigkeit ermöglicht und eine auch optisch befriedigende Linienführung erreicht. Der Übergangsbogen wird im Straßenbau als Klotoide ausgebildet. Bei dieser spiralförmigen Kurve nimmt die Krümmung linear mit der Länge zu. Es wird allerdings nur der flache Teil am Anfang der Kurve als Übergangs-

Tabelle 1: Kurvenmindestradien und Klotoidenmindestparameter nach RAS-L

v_e in km/h	min R in m	min A in m
50	80	30
60	120	40
70	180	60
80	250	80
90	340	110
100	450	150 (120)
120	720	240 (120)

(...) Ausnahmewert

bogen verwendet (**Bild 3, Seite 564**). Die Größe der Klotoide wird durch den Klotoidenparameter (*A*) bestimmt. Er ist der Vergrößerungsfaktor der Klotoide (**Bild 4, Seite 564**).

Die für die Konstruktion von Klotoiden erforderlichen Werte können entweder der Klotoidentafel entnommen werden (**Tabelle 1**) oder aber mit Formeln berechnet werden (**Bild 1**).

Die gewählten Klotoidenparameter müssen in einer gewissen Relation zueinander stehen. So soll der Klotoidenparameter mindestens *R*/3 betragen, jedoch nicht größer als der Radius *R* sein.

Wie bei den Kreisbögen ist auch die Wahl der Klotoidenparameter von der Entwurfsgeschwindigkeit abhängig (**Tabelle 1, Seite 564**). Im Straßenentwurf werden folgende Formeln des Übergangsbogens verwendet:

- die einfache Klotoide als Übergang zwischen Gerade und Kreisbogen,
- die Wendeklotoide als Übergang zwischen gegensinnig gekrümmten Kreisbögen und
- die Eiklotoide als Übergang zweier gleichsinnig gekrümmter Kreisbögen (**Bild 2**).

Zur zeichnerischen Darstellung der Klotoide werden Klotoidenlineale verwendet (**Bild 3, Seite 566**). Der auf den Klotoidenlinealen angegebene Parameter bezieht sich auf eine Darstellung im Maßstab 1 : 1000. Wie bei den Kreisbogenlinealen ist eine Umrechnung auf den jeweiligen Maßstab erforderlich.

Eine im Straßenentwurf häufig wiederkehrende Aufgabe ist die Konstruktion eines Kreisbogens einschließlich der Übergangsbögen zwischen zwei vorgegebenen Geraden (**Bild 1, Seite 566**).

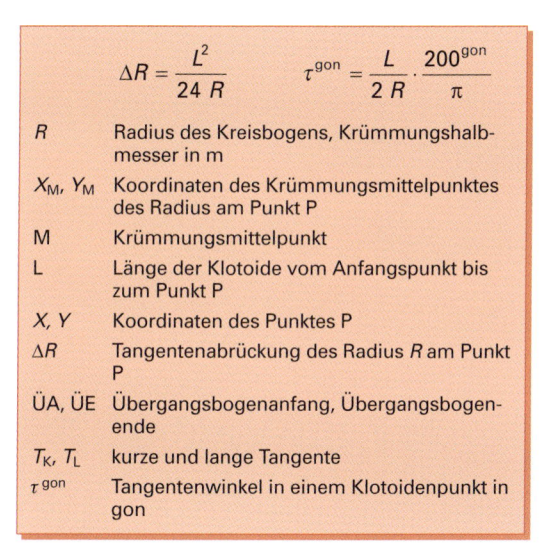

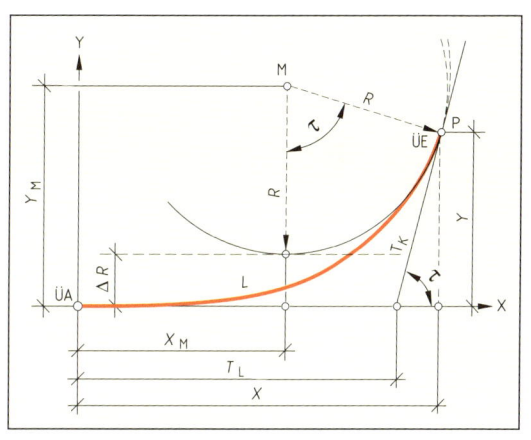

$$\Delta R = \frac{L^2}{24\,R} \qquad \tau^{gon} = \frac{L}{2\,R} \cdot \frac{200^{gon}}{\pi}$$

R	Radius des Kreisbogens, Krümmungshalbmesser in m
X_M, Y_M	Koordinaten des Krümmungsmittelpunktes des Radius am Punkt P
M	Krümmungsmittelpunkt
L	Länge der Klotoide vom Anfangspunkt bis zum Punkt P
X, Y	Koordinaten des Punktes P
ΔR	Tangentenabrückung des Radius *R* am Punkt P
ÜA, ÜE	Übergangsbogenanfang, Übergangsbogenende
T_K, T_L	kurze und lange Tangente
τ^{gon}	Tangentenwinkel in einem Klotoidenpunkt in gon

Bild 1: Konstruktionselemente der Klotoide

Tabelle 1: Auszug aus der Klotoidentafel

Konstruktionselemente der Klotoide beim Parameter *A* = 100

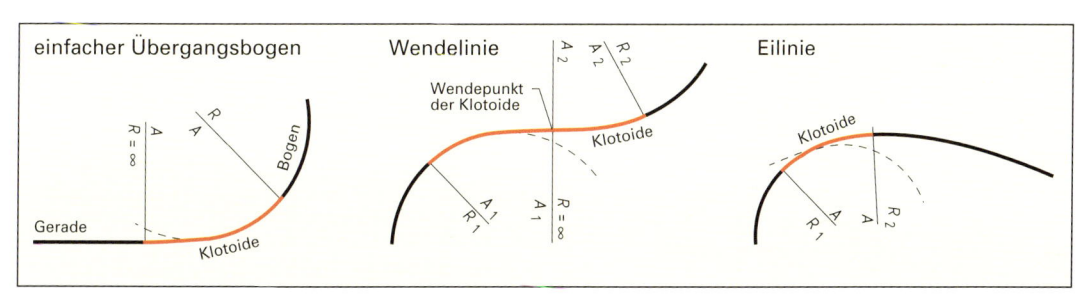

L	τ^{gon}	R	ΔR	X_M	X	Y	T_K	T_L	L
100,000	31,8310	100	4,130	49,586	97,529	16,371	34,148	67,561	100,000
111,111	39,2975	90	5,638	54,857	106,951	22,248	38,436	75,609	111,111

Bild 2: Anwendungsmöglichkeiten der Klotoide

Beispiel: Richtungen der Geraden $\overline{AB}$ und $\overline{CD}$, der Kreisbogen mit dem Radius $R = 100$ m, Klotoidenparameter $A_1 = 75$ und $A_2 = 100$.

Lösung: ΔR wird der Klotoidentafel entnommen, im Abstand ΔR_1 und ΔR_2 werden die Parallelen zu den Geraden $\overline{AB}$ und $\overline{CD}$ gezeichnet, mithilfe eines Kreisbogenlineals wird zwischen den Parallelen der Radius $R = 100$ m eingepasst und die Tangentenberührungspunkte markiert. Die Werte X_m, X und Y werden der Klotoidentafel entnommen und abgetragen, das Klotoidenlineal wird angelegt. Dabei muss sich die Grundtangente der Klotoide mit der Geraden $\overline{AB}$ bzw. $\overline{CD}$ decken, gleichzeitig muss der im Klotoidenlineal eingeätzte Radius $R = 100$ m mit dem konstruierten Radius $R = 100$ m in der Lage übereinstimmen. Der Übergangsbogen wird gezeichnet.

Wenn die Straßenachse über die gesamte Baustrecke trassiert ist, kann diese unter Zuhilfenahme geeigneter Programme berechnet werden. Dazu ist die Eingabe der Trassierungselemente und deren Koordinaten erforderlich. Als Ergebnis der Berechnung werden die Hauptpunkte der Achse ausgegeben. Diese sind jene Stellen der Achse, an denen die Elemente wechseln. Des weiteren können Achskleinpunkte berechnet werden. Dies sind die Stationspunkte der Achse (**Bild 2**). Die Hauptpunkte der Achse können nun im Lageplan nach den errechneten Koordinaten kartiert werden. Die Achse wird mit einer strichpunktierten Linie dargestellt. An den Achskleinpunkten werden die Richtungen der Querprofile jeweils rechtwinklig zur Tangente der Achse abgetragen. Im Bereich des Kreisbogens konstruiert man die radiale Richtung mithilfe des Zirkels, im Bereich der Klotoide dienen die im Klotoidenlineal eingeätzten Richtungen als Hilfe (**Bild 3**). Nach den errechneten Koordinaten der Achshaupt- und -kleinpunkte kann die Achse im Gelände abgesteckt werden.

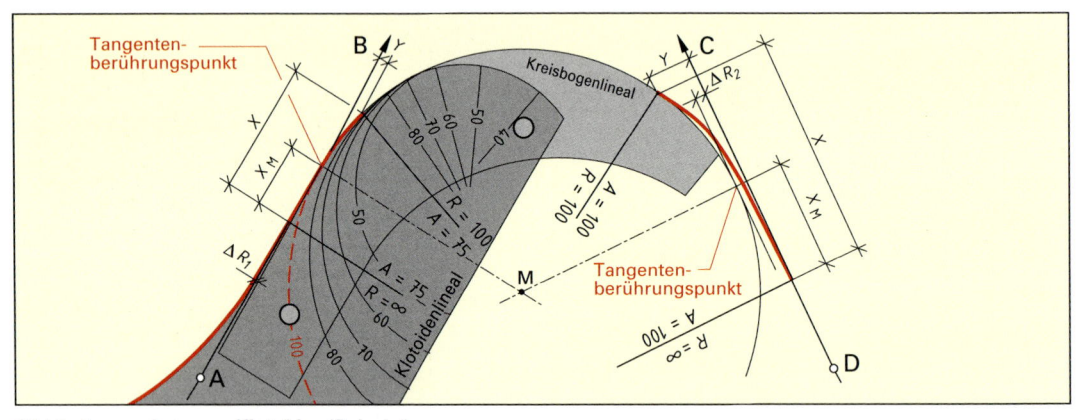

Bild 1: Anwendung von Klotoiden (Beispiel)

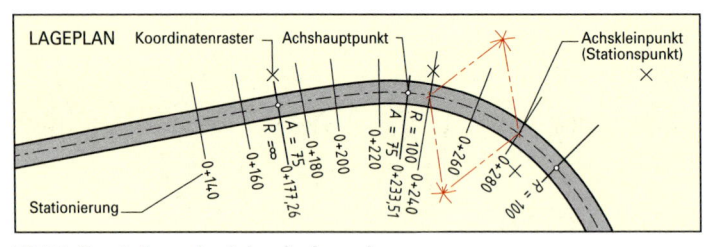

Bild 2: Darstellung der Achse im Lageplan

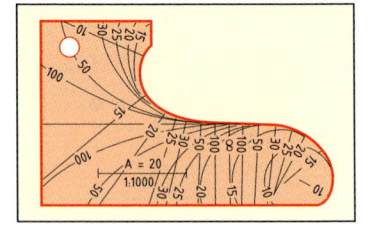

Bild 3: Klotoidenlineal

Aufgaben

1 Erklären Sie die Aufgaben der Straßenbaulastträger.

2 Beschreiben Sie Faktoren, die die Planung einer Straße wesentlich beeinflussen können.

3 Erläutern Sie mögliche Negativauswirkungen des Straßenbaus und wie können diese vermieden, verringert oder ausgeglichen werden?

4 Nennen Sie die Elemente der Trasse und beschreiben Sie deren Vor- und Nachteile.

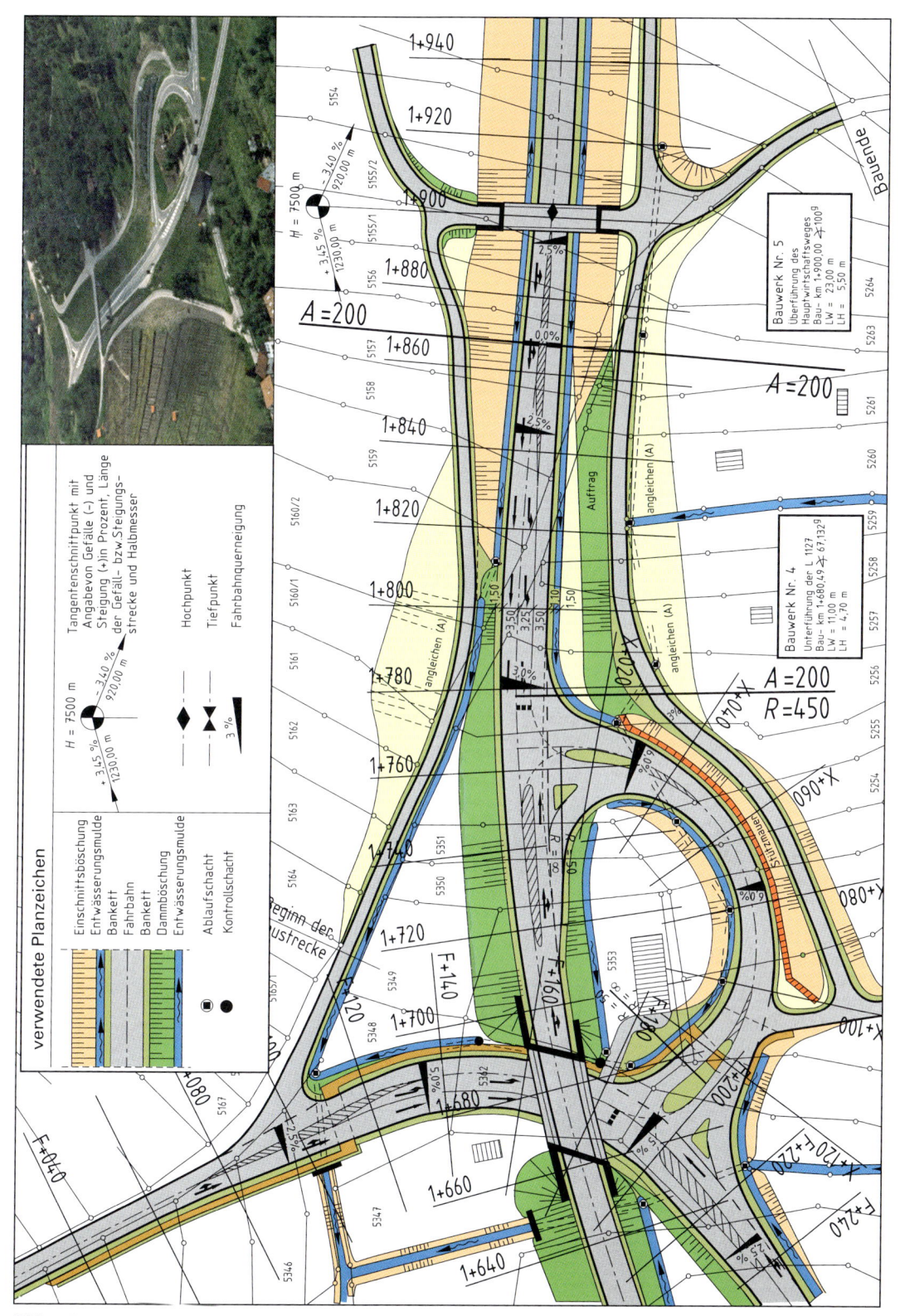

Bild 1: Ausschnitt aus einem Lageplan

20.7 Höhenplan

Im Höhenplan, auch Längsschnitt genannt, wird der Höhenverlauf der Fahrbahn dargestellt **(Bild 1, Seite 570)**. Die im Grundriss trassierte Achse ist die Bezugslinie. Entlang dieser Linie wird das Gelände vertikal geschnitten. An den Stationspunkten werden die Höhen des bestehenden Geländes entweder aus Plänen entnommen oder man ermittelt sie durch örtliche Vermessung. Die Längsabwicklung wird im Maßstab der Lagepläne dargestellt, z.B. 1:500, die Höhen 10fach überhöht. Dies ist erforderlich, um die Höhenunterschiede erkennbar zu machen. Die Höhen werden über einem frei wählbaren Bezugshorizont, zumeist bezogen auf NN, abgetragen **(Bild 1)**.

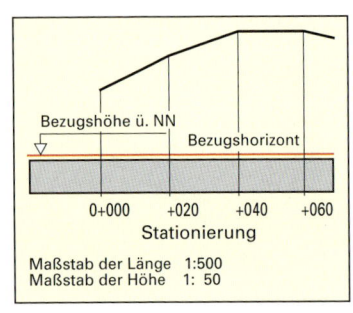

Bild 1: Darstellung der Geländehöhen im Höhenplan

20.7.1 Längsneigungen, Kuppen, Wannen

Der Höhenverlauf der Fahrbahn wird zunächst einmal grafisch, später rechnerisch, ermittelt. Die ermittelte Linie nennt man **Gradiente** **(Bild 2)**. Sie besteht aus einer Folge von Geraden und Kreisbögen. Die Längsneigungen der Geraden gibt man in Prozent an. Bei der grafischen Ermittlung der Gradiente werden vorhandene Höhenzwangspunkte, z.B. andere Verkehrswege, Brücken, Zufahrten und Wasserläufe, berücksichtigt. Bei Steigungen mit starker Längsneigung wird der Verkehrsfluss, insbesondere durch Schwerlastfahrzeuge, behindert. Deshalb sollen bestimmte Höchstlängsneigungen nicht überschritten werden **(Tabelle 1)**. Bei Straßen mit hoher Verkehrsbelastung ist zu prüfen, ob die Anlage eines Zusatzfahrstreifens an den Steigungsstrecken erforderlich ist.

Die Geraden mit unterschiedlichen Längsneigungen schneiden sich im **Tangentenschnittpunkt** (TS). Man unterscheidet zwischen Neigungswechsel und Neigungsänderung **(Bild 3)**. Die Gradiente ist an den Tangentenschnittpunkten auszurunden. Dabei entsteht entweder eine Kuppe oder eine Wanne mit dem Ausrundungshalbmesser H. Grundsätzlich werden die Ausrundungshalbmesser so groß wie möglich gewählt, bestimmte Mindestradien dürfen dabei nicht unterschritten werden (Tabelle 1). Bei Kuppen ist das von besonderer Bedeutung, da mit abnehmendem Kuppenhalbmesser die Sichtweiten für den Kraftfahrer abnehmen und Hindernisse auf der Fahrbahn nur spät erkannt werden können.

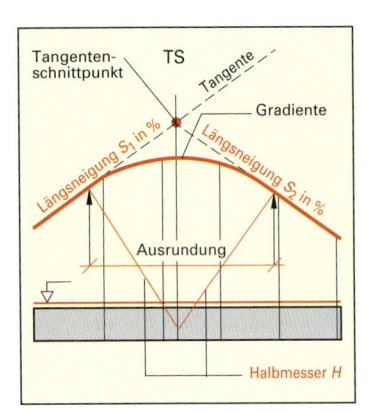

Bild 2: Gradiente

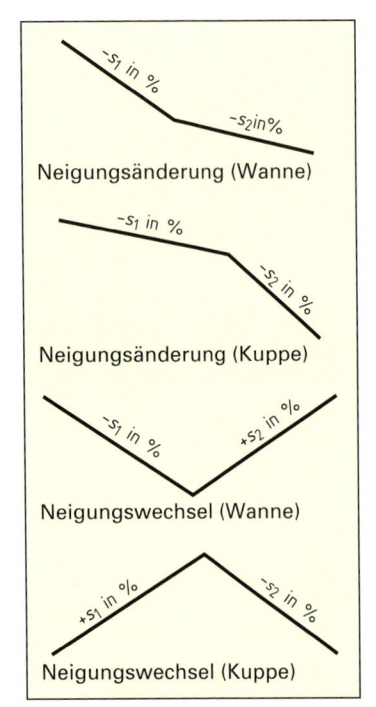

Bild 3: Neigungswechsel, Neigungsänderung

Tabelle 1: Höchstlängsneigungen, Kuppen- und Wannenhalbmesser nach RAS-L

v_e in km/h	Höchstlängsneigung max. s in % bei Straßen der Kategoriengruppe		Kuppenmindesthalbmesser H_k in m	Empfohlene Wannenmindesthalbmesser H_w in m
	A	BI/BII		
50	9,0	12,0	1400	500
60	8,0	10,0	2400	750
70	7,0	8,0	3150	1000
80	6,0	7,0	4400	1300
90	5,0	6,0	5700	2400
100	4,5	5,0	8300	3800
120	4,0	–	16000	8800

20.7.2 Berechnung der Gradientenhöhen

Nach erfolgter grafischer Festlegung der Gradiente und der Tangentenschnittpunkte folgt die rechnerische Ermittlung der Höhen und die Erstellung des Höhenplanes (**Bild 1**).

Vorzeichenregel:

Steigung: positiv ($+s_1, +s_2$)
Gefälle: negativ ($-s_1, -s_2$)
Wannenhalbmesser (H_w): positiv ($+H$)
Kuppenhalbmesser (H_k): negativ ($-H$)

H	Kreisbogenhalbmesser in m
T	Tangentenlänge in m
s_1, s_2	Längsneigungen der Tangenten in %
x_s	Abszisse des Scheitelpunktes (Hoch- und Tiefpunkt)
f	Stichmaß vom Tangentenschnittpunkt zum Ausrundungsbogen in m
s	Scheitelpunkt
TS	Tangentenschnittpunkt
AA	Ausrundungsanfang
AE	Ausrundungsende
T	Tangentenlänge des Ausrundungshalbmessers
x	Ordinate eines beliebigen Punktes
y	Stichmaß im Bereich der Ausrundungen

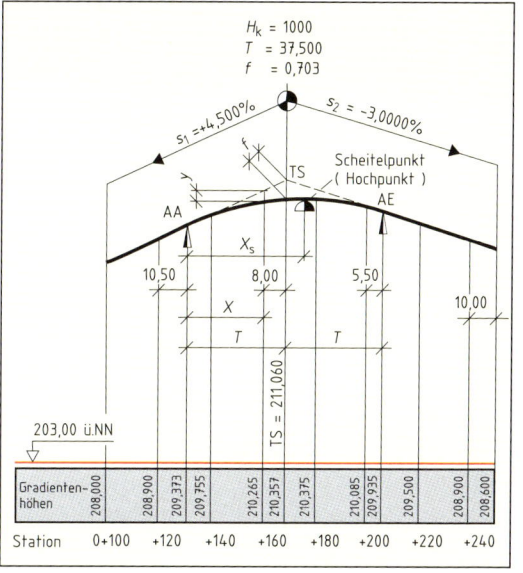

Bild 1: Höhenplan

Berechnung der Gradiente:

Längsneigung	s in %	$s = \dfrac{\Delta h}{l} \cdot 100$	Δh Höhenunterschied l Länge zwischen den Tangentenschnittpunkten in m Vorzeichenregeln beachten!
Tangentenlänge	T in m	$T = \dfrac{H}{2} \cdot \dfrac{s_2 - s_1}{100}$	
Stichmaß	f in m	$f = \dfrac{T^2}{2H}$	
Lage des Scheitelpunktes		$x_s = -\dfrac{s_1}{100} \cdot H$	Vorzeichenregeln beachten! H_A Höhe des Tangentenschnittpunktes l_i Abstand vom Tangentenschnittpunkt Vorzeichenregeln beachten!
Tangentenhöhen an beliebiger Stelle		$H_i = H_A + \dfrac{s}{100} \cdot l_i$	
Stichmaß	y in m	$y = \dfrac{x^2}{2H}$	

Beispiel: Berechnung der Gradientenhöhe H_G bei Station 0+160 (Bild 1):

$s = \dfrac{211{,}060 - 208{,}00}{168{,}00 - 100{,}00} \cdot 100 = 4{,}500\,\%$

$T = \dfrac{1000}{2} \cdot \dfrac{(-3{,}000) - (4{,}500)}{100} = 37{,}50\,\text{m}$

$f = \dfrac{37{,}50^2}{2 \cdot 1000} = 0{,}703\,\text{m}$

$x_s = \dfrac{4{,}500}{100} \cdot 1000 = -45{,}00\,\text{m}$

Tangentenhöhe H_i bei Station 0+160:

$H_{0+160} = 208{,}000 + 60{,}00 \cdot \dfrac{+4{,}500}{100} = 210{,}700\,\text{m}$

Stichmaß y bei Station 0+160:

$y = \dfrac{(160{,}00 - 130{,}50)^2}{2 \cdot 1000} = 0{,}435\,\text{m}$

Gradientenhöhe H_G bei Station 0+160:

$H_G = 210{,}700 - 0{,}435 = 210{,}265\,\text{m}$

$$K = \frac{1}{R} n$$

K = Abstand von der Bezugsachse in mm
R = Radius in m
n = beliebiger Faktor

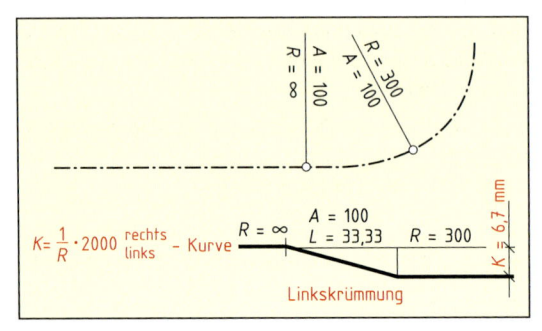

Bild 1: Krümmungsband

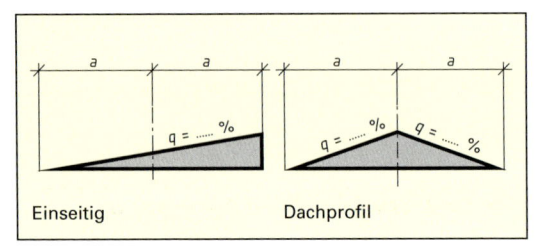

Bild 2: Querneigungen

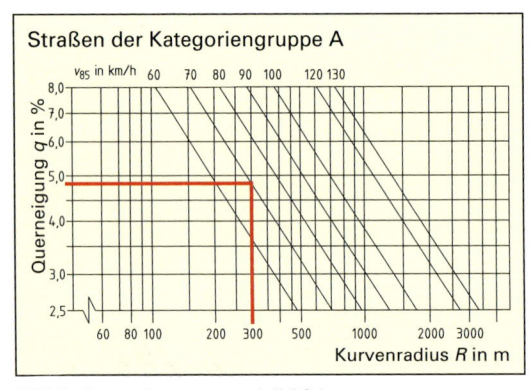

Bild 3: Querneigungen nach RAS-L

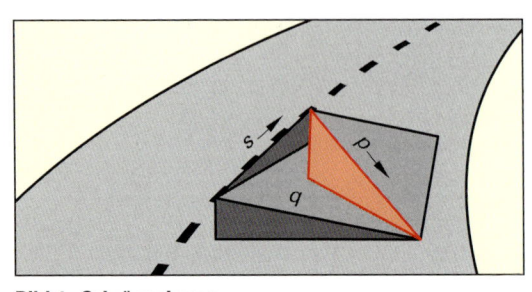

Bild 4: Schrägneigung

20.7.3 Krümmungsband

Beim Entwurf der Gradiente und der Querneigungen ist der Krümmungsverlauf der Straßenachse zu berücksichtigen, er wird im Krümmungsband dargestellt (**Bild 1**). Der Abstand der Krümmungslinie von der Bezugsachse wird berechnet.

Je kleiner der Radius der Fahrbahnachse, desto größer der Abstand K zur Bezugsachse. Der Faktor n ist so zu wählen, dass eine übersichtliche Darstellung des Krümmungsbandes möglich ist. Er sollte jedoch für das gesamte Krümmungsband gleich groß sein. Ist das Element in der Fahrbahn eine Gerade, ist der Radius $R = \infty$ und der Abstand $K = 0$. Rechtskurven werden oberhalb, Linkskurven unterhalb der Bezugsachse dargestellt.

20.7.4 Querneigungsband

Im Querneigungsband werden die Höhen der Fahrbahnränder bezogen auf die Fahrbahnachse dargestellt. Die Querneigung ist zur Ableitung des Oberflächenwassers erforderlich. In Kurven wird durch die Querneigung zusätzlich ein Teil der beim Befahren auftretenden Zentrifugalkräfte abgefangen. Die Mindestquerneigung auf Geraden und in Kreisbögen beträgt:

$$\min q = 2{,}5\,\%$$

Bei Straßen der Kategorie A und B sind einseitige Querneigungen vorzusehen, während auf anderen Straßen auch ein Dachprofil gewählt werden kann (**Bild 2**). Die Höchstquerneigung der Fahrbahn beträgt:

$$\max q = 8{,}0\,\%$$

Die Querneigungen sind in Abhängigkeit vom Kurvenradius zu bemessen (**Bild 3**).

Beispiel: Bei Straßenkategorie A, $v_{85} = 70$ km/h und $R = 300$ m beträgt die Querneigung $q = 4{,}8\,\%$.

Um ein Abrutschen der Fahrzeuge bei Eisglätte zu vermeiden, soll die resultierende Schrägneigung p nicht größer als 10 % sein (**Bild 4**).

Die resultierende Schrägneigung kann nach dem Lehrsatz des Pythagoras berechnet werden.

$$p = \sqrt{q^2 + s^2}$$

Das Querneigungsband wird im Höhenplan unter dem Krümmungsband dargestellt. Die Höhendifferenzen Δh zwischen der Fahrbahnachse und den Fahrbahnrändern werden unter Berücksichtigung der Fahrbahnbreiten und der Querneigungen berechnet.

$$\Delta h = a \cdot \frac{q}{100}$$

a der Abstand des Fahrbahnrandes von der Fahrbahnachse

Die errechneten Höhendifferenzen werden im beliebigen Maßstab, z. B. im Maßstab 1 : 10, von der Bezugsachse abgetragen. Linker und rechter Fahrbahnrand werden durch unterschiedliche Linienarten dargestellt **(Bild 1)**.

Die Anpassung der Querneigung wird auf einer Übergangsstrecke, bei Straßen der Kategorie A in der Klotoide, vollzogen. Dabei wird die Fahrbahnfläche entsprechend der anzupassenden Querneigung um die Fahrbahnachse gedreht, es findet eine **Verwindung** statt. Es ändern sich die Höhen der Fahrbahnränder in Bezug zur Fahrbahnachse; diese Veränderung nennt man Anrampung. Dabei sind aus optischen und fahrdynamischen Gründen bestimmte Grenzwerte einzuhalten **(Tabelle 1)**.

Bei Verwindung zwischen entgegengesetzten Querneigungen beträgt die Querneigung an einer Stelle 0 %. In diesem Bereich ist darauf zu achten, dass die Fahrbahn eine ausreichende Längsneigung, mindestens 0,5 % hat, da ansonsten das anfallende Oberflächenwasser nicht abfließen kann **(Bild 2)**.

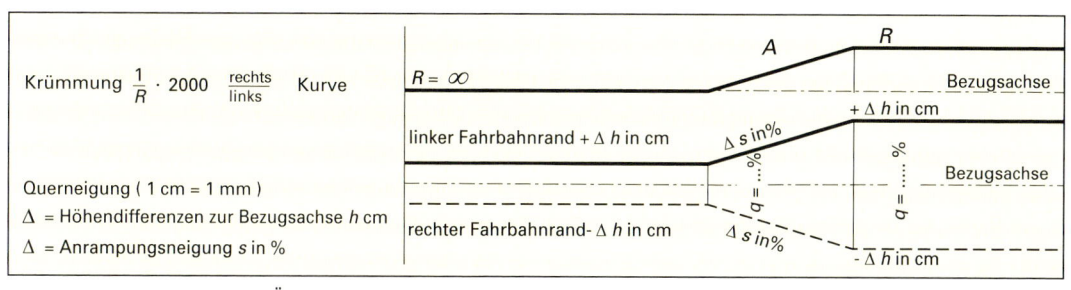

Bild 1: Querneigungen beim Übergangsbogen

$$\Delta s = \frac{q_e - q_a}{L_v} \cdot a$$

Δs Anrampungsneigung in %
q_e Querneigung am Ende der Verwindungsstrecke in %
q_a Querneigung am Anfang der Verwindungsstrecke in %
  q_a ist negativ einzusetzen, wenn entgegengesetzt zu q_e gerichtet.
L_v Länge der Verziehungsstrecke in m
a Abstand des Fahrbahnrandes von der Fahrbahnachse in m

Tabelle 1: Grenzwerte der Anrampungsneigung

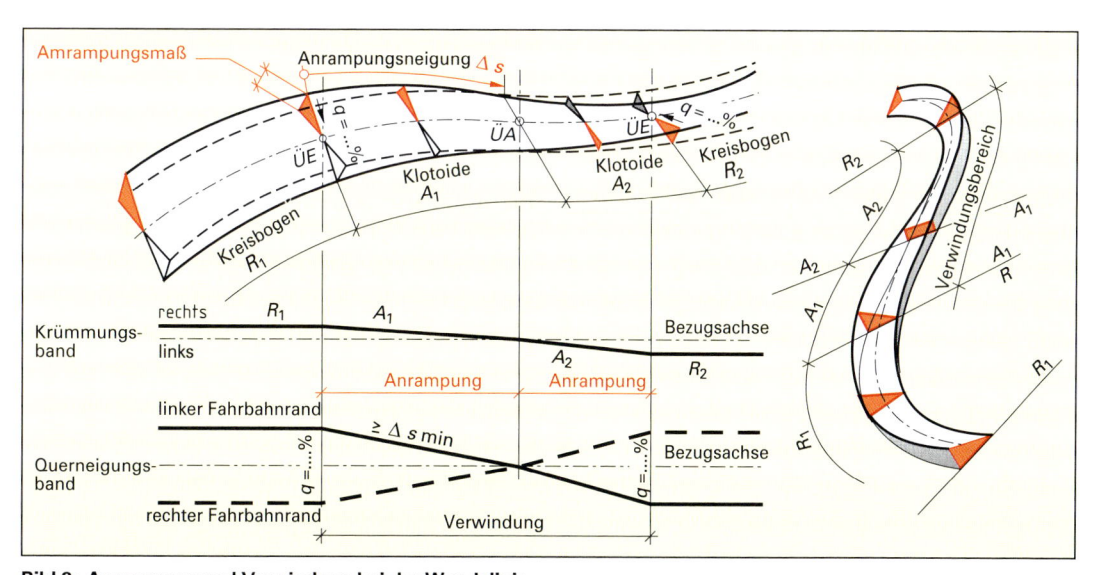

v_e in km/h	max Δs in % bei $a < 4{,}00$ m	max Δs in % bei $a \geq 4{,}00$ m	min Δs in %
50	$0{,}50 \cdot a$	2,0	
60 … 70	$0{,}40 \cdot a$	1,6	$0{,}10 \cdot a$
80 … 90	$0{,}25 \cdot a$	1,0	($\leq$ max Δs)
100 … 120	$0{,}225 \cdot a$	0,9	

Bild 2: Anrampung und Verwindung bei der Wendelinie

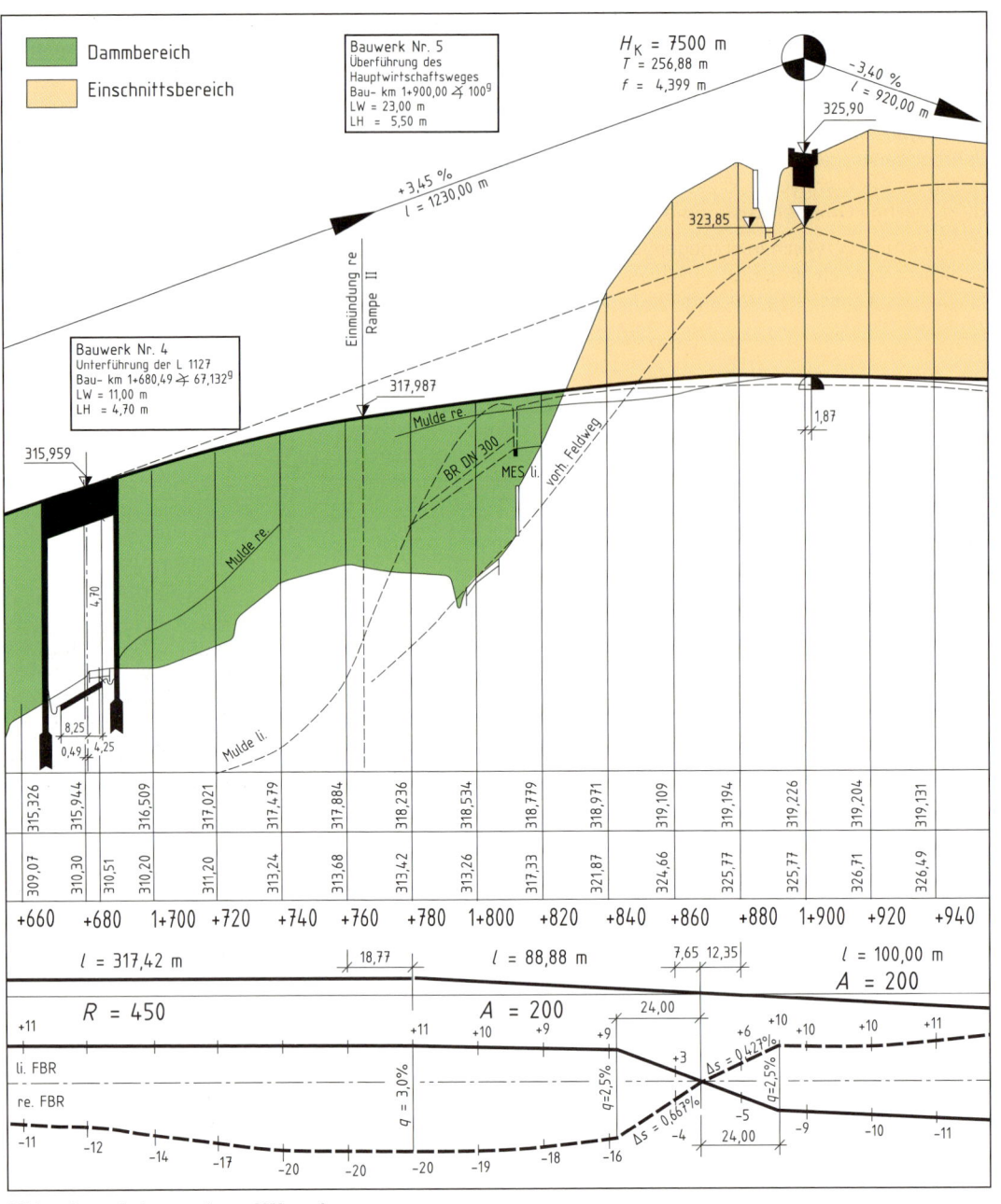

Bild 1: Ausschnitt aus einem Höhenplan

Aufgaben

1. Erklären Sie den Begriff Gradiente.
2. Beschreiben Sie die Begriffe Kuppe und Wanne.
3. Eine dem Gelände stark angepasste Linienführung der Trasse hat Vor- und Nachteile. Benennen und bewerten Sie diese.
4. Längs- und Querneigungen dürfen bestimmte Grenzwerte nicht überschreiten. Erläutern Sie die möglichen Gründe.
5. Der Abfluss des Oberflächenwassers ist zu gewährleisten. Wodurch wird das erreicht und worauf ist dabei zu achten?

20.8 Straßenquerschnitt

Die Querschnittsgestaltung der Fahrbahn muss auf die Trassierungselemente der Straße im Grundriss und im Aufriss abgestimmt sein. Sie ist abhängig von der Straßenkategorie, der Verkehrsbelastung, der zulässigen Geschwindigkeit und dem Anteil des Schwerverkehrs am Gesamtverkehr. Die Bemessung des Fahrbahnquerschnitts erfolgt auf der Grundlage der RAS-Q (Querschnitt).

Der Plan des Straßenquerschnittes zeigt im Maßstab 1:50 die Regelausbildung der Straße im Schnitt rechtwinklig zur Straßenachse. Dabei werden die Abmessungen des Straßenkörpers, das Quergefälle, gegebenenfalls die Lärmschutzeinrichtungen, die Entwässerungseinrichtungen, die Bauklasse, die Mindestdicke und die Schichten des Oberbaus sowie die Böschungsneigungen angegeben **(Bild 1)**.

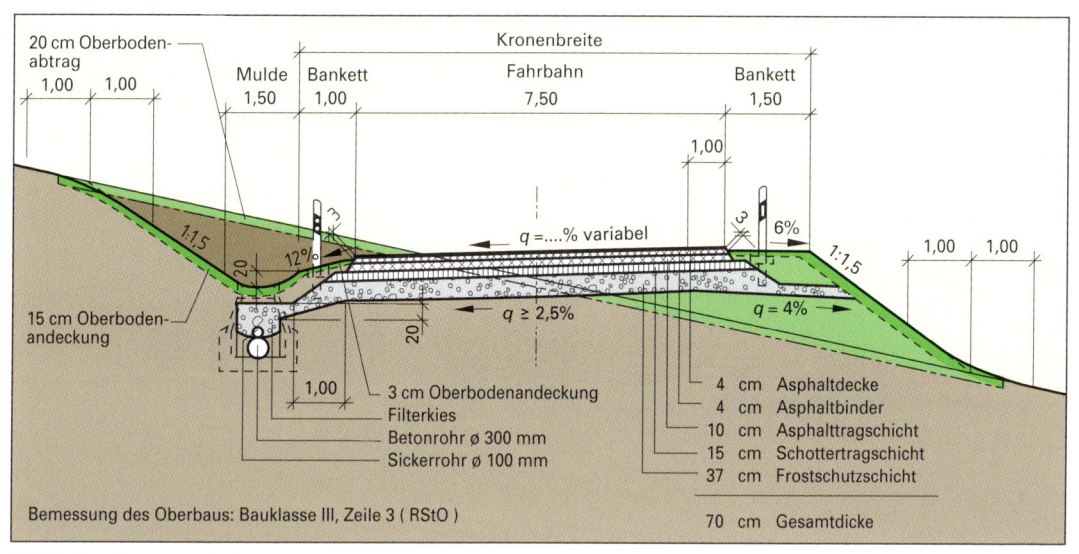

Bild 1: Straßenquerschnitt

20.8.1 Bemessung der Fahrbahnbreite

Für die Bemessung der Fahrbahnbreite wird ein Bemessungsfahrzeug von 2,50 m Breite und 4,00 m Höhe zugrunde gelegt **(Bild 1, Seite 572)**. Jedes Fahrzeug benötigt beim Fahren einen Bewegungsspielraum. Dieser ist von der zu erwartenden Geschwindigkeit und der Verkehrsbelastung abhängig und beträgt zwischen 0,25 und 1,25 m. Seitlich der Fahrstreifen sind Randstreifen vorzusehen. Auf den Randstreifen wird die Markierung untergebracht. Bei Straßen von untergeordneter Bedeutung und geringer Verkehrsbelastung wird auf den Randstreifen verzichtet. Randstreifen entfallen auch in Ortsdurchfahrten, wenn die Fahrbahn mit Hochbordsteinen begrenzt ist.

Bei der Anlage von Autobahnen z.B. sind auch Mittelstreifen (Trennstreifen) und Standstreifen (befestigte Seitenstreifen) vorzusehen. Mittelstreifen trennen die entgegengesetzt befahrenen Richtungsfahrbahnen, während Standstreifen die Möglichkeit bieten, in Notfällen seitlich auszuweichen oder anzuhalten.

Am äußeren Rand der befestigten Flächen liegen die unbefestigten Seitenstreifen, die man Bankette nennt. Diese sind in der Regel begrünt. Im Bankett werden auch die Sicherheits- und Schutzeinrichtungen, z.B. Schutzplanken, untergebracht.

Die Bankette sind je nach Querschnitt zwischen 1,00 und 1,50 m breit **(Bild 1, Tabelle 1, Seite 574)**. Addiert man zur Fahrbahnbreite die Bankettbreiten, erhält man die **Kronenbreite** (Bild 1).

20.8.2 Verkehrsraum, Sicherheitsraum, lichter Raum

Der **Verkehrsraum** für den Kfz-Verkehr setzt sich zusammen aus dem vom Bemessungsfahrzeug eingenommenen Raum, den seitlichen und oberen Bewegungsspielräumen sowie den Räumen über den Randstreifen, befahrbaren Entwässerungsrinnen oder den befestigten Seitenstreifen. Der Verkehrsraum für den Kfz-Verkehr ist 4,25 m, für den Radverkehr und für den Fußgängerverkehr 2,25 m hoch. Oberhalb und seitlich des Verkehrsraumes sind Sicherheitsräume vorzusehen.

Die Breite der seitlichen Sicherheitsräume ist abhängig von der zulässigen Geschwindigkeit v_{zul}.

Diese Maße können neben befestigten Seitenstreifen, am Mittelstreifen und neben Hochborden um 0,25 m reduziert werden. Der **lichte Raum** des Straßenquerschnittes setzt sich zusammen aus dem Verkehrsraum und den seitlichen und oberen Sicherheitsräumen. Im lichten Raum des Straßenquerschnittes dürfen keine festen Hindernisse stehen **(Bild 1)**.

Die lichte Höhe für den Kfz-Verkehr beträgt 4,50 m, für Geh- und Radwege 2,50 m.

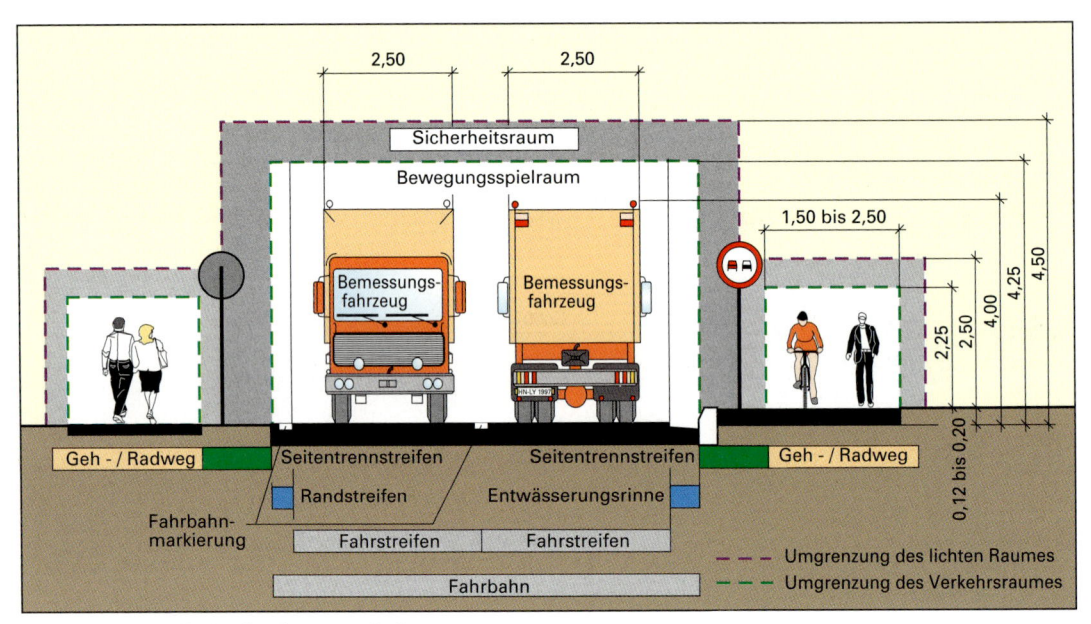

Bild 1: Bestandteile des Straßenquerschnitts

Tabelle 1: Breiten der Bestandteile des Straßenquerschnitts nach RAS-Q (Auszug)

Regelquer-schnitt	Anzahl der Fahrstreifen	Fahrstreifen (m)	Rand-streifen (m)	Mittel-streifen (m)	Stand-streifen (m)	Bankette (m)	Seitentrenn-streifen (m)
RQ 35,5	6	3,75/3,50	0,75/0,50	3,50	2,50	1,50	3,00
RQ 26	4	3,50	0,50	3,00	2,00	1,50	3,00
RQ 20	4	3,25	0,50	2,00	–	1,50	1,75
RQ 10,5	2	3,50	0,25/0,50	–	–	1,50	1,75
RQ 9,5	2	3,00	0,25	–	–	1,50	1,75
RQ 7,5	2	2,75		–	–	1,00	1,25

20.8.3 Radwege, Gehwege

Außerorts werden Fußgänger- und Radverkehr zumeist ohne gegenseitige Abgrenzung auf gemeinsamen Geh- und Radwegen geführt, die Regelbreite beträgt 2,50 m. Sie können parallel zur Fahrbahn oder unabhängig vom Straßenverlauf geführt werden. Radwege in bebauten Gebieten neben Hochborden müssen um mindestens 0,75 m vom Hochbordstein abgesetzt sein, damit der Radweg von geöffneten Wagentüren freibleibt.

Gehwege in bebauten Gebieten sind mindestens 1,50 m breit.

20.8.4 Regelquerschnitte

In den Richtlinien für die Anlage von Straßen, Teil Querschnitte (RAS-Q) sind Regelquerschnitte für alle Straßenkategorien und Verkehrsbelastungen angegeben **(Bild 1)**.

Sie unterscheiden sich jeweils durch die Anzahl der Fahrstreifen, die Fahrstreifenbreiten und die Bestandteile des Querschnittes **(Tabelle 1, Seite 574)**.

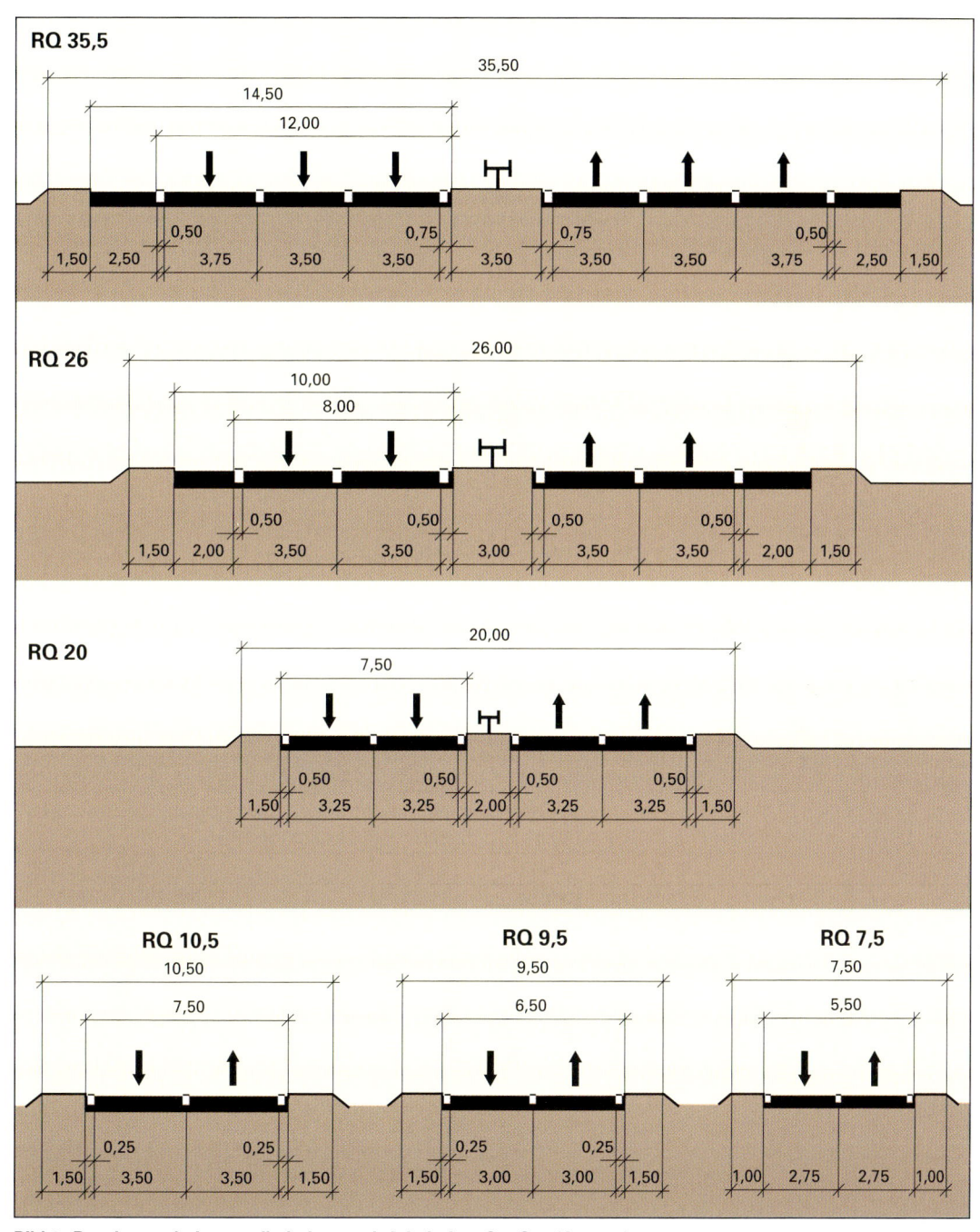

Bild 1: Regelquerschnitte zweibahniger und einbahniger Straßen (Auszug)

20.8.5 Ausbildung von Böschungen

Liegt der Kronenrand der Fahrbahn über dem anstehenden Gelände, so entsteht eine Dammböschung, liegt er unter dem anstehenden Gelände, ergibt sich eine Einschnittsböschung. Die Böschungshöhe ist die Differenz zwischen dem Kronenrand und dem Schnittpunkt der nicht ausgerundeten Böschung mit dem Gelände (**Bild 1**). Alle Damm- und Einschnittsböschungen mit einer Höhe ≥ 2,00 m erhalten eine

> **Regelneigung von 1 : n = 1 : 1,5**

Ist die Böschungshöhe kleiner als 2,00 m, so wird anstelle der Regelneigung eine konstante Böschungsbreite von b = 3,00 m angewandt. Dadurch wird die Böschungsneigung mit abnehmender Böschungshöhe flacher, ein harmonischer Übergang in das Gelände ist gewährleistet. Der Übergang zwischen Böschung und Gelände wird zumeist ausgerundet. Die Tangentenlänge (T) der Ausrundung hängt von der Böschungshöhe ab. Bei Böschungshöhen ≥ 2,00 m beträgt die Tangentenlänge 3,00 m, bei Böschungshöhen unter 2,00 m ist die Tangentenlänge 1,5 h. In beengten Verhältnissen sind auch kürzere Tangentenlängen möglich, mitunter muss auch auf eine Ausrundung verzichtet werden.

Böschungshöhe h	$h \geq 2{,}00$ m	$h < 2{,}00$ m	$h < 2{,}00$ m	$h \geq 2{,}00$ m
Regelböschung	1 : 1,5	b = 3,00 m	b = 3,00 m	1 : 1,5
allgemeine Böschungsmaße	1 : n	b = 2,00 · n	b = 2,00 · n	1 : n
Tangentenlänge der Ausrundung	3,00 m	1,5 · h	1,5 · h	3,00 m
	Damm	Damm	Einschnitt	Einschnitt

Bild 1: Regelneigung von Böschungen nach RAS-Q

20.9 Aufbau der Straße

Der Aufbau der Straße wird unterteilt in den Untergrund, den Unterbau und den Oberbau. Der Oberbau wird so konstruiert, dass er die auftretenden Verkehrslasten schadlos aufnehmen kann. Diese Lasten werden in den Unterbau oder Untergrund abgeleitet. Untergrund und Unterbau muss daher entsprechend tragfähig sein (**Bild 2**). Vor Beginn der Arbeiten muss der Oberboden abgetragen werden. Dieser wird zwischengelagert und später wieder in Böschungen, Banketten und Mulden angedeckt.

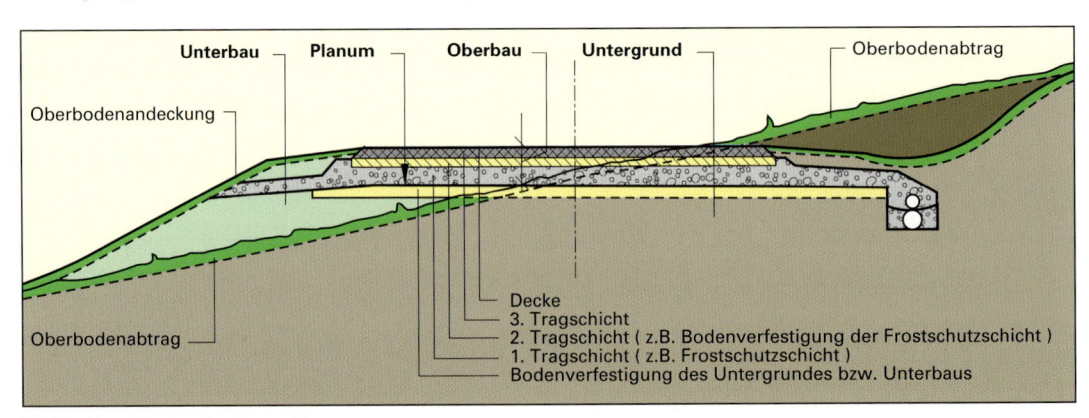

Bild 2: Begriffe des Straßenaufbaus

20.9.1 Untergrund

Der Untergrund ist der natürlich anstehende Boden. Er dient als Unterlage für den Unterbau bzw. den Oberbau. Ist die Tragfähigkeit des Untergrundes nicht ausreichend, so wird er im oberen Bereich verfestigt. Dabei werden Bindemittel wie Kalk, Zement oder Bitumen mit der obersten Schicht des Untergrundes vermischt und verdichtet. Ein so bearbeiteter Untergrund wird als verbesserter Untergrund bezeichnet.

20.9.2 Unterbau

Liegt die Straße im Damm, so ist der Dammkörper mit geeignetem Boden lageweise zu schütten. Je nach Bodenart kann auch hier die Beimengung von Bindemitteln erforderlich sein. In diesem Fall wird er als verbesserter Unterbau bezeichnet.

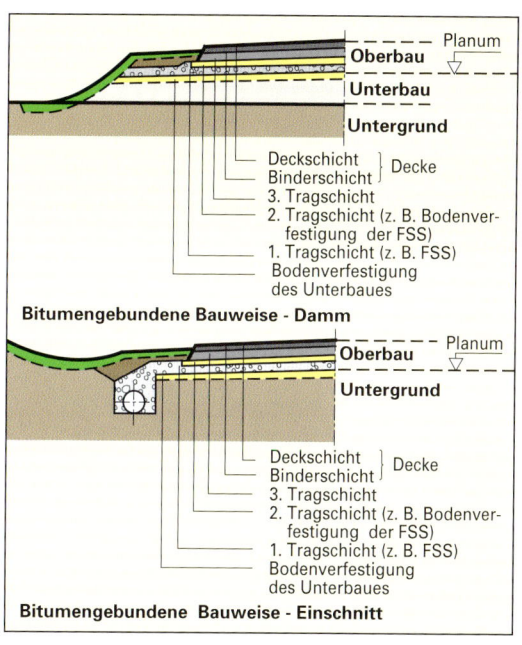

Bild 1: Straßenaufbau bitumengebundener Bauweise

20.9.3 Planum

Die Oberfläche des Untergrundes bzw. des Unterbaus wird Planum genannt. Dieses muss zur Ableitung des Oberflächenwassers eine Querneigung von mindestens 2,5 bzw. 4 % haben. Ansonsten ist die Querneigung der Fahrbahndecke maßgebend. Das Planum muss ausreichend tragfähig und eben sein. Die Abweichung von den Sollhöhen darf ± 3 cm nicht überschreiten. Ist ein Feinplanum, wie z. B. unter Betonfahrbahnen, zu erstellen, so darf die Abweichung nicht größer als ± 1 cm sein.

20.9.4 Oberbau

Der Oberbau der Fahrbahn besteht aus den Tragschichten und der Fahrbahndecke. Man unterscheidet zwischen der flexiblen Bauweise, z. B. aus bitumengebundenen Schichten, und der starren Bauweise aus zementgebundenen Schichten. Flexible Schichten können plastische Verformungen in gewissem Umfang aufnehmen, ohne dass eine Zerstörung eintritt. Die Dicke des Oberbaus und seiner Schichten sind in den **R**ichtlinien für die **St**andardisierung des **O**berbaus von Verkehrsflächen (**RStO**) vorgegeben. Die Einstufung in die entsprechende Bauklasse hängt von der zu erwartenden Belastung des Fahrbahnoberbaus durch eine 10-t-Achse ab **(Tabelle 1, Seite 579)**. Diese Achsübergänge werden für den vorgesehenen Nutzungszeitraum aus der täglichen Verkehrsstärke des Schwerverkehrs, der allgemeinen Verkehrszunahme, der Anzahl der Fahrstreifen, der Fahrstreifenbreite, der Steigung der Straße und der zulässigen Achslastwerte der Schwerverkehrsfahrzeuge ermittelt. Nach Festlegung der Bauklasse ist ein geeigneter Schichtenaufbau zu wählen. Dabei sind die örtlich vorkommenden Baustoffe, z. B. Kies oder Schotter, in verschiedenen Kombinationen berücksichtigt. Es werden Fahrbahnaufbauten für bitumengebundene Bauweisen, für Zementbauweisen, für Pflasterbauweisen und für Geh- und Radwege beschrieben.

Der Oberbau muss in seiner gesamten Dicke frostsicher sein. Wasser kann von oben, seitlich oder durch kapillares Aufsteigen von unten in den Oberbau eindringen. Gefriert ein bindiger Boden, so entstehen an der Frostgrenze Eislinsen, die eine Hebung des Bodens zur Folge haben. Bei einem nicht frostsicheren Oberbau würde sich die Fahrbahndecke heben. Unter Verkehrsbelastung entstehen Frostschäden **(Bild 2, Seite 218)**.

Die Frostempfindlichkeit der Böden wird in die Klassen F1, F2 und F3 unterteilt. Die Dicke des frostsicheren Oberbaus hängt wesentlich von der Frostempfindlichkeit des Bodens, der Frosthäufigkeit, der Lage der Gradiente (Damm, Einschnitt), den Wasserverhältnissen (Grundwasser) und der Ausführung der Randbereiche (Bordsteine) ab. Je nach vorliegenden Bedingungen ist der Oberbau zwischen 40 und 80 cm dick auszubilden.

20.9.5 Frostschutzschicht

Die Frostschutzschicht muss als kapillarbrechende Schicht das Aufsteigen von Wasser aus dem Untergrund oder Unterbau weitgehend verhindern und als Sickerschicht von oben eindringendes Wasser rasch absickern lassen. Frostschutzschichten sind aus frostunempfindlichen Mineralstoffen herzustellen, die auch in verdichtetem Zustand ausreichend durchlässig sind. Als Mineralstoffe werden ungebrochene Natursteine, z. B. Kies oder Sand, sowie gebrochene Natursteine wie Schotter, Splitt oder Brechsand verwendet. Der Kornanteil unter 0,063 mm Durchmesser darf höchstens 7,0 Masse-Prozent betragen. Mit der Frostschutzschicht werden auch die Neigungsdifferenzen zwischen der Fahrbahndecke und dem Planum ausgeglichen. Dabei ist darauf zu achten, dass an allen Stellen die Mindestdicke eingehalten wird.

20.9.6 Tragschichten

Die dynamisch wirkenden Belastungen aus dem rollenden Verkehr und die vorwiegend statisch wirkenden Verkehrskräfte aus dem ruhenden Verkehr bewirken in der Fahrbahnbefestigung Druck-, Zug- und Schubspannungen. Die Aufgabe der Tragschichten ist es, diese Spannungen aufzunehmen und auf die untergelagerten Schichten schadlos zu verteilen. Unterschieden wird in Tragschichten ohne Bindemittel und Tragschichten mit Bindemitteln. Tragschichten ohne Bindemittel sind meist Kies- oder Schottertragschichten. Diese müssen ebenfalls frostsicher sein.

Tragschichten aus ungebundenem Mineralstoffgemisch werden nach der Sieblinie zusammengesetzt und im Zentralmischverfahren hergestellt. Damit sich das Material nicht entmischt und eine ausreichende Verdichtung erreicht wird, ist ein ausreichender Wassergehalt notwendig. Bedingt durch die Gleichartigkeit der Materialien wird die Frostschutzschicht und die Schotter- oder Kiestragschicht mitunter als **k**ombinierte **F**rost- und **T**ragschicht ausgebildet (**KFT**).

Gebundene Tragschichten enthalten hydraulische oder bituminöse Bindemittel. Dies können hydraulisch gebundene Kiestragschichten, hydraulisch gebundene Schottertragschichten oder bituminöse Tragschichten mit unterschiedlicher Kornzusammensetzung sein. Die Dicke von Tragschichten ist einerseits vom verwendeten Baustoff und andererseits von der zu erwartenden Verkehrsbelastung abhängig.

Die Randausbildung an Straßen außerhalb bebauter Gebiete ohne Randeinfassung richtet sich nach den Schichten des Oberbaus (**Bild 1**).

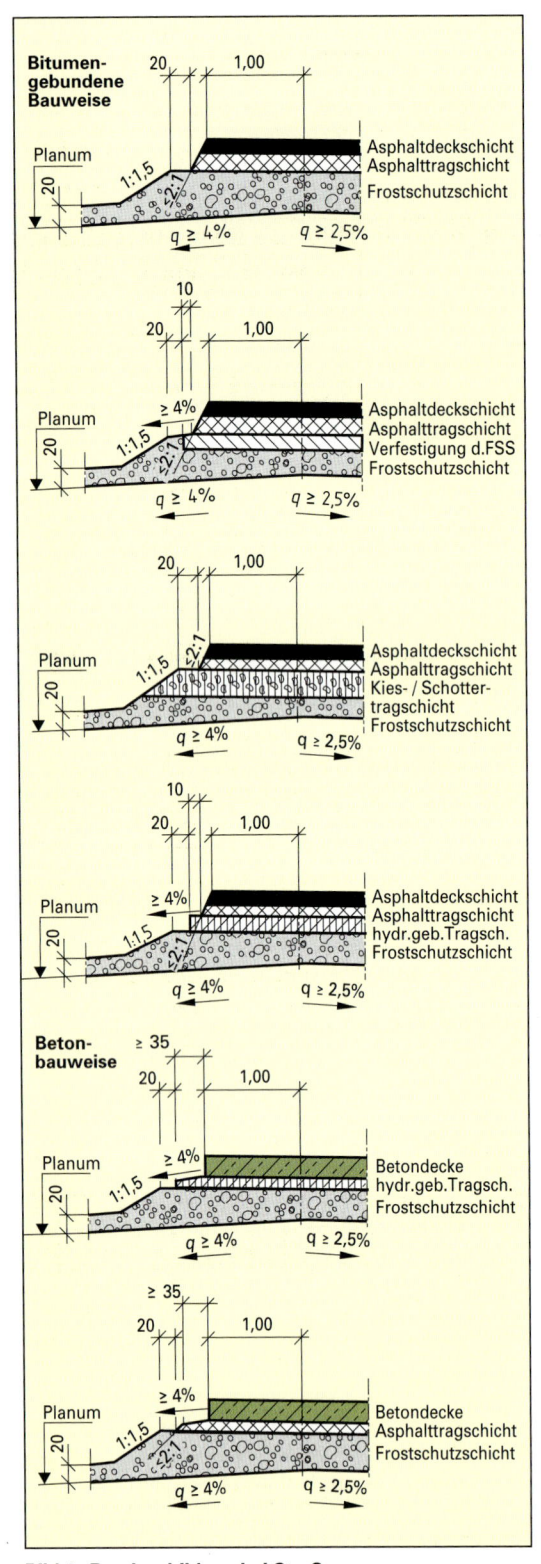

Bild 1: Randausbildung bei Straßen ohne Randbefestigung

Tabelle 1: Bauweisen mit Asphaltdecke für Fahrbahnen auf F2- und F3-Untergrund/Unterbau

(Dickenangaben in cm; ▼ E_{v2} - Mindestwerte in MN/m²)

Zeile	Bauklasse	SV	I	II	III	IV	V	VI
	Äquivalente 10-t-Achsübergänge in Mio. B	> 32	> 10-32	> 3-10	> 0,8-3	> 0,3-0,8	> 0,1-0,3	≤ 0,1
	Dicke des frostsich. Oberbaues[1]	55 65 75 85	55 65 75 85	55 65 75 85	45 55 65 75	45 55 65 75	35 45 55 65	35 45 55 65

1: Asphalttragschicht auf Frostschutzschicht

Aufbau: Asphaltdeckschicht 4 / Asphaltbinderschicht 8 / Asphalttragschicht / Frostschutzschicht

Zeile		SV	I	II	III	IV	V	VI
1	Dicke der Frostschutzschicht	- 31[2] 41 51	25[3] 35 45 55	29[3] 39 49 59	- 33[2] 43 53	27[3] 37 47 57	21[2] 31 41 51	25 35 45 55

2.1: Asphalttragschicht und Tragschicht mit hydraulischem Bindemittel auf Frostschutzschicht bzw. Schicht aus frostunempfindlichen Material

Zeile		SV	I	II	III	IV	V	VI
2.1	Dicke der Frostschutzschicht	- 34[2] 44	- 28[3] 38 48	- 30[2] 40 50	- - 34[2] 44	- 26[3] 36 46	- 16[3] 26 36	- 16[3] 26 36

2.2: Asphalttragschicht + Verfesigung (Schicht aus frostunempfindlichem Material weit- oder intermittierend gestuft gemäß DIN 18196)

Zeile		SV	I	II	III	IV	V	VI
2.2	Dicke der Schicht aus frostunempfindlichen Material	10[4] 20[4] 30 40	14[4] 24 34 44	18[4] 28 38 48	12[4] 22 32 42	16[4] 26 36 46	6[4] 16[4] 26 36	6[4] 16[4] 26 36

2.3: Asphalttragschicht + Verfestigung (Schicht aus frostunempfindlichem Material enggestuft gemäß DIN 18196)

Zeile		SV	I	II	III	IV	V	VI
2.3	Dicke der Schicht aus frostunempfindlichen Material	5[4] 15[4] 25 35	9[4] 19[4] 29 39	13[4] 23 33 43	7[4] 17[4] 27 37	16[4] 26 36 46	6[4] 16[4] 26 36	6[4] 16[4] 26 36

3: Asphalttragschicht und Schottertragschicht auf Frostschutzschicht

Schottertragschicht $E_{v2} \geq 150(120)$

Zeile		SV	I	II	III	IV	V	VI
3	Dicke der Frostschutzschicht	- - 30[2] 40	- 34[2] 44	- 28[3] 38 48	- 32[2] 42	- 26[3] 36 46	- 18[3] 28 38	- 20[2] 30 40

4: Asphalttragschicht und Kiestragschicht auf Frostschutzschicht

Kiestragschicht $E_{v2} \geq 150(120)$

Zeile		SV	I	II	III	IV	V	VI
4	Dicke der Frostschutzschicht	- - 25[3] 35	- 29[3] 39	- 33[2] 43	- 27[3] 37	- 31[2] 41	- 23[3] 33	- 15[3] 25 35

---

[1] bei abweichenden Werten sind die Dicken der Frostschutzschicht bzw. des frostunempfindlichen Materials durch Differenzbildung zu bestimmen

[2] Mit rundkörnigen Gesteinskörnungen nur bei örtlicher Bewährung anwendbar

[3] Nur mit gebrochenen Gesteinskörnungen und bei örtlicher Bewährung anwendbar

[4] Nur auszuführen, wenn das frostunempfindliche Material und das zu verfestigende Material als eine Schicht eingebaut werden

[5] Bei Kiestragschicht in Bauklassen SV und I bis IV in 40 cm Dicke, in Bauklassen V und VI in 30 cm Dicke

[6] Tragdeckschicht

20.9.7 Deckschichten

Die **Decke** ist die oberste Schicht des Oberbaus. Sie muss eben, dicht geräuscharm und griffig sein. Das eingebaute Mischgut soll weitgehend verschleißfest und verformungsbeständig sein. Decken bei der bituminösen Bauweise sind aus Asphaltbeton oder aus Gussasphalt. Asphaltbeton (AB) ist in seiner Sieblinie so zusammengesetzt, daß die Bestandteile dicht gelagert sind. Für starke Verkehrsbelastungen wird der Splittanteil erhöht, man spricht von splittreichem AB, bei splittarmem ist er geringer. Das Material wird mit Straßenbaufertigern heiß eingebaut und durch Walzen verdichtet. Daher spricht man auch von Walzasphalt. Demgegenüber bedarf der Gussasphalt keiner Nachverdichtung. Es wird als heiße, gießbare Masse angeliefert und mit speziellen Fertigern oder von Hand eingebaut. Um eine griffige Oberfläche zu erhalten, wird der noch heiße Gussasphalt abgesplittet, der Splitt wird eingewalzt.

Bei starken Verkehrsbelastungen durch Schwerfahrzeuge treten die Schub-, Druck- und Zugkräfte in verstärktem Maß auf. Daher wird bei der bitumengebundenen Bauweise zwischen der Asphalttragschicht und der Deckschicht eine **Binder**schicht eingebaut. Sie soll diese auftretenden Kräfte aufnehmen und ableiten. Einerseits verbindet sie die genannten Schichten und andererseits können mit dieser Schicht noch bestehende Unebenheiten ausgeglichen werden.

20.9.8 Betondecken

Betondecken sind im Vergleich zu Decken mit bitumengebundener Bauweise wesentlich verschleißfester und verformungsbeständiger. Zudem haben sie eine wesentlich höhere Lebensdauer. Betondecken werden überwiegend auf Autobahnen uns sonstigen Flächen mit hohen Verkehrslasten erstellt. Die Erstellung und Wiederherstellung von Betondecken ist jedoch aufwendiger und teurer als bei Decken der bitumengebundenen Bauweise. Während bei der bitumengebundenen Bauweise der Verkehr nach dem Abwalzen der Deckschichten sofort wieder rollen kann, muss bei Betondecken der Erhärtungsvorgang beendet sein.

Dicke und Aufbau von Betondecken werden nach den RStO bemessen **(Tabelle 1)**.

Tabelle 1: Bauweisen mit Betondecke für Fahrbahnen, Auszug aus den RStO

(Dickenangaben in cm; ▼ E_{v2} - Mindestwerte in MN/m²)

Zeile	Bauklasse		SV	I	II	III
	Äquivalente 10-t-Achsübergänge in Mio.[1)]	B	> 32	> 10-32	> 3-10	> 0,8-3
	Dicke des frostsich. Oberbaues[1)]		55 65 75 85	55 65 75 85	55 65 75 85	45 55 65 75
1.1	**Tragschicht mit hydraulischem Bindemittel auf Frostschutzschicht bzw. Schicht aus frostunempfindlichem Material** Betondecke / Vliesstoff / Hydraulisch gebundene Tragschicht (HGT) / Frostschutzschicht		27 ▼120/15/42 ▼45	25 ▼120/15/40 ▼45	24 ▼120/15/39 ▼45	23 ▼120/15/38 ▼45
	Dicke der Frostschutzschicht		- - 33[3)] 43	- 25[3)] 35 45	- 26[3)] 36 46	- - 27[3)] 37
1.2	Betondecke / Vliesstoff / Verfestigung / Schicht aus frostunempfindlichem Material weit- oder intermittierend gestuft gemäß DIN 18196-		27 20 ▼45/47	25 15/40 ▼45	24 15/39 ▼45	23 15/38 ▼45
	Dicke der Schicht aus frostunempfindlichen Material		8[4)] 18[4)] 28 38	15[4)] 25 35 45	16[4)] 26 36 46	7[4)] 17[4)] 27 37
2	**Asphalttragschicht auf Frostschutzschicht** Betondecke / Asphalttragschicht / Frostschutzschicht		26 ▼120/10/36 ▼45	24 ▼120/10/34 ▼45	23 ▼120/10/33 ▼45	22 ▼120/10/32 ▼45
	Dicke der Frostschutzschicht		- 29[2)] 39 49	- 31[2)] 41 51	- 32[2)] 42 52	- - 33[2)] 43

[1)] [2)] [3)] [4)] siehe Tabelle Seite 577

20.9.9 Pflasterdecken

Pflasterdecken sind die älteste Form der Fahrbahnbefestigung. Durch die Zunahme des Kraftfahrzeugverkehrs und der Entwicklung neuer, wirtschaftlicher Bauweisen, wie z. B. der bituminösen oder der Zementbauweise, wurden Pflasterdecken als Fahrbahnbefestigung zunehmend verdrängt. Erst in der letzten Zeit werden Pflasterdecken für die Befestigung von Verkehrsflächen wieder erstellt, meist aus gestalterischen Gründen wie z. B. auf städtischen Plätzen, in Fußgängerzonen und auf Parkplätzen.

Pflasterdecken können aus natürlichen oder aus künstlichen Steinen erstellt werden. Beim Natursteinpflaster wird in DIN 18502 je nach Größe der Steine unterschieden in Großpflastersteine, Kleinpflastersteine und Mosaikpflaster **(Bild 1, Seite 579)**.

Tabelle 1: Bauweisen mit Pflasterdecke für Fahrbahnen, Auszug aus den RStO

(Dickenangaben in cm; ▼ E_{v2} - Mindestwerte in MN/m²)

Zeile	Bauklasse		III	IV	V	VI
	Äquivalente 10-t-Achsübergänge in Mio.	B	> 0,8-3	> 0,3-0,8	> 0,1-0,3	≤ 0,1
	Dicke des frostsich. Oberbaues		45 55 65 75	45 55 65 75	35 45 55 65	35 45 55 65
1	**Schottertragschicht auf Frostschutzschicht**					
	Pflasterdecke		▼150 10/3	▼150 8/3	▼120 8/3	▼120 8/3
	Schottertragschicht		▼120 25/38	▼120 20/31	▼100 15/26	▼100 15/26
	Frostschutzschicht		▼45	▼45	▼45	▼45
	Dicke der Frostschutzschicht		- - 27³⁾ 37	- - 34²⁾ 44	- 19³⁾ 29 39	- 19³⁾ 29 39
4	**Asphalttragschicht auf Frostschutzschicht**					
	Pflasterdecke		10/3	8/3	8/3	8/3
	Asphalttragschicht		▼120 14/27	▼120 12/23	▼100 10/21	▼100 10/21
	Frostschutzschicht		▼45	▼45	▼45	▼45
	Dicke der Frostschutzschicht		- 28³⁾ 38 48	- 32²⁾ 42 52	- 24²⁾ 34 44	- 24²⁾ 34 44
6	**Asphalttragschicht und Kiestragschicht auf Frostschutzschicht**					
	Pflasterdecke		10/3	8/3	8/3	8/3
	Asphalttragschicht		▼150 10	▼150 8	▼120 8	▼120 8
	Kiestragschicht		▼120 20	▼120 20	▼100 20	▼100 20
	Frostschutzschicht		▼45 43	▼45 39	▼45 39	▼45 39
	Dicke der Frostschutzschicht		- - 32²⁾	- - 26³⁾ 36	- - 16³⁾ 26	- - 16³⁾ 26

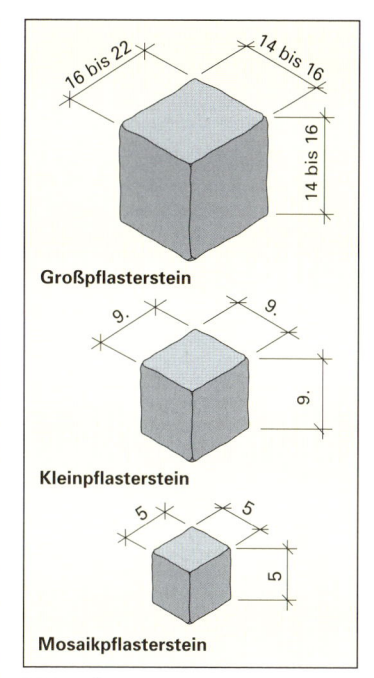

¹⁾ ²⁾ ³⁾ siehe Tabelle Seite 577

Bild 1: Übliche Größen von Granitpflastersteinen
- Großpflasterstein (16 bis 22 × 14 bis 16 × 14 bis 16)
- Kleinpflasterstein (9 × 9 × 9)
- Mosaikpflasterstein (5 × 5 × 5)

Als Gesteinsmaterial wird meist Granit oder Porphyr, aber auch andere Erstarrungsgesteine verwendet (Seite 66).

Pflaster aus künstlichen Steinen sind meist aus Beton und können eine rechteckige, quadratische oder eine beliebige geometrische Form haben **(Bild 2)**. Sie sind meist zwischen 6 cm und 10 cm dick. Pflasterdecken werden in einer 3 cm dicken Sand- oder Kiessandbettung verlegt.

Bei Pflaster aus künstlichen Steinen ist auch eine Splittbettung möglich. Auf Flächen mit großen Verkehrslasten wird das Pflaster in eine Bettung aus Kalk- oder Zementmörtel verlegt.

Nach Verlegung wird das Pflaster eingerüttelt. Die Fugen werden mit Sand, Kiessand, Brechsand oder Splitt eingefegt bzw. unter Wasserzugabe eingeschlämmt.

Bei Groß- und Kleinpflastersteinen und bei entsprechender Beanspruchung können die Fugen auch mit bituminöser Masse oder mit Zementmörtel vergossen werden.

Zur Sicherstellung des Wasserabflusses soll die Schrägneigung einer Pflasterfläche größer als 2,5 % sein.

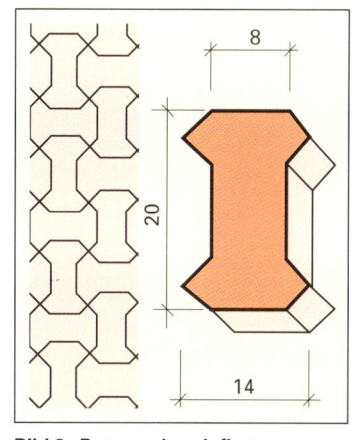

Bild 2: Betonverbundpflaster (Beispiel)

Aufgaben

1. Ordnen Sie die auf Seite 573 dargestellten Querschnitte den Straßenkategorien gemäß Tabelle 1, Seite 560 zu.
2. Stellen Sie die Unterschiede zwischen Betondecken und der bitumengebundenen Bauweise dar.
3. Beschreiben Sie die Schichten des Oberbaus gemäß Bauklasse II, Zeile 3 und erklären Sie ihre Funktion.
4. Erläutern Sie die Entstehung von Frostaufbrüchen und nennen Sie die Ursachen dafür.
5. Benennen Sie die Ihnen bekannten Pflasterarten.

20.10 Querprofile

Die an den Stationspunkten der Straße quer zur Straße entstehenden Schnitte bezeichnet man als Querprofile. Die Schnittlinien der Querprofile stehen senkrecht bzw. radial zur Fahrbahnachse (**Bild 2, Seite 566**). Darin wird das bestehende Gelände, der Verlauf der Fahrbahndecke sowie die angrenzenden Bestandteile des Fahrbahnquerschnittes, z. B. Böschungen und Mulden, bis zur Verschneidung mit dem bestehenden Gelände dargestellt. Für die Bauausführung werden die Schichten des Fahrbahnaufbaus sowie, falls vorhanden, unterschiedliche Bodenhorizonte dargestellt. Querprofile werden meist in den Maßstäben 1:200 oder 1:100 gezeichnet.

Querprofile dienen auch als Grundlage zur Mengenermittlung und zur Abrechnung der Baumaßnahme (**Bild 1 und 2**).

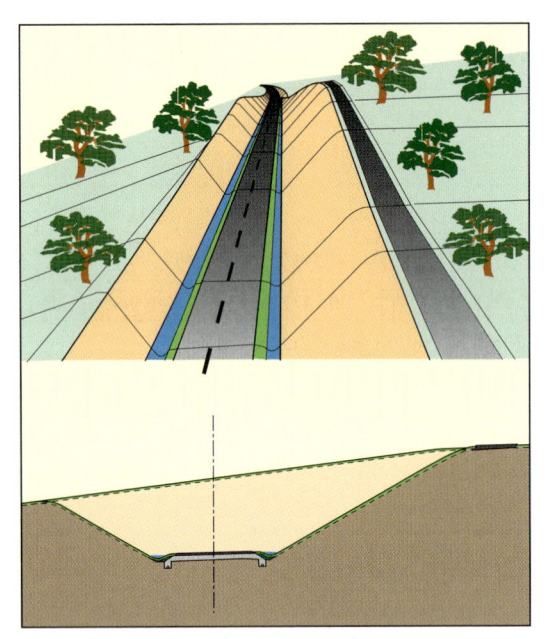

Bild 1: Querprofil im Einschnittsbereich

Bild 2: Querprofil im Dammbereich

20.11 Straßenentwässerung

Das bei Regen und Schnee im Bereich der Straße anfallende Wasser nennt man **Oberflächenwasser**. Bei nicht befestigten Flächen dringt ein Teil dieses Wassers in den Boden ein, es versickert.

Das anfallende Oberflächenwasser ist so abzuleiten, dass keine Verkehrsgefährdung z. B. durch Aquaplaning entsteht, dass keine anderen Verkehrsteilnehmer durch Spritzwasser belästigt werden, im Winter Glatteisbildung vermieden wird und keine Schäden an der Fahrbahn entstehen können. Dies erfolgt über ausreichendes Längs- und Quergefälle. Das im Boden vorhandene Wasser, z. B. Sickerwasser oder Grundwasser, bezeichnet man als Bodenwasser (**Bild 3**). Auch das Bodenwasser ist so zu sammeln und abzuleiten, dass keine Schä-

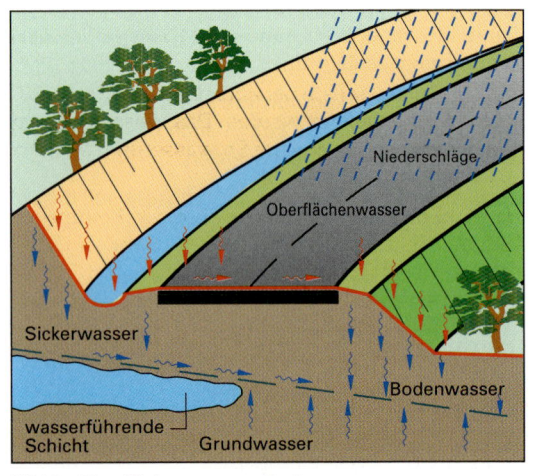

Bild 3: Oberflächenwasser, Bodenwasser

den auftreten können. Die Planung von Entwässerungseinrichtungen an Straßen erfolgt auf der Grundlage der **R**ichtlinien für die **A**nlage von **S**traßen, **E**ntwässerung **(RAS-Ew)**.

20.11.1 Straßenentwässerung außerhalb bebauter Gebiete

An anbaufreien Straßen außerhalb bebauter Gebiete wird die Fahrbahn meist über die angrenzenden Bankette in zu erstellende Straßenmulden entwässert. In Einschnittsbereichen ist eine Mulde erforderlich. Am Dammfuß oder in ebenem Gelände kann jedoch auf eine Mulde verzichtet werden, wenn das anschließende Gelände das anfallende Oberflächenwasser aufnehmen oder ableiten kann. In diesem Fall spricht man von einer flächigen Entwässerung. Die Mulden sind je nach Fahrbahnquerschnitt von anfallender Wassermenge zwischen 1,0 und 2,5 m breit. Das in Straßenmulden gesammelte Wasser wird einem geeigneten Vorfluter, z. B. einem Wassergraben, einem Bachlauf oder einem Kanal zugeführt. Auf eine ausreichende Längsneigung der Mulde ist zu achten.

Bei Muldenlängsneigungen zwischen 1 und 4 % wird gewöhnlich eine Rasenmulde vorgesehen **(Bild 1)**. Bei Rasenmulden mit einer Längsneigung unter 1 % ist der Wasserabfluss nicht mehr gewährleistet. Die Muldensohle ist zu befestigen, z. B. mit Sohlschalen **(Bild 2)**. Ist die Muldenlängsneigung größer als 4 %, kann das Oberflächenwasser durch seine hohe Fließgeschwindigkeit Erosionen an der Mulde bewirken. Zur Reduzierung der Fließgeschwindigkeit wird die Muldensohle mit einer rauen Sohlbefestigung aus Bruchsteinen, Betonrasensteinen oder rauem Pflaster versehen **(Bild 3)**.

20.11.2 Straßenentwässerung innerhalb bebauter Gebiete

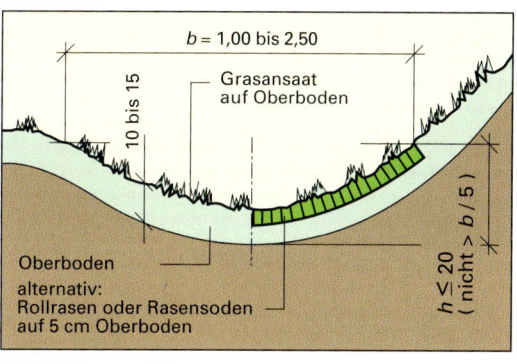

Bild 1: Rasenmulde

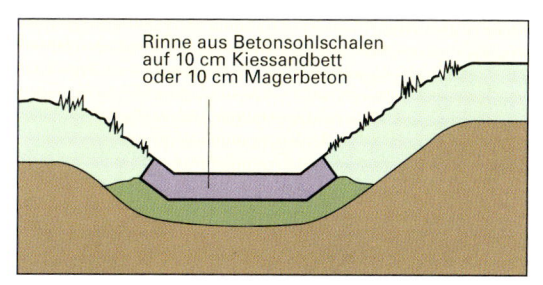

Bild 2: Befestigung mit Sohlschalen

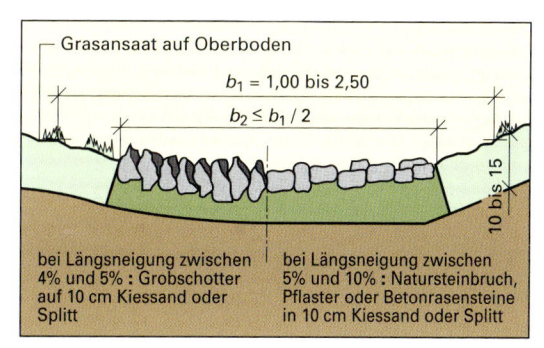

Bild 3: Raue Sohlbefestigung

Bei Straßen innerhalb bebauter Gebiete kann das Oberflächenwasser wegen der angrenzenden Bebauung nicht offen abgeführt werden. Das Wasser ist an den Rändern der befestigten Flächen in Rinnen zu sammeln und durch geeignete Entwässerungseinrichtungen, wie z. B. Straßenabläufe, direkt in den Kanal abzuleiten **(Bild 4, Seite 585)**.

Bei der Entwässerung der Fahrbahn in Rinnen ist darauf zu achten, dass die Längsneigungen in den Rinnen größer als 0,5 % sind. Die Bordrinne wird aus einem Hochbord und einem Teil der Fahrbahnbefestigung gebildet und hat dieselbe Längs- und Querneigung wie die anschließenden Verkehrsflächen **(Bild 1, Seite 584)**.

Aus gestalterischen Gründen kann die Rinne auch durch Großpflastersteine gebildet werden. Ist die Längsneigung am Fahrbahnrand kleiner als 0,5 %, kann entweder eine Pendelrinne oder in Sonderfällen eine Schlitzrinne mit angeformtem Hochbord verwendet werden (Bild 1, Seite 584).

Bei der Pendelrinne ist zusätzlich zur Fahrbahnbreite ein Streifen mit einer Breite bis zu 50 cm anzulegen, in dem die Längsneigung zwischen den Hochpunkten und den Straßenabläufen ständig wechselt. Die Pendelrinne soll sich durch die Art ihrer Befestigung deutlich von der Fahrbahn unterscheiden.

Schlitzrinnen mit angeformtem Hochbord haben ein innen liegendes Längsgefälle, wodurch der Wasserabfluss gewährleistet wird. Aus gestalterischen Gründen und zur Trennung unterschiedlicher Verkehrsflächen können Muldenrinnen angelegt werden **(Bild 1)**.

Kastenrinnen und Schlitzrinnen werden zur Entwässerung von Flächen, z. B. von Parkplätzen oder Grundstückszufahrten, verwendet. Sie können mit und ohne innen liegendes Längsgefälle geliefert werden (Bild 1). Schlitzrinnen sind für die Flächen, auf denen Fahrradverkehr stattfindet, ungeeignet.

Die gewählten Entwässerungseinrichtungen sind hinsichtlich ihrer Leistungsfähigkeit zu berechnen und den Erfordernissen anzupassen.

20.11.3 Sickeranlagen

Wasser aus dem Boden und aus dem Oberbau muss gesammelt und abgeleitet werden, wenn es zu Schäden am Straßenkörper führen kann. Die Ableitung erfolgt über Sickerschichten, wie z. B. über die Frostschutzschicht, sowie über Sickeranlagen, wie z. B. über die Sickerstränge.

Die Filterkörper der Sickerstränge sind aus wasserdurchlässigen, verwitterungsbeständigen und filterstabilen Baustoffen, wie z. B. Filterkies, zu erstellen **(Bild 2, Seite 583)**.

20.11.4 Sickerstränge

Sickerstränge verlaufen längs der Fahrbahn und nehmen das Sickerwasser der Frostschutzschicht sowie das Wasser des angrenzenden Bodens auf und leiten es in das Gelände bzw. in einen Vorfluter, z. B. einen Kanal **(Bild 4, Seite 583)**. Sie bestehen aus einem Filterkörper und haben

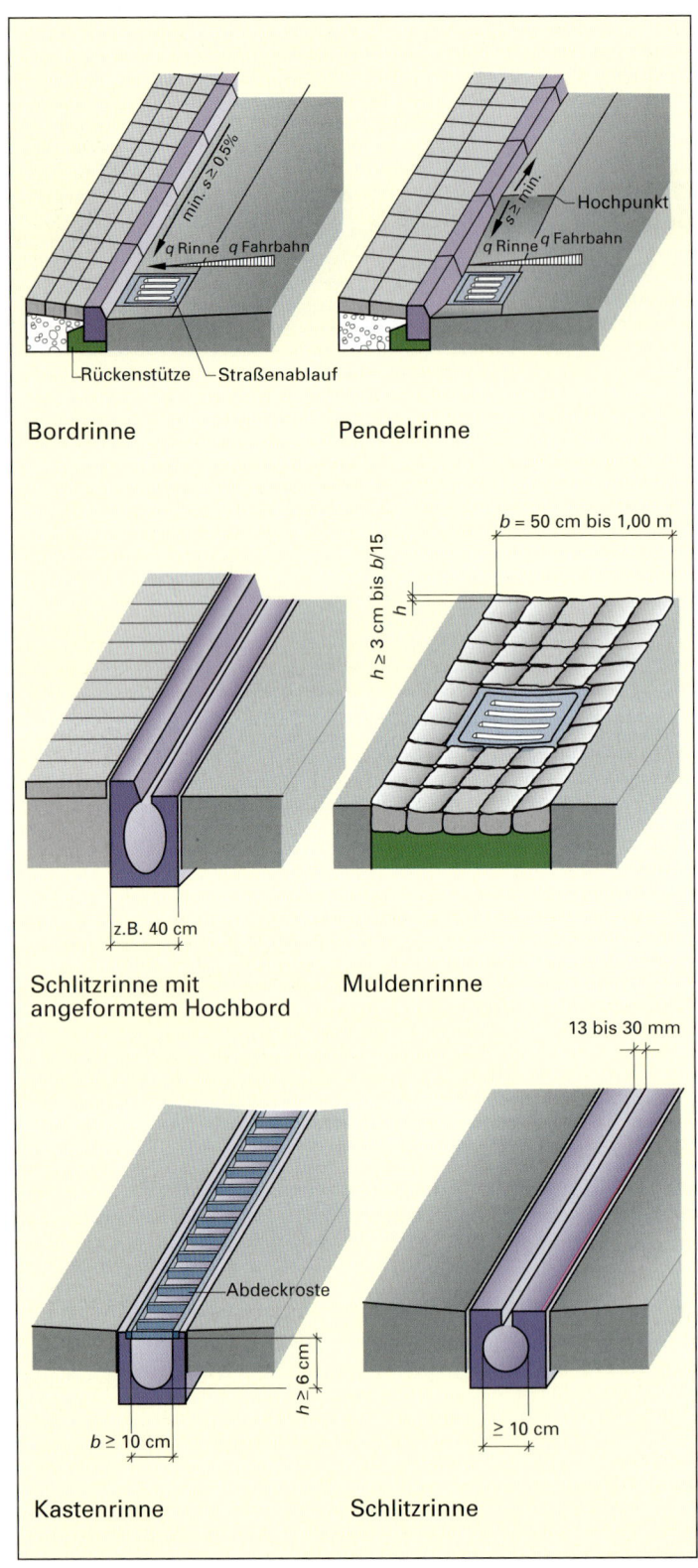

Bild 1: Straßenrinnen

meist eine Sickerrohrleitung. Der Filterkörper kann einstufig (**Bild 1**) oder mehrstufig (**Bild 2**) aufgebaut sein. Einstufige Filterkörper haben die gleiche Kornzusammensetzung, während bei mehrstufigen Filtern Mineralstoffe unterschiedlicher Kornzusammensetzung verwendet werden (Bild 1). Als Sickerrohre werden Kunststoff-, Beton- und Steinzeugrohre verwendet. Sie haben Öffnungen, meist Schlitze, durch die das Wasser in die Leitung eindringen kann. Sickerstränge können entweder als Sickergraben, als keilförmiger Sickerschlitz oder zusammen mit der Sammelleitung für das Oberflächenwasser angelegt werden. Dabei ist darauf zu achten, dass Oberflächenwasser nicht in den Sickerstrang eindringen kann, er ist daher abzudichten. Die Abdichtung kann durch eine mindestens 20 cm dicke Schicht aus bindigem Oberboden erfolgen.

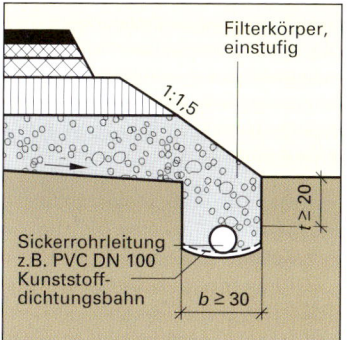

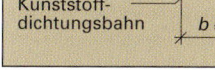

Bild 1: Sickerstrang

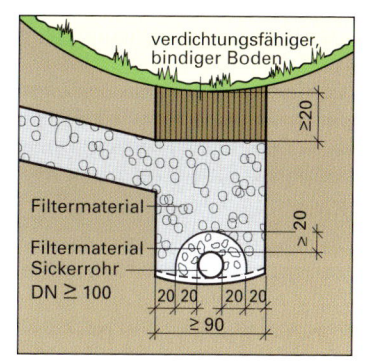

Bild 2: Mehrstufiger Sickerstrang

Bild 4 zeigt die Entwässerung einer Ortsstraße bei Anwendung des Trennverfahrens.

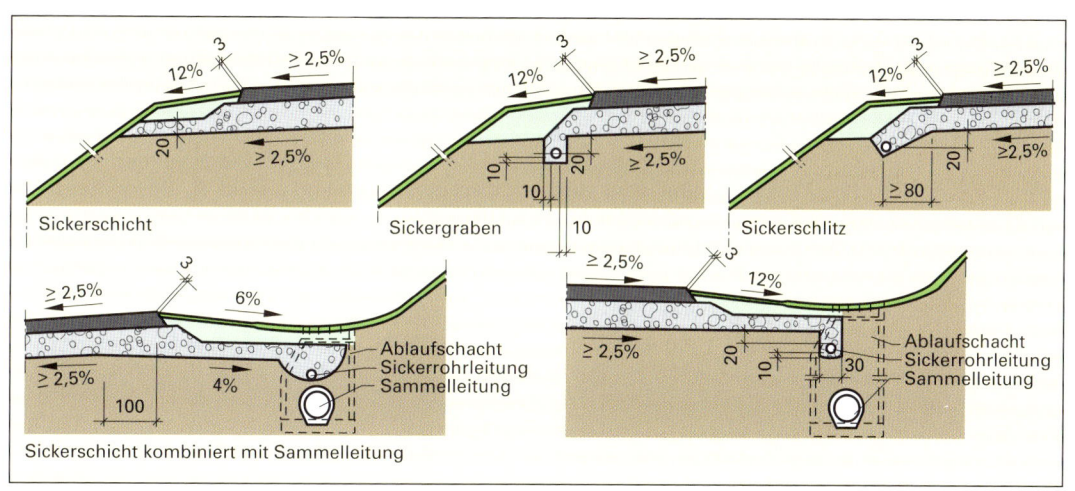

Bild 3: Sickeranlagen

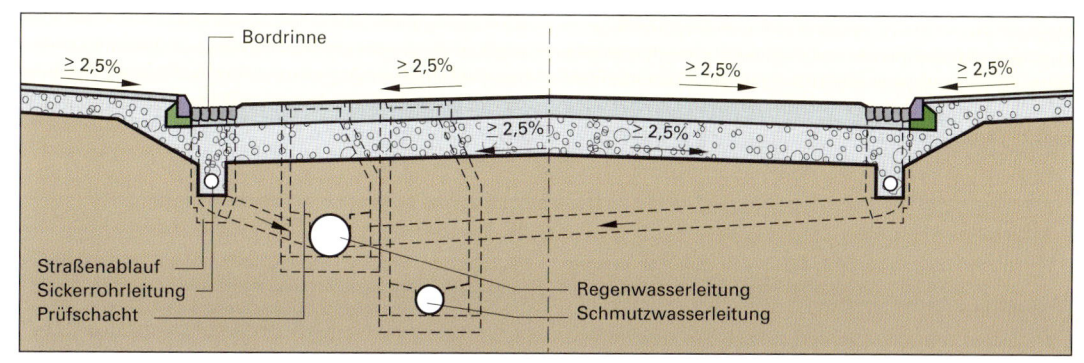

Bild 4: Entwässerung einer Ortsstraße (Trennverfahren)

20.12 Lärmschutz an Straßen

Kraftfahrzeuge verursachen Lärm. Motorgeräusche und Rollgeräusche zusammen ergeben einen Schallpegel, der je nach Höhe als belästigend und störend empfunden wird und gesundheitsschädigend sein kann. Der von den Kraftfahrzeugen ausgehende Lärm schwankt im Tagesverlauf. Er ist z. B. in der Berufsverkehrzeit größer als in den Abendstunden.

Zur Beurteilung des Straßenverkehrslärms wird daher ein Mittelungspegel berechnet. Darunter ist ein Schallpegel zu verstehen, den ein konstantes Geräusch mit gleicher Störwirkung ergeben würde. Der Mittelungspegel wird für den Tagbereich zwischen 6.00 und 22.00 Uhr und für den Nachtbereich zwischen 22.00 und 6.00 Uhr errechnet und in dB(A) angegeben. Dabei wird unterschieden zwischen dem Emissionspegel und dem Immissionspegel (**Bild 1**). Der Emissionspegel wird aus der Verkehrsstärke, dem Anteil des Schwerlastverkehrs, der zulässigen Höchstgeschwindigkeit, der Art der Straßenoberfläche und der Längsneigung der Gradiente errechnet. Die Höhe des auf einen Immissionsort, z. B. auf ein Gebäude, wirkenden Immissionspegels hängt neben anderen Faktoren von der Entfernung zum Emissionsort ab.

Die Berechnung der Emissionspegel und der Immissionspegel erfolgt auf der Grundlage der **R**ichtlinien für den **L**ärmschutz an **S**traßen (**RLS**).

Übersteigt der von einer Straße ausgehende, an Gebäuden errechnete Immissionspegel festgesetzte Grenzwerte, sind geeignete Maßnahmen zur Verminderung des Immissionspegels zu treffen und die betroffenen Gebäude zu schützen.

Bei **Lärmschutzwällen** wird an der Fahrbahn in der erforderlichen Höhe ein Wall aufgeschüttet, dessen Böschungsneigung zur Straße 1:1,5 beträgt und dessen Kronenbreite 1 m ist. Bei der der Fahrbahn abgewandten Seite kann die Böschungsneigung flacher sein (**Bild 2**). Lärmschutzwälle lassen sich gut in das Landschaftsbild einpassen. Sie benötigen jedoch mehr Platz.

Lärmschutzwände werden dort erstellt, wo aus Platzgründen kein Wall gebaut werden kann, z. B. auf Brücken. Dabei werden meist Beton- oder Kunststofffertigteile verwendet (**Bild 3**). Besonderes Gewicht ist bei Lärmschutzwänden auf eine optisch befriedigende Gestaltung und auf die Einpassung in das Landschaftsbild zu legen.

Ist die erforderliche Höhe des Lärmschutzwalles aus Platzgründen nicht zu verwirklichen, kann auch eine Kombination aus Lärmschutzwall und Lärmschutzwand vorgesehen werden.

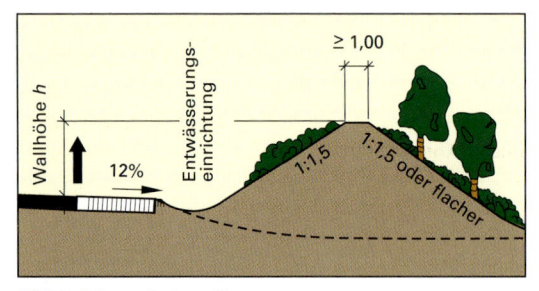

Bild 1: Emission, Immission

Bild 2: Lärmschutzwall

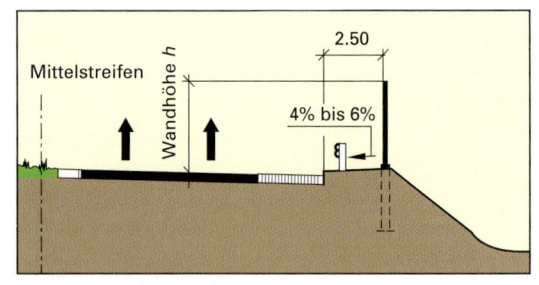

Bild 3: Lärmschutzwand

Aufgaben

1. Ordnen Sie die verschiedenen Muldenarten den unterschiedlichen Längsneigungen zu und begründen Sie dies.
2. Zeigen Sie Anwendungsbereiche für Schlitzrinnen auf.
3. Erläutern Sie den Unterschied zwischen Schallemissionen und Schallimmissionen. Nennen Sie Maßnahmen, wie die Schallemissionen reduziert werden könnten und wodurch die Schallimmissionen vermindert werden können.

21 EDV in der Bautechnik

Die **E**lektronische **D**aten**v**erarbeitung (EDV) findet hauptsächlich Anwendung in den Bereichen Bauplanung, Baudurchführung und Informationsbeschaffung.

Da die Entwicklung der Computertechnik rasch fortschreitet sowie Hardware und Software immer leistungsfähiger werden, gewinnt die EDV in allen Bereichen der Bautechnik zunehmend an Bedeutung.

21.1 Bauplanung

Bei der Bauplanung in den Bereichen Hochbau, Ingenieurbau, Tief-, Straßen- und Landschaftsbau werden überwiegend **CAD**-Programme (**C**omputer **a**ided **d**esign) eingesetzt. Sie ermöglichen die Erstellung von **Grundrissen** mit Bemaßung, Schraffur und den weiteren Informationen, die alle am Bauwerk beteiligten Personen benötigen **(Bild 1)**. Oft befindet sich das Programm in einem vernetzten System auf einem zentralen Rechner (Server), auf den alle Mitarbeiter von ihrem Arbeitsplatzrechner (Client) aus zugreifen können.

Eine Computerzeichnung läßt sich im Vergleich zu einer Handzeichnung leicht ändern sowie manipulieren, wie z.B. durch Drehen, Spiegeln und Kopieren von ganzen Bauteilen, Bauabschnitten oder Geschossen.

Besonders wirtschaftlich werden CAD-Programme erst durch die Eingabe der Bauhöhen als 3. Dimension. Mithilfe entsprechender Programme (man spricht auch von 3-D-Software) können aus den Grundrissen erzeugt oder berechnet werden:

- **Ansichten** aus verschiedenen Richtungen **(Bild 2)**,
- **Längs- und Querschnitte** durch das Bauwerk, wobei die Schnittführung beliebig angeordnet werden kann,
- **räumliche Darstellungen** aus beliebigem Blickwinkel **(Bild 3)**, zunehmend mit Ausleuchtung und Oberflächenstrukturen,
- **Ausführungszeichnungen**, wie z.B. Werkzeichnungen, Schalungs- und Bewehrungszeichnungen sowie Längs- und Querprofile,
- **Detailzeichnungen**, wie z.B. Treppen, Fassadenschnitte, Knotenpunkte im Fertigteilbau und Kontrollschächte **(Bild 1, Seite 586)**,
- Berechnung der **Flächen-** und **Rauminhalte** für die Bauvorlagen sowie

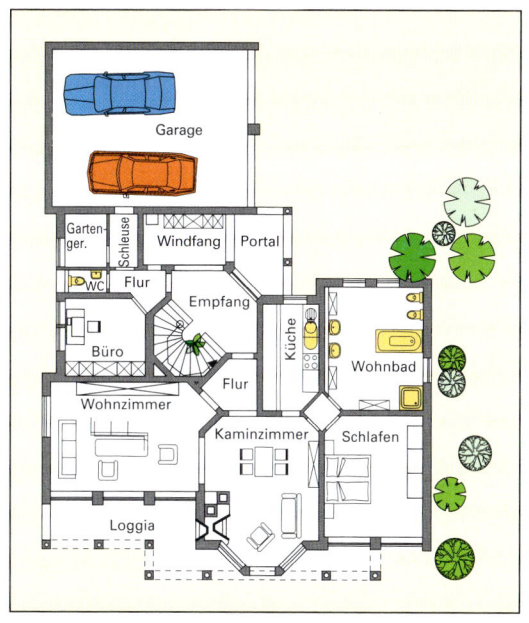

Bild 1: Grundriss Erdgeschoss

Bild 2: Ansicht Süd

Bild 3: Räumliche Darstellung

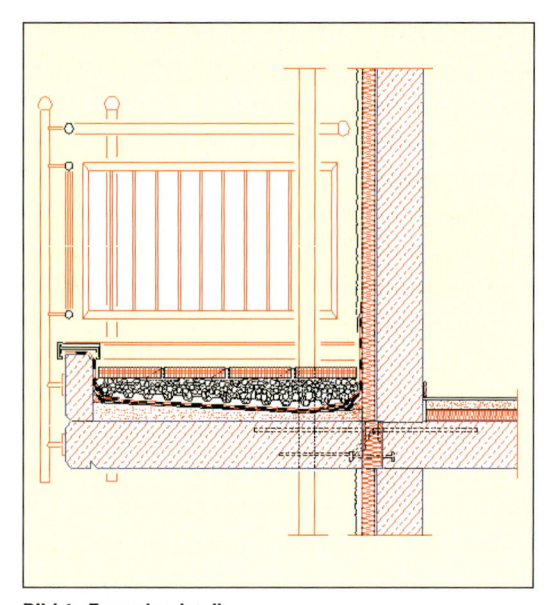

Bild 1: Fassadendetail

Bild 2: Innenansicht

Bild 3: Berechnung zum Wärmeschutz

- **Mengenermittlungen** von Bauteilen mit Schnittstelle zur Ausschreibung und Kostenermittlung.

Mithilfe von besonders leistungsfähigen CAD-Programmen kann der Bauherr durch das geplante Gebäude wandern und es aus beliebigen Richtungen betrachten (**Bild 2**). 3-D-Animationen und Videotechnik ersetzen den Modellbau.

Zur **Kostenermittlung von Bauwerken** werden **AVA**-Programme (**A**usschreibung, **V**ergabe und **A**brechnung) eingesetzt. Für die Ausschreibung mit Leistungsverzeichnissen stehen standardisierte Texte zur Verfügung, die mit Schlüsselnummern nach dem Standardleistungsbuch (StLB) versehen sind.

Angebote können in einem Preisspiegel verglichen und ausgewählt werden. In der Vergabe festgelegte Vertragsbedingungen, Einheitspreise und Abrechnungsmengen bilden später die Grundlage zur automatisierten Rechnungsprüfung. Während der Baudurchführung kann jederzeit eine Mengen- und Kostenkontrolle durchgeführt werden.

In einem Raumbuch werden alle eindeutig einen Raum betreffenden Informationen dokumentiert.

Mit **Statikprogrammen** werden die in einem Bauwerk auftretenden Lasten und die zur Lastabtragung erforderlichen Bauteilabmessungen von Bauwerken des Hoch- und Tiefbaus sowie des Ingenieurbaus, wie z. B. Kühltürme und Industrieschornsteine, ermittelt. Komplizierte Bauteile werden mit mathematischen Verfahren (Finite-Elemente-Methode) berechnet, die ohne EDV-Einsatz nicht angewendet werden können.

Mithilfe von **Programmen zur Wärmeschutzberechnung** wird der Wärmebedarf von Gebäuden durch einen Vergleich von Wärmeverlusten und Wärmegewinnen ermittelt (**Bild 3**). Für den Nachweis und die Optimierung von Bauteilen stehen Baustoffkataloge mit einfachen Auswahlmöglichkeiten zur Verfügung. In einem Wärmebedarfsausweis („Energiepass") werden die berechneten Ergebnisse aufgelistet. Zusätzlich können der Temperatur- und Wasserdampfdiffusionsverlauf durch die Bauteile grafisch dargestellt und Tauwassermengen und Oberflächentemperaturen berechnet werden.

Spezielle CAD-Programme für Ingenieurbauwerke liefern über Grundrisse, Ansichten und Schnitte hinaus auch **Bewehrungs- und Schalungspläne** und die dazugehörigen **Stahl- und Mattenlisten** (**Bild 1, Seite 589**).

21.2 Baudurchführung

In Bauunternehmungen werden mithilfe von Kalkulationsprogrammen **Arbeits-, Geräte- und Betriebskosten** ermittelt und unterschiedliche Bauverfahren kostenmäßig miteinander verglichen.

Mit einem **Bauzeitenplan** in Form eines Balken- oder Netzplans wird der geplante Bauablauf auf einer Zeitachse grafisch dargestellt. Verknüpft ist damit der Einsatz von Arbeitskräften und Baugeräten. Außerdem verwaltet das Bauunternehmen seine Auftraggeber mit einem Programm, das neben der Angebots- und Rechnungserstellung auch das Mahnwesen umfasst.

Im **Transportbetonwerk** werden Beton und Mörtel EDV-gesteuert zusammengesetzt, hergestellt und überwacht. Auch die Asphaltherstellung erfolgt computergesteuert (**Bild 2**).

Viele Baumaschinen wie Kräne, Betonpumpen, Bagger und Raupenfahrzeuge werden durch integrierte Chips kontrolliert, gesteuert und geregelt. Neben der Arbeitsentlastung des Baugeräteführers wird die Arbeitssicherheit beträchtlich erhöht.

Im **Betonstahl-Biegebetrieb** werden Bewehrungen aus Zeichnungsdaten automatisiert gefertigt. Bei computergesteuerten Werkzeugmaschinen spricht man von der **CNC-Technik** (computer numeric control).

Bei der Herstellung von **Fertigteilen** aus Stahlbeton und Spannbeton, wie z. B. Stützen und Träger, wird ebenfalls die CNC-Technik verwendet. Die Fertigung kompletter Wandeinheiten mithilfe der CNC-Technik befindet sich im Versuchsstadium. Zudem wird die Möglichkeit geprüft, Roboter bei der Herstellung von Bauteilen einzusetzen.

Bei der **Fertighausherstellung** werden in computergesteuerter Fertigung komplette Wände mit Wandöffnungen und Installationen produziert.

Zimmereien arbeiten häufig mit **Abbundsoftware,** die aus der Dachstuhlzeichnung die Balkenabmessungen ermittelt und die Zeichnungsdaten zu einer computergesteuerten Abbundmaschine übermittelt.

Im Baustofflabor werden bei **Baustoffprüfungen** anfallende Messwerte vom Prüfgerät zum Computer übermittelt und sofort ausgewertet, wie z. B. bei der Druckprüfung an Betonwürfeln.

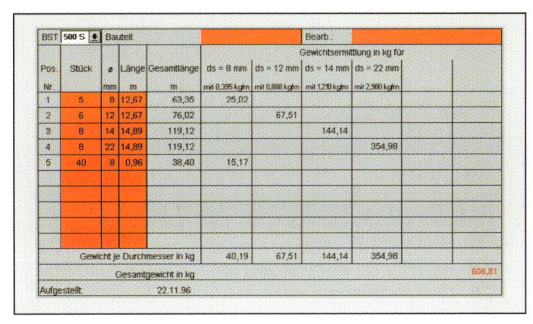

Bild 1: Stahlliste

Bild 2: EDV-gesteuerte Asphaltherstellung

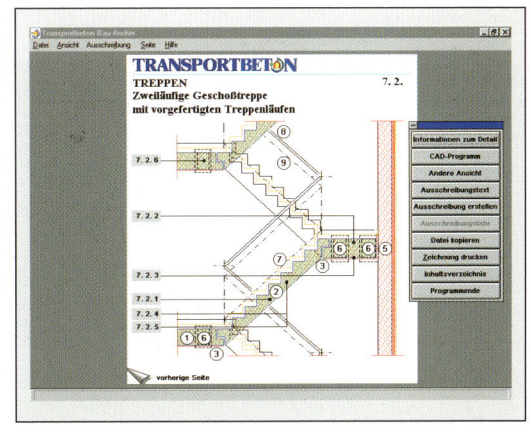

Bild 3: Ausschreibungssystem auf einer CD-ROM

21.3 Informationsbeschaffung

Neben den gedruckten Medien wie Fachzeitschriften, Fach- und Tabellenbücher wird die EDV zunehmend zur Informationsbeschaffung genutzt.

Die **CD-ROM** bietet durch große Speicherkapazität die Möglichkeit, Informationen multimedial aufzubereiten. Es entsteht ein Verbund von Texten, Zeichnungen, Bildern, Videosequenzen und Tönen. Nutzungsmöglichkeiten in der Bautechnik sind:

- Baustoffkataloge
- Ausschreibungssysteme **(Bild 3, Seite 587)**,
- Informationssysteme der Baustoffhersteller mit Text- und Bildmaterial **(Bild 1)**,
- Simulationen zur Bedienung technischer Geräte,
- multimediale Ausbildungs- und Lernprogramme und
- elektronische Bücher als Alternative zur Fachliteratur.

Die Informationsübermittlung erfolgt über **Datennetze**. In Verbindung mit dem Telefonnetz werden Terminpläne, Baupläne und allgemeine Informationen mithilfe der Datenfernübertragung abgewickelt. Konferenzschaltungen auf Großbaustellen oder zwischen entfernten Betriebsorten mit dem Computer als Bildtelefon sind möglich. Im **Internet** sind bereits einige Bau-Fachverlage und Hochschulen sowie Datenbank-Anbieter vertreten, sodass Informationen online abgefragt werden können **(Bild 2)**. Weiterhin können Baudatenbanken nach Bauproduktinformationen, Gesetzen und Vorschriften durchsucht und über E-Mail Planungsdaten versendet sowie Informationen z. B. von Baustofffirmen bestellt werden.

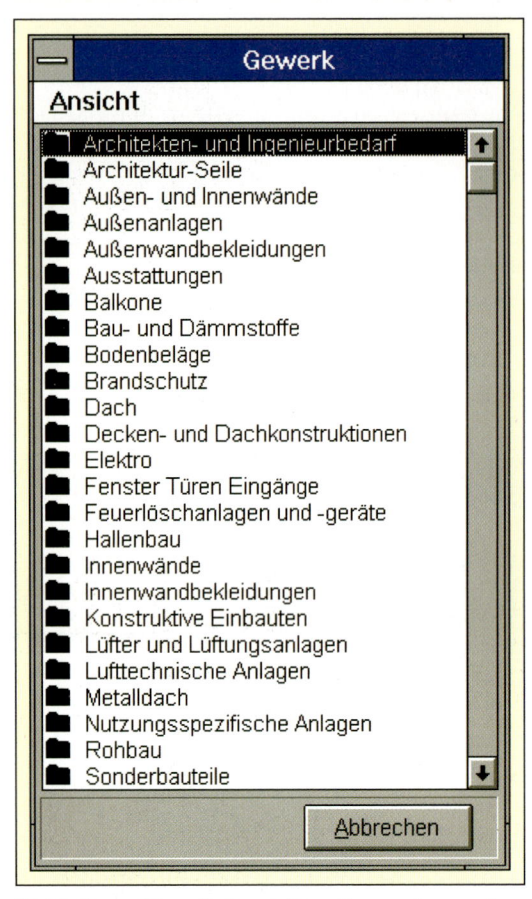

Bild 1: Auswahlmenü eines Informationssystems auf CD-ROM

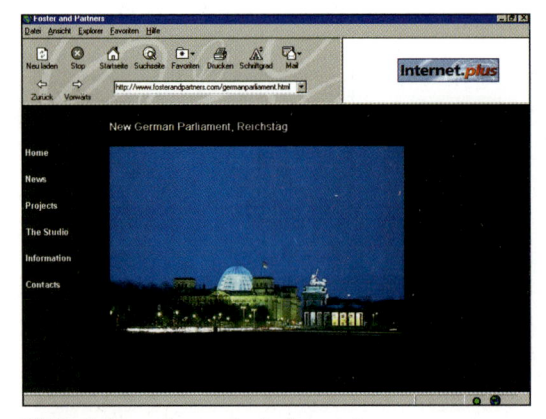

Bild 2: Informationssuche im Internet

Aufgaben

1 Welche Vorteile bietet eine CAD-Zeichnung im Vergleich zu einer Handzeichnung?
2 Was kann aus Grundrissen bei 3-D-Programmen erzeugt werden?
3 Welche Berechnungen führen AVA-Programme durch?
4 Wie wird die EDV bei der Baudurchführung eingesetzt?
5 Welche Einsatzmöglichkeiten bietet die CD-ROM bei der Informationsbeschaffung?
6 Wie können aktuelle Informationen abgefragt werden?

22 Bauen in Vergangenheit und Gegenwart

In den Anfängen des Bauens wurden die von der Natur angebotenen Baustoffe nahezu unverändert auf einfache Weise zu Bauten zusammengefügt. Heutzutage werden Baustoffe zum großen Teil technisch hergestellt und ihre Eigenschaften voll ausgenutzt. Der fachgerechte Umgang mit diesen Baustoffen führte zu einer Vielfalt von Bauberufen. Da an der Erstellung eines Bauwerks viele Bauberufe beteiligt sind, ist ein planvolles Zusammenwirken unerlässlich.

22.1 Entwicklung des Bauens

Bild 1: Cheopspyramide

Im Altertum hat man Bauwerke mit den in der Natur vorhandenen Baustoffen errichtet und gestaltet. Es entstanden dabei meist massige Baukörper, wie z. B. die Pyramiden. Diesen Bauwerken liegen oft bestimmte Maßverhältnisse zugrunde, die in späteren Bauwerken immer wieder verwendet wurden. Bei der um 2500 v. Chr. erbauten Cheopspyramide beruhen z. B. die Maße auf der Zahl π (Pi) und dem Verhältnis des Goldenen Schnitts **(Bild 1)**.

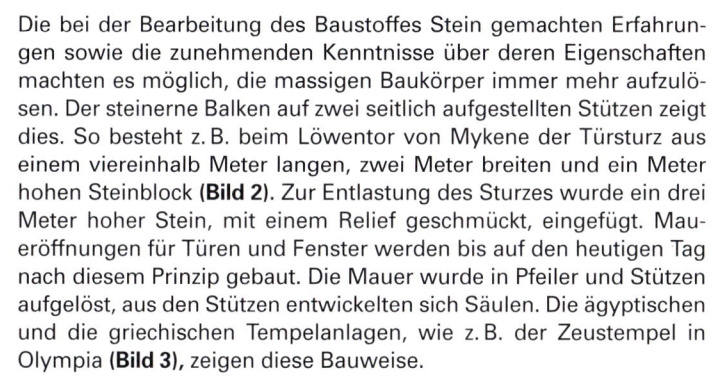

Die bei der Bearbeitung des Baustoffes Stein gemachten Erfahrungen sowie die zunehmenden Kenntnisse über deren Eigenschaften machten es möglich, die massigen Baukörper immer mehr aufzulösen. Der steinerne Balken auf zwei seitlich aufgestellten Stützen zeigt dies. So besteht z. B. beim Löwentor von Mykene der Türsturz aus einem viereinhalb Meter langen, zwei Meter breiten und ein Meter hohen Steinblock **(Bild 2)**. Zur Entlastung des Sturzes wurde ein drei Meter hoher Stein, mit einem Relief geschmückt, eingefügt. Maueröffnungen für Türen und Fenster werden bis auf den heutigen Tag nach diesem Prinzip gebaut. Die Mauer wurde in Pfeiler und Stützen aufgelöst, aus den Stützen entwickelten sich Säulen. Die ägyptischen und die griechischen Tempelanlagen, wie z. B. der Zeustempel in Olympia **(Bild 3),** zeigen diese Bauweise.

Bild 2: Löwentor von Mykene

Die Spannweite der steinernen Balken wurde mit der Zeit immer mehr vergrößert. Vorspringende Bauteile spannte man in den Baukörper ein. Dies alles bewirkte ein leichteres Aussehen der Bauwerke. Mit immer weiter auskragenden Steinen, belastet z. B. durch Erdreich und Steine als Auflast, wurden Maueröffnungen und Räume nach oben abgeschlossen. Aus diesen unechten Bogen entwickelten sich Bogenformen aus keilförmig behauenen Steinen oder aus quaderförmigen Steinen mit keilförmigen Mörtelfugen. Solche Bogen waren zunächst halbkreisförmig und konnten Lasten aufnehmen und abtragen. Dies nutzte man nicht nur bei Fenster- und Türöffnungen, sondern baute damit auch Brücken, wie z. B. das Aquädukt von Nîmes **(Bild 4)**.

Bild 3: Zeustempel in Olympia

Durch Hintereinanderreihen solcher Bogen entstanden Tonnengewölbe, mit denen sich Räume überdecken ließen. Tonnengewölbe findet man auch über Tordurchfahrten, Gängen und Kanälen. Auch in Grundrissen zeigen sich Rundbogenformen, so z. B. bei Burgbefestigungen und bei Stadttoranlagen wie der Porta Nigra in Trier.

Aus der Überwölbung eines quadratischen Raumes mit zwei rechtwinklig zueinander verlaufenden Tonnengewölben entstand das

Bild 4: Aquädukt von Nîmes

Bild 1: Pantheon in Rom

Bild 2: Sporthalle

Kreuzgewölbe. Die Überdeckung von Räumen mit runder Grundfläche und ringsum gleichmäßig aufsteigender Wölbung führte zur Halbkugel, die als Kuppel bezeichnet wird. Die Kuppel des Pantheons in Rom hat einen Durchmesser von 43,60 m. Höhe und Durchmesser des Innenraums sind gleich, sodass eine einbeschriebene Kugel den Boden berühren würde. Die Kuppel ruht auf einem zylindrischen Unterbau, dessen Mauerwerk 6,30 m dick ist. Eine innere Schale trägt die Kuppel. Die mit einer Kassettendecke ausgestattete Kuppel enthält an ihrem Scheitel eine kreisrunde Öffnung von 9 m Durchmesser zur Belichtung. Um bei der Kuppel Gewicht zu sparen, wurde dem Gießmörtel leichtes vulkanisches Gestein als Zuschlag beigemischt **(Bild 1)**.

Die Entwicklung neuer Baustoffe wie Stahl, Beton und Stahlbeton, deren Eigenschaften rechnerisch erfassbar und deshalb voll ausnutzbar sind, ermöglichten neue Bauformen. Beispiele dafür sind für den Stahlbau der Eiffelturm in Paris oder für den Stahlbetonbau die Tribünen in Stadien und Sporthallen sowie Brücken und Hallenbauten **(Bild 2)**.

Der Baustoff Holz nimmt in der Geschichte des Bauens seiner Eigenschaften wegen eine besondere Stellung ein. So entwickelten sich aus Holzhütten Fachwerkhäuser, einfache Dachbalken wurden zu weitgespannten Leimbindern.

22.2 Wichtige Baustile

Die Vielfalt der Bauformen im europäischen Raum lässt sich in Baustile zusammenfassen. Die wichtigsten Baustile mit ihren entsprechenden Zeiträumen sind:

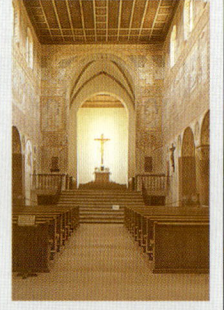

22.2.1 Romanik

(von etwa 800 bis 1200)

Romanische Bauwerke erkennt man hauptsächlich an den Rundbogen über den Maueröffnungen **(Bilder)**. Sie wirken klein in den mächtigen Fassaden und erhellen nur spärlich die Innenräume. Romanische Kirchen haben häufig ein höheres Mittelschiff und zwei niedrigere Seitenschiffe (Basilika).

22.2.2 Gotik

(von etwa 1250 bis 1500)

Bei gotischen Bauwerken wird im Gegensatz zu den romanischen Bauten die Senkrechte betont. Kreuzgewölbe ruhen auf Diensten und gegliederten Pfeilern. Die Ableitung der seitlichen Kräfte aus den Gewölben erfolgt über nach außen verlegte Strebebogen und Strebepfeiler. Wände werden aufgelöst, Fenster und Portale haben Spitzbogenform **(Bilder)**.

22.2.3 Renaissance
(von etwa 1500 bis 1600)

In der Renaissance wird wieder die Waagerechte mehr betont. Die Gebäude sind meist quaderförmig und schließen oben mit einem mächtigen Gesims ab. Die rechteckigen Fenster tragen oft einen kleinen dreieckigen oder stichbogenförmigen Giebelaufsatz **(Bilder)**.

22.2.4 Barock
(von etwa 1600 bis 1750)

Barocke Bauwerke haben sowohl im Grundriss als auch in den Ansichten überwiegend geschwungene Formen. Insbesondere die Innenausstattung zeigt häufig eine geradezu überschwängliche Vielfalt an Formen und Farben; dem Spiel des Lichts kommt eine besondere Bedeutung zu. Fenster sind z. B. nicht mehr rechteckig, sondern vielförmig gestaltet. Ihre Gewände sind reich verziert, profiliert und abgesetzt **(Bilder)**.

22.2.5 Klassizismus
(von etwa 1750 bis 1850)

Nach der Vielfalt der Dekoration im Barock werden den Baukörpern in Grundriss und Ansicht klare geometrische Formen zugrunde gelegt. Die Gestaltung geht wie in der Renaissance auf die griechisch-römische Antike zurück **(Bilder)**. Säulenreihen an der Vorderfront der Gebäude sind konstruktiv bedingt und tragen Lasten ab. Die Bauwerke wirken streng, kühl und monumental.

22.2.6 Neuzeit
(von etwa 1850 bis heute)

Neue Baustoffe wie Stahl, Stahlbeton, Spannbeton und Kunststoff geben den Bauwerken ein entsprechendes Aussehen. Die Formen der Bauwerke und Bauteile sind einfach, nüchtern **(Bilder)**. Die Nutzung der Gebäude ist häufig von außen erkennbar.

Firmenverzeichnis

Die nachfolgend aufgeführten Personen und Firmen haben die Autoren durch Beratung, Druckschriften und Fotos unterstützt.

Agrob Buchtal Keramik GmbH
Schwarzenfeld

W. Altendorf Maschinenbau
Minden

Arbeitsgemeinschaft der Bau-Berufsgenossenschaften
Frankfurt a. M.

Arbeitsgemeinschaft Holz e.V.
Düsseldorf

Arbit Arbeitsgemeinschaft der Bitumenindustrie
Hamburg

Avola Maschinenfabrik
Hattingen

Bau-BG
Arbeitsgemeinschaft der Bau-Berufsgenossenschaften
Frankfurt am Main

Bauberatung Zement
Düsseldorf

Bauder Abdichtungssysteme
Stuttgart

Baumann Bautechnik GmbH
Laupheim

Bilfinger u. Berger
Mannheim

R. Bosch Elektrowerkzeuge
Leinfelden-Echterdingen

Braas Dachsysteme
Oberursel

Dr. J. Budnik/Dipl.-Ing. K. Wassermann
Ratingen/Berlin

Bundesverband der Deutschen Transportbetonindustrie e.V.
Duisburg

Desowag Materialschutz
Düsseldorf

Deutsche Doka
Mönchengladbach

Deutsche Heraklith GmbH
Simbach am Inn

Deutscher Asphaltverband
Bonn

Deutsche Shell AG
Hamburg

DSD Dillinger GmbH
Saarlouis

Dörken Anwendungstechnik
Herdecke

Dipl.-Ing. K. Ebeling
Hannover

Eisen-Widmann
Schwäbisch Gmünd

ESTELIT Beton-Bauteile GmbH & Co. KG
Dülmen

Eternit AG
Heidelberg

Fachverband Bau Württemberg
Stuttgart

Fikla GmbH
Hausen o. V.

Finnforest GmbH
Bremen

Dr.-Ing. W. Fleischer
München

Form + Test Seidner & Co. GmbH
Riedlingen

F. Hasberger
Fußach/Österreich

Hebel Wohnbau GmbH
Köln

Hess Holzleimbau
Miltenberg

Holz-Her Maschinenfabrik
Nürtingen

Informationsdienst Holz
Bonn

Isobouw Dämmtechnik
Abstatt

Kemmler Baustoffe
Tübingen

KLB Klimaleichtblock
Neuwied

Klenk Holzwerke GmbH
Oberrot

Knauf Westdeutsche Gipswerke
Iphofen

Kölle Maschinenfabrik GmbH
Esslingen

Krämer Holzbau
Bopfingen-Kerkingen

Dipl.-Ing. G. Krüger
Bergisch Gladbach

Landesinnungsverband für das Stukkateurhandwerk
Stuttgart

Lauber Apparatebau
Alfdorf

Dipl.-Ing. K. Lehmann
Duisburg

Leica AG
Heerbrugg (Schweiz)

Dipl.-Ing. Volkart Leisterer
Weinsberg

Liebherr
Biberach/Riß

Lignotrend Klimaholzhaus
Weilheim-Bannholz

Lugato Chemie
Dettelbach

Mafell AG Maschinenfabrik
Oberndorf a. N.

G. Maier GmbH
Steinach

Megerle Holzbetriebe
Öhringen-Cappel

Merk Holzbau
Aichach

NOE-Schalttechnik
Süßen

Nöggerath & Co.
Ahnsen

peca – Verbundtechnik
Dingolfing

Peri GmbH
Weißenhorn

Plewa Schornsteinsysteme
Großheide

Friedrich Rau GmbH & Co.
Ebhausen

Readymix Beton AG
Ratingen

RECKLI-Chemiewerkstoff
Herne

Remmers Bauchemie
Löningen

Schiedel KG
Erbach

Schwendilator
Baden-Baden

SHB Tiefbautechnik GmbH
Heinsberg

Stelter GmbH
Memmingen

Süddeutsche Abwasserreinigungs-Gesellschaft
Ulm/Donau

Thyssen Hünnebeck GmbH
Ratingen

Tonwarenfabrik
Laufen

Treppenmeister
Jettingen

Unidek-Systemdächer
Bremen

Villeroy und Boch AG
Mettlach

Wacker-Werke GmbH & Co. KG
München

Bernd Weigel
Mellrichstadt

L. Weiss Bauunternehmung
Göppingen

Widmann-Baucenter
Schwäbisch Gmünd

G. Wischers/W. Richartz
Düsseldorf

Ziegel Bauberatung
München

Zinco Dachsysteme
Nürtingen

Sachwortverzeichnis

A

Abböschungen 215
–, Varianten der Mindestanforderungen 215
Abbundmaschinen 371
Abbundsoftware 589
Abdichtung 435
–, gegen Bodenfeuchtigkeit 432
–, gegen drückendes Wasser 435
–, gegen nichtdrückendes Wasser . 432
–, hautartig, wasserdruckhaltend .. 435
–, in Hohlkehle 434
–, unterkellerter Gebäude 434
Abfälle (gewerblich) 33
Abflussbeiwert 541
Abgasanlagen 452, 458
Abgase 452
Abgasleitung 452, 457
Abgehängte Treppen 416
Abgestrebtes Pfettendach 463
Abhänger 513
Ablagerungsgesteine 67
Abrechnung 176
Abrechnungsbestimmungen 176
Abscheider 555
Absenkköpfe 267
Absinkmaß 288
Absoluter Nullpunkt 47
Abstandhalter 270
Absteckplan 210
Abstützböcke 269
Absturzschächte 550
–, äußerer Absturz 550
–, innerer Absturz 551
Abwasser 541
–, häusliches 223
–, industrielles 224
Abwasserableitungsverfahren 224
Abwasserarten 223
Abwasserentsorgung 541
Abwasserinstallation 486
Abwasserkanal 543
Abwasserleitungen 225, 545
–, Betriebsrauigkeit 546
–, Fließgeschwindigkeit 546
–, Gefälle 545
–, Herstellung 547
–, hydraulische Berechnung 546
–, Leistungsfähigkeit 546
–, statische Berechnung 547
–, Steilstrecken 546
–, Tiefenlage 545
–, Wasserdichtheitsprüfung 548
Abwasserreinigung 553
–, aerobe Bakterien 553, 555, 556
–, anaerobe Bakterien 553, 557
–, biologisch 555
–, chemisch 556
–, mechanisch 554
–, Sauerstoffgehalt 553, 555
–, Selbstreinigung der Gewässer .. 553
Abziehleisten 506
Achsrastersystem 529
Achtelmeter-Maß 230
Adhäsion 36, 37
Aggregatzustände 49
Äste 128
Akustikdecken 514, 528
Akustik-Profilbretter 138, 527
Alkaligehalt 88
Aluminium 151
Aluminiumfenster 522
Aluminiumsilikat 31
Aluminiumträger 267
Analyse 23
Anfangsfestigkeit 285
Anhydrit 91
Anhydritestrich 504
Ankerlose Schalung 280
Ankerschraube 399
Ankerstab 270
Ankerverschluss 270
Anlegen von Mauerwerk 248
Anschlussfugen 520
Anschlusskanal 225
Ansetzfläche 519
Ansetzgips 91, 494
Ansteifen 284
Arbeiten des Holzes 120
Arbeitsbühne 281
Arbeitsfugen 297, 437
Arbeitsfugenband 438
–, Arten 438
–, Einbau 438
Arbeitsgerüste 192, 281
Arbeitsraum 214
Arbeitsverzeichnis 178
Arbeitsvorbereitung 177
Asphalt 97
–, Herstellung von 97
–, Einbau von Walzasphalt 98
Asphaltbeton 99
Asphaltmischanlage 97
Asphalttragschicht 98
A-Schallpegel 52
Atome 18
Atomhülle 18
Atomkern 18
Atommasse 19
Atmosphärendruck 46
Aufbau der Erde 65
Aufbau des Holzes 114, 116
Aufgedoppelte Tür 525
Aufgesattelte Treppen 415
Aufhängevorrichtung 281
Auflagerabstand bei Faserzement-Wellplatten 476
Aufschnittdeckung mit Hohlpfannen 473
Aufstellraum 482
Aufstockung 274
Auftraggeber, Auftragnehmer ... 173
Auftrieb 435
Auftrittsbreite 404
Ausbauberufe 13
Ausbaufacharbeiter 14
Ausbaumaß 288
Ausbreitprüfung 287
Ausbreitversuch 288
Ausfachungen 259
Ausfallkörnung 105
Ausführungsverordnung 169
Ausgleichsestrich 500
Ausgleichslaschen 268
Ausgleichsschüttungen 503
Auslegergerüste 197
Assimilation 114
Ausschalen 271
Ausschalfristen 272
Aussparungen 271
Ausschreibung und Vergabe 174
–, Arten der 175
Ausschreibung 175
–, beschränkte 175
–, öffentliche 175
Aussteifung 266
Außenbeläge 520
Außenhautabdichtung 435
Außenputze 492, 493
Außenrüttler 297
Außenschalung 274
Außenwandtafel 365
Außereuropäische Laubhölzer .. 127
Außereuropäische Nadelhölzer . 126
Aussteifende Wände 243
Auszugslänge 267
Auswurfgestein 66
AVA-Programme 588
AV-Schrank 63

B

Bahnendeckung 477
Balkenanordnung 395
Balkendecken 528
Balkenköpfe 133
Balkenlagen 395
Balkenschuhe 379, 381
Balkenschalung 276
Balkenschichtholz 391
Balkenverankerung 396
Balkenzwinge 276
Balkonflächen; Belagsysteme .. 520
Balkontüren 526
Bandsägen 370
Bandrastersystem 529
Barock 593
Basen 29
Basalt 66
Bast 114, 115
Bauabsteckung 210
Bauantrag 171
Bauantrag; Berechnungen zum . 171
Bauarten im Stahlbau 398
– Fachwerkbauweise 398
– Rahmenbauweise 399
Bauausführung 188
–, Baukontrolle 188
–, Bautagebuch 187
–, Berichtswesen 187
–, Leistungsmeldung 188
–, Überwachung 187
Bauberufe 12
Baubeschreibung 171
Baubetrieb 177
Bauflächen 167
Baufreigabeschein 171
Baugebiete 168
Baugenehmigungsverfahren ... 170
Bauger äteführer 12
Baugeschichte 591
Baugesetzbuch 164
Baugewerbe 11
Baugipse 89
Baugrube 213
Baugrubensicherung 214

595

Baugrund 213
–, Tragverhalten des 213
Bauhauptgewerbe 11
Baukalke 84
Baukontrolle 188
Baukostenplanung 172
Baulaser
–, Kanal-Bau-Laser 207
–, Rotationslaser 207, 208
Bauleistungen 173, 174
–, Ausschreibung 174
–, Vergabe 174
–, Abrechnung 176
Bauleitplan; verbindlicher 168
Bauleitplan; vorbereitender 167
Bauleitplanung 164
Baunebengewerbe 11
Baunutzungsverordnung 164
Bauordnungen der Länder 165
Bauordnungsrecht 163
Bauplanung mit Baudurch-
führung 169
–, Phasen der 169, 170
Bauplanung 163, 585
–, Arten der 163
–, Grundlagen der 163
Bauplanungsrecht 163
Baurechtliche Grundlagen 163
Baurichtmaße 230
Baurundholz 136
Bauschnittholz 137
Baustahl 144
Bausteine 65
Baustellenbeton 289
Baustelleneinrichtung
–, Aufbereitungsanlagen 182
–, Bearbeitungsflächen 181
–, Erschließung 180
–, Fördergeräte 182
–, Hebezeuge 183
–, Lagerflächen 181
–, Unterkünfte, Magazine 185
–, Zeichen und Symbole 180
Baustelleneinrichtungsplan . . 180, 186
Baustellenmörtel 110
Baustellenunterkünfte 185
Baustile 592
Baustoffe 65
–, brennbar 449
–, feuerbeständig 449
–, feuerhemmend 449
–, leicht entflammbar 449
–, nicht brennbar 449
–, normal entflammbar 449
–, schwer entflammbar 449
Baustoffklassen 449
Baustromverteiler 63
Baustellenunterkünfte 185
Bautagebuch 187
Bauteilfugen 366
Bautenschutz 419
Bautenschutzmittel 95
Bautagebuch 187
Bauüberwachung 187
Bauverfahren, Einflussfaktoren . . . 177
Bauverträge; Arten der 176
Bauvorhaben 163
Bauvorlagen 171
Bauwerksfugen 436
–, Arbeitsfugen 437
–, Bewegungsfugen 437
–, Scheinfugen 437
–, Setzungsfugen 437
–, Standfugen 37

Bauwinkel 202
Bauwirtschaft 11
Bauzeichnungen 171
Bauzeit 178
Bauzeitenplan 13, 179
–, Balkenplan 179
–, Netzplan 179
–, Weg-Zeit-Diagramm 179
Beanspruchungsgruppen 516
Bebauungsplan 168
Befestigung von Faserzement-
Wellplatten 477
Befestigungselemente 509
Bekleidungen 523
Belagsysteme; untergrundent-
koppelt 520
Belebungsbecken 555
Belebungsverfahren 555
Belegreife 504
Belüftete Dächer 478, 481
Beplankung 507, 510
Berme 215
Beschichtungen 401
Beschleuniger 108
Bestandspläne 552
Bestimmungen, VDE 64
Beton 283
–bauer 12
–, Druckfestigkeitsprüfung 309
–, Einbau von 293
–, Einbringen von 294
–, Eintauchstellen 298
–, EN 206 283
–, Erhärten 284
–, Erhärtungsprüfung 309
–, an Bauteilen 310
–, mit Probekörpern 309
–, Erstarren 284
–, Eurocode 2 283
–, Fördern von 293
–, für hohe Gebrauchstempera-
turen 308
–, hochfester 307
–, Kriechen 305, 360
–, mit besonderen Eigenschaften . . 308
–, mit hohem Frost- und Tausalzwiderstand 308
–, mit hohem Frostwiderstand 304
–, mit hohem Verschleißwider-
stand 305
–, mit hohem Widerstand gegen
chemische Angriffe 304
–, nach Zusammensetzung 290
–, nach Eigenschaften 290
–, Schwinden 285, 360
–, Sortenverzeichnis 291
–, Verdichten von 295
Betondeckung
–, Abstandhalter 317, 318
–, Unterstützungskörbe 318
Betonfamilien 309
Betonfertigteilbau 363
Betonfertigteilquerschnitte 364
Betoninstandsetzung 353
–, Bauwerksuntersuchungen 355
–, Carbonatisierung 354
–, chemische Einwirkungen 353
–, Chloridverbindungen 354
–, Instandsetzungsmaßnahmen . . . 356
–, Laboruntersuchungen 355
–, Oberflächenschutz 356
–, physikalische Einwirkungen 353
–, Rostbildung 355
–, Schadensbilder 355

–, Spachtelmethode 356
–, Vorbereiten des Untergrundes . . 356
Betonrohre 542
Betonstabstahl 146
Betonstahl 146
–, gerippt 147
–, kaltverformt 147
–, warmgewalzt 147
Betonstahlliste 326
Betonstahl-Lagermatten
–, Schneideskizze 347
Betonstahlmatten 147, 325
–, Ein-Ebenen-Stöße 324
–, Übergreifungsstöße 325
–, Zwei-Ebenen-Stöße 324
Betonstahl in Ringen 147
Betonstahl, Prüfung 149
Betonverflüssiger 107
Betonzusätze 107
Betonzusatzmittel 107
Betonzusatzstoffe 109
Betonverbundpflaster 581
Betriebsrauhigkeit 546
Bewegungsfugen 437, 504
Bewehrung 327
–, Biegen der 327
–, Bügel 316, 332, 334, 350, 351
–, Darstellung der 326
–, Einbau der 328
–, Rostbildung bei der 354
–, Schnittlänge bei 327
–, Schweißen der 328
–, S-Haken 334, 336
–, Stahlbetonbalken 350, 351
–, Stahlbetonplattenbalken . . . 351, 352
–, Stöße von 323
–, Übergreifungsstöße 324
–, Verankerung an Zwischen-
auflagern 323
–, Verankerung an Endauflagern . . 323
–, Verbindungsarten 328
–, Verlegen der 329
–, Vorbereitung der 325, 326
Bewehrungselemente 149
Bewehrungskorrosion 318
Bewehrungsrichtlinien 319
–, Biegungen 320
–, Stababstände 319
–, Verankerungen 321, 322
–, Verankerungsarten 322
–, Verbundbereiche 321
Bewehrungsschicht; eingebettet . . 495
Bewehrungsstöße 323
–, direkte Stöße 324
–, indirekte Stöße 324
Bewehrungszeichnung (Auszug) . . 326
Bewerteter Schallpegel 53
Bezugsebene 506
Biberschwanzdoppeldeckung 472
Biberschwanzkronendeckung 473
Biberschwanzziegel 469
Biegebeanspruchung 44
Biegen 398
Biegefestigkeit, charakteristische . . 137
Biegespannung 44
Biegerollendurchmesser 320, 322
Bims 66
Bindemittel 84
Binder 231
Binderschicht 99
Binderverband 233
Bindemittelschicht; angereichert . . 504
Bitumen 92
–, Eigenschaften von 93

–, Herstellen von ... 92
–, Prüfverfahren ... 93
–, Verwendung von ... 94
–, Dachschindeln ... 96
–emulsionen ... 95
–lösungen ... 95
–Wellplatten ... 96, 475
Blähtongranulat ... 502
Blattgrün ... 114
Blaustreifigkeit ... 129
Blei ... 151
Blendrahmen ... 521
Blendrahmentüren ... 525
Blockfundamente ... 221
Blockhauswände ... 394
Blockstufen ... 409
Blockverband ... 233
Bockgerüst ... 195
Boden ... 213
–, anorganischer ... 213
–, bindiger ... 213
–, Druckverteilung im ... 217
–, geschütteter ... 213
–, gewachsener ... 213
–, nichtbindiger ... 213
–, organischer ... 213
–, Verhalten bei Frost ... 218
–anschluss, Balkontüren ... 526
–anschluss, Haustüren ... 526
–arten ... 213
–austausch ... 217
–beläge ... 519, 520, 530
–beläge; Verlegen von ... 515
–entnahmeverfahren ... 548
–feuchtigkeit ... 432
–klassen ... 214, 215
–klinkerplatten ... 518
–pressung; vorhandene ... 219
–pressung; zulässige ... 219, 220
–untersuchung ... 213
–verdrängungsverfahren ... 546
Bohlen ... 137
Bohrbrunnen ... 535
Bohren ... 398
Bohrerarten ... 374
Bohrmaschinen ... 373
Bohrpfahlwand ... 216
Böschungswinkel ... 214, 215
Brandschutz ... 448
–, direkter ... 450
– indirekter ... 450
Brandschutzdecken ... 514
Brandschutzglas ... 82
Brandschutzmaßnahmen ... 450
Brandverhalten von Baustoffen ... 449
– von Bauteilen ... 449
Brechpunkt ... 94
Breitenklassen ... 193
Brennwert-Heizkessel ... 482
Bretter ... 137
Bretterdecken ... 528
Brettertüren ... 523
Brettsperrholz ... 140
Bruchsteinmauerwerk ... 262
Bügelmatten ... 149
Butyl-Kautschuk ... 161

C

CAD-Programme ... 264, 585
CD-ROM ... 588
Calciumhydrogenkarbonat ... 30, 31
Calciumhydroxid ... 29
Calciumkarbonat ... 31
Calciumnitrat ... 31
Calciumsilikat ... 31
Calciumsulfat ... 31
–Binder ... 91
–Compositbinder ... 91
–Werkmörtel ... 91
Calciumsulfatestrich ... 496
Calciumsulfatestrichmörtel ... 496
Carbonatisierungsverlauf ... 353
Cellulose ... 117
Chemische Elemente ... 17
Chemische Verbindungen ... 21
Chemischer Vorgang ... 16
Chloride ... 30
Client ... 587
CNC-Technik ... 589

D

Dach ... 459
–, und Deckenplatten ... 80
–, und Dichtungsbahnen ... 95
–abdichtung ... 468, 480
–bahnen ... 480
–begrünung ... 481
–deckung ... 468
–dichtungsbahnen ... 480
–eindeckungsprodukte ... 469
–fanggerüste ... 191
–flächen ... 459
–haut ... 467
–latten ... 471
–neigung ... 466
–steine ... 469
–teile ... 459
–tragwerke ... 460
–ziegel ... 469
Dämmen ... 419
Dämmfilze ... 510
Dämmplatten ... 510
Dämmschicht, Zusammendrückbarkeit ... 502
Dämmschichten ... 502
Dämmstoff-Anwendungstypen ... 421
Dämmstoffe ... 419, 420, 421, 510
Dampfdruckausgleichsschicht ... 480
Dampfsperre ... 421, 479, 480
Dampfsperrwert ... 479
Darrprobe ... 122
Darrversuch ... 102
Dauerhaftigkeit des Holzes ... 118
Decke (Straße) ... 580
–, betoniert ... 580
–, bituminös ... 579
–, gepflastert ... 581
Deckarten von Dachziegeln
 und Dachsteinen ... 472
Deckbreite von Dachziegeln
 und Dachsteinen ... 472
Decken; abgehängte ... 513
Deckenbekleidungen; leichte ... 513
Deckenbekleidungen ... 528
Deckenheizung ... 483
Deckenverkleidungen ... 528
Deckenkonstruktion in Trocken-
 bauweise ... 512
Deckenplatten; montierbare ... 509
Deckenputz ... 493
Deckenschalung ... 264, 277
Deckentafel ... 365
Decklage ... 512, 513
Deckrichtung bei Faserzement-
 Wellplatten ... 476
Deckschicht ... 100
Deckung ... 473
–, mit Dachsteinen ... 473
–, mit Faserzement-Dachplatten ... 474
–, mit Faserzement-Wellplatten ... 475
–, mit Schiefer ... 474
–, mit verfalzten Blechen ... 477
Deckwerkstoffe ... 468
Dehnfugen ... 504
Dehnfugenband ... 336, 438
–, Beanspruchung ... 438
–, Einbau ... 438
Destillation ... 24
Destillationsbitumen ... 92
Diagonalstäbe ... 399, 465
Dichte ... 35
Dichte des Holzes ... 118
Dichter Baukörper ... 436
Dichtstoffe ... 421, 422
Dichtungsmittel ... 108
Dichtungsschlämmen ... 422, 434
Dickbett ... 515
Dickbettverfahren ... 519
Dielen-Holzfußboden ... 530
Digitalnivellier ... 205
DIN-Norm ... 169
Dispersionen ... 24
Distanzrohr ... 270
Doppelständerwände ... 511
Doppelverglasung ... 521
Dränasphalt ... 99
Drängebretter ... 278
Dränleitung ... 439
Dränmatten ... 439
Dränplatten ... 439
Dränrohre ... 440
Dränschicht ... 439
Dränsteine ... 439
Dränung ... 439
–, Flächendränung ... 440
–, Ringdränung ... 439
Drahtstifte ... 376
Drehstrom ... 57
–, Steckverbindung ... 64
Drehflügelfenster ... 522
Dreh-Kippflügel-Fenster ... 522
Drehtür ... 524
Dreifuß-Markierungen ... 503, 506
Dreieckbinder ... 465
Dreiecksträger ... 398
Dreieckstufen ... 409
Dreigelenkrahmen ... 465
Dreikammer-Kleinkläranlage ... 559
Dreikantleisten ... 138, 271
Dreischalige Schornsteine ... 457
Dreiviertelsteinverband ... 234
Drempel ... 461
Drempelhöhe ... 466
Druck ... 34
–, in Flüssigkeiten ... 45
–, in Gasen ... 46
Druckbeanspruchung ... 43
Druckfestigkeitsklassen ... 305
Druckluftgründungen ... 222
Druckrohrleitung ... 544
Druckzwiebel ... 217
Drückendes Wasser ... 432
Dübel ... 378
Dübelsymbole ... 385
Dübelverbindungen ... 384
Düker ... 543
Dünnbett ... 515
–mörtel ... 112
–verfahren ... 519
Dünnlagenputze; Spachtelputze ... 494

Duktilität 146
Durchgangshöhe, lichte 405
Duroplaste 159, 160
Duroplastische Klebstoffe 389

E

Ebene Großflächenschalungen 279
Ebene Wandschalungen 273
Echter Hausschwamm 130
Eckblatt 380
Eckstoß 529
Eckzwingen 274
EDV 587
EIB-Bussystem 489
Eichenholz 125
Eigenfeuchte 106
Eigenlasten 42
Eigenschaften, mechanische 37
Einbindetiefe 219
Einfachdeckung 472
Einfachfenster 522
Einfachständerwände 511
Einfachverglasung 521
Einfassprofil 514
Einhäuptige Schalung 280
Einholmtreppen 416
Einlassdübel 378
Einpressdübel 378
Einpresshilfen 108
Einrohrsystem 484
Einschalen 269
Einschaliges Mauerwerk 253
Einwohnergleichwerte 542
Einzelfundamente 221
Einzellasten 42
Eislinsen 218
Eispunkt 50
Elastomere 161
Elastizität 38
Elektrische Arbeit 59
–, Anlagen 488
–, Leistung 58
–, Messgeräte 54
–, Spannung 54
–, Spannungserzeugung 55
Elektrischer Strom 54
–, Stromkreis 54
–, Widerstand 54
Elektrolyt 27, 28
Elektroinstallation 488
Elektronen 18
Elektronenpaarbindung 21
Element (Betonfertigteil) 363
–, lastabtragend 363
–, lastaufnehmend 363
–, lastübertragend 363
–, lastverteilend 363
Elementdächer 479
Elementdichtstoffe 437
Elementspanner 274
Elementstützen 269
Elementverbinder 268
Elementwände 529
Eloxieren 153
Emulsionen 24
Endmontage 366
Energieeinsparverordnung 423
Entwässerungsanlage; Teile der . . . 225
Entwurf (Straße) 562
–, Feststellungs- 562
–, Genehmigungs- 563
–, Linien- 562
–selemente 563

–sgeschwindigkeit 563
Epoxidharze 159, 160, 389
Erde, Aufbau der 65
Erdhochbehälter 539
Ergänzungssiebsatz 102
Ergussgestein 66
Erhärten 88
Erschließungskern 364
Erstarrungsbeginn 88
Erstarrungsgesteine 66
Erstarrungspunkt 50
Erstprüfung 107
Erweichungspunkt 93
Eschenholz 125
Essigsäure 27
Estrich 496
–, Entkopplung 498
–, monolithisch 498
–arten 496
–feuchte 506
–fugen 504
–gips 91
–leger 13
–konstruktionen 497
–massen 497
–mörtel 112, 496
–nachbehandlung 504
–zusammensetzung 496
Estriche 500
–, auf Dämmschicht 500
–, auf Dämmschicht, Bezeichnung . 500
–, auf Trennschicht 498
–, auf Trennschicht, Bezeichnung . . 498
–, Belegung von 506
–, Bewehrungen von 503
–, im Bauwesen 497
–, im Bauwesen nach
   Raumnutzung 505
–, Oberflächenfestigkeit 506
–, Unterscheidung 496
Estrichmörtel, Estrich-
   massen 112, 496, 497
–, Bestätigungsprüfung 497
–, Eingangsprüfung 497
–, Einbringen 503
–, Einteilung 497
–, Erstprüfung 497
–, Konformitätskennzeichnung 407
–, Normprüfung 407
Ethylalkohol 27
Ethylen 27
Europäische Laubhölzer 125
Europäische Nadelhölzer 124
Expositionsklassen 290, 306
Europarechtsanpassungsgesetz . . 164

F

Fahrzeugkran 185
Fachwerkbinder 465
Fachwerkträger 266, 391, 464
Fachwerkwand 133, 392
Fahrbahn 563, 566
–achse 566
–breite 573, 574, 575
–, Höhenverlauf der 568
Fahrmischer 293
Fallleitung 225
Fallhöhe 297
Faltbühne 274
Falttür 524
Falzbekleidung 523
Falzziegel 469
Falzziegeldeckung 472

Fanggerüste 191
Farbmittel 109
Faserplatten 141
Fasersättigungsbereich 120
Faserzementplatten 474
Faserzement-Wellplatten 475
Fehlerarten 61
–, an elektrischen Anlagen 61
Feilen 398
Feldbegrenzungsfugen 520
Feldsparmatten 149
Feldspat 67
Fels 213
Fenster 521
Fensterbank 521
Fensterbeschläge 522
Fersenversatz 382
Fertigparkett 531
Fertigputzgips 91
Fertigschornsteine 458
Fertigteilbauweisen 363
Fertigteile; Herstellung und
   Montage 365
Fertigteilestrich 497
Fertigteil-Kleinkläranlage 560
Festbeton 303
–prüfung 309
–, Festigkeitsklassen 305
–, Festigkeitsprüfung 309
Festbetonklassifizierung 305
Festanker 361
Festigkeit 43
Festigkeit des Holzes 119
Festigkeitskennwerte für
   Nadelholz 119
Festigkeitsklassen 137, 390
Festmörtel 111
Feuchtegleichgewicht 122
Feuchteschutz 432
Feuerschutzsalze 451
Feuerton 73
Feuerverzinken 401
Feuerverzinkungsanlage 154
Feuerwiderstand 312
Feuerwiderstandsdauer 449
Feuerwiderstandsklassen 449
Fichtenholz 124
Filtervlies 439
First 459
Firstanschlussziegel 479
Firststein 479
Firstziegel 470, 479
FI-Schutzschalter 62
Fischgrätparkett 531
Flachgründungen 219
Flachdach 460, 466, 480
–aufbau 480
–ziegel 469
Flachpressplatten 140, 142
Flachrundschrauben 377
Flachziegel 469
Fladerschnitt 116
Fladerung 116
Flächennutzungsplan 167
Flechtmuster 531
Fliesen 72
–, aus Steingut 72
–, aus Steinzeug 73
–, und Platten 515
–, und Platten; Ansetzen 519
–, und Platten; Formen und
   Abmessungen 518
–, und Platten; Fugenbreiten 518
–, und Platten; Klassifizierung von . 516

–, und Platten; Verlegen 519
–, und Plattenarten 516
–hauschiene 515
–hexe 515
–keile 515
Fliesen-, Platten- und Mosaikleger . 13
Fliesenleger; Werkzeuge und
    Geräte 515
Fliesenlochapparat 515
Fließbeton 287
Fließestrich 496, 497, 504, 506
Fließmittel 107
Flügelrahmen 521
Flugasche 87
Fluxbitumen 95
Förderband 183, 295
Formaldehyd 27
Formdachsteine 470
Formgebungsverfahren 516
Formstücke 518
Formziegel 469
Freifallmischer 292
Freispiegelleitung 543
Fremdüberwachung 306
Frequenz 34
Frischbeton 284, 289
Frischbetondruck 266, 270
Frischluftheizung 484
Frischmauermörtel 111
Frosthebung 218
Frostschutzschicht 577
Frost-Tausalzwiderstand 312
Frostsicherheit 516
Frosttiefe 218
Frühholz 116
Füller 97
Füllhöhe 288
Füllstoffe 90
Füllungen 527
Fugengips 91
Fugen 519
Fugenabschlussbänder 438
Fugenbild 520
Fugendichtung. 437
Fugenfüller 514
Fugenmaß 518
Fugenmörtel 112, 519
Fugenplan 504
Fugenprofile 520
Fugenschnitt 520
Fugenverguss 365
Fugenversatz 520
Fuggummi 515
Fundament; Druckverteilung 217
–, Einzelfundamente 330
–, Streifenfundamente 329
Fundamenterder 223
Fundamentplatten 221
Fundamentschalungen 273
Fundamentsohle 219, 220
Furniere 139
Furnierschichtholz 142
Furnierstreifenholz 142
Fußbodendielen 530
Fußbodenheizung 483
Fußbodeneinstandsmarkierung . . . 523
Fußplatte 399, 400
Futtertüren mit Bekleidungen 525

G

Galvanisches Element 152
Ganggestein 66
Ganzglastürblatt 523
Ganzstahl-Schalungsplatten 265
Gasbehälter 558
Gasdruck 46
Gasfeuerstätten 487
Gasgeräte 487
Gasinstallation 487
Gauben 459
Gebäudepilze 130
Gebäudesystemtechnik 488
Gebäudesetzung 217
Gebotszeichen 189
Gefälleschichten 502
Gelenkriegel 268
Gelporen 284
Gemauerte Treppen 410
Gemenge 17, 24
Gerberpfetten 380
Gerberverbinder 380
Gerüstbauer 12
Gerüste 190
–, Arten von 195
–, Auf- und Abbau der 198
–, Kennzeichnung von 198
–, Prüfung der 198
Gerüstbauteile 193
Gerüstbelag 194
Geschossdecken 336
Gesteinskörnungen 100
–, enggestufte 102
–, feine 102
–, grobe 102
–, leichte 103
–, weitgestufte 102
–, industriell hergestellt. 103
– aus natürlichem Gestein 103
–, für Beton 103
–, für Mörtel 103
–, Prüfung der 102
Gesundheitsschutz-Koordinator
    (SiGeKo) 180
Gewicht 39
Gewichtskraft 39
Gewöhnlicher Nagekäfer 131
Gewölbe 260
Gezogene Platten 517
Gips 89
Gipsbinder 113
Gipsplatten 505
–, bandgefertigt 506
–, faserverstärkt 509
–, Übersicht 506
–, Verarbeitung der 512
–, werkmäßig weiterbearbeitet 506
Gips-Trockenmörtel 113
Gips-Wandbauplatten 512
–, Wände aus 512
Gitterträger 266
Glas 81
–arten 81
–erzeugnisse 81
–herstellung 81
–eigenschaften 81
–fasern 83
–steine 83
–, geschäumtes 83
Gleichstrom 56
Gleiten 45
Gleitgeschwindigkeit 282
Gleitschalung 279
Glimmer 67
Gneis 67
Gotik 592
Gotischer Verband 240
Grabenfreier Kanalbau 548
–, Bodenentnahmeverfahren 548
–, Bodenverdrängungsverfahren . . 548
Gradiente 568
–, Berechnung der 569
Grat 459
Grenzsieblinien 104
Größtkorn 106
Großflächige Deckenschalungen . . 280
Gründach 481
Gründungen 219
Grundbruch 217
Grundlattung 513
Grundleitung 225
Grundprofile 513
Grundsiebsatz 102
Grundstoffe 17
Grundwasser 31, 432, 533
Grundwasserabsenkung 218
Grundwasseranreicherung 534
Güteprüfung 306
Gurt 267
Gussasphalt 99
Gussasphaltestrich 497
Gusseisen 143
Gussglas 81
GS-Zeichen 64

H

Haftbrücke 498, 502
Haftputzgips 91
Haftzugfestigkeit 504
Hainbuchenholz 125
Halbmetalle 17, 20
Handläufe 159, 418
Hängewerk 464
Harnstoffharz 156, 160, 389
Härte 37
Härte des Holzes 119
Harthölzer 119
Harzgallen 128
Handelsformen des Holzes 136
Handsägen 368
Harmonikatür 524
Hartstoffestrich 497
Haufwerksporen 305
Haufwerksporiger Leichtbeton 311
Haufwerksporigkeit 36
Hausanschlusskasten 488
Hausanschlussraum 485
Hausbock 131
Hausgrund 211
Haus- und Grundstücks-
    entwässerung 223
Haustrennwände 256
Haustürelemente 525
Haustüren 525
Hebel 41
Heizestrich 500
–, Bezeichnungen 501
Heizkessel 482
Heizwert 50, 51
Herzbrett 121, 138
Hintermauerwerk 253
Hirnholz 115
Hirnschnitt 116
Hobelarten 372
Hobeldielen 530
Hobelmaschinen 372
Hobelwaren 138
Hochbau 11
Hochbaufacharbeiter 14
Hochbeanspruchbare Estriche 501
Hochfeuerbeständig 449

Hochlochziegel 70
Hochofen 143
–schlacke 143
–zement 86, 89
Hochvakuumbitumen 92
Höhenfestlegung 506
Höhenmessung 204
–, mit Nivellierinstrument 206
–, mit Schlauchwaage 204
–, mit Setzlatte 204
–, mit Visierkreuzen 205
Höhenmesspunkt 506
Höhenplan 572
Höhenüberdeckung bei
  Deckwerkstoffen 471, 476
Hörschwelle 53
Hohlblocksteine 76, 78
Hohlkehle 434
Hohlpfannen 469
Hohlpfannendeckung 473
Hohlraumdämpfung 510
Holländischer Verband 241
Holz 114
–, Bauarten von 414
–, Werkstoffe für 414
–arten 124
–balkendecken 395, 447
–blocktafeln 394, 396
–decken 395
–fehler 128
–feuchte 120, 122
–fußböden 530
–inhaltsstoffe 117
–konstruktionen 392
–Mehrschichtplatten 420
–pflasterböden 532
–rahmen 509
–rahmenbau 393
–schädlinge 129
–schrauben 377
–schutz 132
–schutzmittel 134
–skelettbau 393
–ständerkonstruktion 511
–tafelbau 393
–träger 264
–treppen 414
–trocknung 122, 123
–verbindungen 379
–werkstoffe 139
–wespen 132
–wolleleichtbauplatten 142
–zellen 115, 117
–zerstörende Insekten 131
–zerstörende Pilze 129
Horizontalfilterbrunnen 535
Hüllrohre 270
Hüttensand 87
Hydratation 284
Hydratationswärme 88, 284
Hydrate 284
Hydraulefaktoren 85
Hydraulische Kalke 85
Hydraulische Presse 45
Hydrostatischer Druck 45

I, J

Industrie-Estriche 501
–, Bezeichnung 501
Injektionsschlauch 438
Innenhautabdichtung 435
Innenbekleidungen 520
Innenbeläge 520

Innenputze 492, 493
Innenrüttler 296
Innenwandtafel 365
Installations-Bus 489
Installationswände 512
Integralschaum 159, 160
Internet 590
Ionen 22
Ionenbindung 22
Iroko 127
Isolierverglasung 522
ISO-Normen 284
Isotope 19
Jahres-Heizwärmebedarf 426
Jahrring 116
Jochträger 277

K

Kalilauge 29
Kämpfer 521
Kaltdach 478
Kaltselbstklebende Bitumen-
  Dichtungsbahn 422
Kambium 114
Kanalbaulaser 208
Kanalisationsrohre 543
–, Arten 543
–, Eigenschaften 543
–, Querschnittsformen 543
Kantholz 137, 391
Kantenschutzprofil 514
Kantenschutzstreifen 514
Kassettendecken 528
Kastenfenster 522
Kapillarbrechende Schicht ... 433, 440
Karbonate 30
Kehlbalkendach 461
Kehle 459
Keil 41
Keilzinkung 390
Kellenschnitt 504
Kellenstrichputz 490, 491
Kellenwurfputz 490, 491
Kenntnisgabeverfahren 171
Keramikklinker 71
Kernholz 116
Kernholzbäume 116
Kettensägen 370
Ketten-Stemmmaschinen 373
Kiefernholz 124
Kippen 45
Kippflügelfenster 522
Kiesfilterbrunnen 535
Kläranlage 51
–, Abscheider 555
–, Belebungsbecken 555
–, Betriebsanlagen 558
–, chemische Fällung 556
–, Laboruntersuchungen 558
–, Nachklärbecken 556
–, Rechen 554
–, Sandfang 554
–, Schaltwarte 558
–, Tropfkörper 556
–, Vorklärbecken 555
–, Zuleitung 554
Klammern 376
Klappflügelfenster 522
Klappstützen 280
Klassizismus 593
Kleber 389
Klebstoffe 388
Kleinkläranlagen 560

Kleinpflaster 581
Klemmschiene 274
Klettereinrichtung 281
Kletterkonsole 281
Kletterschalung 281
Kletterschuh 281
Kletterstange 281
Klimaanlagen 484
Klinker 71
Klotoide 564, 565, 566
–, Berechnung der 565
–, Mindestparameter 564
–ntafel 565
Knaggen 461
Knickfestigkeit 44
Knotenverbindungen 364
Köcherfundamente 221
Körperschall 52
Körperschalldämmung 447
Kohäsion 36
Kohlensäure 28
Kohlenstoff 26
Kohlenstoffdioxid 26
Kohlenstoffmonoxid 26
Kohlenwasserstoffe 27
Kombinierte Schalungsplatten .. 265
Kompressor 46
Kondensationsleime 389
Kondensationspunkt 49
Kondensationswärme 50
Konen 270
Konformitätskontrolle 308
Konsistenz 286
–bereiche 287
–klassen 287
–, Prüfung der 288
Konsolgerüste 197
Konstruktionsvollholz 137
Kontaktkleber 389
Konterlattung 468
Kontrolleinrichtungen 228
Kontrollschacht 440, 559
Konvektion 51
Konvektoren 483
Koordinierungsmaß; Nennmaß ... 516
Kopfgabel 267
Kopfplatte 267, 399, 400
Kopfbänder 462
Korneigenporigkeit 36
Korngefüge 105
Korngrößen 101
Kornzusammensetzung 103
Korrosion 152
–, chemische 152
–, elektrochemische 152
–, Kontakt- 153
–sschutz 53, 153, 401
Korklinoleum 533
Kostenermittlung 173
Kostenfeststellung 173
Kostengliederung 173
Kostengruppen 173
Kranbahn 184, 188
Kraftdreieck 40
Kräfte 39
–, Begriff 39
–, Darstellung 39
–maßstab 40
–parallelogramm 40
–wirkung 39
–zerlegung 40, 41
Krankübel 295
Kratzputz 490, 491
Krempziegel 469

Kreuzbalken 391, 396	Lieferkörnungen 97	Mauertaktverfahren 196
Kreuzscheibe 203	Lignin 117	Mauerverbände 232
Kreuzstoß 529	Limba 127	Mauervorlage 231, 235
Kreuzverband 234	Linkstreppe 403	Mauerwerk für Wände 242
Kristalle 22, 30	Linoleum-Bodenbeläge 532	Mauerwerk 232
Kristallspiegelglas 81	Lisene 527	–, Begriffe 232
Kronenbreite (Straße) 573	Listenmatten 148	–sanschlüsse 255
Krümmungsband 570	Lochleibungsdruck 268	–sarten 253
Krüppelwalmdach 460	Lochzange 515	–sbau 230
Kunstharzestrich 497	Lösungen 24	–sfestigkeit 241
Kunststoffe 155	Lüftungsanlagen 484	Mauerziegel 69
Kunststoffdachbahnen 480	Luft-Abgas-Schornstein 458	Maurer 12
Kunststoff-Fenster 522	Luft 32	MDF-Platten 141
Kunststoffmodifizierte	–dichtheit 431	Mehlkorn 106
Bitumen-Dickbeschichtung 422	–druck 46	Melaminharz 159, 160, 389
Kunststoffrohre 545	–feuchte, -absolute 52	Merkblatt 169
Kupfer 151	–maximale 52	Messband 201
Kuppen 568	–relative 52, 441	Messlatten 201
–mindesthalbmesser 568	–kalke 84	Metalle 143
Kurvenmindestradien 564	–porenbildner 108	Metallabhänger 509
Kurze Wand 231, 243	–porenputz 494	Metallbindung 22
	–schall 52, 444	Metallische Überzüge 153
L	–schalldämmung 443, 446	Metallprofile 509
	–schallschutz 444	Metallprofilrost 513
Lamellenholz 391	–verschmutzung 33	Metallständerkonstruktion 511
Laminatfußböden 532	Lüfterstein 470, 479	Metallstützen 267
Längenänderung 48	Lüftungsleitung 225	Metallstützen aus Aluminium 267
Längenmesszeuge 202	Lüftungsdecken 528	Meterriss 208, 506
Längenmessung 200		Mikrosilica 87
Längsholz 115	**M**	Mindestzementgehalt 307
Längsprofil 209		Mindestdachneigung 467
Längsschnitt 552	Majolikafliesen 73	Mindestnagelabstände 386
Längsträger 277	Makromoleküle 155	Mineralfaserplatten 509
Lärchenholz 124	Mansarddach 460	Mischbinder 91
Lärmschutz 586	Märkischer Verband 240	Mischfilter 439
–wall 586	Markröhre 116	Mischgutarten 98
–wand 586	Markstrahlen 115	Mischungsberechnung 290
Lageplan 171, 552, 567	Marmor 67	Mischungsverhältnis 291
Lagerfuge 232	Marmorgips 91	Mischverfahren 40, 225
Lagermatten 148	Maschinenglättung 503	Mischwasserkanal 543
Läufer 31	Maschinenputzgips 91	Mittelbrett 121, 138
Läuferverband 233	Maschinenstampfer 298	Modulare Vorzugsmaße 518
Laufwerke, Schiebetüren 524	Maßbezeichnungen 516	Modulordnung 363
Landesbauordnung	Maßordnung 230	Modulsysteme 196, 273
Baden-Württemberg 165, 166	Masse 34, 35	Mohs'sche Härteskala 38
Lasten am Bau 42	Massendichtstoffe 438	Moleküle 21
Lasten, -ständige 42	Massenzahl 18	Moment 41
Lastklassen 192	Matrizen 278	Mönch-Nonnen-Deckung 473
Lasttürme 268	Mauer 230	Monomere 155
Laufplattentreppen 411	–anschluss 237	Mörtel 109
Laugen 29	–bögen 260	Mörtelarten 112
Latten 137, 509	–dicken 230	Mörtelgruppen 111
Lattenabstand 470	–ecke 236	Mörtelklassen 111
Lattenrost 513	–einbindung 237	Montageanker 365
Legierungen 24	–enden 234	Montageschaum 160
Lehmputz 490, 492	–endverbände 234	Montagestoß 366
Lehrgerüste 268	–höhen 231	Montagewände 510, 511
Leichtbauwände 445	–kreuzung 237	Mosaik 517
Leichtbeton 311	–längen 231	Mosaikparkett 531
–arten 311	–mittenverbände 232	Motor 56
–, mit dichtem Gefüge 311	–mörtel 110	–, Elektro- 56
Leichtbetonsteine 77	Mauern 247	–schutzschalter 60
Leichtdächer 481	–, mit großformatigen Steinen 249	Mulden 583
Leichte Trennwände 394	–, mit Plansteinen 250	–, Straßen- 583
Leichtmauermörtel 111	–, mit Schalungssteinen 251	–, Rasen- 583
Leichtputze; Einlagenputze 494	–, mit Versetzgeräten 252	Musterbauordnung 165
Leime 388	Mauernischen 235	
Leistungsbeschreibung 174	Maueröffnung 231	**N**
Leistungsverzeichnis,	Mauerpfeiler 231, 235	
Leistungsprogramm 174	Mauersalpeter 30	Nachbehandeln des Betons 298
Leit- und Dämmfähigkeit des	Mauersteine aus Beton 76	Nachbehandlungsmaßnahmen . . . 298
Holzes 120	Mauersteine aus Naturstein 261	Nachklärbecken 556
Leitzellen 115	Mauerstoß 237	Nachlaufbühne 281
Lichtschächte 246	Mauertafelziegel 70	Nadelfilz-Bodenbeläge 533

601

Nadelpenetration	93	
Nägel	376	
Nagelplatten	378	
Nagelplattenverbindungen	387	
Nagelverbindungen	385	
Nagelverbindungen mit Stahlblechen	387	
Nanosilica	87	
Nassmörtel	110	
Nassspritzverfahren	304	
Naturbaustoff	492	
Natronlauge	29	
Natursteine	65	
–, Beurteilung	68	
Natursteinpflaster	581	
Natursteinmauerwerk	261	
Natursteintreppen	410	
Nennfestigkeit	306	
Neutronen	18	
Neuzeit des Bauens	593	
Nichtdrückendes Wasser	432	
Nichteisenmetalle	143, 151	
Nichtmetalle	17	
Nichtselbstkletternde Schalung	281	
Nichttragende Wände	243	
Niedrigenergiehaus	428	
Nieten	397	
Nitrate	30	
Nivellement	206	
–, Feldbuch	207	
–, Höhenunterschied	206	
–, mit Instrumentenwechsel	206	
–, Vorblick, Rückblick	206	
–, Wechselpunkt	206	
Nivellierinstrument	205	
Nivellierlatte	206	
Noniusabhänger	510	
Normalbeton	283	
Normalbetonsteine	76	
Normalmauermörtel	112	
Norm-Trittschallpegel	444	
Nukleonen	18	
Nutzungsklassen	139	

O

Oberboden	214	
Oberfläche, selbstnivellierend	496	
Oberflächenbeanspruchung	516	
Oberflächenbehandlung	503	
Oberflächenfestigkeit	504	
Oberfächenfeuchte	102, 106	
Oberflächengestaltung; glasiert	516, 517	
Oberflächengestaltung; unglasiert	516, 517	
Oberflächenrüttler	297	
Oberflächenschutz	480	
Oberflächenspannung	37	
Oberflächenwasser	224	
Obergurt	398, 465	
Oberputz	493	
Objektschalung	280	
Ökologische Bedeutung des Holzes	117	
Ökologisches Bauen	429	
Ohm'sches Gesetz	57	
Ordnungszahl	18	
Oregon Pine	126	
Ornamentglas	81	
Ortgang	459	
Ortgangstein	470	
Ortsentwässerung	549	
–, Bauwerke	549	

–, Mischverfahren	542	
–, Trennverfahren	542	
Ortskanalisation	552	
–, Ausführungszeichnungen	551	
–, Bestandspläne	552	
–, Lageplan	552	
–, Längsschnitt	552	
OSB-Platten	141	
Oxid	25	
Oxidation	25	
Oxidationsbitumen	92	

P

Paneelschalung	277	
Parallelbinder	465	
Parallelträger	398	
Parkett-Holzfußböden	530	
Parkettkäfer	132	
Parkettplatten	531	
Parkettriemen	531	
Parkettstäbe	531	
Passbolzen	378	
Passivhaus	428	
Pendeltür	524	
Periodensystem der Elemente	20	
Perlite	503	
Pfahlgründungen	222	
Pfeilergründungen	222	
Pfetten	392, 462	
Pfettendächer mit liegendem Stuhl	463	
Pfettendächer mit stehendem Stuhl	462	
Pflaster-Holzböden	532	
Pfosten	392, 521	
Phenol	27	
Phenolharz	156, 159, 160	
Phosphorsäure	28	
Photosynthese	114	
Physikalische Größen	34	
Physikalische Vorgänge	16, 34	
pH-Wert	29, 353	
Pitch Pine	126	
Planfeststellungsverfahren	563	
Planmaßstäbe	172	
Planzeichenverordnung	167	
Planziegel	70, 71	
Plastifizierer	107	
Plastizität	38	
Plattendecken	528	
Plattenfundamente	221	
Plattenheizkörper	483	
Plattenstufen	410	
Plattenverkleidungen	527	
Polyaddition	156	
–chloropren-Kautschuk	161, 389	
–esterharze	159, 160	
–ethylen	155, 157, 158	
–isobutylen	157, 159	
–kondensation	156	
–mere	155	
–merisation	155	
–mermodifizierte Bitumen	92	
–methylmethacrylat	157	
–styrol	157	
–sulfid-Kautschuk	161	
–urethanharz	156, 159, 160	
–urethan-Kautschuk	161	
–vinylacetat	157	
–vinylchlorid	157, 158	
Poren	115	
Porenbeton	311	
Porenbetonsteine	79	
Porenwasser	217	

Porigkeit	36	
Porphyr	66	
Portlandkompositzement	89	
Portlandflugaschezement	89	
Portlandhüttenzement	89	
Portlandkalksteinzement	89	
Portlandkompositzemente	86	
Portlandschieferzement	89	
Portlandpuzzolanzement	89	
Portlandzement	86, 89	
Potenzialausgleich	488	
Potenzialausgleichsschiene	223, 488	
Pressdachziegel	469	
Pressglas	83	
Probekörper	309	
Produktkontrolle	308	
Profilbauglas	83	
Profilleisten	138	
Profilstahl	145	
Profilverbinder	513	
Protonen	18	
Prüfverfahren für Beton	284	
Prüfzeugnis	169	
Pultdach	460	
Pultdachbinder	465	
Pumpbeton	296	
Pumpverfahren	304	
Putz	490	
Putz- und Mauerbinder	92	
Putz; Anforderungen an den	492	
Putz; geglättet	490, 491	
Putzaufbau	492, 493	
Putze; wasserabweisende	492	
Putzen	490	
– mit Maschine	490	
– von Hand	490	
Putzgips	90	
Putzgrund	493	
–, glatter	493	
–, rauher	493	
–vorbehandlung	494	
Putzlagen	493	
Putzlehren	494	
Putzleisten	494	
Putzmaschine	490	
Putzmörtel	113	
Putzschäden	495	
–, Feuchteschäden	495	
–, Rissebildung	495	
–, Verfärbungen	495	
–, Verschmutzungen	495	
–, Zerstörung der Putzfläche	495	
Putzsystem	493	
Putzträger	493	
Putzverfahren	490	
–, Arbeitsweisen	490	
–, Putzweisen	490	
Putzwerkzeuge	490	
Puzzolane	87	
PVC-Bodenbeläge	158, 532	

Q

Quadermauerwerk	263	
Qualitätssicherung	308	
Quarz	67	
Quellfassung	535	
Querneigung	570	
–, der Fahrbahn	570, 571	
–sänderung	571	
–sband	57, 570	
Querprofil	209	
Querprofile (Straße)	582	
Querträger	269, 277	

R

Radiatoren 483
Radioaktivität 19
Rahmenecke 384, 399
Rahmenelemente 265
Rahmenfuß; gelenkig 399
Rahmengerüste 196
Rahmenplan 167
Rahmenriegel 399
Rahmenschalung 265
Rahmenstiel 399
Rahmentäfelungen 527
Rahmentürblatt 523
Ramin 127
Randfugen 498, 504
Randstreifen 498
Rationelles Mauern 252
Rechen 554
Rechtwinkelprisma 203
Rechtstreppe 403
Recycling von Restbeton 299
Red Pine 126
Reduktion 25
Redwood 126
Reetdeckung 467
Reformziegel 469
Regeldachneigung 467, 471
Regelquerschnitte 575
Regenfallleitung 225
Regenspende 541
Regenüberlauf 551
Regenwasser 31, 541
–becken 542
–kanal 543
–klärbecken 542
–rückhaltebecken 542
–überlaufbecken 542
Reibeputz 490, 491
Reifholzbäume 116
Reindichte 35
Reinigungsöffnungen 228, 272
Reinwasser 538
Reißnadel 515
Renaissance 593
Resonanzschallschlucker 448
Restbetonzuschlag 104
Rezeptbeton 307
Riegel 266, 268, 392, 521
Riemenfußböden 530
Richtstützen 269, 272
Rigolen 224
Rinde 114
Ringanker, -balken 225
Ringdränung, Ausführung 440
Ringdübel 378
Ringnetz 540
Rippenstreckmetall 150
Rohbauberufe 12
Rohbaumaße 230
Rohdichte 35
Rohdichteklassen 312
Rohmontage 365, 485
Rohrauflager 547
Rohre; Verlegen der 227
Rohrgraben 227
–, Herstellung des 227
–, Verbau des 227
–, Verfüllen des 229
Rohrleitungsteile 226
Rohrnetze 538
Rohrverbindungen 543, 548
Rohwasser 538
Rollladenkästen 245, 521
Romanik 592

Rotationslaser 207
Rotbuchenholz 125
Rotstreifigkeit 129
Rückprallhammer 310
Rüststütze 268
Rüttelbohlen 297
Rüttelflasche 298
Rüttelgasse 298
Rütteltisch 288
Rutschhemmung 516
Rundschalungen 275, 276
Rundstütze 276

S

Sandstein 67
Sägemaschinen 369
Sägen 368, 398
Säulenschalung 270
Sandfang 552
Salmiakgeist 29
Salpetersäure 28
Salze 30
Salzsäure 28
Sanitärinstallation 485
Satteldach 459
Sauerstoff 25
Säuren 28
Saurer Regen 26, 32
Schachthaltung 549
Schächte 228
–, Auflagerring 229
–, Schachtabdeckung 229
–, Schachthals 229
–, Schachtringe 229
–, Schachtunterteil 229
Schalbretter 264
Schalelemente 264, 265
Schale; biegeweich 502
Schalhaut 264, 265
Schalkörper 265
Schall 52
–, Ausbreitung, Entstehung des . . . 52
–, Frequenz des 52
–, Messung des 53
–brücken 445
–dämm-Maß 444
–dämmung 443
–druck 53
–emission 586
–immission 586
–längsleitung 445
–pegel 53
–schutz 443
–schutz, bei Decken 446
–schutzglas 82
–schutzziegel 72
Schalplan 264
Schaltafel 264
Schaltisch 265, 266
Schaltzeichen, elektrische 489
Schalung 264
–, für Sichtbeton 278
–sanker 270
–sarbeiten 264
–sdruck 269
–selement 264, 265
–splan 264
–sstützen 266
–sstützen aus Metall 267
–steile 264
–ssteine 251
–splatten aus Sperrholz 265
–srüttler 297, 299

–sträger 264, 266
–sträger aus Aluminium 267
–szwingen 266, 268
Schaumschichtbildner 451
Schaumstoffe 159, 160
Scheibenbock 132
Scheibendübel 378
Scheibenputz 490, 491
Scheinfugen 437, 438, 504
Scheitrechter Bogen 60
Scherfestigkeit 44
Scherzapfen 380
Schichten 424
Schichthöhen 231
Schiefe Ebene 41
Schiefer 67, 473
Schiebeflügelfenster 522
Schiebetür 524
Schiffsverband 531
Schindeldach 467
Schlammausfaulung 557
Schlammbehandlung 557
Schlammeindicker 557
Schlammfaulbehälter 557
Schlauchwaage 204
Schlesischer Verband 241
Schleifmaschinen 375
Schleifmittel 375
Schließschalung 274
Schlingenware 533
Schlitze 244
Schmelzen 49
Schmelzpunkt 49
Schmelztemperatur 49, 50
Schmutzwasser 541
Schmutzwasserkanal 543
Schneiden; Brennschneiden 397
Schneidmaschine 515
Schneelasten 42
Schnellabhänger 510
Schnellbauschrauben 377, 514
Schnellbauaufzug 183
Schnellfilter 538
Schnellspanner 269
Schnittholz 137
Schnürung 476
Schnurgerüst 210, 220
–, in ebenem Gelände 211
–, in geneigtem Gelände 212
Schnurlot 211
Schornsteine 452
–, Abstände zu anderen Bauteilen . 455
–, Anordnung und Führung 454
–, Anschlüsse und Öffnungen . . . 455
–, Bauarten 457
–, Baustoffe und Bauteile 456
–, Bezeichnungen an 452
–, Vorschriften den 453
–, Wirkungsweise von 453
–, zusätzliche Anforderungen zum
    Schutz der 455
Schornsteinformstücke 456
Schornsteinverbände 239
Schornsteinzug 453
Schrauben 377, 397
Schraubenbolzen 377
Schrittmaßregel 404
Schubladenschalung 280
Schubspannung 44
Schüttdichte 35
Schütthöhe 266
Schüttquerschnitt 266
Schüttungen 503
Schuppenartige Dachdeckungen . . 469

Schutzausrüstung, persönliche ... 190
Schutzdächer 192
Schutzgerüste 191
Schutzmaßnahmen 61, 62
–, Arten 63
Schutzisolierung 62
–klassen 63
–kontakt 62
–leiter 62
–schalter 62
–trennung 62
Schwefelsäure 28
Schweißbahnen 96
Schweißen 397
Schwerbeton 283
Schwimmende Estriche 500
Schwinden des Holzes 120, 121
Schwindfugen 504
Schwindrissbildung 285
Segmentbogen 260
Seitenbrett 121, 138
Selbstkletternde Schalung 281
Senkkastengründungen 222
Serienfestigkeit 306
Server 587
Setzholz 519
Setzmaß 288
Setzversuch 287
Setzzeit 289
Setzmaßklasse 287
–versuch 287
Setzung, gleichmäßig 217
Setzung, ungleichmäßig 217
Setzungsfugen 437
Setzungsriss 217
Setzzeitklasse 287
Sgraffito 490, 491
Sheddach 460
SI-Basisgrößen 34
Sicherheitsarmaturen 486
Sicherheitsglas 82
Sicherheitstechnik 189
Sicherungen 59, 60
–, Automaten- 60
–, Schmelz- 59
Sichtbetonflächen 265, 278
Sichtmauerwerk 253
Sickerteiche 224
Sieblinien 104
Siebversuch 103
Siedetemperatur 49, 50
SiGeKo 180
Signalanlagen 489
Silicastaub 87, 109
Silikate 30
Silikonharze 162
Silikon-Kautschuke 161
Silikon-Versiegelungsmassen .. 162
Silomörtel 110
Sinterschicht 504
Sipo-Mahagoni 127
Skelettbauteile 363
Skelettbauweise 363
Slump-Klassen 288
Slump-Prüfung 287
Slump-Versuch 288
Sockelputze 492
Sohlbänke 246
Sohlbankabdeckung 522
Sonderbetoniertechniken 301
Sonderziegel 72
Sortierklassen 119, 137
Spachtelgips 91
Spaltplatten 517

Spannanker 361
Spannbeton 358
–, ausmittige Vorspannung 358
–, Beton für 360
–, Einpressmörtel 360
–, Hüllrohrverfahren 359
–, mit nachträglichem Verbund 359
–, mittige Vorspannung 358
–, Prinzip des 358
–, mit sofortigem Verbund 359
–, Spannbettverfahren 359
–, Spannprogramm 361
–, Spannpresse 362
–, Spannprotokoll 361
–, Spannvorrichtungen 361
–, Vorspannen 361
–, Vorteile des 361
–betonrohre 544
–bett 359
–einrichtungen 269
Spannglied 360
–, Entlüftungsröhrchen 362
–, Hüllrohre 361
–, Verankerungen 361
Spannglieder, Darstellung von ... 360
Spanngliedführung 359
Spannleichtbeton 311
Spannriegel 463
Spannstahl 150, 360
Spannung 43
–, elektrische 34, 54
–, Erzeugung von 55
–, zulässige 43
Spannungsreihe 152
Spanplatten 140
Spanplattenschrauben 377
Spanstreifenholz 142
Sparrendach 461
Sparrenkerve 381, 462
Sparrenpfettenanker 379, 462
Sparrenvolldämmung 479
Spätholz 116
Speicherzellen 114, 115
Sperrholz 140
Sperrholztürblatt 523
Sperrschichten 433
–, im Fußboden 433
–, im Sockelbereich 434
–, senkrechte 434
–, waagerechte 433
Sperrstoffe 421, 422
Spiegelglas 81
Spiegelschnitt 116
Spindeltreppen 403, 417
Spitzhammer 515
Splintholz 116
Splintholzbäume 116
Splintholzkäfer 132
Splittasphaltmastix 99
Sprengwerk 464
Spritzbeton 302
Spritzbewurf 493
Spritzputz 490, 491
Spritzwasserschutz 433
Sprödigkeit 38
Spülrohre 440
Spundwand 216
Stababstände 319
Stabbündel 325
Stabdübel 378
Stabdübelverbindungen 383
Stabilisierer 108
Städtebauliche Sanierungs-
    maßnahme 167

Staffelmessung 201
Stahl 144
–arten 144
–, Bau- 144
–, legierter 144
–, unlegierter 144
–, Werkzeug- 144
Stahlbau 397
Stahlbearbeitung 397
–, Fügen 397
–, Trennen 397
–, Umformen 398
Stahlbeton 314
–, Betondeckung 316, 318
–, Biegungsspannung 315
–, Schubspannung 316
–, Tragverhalten 358
–, Verbundbaustoff 314
–, Treppenlaufplatten aus 347
–balkendecken 341
Stahlbetonbau 314
Stahlbetonbauteile 329
–, Balken 351
–, Balkendecken 341
–, Decken 336
–, Flachdecken 339
–, Fundamente 329
–, Hohlplattendecken 339
–, Instandsetzung 353
–, mechanische Beanspruchung ... 355
–, Pilzdecken 339
–, Plattenbalken 352
–, Plattenbalkendecken 339
–, Rippendecken 340
–, Stahlsteindecken 342
–, Stützen 330
–, Wände 332
Stahlbetondächer aus wasser-
    undurchlässigem Beton 481
Stahlbeton-Hohlplattendecken 339
Stahlbetonmassivplatten 336
–, Auflagerung 337
–, Bewehrung 342
–, Bewehrungsrichtlinien 343
–, Durchbiegungsbeschränkung ... 337
–, Durchlaufplatte 344
–, einachsig gespannt 337, 343
–, Einbau der Bewehrung 349
–, Einfassbewehrung 343
–, Einfeldplatte 344, 346
–, Einfeldplatte mit Kragarm ... 345
–, einlagige Bewehrung ... 344, 345
–, teilweise vorgefertigt 338
–, zweiachsig gespannt ... 338, 346
–, zweilagige Bewehrung ... 344, 345
Stahlbeton-Plattenbalkendecken .. 339
Stahlbetonrippendecken 340
Stahlbetonrohre 544
Stahlbetonstützen 330
–, Bewehrung 331
–, Einbau der Bewehrung 332
–, Knicken bei 330
–, Mindestdicken 331
Stahlbetontreppen,
    Bewehrung an Knickstellen 347
Stahlbeton-Treppenlaufplatten .. 348
–, mit gleichgespannten Podesten . 348
–, mit quergespannten Podesten . 348
Stahlbetonwände 332
–, Mindestwanddicken 333
–, Bewehrung 333
–, Einbau der Bewehrung 335
Stahlblechformteile 379
Stahlkonstruktion; Schutz der ... 401

Stahlleichtbeton 311	–wirkungen 55, 56	–, Bestellung 293
Stahlriegel 275	Strukturschaum 160	–, Lieferschein 294
Stahlrohr-Kupplungsgerüst 195	Stuck; Stuckputz 490, 491	–mischer 292
Stahlsandwichelemente 401	Stuckateur 13	–werk 293
Stahlsteindecken 342	Stuckgips 90	Trapezbinder 465
Stahlstützen 269, 400	Stuckmarmor 490, 491	Trapezträger 398
Stahlträger 265, 400	Stuckolustro 490, 492	Trass 66
Stahlträgerdecken 400	Stürze 245	Trasse, Trassierung 563
Stahlverbundträger 400	Stützenfuß 267	Traufausbildung 478
Stahlzwinge 275	Stützenfuß; eingespannt 399	Traufbohle 471, 478
Stampfer 297	Stützenkopf 267	Traufe 459
Standardleistungsbuch,	Stützenschalungen 267, 269, 276	Treibhauseffekt 26, 32
Standardleistungskatalog 174	Stützwände 335	Trennmittel 273
Ständerbauart 510	–, Beanspruchung 335	Trennschichten 498, 502
Ständerwände 394, 511	–, Bewehrung 336	Trennverfahren 224, 225, 542
Standgerüste 195	Stützzellen 115	Trennwände 529
Standfugen 437	Stufenfilter 439	Trennwandelemente 529
Standsicherheitsnachweis 172	Stufenmaße 404	Treppen 402
Stapeln von Holz 123	Stufensysteme; Stufenplatte 520	–, gewendelte 407
Steg 266	Stufenverziehung 406	–abmessungen 404
Stegträger 391	Stumpfstoßtechnik 252	–bau 402
Steiggeschwindigkeit 266	Sturmklammer 467	–berechnung 405
Steigungshöhe 404	Styrol-Butadien-Kautschuk 161	–bezeichnungen 402
Steigungsverhältnis 404	Sulfate 30	–brüstungen 413
Stehfalzdeckung 477	Sulfatwiderstand 88	–formen 403
Stehvermögen des Holzes 121	Suspensionen 24	–geländer 418
Steildach 466	Synthese 23	–maße 405
Steilstrecken 546	Systemdecken 514	–schalung 277
Steinformate 230	Systemlose Schalung 264	–stufen 409
Steingut 72	Systemschalung 264	Trichlorethylen 27
Steingutfliesen 517		Trinkwasserinstallation 485
Steingutfliesen; Kennzeichnung . . . 517	**T**	Trinkwasser 537
Steinkohlenflugasche 109	Tafelbauweise 365	Trittschall 53
Steinschrauben 377	Tannenholz 124	–dämmung 444, 446, 499
Steintreppen 409	Taupunkt 50, 441	–schutz 444
Steinzeug 73	Tauwasser 441	–verbesserungsmaß 444
Steinzeugfliesen und -platten 517	Tauwasserbildung 478	Trittsicherheit 516
–, Kennzeichnung 517	Tauchrüttler 297	Tritt- und Stellplatten 410
Steinzeugrohre 543	Teilmontagebau 363	Trockenbau 507
Stellmittel 90	Tellerdübel 495	–, Baustoffe 507
Stemmwerkzeuge 373	Tellermischer 292	–monteur 13
Stetigmischer 292	Temperatur 34, 47	–platten 507
Stirnabschalung 275	Temperaturdehnzahl 48	–technik 507
Stirnbretter 278	Teppichbeläge 533	Trockenestrich 497
Stirnversatz 382	Terrassentüren 526	Trockengepresste Fliesen und
Stochern 299	Terrazzo 112, 497	Platten 517
Stoffgemische 17	Tetrachlorkohlenstoff 27	Trockenmauerwerk 250
Stoffraum 291	Textile Fußböden 533	Trockenrohdichte 311
–rechnung 291	Theodolit 204	Trockenunterboden 497
Stoßfuge 232	Thermometer 47	Trockenwetterabfluss 542
Strangdachziegel 469	Thermoplaste 157	Trogmischer 292
Strangfalzziegel 469	Thermoplatische Klebstoffe 388	Trommelmischer 292
Strangfalzziegeldeckung 473	Tiefbauberufe 12	Tropfkörper 556
Stranggepresste Platten 517	Tiefbaufacharbeiter 14	Tropfkörperverfahren 556
–, Kennzeichnung. 517	Tiefengestein 66	T-Stoß 529
Straßen 561	Tiefgründungen 222	Tuff 66
–arten 561	Tiefimprägnierung 505	Türbeschläge 523
–baulastträger 561	Ton 67	Türblatt 523
–entwässerung 582, 583	Torsionsbeanspruchung 44	Türen 523
–funktion 562	Tonschiefer 87	Türfutter 523
–oberbau 577	Torkretieren 304	Türmontage 523
–querschnitt 573	Tracheen 115	Türumrahmung 523
–baubitumen 94	Tracheiden 115	Turmdrehkran 183
Straßenbauer 12	Tragende Wände 242	–, Laufkatzausleger 184
Straßenfertiger 98	Trägertreppen 413	–, Nadelausleger 184
Streben 392, 462	Trägerschalung 275	–, Obendreher 184
Streifenfundamente 219	Tragjoch 282	–, Schwenkbereich 183, 186
Strom 54	Tragkonstruktion 264	–, Untendreher 183
–arten 56	Traglattung 513	Typenprogramm Skelettbau 364
–kreis 54	Tragprofile 513	
–, elektrischer 54	Tragskelett; Ausmauerung 401	**U**
–, Gleich- 56	Transportanker 365	Übergreifungsstöße 324
–, Wechsel- 56	Transportbeton 289	Überzüge 154
–, Dreh- 56		

605

–, metallische 154
–, nichtmetallische 154
Überbindemaß 232
Überblattung 381
Übergangsbogen 564, 565
Übergreifungslänge l_s 324
Uferfiltriertes Grundwasser 534
Umgeworfener Verband 234
Umkehrdach 442, 481
Umluftheizung 484
Umsetzgabel 280
Umwandlungsgesteine 67
Umweltbelastung der Luft 32
– des Wassers 33
– durch Gewerbeabfälle 33, 34
Umweltbericht nach BauBG 165
Umweltschutzgesetze 165
Umweltverträglichkeitsprüfung ... 165
Umweltverträglichkeitsstudie 562, 563
Unbelüftete Dächer 479
Unfallschutz bei Dacharbeiten 477
Unfallverhütung 189
Unfallverhütungsvorschriften. 227, 365
Unfälle, Verhalten bei 61
Ungebrannte Steine 73
Universalelemente 274
Universalspanner 269
Unterdach 467
Unterdecken 446, 513, 528
Unterdeckplatten 468, 479
Unterdeckung 467
Unterfangung 220
Untergehängte Arbeitsbühne 281
Untergrund; Ausgleichsestrich ... 501
Untergrund; Gefälleschichten 501
Untergrund; Vorbehandlung 502
Untergrund; Vorbereiten des 501
Untergurt 266, 398, 465
Unterkonstruktion,
   Wandverkleidungen 527
Untermauerte Treppen 411
Unterputz 493
Unterschneidung 404
Unterspannbahnen 468, 479
Unterspannte Binder 464
Unterspannung 467
Unterstützungskörbe 149
Unterwasserbeton 302

V

Vakuumbeton 301
VDE-Prüfzeichen 64
Vebé-Prüfung 287
Veloursteppich 533
Verästelungsnetz 540
Verankerung 266, 321
Verankerungsarten 322
Verankerungslänge l_b 321
Verbau 216
–, Berliner Verbau 216
–, mit senkrechter Verschalung .. 216
–, mit waagerechter Verschalung . 216
Verbindungsmittel 376
Verbotszeichen 189
Verbretterungen 527
Verbundbereiche 321
Verbundestriche 498
Verbundestriche; Bezeichnung ... 498
Verbundfenster 522
Verdichtungsmaß 288
Verdichtungsprüfung 287
Verdichtungsverfahren 296
Verdichtungsversuch 288

Verdrängungskörper 265, 271
Verdüsungsanlage 538
Verdampfen 49, 50
Verdunsten 50
Vergabe; Freihändige 175
Vergabe- und Vertrags-
   ordnung 169, 173
Verglasung 521
Verhalten bei Unfällen 190
Verkehrslasten 42
Verkehrslärm 586
Verlegefläche 519
Verlorene Schalung 266
Vermessung, Fluchten bei 199
–, Trigonometrische Punkte 199
–, Winkelabsteckung bei 202, 203
Versatz 382
Verschiebeziegel 469
Verschwertung 269
versetzbare Trennwände 529
Verspachtelungssysteme 514
Verspannen 270
Vertikalstäbe 399, 465
Verzapfungen 381
Verziehen einer Treppe 407
Verzögerer 108
Visierkreuze 205
Vollblöcke 76, 78
Vollmontagebau 363
Vollwandträger 266
Vollziegel 70
Volumen 35
Voranstrich 481
Vorfluter 558
Vorgefertigte Schalungsplatten . . 265
Vorholz 382, 384
Vorklärbecken 555
Vormauerblöcke 76
Vormauerziegel 71
Vorsatzschale 445
Vorsatzschalungen 278
Vorsatzzeichen 34
Vorschnittdeckung mit
   Hohlpfannen 473

W

Wachstum des Holzes 114
Walmdach 460
Walzasphalt 98
Wandbauplatten 80
Wandbekleidungen 519, 520
–, Ansetzen von 515
Wandecken 274
Wandeinbindungen 274
Wandkonstruktionen in Trocken-
   bauweise 510
Wandmatten 149
Wandputz 493
Wandschalungen 265, 268, 273
Wandtafeln 252
Wandtrockenputz 494
Wandverkleidungen 527
Wangentreppen 413, 414
Wannen 568
Wannengründungen 221
Warmdach 478
Warmluftheizung 484
Wärme 47
– bei Decken 430
– bei Wärmebrücken 430
– bei Wänden 429
–dämmfähigkeit 423
–dämmung bei Dächern 430

–dämmputz; Dämmputz 494
–dämmputzsystem 494
–dämm-Verbundsystem 494
–dämmziegel 71
–dampfdiffusion 441
–durchgangskoeffizient .. 423, 425, 427
–durchgangswiderstand .. 423, 425
–durchlasskoeffizient 423, 424
–durchlasswiderstand ... 423, 424, 426
–kapazität, spezifische 47
–leitfähigkeit 423, 424
–leitung 51
–menge 47
–mitführung 51
–quellen 50
–rückgewinnung 429, 484
–schutz 423
–schutzglas 82
–speicherfähigkeit 48, 428
–strahlung 51
–übergangskoeffizient 423
–übergangswiderstand .. 423, 425, 427
–übertragung 50
Warnzeichen 189
Wartung und Lagern der Schalung 272
Waschputz 490
Wasser 31
Wasserarten 31, 432, 533
–, Grundwasser 31, 533
–, Grundwasseranreicherung 534
–, oberirdisches Wasser 534
–, Quellwasser 534
–, uferfiltriertes Grundwasser ... 534
Wasseraufbereitung 537, 538
–, Belüftung 538
–, Filtration 539
–, Vorreinigung 538
Wasseraufnahme 516
Wasserbedarf 533
Wasserdampfdiffusion 441
Wasserdampf-Diffusions-
   widerstandszahl 442
Wasserdichtheitsprüfung 548
Wasserdruck 435
Wassereindringwiderstand 109
Wassergewinnung 534
–, von Flusswasser 536
–, von Seewasser 536
–, von Talsperren 537
–, von unterirdischem Wasser ... 535
Wasserhärte 538
Wasserhaltung; offene 218
Wasserschutzgebiete 533
Wassersperre 271
Wasserspeicherung 539
–, Erdhochbehälter 539
–, Wasserturm 539
Wasserstoff 25
Wasserversorgung 533
Wasserverteilung 540
–, Ringnetz 540
–, Verästelungsnetz 540
Wasserzementwert 285
Weichheit 38
Weichhölzer 119
Weißer Zement 88
Weißkalk 84
Wendeflügelfenster 522
Wendelinie 565
Wendeltreppe 403
Werk-Frischmörtel 110
Werkmaß; Herstellmaß 516
Werkmörtel 110
Werk-Trockenmörtel 110

Werkzeuge zum Mauern 247	**Z**	–verwendung 88
Wertigkeit 23		Zentralheizungen 482
Western Red Cedar 126	Zangen 463	Zertifizierung 308
Wetterschenkel 525	Zapfenverbindungen 379, 381	Ziegel 69
Widerstand, elektrischer 34	Zahntraufel 515	Zierbekleidung 523
Wilder Verband 241	Zähigkeit 38	Zierverbände 240
Windlasten 42	Zähleranlage 488	Zimmerer 12
Windsperre 479	Zargenrahmentüren 525	Zink 151
Windverbände 461	Zeichnungsmatten 149	Zugabewasser 106
Winkelmessung 202	Zellenbauweise 363	Zugbeanspruchung 43
–, beliebige Winkel 203	Zeltdach 460	Zustandsformen 34, 36, 49
–, Einheiten 202	Zement 85	Zwangsmischer 292
–, mit den Nivellierinstrument 203	–arten 86	Zweigelenkrahmen 465
–, mit Längenmesszeugen 202	–eigenschaften 88	Zweirohrsystem 484
–, rechte Winkel 202	–estrich, –mörtel 112, 497	Zweischaliges Mauerwerk 256
Winkelstufen 409	–klinker 87	
Winterlicher Wärmeschutz 425	–lagerung 86	
Wohnungsabschlusstüren 526	–stein 284	